恐竜大百科事典

THE Complete DINOSAUR

edited by
James O. Farlow
and
M. K. Brett-Surman

小畠郁生
【監訳】

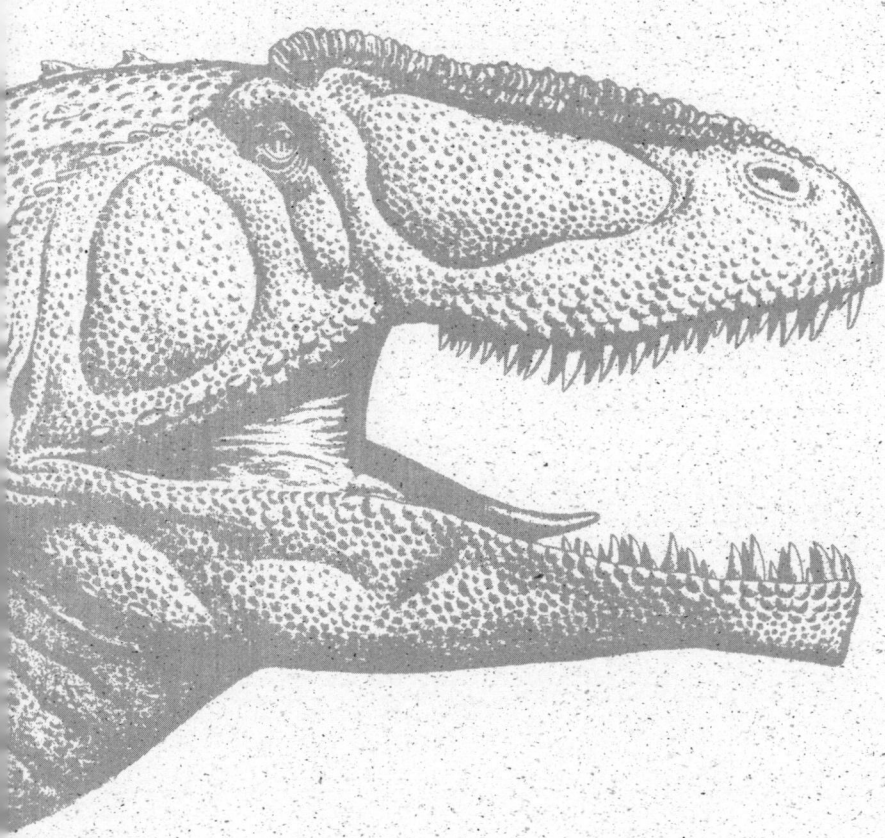

朝倉書店

THE
Complete
DINOSAUR

THE COMPLETE DINOSAUR
by James O. Farlow & M. K. Brett-Surman
Copyright ©1997 by Indiana University Press

Japanese translation published by arrangement with
Indiana University Press through The English Agency
(Japan)Ltd.

図版1 恐竜類と他の先史動物についての初期の概念．アーチボルド・ウィラード (Archibald M. Willard) によって，19世紀半ばに描かれた情景．彼はのち (1876年) に愛国的な絵画「1876年の精神 (The Spirit of '76)」によって名声を博した．ドン・グラット (Don Glut) の許諾を得て掲載．

図版2 中生代初期の晴れた1日．古竜脚類の一団が採餌を妨げられている．ジェームズ・ホイットクラフト (James Whitcraft) 画．

図版3 北米西部，ジュラ紀前期の冠を持つ獣脚類ディロフォサウルス（*Dilophosaurus*）．マイケル・スクレプニク（Michael W. Skrepnick）画．

図版4　中国，ジュラ紀中期時代の大混乱．2頭の獣脚類（ガソサウルス *Gasosaurus*）が竜脚類（シュノサウルス *Shunosaurus*）の群れと2頭の剣竜類（ファヤンゴサウルス *Huayangosaurus*）に襲いかかっている．グレゴリー・ポール（Gregory S. Paul）画．

図版 5　ジュラ紀後期，ドイツ海岸地方の 1 日．2 羽の原始的な鳥類（始祖鳥 *Archaeopteryx*）が翼竜類（プテロダクティルス *Pterodactylus*）と敵対している．グレゴリー・ポール画．

図版 6　白亜紀後期時代の東アジアの湖畔を散策する 2 頭の竜脚類（ネメグトサウルス *Nemegtosaurus*）．ベリスラフ・クルチック（Berislav Kržič）画．

図版 7　ジュラ紀後期のワイオミング州，現在のハウ採掘場では，ディプロドクス類の竜脚類の群れが最悪の日を迎えた．涸れてきた泥だまりにはまり込み，死に，また瀕死のディプロドクス類が，翼竜類や大型獣脚類（アロサウルス *Allosaurus*）と小型獣脚類（オルニトレステス *Ornitholestes* とコンプソグナトゥス類）の注意を引いた．マーク・ハレット（Mark Hallett）画 ©1992．

図版8　白亜紀半ばごろの南米の情景．描かれた3頭は巨大な竜脚類アルゼンチノサウルス（*Argentinosaurus*）．グレゴリー・ウェンツェル（Gregory C. Wenzel）画．

図版9　白亜紀中期，米国西部の薄暗い森林中を歩いているノドサウルス類の曲竜類．ブライアン・フランツァク（Brian Franczak）画．

図版 10 破壊用の道具：白亜紀中期の米国西部における大型獣脚類ユタラプトル（*Utahraptor*）の手と足．ドナ・ブラギネツ（Donna Braginetz）画．

図版 11 白亜紀後期，中国の湿地帯を水をはねながら歩く，2頭の巨大なカモノハシ竜類シャントゥンゴサウルス（*Shantungosaurus*）．ブライアン・フランツァク画．

図版 12 白亜紀後期，北米西部の冠のあるカモノハシ竜パラサウロロフス（*Parasaurolophus*）が婚姻色を誇示している．ラリー・フェルダー（Larry Felder）画．

図版13 白亜紀後期，モンゴルの砂漠を疾走する奇妙な獣脚類モノニクス（*Mononykus*）（原始的な鳥類だった可能性もある）．マイケル・スクレプニク画．

図版14 白亜紀後期，北米西部の森林で薮火災を避けている獣脚類アウブリソドン（*Aublysodon*）．ブライアン・フランツァク画．

図版15 白亜紀後期，東アジアにいたカモノハシ竜類バクトロサウルス（*Bactrosaurus*）．ベリスラフ・クルチック画．

次頁裏側からの見開き図

図版16 地球にいた巨大恐竜：白亜紀後期の北米西部の恐竜類．1頭のティラノサウルス類（ゴルゴサウルス *Gorgosaurus*，アルバートサウルス *Albertosaurus* と呼ばれることもある）がカモノハシ竜類（グリポサウルス *Gryposaurus*）の集団と1頭の角竜類（セントロサウルス *Centrosaurus*）に向かって威嚇行動をとっている．ボブ・ウォルターズ（Bob Walters）画．

図版17 まだ，好みじゃない：美食家ゴルゴサウルスの目は，カモノハシ竜類のラムベオサウルス（*Lambeosaurus*）を吟味している．マイケル・スクレプニク画．

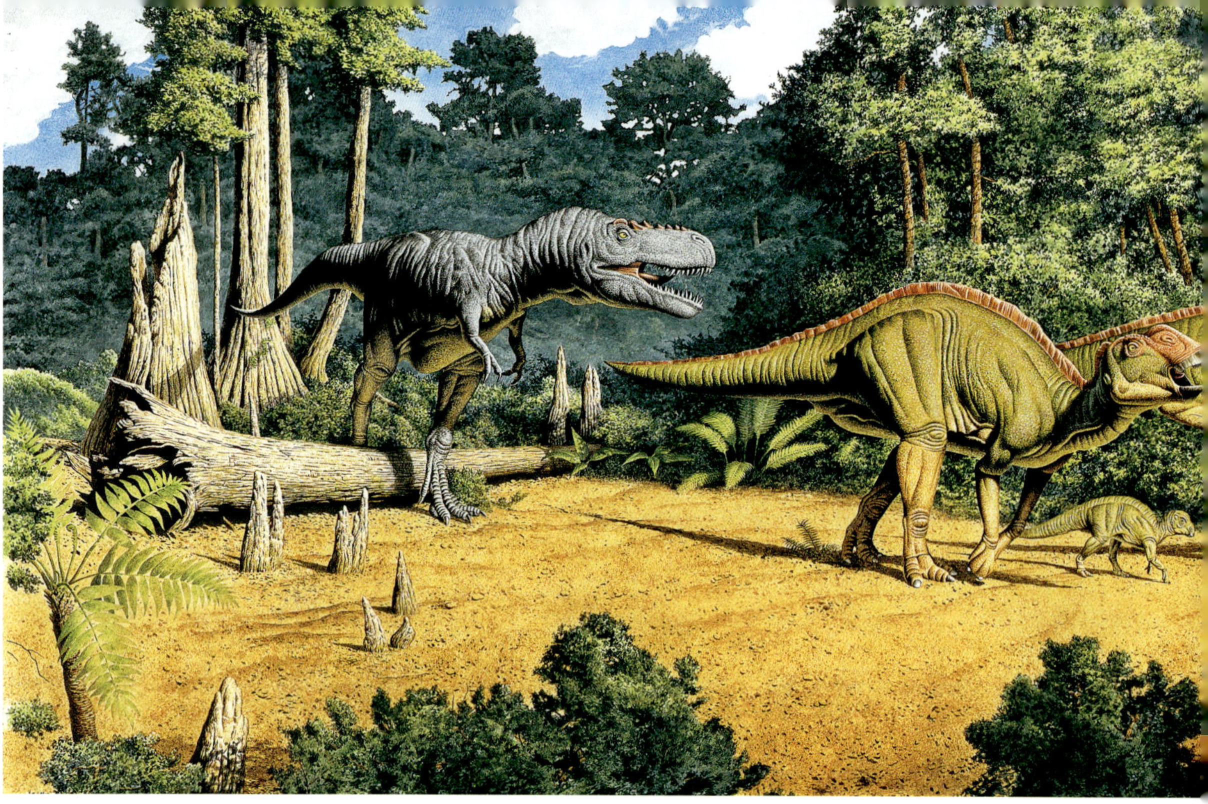

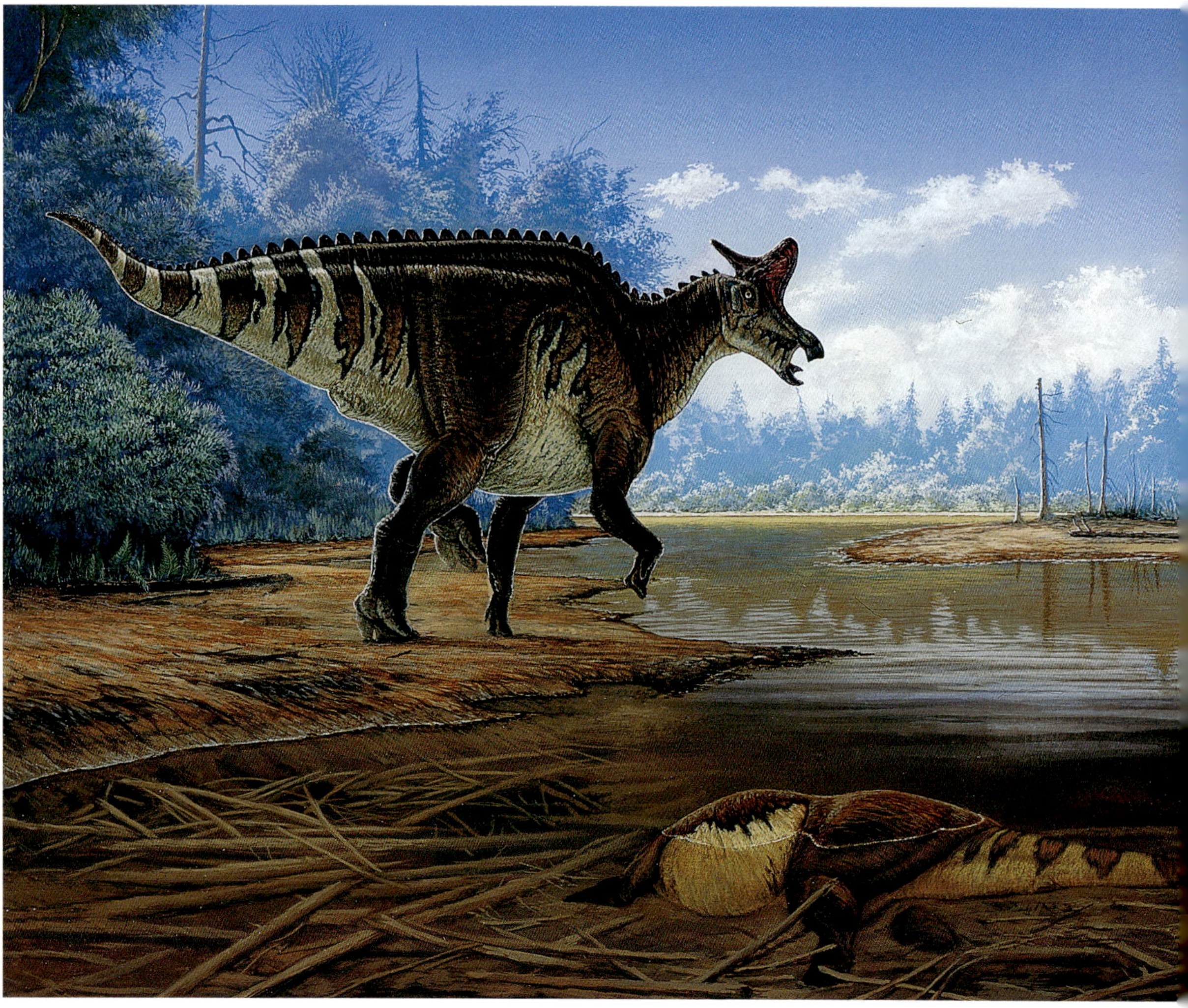

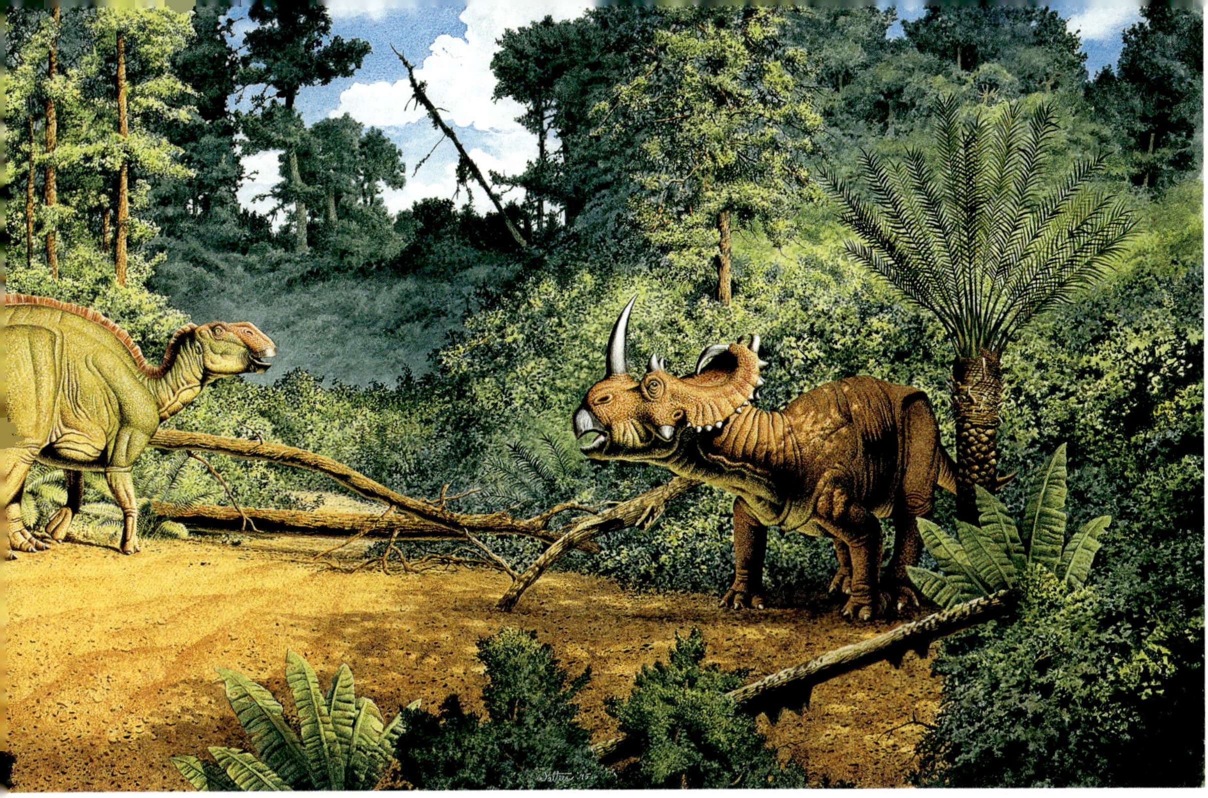

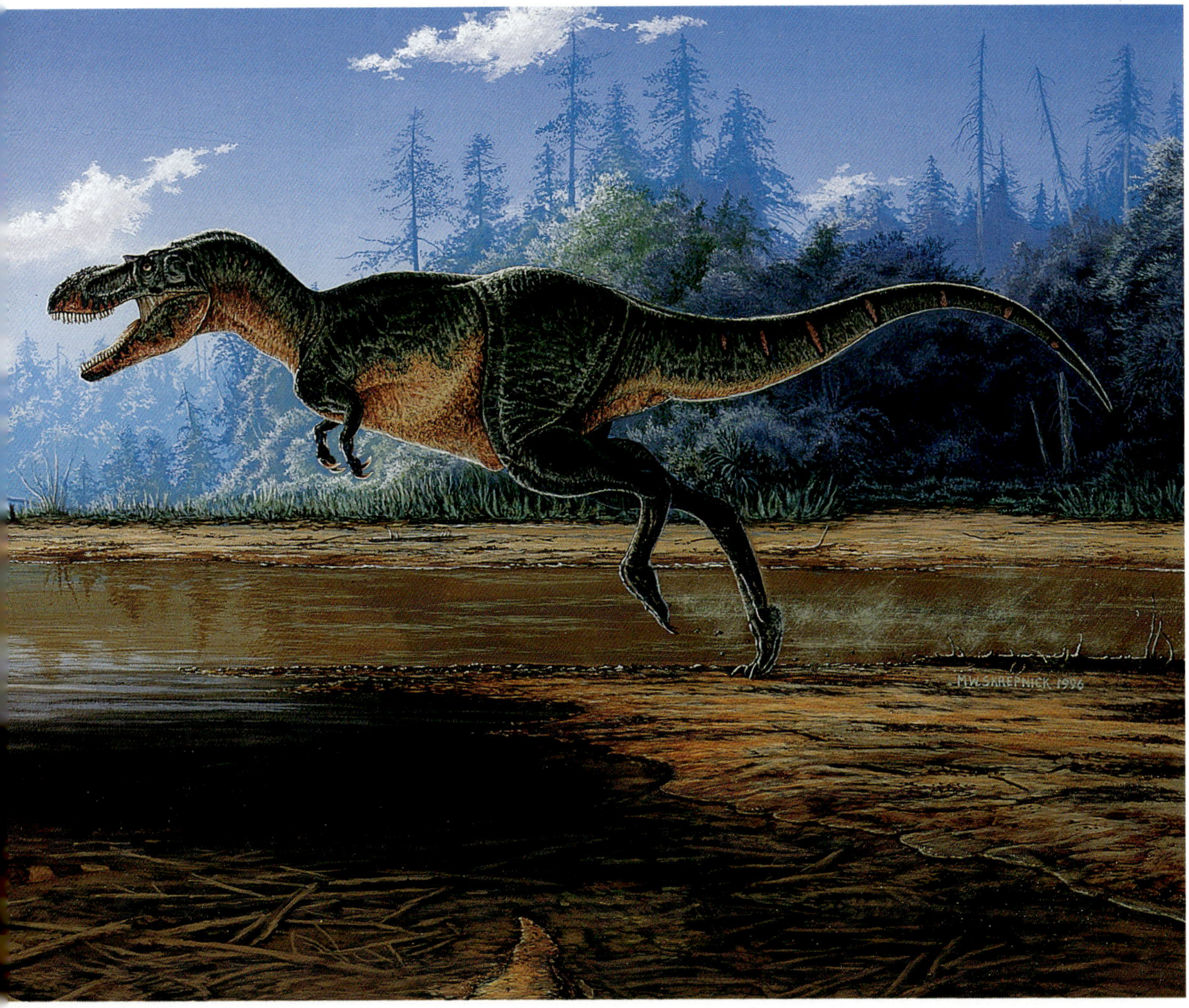
M.W.SKREPNICK 1986

図版18 恐竜の世界という一連の切手は，1997年，米国郵政公社で発行された．上の情景はジュラ紀後期の恐竜類を描き，下の情景は白亜紀後期の恐竜類を示している．全部が北米西部産の恐竜類である．ジェームズ・ガーニー（James Gurney）画．切手デザイン著作権©米国郵政公社．複写許可済．

図版19 1933年の怪物映画「キング・コング」で使われたステゴサウルス（*Stegosaurus*）の模型．この模型が映画でどう見えたかは図43.5を参照．フォレスト・アッカーマン（Forrest J. Ackerman）の許諾を得て使用．

図版20　デイノニクス（*Deinonychus*，映画中ではヴェロキラプトル *Velociraptor* と呼ばれていた）は1993年の映画「ジュラシック・パーク」の主要な敵役であった．著作権ⓒ1993，ユニヴァーサル・シティ・スタジオ．MCAの1部門MCAパブリッシング・ライツの好意による．全権利保有．

図版21 デル (Dell) 漫画本の1シリーズ「テュロック，石器時代の息子 (Turok, Son of Stone)」の表紙画．各号の表紙には恐竜類とか先史時代の動物が強烈な色彩で描かれていた．

図版22 ビル・ワッターソン (Bill Watterson) の連載漫画「カルヴィンとホッブズ (Calvin and Hobbes)」には恐竜類に関連したテーマがよく用いられた．ワッターソンの描く恐竜類はかなり洗練されており，解剖学的にも正確なものであった．「カルヴィンとホッブズ」©1988，ビル・ワッターソン．ユニヴァーサル・プレス・シンジケート配給．許諾を得て再録．全権利保有．

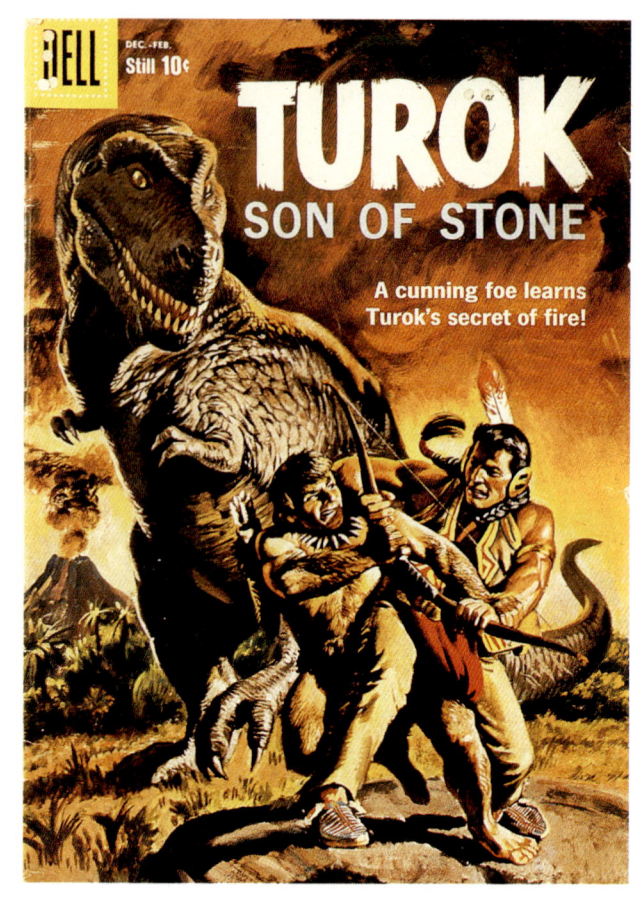

監訳者まえがき

　大地から掘り出される化石が教えてくれる古生物のなかでも，恐竜は一般市民のあいだで最も人気の高い魅惑的な存在であろう．われわれ人類が地球上に出現した時代よりもずっとずっと大昔の地球上で君臨し，やがて滅び去ってしまったものだから，地球環境の変遷と相まって，われわれの想像力をいたく刺激する．そんなわけで，今では恐竜に関する普及書は数多くあるし，新発見があるたびに新聞やテレビがいち早く報道してしまう．しかし，いずれも知識が断片的であったり，分類や同定の話に偏ったりしていた嫌いがあったことは否めない．

　恐竜の学術書としては，1990年に分類学を骨子として，23名の共同執筆のもとにA4判733頁の大著としてカリフォルニア大学出版局より出された『The Dinosauria』が便利である．さらに1997年には123名の執筆によりアカデミック・プレスから『Encyclopedia of Dinosaurs』が，これもA4判869頁の大冊として刊行されている．原書を9月に入手したので，私はその紹介記事を10月から11月にかけて書き，これは「地質学雑誌」の12月号に掲載された．そして，翌年の夏，朝倉書店編集部からこの本の翻訳を検討したい旨の連絡を受けた．

　しかし，私はむしろ同年にインディアナ大学出版部より刊行された『The Complete Dinosaur』の検討をお勧めした．その理由は，恐竜研究にも多様なアプローチがあり，現在の恐竜学の全体系をわかりやすい形で一巻に収めた成書が望ましいと思っていたからである．こちらも第一線の研究者48名とアート・エディターの共同作品であり，いわば学界の総力を挙げて創られたという意味でささかも遜色がない．まもなく出版社側の賛同を得て，翻訳作業を開始した．

　私は訳者の方々の訳文と全英文との対照を行いつつ朱を入れていく作業を行った．さらに校正についても原著英文との全文的対照を行った．

　邦訳が成立するまでの経緯は以上の通りである．本書の利点や使い方については，原著まえがきで詳しい説明がある．各専門分野に応じた適切な研究者たちの執筆になる43章の文末には，各章ごとの引用文献を本訳書においても原著の通りに掲載した．これは，本文記述の出典をさかのぼって知りたい読者にとっては特に有益である．その意味では，本書の読者対象が一般市民のみならず，専門家や勉学中の学生諸君までを含む幅広い範囲を視野に入れたものであることにお気づきであろう．また邦訳作業を通じて，日本の読者のためには，原著の若干の不備を補っておく必要を感じたので，わずかながら訳注をつけた．学問は日進月歩なので，重要な最近の進歩を付記したり，日本人にわかりにくい例証の簡単な説明を行った．原著の誤りの訂正や記事の追加も行った．なお，各章の文末には文献が示してあるが，そのなかには邦訳があるものも含まれており，本来の日本語文献も数篇あるので，それらについては原著の順に従ってピック・アップし，巻末の「参考図書一覧」にまとめてみた．

　日本産恐竜については，1979年に岩手県で竜脚類の上腕骨が発見されて以後，各地の白亜系から主として断片的に恐竜化石の発見が続いており，すでに福島・群馬・熊本・福岡・石川・福井・岐阜・徳島・三重の各県と北海道にわたっている．歯・脛骨・尺骨・大腿骨・肩甲骨などが発掘され，種類も獣脚類・竜脚類・鳥脚類・角竜類・曲竜類に及ぶ．ほかに恐竜足跡も，1985年の発表以後，群馬・石川・福井・岐阜・富山・山口・熊本などの各県から発見されている．発見された恐竜の半数ほどはすでにそれぞれの研究者により論文に記載公表ずみだが，その他については研究がな

お続行されている．

　いっぽう，恐竜骨格の展示が日本で最初に実現したのは1964年で，国立科学博物館のアロサウルスがそれであったが，今日では同館の新館に多数多種類の展示骨格がある．また福井県立恐竜博物館は特に著名だが，各府県市町村の自然史系博物館や類似施設などには恐竜の組立骨格の展示されている所が多い．子どもたちはユネスコ村の大恐竜探検館で代表されるような動く恐竜復元像で楽しむこともできる．恐竜の研究や展示に接するとき，本書はまたとない良い参考資料となるであろう．

　本書の刊行に当たっては，まず加藤　珪・池田比佐子・舟木嘉浩・舟木秋子・乾　睦子・永峯涼子の各氏から成る翻訳チームの努力を多としたい．また，朝倉書店編集部にはたいへんお世話になった．本文中の中国人研究者一部の漢字表記については，東京学芸大学の松川正樹博士による中国地質調査時に現地研究者に直接当たって頂き，正確を期した．これらの方々に心から感謝申し上げる．

　2001年1月

小　畠　郁　生

原著まえがき

James O. Farlow
M.K. Brett-Surman

●恐竜：地上最高のもの

　1842年4月，リチャード・オーウェンは，「英国の化石爬虫類に関する報告」の103ページの脚注で，「*Dinosauria*」という言葉を初めて用い，この新しい名前を「恐ろしく巨大なトカゲ」を意味するものと定義した．それ以来，この名前は常に「恐ろしいトカゲ」（日本語では恐竜）と受けとられてきた．これは語源的にも，語感の上からも正しいとはいえない．このような誤りはどうして起こったのであろうか？　現代の辞書を見ると必ず，「*deinos*」というギリシャ語は「恐ろしい」という意味を持つと記されている．この言葉が形容詞として用いられる限り，これは正しい．しかし，オーウェンは *deinos* を最上級の形で用いた．ホメロスの『*Iliad*（イリアス）』の場合と同じである．オーウェンの時代のギリシャ語–英語辞典を調べてみれば，これは確認できるであろう（Donnegan 1832）．実際には，恐竜はトカゲではなく，恐ろしいものでもない．オーウェンの「*Dinosauria*」は，地上で最も有名な「生命を持った最高のものたち」なのである．

　たいていどこの社会でも，恐竜はあらゆる時代のあらゆる動物の中で最も人気の高い動物となっている．その結果，恐竜は必然的に，あらゆる時代を通じて最も誤解された動物でもある．恐竜に関する一般向けの書物が，専門家以外の人々によって書かれることが多いからである（本職の恐竜専門の古生物学者が世界中で80人ほどしかいないことを聞かされると，学生たちは皆びっくりする）．

　1990年以降に出版された恐竜関係の書物——専門家とアマチュアの書いたものを合わせて——の数は，1842年から1990年までに出版された数を上回る．恐竜古生物学の専門の研究者が極めて少ない点を考えると，数学や遺伝学などの分野が，例えば物理学に匹敵するくらい活発に活動しているようなものである．幸い，恐竜に関する新しい発見の種が尽きることは，まだ当分はないであろう．

　本書は，この最高のものたち，「恐ろしく巨大な」爬虫類に関するわれわれの現在の知識を紹介し，それを称えるものである．恐竜古生物学の分野は，その揺籃期には主として発見物の記載と分類に重点が置かれていたが，やがて機能形態学や生物学的古生物学など，もっと広い範囲の問題が含まれるようになり，今では一人の人間が恐竜研究のあらゆる面を権威ある形で記述することはもはや不可能となった．そこで本書では，各章をそれぞれの問題の専門家が執筆するようにした．この本を刊行するわれわれの目的は，一般の読者が読むことのできる，一巻本で最も権威のある恐竜学の本をつくることにあるからである．

　また，本書はできるだけ読みやすいものとするよう心がけた．執筆者には，専門用語の使用は最小限にとどめるようお願いした．しかし，それでも読者が聞き慣れない，むずかしい言葉にぶつかることは避けがたく，そのため巻末には用語解説を用意した．

　本書をできるだけ使いやすくするためのもう一つの試みとして，専門的な問題について書かれた参考文献は各章の終わりにまとめて紹介した．読者が引用の出典を探すのがそうむずかしくないよ

うにするためである．しかし，恐竜古生物学の歴史について述べた本書のPart 1では，話がそれほど専門的ではなく，また，この部分の参考文献は他の章と重複する場合も多いため，参考文献は各章の終わりには示さず，すべてPart 1の終わりにまとめた．

　専門的な科学文献を読み慣れない人々にとっては，この本の引用文献の示し方はなじみのないものと感じられるかもしれない．ここでは引用文献を脚注や後注ではなく，別の形で示した．もし1995年にJonesという古生物学者が，竜脚類恐竜は未消化の食物を繊維質の巨大な塊として排出していたという発見を発表しており，執筆者がその意見の発表された論文を示したいと考えた場合には，その研究者の姓と発表した年を記す．この例の場合であれば，Jones 1995（ふつうは全体を（　）の中に入れる）またはJones（1995）となる．読者は章の終わりのアルファベット順に並んでいる参考文献リストからその名前を探せば，必要な文献を見つけることができる．同じように，Jonesの論文に2人以上の共著者があれば，その論文はJones et al. 1995と示される．et al. は「ほか」を意味する略語である．このような出所を表すやり方は，初めて見る人にとっては煩わしいものかもしれないが，極めて実際的で，経済的な方法なのである．

　慧眼の読者は気づかれたかもしれないが，各章の参考文献リストに見られる中国人やモンゴル人の著者名表記は必ずしも一貫していない．例えば，有名な中国の恐竜ハンター董枝明（Dong Zhi-Ming）は，Dong Z. と表したり，Dong, Z. と表したりしている．

　これは，アジアでは名前の表記が西欧と異なり，姓を先に，名をあとに書く場合が少なくないことからきている．董枝明自身がある論文で著者名を中国式の順序でDong Zhi-Mingと書き，別の論文では西欧式の順序でZhi-Ming（またはZhiming）Dongと書いているのである．われわれは，それぞれの論文で著者が用いている名前の表記に従うことにした．つまり，董枝明が著者名を中国式の順序で記している場合は著者をDong Z. とし，西欧式に記している場合は著者をDong, Z. とした．

　異なる章で，内容に多少の重複が見られる場合もあるが，このようなことはできるだけ少なくするよう努力した．しかし，多少の重複はむしろ望ましいものでもある．著者によって，同じ情報を異なる文脈で用いたり，重点の置き方が違ったり，時には解釈が異なることもあるからである．

　何かの分野を切り開いていく最先端に立ちたいと考える人は，時には自ら血を流す危険もあることを覚悟しておかなければならない．それは，論争点に関する専門家の間の激しい意見の食い違いという形をとる．この本では，議論の多い問題について論じるに当たっては穏やかな調子を保つよう努めたが，いくつかの章の執筆者の間に激しい意見の相違があることは，明敏な読者の目には明らかであろう．編者のわれわれにしても，この本に述べられているすべての意見に全く異論がないわけではないことをいっておこう．執筆者がある解釈を下し，他の専門家がそれに対して本書や他の文献の中で異論を唱えているような時には，異論があることに読者の注意を喚起するため，本文中（　）内に入れて参考文献を示してある場合も多い．

　多くの方々の助けがなければ，この本をつくりあげることはできなかったであろう．いうまでもなく，われわれはまず最初に各章の執筆者に最大の感謝を捧げなければならない．筆者の多くは締め切りに合わせて原稿を仕上げてくださった（なお残念ながら，筆者の一人であるKarl F. Hirshが，本書の印刷中に死去されたことを報告しておきたい）．また，原稿に目をとおして問題点を指摘し，本書の科学的信頼性を高めてくださったその他多数の専門家（特にJohn H. Ostrom）にも感謝を申し上げる．

　本書の装丁や図版も，われわれは誇るに足るものと考えている．多数の本職の画家たちが，本来の報酬よりもはるかに低い代価で，その作品を使用することを許してくださった．本書の質が，彼

らの寛容さに応えうるものとなっていると感じていただけることを期待する．それぞれの図版を描いた画家の名前は，図版説明の中に記した．しかし，本書を贈呈するくらいではとても感謝しきれない Tracy Ford, Brian Franczak, Berislav Krzic, Greg Paul, Mike Skrepnick, Jim Whitcraft といった画家たちには，ここで特に感謝を申し上げておきたい．このプロジェクトでアートエディターを務め，いうにいわれぬ苦労をされた Bob Walters にも，特別の感謝を捧げる．

Linda Whitlock にはいつくかの原稿のタイプの打ち直しをお願いし，それによって彼女は特に興味を持っていたわけではない，ややこしい学名をいくつも覚えてしまったほどである．その他，本書の製作のさまざまな段階で力を貸してくださった方々のお名前を次にあげておく．スミソニアン研究所の Chip Clark, Jenny Clark, Kinmberly Brett-Surman, David Streere, Carolyn Hahn, Russell Feather, Mary Parrish, 記録文書局員の Dean Hannotte, 切手収集家の E. A. Knapp, Fran Adams, Wally Ashby, Saul Friess, ジョージ・ワシントン大学の George Stephens, Roy Lindholm, 作家 Robert J. Sawyer, Asimov の「アナログ」の編集者 Gardner Dozois．

このプロジェクトに真っ先に賛成し，最後まで力を貸してくださったインディアナ大学出版部にもお礼を申し上げる．Robert Sloan の忍耐にも，特に感謝しなければならない．

最後に，家庭の幸福を保つため，われわれの妻 Karen と Kimberly にも感謝を捧げなければならない．長期にわたるこのプロジェクトが終わりないもののように感じられて，いらだちのあまり文句が多くなり，時にはうつ状態に陥った時も，われわれのうち一人（名前はあげないことにしよう）が，仕事が忙しくて皿洗いなどしていられないと断わったりした時も，彼女たちはじっと我慢してくれた．

すべての人に心から感謝を捧げたい．

●文　献

Donnegan, M. D. J. 1832. *A New Greek and English Lexicon*：*Principally on the Plan of the Greek and German Lexicon of Schneider*．First American edition from the second London edition, revised and enlarged by R.B. Patton. Boston：Hilliard, Gray and Co.

Owen, R. 1842. *Report on British Fossil Reptiles*．Part II. Report of the Eleventh Meeding of the British Association for the Advancement of Science for 1841：60–204．

翻訳者一覧

監訳　小畠　郁生

翻訳　加藤　　珪
　　　　　Part 1/第 1 章〜第 5 章，Part 2/第 6 章〜第 9 章，第 12 章〜第 13 章
　　　池田　比佐子
　　　　　Part 2/第 10 章〜第 11 章，Part 4/第 29 章〜第 35 章
　　　舟木　嘉浩
　　　　　Part 3/第 14 章〜第 24 章，Part 4/第 25 章〜第 28 章
　　　舟木　秋子
　　　　　Part 3/第 14 章〜第 24 章，Part 4/第 25 章〜第 28 章
　　　乾　　睦子
　　　　　Part 4/第 36 章〜第 37 章，Part 5/第 38 章〜第 39 章
　　　永峯　涼子
　　　　　Part 5/第 40 章〜第 42 章，Part 6/第 43 章，付録，用語解説

（担当順）

原著者一覧

R. McNeil Alexander	Donald F. Glut	Bruce M. Rothchild
Reese E. Barrick	Douglas Henderson	John Ruben
Michael J. Benton	Willem Hillenius	Dale A. Russell
José F. Bonaparte	Karl F. Hirsch	Scott Sampson
M.K. Brett-Surman	Thomas R. Holtz, Jr.	William A.S. Sarjeant
Kenneth Carpenter	Terry Jones	Mary Higby Schweitzer
Ralph E. Chapman	John R. Lavas	Paul C. Sereno
Karen Chin	Andrew Leitch	William J. Showers
Edwin H. Colbert	Martin G. Lockley	James R. Spotila
Philip J. Currie	Teresa Maryańska	Michael K. Stoskopf
Peter Dodson	John S. McIntosh	Hans-Dieter Sues
James O Farlow	Ralph E. Molnar	Bruce H. Tiffney
Catherine A. Forster	Michael Morales	Hugh Torrens
Peter M. Galton	Frank V. Paladino	Jacques VanHeerden
Nicholas Geist	J. Michael Parrish	Darla K. Zelenitsky
David D. Gillette	R.E.H. Reid	

To
Ray Harryhausen
(whose work evoked a sense of wonder in many future paleontologists)
and
Forry Ackerman,
and to the memories of
Barnum Brown,
Edgar Rice Burroughs,
Sir Arthur Conan Doyle,
Thurgood Elson,
Charles W. Gilmore,
and
Willis O'Brien:

You had an impact.

Calvin and Hobbes
by Watterson

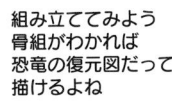

Calvin and Hobbes © 1988 Bill Watterson. Distributed by Universal Press Syndicate. Reprinted with permission. All rights reserved.

目　　次

Part 1　恐竜の発見 ……1
1　最初期の発見 ……2
恐竜に関する最初期の報告　4/　英国以外での発見　5/　ウィリアム・バックランドとメガロサウルス　5/　ギデオン・マンテルとイグアノドン　6/　バックランドのその他の発見　7/　イングランドでのその後の発見　8/　その他のヨーロッパでの発見　9

2　ヨーロッパの恐竜ハンターたち ……10
英国の初期の先駆者たち　10/　初期のフランスの恐竜ハンターたち　14/　フリードリッヒ・フォン・ヒューネ　14/　テンダグルーの恐竜　15/　王様になるつもりだった男　17/　ルイ・ドロー：恐竜と生物学的古生物学　19/　北アフリカのヨーロッパ人恐竜ハンターたち　19

3　北米の恐竜ハンターたち ……21
新世界における最初の恐竜発見　21/　O. C. マーシュとE. D. コープ：古生物学の世界の敵同士　22/　恐竜学の黄金時代　23/　恐竜研究の"暗黒時代"と"ルネサンス"　27

4　アジアの恐竜ハンターたち ……30
アメリカ自然史博物館のゴビ砂漠探検隊　31/　戦後のロシアとポーランドの探査隊　32/　最近のゴビ砂漠探査　35/　中国と内モンゴルでのフィールドワーク　36/　アジアでのその他のフィールドワーク　37

5　南半球の恐竜ハンターたち ……38
インドの恐竜研究　39/　アフリカの恐竜ハンターたち　40/　南米での発見：恐竜進化の謎を解くカギ　42/　オーストラリアとニュージーランドの恐竜　43/　凍った大地：南極大陸での恐竜探査　44

Part 2　恐竜の研究 ……51
6　恐竜の骨の採掘 ……53
どこを，どのようにして探すか　53/　発掘する骨の選択　55/　発掘地図の作製　56/　フィールド記録　57/　発掘の進め方　57/　発掘における現代技術の応用　59/　実験室での骨の剖出・整形　62/　管理と保存　62/　コレクションの管理　63

7　恐竜の骨学 ……64
解剖学的名称，位置関係，観察面　65/　骨格の各部　67

8　恐竜の分類学と体系学 ……74
名前とは何か？　分類学　74/　模式標本，先取権，異名，有効性　76/　科名およびその他のタクソン名　77/　体系学　78/　定義と標徴　83

9　恐竜と地質年代 ……87
恐竜はいつ生きていたか？　87/　ゴースト系統　88

10　恐竜の研究手段 ……91
データの収集　91/　データの処理　93/　データの分析　95/　模型製作，シミュレーショ

ン，機能形態学　95
11　分子古生物学：古生物生体分子の研究理論と技術 ———————— 110
　　化石の生体分子　110/ 生体分子とは　111/ 古生物の DNA を分離して研究する方法　112/ 化石から分離できるほかの生体分子　114/ ティラノサウルス・レックスおよびそのほかの恐竜類の骨組織分析　115
12　博物館に展示される恐竜 ———————————————————————— 121
　　恐竜骨格の展示　121/ 活動する骨格と筋肉　126/ 骨格の組立て　127/ その他の恐竜展示方法　131/ 未来　133
13　生きている恐竜の姿を復元する ———————————————————— 134
　　古代復元画の理論，研究，方法　135

Part 3　恐竜のグループ ———————————————————————————— 141
14　個人的な利害と古生物学：リチャード・オーウェンと恐竜の創案 ———— 143
15　主竜類の進化 ———————————————————————————————— 158
　　進化様式　160/ 主竜型類の初期の歴史　161
16　恐竜類の起源と初期進化 ———————————————————————— 169
　　層序学　169/ 恐竜類の定義　170/ 最も古い恐竜は何か？　171/ 最初の恐竜類　172/ 最初の恐竜類の関係：竜盤類と鳥盤類　174/ 恐竜類の起源に対する生態学的モデル　174/ 恐竜類の最初の放散　175
17　獣　脚　類 ———————————————————————————————————— 178
　　獣脚類の形質的特徴　178/ 獣脚類における特殊化　182/ 生態学　187/ 行動　188/ 渡り　190/ 進化と系統分類学　190/ 鳥類の起源　191
18　セグノサウルス類（テリジノサウルス類） ———————————————— 195
　　セグノサウルス類の解剖学　196/ セグノサウルス類の分類群と他の恐竜類との関係　198/ 生態と系統についての仮説　200
19　古　竜　脚　類 —————————————————————————————————— 202
　　プラテオサウルスの解剖学　203/ その他の古竜脚類　207/ 姿勢とロコモーション　208/ 感覚器官　211/ 食物と採餌　211/ 活動レベル　213/ 進化上の類縁関係　213
20　竜　脚　類 ———————————————————————————————————— 219
　　竜脚類の発見　219/ 竜脚類の解剖学　222/ 竜脚類の進化　224/ 分類　234/ 生体と生活様式の復元　234
21　剣　竜　類 ———————————————————————————————————— 243
　　オスニエル・チャールズ・マーシュとステゴサウルス　243/ 武装恐竜類に関する概念の変化　244/ 時代と場所における剣竜類の分布　249/ 頭骨　249/ 脊椎　250/ 帯部と四肢　251/ 皮膚装甲　251/ 分類　252/ 化石生成論と古生態　252/ 習性と行動　253
22　曲　竜　類 ———————————————————————————————————— 256
　　骨格の特徴　256/ 起源と進化　259/ 生理と行動　261
23　周　飾　頭　類 —————————————————————————————————— 265
　　周飾頭類：共通の祖先　265/ 厚頭類：厚い頭骨と装飾されたドーム　266/ 角竜類：オウム状のくちばし，角，そしてえり飾り　268
24　鳥　脚　類 ———————————————————————————————————— 276

鳥脚類についての知識の歴史　276／分類　277／「ファブロサウルス類」の問題　283／地理的分布　284／起源と進化傾向　284／機能形態学　285／皮膚と卵　287／鳥脚類研究の将来　288

Part 4　恐竜の生物学 — 291

25　恐竜時代における食物および生息地としての陸生植物 — 296
中生代の植物グループ　297／シダ植物　298／裸子植物　299／被子植物　301／時代をとおしての古植物相の変遷　302／古植物地理学　303／恐竜と植物：基本概念　304／三畳紀後期　304／ジュラ紀から白亜紀中期　305／白亜紀後期　306

26　恐竜は何を食べたか？　恐竜の食物を示す糞石などの直接的な証拠 — 310
食物探しの証拠としての連続歩行跡　311／捕食者と獲物の相互作用を示唆する化石集団　311／骨に残された歯跡：争いあるいは摂食行動の結果　314／胃の内容物：すでに摂取された食物の証拠　314／糞石：採餌行動の最終結果　315

27　恐竜の闘争と求愛 — 320
古い骨に対する新しい考え方　320／証拠　323／絶滅動物の解明に役立つ現生動物　323／生物力学的考察　324／ボーンベッドと成長パターン　324／性的二型性　325／求愛信号と恐竜の進化　326

28　恐竜の卵 — 329
卵とは何か？　329／余談：何が卵ではないのか？　331／卵殻化石の研究　331／卵殻の分類　332／卵を産んだ動物の同定　332

29　恐竜の成長過程 — 337
発生初期およびその後の成長段階　337／軟骨性骨と骨端　339／骨膜性骨　342

30　恐竜工学 — 347
体の大きさとその限界　347／活動性の限界　348／恐竜類とキリン類の比較　351／恐竜の武器　353

31　恐竜の古病理学 — 356
骨の古病理を確認する際の問題と手順　356／外骨腫　358／芝生のくぼみ　360／骨折　361／ストレス骨折　362／歯の病気　364／感染症　364／骨関節症　365／関節炎　367／汎発性突発性骨増殖症　367／脊椎の融合　368／腫瘍　370／恐竜の卵　371

32　恐竜の生理機能：「中間」説の根拠 — 376
最初のステップ：体高と心臓　377／「温」血，「冷」血，そしてそれ以外の可能性　378／恐竜類のモデル　381／骨に残る証拠　383／腔所のある骨　387／最後のステップ：断片をつなぎ合わせる　388

33　酸素同位体による恐竜骨の分析 — 396
体温調節，代謝率，酸素同位体　396／骨内および骨間の同位体の差異　398／現生動物における骨の同位体比　399／余談だが必要な話：続成作用と骨の同位体比　400／化石種の骨の同位体比　404／まとめ：恐竜の生理機能はどのようなものであったか？　405

34　巨竜の青写真：大型恐竜の生理機能 — 409
恐竜の生理機能を理解する上での問題点　410／四肢動物の生理的青写真　411／ゾウの生理機能　412／恐竜の設計図：心臓血管系の制約　413／巨竜の進化　414／恐竜類の青写真　416

35 恐竜の代謝機能に関する新見解 ———— 419
　哺乳類および鳥類における呼吸甲介，そして内温性との関係　420/ 一部の恐竜類の代謝状態　426/ そのほかの観察結果　428
36 恐竜の足跡に関する科学的研究 ———— 431
　恐竜の足跡の調査方法：フィールドワーク　432/ 研究室での作業　436/ 足跡をつけた恐竜を同定する：ヒッチコック先生と驚異の鳥　436/ 足跡をつけた動物を同定する　441/ 恐竜の足跡を命名する　449/ 足跡と恐竜の移動様式　453
37 古生態学および古環境学における恐竜の足跡の有用性 ———— 462
　足跡の保存：問題点と解決方法　464/ 歩行跡データの採取：足跡，歩行跡，足跡露頭　466/ 個体数調査研究，生物量，足跡群集，および足跡相の概念　466/ サイズ頻度分布データ　469/ 歩行跡の方向データ　470/ 足跡群集を堆積環境と関連づける　471/ 踏みつけ　471/ 地域スケールのパターン　473/ 巨大足跡露頭　473/ 対比ツールとしての足跡：古生痕層位学の科学　474/ 足跡および骨格のデーターベースの比較　475

Part 5　変わりゆく中生代に生きる恐竜の進化 ———— 483

38 恐竜の生物地理学 ———— 485
　大陸移動説とプレート・テクトニクス：その歴史　486/ プレート・テクトニクスの証拠　486/ 大陸が動くメカニズム　486/ プレート・テクトニクスと大陸移動説以外の説　487/ 生物地理学の理論　490/ 分断生物地理学　493/ 分散生物地理学　494/ 汎生物地理学　495/ 生物地理学の「近代的融合」　495/ 生物地理学の予言　496/ 古気候学　496/ 堆積岩に見る過去の気候の証拠　497/ 過去の気候に関する古植物学的証拠　497/ 気候のシミュレーション　498/ 地理，気候，そして進化　501/ 恐竜に応用する　503
39 中生代における恐竜以外の主な脊椎動物 ———— 507
　脊椎動物の主な分類　507/ 本章で用いる脊椎動物の分類　508
40 中生代前期における大陸の四肢動物 ———— 523
　三畳紀の四肢動物群集　524/ ジュラ紀前期の四肢動物群集　531/ 恐竜の繁栄：競争か生態的日和見主義か　532/ 中生代前期における大陸の四肢動物の絶滅　533
41 中生代後期の恐竜の動物相 ———— 537
　ジュラ紀前期：パンゲア　539/ ジュラ紀中期・後期：中央アジアの孤立　539/ 白亜紀：ローレシア大陸の地層　539/ 白亜紀：ゴンドワナ大陸の形成と分裂　544
42 恐竜の絶滅：激変論者と漸移論者の対話 ———— 551
　2つのシナリオ　552/ 合意点　552/ 絶滅のいずれかのモデルを支持する点：恐竜の激変的衰退　553/ 絶滅のいずれかのモデルを支持する点：恐竜の漸移的衰退　554

Part 6　恐竜とメディア ———— 559

43 恐竜とメディア ———— 561
　なぜ恐竜はそんなに人気があるのか？　561/ SFの恐竜　562/ ハリウッドの恐竜　562/ 電子の恐竜　572/ 市場策略としての恐竜：恐竜は売れる！　572/ 郵便切手の恐竜　576/ 恐竜のトレーディングカード　576/ 漫画の恐竜　577/ 人気の本や雑誌の中の恐竜　579/ 今日の恐竜　579/ 恐竜の骨を見つけたら　580

付　録：恐竜古生物学年代記 ──────── 591

用 語 解 説 ──────── 603

参考図書一覧 ──────── 611

索　　引 ──────── 613

原著での謝辞・原著製作スタッフ ──────── 632

恐竜の発見

Part 1

　自分の評判が自分自身よりも先に届いていることに満足して，コープ（Cope）は続けた．「マーシュ（Marsh）は化石をたくさん買い込んでいる．中には包みをほどいていないものもある．彼は解剖学などわからず，大勢の助手たちが彼の標本を調べ，彼の論文を書いているのだ．助手たちはわずかな報酬しか与えられず，自分の研究をすることは禁じられている……」．コープは，自分がその人たちに反抗をそそのかしたことは黙っていた．

　「マーシュは学術雑誌を読んでいないから，二番煎じの論文を発表する．それでも人は彼のことを科学者と呼ぶのだ．1872年にマッジ（Mudge）は，マーシュの評判を高めることになった"歯を持った鳥"の化石を私のところに送るつもりだった．ところがそれを聞きつけたマーシュは，マッジを説得してその化石を手に入れた．ブリジャー（Bridger）盆地では，彼の発掘隊は私の化石を盗んだ．また，彼は化石発掘人たちに，化石の複製や他の骨をたたき壊すよう指示し，実際に化石を破壊して私の手に入らないようにした」

　　　　　　——シャロン・ファーバー，『ミシシッピの西の最後の暴れ馬』

　人間が行う他のあらゆる知的活動の分野と同じく，恐竜の研究にも，強烈で，多彩な個性を持った——そして時には常軌を逸した——人間たちが織りなす，興味の尽きない歴史がある．ここでは，恐竜に関して今日のような理解をもたらした世界中の研究者たちの働きについて，簡単にお話ししよう．まず最初に，人類はどのようにして，かつてこの地球上に恐ろしく巨大な爬虫類の支配した時代があったらしいと思うようになったかという話から始める．次に，恐竜古生物学の歴史に登場する，とりわけ注目すべき人物たちの活躍について述べる．話は，この分野の最初期の研究が行われたヨーロッパから始まる．古生物学がヨーロッパに始まり，そこから世界中に広がっていったのと同じように，この恐竜研究の歴史物語も，ヨーロッパから地球のさまざまな場所へと話の焦点は移っていく．

　Part 1 の各章は，地理的な地域別に話題をまとめた．恐竜研究史上重要な出来事を厳密に年代順に並べて簡単に説明した年表は，付録を参照していただきたい．

1 最初期の発見

William A. Sarjeant

　人類が恐竜の骨や足跡の化石を初めて見たのはいつのことだったろうか？　この問いに答えを得ることは期待できない．しかし，恐竜の骨よりも足跡の方が早く知られていただろうとは考えられる．アフリカ南西部のブッシュマン——世界中で文化的に最も未開の民族の一つだが，最もすぐれた猟師でもある——は，恐竜の足跡を極めてよく知っていた．彼らの言葉を流暢に話すことのできるフランスの古生物学者ポール・エランベルジェ（Paul Ellenberger）は，足跡や足跡の主についての歌や物語を聞いたことがあるだけでなく，ブッシュマンの絵にそれらが描かれているのも見た．その絵に描かれた足跡の主はイグアノドンに驚くほどよく似ており，前肢の大きさまで正確に描かれていたと彼は伝えている（D. J. Mossman への私信）．

　ブラジルのある未開部族は，パライバ州の層理面に露出している肉食恐竜の足跡について，また別の——しかし極めて論理的な——解釈を加えていた．そのそばの岩面に彫られたシンボルは，それが現存する南米の走鳥レア（アメリカダチョウ）に匹敵する巨大な鳥類の足跡と考えられていたことを示している（G. Leonardi in Ligabue 1984）．

　ヨーロッパや，米国のヨーロッパ人入植地では，恐竜やその祖先の足跡の化石から伝説が生まれた．英雄ジークフリートのドラゴン退治の話は，ドイツ西部のライン渓谷に露出していた足跡から生まれたのかもしれない（Kirchner 1941）．キロテリウム（*Chirotherium*）——恐竜類ではない初期の主竜類——の足跡が残る三畳紀の砂岩が，英国のチェシャー州ハイアーベビントン（Higher Bebington）のキリスト教会の石組みに組み込まれると，その地方ではそれを「悪魔の足の爪」と呼ぶようになった．19世紀の初めにマサチューセッツ州の農場の少年プリニー・ムーディ（Pliny Moody）が見つけた赤色砂岩に残る恐竜の足跡は，極めて大きなものであったにもかかわらず，ノアが陸地を探すために箱船から放したが帰ってこなかったカラスの足跡と考えられた．エドワード・ヒッチコック（Edward Hitchcock）やその他の米国の博物学者が改めて調べた時も，この足跡はずっと鳥の足跡と信じられていた（Sarjeant 1987）．

　無脊椎動物の殻や魚（特にサメ）の歯の化石は極めてよく見られるもので，はるかに遠い昔から装飾，装身，妖術などのために採集されていた（Abel 1939；Oakley 1965；Bassett 1971；Vitaliano 1973；Zammit-Maempel 1982）．これらも同じように，魔

術や超自然的存在についての物語を多数生んだ．化石の骨も広くさまざまな伝説のもとになったが，それらはふつうもっと最近に絶滅した動物の骨であって，原始的なクジラ（ジューグロドン類 zeuglodonts）や，ゾウまたはその近縁のもの（マストドン類 mastodonts やマンモス類）が最も多かった．ドラゴン，ユニコーン，巨人などの物語や叙事詩はこうしたものから生まれた．中国の竜伝説の中にも，恐竜の骨がもとになったものがあると思われる．例えば，西晋王朝（AD 265-317）の時代に四川省・秦鈴山脈中の五城から竜骨が報告されているが（Dong 1988：18-19），それほどはっきりした証拠のある話ではない．

伝説が恐竜の骨と直接結びついている可能性のある例が一つだけある．19世紀の初めにカナダ・アルバータ州のピーガン族の間で暮らしていたフランス系カナダ人ジャン=バプティスト・ラルー（Jean-Baptiste L'Heureux）は，現在州立恐竜公園となっている地域で，「バッファローの父」の骨として畏敬されている骨を見たことを記録している（Spalding 1993：5）．バッファローは平原インディアンの知っている最大の動物であり，このように考えるのはもっともなことであった．

たまたま発見された恐竜の骨から正しい解釈に到達するためには，問題が3つあった．まず第一は，化石になる過程でたいていは骨の組織が変わり，鉄分や有機物によって色も変化するため，とても骨とは見えないことである．第二は，骨はばらばらになって発見される場合がほとんどで，完全な，あるいは完全に近い骨格が見つかることはごくまれであるため，何も知らない観察者には，あまり強いインパクトがないことである．仮に，完全な骨格の形で残っていても，骨格全体がすっかり地表に露出していることはほとんどない．第三は，今日われわれが最も驚異を感じる著しく巨大な椎骨，肋骨，四肢骨などは，あまりに大きすぎてそれが骨だとは気がつかないか，または気がついたとしてもまともに動物の骨だとは考えられなかったことである．見つかった恐竜の骨は人工物と考えられたり，装飾のために使われたりした．モンゴルのゴビ砂漠で，古代人が恐竜の卵の殻の破片をきれいに並べて模様を描いているのをロイ・チャップマン・アンドルーズ（Roy Chapman Andrews）（1932：209）が報告しているが，彼らはそれが過去の時代の動物の遺物だとは気づいていないのがふつうであった．

時々は，化石はかつて生きていた生物の遺骸だと

図1.1●ロバート・プロット（1640-1696）．恐竜の骨を初めて図に描いて記録した画家

気づいた人も現れた——古代ギリシャではコロフォン（Colophon）のクセノファネス（Xenophanes）やサルディス（Sardis）のクサントス（Xanthos）（Adams 1938：11-12），15世紀にはレオナルド・ダ・ヴィンチ（Leonardo da Vinci），16世紀にはデンマークのニールス・ステンセン（Niels Stensen, ステノ Steno と呼ばれた）など——が，これらの知的先駆者たちの考え方は秘密にされたり，あとに続く人たちに完全に否定されたりした．例えば，レオナルドの秘密のノートが初めて人の目に触れたのは4世紀後のことであり，ステノの考え方はロンドンの英国学士院でマーティン・リスター（Martin Lister）によって頭から否定された．リスター（1671）は，化石は「動物のいかなる部分でもない」と述べている．ウェールズの博物学者エドワード・ロイド（Edward Lhuyd）（1699）は，化石とは海生動物の小さな子どもが海から立ちのぼる水蒸気によって内陸部に運ばれ，それが岩石の中で成長してできたものだと考えて，話のつじつまを合わせようとした．化石が生物に由来することを示すロバート・フック（Robert Hooke）の細心の証明が1668年以降に英国学士院に提出され，その死後（1705）に公表されたが，それでもなお同時代の人々をすべて納得させたわけではなかった．オックスフォード大学アシュモレアン博物館キュレーターのロバート・プロット（Robert Plot）（図1.1）は，この証拠を検討したが，岩の中に見られる無脊椎動物の殻の化石は，花がその表面を飾るのと同じように，地球がその秘密の場所を飾るため，「地球に潜む何らかの驚くべき形成力によって動物の形につくられた石（Lapides sui generis）」

にすぎないという結論を下した（1677年に初版が刊行された本の第2版［1705］）．

●恐竜に関する最初期の報告

しかし，やがて自分で恐竜の骨を発見し，その図を描いたプロットは，それが「今では化石となった本物の骨であり，もっとはっきりいえば大腿骨の下部である」ことに気づいた．「周囲は大腿骨頭近くで2フィート（60 cm），膝の上の頂部で……約15インチ（38 cm）」という巨大な大きさから，これは「ウシやウマよりもかなり大きな動物の骨にちがいない．もしそうだったとすれば，あらゆる可能性から見て，これはローマの英国支配時代にここに持ち込まれた何らかのゾウの骨にちがいない」というのが彼の結論であった（1677）．プロットの骨は，オックスフォードシャー州チッピングノートン（Chipping Norton）近郊コーンウェル（Cornwell）の中部ジュラ紀層から発掘されたものであった．今ではなくなってしまったが，彼の描いた図と寸法は，これがメガロサウルスの大腿骨の一部だったことを示している．

この骨は，1763年にリチャード・ブルックス（Richard Brookes）が再び図示した．カール・フォン・リンネ（Carl von Linné）の『自然の分類（Systema Naturae）』（1758）が出版されて間もない頃のことである．図には「人間の陰嚢（Scrotum humanum）」と説明がつけられていた．その他のブルックスの図についている説明と比べてみると，これはその形をこのように呼んだにすぎないことは明らかである．彼はプロットの標本が骨の一部であることを十分に知っていた．しかし，フランスの哲学者ジャン=バプティスト・ロビネ（Jean-Baptiste Robinet）はこの名前をまともに受けとった．彼は，化石とは自然が人間の臓器を別の形でつくり変えようと試みたものだという奇矯な考えを持っていた．ロビネ（1768）はプロットの標本が陰嚢だと受けとっただけでなく，ここには睾丸の筋肉組織と尿道の痕跡も見られると信じた．

ロビネの考えは他の学者にはまともに相手にされなかったが，Scrotum humanum というのが恐竜につけられた最初の学名だったといって誤って提案されたこともある（Halstead 1970；Delair and Sarjeant 1975）．しかし，今ではこの主張は動物分類学の権威によって完全に否定されている（Halstead and Sarjeant 1993）．

18世紀には，英国でその他の恐竜が発見された．ロンドンのグレシャム・カレッジ教授ジョン・ウッドワード（John Woodward）の死後（1728）に出版された彼の収集化石目録の中に見られるA1という標本は，恐竜——おそらくこれもメガロサウルス類——の脚の骨のいくつかの断片からなる．この破片はケンブリッジ大学セジウィック博物館のウッドワード・コレクションの中にあり，現在確認できる恐竜の骨のうちで最も早く発見されたものである．

その次の発見もオックスフォードシャー州で行われた．英国の骨董品商ジョシュア・プラット（Joshua Platt）は1755年，ストーンズフィールド（Stonesfield）で，恐竜のものにちがいない3個の大きな動物の椎骨を発見した．まずいことに，彼はそれを鑑定してもらうため，クエーカー教徒の商人で植物学者のピーター・コリンソン（Peter Collinson）のもとに送った．コリンソンは何もせず，その骨がどうなったのかはわかっていない．しかし，その後プラットはまたストーンズフィールドで巨大な大腿骨を見つけた．これもメガロサウルスの骨だったと思われる．完全なものではなかったが，長さは約74 cm，幅は下端の顆部で20 cm，骨幹部で10 cmあった．プラットはこの2番めの発見を短いノートとしてまとめ，詳しい図をつけて報告した（1758）．この骨は出版されていないプラットの収集目録（1773）に入っているが，その後行方がわからなくなった（Delair and Sarjeant 1975：10）．

やはりストーンズフィールドで発見されたメガロサウルス（Megalosaurus）の肩甲骨の一部が，1784年に当時のケンブリッジ大学のウッドウォーディアン博物館に寄贈された．この骨は現存しているが，学術的な記載や図示は行われていない．これよりもはるかに大きい恐竜——まちがいなく竜脚類の，たぶんケティオサウルス類——の尾椎の椎体が，1809年にオックスフォードシャー州ドーチェスター・オン・テムズ（Dorchester-on-Thames）で発見された．この骨もケンブリッジ大学のコレクションに現存しているが，これが初めて報告され，図示されたのは166年後のことであった（Delair and Sarjeant 1975：11, fig. 3）．1816年になる前に，地質学者のトーマス・ウェブスター（Thomas Webster）はワイト（Wight）島の白亜紀層から，いくつかの骨——恐竜の骨であることは確かだった——を発見した．これらについては，この島に関する全般的な論文の中では触れられているが（Englefield 1816），学術的な記載は行われず，今ではどれがその骨か確認できない．

●英国以外での発見

英国から海峡を渡ったフランスのノルマンディ海岸でも，18世紀に恐竜の骨が発見されていた可能性がある．アッベ・ディクマール（Abbé Dicquemare）がヴァーシュノワール（Vaches Noires）の断崖で採取し，1776年に報告した骨は，恐竜の椎骨と大腿骨が含まれていたのではないかと思われる（Taquet 1984）．しかし，記載は簡単なもので，図もつけられていなかった．オンフルール（Honfleur）近郊で発見され，ジョルジュ・キュヴィエ（Georges Cuvier）（1808）が図を描いた椎骨は獣脚類恐竜の骨であったことが確かだが（Lennier 1887），まちがって変わったタイプのワニ類のものだと考えられてしまった．

北米で最も古く発見された恐竜の骨も同じように，ここではごく簡単に述べておくだけの価値しかない．最初の観察報告は，ウィリアム・クラーク（William Clark）の報告であろう．彼はメリウェザー・ルイス（Meriwether Lewis）とともに1806年，米国が取得したばかりのルイジアナ購入地を探検した時，今日のモンタナ州ビリングズ（Billings）に近いイエローストン川南岸，ポンペイズ・タワー（Pompey's Tower，現在のポンペイズ・ピラー Pompey's Pillar）の下流の断崖で大きな肋骨を見つけた．クラークは日記の中で，それは「端の方が一部折れてなくなっているように見えたが，それでも長さは3フィート（91 cm），周囲の太さ3インチ（7.6 cm）くらいあった」と記している．彼は「この肋骨の破片を数個手に入れた．骨は風化しても，石のようにかたくもなく，著しく脆く，巨大な魚の骨だと思われた（Clark, Simpson 1942：171-172に引用）．この骨は後期白亜紀のヘルクリーク累層から発見されており，恐竜の骨だったことはまちがいない．

これに対して，ソロモン・エルズワース・ジュニア（Solomon Ellsworth, Jr.）が，コネティカット渓谷のイーストウィンザー（East Windsor）の近くで赤色砂岩に井戸を掘っている時に発見した化石の骨は，小さいものだったために人間の骨と見誤られてしまった（Smith 1820）．1世紀近くが過ぎたのち，リチャード・ラル（Richard M. Lull）はそれらが恐竜の特徴を持つことに気づき，これは小型のコエロサウルス類の骨だと考えた．さらにもっと最近になってピーター・ゴールトン（Peter M. Galton）が改めて吟味を行い（1976），これが古竜脚類の一種の骨であることを明らかにした．

プロットの発見から1世紀ほどの間に，恐竜の骨は繰り返し発見され，それと同じくらい繰り返し，その正体について誤った解釈が下された．さらにその後，オックスフォードシャー州ストーンズフィールドで行われた新たな発見が，ついに恐竜の科学的研究の始まるきっかけとなった．

●ウィリアム・バックランドとメガロサウルス

オックスフォード大学の鉱物学講師ウィリアム・バックランド師（William Buckland）（図1.2；伝記的データについては本書第2章参照）がこの発見をしたのがいつだったかははっきりしないが，1815年前後のことだったと思われる．発見したのは，後方に反り返り，縁にギザギザのついた数個の巨大な歯と，歯が1本ついた下顎骨の一部であった．これらは間もなく爬虫類のものと認められ，これよりもずっと小さいが，形の極めてよく似た現存するオオトカゲ類の歯と比較された．キュヴィエは1818年にオックスフォードを訪れた時にこの標本を見て，のちに（1824）これは彼の訪問の数年前に発見されたものだと書いている．アイルランドの博物学者ジョーゼフ・ペントランド（Joseph B. Pentland）は1821年にキュヴィエの研究室からバックランドに宛てて書いた手紙の中ですでに，「あなたはストーンズフィールドの爬虫類を送ってくれますか？　それとも自分で発表するつもりですか？」と哀れな調子で尋ねていた（Sarjeant and Delair 1980：262）．

図1.2●ウィリアム・バックランド（1784-1856）．恐竜の1種を初めて学術的に記載し，それに名前をつけた科学者

しかし，バックランドは聖職者としての仕事や，地質学についての興味を超える広い範囲のことに関心を持ち，文字どおり博学の人であった．そのようにやるべきことをたくさん抱えていたため，発見した化石の発表はなかなか進まなかった．さらにその上，バックランドは牧師仲間で地質学の仲間でもあったウィリアム・ダニエル・コニーベア師（William Daniel Conybeare）の協力を期待していた．1822年7月11日にペントランドに書いた手紙の中で，バックランドは次のように述べている．

「コニーベアがすぐにストーンズフィールドのオオトカゲの研究を始め，それに関する論文を私と共同で発表しようとしていますが，どのチャンネルをとおして発表するかはまだ決まっていません．私が特に意識しているのはキュヴィエの本に間に合わせたいということです．彼の本がいつ頃になるか教えてください」

すでに1821年に，コニーベアは化石の海生爬虫類についての論文の中で，ストーンズフィールドの"巨大なトカゲ"について簡単に触れていたが，共同研究はまだ実を結んでいなかった．しかし，バックランドの発見はすでに広く知れ渡っていた．ジェームズ・パーキンソン（James Parkinson）は1822年に出版された一般的な古生物学の教科書の中で，歯の1本の図を描き，次のように書いた．

「メガロサウルス（Megalosaurus）（メガロス Megalos は「大きい」，サウルス saurus は「トカゲ」）．歯の生え方の点でオオトカゲに似ているように見える動物で，まだ学術的な記載は行われていない．ストーンズフィールドの石灰質スレート中から発見された．……この動物の重要部分はほとんどスケッチされており，現在はオックスフォードのアシュモレアン博物館にある．近いうちに学術的記載が公表されることが期待される．いくつかの例では，この動物は体長40フィート（12 m），体高8フィート（2.4 m）に達したにちがいない」

この手紙の自信ありげな調子から，メガロサウルスの名づけ親はパーキンソンだといわれることがある．しかし，これは命名法のルールがきちんと定まる以前の時代のことであり，まだこのような情報の借用も特に不穏当とは考えられていなかった．バックランドがキュヴィエ自身に宛てて1823年7月9日に書いた，別の未公表の手紙では，メガロサウルスの名づけ親がバックランドであることだけでなく，"ストーンズフィールドのオオトカゲ"についての研究結果を，近く発表することも明確にされている．

「親愛なる男爵．ここにストーンズフィールドの巨大な動物の図版の校正刷りをお送りします．私はこれにメガロサウルスという名前をつけるつもりで，それは『地質学会報』第5巻第2部または第6巻第1部に発表することになるでしょう」

キュヴィエはいら立っていた．ここでもペントランドがキュヴィエの代筆者となり，1824年2月28日の手紙で，彼のいら立ちを伝えた．

「私は友人のキュヴィエからたった今，ストーンズフィールドの爬虫類メガロサウルスを発表することについて述べられた貴下の手紙の主題に関して，手紙を書くことを求められました．彼は現在進めている研究の中で貴下の爬虫類について言及したい考えであり，貴下の論文がすでに公表されたのか，それはどのような形で，どのような著作の中でかを知りたいのです」（Sarjeant and Delair 1980：304）

しかし，この手紙が送られる前に，バックランドはついに1824年2月20日，ロンドンの地質学会本部で彼の論文を発表した．その年のうちに刊行されたこの論文は，恐竜に関する最初の学術的記述となった．ただしその時は，これらの爬虫類の恐竜という名前がまだ生まれていなかったことはいうまでもない．

● ギデオン・マンテルとイグアノドン

もう一人の英国の古生物学者である，サセックス州の外科医ギデオン・アルジャノン・マンテル（Gideon Algernon Mantell）（図1.3；伝記的データについては本書第2章参照）が恐竜の発見に果たした役割については，広く誤り伝えられている．1822年の初め，マンテルが患者を往診した時，外で待っていた妻のメアリー・アン（Mary Ann）が，道路のわきに積まれていた舗装用の石ころの山の中から数個の歯の化石を見つけたという話はよく聞かれる（例えば，Colbert 1983：13-15）．妻の発見した化石を見て興奮したギデオンは，石ころが掘り出された採石場を突き止め，そこでさらにたくさん歯や骨を見つけた．この出来事がマンテルにイグアノドン（Iguanodon）だけでなく，恐竜の科学的研究に対する関心を起こさせ，マンテルに先を越されることを恐れるバックランドが，その後に得た結果を発表するのを促すことになったという．

残念ながら，ディーン（Dean）（1993：208-211）が明らかにしているように，このロマンチックな物

図1.3●ギデオン・アルジャノン・マンテル（1790–1852）．草食恐竜の一種を初めて学術的に記載し，それに名前をつけた科学者

図1.4●ジャン・レオポルド・ニコラス・フレデリック（通称ジョルジュ）・キュヴィエ男爵（1769–1832）．19世紀初期の最大の解剖学者

語は，厳しい検証に耐えるものではない．1822年5月に出版された著書『サウスダウンズの化石』の中でマンテルは，「驚くべき大きさのトカゲ類の動物の歯，椎骨，骨，その他の遺物が……サセックス州で発見されている」と書いている．また，彼のためにイグアノドンを見つけたのがメアリー・アンだったというのは本当かもしれないが，のちにギデオンが，その発見者は自分だといっていることもディーンは指摘する．

このような問題点や不確かな点はあるにしても，マンテルがイグアノドンの存在をはっきりと認識するようになった話が興味深いものであることに変わりはない．彼が1821年6月21日に地質学会で自分の発見した化石を展示した時には，人々はほとんど何の興味も示さなかった．チャールズ・ライエル（Charles Lyell）がキュヴィエ（図1.4）に調べてもらうため，歯を一つパリに持っていくと，それはサイの上顎の切歯だといわれただけだったし，いくつかの中足骨はある種のカバのものと考えられた（Mantell 1850：195）．しかし，マンテルはくじけなかった．その歯が草食動物のものであることは認めたが，この動物が爬虫類ではないかという疑いはすでに持ち始めていた．大きく道が開けたのは，彼がロンドンの王立外科学会（Royal College of Surgeons）のハンテリアン博物館で動物の骨や歯を調べていた時のことであった．その日博物館を訪れていたサミュエル・スタッチベリー（Samuel Stutchbury）が，マンテルの注意を現存するイグアナの歯に向けさせた．サセックスの歯は，大きさが巨大であるだけで，それ以外はイグアナの歯と全く同じであった！

マンテルがもう一度キュヴィエに手紙を書くと，このフランスの大科学者はその新しい解釈に同意して，「これは新しい動物，草食の爬虫類なのではないか？」といってきた（Mantell 1851：231–232）．

マンテルは最初，この"新しい"爬虫類をイグアノサウルス（*Iguanosaurus*）と呼ぶことを提唱したようだが（著者不明1824），これはとり下げて，コニーベアが彼に提案したもっと響きのよいイグアノドンという名が採用された．バックランドの論文から1年近くのちの1825年2月10日，マンテルは誇らしげに彼の発見をロンドンの英国学士院に報告し，さらにその論文は同じ年に「英国学士院会報（*Philosophical Transaction*）」に発表された．

メガロサウルスは人々の興味を引いたが，いずれにしても巨大な肉食爬虫類はすでによく知られていた．10 m近くにも達する極めて大きなワニが今も生きているのである．だが，今度は巨大な草食爬虫類である．これはまさに全く新しい動物であった．

●バックランドのその他の発見

バックランドはほかに多くの問題に首を突っ込んでいなければ，イグアノドンの記載でもマンテルに先んじることができたかもしれないところであった．アダム・セジウィック（Adam Sedgwick）（1822）が記しているところによると，バックランドは1822年のクリスマス前にワイト島のサンダウン（Sandown）湾で"クジラ類"の骨を発見した．これが実はイグアノドンの骨だったと，のちにバック

ランド自身が報告している（1824：392）．彼はまた，これよりもさらに巨大な骨を，オックスフォード博物館のために手に入れていた．それは地質学者ヒュー・ストリックランド（Hugh Strickland）が，オックスフォードシャー州エンズローブリッジ（Enslow Bridge）に近い鉄道の切りとおしで，ばらばらに砕けた状態で発見したものであった．バックランドがこれを注意深くつなぎ合わせると，長さ1.3mの大腿骨であることがわかった（Strickland 1848）．ていねいに接着し，ワイヤーでつないだこの骨は，「オックスフォードの地質学の教室で，長い間感嘆の的となった」（Phillips 1871：247）．バックランドはこのほかにも，同じような骨をいくつも手に入れたり，調べたりしており，その中にはチッピングキャンプデン（Chipping Campden）やオックスフォードシャー州テーム（Thame）近郊の中部ジュラ紀層から発見された椎骨や，同じテームで発見された巨大な肩甲骨が含まれ，また，ウィリアム・ストウ（William Stowe）がバックランドのために，バッキンガム（Buckingham）近郊で発見された化石をそっくりひとまとめにして手に入れたものもあった．バックランドはストウへの手紙（Phillips 1871：245に引用）の中で次のように書いている．これらの骨はすべて，「まだ学術的に記載されていない，イグアノドンよりも大きな巨大爬虫類」のものだ．「私はばらばらになったその破片をわが博物館のために集めているところで，遠からずその歴史を明らかにできるものと期待している」．

しかしバックランドは，これらの巨大な骨についてそれ以上報告することはなかった．その仕事を果たすことになるのがリチャード・オーウェン（Richard Owen）であり，彼は1841年6月30日にロンドンの地質学会で行った講演の中で，ケティオサウルス（Cetiosaurus）——最初に発見された竜脚類恐竜——について報告し，記載して名をつけた．これは1841年8月に英国学術協会で発表された英国の化石爬虫類についてのオーウェンの大論文の先触れとなった（本書第14章参照）．

●イングランドでのその後の発見

一方，その他の恐竜の骨も次々に発見されていた．地質学者のウィリアム・フィットン（William H. Fitton）（1824）は，ドーセット州スワンウィッチ（Swanwich）湾に露出している地層から見つかったトカゲに似た骨について簡単に報告した．サセックス州ヘッドフォードウッド（Headford Wood）共有地では，1824年に椎骨と不完全な大腿骨が発掘された（Murchison 1826）．どちらも，ウィールド層（下部白亜紀層）から発見された．いずれもイグアノドンのものだったと考えられるが，これらの標本は（現存しているとしても）確認できず，研究もされていない．

この場合もバックランドがぐずぐずしている一方で，マンテルは精力的であった．マンテルはウィールド層からのイグアノドンの骨をさらに集めた．中でもワイト島サンダウンの断崖から発見されたばらばらの骨の破片や，ケント州メイドストン（Maidstone）から切り出された石板は特によく知られる．この石板には骨格の一部が見られ（図1.5），冗談めかして「マンテルのマンテルピース（暖炉飾り）」と呼ばれる重要な発見物となっている（Norman 1993）．これによって彼は復元図の作成を試みることができ，この動物の初期の復元はそれに基づいて行われることになる．マンテルはまた，よろいをつけた恐竜（曲竜）の化石——皮膚成分と装甲板がつながった，頭蓋よりあとの骨——も発見し，それにヒラエオサウルス（Hylaeosaurus）という名前をつけた．これは学術的に記載された最初の曲竜類であった（1833）．マンテルは1852年に死ぬ前に，さら

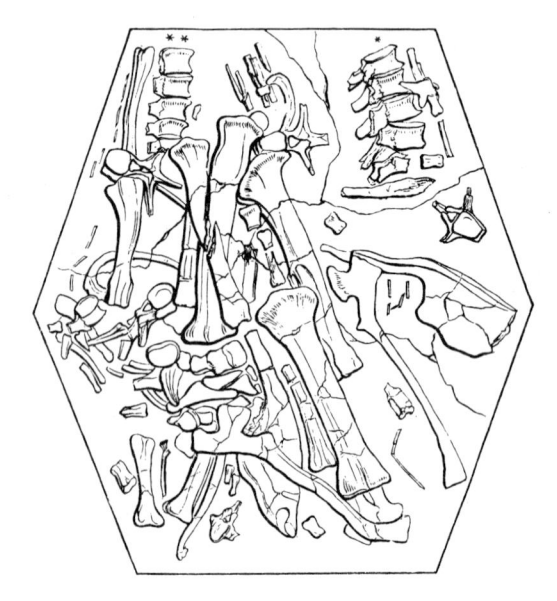

図1.5●ギデオン・マンテルの"マンテルピース（暖炉飾り）"
ケント州メイドストンで発見された石板で，イグアノドンの不完全な骨格が見られる（マンテルのスケッチによる）．

に2つの恐竜の属について記載し，名前をつけた．

サミュエル・スタッチベリーはS. H. ライリー（S. H. Riley）とともに，英国の三畳紀層——特にブリストル地方のいわゆる"マグネシア礫岩"——から発見された最初期の爬虫類の化石を報告して（1836–1840），再び表舞台に登場する．3つの属を報告し，そのうちの2つ（テコドントサウルス *Thecodontsaurus* とパラエオサウルス *Palaeosaurus*）は，今日では恐竜として認められており，前者は古竜脚類，後者は類縁関係不明と考えられている．

● その他のヨーロッパでの発見

フランスで初めて恐竜の存在が認められたのは1828年，A. ド・コーモン（A. de Caumont）がノルマンディ地方カーン（Caen）の中部ジュラ紀層のウーライト（oolite）から見つかったメガロサウルスの骨を報告した時である．その後，古生物学者のジャック＝アマン・ユーズ＝デロンシャン（Jacques-Amand Eudes-Deslongchamps）（1794–1867）は，カーン周辺の採石場や建設現場から見つかった骨や骨の破片を，丹念に集めていった．材料が十分に集まったと確信が持てたところで，彼はこうやって復元した骨格の一部について記載し，出版した．この巨大な化石爬虫類の最初の科学的発見者に敬意を表して，彼はこれにポエキロプレウロン・バックランディ（*Poekilopleuron bucklandi*）（1838）と命名した．ユーズ＝デロンシャンは，この動物は主として海に住んだが，「陸にあがって日光浴をするくらいのことは十分できた」と考えた（Buffetaut et al. 1993：162）．これが，オーウェンによって恐竜という概念がはっきりと確定される前になされた最後の誤解だが，誤解はそれ以降にもまだたくさん起こることをいっておかなければ公平ではないだろう．

ドイツにおける最初の発見は，ブリストルでの発見のすぐあとに，三畳紀の赤色砂岩で行われた．1837年，クリスチャン・エリッヒ・ヘルマン・フォン・マイヤー（Christian Erich Hermann von Meyer）（1801–1869）はプラテオサウルス（*Plateosaurus*）について学術的に記載し，命名した．これは長い間，今日古竜脚類と呼ばれる恐竜のうちで最もよく知られた恐竜であり続けた（南ドイツやスイスで100体分以上の骨格が発見されている）．A. ズボルゼフスキー（A. Zborzewski）がロシア南部のジュラ紀層から発掘した歯にはマクロドントフィオン（*Macrodontophion*）という独自の属名が与えられたが（1837），それはいささかむだなことで，これは食肉竜類の歯だったと思われる．

人間が最初どのようにして恐竜というものの存在を意識するようになったかは推測するしかないが，先に人間の注意を引いたのは恐竜の骨よりも足跡だったのではないかと思われる．最初に記録された発見は——その他多くの初期の発見も——イングランドのジュラ紀層でのものだが，フランスや北米でも初期の観察が記録されている．ロバート・プロットが1677年に恐竜の骨の最初の絵を描いてから150年近くの間に，これらの骨は実にさまざまな形で誤解された．例えば，ゾウ，ワニ，魚などの骨と考えられ，人間の性器を型どったものとさえいわれた．これらがはるか昔に絶滅した動物の骨だと最初に気づいたのはウィリアム・バックランドで，肉食のメガロサウルスに関する彼の研究（1824）の中でのことであった．最初に確認された草食恐竜イグアノドンに関するギデオン・マンテルの研究は，バックランドの研究と時期が重なり合い，そのわずか1年後（1825）に発表された．バックランドは竜脚類恐竜の骨も集めていたが，それについて科学的記載は行わなかった．その仕事を引き受けたのはオーウェンで，ケティオサウルスについての予察的な記載（1841）の中でのことであった．イングランドでさらにいくつかの発見があっただけでなく，オーウェンが恐竜を"創造"するまでに（1842），各地で巨大な爬虫類の存在が認識され，それらに名前がつけられていった．ドイツのフォン・マイヤーによるプラテオサウルス（1837），フランスのユーズ＝デロンシャンによるポエキロプレウロン（1838），さらにはロシアで発見されたただ1本の歯などがその例である．

2　ヨーロッパの恐竜ハンターたち

Hans=Dieter Sues

　他の多くの科学分野とは異なり，古生物学の研究は極めて個人的な作業である．コルバート（Colbert）（1968）は恐竜研究史に関する彼の古典的な著書の中で，科学者の仕事を理解するためには，個々の科学者の人となりを理解することが必要だと述べている．最初の恐竜研究者たちが生まれたのはヨーロッパだったが，19世紀半ば以降，米国のエドワード・ドリンカー・コープ（Edward Drinker Cope），ジョーゼフ・ライディ（Joseph Leidy），オスニエル・チャールズ・マーシュ（Othniel Charles Marsh）といった人々の努力によって多数の驚くべき恐竜の骨格が発見された結果，ヨーロッパの恐竜研究は影が薄くなった．そのため現代の学生たちは，初期のヨーロッパ——特にその大陸部——の研究者の業績を，一般に過少評価する傾向が見られる．本章では，19世紀から20世紀初めのヨーロッパの主要な恐竜ハンターたちと，その科学的功績を簡単に紹介する．

　このような人たちの中には，恐竜の化石を採集するだけで，その研究は他の人に任せる者もいた．研究者の多くは，恐竜標本の採集と記載の両方を行った．また，本章で述べる研究者の中には，自分では化石の採集はほとんど行わなかったが，恐竜の科学的研究に極めて重要な貢献をした人も，少数ながらいる．

　19世紀には，イングランドやヨーロッパ大陸の化石はほとんどが，熱心な聖職者，医師，商人，採石工などによって採集された．このような採集者たちは彼らの宝物を当時の大博物学者たち——彼ら自身が聖職者や医師であることも多かった——に，科学的研究や正式の記載のため，貸したり，贈ったり，売ったりした（イングランドでは，ウィールド層で最近発見された珍しい獣脚類恐竜バリオニクス・ウォーカーイ *Baryonyx walkeri* の場合のように，今でも重要な発見は独立の立場で働く化石採集者によって行われることが多い）．ヨーロッパで最も高名な初期の2人の研究者ジョルジュ・キュヴィエ男爵（Georges Cuvier）（1769–1832）とリチャード・オーウェン卿（Richard Owen）（1804–1892）は，このような入手源に加えて，はかり知れない強大な影響力と，国の最高レベルの人々のうしろ盾を持ち，国の資金や人力を思うように動かして，興味のある化石を自分の手に確保することをためらわなかった．

●英国の初期の先駆者たち

　ウィリアム・バックランド師（William Buckland）

（1784-1856，写真は本書第1章参照）は一般に，オックスフォードシャーの中部ジュラ紀層のストーンズフィールド・スレートから発見された歯のついた歯骨の破片と，数個の，頭蓋よりあとの骨に基づいて，恐竜メガロサウルスを最初に科学的に記載し，発表した人といわれる（Buckland 1824）．しかし，デレア（Delair）とサージャント（Sarjeant）(1975) は，バックランドが発見した恐竜の化石はメガロサウルス（*Megalosaurus*）だけではないことを指摘している．1822年，やはり英国の有名な地質学者であるアダム・セジウィック師（Adam Sedgwick）(1785-1873) は，バックランドが1821年のクリスマス頃にワイト島サンダウン湾のウィールド層から"クジラの"骨を発見したことを報告した．のちにバックランド自身が，メガロサウルスに関する1824年の論文の中で，この発見についてもちょっと触れ，それをイグアノドンの骨だと述べている．残念ながらバックランドは，さまざまな恐竜類の化石を発見した日付や周囲の詳しい状況などを記録していなかった．キュヴィエ（1825：344）は，1818年にオックスフォードを訪ねた時，バックランドのコレクションの中にメガロサウルスの骨を見たと述べているが，バックランドがメガロサウルスについてきちんとした論文を発表したのは1824年になってからのことであった．

バックランドは秀才で，正真正銘の博学の人であった．1784年，田舎司祭の息子としてアクスミンスター（Axminster）に生まれ，少年のうちから博物学に興味を持つようになった．オックスフォードのエクセター・カレッジに入り，その後カレッジの評議員（fellow）に選ばれて，1809年には聖職者の地位を与えられた．若い頃は地球科学に強い興味を示し，1813年にはオックスフォードの鉱物学の講師に任命された．当時の評判によると，彼は話が面白く，極めて人気の高い講師であった．1818年，バックランドはトーリー党の首相だったリヴァプール卿（Liverpool）をとおして摂政に請願し，地質学講師の肩書きも手に入れることに成功した（Edmonds 1979）．バックランドが他の土地で給料のよい教会のポストにつくよう誘われた時には，彼をオックスフォードに引き留めるため，やはりリヴァプール卿の力添えによって，クライストチャーチ・カレッジの司教座聖堂参事会員のポストが与えられた．年に1000ポンドという多額の収入を得て，彼は結婚することができ，1824年には地質学会の会長となった．1845年にウェストミンスター（Westminster）の主任司祭に任命されたのちも，彼は英国の公的社会の著名人であることに変わりはなかったが，彼の科学的研究生活はそれで事実上終わった．

バックランドは変わり者として知られ，彼のすばらしい業績や家庭生活は，ヴィクトリア時代の基準で見ても伝説的なものであった．チャールズ・ダーウィンの自伝によると，この大博物学者はバックランドが嫌いで，「彼は陽気で，気立てもよいのだが，私には洗練されていない，ほとんど粗野な男のように見えた．彼を動かしているのは科学を愛する気持ちではなく，とにかく名を売りたいという熱望であり，それが時に彼に道化師のような行動をとらせた」と書いている（De Beer 1974：60）．ヨーロッパのある大聖堂の床石に"殉教者の血"が絶えず滴り落ちているといわれていたのを，バックランドは床にひざまずいて，それをなめ，その正体がコウモリの尿であることを明らかにした．同じように，パレルモを訪れた時には，サンタ・ロザリアの骨が，ヤギの骨であることを確認した．また，彼は動物をその味によって分類することに強い興味を持ち，この"研究"のため，標本を手に入れることに多大な努力を傾けた．イズリップの家には多数の動物を飼っており，中でも有名なのはティグラス・パイルザー（Tiglath Pileser），通称ティグ（Tig）という若いクマであった．ティグは帽子とガウンをきちんと身につけ，しばらくはクライストチャーチ・カレッジに住んでいて，ワイン・パーティや，1847年にオックスフォードで開かれた英国学術協会の会議にさえ出席した．その後，彼はカレッジから追い出され，甘いもの好きが高じると手に負えなくなって，最後は動物園で暮らすことになった．

バックランドは化石やその他の自然史資料を求めて，広く各地を旅して歩いた．地質学や古生物学によって，地球全体を覆った大洪水や，地球上の生命史全体にわたる神の設計の普遍性の証拠を示し，伝統的なキリスト教の教えを裏づけようと試みた（Rudwick 1972）．

バックランドがワイト島で恐竜の骨を発見したのは，明らかにサセックスの医師ギデオン・アルジャノン・マンテル（Gideon Algernon Mantell）(1790-1852) のイグアノドンの発見よりも早かったが，彼はマンテルが報告するまで，その標本がどのような性質のものであるかに気づかなかった．恐竜類の化石についての組織立った探求という点で，マンテルこそ最初の"恐竜ハンター"であった（Dean 1993 および印刷中）．

海岸の保養地ブライトン（Brighton）から 13 km ほどのところにある小さな町ルイス（Lewes）で生まれ育ったマンテル（写真は本書第 1 章参照）は，少年時代にはよく周囲の田園地帯で時間を過ごし，化石に興味を引かれるようになった．彼は医学に興味を持っていて，15 歳の時，その地方の評判の高い医師のもとに弟子入りした．その後，聖バーソロミュー病院で勉強して，1811 年に外科薬剤師会免許所有者の資格を得た．ルイスに戻ったのち，マンテルは再び師の開業医院を手伝い，のちにその医師の引退後，医院を引き継いだ．土地の女性と結婚して，家族も持った．3 つの教区を受け持つ外科医と助産夫を務め（Swinton 1975），田園地帯の家庭に往診しなければならないことも多かった．このような往診の時，マンテルはいつも地面の化石に目を光らせていた．

しばしば聞かれる話によると，1822 年の初め頃，マンテルがサセックス州カックフィールド（Cuckfield）地方に往診に出かけた時，彼の妻は夫を待つ間，あたりの田舎道をぶらぶらしていて，道路の補修に使うため道ばたに積んであった割石の山の中に奇妙な歯を見つけた．その歯はマンテルがそれまで見たどの歯ともちがっており，これは妻が何か重要な発見をしたにちがいないと感じた．興奮したマンテルは，白亜紀初期のウィールド層が地表に露出しているティルゲート・フォレスト（Tilgate Forest）と呼ばれる地域の採石場を探してみた．すぐに彼は化石を含んだ道路補修材の出所を発見したが，秘密を保ちたかったため採石場の名前は明らかにしていない．おそらくそれは，サセックス州ホワイトマンズ・グリーン（Whiteman's Green）の近くだったと思われる．

ディーン（Dean）(1993 および印刷中) は，マンテルの妻による楽しい発見の物語は全くのフィクションであり，これを裏づける歴史的証拠は何もないことを明らかにしている．マンテルの事例記録の中に，彼の妻が夫の往診についていったことを示す証拠も見つからなかった．マンテル自身，のちに（1851）イグアノドンの歯について論じた中で，「カックフィールドに近い採石場で私が最初の歯を発見した時」と述べている．

当時の一流の専門家たちとともに長時間にわたる比較，検討を行ったのち，マンテルは 1825 年 2 月 10 日，ティルゲート・フォレストから発見されたイグアノドンの化石に関する詳細な論文をロンドンの英国学士院に提出した．彼の論文は当時の学士院会計幹事デーヴィーズ・ギルバート（Davies Gilbert）が目をとおし，1825 年 5 月に学士院の「英国学士院会報」に発表された（Mantell 1825）．マンテルはこの重要な発見が認められて，同じ年の 11 月 25 日，英国学士院会員に選ばれた．

有名になったマンテルは，さらに化石探しを続けた．1833 年には，もっと満足できる生活を求めてブライトンに引っ越したが，この期待ははずれ，彼の化石探しが次第に医師の仕事を圧迫して，一家の生活は厳しくなっていった．1834 年，ケント州メイドストン（Maidstone）に近い採石場で作業員がイグアノドンの骨格の一部を発見し，この化石はすぐに一般の人々からかなりの注目を集めた．多くの交渉を行い，何人かの友人の助けを借りて必要な 25 ポンドの金をつくったのち，やっとマンテルはこの重要な標本を彼個人の博物館におさめることができた．

1838 年には好評を得た著作『地質学の驚異』を出版するなど，数々の業績をあげながらも，マンテルの運は下降線をたどり続けた．1838 年，彼は膨大なコレクションをわずか 4000 ポンドで大英博物館理事会に売り渡さなければならなかった（Cleevely and Chapman 1992）．それによって得た金で，マンテルはクラファム・コモン（Clapham Commons）で医院を開業したが，その後間もなく，妻と子どもたちは彼のもとを去った．1841 年 10 月には，馬車の事故のため背中に傷を負って体が不自由になった．1844 年，マンテルはまた引っ越しをして，今度はロンドンに移り，ウェストエンドで医院を開業した．ロンドンでは英国学士院の活動に積極的に参加し，1849 年には学士院の金賞を与えられた（これには，彼の厳しい敵となっていたリチャード・オーウェン卿の反対もあった．本書第 14 章参照）．マンテルはイグアノドンのほかに，曲竜類のヒラエオサウルス（*Hylaeosaurus*），竜脚類のペロロサウルス（*Pelorosaurus*），疑問の多いレグノサウルス（*Regnosaurus*）なども発見し記載した．個人生活では淋しく傷心の人マンテルは，1852 年 11 月に死んだ．

ウィリアム・フォックス師（William Fox）(1813–1881) は，ワイト島から発見された白亜紀初期の恐竜化石の重要なコレクターだが，今ではほとんど忘れられている（Blows 1983）．カンバーランドで生まれ育ったフォックスは牧師になり，1862 年にブリクストン（Brixton, 現在はブライストン Brighstone）教区の副牧師としてワイト島に移った．そ

こで彼は，ブリクストンの西わずか数 km のフレッシュウォーター（Freshwater）に近いファリングフォード（Farringford）に住んでいた詩人のアルフレッド・ロード・テニスン（Alfred Lord Tennyson）と友だちになった．フォックスがいつ頃から恐竜に興味を持つようになったかはわからないが，彼はリチャード・オーウェン卿のモノグラフを読み，この英国の大解剖学者とたびたび文通もした．オーウェンはのちに，フォックスが 1860 年代に行った多数の重要な発見物について記載している．フォックスは 1867 年にそのポストを辞職したが，そのままブリクストンに住んで，その地域で化石の収集を続けた．1875 年，彼はワイト島のショアウェル（Shorewell）に近いキングストン（Kingston）の副牧師になり，1881 年に死んだ．1882 年，500 点以上にのぼる彼のコレクションは，ロンドンの大英博物館（自然史）の理事会に買いとられた．

　もう一人の重要な個人コレクターに，サセックス州ホーシャム（Horsham）のクエーカー教徒の"紳士"ジョージ・バックス・ホームズ（George Bax Holmes）（1803-1887）がいた．彼はすぐれた知能の持ち主で，かなりの相続財産を持ち，もっぱら化石の採集，狩猟，射撃をして暮らしていた（Cooper 1992）．ホームズは 1830 年代の初めから化石採集を始め，1840 年には多数のイグアノドンの化石標本を含む彼の脊椎動物化石コレクションはリチャード・オーウェンの目にとまるほどに多くなって，その年の夏，オーウェンは初めてホームズのコレクションを調べた．ホームズは自分の化石が多数記載され，図に描かれることを期待して，コレクションを，そっくり，研究のためオーウェンに提供した（Cooper 1993）．しかし，オーウェンがその後この化石標本を図示しようとしないことにホームズは失望し，1850 年代には，彼から借りた標本の一部をオーウェンが王室外科学会のコレクションのカタログに載せたことを知って，2 人の関係は悪化した．オーウェンが他の個人コレクション（例えば，フォックス師のコレクションなど）の化石を利用することが多くなると，ホームズの自尊心は傷ついた．1887 年のホームズの死後，彼のコレクションは売却され，今ではブライトンのブース自然史博物館におさめられている．

　ハリー・ゴヴィア・シーリー（Harry Govier Seeley）（1839-1909）（図 2.1）はヴィクトリア時代の代表的な恐竜研究者だったが，それ以外のグループの非哺乳類脊椎動物についても多くの重要な論文を発

図 2.1 ● ハリー・ゴヴィア・シーリー．提供：W. E. スウィントン

表している．ロンドンの貧しい職人の子どもだったシーリーは，少年のうちからピアノ工場で働かなければならなかった．ロンドンで大衆向けの講演を聞いて地質学に興味を持つようになり，ケンブリッジ大学に入ったが，学位はとっていないようである．そのかわりに彼は 1859 年，ケンブリッジのウッドウォーディアン博物館でアダム・セジウィック師の助手になった．この博物館にはケンブリッジ・グリーンサンドから出た白亜紀後期の爬虫類の化石がたくさん収蔵されており，これがシーリーの興味を引いて，彼の初期の研究テーマとなった．1872 年，セジウィックの死ぬ少し前，シーリーは助手の仕事をやめ，ロンドンに引っ越した．その後数冊の著書を書き，長年にわたって英国各地でギルクライスト・トラストのために一般向け講演をして歩いた（Swinton 1962）．1873 年，シーリーはベッドフォード・カレッジで自然地理学の教授となった．3 年後にはロンドンのキングズ・カレッジに移って，そこで地理学教授になり，さらに 1896 年には地質学と鉱物学の教授にも任命された．階層制の厳しいヴィクトリア時代に生まれの貧しさを意識してか，シーリーは著しく偏屈で，ロンドン地質学会の会合では絶えず講演者とぶつかった．

　シーリーは恐竜類の標本について多数の論文を発表した．1887 年，彼は骨盤の構造に基づいて恐竜類を基本的に鳥盤目と竜盤目に分けることを初めて提案した．研究生活の後年には，主として南アフリカのカルー（Karoo）高原から発見されたペルム紀および三畳紀の獣弓類やその他の四肢動物の科学的研究に時間を捧げた．

●初期のフランスの恐竜ハンターたち

19世紀のフランスの古脊椎動物学者は主として化石哺乳類に関心を持っていたが，恐竜の研究に大きく貢献した有名な研究者も何人かいた（Buffetaut et al. 1993）．ノルマンディのオンフルール（Honfleur）のジュラ紀層から見つかった恐竜の椎骨は，化石のワニ類に関するキュヴィエ（1808）の初期の研究で記載，図示されている．カーン大学の自然史教授ジャック=アマン・ユーズ=デロンシャン（Jacques-Amand Eudes-Deslongchamps）（1794–1867）は，ノルマンディで恐竜化石の最初の重要な発見をした．これは大型獣脚類恐竜の骨格の一部で，中部ジュラ紀層（バドニアン期）の"カーン石灰岩"から発見された．石灰岩の大きな塊りの中に埋まっていたこの標本は，ユーズ=デロンシャンがこの地方の医師からその存在を教えられた時にはすでにかなりの部分が散乱し，破壊されていたが，それでも彼は多数の尾椎骨，肋骨や腹肋骨，前肢および後肢の骨を採集した．ユーズ=デロンシャン（1838）はこれらの骨について細かく記載し，それがバックランドのメガロサウルスと似ていることに気づいた．しかし，これを主として海中で暮らす巨大なトカゲと考え，ポエキロプレウロン（*Poekilopleuron*）と名づけて別の属に分類した．残念なことに，ユーズ=デロンシャンの化石は1944年，連合軍によるノルマンディ作戦の時に破壊された．

プロヴァンスの上部白亜紀層は今日，保存状態のよい恐竜の卵が多数見られることで知られている．ここからはまた，さまざまな恐竜の骨も見つかっており，それは1840年にはすでに知られていたのではないかと思われる（Buffetaut et al. 1993）．この化石がはっきりと恐竜のものと同定されたのは1869年，マルセイユの地質学者フィリップ・マテロン（Philippe Matheron）（1807–1899）が保存状態のよい恐竜の骨について論文を発表した時のことで，彼はこれをラブドドン・プリスクス（*Rhabdodon priscus*）と名づけ，正しくイグアノドンと類縁のものと考えた．マテロンはまた"怪物のようなトカゲ"の骨についても報告し，ヒプセロサウルス・プリスクス（*Hypselosaurus priscus*）と名づけて（現在は竜脚類の一種と考えられている），ワニ類と似た水生の爬虫類と考えている．いっしょに見つかった2つの卵の破片がこの動物と関連を持つ可能性のあることを，彼が初めて示唆しているのも注目される．

●フリードリッヒ・フォン・ヒューネ

中部ヨーロッパには，恐竜の化石を含む中生代の地層はごくまれにしか見られないが，ドイツからは恐竜研究に極めて大きな貢献をした人が何人も出ている．そのうちで最も有名なのがフリードリッヒ・フォン・ヒューネ（Friedlich von Huene）（1875–1969）（図2.2）で，彼はバルト地方の古いドイツ貴族の家の出身であった．1899年から1966年までにわたる驚くほど長い研究生活の間に，恐竜だけでなく，その他，多くの哺乳類以外の脊椎動物についても研究した．禁欲的な容貌や伝説的なスタミナで知られるヒューネは，疲れを知らない働き者で，数点の大部のモノグラフや著書を始め，何百点にものぼる著作物を発表した．ルーテル教会の牧師の息子で，深い信仰を持ち，最初は神学者になるつもりであった．科学者としての業績の豊富さも，その信仰に根ざしている．彼は自分の研究によって神の創造の複雑さを，見る目を持った人々に示したいのだと繰り返し書いている（Huene 1944など）．いかなる困難や犠牲も，この自らに課した義務の遂行を妨げることはなかった．正教授への昇進など一度も望んだことはない．その地位に伴う管理的な仕事のために，研究のための貴重な時間をとられることになるからだと彼は述べている．

父親がプロテスタントの牧師学校の教師として赴任したスイスのバーゼル（Basel）で，少年時代のヒューネは熱心に化石を採集した．さらに地質学と生物学を，最初はバーゼル大学で，次に南ドイツの

図2.2●フリードリッヒ・フォン・ヒューネ．Huene 1944の口絵より

有名なチュービンゲン大学で勉強した．バルト海地方から見つかったオルドヴィス紀のある種の腕足類についての研究で 1898 年に博士号をとったのち，チュービンゲン地質学・古生物学研究所のスタッフとなった．研究所長はヒューネに，教員資格論文（ドイツの大学で専門職につく資格を得るために必要とされる，重要な第二の論文）に適したテーマとして，南ドイツのコイパー層（上部三畳紀層）から出る恐竜類に関する改訂を示唆した．ヒューネはすぐに，特に恐竜を始めとする三畳紀爬虫類の研究に熱中するようになった．ヨーロッパや米国の博物館にある恐竜類やその他の爬虫類に関する広範な研究から，彼は休みなく次々にモノグラフを生み出し，それが途絶えたのは第一次世界大戦中，軍務についたほんの短期間だけであった．ヒューネは恐竜類を竜盤目と鳥盤目に分けるというシーリー（1887）の提案の重要な支持者であった．

同時代のヨーロッパの多くの研究者たちと異なり，ヒューネは既存のコレクションの化石を研究するだけでなく，フィールドでの研究にも熱心であった．第一次世界大戦直前に南ドイツの小さな町トロッシンゲン（Trossingen）の近くで，三畳紀後期の古竜脚類恐竜プラテオサウルス（*Plateosaurus*）の骨格が発見された．ヒューネはこの産状をもっと詳しく調査したかったが，戦後のドイツの経済崩壊のため，古生物学のフィールドワークのための資金を確保することは不可能であった．当時アメリカ自然史博物館にいた有名な古脊椎動物学者ウィリアム・ディラー・マシュー（William Diller Matthew）（1857-1930）がチュービンゲンを訪れたことが，幸運をもたらした．マシューは彼の博物館とチュービンゲン大学との共同研究を提案した．この協定に基づいて，アメリカ自然史博物館は必要な資金と採集のためのノウハウを提供し，得られた化石は 2 つのチームで分けることになったが，科学的研究はヒューネに任された．1921 年から 1923 年までの連続 3 年の夏のシーズンに，ヒューネのチームは約 14 体分の骨格のさまざまな部分を採集し，そのうちの 2 体はほとんど完全なものであった．

1923 年の元旦，ヒューネはアルゼンチンのラプラタの博物館から 1 通の手紙を受けとった．パタゴニアの上部白亜紀層から発見された竜脚類恐竜の新旧のコレクションを研究するよう招請する手紙であった．彼はこの申し入れを受け入れて，長い旅に出発し，その結果さらに南アフリカにまで足を伸ばすことになった．ラプラタ博物館のコレクションを研究するだけでは満足できないヒューネは，現地の地質学的な状況を調べずにはいられなかった．1923 年後半にパタゴニアへフィールド調査に出かけた時には，新たに有望な現場を見つけた．のちに白亜紀後期のパタゴニアの恐竜に関するモノグラフ（1929）を発表し，それはこの重要な研究資料に関するその後のあらゆる研究の基礎となった．

1924 年の初めに長い旅から帰国したのち，ヒューネは再び次々と論文を発表し始めた．同じ年，あるドイツの地質学者からブラジル南部のサンタマリア（Santa Maria）で発見された脊椎動物の化石について知らせる手紙を受けとり，クリスマスの日にはその地域で現地のドイツ人医師が採集した三畳紀の爬虫類の骨をおさめた木箱が送られてきた．この箱やその後送られてきた荷物には恐竜の骨は入っていなかったが，ヒューネはこの資料に強い興味をかき立てられ，現地に発掘隊を送るための資金を集めて，1928～1929 年には発掘を行った．その結果，南米で最初の三畳紀後期の四肢動物の主要な群集を明らかにした．ヒューネのチームが採集した数個の骨は，のちに恐竜類のものであることが彼により記載された．今ここでさらに重要なのは，ヒューネの成功が刺激となって，1936 年にハーヴァード大学の比較動物学博物館のチームがサンタマリア地域でさらに発掘を行ったことである．この発掘では 1 体の部分骨格が発見され，これはのちに知られている最古の恐竜の一つ，スタウリコサウルス・プリセイ（*Staurikosaurus pricei*）であることが確認された．

ヒューネの恐竜研究の頂点に位置するのは，1932 年に出版された竜盤目恐竜の進化の歴史に関する 2 巻の大部のモノグラフであろう．この中で彼は，当時知られていたこのグループの恐竜と考えられるすべての材料について論じた．その後ヒューネは，インド中部の白亜紀後期の恐竜についてある重要な研究（C. A. Matley と共著，1933）を行っているのを除くと，ほとんど恐竜以外の爬虫類を研究の対象とした．

● テンダグルーの恐竜

1907 年，シュトゥットガルト（Stuttgart）の王立自然博物館（現在の国立自然史博物館の前身）館員エーベルハルト・フラース（Eberhard Fraas）（1862-1915）（図 2.3）は，2 人のドイツ人ビジネスマンがドイツの保護領東アフリカ（現在のタンザニア）に出かけるのに便乗するチャンスをとらえた．2 人の

図2.3●エーベルハルト・フラース（デッサン）．A. ラビ画（1915）．提供・著作権：国立シュトゥットガルト博物館

ビジネスマンはこの地域の経済的可能性を伸ばしたいと考え，フラースの地質学的知識がそれに役立つことを期待したのである．フラースはすでに中生代の爬虫類の研究者として広く知られており，エジプトやドイツ領南西アフリカ（現在のナミビア）で広範な古生物学のフィールド研究も行っていた（Wild 1991）．アフリカに出発する日，フラースは保護領地質探査委員会の委員から，ハノーヴァーに本社のある鉱業会社，リンディ探鉱社の技師ベルンハルト・ザトラー（Bernhard Sattler）が植民地奥地のテンダグルー・ヒル（Tendaguru Hill）に近い山道で，風化している巨大なトカゲのような骨を偶然見つけたというニュースを知らされた．ザトラーはこの珍しい発見を生真面目に上司に報告し，さらにそれがベルリンの保護領地質探査委員長に報告されたのである．

ダルエスサラームに着いたフラースは，委員会からザトラーの報告を追跡調査するよう正式に求められた．こうして彼は，現場への調査隊を組織しなければならなくなった．幸い，この事業に必要な物資や人員の確保についてはドイツの植民地当局から支援が得られた．2回にわたって保護領内や英国の支配下にあるウガンダとケニアへの地質調査旅行を行ったのち，フラースはアメーバ赤痢に苦しみながらも，1907年8月31日，テンダグルーに向かってリンディ（Lindi）の町を出発した．現地のドイツ人警官，軍医，それに人足の現地人60人がいっしょであった．徒歩で沿岸平野と密林に覆われた高地を抜けてテンダグルー・ヒル地域に達するまでには，5日間を要した．ザトラーが調査隊を出迎え，フラースを骨の発見現場に連れていった．そこには恐竜の巨大な骨や骨の破片が無数に地表に露出して風化しており，その数の多さにフラースは圧倒された．健康は急速に衰えつつあったが，彼は風化されていない，骨がつながった状態にある骨格を手に入れるため，数か所で発掘を始めた．ザトラーがドイツに送る標本の発掘と保存の監督に当たった．フラースの病気は急激に悪化し，その年の9月後半にはドイツに帰国せざるをえなくなった．彼はその後，健康を回復することなく，数年後に死んだ．

こうして世界最大の恐竜の墓場の一つが発見された．帝政ドイツ政府は1908年，テンダグルー地域の特別保護を定め，同じ年，フラースはこの地域から発見された恐竜の化石について，最初の科学論文を発表した．ベルリンのフリードリヒ・ヴィルヘルム大学博物館長ヴィルヘルム・ブランカ（Wilhelm Branca）は，フラースの発見の追跡調査に強い興味を持つようになった．彼は十分な人員からなる探査隊を組織し，探査を行うのに必要な多額の資金集めを始めた．巨大な恐竜の骨格を発掘し，それをベルリンに運んで，剖出整形，科学的研究，展示を行いたいというのがその目的であった（Branca 1914 参照）．努力は報われ，プロシア文化省，プロシア科学アカデミー，いくつかの学会，それにブラウンシュヴァイクの摂政が委員長を務める委員会の呼びかけに応じた100人近い有力者などの寄付によって，20万マルクという巨額の資金が集まった（現在の金にしておよそ60万米ドルに相当する）．ベルリン博物館の化石爬虫類の専門家ウェルナー・ヤネンシュ（Werner Janensch）(1878–1969)がこのプロジェクトの責任者となり，1901年から1911年にかけて3回探査隊を率いてテンダグルーに出かけ，めざましい成果をあげた．1911年の発掘シーズンの終わりに，研究チームはさらにやり残した仕事があると判断して，1912年にハンス・レック（Hans Reck）(1886–1937)を隊長とする4回めの最後の探査隊を送ることを決定した．

ヤネンシュらのチームはテンダグルーで恐竜の骨をたくさん含む層を2つ確認し，そこに見られる海生無脊椎動物の化石に基づいて，それがいずれもジュラ紀後期（キンメリジアン期）のものであることを明らかにした（フラースは予備調査の時，テンダグルーの地層を白亜紀後期のものと考えていた）．熱帯性の気候に加えて，起伏が激しく植物の密生するテンダグルーの山地でのフィールド作業は，極め

て困難なものであった．ほとんどが低木や小高木の密生する藪のため，通常のような採掘作業は不可能で，テンダグルー・ヒルの近くでは多数の労働者を使って，無数の穴と溝を掘らなければならなかった．化石を木枠で梱包した大量の荷物は，何百人というポーターが頭や肩に担いで，森に覆われた大地を4日間かけて徒歩でインド洋沿岸のリンディまで運び（運搬回数のべ5400回），そこからドイツへ送り出された．現地の労働力は安かったが，それでもこの恐るべき仕事に要する莫大な人手を雇うために，資金は急速に減っていった．ベルリンチームのアフリカ人人夫雇用数は，1909年の発掘シーズンには170人，1910年には400人，1911年と1912年には各500人にのぼり，ベルリンに送られた化石貨物量は総量で約235 tに達した．1912年のシーズンが終わった時には，約13万6000マルクが使われていた．

その後には，何年にもわたる大量の化石の剖出整形という仕事が続いた．ブランカ（1914）の報告によると，竜脚類の椎骨を1個，整形して，保存するのに約450時間，80個に割れた長さ2 mの竜脚類恐竜の肩甲骨の破片をつなぎ合わせるのに160時間を要したという．1914年には第一次世界大戦が勃発して，再び東アフリカの探査を行うというヤネンシュやその仲間たちの計画は挫折した．戦争が終わるとドイツの保護領だった東アフリカは英国の支配下に置かれ，英領東アフリカ・タンガニーカ信託統治領となった．1924年，大英博物館の探査隊がテンダグルーを訪れ，同博物館のために恐竜標本を発掘した．探査隊を率いたのはカナダのマニトバ大学助手ウィリアム・カトラー（William E. Cutler）で，彼はすでにカナダ・アルバータ州のバッドランドで恐竜採集に当たり，多くの経験を積んでいた．カトラーの探査隊の隊員で特に注目されるのがルイス・リーキー（Louis S. B. Leaky）（1904–1982）という若い英国人で，彼はのちに人間の起源を探る最も有名な研究者となる．カトラーはテンダグルーで8か月間にわたって激しい作業を行ったのち，マラリアにかかって42歳の若さでリンディで死んだ．F. W. H. ミジオド（F. W. H. Migeod）という英国の探検家がそのあとを継いだが，この人はアフリカ生活の経験はあったものの，古生物学の教育は受けていなかった．さらに1927年にはジョン・パーキンソン（John Parkinson）があとを継ぎ，のちにその時の経験を本に書いた（Parkinson 1930）．この英国の探査では，新しい恐竜標本はあまり得られず，新種の発見もな

かった．近年，何人かの研究者がテンダグルーに入る許可を得ようと試みたが，成功していない．

一方，ヤネンシュはベルリンで，テンダグルーから発掘された膨大な量の恐竜の化石を研究し，その監督のもとに数体の骨格が組み立てられた．その中には，1930年代後半にベルリン博物館で復元された巨大なブラキオサウルス・ブランカイ（*Brachiosaurus brancai*）の骨格もある．ヤネンシュが1925年から1961年までの間に発表した一連のモノグラフは，このジュラ紀後期の恐竜の驚くべきコレクションについて行われた，彼の生涯にわたる細心の研究を反映するものである．この膨大なコレクションは，第二次世界大戦中のベルリンの破壊にも耐え，その後の約45年間，東ドイツを支配した共産主義者たちに放置されながらも，ほとんど奇跡的に生き残った．

● 王様になるつもりだった男

多彩な人間の数多く見られる恐竜学の分野でも，最も変わった人物の一人にフランツ（フェレンク）・ノプシャ・フォン・フェルシェ゠シルヴァシュ男爵（Franz［Ferenc］Baron Nopcsa von Felsö－Szilvás）（1877–1933）（図2.4）がいる．残念ながら英語文化圏では，彼の科学的業績よりも，その常軌を逸した行動の方がはるかに人々の注目を集めた．

図2.4 ● フランツ（フェレンク）・ノプシャ・フォン・フェルシェ゠シルヴァシュ（スケッチ）．F. マートン画（1926）．A. T. クバチカ『フランツ・ノプシャ男爵』（1945）より

トランシルヴァニアで最も古い貴族の家の最後の男性後継者であるノプシャはまさに，第一次世界大戦前のオーストリア・ハンガリー帝国の絶頂期に当たる激動の時代の生んだ人物であった．言語に対するすぐれた素質と深い教養を持つノプシャが古生物学者になったのは，単なる偶然のことだったように思われる．1895年に妹のイローナ（Ilona）の領地で恐竜の骨が発見されたことから，彼はウィーン大学の有名な地質学者エドゥアルト・ズュース（Eduard Suess）(1831-1914)を訪ねた．ズュースはその骨を恐竜と鑑定したが，ノプシャがさらに細かいことを聞きたがると，それは自分で調べたらと答えた．ノプシャはその言葉に従い，間もなくハドロサウルス類の"リムノサウルス（Limnosaurus）"（現在ではテルマトサウルス・トランシルヴァニクス Telmatosaurus transsylvanicus [Nopcsa 1900]）の頭蓋骨に関する詳細な記載を発表した（Nopcsa 1900）．彼はさらにトランシルヴァニアから発見された独特の白亜紀後期の恐竜の研究を続け，その結果一連の重要な論文が生まれた．ノプシャはまた，その他の恐竜——特にイングランドやフランスの恐竜——について広くさまざまな論文を書き，あるいはドローの考えに大きな影響を受けて，恐竜学に関する論文を発表した．ヒューネと同じように，彼も恐竜を大きく2つの系統に分けるというシーリーの考え方の熱心な支持者であった．生物学や地質学全般にわたる問題にも強い関心を持ち，当時ヨーロッパで優勢を占めていた生物進化に関する新ラマルク説の難点を知って，これと取り組むことを試みてもいる（Lambrecht 1933；Weishampel and Reif 1984）．

しかし，独創的で，休むことを知らない彼の精神は，静かな学者生活には満足できなかった．退屈さを持てあましたオーストリア・ハンガリーの多くの貴族の若者たちと同じように，ノプシャも冒険と興奮を求め，当時オスマン帝国の辺境にあって反抗心の強いバルカン半島のアルバニアの土地と人々に心を引かれるようになった．アルバニアとその文化に関する文献を読みあさり，その地域の方言を学び，アルバニア各地を広く旅して歩いた．1913年，ヨーロッパ列強の会議がロンドンで開かれ，アルバニア人の住む地域の大部分が独立国として認められた．自分の国の"裏庭"に力の真空地帯が発生しつつあることを心配したオーストリアは，この新しい国にかいらい政権をつくることを決めた．

ノプシャは自分こそ明らかにアルバニアの統治者となる資格を持つ者と考え，直ちに帝国最高指導部にアルバニアの乗っ取り計画を提出した．それによると，まず，一般市民の格好をした兵士500人に若干の兵器を持たせ，2隻の高速艇でアルバニアに侵入する．これらの装備は自分の資金で購入するとノプシャは提案した．足場を築いたら，自分が王となり，オーストリアに友好的な政権をつくる．さらに，彼が金持ちの米国人女性と結婚してこの貧しい国に必要な金を手に入れるという名案すら提案した．何の根拠もなかったが，米国には娘をヨーロッパの本物の貴族と結婚させたがっている百万長者がたくさんいると彼は確信していたのである．ノプシャにとっては残念なことながら，彼の案はウィーンの帝国政府には受け入れられず，政府はかわりにヴィルヘルム・ツー・ヴィート王子（Wilhelm zu Wied）をアルバニアの統治者とした（ヴィルヘルム王子はアルバニアのことを全く知らず，自分の新しい称号を発音することさえできなかった．統治者としての在位期間は極めて短く，ヴィルヘルムとその家族は数か月後には，命からがら逃げ出さなければならなかった）．

第一次世界大戦中，ノプシャはオーストリア・ハンガリー帝国軍の将校として働いた．農民に姿を変えて，戦いの激しいハンガリーとルーマニア国境地域や，いうまでもなく彼の愛するアルバニアでも，危険な諜報活動に従事した．敗戦国側の貴族であったノプシャの財産は，戦争直後の混乱の中で急速に失われていった．ルーマニアに占領された彼の領地の一部は，何の補償もなしに没収された．ハンガリーにある自分の領地を訪れた時，ノプシャは武装した暴徒に襲われ，その高慢な貴族然とした態度に腹を立てた暴徒の農民たちに半殺しの目にあわされた．ノプシャの科学者としての名声を知っていたハンガリー政府が，1925年に彼を地質調査所の責任者に任命し，状況は改善されるように見えた．調査所の組織を改める革新的なプランをたくさん持っていたノプシャは，すぐに上司とも，部下ともうまくいかなくなり，ついに1929年には腹を立ててやめてしまった．秘書であり，友人でもあるバヤジッド（Bajazid）というアルバニア人とともに，ノプシャはオートバイに乗ってイタリア縦断の旅に出かけ，金がなくなるまで5600kmに及ぶ大旅行を続けた．その後しばらくは健康回復のためウィーンに落ち着き，研究生活に戻った．この時の研究の中にも，特に骨組織学から得たデータを恐竜の分類に応用したものなど，革新的で，時代をはるかに先取りしたものが見られる．しかし健康状態が一向に回復しな

いことに悲観し，貧困に追いつめられたノプシャは，1933年4月，愛する友人のバヤジッドを撃ち殺したのち，自殺を遂げた．

●ルイ・ドロー：恐竜と生物学的古生物学

生物学的古生物学の知的基礎はベルギーの古生物学者ルイ・アントワーヌ・マリー・ジョーゼフ・ドロー（Louis Antoine Marie Joseph Dollo）（1857–1931）（図2.5）の研究にあるが，この事実は今日，十分に正しく認識されていない（Gould 1970）．また，ヨーロッパ大陸で初めて，多数の保存状態のよい骨が関節部分のつながった状態で発見された時，つまり1878年にベルギー南部のベルニサール（Bernissart）に近いサンバルブ（Saint Barbe）炭鉱で一連のイグアノドンの骨格が発見された時，ドローがある役割を果たしていることも注目に値する．

ブルターニュ人の血を引くルイ・ドローは，フランスのリール（Lille）で生まれ，教育を受けた．工学の学生だった時，地質学と動物学に興味を引かれるようになり，これらの科目の単位をとった．1877年には卒業して鉱山技師となったが，1882年には王立ベルギー自然史博物館でベルニサールの恐竜を研究するため，ブリュッセルに移った．ベルニサールのイグアノドンの標本は，この博物館の主任整形技師であるルイ・ド・ポウ（Louis de Pauw）の有能な監督のもとで発掘され，ブリュッセルに運ばれて，整形，研究が行われた（Casier 1960参照）．ドローは1886年にベルギー市民となり，ブリュッセルの博物館で47年間働いた．彼はほとんど世捨て人に近く，修道僧のような生活を送った．

ドローは1891年にこの博物館の主任キュレーター（conservateur）となり，1909年にはブリュッセル大学の古生物学教授となった（Van Straelen 1933）．彼は展示するためのイグアノドンの骨格を数体，整形し組み立てる困難な作業の監督に当たった．支えなしで自立する骨格標本と，もとのように岩石の中に保存された形のものとがつくられ，完成した展示標本は，1905年に一般公開された．ドローはまた，ベルニサールのイグアノドンについて最初の科学的研究を行い，これについて約19編の論文を発表した．国際的な名声の高さが上役たちの嫉妬を招いて，仕事がやりにくくなり，一時は化石爬虫類の研究を禁じられたことさえあった．第一次世界大戦中ドローがドイツに共感を示したことが，さらにベルギー人の同僚たちとの関係をまずくした．ようやく状況が改善されるのは，生涯の終わり近くになって，以前彼の学生だったヴィクトル・ヴァン・シュトレーレン（Victor Van Straelen）が博物館の館長になってからのことであった（Abel 1931）．

疲れを知らない研究者であり，極めて独創的な思索家であったドローは，恐竜やその他多くの化石爬虫類に関する論文を多数発表した（伝記はVan Straelen 1933参照）が，自らフィールドワークをしたことはなかった（Abel 1931）．彼は詳細にわたるモノグラフ的論文よりも報告（"ノート"）を好み，簡潔な箇条書きによる独特の電報文のような書き方で知られた．それは彼が強い数学的バックグラウンドを持つことを反映するものであった．単に化石について記載し，名前をつけるだけでは満足せず，絶滅動物の形態と機能を関連づけることも試みた．ドローが目指していたのは，彼の言葉でいえば"行動学的古生物学"（Dollo 1910），現在われわれが"生物学的古生物学"と呼んでいるものである．ただ面白いことに，これらの動物たちが生活し，死んでいった古代環境がどのようなものであったかを示す地質学的証拠には全く興味を表さなかった（Abel 1931）．ドローは恐竜の生物学的古生物学に関する多くの問題——例えば採食や運動など——についてじっくりと考え，彼の論文はこの分野の基礎となった．

●北アフリカのヨーロッパ人恐竜ハンターたち

1910年から1914年まで，プロの化石ハンター，リヒアルト・マルクグラフ（Richard Markgraf）（1856–

図2.5●ルイ・ドロー．『ドロー，生物学的古生物学記念論文集』（1928）の口絵より

1915）とドイツの古生物学者エルンスト・シュトローマー・フォン・ライヘンバッハ（Ernst Stromer von Reichenbach）(1871–1952)は，エジプトのグレートウエスターン砂漠にあるエルバハリヤ（El–Bahariya）オアシスに露出している地層から，白亜紀後期（セノマニアン期）の恐竜やその他の脊椎動物の骨を驚くほど大量に採集した．エジプトの英国植民地当局との間に大きなトラブルはあったものの，シュトローマーは材料を整形と科学的研究のため何とかミュンヘンに送ることができたが，その多くは第一次世界大戦が終わってからのことになった．マルクグラフは戦争勃発後も化石の採集を続けようと試みたが，うまくいかず，1915年に貧窮のうちに死んだ．1914年から1936年までの間に，シュトローマーとその科学的協力者たちはこれらの化石について一連のモノグラフを発表した．特に恐竜の化石が注目され，その中には"背中に鰭を持つ"大型の獣脚類恐竜スピノサウルス・エジプティアクス（Spinosaurus aegyptiacus）も含まれていた．残念ながら，エルバハリヤから発掘された恐竜の標本は，1944年の連合国軍によるミュンヘン爆撃のため，すべて破壊されてしまった．

以前フランスの植民地だった北アフリカや西アフリカで働くフランスの探検家や研究者は，すでに1904年には重要な恐竜化石が多数算出することを発見していた．1946年から1959年までの間に，パリ・カトリック研究所のアッベ・アルベール=フェリクス・ド・ラパラン（Abbé Albert–Felix de Lapparen）(1905–1975)は，9回探査隊を率いてサハラ砂漠のさまざまな地域へ出かけ，中生代の脊椎動物の化石，特に恐竜の化石を採集した．フランスの有名な地球科学者の一族の出であるラパランは，博士論文のためプロヴァンス（フランス）の地質について研究を行ううちに恐竜に興味を持つようになり，フランス，スペイン，ポルトガル，スピッツベルゲン（Spitsbergen），それに北アフリカなどで，卵や足跡の化石を含む，恐竜の化石を採集した．1960年代の初めにフランス原子力委員会事務局の地質学者が，ニジェールのガドゥファウア（Gadoufaoua）で白亜紀前期の恐竜の骨が大量に埋まっている大堆積層を発見した．フィリップ・タケー（Philippe Taquet）を隊長とする国立自然史博物館（パリ）のチームがそのあとを引き継ぎ，この注目すべき化石層の組織的な発掘を行った．彼らは約25 tの標本を採集し，その多くはまだ記載も手つかずのまま残されている（Taquet 1977, 1994）．

初期の恐竜ハンターは献身的なアマチュアで，強い熱意を持って，しばしば多大な犠牲を払いながら働いた．その後，フィールドワークを含めて古生物学の研究は，次第に学問的な訓練を受けたプロの活躍する世界となっていった．しかしそれでも，古生物学は今もアマチュアが重要な貢献を果たす数少ない科学分野の一つとなっている．

19世紀後半以降，一般に北米の古生物学者が恐竜研究を支配してきた．しかし今でも恐竜化石の重要な新しい発見が，フランスを始め（Buffetaut et al. 1993），イングランドやスペインでも行われている．特に，フランスの研究者は国外のフィールドで極めて活発に活動を続けている．恐竜の科学的研究はまさに国際的な仕事であって，それがこの研究の魅力であり，大きな将来性を感じさせるのである．

3

北米の恐竜ハンターたち

Edwin H. Colbert

●新世界における最初の恐竜発見

　北米で最初の恐竜ハンターは，特に何の意識もなしにこの未知の動物を発見した人々だったろう．1802年，プリニー・ムーディ（Pliny Moody）というニューイングランドの農家の少年が，マサチューセッツ州サウスハドリー（South Hadley）にある家の近くで，赤褐色の砂岩についているいくつかの足跡を見つけた．それは大きな鳥の足跡のように見えたので，当時一般に「ノアのカラスの足跡」と呼ばれた．19世紀の初期のうちに，同じような足跡がほかにも見つかり，間もなくアムハースト大学学長のエドワード・ヒッチコック教授（Edward B. Hitchcock）がその研究に乗り出した．1836年から1865年までの30年間にわたってヒッチコックは，コネティカット渓谷を何度も行ったり来たり，上ったり下ったりして，この地域にある三畳紀後期からジュラ紀前期の砂岩やシルト岩の表面に広範囲に見られる足跡を探して歩いた．見つけた足跡は採集して，それを受け入れるために建てられたアムハーストの博物館に送った．1858年，彼は『ニューイングランドの生痕学』と題する大部のモノグラフを発表し，これらの足跡の多くは大型の鳥類が残したものだと書いた．

　ヒッチコックが研究を始めた時点では，1842年にリチャード・オーウェンによって恐竜という概念が確立されるのは（本書第14章参照），まだ先のことであった．しかし，オーウェンがその説を発表し，オーウェン，ウィリアム・バックランド，ギデオン・マンテルといった人々が英国で恐竜について先駆的な研究を行ったあとでも，コネティカット渓谷の足跡を恐竜がつけたという可能性がヒッチコックの頭に浮かぶことはなかった．そこで彼は，現在のコネティカット渓谷にはかつて大小さまざまな鳥たちが住んでいたのだとかたく信じ続けた．しかしいうまでもないことだが，19世紀中頃には，これらの足跡の本体が次第に明らかになってくる．

　オーウェンが恐竜目の存在を認め，その名をつけてから10年以上たった1855年，政府による西部地域の実地踏査の責任者を務めていたフェルディナント・ハイデン博士（Ferdinand V. Hayden）は，ジュディス（Judith）川とミズーリ（Missouri）川の合流地点の近く——現在のモンタナ州内——で何本かの歯を，サウスダコタ州で数個の椎骨と足指の骨の化石を見つけ，鑑定のためこれをフィラデルフィアの

ジョーゼフ・ライディ博士（Joseph Leidy）のもとに送った．これらの標本は 1856 年に，ライディによって学術的に記載された．その中にはハドロサウルス類——彼はそれをトラコドン・ミラビリス（*Trachodon mirabilis*）と名づけた——と，カルノサウルス類——デイノドン・ホリドゥス（*Deinodon horridus*）と名づけた——の歯がそれぞれ数個ずつ含まれていた．さらに 2 個の歯にはトロオドン（*Troodon*）およびパラエオスキンクス（*Palaeoscincus*）と名づけ，それは"トカゲ類（Lacertilian）"であるとした．これらは北米で名前のつけられた最初の恐竜となった．

次いで 1858 年，フィラデルフィアからデラウェア川をわたった，ニュージャージー州ハドンフィールド（Haddonfield）の近くにある白亜紀の泥炭坑から，恐竜の部分骨格が発見された．ライディはこの骨格の発掘を助け，1858 年と 1859 年に，これをハドロサウルス・ファウルキイ（*Hadrosaurus foulkii*）として記載した．北米で記載された最初の恐竜の骨格である．ハドロサウルスが主として二足歩行をし，それによって恐竜進化の基本的な適応をなし遂げていたことにライディが気づいていたことは重要で，これに対してオーウェンは最初，イグアノドンなどの恐竜はサイに似た四足歩行の四肢動物だったと考えていた．

●O. C. マーシュと E. D. コープ：古生物学の世界の敵同士

英国や北米で中生代の巨大な骨の化石が発見され，しかもそれが今まで全く知られていなかった新しい一群の絶滅爬虫類の骨だとわかってきたことは，強い個性を持った 2 人の米国人に刺激を与え，2 人は恐竜の研究に深く関わることになった．エドワード・ドリンカー・コープ（Edward Drinker Cope）とオスニエル・チャールズ・マーシュ（Othniel Charles Marsh）（図 3.1，3.2）は猛烈なエネルギーを持ってこの新しい古生物学の分野に進み，やがて 2 人のライバル意識は激しい憎しみとなって，科学史上他に例を見ない化石をめぐる争いを生む．

ペンシルヴァニア大学医学部の解剖学教授だったライディは，ほとんど直ちに，互いに争う 2 人の古生物学者の間の罵りあいのまっただ中に自分がいることに気づき，すぐにこの研究分野から身を引いて，自分の関心を別の分野に向けた．彼は気品を持った，もの静かな人で，コープとマーシュの声高な罵りあいにはとても耐えられなかったのである．

図 3.1 ● エドワード・ドリンカー・コープ

図 3.2 ● オスニエル・チャールズ・マーシュ

コープはフィラデルフィアの裕福な大海運業者の息子で，一家はクエーカー教徒であった．マーシュは，ほとんどを英国で暮らした実業家の大富豪ジョージ・ピーボディ（George Peabody）のおいであった．どちらも古生物学の探求のために十分な資金の得られる立場におり，コープはフィラデルフィア科学アカデミーとつながりのある独立の学者，マーシュはイェール大学教授で，イェール大学のピーボディ博物館長——このポストは気前のよい伯父が彼のために用意してくれたものだ——であった．想像されるように，2 人とも自我の強い人物で，化石についても，お互いについても，世界全般についても，きわめて強固な考えを持っていた．コープとマーシュの反目は極めてよく知られていて，ここに改めて記すまでもないほどである（詳しくは Osborn 1931；Schuchertand LeVene 1940；Plate 1964；Colbert 1968；Lanham 1973；Shor 1974；本書の付録参照）．彼らの競争の結果，多数の恐竜の頭蓋骨や骨格を含

む，北米西部の中生代および新生代の化石の膨大なコレクションがつくられたといっておけば十分であろう．彼らの激しい反目は，新しく，興味深い恐竜の世界に世界中の古生物学者や一般の人々の目を開かせるという，まさにプラスの結果を生んだのである．

● 恐竜学の黄金時代

19世紀前半のまだためらいがちな探査と研究の初期の時代と，それに続く19世紀の最後の30年間に繰り広げられたコープとマーシュの激しい競争の時代は，北米における恐竜探査と研究の"黄金時代"——いわゆる"陽気な90年代"から"狂乱の20年代"の到来まで——のプロローグと見ることができるかもしれない．これはニューヨークのアメリカ自然史博物館，米国立自然史博物館（スミソニアン研究所），ピッツバーグのカーネギー博物館，オタワのカナダ国立博物館，トロントの王立オンタリオ博物館などの古生物学者たちが北米西部の上部ジュラ紀層や白亜紀層を精力的に探り，毎年のようにみごとな恐竜の化石を発見し，数え切れないほどの科学論文としてそれを発表した時代であった．もちろんその他の博物館からの恐竜ハンターもいたが，北米で恐竜の野外調査と室内研究の最前線に立っていたのは，上記の博物館であった．これはまさに黄金時代であり，発見の興奮と輝かしい研究の喜びに満たされ，しばしばその後にはすばらしい出版物が現れた．

この黄金時代は，ワイオミング州ボーンキャビン（Bone Cabin）の上部ジュラ紀層モリソン累層の大規模な発掘によって幕が切って落とされたと考えてよいだろう．それは以前マーシュとその仲間や助手たち，特にサミュエル・ウェンデル・ウィリストン（Samuel Wendell Williston），アーサー・レークス（Arthur Lakes），ウィリアム・リード（William Reed），その他の人々が働いていたコモブラフ（Como Bluff）に近いところである．ボーンキャビンの発掘を後押ししたのが1891年にアメリカ博物館にきたヘンリー・フェアフィールド・オズボーン（Henry Fairfield Osborn）で，彼はそこで極めて活発な古脊椎動物学の研究計画に着手した．オズボーンが特に関心を持っていたのはモリソン層で発見される可能性のある中生代の哺乳類だったが，同時に研究と展示のため，恐竜の骨格を採集することの重要性も理解していた．こうしてボーンキャビンの発掘計画は，W. D. マシュー（W.D. Matthew），ウォルター・グレンジャー（Walter Granger），バーナム・ブラウン（Barnum Brown），R. S. ラル（R.S. Lull），それにアルバート・トムソン（Albert Thompson），ピーター・ケイセン（Peter Kaisen），その他の人々によって1898年に始まり，全員が協力して巨大な恐竜や（図3.3），ジュラ紀の哺乳類を掘り出した（第9坑と呼ばれる補助坑で）．6年間続いたボーンキャビンの作業に始まる恐竜採集計画によって，アメリカ博物館は世界最大の恐竜コレクションを持つに至る．この点で

図3.3●アメリカ博物館の古生物学者たち．1899年，ワイオミング州コモブラフ，ナインマイル採掘場で左から右へ，リチャード・スワン・ラル，ピーター・ケイセン，ウィリアム・ディラー・マシュー．

は，O. C. マーシュとその助手たちが集めたイェール大学および国立博物館のコレクションをしのいでいる．

ボーンキャビンのプロジェクトに加わった人々の中で，バーナム・ブラウンとリチャード・スワン・ラル（Richard Swann Lull）の名は特に重要である．ブラウンはボーンキャビンののち，特にカナダ・アルバータ州の白亜紀層から発掘される恐竜に，その後の長い生涯を捧げた．これについてはのちに述べる．彼はきわめつけの個人主義者で，現場で自分一人で働くことを好み，アメリカ博物館化石研究室のピーター・ケイセンやジョージ・オルセンからはさまざまな助けを借りたが，ふつうは他の人の協力は求めなかった．また，自分が何をしているかについて，どんなことでも秘密にしたがった．その作業の結果，おおむねていねいに掘り出された，みごとなコレクションが得られたが，それには新聞の切れ端に発掘場所などのデータを鉛筆で走り書きした程度のフィールドノートしかついていなかった．彼はよく，ある年の発掘シーズンに化石を見つけると，ちょうど犬が大切な骨を土の中に埋めるように，それを埋め戻しておき，翌年にそれを掘り出すというやり方をした．つまり，いわば翌夏の成功の種を確保しておくのである．これは多くの逸話や伝説に包まれたこの男のほんの一つの側面にすぎない．

ラルは生涯を恐竜に捧げたが，フィールドよりも，研究室で仕事をすることの方が多かったと思われる．彼は堂々たる威厳を持ち，イェール大学教授の地位にふさわしい人物であった．大学では脊椎動物の進化に関するわかりやすい講義と，新しく建てられたピーボディ博物館長としての驚異的な努力で人に知られた．この博物館の前の建物は，ラルの前任者である O. C. マーシュが冷たい権威をもって彼の古生物学の世界を支配したところであった．

1909 年，ボーンキャビンの発掘に匹敵する科学的な重要性を持ったものが現れる．カーネギー博物館のために働くアール・ダグラス（Earl Douglass）が，ユタ州ヴァーナル（Vernal）の東約 30 km の所でモリソン累層から，関節の部分のつながったままの恐竜の骨格を発見したのである．この発見から有名なカーネギー採掘場が生まれる．この恐竜採掘プロジェクトは 1923 年まで続き，上部ジュラ紀層の恐竜の驚くべき膨大なコレクションが得られる．ダグラスは残りの生涯をカーネギー採掘場に捧げ，ピッツバーグでの生活は放棄して，ユタに移り，採掘場の近くに粗末な小屋を建てて，妻と小さな子どもとともにそこに住んだ．彼はまさに仕事に打ち込んだ人間であった．カーネギー博物館とは大陸の反対側にあるユタ州で，彼は少なくとも博物館の独裁的な館長 W. J. ホランド（W. J. Holland）の強い支配のもとに置かれることは免れた．

カーネギー採掘場の採掘の規模と成功は，ダグラスの先見性と献身的な努力の賜物であるだけでなく，実業家アンドルー・カーネギー（Andrew Carnegie）の無制限の資金的支援によるものでもあった．カーネギーは強い熱意を持って資金をつぎ込み，それによって（例えば）この採掘場から掘り出されたディプロドクス（Diplodocus）の完全な骨格の複製をつくって，それを世界各地のさまざまな博物館に贈った．ディプロドクスの贈られたところには，すべて W. J. ホランドも出かけていって，石膏の骨の組立てを監督し，思いがけなく名誉学位を贈られたりした（彼はこれを大いに喜んだ）．最後にカーネギー採掘場は発掘現場の展示場となり，今日，恐竜国定記念物の中核部分となっている．

アメリカ博物館やカーネギー博物館がモリソン累層の大発掘作業を進めていたこの時代の，さらにもう一人の傑出した恐竜の権威が，米国立自然史博物館（スミソニアン研究所）のチャールズ・ギルモア（Charles Gilmore）であった．穏やかで，人当たりのよいギルモアは，自分の業績について極めて謙虚で，化石とともに過ごす時間が長かっただけでなく，自分の観察結果や結論をすべて書き残すというよい習慣を持ち，それによってジュラ紀および白亜紀の恐竜について，ほかに例のないほど十分なモノグラフを発表した．国立博物館での長い研究生活の間に，彼は 16 回に及ぶ古生物学の探査を行っており，そのほとんどすべてが北米西部でのものであった．しかし奇妙なことに，これらの探査のうち，全面的に恐竜の採掘に当てられたのは 7 回にすぎず，そのうちの 1 回はユタ州のモリソン層，残りは西部諸州の白亜紀層で行われた．ギルモアのその他の探査はほとんどすべて，主として化石哺乳類の採集を目的としたものであった．

アメリカ博物館およびカーネギー博物館がモリソン層で，国立博物館が西部諸州の白亜紀堆積層で華々しい探査と採集を行ったこの時期に，カナダ西部諸州，特にアルバータ州でも，驚くほど豊富な白亜紀恐竜の堆積層が発見されていた．カナダ西部で白亜紀の恐竜の骨を最初に発見したのは 19 世紀の大地質学者の一人であるウィリアム・ドーソン卿（William Dawson）の息子であるジョージ・ドーソ

図 3.4 ● ジョージ・ドーソン (写真の中央に立っている背の低い男) と，彼のフィールド・チーム．1879 年，ブリティッシュコロンビア州フォートマクロードで

ン博士 (George Dawson) (図 3.4) であった．国際境界線委員会のカナダ代表として働いていたジョージ・ドーソンは，英国で大学院を修了し，十分な教育を受けた地質学者であった．トーマス・ヘンリー・ハクスリー (Thomas Henry Huxley) ――ダーウィンの擁護者――のもとで学び，恐竜との関係を確認するため，自分の化石をコープのもとに送るという先見の明を持っていた．

ドーソンとカナダの恐竜ハンターの草分けとして彼に従った 2 人の男がみな，一見したところその仕事にはとても適していないように見えたことは興味深い．ドーソンはひどい猫背で，小人に近かったが，このような障害にもかかわらず，フィールドで働く地質学者としては活力に満ちていた．ほかの 2 人，ジョーゼフ・バー・ティレル (Joseph Burr Tyrrell) とローレンス・ラム (Lawrence M. Lambe) は，どちらも体が丈夫でなく，ある程度長生きするには活動的な野外生活をするしかないと考えて，フィールドでの地質学と古生物学を始めたのである．この方法はラムの場合はみごとに成功し，彼は 99 歳まで生きた．

ドーソンの助手を務めたティレルは 1884 年，アルバータ州のレッドディア (Red Deer) 川の渓谷で恐竜の骨を発見した．カナダ地質調査所の職員であったラムは，1897 年にボートでレッドディア川を下り，上部白亜紀層の広大な露出面を横切った時，そこで恐竜の化石を採集した．彼はオズボーン教授と協力してこの標本を調べ，これについて共著のモノグラフを発表した．

アルバータ州の白亜紀恐竜についての大規模な探査が，1910 年から 1920 年にかけて，2 つの古生物学者チームによって行われた．彼らは友好的なライバル関係にあり，レッドディア川地域から恐竜の宝庫を発見し，採集した．一方は，ニューヨーク・アメリカ博物館のバーナム・ブラウンとその助手のピーター・ケイセンおよびジョージ・オルセンのチーム，もう一方は，カナダ国立博物館と王立オンタリオ博物館のために働く化石採掘者，チャールズ・スターンバーグ (Charles H. Sternberg) とその 3 人の息子ジョージ (George)，チャールズ (Charles M.) (図 3.5)，リーヴァイ (Levi) のチームであった．

スターンバーグ一家の物語は，北米恐竜採掘史のすばらしい 1 章を構成する．父親のチャールズ・スターンバーグは双子の弟といっしょに，十代の終わりにアイオワの家を出てカンザスに移住し，そこでチャールズは白亜紀のダコタ砂岩から見つけたさま

ざまな化石の魅力にとりつかれた．間もなく彼はコープのフィールド作業の助手となり，これが古生物学的採掘に捧げた長い人生の始まりとなった．息子たちもその生き方を受け継ぎ，数々の成果をあげた．

第一次世界大戦中，ブラウンとスターンバーグ一家はいかだに乗ってレッドディア川を下り，化石の堆積層を探査した（図3.6）．いかだを作業本部として，補助のモーターボートで川を上り下りし，岸にボートをつけて崖によじ登っては露出面を探った．

この方法は成果をあげ，彼らは白亜紀後期の恐竜の標本を多数採集した（図3.7）．その中には関節の部分のつながったままの骨格も多数含まれ，これらは現在ニューヨーク，オタワ，トロントなどで見られる．本物の化石標本と雄型模型で示されるレッドディア川の恐竜は，今日アルバータ州ドラムヘラー（Drumheller）のレッドディア川バッドランドのすぐ横にある大博物館，王立ティレル博物館で見ることができる．

図3.5●レッドディア川の近くで恐竜を採掘するチャールズ・スターンバーグ（左）とその助手

図3.6●アルバータ州のレッドディア川に浮かぶバーナム・ブラウンのいかだ

図3.7●ハドロサウルス類コリトサウルスの骨格を採掘するバーナム・ブラウン．1912年アルバータ州で

● 恐竜研究の"暗黒時代"と"ルネサンス"

　北米の恐竜探査と研究の"黄金時代"——"第一次黄金時代"と呼ぶ方がもっと適切かもしれない——ののち，恐竜研究の中休みとでもいうべき時代があった．この時期は20年ほど続き，第二次世界大戦の時代もこの中に含まれる．この間も恐竜の探査や，研究室での研究，論文の発表などは続けられてはいたが，この時期には特に獣弓類——哺乳類型爬虫類——が重視された．この四肢動物は原始的な脊椎動物から高等な哺乳類への進化の主流にあったものという点で，重要な意味を持つと考えられた．恐竜は確かに"すばらしい"化石で，展示室で観客の心をとらえるのにはよいが，一般的にいってこれは進化の傍流にあるものであり，したがって獣弓類に比べて進化論上の意味は小さいと考える古生物学者が少なくなかった（その時代を生きてきた筆者は，このことを断言できる）．

　古い恐竜研究は主として記載的なものであり，それはこれほど大量の標本が発見され，研究されるのを待っている状況のもとでは当然予想されるとおりであった．その研究は本質的に骨学的研究であり，その目的は形態的構造と分類学的関係の解釈にあった．しかし第二次世界大戦後になると，ジョン・オストローム（John Ostrom）らの新世代の古生物学者が現れ，彼らは恐竜の骨格が以前に理解されていたよりもずっと多くの事実を示していることを知った．したがって，骨そのものについて，骨の構造，組織，恐竜の生理との関連性など，以前よりもはるかに高度の研究が行われるようになった．恐竜類に極めて広く共通に見られるさまざまな骨の構造について新しい解釈が加えられ，そのような適応が行動の理解にどのように役立つかが検討された．個体発生の際の発育パターンやその意味についての研究が行われ，また，恐竜の足跡，卵，巣，その他の生痕化石の新たな驚くべき発見や研究も見られた．

　さらに，北米だけにとどまらず，世界中のあらゆる場所で恐竜採集のルネサンスが起こり，以前には考えられもしなかった形や種類の新しい恐竜が発見された．この30〜40年の間に，われわれの恐竜に関する知識はまさに目を見張るような勢いで広がっ

た．したがって，これは恐竜の採集および研究の"第二の黄金時代"と呼ぶのが適切であろう．それが，われわれの今生きている時代なのである．

戦後の恐竜に関するフィールドワークの最初の"ビッグイベント"——それがこう呼べるとすれば——の一つは，筆者とアメリカ博物館のフィールド探査チームがニューメキシコ州ゴーストランチ（Ghost Ranch）で三畳紀後期の恐竜の堆積を発見したことであった（Colbert 1995）．ここでは範囲の限られた採掘場の中から，三畳紀獣脚類恐竜コエロフィシス（Coelophysis）の完全な形のままの骨格や部分骨格が文字どおり何百も発見された．この恐竜の骨格が複雑に絡まり合った巨大な岩の塊りを，最初はアメリカ自然史博物館のパーティが採掘し，その後，カーネギー博物館，ニューメキシコ自然史博物館，ゴーストランチのルース・ホール古生物学博物館，北アリゾナ博物館，イェール大学ピーボディ博物館などのチームが発掘を行った．発掘に関係したいくつかの施設や，岩塊を分配されたその他かなりの数の古生物学研究室で，この標本の修復が今も行われている．

特に重要な意味を持ったのはデイノニクス（Deinonychus）の発見で，これはジョン・オストロームの率いるイェール大学ピーボディ博物館チームが，モンタナの下部白亜紀層クローヴァリー累層から発掘した．この発見と，それから得られた研究結果，さらにはデイノニクスに関連するその他の化石の発見によって，この数年の間にドロマエオサウルス類に関する知識の新しい視野が開けた．この種の恐竜は捕食性の獣脚類恐竜のうちで最も攻撃的で，最も知能の高いものであったことが明らかにされたのである．

デール・ラッセル（Dale Russell, 最近，カナダ自然史博物館を退職した）は，カナダ西部の上部白亜紀層からトロオドンを発見したことから，恐竜の知能というテーマに特に興味を持ってきた．ラッセルと彼のカナダ人の同僚たち——その中にはフィリップ・カリー（Philip Currie）やウィリアム・サージャント（William Sarjeant）がいる——は，カナダの西部諸州で精力的な恐竜採掘計画を実施している．

同時に，モンタナ州ボーズマン（Bozeman）にあるロッキーズ博物館のジョン・ホーナー（John Horner）は，この州の上部白亜紀層でめざましい採掘計画を進めており，ハドロサウルス類マイアサウラ（Maiasaura）の膨大な堆積物を発見した．この中には孵化したばかりの子どもから成体までの個体発生のあらゆる時期の個体が見られるだけでなく，この恐竜の卵や巣もほとんど数え切れないほど含まれている．彼の研究，その中でも特にパリのアルマン・ド・リクレ（Armand de Ricqlès）とともに行った組織学的研究の結果，個体発生に関しても，この恐竜の考えられる行動パターンについても，多くの新しい情報が得られた．この研究は今も変わることなく続けられている．

また，地質時代をさかのぼってユタ州およびコロラド州のモリソン累層ですばらしい発見があったことも述べておかなければならない．特に，1927年と1967年のフェルディナント・ヒンツェ（Ferdinand F. Hintze），ゴールデン・ヨーク（Golden York），ウィリアム・リー・ストークス（William Lee Stokes），ジェームズ・マドセン（James Madsen），それにユタ大学の仲間たちによるサンラファエル（San Rafael）丘陵のクリーブランド・ロイド採掘場での発見と，1972年から1982年のジェームズ・ジェンセン（James Jensen）とブリガム・ヤング大学の仲間たちによるユタ＝コロラド州境のドライメサ採掘場での発見は注目すべきものであった．この後者の現場では，すばらしい大きさのさまざまな骨が発見され，それは大きさの点でブラキオサウルス（Brachiosaurus）さえしのぐほどの竜脚類恐竜の骨と考えられた．

しかし，竜脚類恐竜のうちで大きさの最大のものはたぶんセイスモサウルス（Seismosaurus）と思われる．その骨格は1979年にニューメキシコで2人のハイカーによって発見され，その後デーヴィッド・ジレット（David Gillette）とその仲間が採集した．この巨大な恐竜に関する研究は，今も続けられている（Gillette 1994）．

最後に，今日の恐竜ハンターたち——北米だけでなく，その他の大陸のハンターも——が，かつてなかったほど恐竜の足跡に注意を注いでいることをいっておかなければならないだろう．この種の化石が，恐竜の移動やその他の行動特性を知るカギとなることが新たに認められるようになり，そのため足跡の研究が，ヒッチコックとコネティカット渓谷の足跡の時代から一巡りして，今再び人々の注目を集めるようになったのである．

何十年にもわたって，恐竜の足跡の研究は古生物学のうちで，どちらかといえば活動的な部分の少ない，記載的な分野であった．ところが，R. T. バード（R.T. Bird）が1940年にテキサス州のパラクシー（Paluxy）川沿いで白亜紀の巨大な竜脚類や獣脚

類恐竜の足跡を発見，採掘したことによって，これが新しい意味合いを持つようになった（Bird 1985）．今日，恐竜の足跡については，世界的な規模で活発なフィールド研究が進められ，現場での保存が行われている．北米のデーヴィッド・ジレット（David Gillette），ジェームズ・ファーロー（James Farlow），グレース・アービー（Grace Irby），マーティン・ロックリー（Martin Lockley），ウィリアム・サージャント（William Sarjeant），オーストラリアのトニー・サルボーン（Tony Thulborn），ヨーロッパおよび南米のジュゼッペ・レオナルディ（Giuseppe Leonardi）といった人々の名を特にあげておこう．

現在の恐竜研究の"黄金時代"に，恐竜ハンターたちがどのような仕事を進めているかを紹介するこの小文は，いうまでもなく不完全なものである．新しい世代の恐竜ハンターたちの活動を余すところなく論じるには，ここに与えられたスペースはあまりに少ない．しかし，今世紀半ばから後期にかけて恐竜探索が最も活発に進められてきた部分についてはある程度記述することができた．今日，恐竜の探索とそれに続く研究が，過去をしのぐ勢いで進められていることを示すにはこれでも十分だろう．恐竜は今日，古生物学の世界だけでなく，一般大衆の間でも，極めてホットな関心の的となっている．今日われわれはどこにいっても——博物館でも，映画や本の中でも，そしてフィールドでも——恐竜にぶつからないところはない．

4 アジアの恐竜ハンターたち

John R. Lavas

　アジアの多くの場所，特にモンゴルや中国では，化石を含む中生代の堆積物が多く見られ，この数十年の間にこれらの土地では，世界の他のどこよりも多くの種類の恐竜が発掘されている．こうした発見は恐竜研究の多くの面——白亜紀の恐竜の進化，恐竜の社会的行動，獣脚類恐竜と鳥類との関係（鳥類は獣脚類恐竜から進化したのか，それとも獣脚類恐竜が鳥類から進化したのか），恐竜の個体発生（発育），古発生学など——にとって極めて大きな重要性を持ったものと考えられる．古脊椎動物学は最初ヨーロッパや米国で発達したため，アジアでの研究の多くはヨーロッパや米国の古生物学者によって行われたが，最近の数十年はアジアの現地の科学者が，しばしば外国の協力を得て，アジアの恐竜堆積物の発掘を行っている（Lavas 1993；Spalding 1993）．中生代のほとんどの時代の恐竜がアジアで発見されており，この地域（当時は超大陸ローラシアの東半部をつくっていた）は白亜紀に入ってかなり経つ頃まで，ベーリング海峡によって北米大陸と切り離されていたと思われるが，アジアの恐竜の中には，北米西部の恐竜と極めてよく似たものも見られる．しかしそれでも，アジアで生まれたいくつかの大きなグループはこの地域に固有のものであり，他のどこでも見つかっていない．そのほかに，アジアで進化し，その後北米に広がっていったと思われる，アンキロサウルス（曲竜）類，プロトケラトプス類，それにおそらくはオルニトミモサウルス類（最近スペインでペレカニミムス属 *Pelecanimimus* が発見されたことによって，このオルニトミモサウルス類の地理的起源に疑問が生じた）などもいる．

　アジアとは地理的に遠く離れているため，西洋人がアジアの砂漠地帯に入っていったのは遅く，マルコ・ポーロ（Marco Polo），パブリノフ（Pavlinoff），プルジェヴァルスキー（Przhevalski）といった探検家は別として，例えばゴビ砂漠でさえ，1920年代になってもほとんど知られていなかった．何世紀もの間，中国の薬種商は"竜骨"を薬とするため粉にしていたが（恐竜の骨ではないかと思われるものの記録は晋王朝の時代から残っている），化石の最も古い直接の証拠が得られたのは1892年，地質学者ウラディミール・オブルーチェフ（Vladimir Obruchev）（1863-1956）が，モンゴルの首都ウルガ（現在のウランバートル）へのキャラヴァンルートで数個のサイの歯を見つけた時のことであった．次いで1902年，ロシア陸軍のマナキン大佐（Manakin）がロシア・満州国境のアムール川で，ハドロサウルス類の

"マンチュロサウルス（*Mandschurosaurus*）"の骨を採集し，さらに1915〜1917年に採集した標本とともにレニングラード（サンクトペテルブルグ）の中央地質学博物館に展示された．1920年には，別のロシア人A.A.ボリシャーク（A.A. Borissyak）が，カザフスタンで第三紀哺乳類を多数含む堆積層を発見した．この地域の地質は，ゴビ砂漠のこれに相当する地層から大きな恐竜堆積物が発見される可能性を示していた．

● アメリカ自然史博物館のゴビ砂漠探検隊

1920年代にニューヨークのアメリカ自然史博物館は草分けとなる一連のゴビ砂漠探検に乗り出し，モンゴル（当時，外モンゴルと呼ばれた），中国，中国支配下の内モンゴル（内蒙古）の踏査を行った（Granger 1923；Andrews 1926；Colbert 1968；Lavas 1993）．この事業の目的は初期の有胎盤哺乳類ならびに最古の人類の証拠を見つけることにあり，アメリカ自然史博物館の動物学者ロイ・チャプマン・アンドルーズ（Roy Chapman Andrews）(1884–1960)はこれを一般大衆に宣伝して，資金を募った．多くの学問領域にまたがる（地質学，考古学，植物学，動物学，地形学などのすべてについて研究することになっていた）この探検は，当時米国で組織された最も金のかかる大事業であった．これは中央アジア探検隊と呼ばれ，かつて人類を含む有胎盤哺乳類の発祥の地は中央アジアだと主張していたアメリカ自然史博物館のヘンリー・フェアフィールド・オズボーン（Henry Fairfield Osborn）(1857–1935)の賛同も得ていた．

中央アジア探検隊の主任古生物学者兼科学コーディネーターを務めたアメリカ自然史博物館のウォルター・グレンジャー（Walter Granger）(1872–1941)は，米国西部（コモブラフやボーンキャビンの発掘現場を含む）やエジプトの第三紀層（エルファユム）で発掘の経験があった．その他，アメリカ自然史博物館からの注目すべき参加者としては，ジョージ・オルセン（George Olsen），ピーター・ケイセン（Peter Kaisen），アルバート・ジョンソン（Albert Johnson）などがいる．中央アジア探検隊はラクダのキャラヴァン隊によって必需物資を運び（図4.1），偵察作業には特別に製作されたダッジ車を使用した．本部は北京に置いて，1922年から1930年までの間に5夏，ゴビで探査と発掘を行った（冬は大量の雪と−40℃にもなる寒さのため，モンゴルでの採掘は不可能である）．このほかに，グレンジャーは冬の間に中国南部と西部への探査を4回行った．

中央アジア探検のクライマックスは，1923年7月，モンゴル南部，バイン・ザクのフレーミング・クリフ（燃える崖）でやってきた．フレーミング・クリフは直径18 kmの盆地の境をなす浸食された枝尾根で，オルセンはここで白亜紀の砂岩の中に恐竜の卵と明確に確認された（グレンジャーによって）最初の化石を発見した．その後さらに多数の卵が発掘され，大きな巣の集団も形をとどめていた．その

図4.1● アメリカ自然史博物館探査隊の荷物を運ぶラクダの隊列が，バイン・ザクの「燃える崖」をいく

近くでは，さまざまな年齢層のプロトケラトプス（*Protoceratops*）100頭分以上の骨格や頭蓋骨が発見された．プロトケラトプスは小型の恐竜で，当時はこれがその卵を産んだと考えられた（Granger and Gregory 1923）．またここでは，白亜紀層から最初の有胎盤哺乳類の頭蓋骨がいくつか発見され，これらはのちに4つの新属に分類された．このほか恐竜の化石としては，獣脚類恐竜のオヴィラプトル（*Oviraptor*），サウロルニトイデス（*Saurornithoides*），ヴェロキラプトル（*Velociraptor*）なども発見された．バイン・ザクでの発見のほかに，オシー（Oshih）盆地，イレン・ダバス（Iren Dabasu），オン・ゴング（On Gong）などで，プシッタコサウルス（*Psittacosaurus*）を始めとする白亜紀の恐竜も見つかった．これらや，同じくゴビ砂漠で採集された大量の第三紀哺乳類の標本は，現在アメリカ自然史博物館におさめられている．

● **戦後のロシアとポーランドの探査隊**

1930年以降，政治情勢のため，この地域での米国の探検は不可能になり，1941年にはロシア古生物学研究所がモンゴルから化石の探査を続けるよう求められた．第二次世界大戦のためこれも妨げられたが，戦争が終わって間もない1946年に，ロシア古生物学研究所は所長のユーリ・オルロフ（Yuri Orlov）を筆頭顧問とする偵察隊をモンゴルに送った．一流の古脊椎動物学者でSF作家のイワン・エフレーモフ（Ivan A. Efremov）(1907–1972)が（Efremov 1956），ロシア最高の爬虫類分類学者アナトーリー・ロジジェストウェンスキー（Anatoly K. Rozhdestvensky）とともに探査隊を率いた（Rozhdestvensky 1960）．彼らは2か月間フィールドにとどまる間に，東西180 km，南北40〜70 kmの長円形をした広大な盆地ネメグト渓谷を見つけた．この谷の100 kmにわたる地域に多数の恐竜の墓場が発見され，のちにこの地域は白亜紀恐竜の大発掘地となった．

1948年と1949年にはモンゴルに，2つの大きな探査隊が送られ（図4.2〜4.5），1948年には科学者隊員が15人（古生物学者E.A.マレーエフ［E.A. Maleev］や主任地質学者N.ノヴォジロフ［N. Novojilov］を含む），1949年には隊員数は33人にのぼった．ZILのトラックが必需物資や化石を運び，観測作業には四輪駆動のGAZのフィールド車が用いられた．これによって探査隊は以前にはとても不可能であった1300 km以上もの距離を走り回り，モ

図4.2●1948年ロシア探査隊のキャンプ．ネメグト渓谷で

図4.3●1948年ロシア探査隊の隊員たち．アルタン・ウラで
左から，J. イーグルトン，A. K. ロジジェストウェンスキー，M. ロオキーノワ．

図4.4●サウロロフスの骨格を掘るロシアの技術者J. イーグルトン．1948年，ドラゴンズ・トゥーム（竜の墓）で

ンゴル各地で探査を行った（Lavas 1993）．白亜紀のアンキロサウルス（曲竜）類（ピナコサウルス *Pinacosaurus*，タラルルス *Talarurus*［Maleev 1956；Tumanova 1987］）がバイン・シレー（Bayn Shireh）（モンゴル東部）で発見され，ネメグトの白亜紀堆積層からは，さらにアンキロサウルス類，ハドロサウルス類（体長14 m，体高7.7 mに及ぶ巨大なサウロロフス *Saurolophus*［Rozhdestvensky 1970］を含む），同じくらい大きく，足の速い肉食恐竜タルボサウルス（*Tarbosaurus*）のさまざまな年齢グループや，いくつかの種の標本（この大型獣脚類恐竜のグループを，マレーエヴォサウルス *Maleevosaurus*，タルボサウルス，ティラノサウルス *Tyrannosaurus* の3つの属に分けることを提唱する学者もいる）などが得られた．

"ドラゴンズ・トゥーム（竜の墓）"と呼ばれた場

図 4.5 ● フィールドでのロシアの古生物学者たち
左から，A. K. ロジジェストウェンスキー，I. A. エフレーモフ，E. A. マレーエフ．

所（図 4.4）では，7 体のサウロロフスの完全な骨格と，ハドロサウルス類の皮膚の印象が発見され，ネメグトのその他の場所では，竜脚類，オルニトミモサウルス類，その他さまざまな小型の獣脚類など，不完全な恐竜化石が多数見つかった．長さ 70 cm 以上もある巨大なかぎ爪は，この場所から得られた最も謎に満ちた発見物であった．最近の証拠によると，これはナマケモノに似た獣脚類恐竜（テリジノサウルス Therizinosaurus）のものらしく，恐竜たちはこの爪でシロアリの巣を壊すか，あるいは木の枝を引っ張って口が木の実に届くようにしていたのかもしれない（Rozhdestvensky 1970）．第三紀の哺乳類も，特に 1949 年にモンゴル西部のコブド（Kobdo）に近いアルタン・テリ（Altan Teli）や，モンゴル中央部のオロク・ノール（Orok Noor）で，多数得られた．ロシア古生物学研究所の探査では，120 t 以上の化石標本——多くはネメグトの恐竜——が採集された．この宝物の一部はモンゴル国民に贈られて，ウランバートル市立博物館におさめられた．残りはモスクワのロシア古生物学博物館に運ばれ，さらにその後のフィールドワーク（1959〜1960 年の中ロ共同探査など）によって採集された多数の化石も加わって，これをおさめるため 1970 年代にはモスクワ南西部に新たな古生物学博物館の建設が必要になった．ここは現在，世界最大の古生物コレクションを収蔵する大博物館となっている．

このロシアの探査に続いて同様の成果をあげたのが，1963〜1965 年，1967〜1969 年，1970〜1971 年のポーランド・モンゴル共同探査で，多い時は一時に 23 人の隊員が参加した（Kielan–Jaworowska 1969；Kielan–Jaworowska and Dovchin 1969；Kielan–Jaworowska and Barsbold 1972；Lavas 1993）．隊長を務めたのはポーランド生物学的古生物学研究所（のちにはオスロ大学古生物学博物館）の有名な古生物学者ゾフィア・キーラン=ジャウォロウスカ（Zofia Kielan–Jaworowska）で，ポーランドの有名な科学者ローマン・コズロウスキ（Roman Kozlowski）もこれを支援した．その他，この事業に関係したポーランドの科学者には，マグダレーナ・ボルスク=ビアリニカ（Magdalena Borsuk–Bialynicka），アレクサンデル・ノウィンスキ（Aleksander Nowinski），テレサ・マリャンスカ（Teresa Maryańska），ハルシュカ・オスモルスカ（Halszka Osmólska）（図 4.6）といった人々がいる．バルスボルド・リンチェン（Barsbold Rinchen）（ウランバートルのモンゴル地質科学研究所長），ダシュゼヴェグ・デンベルリーン（Dashzeveg Demberlyin），ペルレ・アルタンゲレル（同研究所員）らは，モンゴル側から参加した．

精力的なポーランド・モンゴル共同探査隊は，バイン・ザク（ここでは多数の有胎盤哺乳類が発見された），トーグレーグ（Toogreeg），モンゴル中部および西部のいくつかの第三紀層地域（アルタン・テリ Altan Teli を含む），ネメグト渓谷内の多くの地点（特にアルタン・ウラ Altan Ula の発掘）など，さまざまな場所で働いた．これらの現場からは，新しい竜脚類恐竜（ネメグトサウルス Nemegtosaurus，オピ

図4.6●1965年のポーランド探査隊の隊員たち．アルタン・ウラで
左から，M.クチンスキ，A.ノウィンスキ，W.スカルジンスキ，E.ラハタン，D.ワルクノウスキ，H.クビャーク，T.マリャンスカ，J.マレッキ，R.グラジンスキ，J.レフェルド，H.オスモルスカ，M.レプコウスキ，Z.キーラン＝ジャウォロウスカ，J.カジミールチャク，W.シツィンスキ．

ストコエリカウディア Opisthocoelicaudia [Borsuk-Bialynicka 1977]），ガリミムス（Gallimimus [Osmólska et al. 1972]）などのオルニトミモサウルス類，前肢に巨大な3本のかぎ爪を持つ，全く新しいタイプの大型恐竜（デイノケイルス Deinocheirus [Osmólska and Roniewicz 1969]），小型の獣脚類恐竜（コエロサウルス類を含む），ハドロサウルス類（バルスボルディア Barsboldia），アンキロサウルス類（サイカニア Saichania，タルキア Tarchia [Maryańska 1977]），パキケファロサウルス類の4つの新属（ゴヨケファレ Goyocephale，ホマロケファレ Homalocephare，プレノケファレ Prenocephale，ティロケファレ Tylocephale [Maryańska and Osmólska 1974]）が得られた．ネメグト渓谷以外の堆積層からは，新しいプロトケラトプス類（バガケラトプス Bagaceratops，ミクロケラトプス Microceratops）のさまざまな年齢層の化石や，多数の第三紀哺乳類の骨が見つかった．ポーランド・モンゴル共同探査によって得られた標本は，モンゴル科学アカデミーとワルシャワのポーランド古生物学研究所との間で分配された．

● 最近のゴビ砂漠探査

ロシア古生物学研究所は1969年以降毎年夏に，モンゴルの支援を得てゴビでフィールドワークを続けており，ロシア側の参加者には，セルゲイ・クルザノフ（Sergei Kuruzanov），K.E.ミハイロフ（K.E. Mikhailov），T.A.トゥマノーヴァ（T.A. Tumanova），A. V.ソチャヴァ（A.V. Sochava），A.F.バニコフ（A. F. Bannikov）といった人々がいる（Lavas 1993）．新しい白亜紀の恐竜が多数記載され，その中には鳥に極めてよく似た獣脚類恐竜（アヴィミムス Avimimus [Kurzanov 1987]，モノニクス Mononykus），オルニトミモサウルス類（アンセリミムス Anserimimus，ガルディミムス Garudimimus，ハルピミムス Harpymimus），ティラノサウルス類（アリオラムス Alioramus），セグノサウルス類（エルリコサウルス Erlikosaurus，セグノサウルス Segnosaurus [Barsbold and Perle 1980]），イグアノドン類（"イグアノドン Iguanodon"），ハドロサウルス類（"アルスタノサウルス Arstanosaurus"），プロトケラトプス類（ブレヴィケラトプス Breviceratops，ウダノケラトプス Udanoceratops），それにさまざまなタイプの恐竜の巣などが含まれていた．1993年には，このフィールドワークと，1940年代のロシアの探査隊によって発掘されたオリジナル標本がオーストラリアと（そのあとで）米国に送られ，その他の展示物も加えて，「ロシアの大恐竜」と銘打った恐竜と哺乳類型爬虫類の総合展覧会が開かれた．その前に台湾と日本でも，これよりももう少し規模の小さい展覧会が開かれていた．

1990年，約60年の空白期間ののち，アメリカ博物館は再びモンゴルに探査隊を送り，フィールドワークを行った．これにはマーク・ノレル（Mark Norell）やマルコム・マッケンナ（Malcolm McKenna）といったアメリカ自然史博物館の古生物学者や，科学部長のマイケル・ノヴァチェク（Michael Novacek）らが参加した（Novacek 1996）．ダシュゼヴェグ・デンベルリーン（Dashzeveg Demberlyin）（その頃までにすでに約30年にわたるゴビでの採掘経験を持っていた）は，モンゴル側からの参加者のリーダーであった．作業は特に有胎盤哺乳類と小型の獣脚類に重点を置いて，バイン・ザク，トーグレーグ，フルサン（Khulsan）など，数か所で行われた．重要な発掘物としては，有胎盤類，ドロマエオサウルス類，オヴィラプトロサウルス類（卵の中のオヴィラプトル Oviraptor の胚が発見され，以前プロトケラトプスのものと考えられたバイン・ザクの卵のいくつかが，実はこの獣脚類恐竜オヴィラプトルの産んだものであることが示された），アンキロサウルス類，モノニクス——鳥に似ているが空を飛ぶことはできない獣脚類恐竜で，かぎ爪が1本だけついた，異様な小さい前肢を持つ——などがあった（Perle et al. 1993）．

1990年代にはその他の国もモンゴルでフィールドワークを行った．例えば，フランス・イタリア・モンゴル共同探査はパリ自然史博物館の古生物学者フィリップ・タケー（Philippe Taquet）およびドナルド・ラッセル（Donald Russell）をリーダーとして1991年に開始され（Taquet 1992），その2年後に始まった日本・モンゴル共同のフィールドワークは，バルスボルド・リンチェンと日本の現場責任者渡部真人によって進められた．

●中国と内モンゴルでのフィールドワーク

中国における古生物学のフィールドワークは多くの場合，モンゴルの場合ほど，大人数の探査隊によって大規模な発掘に力を入れるという方法はとっていない（Spalding 1993）．1913年に外国の研究者が中国でいくつかの恐竜化石を発見したのち，スウェーデンの地質学者ヨハン・アンデルソン（Johann Andersson）とオーストリアの古生物学者オットー・ズダンスキー（Otto Zdansky）がいくつかの現場を調査した．中央アジア探検隊員のウォルター・グレンジャー（彼がズダンスキーの採集したものの中から恐竜の化石を確認した）の助言も受けて，ズダンスキーと中国の地質学者H.C. タン（H.C. T'an）は1922年にジュラ紀の竜脚類恐竜エウヘロプス（Euhelopus）を発掘し，タンはさらにその後ハドロサウルス類のタニウス（Tanius）の化石や，ステゴサウルス類の骨を発見している．

1926年，周口店（北京の南西）で北京原人の骨が発見され，ここで中国人科学者たちはカナダのダヴィッドソン・ブラック（Davidson Black）やフランスの聖職者ピエール・テイヤール・ド・シャルダン（Pierre Teilhard de Chardin）といった一流の人類学者や古生物学者といっしょに仕事をして，フィールドでの経験を積んだ．中国人研究者の中で特に注目されたのが楊鐘健（Yang Zhong-jian）（1897–1979，欧米では C.C. ヤング C.C. Young の名で知られる）で，彼は米国，カナダ，英国，ドイツで研究を行い，1928年に母国の中国に帰ったのち，グレンジャーやアンドルーズとともに最後の中央アジア探検隊（1930）に加わった．

1927〜1931年には，スウェーデンと中国の科学者がスウェン・ヘディン（Sven Hedin）と F. ユアン（F. Yuan）をリーダーとして，中国北西部で合同のフィールドワークを行った．パキケファロサウルス類，プロトケラトプス類，アンキロサウルス類などを含む断片的な恐竜の骨が発見され，これらはその後，1950年代にボーリン（Bohlin）によって研究された．1936年には，楊鐘健をリーダーとする中国・米国合同チームが四川省にいき，竜脚類恐竜オメイサウルス（Omeisaurus）の骨格を1体発掘した．1949年には，楊は中国の一流研究機関である北京古脊椎動物学・古人類学研究所の所長になった．その後の何十年かの間に，プラテオサウルス類（ルーフェンゴサウルス Lufengosaurus），ハドロサウルス類（チンタオサウルス Tsintaosaurus，1950年に山東省で発見；シャントゥンゴサウルス Shantungosaurus，体長15.5 mに及ぶ最長のハドロサウルス類），竜脚類（マメンチサウルス Mamenchisaurus，アジア最大の恐竜で，体長24 mにも及んだ可能性がある），ステゴサウルス類（トゥオジアンゴサウル Tuojiangosaurus）など，中国のあらゆる地質時代の恐竜が発掘された．楊鐘健の死後，董枝明が中国の指導的な古生物学者となった．彼は1962年に復旦大学を卒業したのち，北京の古脊椎動物学・古人類学研究所に入った人である．

1986年から1990年まで中国北西部と内モンゴルで，カナダ・中国恐竜合同プロジェクトによる幅広い学際的フィールドワークが行われた（Currie et al.

1993；Currie 1996 b)．このプロジェクトはまた，中国・カナダ・アルバータ・エクステラ探査とも呼ばれた（アルバータやカナダ領北極圏でも探査を行った）．ゴビでの探査では，多い時には古脊椎動物学・古人類学研究所，カナダ自然博物館（オタワ），王立ティレル古生物学博物館（ドラムヘラー）から一時に40人もが参加した（Grady 1993；Spalding 1993）．カナダ側の参加者にはフィリップ・カリー（Philip Currie）やブライアン・ノーブル（Brian Noble）（ドラムヘラー），デール・ラッセル（Dale Russell）（オタワ），トム・ジェルジキーウィッチ（Tom Jerzykiewicz）（カナダ地質調査所，彼は以前，ポーランド・モンゴル探査隊でも働いた）など，中国側の参加者には董枝明，鄭家堅(Zhen Jia-jiang)，趙喜進（Zhao Xi-jin）などがいた．主な化石の発掘現場は中国北西部のジュンガル盆地（中部および上部ジュラ紀層），内モンゴルのバヤン・マンダフ（上部白亜紀層）およびエレンホトなどであった．60 t以上の化石が採集され，さまざまな動物群（新分類群は11群にのぼった）のうち恐竜は，プシッタコサウルス類，プロトケラトプス類，アンキロサウルス類（ピナコサウルス Pinacosaurus），トロオドン類（シノルニトイデス Sinornithoides），メガロサウルス類（モノロフォサウルス Monolophosaurus），アロサウルス類（シンラプトル Sinraptor），テリジノサウルス類（アルシャサウルス Alxasaurus），その他多数の小型獣脚類などが含まれていた．翼竜類，哺乳類型爬虫類の獣弓類，哺乳類，カメ類などの化石も発掘された．標本はすべて古脊椎動物学・古人類学研究所とカナダの博物館との間で分配された．1993年5月，「恐竜世界展——地中から発掘された最大のショー」と名づけて，本物の標本を多数含む展覧会がカナダと（のちに）日本で巡回展示を始めた．

●アジアでのその他のフィールドワーク

モンゴルと中国の極めて重要な発見以外に，アジアのその他の地域，特に独立国家共同体（CIS）のアジア地域の共和国（以前のソ連領中央アジア）でも恐竜が発見されている．A. K. ロジジェストウェンスキー，S. M. クルザノフ（モスクワ），故人となったL. A. ネソフ（L. A. Nessov）（サンクトペテルブルグ）らのロシアの古生物学者は，カザフスタン，タジキスタン，ウズベキスタンなどのCIS内共和国の上部白亜紀層で発掘を行い，ケラトプス類（アジアケラトプス Asiaceratops，トゥラノケラトプス Turanoceratops），ハドロサウルス類（アラロサウルス Aralosaurus，ヤクサルトサウルス Jaxartosaurus），オヴィラプトロサウルス類（カエナグナタシア Caenagnathasia），ティラノサウルス類（イテミルス Itemirus），その他の大型獣脚類恐竜の断片的化石などを発見した．

今では東南アジアのラオスやタイの恐竜も知られている．最初にラオスで見つかったのはばらばらになった骨で，1930年代にフランスの地質学者J. H. オフェ（J. H. Hoffet）が下部ラオス堆積層から発見した．1990年にフィリップ・タケーはオフェの発見現場を突き止め（Taquet 1994），その翌年，フランス・ラオス探査隊が下部白亜紀層の竜脚類，イグアノドン類，獣脚類の化石を採集した．タイの恐竜はすべてタイ北東部のコーラート高原から発掘されており，最初は1970年代に鉱物探査中に発見された．その後タイ・フランス探査隊が数種の竜脚類，新種のプシッタコサウルス，それに最も初期のティラノサウルス類，シアモティラヌス（Siamotyrannus）を始めとするさまざまな獣脚類の骨や足跡を発掘した．これらの発見物はジュラ紀中期から白亜紀前期にかけてのもので，東南アジアで見つかった恐竜化石の中では，最も質のよいものである（Buffetaut and Suteethorn 1993）．

日本でも，恐竜研究は樺太でラムベオサウルス類のニッポノサウルス（Nipponosaurus）が発見された1930年代から始まり，1936年に長尾巧（北海道大学）がこれを学術的に記載した．日本は第二次世界大戦によって樺太を失い，その後日本の恐竜についての研究はほとんど行われていなかったが，1980年代になって少数ながらオルニトミモサウルス類，竜脚類，ハドロサウルス類の骨の断片が発見され，中国やモンゴルの恐竜と極めてよく似ているように思われるものも含まれていた．しかし，前にも述べたとおり，日本の科学者は近年，モンゴルと共同の古生物学的プロジェクトを進め，広大なゴビの堆積物を発掘することの方に力を注いでいる．

5 南半球の恐竜ハンターたち

Thomas R. Holtz, Jr.

　北米，ヨーロッパ，アジアの人々にとっては，当然のことながら，これらの地域に住んでいた恐竜たちの方が，その他の地域に住んでいたものよりもなじみが深い．ごくまれな例外（特に，ベルリンのフンボルト博物館）を除いて，南半球の恐竜は北半球の博物館には展示されていないし，北半球の著者が書いた一般向けの本の中にも出てこない．例えば，北米の恐竜ファンはアンキロサウルス（*Ankylosaurus*），ヴェロキラプトル（*Velociraptor*），ティラノサウルス（*Tyrannosaurus*）などのことはよく知っていても，これらに相当する南半球の恐竜，ミンミ（*Minmi*），ノアサウルス（*Noasaurus*），アベリサウルス（*Abelisaurus*）については知らない人が多い（巨大な竜脚類恐竜ブラキオサウルス*Brachiosaurus*はこの点でごくまれな例外で，この恐竜は断片的な北米やヨーロッパの化石よりも，アフリカの標本の方がよく知られている）．

　しかし，南半球の恐竜は古脊椎動物学者にとって極めて重要なものである．単純なレベルでいえば，これはある特定の時期に地球上全体に存在した種の総数を裏づけるのに役立つ．さらに，南半球から得られた化石によって，北半球の恐竜では知られていなかった変わった形態や適応の仕方が存在していたことが明らかにされる場合もある．例えば，南米の肉食恐竜カルノタウルス（*Carnotaurus*）の目の上の角，オーストラリアのよろい竜ミンミの奇妙な椎骨，竜脚類恐竜レッバキサウルス（*Rebbachisaurus*）やアマルガサウルス（*Amargasaurus*）（それぞれアフリカと南米産）の著しく大きな背中の棘突起などの例をあげることができる．知られている最も大きな恐竜の中に，南半球のものもいる．アフリカ，タンザニアのブラキオサウルス・ブランカイ（*Brachio-*

saurus brancai）は比較的完全な骨格によって知られる最大の恐竜であり，巨大なアルゼンチノサウルス・フインクレンシス（Argentinosaurus huincurensis）（南米で発見された椎骨と四肢の骨のみによって知られる）は，北半球で知られるどの竜脚類をもしのぐ大きさを持つ竜脚類が存在したことを示している．南半球，特に南米から発見された化石は，恐竜目の起源と初期の進化を探る上で極めて重要な意味を持った．最後に，あとの章で述べるように，中生代の陸上の生態系に見られる多様性の歴史や変化をたどるために，南半球，北半球のさまざまな大陸から得られた化石の比較が用いられてきた．

科学者が南半球の大陸という時，南米，アフリカ，オーストラリア，南極大陸，インド亜大陸とその周辺の島々を指す．インドは現在はアジアの一部になっていて，北半球の大陸（北米，ヨーロッパ，その他のアジア）の一部のように見えるので，これを南半球に含めるのはおかしいように思われるかもしれない．しかし，このヒマラヤ以南の大きな三角形の陸塊は，地質史の中でも，人類史の中でも，真の"南半球の"陸地と深い関連を持ってきた．よく知られているように，恐竜の時代の初期には，地球の大陸はすべてただ一つの陸塊（パンゲア）をつくっていた（本書第38章も参照）．パンゲアが分裂すると，2つの超大陸，ローラシアとゴンドワナ（ゴンドワナランドということもある）が生まれた．ローラシアは北米，ヨーロッパ，それにアジアの大部分を含み，ゴンドワナはその他の陸塊からできていた．つまり，本章で論じる南半球の諸大陸はかつて全部が一つに固まって，南半球のただ一つの超大陸ゴンドワナをつくっていたのである．ローラシアとゴンドワナは中生代から新生代後期にかけてさらに分裂を続け，現在のような大陸の配置ができた．新生代のいつ頃か，現在インドとなっている陸塊がアジア大陸にぶつかり，インドの北岸とアジアの南岸がぐしゃぐしゃになって盛りあがり，ヒマラヤ高地と世界最高の山々をつくった．

ゴンドワナから生まれた陸地では，どこでも似かよった人類の歴史が見られる．その多くは最近の500年間に（ところによっては20世紀半ばまで），ヨーロッパ列強の植民地となっていた．古脊椎動物学や恐竜学は歴史的に，主として北半球の学問であり，主要な研究の中心地は北米東部と，ヨーロッパの西部および中部の諸国にあった．過去150年間のほとんどの時期，かつてゴンドワナであった地域の恐竜研究は"帝国主義的恐竜学"の実践であり（Buffetaut 1987），ヨーロッパの探検家や科学者が南へ出かけ，北の研究所のために化石を手に入れるというものであった（本書第2章参照）．したがって，本章のタイトルは「南半球における恐竜ハンターたち」とすることもできるだろう．しかし，1960年代以降，かつてのゴンドワナから生まれた南の諸大陸出身の科学者たちによる恐竜研究も発展しつつある．

南半球の国々は，北半球に比べて極めて貧しい国が少なくない．これらの国々は病気の蔓延を防ぎ，国民のために食糧や水や衣服を十分に供給し，国内や国外のさまざまな紛争と戦うために多くの時間と資金を費やさなければならず，資金や人手を科学的研究に回す余裕はほとんどない．南の人々の間では，文盲も大きな問題である．このような条件の下では，恐竜学などはぜいたくなものであり，それを支援することを望まない，あるいは支援することのできない国民も多い．南半球で最もすぐれた古脊椎動物学が，このような問題を抱えていない国々（アルゼンチン，南アフリカ，オーストラリア）で生まれているのは，偶然のことではないだろう．

● インドの恐竜研究

1871年，メドリコット（Medlicott）という人がジャバルプル（Jabalpur）の近くで，長さ117 cmに達する折れた骨を見つけた．これは当時知られていたどの恐竜よりも大きい恐竜の大腿骨であることがわかった．その恐竜の尾椎骨も，近くから発見された．この標本から，有名な英国の古生物学者リチャード・ライデカー（Richard Lydekker）はこれにティタノサウルス・インディクス（Titanosaurus indicus）という名前をつけた（1877）．この化石は南半球での最初の重要な恐竜の発見として注目に値する．これはかつてゴンドワナの動物界に君臨した頸の長い竜脚類恐竜の一科（ティタノサウルス科 Titanosauridae）のものである．ヒューネ（Huene，本書第2章参照）およびC. A. マットリー（C. A. Matley）は1920年代から1930年代に，種々のインドの恐竜について学術的に記載している（Matley 1923；Huene and Matley 1933）．

このようにインドの恐竜研究は幸先のよいスタートを切ったものの，南半球の他の大陸の場合のような成果は得られなかった．インドの地質学者や古生物学者が数十編の論文を発表して，インド各地から発見された単独の骨や歯について記載したが（Loyal et al. 1966），完全に近い骨格は全く報告されていな

図5.1●フィールドでのサンカール・チャタジー（左端の地面に座っている人物）．写真提供：テキサス工科大学ニュース・出版物写真局

い．得られた化石の多くは白亜紀層から発見され，ティタノサウルス類，大型，小型の肉食恐竜，数種のよろい竜などのものであった．注目されるのは，多数の卵がインド中部のラメタ累層から得られていることで（Vianey-Liaud et al. 1987），これはティタノサウルス類のものと思われる．白亜紀末のインドの恐竜は，広大な火成岩からなる累層群のあるデカン溶岩台地に見られ，このことは恐竜時代の終わり頃，インド亜大陸の広い地域で火山活動が起こっていたことを示している．今後，比較的完全に近い骨格がインドで発見されて，かつてここにどのような恐竜が住んでいたのかが正確に明らかになることが強く期待される．

興味深い傍注を一つ．インドで生まれ，教育を受けた一人の古生物学者が，現在，北半球で恐竜研究者として極めて活発に活動している．カルカッタで生まれ，格の高いインド統計研究所で訓練を受けたサンカール・チャタジー（Sankar Chatterjee）（図5.1）がその人で，彼はインドで発見されたさまざまな中生代の化石について記載した．その中には原始的な竜脚類恐竜バラパサウルス（*Barapasaurus*）も含まれていた（共著者Jainら）．しかし，チャタジーの最大の発見は，テキサス州中部の上部三畳紀層でのものであろう．彼は1979年にテキサス工科大学の地質学教授となったことから，ドッカム（Dockum）層群から発掘された多種にのぼる恐竜その他の化石爬虫類について記載している．

●アフリカの恐竜ハンターたち

アフリカでの古生物学研究は，アフリカ人以外の人々（主としてヨーロッパ人）によって行われてきた部分が大きい．いくつかの重要な発見や探査はヨーロッパの古生物学者によって行われており（本書第2章参照），したがってそれらについてはここでは簡単に触れるだけにする．しかし，アフリカ人や米国人の古生物学者によって新たにアフリカの恐竜に対する関心が高まり，その結果この大陸で新しい恐竜や発掘地が発見されてきている．

恐竜の化石はアフリカのたいていの地域で見つかっている．アフリカで最も初期に得られた化石のうちのいくつかは，マダガスカル島で発見された．フェリクス・サレト（Félix Salétes）という医師がメヴァラノ（Mevarano）（Maevaranoとも書く）地域で発見したその化石は，フランスの科学者シャルル・ドペレ（Charles Depéret）が1896年に学術的に記載した．その中には新種のティタノサウルスのほか，大型の肉食恐竜（マジュンガサウルス *Majungasaurus*）の骨の断片も含まれていた．過去1世紀の間にさまざまなフランスの科学者が新しく見つかった断片的な化石を報告しているが，新しい中生代の化石の発見をはっきり目的にうたった古生物学的探査隊がマダガスカルに出かけたのは，1993年になってからのことであった．マダガスカル政府とニューヨーク州立大学の科学者によって組織されたこの探

査隊は，新しく，もっと完全な骨格を発見したことを報告し，その中には少なくとも3種以上の中生代の鳥類も含まれていた（Forster et al. 1996）．さらに継続的な研究によって，この古くから知られながら，あまりよくわかっていないアフリカの古生物が解明されていくことが期待される．

北アフリカ諸国では，興味深い多数の恐竜，特に白亜紀中期の恐竜が明らかにされている．エルンスト・シュトローマー・フォン・ライヘンバッハ（Ernst Stromer von Reichenbach）を隊長とするドイツのエジプト探査隊や，R.ラヴォカ（R. Lavocat）(1954)，アルベール＝フェリクス・ド・ラパラン（Albert-Félix de Lapparent）(1960)，あるいはフィリップ・タケー（Philippe Taquet 1976）などを隊長とするフランスのさまざまな北アフリカ西部（ニジェール）探査隊は，何トンにものぼる化石を発掘した．これらの人々がそれぞれに種の異なる，長い（高さのある）背びれを持った恐竜を発見しているのは面白い．シュトローマーは捕食性のスピノサウルス・エジプティアクス（*Spinosaurus aegyptiacus*），ラヴォカは頸の長いレッバキサウルス・ガラスバエ（*Rebbachisaurus garasbae*），ラパランはやはり頸の長いレッバキサウルス・タメスネンシス（*R. tamesnensis*），タケーはカモハシ恐竜のオウラノサウルス・ニジェリエンシス（*Ouranosaurus nigeriensis*）を発見した．

現在も進められているフランスの探査活動のほかに，北米の研究チームも北アフリカの化石の研究を行っている．最近，シカゴ大学の恐竜専門家ポール・セレノ（Paul C. Sereno）をリーダーとする多国籍チームが，数体の竜脚類恐竜の化石を始め，2種の新しい獣脚類恐竜アフロヴェナトル（*Afrovenator*）およびデルタドロメウス（*Deltadromeus*）や，北米のティラノサウルスに負けない大きさを持つ第三の獣脚類恐竜カルカロドントサウルス（*Carcharodontosaurus*）の比較的完全な標本を発掘した（Sereno et al. 1994, 1996；Currie 1996 a）．予備的な研究では，これらの化石のうちのいくつかは，アフリカで見つかった白亜紀恐竜のうちで最古のものであることが明らかにされている．カナダの古生物学者デール・ラッセル（Dale A. Russell）がモロッコで最近発見した化石は，アフリカで最も新しい恐竜の化石かもしれない．

西アフリカでは，恐竜はわずかしか見つかっていない．しかし，カメルーンのコウム（Koum）盆地では，鳥脚類，獣脚類，竜脚類恐竜のはっきりした足跡，断片的な骨や歯などが報告されている（Jacobs et al. 1996）．

東アフリカの古生物学は，化石人類と恐竜の研究によって広く知られている．時間的には何千万年という隔たりがあるが，タンザニアのオルドヴァイ（Olduvai）渓谷やトゥルカナ（Turkana）湖の初期ヒト科動物の化石と，テンダグルー・ヒルのみごとな恐竜化石との間に，距離的にはわずか数百kmの隔たりしかない．本書第2章でも述べたように，テンダグルーは古典的な古生物学の発掘地で，少数のドイツ人科学者のもとで，よく訓練された何百人もの現地人作業員が働いている．しかし，東アフリカの恐竜発掘地はテンダグルーだけではない．1924年，E.C.ホルト（E. C. Holt）という農夫が当時の大英帝国保護領ニアサランド（現在は独立国マラウィ）で，化石の骨を見つけた．彼はこれを保護領の地質調査所長F.ディキシー（F. Dixey）に届け出た．1928年にS.H.ホートン（S. H. Haughton）（南アフリカの古生物学者）が学術的に記載したこのティタノサウルス類恐竜は，現在ではマラウィサウルス・ディキシーイ（*Malawisaurus dixeyi*）と呼ばれている．これを始めとして，マラウィの中部白亜紀層から見つかったいくつかの化石は長い間，科学者から無視されてきたが，1980年代に行われた一連の探査の結果，新たに注目を集めるようになった（Jacobs et al. 1990, 1993, 1996；Jacobs 1993）．テキサス州ダラスのサザーン・メソジスト大学の古生物学者で，シューラー古生物学博物館長であるルイス・ジェイコブス（Louis L. Jacobs）の率いるこれらの探査隊には，デール・ウィンクラー（Dale A. Winkler）やウィリアム・ダウンズ（William R. Downs）のような米国人のほか，マラウィ大学のゼフェ・カウフル（Zefe M. Kaufulu），マラウィ古代遺物局のエリザベス・ゴマニ（Elizabeth M. Gomani）らのマラウィ人科学者も参加した．マラウィでの探査や最近のマダガスカルでの研究は，裕福な北側諸国の資金と，南北双方の科学者の専門的知識を結集して，過去についての新しい知識を掘り起こしていくもので，貧しい国々における今後の古生物学的探査のモデルとなるものかもしれない．

アフリカ南部は，恐竜よりも古い化石や新しい化石が見つかることでよく知られている．カルー層には世界中で最も保存状態のよいペルム紀および三畳紀獣弓類（"哺乳類型爬虫類"）の化石が含まれ，最近の数百万年の堆積岩には，類人猿に似た祖先や人間の近縁動物（アウストラロピテクス*Australopithe-*

cusやパラントロプス Paranthropus）の化石が見られる．しかし，アフリカ南部の岩石中にはジュラ紀初期や末期の化石も含まれている．アフリカ南部の最も古いジュラ紀の岩石からは，さまざまな原始的な鳥盤類恐竜（特にレソトサウルス Lesothosaurus やヘテロドントサウルス Heterodontosaurus），竜脚形類（マッソスポンディルス Massospondylus やヴルカノドン Vulcanodon），原始的な肉食恐竜シンタルスス・ローデシエンシス（Syntarsus rhodesiensis）などの極めて質のよい化石が得られる．この後者については，南アフリカのヒュームウッド（Humewood）にあるポートエリザベス博物館のマイケル・ラート（Michael Raath）が記載し，研究を行った（Raath 1969, 1990）．シンタルスス・ローデシエンシスは北米の近縁の恐竜コエロフィシス（Coelophisis）と同じように，何十体という標本が知られている．アフリカ南部のジュラ紀後期の化石はそれほどよくは知られていない．南アフリカのよろい竜パラントドン（Paranthodon）や頸の長い竜脚類アルゴアサウルス（Algoasaurus）は断片しか残っていないが，ジンバブウェでは竜脚類ブラキオサウルス，カマラサウルス（Camarasaurus），ディクラエオサウルス（Dicraeosaurus），ジャネンスキア（Janenschia）のもっとよい標本が発見されている（Raath and MacIntosh 1987）．

●南米での発見：恐竜進化の謎を解くカギ

ゴンドワナ大陸が分裂してできた陸地のうちで，重要な発見が最も多くなされたのは南米大陸だということができるだろう．奇妙なのは，南米諸国で活発な恐竜研究が行われるようになったのが，南半球のうちでも比較的新しいことであり，過去1世紀半の間に南米で数え切れないほどの古生物学的発見がなされてきたことを考えると，これはいっそう不思議な感じがする．ダーウィンは英艦ビーグル号の航海で奇妙な哺乳類や鳥類の化石を多数発見し，それは彼の同僚だった（のちに仇敵となった）リチャード・オーウェン卿（Richard Owen）によって記載された．南米，特にアルゼンチンからは19世紀後半に，国際的に高い評価を受けた古脊椎動物学者が何人も出ている．中でも有名なのがフロレンティノおよびカルロスのアメギーノ兄弟（Florentino and Carlos Ameghino）と，フランシスコ・モレノ（Francisco P. Moreno）であった．これらの科学者は，新生代の大半の時期，島大陸として他の大陸から隔離されていた南米で進化した，風変わりなさまざまな哺乳類の研究に力を集中した．モレノは1891年に恐竜の化石の存在を報告したが，これについて科学的研究はほとんど行っていない．すでに第2章で述べられているように，ヒューネは1920年代にアルゼンチンのラプラタ博物館で働き，多数の新しい恐竜について科学的に記載した．

アルゼンチンの古生物学者は20世紀の中頃になって，恐竜学に目を向けるようになった．1959～1962年にアルゼンチンのいくつかの研究施設（特にトゥカマンのミゲル・リージョ研究所）が，イシグアラスト盆地から化石を採集した．発見されたさまざまな三畳紀の化石の中には，原始的な肉食恐竜の化石も含まれ，オスバルド・レイグ（Osvaldo A. Reig）（1963）がこれをヘレラサウルス・イシグアラステンシス（Herrerasaurus ischigualastensis）と命名した．これよりも前（1963），ハーヴァード大学比較解剖学博物館が送ったブラジル探査隊もこれと似た恐竜を発掘していたが，アメリカ自然史博物館の恐竜専門家エドウィン・コルバート（Edwin H. Colbert）がこれを学術的に記載し，スタウリコサウルス・プリセイ（Staurikosaurus pricei）と名づけたのは1970年になってからのことであった．さらに最近，アルゼンチンとシカゴ大学の科学者はヘレラサウルスのもっと完全な骨格を見つけたほか（Sereno and Novas 1992, 1993；Novas 1993；Sereno 1993），今までに知られている最も原始的な恐竜を発見して，これにエオラプトル・ルネンシス（Eoraptor lunensis）という名前をつけた（Sreno et al. 1993）．

20世紀の中頃，ハーヴァード大学のアルフレッド・シャーウッド・ローマー（Alfred Sherwood Romer）（1894–1973）をリーダーとするアルゼンチン探査隊は，恐竜時代の黎明期の化石を大量に発見した．中でも変わったものとして，恐竜の原始的な近縁動物，特にラゲルペトン（Lagerpeton）とマラスクス（Marasuchus）の化石があげられる．このような発見はそれ自体重要なものだが，これらの探査から得られた恐竜研究上の最大の利益は，化石よりも人間に関わるものであった．米国の南米探査でローマーの助手を務めたホセ・ボナパルテ（José F. Bonaparte）がのちに，史上最も多くの業績をあげた恐竜発見・研究者の一人となったのである．中生代の脊椎動物に関して何十編もの論文を発表したボナパルテは，自分の発見した恐竜につけた有効な属名の数（10）の多さで，物故者，現存者合わせたすべての恐竜専門家中第3位，現存する恐竜専門家の

うちでは第2位に位置する（Dodson and Dawson [1991] のデータによる．さらにそれ以後にボナパルテは少なくとも5つ以上，新しい属名をつけている）．

"中生代の主（ぬし）"というニックネームを持つボナパルテは，1970年以降，南米の恐竜に関するわれわれの知識を大きく拡大してくれた．さらに，彼の研究には多くの同僚や学生が参加しており，その中にはジェイミー・パウェル（Jamie Powell），フェルナンド・ノバス（Fernando Novas），ルドルフォ・コリア（Rudolpho Coria），レオナルド・サルガド（Leonardo Salgado），ホルヘ・カルボ（Jorge Calvo），ルーベン・マルティネス（Rubén Martinez）といった人々がいる．アルゼンチンの科学者は初期の恐竜だけでなく，ジュラ紀中期の最良の化石（この時代のものは，ヨーロッパではわずかしかなく，北米では見られていない．南米以外では中国で知られているだけである），白亜紀前期の変わった恐竜（角のある肉食恐竜カルノタウルスや背中に長い棘を持つ竜脚類恐竜アマルガサウルス），よろいを持つ竜脚類恐竜，白亜紀後期のさまざまな種（ティラノサウルスに匹敵する大きさをもつギガノトサウルス *Giganotosaurus* [Coria and Salgado 1995] や，原始的なイグアノドン類 [Coria and Salgado 1996]）なども発見している．ボナパルテは自分の学生のフェルナンド・ノバスとともに（Bonaparte and Novas 1985），初めてある一群の巨大な肉食恐竜（アベリサウルス科 Abelisauridae）の存在を明らかにした．南半球の他の大陸で発見された多数の捕食恐竜が，これに属すると考えられている．南米（特にアルゼンチン）で得られる新しい奇妙な化石がこれからも，恐竜類の起源，歴史，多様化について多くの手がかりを与えていくことは疑いないであろう（Kellner 1996；Novas 1996 a, 1996 b）．

●オーストラリアとニュージーランドの恐竜

オーストラリアでは1844年に，断片的な化石から初めて恐竜が報告されたが，その後何十年かは，極めてわずかな化石しか得られなかった．オーストラリアは人口密度が極めて低く，米国やアジアに多く見られるような中生代の堆積岩の広大なバッドランド（悪地）がない．しかし，1970年代から1980年代に，オーストラリアの恐竜学者はいくつかの重要な化石を発見した．

現代の恐竜研究者のうちで最も多くの成果をあげた人の一人にリチャード・アンソニー（トニー）・サルボーン（Richard Anthony [Tony] Thulborn）（図5.2）がいる．クイーンズランド大学動物学科の古脊椎動物学者であるサルボーンは，恐竜研究のさまざまな分野の研究を行った．あまり数の多くはない恐竜の足跡の専門家の一人であり，ラーク採掘場の足跡について記載した（共著者 Wade ら）．クイーンズランド西部にあるこの採掘場には，多種類の二足歩行恐竜の足跡が見られ，サルボーンはそこでさまざまな種類の動物を研究するだけでなく，足跡をつけた動物の種々な歩き方や，歩行のいろいろな面を調べることができた（Thulborn and Wade 1984）．またサルボーンは，鳥に似た骨盤を持つ鳥盤類恐竜の初期の進化を示す重要な発見――アフリカ南部の"ファブロサウルス類"や原始的なよろい竜（装盾）類スケリドサウルス（*Scelidosaurus*）などの発見――もした．さらに，鳥類の起源や恐竜の体温についての生物学に関する重要な論文も書いている．

オーストラリアで活発に恐竜研究を行っているその他の古生物学者には，クイーンズランド博物館のラルフ・モルナー（Ralph Molnar），モナシュ大学のパトリシア・ヴィッカース=リッチ（Patricia Vickers-Rich），パトリシアの夫であるメルボルンのヴィクトリア博物館のトーマス・リッチ（Thomas Rich）などがいる．特に興味深いのはモルナーが発見した，よろいを持つ奇妙な恐竜で，ミンミ・パラヴェルテブラータ（*Minmi paravertebrata*）と名づけられた（Molnar 1980, 1996）．極めて保存状態のよい化石によって知られるこの恐竜は，主要なよろい竜のグループの多くと共通の特徴を示すほか，いくつか

図5.2●R. A.（トニー）・サルボーン．写真提供：スー・ターナー博士（R. A. サルボーン夫人）

の変わった独特の構造を持っている．さらに今後の研究によって，さまざまなよろい竜の系統との間の関係が明らかにされていくだろう．

リッチおよびヴィッカース=リッチの恐竜研究の中で最も注目されるのは，彼らが白亜紀中期の恐竜の変わった動物相を発見したことである．変わっているというのは，個々の恐竜そのものではない．それらは同じ時代に他の地域で見られる恐竜と，タイプに変わりはない（ヒプシロフォドン類と呼ばれる二足歩行の小型の草食恐竜，捕食性のアロサウルス類など）．しかし，ヴィクトリア州南部のダイナソア・コーヴ（恐竜断崖）から彼らが発見したのは，白亜紀の南極圏内に住んでいた恐竜の化石だったのである（Rich et al. 1988; Rich and Rich 1989; Rich 1996; Vickers-Rich 1996）．かたい岩石中から化石をとり出すにはダイナマイトも必要としたが，得られたさままざまな恐竜の化石は極めて保存状態がよく，採掘の苦労に十分値するものであった．これらの化石や，オーストラリア南岸から得られるその他の化石は，恐竜たちが白亜紀の極地の長い冬（しかし極寒の地ではなかったと思われる）にどのように適応し，生き抜いていたかを理解するのに役立つものとなるであろう．

オーストラリア地域の恐竜に関する研究は，ほとんどがオーストラリア大陸の恐竜に基づくものだが，隣のニュージーランドでも新しい発見がなされつつある．最近の総説（Molnar and Wiffen 1994）では，ニュージーランド北島で採集された化石から少なくとも5種の恐竜が明らかにされている．その中には，竜脚類，獣脚類，アンキロサウルス類，ドリオサウルス（*Dryosaurus*）に似た鳥脚類などの断片的な骨が含まれていた．これらはほとんどすべて，"ニュージーランドのドラゴン・レディ"などとも呼ばれるジョーン・ウィッフェン（Joan Wiffen）によって発見された．こうした化石は，ニュージーランドでさらに多くの恐竜の骨格が発見されるのを待っていることを暗示するものである（Wiffen 1996）．

●凍った大地：南極大陸での恐竜探査

南極大陸は地球上のほかのどの大陸とも異なっている．固有の住民を持たない唯一の大陸であり，ここに住みついている陸生脊椎動物すらいない．この大陸の多くは，数百〜数千mもの厚さの氷河に覆われている．

しかし，この一面の氷の状態が始まったのは，地質学的な時代で見れば比較的最近のことにすぎない．中生代には，南極大陸は南米，アフリカ，インド，それにオーストラリアと一つになっていて，そこには陸生の動物や植物がたくさん生息していた．実際に，1967年にニュージーランドの地質学者ピーター・バレット（Peter Barrett）が三畳紀前期の両生類の骨の断片を発見して以来（Barrett et al. 1968），この最南端の大陸から中生代の脊椎動物の化石がいくつか見つかってきた．しかし，最初の南極の恐竜が発見されたのは，それから20年後のことであった．

極度の寒さと，広く岩石が露出しているところがほとんどないことから，南極大陸での化石採集は極めて困難である．南極大陸内陸部には，これまで知られていない新種の恐竜が何十種も化石として保存されているかもしれないが，厚い氷冠のため，それを実際に手に入れることは不可能に近いだろう．海岸線や大陸周辺の島々で，中生代の岩石が氷の上に露出している数少ない場所でのみ，恐竜の化石が発見される可能性がある．

最初の南極の恐竜は白亜紀後期のよろい竜で，1986年にアルゼンチン南極研究所の科学者によってサンタマリア累層から発見された（Gasparini et al. 1987, 1996; Olivero et al. 1991）．それから少しのち，今度は英国の科学者たちがほぼ同じ時代の岩石中から，二足歩行の中型草食恐竜を発見した（Milner et al. 1992）．最も新しくは，米国の科学者ウィリアム・ハマー（William Hammer）が内陸奥部でジュラ紀前期の風変わりな恐竜を発見した（Hammer and Hickerson 1993, 1994）．これらのジュラ紀の化石の中に，頭蓋骨の長軸に平行ではなく，垂直の頭飾りを持った，奇妙な捕食恐竜が見られる．クリオロフォサウルス・エリオティ（*Cryolophosaurus ellioti*）と名づけられたこの奇妙な恐竜は，北米，ヨーロッパ，アジアに見られるもっと時代の新しいアロサウルス類やシンラプトル類と近縁と思われる．南極大陸での今後の探査によって，これら最南端の恐竜と他の場所の恐竜たちとの関係がさらに明らかにされていくだろう．

歴史のほとんどの時代を通じて，南半球の諸大陸における恐竜研究は，自国の博物館のために化石を求めるヨーロッパや北米の人々によって行われてきた．最近の30年ほどは，「恐ろしく大きな爬虫類」に興味を持つ南半球生まれの古生物学者が増えつつある．南の古生物学者は北の科学者と力を合わせて，恐竜の起源や歴史，時代による恐竜の分布や多

様性に関するわれわれの知識を広め，この太古の動物の特徴，適応，生息環境についての理解を深めている．これからの数十年間，南半球の恐竜ハンターたちによるさらに新たな大発見が期待される．

● Part 1/文献

Abel, O. 1931. Louis Dollo. 7. Dezember 1857-19. April 1931. *Palaeobiologica* 4：321-344.

Abel, O. 1939. *Vorzeitliche Tierreste im deutschen Mythus, Brauchtum und Volksglauben*. Jena, Germany：Fischer.

Adams, F. D. 1938. *The Birth and Development of the Geological Sciences*. Baltimore：Williams and Wilkins. Reprint, New York：Dover Books, 1954.

Andrews, R. C. 1926. *On the Trail of Ancient Man*. New York：G. P. Putnam's Sons.

Andrews, R. C. 1932. *The New Conquest of Central Asia：A Narrative of the Explorations of the Central Asiatic Expeditions in Mongolia and China, 1921/30*. New York：American Museum of Natural History.

Anonymous. 1824. Organic remains. *New Monthly Magazine* 12（December）：575.

Barrett, P. J.；R. J. Braillie；and E. C. Colbert. 1968. Triassic amphibian from Antarctica. *Science* 161：460-462.

Barsbold, R., and A. Perle. 1980. Segnosauria, a new infraorder of carnivorous dinosaurs. *Acta Palaeontologica Polonica* 25：187-195.

Bassett, M. G. 1971. "Formed stones," folklore and fossils. *Amgueddfa：Bulletin of the National Museum of Wales* 7：1-17.

Bird, R. T. 1985. *Bones for Barnum Brown：Adventures of a Dinosaur Hunter*. Fort Worth：Texas Christian University Press.

Blows, W. T. 1983. William Fox（1813-1881）, a neglected dinosaur collector of the Isle of Wight. *Archives of Natural History* 11：299-313.

Bonaparte, J. F., and F. E. Novas. 1985. Abelisaurus comahuensis, n. g., n. sp., Carnosauria del Cretácico Tardio de Patagonia. *Ameghiniana* 21：256-265.

Borsuk-Bialynicka, M. 1977. A new camarasaurid sauropod Opisthocoelicaudia skarzynskii gen. n., sp. n. from the Upper Cretaceous of Mongolia. *Palaeontologica Polonica* 37：5-64.

Branca, W. 1914. Allgemeines über die Tendaguru-Expedition. *Archiv für Biontologie* 3：1-13.

Brookes, R. 1763. *The Natural History of Waters, Earths, Stones, Fossils, and Minerals, with their Virtues, Properties, and Medicinal Uses：To Which is added, The Method in which Linnaeus has treated these Subjects*. Vol. 5. London：Newberry. 5 th ed., 1772.

Buckland, W. 1824. Notice on the Megalosaurus, or Great Fossil Lizard of Stonesfield. *Transactions of the Geological Society of London* 1（series 2）：390-396.

Buckland, W. 1829. On the Discovery of the Bones of the Iguanodon, and Other Large Reptiles, in the Isle of Wight and Isle of Purbeck. *Proceedings of the Geological Society of London* 1：159-160.

Buffetaut, E. 1979. A propos du reste de dinosaurien le plus anciennement décrit：L'interprétation de J. B. Robinet（1768）. *Histoire et Nature* 14：79-84.

Buffetaut, E. 1987. *A Short History of Vertebrate Paleontology*. London：Croom Helm.

Buffetaut, E.；G. Cuny；and J. Le Loeuff. 1993. The discovery of French dinosaurs. *Modern Geology* 18：161-182.（Republished in W. A. S. Sarjeant [ed.], *Vertebrate Fossils and the Evolution of Scientific Concepts* [Reading, England：Gordon and Breach, 1995], pp. 159-180.）

Buffetaut, E., and V. Suteethorn. 1993. The dinosaurs of Thailand. *Journal of Southeast Asian Earth Sciences* 8：77-82.

Casier, E. 1960. *Les Iguanodons de Bernissart*. Brussels：Editions du Patrimoine de l'Institut Royal des Sciences Naturelles de Belgique.

Caumont, A. de. 1828. *Essai sur la topographie géognostique du département du Calvados*. Caen, France：Chalopin.

Cleevely, R. J., and S. D. Chapman. 1992. The accumulation and disposal of Gideon Mantell's collections and their role in the history of British palaeontology. *Archives of Natural History* 19：307-364.

Colbert, E. H. 1968. *Men and Dinosaurs：The Search in Field and Laboratory*. New York：E. P. Dutton.（Reprinted as *The Great Dinosaur Hunters and Their Discoveries* [New York：Dover Publications, 1984], with a new preface by the author.）

Colbert, E. H. 1970. A saurischian dinosaur from the Triassic of Brazil. *American Museum Novitates* 2181：1-24.

Colbert, E. H. 1983. *Dinosaurs：An Illustrated History*. Maplewood, N.J.：Hammond.

Colbert, E. H. 1995. *The Little Dinosaurs of Ghost Ranch*. New York：Columbia University Press.

Conybeare, W. D. 1821. Notice of the Discovery of a New Fossil Animal, Forming a Link between the Ichthyosaurus and Crocodile, together with General Remarks on the Osteology of the Ichthyosaurus. *Transactions of the Geological Society of London* 5（series 1）：559-594.

Cooper, J. A. 1992. The life and work of George Bax Holmes（1803-1887）of Horsham, Sussex：A Quaker vertebrate fossil collector. *Archives of Natural History* 19：379-400.

Cooper, J. A. 1993. George Bax Holmes（1803-1887）and his relationship with Gideon Mantell and Richard Owen. *Modern Geology* 18：183-208.

Coria, R. A., and L. Salgado. 1995. A new giant carnivorous dinosaur from the Cretaceous of Patagonia. *Nature* 377：224-226.

Coria, R. A., and L. Salgado. 1996. A basal iguanodontian（Ornithischia：Ornithopoda）from the Late Cretaceous of South America. *Journal of Vertebrate Paleontology* 16：445-457.

Currie, P. J. 1996 a. Out of Africa：Meat-eating dinosaurs that challenge *Tyrannosaurus rex*. *Science* 272：971-972.

Currie, P. J.（ed.）. 1996 b. Results from the Sino-Canadian Dinosaur Project, Part 2. *Canadian Journal of Earth Sciences* 33(4)：511-648.

Currie, P. J.；Z.-M. Dong；and D. A. Russell（eds.）. 1993. Results from the Sino-Canadian Dinosaur Project. *Canadian Journal of Earth Sciences* 30(10-11)：1997-2272.

Cuvier, G. 1808. Sur des ossemens fossiles de crocodiles, et particulièrement sur ceux des environs du Havre et de Honfleur, avec des remarques sur les squelettes des sauriens de la Thuringe. *Annales Muséum National d'Histoire Naturelle Paris* 12 : 73-110.

Cuvier, G. 1824. *Recherches sur les ossemens fossiles du quadrupèdes.* Revised ed. 6 vols. Paris : Dulour et d'Ocagne.

Cuvier, G. 1825. *Recherches sur les ossemens fossiles.* Vol. 5, pt. 2. 3rd ed. Paris : G. Dulour et E. d'Ocagne, Libraires.

Dean, D. R. 1993. Gideon Mantell and the discovery of *Iguanodon*. *Modern Geology* 18 : 209-219. (Republished in W. A. S. Sarjeant [ed.], *Vertebrate Fossils and the Evolution of Scientific Concepts* [Reading, England : Gordon and Breach, 1995], pp. 207-218.)

Dean, D. R. In press. *Gideon Mantell and the Discovery of Dinosaurs.* Cambridge : Cambridge University Press.

De Beer, G. (ed.). 1974. *Charles Darwin—Thomas Henry Huxley Autobiographies.* Oxford : Oxford University Press.

Delair, J. B., and W. A. S. Sarjeant. 1975. The earliest discoveries of dinosaurs. *Isis* 66 : 5-25.

Depéret, C. 1896. Note sur les dinosauriens sauropodes et théropodes du Crétacé Supérieur de Madagascar. *Bulletin de Societe Géologique du France, série 3* 24 : 176-196.

Desmond, A. 1982. *Archetypes and Ancestors : Palaeontology in Victorian London 1850-1875.* Chicago : University of Chicago Press.

Dodson, P., and S. D. Dawson. 1991. Making the fossil record of dinosaurs. *Modern Geology* 16 : 3-15.

Dollo, L. 1910. La paléontologie éthologique. *Bulletin de la Société belge de Géologie, de Paléontologie et d'Hydrologie* 23 : 377-421.

Dong Z.-M. 1988. *Dinosaurs from China.* London : British Museum (Natural History), and Beijing : China Ocean Press.

Edmonds, J. M. 1979. The founding of the Oxford Readership in Geology, 1818. *Notes and Records of the Royal Society of London* 30 : 141-167.

Efremov, I. A. 1956. *Road of the Wind.* Moscow : All Union Scientific Publishers. (In Russian.)

Englefield, H. C. 1816. *A description of the principal picturesque beauties, antiquities, and geological phoenomena, of the Isle of Wight. . . . With additional observations on the strata of the island, and their continuation in the adjacent parts of Dorsetshire.* London : Payne and Foss.

Eudes-Deslongchamps, J. A. 1838. Mémoire sur le *Poekilopleuron Bucklandii*, grand saurien fossile intermédiaire entre les crocodiles et les lézards. *Mémoires de la Société Linnéenne de Normandie (Calvados)* 6 : 37-146.

Fitton, W. H. 1824. Enquiries Respecting the Geological Relations of the Beds Between the Chalk and the Purbeck Limestone in the South-east of England. *Annals of Philosophy* 8 : 365-383.

Forster, C. A.; L. M. Chiappe; D. W. Krause; and S. D. Sampson. 1996. The first Mesozoic avifauna from eastern Gondwana. *Journal of Vertebrate Paleontology* 16 (Supplement to no. 3) : 34 A.

Galton, P. 1976. Prosauropod dinosaurs [Reptilia : Saurischia] of North America. *Postilla* 169 : 1-98.

Gasparini, Z.; E. Olivero; R. Scasso; and C. Rinaldi. 1987. Un ankylosaurio (Reptilia, Ornithischia) campaniano en el continente antartico. *Anais do X Congreso Brasileiro de Paleontologia* 1 : 131-141.

Gasparini, Z.; X. Pereda-Superbiola; and R. E. Molnar. 1996. New data on the ankylosaurian dinosaur from the Late Cretaceous of the Antarctic Peninsula. *Memoirs of the Queensland Museum* 39 : 583-594.

Gillette, D. D. 1994. *Seismosaurus, the Earth Shaker.* New York : Columbia University Press.

Gould, S. J. 1970. Dollo on Dollo's Law : Irreversibility and the status of evolutionary laws. *Journal of the History of Biology* 3 : 189-212.

Grady, W. 1993. *The Dinosaur Project : The Story of the Greatest Dinosaur Expedition Ever Mounted.* Edmonton : The Ex Terra Foundation; Toronto : MacFarlane and Ross.

Granger, W. 1923. Paleontological discoveries of the Third Asiatic Expedition. *Bulletin of the Geological Society of China* 2 : 105-108.

Granger, W., and W. K. Gregory. 1923. *Protoceratops andrewsi*, a pre-ceratopsian dinosaur from Mongolia. *American Museum Novitates* 72 : 1-9.

Halstead, L. B. 1970. Scrotum humanum Brookes 1763 : The first named dinosaur. *Journal of Insignificant Research* 5 : 14-15.

Halstead, L. B., and W. A. S. Sarjeant. 1993. Scrotum humanum Brookes : The earliest name for a dinosaur? *Modern Geology* 18 : 221-224. (Republished in W. A. S. Sarjeant [ed.], *Vertebrate Fossils and the Evolution of Scientific Concepts* [Reading, England : Gordon and Breach, 1995], pp. 219-222.)

Hammer, W. R., and W. J. Hickerson. 1993. A new Jurassic dinosaur fauna from Antarctica. *Journal of Vertebrate Paleontology* 13 (Supplement to no. 3) : 40 A.

Hammer, W. R., and W. J. Hickerson. 1994. A crested theropod dinosaur from Antarctica. *Science* 264 : 828-830.

Haughton, S. H. 1928. On some reptilian remains from the dinosaur beds of Nyassaland. *Transactions of the Royal Society of South Africa* 16 : 67-75.

Hooke, R. 1705. *The posthumous works of Robert Hooke . . . containing his Cutlerian lectures, and other discourses, read at the meetings of the illustrious Royal Society.* London : Waller.

Horner, J. R., and J. Gorman. 1988. *Digging Dinosaurs.* New York : Workman Publishing Co.

Huene, F. von. 1929. Los saurisquios y ornitisquios del Cretáceo Argentino. *Anales del Museo de La Plata* 3(2) : 1-196 + atlas of 44 plates.

Huene, F. von. 1932. Die fossile Reptil-Ordnung Saurischia, ihre Entwicklung und Geschichte. *Monographien für Geologie und Paläontologie* (1) 4 : 1-361 + atlas of 56 plates.

Huene, F. von. 1944. *Arbeiterinnerungen.* Halle : Kaiserlich Leopoldinisch-Carolinisch Deutsche Akademie der Naturforscher.

Huene, F. von, and C. A. Matley. 1933. The Cretaceous Saurischia and Ornithischia of the central provinces of India. *Palaeontologia Indica,* n.s. 21(1) : 1-74.

Jacobs, L. L. 1993. *Quest for the African Dinosaurs*：*Ancient Roots of the Modern World*. New York：Villard Books.

Jacobs, L. L.；D. A. Winkler；W. R. Downs；and E. M. Gomani. 1993. New material of an Early Cretaceous titanosaurid sauropod from Malawi. *Palaeontology* 36：523–534.

Jacobs, L. L.；D. A. Winkler；and E. M. Gomani. 1996. Cretaceous dinosaurs of Africa：Examples from Cameroon and Malawi. *Memoirs of the Queensland Museum* 39：595–610.

Jacobs, L. L.；D. A. Winkler；Z. M. Kaufulu；and W. R. Downs. 1990. The dinosaur beds of northern Malawi, Africa. *National Geographic Research* 6：196–204.

Jain, S. L.；T. S. Kutty；T. Roy–Chowdhury；and S. Chatterjee. 1975. The sauropod dinosaur from the Lower Jurassic of Deccan, India. *Proceedings of the IV International Gondwana Symposium, Calcutta* 1：221–228.

Kellner, A. W. A. 1996. Remarks on Brazilian dinosaurs. *Memoirs of the Queensland Museum* 39：611–626.

Kielan–Jaworowska, Z. 1969. *Hunting for Dinosaurs*. Cambridge, Mass.：MIT Press.

Kielan–Jaworowska, Z. 1975. Late Cretaceous mammals and dinosaurs from the Gobi Desert. *American Scientist* 63：150–159.

Kielan–Jaworowska, Z., and R. Barsbold. 1972. Narrative of the Polish–Mongolian Palaeontological Expeditions, 1967–1971. *Palaeontologica Polonica* 27：5–13.

Kielan–Jaworowska, Z., and N. Dovchin. 1969. Narrative of the Polish–Mongolian Palaeontological Expeditions, 1963–1965. *Palaeontologica Polonica* 19：7–32.

Kirchner, H. 1941. Versteinerte Reptilfährten als Grundlage für ein Drachenkampf in einem Heldenlied. *Zeitschrift der Deutschen Geologischen Gesellschaft* 93：309.

Kurzanov, S. M. 1987. Avimimidae and the problem of the origin of birds. *Sovmestnaia Sovetsko–mongol'skaia paleontologicheskaia ekspeditsiia. Trudy* 31：5–95. (In Russian.)

Lambrecht, K. 1933. Franz Baron Nopcsa+, der Begründer der Paläophysiologie, 3. Mai 1877 bis 25. April 1933. *Paläontologische Zeitschrift* 15：201–222.

Lanham, U. 1973. *The Bone Hunters*. New York：Columbia University Press.

Lapparent, A. F. de. 1960. Les Dinosauriens du 《Continental intercalaire》 du Sahara central. *Mémoires de la Société Géologique de France, Nouvelle Série* 39：3–57.

Lavas, J. R. 1985. Bibliographical review of the Subclass Archosauria (Class：Reptilia), 1960 to 1984. Unpublished manuscript.

Lavas, J. R. 1993. *Dragons from the Dunes*：*The Search for Dinosaurs in the Gobi Desert*. P.O. Box 14–421, Panmure, Auckland 6, New Zealand.

Lavocat, R. 1954. Sur les Dinosauriens du continental intercalaire des Kem–Kem de la Daoura. *Comptes Rendus de Dix–Neuvième International Géologique 1952* 195–206.

Lennier, G. 1887. Etudes paléontologiques. Description des fossiles du Cap de la Hève. *Bulletin de la Société Géologique de Normandie* 12：17–98.

Lessen, D. 1992. *Kings of Creation*. New York：Simon and Schuster.

Lhuyd, E. 1699. *Lithophylacii Britannici Ichnographia, sive, lapidum aliorumque Fossilium Britannicorum singulari figura insignium*；*quotquot hactenus vel ipse invenit vel ab amicis accepit, Distributio classica, Scrinii sui lapidarii repertorium cum locis singulorum natalibus exhibens. Additis raritorum aliquot figuris aere incisis*；*cum Epistolis ad Clarissimos Viros de quibusdam circa marina Fossilia & stirpes minerales praesertim notandis*. London：Lipsiae, Gleditsch and Weidmann.

Ligabue, G. (ed.). 1984. *Sulle Orme dei Dinosauri*. Esplorazioni e Richerche, vol. 9. Rome and Venice：Erizzo for Le Società del Gruppo ENI.

Lister, M. 1671. Fossil shells in several places of England. *Philosophical Transactions of the Royal Society of London* 6：2282.

Loyal, R. S.；A. Khosla；and A. Sahni. 1996. Gondwanan dinosaurs of India：Affinities and palaeobiogeography. *Memoirs of the Queensland Museum* 39：627–638.

Lydekker, R. 1877. Notices of new and other Vertebrata from Indian Tertiary and Secondary Rocks. *Records of the Geological Society of India* 10：30–43.

Maleev, E. A. 1956. Armoured dinosaurs from the Upper Cretaceous of Mongolia. *Trudy Paleontologicheskogo instituta Akademii Nauk S.S.S.R.* 62：51–92. (In Russian.)

Mantell, G. A. 1822. *The Fossils of the South Downs*；*or, Illustrations of the Geology of Sussex*. London：Relfe.

Mantell, G. A. 1825. Notice on the Iguanodon, a Newly Discovered Fossil Reptile, from the Sandstone of Tilgate Forest, in Sussex. *Philosophical Transactions of the Royal Society of London* 115：179–186.

Mantell, G. A. 1833. *The Geology of the South–East of England*. London：Longman.

Mantell, G. A. 1850. *A Pictorial Atlas of Fossil Remains consisting of coloured illustrations selected from Parkinson's "Organic Remains of a Former World" and Artis's "Antediluvian Phytology."* London：Bohn.

Mantell, G. A. 1851. *Petrifactions and their teachings*；*or, A handbook to the gallery of organic remains of the British Museum*. London：Henry G. Bohn.

Maryańska, T. 1977. Ankylosauridae (Dinosauria) from Mongolia. *Palaeontologica Polonica* 37：85–151.

Maryańska, T., and H. Osmólska. 1974. Pachycephalosauria, a new suborder of ornithischian dinosaurs. *Palaeontologica Polonica* 30：45–102.

Matheron, P. 1869. Notice sur les reptiles fossiles des dépôts fluvio–lacustres crétacés du bassin à lignite de Fuveau. *Mémoires de l'Académie des Sciences, (Belles–) Lettres et (Beaux–) Arts de Marseille* 1868–69：345–379.

Matley, C. A. 1923. The Cretaceous dinosaurs of the Trichinopoly district and the rocks associated with them. *Record of the Geological Society of India* 61：337–349.

Meyer, H. von. 1837. Mitteilung an Prof. Bronn (*Plateosaurus engelhardti*). *Neues Jahrbuch für Mineralogie, Geologie und Paläontologie* 1837：317.

Milner, A. C.；J. J. Hooker；and S. E. K. Sequeira. 1992. An ornithopod dinosaur from the Upper Cretaceous of the Antarctic Peninsula. *Journal of Vertebrate Paleontology* 12

(Supplement to no. 3) : 44 A.

Molnar, R. E. 1980. An ankylosaur (Ornithischia : Reptilia) from the Lower Cretaceous of southern Queensland. *Memoirs of the Queensland Museum* 20 : 77-87.

Molnar, R. E. 1996. Preliminary report on a new ankylosaur from the Early Cretaceous of Queensland, Australia. *Memoirs of the Queensland Museum* 39 : 653-668.

Molnar, R. E., and J. Wiffen. 1994. A Late Cretaceous polar dinosaur fauna from New Zealand. *Cretaceous Research* 15 : 689-706.

Moreno, F. P. 1891. Reseña general de las adquisiciones y trabajos bechos en 1889 en el Museo de La Plata. *Revista de Museo de La Plata* 58-70.

Murchison, R. I. 1826. Geological Sketch of the North-Western Extremity of Sussex, and the Adjoining Parts of Hants and Surrey. *Transactions of the Geological Society of London* (Series 2) 2 : 103-106.

Nopcsa, F. von. 1900. Dinosaurierreste aus Siebenbürgen. Schädel von *Limnosaurus transsylvanicus* nov. gen. et spec. *Denkschriften der kaiserlichen Akademie der Wissenschaften Wien, mathematisch-naturwissenschaftliche Classe* 68 : 555-591.

Norell, M. A. ; J. M. Clark ; D. Dashzeveg ; R. Barsbold ; L. M. Chiappe ; A. R. Davidson ; M. C. McKenna ; A. Perle ; and M. J. Novacek. 1994. A theropod dinosaur embryo and the affinities of the Flaming Cliffs dinosaur eggs. *Science* 266 : 779-782.

Norman, D. B. 1993. Gideon Mantell's "Mantel-Piece" : The earliest well-preserved ornithischian dinosaur. *Modern Geology* 18 : 225-246. (Republished in W. A. S. Sarjeant [ed.], *Vertebrate Fossils and the Evolution of Scientific Concepts* [Reading, England : Gordon and Breach, 1995], pp. 223-243.)

Novacek, M. 1996. *Dinosaurs from the Flaming Cliffs*. New York : Anchor Books/Doubleday.

Novas, F. E. 1993. New information on the systematics and postcranial skeleton of *Herrerasaurus ischigualastensis* (Theropoda : Herrerasauridae) from the Ischigualasto Formation (Upper Triassic) of Argentina. *Journal of Vertebrate Paleontology* 13 : 425-450.

Novas, F. E. 1996 a. Alvarezsauridae, Cretaceous basal birds from Patagonia and Mongolia. *Memoirs of the Queensland Museum* 39 : 675-702.

Novas, F. E. 1996 b. Dinosaur monophyly. *Journal of Vertebrate Paleontology* 16 : 723-741.

Oakley, K. P. 1965. Folklore of fossils. *Antiquity* 39 : 9-16, 117-125.

Olivero, E. B. ; Z. Gasparini ; C. A. Rinaldi ; and R. Scasso. 1991. First record of dinosaurs in Antarctica (Upper Cretaceous, James Ross Island) : Paleogeographical implications. In M. R. A. Thomason, J. A. Crane, and J. W. Thomson (eds.), *Geological Evolution of Antarctica : Proceedings of the Fifth International Symposium on Antarctic Earth Sciences* (Cambridge : British Antarctic Survey), pp. 617-622.

Osborn, H. F. 1931. *Cope : Master Naturalist*. Princeton, N. J. : Princeton University Press.

Osmólska, H., and E. Roniewicz. 1969. Deinocheiridae, a new family of theropod dinosaurs. *Palaeontologica Polonica* 21 : 5-22.

Osmólska, H. ; E. Roniewicz ; and R. Barsbold. 1972. A new dinosaur (*Gallimimus bullatus* n. gen., n. sp. (Ornithomimidae)) from the Upper Cretaceous of Mongolia. *Palaeontologica Polonica* 27 : 103-143.

Owen, R. 1841. A Description of a Portion of the Skeleton of the Cetiosaurus, a Gigantic Extinct Saurian Occurring in the Oolitic Formations of Different Parts of England. *Proceedings of the Geological Society of London* 3 : 457-462.

Owen, R. 1842. Report on British fossil reptiles. *Reports of the British Association for the Advancement of Science* 11 : 60-204.

Parkinson, J. 1822. *Outlines of Oryctology : An Introduction to the Study of Fossil Organic Remains, especially of Those Found in the British Strata ; intended to aid the student in his enquiries respecting the nature of fossils, and their connection with the formation of the earth*. London : Published by the author.

Parkinson, J. 1930. *The Dinosaur in East Africa*. London : H. F. and G. Witherby.

Perle, A. ; M. A. Norell ; L. M. Chiappe ; and J. M. Clark. 1993. Flightless bird from the Cretaceous of Mongolia. *Nature* 362 : 623-626.

Phillips, J. 1871. *Geology of Oxford and the Valley of the Thames*. Oxford, England : Clarendon Press.

Plate, R. 1964. *The Dinosaur Hunters : Othniel C. Marsh and Edward D. Cope*. New York : David McKay.

Platt, J. 1758. An Account of the Fossile Thigh Bone of a Large Animal, dug up at Stonesfield near Woodstock, In Oxfordshire. *Philosophical Transactions of the Royal Society of London* 50 : 524-527.

Plot, R. 1677. *The Natural History of Oxfordshire, Being an Essay toward the Natural History of England*. Oxford, England : Published by the author. 2nd ed., London : Brome, 1705.

Raath, M. A. 1969. A new coelurosaurian dinosaur from the Forest Sandstone of Rhodesia. *Arnoldia* 4 : 1-25.

Raath, M. A. 1990. Morphological variation in small theropods and its meaning in systematics : Evidence from *Syntarsus rhodesiensis*. In P. Currie and K. Carpenter (eds.), *Dinosaur Systematics : Approaches and Perspectives* (Cambridge : Cambridge University Press), pp. 91-105.

Raath, M. A., and J. S. McIntosh. 1987. Sauropod dinosaurs from the Central Zambezi Valley, Zimbabwe, and the age of the Kadzi Formation. *South African Journal of Geology* 90 : 107-119.

Reig, O. A. 1963. La presencia de dinosaurios saurisquios en los "Estratos de Ischigualasto" (Mesotriássico superior) de las Provincias de San Juan y La Rioja (Republica Argentina). *Ameghiniana* 3 : 3-20.

Rich, P. V. ; T. H. Rich ; B. E. Wagstaff ; J. McEwen Mason ; C. B. Douthitt ; R. T. Gregory ; and E. A. Felton. 1988. Evidence for low temperatures and biologic diversity in Cretaceous high latitudes of Australia. *Science* 242 : 1403-1406.

Rich, T. 1996. Significance of polar dinosaurs in Gondwana. *Memoirs of the Queensland Museum* 39 : 711-717.

Rich, T. H. V., and P. V. Rich. 1989. Polar dinosaurs and biotas of the Early Cretaceous of southeastern Australia. *National Geographic Research* 5：15-53.

Riley, S. H., and S. Stutchbury. 1836. A description of various fossil remains of three distinct saurian animals discovered in the autumn of 1834, in the Magnesian Conglomerate on Durdham Down, near Bristol. *Proceedings of the Geological Society of London* 2：397-399.

Riley, S. H., and S. Stutchbury. 1840. A description of various fossil remains of three distinct saurian animals discovered in the Magnesian Conglomerate near Bristol. *Transactions of the Geological Society of London* 5（series 2）：349-357.

Robinet, J.-B. 1768. *Considérations philosophiques de la gradation naturelle des formes de l'être, ou les essais de la Nature qui apprend à faire l'Homme*. Paris：Saillant.

Rozhdestvensky, A. K. 1957. Duckbilled dinosaurs：*Saurolophus* — from the Upper Cretaceous of Mongolia. *Vertebrata PalAsiatica* 1(2)：129-149.（In Russian.）

Rozhdestvensky, A. K. 1960. *Chasse aux Dinosaures dans le Desert de Gobi*. Paris：Fayard.

Rozhdestvensky, A. K. 1970. Giant claws of enigmatic Mesozoic reptiles. *Paleontological Journal* 4：117-125.

Rudwick, M. J. S. 1972. *The Meaning of Fossils：Episodes in the History of Palaeontology*. New York：American Elsevier.

Sarjeant, W. A. S. 1987. The study of fossil vertebrate footprints：A short history and selective bibliography. In G. Leonardi (ed.), *Glossary and Manual of Tetrapod Footprint Palaeoichnology* (Brasília：Departamento Nacional da Produção Mineral, República Federation do Brasil), pp. 1-19.

Sarjeant, W. A. S., and J. B. Delair. 1980. An Irish naturalist in Cuvier's laboratory：The letters of Joseph Pentland, 1820-1832. *Bulletin British Museum（Natural History）*, Historical series 6：245-319.

Schuchert, C., and C. M. LeVene. 1940. *O. C. Marsh, Pioneer in Paleontology*. New Haven, Conn.：Yale University Press.

Sedgwick, A. 1822. On the Geology of the Isle of Wight. *Annals of Philosophy*, n.s. 3：329-335.

Seeley, H. G. 1887. On the classification of the fossil animals commonly named Dinosauria. *Proceedings of the Royal Society of London* 43：165-171.

Sereno, P. C. 1993. The pectoral girdle and forelimb of the basal theropod *Herrerasaurus ischigualastensis*. *Journal of Vertebrate Paleontology* 13：425-450.

Sereno, P. C.；D. B. Dutheil；M. Iarochene；H. C. E. Larsson；G. H. Lyon；P. M. Magwene；C. A. Sidor；D. J. Varricchio；and J. A. Wilson. 1996. Predatory dinosaurs from the Sahara and Late Cretaceous faunal differentiation. *Science* 272：986-991.

Sereno, P. C.；C. A. Forster；R. R. Rogers；and A. M. Monetta. 1993. Primitive dinosaur skeleton from Argentina and the early evolution of Dinosauria. *Nature* 361：64-66.

Sereno, P. C., and F. E. Novas. 1992. The complete skull and skeleton of an early dinosaur. *Science* 258：1137-1140.

Sereno, P. C., and F. E. Novas. 1993. The skull and neck of the basal theropod *Herrerasaurus ischigualastensis*. *Journal of Vertebrate Paleontology* 13：451-476.

Sereno, P. C.；J. A. Wilson；H. C. E. Larsson；D. B. Dutheil；and H.-D. Sues. 1994. Early Cretaceous dinosaurs from the Sahara. *Science* 266：267-271.

Shor, E. N. 1974. *The Fossil Feud between E. D. Cope and O. C. Marsh*. Hicksville, N.Y.：Exposition Press.

Simpson, G. G. 1942. The beginnings of vertebrate palaeontology in North America. *Proceedings of the American Philosophical Society* 85：130-188.

Smith, N. 1820. Fossil Bones Found in Red Sandstone. *American Journal of Science* 2：146-147.

Spalding, D. A. E. 1993. *Dinosaur Hunters：150 Years of Extraordinary Discoveries*. Toronto：Key Porter Books. Rocklin, Calif.：Prima Books, 1995.

Sternberg, C. H. 1909. *The Life of a Fossil Hunter*. New York：Henry Holt and Co. Reprint, Bloomington：Indiana University Press, 1990.

Sternberg, C. H. 1932. *Hunting Dinosaurs in the Badlands of the Red Deer River, Alberta, Canada*. San Diego：Published by the author.

Strickland, H. E. 1848. On the Geology of the Oxford and Rugby Railway. *Proceedings of the Ashmolean Society* 1848：192.

Swinton, W. E. 1962. Harry Govier Seeley and the Karroo reptiles. *Bulletin British Museum（Natural History）* 3：1-39.

Swinton, W. E. 1975. Gideon Algernon Mantell. *British Medical Journal* 1：505-507.

Taquet, P. 1976. Géologie et paléontologie du gisement de Gadoufaoua（Aptien du Niger）. *Cahiers de Paléontologie* 17：1-191.

Taquet, P. 1977. Dinosaurs of Niger. *Nigerian Field* 42：1-10.

Taquet, P. 1984. Cuvier-Buckland-Mantell et les dinosaures. In E. Buffetaut, M. Mazin, and E. Salmon (eds.), *Actes du Symposium paléontologique Georges Cuvier*（Montbéliard）, pp. 475-491.

Taquet, P. 1992. *Dinosaures et Mammiferes du Desert du Gobi*. Paris：Muséum National d'Histoire Naturelle.

Taquet, P. 1994. *L'Empreinte des Dinosaures*. Paris：Éditions Odile Jacob.

Thulborn, R. A., and M. Wade. 1984. Dinosaur trackways in the Winton Formation（mid-Cretaceous）of Queensland. *Memoirs of the Queensland Museum* 21：213-517.

Tumanova, T. A. 1987. The armoured dinosaurs of Mongolia. *Sovmestnaia Sovetsko-mongol'skaia paleontologicheskaia ekspeditsiia* 32：1-80.

Van Straelen, V. 1933. Louis Dollo（1857-1931）. Notice biographique avec liste bibliographique. *Bulletin du Musée Royal d'Histoire Naturelle de Belgique* 9(1)：1-29.

Vianey-Liaud, M.；S. L. Jain；and A. Sahni. 1987. Dinosaur eggshells（Saurischia）from the Late Cretaceous Intertrappen and Lameta formations（Deccan, India）. *Journal of Vertebrate Paleontology* 7：408-424.

Vickers-Rich, P. 1996. Early Cretaceous polar tetrapods from the Great Southern Rift Valley, southeastern Australia. *Memoirs of the Queensland Museum* 39：719-723.

Vitaliano, D. B. 1973. *Legends of the Earth : Their Geologic Origins*. Bloomington : Indiana University Press.

Weishampel, D. B. 1990. Dinosaurian distribution. In D. B. Weishampel, P. Dodson, and H. Osmóska (eds.), *The Dinosauria* (Berkeley : University of California Press), pp. 63-139.

Weishampel, D. B., and W.-E. Reif. 1984. The work of Franz Baron Nopcsa (1877-1933) : Dinosaurs, evolution and theoretical tectonics. *Jahrbuch der Geologischen Bundes-Anstalt Wien* 127 : 187-203.

Wiffen, J. 1996. Dinosaurian paleobiology : A New Zealand perspective. *Memoirs of the Queensland Museum* 39 : 725-731.

Wild, R. 1991. Die Ostafrika-Reise von Eberhard Fraas und die Erforschung der Dinosaurier-Fundstelle Tendaguru. *Stuttgarter Beiträge zur Naturkunde*, Serie C 30 : 71-76.

Woodward, J. 1728. *Fossils of all kinds, digested into a method suitable to their mutual relation and affinity ; with the names by which they were known to the ancients, and those by which they are this day known ; and notes conducing to the setting forth the natural history and the main uses, of some of the most considerable of them, as also several papers tending to the further advancement of the knowledge of minerals, of the ores of metalls, and of subterranean productions*. London : Published by the author.

Zammit-Maempel, G. 1982. The folklore of Maltese fossils. *Papers in Mediterranean Social Studies* no. 1.

Zborzewski, A. 1834. Aperçu des recherches physiques rationelles, sur les nouvelles curiosités Podolie-Volhyniennes, et sur les rapports géologiques avec les autres localités. *Bulletin de la Société des Naturalistes de Moscou* 7 : 224-254.

恐竜の研究

Part 2

> 大型の肉食恐竜ならばどれでも当てはまる．世界を震えあがらせ，博物館を喜ばせてきた，最も恐るべき動物はその中にいる．
> ——アーサー・コナン・ドイル，『失われた世界』

　本書の Part 1 で簡単に見てきたように，恐竜に関するわれわれの知識は，専門家も，アマチュアもひっくるめた多くの人々の努力によって，この1世紀半の間に蓄積されてきたものである．今やわれわれはこの「恐ろしく大きな」爬虫類について多くのことを知り，さらに絶えず多くのことを学びつつある．

　では，われわれはこういった知識を，どのようにして得ているのだろうか？　本書のこれ以降の章で，さまざまな筆者たちが恐竜の生物学や進化について述べる時，その基礎となっているのはどのようなものなのだろうか？　こうした疑問が Part 2 の主題であり，ここでは古生物学者やそれを助けるその他の専門家たちが，どのようにして恐竜の化石を発見し，研究し，解釈を加えていくのかについて述べる．

　まず初めに，古生物学者は，恐竜の化石をどこで探すか，化石が見つかったらどうするかをどのようにして決めるのかを説明する．また，恐竜の化石を採集し，剖出・整形するための伝統的な方法と最新の方法について概説する．

　研究材料としてフィールドや研究室で，生きているアナトティタン（*Anatotitan*）やトリケラトプス（*Triceratops*）が得られるならばそれに越したことはないだろうが，自然はわれわれに対してそれほど親切ではない．恐竜類の進化上の相互関係や，恐竜が生きていた時の行動や生理に関する知識は，ほとんどがその骨格の研究から得られている．これはつまり，古生物学者がどのようにして恐竜を解明していくかを理解するためには，恐竜の骨について基礎的な知識を持っていなければならないことを意味している．そこで第7章では恐竜の体のさまざまな骨について述べる．

　古生物学の大きな目的の一つは，可能な範囲で進化の道筋を明らかにすることにある．恐竜学では，このためにはさまざまな恐竜グループの相互間，および他の種類の動物との系統学的関係を明らかにすることが必要である．これはどのように行われるか？　第8章では，恐竜を含めて生物のさまざまな命名および分類方法を探る．

　最近の数十年に見られた進化生物学の重要な発展の一つは，恐竜も含めて生物のさまざまなグループ間の進化上の相互関係を解明するのに，系統的体系学（分岐論 cladistics）の原理が一般に受け入れられるようになったことである．進化のパターンに関する情報を系統立て

るための分岐論的なやり方は，作業を行う上では極めて論理的な方法だが，初めてこれに出合った人には衝撃的なものである（「鳥が恐竜だって？　ばかなことをいわないでくれ……」）．そこで分類学に関する章では，系統的体系学はどのようなものかを説明し，その恐竜分類の方法と，もっと伝統的な方法とを比較する．

恐竜の分類には異論が多いという指摘は，大西洋には水があるといっているのと同じようなものである．ある一時点で用いられる恐竜の分類の仕方が何とおりあるかは，次の式で示すことができる．

$$C = (N+A) - 1$$

C は分類の仕方の数，A はアマチュア古生物学者の数，N は恐竜学者の数を表す．"-1" は真の分類の仕方を表すが，たくさんあるうちのどれが真の分類の仕方であるかは，われわれは決して知ることができない（ダラム Durham の法則）．どれか一つの分類法が安定することは，歓迎すべきことだとばかりはいえない．ある分類の仕方が，問題の生物相互間の実際の関係に近いものであるため，安定するということもある．しかし残念ながら，分類法の安定性が，十分な化石が得られないための――あるいは研究の停滞による――意見の一致を反映しているにすぎない場合もある．

地質学者は恐竜やその他の古代生物が生きていた地質学的時代を説明するために，恐ろしく難解な一群の専門用語をつくり出した．読者は中生代のさまざまな時期を表す名称を知っておかなければ，恐竜がどのように進化したかを理解することができないだろう．そこで，初心者にこの点について簡単な初歩の知識を与えるための短い章を設けた．

古生物学の世界でこの1世紀の間，ほとんど変化していない分野や研究方法もあるが，新しい技術によって革命的な変化を遂げた研究方法も多い．第10章では，このような新しい技術や，それが古生物学者の研究方法にどのような影響を及ぼしたかを説明する．

「ジュラシック・パーク」は，中生代の蚊が吸った恐竜の血液中の遺伝物質から恐竜を復元する可能性について，映画を見た一般の人々の想像をかき立てた．古生物学者たちは恐竜の生体分子を回収する可能性に関心を持っているが，それを使って動物園に生きている恐竜が供給されるようになる可能性は極めて小さい．しかしその一方で，恐竜の生体分子は，恐竜と他の動物との関係について重要な理解を与えるものとなるだろう．したがって，このような恐竜の生化学的痕跡を探し，研究する上での問題点や，そのことの持つ可能性に関する章も設ける必要がある．

恐竜に関する科学的研究の結果は，一般に科学者が科学者のために書く学術雑誌で発表される．しかし，恐竜には一般の人々も強い関心を持っており，そのような好奇心を満たすために，恐竜の化石やそれに関する説明的な資料を展示することも，主要な自然史博物館の任務の一つである．第12章では，恐竜の展示を成功に導くための計画と作業について述べる．

生きている恐竜の姿についてわれわれが持つ最も鮮明な印象は，科学画家の描く絵から得ている．Part 2 の最後の章では，生きている恐竜の姿を科学的に正確に描き表すために，古生物画家がどのように構想を練り，どのようなステップをたどるかについて概説する．

6 恐竜の骨の採掘

David D. Gillette

　恐竜の骨探しに成功するためには，それぞれの土地の地質や層序についての知識，探査を行うための時間，岩石と化石を見分ける能力，それに少しばかりの運が必要である．フィールドでの古生物学には2つの基本原則がある．(1)化石探し，地図づくり，発掘に当たる人は，土地の所有者または管理者から許可を得なければならない，(2)フィールド作業を行う人は，土地の景観を大切にしなければならない──ということである．この原則は，公共の土地（国，州，市町村などの所有地），部族の土地，私有地などのいずれについても，同じように当てはまる．

●どこを，どのようにして探すか

　効率よく成果を得るため，フィールドの古生物学者は地質学的な累層（正式に定義された図化可能な単位）の地域的分布を描いた地質図（図6.1）を利用する．地質図は探査地域を限定し，化石骨が見つかるはずのないところを探して，時間をむだにすることがないようにするために用いられる．化石が火山灰中に見つかることはほとんどなく，化石を含んでいることが期待できるのは堆積岩だけである．したがって，火成岩しかない地域で恐竜の骨を探すのはむだなことである．だからといって，堆積岩がすべて恐竜の骨を含んでいるわけではない．一般に恐竜の化石は，海底に堆積した堆積岩ではなく，湖や川によって陸上でできた堆積岩中に見られる．さらに，三畳紀後期から白亜紀後期までの岩石中にしか存在しない．

　例えば，米国西部のモリソン累層は上部ジュラ紀層の中にあって，その上位にくる累層や下位の累層とはっきり区別がつく堆積上の単位であり，泥岩，シルト岩，砂岩からなる．上部ジュラ紀層の恐竜を探したいと考える古生物学者には，モリソン累層の露頭の位置を示す地質図が必須となる．フィールドで目標となる累層を見きわめるためには，現地の層序，すなわち累層の上下関係の順序についての基礎的な理解が必要である．経験を積めば，フィールド古生物学者は岩石中に残されているものから堆積環境を読みとって，探査の範囲をさらに化石の見つかる可能性の高い地域に限定することができるようになる．

　フィールドの累層がはっきりとわかったら，実際の探査が始まる．すでに他の化石が採集されている場所から探索を始めるのがよい．化石がたくさん見られる場所は，一般に点在する．ある場所には恐竜の骨が無数にあり，別の場所には何も見つからないという具合いである．古生物学者は以前に発見した特定の個体の骨をもっと見つけるため，あるいは前回の発掘ののちに，浸食によって地表に露出してきた新しい恐竜を見つけることを期待して，古い採掘現場を訪れることも多い．

　累層によって，含まれている恐竜化石がすべて重

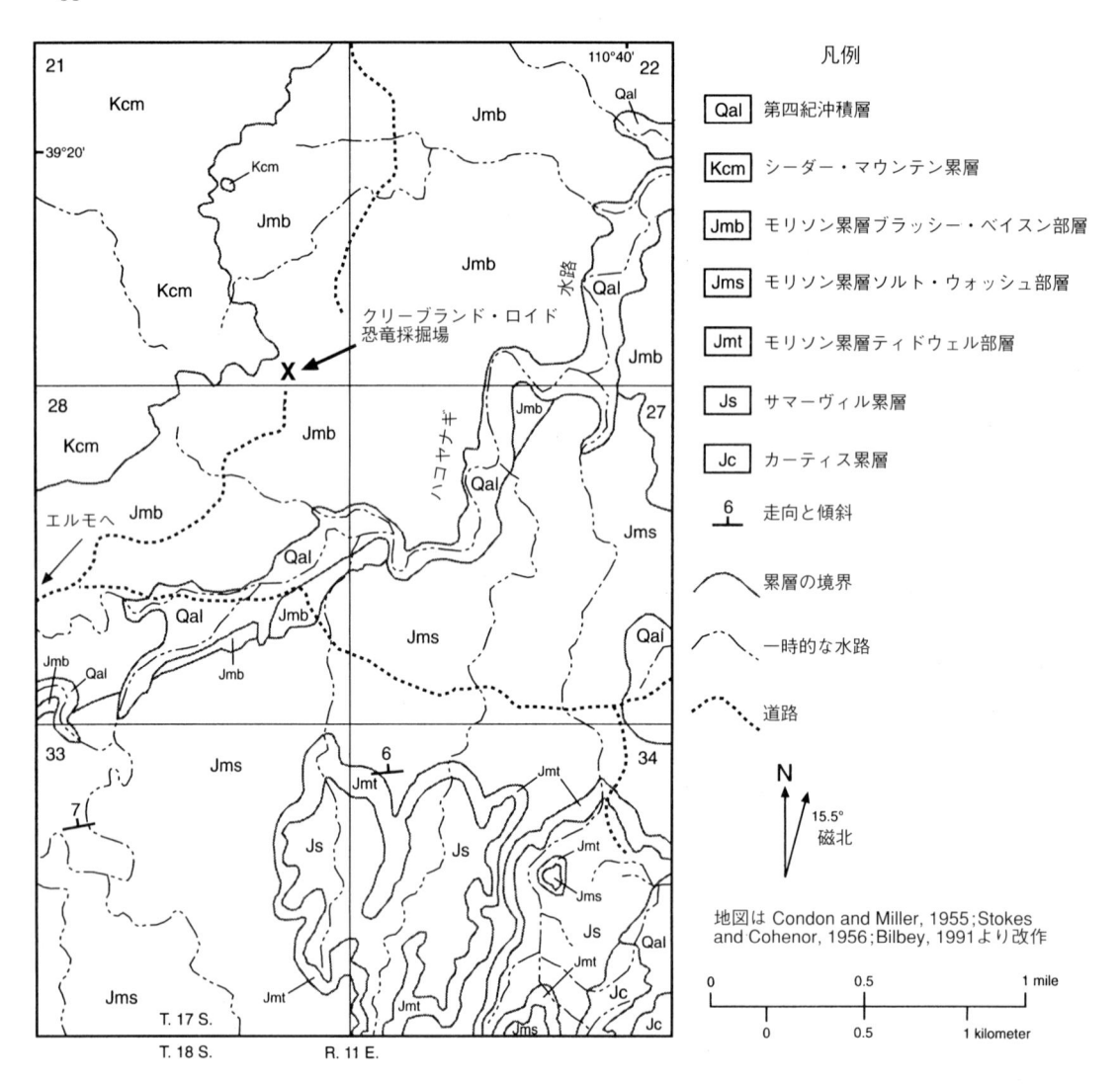

図6.1●ユタ州東部のクリーブランド・ロイド恐竜採掘場周辺の簡略化した地質図
モリソン累層ブラッシー・ベイスン部層（Jmb）のこの現場からは，ジュラ紀後期の肉食恐竜アロサウルスの骨が1万個以上発掘されている．地層名略号の説明は地層の上下の順に並べてあり，図の地域の中で最も古い累層（ジュラ紀のカーチス累層 Jc）が一番下，最も新しいもの（白亜紀のシーダー・マウンテン累層 Kcm と第四紀の沖積層 Qal）が一番上になっている．走向と傾斜の記号は，これらの累層の広域傾斜が北に6°傾いていることを示す．

要であって，何でも発掘し，適切なフィールド記録をつけて博物館に保存しなければならないというところもあれば，恐竜の骨が極めて大量に含まれ，採掘には慎重な判断が求められる場合もある．後者のような場合は，希少種や珍奇種，分類上特徴的な骨，あるいは関節のばらばらになっていない骨格を採掘するなどの優先順位を定めることもある．いずれの場合にせよ，探査の過程で見つかった骨は，浸食によって岩から露出した骨の破片でも，重力のため斜面の下の方に転がり落ちたものも，手を触れることなくもとのままにしておかなければならない．これらは，まだ岩石中に隠れている骨の位置を知るための手がかりとなるものだからである．骨の破片を拾い集めて1か所に積み上げても何の益もなく，この重要な手がかりをかき乱すことの損失は大きい．

露出した骨のまわりを注意して探せば，別の骨が見つかるかもしれない．時には，関節の部分のつながった恐竜の骨格が埋まっていて，何個かの骨が地表に露出して，部分骨格や全身骨格の存在を示している場合もある．骨が重要なものと思われたら，そ

の写真を撮り，詳細に記録を記しておかなければならない．できれば，写真はいくつかの方向や距離から撮影して，骨そのもの，そのまわりの状況，全体的な風景などを示す．このような情報は科学者が骨のあった場所を知り，発掘やその後の研究について決定を下す時に役立つ．アマチュアや恐竜が専門ではない科学者が発見した場合は，恐竜学者にそれを知らせなければならない．簡単なものでもよいから，フィールドノートが，その後の方針を決める上で不可欠のものとなる．それには，骨のスケッチ，場所を知る目標となるものの入っている周辺の風景のスケッチ，日付，現場へのいき方についてのノート，発見者の氏名，その他役に立ちそうな情報は何でも記しておく．

アマチュアによるものにせよ，専門家によるものにせよ，発見後の記録の作成はその後の評価のために極めて重要である．発掘する前に骨を種のレベルで同定することは困難か，あるいは不可能な場合も多いが，恐竜専門家ならばふつう，ある程度根拠のある推測がつく．発見されたのが新種だと直ちに研究者にわかることは滅多にないが，予備的な評価の際にはそのような可能性を常に念頭に置いておかなければならない．

発掘するか，しないかの決定は非公式な一群の基準に基づいて行われ，そのような基準は何年か，何十年かの間には変わる可能性がある．ある古生物学者が重要ではないと考えた発見が，他の研究者の基準では極めて重要なものと評価されることもある．このような理由から，個人的なコレクションのためや，商業的な金儲けのために，恐竜の骨を見境なく採集することは慎まなければならない．

●発掘する骨の選択

発見物の評価には慎重な考慮を要する．恐竜の骨を発掘するとなれば，フィールド作業のための時間や費用が必要となるだけでなく，研究室での剖出・整形作業（一般に，フィールド作業の5〜10倍の時間と費用を要する），研究，博物館での保存なども行わなければならない．恐竜の骨は大きい——著しく重いものも多い——ため，保存にも多額の費用がかかる．特に大きな骨の場合，驚くほどのスペースも必要となる．

予算と時間は得られるとしても，フィールド作業の責任者となる古生物学者は，次のような基準に従って発掘するか，しないかを決定しなければならない．(1) 骨は関節でつながっているか？ (2) 科学的な価値のある，珍しい，あるいは重要な動物群と植物群の共産関係が認められるか？ (3) その骨は赤ん坊か，子どもか，あるいは成熟前の恐竜のものか？ (4) 頭蓋骨は見つかりそうか？ (5) 古環境や層位との関係で，その恐竜は重要と考えられるか？ (6) 重要な新しい情報をもたらすような，珍しい特徴や保存状態が認められるか？ (7) 新しく発見された骨が新属や新種である可能性があるか？ (8) 恐竜の生物学的古生物学と関係するような，死因，埋没環境，その他の情報を示すものが認められるか？ (9) 骨格が博物館の展示標本として役立つ可能性があるか？

古生物学者の研究上の関心，土地所有者や土地管理者の要求などによって，このほかの基準が加わってくる可能性もある．これらの問いに対する答えがすべて「イエス」であれば，試掘を始める根拠は十分といえるだろう．逆に，このような問いに対して肯定的な答えが得られなければ，発掘はやめるべきである．

フィールド作業や研究室での剖出・整形作業に何か月，あるいは何年もの時間を要する本格的な発掘を始める前に，試掘を行うのが適切であろう．恐竜の骨はふつうかたい岩石に埋まっていて，それをとり出すには近隣にかなりの迷惑をかけることになるため，このような試掘の計画には，土地所有者や土地管理者が参加しなければならない．試掘の目的は，実際に，あるいは推定で，骨の埋まっている範囲，地下に骨が埋まっている深さ，上記の問いに対するさらに正確な答えなどを明らかにすることにある．比較的小規模な発掘であっても，それが景観にどのような損害を及ぼすかを評価することが必要である．動物や植物の希少種あるいは危機種に影響を与える可能性はないか？ 作業によって排水路に変化が生じたり，道路や山道の変更が必要になったりすることはないか？ 作業は安全か？ 家畜や野生動物に影響を及ぼさないか？ 発掘の妨げとなるかもしれない考古学的遺物の形跡はないか？ このような問いが重要性を持つ可能性の大きい地域，特に北米西部では，専門家が評価に参加することもある．国有地の場合は，このような評価が法律の求める環境影響評価として，公式に規定されていることもある．作業の遅れや調整は面倒に思われるかもしれないが，他の利害関係者にとっても，同等の重要性を持つ地域をきちんと管理するためには，このように十分時間をかけて計画を立てることが大切で

ある．

　予備的な試掘で重要だと考えられれば，本格的なフィールド作業を行うのが妥当と判断される．

●発掘地図の作製

　今ではもはや，恐竜でありさえすれば記念品として価値があるというわけにはいかない．骨そのものに価値があるというより，他の恐竜との関係が同じくらい重要性を持つ科学標本なのである．骨が露出してきたら，その出現の様子を注意深く地図として記録しなければならない（図6.2）．最も広く用いられる方法では，杭とひもで発掘現場に四角い升目模様を描く．升目の1辺は，ふつう1mとする．もっと詳しい地図をつくる時は，ひもで1辺が10cmの升目に分けたポータブルの1m角のフレームを使う古生物学者もいる．杭とひもでつくった1m四方の四角い升目の上にこのフレームを置き，地図をつくるのを助ける．この地図はフィールド作業の恒久的な記録となり，化石を受け入れる博物館に，化石といっしょに保存しておかなければならない．

手書きの地図は，フィールド作業で作成される他のあらゆる文書と同様，骨の科学的文脈を示す文書情報となる．地図にはすべて東西南北の方位をつけることになっており，正確なコンパスを使ってこれを記入する．

　注意深く作成した写真資料は地図を補強するものとなるが，単独で使用してはならない．写真には縮尺を付し，升目の中に縮尺と，可能であれば正確な場所を記す．写真はすべて，撮影場所，日付，主題をフィールドノートに記録し，後日ラベルづけをする時の参考資料とする．上質のポラロイド写真は，現場でラベルづけすることのできるインスタントの記録となる．フィールド地図と同様，写真の記録は発掘に関する文書情報の不可欠の部分であり，採集した化石のコレクションとともに保存しなければならない．

　古生物学者が，人工衛星によって地表での位置や高度を著しい精度で——信頼区間1m以下の場合も少なくない——記録する，技術的に進歩した測定装置を用いることが，次第に増えている．このような地図情報をデジタル情報に変換するコンピュータ

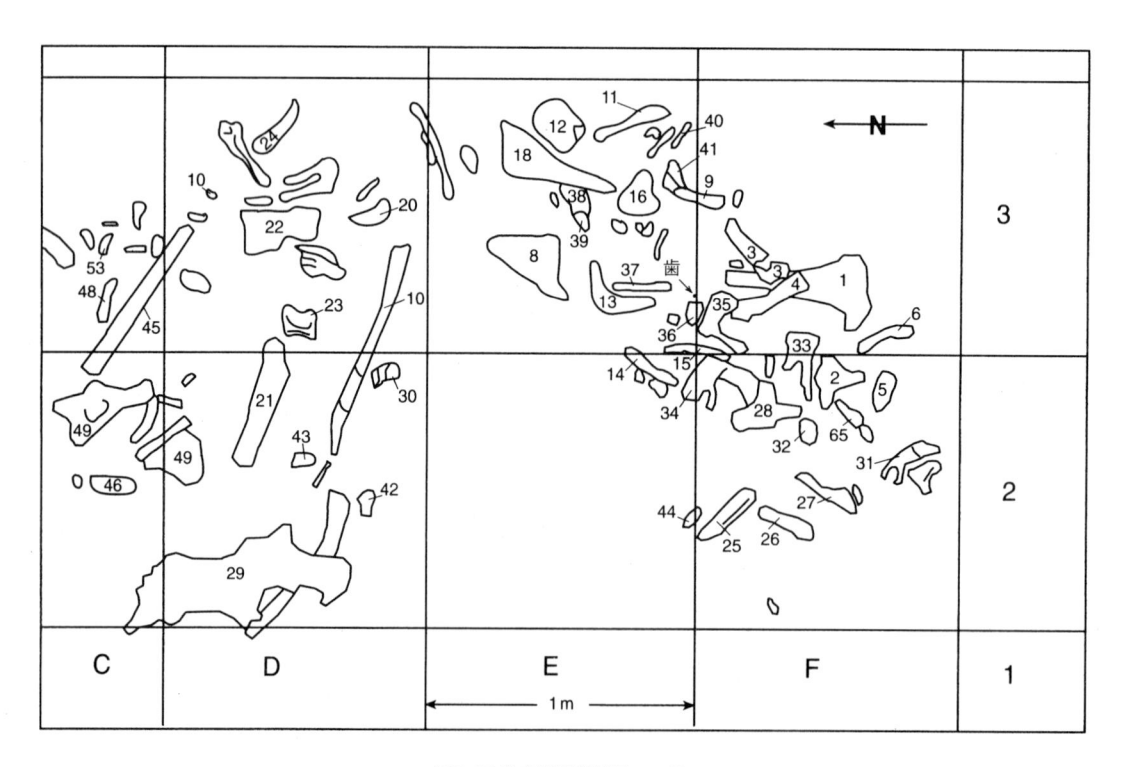

図6.2●恐竜採掘場地図の一部
　ユタ州グリーンリバーに近い上部ジュラ紀層モリソン累層の採掘場の地図で，骨の多くは獣脚類恐竜アロサウルスのもの．数字は，実験室での剖出・整形およびその後の研究のためにつけられた標本記録と対応する．例えば，No.29のアロサウルスの腸骨は，主として区画D-2の西半分にある．

一技術が，フィールド古生物学の地図作成に革命的な変化をもたらすことはまちがいないだろう．コンピューター・アシステッド・ドラフティング(CAD)・アプリケーションを用いて，保存したデータを操作，編集，変更し，さまざまな形で提示することもできる．デジタルカメラやその関連技術が従来の写真にとってかわる可能性も大きいが，この新しい応用技術は費用がかかり，現在のところ多くの古生物学者にとっては実用的とはいえない．このような技術の強化は有用ではあるが，現場での地図作成やフィールドデータの記録にとってかわることはできない．

● フィールド記録

　地図や写真は，常に発掘の極めて重要な部分となる．これらは多くの点で化石そのものと同じくらいな重要なものである．骨格が横たわっていた向き(方向)，化石が埋まっていた堆積層の性質，埋まっていた正確な場所など，将来参考となるデータを恒久的に記録する文書はこれ以外にはないからである．この視覚的なフィールド記録を補うものとして文字による説明も必要で，毎日記録することが望ましい．現場にいるスタッフ全員にフィールド日誌をつけさせ，フィールド作業の終わりに，日誌のコピーを化石標本に添付することを求める古生物学者もいる．

　フィールドノートには，日付，スタッフ名，行った作業，発見物と予察的評価，地図の参照となる現場の観察スケッチ，層位や地質についての注など，フィールド作業のあらゆる面を正確に記録しなければならない．日誌にはまた，天候，現場周辺の植物や動物，その日の記憶すべき出来事など，その他の広くさまざまな付随的データを記録することもある．古生物学者によって，特別に用意した用紙にこれらのデータを記入させ，記録を定型化する人もいれば，日誌の形式にはこだわらない人もいる．こうした記録は各人の一種の日記として重要であると同時に，博物館の文書としても極めて高い価値を持つ．

● 発掘の進め方

　化石の発掘は簡単なものではない．テレビのドキュメンタリーなどが，発掘はしごく容易で，すぐに結果が得られるような誤った印象を与えることもあ

るが，実際にはかなりの計画，時間，労力を要する．実際の発掘方法は現場により，古生物学者によって異なるが，共通な部分もいくつかある．以下にこのような点について述べ，発掘の方法や資材について大まかなところを知っていただくことにするが，経験を積んだ古生物学者による現場での訓練を受けなければ，発掘の方法を本当に学ぶことはできない．

　また，安全の確保も発掘の重要な要素である．骨が特に大きい場合——数百 kg，時には 1 t 以上のものもある——あるいは発掘が地下深いところに及ぶ場合，かなりの危険も伴う．数 t から 10 t もある岩塊や骨を発掘現場から切り出すこともある．このような作業は極めて危険なものであり，熟練した専門家しか行うことはできない．同じように，場所そのものが危険な場合もある．特に，現場が急傾斜地にある時や，落石や地滑りが起こりやすい不安定な地形の近くにある時は，注意しなければならない．どのような理由があっても，発掘に当たる人々の安全を犠牲にして作業を急ぐようなことは許されない．発掘を見るために見物人が集まってくることもあるが，このような人々の安全も重要であり，これを無視することはできない．

　道具や装置類は，仕事に適したものを選ばなければならない．時には，骨格の上を覆う何層もの岩石をとり除くために，ブルドーザーや削岩機が必要となることもある．このように極端な方法は，土地所有者や土地管理者から十分に同意を得た上で用いるようにしなければならない．特に重機を使用する場合には，破壊を最小限にとどめるという原則を守ることが重要であり，岩石を動かし，景観を破壊するのは，発掘を行うのに必要なだけにしなければならない．発電機によって動かす小型の動力工具や，手工具で十分な場合の方が多い．骨に近いところでの作業には，歯科用ピックのような小さな道具が必要となることもある．

　最初に骨を露出させるのは，その上面だけとすることが望ましい．岩石を持ちあげ，あるいはのみで削りとることは，骨に大きな衝撃を及ぼす．恐竜の化石は少なくとも 6500 万年以上岩の中に閉じ込められ，全くの暗黒の中で，大気の変化から守られていたのである．露出される時，岩石が一部はぎとられ，化石が膨張して，ひび割れることもある．また，空気にさらされた時，急速な化学的変化を受ける可能性もある．特に乾燥は骨を収縮させ，さらに自然のひび割れを起こさせる．新しく空気中に露出した化石は，色が変化する場合もある．ふつうこれは，

骨の細孔中に含まれる鉱物質の酸化による（還元型の鉄化合物が，酸化型の鉄に変わる）．骨の中のこのような変化は，化学硬化剤を用いて抑えることができる．これは骨の隙間やひびの中に浸透して，好ましくない変化を遅らせ，あるいは停止させる．

修復は，実行可能であれば直ちに行うべきだが，安定し，安全な研究室内で作業できるようになるまで待たなければならないこともある．化学硬化剤，接着剤，のりなどは，それぞれに性質や適性が異なる．発掘用資材に詳しい技術スタッフの知識や技術は欠くことができない．不適切なのりや硬化剤を使えば，骨に修復不能な損傷を与えることにもなりかねない．あらゆるケースに適したのりや接着剤というものはなく，その適性は天候条件，岩石の種類，骨やまわりの岩石中の水分含量などによって変わってくる．

骨の上面が露出し，安定し，地図も作成されたら，掘出しの計画を立てなければならない．これは子どもの"積み木とり"遊びに似ている．化石の骨が互いに近いところにあったり，直接積み重なっていたりしたら，骨をどういう順にとり出すかが極めて重要になる．数個の骨をいっしょにとり出すのがよい場合もあれば，一つずつ別々にとり出す方がよいこともある．骨が関節でつながったままの骨格の場合は，問題は逆になる．容易に，かつ安全に掘り出すには，骨を自然の割れ目に従って分割しなければならない．

前もって十分に考慮した上で計画を立てたら，次は骨の周囲に縦の溝を掘って，個々の骨，またはいくつかの骨の塊りを他と切り離す．溝で囲まれた部分は，上に骨が乗り，下を下位にある岩石が支えている形の台座となる．この作業は慎重に行わなければならない．岩石や骨が崩れて何時間もかけた仕事がふいになり，研究室で何日もかけて修復をしなければならなくなることもあるからである．できるだけよい結果を得るためには，骨の側面や下面は露出しないようにして，くっついている岩石をそのままにしておき，骨に入っている自然のひび割れが大きくなって骨が割れたりすることがないようにする．溝を掘る間に骨の新しい面が露出してきた場合は，必要であれば，化学硬化剤を使って安定化させることもある．一つ一つの骨に，消えないインクで番号を記し，その番号を地図番号やフィールドノートといっしょに記録する．

溝掘り作業の間に，骨をさらに安定化させるため，岩塊を固定するようにジャケット（被覆）で包む．ジャケットはふつう黄麻布を石膏液に浸したものを使うが，そのかわりにファイバーグラスやその

図6.3● この2人の古生物学者は，骨を含む岩塊を支材で支えながら，下の台になっている部分の岩をとり除いている．台の部分を削っていくのに伴って露出してくる，岩塊の側面や下面を石膏と黄麻布の包帯で包み，このアロサウルスの部分骨格の骨と岩石がはがれたりしないようにする．台の部分の岩を完全にとり除いたら，岩塊を裏返しにして，残った部分も石膏包帯で完全に覆う．採掘場の表面を露出させるまでには，骨の上を覆っていた1m近い表土をとり除かなければならなかった．ユタ州グリーンリバーに近い上部ジュラ紀層モリソン累層の採掘場で

他の材料が使われることもある．しかし，経済性と用途の広さから，黄麻布と石膏を使うことが圧倒的に多い．石膏は直接骨にくっつかないようにしなければならない．そこでまず骨に濡らしたティッシュペーパー，ペーパータオル，あるいは小さく切った新聞紙を何層か張りつけて，石膏が直接骨につかないようにし，同時に輸送の時のきっちりしたクッションとする．

この黄麻布と石膏の"包帯"は骨と岩石の塊りをもとの形にしっかりと固定する．医者が折れた骨を石膏とガーゼで固定するのと似ている．ジャケットが固まったら，化石を支えている台の部分の岩を注意深く削っていき（図6.3），台座が狭まると，新たに現れてくる化石の側面や下面もジャケットで覆う．岩塊が大きい時や重い時は，木材や鋼材が使われることもある．これを骨の上や側面に固定し，さらにその上を石膏包帯の層で覆って，完全に包み込む．特に大きな岩塊では，鋼鉄のバンドや木材が必要となる場合もある．下の岩を削る間，上に乗った岩塊は支柱で支え，これが転がり落ちて作業員が怪我をしたり，骨が壊れたりしないようにしなければならない．

台になっている岩石を削りとり，何層ものジャケットで覆っていって，最後には，石膏で包まれた岩塊がごく細い台の上に乗っているだけとなれば，岩塊を台の上から転がり落としても，中身に損傷を与える心配もなくなる．10 kgか20 kgくらいの小さな岩塊を落とした時は簡単だが，岩塊がもっと大きくなれば，大きくなるほど作業は困難になる．岩塊の中身が動いて，固定してあったところがはがれてしまう危険性が常にあるからである．重さが何百kgもある特に大きな岩塊の場合には，森で木を切り倒す場合と同じような危険もある．岩塊が転がっていく方向や動き方は予測可能であり，ある程度コントロールできるが，大きな岩塊は思いがけない方向に転がることも少なくない．この作業は熟練者の指揮のもとに行わなければならない．

岩塊を転がり落とす前に，その表面に消えないインクで，中に入っている骨のフィールド番号，方位を知るための北の方向を示す矢印，現場の名前と番号，日付，採集者の氏名，その他，博物館で保存する時に必要な情報を記す．この岩塊が剖出・整形のために開かれるのは何週間，何か月，時には何年も先になるかもしれないので，これらの情報は極めて重要である．

岩塊を裏返しにしたのち，まだジャケットのかかっていない小さな穴の部分（台に乗っていた部分）を石膏包帯で覆い，岩塊を完全に包む．これでもう骨を傷つけることなく輸送することができるが，岩塊にはパッドを当て，動かないように固定して，できるだけぶつかったり，転がったりしないようにする．輸送の間，岩塊の取扱いには注意を払わなければならない．

骨を博物館に送ることには，それと同時に書類を送ることも含まれる．化石の管理は博物館の収蔵管理者の責任となる．化石を含む岩塊は恒久的あるいは一時的な収蔵庫に置かれ，剖出・整形作業室での準備が整うまでそこに保存されるか，または直接整形作業室と呼ばれる剖出・整形専門室に送られて，そこで骨を岩塊からとり出し，修復し，固定する．最終的には，骨は研究，保存，あるいは展示できる状態にする．フィールドノートには，現場での骨の処理について記録し，どのようなのり，硬化剤，接着剤を使ったかを記す．発掘の際に用いた資材についてのフィールド記録は，博物館の整形技術者にとって極めて重要なものであり，彼らはフィールドで始められた処理を継続しなければならない．

● 発掘における現代技術の応用

地上にいて，骨が地下のどこにあるか予測することは，困難か，または不可能だといってよい．せいぜい，経験を積んだフィールド作業員の経験が，最も信頼のおける情報源となるくらいである．目標は，地下に骨格がどのくらい残っているか，どの方角を向き，どのくらいの深さ，どのくらいの範囲にあるかを予測することにある．発掘を始める前に古生物学者がこのような情報を知っていれば，完全な発掘計画を立てて，骨をすべて見つけ，取り除く岩石の量をできるだけ少なくし，最小の時間と費用で作業をを終わらせることができる．

先に述べた発掘技術の多くは，過去1世紀の間，あまり変わっていないが，ある種の現代技術の応用によって，現場における作業能率の向上がかなり期待される部分もある．フィールド古生物学者は皆，航空写真や衛星画像から骨の位置を突き止められるようにならないかと期待しているが，この種の技術によって可能なのは，せいぜい地表の地質を読みとるくらいのことにすぎない．北米やその他多くの場所では，地質図の方が安あがりで，その解釈もすでに行われているので，このような空中遠隔探査技術を応用してもむだなだけである．

これに対して，地上での遠隔探査は多くの現場で有効に利用することができる．現在のところ，古生物学のための独自の方法は開発されていないが，水文学や考古学など，他の学問分野のために開発された装置を借りて，利用することは多い．しかし，古生物学への応用には特殊な問題があり，また，装置やその設計理論に詳しい経験を積んだ技術者の参加が不可欠である．古生物学者とすれば，できることなら地下にある骨を見るために，地面の"X線写真を撮る"ことのできる装置が欲しいところである．映画では骨格全体が極めて精密に示されるような場面も見られるが，現在のところ，このような技術は空想でしかない．

　最も有望な技術に，地下浸透レーダーがある．動

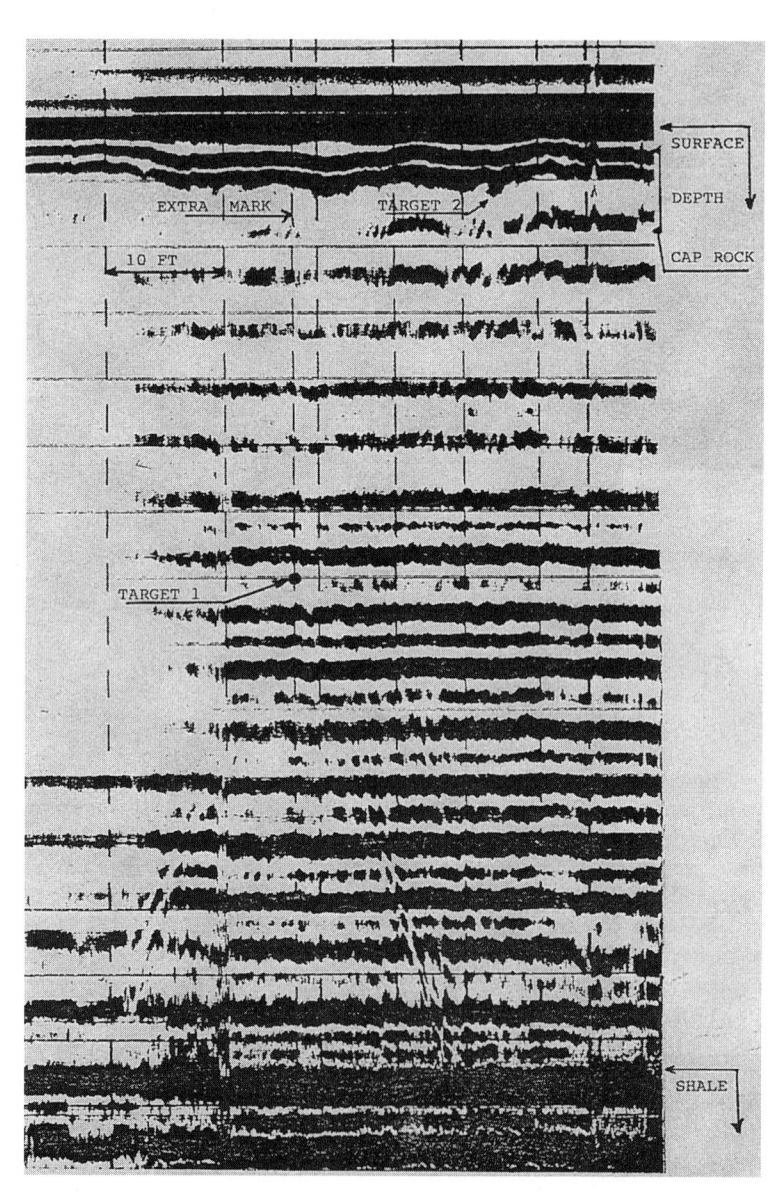

図6.4●ニューメキシコ州のモリソン累層のセイスモサウルス採掘場で，升目の線に沿って地下浸透レーダーを1回走行させた時の記録（Gillette 1994）
"目標物"の可能性のあるものが2個，放物線状の波形の乱れとして示されている．この図の一番上が地表，目標物1は8フィートの深さにある．目標物1は，セイスモサウルス・ハロルム（*Seismosaurus hallorum*）の骨格の脊柱の位置を示した．これは2〜3m下の骨のレベルを覆う砂岩メサのてっぺんから掘り出された．水平方向の縮尺が圧縮されていることに注意．提供：ニューメキシコ州アルバカーキ・サンディア国立実験所．

力芝刈り機くらいの大きさと形で，車輪つきか，またはポールで運ぶことのできる移動可能の装置を用い，あらかじめ定めた升目に沿って地中に電磁波を発射する．境界層から反射してくる電磁波を受信装置で記録し，それぞれの升目の線に沿った地下の断面図を連続的に示す（図6.4）．境界層の様子は，岩石の種類や組成の変化，水分飽和度の変化，地中の自然のひび割れ，あるいは岩石と骨の境界などによって変化する．骨の像が記録の中に描き出されるのではなく，断面図での波形の乱れが骨の可能性を示す．波形を読みとるには，経験とかなりの直感を必要とする．これらの技術を実験的に試みたある発掘例では，このような波形の乱れは約50%の精度で骨の存在を示した．考古学的な発掘現場では，建物や洞窟のように大きな波形の乱れが見分けられるため，この技術がもっと有効に応用できることが明らかにされている．

かなりの将来性が期待されるもう一つの技術として，地震波のデータを利用する方法もある．音響回折トモグラフィすなわち地震トモグラフィでは，まず予想される骨の深度よりもずっと深い――できれば2倍以上の深さの――縦穴を，要所要所に掘る．その穴の中に一定の配置に並べた特殊な水中聴音器を吊し，穴をパイプで封じて，中に水を満たす．あらかじめ定めた地表の一点で，車台に乗せた強力な8ゲージ型マグナム・ショットガン――通称ベッツィ（図6.5）――から地面に鉛の散弾を撃ち込む．生じた衝撃波は，その地点から地中を伝わってあらゆる方向に進み，水中聴音器が衝撃波を受けとって，その正確な到着時間を記録する．配列された聴音器への到着時間に異常――到着時間が早すぎたり，遅すぎたり――があれば，それは地下の，ショットガンを撃った地点と垂直に並べた聴音器とを結ぶ直線上に何かが埋まっていることを示す．幾何学的計算によってその何か――古生物学者はそれが骨か骨格であることを期待する――が埋まっている場所を突き止めることができ，銃の発射地点を変えて何回か試験を繰り返せば，その物体の埋まっている深さや広がりを明らかにすることができる．地下浸透レーダーと同じように，音響回折トモグラフィも訓練を受けた技術者の手で行うことが必要であり，またかなりの費用がかかるため，利用できるのは大規模な発掘の場合に限られる．

埋まっている骨の化学的組成によって，その磁性が周囲の岩石とは異なる場合がある．プロトンフリー摂動磁気測定法はこの磁性の違いを測定するもので，地表にあらかじめ引いた升目ごとの地磁気の強さを記録する．この極めて精密な装置はポールにとりつけられていて，運びやすく，辺境の地へも容易に運ぶことができる．升目に仕切った地図に記され

図6.5●ニューメキシコのセイスモサウルス採掘場で働く"ベッツィ"の写真
この車台に乗せた改良ゲージ8型マグナム・ショットガンは，鉛の銃弾を地面に撃ち込んで衝撃波を生じさせ，それが地中を伝わる．ボーリング孔に設置したセンサーによって衝撃波をとらえ，その到着時間のずれから骨の位置を明らかにする．提供：南西部古生物学財団．

た磁場強度の変動は，地下に岩石以外の何かが存在することを示す．化石の骨は可能性の一つだが，地磁気の異常は地中にあるその他の物質によっても生じる．

　場所によっては，化石の骨や化石の木が放射性のウラン同位体を含むこともある．この同位体は崩壊し，そのエネルギーの放出，すなわち電離放射線を手持ちの計数管で記録することができる．従来のガイガー計数管はこの種の放射線を測定するものだが，地中に埋まっている物体から放出される放射線を検出できるほど感度は高くない．このかわりに，升目ごとに放射線を測定するシンチレーション計数管を用いれば，地下の線源からの放射線を検出することができる．正常な背景値とかけ離れた異常に高い測定値は，地下に骨があることを示す場合もある．この方法は，地表からせいぜい 50 cm くらいまでの，ごく浅いところにある骨にのみ有効だと思われる．

●実験室での骨の剖出・整形

　博物館で骨を展示，研究，保管など，恒久的な目録に掲載されたコレクションとして保存するための最終段階となるのが，単調で時間のかかる剖出・整形という作業である．剖出・整形の目的は，博物館での管理のため，骨を完全に露出させ，必要な修復をすべて終え，安定させることにある．恐竜の場合，骨が大きいため，この作業は時間と費用のかかるものとなる．発見や発掘の他の段階と同様，実験室での剖出・整形技術も，熟練した剖出・整形技師の監督のもとで実地に経験を積みながら学ぶのが最善の方法である．一般に，剖出・整形作業には手工具と歯科用ピックで十分な場合が多いが，顕微鏡と針が必要となることも少なくない．骨から遠く離れた部分の岩石をとり除く時は，小型削岩機のような働きをする圧搾空気工具で弱い衝撃を加えるのが極めて有効である．

　修復には，主任技師またはコレクション管理者の承認したのりや接着剤を用いなければならない．発掘の際に用いる化学物質と同じように，あらゆるケースに，いつも同じ硬化剤やのりを使うというわけにはいかない．何が適するかは，化石のある場所や，性質によって異なる．剖出・整形作業の際には役に立った接着剤や保存剤が，時間が経つとともに効力を失い，化石骨の劣化を助長する場合も多いことが，近年コレクション管理者に理解されるようになってきた．40 年以上広く使われてきた，ふつうグリプタルと呼ばれる化学物質があるが，これは時間が経つと分解し，今では勧められなくなっている．のりや化学的硬化剤が効力を失うと，博物館のコレクションにひどい損害を与えることになりかねない．一般に化学物質や接着剤の使用に当たっての基本原理は，「少ないのが最善」ということである．

　骨が弱い場合は，構造を支えるものが必要となることもある．これは骨に合わせて個別にあつらえなければならず，受け台をつくる石膏と黄麻の帯布，ファイバーグラス，スチールバンド，材木，その他，支持と強度を与えるあらゆる構造材料が用いられる．

　将来の参考にするため，処理していない骨と岩のサンプルを保存しておくというやり方をとる古生物学者も多い．時には，このような岩の中から花粉，胞子，小動物の歯など，顕微鏡的な大きさの新しい化石が得られ，発掘現場の古環境に関する知識が一段と深められることもある．これらのサンプルは，発掘によって得られた骨とともに管理しなければならない．

　どのような場合にも，実験室の剖出・整形記録が重要である．それぞれの骨の剖出・整形作業に関する詳細な記録とともに，接着剤は何を使ったかを記録するため，一定の用紙を用いる研究室も多い．将来骨の修復や，追加の剖出・整形が必要になった場合に，最初の硬化剤や接着剤を溶かしたり，ほかのものととりかえるためには，このような処理記録が極めて重要となる．

●管理と保存

　恐竜の骨はその大きさのため，管理上特別な問題を生じる．パッドや，特別に石膏と黄麻布でつくった受け台，あるいは骨の形に合わせたフォーム材などを使って，その重量を均一に分散させるようにしなければならない．清潔な暗い場所で保存し，湿度や温度の変化，分解生物などから保護することも必要である．このような状態をつくり出すには，温度と湿度が一定の，特別な収蔵庫をつくるのがよい．骨にはすべてラベルをつけ，骨の保管場所や付随文書を収蔵品目録に記録しなければならない．さらに，骨やラベルの損傷，硬化剤やのりの質の低下はないかを定期的に調べることが必要である．博物館のキャビネットから恐竜の骨をとり出したら，保管していた間に骨が変質していて割れてしまったなど

ということになっては困るからである．
　恐竜の骨の管理と保存は，実際にはフィールドで始まる．管理の責任を負う博物館の専門家は以前よりもずっと，骨に加えられるあらゆる操作の長期的影響に気を使うようになっている．このようなスタッフは，自然史コレクション保存学会という専門学会に所属する人も多い．この学会は毎年会合を開き，「コレクション・フォーラム」という雑誌に保存と管理に関する大量の情報を発表している．博物館のコレクションの保存に関心を持つ人なら，誰でも会員になることができる．同じように，保存に関する研究や方法の評価については，アメリカ自然史博物館が刊行する雑誌「キュレーター」にもしばしば論文が発表される．恐竜の骨や脊椎動物の化石一般の管理水準は，急速に高まりつつある．新設の博物館や，新たに管理の責任を負うことになったスタッフは，自然史コレクション保存学会に入会するのも正しい方向への第一歩を踏み出すことになろう．

●コレクションの管理

　コレクションの管理には，骨の世話をすることのほかに，極めてさまざまな仕事が含まれる．コレクションの付随記録は，発掘に関する唯一の主要情報源であり，極めて重要なものである．コレクション管理の仕事の中には，文書ファイル，産地ファイル，標本カタログファイルの少なくとも3つのファイルを維持することも含まれ，これはできればコンピューターによるデータ管理システムで管理することが望ましい．このような文書があって初めて収蔵物は意味を持つことができるのであり，これは博物館で最も重要なものの一つと考えられる．その管理には最大限の注意を払い，データは常に最新のものとしておかなければならない．さらに，文書記録そのものも特別な取扱いや保存を必要とする場合が多い．写真は変質しやすく，紙は古くなると脆くなり，インクは色が薄れてくる．カビや細菌によって紙がぼろぼろになることもある．
　博物館のコレクションの最終的な目的は，研究や教育に役立てることにある．したがって，化石は資格を持ったスタッフが研究のために利用できなくてはならない．博物館の収蔵庫の設計で，この点が見過ごされている場合が少なくない．適切な化石研究のためには，レイアウトのスペース，デスクスペース，テーブル，十分な照明，使いやすい電源などが不可欠である．顕微鏡や測定装置類も重要で，キュレーターや外部からきた研究者がこれらを自由に利用できなければならない．標本を展示するならば，その展示場所を目録に記録し，それがもともと保管されていた棚にもメモを残しておく．外部からきた研究者が展示されている標本を調べる必要があった時には，展示物に触れることができるようにするか，または骨を一時展示からはずさなければならない．骨が展示されているはずの場所に「標本は研究のため一時撤去中」と記した札が出ていて，博物館の観客が展示物を見られないという場合がたまにある．このような札は，博物館のコレクションが活発に利用されていることを示すものなのである．
　博物館のコレクションに新たな恐竜の骨または骨格が一つつけ加えられるまでのこの長い道のりは，フィールドでの発見に始まる．しかし，この道に終わりはない．発掘によって回収され，博物館のコレクションに加えられた骨は，博物館が存在する限り研究に利用され続けるものだからである．

●文　献

Converse, H. H. Jr. 1984. *Handbook of Paleo-Preparation Techniques*. Gainesville：Florida State Museum.

Crowther, P. R., and W. A. Wimbledon (eds.). 1988. *The Use and Conservation of Paleontological Sites*. Special Papers in Paleontology no. 40. London：The Paleontological Association.

Feldmann, R. M.；R. E. Chapman；and J. T. Hannibal (eds.). 1989. *Paleotechniques*. The Paleontological Society Special Publication no. 4. (Chapters 18-29 are dedicated to large fossil vertebrates, including laboratory techniques, chemicals and adhesives, and field techniques for large specimens.)

Fitzgerald, G. R. 1988. Documentation guidelines for the preparation and conservation of paleontological and geological specimens. *Collection Forum* 4(2)：38-45.

Gillette, D. D. 1994. *Seismosaurus the Earth Shaker*. New York：Columbia University Press.

Kummel, B., and D. Raup. 1965. *Handbook of Paleontological Techniques*. San Francisco：W. H. Freeman.

Leiggi, P., and P. May. 1994. *Vertebrate Paleontological Techniques*. Vol. 1. New York：Cambridge University Press.

Rixon, A. E. 1976. *Fossil Animal Remains：Their Preparation and Conservation*. London：Athlone Press.

7 恐竜の骨学

Thomas R. Holtz, Jr.,
and
M. K. Brett-Surman

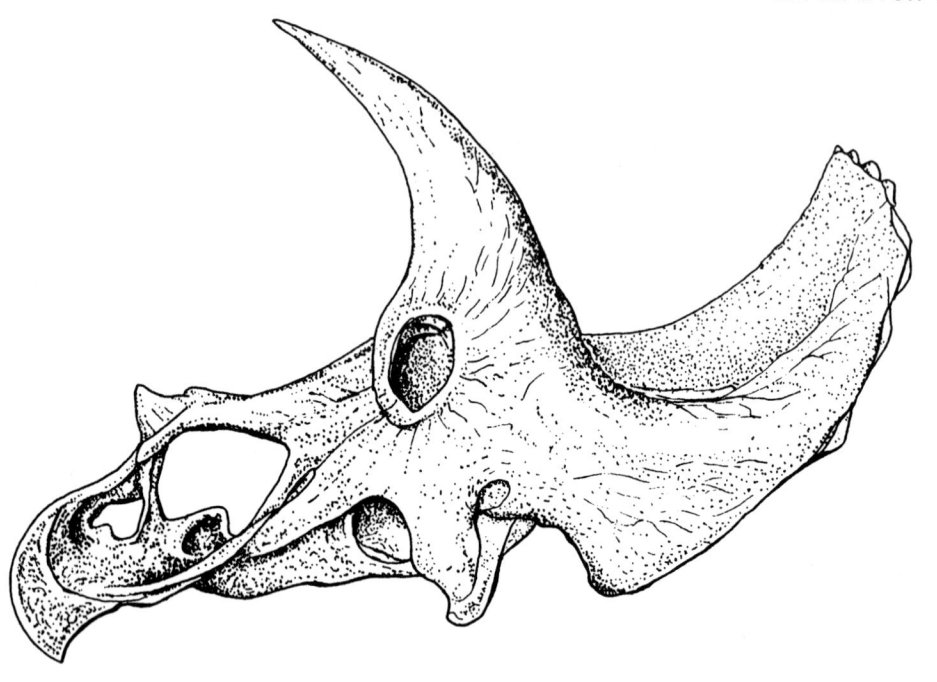

　たいていの場合恐竜は，骨と歯しか知られていない．体のやわらかい部分である皮膚，筋肉，その他の臓器は，死後かなり急速に腐敗して失われる．鉱物質でできたかたい部分である骨と歯だけが，何千万年も保存されるだけの耐久性を持つ．足跡と，それよりもはるかにまれな卵や皮膚の印象などの痕跡を除けば，化石化した骨が太古の恐竜の唯一の遺物である．したがって，恐竜の骨の研究が，絶滅したこの動物に関する知識の最大の供給源となる．

　恐竜は四肢脊椎動物，いいかえれば骨質の骨格と四肢を持つ動物である．両生類，哺乳類，カメ類，トカゲ類，鳥類などを含む四肢動物は，すべて同じ全体設計に基づいて体がつくられている．例えば，あらゆる四肢動物の前肢もしくは腕は，胴体に最も近い1本の上腕骨と，肘より下の2本の骨，手首の数個の骨，それにそれより長い一連の指骨でできている（ヘビなど，一部の動物では前肢は消失しているが，その祖先は同じ基本構造の腕を持っていた）．

　これらの動物がすべて共通の身体構造を持っているのは，どの動物もそのような構造を持っていた同じ祖先から生まれた子孫であることによる．動物の種類によるそれぞれの骨の形のちがいは，同じ身体構造が異なる用途に合わせて改良された，つまり適応した結果生じたものである（例えば，鳥やコウモリの翼，モグラの土を掘るためのかぎ爪，ヴェロキラプトル *Velociraptor* のものをつかむための手，ブラキオサウルス *Brachiosaurus* の柱のように太い前肢など）．このようにどれも同じ系統に属するものであるため，どの骨とどの骨が相同であるかは，簡単に見分けることができる．すなわち，それらはいずれも最初の同一の構造から生まれてきた骨なのであり，どの四肢動物でも，その上腕骨は，ほかのどの四肢動物の上腕骨とも相同なのである．

　相同の一例として，人間の右手と草食恐竜イグアノドン（*Iguanodon*）の右"手"（図7.1）を比べてみよう．どちらも同じ方向を向いており，手の甲の側

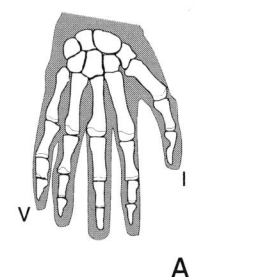

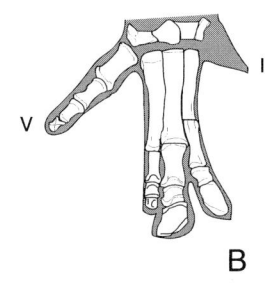

図7.1●人間（*Homo sapiens*）(A) と草食恐竜イグアノドン・マンテリ（*Iguanodon mantelli*）(B) の右手の前面
イグアノドンの手に見られるスパイクは，人間の親指と相同である（解剖学的に同じ位置を占める）．イグアノドンの手で他の指と向かいあわせることのできる指は，人間の小指と相同だが，人間の親指と相似（同じ働きをする）ということになる．

が自分自身の方を向き，手のひらは反対側を向いている．イグアノドンでは，親指の相同物が融合して1本の大きなスパイクとなっている．人間の小指の相同物であるイグアノドンの第5指は発達して，手のひらと向きあわせることができる．対向性（指を手のひらと向きあわせることができること）は，人間の親指に見られる特徴である．このように2つの異なる動物で，体の異なる部分に，等しい働きを持った解剖学的特徴が見られる時，これを相似という．すなわち，イグアノドンの対向性の第5指は，人間の親指と相似であり，人間の小指とは相同ということになる．

比較解剖学の分野で，相同という言葉はもともと進化に関して用いられたものではなかったことを指摘しておかなければならない．1842年に *Dinosauria* という名前をつけたリチャード・オーウェン卿（Richard Owen）(本書第14章参照) は，解剖学的な意味で相同という言葉を初めて用いた人でもあった．オーウェン（1846, 1849）は，生物の主要なグループにはそれぞれにただ一つの体の基本計画（設計図）があって，そのグループに属する種はすべてその基本計画の変形にすぎないと考えていた．この体の基本計画，すなわち原型は実際に自然界に存在したものではなく，脊椎動物，軟体動物，あるいは昆虫類といった大きな動物群の解剖学的体制を簡略に表す思考上の概念と考えられた．このような考え方の中では，マスの胸鰭，鳥の翼，ウマの前肢，人間の腕は，それぞれ脊椎動物の原型に見られる同一の構造の変形であり，相同と考えられた．

チャールズ・ダーウィン卿や彼の重要な支持者であるトーマス・ヘンリー・ハクスリー（Thomas Henry Huxley）は，相同という概念を，自然選択による進化という新しい学説にとり入れた．彼らの考え方によると，同じ基本構造を持つ動物はすべて共通の祖先を持つとするならば，2種類以上の動物に相同の構造が認められれば，それは実在の共通の祖先に存在した同じ構造の変形であることを示す（「原型」や「祖先」という概念に関するオーウェンとハクスリーの科学的，ならびに社会的，政治的な争いについて詳しくは，Desmond 1982参照）．

●解剖学的名称，位置関係，観察面

あらゆる四肢動物の基本的な骨の解剖学的構造（骨格）は，祖先の体の基本構造に基づいてできているため，相同の骨には同じ名前をつけることができる．さまざまな名称を考えた解剖学者たちは，博物学者，天文学者，その他の初期の科学者たちと同様，科学論文にラテン語やギリシャ語の古典言語を用いたため，これらの骨にもラテン語の名称がつけられることが多かった．同じように，骨格のその他の構造（例えば，眼窩や鼻孔など）にもラテン語の名称がつけられている．

かつては，骨に3とおりもの名前がつけられることも多かった．骨にはまず，人間の骨格で正式の名前がつけられた．哺乳類には，それよりももっと一般的な名前がつけられた．哺乳類は歴史的に，人間の次に科学的に研究されることの多いグループだったからである．最後に，もっと"下等な"脊椎動物，トカゲ類，ワニ類，鳥類，両生類などには，また別の，多くはもっと簡単な名前がつけられた．例えば，人間の頬の骨の主部は頬骨（os zygoma）と呼ばれる（*os* はラテン語で「骨」，*zygoma* はギリシャ語で「頬」を表す）．哺乳動物では，この骨を os zygoma ともいうが，もっと一般的にはただ zygoma と呼ぶ．それ以外の脊椎動物の場合は，すべてこの骨を

os jugale（またはただ jugale）と呼ぶ．しかし，まれな例外（zygoma と jugale のような場合）を除いて，現代の解剖学者は脊椎動物のすべての種について，相同の構造物には同じ名前を用いている．四肢動物のさまざまなグループの解剖学的名称について詳しくは，人体については「*Nomina Anatomica*」(1983)，哺乳類全般の骨格については「*Nomina Anatomica Veterinaria*」(1983)，鳥類の骨学については Baumel and Witmer (1993) を参照していただきたい．

　恐竜の重要な骨や，骨格のその他の構造について述べる前に，解剖学的位置の表し方の原則について論じておかなければならない．ある動物の骨格を構成する骨の相互の位置関係を記述するために，対になった言葉が多数考えられている．"北"と"南"，とか"上"と"下"などというのと同じように，これらの位置関係を表す言葉には，必ずその反対を表す反対語がある．しかし，"北"と"南"や，"上"と"下"とは異なり，これらの位置関係を表す言葉は外部環境に基づく言葉ではなく，これらはそれぞれの動物の体内の位置を表すものであって，外側の世界の中でその動物がどのように動いても，それとは全く関係がない．それらの言葉は多くの四肢動物の標準的な姿勢（すなわち，四肢をすべて地面につけ，頭を前方に，腹部を地面に，背中を空に向けている）に基づくものであり，したがって人間の場合（足だけを地面につけ，顔は腹と同じ方向，腹部は前方，背中は後方を向く）は相同の位置関係が，外側の世界の中では他の動物とはやや異なった方向を指すことになる．しかし，這って歩く赤ん坊は他の多くの四肢動物とほぼ同じ方向を向く．

　このような位置関係を表すまず最初の言葉は，「前方（anterior）」（「頭方（cranial）」ということもある）と「後方（posterior）」（「尾方（caudal）」といわれることもある）である．「前方」というのは「鼻先に近い方」を意味し，「後方」は「尾の先に近いほう」を意味する．例えば，肩は腰部よりも前方にあり，頭骨は頸部より，鼻孔は眼窩より前方にある．逆に，腰部は肩よりも後方にあり，頸部は頭骨より，眼窩は鼻孔より後方にある．これらの言葉は外部の状況には影響されないので，動物がどのような姿勢をとっているかとは関係なく，いつも同じである（たとえ，ネコが体を丸くして寝ていても，やはり尾は頭骨よりも後方にある）．

　解剖学的な位置関係を表す2つめの対語は「背側（dorsal）」と「腹側（ventral）」である．「背側」というのは「脊椎の近く，およびその向こう側」（もっと簡単には「上方」），「腹側」は「腹の近く，およびその向こう側」（一般には「下方」）を意味する．頭骨では，歯は目よりも腹側にあり，上顎は下顎よりも背側にある．

　位置関係を表す次の対語は「内側（medial）」と「外側（lateral）」で，体の中心をとおって，鼻先から尾の先まで体を左右2つに切り裂く架空の平面に対する位置関係をいう．この2つの言葉は，2つの骨の相互間，およびこの架空の中心線に対する相対的位置をいう．内側というのは，骨や構造が中心線により近い（すなわち，中心により近い）こと，外側というのは，中心線からより遠く離れている（すなわち，より外側，より右側または左側にある）ことを意味する．肩甲骨は，肋骨よりも外側にあり，脊椎は肋骨より内側にある．

　最後の対語は，主として四肢（腕と脚）の中の位置関係について用いられ，動物の歩いた足跡について用いられることもある．「近位（proximal）」というのは「体幹により近い」ことを意味し，「遠位（distal）」は「体幹からより遠く離れている」ことを意味する．例えば，腰部は膝よりも近位にあり，手首は肘よりも遠位にある．

　これら四対の言葉，前方と後方，背側と腹側，内側と外側，近位と遠位は，一般に骨の相互の位置関係を表すのに用いられるが，解剖学的構造がどのように組み立てられているかを表す修飾語としても用いることができる．例えば，上顎の歯は先端が腹側を向き，多くの動物の鼻先は目から前方に突き出し，坐骨（骨盤の骨の一つ）はすべての恐竜で後腹側（後下方）を向いている．

　解剖学的位置関係を表す名称は，写真や図に示される骨の特定の面を示すのにも用いられる．例えば，頭蓋骨の背面を見るというのは，上面を見ることを意味する．腹面は骨や骨格の下面，前面図は前面，後面図は後面の図を意味する．動物を右から見るか，左から見るかによって，右側面図と左側面図がある．内面図はふつう中心線に向いている面を示す．

　次の項では，恐竜の骨格に含まれる主要な骨について見ていくことにする．これらの骨の位置や一般的な形を示すため，さまざまな恐竜の図を用いる．しかし，恐竜類は極めて多様な種のグループであるため，その骨格の細部にはかなりのちがいがある．種々の恐竜群の骨の図は，本書の別の場所でも見られるだろう．

●骨格の各部

頭骨

　恐竜やその他の四肢動物の骨格は，頭骨（skull）——頭部の骨すべてと歯を指す——とそれ以外の部分に大別することができる．頭骨は大部分が多数の異なる骨からできており，体の骨の多くと同じように，対をなしている骨が多い（そのような骨の一方は頭骨の左側にあり，もう一方は右側にある）．しかしまた，1個だけしかない骨もあり，これはふつう中心線上にある．例えば，後頭上骨（supraoccipital bone）は脊髄が頭骨に入る穴のすぐ上にあり，対をなしてはいない．頭骨の個々の骨の輪郭線は，異なる骨が接する縫合線として認められる．

　頭骨そのものも，大きく2つの部分に分けることができる．目，鼻孔，上顎，脳函（braincase）などを含む頭骨の上半部は頭蓋（cranium，複数はcrania）と呼ばれる．下顎は左右の下顎骨からなる．

　頭骨の個々の骨を見分けるには，まず骨以外の目印となるものを手がかりにするのが最もとりつきやすい場合がある．目印というのは，どの動物でもはっきり見きわめることのできる，特定の相同の構造のことである．最もよい目印となるのは眼窩と鼻孔である．眼窩に対する学術的用語はorbitで，一方，各個の鼻孔はnaris（複数はnares）と呼ばれる．

　そのほか頭骨の中にあるものでは，歯も目印となる．真の骨よりも丈夫で耐久性のある物質（象牙質とエナメル質）でできている歯は，頭骨のうちの特定の骨にしか生えない．恐竜の上顎には，歯の生える骨が2つある．前方にあるのが前顎骨（premaxilla），後方にあるのが上顎骨である（ほとんどの場合，後者の方がずっと大きい）．前顎骨は鼻孔よりも腹側にあり，上顎骨はもう一つの孔よりも腹側にある．この孔は前眼窩窓（孔）（antorbital fenestra，複数はfenestrae）と呼ばれる．文字どおり，眼窩の前に開いている窓を意味し，多数の恐竜類や，その近縁の動物に見られる．くちばしを持つ鳥盤類恐竜では，前眼窩窓はごく小さかったり，全くふさがっていたりするのに対して，竜盤類恐竜では，極めて大きいものも多い．前眼窩窓は前眼窩窩（antorbital fossa，複数はfossae）と呼ばれる陥凹部にある．進化したある種の肉食恐竜では，前眼窩窓の前方にさらに別の孔がある．これらは上顎窓（時には副前眼窩窓）および前上顎窓（promaxillary fenestra）と呼ばれる（後者は前眼窩孔［窓］の内側のもっと前方に

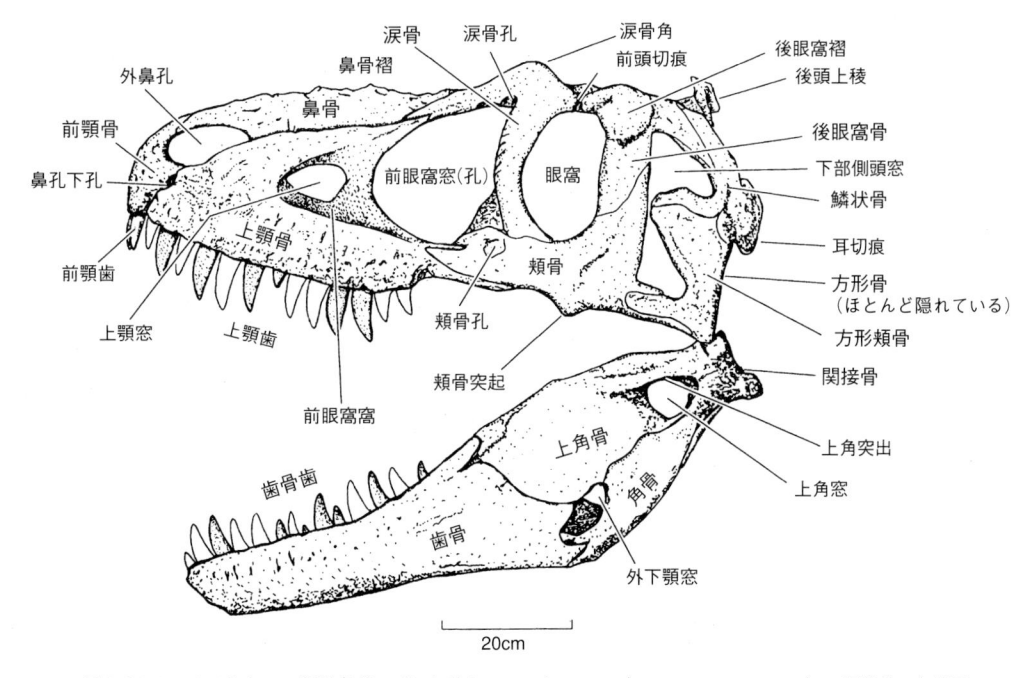

図7.2●ティラノサウルス類恐竜ダスプレトサウルス・トロスス（*Daspletosaurus torosus*）の頭蓋骨の左側面
頭骨の主要な骨と目印となる構造を示す．鼻孔下孔は竜盤類のみに見られ，上顎窓および頬骨孔はある種の獣脚類に特有のものである．鼻骨褶，前頭切痕，頬骨突起，および上角突出はティラノサウルス類の特徴であり，多くの恐竜では見られない．トレーシー・フォード（Tracy Ford）画．

あり，この図では見えない）．図7.2はティラノサウルス科の恐竜ダスプレトサウルス（*Daspletosaurus*）の頭骨の構造を示す．

　角質のくちばしを持つある種の恐竜では，前顎骨の歯や，時には上顎骨の歯さえ欠くことがある．恐竜や顎骨に歯がない場合，これを「無歯」という．ケラトプス（角竜）類では，無歯の前顎骨の前方にさらにもう一つ骨があり，これを吻骨（rostal bone）と呼ぶ．吻骨は1個だけしかなく，2個の前顎骨とつながっている．

　頭骨の後部では，眼窩の後方にもさらに別の孔がある．これらは下部側頭窓（または外側側頭窓）（infratemporal fenestra）および上部側頭窓（supratemporal fenestra）と呼ばれる．外側側頭窓は頭蓋骨の側面にある大きな孔であるのに対して，上部側頭窓は頭蓋骨の背側面にある．どちらも顎の筋肉の付着と関係している．

　これらさまざまな構造を目印として，他のいくつかの重要な頭骨の構成骨の位置をはっきりさせることができる（図7.2, 7.3）．頬骨は上顎骨の後方，眼窩の腹側にある．涙骨は，前眼窩窓と眼窩の間にある小さな骨である．方形骨は頭蓋骨の後方にある大きな骨で，この骨によって頭蓋と下顎骨が関節をつくってつながっている．恐竜類や鳥類はすべて方形/関節顎関節を持つ．これはいいかえると，下顎骨のうしろにある関節骨という骨が，方形骨と関節をつくっているということである．（哺乳類は歯/鱗状顎関節 dentary/squamosal jaw joint を持ち，つまり哺乳類の顎の関節をつくっている骨は，恐竜類の顎の関節をつくっている骨と相同ではないということである）．

　頭蓋骨の背面および後面には，対をなした一連の骨が並んでいる（図7.3）．これらの骨は中心線で互いに接し合い，したがって互いに左右の"鏡像"をなす．最も前方にあるのは鼻骨で，これは頭蓋骨の背側，前顎骨の後方にある一対の長い骨である．鼻

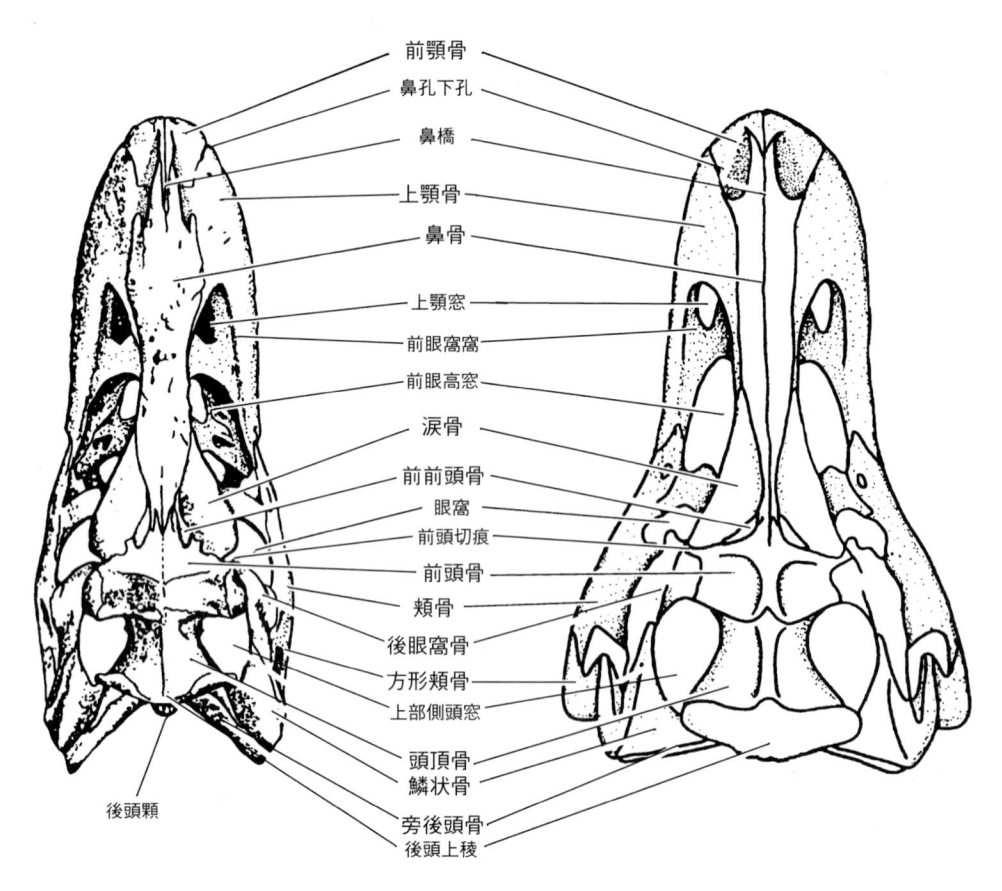

図7.3●ティラノサウルス類恐竜ダスプレトサウルス・トロスス（*Daspletosaurus torosus*）（左）と，ティラノサウルス・レックス（*Tyrannosaurus rex*）（右）の頭骨背面
　頭蓋骨背面に見られる，対をなしている主要な骨と目印となる構造を示す．トレーシー・フォード画．

骨の後方には前頭骨がある．頭頂骨は頭蓋骨の後面，前頭骨の後方，脳函の上方にある一対の骨であり，鱗状骨は頭蓋骨の後面にある．

　脳腔（brain cavity）のまわりには多数の骨があって，くっつき合っている．しっかりと縫合されたこれらの骨は，まとめて脳函と呼ばれ，上に記した外側の頭蓋骨の内側にある．脊髄は頭蓋骨後方の大後頭孔（foramen magnum）をとおって脳から出ていく．大後頭孔の下には後頭顆と呼ばれる丸い顆状関節（nob joint）（関節丘 condyle）があり，ここで頭蓋と脊柱が連結する（図7.4）．人間やその他の哺乳類，絶滅したわれわれの近縁動物，それに両生類では，後頭顆は2個（右と左）あるが，恐竜やその他の爬虫類では，顆状関節は大後頭孔のすぐ腹側に1個しかない．

　恐竜の歯は全体に同じような構造を持ち，歯骨（下顎）と上顎の前顎骨および上顎骨の歯槽から生じる．これらの歯は常に成長して，常に抜けかわり，いずれかの歯がすり減ったり（折れたり）すると，同じ歯槽からかわりの歯が出てくる．恐竜は，ふたそろいの歯しか持たない哺乳類とちがって，絶えず新しい歯が供給されていたのである．多くの恐竜では（その他の多くの四肢動物でも），歯は中心部の象牙質と外側のエナメル質でできていた．しかし，2グループの草食鳥盤類恐竜（鳥脚類と角竜類）では，エナメル質の表面は歯の片面だけに限られ，反対側の表面は象牙質でできていた．象牙質はエナメル質よりもやわらかいため，歯が互いにこすれ合うと，象牙質の方がエナメル質よりも早くすり減って，歯はひとりでに鋭く研がれた．恐竜の歯は，人間や他の多くの哺乳類の場合のように互いにぶつかり合うことはなく，たいていは互いにすれちがうように動き，ものを切るような働きをした．角竜類では，歯の切断面は垂直の方向を向き，鋏のように働いた．ものをかみ切る歯と巨大な顎の筋肉（角竜類はあらゆる草食動物の中で最も強力な筋肉を持っていたのではないかと考えられる）によって，角竜類は「世界最初のフードプロセッサー」と呼ばれている．ハドロサウルス類は食物を"かみ砕いた"唯一の恐竜で，上下の歯が互いにぶつかり合い，ものをすりつぶす働きをした．竜盤類恐竜の多くは，食物を引きちぎってただ丸飲みするだけで，かむということはほとんどなかった．

　恐竜では哺乳類以外の多くの脊椎動物と同じように，下顎骨は数個の異なる歯からできている．下顎骨の歯の生える骨は歯骨と呼ばれ，その後方に数個の骨があって，それらは頭蓋との連結部をつくる．哺乳類では，下顎骨は歯骨のみによってつくられる．鳥盤類恐竜では，歯骨の前方にさらに前歯骨と呼ばれる骨が1個あり，この骨は2個の歯骨と接合して強力なくちばしをつくる．

中軸骨格

　頭骨を除いた骨格の骨を全部ひっくるめて頭骨後

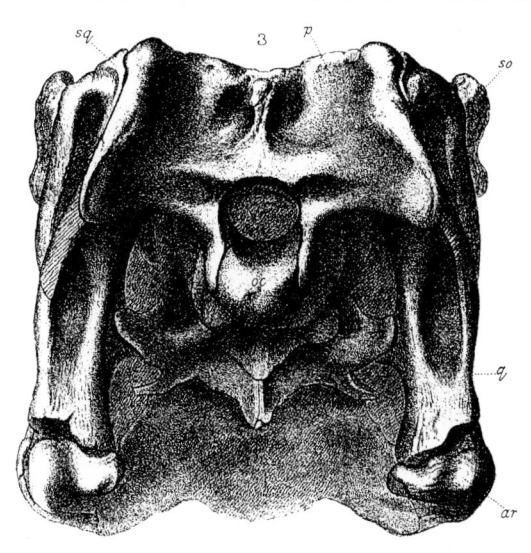

図7.4●剣竜類ステゴサウルス・ステノプス（*Stegosaurus stenops*）の頭骨後面
頭骨後面の主要な骨と目印となる構造を示す．Ostrom and McIntosh 1966 の挿図より．オリジナルは，O.C. Marsh の書いたステゴサウルス類に関する未完の論文のリトグラフである．略語：ar：関節骨，oc：後頭顆，p：頭頂骨，q：方形骨，sq：鱗状骨，so：上眼窩骨．

方骨格 (postcranium)(頭蓋より後方にあるもの)と呼ぶ (図 7.5). 頭蓋後方骨は 2 つの部分に分けることができ, これを中軸骨格と付属骨格と呼ぶことも多い. 中軸骨格とは, 動物の"中軸"部分, すなわち脊柱, 体幹部, 尾部(背骨)を指す. 付属骨格は, 前肢と後肢, それに四肢を体幹部につなぐ肢帯からなる.

中軸骨格のうちで最も重要な部分は脊柱である. 脊柱, すなわち背骨は, 単位となる多数の骨がつながってできており, この一つ一つを椎骨という. 椎骨は腹側の大きな糸巻き形または円筒形の椎体と, 背側の神経弓からできている. それぞれの神経弓には, 脊椎関節突起 (zygapophysis) と呼ばれる 2 組の指状の突起がある. 前方を向いている(上内側に曲がっている)のは脊椎前関節突起 (prezygapophysis) で, これは一つ前の椎骨の脊椎後関節突起 (postzygapophysis)(後方を向き, 下外側に曲がる)と関節をつくる. これらの脊椎関節突起は, 2 つの椎骨の間の動きの大きさを調節する. 椎体と神経弓の間には脊髄がとおっている. 神経弓から背側には神経棘が突き出し, ここに背中の筋肉が付着する(また, 背中のでこぼこをつくる).

恐竜の脊柱は, 哺乳類以外の多くの四肢動物の場合と同様, 大きく頸椎, 脊椎, 仙椎, 尾椎の 4 つの部分に分けられる (図 7.5)(哺乳類の脊柱は 5 つの部分に分けることができる. 哺乳類では, 脊椎はさらに大きな肋骨を持つ胸椎と, 肋骨のない腰椎とに分けることができる). 恐竜では, 仙椎は全部が融合して仙骨という 1 個の骨をつくっていることが多い. 恐竜は, 3 個以上の仙椎が融合していることが知られている (仙椎が 2 個だけ融合する他の多くの爬虫類——トカゲ類やワニ類——と異なる). 異なる部分の椎骨は, 体の各部で必要とされる条件が異なるため, それぞれに形が異なる (例えば, 頸部は柔軟性, 腰部は強さが必要とされる). 図 7.6 は, 巨大な草食恐竜アパトサウルス (*Apatosaurus*) の椎骨を示す.

上記以外の隆起線, とがった突起, その他の構造の見られる, 極めて複雑な形の椎骨を持つ恐竜もいる. このような構造の一つに前関節突起 (hypantrum)(神経棘の基部にある, 小さな前方への突起)があり, これは前の椎骨の後関節突起 (hyposphene)(神経棘の基部にある, 小さな後方への突起)と関節をつくる. 側腔 (pleurocoel) は椎骨の側面にある開口部で, 椎体や神経弓の骨の内側にある空洞に通じている. 側腔は簡単な腔所である場合も, 空洞や通路がつながった極めて複雑な構造を持つ場合もある.

頸椎および脊椎の横には肋骨がある. 肋骨は長く, 細く, 対になった骨で, 重要な臓器を囲む"かご"のような構造をつくっている. 恐竜の肋骨は, 2 つの別個の突起によって神経弓の底部と椎体の上部で脊椎につながる. この突起のうち腹側にあるのは小頭 (capitulum), 背側にあるものは小結節 (tu-

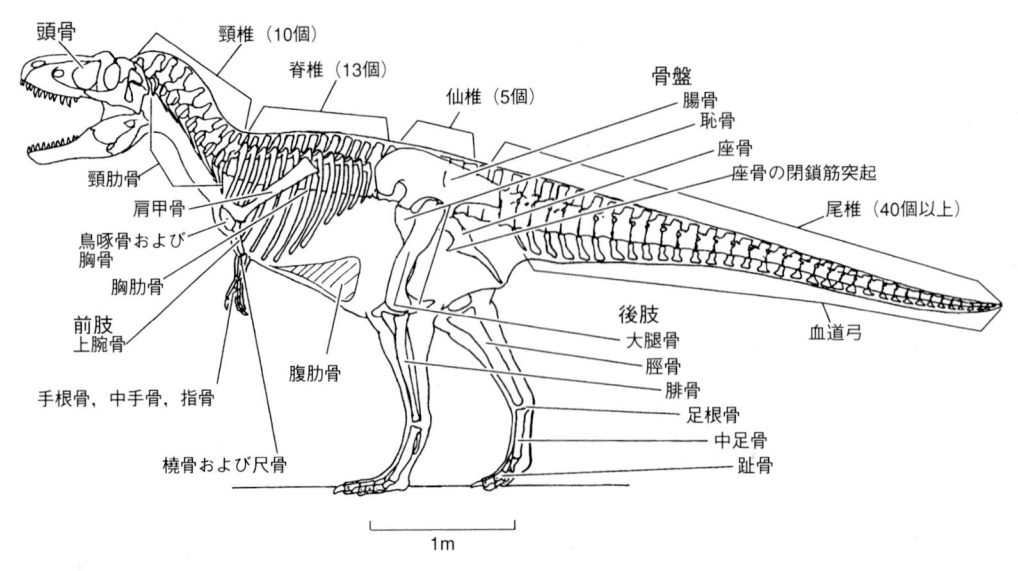

図 7.5 ● ティラノサウルス類恐竜ダスプレトサウルス・トロスス (*Daspletosaurus torosus*) の骨格の左側面図 頭骨後方骨格を示す. トレーシー・フォード画.

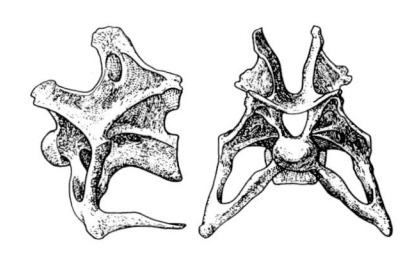

図7.6●巨大な竜脚類恐竜アパトサウルス・ルイザエ（*Apatosaurus louisae*）の第8頸椎．左側面（左）と前面（右）
トレーシー・フォード画，Gilmore 1936を修正．

berculum）と呼ばれる．ある種の恐竜では，腹部に沿って腹肋骨があり，これは恐竜の体の腹側を強化して，内臓を支える帯の働きをする．尾椎の腹側には血道弓（chevron）があり，これは「尾部の肋骨」あるいは逆さになった神経弓のようなものということができる．

付属骨格

付属骨格とは，前肢および後肢と，それを胴体とつなぐ肢帯とを指す．前肢と後肢は構造が極めてよく似ているが，肢帯の形は著しく異なる．

肩帯は，前肢を体幹につなぐ（図7.8）．肩帯の骨の中で一番大きいのは肩甲骨である．肩甲骨の腹側には烏啄骨がある．肩帯の後面で，肩甲骨と烏啄骨が接して丸い肩関節をつくる．ある種の恐竜には鎖骨があり，これは肩帯と，胸の腹側部にある，一連の骨が融合しあってできた胸骨とをつなぐ．また，進化した鳥型の肉食恐竜は，鎖骨のかわりに叉骨を持つ．叉骨は鎖骨が融合してできたものか，それとも全く新しい構造物なのかは，現在のところ明らかではない（Bryant and Russell 1993）．

前肢すなわち腕の主要部分は，3個の骨でできている．1本の上腕骨が，肘のところで2本の前腕骨とつながる．2本の前腕骨のうち，大きく，後方にある方が尺骨，一般に小さく，前方にあるのが橈骨である．手首の部分にある多数の小さな骨は手根骨と呼ばれる．手根骨の遠位には手のひらの長い骨，中手骨がある．中手骨はローマ数字でIからVまで番号がついており，Iは一番内側（親指の側），Vは一番外側にあるものを指す．指も中手骨と同じように番号がつけられている（第I指が親指，第V指が小指となる）．指をつくる個々の骨は指骨と呼ばれる．最も遠位にある指骨は爪指節骨（ungual）ともいい，角質のかぎ爪やひづめ（蹄）を支える．指，中手骨，手根骨をまとめて手と呼ぶ．

後肢は骨盤帯（pelvic girdle）のところで中軸骨格につながる（図7.9）．骨盤とも呼ばれる骨盤帯は片側が3個の骨からできている．そのうちで最も大きいのは腸骨で，これは一番背側にあって，仙骨につながる．腸骨の下に，他の2個の骨がついている．恥骨は前側に，坐骨は後方につく．竜盤類恐竜では，ほとんどの場合恥骨は前腹側方を向き，坐骨は後腹側方を向く（図7.9 A, B）．しかし，鳥盤類恐竜および竜盤類恐竜の一部では，恥骨も後腹側方を向く（図7.9 C, E）．それでも，恥骨とは坐骨の前方で腸骨につくため，恥骨と坐骨は常に見分けがつく．腸骨と，恥骨と，坐骨は，骨盤に大きく開いた丸い穴をつくる．寛骨臼と呼ばれるこの穴は股関節窩となる．哺乳類，カメ類，トカゲ類，ワニ類などを含む

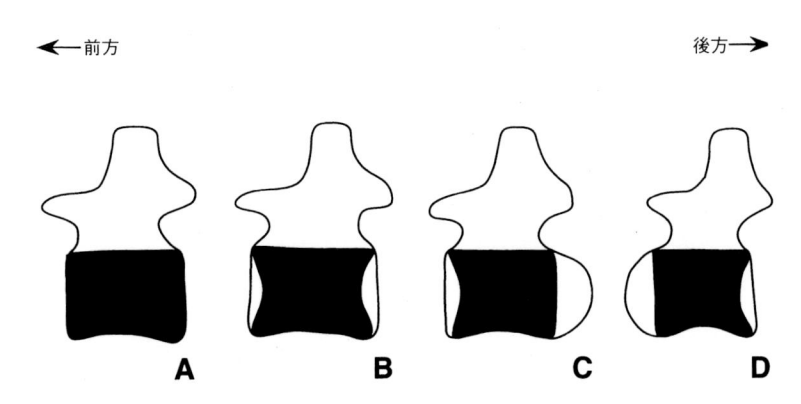

←前方　　　　　　　　　　　　　　　　　　　　後方→

A　　B　　C　　D

図7.7●椎骨の関節連結の4つの主要なタイプを模式的に表したもの
いずれの場合も，椎骨の前端を左側に示す．(A) 両扁：前端，後端ともに平坦なもの，(B) 両凹：前端，後端ともに凹面になっているもの，(C) 前凹：前端は凹面，後端は著しく凸面になっているもの，(D) 後凹：前端は著しい凸面，後端は凹面になっているもの．

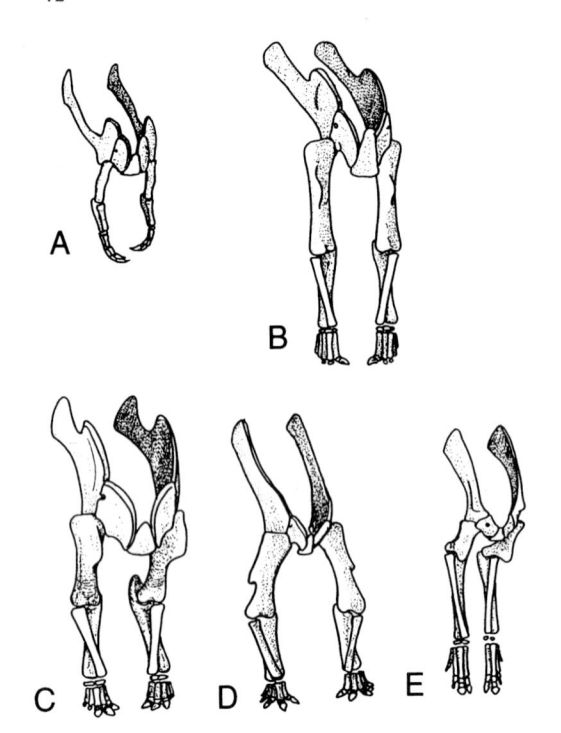

図7.8●恐竜の前肢，右前側方から斜めに見たもの．(A) *Tyrannosaurus rex*，(B) *Apatosaurus louisae*，(C) *Stegosaurus stenops*，(D) *Chasmosaurus mariscalensis*，(E) *Corythosaurus casuarius*．縮尺は一定ではない．トレーシー・フォード画．Osborn 1916；Gilmore 1936；Galton 1990；Lehman 1989；Weishampel and Horner 1990 を修正．

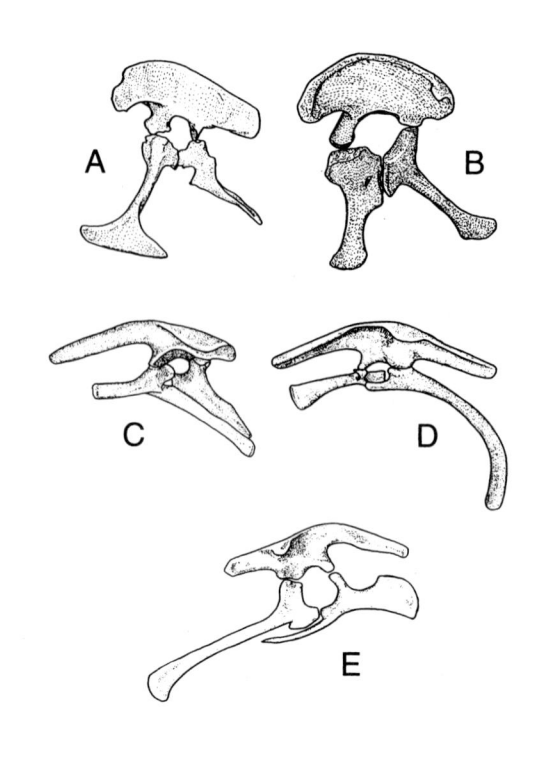

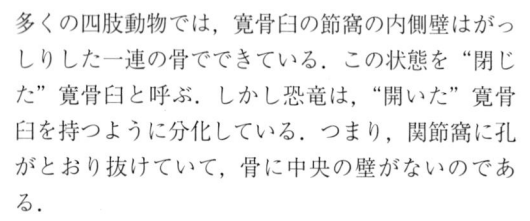

図7.9●恐竜の骨盤帯．A～D は左側面，E は右側面．竜盤類の骨盤：(A) *Tyrannosaurus rex*，(B) *Apatosaurus excelsus*．鳥盤類の骨盤：(C) *Stegosaurus stenops*，(D) *Chasmosaurus mariscalensis*，(E) *Corythosaurus casuarius*．縮尺は一定ではない．トレーシー・フォード画．

多くの四肢動物では，寛骨臼の節窩の内側壁がっしりした一連の骨でできている．この状態を"閉じた"寛骨臼と呼ぶ．しかし恐竜は，"開いた"寛骨臼を持つように分化している．つまり，関節窩に孔がとおり抜けていて，骨に中央の壁がないのである．

後肢の骨の形は，前肢の骨と極めてよく似ている（図7.10）．大腿部には1本の大腿骨があり，大腿骨は膝のところで下腿の骨と連結するが，恐竜の後肢には，十分に発達した膝蓋骨がない．下腿には2本の骨があり，大きくて内側にあるのが脛骨，細くて外側にあるのが腓骨である．脛骨および腓骨の遠位側には，足首の小さな骨である足根骨がつながる．多くの四肢動物の足首の部分が複雑なのとはちがって，恐竜の足根骨はごく単純である．近位の2個の骨，内側にある大きい距骨と，外側にある小さい踵骨は，それぞれ脛骨と腓骨の遠位端につながる．その他の足根骨は一列に並んで，長い足の骨につながる．恐竜の足首に明白なかかと（後方への突出部）

はなく，距骨/踵骨と遠位足根骨との間のローラー関節があるだけである．手（前肢）の場合と同じように，足の長い骨は中足骨と呼ばれ，内側から外側に向かって I から V まで番号がつけられている．足指も最内側（人間では親指）から最外側（人間では小指）に向かって I～V の番号がつけられている．やはり手の場合と同じく，足指の1本1本にも指骨があり，最遠位の指骨は爪指節骨となる．指，中足骨，足根骨をひっくるめて足と呼ぶ．

蹠行性の（足裏を地面について歩く）ワニ類，クマ類，人間などとちがって，恐竜は趾行性である．これは恐竜がニワトリ，ネコ，イヌなどと同じように，指先だけを地面について歩くことを意味する．体重を分散させ，また衝撃を吸収するために，足のうしろには軟骨と結合組織でできたパッドがある．大きな恐竜の足跡を見ると，その前縁には骨質のかぎ爪がはっきりと見られ，足跡の主部をなす陥凹部は骨質ではないパッドによってつけられている．

ある種の恐竜では，これまで述べてきたものとは

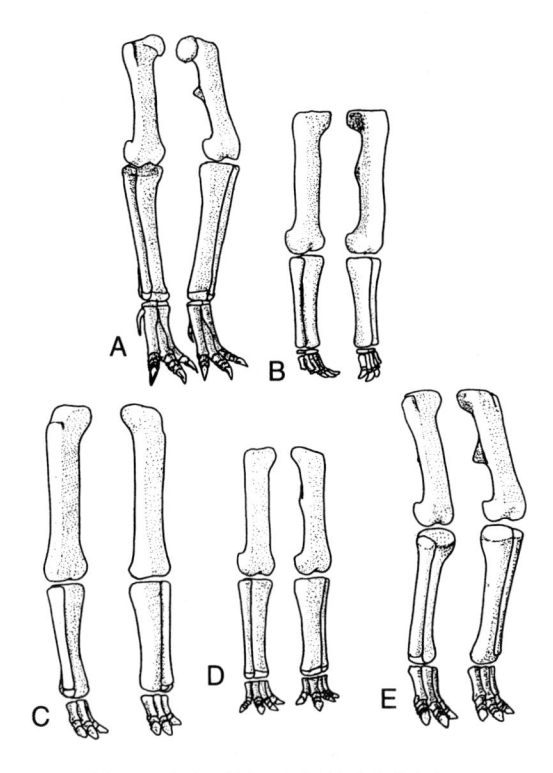

図7.10●恐竜の後肢，右前側方から見たもの
(A) *Tyrannosaurus rex*，(B) *Apatosaurus louisae*，(C) *Stegosaurus stenops*，(D) *Chasmosaurus mariscalensis*，(E) *Corythosaurus casuarius*．縮尺は一定ではない．トレーシー・フォード画．

別に，表皮から生じた一連の骨が見られる．この骨質の増殖物（growth）である皮膚骨（osteoderm）は，多数の恐竜に見られるさまざまな形のよろいをつくる．中でも最も注目されるのは剣竜類（ステゴサウルス類）や曲竜類（アンキロサウルス類）に見られる骨板やスパイクである．これらはすべて，結合組織によって，皮膚に固定されている．

鳥盤類では，椎骨を強化するため，椎骨をつなぎ合わせている組織がカルシウムで満たされ，文字どおり「骨に変わっている」場合も多い．これが有名な鳥盤類恐竜の「骨化腱」で，平行なスパゲッティの束のような外見を持つ．尾の下側に見られ，尾椎の間の血道弓（chevron）をとおって伸びるものを軸下腱（hypaxial tendon）と呼ぶ．椎体の上にあって，神経棘をとおって伸びるものは軸上腱（epaxial tendon）という．これらの恐竜では，尾の基部が極めてかたく，腰部に対してあまり大きくは動かず，尾の後部では，もっと大きく動くようになる．ある種の竜盤類恐竜(特に，比較的進化した獣脚類)は，

これとは別の道を進んだ．腱が骨化するかわりに，椎骨の脊椎前関節突起が長くなり，椎骨数個分もの長さになるのである．デイノニクス（*Deinonychus*）では，この脊椎関節突起が椎骨12個にもわたる長さになる．同じように，デイノニクスの血道弓も長くなって，尾をかたくしている．このような恐竜では，尾は前部が最も動きやすく，尾の先端部は動かしにくい．つまり鳥盤類恐竜とは反対になる．

● 文　献

Baumel, J. J., and L. M. Witmer 1993. Osteologia. In J. J. Baumel, J. E. Breazile, H. E. Evans, and J. C. Vanden Berge(eds.), *Handbook of Avian Anatomy*：*Nomina Anatomica Avium*, 2 nd ed., pp. 45–132. Publications of the Nuttall Ornithological Club, no. 23.

Bryant, H. N., and Russell, A. P. 1993. The occurrence of clavicles within Dinosauria：Implications for the homology of the avian furcula and the utility of negative evidence. *Journal of Vertebrate Paleontology* 13：171–184.

Desmond, A. 1982. *Archetypes and Ancestors*：*Paleontology in Victorian London, 1850–1875*. Chicago：University of Chicago Press.

Galton, P. 1990. Stegosauria. In D. B. Weishampel, P. Dodson, and H. Osmóska (eds.), *The Dinosauria*, pp. 435–455. Berkeley：University of California Press.

Gilmore, C. W. 1936. Osteology of *Apatosaurus*, with special reference to specimens in the Carnegie Museum. *Memoirs of the Carnegie Museum* 11：175–300.

Lehman, T. 1989. *Chasmosaurus mariscalensis*, sp. nov., a new ceratopsian dinosaur from Texas. *Journal of Vertebrate Paleontology* 9：137–162.

Nomina Anatomica. 1983. Baltimore：Williams and Wilkins.

Nomina Anatomica Veterinaria. 1983. Ithaca, N.Y.：World Association of Veterinary Anatomists, Cornell University Press.

Osborn, H. F. 1916. Skeletal adaptations of *Ornitholestes*, *Struthiomimus*, *Tyrannosaurus*. *Bulletin of the American Museum of Natural History* 35：733–771.

Ostrom, J. H., and McIntosh, J. S. 1966. *Marsh's Dinosaurs*：*The Collections from Como Bluff*. New Haven, Conn.：Yale University Press.

Owen, R. 1846. Report on the archetype and homologies of the vertebrate skeleton. *Report of the British Association for the Advancement of Science, Southampton Meeting*, pp. 169–340.

Owen, R. 1849. *On the Nature of Limbs*. London：Van Voorst.

Weishampel, D. B., and J. R. Horner. 1990. Hadrosauridae. In D. B. Weishampel, P. Dodson, and H. Osmólska (eds.), The *Dinosauria*, pp. 534–561. Berkeley：University of California Press.

8 恐竜の分類学と体系学

Thomas R. Holtz, Jr.,
and
M.K. Brett-Surman

● 名前とは何か？　分類学

　分類学（taxonomy）とは，生物に名前をつけ，グループを整理していく科学的な作業およびそれを研究する学問である．これを，クレード（clade）（遺伝的に関係のある生物群）内およびクレード相互間の生物の多様性を科学的に研究する体系学（systematics）と混同してはならない．どちらも，われわれが生物の世界を理解するのに役立つが，その役立ち方はそれぞれに異なる．体系学は生物相互間の関係を理解するのに役立ち，分類学は生物および生物群の名前を国際的に標準化し，研究者間の意思伝達の効率を高める．

　あらゆる言語で，さまざまな植物や動物に一般名がつけられている．問題は，同じ植物や動物につけられる名前が，言語ごとに異なっていることである．博物学者が世界中の植物群や動物群の目録をつくり，研究を始めるまでは，それでも何も問題はなかった．ところが，インド，東アジア，太平洋諸島，さらに南北アメリカの新世界の動植物が，医薬品，香辛料，食物，毛皮などの供給源として大きな経済的価値を持つことに西ヨーロッパの人々が気づいた．これらの地域の経済的価値を持つ新しい動植物を最初に発見し，同定した人は，これらの資源を最もよく利用できることになる．そこで，このような

生物を同定し，分類することが重要になった．

　最初は，探査を行い，植民地化を進めたヨーロッパの大国が，科学文献の中で動物や植物について論じるのに，それぞれ自分たちがふだん用いている名前を用いたため，大きな混乱が生じた．関係者全員を満足させる唯一の解決法は，すべての生物に，最も高い教育を受けたヨーロッパ人やカトリック教会での言語であるラテン語やギリシャ語に基づいて公式の名前をつけることだった．17 世紀に，キャスパー・ボーヒン（Casper Bauhin）(1623) とジョン・レイ（John Ray）(1686–1704) が，のちの二名法の先駆けとなる方法を考案した．彼らは属および種という考え方も提案した．カール・リンネ（Carl Linné）（正式にはカロルス・リンナエウス Carlous Linnaeus という．1700 年代中頃のスウェーデンの博物学者・植物学者）やその後継者たちによってこれらの名前が体系化され，階層的分類（界，綱，目，科，属，種）がつくりあげられたのは 18 世紀になってからのことであった（Linné 1758）．

　リンネの分類学の基本原理は入れ子になった階層構造で，各グループはそれよりも大きく，もっと包括的なグループに包含され，その大グループはさらにその一段上の大グループに包含される．それぞれのグループをタクソン（分類群）という．現存するタクソンは解剖学的特徴——骨，皮膚，体毛/羽毛/うろこ，生理，DNA の塩基配列，生殖の特徴，その他——の特有の組合せによって識別することができる．絶滅した脊椎動物のタクソンは，その骨と歯によって定義するしかない．

　タクソンの名前は，ラテン語か，またはその他の言語をラテン語化したものを用いてつける．ラテン語以外ではギリシャ語が最も多く用いられるが，語尾をラテン語化してあれば，他のどの言語を用いてもよい（英語，モンゴル語，サンスクリット，J. R. R. トールキン［J. R. R. Tolkien］がつくった妖精語まで用いられている）．タクソンはどのレベルのものでも，ラテン語化した形の名前でなければならない．タクソン名（分類名）は，次のようなさまざまな事物にちなんだ名前をつけることができる．

- 解剖学的特徴：哺乳綱（Mammalia）（乳腺 mammary gland を持つことから）
- 全体的外見：アナトティタン（Anatotitan）（カモノハシ恐竜の一種で，「巨大なカモ」という意味）
- 行動（推定によるもの，その他）：ティラノサウルス・レックス（Tyrannosaurus rex）（「暴君トカゲ」という意味）
- 発見者やその他の重要人物の名前：ラムベオサウルス（Lambeosaurus）（L. ラム［L. Lambe］によって発見された）
- 発見された場所：エドモントニア（Edmontonia）（剣竜類の一種で，カナダのエドモントンで最初に発見された）
- その他，命名者が考える何でも．

　分類命名法の最も基本的なレベルは属と種で，あらゆる生物にそれが属すべき属と種が割り当てられる．命名法の規則（タクソンの正式な命名法）は，種が基礎となる．種名は必ず属名といっしょに示され，種名を単独で用いることはない．種は属よりも包含する範囲が狭く，同じ種に属する生物の総数は，同じ属に属する生物の総数よりも少ない．新しい種に名前をつけるときの国際規則は，動物命名法国際規則（ICZN）によって定められている．

　ある種と別の種との正確な生物学的，哲学的境界（もっと実際的にいえば，ある標本が特定の種に属するものと判定しうるかどうか）は，生物学者や古生物学者の間で大きな論議のテーマとなる．種を定義するに当たって用いられる基準は，科学者によって異なるのである．例えばある人は，新しく発見された生物の遺伝的コードが，目録に記載されている種の標本と比較した時の類似もしくは相違の程度によって，その新しい個体を目録に示される種に含めるか，除外するかを決めようとする．またある人は，進化上の放散（系統の分岐）に基づいて，種の境界線を定めようとする．すなわち，目録に示されるある標本との共通の祖先の方が，目録に示される別の標本との共通の祖先よりも新しい個体はすべて，前者の標本の属する種に含めるという考え方である．2 つ以上の個体が同じ種に属するものかどうかを決定する時，多数の生物学者が用いる一つの方法に，個体間の交配の結果を観察するというものがある．自然の条件のもとでこれらが交配して子どもができ，その子どもがさらに生殖能力を持っていれば，もとの 2 個体は同一の種に属するものと考えられる．2 つの個体が交配できなかったり，生きている子どもをつくることができなかったり，あるいはできた子どもが生殖能力を持たなかったりすれば，最初の 2 個体は同じ種のものではなかったことになる．もちろん，この試験法は，化石の個体では用いることができない．恐竜の研究では，ある恐竜の骨格の解剖学的構造が他の恐竜と多くの点で高度の身体的類似を示せば，両者は同じ種に属するものと考

えられる．分類を行う時，骨格のどの特徴を用いるかは，ある程度主観的に決定される．

　属とは，1種または近い関係にある2種以上の種のグループと定義される．種は異なるが，同じ属の2個体が交配すれば，生きている子どもが生まれることもあるが，生まれた子どもはほとんどすべて生殖能力を持たない（例えば，ラバはウマ *Equus caballus* とロバ *Equus asinus* の間の子どもで，生殖能力を持たない）．属名は，それだけを単独で用いることも多い（たいていの人が知っているのは，恐竜の種名ではなく，属名だけである．例えば，人々は「トリケラトプス」といい，「トリケラトプス・ホリドゥス」とはいわない）．属は種よりも範囲が広い．属には，種よりも多数の個体が含まれる．リンネの二名法は，個人名を先に，家族名（姓）をあとに書くヨーロッパ式の個人の姓名の表し方とは逆［日本人の姓名表記と同じ順序］になっている．本章の著者名を，リンネの二名法にならって書けば，ホルツ・トーマス（Holtz thomas）とブレット＝サーマン・マイケル（Brett-Surman michael）となる．次に，今日見られる動物の種名をいくつか示す．人間 *Homo sapiens*，ネコ（イエネコ）*Felis catus*，イヌ（イエイヌ）*Canis familiaris*，ヘラジカ（ムース）*Alces alces*，ミシシッピワニ *Alligator mississippiensis*．恐竜名では，*Tyrannosaurus rex*（「暴君トカゲ」），*Apatosaurus excelsus*（「すぐれた，人を欺くトカゲ」），*Triceratops horridus*（「凹凸した，3本の角のある顔」），*Iguanodon mantelli*（「［英国の博物学者ギデオン］マンテルのイグアナの歯」）などがある．

　リンネの種は属名・種名というように表記し，必ずイタリック体の文字で記す（手書きやタイプ文字の場合は下線をつける）．属名の頭文字とピリオド，種名と略して書くこともある．かつてはよく行われたことだが，種名の頭文字を大文字にしてはならない．例えば，*Tyrannosaurus Rex* という表記は（一般向けの本でよく見かけるが）誤りで，*Tyrannosaurus rex* と書くのが正しい．種名（種小名）を単独で用いるのは，命名法の文法上正しくない（上記の例だと，*rex* または *Rex* だけで用いるのは誤りで，*Tyrannosaurus rex* または省略して *T. rex* という表記だけが正しい）．

●模式標本（type specimen），先取権（priority），異名（synonymy），有効性（validity）

　リンネの分類学法は，模式標本という考え方を基礎としている．模式標本とは，実際には最初に種名を与えられた個体標本のことである．それは「名前を持つもの」にすぎず，一つの種のあるべき姿を表す不可侵のものではない．新しい名前を持つ，最初の参考標本にすぎないのである．この標本には，次のような条件が課せられる．

- 研究のために利用できると認められた施設に置かれなければならない．
- 目録に記載されなければならない（例えば，米国立自然史博物館［スミソニアン研究所］に収蔵されるカモノハシ恐竜エドモントサウルス・アネクテンス *Edmontosaurus annectens* の模式標本は，No.USNM 2414 として掲載されている）．
- その名前が発表される科学文献に記載されなければならない．

　その後に得られた新しい標本は，模式標本とどのくらい近い関係にあると分類学者が考えるかに基づいて，どの種（あるいは属，またはその他のタクソン）に属するかが決定される．その標本が模式標本と極めてよく似ていて，その特徴をすべて示していれば，それはおそらく同じタクソンに属するものだろう．しかし，その標本が同種ではないことを表す特徴は示さないまでも，そのタクソンに特有の特徴を示さなければ，それをそのタクソンに属するものと判断することには問題がある．その標本が新しい特徴を示せば，それは新しいタクソンであるかもしれない．

　例えば，ウィリアム・バックランド（William Buckland）の最初の恐竜は，知られていたほかのどの爬虫類ともちがっており，したがって彼はそれを新しい属と考え，メガロサウルス（*Megalosaurus*）属と名づけた．ギデオン・マンテル（Gideon Mantell）の最初の恐竜も同じように，知られているほかのどの爬虫類とも異なり，そこで彼はそれを新属と考え，彼の標本はイグアノドン（*Iguanodon*）属の模式標本となった．

　それぞれの種に模式標本がある．そしてそれぞれの属には模式種（その属名をつけられた最初の種）がある．

　模式標本はすべてが完全な標本とは限らない．化石脊椎動物の模式標本はたいてい不完全な骨格である．したがって，提唱されていた2つ（以上）の名前が，のちになって同じ属，時には同じ種であることがわかったりするのも珍しいことではない．このようなことが起こった場合，有効な名前のうちで最も古いもの（発表の日付による）に先取権が与えら

れ，そのタクソンの正式名となる．あとからつけられた名前は下位の異名とされ，実際には使用されない．例えば，1856年にジョーゼフ・ライディ（Joseph Leidy）はある恐竜の歯に，トロオドン・フォルモスス（*Troodon formosus*）という名前をつけた．ずっとのちの1932年に，チャールズ・スターンバーグ（Charles M. Sternberg）が，ある小型恐竜のごく断片的な骨格に，ステノニコサウルス・イネクアリス（*Stenonychosaurus inequalis*）という名前をつけた．1960年代以降になって，もっと完全な骨格がいくつか発見されて，トロオドンと名づけられた歯と，ステノニコサウルスと名づけられた断片とが，同じ種のものであることが明らかにされた．前者の方が76年も前に命名されていたため，先取権を持ち，この鳥に似た小型の恐竜はトロオドン・フォルモススと呼ぶのが正しいことになった．先取権をめぐるもっと有名な（"悪名の高い"という人もいるだろう）例については，本書第20章の"ブロントサウルス（*Brontosaurus*）"（無効な名称はクオーテーションマークで囲む）とアパトサウルス（*Apatosaurus*）の名前の歴史を見ていただきたい．

発見された時点で正当と考えられる根拠に基づいて，いくつかの標本が新種と認められ，それぞれに種名がつけられたが，その後の発見によって，それらの化石が他とはっきりと区別できないことが明らかになる場合がある．すると，これらの模式標本に基づく名称は，無効と考えられる．他とはっきり異なる特徴を持つ標本しか，有効な模式標本とはなりえない．

例えば，S. H. ホートン（S. H. Haughton）は1928年に，アフリカで発掘されたいくつかの恐竜の骨を新種のギガントサウルス・ディクセイイ（*Gigantosaurus dixeyi*）と呼んだ．ギガントサウルスの模式資料（G. メガロニクス *G. megalonyx*，英国で発見され，1869年に H. シーリー［H. Seeley］が命名した）は他の恐竜の種または属と区別のつく特徴を持たないことが明らかになった．"ギガントサウルス"・ディクセイイは正しい属名を持たないまま放置されていたが，1992年になってジェイコブス（Jacobs）らが，この種を新しい属マラウィサウルス（*Malawisaurus*）に移した．

●科名およびその他のタクソン名

生物学者はずっと以前から，動物を種や属としてまとめるだけでなく，段階的にさらに大きなグループへとまとめていけることに気づいていた．例えば，ライオン（*Panthera leo*）やトラ（*Panthera tigris*）は，いずれも引っ込めることのできるかぎ爪を持つなど，多くの類似点を持つことから，イエネコ（*Felis catus*）と同じグループにまとめることができる．ネコ類は特殊な臼歯（cheek tooth）が共通に見られることから，クマ類やイヌ類といっしょのグループにまとめることができるし，ネコ類や，イヌ類や，クマ類は，みな乳を出すことから，ウマ類，人類，クジラ類などと一つのグループにまとめられる．このように，生物界全体を段階的に，次々に大きなグループにまとめていくことができるのである．

こうしてまとめられていくグループのそれぞれを，タクソンと考えることができる．属より上のタクソンでは，名前についての特別な規則はほとんどない．ただ，名前はラテン語か，その他の言語をラテン語化したものでなければならないということだけである．例えば，リチャード・オーウェン（Richard Owen）は，知られている3つの属（メガロサウルス，イグアノドン，ヒラエオサウルス）をひとまとめにして見ると，その他のあらゆる動物とはっきりと異なるところから，これに"ディノサウリア（Dinosauria）"（恐竜）（「恐ろしい大トカゲ」を意味するギリシャ語をラテン語化したもの）という独自の名前をつけた．種名（常に属名・種名という形で表す）と異なり，属以上のレベルのタクソンは，Felidae（ネコ科），Carnivora（食肉目），Mammalia（哺乳綱）など，一つの名前だけで表す．種名や属名と異なり，属名よりの上のタクソン名は，イタリック体では表記しない．それ以外は，レベルの高いタクソン名についてほとんど規則はない．命名法に関して特別な規則をもつ特殊なタイプのタクソンに，科（およびそれと同類の亜科 subfamily と上科 superfamily）がある．科というのは，近い類縁関係にある属をまとめたもの——例えばネコ類（大型のものと小型のもの），イヌ類（キツネ類からシンリンオオカミまで），ダチョウ型恐竜など——である．それぞれの科には模式属があり（属には模式種があり，種には模式標本があるのと同じである），その科の名前は模式属の名前（上記の例は，それぞれ *Felis*［ネコ属］，*Canis*［イヌ属］，*Ornithomimus*［オルニトミムス属］）をとってつけられる．ただし，その語尾はラテン語の規則に従って変え（一般に，–is や –us をとり除く），接尾辞 –idae（「の家族の」を意味するラテン語）をつける．つまり，ネコ科は Felidae，イヌ科は Canidae，ダチョウ型恐竜のオルニトミムス科は Or-

表 8.1 ● 科のグループの接尾辞

階層	学名の接尾辞	一般名の接尾辞	例（学名，一般名）
上科	–oidea	–oid	Hadrosauroidea, hadrosauroid
科	–idae	–id	Hadrosauridae, hadrosaurid
亜科	–inae	–ine	Hadrosaurinae, hadrosaurine

nithomimidae となる（科は属や種よりも大きく，包含する範囲も広いので，名前はイタリック体とはしないことに注意）．科のメンバーを略式で表す時は，名前の頭文字を小文字で書き，語尾の –idae を –id とする．上の例は，felid, canid, ornithomimid となる（表 8.1 参照）．

慣例的には，たとえ科の中に属が一つしかなくても，属はすべて何かの科に属するものとする．しかし現在は，2 つ以上の属を一つのグループにまとめる場合にのみ科を用いる科学者もいる（下記参照）．

時に，一つの科に含まれる属が極めて多く，したがって科の中で，複数の属をまとめてグループ分けすることが必要となる場合もある．このように科の中をもう少し小さく分けたグループには，亜科という新しいタクソンが用いられる．亜科の名前は模式属の名前をとってつけられ（科名の場合と同じ），属名の語尾をとったあとに –idae のかわりに –inae をつける．例えば，カモハシ恐竜のグループである Hadrosauridae（ハドロサウルス科）には，それぞれに異なる属が 30 以上含まれる．かたい頭飾りを持つか，または頭飾りを全く持たず，くちばしの幅が広く，鼻孔が極めて大きいハドロサウルス（*Hadrosaurus*）に比較的近いものは，ハドロサウルス亜科（Hadrosaurinae）としてまとめられ，中空の頭飾りを持ち，くちばしの幅が狭く，鼻孔が小さいランベオサウルス（*Lambeosaurus*）に近いものは，ランベオサウルス亜科（Lambeosaurinae）としてまとめられる．分類学者によっては，亜科をさらに小さなグループ（族 tribe，亜族 subtribe，上属 supergenera など）に分ける人もいるが，恐竜の分類では，このようなやり方はまだ一般的ではない．

他方，ある科と，それに近い関係にある他の科や属を一緒にまとめて考えたい場合もある．そのための最も一般的な方法は，それらを上科としてまとめることである．上科の名前には模式科を用い，その語尾の –idae を –oidea に変える．例えば，古生物学者は肉食恐竜の 2 つの科であるアロサウルス科（Allosauridae）とシンラプトル科（Sinraptoridae）が近い関係にあることを知り，この 2 つをまとめてアロサウルス上科（Allosauroidea）としている．

●体系学

体系学（systematics）とは，クレード（単系統群：遺伝的に類縁の生物グループ）内およびクレード相互間の生物の相違を科学的に研究する学問である．体系学は分類学と関連があり，前者は進化の上で意味を持つ生物のグループを認定する学問であるのに対して，後者はその進化の上で意味を持つグループの名前のつけ方である．伝統的に，古脊椎動物学者が用いる体系学には，進化体系学（evolutionary systematics）（evolutionary taxonomy［進化分類学］あるいは gradistics［グレード論］と呼ばれることもある）と系統学的体系学（phylogenetic systematics）（cladistics［分岐論］と呼ばれることも多い）の 2 つがある．この 2 つの体系学では方法が異なるため，それに伴う分類学も異なる．

進化体系学：グレード

進化体系学（"gradistics［グレード論］"）は，形態の類似性とリンネの分類階層に基づく折衷的な分類システムである．生物のグループは，その身体的類似性によって識別される．グループ分けが有効と考えられるためには，あるグレード論的タクソンのメンバーはすべて共通の祖先を持ち，その祖先もそのタクソンのメンバーと考えられるものでなければならない（例えば，すべてのトカゲの共通の祖先はトカゲ，すべての恐竜の祖先は恐竜でなければならない）．しかし，分岐論の場合とは異なり，グレード論的タクソンでは，子孫のグループがそれよりも大きなグループの他のメンバーには見られない，多数の解剖学的改善したものを共通に持っていれば，その子孫のグループをそのタクソンから除外することができる．いいかえれば，発達のグレードが同じ段階にある生物のみが，あるタクソンにいっしょに含まれ，発達のもっと高いグレードにある子孫は，そのタクソンから除外されるということである．例えば，ヘビ類はすべて四肢と眼瞼がなく，その祖先（トカゲ）には見られない特殊化した特徴を多数持ち，そのためグレード論的体系学では，ヘビ類（ヘ

ビ亜目 Ophidia）はトカゲ類（トカゲ亜目 Lacertilia）から除外される．同様に，鳥類（鳥綱 Aves）はカメ類，トカゲ類，ヘビ類，ワニ類などに見られない，特殊な特徴（歯のないくちばし，叉骨，羽毛，温血性，その他）を多数持つため，グレード論では，祖先の爬虫類から除外される．グレード論を信奉する分類学者の中には，同一の共通の祖先から出た子孫ではなく，同じ発達のグレードにある動物群を，独自のタクソンとしてまとめることを認める者さえいる．このようなやり方は一般的であったわけではないが，今なおこのような極端な形のグレード論を用いる人もいる．

進化分類学では，タクソンはすべてリンネの階層（rank）のいずれかに割り振られる．標準的なリンネの階層は，門，綱，目，科，属，および種からなる．リンネの分類命名法は，入れ子になった階層構造のシステムということができる．つまり，それぞれの門は一つ以上の綱を含み，それぞれの綱は一つ以上の目を含み，それぞれの目は一つ以上の科を含み……という形になっている．一般に用いられているところでは，進化分類学の種はそれぞれ，いずれかの属，科，目，綱，門に属していなければならな

い．たとえその種が，それらの上位のタクソンで知られている唯一の代表グループであったとしてもである（冗長な分類名の事例）．例えば，鳥類の祖先である *Archaeopteryx lithographica*（シソチョウ）は，古鳥亜綱（Saururae）・シソチョウ目（Archaeopterygiformes）・シソチョウ科（Archaeopterygidae）・シソチョウ属（*Archaeopteryx*）の知られている唯一の種である．したがって，"古鳥亜綱"，"シソチョウ目"，"シソチョウ科"は冗長なタクソンとなる．

リンネの階層の間に中間的な小区分があることはずっと以前から認識されており，したがって，そのような中間的な階層を表すため，さまざまな接頭辞（super-，sub-，infra- その他）が用いられてきた（例えば，superclass［上綱］，subfamily［亜科］，infraorder［下目］）．さらに分類学者が，上記の階層の間に入る新たな階層をつけ加えたものもある（cohort［区］，group［群］）．しかしこの結果，表8.2に見られるように，分類上の階層やその下位の小区分はすさまじい数にのぼることになった．階級の間に入る小区分が手に負えないほどに増えたことから，グレード論と分岐論の両方の分野で，階層という考え方を放棄する（科のレベルより上で）傾向が見られ

表8.2●カモノハシ恐竜アナトティタン・コープイ（*Anatotitan copei*）のリンネの分類階層と体系学

伝統的階層	追加の補助的階層
脊索動物門	脊索動物門
爬虫綱	爬虫綱
鳥盤目	鳥盤目
	Parvorder Genasauria
	Nanorder Cerapoda
	Hyporder Euornithopoda
	鳥脚亜目
	イグアノドン下目
	Gigafamily Dryomorpha
	Megafamily Anklopollexia
	Grandfamily Styracosterna
	Hyperfamily Iguanodontia
ハドロサウルス科	ハドロサウルス上科
	ハドロサウルス科
	ハドロサウルス亜科
	エドモントサウルス族
アナトティタン属	アナトティタン属
アナトティタン・コープイ種	アナトティタン・コープイ種

説明については本文参照．これらの階層の多くは，グレード論や分岐論でもはや用いられていないことに注意．

注：伝統的階層は，標準的な進化体系学で要求されるものである．追加の補助的階層は目以下の階層で，種の体系的位置をより精密に記すのに用いられる．Parvorder Genasauria からハドロサウルス上科までは Sereno 1986，ハドロサウルス科からアナトティタン・コープイまでは Brett-Surman 1988 による．

［訳注：ふだん使われない階層名と語尾の例示のために，あえて原文のまま残した部分がある．］

グレード論による分類学のシステムは，1700年代以降，さまざまな実際的場面で，著しく役に立ってきた．現存する主要な生物グループに関する多くの理解が，進化体系学のシステムに基づく研究によって得られている．グレード論的体系学のタクソンは共通の祖先を持ったものでなければならないが，子孫のグループを一つまたはそれ以上除外することができる．例えば，四肢上綱（Tetrapoda）（四肢動物）は長いこと，両生綱（Amphibia）（冷血の四肢動物で，うろこを持たず，繁殖は水中で行う），爬虫綱（Reptilia）（冷血の四肢動物で，うろこを持ち，陸上で卵を産む），鳥綱（Aves）（温血の四肢動物で，うろこと羽毛を持ち，陸上で卵を産む），哺乳綱（Mammalia）（温血の四肢動物で，体毛を持ち，乳を出し，陸上で卵を産むか，または体内で卵を育てる）の4つの綱からなると考えられていた．ほとんどあらゆる社会がこれらの綱（特に鳥類と哺乳類）を認識していた．しかし，進化生物学者は間もなく，爬虫類が絶滅した両生類の子孫であること（リンネ式分類学者によって伝統的に"両生類"と考えられてきた），鳥類と哺乳類は異なる"爬虫類"のグループの子孫であること（現在は，哺乳類の祖先は爬虫綱のメンバーではないと考えられている．下記参照）に気づいた．

1970年代まで，最も広く用いられていたのはこのようなシステムであった．このシステムから得られる分類学では，似たグループは同じ階層レベル（例えば，科など）に置かれ，システムの構造自体が"進化上の位置についての説明"を示すよう考えられている．進化分類を見れば，どのグループ同士が最も近い関係にあるか，リンネの階層に反映されている生物体（体制，またはグレード）のレベル（例えば，一つの綱の中の目同士は"進化上の同等物"と考えられた），時には解剖学的複雑さの程度も知ることができる．進化分類学は，トータルな遺伝的関係を反映しない進化のグレードを識別する．グレード・タクソンの好例は爬虫類の中の"槽歯目"である．これは主竜類爬虫類の1グループで，槽生歯を持つことから，すべて同じ目に置かれていた．これらはそれ以前の爬虫類よりも"進化"しており，恐竜類，鳥類，翼竜類，ワニ類などよりは"原始的"であるため，独自のグループにまとめられ，そのグループはこれらの動物と他の主竜類との関係ではなく，むしろその進化のレベル（グレード）を反映していた．しかし，槽歯類は何も特有の特徴は持たなかった．そのかわり，それらは他のあらゆる主竜類と共通の特徴を持っていたが，同時に，もっと進んだ動物たち（恐竜類，鳥類，翼竜類，ワニ類）に見られる特殊化は欠如していた．

系統学的体系学：クレード

進化分類学（グレード論）は，主観性が強すぎ，また，厳密な人工的抽象概念である分類体系にあらゆるものを分類・整理しようとするシステムに，多くの情報を詰め込もうとしすぎるという，的を射た批判を受けてきた．もっと客観的なシステム——リンネの階層をすべて含むかどうかは別として，進化の現実にもっと近いもの——の必要を満たすため，1950年代に昆虫学者ウィリ・ヘニッヒ（Willi Hennig）は系統学的体系学（phylogenetic systematics）——クレード論（cladistics）ともいう——と呼ばれるものを考え出した（Hennig 1950, 1966）．クレード論は今では，多くの古脊椎動物学者が用いる方法として，進化体系学にとってかわっている．

2つのグループの祖先の近さを明らかにするため，何らかの方法が必要とされたのは，多くの種は分岐事象として生まれてくる（何らかの種類の障壁で分離されている，ある生物集団の2つ以上の部分が，自然選択や遺伝的浮動の結果，異なる進化の経路をたどる場合）ことが，それぞれ独自の証拠によって示されるからである．どのようなものでも，3つのタクソンがあれば，そのうちの2つは必ず，第三のタクソンとの間よりも新しい共通の祖先を持つ．例えば，角竜類のトリケラトプス（*Triceratops*）とカスモサウルス（*Chasmosaurus*）との間の類縁関係は，それぞれの恐竜とセントロサウルス（*Centrosaurus*）との間の関係よりも近い．このことは，分岐図（cladogram）によって図式的に示すことができ（図8.1），これは，まずトリケラトプスとカスモサウルスが結びつけられ，トリケラトプスとカスモサウルスとセントロサウルスが全部一つに結びつけられるのはそれよりも下のレベルであることを示す．

分岐図で，2つ（以上）の線が結びつけられている点を分岐点（node）と呼ぶ．分岐点はタクソンそのもの——もっとはっきりいえば，その分岐点で連結するすべてのタクソンを含むタクソン——と考えられる．図8.1の分岐図では，分岐点の一つはカスモサウルス亜科（一般に長いえり飾り，長い鼻先，鼻の角よりも長い額の角を持つ角竜類の亜科）と考えることができる．

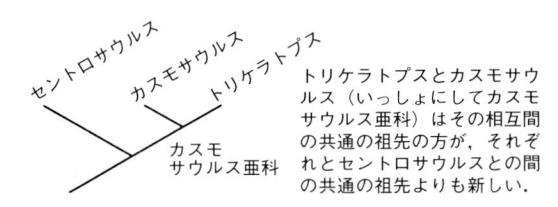

8 恐竜の分類学と体系学 *81*

図8.1●3種類の角竜類恐竜の系統学的相互関係を表す分岐図

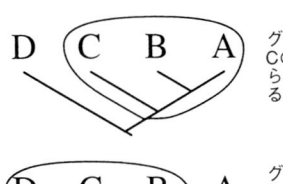

トリケラトプスとカスモサウルス（いっしょにしてカスモサウルス亜科）はその相互間の共通の祖先の方が，それぞれとセントロサウルスとの間の共通の祖先よりも新しい．

グループ(A+B)+Cは，A, B, Cの最も新しい共通の祖先から出た子孫をすべて含んでいるため，単系統群である．

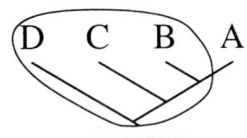

グループ(B+C)+Dは，B, C, Dの最も新しい共通の祖先から出た子孫の一つ（すなわちA）を除外しているため，側系統群である．

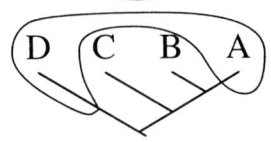

グループA+Dは，BおよびCの共通の祖先ではなく，AとDの共通の祖先を持たないため，多系統群である．

図8.2●4つの生物群の相互関係を表す仮想の分岐図　上から下へ：単系統群（祖先とそのすべての子孫），側系統群（祖先とその子孫の一部），多系統群（直接の共通の祖先はいない）．伝統的なグレード論的分類学は側系統群と単系統群の使用を認めるが，分岐論ではすべてのタクソンが単系統群であることが求められる．

分岐事象を共有する2つのタクソンは，姉妹タクソンあるいは姉妹グループと呼ばれる．図8.1の分岐図では，カスモサウルスはトリケラトプスと，セントロサウルスはカスモサウルス＋トリケラトプスと姉妹タクソンであり，逆にカスモサウルス＋トリケラトプスのグループはセントロサウルスの姉妹タクソンということになる．一般的な慣行では，科学者がある特定のタクソンの姉妹グループという場合，それは既知の最も近縁のものを意味し，ごく単純な分岐図の上で最も近い位置にあるというだけではない．

分岐図から，われわれは3つのタイプのグループを知ることができる（図8.2）．単系統（"単一枝"）群（monophyletic group）は，単一の祖先と，その子孫全員からなる．哺乳類はずっと以前から単系統群と考えられてきた．側系統（"ほぼ一枝"）群（paraphyletic group）は進化分類学のグレードで，祖先は単一だが，その子孫は全員ではない．"トカゲ類"は，ヘビ類をトカゲ類から除外すれば，側系統群である．同様に，"爬虫類"は，鳥類を爬虫綱から除外すれば，側系統群である．多系統（"多枝"）群（polyphyletic group）は複数の祖先を持ち，分類命名者は長い間これを無効なものと考えていた．"爬虫類"を含めず（グレードとして．下記参照），哺乳類と鳥類だけを一つのグループにまとめるのは，多系統群的なグループ分けといえる．哺乳類は"爬虫類"の中で，鳥類とは別個の起源を持つからである．

単系統群はクレード"枝"と呼ばれる．系統学的体系学はタクソン相互間の関係を探して，クレードを形づくろうとする．われわれの関心は単系統群にあるため，系統学的分析を行うに当たっては，小さな単系統群のみを用いることが極めて重要である．

（注：進化体系学および系統学的体系学という言葉は，時に混乱を招く．"進化体系学"の方法論を用いる科学者は，系統発生［祖先・子孫関係を表す進化の樹状図］を明らかにすることに関心を持つ．"系統学的体系学"を用いる研究者は，共通の祖先の新しさとクレードの相互関係に関心を持ち，どのタクソンが他のどのタクソンの祖先に当たるかについては特に関心を示さない．この研究方法は生物学的進化を，生物の分岐パターンの唯一の存在理由として認める．グレード論と分岐論という言葉は，これらの異なる考え方の学派の用いる方法をより正確に反映している．グレード論者はその分類命名法の中に生物の側系統群の使用を認めるのに対して，分岐論者は単系統群の使用しか認めない．）

系統学的分析　　系統学的分析とは，生物のグループの相互関係を明らかにするのに用いられる種々の方法を指す．例えば，頭の長い草食恐竜のグループ竜脚形亜目（Sauropodomorpha）の相互関係を調べたいと考えたとしよう．特に三畳紀後期およびジュラ紀前期の多少原始的な竜脚形類が，巨大なジュラ紀および白亜紀の竜脚下目（Sauropoda）に対して側系統群となるのか，それともこれらの恐竜が独自の単系統群，古竜脚下目（Prosauropoda）をなすのかを明らかにしたいと考えたとする（図8.3）．前のケースでは，ある種の基礎的な竜脚形類（例えば，メラノロサウルス *Melanorosaurus* やリオハサウルス *Riojasaurus*）は，他の基礎的な竜脚形類（例えば，テコドントサウルス *Thecodontosaurus* やアンキサウルス *Anchisaurus*）よりも真の竜脚類に近い関係を持つ．あとのケースならば，古竜脚下目は全体

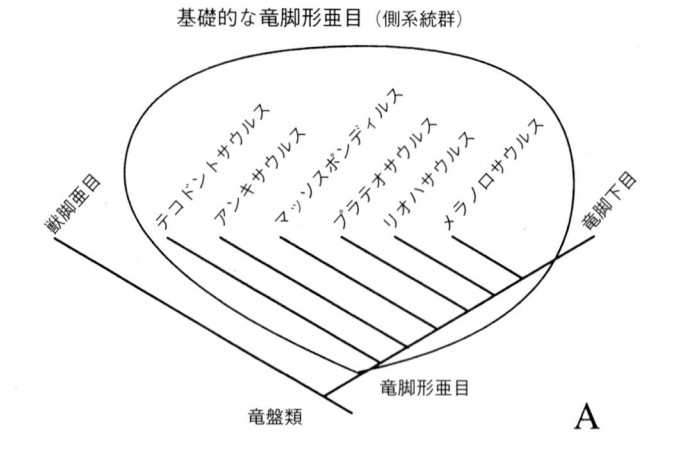

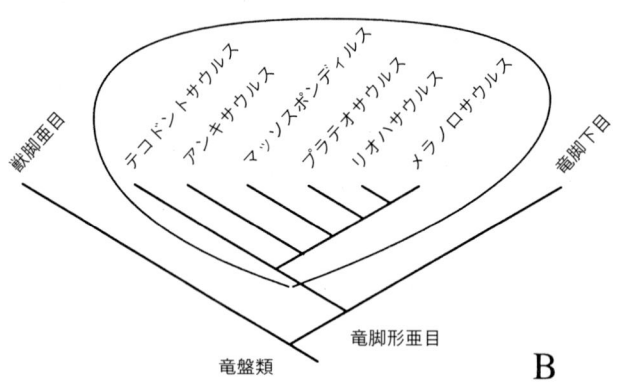

図 8.3 ● 三畳紀後期からジュラ紀前期の竜脚形類恐竜について考えられる 2 つの分岐図（本書第 19 章も参照）(A) 基礎的な竜脚形類のうちのあるもの（リオハサウルス，メラノロサウルス）は，原始的な古竜脚類との間よりも，竜脚類との間により新しい共通の祖先を持つ．この図では，竜脚下目は基礎的な竜脚形類の直接の子孫であり，メラノロサウルスと竜脚類との間の類似性は，派生形質の共有を表す．(B) 基礎的な竜脚形類はすべて，それぞれと竜脚類との間より，竜脚形類相互間の方がより近い関係にあり，単系統群（クレード）である古竜脚下目をつくる．この図では，竜脚下目は古竜脚下目に対して姉妹タクソンであり，メラノロサウルスと竜脚類との間の類似性は収斂を表す．

として，竜脚下目に対して姉妹群をなす．

つまり，系統学的分析はクレードの探求である．では，これはどのように行われるのだろうか？

クレードの探求に，生物相互間の遺伝子その他の生体分子の類似性を利用する生物学者が多い．化石群では（何百万年，何千万年もの間に，遺伝子は完全に分解されているため），共通に見られる派生形質（共有派生形質）を探すことが，クレードを見つけるための手段となる．まず最初に，科学者は生物の形質，すなわち身体的特徴（骨の形や，その相互の関係，まれな構造の存在や欠如など）を調べる．次に，それらの形質が，研究しようとするグループ内およびグループ外のさまざまなタクソンにどのように分布しているかを調べて，研究対象グループの内外いずれのタクソンにも見られる形質はどれか，グループ内のタクソンにしか見られないが，そのグループ内ではすべてのタクソンに見られる形質はどれか，研究対象グループ内の，一部のタクソンにしか見られない形質はどれかを明らかにする（生物の形質がどのようにコード化され，このような分岐論的分析でどのように分析されるかについて詳しくは，本書第 10 章参照）．

研究対象グループ内のすべてのタクソンに（時にはグループ外のタクソンにも）見られる形質は原始

的形質と呼ばれ，それは今日そのような形質が見られるすべての生物の共通の祖先にも存在していたものと考えられる．例えば，5本の指は哺乳動物にとって原始的形質であり，体毛は霊長類にとって原始的形質である．したがって，5本の指があることは，どの哺乳類が互いに最も近い関係にあるかを明らかにするのに役立たないし，体毛の存在も霊長類の中の分岐論的関係を理解するのに役立たない．原始的形質は原始的な相同と考えられる．

これに対して，少数のグループにしか見られない形質は，比較的最近の共通の祖先に現れた派生形質をそれらのグループが共有しているものと考えられる．例えば，5本の指を持つことは，脊椎動物全体（魚類も含めて）と比較した時，四肢動物にのみ共通する派生形質であり，体毛は四肢動物のうちの哺乳類にのみ見られる共通の派生形質である．したがって，四肢動物はすべての脊椎動物の共通の祖先よりももっと最近に生きていた共通の祖先を持ち，哺乳類はすべての四肢動物の共通の祖先よりももっと最近に生きていた共通の祖先を持つ．つまり，5本指の手を持つことは，四肢動物をその他の脊椎動物と区別し，体毛は哺乳類をその他の四肢動物と区別する指標となる．派生形質は進化した相同なのである．共通の原始的形質は分岐図を決定するのに役立たないのに対して，共通の派生形質は分岐図の決定に役立つ．

特有の派生形質（ただ一つのグループ内にのみ見られる派生形質）は，動物を理解するためには重要だが，タクソン間の分岐論的相互関係を決定するには役立たない．例えば，羽毛は現代の四肢動物のうちで鳥類に特有のものであるため，これは四肢動物のうちでほかのどのグループが鳥類の姉妹グループかを知るのには役立たない．

収斂は特殊な種類の形質である．よく似た機能や行動のために，2つ以上のグループの生物が，それぞれ独自に極めて類似した特徴を持つようになることがある．一見，そのような類似は，共通の派生形質であるように思われるかもしれないが，その他の証拠によって，それが収斂によって生じたものであることが示される．例えば，ある種の哺乳類と恐竜の直立した姿勢は，一見すると，哺乳類と恐竜のグループの共通の派生形質のように見えるかもしれない．しかし，恐竜の頭骨，椎骨，四肢，尾，さらにはその他の骨格のほとんどの部分は，哺乳類よりも，他の爬虫類と共通の派生形質を多数持っている．すなわち，哺乳類と恐竜の直立の姿勢は収斂によるものなのである．

● 定義と標徴

読者も推察されるとおり，グレード論と分岐論とでは，分類学システムにおける種々のグループの定義と標徴（diagnosis）の仕方にちがいがある．前者では，定義と標徴はあらゆる点で同一であり，形質に基づいている．分岐論では，定義はタクソンに基づき，標徴は形質によって認識される．

グレード論では，定義（タクソン名の意味）と標徴（タクソンの認識され方）は本質的に同じである．タクソンは形質（派生形質あるいは原始的形質）によって定義され，したがってグレード論による"爬虫綱"は，うろこを持つが，羽毛，被毛，あるいは温血性を持たないすべての羊膜類（特殊化した殻を持つ卵によって繁殖する動物，もしくはそのような生殖様式の派生物）と定義することができる．そこで，グレード論による"爬虫綱"の標徴は，羊膜卵とうろこの存在と，羽毛，被毛，温血性の欠如ということになる．

同じようにグレード論では，恐竜類は直立した四肢，3個以上の仙椎，穴のあいた関節窩を持つ主竜類爬虫類の中の1グループである恐竜上目（もしくは綱，下綱など）と定義されることになる．恐竜上目は，鳥盤目と竜盤目の2つの目からなる．この2つのうちでは，鳥盤目の方が骨格が"進化"しているため，鳥盤目は竜盤目の中の祖先から出たものと考えられる．この情報は，それぞれのグループがいつ生まれたか，それぞれのグループがどのクレードから生じたかを示す系統樹として表すことができる．

分岐論では，タクソンの定義は2つ以上のタクソンの相互関係に基づいて行われる．デ・ケイロス（De Queiroz）およびゴーチェ（Gauthier）（1990，1992，1994）は，系統幹に基づく（ステムベース stem-basedの）ものと，分岐点に基づく（分岐点ベースの）ものの2種類の系統学的定義があることを認めた．形質に基づく第三の形は不安定で（Padian and May 1993；Bryant 1994；Holtz 1996），クレードを標徴するのに用いられる形質が，互いに別々に何回かに分かれて進化してきたものであることがわかったりする場合がある．これに対して，ステムベースおよび分岐点ベースのタクソンの定義は，常に自然のクレードを表す．すべての生物が何らかの程度で，共通の祖先を持つためである．

食肉竜下目（ステムベース）

A

アロサウルス上科（分岐点ベース）

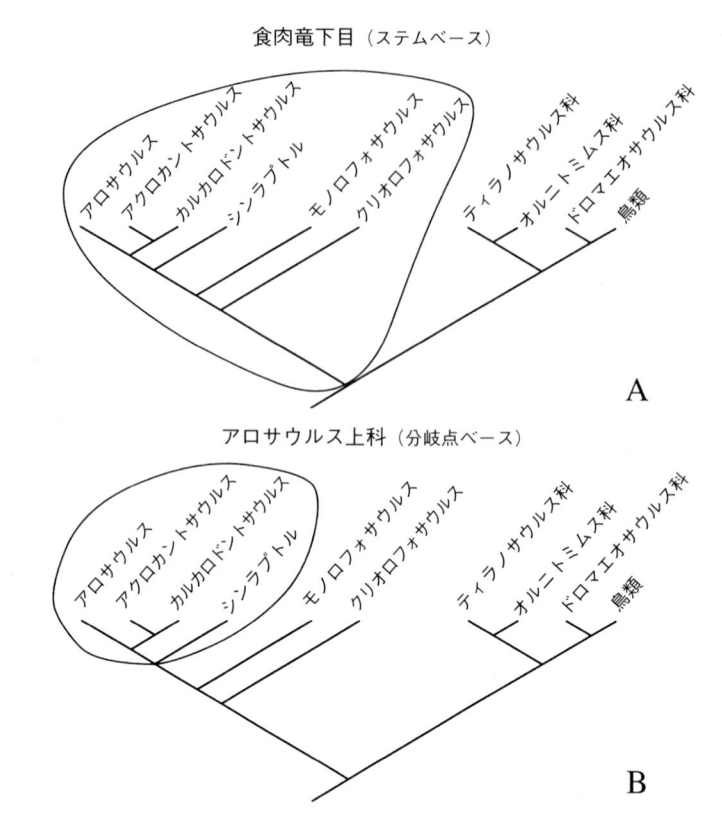

B

図 8.4 ● 数種の食肉竜類恐竜の分岐図
主要な 2 つのタイプの系統学的なタクソンの定義を示す．（A）食肉竜下目はステム・ベースのタクソンである（アロサウルスと，鳥類よりもアロサウルスの方に近いすべての獣脚類恐竜）．（B）アロサウルス上科は分岐点ベースのタクソンである（アロサウルスとシンラプトルの最も新しい共通の祖先から出たすべての子孫）．したがって，クリオロフォサウルスとモノロフォサウルスはいずれも食肉竜類ではあるが，アロサウルス上科ではない．カルカロドントサウルス，アクロカントサウルス，それに（定義によって）アロサウルスとシンラプトルは，食肉竜類であり，アロサウルス上科でもある．

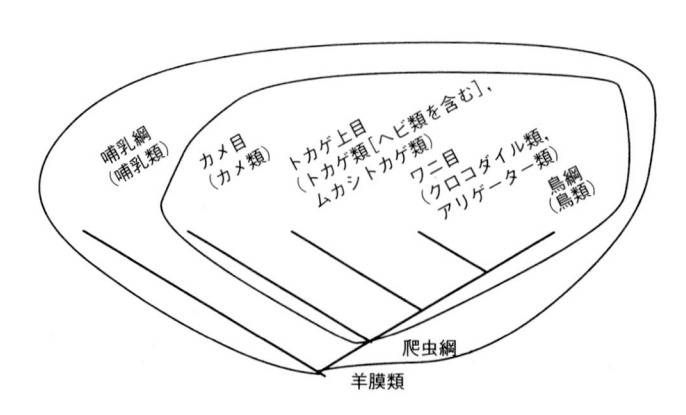

図 8.5 ● 現存する羊膜類の分岐図
鳥類（鳥綱）は単系統タクソン爬虫綱に含まれるが，哺乳類（哺乳綱）は含まれない．

ステムベースのタクソンの定義は,「タクソンX,ならびにタクソンYとの間よりもタクソンXとの間に,より新しい共通の祖先を共有するすべての生物」という形になる（図8.4 A）.例えば,肉食恐竜のタクソンである食肉竜下目（Carnosauria）は,「アロサウルス（Allosaurus）,ならびに鳥類との間よりもアロサウルスとの間に,より新しい共通の祖先を共有するすべてのタクソン」と定義される（Holtz and Padian 1995）.結節点ベースの定義は,「タクソンXとタクソンYの最も新しい共通の祖先,ならびにその共通の祖先から出たすべての子孫」という形になる.例えば,アロサウルス上科（Allosauroidea）は,「食肉竜アロサウルスとシンラプトル（Sinraptor）属の最も新しい共通の祖先,ならびにその祖先から出たすべての子孫」と定義することができる.

もっと包括的なグループの場合,分岐論では,恐竜上目は「竜盤目と鳥盤目の最も新しい共通の祖先,ならびにその祖先から出たすべての子孫」と定義される.特に,リンネの階層が用いられていないこと,どのグループが他のグループの祖先であるかについて何も示されていないことに注意していただきたい（実際には,これらは祖先と子孫ではなく,姉妹タクソンと考えられている）.

もっと広く,もっと包括的なグループの場合,爬虫綱というカテゴリーは現在,分岐点ベースのタクソン――すなわち,カメ類,トカゲ類（lepidosaurus）（トカゲ類[ヘビ類を含む]とムカシトカゲを含む）,主竜類（ワニ類,鳥類,その絶滅した類縁の動物）の最も新しい共通の祖先――と考えられている.したがって鳥綱（鳥類）は,もっと大きな単系統群である爬虫綱の一部となる.しかし哺乳類の場合は,その祖先が,カメ・トカゲ類・主竜類が分岐する以前にすべての爬虫類（現在の定義による）の共通の祖先から分かれているため（図8.5参照）,このクレードの一部とはならない.つまり分岐論では,定義による哺乳類の祖先は爬虫類ではなく（すなわち,爬虫類というクレードの一部ではなく）,他方,鳥類の祖先および鳥類そのものは真の爬虫類（すなわち,爬虫類というクレードのメンバー）ということになる（この"降格"に強く異議を唱える鳥類学者もいる）.

系統学的分類命名法のシステムに基づくタクソンの標徴は,定義に従う.分岐図内の共通の派生形質の分布を明らかにしたのち,タクソンをステムベースまたは分岐点ベースのタクソンに結びつけるその共通の派生形質が,そのタクソンの標徴として用い

られる.

以下の章では,さまざまな筆者がグレード論的および分岐論的体系学の立場から,恐竜類の相互関係について論じる.これらの筆者たちがこの太古のすばらしい動物たちの進化上の相互関係を理解するために用いる異なる方法に基づいて,恐竜グループの祖先や祖先の特徴について彼らが導いた結論を比較,対照してみることは有益であろう.

● 文 献

Bauhin, C. 1623. *Pinax Theatri Botanici*. Basel.

Brett-Surman, M. K. 1988. Revision of the Hadrosauridae (Reptilia：Ornithischia) and their evolution during the Campanian and Maastrichtian. Ph.D. dissertation, George Washington University.

Bryant, H. N. 1994. Comments on the phylogenetic definition of taxon names and conventions regarding the naming of crown clades. *Systematic Biology* 43：124-130.

De Queiroz, K., and J. Gauthier. 1990. Phylogeny as a central principle in taxonomy：Phylogenetic definitions of taxon names. *Systematic Zoology* 39：307-322.

De Queiroz, K., and J. Gauthier. 1992. Phylogenetic taxonomy. *Annual Review of Ecology and Systematics* 23：449-480.

De Queiroz, K., and J. Gauthier. 1994. Toward a phylogenetic system of biological nomenclature. *Trends in Ecology and Evolution* 9：27-31.

Haughton, S. H. 1928. On some reptilian remains from the dinosaur beds of Nyassaland. *Transactions of the Royal Society of South Africa* 16：67-75.

Hennig, W. 1950. *Grundzüge einer Theorie der phylogenetischen Systematik*. Berlin：Deutscher Zentralverlag.

Hennig, W. 1966. *Phylogenetic Systematics*. Urbana：University of Illinois Press.

Holtz, T. R. Jr. 1996. Phylogenetic taxonomy of the Coelurosauria (Dinosauria：Theropoda). *Journal of Paleontology* 70：536-538.

Holtz, T. R. Jr., and K. Padian. 1995. Definition and diagnosis of Theropoda and related taxa. *Journal of Vertebrate Paleontology* 15 (Supplement to no. 3)：35 A.

Jacobs, L. L.；D. A. Winkler；W. R. Downs；and E. M. Gomani. 1993. New material of an Early Cretaceous titanosaurid sauropod from Malawi. *Palaeontology* 36：523-534.

Leidy, J. 1856. Notices of remains of extinct reptiles and fishes, discovered by Dr. F. V. Hayden in the Bad Lands of the Judith River, Nebraska Territories. *Proceedings of the Academy of Natural Science, Philadelphia* 8：72-73.

Linné, C. 1758. *Systema Natura per Regina Tria Naturae, Secundum Classes, Ordines, Genera, Species cum Characterisbus, Differentiis, Synonymis, Locis. Editio decima, reformata, Tomus I：Regnum Animalia*. Laurentii Salvii, Holmiae.

Padian, K., and C. May. 1993. The earliest dinosaurs. In S. G. Lucas and M. Morales (eds.), *The Nonmarine Triassic*, pp.

379–380. Albuquerque：New Mexico Museum of Natural History and Science Bulletin 3.

Ray, J. 1686–1704. *Historia plantarum*. 3 vols. London：S. Smith and B. Waldorf.

Sereno, P. C. 1986. Phylogeny of the bird-hipped dinosaurs (Order Ornithischia). *National Geographic Research* 2：234–256.

Sternberg, C. M. 1932. Two new theropod dinosaurs from the Belly River Formation of Alberta. *Canadian Field–Naturalist* 46：99–105.

9 恐竜と地質年代

James O. Farlow

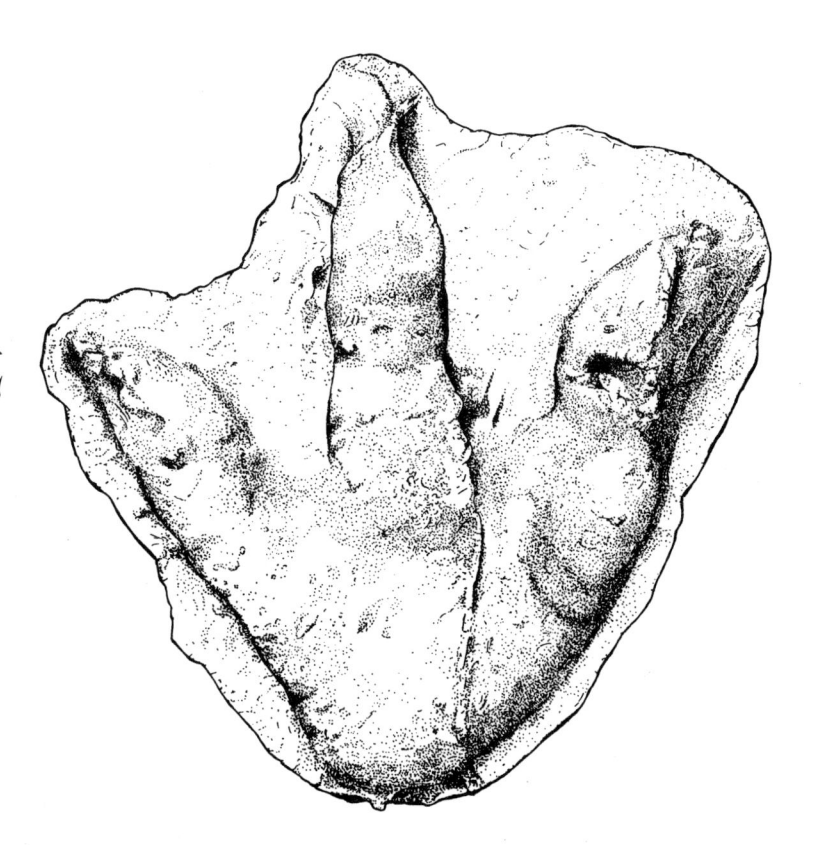

●恐竜はいつ生きていたか？

　地質学者は地球の歴史時代をまず，極めて長い累代（eon）に分け，さらに累代を代（era）に，代を紀（period）に，紀を世（epoch）に，世を期（age）に区分する．今日まで残っている最古の岩石は，今から約40億年前，始生累代（Archean eon）の初めに形成された．最も古い化石——細菌やそれと似た微生物の化石——は，大体この時代の岩石中に見られる．

　始生累代は約25億年前に終わり，次の原生累代（Proterozic eon）が始まった．原生累代はおよそ5億7000万年前に終わった．この長い時間の間に，生物は次第に多様化した．最初の真の動物は，原生累代の終わり近くに現れた．

　原生累代が終わると顕生累代（Phanerozoic eon）が始まり，これは現代にまで続いている．この時代には複雑な内骨格や外骨格を持つ動物が多数現れ，多様になった．顕生累代は，古生代（最も古い時代），中生代，新生代（われわれが今も住んでいる時代）の3つの代に分けられる．

　ふつうの意味での恐竜（すなわち鳥類を含まない）は，中生代に生きていた．中生代は，三畳紀，ジュラ紀，白亜紀の3つの紀に分けられる（表9.1）．それぞれの紀は，例えばジュラ紀の新世というように世に分けられ，世はさらに白亜紀新世のカンパニアン期というように期に分けられる．

　長さのさまざまな地質時代は，もともと岩層の順序に基づいて定められた（Rudwick 1976；Albritton 1986；Dott and Prothero 1994）．例えば，白亜紀は，白亜系の岩石が堆積した時代と定義された．したがって，古生物学者はTriassic, Jurassic, Cretaceousといった言葉を，2とおりの意味で使うことが多い．一つは岩石そのものを指し，もう一つはそれらの岩石によって代表される時代を指す．例えば，われわれがLower Triassicという時，それは岩石を指している．Lower Triassicの岩石は層位学的に，Middle TriassicやUpper Triassicの岩石の下にあるからである．これに対して，Early Triassicといえば，それはMiddle TriassicやLate Triassicの前に当たる時代を指す．すなわち，層位学的な意味での"Lower"は，時間的な意味での"Early"に，"Upper"は"Late"に相当する．"Middle"は，層位についても，時間につい

"early", "middle", "late"などの形容詞は,正式に定義された地質時代名の一部として使われるだけでなく,地球の歴史のおおよその時期を表すのにも用いられる.例えば,それほど厳密な意味ではなく,「中生代後期（later Mesozoic）」,「白亜紀中期（middle Cretaceous）」,「新生代前期（early Cenozoic）」などということができる.これらはきちんと定義された過去の地質時代を表すものではないが,地質学や進化に関する出来事について話す時に,役に立つ言葉である.これらの言葉を正式な定義なしに使うときには,later, middle, early の頭文字が大文字になっていないことに注意していただきたい.表9.1は聞き慣れない名前がたくさん並んでいるように思われるかもしれないが,このような用語を使うことによって古生物学者は,特定の種類の恐竜が生きていた時代を,層位の記録から得られる限りの精度で,正確に表すことができるのである.本書の中で,読者はこれらの言葉に何回も繰り返し出合うだろう.こうした時代区分名を常にはっきりさせておくため,表9.1を参照することをお勧めする.ただし,本書の執筆者の中には,中生代の中の小区分について,表9.1とは少しちがったものを用いている人もいるので（図16.5,表19.3）,注意が必要である.

●ゴースト系統

ジュラ紀のキンメリジアン期に形成された岩石中に恐竜の化石が見つかれば,その恐竜がその時代に生きていたことは明らかである.専門を問わず古生物学者がぶつかるもっともむずかしい問題は,ある特定の時代の岩石中に,ある特定の化石が見られないことをどう解釈するかということである.

新生代後期の岩石中に,鳥類以外の恐竜の骨は全

表9.1●中生代の細区分

紀	世	単位：100万年前	期
白亜紀	後 期	65〜71	マーストリヒチアン
		71〜83	カンパンアン
		83〜86	サントニアン
		86〜89	コニアシアン
		89〜93	チューロニアン
		93〜99	セノマニアン
	前 期	99〜112	アルビアン
		112〜121	アプティアン
		121〜127	バレミアン
		127〜132	オーテリヴィアン
		132〜137	ヴァランギニアン
		137〜144	ベリアシアン
ジュラ紀	後期（マルム）	144〜151	ティトニアン/ポートランディアン
		151〜154	キンメリジアン
		154〜159	オクスフォーディアン
	中期（ドッカー）	159〜164	カロヴィアン
		164〜169	バトニアン
		169〜177	バジョシアン
		177〜180	アーレニアン
	前期（ライアス）	180〜190	トアルシアン
		190〜195	プリーンスバッキアン
		195〜202	シネムリアン
		202〜206	ヘッタンギアン
三畳紀	後 期	206〜210	レーティアン
		210〜221	ノーリアン
		221〜227	カーニアン
	中 期	227〜234	ラディニアン
		234〜242	アニシアン
	前 期	242〜245	オレナキアン
		245〜248	インドゥアン

（Gradstein et al. 1994 を改訂）

く発見されていない．いつか，そのような化石が発見される可能性が絶対にないとはいい切れないにしてもである（可能性が高いとはいえないにしても，SF小説や映画の中ではそのような話はいくらでもある）．また，古生代前期に形成された堆積岩中にも，恐竜の骨は発見されていない．発見される可能性は極めて低い．時代に伴う生物の発達に関するわれわれの理解が，全く誤っているのでない限りは――．ここまでは，よいとしよう．

もっと短い地質時代についてのことになると，話はもっと微妙になる．ぴったりの一例として，鳥類の起源をあげることができるだろう．初期の鳥類――例えばシソチョウ（*Archaeopteryx*）――の形質の分岐論的分析の結果は，鳥類の最も近い祖先が獣脚類恐竜であることを示唆する（この系統学的仮説の最近のさまざまな解釈については，Chiappe 1995；Chatterjee 1996；Elzanowski 1996；Foster et al. 1996；Paul 1996；Wellenhofer 1996 参照）．しかし，最も鳥に似た獣脚類は，シソチョウの化石が発見された岩石よりも，はるかに新しい岩石中に見られる．ある古生物学者たちはこのことを（他の証拠とも合わせて），獣脚類が鳥類の祖先である可能性は低いことを意味するものだと考える．またある研究者たちは，原始的な鳥類がある種の獣脚類の祖先になったと主張する（Paul 1988, 1996；Olshevsky 1991）．さらにもっと話を進めて，この2つのグループの類似性は，互いの関係の近さではなく，進化上の収斂を表すものだと主張する人たちもいる（Hou et al. 1996；Feduccia 1996）．

このような結論は，明らかに，さまざまな種類の恐竜が生きていた時代に関するわれわれの知識がかなり完全であることを仮定した上でのもので，これだと恐竜群の岩石中の出現が，ほぼそのまま事実に近いことになる．これに対して，ドロマエオサウルス類やその他の獣脚類が実は，分岐論的分析によって示唆されるように，鳥類と最も近い関係（姉妹タクソン）にあるとすれば，これは問題の獣脚類が現在知られている化石の記録が示すよりも，もっと古い時代に生まれていなければならないことを意味する．このように，生物グループの生存期間が仮説的に，現在知られている最も古い化石よりももっと前の時代に延長されるものを，ゴースト系統（ghost lineage）という（Norell and Novacek 1992 a, 1992 b；Weishampel and Heinrich 1992；Norell 1993；Benton 1994；Benton and Storrs 1994, 1996；Storrs 1994）．ある特定のタクソンが，現在知られている最初の化石の出現よりも前に生まれていたとすれば，その化石が発見できると予想されるもっと古い岩石で化石を探すことによって，その時代にもそのグループが実際に存在していたことが明らかにされるかもしれない．ある特定のグループの恐竜がいつ出現したかについての分岐論的予測が，その恐竜の化石について知られている最も古い出現記録と対立する場合，その地質学的記録をどの程度重要と考えるかは，本書の執筆者でも人によって異なる．さまざまな種類の恐竜たちの相互関係に関する執筆者たちの仮説を解釈するに当たって，読者はこのことを念頭に置いておかなければならない．

●文　献

Albritton, C. C. Jr. 1986. *The Abyss of Time*：*Unraveling the Mystery of the Earth's Age*. Los Angeles：Jeremy P. Tarcher.

Benton, M. J. 1994. Palaeontological data, and identifying mass extinctions. *Trends in Ecology and Evolution* 9：181-185.

Benton, M. J., and G. W. Storrs. 1994. Testing the quality of the fossil record：Palaeontological knowledge is improving. *Geology* 22：111-114.

Benton, M. J., and G. W. Storrs. 1996. Diversity in the past：Comparing cladistic phylogenies and stratigraphy. In M. E. Hochberg, J. Clobert, and R. Barbault(eds.), *Aspects of the Genesis and Maintenance of Biological Diversity*, pp. 19-40. Oxford：Oxford University Press.

Chatterjee, S. 1996. Origin and early evolution of birds and their flight. In Society of Avian Paleontology and Evolution, 4th International Meeting, Program and Abstracts, pp. 2-3. Washington, D.C.

Chiappe, L. M. 1995. The first 85 million years of avian evolution. *Nature* 378：349-355.

Dott, R. H. Jr., and D. Prothero. 1994. *Evolution of the Earth*. 5th ed. New York：McGraw-Hill.

Elzanowski, A. 1996. A comparison of jaws and palate in the theropods and birds. In Society of Paleontology and Evolution, 4th International Meeting, Program and Abstracts, p. 4. Washington, D.C.

Feduccia, A. 1996. *The Origin and Evolution of Birds*. New Haven, Conn.：Yale University Press.

Forster, C. A.；L. M. Chiappe；D. W. Krause；and S. D. Sampson. 1996. The first Mesozoic avifauna from eastern Gondwana. *Journal of Vertebrate Paleontology* 16（Supplement to no. 3）：34 A.

Gradstein, F. M.；F. P. Agterberg；J. G. Ogg；J. Hardenbol；P. van Veen；J. Thierry；and Z. Huang. 1994. A Mesozoic time scale. *Journal of Geophysical Research* 99（B12）：24, 051-24, 074.

Hou, H.；L. D. Martin；Z. Zhou；and A. Feduccia. 1996. Early adaptive radiation of birds：Evidence from fossils from northeastern China. *Science* 274：1164-1167.

Norell, M. A. 1993. Tree-based approaches to understanding

history : Comments on ranks, rules, and the quality of the fossil record. *American Journal of Science* 293 A : 407–417.

Norell, M. A., and M. J. Novacek. 1992 a. Congruence between superpositional and phylogenetic patterns : Comparing cladistic patterns with fossil records. *Cladistics* 8 : 319–337.

Norell, M. A., and M. J. Novacek. 1992 b. The fossil record and evolution : Comparing cladistic and paleontologic evidence for vertebrate history. *Science* 255 : 1690–1693.

Olshevsky, G. 1991. *A Revision of the Parainfraclass Archosauria Cope, 1869, Excluding the Advanced Crocodylia.* Mesozoic Meanderings no. 2.

Paul, G. S. 1988. *Predatory Dinosaurs of the World : A Complete Illustrated Guide.* New York : Simon and Schuster.

Paul, G. S. 1996. Complexities in the evolution of birds from predatory dinosaurs : *Archaeopteryx* was a flying dromaeosaur, and some Cretaceous dinosaurs may have been secondarily flightless. In Society of Avian Paleontology and Evolution, 4th International Meeting, Program and Abstracts, p. 5. Washington, D.C.

Rudwick, M. J. S. 1976. *The Meaning of Fossils : Episodes in the History of Palaeontology.* 2nd ed. New York : Neale Watson Academic Publications.

Storrs, G. W. 1994. The quality of the Triassic sauropterygian fossil record. *Révue de Paléontologie* 7 : 217–228.

Weishampel, D. B., and R. E. Heinrich. 1992. Systematics of Hypsilophodontidae and basal Iguanodontia (Dinosauria : Ornithopoda). *Historical Biology* 6 : 159–184.

Wellnhofer, P. 1996. The meaning of *Archaeopteryx*, a critical review in the light of new discoveries and recently published literature. In Society of Avian Paleontology and Evolution, 4th International Meeting, Program and Abstracts, p. 20. Washington, D.C.

10 恐竜の研究手段

Ralph E. Chapman

　恐竜学の研究対象や研究手段は過去150年の間にめざましく変化してきた．本書でも恐竜生物学の多様な分野，すなわち恐竜の行動や生理機能，異なる恐竜グループ同士の関係，恐竜の成長過程や性的二型性，摂食などがテーマとしてとりあげられている．6500万年以上も前に絶滅した生物に，なぜこのような推測が可能なのか．もちろん容易ではないが，科学技術やデータ分析の進歩が大きく役立っている．

　19世紀には，野外へ採集に出かけて化石を掘り出し，整形したのちに同定記載し，再び標本採集へ出かけるというのが一般的な研究手順であった．現在の研究もある程度はこの基本作業を踏襲している．しかし先人たちに比べると，今日の恐竜学者ははるかにすぐれた手段を使って恐竜化石の探索，採集や記載，図解を行っている．こうした作業は今や研究の初期段階でしかない．現在の古生物学者は，記載を主とした昔ながらの研究結果をもっと理論的な枠組の中でとらえようとする．そのためにはコンピューターや数学，統計学，系統学（生物同士の類縁関係を研究する学問），生態，化石生成（化石ができる過程），そのほか諸々の知識を兼ね備えておかねばならない．

　幸いにも，新しい研究理論と科学技術の進歩によって，恐竜とその生態環境の研究は以前ほど困難ではなくなっている．本章では科学技術の発達が恐竜研究の方法に及ぼす影響と，現在の恐竜学における研究理論をとりあげる．科学技術の影響は化石の収集や処理，データの扱い方にとりわけ顕著に現れており，今後もめざましく変化するものと思われる．

● データの収集

　科学技術が発達して，現在の恐竜学者はさまざまな装置や手段を利用できるようになった．そのおかげでデータの収集や分析は向上し，容易になり，以

化石および化石産地の位置を記述する

　変化は野外調査から始まっている．本書第6章で，David Gilletteは，地球物理学の回折トモグラフィなど，恐竜類が埋まっている場所を探し出す新技術について論じている（Witten et al. 1992）．しかし，これはほんの出だしにすぎない．さらに分析を進めるには，化石が発見された場所を正確に特定することから始めて，ほかにもさまざまな種類の情報を記録する必要がある．古い時代の古生物学者は羅針盤を頼りに位置を決定し，目につく限りありとあらゆる特徴を地図に描き込んだ．現在は全地球測位システム（GPS）の助けを借りて，10m以内の範囲で位置を確定できる．最近，アメリカ自然史博物館の調査隊がモンゴルへ発掘に出かけたが，地図にはっきり描かれていない人里離れた場所でもGPS装置のおかげで自分たちの位置を見失わずにすんだ（McKenna 1992）．こうした位置づけのデータを研究室で地理情報システム（GIS）にかけると，地理情報はほかの種類のデータと自動的に組み合わされる．

　地球上の位置を決定したあとは，化石の分布と方向を地図上に細かく記す必要がある．こうすると，化石がどのようにして埋まったか，別の遺骸を組み込んだり加えたりしていないかといったことや，ほかの標本との縦方向の（時間の前後）関係を推測できる．以前は羅針盤を読みとり，巻き尺で距離をはかるのが精一杯であった．これらは今でも便利な道具だが，電子距離測定装置（EDM）などの測量技術によって，現在は広い範囲の中で化石の位置を3次元でミリメートル単位まで確定し，その情報を直接コンピューターに入力できる．この方法は恐竜発掘の分野にはまだ普及していないが，ケニヤのオロジェサイリ（Olorgesailie）など化石人類発掘地ではさかんに利用され（Jorstad and Clark 1995），個々の化石骨の位置や方向だけでなく，露出面全体が地図に記されている．同じようにランチョ・ラ・ブレア（Rancho La Brea）の古脊椎動物化石でも，音波デジタイザーを使って化石産地の位置を突き止め，コンピューターに保存している（Jefferson 1989）．解像度の高いGPSシステムで3次元データを集めれば，発掘地の詳細な立体地図を作成し，さらにGISやコンピューター援用設計（CAD），3次元模型プログラムなどを活用してさまざまな角度から分析できる．この情報をもとに，古生物学者は重要な問題に取り組むデータを入手し，例えば足跡証拠から群の行動を知ろうとしたり，ある化石産地の骨すべてが洪水に押し流されてボーンベッドをつくったのかどうか推測する．

研究室で使われる技術

　標本の整形を始めとして，研究室で使われる技術もこれからいくらでも発達していくであろう．コンピューター断層撮影（CT）などの内部撮影技術（Sochurek 1987も参照）を利用すれば，化石の整形や研究の方法は飛躍的に進歩するはずである．化石の整形にとりかかる前に，母岩に何が含まれているかを知ることができたら，要領よくかつ速やかに仕事を進められる．化石の研究にはごくふつうのX線が長い間使われてきた（Zangerl and Schultze 1989を参照）が，立体構造をとらえる技術が開発されて，状況は急速に変化している．例えば恐竜の卵の化石から赤ん坊の遺骸を掘り出す場合，昔からのやり方で削り始める前にまずCTスキャンにかけて内部の様子を確かめれば，大事な標本を損ねずにすむ．このような方法は何年も前から利用されている（Hirsch et al. 1989）．かなり前に整形された頭骨を調べて，本物の部分と整形の際に復元された部分を識別するのにもCTスキャンは使われている（Gore 1993）．近い将来，整形担当者は母岩に含まれる標本の立体像を見ながら作業を進めるようになるであろう．

　このような方法で化石の立体像をとらえると，自動的に型取り（プロトタイピングや立体リトグラフィともいう）ができるという大きな利点も生まれる．つまり，標本の3次元データが手に入れば，標本を傷つけることなく，コンピューター操作でプラスチックや金属，紙そのほかいろいろな材料で立体復元模型を作成できるのである（Burns 1993）．実際，この方法はヒトの骨格，特に歯型をとる時に使われているが，頭骨全体の模型をつくることもあり，恐竜類にも簡単に応用できる．筆者の研究室では，ハドロサウルス類の趾骨のデータをデジタル化してコンピューター・モデルをつくり，立体リトグラフィを利用して標本を傷つけずに型をとることに成功した．現在はこうして型を取ると費用がかかりすぎるが，どんどん安くなっているので，数年以内に利用しやすい価格になるであろう．

プロトタイピングには，もとの形は変えずにどのような縮尺の型もつくれるという便利さもある．例えば角竜類の頭骨を研究する際に，扱いやすい大きさに縮小した模型をつくれば，重要な資料をすべて一部屋にそろえて研究できる．巨大なトリケラトプス（*Triceratops*）の頭骨をはかろうとしたことのある者なら，その便利さがわかるだろう．また，この方法を利用すれば，研究者が重要な標本の型を手に入れて間近で観察することも容易になる．整形と型取りによって標本を傷つける心配もあるので，特別な場合は，整形を途中でやめるか，あるいは全く整形せずに，標本を母岩中に残したまま CT スキャンで立体像をとらえて復元や型取りをすればよい．

貴重な標本から高解像度の断層撮影写真や立体像を得てデータを公表し，多くの古生物学者がその解剖学的構造を研究できるようにするのも有意義な活用法である．このような試みはまだ始まったばかりで，テキサス大学の Tim Rowe, William Carlson, William Bottorff（1993）が哺乳類型爬虫類トリナクソドン（*Thrinaxodon*）の頭骨のデータを CD-ROM に記録したのが最初である．この技術を利用すれば，高解像度の CT スキャンで頭骨の前後，左右，上下の方向に連続した断面図を見ることができる．上記の CD-ROM には標本に関する主な記載論文も転載されている．こうした手段を使えば，世界に散在する稀少な恐竜標本をより多くの研究者が観察できるようになる．

次の段階は，いろいろな種類の研究にオリジナル標本を使って摩耗させてしまわないように，立体模型や仮想現実，立体映像撮影の技術を利用することである．十分な解像度の立体映像があれば，たいていの測定はできる．その上標本を観察する角度も自由に変えられ，内側から見ることもできる．このような映像は教育や解説，展示などの場で活用できるのはもちろんだが，体の機能を分析する際にも役に立つ．例えば，獣脚類の目の形態について仮説を立て，それに立体映像を組み合わせれば，獣脚類の視界を再現できる．

以上のような技術革新が進めば，恐竜学者は研究に必要な標本を観察するのにそれほど動き回らずにすむようになる．研究者や大学，博物館の間でキャスト（雄型）や立体映像を交換するだけでかなりのところまで研究できる．現在は費用も時間もかかる処理の多くが，電子情報の交換によってはるかに安い費用で即時に行われるようになるであろう．

恐竜の化石を整形したあと，生物学的古生物学者はさまざまな手段を使ってデータを集め，恐竜の生物学的研究を行う．測定手段としては，かつては巻き尺や物差しが用いられ，やがてカリパス（測径器）が使われ始めるが，今は電子カリパスでデータを直接コンピューターに入力できるようになっている．また 2 次元や 3 次元のデジタイザーを使えば，写真（2 次元）や標本（3 次元）から得た座標を素早く（かつての百倍以上にも達する速さで）コンピューターに入力できる．しかも画質は劣らず，むしろ解像度は以前より高まっている．国立自然史博物館にある筆者の研究室でも 3 次元デジタイザーを利用し，台に載せた標本に針状の器具を当てながら，3 次元のデータを約 0.5 mm の解像度で入力している．立体の表面を自動的に走査する方法はほかにもあり，もっと解像度の高い手段もある．あと数年もすれば，ほとんどの測定はコンピューター内に組み立てられた立体像を使って行われるようになるであろう．

映像分析システムも最近使われ始めた新しい技術だが，特に恐竜の骨や歯，卵などの微細構造を研究する者の間では，今後もっと広まっていくと思われる．顕微鏡にビデオカメラをとりつけて骨の切片を観察すると，骨の血管分布を機械的に測定できる．その結果，以前は大変手間のかかる作業だったものが，今はわずか数秒で処理できるようになった（Chinsamy 1993 a, 1993 b を参照）．

以上はごく一部の例にすぎないが，科学技術の進歩は恐竜研究のデータ収集に急激な変化をもたらしている．データを集めたあとは，それを蓄えて分析する必要がある．この分野も，数年前からの技術躍進によってめざましく変わった．

●データの処理

集めた情報はどのように蓄えたらよいか？　研究中はすぐ手の届くところにあり，その後はほかのデータといっしょにあらゆる研究者が簡単に検索できる状態にあるのが望ましい．

かつて，標本のデータは個人のノートに保存され，適当に書き留めただけのこともあり，持ち主が亡くなるとたいてい失われてしまった．人の残した野外観察ノートや研究ノートをほかの研究者が参考にすることもたまにあったが，多くの標本は化石採集や整形のデータがもはや手に入らないため科学的価値が下がったり，なくなったりしている．ほかの研究者があとで利用できるように，かなり前から野外調査ノートや研究ノートをきちんと保存している

組織もあるが（スミソニアン研究所や米国地質調査所など），そうした例はまれである．

　もちろん，このような状況は改善しなくてはならず，そのためには科学技術の助けが必要になる．中でも一番役立つ道具はコンピューターのデータベースであり，20年以上前から大勢の古生物学者が参考文献や標本のデータをおさめるためのデータベースをつくっている．また博物館の多くも所蔵標本の記録をコンピューターに入力し，その後も収録データの質や量の向上に努めている．研究者の多くは自分のコンピューターに文献検索用のデータベースを所有し，そしてもちろん研究中の標本に関しても，集めたデータを入れるための標本用データベースを用意している．

　コンピューターのデータベースには個々の標本，骨，参考文献，そのほか研究対象に関する諸々の記録が集められている．一つ一つの記録についてさまざまな分野のデータが保存され，蓄えられている情報の種類に応じてカテゴリー分けされている．参考文献のデータには，著者，出版年月日，文献が載せられた雑誌や本の名前，収録ページ，キーワードなどのカテゴリーが用意されている．標本のデータは，発見された骨の分類群，発掘場所，主要な測定値，特徴の描写，化石の状態などに分けて保存される．こうして数多くの参考文献や標本の情報をデータベースにおさめれば，データの種類に応じて検索できるようになる．例えば曲竜類について論じた論文を探したいとか，タイで発掘された恐竜について知りたいといった場合，データベースには1万を超える記録があったとしても，ほんの数秒で目的のデータが手に入る．しかし，こうしたデータベースのための国際基準はまだ開発されておらず，誰もがデータを十分に活用するにはまず基準をつくらなくてはならない．また所蔵標本のデータベースは研究用のデータベースとはかなりちがうので注意が必要である．研究者が個人用の研究データベースを拡充するにはふつう，所蔵標本データベースの副標本をとって，データを増やす必要がある．

　最もむずかしい問題は，まず第一にデータを集めてデータベースに入れることで，これには莫大な時間がかかる．科学技術が進歩すればデータ収集にかかる時間を減らせるという話はすでにした．光学式文字認識（OCR）の機能を備えた走査機器も，印刷ずみだがコンピューター処理できない形のデータを入力し読みとるのに役立つ．作業に費やす時間や労力を減らし，大勢の恐竜研究者の研究成果を結集するには，学会全体が文献や標本の検索に利用できる包括的なデータベースを開発し，データベースの国際基準を確立しなくてはならない．古脊椎動物学会はすでに『化石脊椎動物に関する文献目録』をすべて電子メディアに移しかえる作業を始めている．Dan ChureとJack McIntoshによる『恐竜文献目録』(1989)はデジタル形式で出版されてはいないが，今後出される版やほかの文献目録はデジタル化される予定である．

　恐竜標本に関する主要なデータベースを開発，維持し，広く利用できるようにすることは大きな意義のある課題である．貴重な標本の多くは記載されないまま50年以上も引き出しの奥にしまい込まれている．そうした標本を見つけ出して観察し，写真を撮り，測定するのに，恐竜学者は多大な労力と出費を強いられている．データベースが開発されれば，その出費をかなり抑えられるので，限られた旅行資金を有効に使える．

　さらに，大事な標本については，デジタル化されたデータを用いれば必要以上にいじり回したり測定したりして標本を傷つける心配が少なくなる．国立自然史博物館（スミソニアン研究所）所蔵の動物学コレクションでは，貴重な霊長類標本が頻繁に測定されて摩耗し，正確な測定ができなくなった例がある．こうなってはとり返しがつかないので，必要なデータを提供しながらも標本を守る工夫が必要である．包括的なデータベースをつくって幅広く利用できるようにすれば，こうした問題の解消に大きな効果を発揮するであろう．

　インターネットの開発もデータベースづくりを促進してくれるはずである．ただしインターネットは急速に発達したシステムなので，人の助けがなければなかなかついていけないという問題はある(Levine and Baroudi 1993；Lambert and Howe 1993)．これからは電子メールの交換によって古生物学者同士のコミュニケーションがとりやすくなるにちがいない．インターネット上の掲示板や討論グループを訪れる専門家たちの中には，時々利用する程度の者もいれば熱心な利用者もいるが，訪れる人の数は急増している．古脊椎動物学会のホームページには古脊椎動物学者の討論グループがあるが，そのほかにも恐竜ファンのためのページがあり，鳥類の起源や最近発表された新発見について，恐竜生物学に関する一般理論についてなど，さまざまな話題の電子メールが毎日届いている．

　しかし，専門家のためのインターネットで最も画

期的な点は，遠く離れた場所からデータ・ファイルを探し出したり一つのシステムから別のシステムへデータを転送したりできるところである．FTP（ファイル転送プロトコル）やRCP（リモート・コピー・プロトコル）で操作すれば，データ・ファイルや画像，原稿，プログラムなどを世界中のシステムから自分のコンピューターに移すことができる．テルネットを利用すると，遠く離れた場所からほかのコンピューターやホーム・システムにログオンできる．携帯電話の圏内であれば，化石発掘現場からでもつなげる．

インターネットを利用したこのような地球規模の情報交換を促進するために，多くのシステムが開発されている．マギル大学が開発したアーチー・システムは，数多くの化石発掘地に関するファイルを目録に載せ，索引をつけて検索できるようにしたものである．WAIS（ウェイズ）(広域情報サーバーズ)を使うと，文書のタイトルだけでなく内容を検索することができる．これらのシステムはさらにゴウファー・システムや，場合によってはWorld Wide Web（WWW）を使って利用や検索される．

ゴウファー・システムという名前は（最初にこのシステムがつくられた）ミネソタ大学のマスコット，ゴウファー［ジリスのこと］に由来する．このシステムは，インターネット利用者が，組織化されたいくつかのメニューをとおして，世界中のさまざまなコンピューターに保存されている膨大なデータを調べることができるように開発された．例えば国立自然史博物館のゴウファー・システムには，ザリガニの通称からハドロサウルス類の文献データや，国立自然史博物館所蔵のさまざまなコレクションのデータまで，自然史のいろいろなテーマに関する情報が入っている．

WWWはハイパーテキストやハイパーメディアに基づく検索システムで，テキストと画像，時には動画やビデオを組み合わせた情報を，ウィンドウズ搭載のコンピューターでマウスを動かしながら見るためのものである．アーチーやWAIS，ゴウファー，WWWを使えば，さまざまな題目（例えば恐竜類など）に関する情報がどのコンピューターに保存されているかを見つけ出し，データを検索して情報を入手し，あとで利用する必要があるならファイルをとり込み，また画像や動画を眺めることができる．

ほとんどの博物館は所蔵コレクションのデータを離れた場所から何らかの手段で利用できるようにしている．これとWWWを組み合わせれば，遠く離れたところから巡回展覧会を見学することもできる．唯一の障害はインターネットがどんどん拡大して利用者が急激に増え，接続速度が遅くなっていることである．特にWWWで画像や動画を見る際に時間がかかる．またデータの管理や著作権などの法的な問題も大きい．筆者がこれを書いている今も，化石発掘地の詳細なデータをインターネットのデータベースに載せるかどうかについて熱のこもった議論がネット上の討論グループでなされている．化石発掘地に関する情報を提供しすぎると，過度な採掘を招きかねないし，破壊されてしまうかもしれない．いずれにせよ，ここ数年，関心を引きそうである．

●データの分析

データを集め，検索できる形で保存したからには，この情報を利用して恐竜の生物学や地球の歴史に関する推論を立てなくては意味がない．そのために用いられるさまざまなデータ分析技術には，統計学や幾何学，数学などの知識が生かされている．古生物学の分野ではこうした手段に頼る度合いが年々高まり，研究はより精密になっている．

これは理論的な研究のすべてについていえる．例えば，ある獣脚類は毎時30 km以上の速度で走ることができるという説を出す際に，研究者は足跡のデータ分析，あるいは骨や筋肉の付着点から推測された生体力学的能力を根拠として発表する．すると，ほかの古生物学者たちは自分の集めたデータを出してこの研究結果に異論を唱えることができる．中生代の世界で恐竜類の種類が豊富だったのはどの場所か，恐竜が集団で足跡を残している場合に群をつくる習性があったと見なしてよいか，互いに最も近縁の恐竜類はどれとどれか，といった問題もデータ分析によって説明できる．これから少しばかり例をあげながら，よく用いられる分析の種類を紹介しよう．紙面に限りがあるので，全体を網羅するのは無理だが，現在行われている研究の種類を大ざっぱにつかむことはできるであろう．

●模型製作，シミュレーション，機能形態学

模型製作，シミュレーション，機能形態学はどれも，数学や統計学，アルゴリズム，論理学，それに必要ならば映像手段も加えて，自然界を模倣，描写し，その解明に近づくことを目的としている．個々

の研究で用いられる技術は千差万別なので，ほんの数例で一般的な説明を行うのはむずかしいが，ともあれ，どういった研究ができるかを示す例をいくつかあげよう．

模型製作

模型製作と科学的視覚化（Nielson and Shriver 1990 を参照）は，簡略化されたさまざまな模型を使って複雑な自然界に探りを入れる手段である．恐竜類の模型にはいろいろな種類があるが，ここでは形態模型製作を例にとる．複雑な構造（例えば頭骨や足跡など）からより簡単な形をつくるには，数学の方程式を使って復元するか，原型のデータを2次元もしくは3次元のデジタル信号に変える．そうすると高性能のコンピューターを使って映像化し，オリジナルと比較することができる．時には，単に形態を観察しやすくし，あらゆる角度から眺めるためにこのような処理を施すこともある．また，オリジナルの化石を記載するために模型で能力を試し，構造の進化や機能に探りを入れる研究者もいる．恐竜類以外の例をあげると，渦巻き状に成長する生物の多く（カタツムリ類，オウムガイ Nautilus など）は，数学の係数をいくつか使っただけで同じ形の模型をつくることができる．このわずかな係数を変えて結果を観察すれば，これらの生物の進化や変異を調べられる（Raup 1966 など）．

こうした研究の一例に Farlow（1991，1993）による模型製作があげられる（Farlow と Chapman による本書第36章も参照のこと）．Farlow はテキサス州で発見された白亜紀前期の恐竜の足跡から3次元の形態模型を製作した．データをとる際には，3次元デジタイザーと，地形図や地表図（ワイヤーネット・ダイアグラム）を作成できるコンピューターのパッケージソフトを使用している．Farlow と筆者はさらに研究を押し進め，プラスチックや石膏で自動的に足跡の型をとり，もっと縮小したサイズで立体模型をつくろうとしている．それがうまくいけば，化石骨にも応用したい．

シミュレーション

シミュレーションは，アルゴリズムの知識を用いて生物学や地質学のプロセスを模擬的に示す手段である．その手順はまず1組の指示を与え，一連の段階を踏んで最終的な結果を得るというもので，たいていの場合，ここにかなり恣意的な要素が加わる．シミュレーションが恐竜のデータに直接適用されたことはほとんどないが，大いなる可能性を秘めている．過去にシミュレーションが使われた例としては，大陸が移動する際に岩石圏のプレートが示す動きを予測し，中生代の各時期の気候を模擬的につくり出した研究がある（本書第38章 Molnar を参照）．Behrensmeyer and Chapman（1993）では，脊椎動物の骨層形成におけるさまざまな要因の相互作用を調べるのにシミュレーションを利用している．Alan Cutler と A.K.Behrensmeyer と筆者は，白亜紀–第三紀境界に起こった激変の研究にもこのシミュレーションを応用した．シミュレーションによると，環境は激変しているものの，動物の化石を豊富に含む地層は見つかりそうにないという結果が出ている（Cutler and Behrensmeyer, 印刷中）．シミュレーションによる恐竜類の研究はまだ始まったばかりなので，これからほかにも明らかになることがたくさんあるであろう．

機能形態学

機能形態学は，生物が生きたシステムとしてどのように機能しているかを研究する学問である．恐竜類については，移動運動（Heinrich et al. 1993），特定の骨の構造分析（Weishampel 1993），そのほか幅広い研究がなされている．例えば，足跡の大きさや，一個体が残したひと続きの足跡の間隔と角度を調べて，恐竜類の歩く速度や走る速度を計算する研究などがこの分野に含まれる（Alexander 1989；Farlow 1991, 1993；Lockely 1991）．大型竜脚類があの異常に長い首をどのような構造で支えていたかを解明するのもこの分野の研究例である．機能に関するもっと興味深い研究としては，進化した鳥脚類が持つかなり複雑な咀嚼機構を調べた Weishampel and Norman（1989 の論文中に多くの引用文献）の例がある．機能の研究は，難解な数学を使ったり，骨の解剖学的構造を細かく調べたりすることが多いので，決して楽ではない．しかし，恐竜類の生体復元に力を発揮する生物学的情報はたくさん得られる（Paul 1987）．この情報は，恐竜型ロボットの製作（Poor 1991：61–63）や，映画「ジュラシック・パーク」に使われているようなコンピューター動画（Shay and Duncan 1993）にも応用できる．より正確な形態模型ができれば，恐竜類が生時に持っていた能力を調べるのにも役立つ．

形態計測

形態計測は形態の量的分析である．ある標本が別

の標本に似ていると指摘したり，ティラノサウルス・レックスには雄と雌の2型があるといった説を出したり，形態に基づいて種を区別したりする場合には必ず，何らかの形で形態計測が利用される．形態計測に関連のある研究にアロメトリー（相対成長測定学）がある．これは体の寸法とそこから導き出される結果を調べる学問で（Alexander 1989を参照）恐竜研究者から大きな関心を持たれている．

はるか昔の古生物学者は，もっぱら直観をもとにさまざまな恐竜の形を推理した．やがて，ある1か所の寸法や，1組の基準寸法の比率を利用して，分類群（単一分類群）を同定するようになった（例えばBrownとSchlaikjerによるパキケファロサウルス類 pachycephalosaurids の古典的研究［1943］が例としてあげられる．なお，当時はパキケファロサウルス科ではなく，トロオドン類 troodontid 恐竜と呼ばれていた）．しかし，こうした1変量（変数が1個）や2変量（変数が2個）の研究方法には問題があった．恐竜が成長すると大きさが極端に変わるので，1か所の寸法だけで種類を同定するのは無理なのである．寸法の比率を利用する方法も問題を含んでいた．同一の種でありながら成長とともに比率が大きく変わる例は珍しくなく，また成長曲線は全然ちがうのに複数の種が同じ比率を示すことがあるからである．

その後，S.W. Gray（1946；Lull and Gray 1949）が行った角竜類恐竜の分析をきっかけに，もっと精密な2変数アロメトリー研究がなされるようになり，現在まで続いている．この種のアロメトリーを利用して機能形態を研究すると，恐竜類の能力や行動を推測できる（体の寸法から導き出される結論については，Alexander 1989と本書第30章にすぐれた解説がある）．

形態計測は利用する変数が増えるほど効果を発揮する．次の段階である多変量（変数が多い）解析の代表例としては，Peter Dodson（1975, 1976）が行ったハドロサウルス科ランベオサウルス亜科恐竜と角竜類に関する先駆的な研究がある．これに続くのがChapman et al.（1981）によるステゴケラス（Stegoceras）の研究，そして Weishampel and Chapman（1990）による古竜脚類の研究がある．これらは形態計測をもとに説得力のある語り口で性的二型性（単一の種で雄と雌の外形が異なる例）を指摘し，それまで種として分類されていたものの中には，単に性別や成長段階がちがうだけで種として独立させる根拠がなく，別の種にまとめられる（同じ種の異名として扱える）場合がたくさんあることを示した初めての研究である．

最後に，新しい形態計測の手順が開発され，ばらばらの箇所を計測するのではなく，標本本来の形状を対象にできるようになる．ここへ至る道を開いたのは D'Arcy Thompson が著書『On Growth and Form』（1942）で発表した先駆的な研究であった．新しい技術には，Fred Bookstein（1991など），Jim Rohlf, Richard Benson，筆者，そのほかたくさんの研究者（Rohlf and Bookstein 1990 の参考文献を見られたい）によって開発されたものも含まれ，大きく2つのカテゴリーに分けられる．それはアウトライン法とランドマーク法である．

アウトライン法は対象物の外形をとらえるのに数学の関数を適用する方法で，砂粒や，有孔虫の殻，恐竜の足跡などの分析に用いられている．ランドマーク法は，研究対象になっている標本すべての同じ場所に認められる指標（例えば頭骨の縫合線など）を標認点（ランドマーク）として利用し，標本間の形状のちがいを観察する研究方法である．手に入るデータのすべてもしくはほとんどが外形の場合は，アウトライン法が便利である．そうでなければランドマーク法の方がたくさんの情報を引き出せるのですぐれている．アウトライン法は足跡や剣竜類の骨板，などの形を調べるのにさまざまな研究者が利用している．筆者もその一人である．ランドマーク法はいろいろな恐竜類の研究に幅広く用いられ，筆者のほかにも Peter Dodson や Catherine Forster らが使っている．これから形態計測の具体例を2つ紹介しよう．一つは伝統的な多変量解析，もう一つはランドマーク法を利用した研究例である．

Chapman et al.（1981）は伝統的な多変数解析を用いてパキケファロサウルス科のステゴケラスの研究を行った．その手順は次のとおりである．一連の標本の頭骨を計測して，頭蓋，脳函およびドーム状の部分の変数（図10.1）を求める．この計測値を主成分分析（PCA）と呼ばれる数学的方法で処理し，15か所からとった計測データを2個の変数にまとめて，2本の主軸で表す．図10.2のように，この2本の主軸からなる座標上に各標本を記入する．PCAによる結果を最初に求めた変数と関連づけて分析すると，大きさを表す1本めの軸（図10.2のx軸）が得られる．低い数値の標本はドームが小さく，高い数値の標本ほどドームが大きい．2本めの軸（y軸）は脳函とドームの大きさの関係を表したもので，ステゴサウルス・ヴァリドゥム（S. validum）の性的

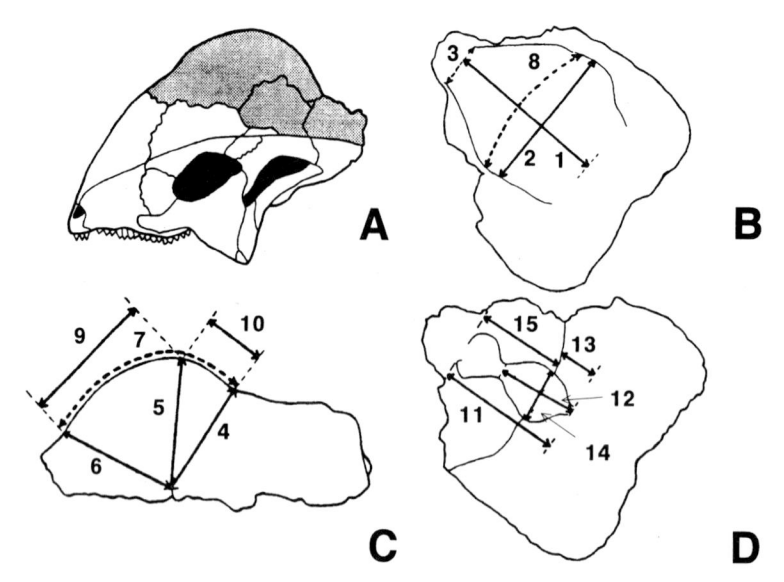

図10.1●ステゴケラス（*Stegoceras*）のアロメトリー．ステゴケラスの頭骨の多変量形態計測分析（Chapman et al. 1981）に使用された測定箇所
（A）頭骨の側面図．網掛け部はこの種類に特徴的で研究にも用いられるドーム構造．（B〜D）ドーム部分の背面図，側面図，腹面図に，15の変数の測定箇所を表示．腹面図（D）の8の字形をした部分が脳函．

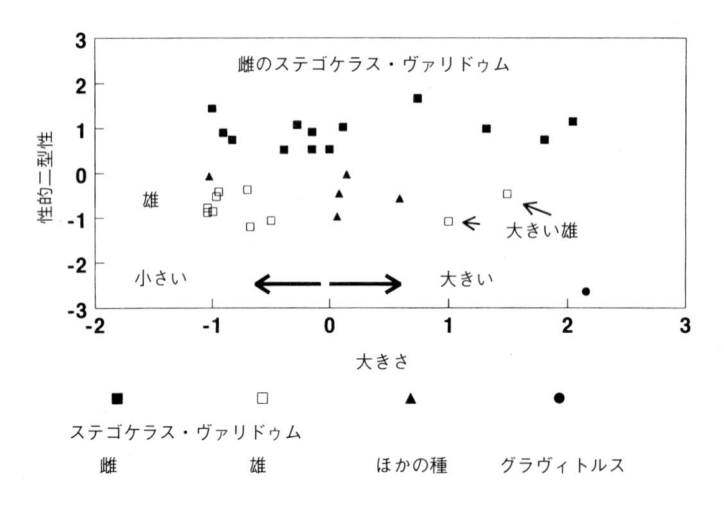

図10.2●ステゴケラスの多変量形態計測分析の結果（Chapman et al. 1981）
主成分（PC）分析の最初の2本の軸に29の標本からとったデータを配置．x軸（PC 1）は大きさを表し，標本の大きさは左に位置するものほど小さく，右に位置するものは大きい．中央（0）は平均的な大きさ．y軸（PC 2）はステゴケラス・ヴァリドゥム（*Stegoceras validum*）の性的二型性を表す．PC 2の値が高い標本は大きめの脳と小さめのドームを持つ．負の値が大きい標本はドームが大きく，それに比べて脳が小さい．ステゴケラス・ヴァリドゥムの雄と思われる標本はPC 2の値がマイナスに偏り，雌と思われる標本はプラスに偏っている点に注目．別種のステゴケラス類はステゴケラス・ヴァリドゥムの雄と同じ分布を示している．グラヴィトルス（*Gravitholus*）の標本はドームが極端に大きい．

二型性を反映している．この数値が高い標本は脳函が大きめでドームが小さく，数値が低い標本はドームが大きめで脳函が比較的小さい．同じ種の中では脳函の大きさにばらつきがなく，脳函の大きさは年齢を示しているとすると，この2本の軸から，どの年齢にもドームが大きい標本と小さい標本があることがわかる．ここに注目した結果，ドームのような構造は同一種内の戦い（同じ種のメンバー同士の戦い）に使われたのではないかという推測が生まれた．同一種内の戦いの代表例は雄による雌争い（本書第27章Sampsonを参照）である．この研究で使われた標本にはほかの分類群も含まれ，*S. validum*

の雄と同じ分布を示す別種のステゴケラスも混じっている．はっきり異なる特徴を示す1標本は新しい属として分類され，Wall and Galton（1979）によってグラヴィトルス（Gravitholus）と命名された．

図 10.3 は Greg Paul による2種類のハドロサウルス類，エドモントサウルス（Edmontosaurus）とアナトティタン（Anatotitan）の研究だが，これを見るとランドマーク分析がどのようなものかよくわかる．頭蓋骨の背面図と側面図について一連の標認点を選び出し，図 10.4 に表した．さらに Resistant-Fit Theta-Rho Analysis（RFTRA）(Chapman 1990 a, 1990 b ; Chapman and Brett-Surman 1990) という名で知られる技術を，背面図と側面図のそれぞれに適用した．RFTRA の手順はまず基本標本（ここではエドモントサウルス）の図解を用意するところから始まる．そこへ別の頭骨の図を拡大もしくは縮小し，回転，移動させながら，形を変えずになるべくぴったり合うように重ね合わせる．そこで，各標認点がエドモントサウルスとアナトティタンの間でどうちがうかを矢印で表し，矢印の方向と大きさをもとに分析する（図 10.5）．

分析結果は一目瞭然である．背面図を見ると，めだったちがいはエドモントサウルスに比べてアナトティタンの吻部が長い点だとわかる．それ以外の箇所は，異なる属にしてはちがいが小さい．側面図にはもっと興味深いちがいがある．吻部が伸びているだけでなく，顎の主要部分が移動している．これは予測しうる結果である．なぜなら，顎が長くなると当然，ものをかむ時に使う筋肉と骨に大きな影響が及ぶからである．

以上の2例から，昔ながらの多変量形態計測とランドマーク法の利点がわかったことであろう．やや異なる条件のもとでは，このほかにも同じくらい有効な研究方法がある．形態計測法はまだ恐竜類の研究にはあまり用いられないが，状況は急速に変わりつつある．

分布研究

分布研究は時代や場所における生物の分布を分析する学問である．分布研究に古生物学のデータを持ち込む場合には次のような学問が関係してくる．生態学的パラメーターとの関わりを持たせて分布を研究する古生態学，特に地質時代と関連づけながら岩石記録における分布を調べる生層序学，そして地理や地質構造と結びつけて生物の分布を分析する古生物地理学である．もちろん，この三種の学問には重なり合う部分があり，主要な研究においては3つの要因すべてを考えに入れながら分布を論じなければならない．

恐竜学者のもとにはたいてい断片的で限られたデータしかなかったので，こうした分野には足を踏み入れたばかりである．なるほど，以前にも分布に関連した観察報告（例えば，ある特定の地質時代に生息していたアジアと北米西部の恐竜類の間に類似性があるといった指摘）は数多く出されており，恐竜類の分布を大陸移動と結びつける議論が展開されて

背面図

側面図

エドモントサウルス

アナトティタン

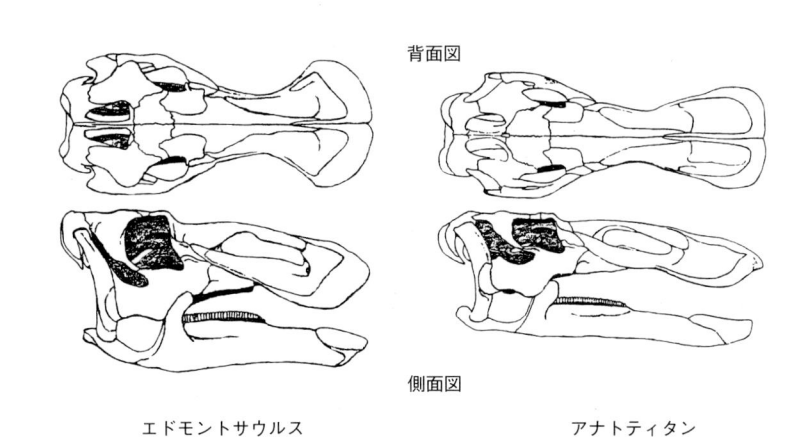

Lambe, 1917

Brett-Surman, 1990

図 10.3 ● ランドマーク法によるハドロサウルス類（hadrosaurines）の形態分析に使われた図解 エドモントサウルス（Edmontosaurus）とアナトティタン（Anatotitan）の背面図（上）と側面図（下）を，Greg Paul による復元図をもとに修正．

背面図

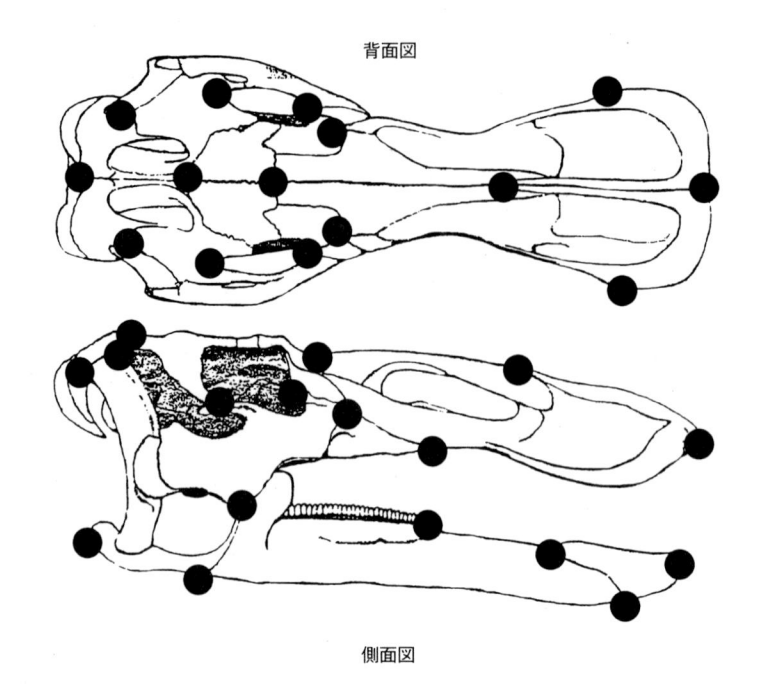

側面図

図 10.4●ハドロサウルス類の形態分析に使用した標認点
丸印で示した標認点は頭骨縫合線の交点，窓，眼窩，そして吻部や顎の先端．背面図については 15，側面図については 17 の標認点を使った．

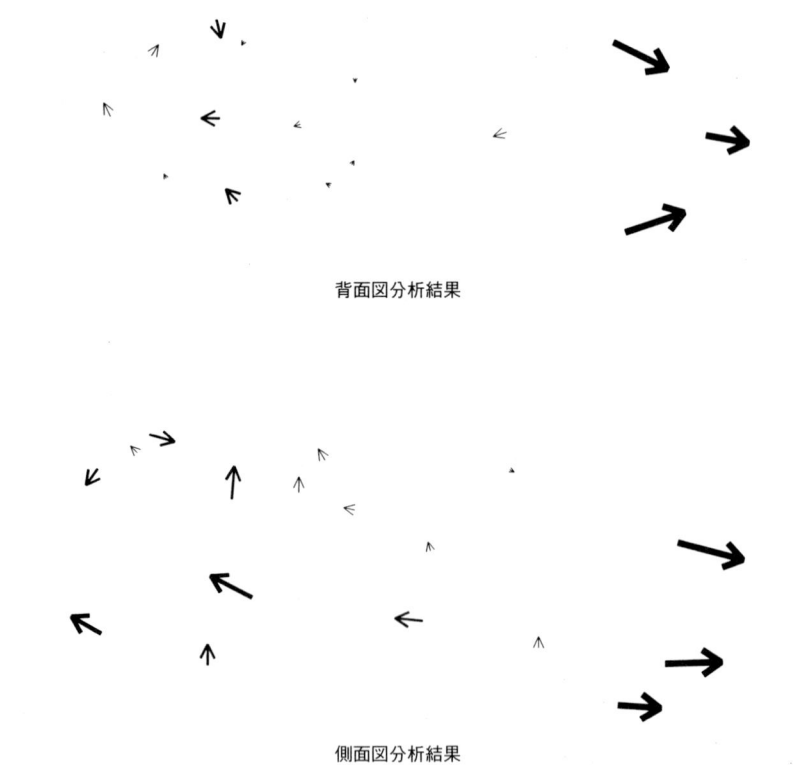

背面図分析結果

側面図分析結果

図 10.5●Resistant-Fit Theta-Rho-Analysis（RFTRA）によるハドロサウルス類の頭骨分析結果
異なる 2 個体の分析を合わせて，それぞれ背面図と側面図に表示した．矢印はエドモントサウルスとアナトティタンの間で標認点のずれを調べ，その方向とちがいの大きさを示したもの．吻部の変化が特にめだっている．

表10.1● ジュラ紀後期から白亜紀後期までの16の化石産地で，31種類の恐竜類が発見されたかどうかを分布分析するのに使用したデータ．データの出所はWeishampel（1990）

地質時代	場所	参照番号	分類群番号 1234567890 1234567890 12345678901
JUL	WYO/USA	136	1101111111 1000000000 00000000000
JUL	UTH/USA	137	1111111111 1100000000 00000000000
JUL	COL/USA	138	1111111111 1110000000 00000000000
JUL	CHINA	174	1100100100 0000000000 00000000000
CRE	MON/USA	192	0011000001 1011000000 00000000000
CRE	TEX/USA	202	0011000001 1011000000 00000000000
CRE	ENGL	210	0011010001 0010000000 00000000000
CRE	ENGL	211	1110010100 0010000000 00000000000
CRE	MONG	248	0000000000 0011001000 00000000000
CRE	MONG	252	0000000100 0010010000 00000000000
CRL	ALB/CAN	294	0000001001 1010110111 11111110000
CRL	SAS/CAN	295	0000001000 1001010011 11011010000
CRL	MON/USA	300	0000000110 1011011001 01011110000
CRL	WYO/USA	301	0000000011 1101101100 10101110000
CRL	MONG	363	0000000010 0100100010 01001010000
CRL	MONG	364	0000011000 1001011011 01101111111

0：その化石産地からは発見されなかった分類群，1：その化石産地で発見された分類群．

略語：JU：ジュラ紀，CR：白亜紀，E：前期，L：後期，MONG：モンゴル地方，ENGL：英国，USA：米国，WYO：ワイオミング州，ALB：アルバータ州，SAS：サスカチュワン州，CAN：カナダ，TEX：テキサス州，MON：モンタナ州，COL：コロラド州，UTH：ユタ州，CHINA：中国．
参照番号はWeishampel 1990による化石産地番号．

記号化に用いた分類群（数字は列番号を示している）：(1) ケティオサウルス科（Cetiosauridae），(2) ステゴサウルス科（Stegosauridae），(3) ブラキオサウルス科（Brachiosauridae），(4) ヒプシロフォドン科（Hypsilophodontidae），(5) アロサウルス科（Allosauridae），(6) マニラプトル類 I（Maniraptora I）（コエルルス Coelurus とオルニトレステス Ornitholestes），(7) カマラサウルス科（Camarasauridae），(8) ディプロドクス科（Diplodocidae），(9) ドリオサウルス科（Dryosauridae），(10) カンプトサウルス科（Camptosauridae），(11) ケラトサウルス類（Ceratosauria），(12) オルニトミモサウルス類（Orhithomimosauria），(13) ノドサウルス科（Nodosauridae），(14) ティタノサウルス科（Titanosauridae），(15) ドロマエオサウルス科（Dromaeosauridae），(16) イグアノドン類（Iguanodontia），(17) ハドロサウルス科（Hadrosauridae），(18) パキケファロサウルス科（Pachycephalosauridae），(19) プシッタコサウルス科（Psittacosauridae），(20) ティラノサウルス科（Tyrannosauridae），(21) エルミサウルス科（Elmisauridae），(22) カエナグナトゥス科（Caenagnathidae），(23) トロオドン科（Troodontidae），(24) セグノサウルス類（Segnosauria），(25) ケラトプス科（Ceratopsidae），(26) アンキロサウルス科（Ankylosauridae），(27) プロトケラトプス科（Protoceratopsidae），(28) オヴィラプトル科（Oviraptoridae），(29) ガルディミムス科（Garudimimidae），(30) アヴィミムス科（Avimimidae），(31) ホマロケファレ科（Homalocephalidae）．

いる．しかし，世界中の恐竜産地から発掘された主要な標本に加えて，新しい標本を次々と集めた結果（Weishampel 1990），より多くの資料をもとに総合的な見地から恐竜の分布を研究できるようになったのは最近のことである．

分布データを分析するにはさまざまな方法がある．よく用いられる手段の一つを例にとって簡単に説明しよう．

さまざまな化石産地から発見された分類群，それに発掘場所や標本のデータはデータ行列にまとめることができる．このデータには，それぞれの分類群について見つかった個体の数や，その地域の動物相に占める割合，あるいは単に存在したかどうか（存在すれば1，存在しなければ0と表示）といった内容が含まれる．その例として，16か所の地域について31種類の分類群が存在したかどうかのデータを表10.1に示した．存在の有無は16×31のマスに1と0で書き込んでいる（この表にはそれぞれの化石産地の地質時代と地理的な位置，そして分析に使用した分類群のデータも含まれている．ほとんどの科が恐竜類の科である）．ここに載せたデータはWeishampel（1990）の研究から直接引用したもので，現在もWeishampelとChapmanが続けている幅広い研究の一部にすぎない．

さて分布分析の次の段階として，比較対照する単位を選ばなくてはならない．どの化石産地で見つか

るかをもとに分類群同士の関係を調べるという手もあるし，見つかった分類群をもとに化石産地同士の関係を調べることもできる．どちらにしても，研究対象とする単位の間のちがいを記すために，行列をつくる必要がある．この距離行列はさまざまな数学的係数の一つを使って計算される（初期の研究についての概説は Cheetham and Hazel 1969 を参照）．係数にはいろいろな特性があり，その場にぴったり合うものが選ばれる．

ここでは分析にダイス係数を使用したが，この係数はさまざまな性質のデータを処理するのに適している．その結果は，サンプルに関して 16×16 単位，分類群に関して 31×31 単位の距離行列で表す．行列への記入は，それぞれ各単位が他単位からどれほど異なっているかの評価による．

距離行列をつくったあと，これを処理しなくてはならない．通常は，多次元のデータをもっと少なく分析しやすい数（1〜3）にまで減らす方法がとられる．これには主成分分析（形態計測のところですでに触れた）やクラスター［群］分析のような分類手段も含まれる．クラスター分析は樹状図つまり樹の形をした図を使って関係を示す方法で，研究対象の単位から最もよく似たものを集めて群すなわちグループにまとめ，そこへもっと離れたところから新しい単位や群（単位のグループ）を加えて，最後には全体が一つにまとまるような図をつくる．こうしてできあがった図から主要な群を探し，それらの群の中での異なる単位や単位グループの関係に注目して分析を行う．樹状図は天井から吊り下げるモビールと同様，どのつなぎ目でも回転させることができるので，隣り合せの 2 つの単位が別の単位より近い関係にあるとは限らない．2 つの単位の間の関係や距離を探るには，それぞれの枝をたどって，両者が共有する一番近いつなぎ目を見つけなくてはならない．

化石産地に関して行ったクラスター分析の結果

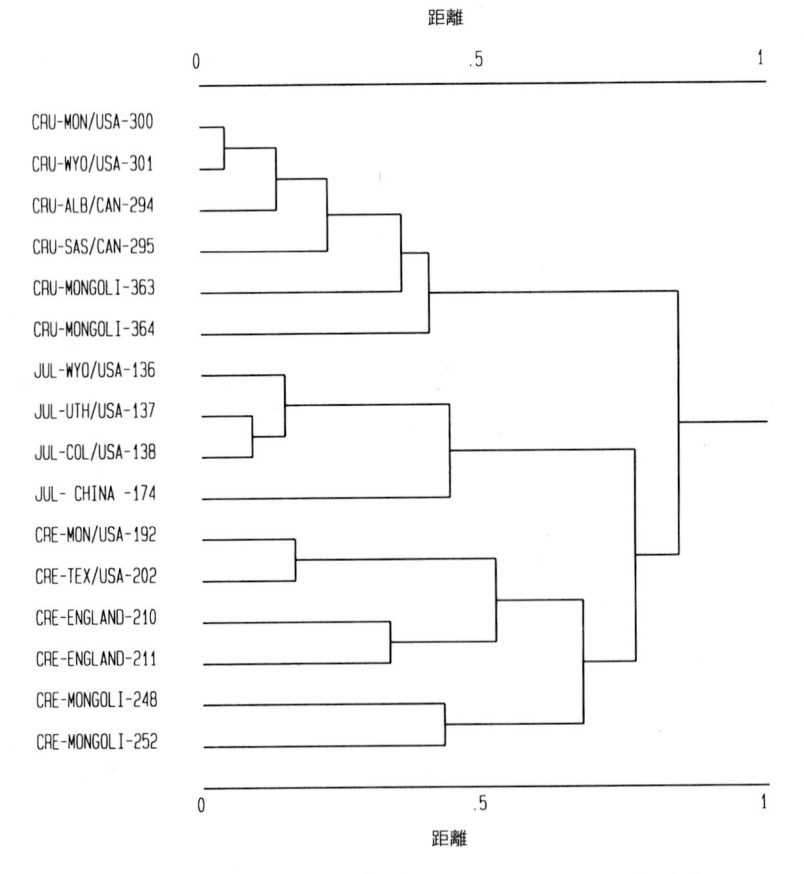

図 10.6 ● 恐竜類の発掘場所の分布分析．Weishampel 1990 のデータによる 16×16 の距離行列（ダイス係数 1 個）でクラスター分析（UPGMA）を行い，31 種類の分類群が存在するか否かによって化石産地のデータを配列する．各時代に 3 つの主要な群があり，各主要群の中に地理的まとまりがある点に注目．略語：表 10.1 を参照．

（図10.6）を見ると，時代単位ごとにまとまりができているので，恐竜類の分布を左右する一番の要因は地質時代であることがわかる（主要な群が3つあり，そこに同時代の化石産地がいっしょに入っている点に注目）．各時代単位の中で次に影響力を持つのは地理的要因である．なぜなら，まず最初に北米の化石産地が群をつくったあとに，ヨーロッパとアジアの化石産地が加わっているからである．もっと多くの化石産地から資料を集め，堆積環境を徹底的に調べれば（残念ながら，恐竜類のデータに関しては不可能だろうが），生態環境要因や緯度が及ぼす影響まで解き明かすことができるかもしれない．

分類群の分析結果（図10.7）でも，まとまりのでき方に時代の影響が濃厚に表れている．これは表10.1のデータを再分析した結果だが，2つの大きな群がそれぞれジュラ紀と白亜紀のものであることがはっきりわかる．プシッタコサウルス科（Psittacosauridae）がほかのグループからはずれているのは，モンゴル地方（Mongolia）の白亜紀前期の地層か，あるいは白亜紀の動物とジュラ紀に多い動物が入り混じっている化石産地からしか見つかっていないからである．これらの大きなまとまりの中にも群を見つけることができ，例えば北米で多く産出するグループや，アジア色が強いグループなどが認められる．もっと詳細なデータがあれば，同じ生態環境に生息していたのはどの分類群かということや，分類群同士の関係（捕食者と被食者の関係など）を解明できるかもしれないが，そのレベルの分析をするには恐竜類のデータがまだ不足している．

系統発生分析

系統発生学は生物グループの類縁関係の構築を目

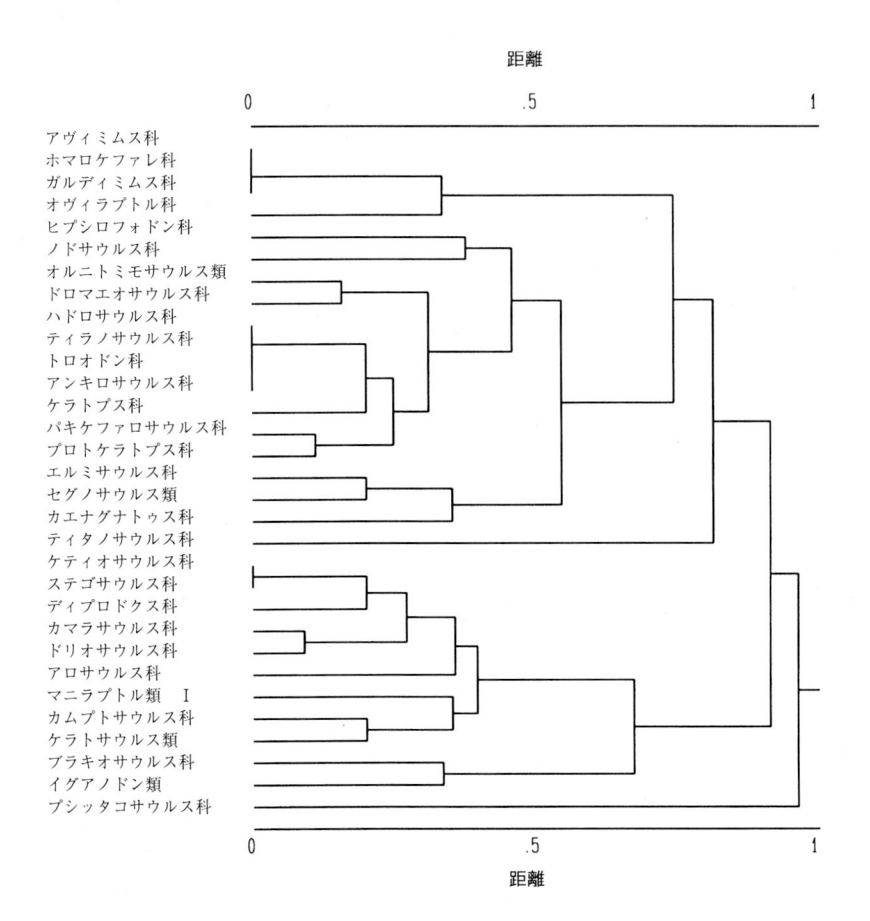

図10.7●恐竜類の分布分析．データの出所はWeishampel 1990
31×31の距離行列（ダイス係数1個）をクラスター分析（UPGMA）にかけ，16の化石産地に各分類群が存在するか否かによって分類群のデータを配列する．白亜紀とジュラ紀に特徴的な分類群が主要なまとまりをつくり，各主要群の中では何らかの地理的傾向が認められる点に注目．

指す学問である．生物の各グループはふつう，種や属，科などの分類群として表される．生物のデータが十分に集まっていても，たった一つの系統発生の構築さえ容易ではない．まして古生物のデータとなれば，保存状態が悪くて欠けているデータもあり，いっそうむずかしくなる．恐竜類のデータは古生物のデータの中でも特に不足しているので，恐竜類の系統発生分析は極めて困難である．それでも得るところは多く，さらなる研究のきっかけを与えてくれる．

それでは Russel and Zheng (1993) によって発表されたデータから竜脚類恐竜の分析を例にとり，古生物学における系統発生分析の進め方を説明しよう．彼らが行ったオリジナルの分析では9つの属が使われているが，ここでは結果を簡単に示すためにそれを4属（プラテオサウルス *Plateosaurus*，ブラキオサウルス *Brachiosaurus*，シュノサウルス *Shunosaurus*，アパトサウルス *Apatosaurus*）にしぼった．これから利用する方法は分岐学と呼ばれ，現在のところ，進化分類学の研究で最もよく使われている研究手段である．例としてあげた分析の内容は非常に簡単ではあるが，こうした分析の手順をいくらかでも伝えることができるであろう（分岐学の入門書としては Wiley et al. 1991；Maddison and Maddison 1992；Swofford and Begle 1993；Holtz and Brett-Surman による本書第8章などが役に立つ）．

系統分析の目標は，研究対象の生物，この場合は4属の恐竜類の類縁関係を表す系統樹を作成することである．系統樹は分類群をグループにまとめて類縁関係をわかりやすく描いたもので，分岐点と枝から構成される．分岐点は枝によって結びつけられた分類群で，枝の末端点（terminal nodes）に位置する研究対象の分類群と，内部分岐点を含む．内部分岐点はその先にある（系統樹の上端に近い）すべての分岐点を含む分類群と考えてよい．内部分岐点とその子孫を全部合わせてクレードと呼ぶ．研究対象の分類群が属であれば，内部分岐点は属の集合で，昔ながらの分類法によると亜科や科，あるいはそれより上の分類群にほぼ等しい．

ここでは属を末端点とするので，例えばブラキオサウルス，シュノサウルス，アパトサウルスを結びつける内部分岐点は，伝統的な名称でいう竜脚下目（Sauropoda）に当たり，これがクレードとなる．分岐分析では昔ながらの分類群の階層に従って内部分類群を設けることはないので，この点に注意してほしい．内部分岐点には系統樹でこれに従属するすべ

ての分類群が含まれる．したがって，鳥類が獣脚類恐竜から進化したのだとすれば，鳥綱（Aves）は獣脚亜目（Theropoda）というクレードの下位集団となる．獣脚類自体も恐竜目（Dinosauria）というクレードの下位集団であるが．系統樹上で隣接し，類縁関係にある2つの分類群は姉妹群と呼ばれる．

ところで系統樹はどのようにして作成されるのであろうか．研究者は，節減の原理に従って，なるべくすっきりとした系統樹をつくろうとする．そのためにさまざまな方法で分類群のデータを形質の記号に変え，そのちがいを系統樹に反映させる．この記号は1と0で表示されることが多く，たいていの場合，0はその形質が未発達であることを示している．形質を記号化する方法はほかにもある．グループを定義する形質は子孫的形質もしくは派生形質と呼ばれる．ほとんどの分類群はいくつかの異なる子孫的形質によって特徴づけられる．Benton（1990）では，獣脚亜目を20以上の子孫的形質によって定義している．

ここにあげた Russell and Zheng（1993）の例では，4属に対して21の形質を記号化している（表10.2）．これらの形質はさまざまな形で分類群の特徴を描写している．例えば，ある構造の有無（19番めの形質の一つである尾部の棍棒など）や，何らかの構造の数（14番めの形質では，胸腰椎の数），構造の形のちがい（7番めの形質では，歯骨の断面），あるいは全体的な形状（8番めの形質では，軸椎突起が高いか低いか）などがチェックされる．

形質は系統樹のステップに応じて変化する．特定の形質の記号を一つの枝をたどって見た時に，形質状態が0から1へ，あるいは1から0へ，1から2へと変わることがある．これは形質が分析中にどのように変わるか，どのように記号化するかによる．変化が見られる箇所がステップであり，もとの状態に戻ることを逆転という．一つの系統樹の複数箇所で同じ状態へ変化する形質は成因的相同であり，形質の記号化のまちがいか，そうでなければ収斂や平行進化と呼ばれる進化上の現象と考えられる．ステップの数が最小で，逆転と成因的相同をなるべく減らした系統樹が最も望ましい．しかし，表10.3を見てもわかるように，形質の数が増えるとこのような理想的系統樹は得にくくなる．二叉分枝だけを想定しても（内部分岐点での枝分かれを二またに限っても），わずか9種類の形質から作成可能な系統樹は100万を超える．だからこそ，ほとんどすべての分析に関して，十分な試算能力を持つコンピュータ

表10.2● 4種類の竜脚形類の分岐分析で使われた形質

データはRussell and Zheng 1993より．13番めの形質はここに例示した4属の間でちがいがなかったため省略した．

分類群	形質番号																			
	1	2	3	4	5	6	7	8	9	10	11	12	14	15	16	17	18	19	20	21
プラテオサウルス	0	0	0	0	0	0	0	0	0	0	0	0	0	0	0	0	0	0	0	0
ブラキオサウルス	0	1	1	0	0	1	0	1	0	1	1	0	1	1	0	0	0	0	1	1
シュノサウルス	0	1	0	0	0	0	0	1	0	0	0	0	0	1	1	0	1	2	0	0
アパトサウルス	1	0	1	1	1	1	1	1	1	1	1	1	0	1	1	1	1	1	1	1

形質（詳しくはRussell and Zheng 1993を見られたい）：
1. 翼状突縁の軸が直角か（0），鋭角か（1）．
2. 方形骨後部の切れ込みが浅いか（0），深いか（1）．
3. 外下顎骨に窓があるか（0），ないか（1）．
4. 歯骨の結合枝が丸みを帯びているか（0），鋭角か（1）．
5. 歯槽縁が歯骨の前半部を超えて広がっているか（0），歯骨前半部に限られているか（1）．
6. 歯骨上の歯の数が15より多いか（0），少ないか（1）．
7. 歯骨上の歯の断面が縦長の楕円か（0），円筒形か（1）．
8. 軸椎棘突起が低いか（0），高いか（1）．
9. 頸椎中央の突起が裂けていないか（0），深く裂けているか（1）．
10. 頸椎椎体の側面のくぼみが浅いか（0），深いか（1）．
11. 頸椎椎体の長さと胸腰椎椎体の長さの比が2.0より小さいか（0），大きいか（1）．
12. 頸部肋骨が椎体よりかなり長いか（0），ほとんど等しいか（1）．
14. 胸腰椎の数が12より多いか（0），12以下か（1）．
15. 胸腰椎神経弓の高さが椎体の高さにほぼ等しいか（0），2倍か（1）．
16. 胸腰椎棘突起の表面が未発達か（0），小さい上脊椎関節突起板と横軸方向への稜があるか（1）（＝Russell and Zheng 1993では2）．
17. 尾椎椎体の基部が両扁か（0），前凹か（1）．
18. 尾椎中央の血道突起が単一か（0），2つに分かれているか（1）．
19. 尾の先が特殊化していないか（0），鞭状か（1），棍棒状か（2）．
20. 坐骨の遠位端が縮んでいるか（0），平らに広がっているか（1）．
21. 距骨の背面図が四角形か（0），三角形か（1）．

表10.3● 使用する分類群が増えると，形のちがう系統樹がどれだけできるか

データの出所はWiley et al. 1991．分類群の数，多叉分枝（分岐点で3本以上に枝分かれ）を含む全系統樹の数，および二叉分枝の（分枝は2本のみに限られる）系統樹の数．

分類群の数	全系統樹の数	二叉分枝による系統樹の数
3	4	3
4	26	15
5	236	105
6	2752	945
7	39208	10395
8	660032	135135
9	12818912	2027025
10	282137824	344459425

ー・プログラムが必要になる．現在最もよく使われているのは，MacClade（Maddison and Maddison 1992）とPAUP（Swofford and Begle 1993）である．

外群を利用すると分析はしやすくなる．外群は研究対象と近い関係にあり，形質の基準値を提供し，系統樹の根となる分類群である．ここにあげた例ではプラテオサウルスが竜脚類の外群となる．そしてRussellとZhengによって作成されたデータ行列（表10.2に要約）を，基本データとしてコンピューター・プログラムに入力する．表10.3や図10.8からわかるように，4つの属に関して15種類の樹形が可能である．しかしプラテオサウルスを外群に指定すると樹形は3つにしぼられる（図10.8の四角で囲ったのがその3つである）．これらのデータは先ほど紹介した2つのプログラムで処理された．

PAUPから得られた結果は図10.9に示し，もっと一般的なMacCladeによる結果は図10.10に表した．3種類の系統樹のちがいを記した統計表も図

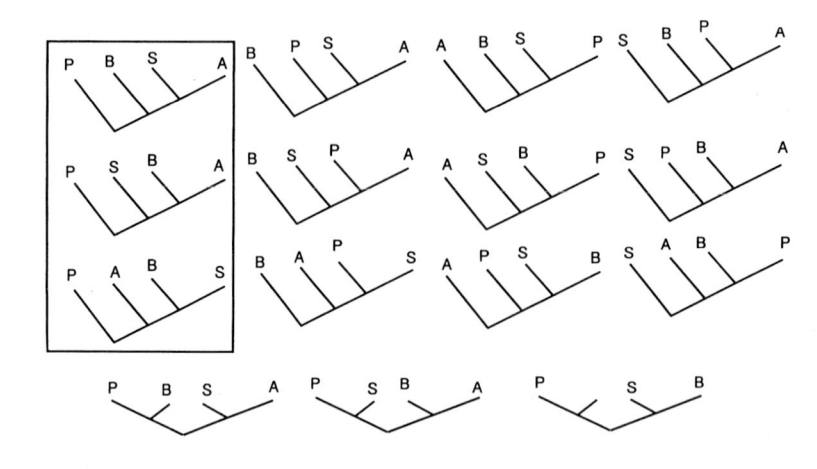

P＝プラテオサウルス　B＝ブラキオサウルス　S＝シュノサウルス　A＝アパトサウルス

図10.8●属の古竜脚類および竜脚類に関する分岐分析から構築されうる系統樹（二又分枝のみ）
どの系統図でも，基点は竜脚形亜目（古竜脚類と竜脚類を含むグループ）にほぼ等しい．四角で囲んだ3つの系統樹は，プラテオサウルスを外群とした場合の分析結果に基づく．この場合，基点のすぐ上の内部分岐点は竜脚下目に等しい．

系統樹の説明：
　　外群法を利用して無根系統樹に根を指定
　　形質状態の最適化：　形質変換促進化配置（ACCTRAN）

系統樹 1（ユーザー指定の外群を利用して根づけ）：
系統樹の長さ＝29
一致指数 consistency index（CI）＝0.724
成因的相同指数 homoplasy index（HI）＝0.276
情報価値のない形質を除いた CI＝0.529
情報価値のない形質を除いた HI＝0.471
保持指数 retention index（RI）＝0.111
修正一致指数 rescaled consistency index（RC）＝0.080

```
                                    /-------------------- ブラキオサウルス
                          /---------5
                /---------6         \-------------------- シュノサウルス
                |                   --------------------- アパトサウルス
                \------------------------------------- プラテオサウルス
```

系統樹 2（ユーザー指定の外群を利用して根づけ）：
系統樹の長さ＝24
一致指数（CI）＝0.875
成因的相同指数（HI）＝0.125
情報価値のない形質を除いた CI＝0.750
情報価値のない形質を除いた HI＝0.250
保持指数（RI）＝0.667
修正一致指数（RC）＝0.583

```
                                    /-------------------- ブラキオサウルス
                          /---------5
                /---------6         \-------------------- アパトサウルス
                |                   --------------------- シュノサウルス
                \------------------------------------- プラテオサウルス
```

系統樹 3（ユーザー指定の外群を利用して根づけ）：
系統樹の長さ＝28
一致指数（CI）＝0.750
成因的相同指数（HI）＝0.250
情報価値のない形質を除いた CI＝0.562
情報価値のない形質を除いた HI＝0.438
保持指数（RI）＝0.222
修正一致指数（RC）＝0.167

```
                                    /-------------------- シュノサウルス
                          /---------5
                /---------6         \-------------------- アパトサウルス
                |                   --------------------- ブラキオサウルス
                \------------------------------------- プラテオサウルス
```

図10.9●PAUP プログラムによる竜脚類の系統分析結果．形質は Russell and Zheng 1993 より引用

10.9に書き込んでいる．図10.9でも図10.10でも，真ん中の系統樹の長さが一番短い点に注目してほしい．ブラキオサウルスとアパトサウルスを姉妹群とし，さらにシュノサウルスを加えて竜脚下目を定義したもので，長さは24ステップ分である．これに対し，図10.9と図10.10の一番下にある系統樹はアパトサウルスとシュノサウルスを姉妹群とした結果，長さが28ステップになっている．また，別の組合せでつくった一番上の系統樹は29ステップの長さがある．

同様に，ほかの統計値（図10.9）をとっても，真ん中の系統樹が最適であることがわかる．例えば一致指数（consistency index）もその一つである．これは系統樹が形質の変化を表す効率を示したもので，分析の結果得られた系統樹の長さと，考えられうる最短の系統樹の長さの比で表され，数値が高いほどよい．保持指数（retention index）もこれに似ているが，計算方法が異なる．最後に，成因的相同指数（homoplasy index）は，成因的相同が系統樹に及ぼす影響を見積もったもので，値が低いほどよい．今回使用した形質と分類群に関しては，どの指数を見ても真ん中の系統樹が最もすぐれている．

いろいろなプログラムによって最適の系統樹を構築したあとは，それを調べる作業が待っている．その際，形質の変化に注目し，各分岐点でどの形質が子孫形質であるかを決定する．ここでは8番めと15番めの形質が竜脚下目の子孫形質で，3番，6番，10番，11番，20番，21番の形質がブラキオサウルスとアパトサウルスを合わせたクレードの子孫形質である．問題は16番，18番，19番と2番の形質で，逆転現象を示している．初めの3つはアパトサウルスとシュノサウルスを一つのクレードに，最後の形質はブラキオサウルスとシュノサウルスを一つのクレードに結びつける根拠を与えている．末端点を決める子孫形質としては，ブラキオサウルスでは14番，シュノサウルスでは19番の形質状態2，アパトサウルスでは1番，4番，5番，7番，9番，12番，17番の7つがある．

これは分岐分析の典型例で，逆転が多く含まれ，完全な系統樹とはいいがたい．ここでは認められないが，形質が繰り返される場合も珍しくない．Russell and Zheng（1993）による分析では，ほかにもたくさんの分類群を加えて最短樹形を3つ構築しているが，シュノサウルスとアパトサウルスをより近い関係に置く系統樹を最適としている．系統分析の最後の段階は，分析結果を評価し，さらに形質と分類

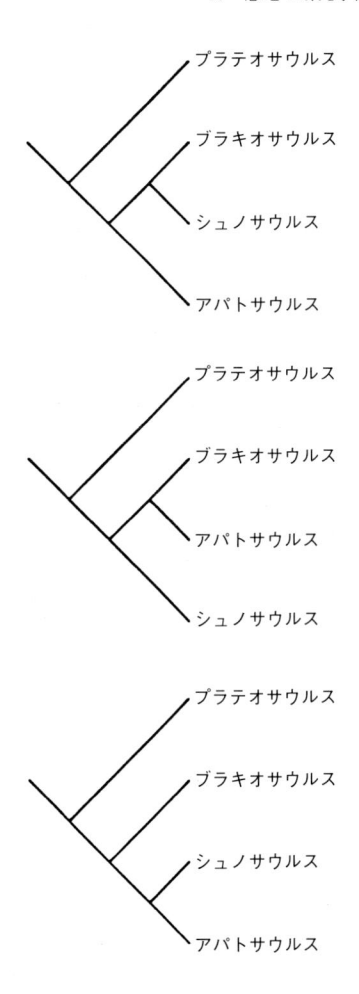

図10.10●MacCLADEプログラムによる竜脚類の系統分析結果．形質はRussell and Zheng 1993より

群を加えて新たな系統樹をつくり出すことである．本物の系統樹に一歩一歩近づくのを期待しながら，このプロセスは繰り返し続けられる．

系統樹の構築はむずかしい．しかし，古生物学者が研究対象の標本や分類群について詳しく知り，どの分野を中心に研究すべきかを決めるには，重要な作業である．

今は恐竜研究者にとっては嬉しい時代である．化石を見つけ収集し同定する方法が改善され，有用な標本の数がどんどん増えている．活動中の古生物学者の少なさを考えると激増といってもよい．現在は最先端の科学技術と手段を用いて情報を入手し，利用することができるので，恐竜の生物学だけでなく，恐竜が生きていた世界についても説得力のある

確かな推論を立てやすくなっている．研究に使える化石資料が少ないせいで恐竜学者は苦労しているが，それでもここで紹介した方法や将来開発される方法に頼れば，恐竜類についてもっと多くのことが明らかになるであろう．

●文　献

Alexander, R. M. 1989. *Dynamics of Dinosaurs and Other Extinct Giants*. New York：Columbia University Press.

Behrensmeyer, A. K., and R. E Chapman. 1993. Models and simulations of time-averaging in terrestrial vertebrate accumulations. In S. M. Kidwell and A. K. Behrensmeyer (eds.), *Taphonomic Approaches to Time Resolution in Fossil Assemblages*, pp.125-149. Paleontological Society Short Courses in Paleontology no. 6. Knoxvill：University of Tennessee.

Benton, M. J. 1990. Origin and interrelationships of dinosaurs. In D. B. Weishampel, P. Dodson, and H. Osmólska (eds.), *The Dinosauria*, pp.11-30. Berkeley：University of California Press.

Bookstein, F. L. 1991. *Morphometric Tools for Landmark Data：Geometry and Biology*. Cambridge：Cambridge University Press.

Brown, B., and E. M. Schlaikjer. 1943. A study of the troodont dinosaurs with the description of a new genus and four new species. *Bulletin American Museum of Natural History* 82：115-150.

Burns, M. 1993. *Automated Fabrication：Improving Productivity in Manufacturing*. Englewood Cliffs, N. J.：Prentice-Hall.

Chapman, R. E. 1990 a. Conventional Procrustes approaches. In F. J. Rohlf and F. L. Bookstein (eds.), *Proceedings of the Michigan Morphometrics Workshop*, pp.251-267. Special Publication no. 2. Ann Arbor：University of Michigan Museum of Zoology.

Chapman, R. E. 1990 b. Shape analysis in the study of dinosaurs morphology. In K. Carpenter and P. J. Currie (eds.), *Dinosaur Systematics：Approaches and Perspectives*. pp.21-42. Cambridge：Cambridge University Press.

Chapman, R. E.；P. M. Galton；J. J. Sepkoski, Jr.；and W. P. Wall. 1981. A morphometric study of the cranium of the pachycephalosaurid dinosaur *Stegoceras*. *Journal of Paleontology* 55：608-618.

Chapman, R. E., and M. K. Brett-Surman. 1990. Morphometric observations on hadrosaurid ornithopods. In K. Carpenter and P. J. Currie (eds.), *Dinosaur Systematics：Approaches and Perspectives*, pp.163-177. Cambridge：Cambridge University Press.

Cheetham, A. H,. and J. E. Hazel. 1969. Binary (presence-absence) similarity coefficients. *Journal of Paleontology* 43：1130-1136.

Chinsamy, A. 1993 a. Bone histology and growth trajectory of the prosauropod dinosaur *Massospondylus carinatus* Owen. *Modern Geology* 18：319-329.

Chinsamy, A. 1993 b. Image analysis and the physiological implications of the vascularisation of femora in archosaurs. *Modern Geology* 19：101-108.

Chure, D. J., and J. S. McIntosh. 1989. *A Bibliography of the Dinosauria (Exclusive of the Aves), 1677-1986*. Paleontology Series no. 1. Grand Junction：Museum of Western Colorado.

Cutler, A. H., and A. K. Behrensmeyer. In press. Models of vertebrate mass mortality events at the KT boundary. Proceedings of the Conference on New Developments Regarding the KT Event and Other Catastrophes in Earth History, 1994. Geological Society of America, Special Paper.

Dodson, P. 1975. Taxonomic implications of relative growth in lambeosaurid dinosaurs. *Systematic Zoology* 24：37-54.

Dodson, P. 1976. Quantitative aspects of relative growth and sexual dimorphism in *Protoceratops*. *Journal of Paleontology* 50：929-940.

Farlow, J. O. 1991. *On the Tracks of Dinosaurs：A Study of Dinosaur Footprints*. New York：Franklin Watts.

Farlow, J. O. 1993. *The Dinosaurs of Dinosaur Valley State Park*. Austin：Texas Parks and Wildlife Department.

Gore, R. 1993. Dinosaurs. *National Geographic* 183(1)：2-53.

Gray, S. W. 1946. Relative growth in a phylogenetic series and in an ontogenetic series of one of its members. *American Journal of Science* 244：792-807.

Heinrich, R. E,；C. B. Ruff；and D. B. Weishampel. 1993. Femoral ontogeny and locomotor biomechanics of *Dryosaurus lettowvorbecki* (Dinosauria, Iguanodontia). *Zoological Journal of the Linnean Society* 108：179-196.

Hirsch, K. F；K. L. Stadtman；W. F. Miller；and J. M. Madsen, Jr. 1989. Upper Jurassic dinosaur egg from Utah. *Science* 243：1711-1713.

Jefferson, G. T. 1989. Digitized sonic location and computer imaging of Rancho La Brea specimens from the Page Museum salvage. *Current Research in the Pleistocene* 6：45-47.

Jorstad, T., and J. Clark. 1995. Mapping human origins on an ancient African landscape. *Professional Surveyor* 15(4)：10-12.

Lambert, S., and W. Howe. 1993. *Internet Basics：Your Online Access to the Global Electronic Superhighway*. New York：Random House.

Levine, J. R., and C. Baroudi. 1993. *The Internet for Dummies*. San Mateo, Calif.：IDG Books.

Lockley, M. 1991. *Tracking Dinosaurs：A New Look at an Ancient World*. Cambridge：Cambridge University Press.

Lull, R. S., and S.W. Gray. 1949. Growth patterns in the Ceratopsia. *American Journal of Science* 247：492-503.

Maddison, W. P., and D. R. Maddison. 1992. *MacClade：Analysis of Phylogeny and Character Evolution, Version 3*. Sunderland, Mass.：Sinauer Associates.

McKenna, P.C. 1992. GPS in the Gobi：Dinosaurs among the dunes. *GPS World* 3(6)：20-26.

Nielson, G. M., and B. Shriver (eds.). 1990. *Visualization in Scientific Computing*. Los Alamitos, Calif.：IEEE Computer Society Press.

Paul, G. S. 1987. The science and art of restoring the life appearance of dinosaurs and their relatives: A rigorous how-to guide. In S.J. Czerkas and E.C. Olson (eds.), *Dinosaurs Past and Present*, vol. 2, pp. 4-49. Seattle: Los Angeles County Museum of Natural History and University of Washington Press.

Poor, G. W. 1991. *The Illusion of Life: Lifelike Robotics*. San Diego: Educational Learning Systems.

Raup, D. M. 1966. Geometric analysis of shell coiling: General problems. *Journal of Paleontology* 40(5): 1178-1190.

Rohlf, F. J., and F. L. Bookstein (eds.). 1990. *Proceedings of the Michigan Morphometrics Workshop*. Special Publication no. 2. Ann Arbor: University of Michigan Museum of Zoology.

Rowe, T.; W. Carlson; and W. Bottorf. 1993. *Thrinaxodon: Digital Atlas of the Skull*. Austin: University of Texas Press.

Russell, D. A., and Z. Zheng. 1993. A large mamenchisaurid from the Junggar Basin, Xinjiang, People's Republic of China. *Canadian Journal of Earth Sciences* 30: 2082-2095.

Shay, D., and J. Duncan. 1993. *The Making of Jurassic Park: An Adventure 65 Million Years in the Making*. New York: Ballantine Books.

Sochurek, H. 1987. Medicine's new vision. *National Geographic* 171(1): 2-41.

Swofford, D. L., and D. P. Begle. 1993. *User's Manual for PAUP: Phylogenetic Analysis Using Parsimony-Version 3.1, March 1993*. Washington, D.C.: Laboratory of Molecular Systematics, Smithsonian Institution.

Thompson, D'A.W. 1942. *On Growth and Form: The Complete Revised Edition*. 1992 ed. New York: Dover Books.

Wall, W. P., and P. M. Galton. 1979. Notes on the pachycephalosaurid dinosaurs (Reptilia; Ornithischia) from North America, with comments on their status as ornithopods. *Canadian Journal of Earth Sciences* 16: 1176-1186.

Weishampel, D. B. 1990. Dinosaurian distribution. In D. B. Weishampel, P. Dodson, and H. Osmólska (eds.), *The Dinosauria*, pp.63-139. Berkeley: University of California Press.

Weishampel, D.B. 1993. Beams and machines: Modeling approaches to the analysis of skull form and function. In J. Hanken and B. K. Hall (eds.), *The skull*, vol. 3, pp.303-343. Chicago: University of Chicago Press.

Weishampel, D. B., and R. E. Chapman. 1990. Morphometric study of *Plateosaurus* from Trossingen (Baden-Württemberg, Federal Republic of Germany). In K. Carpenter and P. J. Currie (eds.), *Dinosaur Systematics: Approaches and Perspectives*, pp.43-51. Cambridge: Cambridge University Press.

Weishampel, D.B.; P. Dodson; and H. Osmólska (eds.). 1990. *The Dinosauria*. Berkely: University of California Press.

Weishampel, D. B., and D. B. Norman. 1989. Vertebrate herbivory in the Mesozoic: Jaws, plants, and evolutionary metrics. In J. O. Farlow (ed.), *Paleobiology of the Dinosaurs*, pp.87-100. Special Paper no.238. Boulder: Geological Society of America.

Wiley, E. O.; D. Siegel-Causey; D. R. Brooks; and V. A. Funk. 1991. *The Compleat Cladist: A Primer of Phylogenetic Procedures*. Special Publication no.19. Lawrence: University of Kansas Museum of Natural History.

Witten, A.; D. D. Gillette; J. Sypniewski; and W. C. King. 1992. Geophysical diffraction tomography at a dinosaur site. *Geophysics* 57: 187-195.

Zangerl, R., and H.-P. Schultze. 1989. X-radiographic techniques and applications. In R.M. Feldmann, R.E. Chapman, and J. T. Hannibal (eds.), *Paleotechniques*, pp.165-178. Special Publication no. 4. Knoxville, Tenn.: The Paleontological Society.

11 分子古生物学：古生物生体分子の研究理論と技術

Mary Higby Schweitzer

● 化石の生体分子

「絶滅」という言葉を聞くと，時にしばられたわれわれ人類は逃れようのない運命を感じ，心かき乱される．だからこそ，先史時代の怪獣が今も生きているという伝説が古来より語り続けられているのである．こうしてネス湖の深い淵を「首長竜」が泳ぎ回り，アフリカや南米では人跡未踏の密林に竜脚類恐竜が潜んでいるといった噂が流される．最近の例をあげると，遺伝子工学のハイテク技術を応用して絶滅した恐竜を蘇らせるという発想から，超大作映画「ジュラシック・パーク」がつくられている．

こんなふうに恐竜を「生き返らせる」のはやはり映画の中の幻想にすぎず，ハリウッド映画のスタッフにしかできないのか．それともいつか「ジュラシック・パーク」が現実になる日がくるのだろうか．生物を復元するに足る生体分子を化石の組織から分離することは可能なのか．この問題に答えを出す前に，まず「化石」という言葉の意味をはっきりさせておかねばならない．

「化石化」とは生物のかたい部分が無機質の鉱物によって完全に置き換わり，有機質の成分を失うかわりに形をとどめたもの，とたいていの人が思っているだろう．だが実際は，過去に生物がいた証拠であればどんなものでも化石といってよい（Schopf 1975）．だから氷づけのマンモスも足跡も石化した恐竜の骨もみな「化石」の一種なのである．化石記録を残す標本の保存状態は，すっかり鉱物に置換しているものからほとんど変質していないものまでさまざまである．

しかし，恐竜の機能や動き，体の大きさ，進化上の類縁関係を知るのに，鉱化した骨を使うのと，骨の成分そのものであったタンパク質や核酸を調べる

のとでは根本的なちがいがある．恐竜が生きていた時に細胞によってつくられた成分ではなく，鉱化した骨を材料にする場合は推測に頼るしかない．すなわち絶滅した動物を似たような特徴を示す現生動物と比較し，推論から仮説を導き出すわけだが，完全な立証は不可能である．一方，後者の場合は，本当に生体分子化合物を分離できるのなら，絶滅した生物群についてもっと客観的資料が手に入るようになるであろう．

●生体分子とは

　生体分子は，生きている組織もしくはかつて生きていた生物の組織に特有の原子配列である．生物の体内では核酸，タンパク質，脂質，糖質などの分子がつくられる．分子古生物学の研究対象で，最もとらえがたいが極めて多くの情報を提供してくれる生体分子がデオキシリボ核酸（DNA）である．DNAに含まれる情報さえあれば，細菌からヒトに至るまで，どんな生物でも特定できる．この分子の構成要素そのものはどの生物でもよく保存されている．化学的性質を見る限り，細菌のDNAもヒトのDNAもほとんど区別がつかない．

　DNAの基本単位であるヌクレオチドは，デオキシリボースと呼ばれる五炭糖とリン酸，そして窒素を含む塩基から形成される．塩基にはアデニン，シトシン，チミン，グアニンの4種類がある．糖とリン酸の分子は鎖状に連なって，ハシゴをねじったような2重らせんの「支柱」をなす．このねじれたハシゴの横木に当たる塩基の配列に，固有の情報が含まれている．細胞核内にある染色体上の塩基すべての配列をゲノムと呼ぶ．細胞膜や細胞小器官の一つ一つから消化や代謝の維持に関わるタンパク質，身長，体重，性別，眼の色に至るまで，あらゆる特徴がゲノムをもとに決定される．木やヒト，イヌ，恐竜をつくり出すのはゲノム全体の塩基配列なのである．この塩基配列を比較し生物間のちがいを知れば，異なる生物グループ同士の類縁関係に探りを入れることができる．理論的には，どんな生物であろうと，どの細胞からであろうと，遺伝子情報さえとり出せれば，同じ遺伝子を持つ生物を新たにつくり出すことが可能である．こうした考えを前提に映画「ジュラシック・パーク」は製作された．だが現実はそう簡単にはいかない．

　生存能力のある生物をつくり出すには，すべての塩基をそろえるだけでなく（一つのゲノムにつきおよそ10億以上の塩基が必要），個々の塩基を然るべき順番で並べなくてはならない．さらに，それを正しい数の染色体上に配置し，DNAにぴったり適合するタンパク質を用意する必要がある．その上，この化学情報すべてを適切な環境下に置かねばならない．すなわち，然るべきホルモンの刺激を受け，然るべき信号を引き金として発生段階の適切な時期に遺伝子のスイッチが「入」や「切」になるようにする．

　恐竜だけでなく，どの絶滅動物に関しても分類群を特定する染色体の数はわかっていないし，絶滅種に働く遺伝子の引き金やそのタイミング，ホルモン作用なども解明されていない．おまけに，恐竜時代よりずっと新しい，今からほんの数千年前のDNAでさえ，研究の末に解明できたのはわずか数百対の塩基配列にすぎない．脊椎動物の種を特定するには最低でもこれより何ケタも多い数の塩基配列が必要である．また，絶滅動物の組織からとり出されたDNAはどんなに保存状態がよくても細かくちぎれているし（Lindahl 1993），たいていの場合，塩基の一部が変化しているので，情報はほとんど失われている（DeSalle et al. 1993）．

　それなのになぜ大勢の科学者が時間と労力と金を注ぎ込んで古生物のDNAを見つけようとするのか？　絶滅種を蘇らせることはおそらく不可能であろう．残存する生体分子も時間の流れと化学分解によって損傷を受けているにちがいない．それでも多くの情報が得られると思うからである．

　分子古生物学者が何よりも知りたいのは生物群同士の類縁関係である．恐竜類，ワニ類，鳥類が共通の祖先を有していることはわかっている．また現生動物の中では鳥類が恐竜目（Dinosauria）に最も近く，分岐学の観点から見ると鳥類は恐竜類であるといってもよい（Feduccia［1996］はこれに異論を唱えているが）．この説は恐竜の骨に認められる数多くの特徴，すなわち形態を分析した結果に基づいている（Gauthier［1986］）．もしここで恐竜の骨から多くの情報を含むDNAをとり出せたら，恐竜類のどの系統が鳥類に最も近いかを決定できるだけでなく，種類の異なる恐竜同士の類縁関係も解明できる．さらに，鳥類と恐竜類が分岐した時期もより正確に推定できるであろう．

　恐竜の骨標本からDNAやタンパク質の配列をとり出して正しく並べ，分析すれば，系統樹を描くのに役立つはずである．ほかの方法で系統を分析する場合もそうだが，分析に使った形質の数が多いほ

ど，出された説の確かさは増す．塩基配列やアミノ酸配列の残存物も一つ一つが形質なので，系統学上重要な部分が十分に含まれる長さの配列があれば，これまで一般に行われていた形態的な形質に頼る方法より精度の高い系統図がこの方法により導き出されるであろう．また，形態上の研究に基づく系統図を分子資料によって確かめることも可能である（ニュージーランドで発掘された先史時代の飛べない鳥類モア moa について，分子資料から進化上の類縁関係を研究したものに Cooper et al. 1992 と Vickers-Rich et al. 1995 がある）．そうすれば，系統樹をつくるもとになったのと同じ形質を使ってその系統樹を検証するような堂々巡りをせずにすむ．

現生生物に近縁の絶滅生物から DNA を分離できれば，時とともに DNA がどう変化するかを解明できるかもしれない．ある特定の遺伝子配列を比較することによって，例えばクアッガ（最近絶滅したウマ類）と現生種のウマの間で塩基がどれだけちがうかがわかる（Higuchi et al. 1984）．また DNA などの生体分子がどのように変化し壊れていくかといったことについても情報が得られるであろう．

しかし DNA の分析から得られる答えは類縁関係だけではない．例えば恐竜の生理機能もその一つである．恐竜の生理機能についてはさかんに議論がなされている．恐竜の骨の形態および組織を（顕微鏡を使って）分析すると，代謝機能が現生爬虫類とは大きく異なり，現生哺乳類や鳥類と似ていたのではないかと推測される（de Ricqlès 1980; Bakker 1986; Varricchio 1993）．これに対し，恐竜の組織に「成長輪」があることを証拠として，恐竜は代謝速度が遅く，現生のワニ類と同様，断続的に成長したとする科学者もいる（Reid 1984, 1985; 本書第29章; Chinsamy et al. 1994）．分子証拠はこの議論に決着をつける手段になるであろう．

●古生物のDNAを分離して研究する方法

古生物標本から DNA の断片をとり出して研究する可能性は，ごく最近になってようやく現実のものとなった．それはポリメラーゼ鎖反応（PCR 法）と呼ばれる技術が開発されたからである．これは遺伝子の一部を選んで繰り返し複製し，現在の技術で配列分析できる量まで増やすという方法である（図11.1）．理論的には，もとの鋳型が1分子でもあればこの手順は可能となる．

原型となる分子から正確な複製を次々とつくって DNA を増幅するには，ポリメラーゼと呼ばれる特殊な酵素のほかにも必要なものがある．それは DNA の構築に必要な構成素，つまり窒素を含む4つの塩基，緩衝剤，そしてプライマー分子である．特定の遺伝子もしくは遺伝子の一部の増幅は，特定の短いプライマー分子の選択によって決まる．このプライマーは決まった位置の鋳型分子上に補足しあう部分を見つけ，酵素が新しい分子をつくり始める開始点となる．プライマー分子は念入りに設計されているので，じゃまな分子を除いて目的の分子のみを増幅する確率が高くなる．例えば，資料の塩基配列を分析すると，ワニ類と鳥類に固有の遺伝子領域を見つけることができる．この2グループは恐竜類と共通の祖先を持つので，ワニ類と鳥類の間で保たれている配列は恐竜類にも存在したと考えられる．こうした共通の配列を使ってプライマー分子を組み立てれば，混入分子があったとしても「恐竜の」分子だけを増幅できる．プライマーはそれに対応する鋳型分子の配列としか結びつかない．ヒトや微生物の分子が混入していても，プライマーとぴったり合う配列を持たないので増幅される心配はない．

稀少な「恐竜」DNA を骨の断片から分離しようと思うなら，雑菌が混入している可能性が高いことを覚悟しなければならない．このような化石を包む母岩にはたいてい菌類やバクテリアが含まれているからである．また，どれほど注意を払っていても，手で触ったり，研究室で道具を使ったりする際に汚染されるかもしれない．つまり無菌状態とプライマーの構造は古生物の DNA 分析に不可欠な二大条件なのである．

現生生物群についていえば，形態学研究から導き出された系統図の，特に高位の分類群は大体分子系統学によって裏づけられている．しかし，古生物の DNA 研究は新しい分野であり，酵素の働きで2次的に生じた人工産物や雑菌混入の問題も解決していないので，古生物の DNA 配列から導き出された系統樹は，Gauthier の恐竜研究のような伝統的な形態学分析から得られた系統樹にどうしても酷似してしまう（Gauthier 1986; 本書第8章 Holtz and Brett-Surman 参照）．もしもそれとはちがって，恐竜類をほかの分類群（例えば哺乳類や菌類）といっしょにまとめるような結果が出たとすると，恐竜の DNA と思い込んでいたが実は異物が混入していたのではないか，あるいは増幅の過程にまちがいがあったのかもしれないと疑わねばならない．

増幅された DNA は確かに恐竜のものだったの

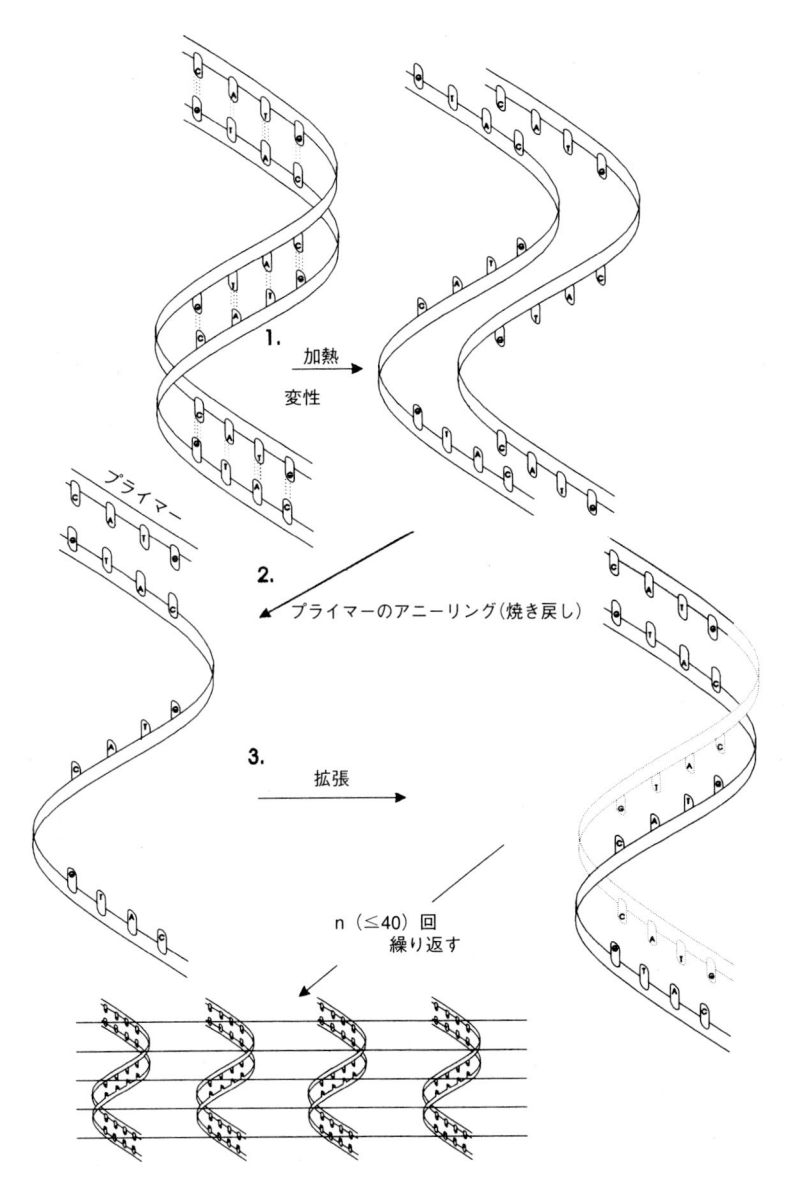

図11.1 ● ポリメラーゼ鎖反応の進行順序
第一段階，DNA分子の2重らせんを加熱して解離する．第二段階，温度が下がると分離した鋳型鎖の然るべき位置にプライマー分子が結びつく．もともと鋳型鎖と結びついていた鎖に比べて，プライマー分子の鎖は短いので素早く結合し，最初に結びついていた鎖が再び鋳型鎖と結合するのを妨げる．第三段階，解離した1本鎖を鋳型として，反応混合物中のヌクレオチドから新しい鎖がつくられる．この時耐熱性のDNAポリメラーゼ酵素が作用する．このサイクルを40回繰り返すと，わずかばかりの鋳型からDNAの特定部分を一気に増幅できる．図中の文字A，C，G，TはそれぞれDNA分子の塩基であるアデニン，シトシン，グアニン，チミンをさす（図解はMatt Schweitzerによる）．

に，予測とはちがう分類結果が出たのか．それとも材料から得た配列に欠陥があってちゃんと複製できなかったのか．いずれにしても，正しい研究結果といえるかどうか疑問が残る．恐竜目に関する従来の系統分析にまちがいがあり，いずれ分子系統学によって明らかにされるという可能性も否めないが，分子系統学の分野はまだ始まったばかりなので，PCR法によって増幅されたDNAの断片だけでなく，もっと多くの証拠を集めなければ，恐竜類と現生動物群の類縁関係についての定説を塗りかえることはできない．

●化石から分離できるほかの生体分子

化石組織に残りうる生体分子はDNAだけではない．また生物の生理に関する情報を含む分子はDNA以外にもある．化石にはタンパク質も保存されている可能性が高く，その中にはDNAの断片と同じくらい情報量に富むものもある．

タンパク質の構成素であるアミノ酸の研究は，DNAの研究よりやや進んでいる．研究に当たっては，タンパク質を増幅するのではなく，すでにある材料を対象とするので，雑菌混入の恐れは少ない．さらに，アミノ酸はたいてい2種類ある形のうちのどちらかをとり，一種の「鏡像」を示している．一般に知られているように，生物のタンパク質はほとんど「L」型からできている．ところが時が経つとタンパク質が分解して，アミノ酸がもう一種類の「D」型に変わる．これを「ラセミ化」という．この時の変化速度は個々のアミノ酸によって異なる．

各アミノ酸のD型とL型の割合を比べた結果，タンパク質，厳密にはタンパク質のもとが時とともに変化する様子をつかむことができた（Bada and Protsch 1973；Bada 1985）．個々のアミノ酸が異なる速度で変化するのであれば，いくつかのアミノ酸についてD型とL型の割合を比較することで雑菌の混入を確かめられるという説も出されている（Bada 1985；Poinar et al. 1996）．しかし，この考え方は広く認められているわけではない．ラセミ化の速度がいろいろな要因によって左右される上，骨の微環境次第で保存状態が大きく異なるからである．より正確に分析するにはラセミ化の資料と合わせて別の手段も利用した方がよい（Macko and Engel 1991）．また資料の分析精度をあげるには，一つの標本から実験用サンプルを複数とって割合を比較することが望ましい．さらに，この種の研究（Poinar et al. 1996）で標識に使われるアミノ酸のアスパラギン酸とグルタミン酸はどちらもL型に逆戻りしやすいので，D型とL型の割合が変わって雑菌混入について誤った情報を伝える恐れがある（Kimber and Griffen 1987）．おまけに，細胞膜内のタンパク質片は無機質複合体によって守られているので，骨から完全に分離されたタンパク質片とはラセミ化の割合が異なる（S.Weinerからの個人的情報）．例えば，琥珀に閉じ込められた組織のアミノ酸やタンパク質片はしっかり保護されており，アミノ酸がラセミ化しにくい（Poinar et al. 1996）．同様にほかの生体分子も琥珀樹脂によって保護されるものと思われる．

しかし恐竜の組織で今日まで残っているのは骨組織だけであり，恐竜が琥珀にからめとられることはありそうもないので，恐竜のタンパク質を研究するなら骨を調べるのが妥当であろう．骨の主成分であるコラーゲンは無脊椎動物でもつくられるが，主たる混入源である微生物では生成されない．コラーゲンは構造タンパク質（酵素のように生体の調整に関与するタンパク質とはちがって，生体の構造を形成しているタンパク質の一つ）なので，ほかのタンパク質より安定している．オステオカルシンも骨タンパク質だが，骨細胞によってつくられるので脊椎動物にしか見られない．血清タンパク質のアルブミンは血液や骨組織と関連が深い．赤血球が酸素を組織に運ぶ手助けをするヘモグロビンについても，同様のことがいえる．

コラーゲン（Jope and Jope 1989；Baird and Rowley 1990；Tuross and Stathoplos 1993），オステオカルシン（Muyzer et al. 1993），アルブミン（Tuross 1989），ヘモグロビン（Ascenzi et al. 1985；Smith and Wilson 1990），その他，血液や骨に関係したタンパク質（Cattaneo et al. 1992）はすでに化石から確認されており，恐竜の骨も例外ではない（Muyzer et al. 1993）．現生の温血動物と冷血動物の間では，ヘモグロビンタンパク質（Dickerson and Geis 1983；Perutz 1983）とコラーゲン（Har-el and Tanzer 1993）に明確なちがいが見られる．これらのタンパク質が恐竜の骨から確認されれば，そのアミノ酸連鎖を現生動物のものと比較し，少なくとも生体分子を分離できた恐竜に関しては，温血だったかどうかという議論に決着をつけることができるであろう．

分子生物学分野における科学技術の飛躍的な進歩によって，生体分子を調べる労力はかなり減り，分析能力は以前とは比べものにならないほど増している．おかげで古生物学や考古学の分野にも分子生物学の技術を利用できるようになった．これから恐竜の骨に保存されている生体化合物を研究する際にどのような科学技術が利用されるか見ていこう．中でも保存状態のよいティラノサウルス・レックス（*Tyrannosaurus rex*）の標本は，骨が死後ほとんど変化していないので特に注目したい．

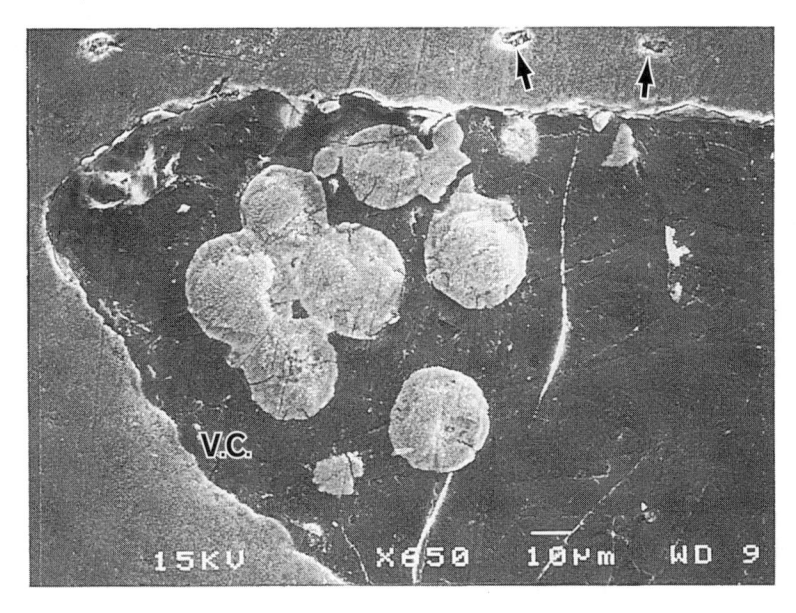

図11.2●走査型電子顕微鏡で撮影した恐竜の骨梁組織
矢印は骨細胞の小腔．生時にはその一つ一つに骨をつくる細胞である骨細胞が入っていた．V.C. は血管の通路を示している．試料は合成ポリマーに埋め込んで切断し，ちょうどよい薄さまで削って，電子顕微鏡用にカーボンコートした．倍率は図中に表示．

●ティラノサウルス・レックスおよびそのほかの恐竜類の骨組織分析

顕微鏡

恐竜の骨を薄く切って顕微鏡で観察する研究は19世紀末から行われ (de Ricqlès 1980参照)，鈍重な爬虫類という古くからの恐竜像に疑問を投げかける結果がすでに出ていた．恐竜の骨組織を顕微鏡でのぞくと，現生種の外温性動物よりも温血動物の鳥類や哺乳類と共通の特徴が多く見られたからである．しかし，電子顕微鏡の進歩によってこうした研究の精度は格段にあがった．走査型電子顕微鏡 (SEM) を使うと，歯のひっかき傷のような組織表面の局所構造や，微細な含有物の立体像がとらえられる (Schweitzer and Cano 1994)．図11.2は恐竜の海綿状（骨髄）組織を走査型電子顕微鏡で撮影したもので，血管の穴やその内部の微細構造が映っている．まだはっきりと確認されてはいないが，これらの構造は岩石ではなく生物起源と思われる (Schweizer et al., 印刷中)．走査型電子顕微鏡に加えてエネルギー分散X線 (EDX) の力を借りれば，化石母岩の元素を分析し，堆積物が岩石となる間に増減した元素の量（組織が鉱物に置き換わった量）を知ることができる．図11.3はティラノサウルス・レックスの組織の元素分析結果で，元素と組成を示している．

透過型電子顕微鏡 (TEM) を使うと，もっと細かなところまで組織を分析できる．この種の研究では，電子が標本を通過して像を結ぶように標本を厚さ $3\sim 5\,\mu m$ の薄片に切る必要がある．この技術を利用して組織の微細構造を観察すると，これまであげた方法より詳細な研究が可能である．TEMで恐竜の骨を見ると，無機相を映像からはずして骨組織に残る有機繊維（図11.4）を識別できる (Schweitzer et al. 1997 a)．

TEMの電気エネルギーを極めて高レベル (200 kV以上) まであげると，骨組織を構成する結晶の特徴までわかる (Zocco and Schwartz 1994)．骨ができる時にはまずコラーゲン繊維が形成されたあとに無機質が沈着するので，無機質の結晶はコラーゲン原繊維の流れに沿って並ぶ．これに比べて堆積岩の場合は方向を決めるコラーゲン繊維がないため，結晶の向きはばらばらである．

免疫細胞化学

免疫細胞化学では，抗体をつくって標本組織の成分と結びつける方法が用いられる．これが古生物研究にも有効であることは立証ずみである．その基盤となっているのは，体が「自己」と「他者」を区別

元素分析：アリゲーターの骨

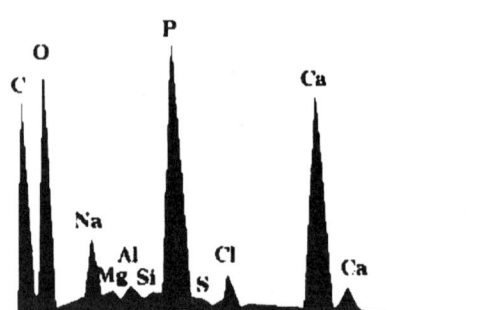

Elements Present:
C (6), O (8), Na (11), Mg (12), Al (13),
Si (14), P (15), S (16), Cl (17), Ca (20)

元素	原子%	質量%
Na	8.39	5.48
Mg	0.85	0.59
Al	0.60	0.46
Si	0.51	0.41
P	31.66	27.86
Cl	5.12	5.18
Ca	52.30	59.54
S	0.56	0.51

元素分析：ティラノサウルス・レックス

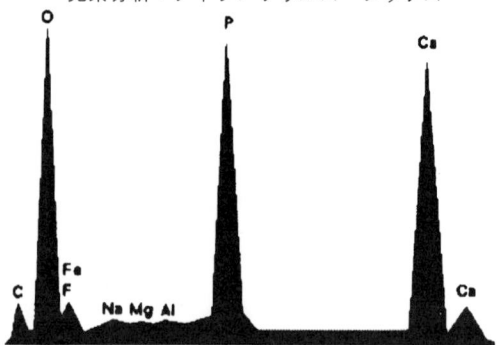

Elements Present:
C (6), O (8), F (9), Na (11), Mg (12), Al (13), P (15), Ca (20), Fe (26)

元素	原子%	質量%
Na	0.99	0.65
P	27.91	24.94
Ca	51.34	59.36
Fe	3.88	6.25
Al	.27	.21
F	15.40	8.44
Mg	.22	.15

図11.3● 現生動物の骨とティラノサウルス・レックスの組織の元素分析
ティラノサウルス・レックスの組織は図11.2と同様の方法で処理した．現生動物の骨と同様に，カルシウムとリンの割合がめだって多い．酸素と炭素の数値が分析値に含まれていないのは，どこにでも存在する元素であり，またこの方法では軽い元素を十分に検出できない，という2つの理由からである．微量元素がごくわずか含まれているが，これらは同様の方法で処理分析された現生動物の骨組織にも存在する．これを見ると，もともとの骨の組成に続成作用によって何らかの成分が加わったり，あるいは減じたりした形跡はほとんどない．

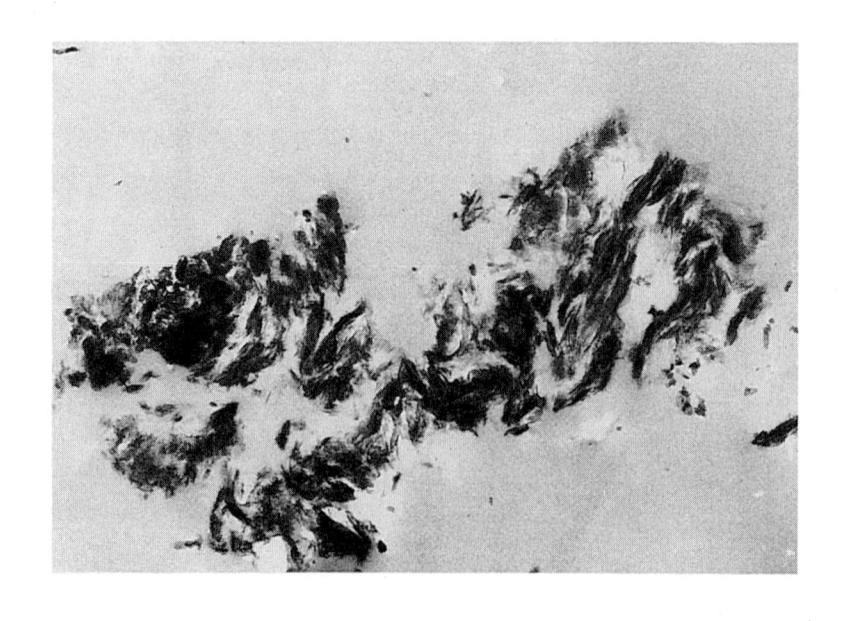

図11.4● 透過型電子顕微鏡で撮影した恐竜の組織
まず試料を酸で脱石灰して鉱物相を除去したのち，プラスチックに埋め込んで切片をつくり，クエン酸鉛と酢酸ウランで染色し，生体繊維を映し出したもの．倍率は4万2500倍．

する防御システムである．細胞膜やタンパク質ほか生体の成分にはこの防御機構で働く小さなタンパク質もしくは炭水化物が含まれているので，それを「標識」として利用するのが前提である．こうした標識分子にはエピトープ（抗原決定基）と呼ばれる非常に特殊な構造に包まれている部分が見られる．抗体は生体がつくり出したタンパク質で，他者のエピトープと結びついてこれを破壊する．化石組織の場合，エピトープを含むタンパク質片が残っていれば，例えばタンパク質のコラーゲンなどに反応してできた抗体はそのエピトープを識別して結びつくであろう．2次的につくられた抗体は原因となったエピトームを見つけて結合する．この時抗体に化学物質もしくは放射性の「目印」をつけて，蛍光やフィルムへの感光によって検出すればよい．抗原抗体反応を利用すれば，骨から抽出したものに残っているタンパク質を識別できると同時に，組織全体のどの位置に当該のタンパク質が含まれているかを特定できる．抗体の研究は恐竜類を含めてかなり古い標本でも成果をあげている（de Jong et al. 1974；Lowenstein 1981；Collins et al. 1991；Muyzer et al. 1993；Schweitzer et al. 1997 b）．

クロマトグラフィー/分光測定法

　クロマトグラフィーの技術を使うと，混合物からある種の分子を分離して標本を純化し，そこへさらに数種類ある分光測定法の一つを利用して分析を加え同定することができる．高性能液体クロマトグラフィー（HPLC）は古生物学で使われるクロマトグラフィーの一例である．この方法では，特性がわかっている特殊な物質を細いカラム（円柱）に充填して使用する．このカラムに試料（この場合は，骨を砕いて有機成分を抽出するための処理を施し，濾過して粒子をとり除いたもの）を注入する．さらに極分子（充填度の正極と負極に位置する分子）である水から疎水性の高い（水になじみにくい化学的性質を持つ）非極溶媒まで，少しずつ変化を持たせた溶媒液を用意し，高圧をかけてカラムに送り込む．すると生体分子はこれらの溶媒と特異的な相互作用を起こし，異成分の混合物から分離される．

　分離物を集めて質量分析にかけ，分子の重さをはかって標準値と比較すれば，各分離物を同定できる．分離物を紫外線分光測定法で分析し，特定波長の光を吸収するかどうかによっておよその見当をつけることもできる．例えば核酸は波長が260〜265 nm の光を吸収する特性を持つ．試料がこの波長の

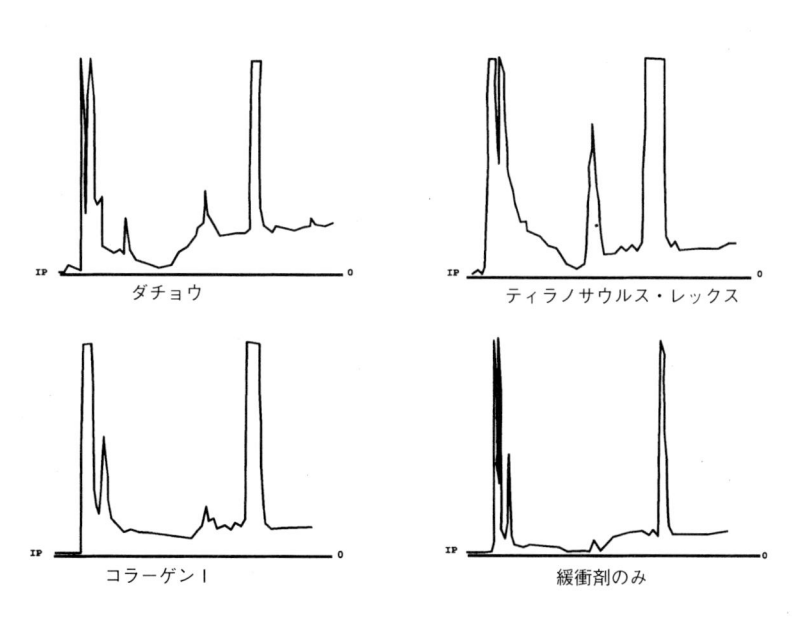

図11.5●恐竜の組織から抽出した試料を高性能液体クロマトグラフィー（HPLC）で分離
本文中に記述した化学的処理によって骨の成分を抽出し，上澄みに含まれる分子を逆相 HPLC のカラムで分離する．214 nm での吸収状態を観察すると，タンパク質中にペプチド鎖が存在することを示す数値が得られた．IP はカラムに溶液を注入した点，x 軸は分単位の時間を示している．「0」と記された線は，この波長では溶液成分の吸収がないことを示している．ティラノサウルス・レックスの骨の抽出物を分析すると，ダチョウの骨の抽出物やコラーゲン試料と同様，タンパク質が存在してもおかしくない結果が出る．

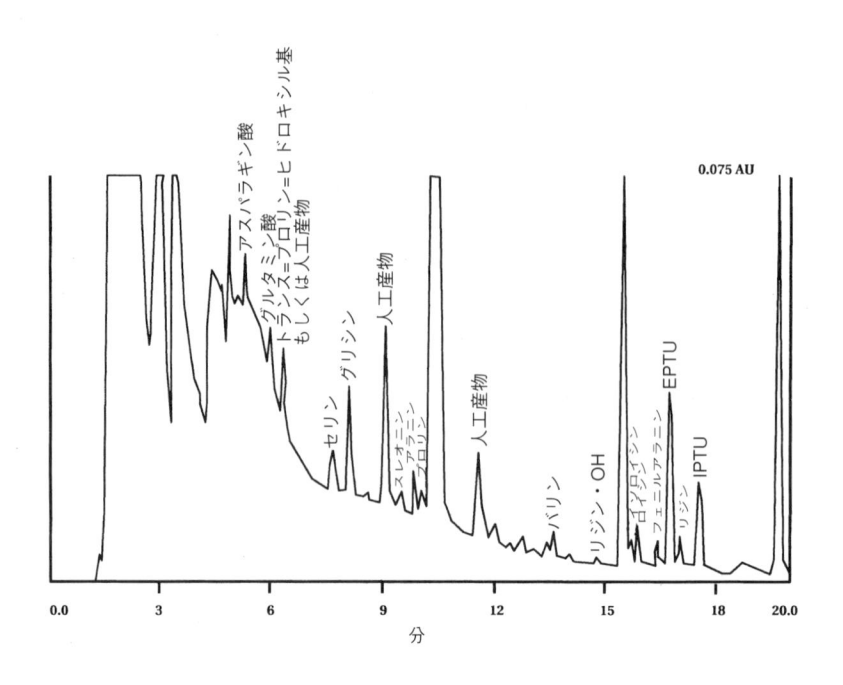

[グラフのラベル（左から右）: アスパラギン酸、グルタミン酸、トランス=プロリンもしくはヒドロキシル基=ヒドロキシプロリン、セリン、グリシン、スレオニン、アラニン、プロリン、人工産物、バリン、リシン・OH、ロイシン、フェニルアラニン、リシン、EPTU、IPTU、0.075 AU]

[横軸: 分　0.0, 3, 6, 9, 12, 15, 18, 20.0]

図11.6●恐竜の骨の抽出物をアミノ酸分析にかけた結果
ティラノサウルス・レックスから採取した組織にタンパク質の成分であるアミノ酸が存在することがわかる．プロリンとグリシンの値がやや高めなので，この組織中にコラーゲンタンパク質が含まれている可能性がある．恐竜が生きていた時に骨に含まれていたタンパク質の残存物が現在も検出できることがわかる．図中に表示されているのはアミノ酸の一般的な略語で，生物の基礎的な教科書を開くと必ず載っている．

光を吸収すれば，核酸が含まれている可能性が高い．ペプチド結合はアミノ酸同士をつなぐ結合様式で，すべてのタンパク質の主要構造をなす．ペプチド結合は波長214 nmの光を吸収するので，溶液中のタンパク質を同定するのにこの波長の光がよく用いられる．図11.5は，ティラノサウルス・レックスの骨から抽出したものをこの種の分析にかけた結果である．これを見ると，恐竜類の組織から，タンパク質と性質が一致する化合物を抽出できることがわかる．

HPLC法はタンパク質分子を構成するアミノ酸の同定にも用いられる．古生物の骨組織から生体分子を抽出して特殊な化学処理を施せば，中に含まれる個々のアミノ酸を特定の配列で分離できる．性質のわかっている標準物質を用意して配列を比べれば，化合物中のアミノ酸を同定できる．特定のアミノ酸のパターンを手がかりにタンパク源を突き止めるのである．例えば，コラーゲンタンパク質の構造，つまり「形」にはかなりの制約がある．コラーゲンタンパク質は3本のひもをよじってつくったロープのような3重らせんの構造を持ち，3本の「鎖」がよ

り合わされるところでは大きさが制限される．このため，どのコラーゲンでも，鎖をつくるアミノ酸の3個めごとにグリシンが存在する．グリシンには側鎖がなく，すべてのアミノ酸の中で一番小さいからである．あとの2個のアミノ酸はプロリンとヒドロキシプロリンで，これらもコラーゲン全般に多く見られるアミノ酸である．ヒドロキシプロリンはコラーゲンに特有のアミノ酸で，ほかのタンパク質には見られない．アミノ酸分析でプロリンとグリシンの割合が高ければ，コラーゲンタンパク質の可能性が濃厚であり，さらにヒドロキシプロリンが同定されたならコラーゲンが存在することはまちがいない．図11.6はティラノサウルス・レックスの骨から抽出した試料をアミノ酸分析にかけた結果だが，グリシンとプロリンが相当量含まれていることがわかる．しかし，この実験で得られた流出液からはヒドロキシプロリンは確認できていない．

その他の方法

生物物理学と生化学の分野には化石標本の分析に有効な技術がほかにもある．それを利用すれば，特

定の化合物が標本に含まれているかどうかについて，情報を得られるであろう．

核磁気共鳴法は以前は費用がかかるためまれにしか使われなかったが，今は実験室だけでなく医療現場でもよく使われている．この方法は次のような原理をもとにしている．化合物中の原子は核のまわりを回転する電子からなり，小さな磁場を生じている．化合物に強力な磁力をかけると，化合物の磁場を外の磁場と同じ向きにそろえることができる．このようにエネルギーを加えることで，化合物を同定できるだけでなく，その構造も調べられる．例えばヘモグロビンなど，タンパク質が金属原子と結びついている金属タンパク質の場合は，核磁気共鳴によって特殊なパターンを生じるので，それをこうした化合物の「指紋」と見なすことができる．

赤外分光光度法と共鳴ラマン分光法は，化学結合の振動を頼りに化合物を同定する分析法である．この2つの方法は感度が高く，混合物中に特定分子がごく少量含まれている場合でも特定可能である．共鳴ラマン法を使うと，金属タンパク質の化学結合の環境を詳細にとらえることができるので，タンパク質残存物に結合している可能性のある酸素などの原子を同定するのに役立つ．上記の方法はティラノサウルス・レックスの骨にも適用された．その結果をまとめた仮報告によると，ヘモグロビン分子の主要成分であるヘムに特有の性質を持つ化合物が存在するという．

「ジュラシック・パーク」に描かれているような場面は現在の技術ではとうてい実現できないし，これから先もおそらく無理だろうが，化石種の骨にはその生物学的生理学的情報がまだたくさん埋もれている．それを検出する技術の感度が高まり，抽出法の精度が増せば，絶滅した生物に関する生化学の情報を掘り起こす可能性は大きくなる．

例えば，エピトープを含むタンパク質片を恐竜の組織から分離できれば，現生動物から採取した抗体に反応するかどうか試すことができる．現生動物の抗体が恐竜類のタンパク質と結びつく度合いは，その動物群と恐竜類との類縁関係の近さをはかる指標となる．

恐竜類のヘモグロビンタンパク質から連鎖を採取して，それを現生動物からとった連鎖と比較すれば，このタンパク質の酸素運搬能力がわかる．また恐竜類の代謝速度も推測できるであろう．このような情報から，恐竜類がどうやってあれほど巨大に成長したのか，酸素負債をどのように処理していたのか，という疑問に対する答えを出せるかもしれない．それだけではなく，酸素分圧など当時の大気の状態を間接的に推測できるであろう．

十分な情報を含む大きさのDNA断片があれば，恐竜類と現生動物群の間の類縁関係をきっと解明できるはずである．さらに，恐竜類と現生動物の近縁種からDNA断片を採取し，両者のDNAらせん構造を「交雑」して結合度合いを調べれば，相同かどうかを確かめることもできる．

この情報は類縁関係を解明するのに役立つであろう．また，このような技術を利用して，生物起源の化合物と，地質学的な変化によって2次的に生成された化合物の間の相互作用を明らかにできるかもしれない．ここから，生体分子がどのように分解していくかということだけでなく，どのような地質学的条件のもとなら保存されるかということについても情報が得られるかもしれない．こうした技術を組み合わせれば，生化学分析に最適の化石標本が保存されている堆積環境を予測できるだろうし，予測がつくなら，はるか昔に絶滅した動物の組織から生体分子を探し出すのもそう困難ではなくなるであろう．

● 文　献

Ascenzi, A.；M. Brunori；G. Citro；and R. Zito. 1985. Immunological detection of hemoglobin in bones of ancient Roman times and of Iron and Eneolithic ages. *Proceedings of the National Academy of Sciences USA* 82：7170-7172.

Bada, J. 1985. Amino acid racemization dating of fossil bones. *Annual Review of Earth and Planetary Sciences* 13：241-268.

Bada, J. L., and R. Protsch. 1973. Racemization reaction of aspartic acid and its use in dating fossil bones. *Proceedings of the National Academy of Science USA* 70：1331-1334.

Baird, R. F., and M. J. Rowley. 1990. Preservation of avian collagen in Australian Quaternary cave deposits. *Palaeontology* 33：447-451.

Bakker, R. T. 1986. *The Dinosaur Heresies：New Theories Unlocking the Mystery of Dinosaurs and Their Extinction*. New York：William Morrow.

Cattaneo, C.；K. Gelsthorpe；P. Phillips；and R. J. Sokol. 1992. Detection of blood proteins in ancient human bone using ELISA；A comparative study of the survival of IgG and albumin. *International Journal of Osteoarchaeology* 2：103-107.

Chinsamy, A.；L.M. Chiappe；and P. Dodson. 1994. Growth rings in Mesozoic birds. *Nature* 368：196-197.

Collins, M. J.；G. Muyzer；P. Westbroek；G. B. Curry；P. A. Sandberg；S. J. Xu；R. Quinn；and D. MacKinnon. 1991. Preservation of fossil biopolymeric structures：Conclusive immunological evidence. *Geochimica et Cosmo-*

chimica Acta 55 : 2253–2257.

Cooper, A. ; C. Mourer-Chauviré ; G. K. Chambers ; A. von Haeseler ; A.C. Wilson ; and S. Pääbo. 1992. Independent origins of New Zealand moas and kiwis. *Proceedings of the National Academy of Sciences USA* 89 : 8741–8744.

de Jong, E. W. ; P. Westbroek ; J. F. Westbroek ; and J. W. Bruning. 1974. Preservation of antigenic properties of macromolecules over 70 myr. *Nature* 252 : 63–64.

de Ricqlès, A. 1980. Tissue structures of dinosaur bone. In R. D. K. Thomas and E.C. Olson (eds.), *A Cold Look at Warm Blooded Dinosaurs*, pp.103–139. Selected Symposium 28, American Association for the Advancement of Science Boulder, Colo. : Westview Press.

DeSalle, R. ; M. Barcia ; and C. Wray. 1993. PCR jumping in clones of 30-million-year-old DNA fragments from amber preserved termites (*Mastotermes electrodominicus*). *Experientia* 49 : 906–909.

Dickerson, R. E., and I. Geis. 1983. *Hemoglobin:Structure, Function, Evolution and Pathology*. Menlo Park, Calif. : Benjamin/Cummings Publishing.

Feduccia, A. 1996. *The Origin and Evolution of Birds*. New Haven, Conn. : Yale University Press.

Gauthier, J. 1986. Saurischian monophyly and the origin of birds. In K. Padian (ed.), *The Origin of Birds and the Evolution of Flight*, pp. 1–55. California Academy of Science Memoir no. 8.

Har-el, R., and M. Tanzer. 1993. Extracellular Matrix 3 : Evolution of the extracellular matrix in invertebrates. *FASEB Journal* 7 : 1115–1123.

Hedges, S. B. 1994. Molecular evidence for the origin of birds. *Proceedings of the National Academy of Sciences USA* 91 : 2621–2624.

Higuchi, R. ; B. Bowman ; M. Freiberger ; O. A. Ryder ; and A.C. Wilson. 1984. DNA sequences from the quagga, an extinct member of the horse family. *Nature* 312 : 282–284.

Jope, E. M., and M. Jope. 1989. Note on collagen molecular preservation in an 11 ka old *Megaceros* (giant deer) antler : Solubilization in a non-aqueous medium (anhydrous formic acid). *Applied Geochemistry* 4 : 301–302.

Kimber, R. W. L., and C. V. Griffen. 1987. Further evidence of the complexity of the racemization process in fossil shells with implications for amino acid racemization dating. *Geochimica et Cosmochimica Acta* 51 : 839–846.

Lindahl, T. 1993. Instability and decay of the primary structure of DNA. *Nature* 362 : 709–715.

Lowenstein, J. M. 1981. Immunological reactions from *fossil material*. *Philosophical Transactions of the Royal Society of London* B 292 : 143–149.

Macko, S. A., and M. H. Engel. 1991. Assessment of indigeneity in fossil organic matter : Amino acids and stable isotopes. *Philosophical Transactions of the Royal Society of London* B 333 : 367–374.

Muyzer, G. ; P. Sandberg ; M. H. J. Knapen ; C. Vermeer ; M. Collins ; and P. Westbroek. 1993. Preservation of the bone protein osteocalcin in dinosaurs. *Geology* 20 : 871–874.

Perutz, M. F. 1983. Species adaptation in a protein molecule. *Molecular Biology and Evolution* 1 : 1–28.

Poinar, H. N. ; M. Hoss ; J. L. Bada ; and S. Pääbo. 1996. Amino acid racemization and the preservation of ancient DNA. *Science* 272 : 864–866.

Reid, R. E. H. 1984. The histology of dinosaur bone, and its possible bearing on dinosaur physiology. *Symposium of the Zoological Society of London* 52 : 629–663.

Reid, R. E. H. 1985. On supposed Haversian bone from the hadrosaur *Anatosaurus*, and the nature of compact bone in dinosaurs. *Journal of Paleontology* 59 : 140–148.

Schopf, J. M. 1975. Modes of fossil preservation. *Review of Palaeobotany and Palynology* 20 : 27–53.

Schweitzer, M. H., and R. J. Cano. 1994. Will the dinosaurs rise again? In G.D. Rosenberg and D. L. Wolberg (eds.), *Dino Fest*, pp.309–326. Paleontological Society Special Publication 7. Knoxville : University of Tennessee.

Schweitzer, M. H. ; C. Johnson ; T. G. Zocco ; J. R. Horner ; and J. R. Starkey. 1997 a. Preservation of biomolecules in cancellous bone of *Tyrannosaurus rex*. *Journal of Vertebrate Paleontology* : 349–359.

Schweitzer, M. H. ; M. Marshall ; K. Carron ; D. S. Bohle ; S.C. Busse ; E.V. Arnold ; D. Barnard ; J.R. Horner ; and J. R. Starkey. 1997 b. Heme compounds in dinosaur trabecular bone. *Proceedings of the National Academy of Sciences, USA* 94 : 6291–6296.

Smith, P., and M. T. Wilson. 1990. Detection of haemoglobin in human skeletal remains by ELISA. *Journal of Archaeological Science* 17 : 255–268.

Tuross, N. 1989. Albumin preservation in the Taima-taima mastodon skeleton. *Applied Geochemistry* 4 : 255–259.

Tuross, N., and L. Stathoplos. 1993. Ancient proteins in fossil bones. *Methods in Enzymology* 224 : 121–128.

Varricchio, D.1993. Bone microstructure of the Upper Cretaceous theropod dinosaur *Troodon formosus*. *Journal of Vertebrate Paleontology* 113 : 99–104.

Vickers-Rich, P. ; P. Trusler ; M. J. Rowley ; A. Cooper ; G. K. Chambers ; W. J. Bock ; P. R. Millener ; T. H. Worthy ; and J.C. Yaldwyn. 1995. Morphology, myology, collagen and DNA of a mummified upland moa, *Megalapteryx didinus* (Aves : Dinornithiformes) from New Zealand. *Tubinga:Records of the Museum New Zealand The Papa Tongarewa* 4 : 1–26.

Zocco, T. G., and H. L. Schwartz. 1994. Microstructural analysis of bone of the sauropod dinosaur *Seismosaurus* by transmission electron microscopy. *Journal of Paleontology* 37 : 493–503.

12 博物館に展示される恐竜

Kenneth Carpenter

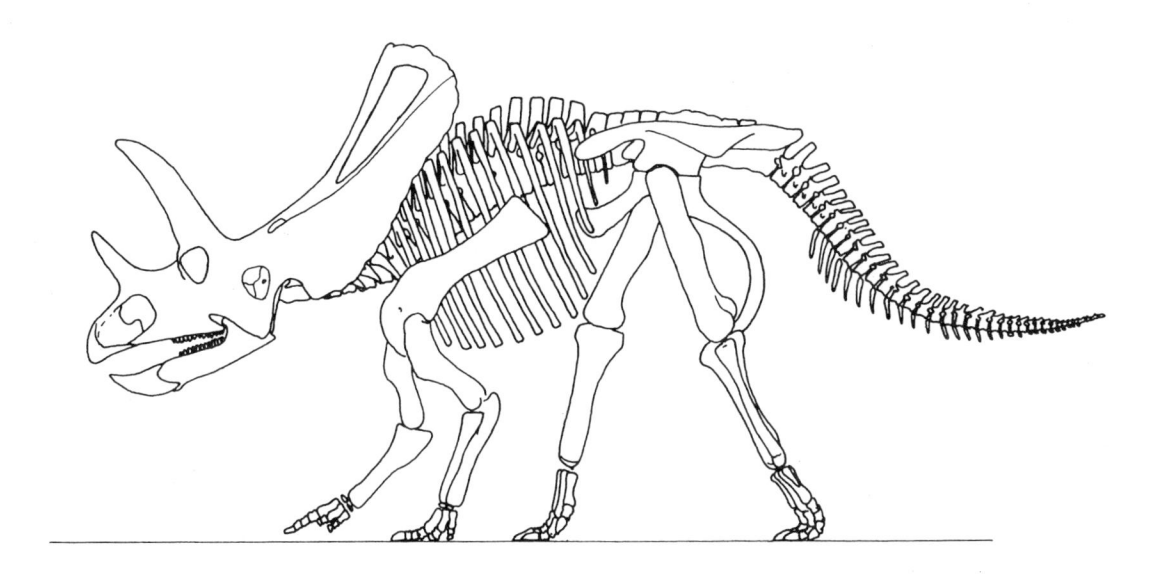

　1968年に世界で初めて恐竜の骨格が博覧会で展示されて以来，民衆は絶滅したこの動物に魅惑され続けてきた．多数の自然史博物館がすぐにこの恐竜熱に目をつけ，その結果今日では，ほとんどどこの国でも，少なくとも一つは恐竜の骨格が展示されている．実は，鉄鋼王で慈善家のアンドルー・カーネギー（Andrew Carnegie）が，竜脚類恐竜ディプロドクス・カーネギー（*Diplidocus carnegii*）の模型すなわち複製を南米やヨーロッパの主要な博物館に寄贈したのである（この恐竜に彼の名前がつけられたことが，この気前のよさと関係があるのはいうまでもない）．

　今日われわれは，新しい恐竜学の黄金時代のまっただ中にいる．これには，第二次世界大戦後のベビーブーム世代が成人に達したことが大きな要因となった．情報産業の発達によって，一般向けの恐竜本やテレビの特集番組が大量につくられ，また恐竜が主役となった連続ホームドラマまで現れた．経済的に厳しい状況に置かれた多数の博物館は，観客（それに金も）を集めるため，恐竜に目をつけた．仮設の展示館では恐竜のロボットが機械仕掛けの頭を左右に回し，尾を振り，うなり声をあげる．一方，博物館の売店には，恐竜の縫いぐるみ，恐竜消しゴム，木製の恐竜骨格組立てキット，恐竜のクッキー抜き型，その他恐竜とはほとんど関係のないあらゆる商品をおみやげとして売っている．

　多くの博物館は，恐竜学者が得た最新の知識を民衆に伝えるため，もっと真面目な努力もしてきた．頭を高く持ちあげ，尾を地面について，うしろ足で立ちあがった巨大なティラノサウルスの姿は過去のものとなり（図12.1 Aは，そのような姿で組み立てられた，ティラノサウルスとは別の2本足恐竜），今日ではティラノサウルスはほどほどの敏捷さを持った捕食恐竜で，体を水平にし，尾を釣合いおもりとしていたと考えられている（図12.1 B）．このような新しいティラノサウルスの姿は民衆に好意的に受け入れられ（つまり観客が増加した），その結果，恐竜の骨格を新たに組み立てる，あるいは組み立て直す博物館が増えている．

● 恐竜骨格の展示

　脊椎動物の骨格の化石が発見されるとほとんど直ちに，それを組み立てて見せものとする試みが始められた．組み立てられた最初の骨格の一つは，1806年にペンシルヴァニア州フィラデルフィアのチャールズ・ピール（Charles Peale's）博物館に展示されたマストドンの骨格であった．この骨格の脚は，1822

図12.1● (A) エドモントサウルス・アネクテンス (*Edmontosaurus annectens*) の骨格. 伝統的な恐竜の組立て方の一例で, 尾は支柱のように床につき, 頭は高く空中にあげている.
(B) 新しい, ダイナミックな恐竜の組立て方の一例. このティラノサウルス・レックス (*Tyrannosaurus rex*) のプラスチックによる複製は, 姿勢が水平で, 後肢が体を支え, 尾は胴体とバランスをとる釣合いおもりとなっている. 骨格の大部分は, 後肢の内側をとおした鋼鉄製の支持材で支えられているが, 頭や尾は天井から吊した鋼鉄線で支えてある. 完成した台と, 図12.11の台を比べて見てほしい. ティラノサウルスについての情報を示す説明板は手すりに展示されている (矢印)

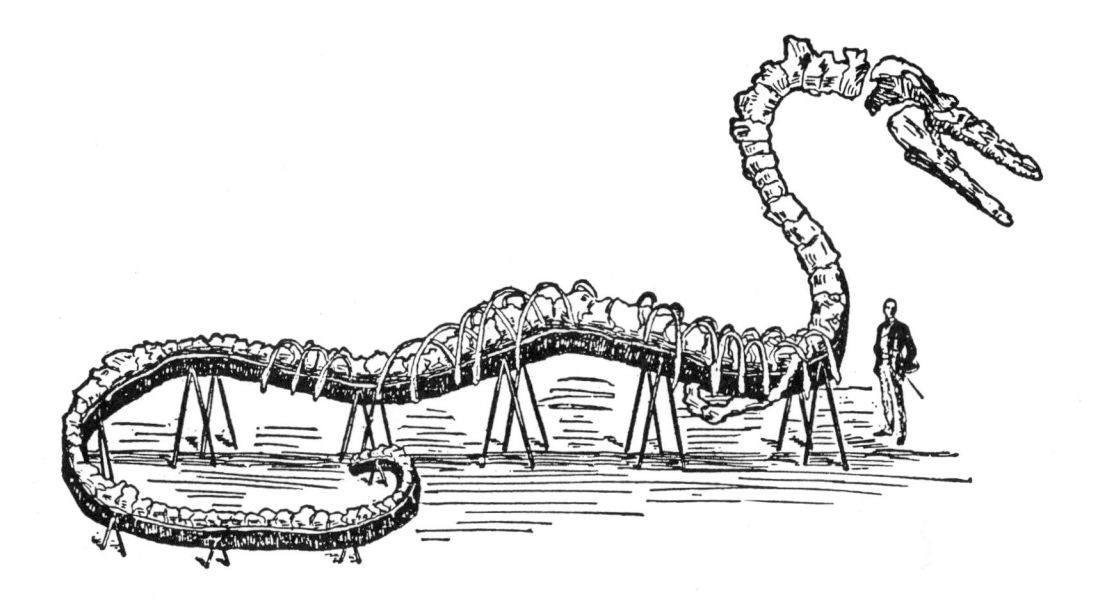

図12.2●最も古い組立て骨格の一つ，ムカシクジラ類バシロサウルス（*Basilosaurus*）．木材や鋼鉄材を用いたこの組立て法では，骨格を簡単に分解して別の場所に運ぶことができた（Lucas 1902より）．

年のピールの絵「博物館で仕事をする芸術家」に見られる（Alexander 1983：Fig.3）．組立てに用いられた方法は，残念ながら記録されていない．

このはるか昔に絶滅した動物の骨格の展示は一般大衆に強烈なインパクトを与え，興行師たちはこれと同じような展示物で金を稼げることをはっきりと知った．すぐに，米国やヨーロッパの都市に，絶滅動物を売りものとした巡回展示会が登場した．人々は，見物料を払ってこれらの化石骨格を見ることができた．大衆のふところを狙って競争が起こり，ライバルを出し抜くためのややいかがわしい方法をとるものも現れた．ある興行師は，自分のところのは世界一大きなマストドンの骨格だと称した．実際には，体長 10 m，体高 4.5 m というその誇大な骨格は，いくつかの部分骨格をつなぎ合わせてつくったものだったりした（Simpson 1942）．

またある興行師は，自分のところには"海の怪獣"の骨格があると自慢したが，それは実は体長 35 m という誇大な長さのムカシクジラ類の合成骨格であった（Kellogg 1936）．この骨の組立ては粗雑なもので，板や金属の棒を使って骨を支えてあった（図12.2）．しかしこの新工夫は，骨格を素早く解体し，それを都市から都市へと運んで，展示を繰り返すのには便利なものであった．このような先史時代の動物の骨格は，ヨーロッパ各地でも展示された．

化石骨格の展示がさかんに行われるようになると，恐竜の骨格を展示するものが現れるのは自然の成り行きであった．1868 年，イングランド出身の有名な彫刻家ウォーターハウス・ホーキンズ（Waterhouse Hawkins）は，ニューヨークのある博物館から，種々の先史時代の動物の復元像をつくることを依頼された．ホーキンズはフィラデルフィアの自然科学アカデミーに出かけて勉強をしたりした．そこには重要な化石標本がいくつか保管されており，その中には恐竜ハドロサウルス・ファウルキイ（*Hadrosaurus foulkii*）やドリプトサウルス・アキルングウィス（*Dryptosaurus aquilunguis*）の骨格もあった．

彫刻をつくるのに必要な体の各部の正しい寸法を得るため，ホーキンズはアカデミーでジョーゼフ・ライディ（Joseph Leidy）にこれらの骨格の型取りや複製づくり，展示のための実物骨格の組立てを提案した．ホーキンズはライディに，骨格を組み立てることによって，観客を増やせるにちがいないと説得した．どちらの骨格も不完全なもので（図12.3 B），ホーキンズは多くの部分を自分の想像力に頼りながら，失われた骨を復元しなければならなかった．ホーキンズが考えた方法が多数，今日でも用いられている．例えば，椎骨にドリルで穴をあけて鋼鉄棒をとおし，四肢の骨は鋼鉄板で留めて，支持材で支えた．失われた骨は，残っている反対側の骨の鏡像でつくったり，現存する最もよく似た動物から型をと

図 12.3 ● (A) ウォーターハウス・ホーキンズの工房. ハドロサウルス・ファウルキイ (Hadrosaurus foulkii) の組立て骨格 (化石の骨は黒い) と, 比較のために用いられた現代の動物の骨格が見られる. ハドロサウルス・ファウルキイの右に見える一部組み立てられている骨格は, ドリプトサウルス・アキルングウィス (Dryptosaurus aquilunguis). 骨を支えるのに使われている鋼鉄棒に注意 (フィラデルフィア図書館自然科学アカデミー提供).
(B) 自然科学アカデミーで組立て中のハドロサウルスの骨の模型. ホーキンズが行ったように, 失われた骨を復元しようとはしていない

12 博物館に展示される恐竜　　125

図 12.4 ● ベルギーのベルニサール炭鉱で発見されたイグアノドン（*Iguanodon*）の骨格の一つ
これは，関節のつながった状態で発見された最初の完全な恐竜骨格の一つである．このような発見によって，
関節のばらばらになった恐竜の骨の，解剖学的に正しい位置を知ることができる（氏名不詳 1897 より）．

った（図 12.3 A）．

　ホーキンズがハドロサウルスの組立てに用いた三脚式のポーズは，「ハドロサウルスの骨格の前半部と後半部の間に見られる極端な不釣合いから，私はこの巨大な草食トカゲが，大きな後半身と尾を地面につき，半直立の姿勢で体を支えていたのではないかと考えるに至った」（Leidy 1865：97）というライディの観察に基づいたものであった．復元された骨格に見られる哺乳類に似た特徴――頸椎が 7 個であることや，肩甲骨の形など――は，カンガルーの骨格の影響を反映している．一般の人々は 1868 年にホーキンズの苦心の結果を見ることができ，ホーキンズの予想したとおり，アカデミーの観客数は急増した．

　ホーキンズは展示のため，ハドロサウルスの骨格の準備を進める一方で，骨格の石膏模型の製作も行った．模型の 1 セットはニューヨークの博物館で用いられ，他のものはワシントンのスミソニアン研究所，プリンストン大学，シカゴのフィールド自然史博物館に贈られた．これらは，組み立てられ，陳列された最初の恐竜骨格模型となった．

　ホーキンズが用いた組立て方法の多くが，1870 年代後期から 1880 年代前期にかけて，ブリュッセルの王立自然史博物館のルイ・ドロー（Louis Dollo）によって改良された．ドローとその助手たちは，ベルギーのベルニサールの炭鉱から発掘された一群のイグアノドンの骨格を組み立てた．骨がすべて関節でつながったままの骨格を多数発見したことは，ドローにとって大きな幸運であった（図 12.4）．個々の骨がどこにつながるかについて，疑問の余地は全くなかった．組立ての時の参考とするため，骨格の実物大の図がつくられた．個々の骨や骨の破片は，木製の足場から，図面に見られる所定の位置に吊され，金属バンドで鉄製の支持材にとりつけられた（図 12.5）．恐竜の骨格を組み立てる参考として，ドローはエミューやカンガルーの骨格も用いた．これによって，骨は可能な限り正確に組み立てられていった．

　1905 年に最初の竜脚類恐竜の骨格が組み立てられた時，恐竜骨格の組立てに比較解剖学を利用することがいっそう重要となった．この骨格の組立てを準備する中で，アメリカ自然史博物館のウィリアム・マシュー（William Matthew）とウォルター・グレンジャー（Walter Granger）は，筋肉や関節がどのように働いているかをよく理解するため，現代の数種の爬虫類の解剖を行った．爬虫類の四肢の骨に見られる筋肉の付着痕は，竜脚類恐竜の四肢に見られるものと一致した．次にマシューとグレンジャーは，細長い紙片を使って，竜脚類の筋肉の起始点と付着点をつなぎ，想定される筋肉の動きを妨げないよう，骨の位置を調整した．骨の正しい位置が定まると，骨を鋼鉄製の支持材に固定した．

　解剖や，比較解剖学，機能解剖学などを利用することは，今日でも恐竜骨格を組み立てる上で重要である．新しい恐竜の組立てでは，化石の骨に「生命を吹き込む」ことを目指す今日，このことは特に重要である．骨格にダイナミックな姿勢をとらせ，観客に生きている恐竜が歩き，走り，戦う姿を想像さ

図12.5●ルイ・ドローと彼のスタッフはイグアノドンの骨格を組み立てるのに，実物大に描いた骨格の絵を吊り下げ，その前に骨を吊した．骨の位置が決まると，それを金属製の支持材に固定した．恐竜の膝のすぐ前に，ダチョウとカンガルーの骨格が立っている．ホーキンズやライディが三脚型の姿勢に及ぼした影響に注意（氏名不詳1897より）

せようとする．

● 活動する骨格と筋肉

恐竜骨格の組立てに比較解剖学や機能解剖学の知識がそれほど重要なのはなぜなのかを，簡単に見てみることにしよう．脊椎動物の骨格は，体の骨組をつくる．骨格は多くの機能を持ち，その一つは筋肉の付着部となることである．筋肉はものを引っ張ることによって働き，押すことはできない．個々の筋肉繊維が収縮し，太くなることによってものを引っ張る．関節の互いに反対側にある2つの点を結ぶ筋肉は，2つの骨を互いに引き寄せる（図12.6）．どのくらい動くことができるかは，関節の種類による．例えば，肘は簡単な蝶番になっていて，前腕を単一の平面の中で上下させることができる．

生きている動物の関節についての知識から，恐竜の関節の運動を推測することができる．しかし，可能な運動の大きさは，骨だけから考えられるよりも小さい場合が多い（図12.7 A）．これは，関節は軟骨で覆われ，関節がばらばらにならないようにするため，結合組織で包まれているためである（図12.7 B）．軟骨と結合組織はしばしば関節表面の周縁部に付着痕を残す（図12.7 C）．この付着痕は，最大でどのくらいの大きさの運動が可能かを正確に示す．付着痕によって定められる限界を超えて四肢を動かせば，生きている動物では関節の損傷を起こすことになる．恐竜の骨格で，例えば上腕骨頭の軟骨の付着痕が肩の関節窩に入り込んでいれば，関節の損傷が示唆される（図12.7 Dと12.7 Eを比較のこ

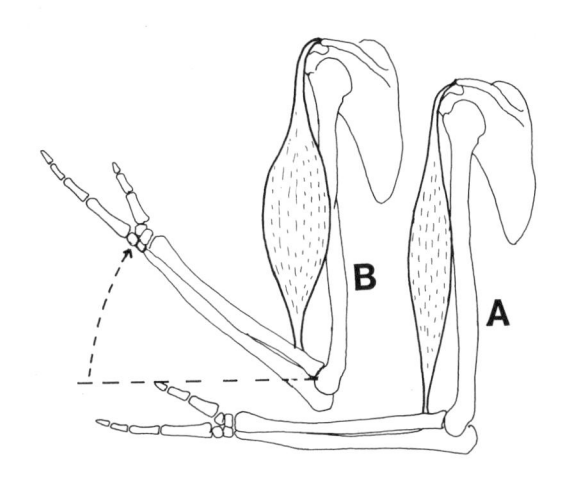

図12.6●恐竜の骨格で四肢がどのようにして動いたかを理解するには，生きている動物で筋肉と関節がどのようにして働くかを理解することが必要である．前腕をAの位置から動かすには，三角筋が収縮し，前腕をBのように引き寄せる．肘は単純な蝶番関節で，一平面内での動きしかできない

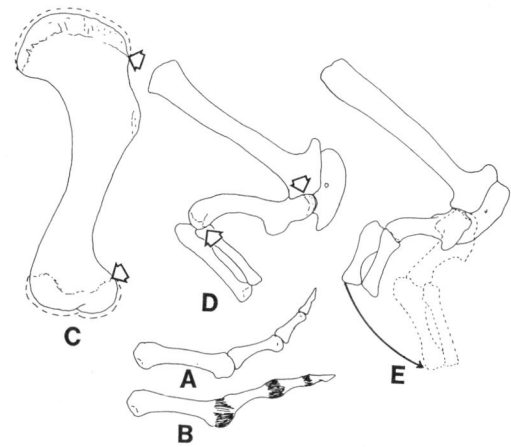

図12.7●関節の動きの大きさは，軟骨と結合組織によって抑制される
（A）関節の構造から考えた場合，人間の指の骨が上方にどこまで動くかを示す仮説的な最大の運動範囲．（B）結合組織に動きを制限された場合，実際に可能な運動範囲．この例は，関節の構造に基づく実際の運動範囲は，関節を見て考えられるよりも小さいのがふつうであることを示す．（C）アロサウルス（*Allosaurus*）の上腕骨．軟骨冠の端でできた付着痕（矢印）と，軟骨冠のおよその範囲（点線）を示す．（D）アロサウルスの右腕．かつて関節を覆っていた軟骨を考慮せずに組み立てたもの．矢印は，上腕骨体と肩の関節窩の結合が不適切な部分と，肘が曲がっているところを指している．（E）アロサウルスの別の標本で，これは軟骨の付着痕から，腕の骨の本当の運動範囲を調べて組み立てられている．骨がDのような位置にくることはありえないことに注意（図12.7 E は Carpenter and Smith［印刷準備中］に基づく）．

と）．

近年，組み立てられた2本足恐竜の骨格の立ち姿は，以前とはちがったものとなっている．生きている時の恐竜は，カンガルーのように尾を支柱として使ってはいなかったと考えられるようになったためである．そうではなくて，尾は後肢に乗っている体の釣合いおもりとして，空中に保持されていたと考えられている（図12.1 B）．尾はわずかに左右に動かして，1歩ごとに重心を移し，体のバランスを保つことができた．このような尾の働きについて，われわれの考え方が変わったのは，関節のつながった状態で発見された恐竜骨格で，背中と尾がまっすぐになっているのがわかったことに基づく（図12.4）．さらに，恐竜が歩いた跡には，ふつう尾を引きずった跡が見られない．この結果，やや驚くべき組立て骨格が生まれることもある．デンヴァー自然史博物館のディプロドクス（*Diplodocus*）の骨格が，尾を空中に高くあげているのはその一例である．それでも，竜脚類恐竜の歩いた跡にも尾を引きずった跡は見られず，これらの恐竜ですら，尾を空中にあげていたことを示している．

●骨格の組立て

恐竜の骨を地中から掘り出し，骨についているまわりの岩石をとり除き，失われている部分を復元し，展示のため骨格を組み立てるという作業は，何年もかかることがある．ニューヨークのアメリカ自然史博物館に展示されているアパトサウルス（*Apatosaurus*）の骨格では，7年以上を要した．

本物の骨格を展示するための剖出・整形作業はあまりにも膨大な時間と費用を要するため，プラスチックの骨格模型を陳列する博物館が見られるようになっている．このことは，満足な解答の得られない論議を引き起こした．一方で古生物学者は研究のために本物の骨を求め，他方で博物館の観客も本物の化石の骨を見ることを望む．結局，観客が何を見ることを期待しているか，古生物学者が利用できるような形で骨を展示することができるかといった，いくつかの要因に基づいて，決定が下される．このほか，展示が望まれる標本が博物館の収蔵物の中にあるか，博物館にない場合，求められる標本の入手の可能性や，それを購入し，整形するための費用と，模型の購入費用，最後に展示のスケジュールなども

考慮される．一般に，恐竜採取の歴史を持つ博物館は本物の骨格を展示し，新しい博物館は鋳造模型に頼らざるをえない場合が多い．

　古い博物館では，所蔵する恐竜の骨格を分解して，組み立て直し，恐竜がどのように立ち，あるいはどのように歩いたかに関する新しい古生物学的知識に基づいたものとするプログラムに着手しているところも多い（図12.1Aと12.3Bの姿勢を参照）．骨格の組立て直しは，恐竜の展示を刷新するもっと大規模な計画の一部である場合も多い．今日では展示室のあちこちに，タッチ画面を持ったコンピューター装置が置かれ，誰でもそれにちょっと触れるだけで，特定の恐竜に関する情報を呼び出すことができる．骨格を組み立て直す方が，新しい標本を剖出・整形したり，模型を購入して組み立てるよりも安くあがることも多い．組み立て直した骨格は，前とは全く別の骨格のように見え，新しい骨格が展示されたと観客に思わせるほどとなる場合も少なくない．

　骨格を組み立てるのは，単に骨を金属の枠に固定するだけのことではない．まず，かなり綿密な計画を立てて，組立てが正確に行われるようにしなければならない．スケッチや縮尺模型をつくって，さまざまな角度から完成像を示す．これによって，作業が進んで変更がきかなくなる前に，姿勢に変更を加えることも可能になる．スケッチや模型は，展示スペースが十分か，骨格が窮屈にはならないかなども示す．骨格のスケッチは"青写真"ともなり，組立て作業に用いる作業ステップや資材を詳細に考慮するのにも役立つ（図12.8，12.9）．

　組み立てるに当たっては，その恐竜が常時2本足で生活し，後肢だけで歩いていたのか，それとも4本足で生活し，四肢歩行していたのかを知ることが重要である．二足生活の恐竜では，前肢は骨格を支えるのに使えないため，組立てが容易ではない場合もある．そのような時は，天井から鉄線を吊して骨格の前半身を支えたり（図12.1B），床にパイプを立てて骨格を支えたり（図12.9，12.10A）することもできる．

　組立てのために選んだ恐竜の骨格が，骨のすべて

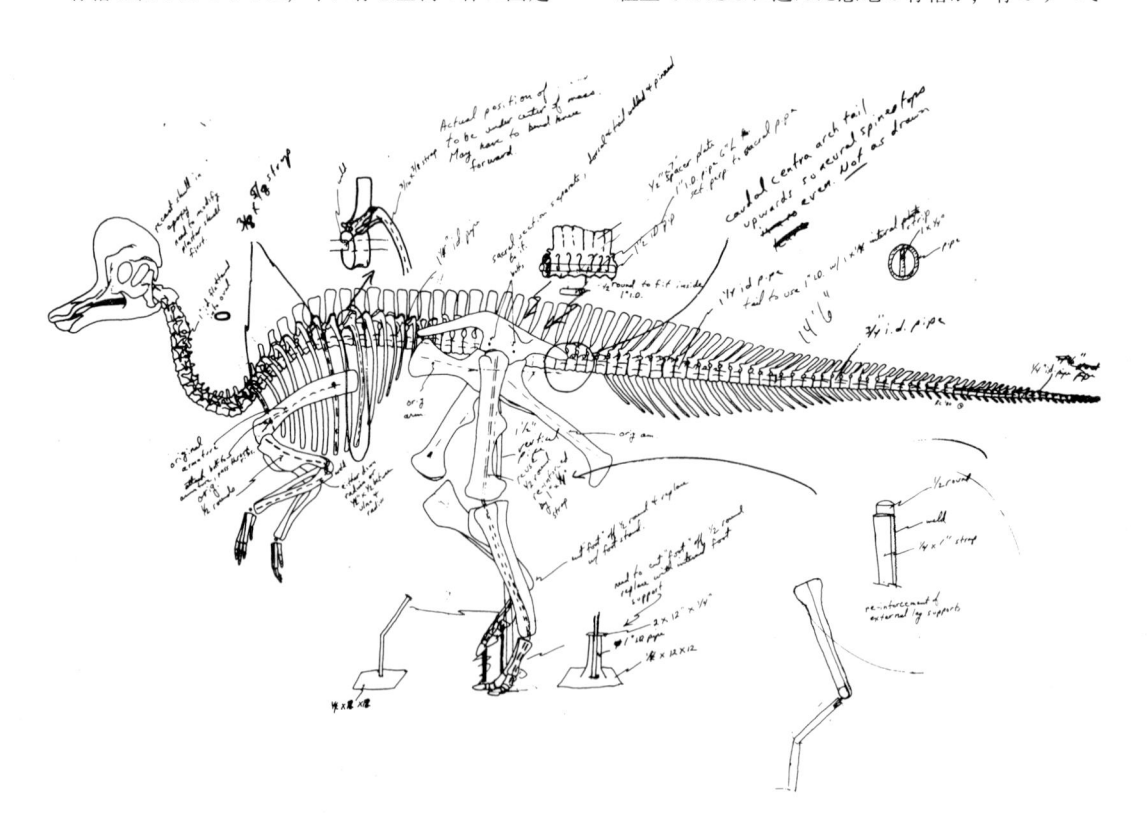

図12.8●恐竜コリトサウルス（*Corythosaurus*）のスケッチ
提案された四肢や尾の位置を示す．支持材をどのようにつくるかについての書き込みも見られる．骨格ができるだけよく見えるようにするため，多くの支持材は骨の内側やうしろ側に入れられている（点線）．図12.9の完成した骨格と比べて見てほしい．

図 12.9 ● 図 12.8 に示したスケッチに基づいて組み立てられたコリトサウルスの骨格
組立ての際に，骨格を天井からケーブルで吊るのではなく，体の前部を床に立てたパイプで支えることが必要になった．このほか，図 12.8 の最初のプランが変更されたのは，頸と頭を横に向けたこと，腕を少しまっすぐにしたこと，骨化した腱の複製として，背中や尾にアクリルの棒をつけ加えたことなどである．フィラデルフィア自然科学アカデミーに展示されている．

そろった完全なものであることは滅多にない．浸食作用が化石を露出させ，さらに露出した骨を破壊するためである．失われた骨は，模型や，別の個体の本物の骨をかわりに使う．時には，失われた部分を，木材，石膏，紙粘土，エポキシ樹脂などを彫ったり，粘土を焼いたりしてつくることもできる．いくつかの部分骨格や骨格断片を合わせて，一つの骨格とすることもある．例えば，スミソニアン研究所のトリケラトプスの骨格は，このような方法でつくられた．

骨格の組立てに必要な道具や装置は金物店で手に入れることができる．特殊な道具を使うことはほとんどない．使われるごくふつうの道具や材料は，ハンマー，のこぎり，プライア，レンチ，ボルトとナット，電気ドリル，万力，塗料，木材の着色料，さまざまな大きさの刷毛などである．

ふつうは鋼鉄でつくった支持材に，何らかの方法で骨をつけていく（図 12.10 A）．化石の骨は割れやすいため，個々の骨の重量をすべて（ごく小さく，軽いものは別として）支持材が支える（図 12.10 B）．この支持材は骨の表面に合わせて形をつけたり，骨にうがった穴の中に入れたりする．支持材が外側にある場合は，骨の下側あるいはうしろ側に枠を当て，できるだけ観客の目に触れにくいようにする．鋼鉄の棒は，あまりめだちすぎず，骨や骨格を十分支えられる太さのものでなければならない．支持材は溶接しても（図 12.11），ボルトで留めてもよい（図 12.10 B）．

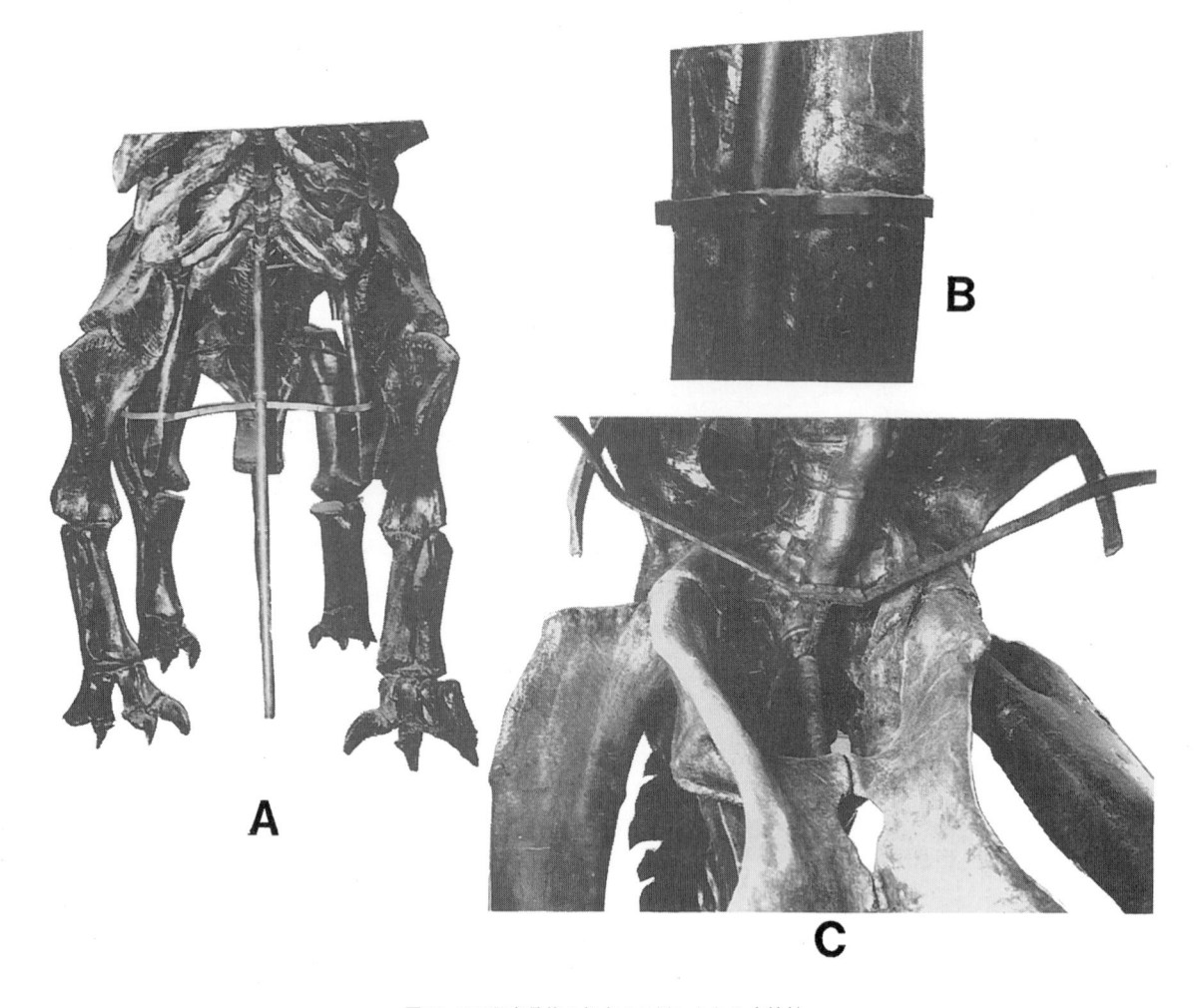

図12.10●恐竜骨格の組立てに用いられる支持材
(A) ピーボディ博物館（イェール大学）で竜脚類恐竜の骨格を支えるため用いられている床に立てたパイプ．(B) 図12.9に示したコリトサウルスで，脚の骨を支持材に固定するための金属製バンド．(C) デンバー自然史博物館にある竜脚類恐竜の骨格の下面．椎骨は，骨に合わせてつくられた鋼鉄の支持材で支えられている．肋骨を支える鋼鉄の支材も見える．

　椎骨は，ドリルで中心をとおる穴を貫通させ，数珠のように，鋼鉄のパイプで骨をつないでいく（図12.12）．現物に合わせて鋳造した鋼鉄製の支持材で，椎骨を下側から支えることもできるが（図12.10 C），今日では，この方法はほとんど行われない．これには近くに鋳造工場がなければならないが，米国では今日，鋳造工場は営業をやめてしまったところが多いからである．

　恐竜の骨格を展示するもう一つの方法に，パネル型組立てがある．骨格がもとの岩石に埋まったままの形にしておくか（図12.13），あるいは骨格の片側の面だけしか見えないような形で組み立てる（図12.3 B）ものである．この方法は，骨格が発見された時の形で展示する場合や，骨格の片側が浸食のため損傷を受けている場合などに用いられる．損傷を受けた側を，岩石に似せた石膏の中に埋め，浸食を受けていない側の汚れをとり除いて展示する．

　自立する骨格標本が完成したら，台の部分を見た目に魅力あるものに仕上げなければならない（図12.1 Bと12.12を比べてほしい）．化石を記念品コレクターから守るため，障壁を立てることが必要な場合もある．最後に，すべての標本に，恐竜の名前や，それについての若干の情報を記した説明板をつける．これがすべて完成したら，骨格の観客へのデビュー準備は完了である．

図12.11●恐竜マイアサウラ（*Maiasaura*）の支持材を溶接しているところ．この骨格は4本足を地面についているため，支持材は4本足の全部につながっている．この組立て標本の台は鋼鉄の枠になっている

●その他の恐竜展示方法

　博物館で常時骨格を展示するだけでなく，恐竜の展示方法はほかにもいくつかある．近年，一時的な恐竜特別展や，巡回の恐竜展なども人気が高まっている．このような展示会はふつう，1か所の博物館で数か月間開かれたのち，別の博物館に移動していく．このような展示会の利点の一つは，他の方法よりも，観客に多くの種類の恐竜を見せられることである．例えば，これまでにいくつかの中国恐竜展が，北米，日本，ヨーロッパなどを巡回して開かれている．このような展示会によって博物館の観客は，中国まで出かけていかなくても，これらの中国の恐竜を見て感嘆することができる．

　巡回恐竜展の多くは，骨格を簡単に組み立て，展示できるようにデザインされている．展示用の骨格は基本単位組合せのモジュール式につくられていて，いくつかの部分に分解された支持材には初めから骨がとりつけられており，その支持材の各部分をピンやボルトで固定すれば骨格が組み立てられるようになっていることも多い．このような巡回恐竜展には，模型も，本物の骨格も用いられる．

　恐竜が生きていた時の姿を示す復元像を展示する恐竜展もある．その最初の試みが，ウォーターハウス・ホーキンズとリチャード・オーウェン（Richard Owen）（恐竜という名前をつけた人）の想像の古代動物像であった．ホーキンズはイグアノドン，メガロサウルス，ヒラエオサウルスなどの恐竜を含む，何種類かの絶滅動物の実物大復元像をつくった．これらの復元像は1853年，第1回万国博覧会のために建てられた水晶宮（クリスタル・パレス）で展示され，今もロンドンのハイドパークで見ることができる．

　水晶宮での展示以降，恐竜の生きている姿の復元像は，セントルイス（1904）やニューヨーク（1964）

図 12.12●図 12.1 B に見られるティラノサウルスの骨格の組立て
写真の上部には，椎骨のための鋼鉄のパイプが骨盤から突き出しているのが見える．この骨格のためには，木製の台がつくられた．

で開かれた，何回かの万国博で登場した．リチャード・ラル (Richard Lull) は，1918 年にデンバー自然史博物館で最初に用いられた方法を用いて，イェール大学のピーボディ博物館で，また別のタイプの生きている恐竜の復元を試みた．恐竜セントロサウルスの骨格を土台にして，その外側に生きている恐竜の姿を部分的に復元したのである．正確を期すため，皮膚表面の模様も，実物の角竜類の皮膚の印象を用いて複製した．こうしてつくられたものは，今もピーボディ博物館で見ることができる．標本の右側は肉づけした復元像になっており，左側は一部復元された体の外郭の内側に骨格が見られる．

もっと最近には，機械仕掛けで動く恐竜（恐竜ロボット）が人気を集めている．1960 年代にディズニー社が初めて試みた恐竜ロボットは，生きて動く恐竜を再現しようとするものである．初期のものでは解剖学的な誤りも多く，したがって恐竜は本当に生きているようには見えなかった．今日では，恐竜ロボット産業も恐竜学者の指導のもとに，細部にもっと注意を払うようになり，その結果，われわれが恐竜の本当の姿と考えるものにはるかに似たロボットが見られるようになった．恐竜ロボットは人気が

図12.13●アメリカ自然史博物館の曲竜類恐竜サウロペルタ（*Sauropelta*）のパネル型組立て

高いと思われるところから，博物館が特別展で，観客をたくさん集めるためにこれが利用されることも多い．

●未　来

博物館の恐竜の展示に今後どのような変化が起こるのか，予測することはむずかしい．過去から類推すれば，恐竜の骨格はたぶんいつの時代にも観客の人気の的であり続けるであろう．支持材は鋼鉄の棒のかわりに炭素繊維やエポキシ樹脂が使われ，もっと目障りではないものになるだろう．新しい模型製作材料は，もっと強度があり，外見がもっと化石に似たものが使われるようになるかもしれない．さらには，歩く恐竜ロボットが登場して，博物館の展示室を歩き回ったりすることもあるかもしれない（しかし，DNAからクローン恐竜がつくり出されることはないだろう）．

●文　献

Alexander, E. 1983. *Museum Masters ; Their Museums and Their Influence*. Nashville：American Association for State and Local History.

Anonymous. 1897. *Guide dans Les Collections：Bernissart et Les Iguanodons*. Brussels：Museé Royal D'Histoire Naturelle.

Kellogg, R. 1936. A review of the Archaeoceti. *Carnegie Institute of Washington Publication* 482：1-366.

Leidy, J. 1865. Memoir on the extinct reptiles of the Cretaceous formations of the United States. *Smithsonian Contributions to Knowledge*. 14：1-135.

Lucas, F. 1902. *Animals of the Past*. New York：McClure, Philips and Co.

Simpson, G. 1942. The beginnings of vertebrate paleontology in North America. *Proceedings of the American Philosophical Society* 86：130-188.

13 生きている恐竜の姿を復元する

Douglas Henderson

　恐竜の生きている姿を描き表すことは，科学的研究を基礎にした想像力による創作的な作業である．このような"古代復元画"は，さまざまな風景やシーンの中に，古代生物の生きている姿を描くもので，今日われわれが自然界で直接体験し，よく知っている形態を借用しつつそれらを描き表す．古生物画は創作的な作業によって，古生物学者と画家の両方の仕事の成果を大勢の人々に示すという役割を果たしてきた．

　古生物画家は，美術と地球科学に関心を持つ人であれば，科学者であっても，アマチュアであってもよい．古代復元画では，美術，画風の発展と用法，表現材料に対する伝統的なアプローチと，主題に対する画家ごとに特有のアプローチとが組み合わされる．また，ある程度の科学の基礎知識と，化石の記録から完全なイメージをつくりあげることには限界があるという認識を必要とする．こうして美術家と科学者の協力によって得られる作品は，古生物学やそれと関連する地球科学を，近代的な物語性豊かな世界に変える．

　生きている恐竜の姿を描くことは，実際の古生物学にはほとんど役に立たない．科学者の関心は主として，自分たちの観察や解釈の結果を，科学の世界を対象とした客観的な記述による出版物として発表することにある．このような目的には，化石標本の専門的スケッチや，簡単な図や復元図は役立つかもしれないが，西部の夕日を背景にして進む巨大な恐竜のシルエットといった絵は一般に役立たない．このようなロマンチックで，それでも真実を表してもいる作品は，演劇や文学的芸術に似ている．しかし，エマーソンが「森の調べ」の中で，自然の世界で得た個人的，主観的体験に関する詩人の表現について述べているように，「彼の知っていることを誰も知りたいと思いはしない」のである．科学が経験的，記録的であることにのみ関心を持つ時，想像的なイメージは，誤った言語と見なされるだけである．

　他方，多くの人々にとっては，生きている恐竜の姿はそれ自体，美術として正当性を持つ．さらにまた古生物画は，書籍や雑誌の筆者や編集者，博物館のキュレーター，古生物学者，その他，古生物学を解釈し，一般大衆に提示することに関心を持つ人々にとっても大きな価値を持つ．

●古代復元画の理論，研究，方法

恐竜を始め，地球の歴史のどのような面にしろ，それを絵に描くためには，ある程度の推測が必要である．これは，化石の記録が完全なものではないこと，化石資料に基づいてさまざまな解釈が成り立つこと，生きている恐竜の行動や自然史を実際には観察できないことなど，いくつかの要因による．恐竜画家は未知の点が多く，多くのシナリオが考えられ，化石資料以外の確かな推論は少ししかないという状態の中で仕事をしなければならないことが多い．

復元画を注文する編集者，キュレーター，その他の人々の期待や解釈といった科学以外の要因が，恐竜画に影響を及ぼすこともある．さらに，他の画家や科学者が長年繰り返し描いてきたため，長い間当然のこととして疑問を持たれることもなく頭に染みついてしまった恐竜のイメージが，画家の描く絵に影響を及ぼすこともあるだろう．

したがって，科学画家の描くシーンが，文字どおり正しいものであることを期待するわけにはいかない．古代復元画は，そこに反映される科学と同じように，頭の中でつくられた観念にすぎない．それは論証された科学の考え方と，科学が心の目に暗示する，誰も足を踏み入れたことのない世界の両方を表すものなのである．

画家の想像力がどれほどの力を及ぼしうるかは，その知識，経験，観察力，考え方がどれだけ作品に盛り込まれるかによって決まってくる．古代復元画を描く上で重要な基礎となるのは効果的なデッサン技術で，それには基本的な遠近法の知識，構図のセンス，表現材料に関する専門的技術，生物素描の腕などが含まれる．現場でのデッサン，すなわちある

図13.1●セコイア国立原生林でのフィールド・スケッチをもとにして，筆者が描いた自然習作「スターヴェーション・クリーク・グローブ」
ここはシエラネヴァダ山脈南部，イサベラ湖の北方にあるディア・クリークの小さな支流に沿ったところで，トゥーリー川インディアン保留地の南東，カーン川の源流に近い．

規律のもとでの観察は，一つの勉強方法となる．われわれの自然界についての主観的体験は，デッサン，フィールド・スケッチ，自然習作研究などの中にとらえることができる．その過程で，自然や自然地形の構成——川の流路，木立，自然系のある種のみごとな乱れなど——についての知識が得られる（図13.1）．このようにして現代の自然界をよく知ることによって，先史時代の過去を描く時，正常さの範囲を逸脱しない微妙な能力が得られるのである．

　古代復元画では，古生物の科学を絵として表す上で，極めて柔軟なアプローチの仕方が可能である．画家は，中生代全体にわたる進化の段階および解剖学的に多様な恐竜を概括的に描くことを求められる場合もあれば，特定の時代や場所に生きていたさまざまな動物や植物を描くこともある．また，動物相や植物相全体をただ一つの画面に示す，知識を凝縮した壁画の形をとることもある．あるいはまた，復元像が一連の自然のシーンとして描かれ，実際の自然の歩みに従って，生物あるいは生物群が一時に一つずつ，次々に示されるものもある．画面の中に恐竜が大きな位置を占める場合もあれば，恐竜が大きな風景や生態学的環境の中の一部を占めているにすぎない場合もある．科学はこのようなアプローチのいずれも，根拠のあるものと考える．画家は美術的な理由から，あるいは科学的データの語る物語についての画家自身の評価から，いずれのアプローチが最も望ましいかを考える．

　古代復元画を描くには，古生物の科学をある程度よく知っていることが求められる．まず最初に，そのシーンに登場する動物たちについての知識はもちろんのこと，地球の古代の地理，気候，植物相，動物相，時間に伴うそれらの変化などについての広い知識が必要である．このような一般的な背景的知識は，一般向けに書かれた書物から得ることができる（Russell 1977，1989など）．

　科学文献は専門的であり，一般向けに書かれたものではないが，特定の生物についての情報源としては価値が高い（図13.2）．しかし，これは大きな大学図書館以外では利用しにくい．快く応じてくれる古生物学者に手紙やその他の手段で問い合わせたり，話を聞いたりすることが，教えや指導を受ける最もよい方法となる．さらに，古生物学者は一般に自分の研究に関係のあるデータを幅広く集めているので，時にはこれも画家が利用できる情報源となる．

　博物館や個人のコレクションを訪ねれば，あらゆる種類の化石標本を見たり，スケッチしたり，写真を撮ったりする機会が得られる．その中には関節のつながった実物大の恐竜の化石骨格もあり，さまざまな角度から見たその体の特徴を調べることができる場合もある．今日多くの博物館では，生きている時の姿を表した実物大の恐竜の彫刻も展示されている．

　動物園にいけば，体の大きさや解剖学的構造に恐竜と似た点を持っていたり，恐竜と何らかの程度の血縁関係のある，生きている動物を観察することができる．例えば，大型の哺乳類，飛ぶことのできない走鳥類，ある種の爬虫類などがそれに当たる．

　古代復元画を描くには，古植物学の一般的知識が必要となる場合もある．教科書や化石植物のフィールド図鑑には，植物の進化や分類，中生代の植物の形態などが示されている．科学文献は叙述的，専門

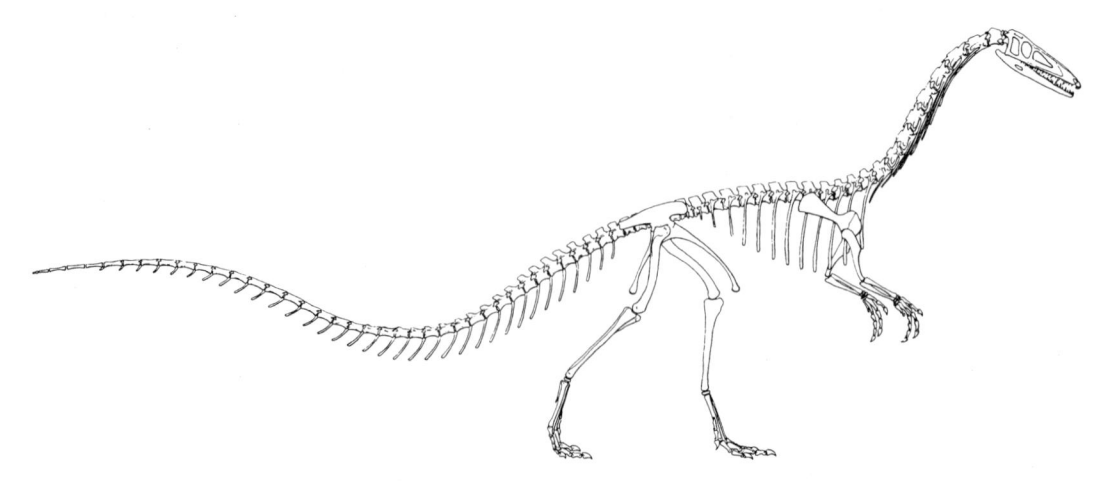

図13.2●コルバートが発表した三畳紀の獣脚類恐竜コエロフィシスの骨格の復元図（1989：fig.88）（E.H.Colbert 提供）

的でありすぎて，古代植物の生きている姿を復元したいと考える画家には満足できないものである場合が少なくない．生きている植物は多くの解剖学的"部分"(根，幹，枝，葉，生殖器官)から構成されているが，これらは化石化する前にばらばらになってしまうのがふつうである．したがって，古代の植物が全体としてどのような姿をしていたかを明らかにすることがむずかしい場合も多い．

しかし，中生代の植物と現代の植物との間には多くの系統学的関連性があるらしいことが，化石の記録によって示されている．中生代の植物相に特徴的な植物と類縁の植物，例えばシダ類，木生シダ類，ソテツ類，種々の針葉樹，原始的な被子植物（タイサンボクやハナミズキの類）などは，温室や植物園で見ることができる．米国東部や南東部で見られる広葉樹類には，白亜紀の化石の木の葉と著しく似た葉を持つものも多い．このような類似は論理的に，現代のある種の針葉樹や広葉樹が古代植物相に広く見られた形態を表している可能性を示すものである．

残念ながら，古植物学者は，このような類似性が実際以上に著しく見かけ上の場合もあることを警告している．

さらにもう一つの情報源は，他の科学画家，特に恐竜の解剖学を研究して，筋のとおった復元理論を発表し，恐竜の生きている姿を描いている画家の作品である．ロバート・バッカー（Robert Bakker），マーク・ハレット（Mark Hallet），それに特にグレグ・ポール（Greg Paul）の作品は，説得力のある復元像を示し，骨格の寸法，四肢の運動範囲，筋肉の大きさや付着部，姿勢や歩きぶりの解釈などは正確である．このような作品を十分に知っておくことは，専門的な図面や，新しい化石，あるいはあまりよく知らない化石標本から恐竜の復元図を描くのに役立つ．

完成した絵（図13.3）を用いて，どのようなステップをたどり，どのように考えてイメージをつくりあげていったか，その根拠となった化石情報はどのようなものであったかを説明することができる．こ

図13.3●小型肉食恐竜コエロフィシスの大群の復元図
場所は三畳紀後期のニューメキシコの森．

こに見られるシーンの意図するところは，三畳紀の高地の森を進んでいく体長3mほどの肉食恐竜コエロフィシス（*Coelophysis*）の大群を示すことにある．これは，約2億2500万年前，米国南西部を流れていた川が残した堆積層，チンリー累層から採集された化石に基づいて描かれた．

1947年，古生物学者エドウィン・コルバート（Edwin Colbert）は，ニューメキシコ州ゴーストランチで化石の骨の堆積層を発見した（Colbert 1995）．これはほとんどすべてコエロフィシスの骨格——関節のつながったままのものも，関節のばらばらになったものもあった——からなり，そこには成体も，子どもも含まれていた．このような大群が見つかったことは，コエロフィシスが大群をつくって生活していたか，大群で活動していたことを暗示していた（ただし，ゴーストランチの獣脚類恐竜の群れは2種の恐竜で構成されていると考える古生物学者もいることを指摘しておかなければならない［Sullivan 1994；Sullivan et al. 1996]）．

この絵のもう一つの意図は，2種類のシダ，木生シダの一種，トクサの一種，ソテツの一種，川のほとりに見られるサンミゲリア（*Sanmiguelia*）という低木，大きな針葉樹の一種アラウカリオキシロン（*Araucarioxylon*）など，チンリー植物相の植物を表すことにある．これらの植物の化石は，三畳紀には低地の氾濫原だったところに見られることが多い．アラウカリオキシロンは多数の化石木が見られることで知られ，アリゾナの化石の森国立公園はその典型的な例である．三畳紀後期には，これらは周期的に起こる洪水のために流されてきた，樹皮や枝をはぎとられた樹木の残骸であった（Ash 1986；Long and Houk 1988；Vince Santucci，私信）．ここに示す絵には高地の森の様子が描かれており，化石の木材はこのようなところから流されてきたものかもしれない．

コエロフィシスに関する細かいこと——例えば，その習性，コエロフィシスが好んだ環境，その獲物，皮膚の模様，色など——は，わからない．しかし，化石の記録から推測できることだけでも，作業を進めるための多くのイメージを得ることができる．それには，次に示すような一般的な情報も含まれるだろう．

多数のコエロフィシスの標本がきれいに保存されていることは，この恐竜の生きている時の姿に近いものを復元することを可能にする．コエロフィシスは2本足で立ち，ほっそりした体つきで，足の速い捕食恐竜であり，ものをつかむ小さな腕と，小さく鋭い歯を持ち，これらは自分より小さな獲物を捕らえて食べるのに適していた．三畳紀後期の米国南西部には，コエロフィシスのほかにも多数の爬虫類が，多くの種類の植物からなる植物相の中で暮らしていた．コエロフィシスは，高地，森林，河川，低地の氾濫原などの生息環境に見られる動物たちのうちで，ごくふつうのものだったのではないかと思われる．この絵では，こうした考えのごく一部が表されているにすぎない．

この絵の下絵である，コエロフィシスの輪郭スケッチは，Colbert（1989）の骨格復元図（図13.2）に基づいて描かれた．生きている姿の復元は，グレゴリー・ポール（Gregory Paul）の解釈に従った．くさび形の頭蓋骨は，哺乳類のような複雑な顔面の筋肉を欠き，骨を皮膚で覆うだけで生きている時の姿が得られる．頸は細く，静止時はS字状のカーブを描いて持ちあげられていた．背骨はわずかにアーチをなしていた．胸部は腰のあたりで左右に狭くなっており，せいぜい恥骨と坐骨をつなぐ結合組織の幅くらいしかなく，恥骨と坐骨の末端が胴体の下部輪郭線を定めていた．尾はトカゲと同じように，ある程度の柔軟性を持つ．筋肉組織や，頸，脚，足先などの全体的外形は鳥類に似ていた．

チンリー植物相の復元は，筆者自身の観察のほか，古植物学者の出版物や，古生物学者との論議に基づいて描いた．チンリー植物相は，南西部各地に見られる化石植物標本によって知られている．木材，木の幹，根，少数の球果などの化石のほか，さまざまな葉の印象も発見されている．これらはすべて，チンリー植物相には多くの種類の植物が含まれていたことを示しており，その種類はこの絵に描かれているよりもはるかに多い．こうした化石植物のうちのあるもの，特にシダ類やある種の独特の低木は，正確に復元することができる．他方，葉やその他，植物体の一部が時々見られるだけで，植物全体は見つかっていないものもある．

絵の中では，よくわかっている植物の構造を示したり，現存する植物との類縁関係や類似性に基づいて推定することによって，あまりよくわかっていない植物の生きている姿を表すこともできる．コエロフィシスの絵では，化石の幹しか知られていない木生シダのイトプシデマ（*Itopsidema*）が，幹だけの姿と，現存する木生シダのものと見えるような，はっきりしない葉のついた形で描かれている．

針葉樹のアラウカリオキシロンは，大きな化石の

木の幹——極めてきれいに保存されているものも多い——だけが知られている3種の木のうちの一種である．その他の針葉樹の化石としては，見かけはビャクシンやスギに似た，数種のタイプの小さな化石の葉や，モミの小枝に似た，もっと大きなタイプがある．このような葉のどれも，どの幹についていたものかは判定できない．

アラウカリオキシロンの復元は，多くの顕著な構造を示す化石の木材の観察に基づいて行うことができる．これは，根の痕跡，太くなった根元の部分，材の表面の模様，先細になった長い幹，さまざまな枝痕などである．枝痕は一定の間隔を置いて並び，さまざまな模様をつくる．散在する場合も多いが，幹の上から下までに及ぶものもある．それらは大小の枝を示し，必ず幹から上向きに，多くは鋭角に出ている．このような特徴は，アラウカリオキシロンが長い幹を持つ巨大なユタジュニパー（ユタビャクシン）や，サンフランシスコのゴールデンゲート・

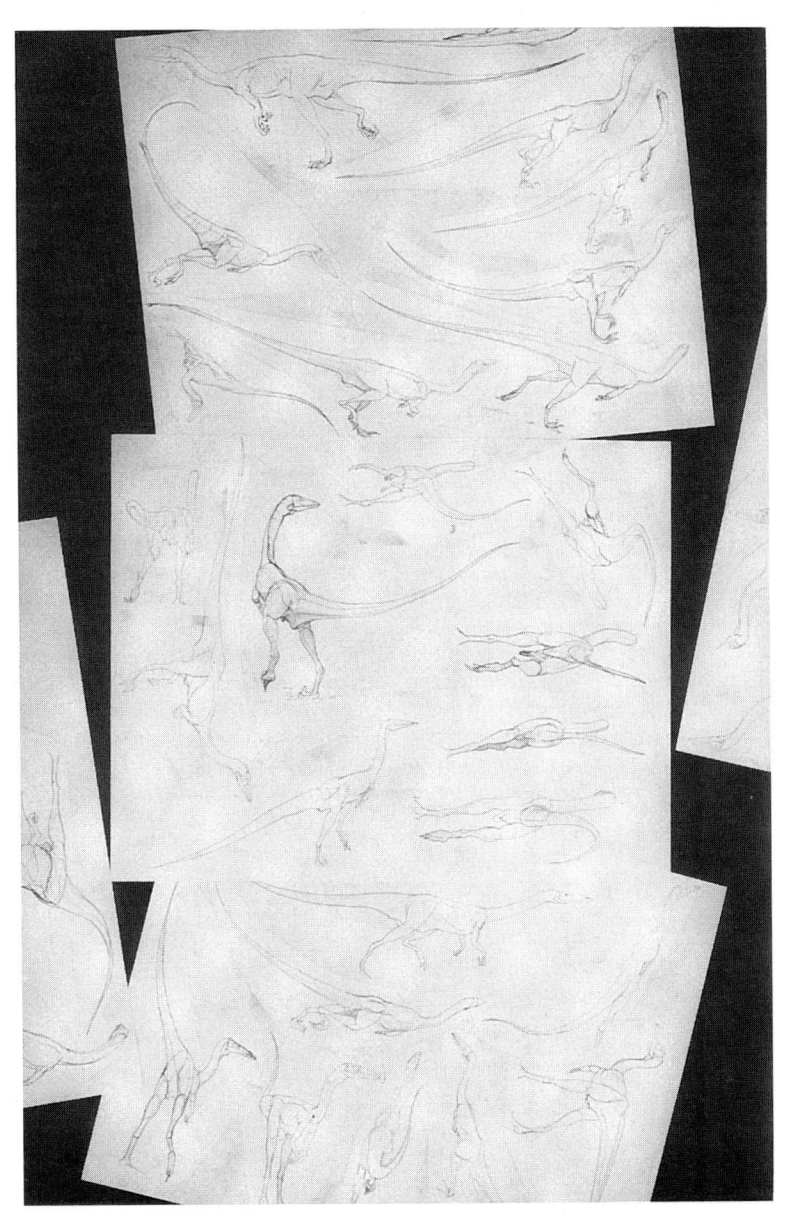

図13.4●小型肉食恐竜コエロフィシスの輪郭を精密に描いた下絵
さまざまな角度から見た姿を示す．復元のための計画を練るため，最も多くの作業を要するのはこの段階である．

パークで広大な森をつくっている背の高いモンテレーキプレス（モンテレーイトスギ）に似たものだったらしいことを示す．

　絵の目的が決まり，さまざまな要素のデザインを検討したら，次のステップは別々の要素を一つのシーンにまとめることである．シーン全体のラフ・スケッチを──たぶん何回も──描き，満足できる構図を決める．構図あるいはデザインが決まったら，それは主題となるキャラクターを精密にしていく準備作業の手引きとなり，絵本体の作業を進める上での参考となる．その絵が出版社や博物館から依頼を受けたものであれば，下絵を示して，編集者，執筆者，相談役などの検討や了承を受けることになる場合もある．

　キャラクターの精密化は，絵を制作する上で最も時間のかかる部分であり，1頭1頭の動物を，それぞれの姿勢，見る角度のちがい，画面の中での距離のちがいに応じた姿で描いていかなければならない．骨格のデッサン，写真，恐竜の各部分の寸法に関する画家の知識などを参考にする．小さな模型や彫刻をつくり，参考にする人もいる．コエロフィシスの絵では，多数の恐竜の素描を描き（図13.4），それを切り抜き，1枚の紙にスケッチした木の幹の間であちこちに動かしてみて，テープで適当な場所に留めた．このようにして，全体の振付けを慎重に定めた構図ができあがる．

　こうしてできた輪郭図を新しい紙（あるいはキャンバス，あるいはプロジェクトによってはその他の何でも）に描き写し，そこに絵を線画あるいは絵の具で描く．数日，数週間，時には数か月かけて，線を引き，陰影をつけながら，作品はゆっくりと仕上げられていく（図13.3）．それは問題を解決していく過程であり，画家はそれぞれに自分自身の解答をそこに盛り込んでいくのである．

　恐竜の復元図は新しい解釈を助ける道具であり，科学と美術のいずれの分野でも役立つ．またこれは古代生物の姿を示し，それによって古生物学の魅力と知識を科学者の世界の外にまで拡げる．さらに古代復元画は，個々の画家が観念の世界を探り，化石の記録の客観的解釈の中で暗示される理にかなった想像の世界を探ることを可能にする．

　古代復元画の作品は完成したものではない．新旧を問わずフィールドでの発見から科学文献まで，古生物学的情報源を探ることによって明らかにされる，まだ絵には表されていないデータはいくらでもある．美術と科学が手を携えた努力によって明らかにしていかなければならないことは多い．

●文　献

Ash, S. 1986. *Petrified Forest*：*The Story behind the Scenery*. Revised ed. Petrified Forest, Ariz.：Petrified Forest Museum Association.

Colbert, E. H. 1989. The Triassic dinosaur *Coelophysis*. Flagstaff：Museum of Northern Arizona Bulletin 57.

Colbert, E. H. 1995. *The Little Dinosaurs of Ghost Ranch*. New York：Columbia University Press.

Long, R. A., and R. Houk. 1988. *Dawn of the Dinosaurs*：*The Triassic in Petrified Forest*. Petrified Forest, Ariz.：Petrified Forest Museum Association.

Russell, D. A. 1977. *A Vanished World*：*The Dinosaurs of Western Canada*. Natural History Museums of Canada.

Russell, D. A. 1989. *An Odyssey in Time*：*The Dinosaurs of North America*. Toronto：University of Toronto Press.

Sullivan, R.M. 1994. Topotypic material of *Coelophysis bauri* Cope and the *Coelophysis-Rioarribasaurus-Syntarsus* problem. *Journal of Vertebrate Paleontology* 14（Supplement to no. 3）：48 A.

Sullivan, R. M.；S. G. Lucas；A. Heckert；and A. P. Hunt. 1996. The type locality of *Coelophysis*, a Late Triassic dinosaur from north-central New Mexico（USA）. *Paläontologische Zeitschrift* 70：245-255.

恐竜のグループ

> 突然，非常に巨大でグロテスクな生物に出くわした．その時，ブラッドレイは先頭に立っていた．そのあたり，ようやく少しまばらになり始めた木々の合間にかがんでいたその生物——ブラッドレイが目にした生物は巨大な竜のようだった．恐るべき口から長い尾の先端まで12 mは十分にあり，身体はまさしく装甲板のような厚い皮膚のプレートに覆われていた．ブラッドレイがその生物を見たのとほぼ同時に，ブラッドレイを目にしたその生物は巨大なうしろ足で立ちあがったが，その頭部は優に地上7 mに達するほどだった．6両の機関車の安全弁から噴出する蒸気に匹敵するような，シューッという音を洞穴のような口から発して，その生物はブラッドレイへ向かって迫った．
>
> ——エドガー・ライス・バローズ，『時の深淵から』

　本書の主編集者が教えている大学のマスコットは，現生ゾウ類の類縁動物で，氷河期に生息したのち，絶滅したマストドンである．この大学のスポーツチームは，大学の建設中にその地域でマストドンのほぼ完全な骨格が発見されたことにちなみ，マストドンズ（またはドンズ——タスカーズ［訳注：大きな牙のあるゾウ］とさえ）と呼ばれている．その骨格は，現在，大学の大きな展示ケースに入れられ，多数の学校の団体や関心を持つ人々の目に触れている．そして，マストドンの実際がどのような生物かを説明した掲示があるにもかかわらず，大部分の人はマストドンを恐竜と同一視している．

　主編集者は，かつて，近郊の町の小さな教会で開かれた，創造説論者と進化論者の討論に出席したことがある．創造説論者は弁舌をふるう中で，自分の論点を強調するためにコモドオオトカゲ（*Varanus komodoensis*）（現生最大のトカゲ）を引き合いに出し，つまるところ，コモドオオトカゲは生き残った恐竜以外の何者でもないといっていた．

　この2つの事例は，恐竜とは何か，何であったかに関する，2つのありがちな思い込みを例証している．一般の人々は，その動物が巨大で有史前のもので絶滅さえしていれば，また，巨大で醜く爬虫類でありさえすれば，その動物が泳いでいようが，飛んでいようが，重々しく動いていようが，「恐竜」という名前がふさわしいと思っている．

　あの有名な賢人スポーティン・ライフ［訳注：歌劇「ポーギーとベス」の登場人物］が全く別の状況で語っているように，「必ずしもそうとは限らない」のである．全く恐竜ではない多種の大型絶滅動物（爬虫類を含む）が存在したし，やはり恐竜ではないあらゆる種類の

大型現生爬虫類が存在するのである．

　Part 3 では，恐竜とは何なのかという疑問そのものをとり扱う．どのような特徴が恐竜を定義づけ，他の動物と区別されるのか？　まずは，この問題を歴史の流れの中でとらえ，どのように，そして，なぜ，恐竜が爬虫類中で1つの独自なカテゴリーとして認められるに至ったかを顧みることから始める．その物語は単なる科学上の発見だけではなく，個人の野心の衝突や，単なる権力争い以上のものも含んでいる．恐竜目という概念は，かつて学問畑に身を置いた者であれば直ちに理解しうる，このような状況のもとで出現したのである．

　その後の数章では，恐竜のさまざまなグループをとりあげ，個々のグループの重要な解剖学的特徴を要約している．この解剖学的情報は恐竜に関するすべての古生物学的研究の枠組であり，恐竜古生物学そして恐竜進化論に伴う仮説は，この枠組の上に築かれたのである．したがって，各章では，その章でとりあげている恐竜群の生物学や進化について，現在判明していること，あるいは推論されていることも考察する．

14 個人的な利害と古生物学：リチャード・オーウェンと恐竜の創案

Hugh Torrens

　最近の主張では「恐竜はかつて生息した動物の中で最も米国的なものである」とされている (Kirby et al. 1992：28)．このことは現在では明らかにそのとおりだが，恐竜という用語の「創案」は1842年4月，これらの「恐ろしいほど大きいトカゲ類」に対してその用語をつくり出した英国の解剖学者リチャード・オーウェン (Richard Owen) (1804-1892) によるもので，完全に英国的なものであった．爬虫類のこの新しいグループに関する初期の知識はすべて英国からのもので，恐竜類の創案を支えたすべての古生物学的資料も英国の岩石中で発見されたものであった．

　しかし，フランスの比較解剖学者ジョルジュ・キュヴィエ (Georges Cuvier) (1769-1832) の業績も非常に重要だった．彼は1825年にプレシオサウルス (*Plesiosaurus*) (中生代海生爬虫類の一種) は「先立つ (すなわち，化石の) 世界の遺物の中でかつて発見された最も異常で……最も怪物的 [な動物]」と

断言していた（Buckland 1837, vol.1：202）．これは「最も怪物的な」動物についての英国の別の競争相手だったメガロサウルス（*Megalosaurus*）が記載された直後のことで，メガロサウルスは1824年，オックスフォードの学者ウィリアム・バックランド師（William Buckland）(1784-1856) によって，ロンドンの地質学会に明らかにされていた．バックランドはメガロサウルスの仙椎部すなわち腰部に5個の椎骨があり（図14.1），それらはすべて膠着，つまり癒合していることを示していた（Buckland 1824）．

「怪物」の3番めの競争者になったイグアノドン（*Iguanodon*）が続いて1825年に登場した．イグアノドンの歯はかなり異なっており，植物食であることを示していた．これらのことを明らかにしたのは，田舎医師で科学者のギデオン・マンテル（Gideon Mantell）(1790-1852) で，サセックス州ルイスに住んでいたが，彼の論文は地質学会と競合関係にあったロンドンの王立協会に発表された（Mantell 1825）．

この2つの団体の競合関係は，1808年，王立協会の会長を長年務めたジョーゼフ・バンクス卿（Joseph Banks）(1743-1820) がハンフリー・デイビー（Humphrey Davy）(1778-1829) らとともに，新しい地質学会（1807）の将来を支配しようと試み，不首尾に終わった時に始まった（Rudwick 1963）．この試みが失敗したため，1809年，彼らは王立協会を退いた．

特定の地層はその含有化石に基づいて同定できることを示したウィリアム・スミス（William Smith）(1769-1839) の研究は，ストーンズフィールド（Stonesfield）産の（地下鉱山から産出）ジュラ紀中期，メガロサウルス標本の相対的な古さが立証できることを示した．イグアノドンの層位層準はずっと不確実であることもわかった．

しかし，層位については1820年までに多くの専門知識が英国で利用できるようになっていたが，比較解剖に関する申し分のない専門知識は英国ではほとんど得られなかった．新しい，しかも常に断片的にすぎなかった脊椎動物化石資料を理解する上で決定的な専門知識の大部分は，依然として，フランスから，キュヴィエから得なければならなかった．キュヴィエは比較解剖学という新しい科学の先駆者で，それを用いて，絶滅は化石記録中ではよく見られる事実であり，化石動物はしばしば驚くほど限られた証拠を用いて「復元」できることを立証していた．

キュヴィエは1830年に再び英国を訪れ，彼の案内役としてリチャード・オーウェンが選ばれた．キュヴィエはその返礼として，1831年7月から9月にかけてオーウェンをパリに招いたが，このことが「キュヴィエ的」手法の点でオーウェンに多大な影響を及ぼした（Owen 1894, vol.1：48-58）．しかし，キュヴィエは1832年5月に亡くなり，科学的な真空状態が生まれた．こうして，科学界でのキュヴィエの後継者を決めるために，ヨーロッパ中で「勢力争い」が展開された．

初期の競争者の一人が，ドイツの古脊椎動物学の

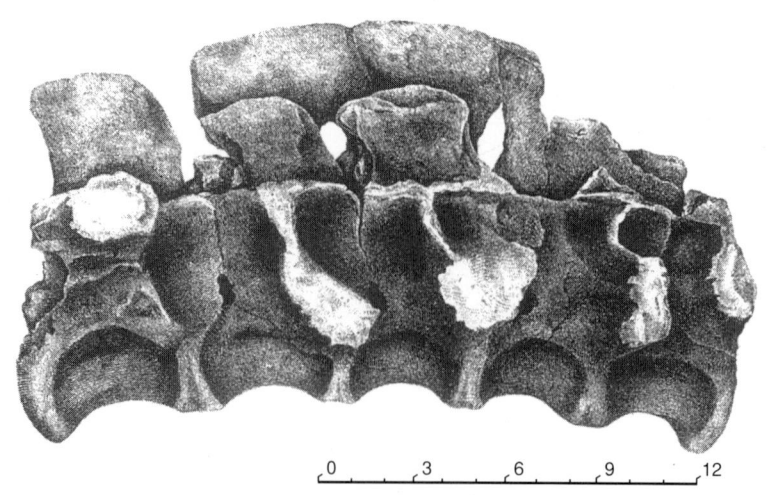

図 14.1 ● メガロサウルスの仙椎
スケールの単位はインチ．これにより図の縮小率がわかる．Buckland 1824：Plate 42, Fig. 1 より．

創設者クリスチャン・エリッヒ・ヘルマン・フォン・マイヤー（Christian Erich Hermann von Meyer）(1801-1869)であった．1832年，彼は当時トカゲ目内に分類されていた化石爬虫類グループについての彼の最初の分類学的試案を出版した．この分類は移動のための器官に基づいており，その中でメガロサウルスとイグアノドンは「重量級の陸生哺乳類に類似した四肢を持つトカゲ類」として，同じ分類に入れられた（Meyer 1832：201）．この論文はマンテルの語学教授であったジョージ・リチャードソン（George F. Richardson）(1796-1848)によって，1837年，英語に翻訳された（Richardson 1837）．マンテルが新しくつけた脚注では，マンテルによる1833年の新属「ヒレオサウルス（*Hyleosaurus*）……［も］おそらくこの分類に含まれる」としている．オーウェンがこのマイヤーの研究を知っていたことは確かである．のちに，オーウェンが「メガロサウルスとイグアノドンを他のトカゲ類と区別する上で［動きが鈍いという］根拠しか」マイヤーはあげなかったと言及しているからである（Owen 1842：103）．

1822年から1832年の10年間は，1831年の選挙法改正法案と1832年の選挙法改正法など，英国で政治熱が高まった時代の一つであった．このような政治主導は英国の政治地図を書きかえ，誰が投票権を持つべきで誰が持つべきでないかを決めようとする最初の徹底的な試みをもたらした．1832年の選挙法改正法は「現代英国史における最も重要な法律の一つ」であった（Evans 1983）．この法律によって，議会の代表者が限られた任命権者をとおして分配される制度から，より民主的な基盤を持つ投票に依存する制度に移行した．また，この法律は英国における政治革命の脅威にも終わりをもたらした．このような脅威は多くの人にフランスのものすべて，特に科学に関するものに疑いを持たせ，進化や生物変移説（Laurent 1987）などのダーウィン説以前の諸説は極めてフランス的であるとともに，極めて革命的であると思わせていたのである．

1822年から1832年の10年間は，英国の科学にとっても非常に重要な一時期であった．1820年のバンクス（Banks），1829年のデイビー（Davy）という王立協会の2人の会長の死は「科学の追及が［まだ］明確な知的職業になっていない」(Babbage 1830：10)とされた英国の科学がどのように支配されてきたか，そして，どのように進歩させられるかという論争を生んだ．「英国における科学の衰退」と，英国の科学を「先導する」に当たって，ロンドンの王立協会が持つ過度な支配的役割が広範に論議された．そして，1831年，英国学術協会が王立協会の新たな競合団体として誕生した．英国学術協会は地方を巡回する地方組織とされており，英国の科学者たちを奨励し，地方の中心地で開かれる年会で科学を進歩させることが期待された．このような議論が世間一般の文化の中で科学の位置を高めるのに役立つとともに，科学者という用語を生み出すことにもつながった．エリート主義にも変化が起こり，「価値ある業績に基づき，社会的地位が上昇する」ことも，これ以降，かなり見られるようになった(Dean 1986)．このことは，社会的に低い背景を持つ人々の上昇志向を促すことにもつながった．ギデオン・マンテルとジョン・フィリップス（John Phillips）(1800-1874)の2人が，地学の分野における好例である．

1832年6月に可決された選挙法改正法と，5月に起こったキュヴィエの死は英国の科学界を揺るがせたが，すぐに英国学術協会が科学における改革を促進するようになった．英国の古脊椎動物学という狭い世界でさえ，ある種の戦いの計画が進んでいた．そして，英国科学界のためにキュヴィエの名声をわがものにしようとした主役が，ロバート・グラント（Robert Grant）(1793-1874)，ギデオン・マンテルとリチャード・オーウェンであった．

グラントはロンドンにある新しくて「神の存在を否定する」ユニヴァーシティカレッジで，比較解剖学と動物学を教える安月給の教授であった．「神の存在を否定する」と呼ばれたのは，オックスフォード大学やケンブリッジ大学と異なり，この大学が英国国教反対者に門戸を開いていたからである．この大学は宗教に関する試験を要求せず，「いかなる宗派であれ教育の妨げにならない」ようになっていたのである（Bellot 1929：56）．また，この大学は首都であり，したがって「中央」であるロンドン市に基礎をおいていたが，グラントはオーウェンによって次第に社会的に無視されていった．グラントが進化論の，したがって革命的なフランス科学の擁護者であり，新しいロンドン大学での彼の職がより伝統を持つオックスフォードやケンブリッジといった名門大学に比べて名声度が劣り，しかも伝統を持つ両大学がオーウェンを支持したからである．グラントの給料は安く，特に，彼の研究があまり支持されなかったことも不利であった．グラントの研究は，最近，エイドリアン・デズモンド（Adrian Desmond）によって蘇えらされた．デズモンドは「英国のキュ

ヴィエ」という表現が最初はグラントに用いられた経緯を明らかにしたのである（1831 年 [Desmond 1989：98] および 1835～1836 年 [Desmond 1989：122, 755]）．また，グラントは恐竜にまつわる歴史の中で，進化ではなく天地創造を信じたオーウェンの初期の攻撃目標としても登場する（Desmond 1979）．しかし，現在知られている詳細の上に立つと，1842 年までにグラントがオーウェンにとって単なる小さな標的になっていたことは明らかである．恐竜の「創案」以前に，オーウェンは十分にグラントの「始末をつけていた」のである．

また，オーウェンが恐竜を創案した研究に当たって，実際の標的にしたのがギデオン・マンテルだったことも明らかである．サセックス州，ルイスの靴屋の息子だったマンテルは素人で，政治的には急進派（ホイッグ党員）であり，非国教徒（メソジスト教徒）でもあった（Dean 1990：434）．このような背景がオーウェンの政治信条との対立をいっそう助長した．また，マンテルは地方人でもあった．英国の地質学についての最初の適切な教科書を著したロバート・ベイクウェル（Robert Bakewell）(1767–1843) は，1830 年，ルイスにあるマンテルのすでにすばらしかった化石博物館を訪れたあと，「地方の町や田舎に住んでいる人が，科学について何らかの重要な仕事ができるということを（人々に）信じたがらせないある種の偏見が，大都市では優勢である」と書いている（Bakewell 1830：10）．しかし，古脊椎動物学者としてのマンテルの名声は，オーウェンの名声よりはるかに早い 1825 年までさかのぼれる．

対照的に，オーウェンは王立外科大学在職の専門の比較解剖学者で，首都ロンドンに住んでいた．彼はマンテルよりほぼ 1 世代若く，より精力的で，1840 年代までにはマンテルより健康状態もよりまさっていた．また，支配的な位置にあったキリスト教（英国国教会）の信者であり，給料もよく，彼の科学界での行動はオックスフォード大学，ケンブリッジ大学や英国学術協会の気前のよい権力界により，当然のように後援されていた（図 14.2）．

のちに恐竜になる代物は，これら 3 人の間に生まれたイデオロギー上の争いの武器になった．マンテルのようなコレクターたちが非常に根気強く収集した化石は，新しい論争を活気づけることにもなった．さまざまな種は神が個々に創造した結果であるという信条に対し，さまざまな種は別の種が進化学的に変移し進化したとすることの是非を巡る論争であった．この競合する理論は 3 人の科学者の間の緊

図 14.2 ● 1840 年代のリチャード・オーウェンの版画 手にしているのはニュージーランド産モアの完全な大腿骨．[Timbs] 1852 より．

張を高める原因になった．さらに，自分で一生懸命化石を収集したマンテルのような「単なる」化石コレクターと，自分では化石を収集しないオーウェンのような研究者の間の別の緊張状態も生じた．

英国学術協会が古脊椎動物学の分野に参入した時，最初は，若いが外国人（スイス）の自然誌研究家ルイ・アガシ（Louis Agassiz）(1807–1873) を後援し，その後，彼は米国で大きな影響を与えた．アガシは 1835 年と 1836 年の英国魚類化石の研究に対し 210 ポンドを授与された（1836, *Report of BAAS*, 1835 meeting, 5：xxvii）．1837 年，英国学術協会はオーウェンに「英国の爬虫類化石」に関して同様の委託をし，1838 年，これに対し 200 ポンドを授与した（おそらく，現在の 16 万ドル近く！ Rudwick 1985：461 参照）(1838, *Report of BAAS*, 1837 meeting, 7：xvi, xix, xxiii；1839, 同, 1838 meeting, 8：xxviii）．オーウェンへの資金を認めた 3 人で構成された委員会には，重宝なことに彼の義父が入っていた！ 同年，地質学会の最高賞であるウラスタン賞がオーウェンに授与された．それ以前の 1835 年にはマンテルがこの賞を受けている．

英国学術協会の大家たちは，英国産の化石という宝が外国人によって解明されることを英国の科学に対する無礼ととらえるようになっていた．オーウェンはロンドンにある王立外科大学とセント・バーソロミュー病院の新進気鋭であった．英国学術協会は，以前に同協会の競争相手だったロンドン王立協会の奨励を受けたことがある，地方在住の急進的なマンテルではなく，首都在住で保守的なオーウェンを援助することに決定した．英国学術協会長は，

1840年,爬虫類化石に関するオーウェンの最初の成果を論じた際,当然のようにキュヴィエを引き合いに出し,「フランスの自然誌学者が偉大な建設者の役割を果たした殿堂の完成に向かって,わが国の若者がなしつつある前進を,あの高名な方が見ることができたら」と述べている(1841, *Report of BAAS*, 1840 meeting, 10:xl).英国学術協会の目には,今や,権威の象徴としてのキュヴィエの衣の新しい着用者の姿が見えていた——オーウェンである.以前にその地位を占めていたグラントは英国学術協会から無視され始め,その後は教えることと研究費から得られるわずかな収入で間に合わさざるをえなくなっている.

オーウェンの英国海生爬虫類化石についての最初の研究報告は,1839年8月の英国学術協会にかけられた.この研究報告はヒッチン出のウィリアム・ルーカス(William Lucas)によって,「現存する最も偉大な比較解剖学者」の業績と呼ばれ(Bryant and Baker 1934, vol.1:179),すぐに,他の人々(および英国学術協会長)により,新しい「英国のキュヴィエ」の業績と見なされるようになった(Desmond 1989:333).1840年の秋までには,オーウェンは英国学術協会に提出した2番めの報告書で扱う,残りの爬虫類化石のデータ集めを始めていた(Owen 1894, vol.1:169-172).1840年,グラスゴーで開かれた英国学術協会の会合で,協会長はオーウェンがこの研究報告第2部のために,すでに「同じくらい多数の化石を収集している」と発表し,オーウェンが収集した「新しい情報の豊富さ」を報告している(1841, *Report of BAAS*, 1840 meeting, 10:xli-iiおよび443-444).この研究の中で,1838年,マンテルのコレクションが大英博物館に売られたことは,オーウェンにとって大きな助けとなった(Cleevely and Chapman 1992).また,1840年,ロンドンでのことになるが,地方在住の別のコレクターであるジョージ・バックス・ホームズ(George Bax Holmes)(1803-1887)が,地元の専門家マンテルにではなく,オーウェンにその所有するサセックス州産化石コレクションの提供を申し出たこともオーウェンの助けになった(Cooper 1993).

1841年8月2日,オーウェンは英国産の残りの爬虫類化石について,現在周知の講演を英国学術協会のC部門で行った.その年の会合は,かなり田舎のデヴォン州プリマスで開かれた.マンテルもグラントも出席しなかった.このような地方の科学が持ちうる重要性に関して,新聞の反応は分かれた.英国学術協会や科学に対して,長年,熱意のなかったロンドンのタイムズ紙は,オーウェンの講演を「詳細にわたり,延々と長かった」と不平を訴えただけである(1841年8月3日).一方,大部分の「デヴォン州」の新聞は,地元で起こった出来事により誇りを持っていた.プリマスの3紙がオーウェンの報告を掲載したが,その情報は本質的には似通ったもので,多くの新聞に記事を同時配給するという方法が新しいものではない証になっている(*Devonport Independent*, *Devonport Telegraph* および *Plymouth, Devonport and Stonehouse Herald*,1841年8月7日).3紙とも,オーウェンが当時の英国で確認した化石爬虫類の異なる集団を,いかに系統的に要約したかを示している.

オーウェンはワニ類について述べたあと,「イグアナなどの一部の現生動物につくりが関連のある絶滅種」について論じた.これらの中でイグアノドンだけは別個に言及された.以下の発見がなされたばかりだったのである.

> ホーシャムの近くの採石場で……最良の標本;この動物は非常に巨大で,爪はゾウの爪の6倍もの大きさがあり,体の他の部分もその割合だった.化石の位置から判断すると,全身骨格がそこにあるらしく,その動物の頭部は現在は教会の下になっている可能性がある!

つまり,1841年,オーウェンがプリマスで講演した時は,まだ,イグアノドンは非常に巨大だったと考えられていたのである.

オーウェンがこのように考えたのは,まだ先行したマンテルに従っていたためで,マンテルはサセックス州ホーシャム産のこの標本は,標本採集者の言葉から,最大で全長約200フィートと見積もっていた(Hurst 1868:225).しかし,オーウェンがプリマスでいまだに巨大と考えていたその大きさを論証するために用いた標本は,彼の新しい競争相手のマンテルの「収集」したものではなかった.その標本はマンテルにではなく,オーウェンに忠誠を示していたホームズが収集したものであった.

これらの「デヴォン州」での研究報告が明らかにした2番めの極めて重要な点は,オーウェンが依然として,これらの化石に対し「動物化石は……その種が漸次に変化したとか,何らかの過程で別種に変化したという,いかなる兆候も示していない.それらは一つの創造的な行為から湧き出たように思われる」と考えていたことである.このように,オーウェンは引き続きグラントに反対し,自分の反進化論的

姿勢を声高に，そして明確に宣言するため，プリマスでイグアノドンと類縁動物を利用したのである．

オーウェンのプリマスでの講演の他の報告はロンドン・アテナイウム（Athenaeum，1841年8月21日：649–650）とリテラリー・ガゼット（Literary Gazette，1841年8月7日：509–511 および 1841年8月14日：513–519）にも掲載された．リテラリー・ガゼットはオーウェンがプリマス講演の中で，ケティオサウルス（Cetiosaurus）の2新種，すなわちケティオサウルス・ヒポオリチクス（C. hypoolithicus）とケティオサウルス・エピオオリチクス（C. epioolithicus）を命名したことにも言及している．この2種は今までのところ関心を持たれず，オーウェンが正式に記載しなかったこともあり，無資格名のままでおかれている！ この講演に関する情報はフランス語（L'Institut 10, no.420［1842年1月13日］：11–13——Literary Gazette より），ドイツ語（Neues Jahrbuch für Mineralogie, Geographie, Geologie, Petrographie, 1842年度版, pt.2：491–494——前述のフランス紙より）とアメリカ英語（The American Eclectic 2［1842］：587–588）でも紹介された．アテナイウムはイグアノドン，メガロサウルス（Megalosaurus），ヒラエオサウルス（Hylaeosaurus）の3属すべてを，新しい目ではなく，単に「陸生トカゲ類の巨大型」に含めたことを報じている．オーウェンはプリマスでは恐竜を命名していなかった．恐竜は，まだ，のちに「創案」される状態にあったのである．

最も完全な報告が掲載されたのはリテラリー・ガゼットで，プリマスでオーウェンが実際にいったことや信じていたことを最も明らかに示しており，以下のことが確認できる．

1. オーウェンはホーシャムでホームズが採集した新しいイグアノドンを，依然「最大のゾウの6倍［の大きさ］」と考えていた．明らかに，オーウェンは今後恐竜ということになる生物を巨大だったと考え，まだ，当時尊重されていた大きさの見積もりについてのギデオン・マンテルの説に同意していた．

2. オーウェンは，爬虫類化石は「漸次移行とか，ある種から別種へ変遷したとかいったことではなく，［それぞれは］創造主の力の個別の事例で，神の意志の現存証拠であり，神の手による御業であって，それが常にわれわれの世界の存在を管理し支配している」といっている．この見解は，これまで見てきたように，グラントの見解とは明らかに対立するものであった．

3. オーウェンは，マンテルが命名したイグアノドンという学名は不適切であり，さらに悪いことに，誤った類縁関係を含意すると主張した．「デヴォン州」の新聞の情報源は，オーウェンが「現生のトカゲがイグアナとは異なる以上に，イグアノドンもイグアナとは異なっており，イグアノドンという名前はそれが似ているという誤った考えを生み出した」と思っていたことも書き留めている．これは，明らかに，1825年にイグアノドンを命名したマンテルに対する新しい辛辣な当てこすりだった．

4. 極めて重要なのは，オーウェンが「爬虫類の大きな4科」しか認めなかったことである．その4科とはトカゲ類，カメ類，ヘビ類とバクトラキアで，これらのうちの当面の問題に関係のある一つ（トカゲ類）を4つのグループ，すなわち，絶滅海生爬虫類のエナリオサウリア，ワニ類またはワニ型トカゲ類，トカゲ類またはトカゲ型トカゲ類，および翼竜類としか分類しなかったことである．ここにも恐竜がないことに注目してほしい．

プリマスでのオーウェンの講演の報告に対するマンテルの反応は迅速であった（1841a）．彼が指摘した3点のうち2点はトカゲ類に関するものであった．(1)マンテルがイグアノドンと命名したのは「［その］化石の歯の外観がイグアナの歯に全般的に似ている」からだけであり，(2)オーウェンが「ヒラエオサウルスの歯と思われる」と「新たに」同定したものは，ほかならぬマンテルによって4年前に同定されていることであった！

マンテルの印刷物による反応は穏やかなものだったが，オーウェンに対する彼の本音は，その頃コネティカット州ニューヘーヴンに住んでいた彼の友人ベンジャミン・シリマン（Benjamin Silliman）(1779–1864)に明かされている．「［オーウェンが］彼に道を開いた［マンテルのような］人々を非難するのは遺憾である．このような不正にはもう甘んじないことにした．もし，私の友人の誰かが再び私を［このように］扱ったら，応酬するつもりだ」（Spokes 1927：133）．

オーウェンのプリマスでの講演については，どの報告も新しい目（すなわち恐竜類）について全く言及していない．すべての情報が，オーウェンは単にイグアノドン，メガロサウルスおよびヒラエオサウルスをトカゲ類に分類し，爬虫綱中の「トカゲ目トカゲ類」に分類していたことを示している．分類学は包括的な科学である．したがって，その時点でイグアノドンおよび類縁の属がある名前のついた目の

特定の分類下に置かれたということは，この目あるいは別の目のほかのどこかに含められるという可能性を排除することになる．ある人が大学院の学生であれば，その人は同じ機関にある学部の学生にはなりえない．これらは平等に互いに相容れない分類である．1841年にオーウェンがプリマスで恐竜に全く言及しなかったのは，単に，彼がまだ恐竜という分類を創案していなかったからである．われわれはオーウェンの講演をこれほど正確に報告したヴィクトリア時代のジャーナリストたちに敬意を表さなければならない．なぜ，一般に，今日のジャーナリストたちは科学の重要さ，および，それを報告するに際しての態度がこれほどちがうのか，実に不思議である．同様に，今日の歴史家たちがなぜこのような重要な情報源の利用をそれほど嫌うのかも疑問視してよいであろう．

プリマスでの講演ののち，オーウェンはしばらく西部地方にとどまり，ロンドンには47日間離れていたのちの1841年9月11日に戻った（William Clift 手書き日記，Royal College of Surgeons Library, London）．その後，彼は著作である歯学（Odontography）の第3部（Owen 1894, vol.1：187）と，彼が引き受けることになっていた英国学術協会への追加報告書，つまり，英国産哺乳類化石に関する報告書のためのデータ収集の仕事に戻った．

オーウェンが1841年12月23日に古生物学者ジョン・フィリップス（John Phillips）に書いた手紙では，彼がケンブリッジにいて，大学の地質学博物館所蔵の脊椎動物標本の研究をしていたことを示している．「ロンドンには来週戻り，［哺乳類に関する］新しい研究報告のための材料捜しを再開する前に，［プリマスで発表した］古い研究報告の改訂を終えるつもりだ」と結んでいる（Oxford University Museum, Phillips 手書き，1841/65.1）．

オーウェンがこのプリマスでの研究報告改訂に拍車をかけた出来事が1841年12月に起こっている．マンテルの日記（9日～31日）には，「出版されたばかりの自然科学会報（Philos. Trans. …）に掲載されたイグアノドンとカメに関する私の論文コピーを英国の多数の友人とフランスの多数の学者」に送ったと記されている．オーウェンはこのうちの最初の1部を受けとったはずである．1841年10月，マンテルは馬車の事故で危うく命を落としそうになり，その後，脊髄の病気で麻痺状態になった．これらの危機に加え，マンテルの妻が1839年に彼から去っていたこともあり（Curwen 1940：140），マンテルは最悪の状態にあった．今では爬虫類研究に関してオーウェンの最高の競争相手になっていたマンテルは，1841年に王立協会自然科学会報（Philosophical Transactions of the Royal Society of London）で出版された彼の研究論文の別刷り100部を発送した（Mantell 1841 b）．

このことがロンドンの地質学会と王立協会間の敵意をあおることにもなった．マンテルがウィールド地方産爬虫類の研究論文を王立協会の定期刊行物で出版した際，当時の地質学会長ロデリック・マーチソン（Roderick Murchison）（1792–1871）は，「［マンテルが］イグアノドンに関する彼の最近の研究論文を，そのトカゲ類に関する最初の論文を提出したのと同じ協会に伝達したという動機は理解できるが，他の古生物学研究論文に関してわれわれに連絡されなかったことを遺憾に思う」と論評した．マーチソンは苦々しげにこう結んでいる．「王立協会が……一流の数学者，生理学者や化学者で飾られた書物を出版する限り，王立協会の位置は高いままで，われわれのより地味な仕事はほとんど注意を引かないだろう」（Murchison 1842：653）．

マンテルの別刷りは「マンテル博士による英国南東部産爬虫類化石の研究」という，華々しい標題であった．本来の装丁で現存する唯一のものと思われるものが，ヨークシャー博物館の図書館に保管されている（Yorkshire Evening Press，1993年6月30日）．これは1842年2月1日に発送されたもので，1842年2月3日にはマンテルはすべての別刷りを配り終えていた（手書き日記，Alexander Turnbull Library, Wellington, New Zealand所蔵）．

オーウェンがプリマスの講演後に行った改訂は，非常に重大なものになった．1842年1月4日，オーウェンの最良の友人である法定弁護士のウィリアム・ジョン・ブロデリップ（William John Broderip）（1789–1859）は，自分がショウジョウ貝類の二枚貝類について記した一節に対して，「その中では，あなたがトカゲ類を削った場合より，もっと容赦なく属を減らしており，それも同様に正しいと信じている」とオーウェンの意見を求めている（ブロデリップがオーウェンに宛てたもの，1842年1月4日，オーウェン手書き，Natural History Museum, London, 5/111）．1842年1月14日，ブロデリップはオーウェンがどのように「トカゲ類を削ったか」について，ウィリアム・バックランド（William Buckland）に明らかにしている．これはトカゲ類の大きさを一気に小さくするものであった．ブロデリップは「オー

ウェンの爬虫類化石に関する研究報告の最終部の初めの部分が，私の手元にあるのを伝えられて嬉しく思う——『セントマーティン教会の尖塔と同じくらいの長さの尾を持つ』君の古い友人［イグアノドンなど］の一部の長さを縮めてはいるが，研究報告自体は大作だ」と知らせている（British Library, Add. 手書き 40500, ff.247-248）．ロンドンにあるセントマーティン・イン・ザ・フィールズ教会の有名な尖塔は 192 フィートの高さがあった．オーウェンはプリマス講演で主張したイグアノドンの大きさに関する自説を今では改訂したのである——プリマス講演の時点ではイグアノドンは最大のゾウの 6 倍もの大きさになりうる（したがって 200 フィート！）とされていた．

1842 年 2 月 18 日，ロンドンの地質学会での会長挨拶で，マーチソンは「オーウェンは……私たちの島の絶滅したトカゲ類に関する彼の研究結果を，間もなく世界に披露するだろう」と言及した（1842：652）．オーウェンの，長い間待たれていた，英国産爬虫類化石に関する研究報告の第 2 部は，プリマス講演の 8 か月後，1842 年 4 月の前半についに英国学術協会の名でロンドンで出版された．出版部数は 1500 部で，価格は 13 シリング 6 ペニーであった（*Publishers Circular*, 1842 年 4 月 15 日，114, ただし，Torrens 1993：274 も参照されたい）．

この出版物の中で，オーウェンはついに恐竜という名称を「創案」した．印刷業者の記録が今も残っており，この本の構想が練られていた期間の複雑な歴史と，その正確な推移を確認できる．この記録は，オーウェンがこの研究報告に関しては，いかに多くの修正を行ったかの証拠となっている．オーウェンが頻繁に校訂するたびに，校正中で何度も訂正されているのである（R. and J. E. Taylor, 手書き小切手帳 1836-1842, f.145 および手書き日記 1839-1845, f.187, St. Bride Printing Library, London 参照）．

変更の一部は印刷本文から明らかである．例えば，1842 年 1 月 23 日，ジョージ・バックス・ホームズ（George Bax Holmes）は数点の新しく発見されたゴニオフォリス（*Goniopholis*, ワニ類）の鱗板に関する詳細をオーウェンに送った．その発見が 4 月に出版された時，オーウェンはそれらは「この研究報告の最初の数枚が印刷所にわたった時，すでに発見されていた」と書いている（Owen 1842：194）．英国学術協会の研究報告に関する印刷業者の記録も残っており，プリマスの研究報告の最初の 50 部のうち，1842 年 5 月 12 日の時点で 16 部が売れ残っていたことを示している（John Murray archives, London）．オーウェンは自分用にこの論文の別刷りを 25 部つくらせたが（R. and J. E. Taylor, 手書き日記 1839-1845, f.187 参照），混乱を招くことに，これには 1841 年という誤った年号がついている——故意に誤解させようとしたのかどうかは不明である．ここ（図 14.3）に図示した別刷りは本来はブロデリップが所蔵していた．それ以来，この 1841 年という年号から，この別刷りは「前刷り」として発行されたと信じられ，したがって，オーウェンの印刷した完全な研究報告はプリマス講演の前にできあがり発行されていたと主張する人がいる（Gardiner 1990）．印刷業者と出版社の記録という内在的証拠と，前刷りと考えられるすべてのものに 1842 年の最終的な完全な本の正しいページがついていること——このすべてが，そういう見方がいかにありえないかを示している．

オーウェンが行った改訂の一部は，彼の競争相手であるマンテルが出版したばかりの 2 論文の影響を受けていた（Mantell 1841 b）．最も重要な改訂は爬

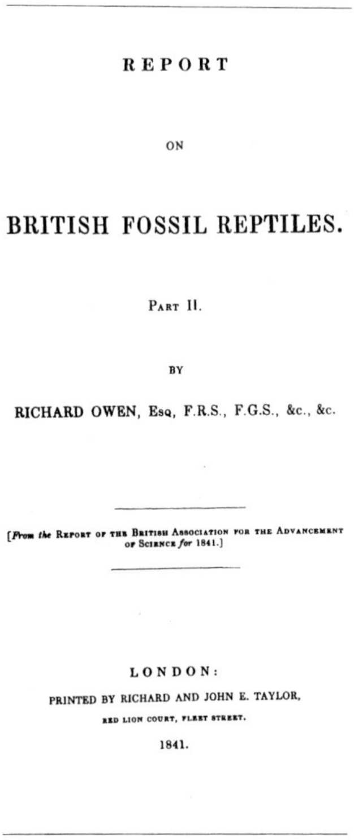

REPORT

ON

BRITISH FOSSIL REPTILES.

PART II.

BY

RICHARD OWEN, Esq, F.R.S., F.G.S., &c., &c.

[From the REPORT OF THE BRITISH ASSOCIATION FOR THE ADVANCEMENT OF SCIENCE for 1841.]

LONDON:
PRINTED BY RICHARD AND JOHN E. TAYLOR,
RED LION COURT, FLEET STREET.
1841.

図 14.3● オーウェンが恐竜を創案した論文別刷りの題扉
1841 年と記されているが，1842 年 4 月に出版された．著者コレクション．

虫類化石の新しい目あるいは亜目である恐竜類を認めたことである．オーウェンはこの研究報告の出版に間に合う時点で，突然事実に気づき，それを認めたにちがいない．この「瞬間」がいつのことだったにしても，オーウェンがイグアノドンの仙椎はメガロサウルス同様に癒合していたことを知った時に訪れた．メガロサウルスの仙椎が癒合していることは，長い間知られていた．仙椎の強度を高めているこのような癒合を，オーウェンは「恐竜類の陸生に対する適応そのもの」と考えた．オーウェンはこの新しい「爬虫類に見られる全く奇妙な……特質」（Owen 1842：103）がイグアノドンにも見られるこ

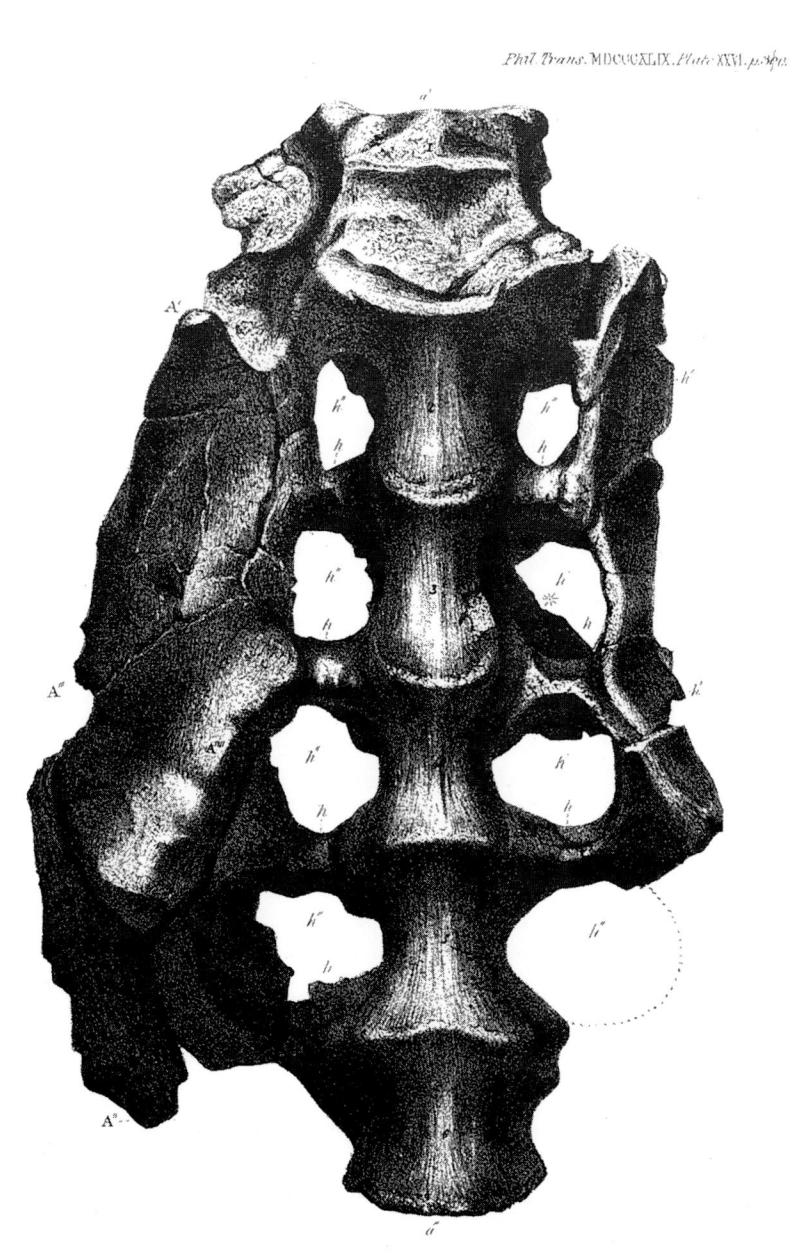

図14.4●ソール所蔵のイグアノドン標本の仙椎

この標本では，椎骨が癒合していることが非常に明白である．ソール所蔵の歴史的な標本が出版物中で図解された初めての図．しかし，マンテルとオーウェン間の確執は，癒合している仙椎の数にさえ及んだ．マンテルは上から下に6個の椎骨が見られると考えたのに対し，オーウェンはより早い時点で5個しか認めていなかった．
Mantell 1849：Plate 26 より．

とを示す，その時点では唯一の標本を発見していた．ロンドンのワイン商ウィリアム・デヴォンシャー・ソール（William Devonshire Saull）(1784–1855)の博物館が所蔵していた標本である（図14.4）．

この標本のおかげで，オーウェンは新しい恐竜目の基となる新しい類縁関係を推論することができた．ウィットゲンシュタイン（Wittgenstein）の言葉を引用しよう．「類似あるいは……相違という類縁関係は，われわれがそれに気づくのを待ってそこにあるのではなく，［われわれが］2つのものを類似していると分類するか，あるいは異なっていると分類するかのいかんに関わってくる．2つのものが類似しているというために必要なことは……無数にある可能性の中から，それによってその2つのものが類似していると判断できる適切な性質を選び出すことである」（Cooper 1991：967）．

癒合した仙椎を共有することが，この性質であった．恐竜を創案するためにオーウェンが行ったこの重要性の評定は，すばらしく独創的であった．このおかげで，オーウェンはメガロサウルスとイグアノドンの2属を彼の新しい目あるいは亜目である恐竜類に位置づけることができ，3番めの属であるヒラエオサウルスも，当時知られていた非常に限られた断片的な証拠に基づいて，恐竜類に位置づけられるに違いないと推測することができたのである．

ソールは1833年にロンドンの中心地区に自分の博物館を開設した．彼は教育を信奉する急進的な社会主義者で，彼の博物館は毎木曜日には労働者階級をも含むすべての人に無料で公開された．彼の博物館は，明らかに，1832年の選挙法改正法が助けになってもたらされた恩恵の一つであった．英国国教会派の教徒でトーリー党員だったオーウェンは，「恐竜目の特徴の主たる礎」（Owen 1855：11）であり，彼が爬虫類の完全に新しい目を創案するのを正当化したこの非常に貴重な標本が，急進的社会主義者の博物館に所蔵されていたことをかなり残念がったにちがいない！　さらに，オーウェンのマンテルとの「戦争」を助長したのは，この標本がマンテルのコレクションでもなければ，サセックス州産のものでもなく，ハンプシャー州ワイト島産のものだったことである．この標本は今も真に歴史的なものとして，ロンドンの自然史博物館に所蔵されている（Fossil Reptilia Reg. no.37685）．

オーウェンがソールの標本に出合ったのが厳密にいつだったのかはわかっていないが，プリマスでの会合のあとになって初めて，オーウェンがその重要さに気づいたことは明らかである．プリマスでのオーウェンの講演の報告では，このような癒合した仙椎はメガロサウルスについてしか言及されていない（*Literary Gazette*, 1841年8月7日：517）．その後，オーウェンは自分はその標本を1840年に発見していたと主張したが，その主張は彼のオリジナル論文が1841年に出版されたという不正な主張がなされた根拠内でのことであった（Owen 1855：9）！

1842年のオーウェンの本に対するマンテルの反応は，シリマンへの書簡中に残されている．1842年4月30日，マンテルはオーウェンの本は「入念であり，とてもみごとな論文」だが，自分は

> また［「また」の部分は強調されている］これらに対して名誉——正義といってもいいかもしれない——を得られなかったことを遺憾に思わざるをえないことになった．私の骨折りと熱意なしには［オーウェンは］彼の名声のための材料を決して入手できなかったはずだ．彼は私に対してとても陰険な行動をとった事例がいくつかある．私がつけた名前を変更したこともあれば……私が同じことを発表してかなり経過してから，あたかも彼が最初だったかのように多くの推論を主張したこともある……もし私がリテラリー・ガゼット紙に抗議の手紙を送らなかったら，彼はイグアノドンとヒラエオサウルスも変更しただろうと私は信じている

と記している．シリマンはまだオーウェンの研究論文を読んではいなかったが，「彼のあなたやアガシに対する扱い方は不当で卑劣だ」と同意している．また，彼は敏感に「あなたはイグアノドンの体長を縮めたのか？　あなたが述べたことの一部から，イグアノドンの尾を少し短くしたような印象を受けた」とたずねた．1842年8月4日の返事の中で，マンテルは「その後の発見で，私がイグアノドンの尾は短く，垂直方向に扁平だったと信じるようになったというあなたの推測はまさにそのとおりだ……しかし，［英国学術協会に対するオーウェンの研究論文の中で］彼がイグアノドンの体長はおそらくずっと短かっただろうと主張しているが，私がすでにそのことを公表した事実［Mantell 1841b：140］には一切言及していないことは，あなたにはわかるだろう．このような嘆かわしい無礼がほかにも多数あるのだ」と認めている（Spokes 1927：135–136）．

恐竜類を生物の別個の集団にするというオーウェンの大胆な「創案」は，デズモンド（Desmond 1989）によって明らかにされたように，その科学には政治的な色合いが強かった．オーウェンの新しい目に分類された生物は依然として大型ではあったが，もは

や巨大ではなかった．メガロサウルスとイグアノドンの大きさは，マンテルの行きすぎをたしなめるかのように，以前の「最大で200フィート」よりは，むしろ，約30フィートに縮められた（Owen 1842：142-143）．オーウェンは現生の厚皮動物同様，恐竜類は四足歩行で——非常に重要なことに——高度に進化した爬虫類だと考えた．進化した哺乳類的特徴を備えたこのような爬虫類は，進化論者あるいは生物変移論者の「棺」に打ち込む「釘」になりえた．なぜなら，このような特徴は明らかに神がその生物をつくった時にのみ，絶滅動物に与えられるはずだからである．オーウェンは1842年の時点では，まだ創造説論者だったのである．恐竜類はグラントと争う上で，彼の反進化論闘争を支持する最終的な武器になった．そして，オーウェンが恐竜類の大きさを大幅に縮小したことと，マンテルは気づかなかったが，オーウェンが恐竜類は単なる大型のトカゲ類ではないこと（図14.5）に気づいたことが大きな効果を生み，これらが今ではより重要な競争相手となっていたマンテルに対しても同様の攻撃効果を生んだのである．

1845年，フォン・マイヤー（von Meyer）は自身が以前に「動作の鈍いトカゲ類」として別に分類した集団を，公式に厚脚類と命名した．しかし，彼は自分が命名した動物同様に動作が鈍かったため，恐竜類という用語をめぐる先取権を得るには遅すぎた（Meyer 1845）．マンテルの死後，新たにオーウェンの競争相手となったトーマス・ハクスリー（Thomas Huxley）（1825-1895）は，マイヤーの名前を復権させようと試みている（Huxley 1870：32-33）．

1849年後期，マンテルは恐竜の研究に対して王立協会の王立協会メダルを受けた．これにまつわる史実も，オーウェンとマンテルの間に存在した深い対立関係を明らかにしている．爬虫類化石に関するマンテルの論文（Mantell 1841 b）は1846年に審査を拒まれた．それどころか，オーウェンがベレムナイト類（イカ類に類縁の絶滅した軟体動物）の論文に対し，1846年11月，メダルを授与された．マンテルはこの件に関し，多少公正に「最初から最後まで，ばかなまちがいの塊だ．メダル主義なんてそんなものだ」と書き留めている（Curwen 1940：212）．ドノヴァンとクレイン（Donovan and Crane 1992）はマンテルの主張には妥当性があることを示している．この非常に張りつめた雰囲気の中で，1849年，マンテルに名誉を与えようという2度めの試みがあったが，オーウェンはマンテルの受賞を拒もうと努めるのにひどく積極的であった！　マンテルはオーウェンが「私［マンテル］がやったのは化石の収集だけで，ほかの者に研究させた」といったと書き留めている（Curwen 1940：243, 245-247）！　しかし，チャールズ・ライエル（Charles Lyell）（1797-1875）の巧みな陳情運動ののち，マンテルはイグアノドンに関する研究に対し，1850年1月4日，王立協会メダルを授与された（Curwen 1940：249）．

これが，その後，1850年にマンテルがライエルに「英国産爬虫類についての［オーウェンの］研究

図14.5●大きさを縮めたオーウェン説に基づいて描かれたメガロサウルス
その内部は，当時入手でき，復元の助けになる骨がいかに少なかったかを示している．Owen 1854：20 より．

報告で，オーウェンが主張したイグアノドン骨学の唯一の新事実は，[彼が]イグアノドン，メガロサウルスとヒラエオサウルスに特有のものと推測している仙骨の構造だけである」と書けた理由であった（American Philosophical Society, 手書き Darwin/Lyell 書簡集, B/D 25, 1850 年 10 月 7 日）．マンテルは出版物中ではより寛大で，彼とオーウェンの間で燃え立っていた根深い反目を考えてみると，驚くべき，かつ，あっぱれな率直さを示している（Benton 1982：124）．マンテルは「オーウェン教授が研究報告中で列挙したウィールド地方産爬虫類の骨学の中で最も重要で新しい特徴は，恐竜類の絶滅した3属に見られる仙椎の驚くべき構造のことだった……これらの爬虫類において骨盤弓が2つ以上の癒合した椎骨から構成されているのではないかと考えた人はこれまで誰もいなかった」と認めている（Mantell 1851：268）．

この新たに認められた特徴のおかげで，マンテルは 1852 年の死の前に，恐竜の少なくとも 2 つの属を認めることができた（Mantell 1851：224）．このうちの一つが 1850 年のペロロサウルス（*Pelorosaurus*）（竜脚類）——マンテルの「とてつもなく大きい」「異常に途方もなく巨大な」トカゲ類（Mantell 1850）——であり，オーウェン（1842：94-100）はより早い時点でこれをケティオサウルス（*Cetiosaurus*）としていた（Mantell 1851：330-332）．マンテルは以前，これをコロッソサウルス（*Colossosaurus*）と命名しようと考えていた！（1849 年 11 月 4 日，マンテル手書きの日記参照，Alexander Turnbull Library, Wellington, New Zealand）．これは一部の恐竜は本当に「途方もない」大きさだったということを，マンテルがオーウェンに示そうとした最後の試みであった．5 番めの属はケティオサウルスそのもので，マンテルがついにこれも恐竜だと認めたものである（Mantell 1854：332）．1851 年にマンテルが考えていた 6 番目の属は，おそらく，1848 年の彼のレグノサウルス（*Regnosaurus*）（別の竜脚類）だったであろう（Mantell 1851：333）．この属の椎骨はまだ知られていなかった．

1851 年，マンテルは「[オーウェンが]この[脊椎]古生物学部門に長期にわたって致命的な影響を及ぼした[オーウェンの]自己権力拡大と妬みの精神」について書き留めている（Mantell 1851：226；257, 286 なども参照）．1851 年 11 月，ハクスリーも「オーウェンがいかに強い憎悪の念を持って同時代の多数者から見られているかは驚くばかりであり，その筆頭がマンテルである」と書いている（Huxley 1908, vol.1：136）．2 人の間の根深い反目は，1852 年後半，マンテルが自ら招いた死を迎えるまで衰えることなく続いた．この根深い反目のため，1852 年，オーウェンはロンドンの地質学会長の席を得られなかった．レオナルド・ホーナー（Leonard Horner）とウィリアム・ホプキンズ（William Hopkins）は，「マンテルに対する」オーウェンの痛烈な「敵意」を考慮に入れ，エドワード・フォーブズ（Edward Forbes）の方が候補者としてふさわしいであろうと決定したのである（Dawson 1946：85-86）．オーウェンが書いたマンテルの死亡記事は，彼の敵意の深さを表す最高の証拠になっている．オーウェンはマンテルには「正確な科学の……知識がなく」，単に「知識を持つ者に頼らざるをえなかった」と書いた．もちろん，「[[イグアノドンの]大きさに関する[マンテルの]誤りに最初に気づいた」のはオーウェンであり，「その誤りはその驚くべき自然を論ずるに当たっての過度の意気込みから生じたもの」だからだとしている（*Literary Gazette*, 1852 年 11 月 13 日：842）．

決定的に皮肉なことは，水晶宮の復元が公開された 1853 年後半と 1854 年の，記録上最初の恐竜熱の突然の出現が（Torrens 1993：279），オーウェンの「創案」した彼の恐竜解釈を用いたことである（図 14.6）．もし，マンテルが水晶宮組合から受けた招待に対してちがう態度をとっていれば，そうはならなかった．1852 年 8 月 10 日，同役員会の議事録は「一定の地質時代の動植物の原寸大模型コレクションを含む地質学展示場を建造し，そのコレクション構成の監督をマンテル博士に依頼する」と決議したことを示している（Alexander Turnbull Library, Wellington, New Zealand, MS Papers 0083-032）．マンテルの日記には 1852 年 8 月 20 日に「新しい水晶宮の自然史部門幹事の[N.]トンプソン[トムソン]氏から連絡があり，地質学関連の予定されている計画は単に絶滅動物の模型を置くだけであることがわかった……したがって，私はそのような計画の監督は断った」と記されているだけである（Dell 1983：90）．その後 3 か月も経たないうちに，マンテルはその早い死を迎えたわけだが，1852 年 9 月 16 日の日記に記されているように，マンテルはこの時点ですでに「実は疲れ果てている」ことに気づいていた（Dell 1983：91）．

もしマンテルがこれらの復元を引き受けていたら，大部分は彼が発見したこれらのすばらしい化石

THE SECONDARY ISLAND.

1. Mososaurus.	6. Hylæosaurus.	10, 11. Teleosaurus.	18—20. Labyrinthodo.
2, 3. Pterodactyles.	7. Megalosaurus.	12—14. Ichthyosaurus.	21—22. Dikynodon.
4, 5. Iguanodon.	8, 9. Pterodactyles of Oolite.	15—17. Plesiosaurus.	

図14.6●水晶宮第2島の絶滅動物の全景
4, 5, 6, 7の番号がついている恐竜は，マンテルではなく，オーウェンの考えによる復元である．作者不明1877：27より．
1：モササウルス，2, 3：プテロダクチルス，4, 5：イグアノドン，6：ヒラエオサウルス，7：メガロサウルス，8, 9：ジュラ紀中・後期のプテロダクチルス，10, 11：テレオサウルス，12～14：イクチオサウルス，15～17：プレシオサウルス，18～20：迷歯類，21, 22：ディキノドン．

動物についての，彼のかなり異なった見方を，今日われわれは目にしていたかもしれない．まず，今日のロンドンの近くにある水晶宮公園にすばらしい状態で今も残っているオーウェン版の復元よりはずっと大きくなったであろう（Doyle and Robinson 1993）．1851年では，マンテルはまだイグアノドンは1842年にオーウェンが「縮めた」ものよりずっと大きかったと主張していたことがわかっている（Mantell 1851：312）．また，マンテルはその後の1849年秋に「かつて発見された陸生爬虫類の最も巨大な上腕骨，長さ4.5フィート」を発見している．これがマンテルがつくった新属ペロロサウルスのもととなった（Mantell 1850）．

さらに重要なことは，保存状態のよい「メイドストーン産イグアノドン」の研究によって，イグアノドンは「後部末端はたぶんカバやサイに似てかさばった外形を持ち，強く短い後肢で支えられ，幅広の爪指節骨で保護されていた．［しかし］前肢は後肢ほど大きくなく，木々の葉や枝をつかんで引き降ろすのに適応していたように思われる」ことに，マンテルがかなり以前に気づいていたことも明白である（Mantell 1851：311-313）．オーウェンが提唱し，ついにベンジャミン・ウォーターハウス・ホーキンズ（Benjamin Waterhouse Hawkins）の手で，彼のために水晶宮に再現された四足歩行のよりサイ的な見解に対し，マンテルは明らかに少なくとも1841年以降は，イグアノドンはよりカンガルーのような姿勢であったと気づいていた（Mantell 1841b：140）．

恐竜創案にまつわる複雑な顛末には，歴史学者と科学者の両者に対するいくつかの教訓がある．第一に，マーチン・ルドウィック（Martin Rudwick 1985：465）の「［英国学術協会］各会合の公的な研究報告は［報告を求めている会合の］数か月後に初めて出版されるため，当時実際に何が発表されたかという正確な記録として，その概略報告に依拠することはできない」という所説は十分に公認されている．第

二に，彼の所説によると，オーウェンはプリマスでの講演後，論文出版前に原稿を大幅改訂したが，これは以前，プリマス講演直前にオーウェンが別の競争相手アレクサンダー・ネイズミス (Alexander Nasmyth, 1848 年没) を，英国学術協会への類似の発表で不正を行ったと非難したのと同じことを，オーウェン自身がしていただけであることも明らかにしている（Nasmyth 1842）．さらに今日では，オーウェンには講演後に英国学術協会論文を密かに部分的に変える癖があったことも明らかになっている（Charlesworth 1846：25-27）．したがって，オーウェンは自分の本の別刷りに不正確な年号をつけることの既得権を持っていたのであろう（図 14.3 参照）．

　これらの最初の恐竜からの最後の警告は，今日の政治的な問題にある．われわれは今日では，1842年，オーウェン創案で生み出された「富」を驚きの念で見ることしかできない．このことについてはオーウェンも全く予測できなかったであろう．しかし，これは策士たちが「単なる」「富の創造」で科学研究を支配することが，ばかげた考えではないにせよ，むずかしいことの一事例になっている．最も予測もしなかった科学が富を生み出しうるのである．

　一つの結論点は，恐竜類が「創案」された 1842年 4 月以前は（しかし，この単語は世界の言語に登場するにはかなり時間がかかった），そのようなものは存在しなかったし，したがって，それ以前の歴史は持ちえない．「学識者の目に留まった最初の恐竜の骨」とか「北米またはおそらく世界で見つかった最初の恐竜の骨」といった同定の試みは（Simpson 1942：153, 178），歴史的な点ではむしろ無意味になってくる（Desmond 1979：224）．発見された最初の恐竜の骨は，オーウェンがソールの博物館で見つけたイグアノドンの仙骨でしかありえない．他のすべての恐竜の発見は，これ以降初めて，そうであると認められたのである．したがって，いかなる他の「最初の」恐竜の骨も，後知恵でしかありえない．エイズの最初の事例も，エイズが最初に認められて初めて，同様に最初の事例になりえた．

　もちろん，いつエイズがわれわれの間に最初に登場したかを発見することへの関心と必要性は，いつ，どのようにして恐竜類が進化したかを発見し，恐竜の系統学を解明することと同じくらい重大，かつ，現実的な問題である．しかし，われわれはどちらの場合においても，このような非常に重要な探求をするために歴史を歪曲する必要はない．

●文　献

Anonymous. 1877. *Crystal Palace : A Guide to the Palace and Park.* London : Dickens and Evans.

Babbage, C. 1830. *Reflections on the Decline of Science in England.* London : B. Fellowes and J. Booth.

Bakewell, R. 1830. A visit to the Mantellian Museum at Lewes. *Magazine of Natural History* 3：9-17.

Bellot, H. H. 1929. *University College London, 1826-1926.* London : University of London Press.

Benton, M. J. 1982. Progressionism in the 1850 s. *Archives of Natural History* 11：123-136.

Bryant, G. E., and G. P. Baker. 1934. *A Quaker Journal.* 2 vols. London : Hutchinson and Co.

Buckland, W. 1824. Notice on the *Megalosaurus* or great Fossil Lizard of Stonesfield. *Transactions of the Geological Society of London* 2(1)：390-396.

Buckland, W. 1837. *Geology and Mineralogy considered with reference to Natural Theology.* 2 vols. London : W. Pickering.

Charlesworth, E. 1846. On the occurrence of a species of *Mosasaurus.... London Geological Journal* 1：23-32.

Cleevely, R. J., and S. D. Chapman. 1992. The accumulation and disposal of Gideon Mantell's fossil collections. *Archives of Natural History* 19：307-364.

Cooper, C. C. 1991. Social construction of invention through patent management. *Technology and Culture* 32：960-998.

Cooper, J. A. 1993. George Bax Holmes (1803-1887) and his relationship with Gideon Mantell and Richard Owen. *Modern Geology* 18：183-208.

Curwen, E. C. 1940. *The Journal of Gideon Mantell.* London : Oxford University Press.

Dawson, W. R. 1946. *The Huxley Papers.* London : Macmillan and Co.

Dean, D. R. 1986. Review [of Rudwick 1985]. *Annals of Science* 43：504-507.

Dean, D. R. 1990. A bicentenary retrospective on Gideon Algernon Mantell (1790-1852). *Journal of Geological Education* 38：434-443.

Dell, S. 1983. Gideon Algernon Mantell's unpublished journal, June-November 1852. *Turnbull Library Record* 16：77-94.

Desmond, A. 1979. Designing the dinosaur : Richard Owen's response to Robert Edward Grant. *Isis* 70：224-234.

Desmond, A. 1989. *The Politics of Evolution.* Chicago and London : University of Chicago Press.

Donovan, D. T., and M. D. Crane. 1992. The type material of the Jurassic cephalopod *Belemnotheutis. Palaeontology* 35：273-296.

Doyle, P., and E. Robinson. 1993. The Victorian 'Geological Illustrations' of Crystal Palace Park. *Proceedings of the Geologists' Association* 104：181-194.

Evans, E. J. 1983. *The Great Reform Act of 1832.* London : Routledge.

Gardiner, B. G. 1990. Clift, Darwin, Owen and the Dinosauria. *The Linnean* 6：19-27.

Hurst, D. 1868. *Horsham, its History and Antiquities.* London : William Macintosh.

Huxley, L. 1908. *Life and Letters of Thomas Henry Huxley*. 3 vols. London：Macmillan and Co.

Huxley, T. H. 1870. On the Classification of the Dinosauria.... *Quarterly Journal of the Geological Society of London* 26：32–51.

Kirby, D. ；K. Smith；and M. Wilkin. 1992. *The New Roadside America*. New York：Fireside.

Laurent, G. 1987. *Paléontologie et Évolution en France 1800–1860*. Paris：Éditions du C. T. H. S.

Mantell, G. A. 1825. On the teeth of the *Iguanodon*. *Philosophical Transactions of the Royal Society* 115：179–186.

Mantell, G. A. 1841 a. Fossil Reptiles. *Literary Gazette*（28 August 1841）：556–557.

Mantell, G. A. 1841 b. *A Memoir on the Fossil Reptiles of the South–East of England*. An offprinted combination of two papers published in the *Philosophical Transactions of the Royal Society of London*. London：Published privately.

Mantell, G. A. 1849. Additional Observations on the Osteology of the *Iguanodon* and *Hylaeosaurus*. *Philosophical Transactions of the Royal Society* for 1849：271–305.

Mantell, G. A. 1850. On the *Pelorosaurus*；an undescribed gigantic terrestrial reptile. *Philosophical Transactions of the Royal Society* for 1850：379–390.

Mantell, G. A. 1851. *Petrifactions and their Teachings*. London：H. G. Bohn.

Mantell, G. A. 1854. *Geological Excursions round the Isle of Wight*. 3rd ed. London：H.G. Bohn.

Meyer, H. von. 1832. *Palaeologica zur Geschichte der Erde und ihrer Geschöpfe*. Frankfurt：Schmerber.

Meyer, H. von. 1845. System der fossilien Saurier. *Neues Jarhbuch für Mineralogie, Geologie und Paläontologie*：278–285.

Murchison, R. I. 1842. Presidential address to the Geological Society of London. *Proceedings of the Geological Society of London* 3：637–687.

Nasmyth, A. 1842. *A Letter to the Right Hon Lord Francis Egerton*. ... London：Churchill.

Owen, R. 1842. Report on British Fossil Reptiles：Part II. *Report of the British Association for the Advancement of Science* for 1841：60–204.

Owen, R. 1854. *Geology and the Inhabitants of the Ancient World*. London：Crystal Palace Library.

Owen, R. 1855. *Fossil Reptilia of the Wealden Formations, part* 2. London：Palaeontographical Society Monograph.

Owen, R. S. 1894. *The Life of Richard Owen*. 2 vols. London：J. Murray.

Richardson, G. F. 1837. Translation of Hermann von Meyer's *On the structure of the Fossil Saurians. Magazine of Natural History*, n.s. 1：281–293, 341–353.

Rudwick, M. J. S. 1963. The foundation of the Geological Society of London. *British Journal for the History of Science* 1：325–355.

Rudwick, M. J. S. 1985. *The Great Devonian Controversy*. Chicago and London：University of Chicago Press.

Simpson, G. G. 1942. The beginnings of vertebrate paleontology in North America. *Proceedings of the American Philosophical Society* 86：130–188.

Spokes, S. 1927. *Gideon Algernon Mantell, Surgeon and Geologist*. London：J. Bale and Co.

［Timbs, J.］1852. *The Year Book of Facts in Science and Art*. London：Simpkin, Marshall and Co.

Torrens, H. S. 1993. The dinosaurs and dinomania over 150 years. *Modern Geology* 18：257–286.

15 主竜類の進化

J. Michael Parrish

　恐竜類・翼竜類・ワニ類はよく知られているが，これらのすべての生物が所属するグループ，主竜類はかなり不明確な集団である．主竜類は，当初，恐竜類とワニ類，それに，それらの共通の祖先と見られるすべての生物に対してCope (1869) によって提唱された．この分類は現在の分類学者の手で，2種の現生の主竜類であるワニ類・鳥類の最後の共通祖先と，それらの共通祖先のすべての子孫を含むものに若干手直しされている．ここで使っている主竜類という名称は後者の意味である．

　羊膜類（爬虫類，哺乳類，鳥類を含む進化集団）は，頭骨の眼窩のうしろ，頬部にあるいくつかの孔の配列に基づいて，歴史的に区別されてきた（図15.1）．魚類や両生類に見られる様式は羊膜類とするには原始的で，頬部は連続しており，いかなる孔も存在しない．無弓類と呼ばれるこの様式はカプトリヌス類やパレイアサウルス類のような初期の羊膜類にも見られ，また，中生代初期を越えて生き延びた無弓類の唯一の集団，現生のカメ類にも存在する．羊膜類の進化の上で非常に初期，まちがいなく石炭紀中期（3億年前）までに，頬部の低い位置に単一の孔を持つ集団が分岐した（図15.1, 15.2）．この集団，つまり単弓類は盤竜類や獣弓類など2種の「哺乳類型爬虫類」集団とともに，哺乳類自体をも含む重要な進化系列を代表している．そして，哺乳類が現れたのは恐竜類とほぼ同時代で，三畳紀の後半であった．

　石炭紀のそのわずかあとに，羊膜類のもう一つの主要集団が現れた．それらの動物は頬部に2つの孔があった．この集団の構成員は双弓類と呼ばれ，トカゲ類，ヘビ類，ワニ類，鳥類，さらに多数の絶滅集団を含んでいる．絶滅した羊膜類の若干の集団は，主として海生爬虫類集団の魚竜類と鰭竜類（プレシオサウルス類とその類縁動物）で，かつては第四の集団，広弓類を構成すると考えられていた．これは，その頬部の単一の孔の位置が高かったことによる．これらの広弓類が相互にどの程度密接に関連していたかについては，今なお論争中である（例：Carroll 1988；Rieppel 1993）．しかし，現在では，広弓類様式は双弓類配列の変化したものにすぎず，下部側頭孔が腹側に開き，その後消失したというのが統一見解になっている．

　これらの上顎骨の孔は重要な進化上の特質を示してはいるが，その機能の重要性については不明確さが残っている．しかしながら，それらは頭骨内部における主要な顎筋の付着箇所であり，そこが集中的な力のかかった可能性のある箇所であることに関係するものと思われる．

　最も初期の双弓類はペトロラコサウルス（*Petrolacosaurus*）と呼ばれる動物で，カンザス州の石炭紀後期から知られている（Reisz 1981）．ペルム紀の始期（2億8500万年前）までに，双弓類は2つの分

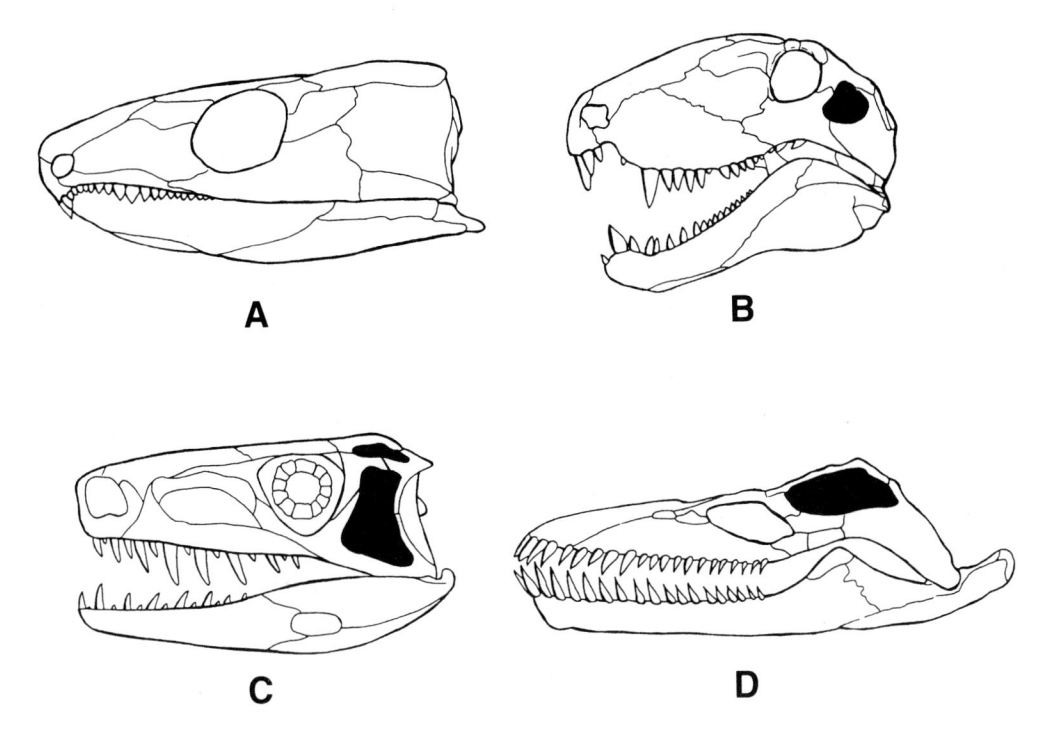

図15.1●羊膜類の頭骨の4主要型

側頭の開口部に基づく．(A) 原始的様式．現生のカメ類（無弓類）にある．頬部に側頭孔がない．(B) 単弓類様式（哺乳類，哺乳類型爬虫類）．後眼窩骨と鱗骨間の縫合の下部に，単一の側頭孔（黒色部）を伴う．(C) 双弓類様式（トカゲ類，ヘビ類，主竜類など）．後眼窩骨・鱗骨間の縫合によって分離された2つの側頭孔を伴う．(D) 広弓類様式（多くの海生爬虫類）．これは，おそらく，双弓類様式の改修された異形である．この場合，下側頭孔は腹側に開くようになり，多くのグループで全く消失している．類似の形状は多くのトカゲ類に見られる．Colbert and Morales 1991 を改変．

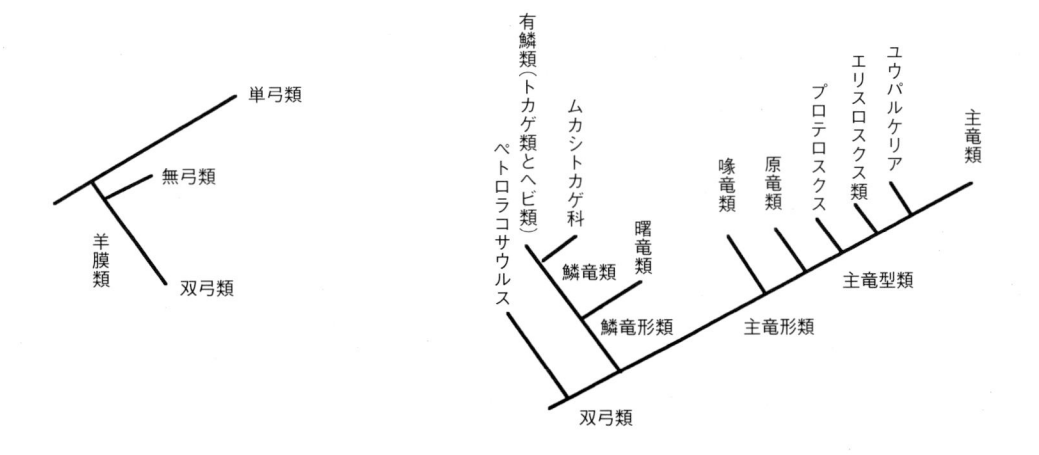

図15.2●主要羊膜類の関係を示す分岐図

図15.3●双弓類の系統．Gauthier 1984 を改変

岐した系列に分かれ，一つがトカゲ類やヘビ類に，他方が主竜類へとつながった（図15.3）．鱗竜形態類は表面的にはトカゲ類に似た多数の集団を含んでいるが，のちの同類が共有する基本特質を欠いていた（Gauthier et al. 1988）．鱗竜類はペルム紀後期までに出現した鱗竜形態類の下位分類群で，すべての現生の鱗竜形態類，すなわち，トカゲ類，ヘビ類，ムカシトカゲ類のスフェノドン（Sphenodon）が含まれる．これらの集団は，骨の骨化，四肢の構造，耳の形態の点で，特異な様式を共有する．

双弓類のもう一つの主要集団は主竜形態類である（Gauthier 1984）．この集団の原始的な構成員は四足歩行動物の多様化した集団で，くちばしを持ち，植物食のリンコサウルス類，プロトロサウルス類（主としてタニストロフェウス Tanystropheus のような，奇異な長い首を持つ水生型），さらに，トリロフォサウルス類（頑強な頭骨と特異な三咬頭歯を持つ陸上の植物食グループ）がいた．これらの爬虫類は特有の足根骨（足首）様式を共有しているが，そのことは以下で説明する．

ペルム紀末期近くになって，主竜形態類の別の系列である主竜型類が現れた．この集団は，歴史的には，主竜類として認められてきたが，多数の初期の集団と同様，現在は主竜類と認められたものも含んでいる（Gauthier 1984）．この主竜型類は多数の特質——特に前眼窩窓（孔）（眼窩と外鼻孔の間にある鼻部側面の開口部）の存在，また，脳函中の外側蝶形骨の存在などで区別されている（Clark et al. 1993）．

●進化様式

石炭紀末期とペルム紀前期における大型陸上脊椎動物のほとんどは基本的な単弓類だったが，この集団は盤竜類として知られる傍系統群としていっしょに扱われることが再々ある．これらの型はペルム紀中期頃大幅に減少し，肉食性盤竜類の一員だったスフェナコドン科のグループから起こった多様な獣形類の集団に引き継がれた．主竜型類はペルム紀末期近くに現れたが，三畳紀中期頃までは陸生脊椎動物の主力にはなりえなかった．一方，獣形類は着実にその数が減っていた．三畳紀の後半に支配的な陸上脊椎動物だったのは，初期のさまざまなタイプの主竜類である．最もよく知られた主竜類の集団である恐竜類，翼竜類，そしてワニ類は三畳紀の後期3分の1頃に現れている．恐竜類が相対的に数を増やすようになり，支配的な陸上脊椎動物の位置を占めるようになったのは，ほとんど三畳紀後期に近く，この恐竜類の支配的な位置は中生代末まで続いた．

優勢を占める脊椎動物が次々に移り変わる原因になった動的進化については，多くの論文が書かれている．1970年代のある時点までは，厳密に連続的に進化したという解釈が好まれた（例：Colbert 1973）．別の集団を引き継いだ個々の集団は，競争上，前のものよりすぐれていたという考えである．したがって，主竜類は獣形類より競争上一枚うわてで，恐竜類は他の主竜類より一枚うわてだなどと考えられたのである．Benton（1983, 本書第16章）は，より便宜主義的な解釈を提唱し，一般的に，主要集団の絶滅後に，のちにその集団を引き継いだ形態が放散したと指摘している．この説は，一般には環境変化とか，時には宇宙からの物体が衝突するといった破滅的な出来事と関連づけられる絶滅を，何が引き起こしたかという未決の問題を残した．

恐竜類が常にその先輩の上位にあったと考えられる一面は，その運動様式にあった．最初期の四肢動物，例えばデボン紀のイクチオステガ（Ichthyostega）などは，その四肢を大地との接点同然に利用していた．前進運動のためのほとんどの筋力は，彼らの祖先である魚類から引き継いだ，身体を波状に左右にくねらせる型によっていまだに供給されていた．初期の羊膜類の型は，トカゲ類やカメ類に今でも見られるが，多少似たところがある．四肢の近位部分は体から水平に突き出し，四肢の遠位部分と直角をつくり，遠位部分は肘または膝から下へ突き出て，前・後足になっている．これらの動物は匍匐姿勢をとり，体の前進運動にとっての四肢の役割は体の動きに比べてまだ重要性を欠いている．しかし，一部の前進運動量は四肢の近位部分の長軸周りの回転が分担していた（Charig 1972；Brinkman 1980）．

ワニ類と他の非恐竜類の主竜型類は，その運動能力の上で恐竜類に劣っていると長い間考えられてきた．しかし，ある影響力のある論文で，Charig（1972）はワニ類が「半直立」姿勢を示すと述べている．典型的な匍匐姿勢による歩行に加えて，その四肢をより体に引きつけ，ほぼ直立に近い「高姿勢歩行」をする能力があるというのである．初期の主竜型類（Parrish 1986），翼竜類（Padian 1984），鰐形態類（Walker 1970；Crush 1984；Parrish 1987；ただし，現生ワニ類の運動の多少異なった解釈については Gatesey 1991参照）の四肢の動きに関する最近の研究は，最初期のものを除いたすべての主竜型類が完全な直立姿勢と思われる姿勢をとっていたことを示

唆している．その場合，その四肢は体の中心線に沿って，体の垂直対称軸に平行した垂直面上にあるとしている．人類が他の哺乳類や鳥類，恐竜類と共有しているこのような四肢の配置では，肘と膝および手根と足根の関節に見られる屈曲と伸展に伴って，四肢が単一面内を動く（Brinkman 1980；Parrish 1986）．このような直立姿勢では，通常，体部は左右の動きを避けるためにまっすぐ伸ばされ，四肢の屈伸に伴うほとんどすべての筋力が前進運動に移行される．

　もし，恐竜類とほとんどの主竜類の先輩や同時代のものが直立姿勢をとっていたとすると，その姿勢だけでは，恐竜類がその類縁者に関して保っていた競争上の利益を例証できない．恐竜類とその他の直立していた主竜類は，彼らの足の状態および四肢の均衡の上で著しく異なっていた（Chatterjee 1985；Parrish 1986）．恐竜類においては，脛骨と腓骨は一般的に大腿骨より長く，一方，大部分の非恐竜類の主竜類の場合はその正反対の条件にあった．恐竜類は，また，いわゆる趾行姿勢をとり，その中足骨は地面から離れて保たれるが，一方，他の主竜類はほとんどが原始的な配置を維持し，その蹠行姿勢は日常の行動の中では足全体を地上につけていた．

●主竜型類の初期の歴史

　最も初期の主竜型類は，中央ロシアのペルム紀後期から出た断片的な化石によって知られるアルコサウルス（*Archosaurus*）である（Tatarinov 1960）．南部アフリカのペルム紀後期から出た，より断片的な化石も類似の分類に属するかもしれない（Parrington 1956）．これらの化石は不完全ではあるが，化石記録の中で2番めに現れた主竜型類のプロテロスクス（*Proterosuchus*）に極めてよく似ているように思われる．プロテロスクス（図15.4）はかなりよく知られていて，南アフリカと中国からは完全骨格が，より断片的な化石がアルゼンチンとインドから出ている．この爬虫類は大きさ・体の均衡・推定される生態的習性などの点で，表面的には現在のワニ類に類似している．プロテロスクスはその初期の羊膜類の祖先と同じ匍匐姿勢をとっていたものと思われ，その長く低い頭骨と比較的に相同性のある錐状の歯は，この動物が主な獲物として大型動物よりは，むしろ魚類のような小型脊椎動物の方を好んでいたらしいことを示している．当初，最初期の三畳紀主竜型類の多数の属と種が南アフリカで命名された．こ

こではこれらの動物が比較的多かった．しかし，何人かの研究者によるその後の研究は（Cruickshank 1972；Clark et al. 1993；Welman and Flemming 1993），カスマトサウルス（*Chasmatosaurus*）とエラフロスクス（*Elaphrosuchus*）の2属は，頭骨が背腹方向に圧し潰され，鼻部が垂れ下がり，頭骨後部の方形骨が後方に折れ曲がったプロテロスクス標本に基づいていたことを示した．三畳紀初期の他の2つの型，カリスクス（*Kalisuchus*）（Thulborn 1979）とタスマニオサウルス（*Tasmaniosaurus*）（Camp and Banks 1978；Thulborn 1986）は，オーストラリアから知られ，プロテロスクスとは異なるように見えるが，いずれの分類群もあまり完全な化石は産出していない．

　三畳紀前期の後半に，主竜型類に2種の他のグループが出現した．その第一のエリスロスクス科は三畳紀中期まで生きた大型地上性肉食動物の集団で，少なくとも7つの属が示されている（Parrish 1992）．エリスロスクス類は特異な形状の頭骨を示した最初の主竜型類の集団で，その頭骨は高く，左右に圧縮され，大きく湾曲した歯を持っている（図15.5）．エリスロスクス類の一部のものは長さ1mを超える頭骨を持ち，その当時の支配的な地上捕食者だったものと思われる．その四肢の形態と，特に足部の構造についての情報は比較的に貧弱だが，南ロシアから出たヴュシュコヴィア・トリプロコスタータ（*Vjushkovia triplocostata*）の保存のよい化石は，プロテロスクスや初期の羊膜類に見られるよりは，より直立姿勢の動物だったことを示唆している．とはいえ，近位の四肢の諸要素の回転の大部分は，おそらく，いまだにロコモーション中に生じたようである．最も原始的なエリスロスクス類である，ロシアから出たガルジャイニア（*Garjainia*）と中国から出たフグスクス（*Fugusuchus*）も最も早く現れた．いずれも，多少あとの時期に出現したエリスロスクス（*Erythrosuchus*）やヴュシュコヴィアに比べ，相対的に狭い鼻部と低い側面観を示す頭骨を持っている．

　もう一つの重要な初期主竜型類はエウパルケリア（*Euparkeria*）（図15.6）で，南アフリカの三畳紀前期の後半から知られている（Ewer 1965）．エウパルケリアは南アフリカのアリワル・ノース（Aliwal North）地域の単一の場所から産出した10個の標本が知られている．この動物は他の初期の主竜型類に比べて，はるかに小さい動物であった．その最大の標本は全長1mに満たないであろう．エウパルケ

リアは明らかに装甲があったことを示しうる最初の主竜型類で、その特徴はその後の大部分の主竜型類に何らかの型で保持されている。エウパルケリアには主竜類を性格づけるいくつかの特質が欠けてはいるが、それでも恐竜類やワニ類の共通祖先がどのような概観を示していただろうかをわれわれに教えてくれる、おそらく、最良の化石標本として意義がある。しばしば、極めて恐竜的な二足歩行姿勢に復元されるが、エウパルケリアは（四肢の均衡に基づくと）主に四足歩行だったと考えられる。

厳密な意味での主竜類は三畳紀の中期までに発生した。この集団の特性となっている特徴の一つが新しい孔で、そこを通って内頸動脈が脳函に入るが、その経路が他の双弓類とは異なっている。主竜類は2つの異なった系列で示される。その一つがGauth-ier（1984）によって名づけられた鳥頸類（Ornithodira）で、恐竜類と鳥類へつながった系列、他方が鰐距類（Crocodylotarsi）（Benton and Clark 1988）で、ワニ類へつながった系列である。

主竜類の系統を説明する上で使用される主要な特質の一つに足首の構造がある（図15.7参照）。プロテロスクスのような初期の主竜型類を含む主竜形類は、二対の関節球と関節窩で連結した2個の近位足根骨、つまり距骨と踵骨でできた特徴的な足首の様式を備えている点で関連づけられる（Brinkman 1981）。これらの関節のより近位の一対は、距骨上の関節窩と踵骨上の関節球からできている。一方、遠位の一対は踵骨上に関節窩を、距骨上に関節球を持っている。鰐距類では、これらの関節の腹側は可動性があった。つまり、足部と下脚部間の主関節

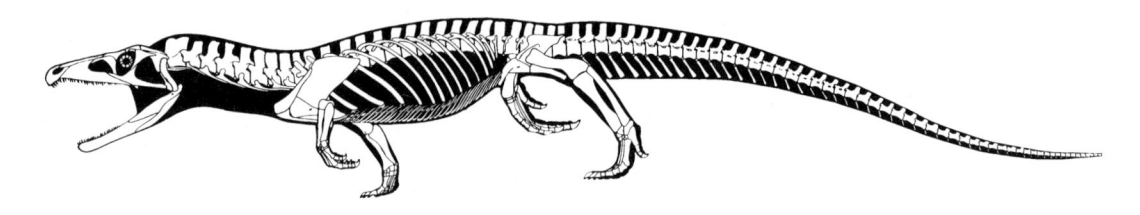

図15.4●プロテロスクス（*Proterosuchus*）の骨格復元図

本章の骨格図（別に指示しない限り、すべてG. S. Paul による）では、動物の大きさは大腿骨長を記すことで示す。プロテロスクスでは大腿骨長約150 mm.

図15.5●エリスロスクス類のヴュシュコヴィア（*Vjushkovia*）の骨格復元図。大腿骨長約295 mm

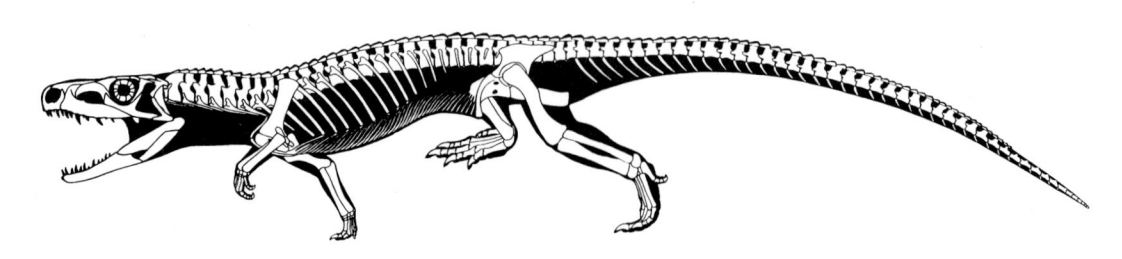

図15.6●エウパルケリア（*Euparkeria*）の骨格復元図。大腿骨長約56 mm

は，距骨・踵骨と遠位足根部の間というよりは，むしろ，距骨と踵骨の間にあったのである．このような配置はChatterjee（1982）によって「典型鰐型」と名づけられた．この型式が現生のワニ類に存在するからである．オルニトスクス科では，両者の関節面のより近位部分が精巧なものになった．つまり，可動関節が踵骨の関節球，距骨の関節窩とともに発達したのである．このような配置はChatterjee（1982）によって「逆転鰐型」と名づけられている．鳥頸類では，機能的な足根関節は，近位と遠位の足根間にある原始的なものであるが，両骨間の関節様式の細部はオルニトスクス科に見られるものに最も近似している（Bonaparte 1982；Chatterjee 1982）．このことから分岐進化に関する2つの解釈が生まれた．最初の解釈はThulborn（1980）とSereno（1991）によるもので，鳥頸類は原始的で，固定された足根部を持ち，オルニトスクス科と鰐距類は別の進化系列（図15.8）に属するSereno and Arcucci（1990）の脛距類（Crurotarsi）を構成し，踵骨と距骨の間に可動関節を発達させたというものである．第二の見解はGauthier（1984）とParrish（1986）によって支持された解釈で，鳥鰐類（Ornithosuchia）の系列にオルニトスクス類と鳥頸類を合わせることを要求した．鳥鰐類は派生形質としての「逆転鰐型」の足首を持ち，その鰐距類との最後の共通祖先は，原始的で2つの関節面をもつ距関節を持っていた．より最近の研究（Parrish 1993）では，2つの系統配置はほぼ同等の可能性があることが見出されている．

鳥頸類の最初期の一員がラゴスクス類で，アルゼンチンの三畳紀中期から出た，小型で下肢の長い主竜類である（Romer 1971, 1972；Bonaparte 1975 a, 1975 b；Sereno and Arcucci 1993, 1994）．現在知られている2種のラゴスクス類，マラスクス（*Marasuchus*）とラゲルペトン（*Lagerpeton*）についてはよくわかっていないが，その骨盤構造・四肢の均衡・退化した足根部から，恐竜類と関連があることは明らかである．ラゲルペトンは短い骨盤の諸要素と，木に止まるのに役立ったかもしれない長く伸びた側指のある足を伴う，極めて特異な後肢を持っている．

鳥頸類に属すると思われる他の集団には，翼竜類，つまり空飛ぶ爬虫類が含まれ，翼竜の著名な最も初期のものはイタリアの三畳紀後期から産出している．翼竜類と他の鳥頸類との継ぎ目は，スコットランドの三畳紀後期から産出した異様な生物スクレ

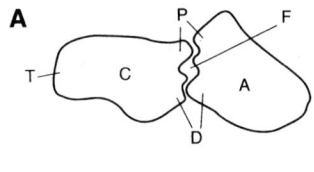

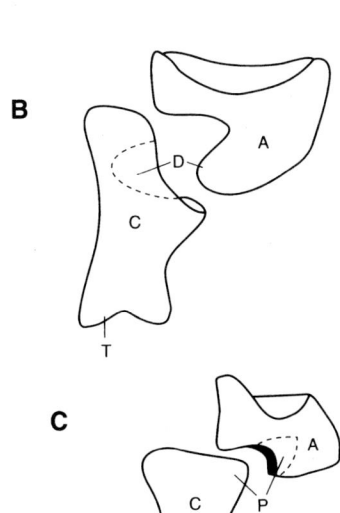

図15.7●主竜型類足根部の主要様式の模式図（Parrish 1986による）
（A）二対の関節面を伴う原始的主竜型類型．（B）典型鰐型．ここでは二対の関節面の遠位部分が，回転する足根関節に改修されている．（C）逆転鰐型．ここでは二対の関節面の近位部分が，回転する足根関節に改修されている．略語：A：距骨，C：踵骨，P：近位の関節面対，D：遠位の関節面対，F：貫通孔．Parrish 1986より再画．

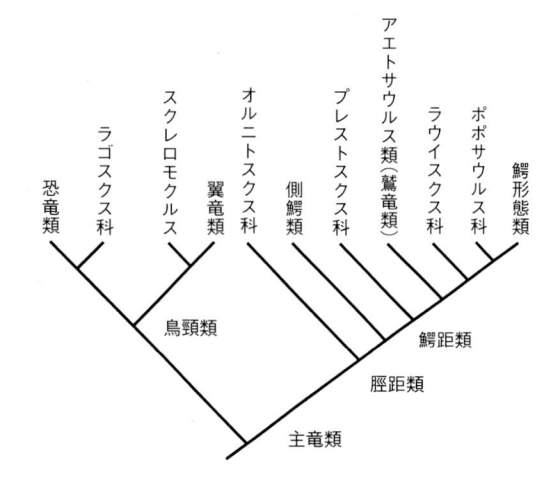

図15.8●主竜類の系統．Parrish 1993を簡略化

ロモクルス（*Scleromochlus*）によって与えられるかもしれない．スクレロモクルスの頭骨の構造と四肢の比率は翼竜類のものに酷似しており，足根部の構造はラゴスクス類のものに酷似しているのである（Gauthier 1984；Padian 1984）．しかし，このスクレロモクルスと翼竜類との密接な関係は，最近のすべての研究者が支持しているわけではない（Sereno 1991）．Wild（1984）によって提案されたかわりの見解では，翼竜類は主竜類でさえなく，初期の鱗竜形態類とより密接な進化上の関係があるものとされている．しかし，この説は恐竜類・翼竜類の分岐群を支持する Gauthier（1984），Padian（1984），Sereno（1991）によって集められた，無視できない形質証拠によって論駁されている．初期の翼竜類は明らかに空飛ぶ爬虫類であるが，それらは比較的に小型で，長い尾を持ち，あとの時代の類縁動物とは著しく異なっている．最初期の知名な翼竜類の一つエウディモルフォドン（*Eudimorphodon*）は複雑な多咬頭の歯も持っている．

恐竜類は三畳紀後期の初めまでには，化石記録として現れる．3 本指の恐竜類のものに似た足跡は，三畳紀前期末ぐらいの早くから知られているが，これらの足跡はマラスクスのような恐竜類の近縁動物によって残されたものかもしれない．

三畳紀の中期と後期の中で，最もよく記載された主竜類は鰐距類に属しているが，この一集団は混乱している上に，最近まであまりよく知られていなかった（Benton and Clark 1988；Parrish 1993）．最も原始的な鰐距類は，三畳紀の後期まであまり多くなかった一集団によって示され，この間，その化石は主竜類化石の中では最も一般的なものであった．その側鰐類，または植竜類（図 15.9）は，長く狭い鼻部，背側に位置した鼻孔，扁平な頭骨を持つ，ワニ類に似た動物である（Camp 1930；Chatterjee 1978）．その肢の構造と，それらの化石が発見された堆積環境から見ると，これらの動物は現代のワニ類同様，水陸両生から水生だったことを示唆している．これらは生態型からすると広い多様性を示し，棒状の鼻部と錐状の歯を持つミストリオスクス（*Mystriosuchus*）のような小型で，おそらく魚食のものから，頭長 1.5 m，大きい歯，相対的に幅広い鼻部を持つニクロサウルス（*Nicrosaurus*）のような巨大な捕食者までいた．

鰐距類進化の一つの紛らわしい点は，3 種類の異なった集団に高く狭い頭骨があり，これは以前のエリスロスクス類にも見られ，のちのほとんどの肉食恐竜類も共有するという事実にある（Gauthier 1984；Parrish 1993）．これらの集団の最初期のものであるプレストスクス科（図 15.10）は三畳紀中期の南米とヨーロッパで知られ，また，ブラジル産の

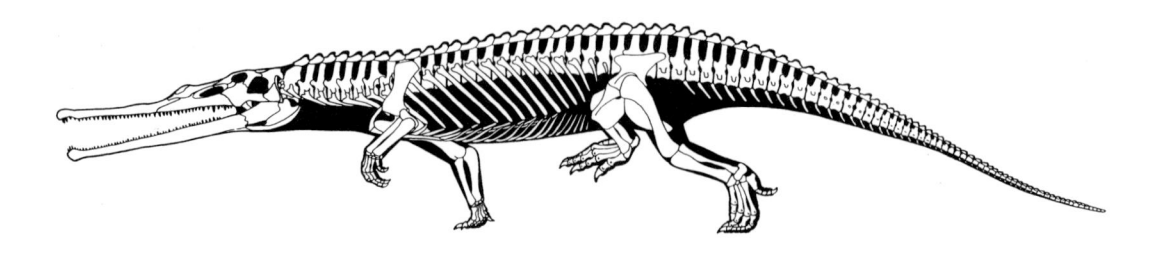

図 15.9● パラスクス（*Parasuchus*）の骨格復元図．大腿骨長約 240 mm

図 15.10● プレストスクス類サウロスクス（*Saurosuchus*）の骨格復元図．大腿骨長約 680 mm

プレストスクス（*Prestosuchus*）属のような巨大型も含んでいる（Huene 1942；Barberena 1978）．これらの動物はほとんど直立していたようだが，急速な動きについては四肢のいかなる適応も見られない．ブラジルでプレストスクス科と同時代に現れたラウイスクス科の頭骨には一連の派生的な変化が見られるとともに，退化した側指を持つ中外側方向に圧縮された足と特殊化した足根関節があり，より高速な運動ができた可能性を示している（Bonaparte 1984）．別のグループ，ポポサウルス科は三畳紀中期に出現した（Chatterjee 1985）．ポポサウルス類（図 15.11）は表面的には他のグループに似ているが，耳管系を含む頭蓋の特殊化が見られるため，鰐形態類に最も近縁なものに位置づけられている（Parrish 1987, 1993；Benton and Clark 1988）．前肢の大きさの相対的な退化は，ポポサウルス類が少なくとも時々は二足歩行しただろうことを示唆している（Chatterjee 1985）．地上の捕食者である第四のグループはオルニトスクス科で，頭骨の側面観と体の大きさが他の3つの集団のものに似ている（Bonaparte 1975 b）．彼らは，また，比較的に迅速な運動もできたものと思われるが，逆転鰐型の足根様式を見せるものは，これら大型捕食者集団の中でこの科だけである．これらの集団のすべてが層序学的には相互に重複しているため，これらの分類には混乱を伴っている．これらの動物の生態学的役割は比較的に似たものだっただろう．その主要なちがいはその採餌する獲物のちがいであり，例えばポポサウルスのようなグループは，プレストスクス類に比べ，より敏捷な獲物向きに特殊化していたように思われる．

　三畳紀後期以前は，事実上，すべての主竜型類は肉食者だった．一つの可能性のある例外はロトサウルス（*Lotosaurus*）であり，南中国から出たこの謎の多いラウイスクス類は全く歯を欠き，かわりに曲がった，カメ状のくちばしがあったものと思われる（Zhang 1975；Parrish 1993）．ロトサウルスには体軸に沿って長く伸びた神経棘もあり，一部の盤竜類や恐竜類のものに類似した肉質の帆があったかもしれないことを示唆している．三畳紀後期になって，最初の明白に植物食主竜類のグループであるアエトサウルス類（鷲竜類）（Aetosauria）が現れた（Walker 1961；Parrish 1994）．アエトサウルス類（図 15.12）は，ロトサウルス同様，前部にカメ状のくちばしを持ち，そして大部分のものが頬部に単純な錐状の歯を持っていた．ドイツから出たアエトサウルス（*Aetosaurus*）を含む，最も原始的なアエトサウルス類はとがった鼻部を持っていたが，スタゴノレピス（*Stagonolepis*）やデスマトスクス（*Desmatosuchus*）のように，より派生的な型は扁平で上向きの鼻部を持ち，植生の根を掘り起こすことへの適応だったと

図 15.11●ポポサウルス類ポストスクス（*Postosuchus*）の骨格復元図．大腿骨長約 505 mm

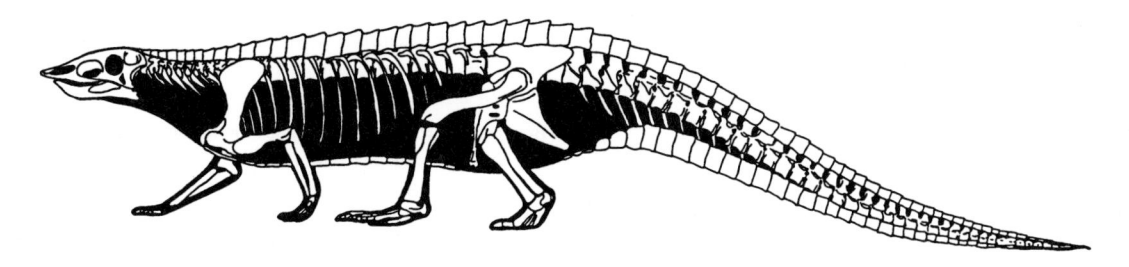

図 15.12●スタゴノレピス（*Stagonolepis*）の骨格復元図．J. M. Parrish 画．大腿骨長約 315 mm

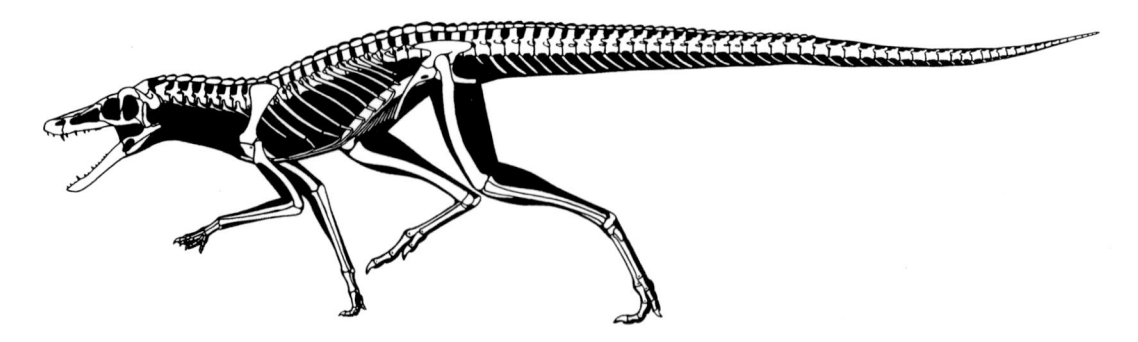

図 15.13● 初期の鰐形態類プセウドヘスペロスクス（*Pseudohesperosuchus*）．大腿骨長約 155 mm

思われている．掘ることへの明らかな適応は，その強力な四肢と幅広く長い指にも見られる．アエトサウルス類は防御的な皮骨装甲の完全な外被を持ち，ティポソラックス（*Typothorax*）などの一部の派生型では，カメ類のかたい外被に似た幅広く卵形の甲羅を形づくっていた．

ワニ類と多数のその化石近縁動物を含めた鰐形態類は，三畳紀後期に現れた（Walker 1970；Benton and Clark 1988）．鰐形態類は広大な気腔と，前方に傾き，頭骨後部の他の骨とつくる広範な縫合を発展させた方形骨など，頭骨の多くの特殊化によって区別することができる．他の特殊化としては，伸長した手首，特殊化した肩帯と骨盤帯がある．最も初期の鰐形態類は，しばしば，楔鰐類（Sphenosuchia）と結びつけられる型の一集団で，楔鰐類は三畳紀後期の早期に起源を持ち，ジュラ紀後期まで生き残った．楔鰐類（図 15.13）は特異な鰐形態類の頭骨の特徴のほとんどを持っていたが，狭く長く伸びた四肢と，左右に圧縮された足も持っていた．楔鰐類とプロトスクス科のような他の初期の鰐形態類は直立し，完全な陸上動物であり，適切に命名されたテレストリスクス（*Terrestrisuchus*）[訳注：地上性のワニ]を含む一部のものは，おそらく，極めて機敏な，迅速な走者だったようである．

このように，われわれがワニ類に対して典型的に抱いている，不活発でほとんどが水生の捕食者という心象は，その三畳紀やジュラ紀の先祖の大部分については当てはまらなかった．最初の水生の鰐形態類が現れたのはジュラ紀前期であった．しかし，これらの動物はメトリオリンクス科やテレオサウルス科のような系列に属し，その四肢は櫂状の付属肢に発展していた．ワニ類の主系列は，中生代になってかなり経つまで，彼らの現代型の両生的な習性は持っていなかった．その匍匐・直立両型間の中間段階

のかわりに「半直立」的なワニ類の運動様式は，初期の鰐形態類に見られた直立姿勢の修正と思われる．このおかげで，現代のワニ類は陸上を移動する時に四肢を直立「高歩行」に使用することに加え，その四肢を側方に突き出した泳ぐための付属肢として利用することができるのである（Brinkman 1980；Parrish 1987）．

三畳紀末期までに，恐竜類・翼竜類，そして鰐形態類を除く他の主竜型類は絶滅した．各種のグループはこの期間に絶え間ない交替を経験し，三畳紀・ジュラ紀境界付近での多様性の最終的下降傾向は，恐竜化石の豊富さの劇的な増大とほぼ相関関係にある．特に，コエロフィシス（*Coelophysis*）のような小型獣脚類とプラテオサウルス（*Plateosaurus*）のような古竜脚類の化石が多くなる（Sander 1992）．

● 文　献

Barberena, M. C. 1978. A huge thecodont skull from the Triassic of Brazil. *Pesquisas* 7：111-129.

Benton, M. J. 1983. Dinosaur success in the Triassic：A non-competitive ecological model. *Quarterly Review of Biology* 58：29-55.

Benton, M. J., and J. M. Clark. 1988. Archosaur phylogeny and the relationships of the Crocodylia. In M. J. Benton (ed.), *Phylogeny and Classification of Amniotes*, pp. 295-338. Systematics Association Special Volume 35 A. Oxford：Clarendon Press.

Bonaparte, J. F. 1975 a. Nuevos materiales de *Lagosuchus tamalpayensis* Romer（Thecodontia, Pseudosuchia）y su significado en el origen de los Saurischia. *Acta Geologica Lilloana* 13：5-90.

Bonaparte, J. F. 1975 b. The family Ornithosuchidae（Archosauria：Thecodontia）. *Colloque International Centre National de la Recherche Scientifique* 218：485-501.

Bonaparte, J. F. 1982. Classification of the Thecodontia. *Géobios Mémoir Spéciale* 6：99-112.

Bonaparte, J. F. 1984. Locomotion in rauisuchid thecodonts. *Journal of Vertebrate Paleontology* 3：210-218.

Brinkman, D. 1980. The hindlimb step cycle of *Caiman sclerops* and the mechanics of the crocodilian tarsus and metatarsus. *Canadian Journal of Zoology* 58 : 2187–2200.

Brinkman, D. 1981. The origin of the crocodiloid tarsi and the interrelationships of thecodontian archosaurs. *Breviora* 464 : 1–22.

Camp, C. L. 1930. A study of the phytosaurs. *Memoirs of the University of California* 10 : 1–161.

Camp, C. L., and M. R. Banks. 1978. A proterosuchian reptile from the Early Triassic of Tasmania. *Alcheringa* 2 : 143–158.

Carroll, R. L. 1988. *Vertebrate Paleontology and Evolution*. New York : W. H. Freeman.

Charig, A. J. 1972. The evolution of the archosaur pelvis and hindlimb : An explanation in functional terms. In K. A. Joysey and T. S. Kemp (eds.), *Studies in Vertebrate Evolution*, pp.121–155. Edinburgh : Oliver and Boyd.

Chatterjee, S. 1978. A primitive parasuchid (phytosaur) from the Upper Triassic Maleri Formation of India. *Paleontology* 21 : 83–127.

Chatterjee, S. 1982. Phylogeny and classification of the thecodontian reptiles. *Nature* 295 : 317–320.

Chatterjee, S. 1985. *Postosuchus*, a new thecodontian reptile from the Triassic of Texas and the origin of tyrannosaurs. *Philosophical Transactions of the Royal Society of London*, Series B, 309 : 395–460.

Clark, J. M. ; J. A. Gauthier ; J. Welman ; and J. M. Parrish. 1993. The laterosphenoid bone of early archosaurs. *Journal of Vertebrate Paleontology* 13 : 48–57.

Colbert, E. H. 1973. *Wandering Lands and Animals*. New York : E. P. Dutton.

Colbert, E. H., and M. Morales. 1991. *Evolution of the Vertebrates : A History of the Backboned Animals through Time*. New York : John Wiley and Sons.

Cope, E. D. 1869. Synopsis of the extinct Batrachia, Reptilia, and Aves of North America. *Transactions of the American Philosophical Society* 14 : 1–252.

Cruickshank, A. R. I. 1972. The proterosuchian thecodonts. In K. A. Joysey and T. S. Kemp (eds.), *Studies in Vertebrate Evolution*, pp. 89–119. Edinburgh : Oliver and Boyd.

Crush, P. 1984. A late Upper Triassic sphenosuchid crocodile from Wales. *Palaeontology* 27 : 133–157.

Ewer, R. F. 1965. The anatomy of the thecodont reptile *Euparkeria capensis* Broom. *Philosophical Transactions of the Royal Society of London*, Series B, 248 : 379–435.

Gatesey, S. M. 1991. Hind limb movements of the American alligator (*Alligator mississippiensis*) and postural grades. *Journal of Zoology* 224 : 577–588.

Gauthier, J. A. 1984. A cladistic analysis of the higher systematic categories of the Diapsida. Ph.D. dissertation, University of California, Berkeley.

Gauthier, J. A. ; R. Estes ; and K. de Queiroz. 1988. A phylogenetic analysis of Lepidosauromorpha. In R. Estes and G. Pregill (eds.), *Phylogenetic Analysis of the Lizard Families*, pp. 15–98. Stanford, Calif. : Stanford University Press.

Huene, F. von. 1942. *Die fossilen Reptilien des Südamerikanischen Gondwanalandes*. Munich : C. H. Beck.

Padian, K. 1983. A functional analysis of flying and walking in pterosaurs. *Paleobiology* 9 : 218–239.

Padian, K. 1984. The origin of pterosaurs. In W. E. Reif and F. Westphal (eds.), *Third Symposium on Terrestrial Mesozoic Ecosystems, Short Papers*, pp. 163–168. Tübingen : Attempto Verlag.

Parrington, F. R. 1956. A problematic reptile from the Upper Permian. *Annals and Magazine of Natural History* 12 : 333–336.

Parrish, J. M. 1986. Locomotor evolution in the hindlimb and pelvis of the Thecodontia (Reptilia : Archosauria). *Hunteria* 1(2) : 1–35.

Parrish, J. M. 1987. The origin of crocodilian locomotion. *Paleobiology* 13 : 396–414.

Parrish, J. M. 1992. Phylogeny of the Erythrosuchidae. *Journal of Vertebrate Paleontology* 12 : 93–102.

Parrish, J. M. 1993. Phylogeny of the Crocodylotarsi and a consideration of archosaurian and crurotarsan monophyly. *Journal of Vertebrate Paleontology* 13 : 287–308.

Parrish, J. M. 1994. Cranial osteology of *Longosuchus meadei* and a consideration of the phylogeny of the Aetosauria. *Journal of Vertebrate Paleontology* 14 : 196–209.

Parrish, J. M. ; J. T. Parrish ; and A. M. Ziegler. 1986. Permo-Triassic paleogeography and paleoclimatology and implications for therapsid distributions. In N. Hotton III, P. MacLean, J. J. Roth, and E. C. Roth (eds.), *The Ecology and Biology of the Mammal-Like Reptiles*, pp. 109–132. Washington, D.C. : Smithsonian Institution Press.

Reisz, R. R. 1981. A diapsid reptile from the Pennsylvanian of Kansas. *Special Publications of the Museum of Natural History, University of Kansas* 7 : 1–174.

Rieppel, O. 1993. Euryapsid relationships : A preliminary analysis. *Neues Jahrbuch für Geologie und Paläontologie, Abhandlungen* 188 : 241–264.

Romer, A. S. 1971. The Chañares (Argentina) Triassic reptile fauna. Part X : Two new but incompletely known long-limbed pseudosuchians. *Breviora* 378 : 1–10.

Romer, A. S. 1972. The Chañares (Argentina) Triassic reptile fauna. Part XV : Further remains of the thecodonts *Lagosuchus* and *Lagerpeton*. *Breviora* 394 : 1–7.

Sander, M. 1992. The Norian *Plateosaurus* bonebeds of central Europe and their taphonomy. *Palaeogeography, Palaeoclimatology, Palaeoecology* 93 : 255–299.

Sereno, P. C. 1991. Basal archosaurs : Phylogenetic relationships and functional implications. Memoir 2. *Journal of Vertebrate Paleontology* 11 (Supplement 4) : 1–53.

Sereno, P. C., and A. B. Arcucci. 1990. The monophyly of crurotarsal archosaurs and the origin of bird and crocodile ankle joints. *Neues Jahrbuch für Geologie und Paläontologie, Abhandlungen* 180 : 21–52.

Sereno, P. C., and A. B. Arcucci. 1993. Dinosaur precursors from the Middle Triassic of Argentina : *Lagerpeton chanarensis*. *Journal of Vertebrate Paleontology* 13 : 385–399.

Sereno, P. C., and A. B. Arcucci. 1994. Dinosaur precursors from the Middle Triassic of Argentina : *Marasuchus lilloensis*, gen. nov. *Journal of Vertebrate Paleontology* 14 :

53-73.

Tatarinov, L. P. 1960. Otkrytie psevdozukhii v verkhnie Permi SSSR. *Paleontologicheskii zhurnal* 1960∶74-80.

Thulborn, R. A. 1979. A proterosuchian thecodont from the Rewan Formation of Australia. *Memoirs of the Queensland Museum* 19∶331-355.

Thulborn, R. A. 1980. The ankle joints of archosaurs. *Alcheringa* 4∶141-161.

Thulborn, R. A. 1986. The Australian Triassic reptile *Tasmaniosaurus triassicus* (Thecodontia, Proterosuchia). *Journal of Vertebrate Palentology* 6∶123-142.

Walker, A. D. 1961. Triassic reptiles from the Elgin area∶ *Stagonolepis, Dasygnathus*, and their allies. *Philosophical Transactions of the Royal Society of London*, Series B, 244∶103-204.

Walker, A. D. 1970. A revision of the Jurassic crocodile *Hallopus*, with remarks on the classification of crocodiles. *Philosophical Transactions of the Royal Society of London*, Series B, 257∶323-372.

Walker, A. D. 1990. A revision of *Sphenosuchus acutus* Haughton, a crocodylomorph reptile from the Eliot Formation (Late Triassic or Early Jurassic) of South Africa. *Philosophical Transactions of the Royal Society of London*, Series B, 330∶1-120.

Welman, J., and A. Flemming. 1993. Statistical analysis of skulls of Triassic proterosuchids (Reptilia, Archosauromorpha) from South Africa. *Paleontologia Africana* 30∶113-123.

Wild, R. 1984. Flugsaurier aus den Obertrias von Italien. *Naturwissenschaften* 71∶1-11.

Zhang F. 1975. A new thecodont *Lotosaurus*, from the Middle Triassic of Hunan. *Vertebrata Palasiatica* 13∶144-148. (In Chinese, English summary.)

16 恐竜類の起源と初期進化

Michael J. Benton

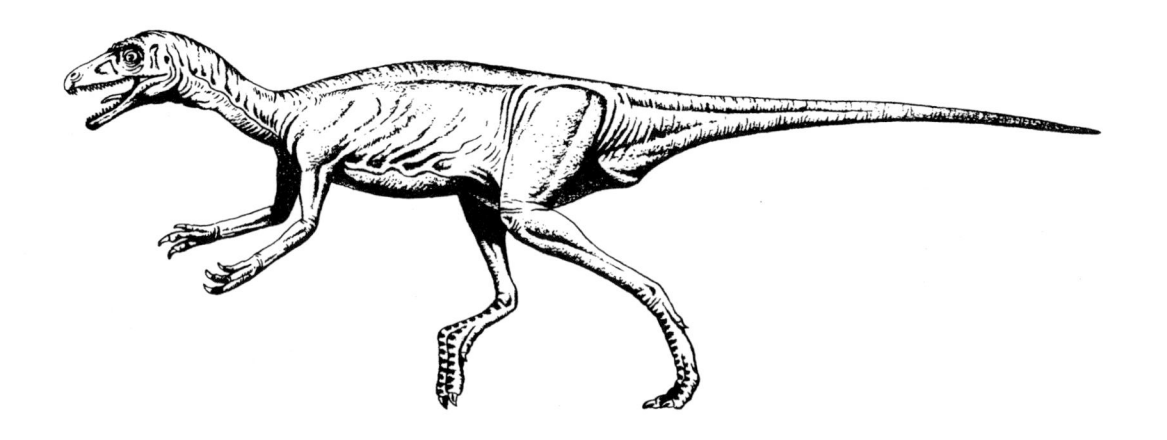

　恐竜は三畳紀，おそらく三畳紀後期の間に現れた．その登場した世界は典型的な「恐竜時代」の背景とは極めて異なっており，支配的な植物食者は獣弓類（哺乳類型爬虫類）と喙竜類であり，肉食者はキノドン類（犬歯類）（捕食性獣弓類）と，一般には「槽歯類」と呼ばれている各種の基本的な主竜類であった（Sues，本書第2章参照）．恐竜はこのような世界に登場したわけだが，最初に登場したのは小型の二足歩行の肉食恐竜類で，三畳紀のある時点で支配的な位置を占めるに至った．確かに，三畳紀の末期までに，恐竜類は豊富になり，かなり広がり，すべての主要系列が多様化していたのである．

　恐竜の起源については，長い間，いくぶん神秘に覆われていた．これは岩石年代決定に関する問題，恐竜の定義に関する問題，疑わしい初期の記録に関する問題，最初の正真正銘の恐竜類についての限定された知識，また，交替と放散の様式に関する見解の不一致などの多くの理由による．これらの論点について逐次考えていこう．

● 層序学

　三畳紀の間の陸上における脊椎動物の生活史の初期の説明（例：Colbert 1958；Romer 1970）では，三畳紀の岩石記録の区分を識別するために用いられた層序学的図表は，「下部」「中部」「上部」に論及するより多少ましという程度のものであった．その後の報告においてさえ（例：Bonaparte 1982；Benton 1983；Charig 1984）ほとんど改良されず，四肢動物を含む岩石単位の層序学的時代判定の大部分は，脊椎動物自体の比較に基づいていた．進化様式の研究を試みるに当たっては，動物相自体の性質という視点に立って動物相を順序立てる試みはほとんど役に立たない！

　三畳紀岩石の標準的な層序区分はアンモナイト類に基づいており（Tozer 1974, 1979），そのため海成の岩石にしか当てはめられない．大陸成の三畳紀岩石の時代判定には花粉とか胞子に基づく独自の花粉層序区分があるが（例：Visscher et al. 1980；Visscher and Brugman 1981；Weiss 1989），この区分も常に確

実とはいえない．大陸成の三畳紀の岩石が海成層区分と対比できるところでは，あちらこちらで接点が見出されている．そして，これが三畳紀地上性四肢動物相についての，より独立した時代決定につながった（Ochev and Shishkin 1989；Benton 1991, 1994a, 1994b；Hunt and Lucas 1991a, 1991b；Lucas 1991）．

後期三畳紀における主要四肢動物相の対比については図16.1に示されている．

●恐竜類の定義

リチャード・オーウェン（Richard Owen）は，1842

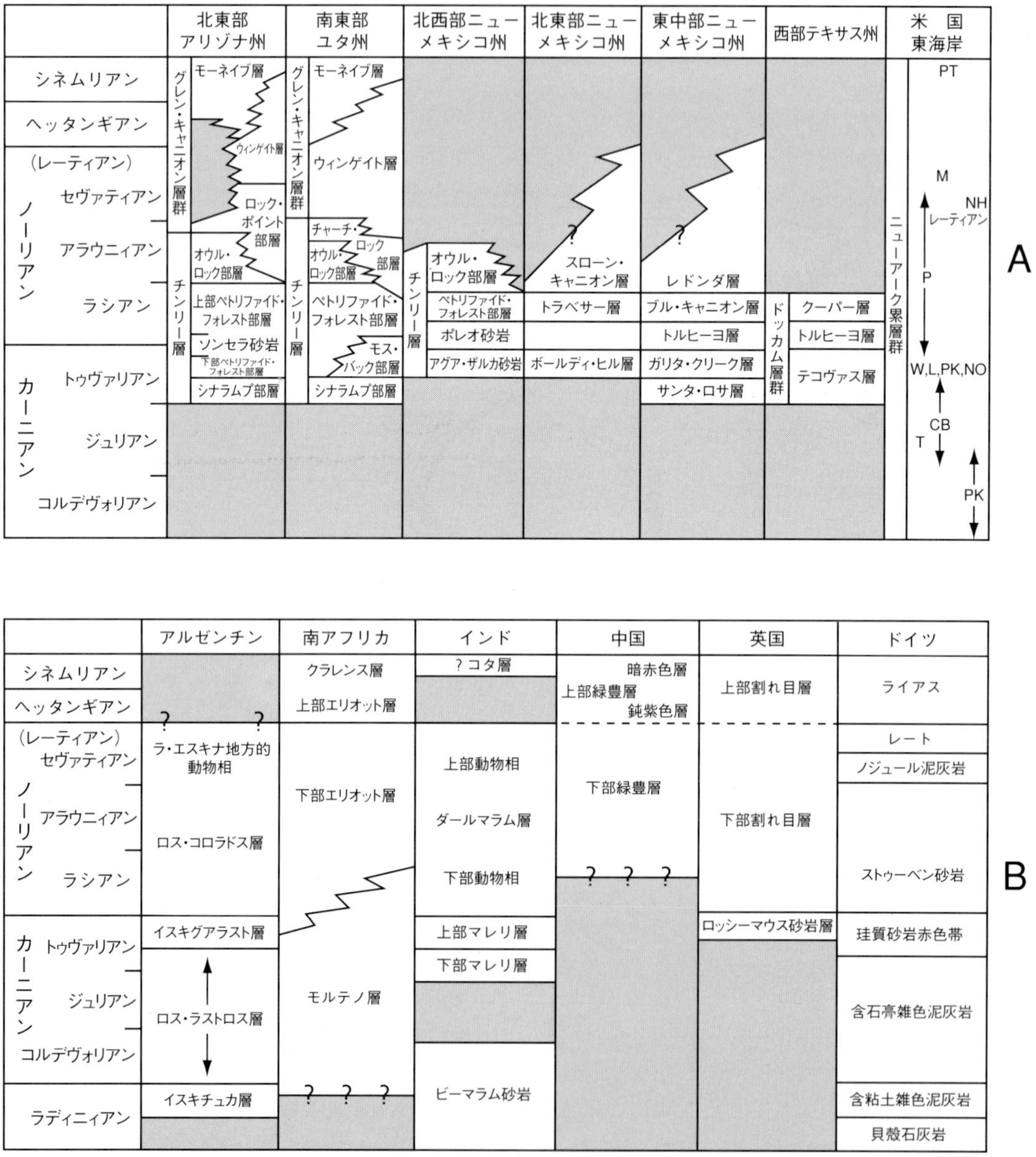

	北東部アリゾナ州	南東部ユタ州	北西部ニューメキシコ州	北東部ニューメキシコ州	東中部ニューメキシコ州	西部テキサス州	米国東海岸
シネムリアン	モーネイブ層 / グレン・キャニオン層群	モーネイブ層 / グレン・キャニオン層群					PT
ヘッタンギアン	ウィンゲイト層	ウィンゲイト層					
（レーティアン）セヴァティアン	ロック・ポイント部層	ロック・ポイント部層					M / NH レーティアン
ノーリアン アラウニアン	オウル・ロック部層 / チンリー層	チャーチ・ロック部層 / チンリー層	オウル・ロック部層	スローン・キャニオン層 ?	レドンダ層 ?		ニューアーク累層群 P
ラシアン	上部ペトリファイド・フォレスト部層 / 下部ペトリファイド・フォレスト部層 / ソンセラ砂岩	ペトリファイド・フォレスト部層 / モス・バック部層	ペトリファイド・フォレスト部層 / ポレオ砂岩	トラベサー層	ブル・キャニオン層	クーパー層 / ドッカム層群	
カーニアン トゥヴァリアン	シナラムプ部層	シナラムプ部層	アグア・ザルカ砂岩	ボールディ・ヒル層	トルヒーヨ層 / ガリタ・クリーク層 / サンタ・ロサ層	トルヒーヨ層 / テコヴァス層	W,L,PK,NO / CB / T
ジュリアン							
コルデヴォリアン							PK

A

	アルゼンチン	南アフリカ	インド	中国	英国	ドイツ
シネムリアン	? ?	クラレンス層	?コタ層	暗赤色層 / 上部緑豊層	上部割れ目層	ライアス
ヘッタンギアン		上部エリオット層		鈍紫色層		
（レーティアン）セヴァティアン	ラ・エスキナ地方的動物相	下部エリオット層	上部動物相	下部緑豊層	下部割れ目層	レート / ノジュール泥灰岩
ノーリアン アラウニアン	ロス・コロラドス層		ダールマラム層			ストゥーベン砂岩
ラシアン			下部動物相	? ? ?		
カーニアン トゥヴァリアン	イスキグアラスト層	モルテノ層	上部マレリ層		ロッシーマウス砂岩層	珪質砂岩赤色帯
ジュリアン	ロス・ラストロス層		下部マレリ層			含石膏雑色泥灰岩
コルデヴォリアン						
ラディニィアン	イスキチュカ層	? ? ?	ビーマラム砂岩			含粘土雑色泥灰岩 / 貝殻石灰岩

B

図16.1●三畳紀後期とジュラ紀最初期の北米（A）とゴンドワナ大陸各地（B）における脊椎動物化石を含む系列の層序

時代区分はOlsen et al. 1987, 1990, Hunt and Lucas 1991a, 1991b, Benton 1994a, 1994bおよびその他のドイツでの層序に伴う四肢動物の比較に大きく基づいている．略語：CB：カウ・ブランチ層，L：ロッカトン層，M：マッコイ・ブルック層，NH：ニューヘブン・アルコーズ砂岩，NO：ニュー・オックスフォード層，P：パサイック層，PK：ペキン層，PT：ポートランド層，T：ターキー・ブランチ層，W：ウォルフヴィユ層．Benton 1994aを改変．

年，自分が創案した新しいグループ，すなわち恐竜類は真の群だったと考えたが，これは現代の語法にすれば単系統群またはクレード（分岐群）になる（Torrens，本書第14章参照）．いいかえると，彼は恐竜類を単一の祖先を持つものとし，恐竜類にはその祖先のすべての子孫が含まれるとしたのである．この考えは19世紀のほとんどの期間に一般に受け入れられていたが，1887年のハリー・シーリー（Harry Seeley）の論証によって揺るがされた．その論証は2つの主要な恐竜群，すなわち竜盤類と鳥盤類があり，それらの骨盤の骨の配置の性質によって区別されるとしたのである（Holtz and Brett-Surman，本書第7章参照）．

おそらく，シーリーの考えでは，竜盤類と鳥盤類は全く別の祖先からずっと早い時点で出現した別個の進化上の分枝であった．シーリーは単に当時一般に支持されていた「体形の持続性」と呼ばれる考えを支持していたにすぎなかった．この考えによれば，形態上の主要な変化は進化の上では容易に起こりえず，化石記録は主要な動物のグループが長い期間にわたっていかにその主要形質を保持してきたかを示していた．そのため，古生物学者は個々の主要グループへ導いていった非常に長い期間の初期進化を見出さなければならず，しかも，これらの進化の最初の期間は化石記録から失われていることがしばしばであった．

シーリーの見解は20世紀の大半の期間で支配的だった．そして，多くの恐竜古生物学者がその見解をさらにより複雑にした．竜盤類と鳥盤類が別の祖先から進化したというだけでなく，これら2つのグループ中のいくつかの下位分類群もそうだったというのである．おそらく，竜盤類の2グループ，獣脚類と竜脚形類，また，1900年には知られていた若干の主要鳥脚類グループである鳥脚類，角竜類，剣竜類，そして曲竜類もである．結果的に，恐竜類は共通に分け持つ点の非常に少ない中生代の大きな絶滅爬虫類の，単なる一つの集まりになってしまった．したがって，恐竜類は多系統群，すなわち，基本的な主竜類の中で2つ，3つ，もしくはそれ以上の起源に由来すると見られるようになった（Benton 1990の評論による）．

多系統観の崩壊は，1984年頃，急速に劇的にやってきた．このことはBakker and Galton (1974)，それにBonaparte (1976) の1970年代の短い論文で予測されていたが，彼らは竜盤類・鳥盤類の恐竜類両者が分け持つ多くの特徴的な形質を見出していた．1984年に出版されたいくつかの短い論文のあとに，いっそう内容のある論文が発表された（Gauthier 1986；Sereno 1986；Novas 1989, 1994, 1996；Benton 1990）．そのすべてが資料について厳密な分岐分類学的アプローチをし，それらは個々にオーウェンのいう恐竜類（1842）は一つの単系統グループで，多数の共有派生形質で定義されることに強く同意した．それらには以下のものが含まれる（Holtz and Brett-Surman，本書第7章参照）

・後前頭骨の欠失（図16.2 B）
・上腕骨の長くなった三角胸筋稜（図16.2 A）
・手の第4指の3個またはそれ以下の指節骨（図16.2 C）
・3個またはそれ以上の仙椎（図16.2 A）
・完全に開いた寛骨臼（関節窩）
・球状の大腿骨骨頭
・脛骨の脛骨稜
・距骨上によく発達した上向突起があり，脛骨前面に密接している

恐竜類に似た多くの他の特徴は，恐竜類に近縁な外群の分岐図下位に位置する生物でも生じた．例えば，ラゴスクス（*Lagosuchus*），マラスクス（*Marasuchus*）や翼竜類である（Parrish，本書第15章参照）．

●最も古い恐竜は何か？

何年にもわたって，最初の恐竜類の時代について多くの異説が出されてきた．最も初期のものと思われる記録は三畳紀中期から前期，さらにペルム紀の岩石にまで及び，分離した骨，骨の集まり，そして足跡に基づいていた．恐竜類の明快な分岐論的定義を考えれば，現在ではこれらは除外してよいであろう．

初期の恐竜類とされる多くのものは，ドイツ三畳紀の分離した椎骨，頭骨要素，四肢骨に基づいて記載されていた．これらの要素の多くのものが古トカゲ型類かラウイスクス類の主竜類，あるいは未確定の分類に属することが判明している（Benton 1986 a）．

足跡に基づいた恐竜類の異常に初期の記録は，三畳紀中期から前期，さらにペルム紀にさえさかのぼる．これらの初期の発見はすべて3本指の足跡に基づいていて，恐竜類によってつけられたよい徴候になる．ペルム紀・三畳紀のほとんどの他の四肢動物は蹠行性の4本指または5本指の足跡を残している

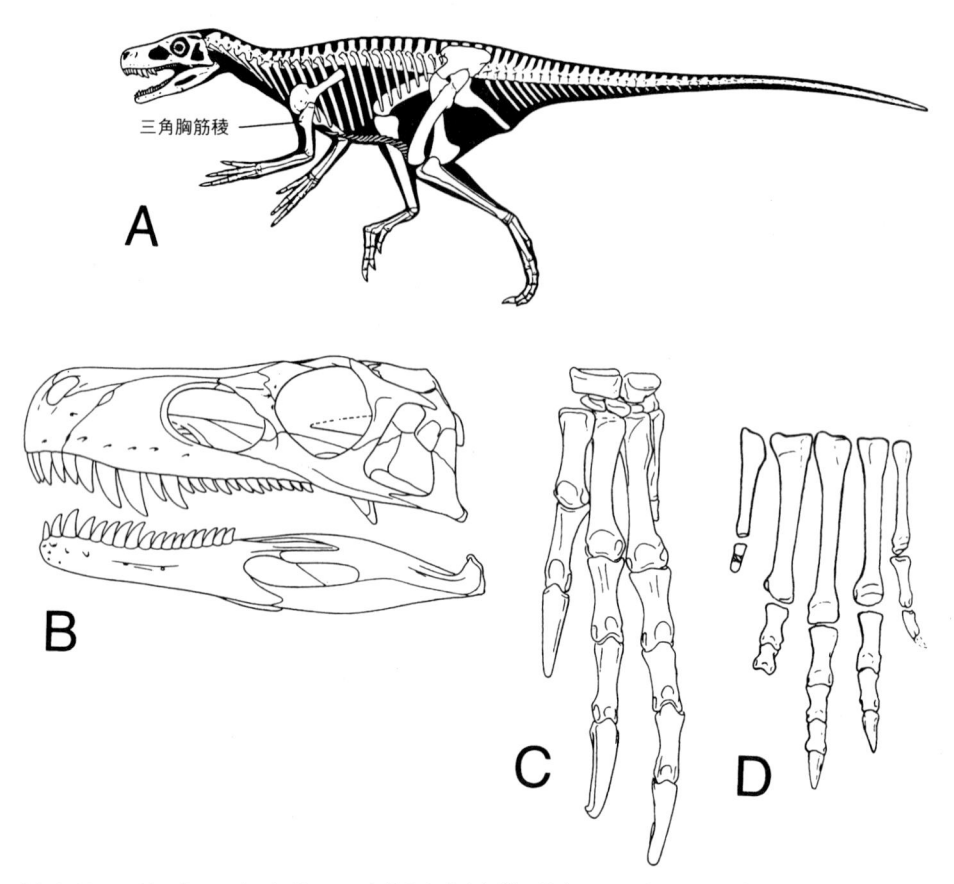

図16.2●アルゼンチンのイスキグアラスト層から出た初期の恐竜ヘレラサウルス・イスキグアラステンシス（*Herrerasaurus ischigualastensis*）．全長約4 m
（A）骨格側面図，（B）頭骨側面図，（C）左手上面図，および（D）右足上面図．A～Cは Sereno 1994 に基づく．
Dは Novas 1994 に基づく．

からである．しかし，異常に初期の記録はすべてが孤立した標本で，これらは壊れた5本指の足跡か，無脊椎動物の痕跡（タラバガニは小さな「3本指」の印象を残す），もしくは非生物的な堆積構造物であることがわかっている（Thulborn 1990；King and Benton 1996）．

●最初の恐竜類

最初の疑いない恐竜類はすべて時代としてはカーニアン，中でもカーニアン後期のものである（図16.1）．この階の動物相ではまれな要素だが，カーニアン後期の恐竜類は今日では世界の多くの場所から知られている．これらについては以下で解説するが，大部分の標本は不完全なので，まずそれらについて手短に述べたあと，すばらしい南米産の初期の恐竜類についてより詳しく説明しようと思う．

ヨーロッパ産でカーニアンの可能性がある唯一の恐竜はサルトプス（*Saltopus*）で，スコットランド，エルジン（Elgin）のロッシーマウス砂岩層から出たものである（Huene 1910）．しかし，その唯一の標本は疑わしいもので，非恐竜類の主竜類である可能性がある（Benton and Walker 1985）．アフリカからはモロッコのアルガナ層からアゼンドサウルス（*Azendohsaurus*）が出ているが，1本の歯に基づいている（Gauffre 1993）．インドのマレリ層から出たアルワルケリア（*Alwalkeria*）は1個の部分的頭骨と骨格に基づき，小型の獣脚類と思われる（Chatterjee 1987）．また，未命名の恐竜の断片がアリゾナ州のカーニアン後期のペトリファイド・フォレスト層からも報告されている（Lucas et al. 1992）．

カーニアン後期のブラジルのサンタ・マリア層とアルゼンチンのイスキグアラスト層は，世界各地のあらゆる他の同時代の単位産地に比べ，はるかに多量の化石を産出している．このことと，恐竜類の近縁の外群であるラゴスクス類が南米からしか出てい

ない事実からすると，恐竜類はたぶんこの大陸で発生したことが示唆される．

サンタ・マリア層はスタウリコサウルス・プリセイ（*Staurikosaurus pricei*）の産地であり，イスキグアラスト層はヘレラサウルス・イスキグアラステンシス（*Herrerasaurus ischigualastensis*），エオラプトル・ルネンシス（*Eoraptor lunensis*），そしてピサノサウルス・メルティイ（*Pisanosaurus mertii*）を産出している．これらのカーニアンの恐竜類は中型の動物で，すべてが体長6m足らずの軽量の二足歩行者であった．最初の3種は肉食性で，最後の種は植物食であった．

スタウリコサウルスとヘレラサウルスはヘレラサウルス科の構成員である．ヘレラサウルス（図16.2）はいくつかの部分的骨格を含む11個の標本から，ある程度の詳細が知られている（Novas 1989, 1992, 1994；Sereno and Novas 1992, 1994；Sereno 1994）．これらの標本は体長は3～6mの範囲で，ほっそりとした軽量の二足歩行者（図16.2 A）だったことを示している．その頭骨（図16.2 B）は狭くて低い．両下顎には滑る可動関節があり，顎が曲がり，もがく獲物をしっかりつかむことができた．頭は細い．前肢は後肢の長さの半分もなく，手は長かった．手の第4・5指（図16.2 C）は退化し，手の終わりから2番めの指節骨は長く，物をつかむのに適応していたことを示している．仙椎は2個で，通常の恐竜類の条件に比べ1個が欠失し，寛骨臼は貫通している．大腿骨の内側方向に曲がった亜長方形の骨頭は骨盤臼にはまり，脛骨には脛骨稜がある．足（図16.2 D）は趾行性（指先で立ちあがる動物）で，踵骨は大きさの上で退化している．また，距骨は脛骨の前面にくる上向突起を持っている．イスキグアラスト

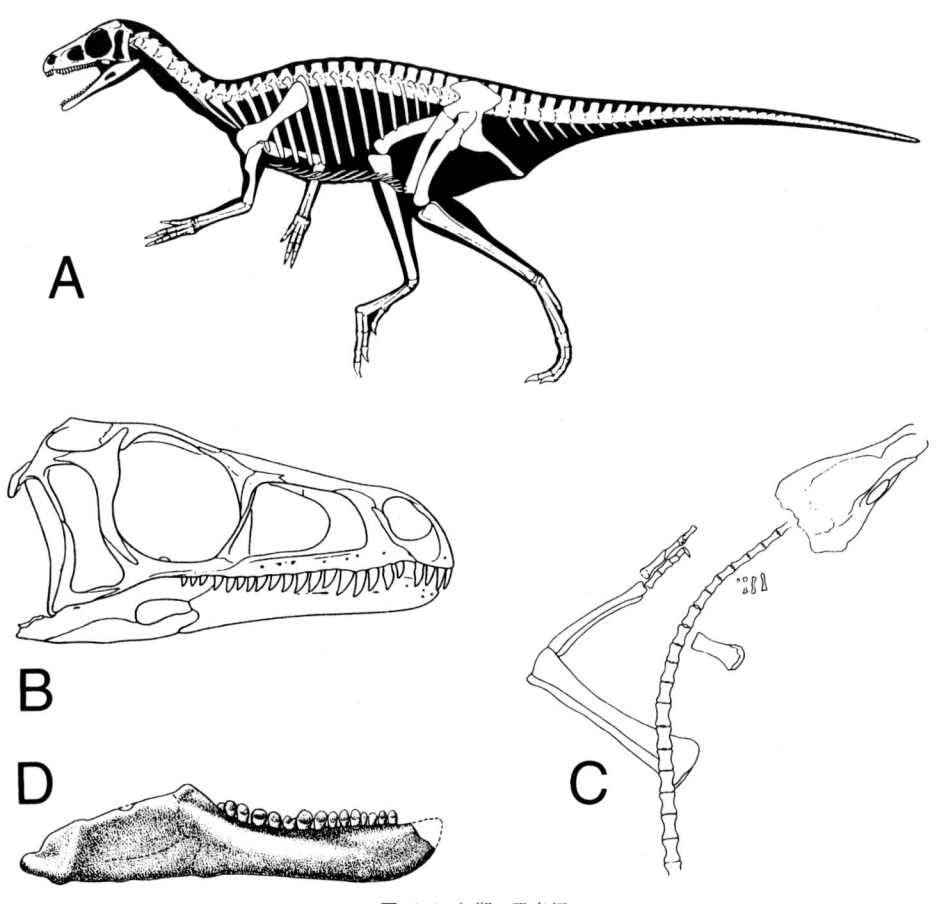

図16.3● 初期の恐竜類

(A), (B) アルゼンチンのイスキグアラスト層から出たエオラプトル・ルネンシス（*Eoraptor lunensis*）の骨格と頭骨．いずれも側面図．全長は約1mであった．(C), (D) アルゼンチンのイスキグラアラスト層から出たピサノサウルス・メルティイ（*Pisanosaurus mertii*）の部分骨格と下顎．AとBはSereno et al. 1993に基づく．CとDはBonaparte 1976に基づく．

層から出た他の 2 種, イスキサウルス・カットイ (*Ischisaurus cattoi*) とフレングエリサウルス・イスキグアラステンシス (*Frenguellisaurus ischigualastensis*) は, おそらく, ヘレラサウルス・イスキグアラステンシスの異名である.

エオラプトルはもう一つの小型肉食恐竜 (図 16.3 A, B) で, 体長はわずか 1 m である (Sereno et al. 1993). ヘレラサウルスに比べ鼻部がより低く, 顎間関節がなく, 手はより短い. ピサノサウルスは小さな恐竜で (Bonaparte 1976), 不完全な化石で知られている (図 16.3 C). その下顎 (図 16.3 D) はこの標本が鳥盤目恐竜類の一つであることを示している. その歯は幅が広く, 菱形で, 外側面はへら状である. また, 下顎の外面沿いに突出した棚があり, 頬袋の下底を示している. 後肢と足部は退化した踵骨, 距骨上の上向突起, そして機能的な 3 本指の趾行性の足が恐竜類であることを表している.

● 最初の恐竜類の関係：竜盤類と鳥盤類

初期の恐竜類の分類については議論が続いてきた. 最近まで, ヘレラサウルスとスタウリコサウルスは, 通常, 竜盤類でも鳥盤類でもない原始型として認められてきた. しかし, Sereno and Novas (1992, 1994), Sereno et al.(1993), Novas (1994), そして Sereno (1994) は, ヘレラサウルス科とエオラプトルは基本的な獣脚類 (図 16.4) であると主張している. このことは, 竜盤類と鳥盤類の分離が, 最初のものとして知られている恐竜化石の時代以前, 少なくともカーニアンの最後期に起こっていなくてはならないことを意味している.

竜盤類は鼻孔の下にある小さな開口部の下鼻骨孔と距骨のくさび状の上向突起を含む, 頭骨・椎骨や四肢骨の多数の形質で同定できるであろう (Sereno et al.1993). 竜盤類の骨盤の外観は同定上は役に立たない. その型式は原始的で, 恐竜類の祖先と共有し, 実際, 他のほとんどの爬虫類とも共有しているからである.

鳥盤類は長い間, 単系統として認められてきた. そして, 歯列の中央部で最大の歯を伴う三角形の歯の存在で同定される. 加えて, 下顎の歯列の後部に筋突起があり (図 16.3 D), 退化した外下顎孔がある (図 16.3 B 竜盤類, 16.3 D 鳥盤類参照). 古典的な鳥盤類を象徴する特徴は下顎前部にある前歯骨であるが, ピサノサウルスでは保存が不完全なため見られない (図 16.3 D).

エオラプトルとヘレラサウルスは多くの典型的な獣脚類の特徴を共有している. 例えば, 頸椎の枝状の副突起 (椎骨の後部にある付加的な突起), 極度に中空の椎体と長骨, 手の第 4・5 指の退化性, 第 1 から第 3 中手骨にかけての伸筋の機能低下, 上腕骨と橈骨とを合わせた長さの 50 % を超える手などである. ヘレラサウルスは他の獣脚類といくつかの付加的な形質を共有している. つまり, 下顎間関節 (図 16.2 A), 遠位の尾椎にある長い前関節突起 (前方の突起), 革帯状の肩甲骨板, 手の第 1 指から第 3 指にかけての先端から 2 個めの長い指節骨と湾曲した爪指節骨, そして恥骨足である.

● 恐竜類の起源に対する生態学的モデル

主要な動物相の再組織が三畳紀後期の陸上で起こった. 古四肢動物と呼ばれることがある長期間安定していた各種グループ (哺乳類型爬虫類,「槽歯類」, 切椎類の両生類, 喙竜類, 古トカゲ型類, プロコロフォン類) が, 新四肢動物と呼ばれることもある新しい爬虫類の型 (カメ類, ワニ類, 恐竜類, 翼竜類, 有鱗類, 哺乳類) に置き換えられた. 以前は, この再配置は長期間にわたる競争を生んだ事件だったと推定されていた (Bakker 1977 ; Bonaparte 1982 ; Charig 1984). そして, 恐竜類が哺乳類型爬虫類, 喙竜類そして槽歯類を追放する際の先導に立ったとしている. 恐竜類の成功はそのすぐれた適応性, 例えば, その直立姿勢, 最初の二足歩行主義, その速度と知力, あるいは仮定される恒温性によって説明されている.

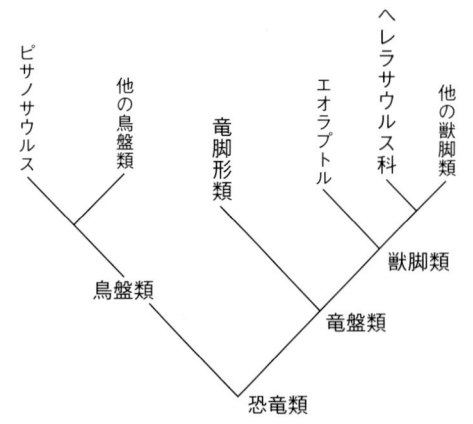

図 16.4 ● 基本的恐竜類の示唆的な関係を示す分岐図 各分岐点を裏づける形質については本文を参照. Sereno et al. 1993 の情報に基づく. また Sereno 1997, Novas 1996 を参照.

筆者は，この長期にわたる競争による再配置という仮説には反対している（Benton 1983, 1986a, 1991, 1994a, 1994b）．まず第一の反対の証拠は，三畳紀をとおしての四肢動物相の定量的な研究から生じた（Benton 1983）．その研究は古四肢動物類の長期的衰退とか，それに釣り合った新四肢動物類の興隆を示していなかった．事実，新しいグループは一般的に先住グループととってかわってはいなかった．この研究から，希少の恐竜類を含むカーニアン後期動物相から，恐竜類が支配的だったノーリアン初期から中期の動物相（図16.1）に至るまでの間に，一つの劇的な移行があったことが明らかになったのである．

その後の研究（Benton 1986a, 1991, 1994b）では，この転換が明らかにされた．先住の支配的な爬虫類グループの大量絶滅が，カーニアン・ノーリアン境界あたりの2億2500万年前に起こったのである．カーニアン・ノーリアン絶滅事件である．双牙類，チニクオドント類，それに喙竜類のすべてが絶滅した．これらの3科はカーニアン後期動物相全体の40～80％を占め，世界的に優勢を占める中型と大型の植物食者をなしていた．この時代に消滅した他のグループには，切椎類の両生類（マストドンサウルス科，トレマトサウルス科），主竜形類（古トカゲ科），基本的な主竜類（プロテロチャムプス科，スクレロモクルス科），それに一部の恐竜類（ヘレラサウルス科，ピサノサウルス科）がある．つまり，カーニアン後期の24科中の10科が絶滅し（42％の消失），大陸の四肢歩行動物相は多様性と量の面で劇的に涸渇していた．筆者は（Benton 1991, 1994b）ノーリアン初期の陸生四肢動物の化石記録における外見的な落差は，大量絶滅事件に伴う量的後退の真実を示しているかもしれないと考えている．

Rogers et al.（1993）によるイスキグアラスト層の詳細な研究は，古四肢類の新四肢類による長期に及ぶ生態上の交替は存在しなかったという考察を確証した．いかなる古四肢動物の多様性および量的衰退の証拠も，新四肢動物興隆の証拠もなく，両群集の構成員が共産するからである．恐竜類はイスキグアラスト層序系列の初期に現れるが，多様性においては3種より多くなることはなく，割合においては全採集標本の6％を超えることもなかった．

カーニアン・ノーリアン境界，または，その近くで，海生生物の間にも絶滅が見られた（有孔虫類，アンモナイト類，二枚貝類，苔虫類，コノドント類，造礁サンゴ類，ウニ類，ウミユリ類［Benton 1986b, Sepkoski 1990；Simms and Ruffell 1990]）．この時代，湿潤から乾燥への一連の世界的な気候変化があったが（Simms and Ruffell 1990），それは超大陸パンゲアの分裂の始まりに関係した出来事から引き起こされたのかもしれない．主要な植物相の交替も起こった．南部諸大陸でディクロイディウム（*Dicroidium*）植物相が消失し，北方の球果類優勢の植物相が世界的に広がったのである．おそらく，乾燥気候がディクロイディウムのような種子シダ類より球果類に有利だったのであろう．そして，たぶん，カーニアンの支配的な植物食者は新しい種類の植生に適応できず，絶滅したのであろう．

● 恐竜類の最初の放散

恐竜類はカーニアンには限られた範囲で多様化していたが，カーニアン・ノーリアン絶滅事件後，いっそう多様化した．ノーリアンには恐竜骨格の大量堆積層が初めて発見されている．例えば，チンリー層の上部ペトリファイド・フォレスト部層のノーリアン前期に当たる，ニューメキシコ州のゴースト・ランチから出た獣脚類コエロフィシス（*Coelophysis*）の数百個体の死体集団が有名である（Schwartz and Gillette 1994）．また，初めて，恐竜類が比較的多様になり，そのグループが有名になった特質，すなわち大型化を示し始めた．ドイツのノーリアンのストゥーベンザントシュタイン（ストゥーベン砂岩 Stubensandstein）やクノーレンメルゲル（ノジュール泥灰岩 Knollenmergel）から出たプラテオサウルス（*Plateosaurus*）の標本は体長6～8 mに達した．総体的にいうと，恐竜類はカーニアンには動物相的豊富さの点では6％を割る少数の出演者であったが，ノーリアンには豊富さの点で25～60％に及ぶ，支配的な陸生爬虫類であることへ転換したのである．

三畳紀後期の恐竜類の放散に関するこの設計図は，大量絶滅事件についての最近のいくつかの研究によって評価が落ちている．Olsen et al.（1987, 1990）とHallam（1990）はカーニアン・ノーリアン絶滅事件は小さな役割しか果たしておらず，2億200万年前，三畳紀・ジュラ紀境界で起こった第二の大量絶滅事件（図16.5）が恐竜類放散の引き金になったと主張した．

三畳紀・ジュラ紀境界で大量絶滅事件があったことは疑いない．そして，それは海洋では大きな影響を与えた（Sepkoski 1990）．陸上でも爬虫類の数科，特に，最後の基本的な主竜類（「槽歯類」）と若干の

紀	階	境界年代 (Ma)	事件
ジュラ紀	ヘッタンギアン		
三畳紀後期	ノーリアン	202	三畳紀・ジュラ紀大量絶滅
			2億1400万年前：マニコーガン衝突
		220	カーニアン・ノーリアン大量絶滅
	カーニアン	230	2億2800万年前：イスキグアラスト恐竜類

図16.5●三畳紀後期における主要事件の時間尺度
アルゼンチンのイスキグアラスト層から出た初期の恐竜類，マニコーガン衝突の慣用時代，そして2回の大量絶滅の対照年表を示す．Ma：100万年前．

哺乳類型爬虫類が消滅した．さらに，ケベック州のマニコーガン(Manicouagan)構造と呼ばれる主要なクレーター現場は，三畳紀・ジュラ紀境界に天変地異的な地球外天体の衝突があったことの確かな証拠として認められてきた（Olsen et al. 1987, 1990）．衝撃石英はイタリアのある三畳紀・ジュラ紀境界地区で発見されているが（Bice et al. 1992），これが大きな地球外天体衝突の証拠である可能性もある（Russell and Dodson, 本書第42章参照）．しかし，衝撃石英の薄片の性質は，その素材が火山起源であるといった他の解釈を否定するには十分とはいえない（Bice et al. 1992）．さらにマニコーガン衝突構造の年代は改められ（Hodych and Dunning 1992），三畳紀・ジュラ紀境界（2億200万年前）から，2億1400万年前とされた（図16.5）．

Olsen et al.(1987, 1990)は三畳紀・ジュラ紀の大量絶滅のあとに，恐竜類と他の四肢動物の劇的な放散があったことを主張した．だが，これには異論がある（Benton 1994 b）．恐竜類の主要な系列はカーニアンの後期には始まっており（獣脚類，竜脚形類，鳥盤類），特に最初の2つはノーリアンの間に放散した（ポドケサウルス科，テコドントサウルス科，プラテオサウルス科，メラノロサウルス科）．恐竜類の新しい科はジュラ紀前期に台頭した（ケラトサウルス科，アンキサウルス科，マッソスポンディルス科，ユンナノサウルス科，ヴルカノドン科，ファブロサウルス科，ヘテロドントサウルス科，スケリドサウルス科，ファヤンゴサウルス科）．しかし，それらのほとんどは単一の種によって表されている．

●文献

Bakker, R. T. 1977. Tetrapod mass extinctions：A model of the regulation of speciation rates and immigration by cycles of topographic diversity. In A. Hallam（ed.）, *Patterns of Evolution as Illustrated by the Fossil Record*, pp. 439–468. Amsterdam：Elsevier.

Bakker, R. T., and Galton. 1974. Dinosaur monophyly and a new class of vertebrates. *Nature* 248：168–172.

Benton, M. J. 1983. Dinosaur success in the Triassic：A non-competitive ecological model. *Quarterly Review of Biology* 58：29–55.

Benton, M. J. 1986 a. The Late Triassic tetrapod extinction events. In K. Padian(ed.), *The Beginning of the Age of Dinosaurs：Faunal Change across the Triassic-Jurassic Boundary*, pp. 303–320. Cambridge：Cambridge University Press.

Benton, M. J. 1986 b. More than one event in the Late Triassic mass extinction. *Nature* 321：857–861.

Benton, M. J. 1990. Origin and interrelationships of dinosaurs. In D. B. Weishampel, P. Dodson, and H. Osmólska (eds.), *The Dinosauria*, pp. 11–30. Berkeley：University of California Press.

Benton, M. J. 1991. What really happened in the Late Triassic？ *Historical Biology* 5：263–278.

Benton, M. J. 1994 a. Late Triassic terrestrial vertebrate extinctions：Stratigraphic aspects and the record of the Germanic Basin. *Paleontologia Lombarda*, n.s. 2：19–38.

Benton, M. J. 1994 b. Late Triassic to Middle Jurassic extinctions among tetrapods：Testing the pattern. In N. C. Fraser and H. –D. Sues(eds.), *In the Shadow of the Dinosaurs：Triassic and Jurassic Tetrapod Faunas*, pp. 366–397. Cambridge：Cambridge University Press.

Benton, M. J., and A. D. Walker. 1985. Palaeoecology, taphonomy, and dating of Permo-Triassic reptiles from Elgin, north-east Scotland. *Palaeontology* 28：207–234.

Bice, D. M. ；C. R. Newton；S. McCauley；P. W. Reiners；and C. A. McRoberts. 1992. Shocked quartz at the Triassic-Jurassic boundary in Italy. *Science* 255：443–446.

Bonaparte, J. F. 1976. *Pisanosaurus mertii* Casamiquela and the origin of the Ornithischia. *Journal of Paleontology* 50：808–820.

Bonaparte, J. F. 1982. Faunal replacement in the Triassic of South America. *Journal of Vertebrate Paleontology* 21：362–371.

Charig, A. J. 1984. Competition between therapsids and archosaurs during the Triassic Period：A review and synthesis of current theories. *Symposia of the Zoological Society of London* 52：597–628.

Chatterjee, S. K. 1987. A new theropod dinosaur from India with remarks on the Gondwana-Laurasia connection in the Late Triassic. *Geophysics Monographs* 41：183–189.

Colbert, E. H. 1958. Tetrapod extinctions at the end of the Triassic. *Proceedings of the National Academy of Sciences of the U.S.A.* 44：973–977.

Gauffre, F. -X. 1993. The prosauropod dinosaur *Azendohsaurus laaroussii* from the Upper Triassic of Morocco. *Palaeontology* 36：897–908.

Gauthier, J. A. 1986. Saurischian monophyly and the origin of

birds. *Memoirs of the California Academy of Sciences* 8：1-55.
Hallam, A. 1990. The end-Triassic mass extinction event. *Geological Society of America Special Paper* 247：577-583.
Hodych, J. P., and G. R. Dunning. 1992. Did the Manicouagan impact trigger end-of-Triassic mass extinction? *Geology* 20：51-54.
Huene, F. v. 1910. Ein primitiver Dinosaurier aus der mittleren Trias von Elgin. *Geologische und Paläontologische Abhandlungen, Neue Folge* 8：315-322.
Hunt, A. P., and S. G. Lucas. 1991 a. The *Paleorhinus* Biochron and the correlation of the nonmarine Upper Triassic of Pangaea. *Palaeontology* 34：487-501.
Hunt, A. P., and S. G. Lucas. 1991 b. A new rhynchosaur from the Upper Triassic of west Texas, U.S.A., and the biochronology of Late Triassic rhynchosaurs. *Palaeontology* 34：927-938.
King, M. J., and M. J. Benton. 1996. Dinosaurs in the Early and Mid-Triassic? The footprint evidence from Britain. *Palaeogeography, Palaeoclimatology, Palaeoecology* 122：213-225.
Lucas, S. G. 1991. Sequence stratigraphic correlation of nonmarine and marine Late Triassic biochronologies, western United States. *Albertiana* 9：11-18.
Lucas, S. G.；A. P. Hunt；and R. A. Long. 1992. The oldest dinosaurs. *Naturwissenschaften* 79：171-172.
Novas, F. E. 1989. The tibia and tarsus in Herrerasauridae (Dinosauria, incertae sedis) and the origin and evolution of the dinosaurian tarsus. *Journal of Paleontology* 63：677-690.
Novas, F. E. 1992. Phylogenetic relationships of the basal dinosaurs, the Herrerasauridae. *Palaeontology* 35：51-62.
Novas, F. E. 1994. New information of the systematics and postcranial skeleton of *Herrerasaurus ischigualastensis* (Theropoda：Herrerasauridae) from the Ischigualasto Formation (Upper Triassic) of Argentina. *Journal of Vertebrate Paleontology* 13：400-423.
Novas, F. E. 1996. Dinosaur monophyly. *Journal of Vertebrate Paleontology* 16：723-741.
Ochev, V. G., and M. A. Shishkin. 1989. On the principles of global correlation of the continental Triassic on the tetrapods. *Acta Palaeontologica Polonica* 34：149-173.
Olsen, P. E.；S. J. Fowell；and B. Cornet. 1990. The Triassic/Jurassic boundary in continental rocks of eastern North America：A progress report. *Geological Society of America Special Paper* 247：585-593.
Olsen, P. E.；N. H. Shubin；and M. H. Anders. 1987. New Early Jurassic tetrapod assemblages constrain Triassic-Jurassic tetrapod extinction event. *Science* 237：1025-1029.
Owen, R. 1842. Report on British fossil reptiles. Part II. *Report of the British Association for the Advancement of Science* 1842：60-204.
Rogers, R. R.；C. C. Swisher III；P. C. Sereno；C. A. Forster；and A. M. Monetta. 1993. The Ischigualasto tetrapod assemblage (Late Triassic) and $^{40}Ar/^{39}Ar$ calibration of dinosaur origins. *Science* 260：794-797.
Romer, A. S. 1970. The Triassic faunal succession and the Gondwanaland problem. In *Gondwana Stratigraphy*：*IUGS Symposium Buenos Aires 1967*, pp. 375-400. Paris：UNESCO.
Schwartz, H. L., and D. D. Gillette. 1994. Geology and taphonomy of the *Coelophysis* Quarry, Upper Triassic Chinle Formation, Ghost Ranch, New Mexico. *Journal of Paleontology* 68：1118-1130.
Seeley, H. G. 1887. On the classification of the fossil animals commonly called Dinosauria. *Proceedings of the Royal Society* 43：165-171.
Sepkoski, J. J., Jr. 1990. The taxonomic structure of periodic extinction. *Geological Society of America Special Paper* 247：33-44.
Sereno, P. C. 1986. Phylogeny of the bird-hipped dinosaurs (Order Ornithischia). *National Geographic Research* 2：234-256.
Sereno, P. C. 1994. The pectoral girdle and forelimb of the basal theropod *Herrerasaurus ischigualastensis*. *Journal of Vertebrate Paleontology* 13：425-450.
Sereno, P. C. 1997. The origin and evolution of dinosaurs. *Annual Review of Earth and Planetary Sciences* 25：435-489.
Sereno, P. C.；C. A. Forster；R. R. Rogers；and A. M. Monetta. 1993. Primitive dinosaur skeleton from Argentina and the early evolution of Dinosauria. *Nature* 361：64-66.
Sereno, P. C., and F. E. Novas. 1992. The complete skull and skeleton of an early dinosaur. *Science* 258：1137-1140.
Sereno, P. C., and F. E. Novas. 1994. The skull and neck of the basal theropod *Herrerasaurus ischigualastensis*. *Journal of Vertebrate Paleontology* 13：451-476.
Simms, M. J., and A. H. Ruffell. 1990. Climatic and biotic change in the Late Triassic. *Journal of the Geological Society of London* 147：321-327.
Thulborn, R. A. 1990. *Dinosaur Tracks*. London：Chapman and Hall.
Tozer, E. T. 1974. Definitions and limits of Triassic stages and substages：Suggestions prompted by comparisons between North America and the Alpine-Mediterranean region. *Schriftenreihe der Erdwissenschaftlichen Kommissionen, Osterreichische Akademie der Wissenschaften* 2：195-206.
Tozer, E. T. 1979. Latest Triassic ammonoid faunas and biochronology, western Canada. *Paper of the Geological Society of Canada* 79：127-135.
Visscher, H., and W. A. Brugman. 1981. Ranges of selected palynomorphs in the Alpine Triassic of Europe. *Review of Palaeobotany and Palynology* 34：115-128.
Visscher, H.；W. M. L. Schuurman；and A. W. Van Erve. 1980. Aspects of a palynological characterisation of Late Triassic and Early Jurassic "standard" units of chronostratigraphical classification in Europe. *Proceedings of the IVth International Palynological Conference, Lucknow* (1976-77) 2：281-287.
Weiss, M. 1989. Die Sporenfloren aus Rät und Jura Südwest-Deutschlands und ihre Beziehung zur Ammoniten-Stratigraphie. *Paläontographica, Abteilung* B 215：1-168.

17 獣脚類

Philip J. Currie

　肉食の恐竜類，獣脚類は1億6000万年以上も生息した．事実，鳥類を考慮に入れると，獣脚類の系列は2億3000万年間生息し，現在もなお卓越していることになる．獣脚類には知られている最初期の恐竜類のいくつかが含まれる．すべての恐竜類の祖先は総体的には獣脚類のような外観の肉食動物だったであろう．しかし，その動物には獣脚類を定義する多数の形質が欠けていたらしい．

　アルゼンチンの2億3000万年前の三畳紀後期の岩石中から発見された標本は，今日，知られている最も古く，最も原始的な恐竜類を含んでいる．これらの動物の一つがヘレラサウルス（*Herrerasaurus*）で，竜盤類あるいは鳥盤類として分類するには，原始的すぎると長い間考えられてきた．そのため，ヘレラサウルスは両系統の共通の祖先を代表するものと考えられた．しかし，近年，より良好な標本が採集され，この動物が原始的な獣脚類だったことを示している（Novas 1993；Sereno 1993；Sereno and Novas 1993）．ヘレラサウルスは下顎の中間に可動性のある下顎間関節を持ち（図17.1）（Sereno and Novas 1993），2次的にこの関節が癒合した少数のものを除いたすべての獣脚類に似ていた．ヘレラサウルスと同じ岩石から発見された他の動物は，竜盤類と鳥盤類両恐竜類の理想的な祖先と考えられる動物に解剖学的にはより近似していた．この恐竜エオラプトル（*Eoraptor*）は総体長がわずか1mであった．エオラプトルは下顎に特有の関節が欠けていることから，一部の研究者はこれを獣脚類とは考えていないが（しかし，Sereno et al. [1993] は，これは獣脚類だと考えている），エオラプトルは明らかに獣脚類になる方向へ向かいつつあった．獣脚類の特徴の一つは手の外側指の大きさの退化，もしくは完全な消失である．エオラプトルには，まだ5本の指があったとはいえ，外側指（第4指と第5指）は理想的な恐竜類の祖先に期待されるほど頑丈なものではない．

● 獣脚類の形質的特徴

　一般的に獣脚類は識別しやすい．獣脚類は肉食者だったため，ほとんどのものがナイフ状の歯を持ち，その歯の前縁と後縁には鋸歯状の隆起がある（図17.2）．顕微鏡下では，通常，それぞれの鋸歯は縮小した歯のようで，肉の繊維に引っかけ，分離する

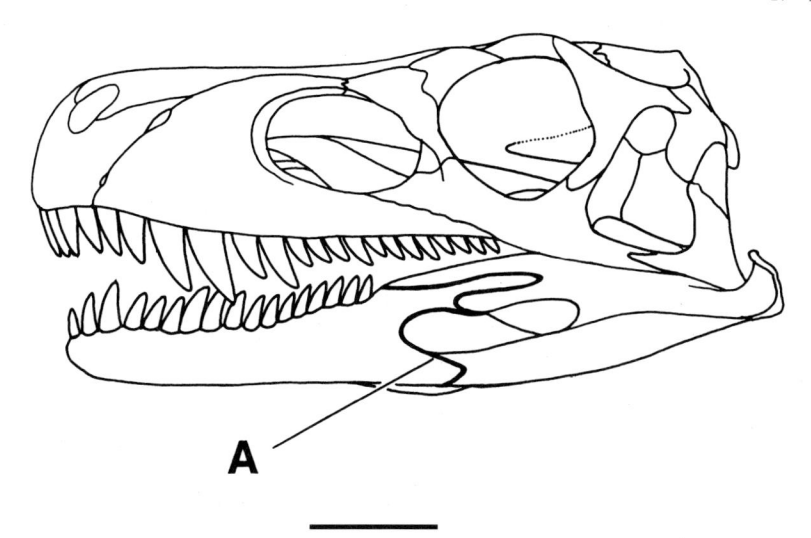

図17.1●ヘレラサウルス（*Herrerasaurus*）の頭骨
Aは下顎間関節．Novas 1993から描き直す．本章の図はすべてMike Skrepnickによる．縮尺線は5 cm．

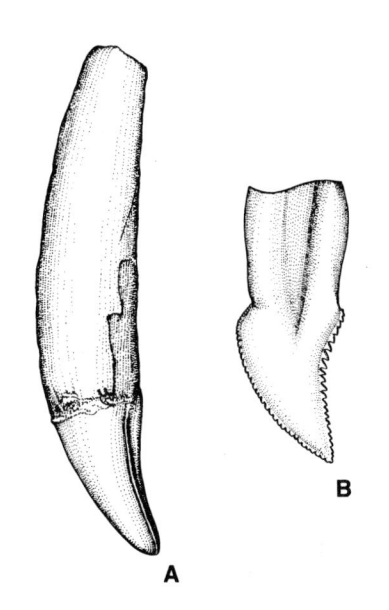

図17.2●ティラノサウルス（*Tyrannosaurus*）(A) とトロオドン（*Troodon*）(B) の歯．縮尺率は異なる．いずれの歯も，歯肉上に突き出ている歯の部分，つまり歯冠が下向きになるように描いてある．歯冠の先端から根元までの長さはティラノサウルスの歯では数cm，トロオドンの歯の歯冠の長さでは約1 cmである．どちらの歯も顎に埋まっている歯根部分は歯冠と同じ長さか，若干長い．両者の歯の切縁に注目されたい．ティラノサウルスの歯ではその個々の鋸歯はこの図の縮尺では小さすぎて容易に識別できない．対照的に，トロオドンの歯はその大きさに比べ，非常に粗い鋸歯を持っている．

ための湾曲した鋭い先端と，それらの繊維を切るためのエナメル質の刃に似た隆起が観察される（Abler 1992）．ティラノサウルス類のような一部の大型獣脚類では，鋸歯は幅の広い「のみ状」になっており，獲物の骨に接触した際に壊れることはなかったであろう．その爪，特に手のものは，しばしば湾曲し，鋭い先端に向かって先細りになっていた．ふつう，獣脚類はほっそりして，かなり長い脚を持つ二足歩行の動物で，素早く動けるつくりであった（図17.3）．これらの形質は獣脚類に特有のものではないが，その外観の重要な面ではある．鋸歯はたびたび独立に進化し，サメ類や剣歯"虎"類のような多様な肉食動物に見出すことができる．ほとんどの肉食四肢動物と多くの植物食四肢動物には鋭い爪がある．二足歩行性は恐竜類の祖先の形質で，竜盤類・鳥盤類の両者に広く行き渡っている．

ほとんどの鳥盤類の恐竜類とちがって，獣脚類の四肢骨は常に中空である．肉食恐竜類には身体の前半部に空気に満ちた（含気質の）骨を持つ傾向も見られる．鼻孔からの気嚢は側方に伸び，前眼窩窩（antorbital fossa）と呼ばれる，顔の両側面にある大きなくぼみにつながっている（図17.4）．そこから気管（含気憩室）が口蓋と眼の周辺の骨の中に入り込んでいる．進歩した獣脚類や鳥類では頭骨の後部で，精巧な気管組織が咽喉部から中耳をとおって，脳函の諸骨へ入り込んで空気を運んでいる．頸部と身体の前半部の椎骨と肋骨は，肺とつながった気嚢と憩室によって含気化されていた（Reid, 本書第32

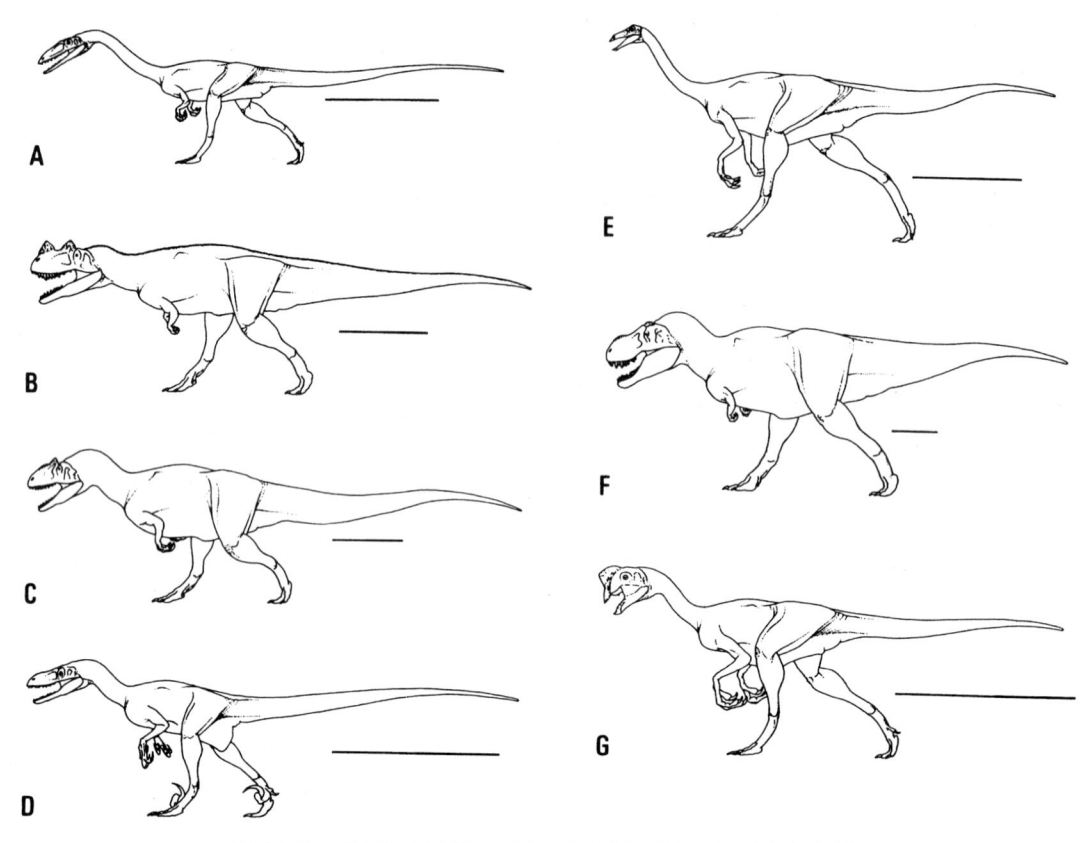

図17.3●代表的な獣脚類の復元．それぞれの図の縮尺線は1mの長さを示す
(A) コエロフィシス (*Coelophysis*), (B) ケラトサウルス (*Ceratosaurus*), (C) アロサウルス (*Allosaurus*), (D) デイノニクス (*Deinonychus*), (E) オルニトミムス (*Ornithomimus*), (F) ティラノサウルス, (G) オヴィラプトル (*Oviraptor*).

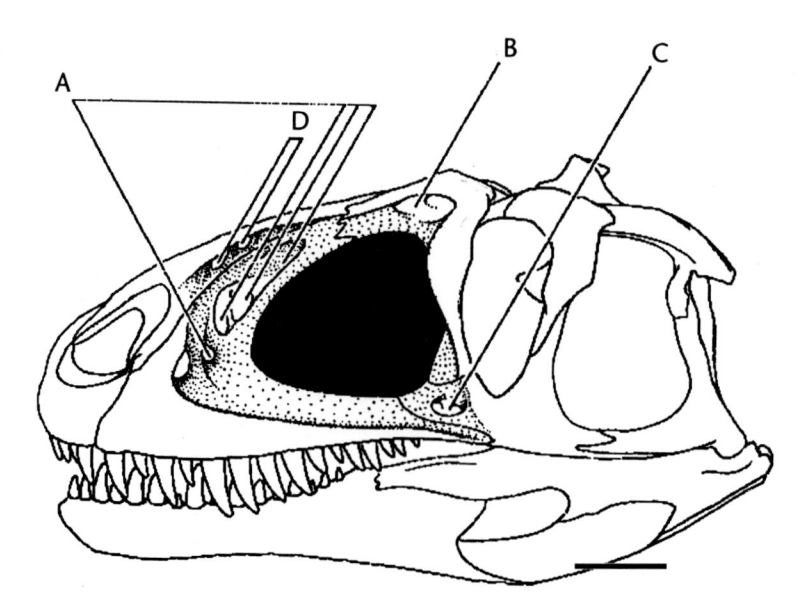

図17.4●シンラプトル (*Sinraptor*) の頭骨
Currie and Zhao 1993 から描き直す．前眼窩窩は点描形式で，その窩の中にある前眼窩窓は黒で示す．それぞれの線は前眼窩窩に接している諸骨中の含気小孔を指す．(A)上顎骨, (B)涙骨, (C)頬骨, (D)鼻骨．縮尺線は12 cm.

章参照).一部の獣脚類では含気骨は尾の中央部くらい後方まで見られる.また,鳥類ではほとんどの肢骨と肢帯骨も含気性を持っていることがある.これらの精巧な含気組織は獣脚類と鳥類の相互関係を評価する上で非常に役立っているが,獣脚類に特有なものではない.前眼窩窩はワニ類や翼竜類を含むすべての主竜類が持つ形質である.肺が伸展して椎骨に入り込むその精巧な組織は,翼竜類,竜脚類,そして獣脚類の間で極めて類似している.この事実は,椎骨の含気性は原始的な形質であり,鳥盤類と古竜脚類では2次的に消失したことを示唆している.

骨格に見られる特定の特異形質は,古生物学者が獣脚類を識別する助けになっている.それらには以下のような形質が含まれる.

・眼の前にある骨(涙骨)が頭骨頂の上に伸びる
・下顎に特有の関節がある
・頸椎上にめだった突起(副関節突起)がある(図17.5)
・尾椎には長く伸びた前関節突起が見られる(図17.6は極端な例を示す)
・肩甲骨(肩帯)は革帯状である
・上腕の骨(上腕骨)は大腿部の骨(大腿骨)の長さの半分にも満たない
・手部は長いが,外側の2本の指の大きさが退化,もしくは消失している
・靱帯の付着部である手部の「手のひら」にある骨(中手骨)の頭部(後方)に著しいくぼみがある
・指の先端から1番めの関節と,2番めの関節の間の骨は長くなる
・恥骨(腰の骨の一つ)の遠位端が拡大している
・大腿部の骨(大腿骨)の骨頭近くには筋肉が付着するための棚状の隆起がある

獣脚類の間では,ある種の進化上の傾向が,その中生代の歴史過程の上に認められる.頭骨では鼻部の含気性が進化した獣脚類になるほど顕著になり,前眼窩孔の付加物が前眼窩窓の前に現れる.白亜紀までに,ほとんどの獣脚類はその眼の位置が初期の型のものより前方を向いてくるため,ある程度の立体視ができたと思われる.脳は相対的により大きくなり,特に小型獣脚類がそうであった.先に述べたように,脳函の含気化は白亜紀獣脚類になっていっそう精巧になる.

獣脚類が一様に持っていた形質の一つは頸椎骨にある副関節突起だが,この突起はより進化した獣脚類系列では喪失する傾向が生じた.頸がより強く湾曲するようになり,椎骨の部位による相互の差異が

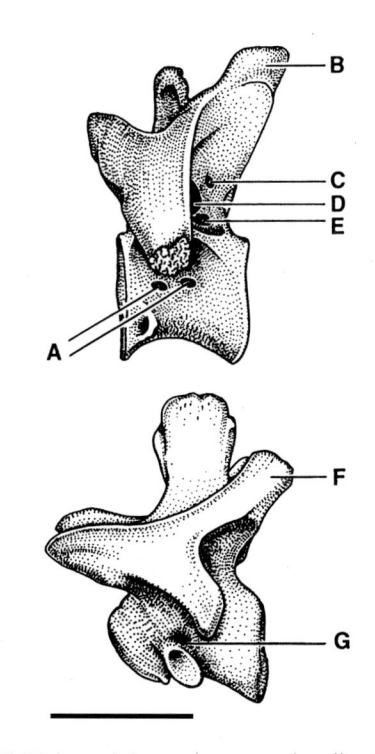

図17.5●カルノタウルス(*Carnotaurus*)の第10頸椎(上)とアロサウルスの第5頸椎(下)
縮尺線は長さ10 cm.いずれの図も最上部の線(B, F)が副関節突起を指している.他の線(A, C〜E)は含気小孔を示す.椎骨はBonaparte et al. 1990とMadsen 1976から描き直す.

図17.6●デイノニクスの尾椎
縮尺線は長さ10 cm.椎骨の主要部分から右の方へ広がっている部分が極端に長い前関節突起で(上),より短い部分(それでも印象的な)が,血道弓の骨である(下).Ostrom 1969から描き直す.

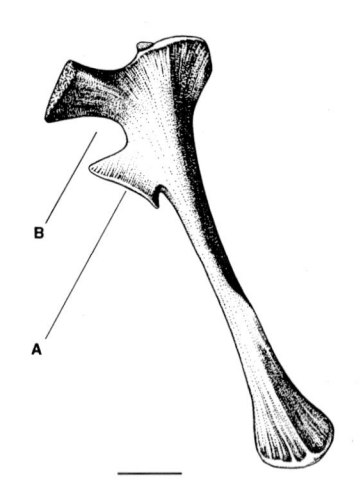

図17.7●アロサウルスの坐骨
縮尺線は長さ10 cm．（A）閉鎖突起；（B）閉鎖切痕．
Madsen 1976から描き直す．

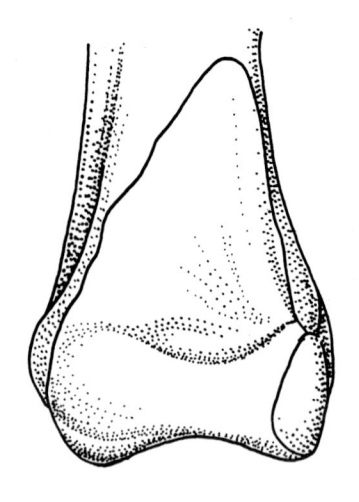

図17.8●オルニトミムスの下肢−足首複合の下端
下肢前部の上の方に伸びた三角形の骨の薄板が，足首の骨の一つ，距骨の上向突起である．

より著しくなったためである．

　指はより長くなる傾向があり，指の数はさらに減少する傾向が強かった．ジュラ紀獣脚類の多くは，第4指はほんの痕跡だけで機能的な3本指であったが，アロサウルス類では第4指は完全に喪失していた．コンプソグナトゥス（*Compsognathus*）とティラノサウルス類は独自に指の数を2本に減らし，モノニクス（*Mononykus*）では第1指だけが維持されていた．

　腰部では，恥骨の遠位末端の広がりが，多くの獣脚類の科では大きな「靴」状に拡大していた．そして，その坐骨にある閉鎖孔は閉鎖突起の上にある切痕として開いていた（図17.7）．獣脚類の四肢はその歴史をとおして次第により長くなり，下腿の骨（脛骨と腓骨）と足部の基礎になる長い骨（中足骨）は大腿骨に比べ相対的に長さを増した．四肢骨が長くなったことと均衡の変化は，より速く走る能力の反映である．獣脚類がより速く走るようになるにつれ，足部をより制御し，衝撃をよりよく吸収する必要が生じた．距骨にある上向突起（図17.8）はずっと高くなり，脛骨長の25％程度にもなった．腓骨の下端と踵骨はより小さくなる傾向を示し（図17.9），踵骨はいくつかの科では性質の異なった骨になり喪失された．足部に最も近い足根骨は薄く扁平であった．獣脚類は3本の機能的な指（第2，第3，第4の各指）を持ち，3本の中足骨で支えられている（人間の場合，その中足骨は足の甲にある）．これらの形質に加え，第1指は足の内側面か背面に「狼爪」として保有されている．中足骨の中央（第

3）骨の上部はほとんどの白亜紀後期の獣脚類では幅が狭く，添え木状になっており（図17.10），第2と第4の中足骨はその頂部で互いに接触していた（Holtz 1994 b）．第3中足骨の下端は，獣脚類が走っている時は真っ先に地面に触れていたようである．骨の接点と弾力のある靱帯の組織をとおして，衝撃によるショックは隣の中足骨へ伝わり，そこで放散され，そのことによって足が傷つく機会を減少させていた．エルミサウルス類，アヴィミムス類，そして鳥類の場合は，3本の主要な中足骨の頭部が遠位の足根骨と癒合して，単一の足根中足骨を形成している．

●獣脚類における特殊化

頭蓋の装飾物

　獣脚類は配偶になる可能性がある個体を魅惑したり，競争者になる可能性がある個体に警告するためのディスプレイ形質と解釈するのが最良の，驚くほど多様な特徴を発展させた．

　頭骨上の角は大型獣脚類ではよく見られる．ケラトサウルス（*Ceratosaurus*）には鼻骨角があり（図17.11），ティラノサウルス類のアリオラムス（*Alioramus*）の鼻部上にあった隆起は，一連の小さな結節があったかもしれないことを示唆している．カルノタウルス（*Carnotaurus*）では大きな前頭骨角が，両眼の上部，背側面に伸びている．多くの大型獣脚類は涙骨の上部，両眼の前に低い角があり，それらはアロサウルス（*Allosaurus*）やティラノサウルス

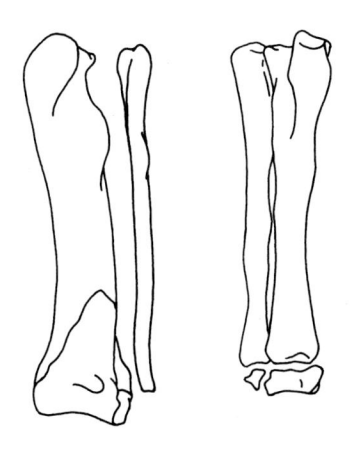

図 17.9● ゴルゴサウルス（*Gorgosaurus*）の左下肢と足首（左）とヘレラサウルスの右下肢と足首（右）の前面観

両方の図で，より大きく，よりがっしりしているのが脛骨（ゴルゴサウルスでは左側，ヘレラサウルスでは右側の骨）で，その傍らにある，より太くない方が腓骨である．脛骨の下にある大きな足首の骨が距骨である．ゴルゴサウルスでは，距骨に脛骨前面に上方に伸びる大きな上向突起がある（オルニトミムスも同様，図17.8）．両方の恐竜には小さな足首の骨，つまり踵骨が距骨の隣，腓骨の下にある．ヘレラサウルスの場合，この骨は距骨よりは小さいが，それでもかなりの大きさである．しかし，ゴルゴサウルスでは踵骨はより小さくなり，ニュージャージー州のような形の小さな骨がずっと大きい距骨にくっついている．Lambe 1917 と Reig 1963 から描き直す．縮尺率は異なる．

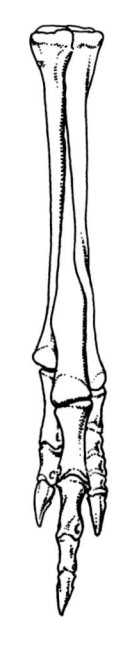

図 17.10● ストルチオミムス（*Struthiomimus*）の左後肢足部

Osborn 1916 より描き直す．中央（第 3）中足骨が足部の頭（近位端）の近くで狭められている．

類の一部で最もよく発達していた．ティラノサウルス（*Tyrannosaurus*）の頭骨天井は非常に厚くなり，眼の上部と後部にかけては角質の上皮鞘に覆われていたかもしれない大きな隆起がある．

初期の大型獣脚類の一部は，頭骨上に精巧な隆起が発達していた．ディロフォサウルス（*Dilophosaurus*）にはその名前（「2 つの隆起を持つ爬虫類」）が意味するように，鼻孔から眼窩へかけて広がる頭骨天井の両側に一つずつ，一対の斧状の隆起があった（図 17.11）．最近記載された南極から出たジュラ紀前期の獣脚類クリオロフォサウルス（*Cryolophosaurus*）は眼の上に左右に延びる薄い隆起があった（Hammer and Hickerson 1994）．中国から出たジュラ紀中期のモノロフォサウルス（*Monolophosaurus*）は頭骨の側面から上へ，そして頭骨の中間部の上まで，骨が折り重なってできた単一の隆起があった（図 17.11）．この隆起が中空で鼻孔と含気的につながっていたことは，視覚的な標識であると同時に，咽喉部で発生された音を変調し拡大する共鳴室として機能したのかもしれないことを示唆している．

オヴィラプトル類の頭骨は極めて異常で，高度に派生化したヒクイドリのような鳥類の頭骨に似ているように見える（図 17.12）．オヴィラプトル（*Oviraptor*）は鼻骨，前頭骨，時に頭頂骨によって形成された，膨らんだ隆起を持っている．その隆起は高度な含気性を持ち，その内部空間は鼻房とつながっていた．

歯のない獣脚類

獣脚類の歯は全体的な形からするとかなり保守的な傾向があるが，これまで見てきたように，それらは顕微鏡的な水準では複雑といえる．ほとんどの非飛行性の（非鳥類の）獣脚類は歯を持っているが，いくつかの系列ではその歯を角質のくちばしに置き換えた．三畳紀後期のテキサス州から出た，獣脚類の可能性を持つシュヴォサウルス（*Shuvosaurus*）は無歯であった．知られている最初期の鳥類（始祖鳥 *Archaeopteryx*）を含む小型のジュラ紀獣脚類は歯を保持していた．しかし，当時の化石記録は無歯の種がないというには，あまりにも不完全である．しかし白亜紀時代までには，オヴィラプトロサウルス類（ケナグナトス科，オヴィラプトル科），オルニトミムス類，それに多くの鳥類が無歯になっていたようである．これは個別に起こったものと思われる．最

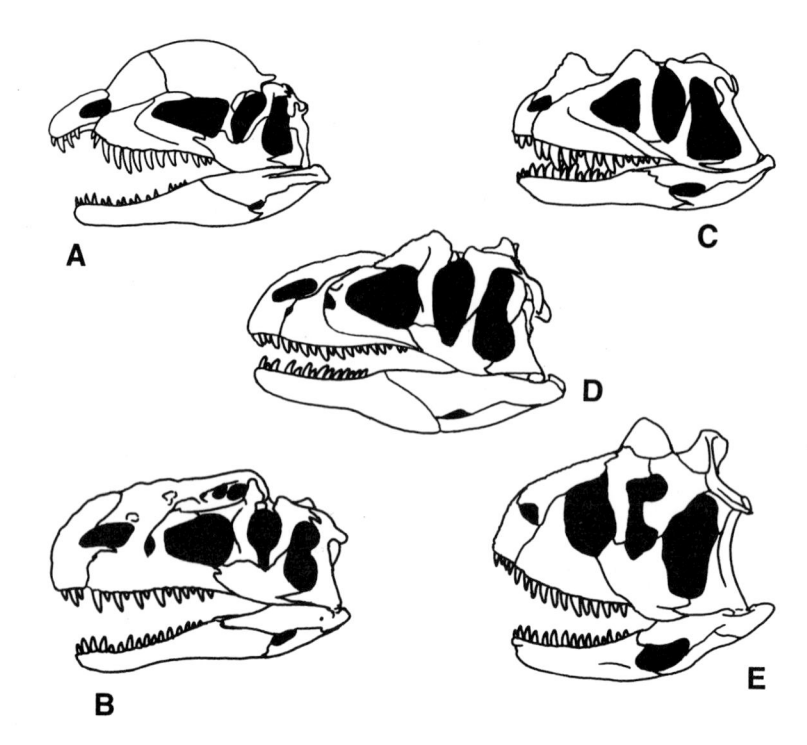

図17.11●獣脚類の頭骨にある角，稜と突起（縮尺率は異なる）
(A) ディロフォサウルス（*Dilophosaurus*），(B) モノロフォサウルス（*Monolophosaurus*），(C) ケラトサウルス，(D) アロサウルス，(E) カルノタウルス．Gilmore 1920；Welles 1984；Paul 1988；Bonaparte et al. 1990 および Zhao and Currie 1993 から描き直す．

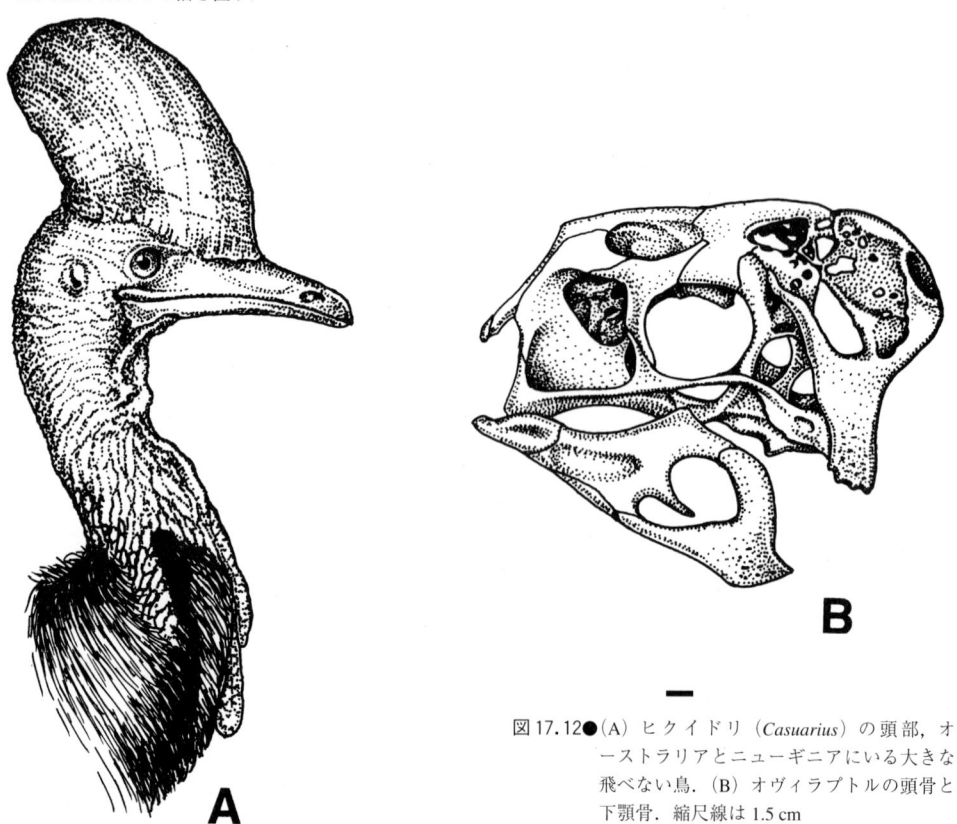

図17.12●(A) ヒクイドリ（*Casuarius*）の頭部，オーストラリアとニューギニアにいる大きな飛べない鳥．(B) オヴィラプトルの頭骨と下顎骨．縮尺線は1.5 cm

も初期のものとして知られる疑いないオルニトミムス類（ハルピミムス *Harpymimus*）はその顎の前部に歯の痕跡を保持しているし，ヨーロッパのオルニトミモサウルス類（ペレカニミムス *Pelecanimimus*）はその顎に 200 本を超える歯を持っていたからである．また，多くのジュラ紀・白亜紀の鳥類は十分な数の歯を持っていた．

　オヴィラプトロサウルス類の顎は高度に特殊化していたが，何のために特殊化していたのかはまだわかっていない．オヴィラプトルという名前は「卵泥棒」を意味し，これらの動物が卵を食べていた可能性がある．その頭骨が大部分の他の獣脚類の場合より直立した位置へ後退していたため，咽喉部の入口は下顎中央の真下付近にあった．その顎は前後で狭くなっていたが（図 17.13），中央部ではより広く離れていた．上下両顎縁には補足的な隆起があり，口蓋からは骨質の突起が突き出ていた．卵を丸ごと口にくわえ，喉の途中くらいまでは飲み込めたであろう．その際，卵に穴をあけたのが口蓋にある骨質の突起で，それは卵を食べるヘビ類の咽喉部に見られる「卵歯」に似ていたであろう．いったん穴をあけられた卵は，筋肉や咽喉部の収縮によっていっそう砕かれていたと思われる．この方式のおかげで卵の中身を全くむだなく摂取することができたであろう．

　オヴィラプトロサウルス類の顎については，二枚貝類の殻をかみ砕くとか，植物繊維をかみ裂くといった他の機能が提案されている（Smith 1992）．その顎が非常に強いかむ力を生むことに適応していたことは明白だが，そのくちばしは中空で含気質で，かたい殻のあるようなものをかみ砕くには不適当であった．さらに，オヴィラプトル類が最もふつうに見られたのは半乾燥から乾燥した古気候で，そういったところから二枚貝類は報告されていない．鋭い爪を保有し，身体の均衡が速さと敏捷さに適応していたことは，オヴィラプトロサウルス類が葉，果実，種子を食べる植物食動物だったとする仮説の反証になる．鋭い縁を持つくちばしと強いかむ力は，トカゲ類とか哺乳類のような小型動物を殺すために使われた可能性があるが，その顎のつくりからすると獲物はそれから丸飲みされていたのであろう．

　オルニトミムス類はいくつかの点で，解釈するのがよりいっそう困難である．その歯のない顎は長くほっそりしていたが，屍体をかみ裂いたり，最小の動物以外を殺したりするには十分な力が出せなかっただろうからである．オルニトミムス類は，長い間，雑食者で，小型脊椎動物や非脊椎動物，卵，そして消化しやすい果実とか種子のような植物の部分を食べていたと仮定されてきた．最近，オルニトミムス類の 2 個体の骨の安定同位体元素を生化学的に分析した結果は，一方の動物は肉食であり，もう一方は雑食者であることを示唆する不明瞭なものになった（Ostrom et al. 1993）．

椎骨の長い神経棘

　白亜紀前期の間に，いくつかの類縁関係のない獣脚類が，その椎骨上に長い神経棘を発達させた．その神経棘はアルティスピナクス（*Altispinax*）の場合は椎体の高さの 5 倍，スピノサウルス（*Spinosaurus*）の場合は 11 倍にもなる（図 17.14）．神経棘はアクロカントサウルス（*Acrocanthosaurus*）でも長く，相対的な高さの点ではアルティスピナクスのものに比べるのが最善であろう．その高い神経棘は皮

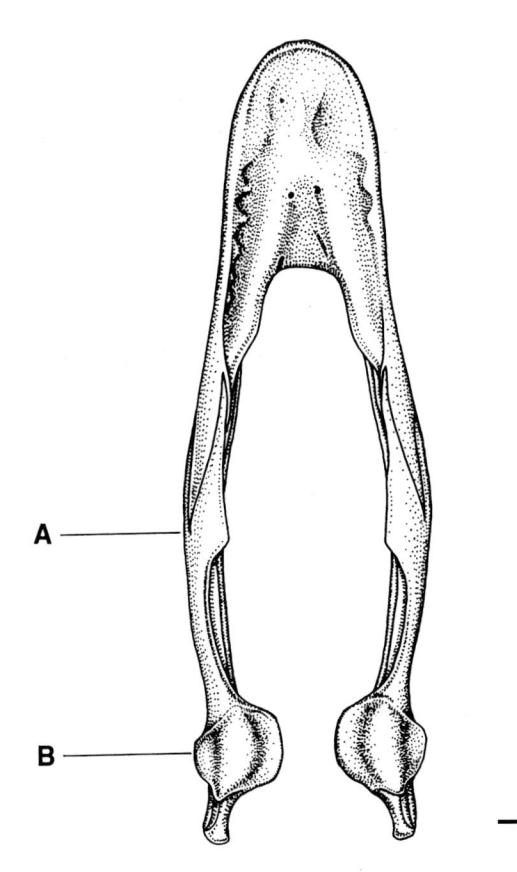

図 17.13●オヴィラプトロサウルス類ケナグナトス（*Caenagnathus*）の下顎
縮尺線は長さ 1 cm. A の線は顎の長さの中間点沿いの外側に膨らんだ部位を示し，B の線は下顎関節を指す．Currie et al. 1993 から描き直す．

膚に包まれた帆のような構造をつくっていたであろうが，その機能については知られていない．3つの属のすべてが大型であったことからすると，その神経棘の高さは支持性と剛性を必要としていたであろう．しかし，明らかにその高さはこの必要性の度を越している．スピノサウルスとアクロカントサウルスは海水準に近い熱帯地に住んでいたので，その「帆」には体熱を冷やすことが要求されたかもしれない．竜脚類の一種（レッバキサウルス *Rebbachisaurus*）と鳥盤類恐竜の一種（オウラノサウルス *Ouranosaurus*）もスピノサウルスと同じ地域に住んでいたが，やはり「帆」を持っていて，この説に対する信頼性を与えている．機能の3つめの可能性は，視覚的な身分証明である．より大型の個体は配偶になる可能性がある個体を引きつけるとか，競争者になる可能性がある個体を傷つけないよう遠ざけるとかいったことのために，相対的により高い「帆」を持っていたのであろう．

脚，足，そして走行

時代が進むにつれて，獣脚類が相対的により速くなる傾向があったことはすでに述べた．白亜紀の種の脚部は一般的により長い．また，釣合いの上でも異なっていて，下腿部と中足骨はより長くなった．速度が増したことは足部の構造にも反映され，動物が走っている時に，地面から足にかかる衝撃による圧力を減退し発散させるために，より弾力性と屈曲性のある中足骨を発展させていた（Holtz 1994 b）．ある種のオルニトミムス類の下腿部の骨（脛骨と腓骨）は大腿部の骨（大腿骨）より長く，また中足骨も長くなっている．これらの釣合いと構造的な変化を加えて考えると，オルニトミムス類は最も速い恐竜類であるとみられ，時速80 kmで走ることのできる現生のダチョウ類とよく比較される．機構的に見ると，オルニトミムス類の骨格には，そのような速さに達することを妨げるものは何もない．歩行跡はその動物がその足跡を残した時の移動速度を推定するのに使うことができる（Alexander 1976）．走っているオルニトミムス類の走行跡は知られていないが，テキサス州から出た獣脚類の足跡は，ぬかるんだ地面を横切って時速40 kmに達する速度で走っていたものと算出された（Farlow 1981）．これが獣脚類の走ることのできた最高速度であったということはありそうもないが，現在確かめうる最高速度である．

尋常ではない足部構造は，モンタナ州の白亜紀前期の岩石から出たデイノニクス（*Deinonychus*）（図17.15）について最初に記載された．獣脚類の1番め（最内側）の指は「狼爪」のように地面から離れており，通常は続く3本の指がその動物の体重を支

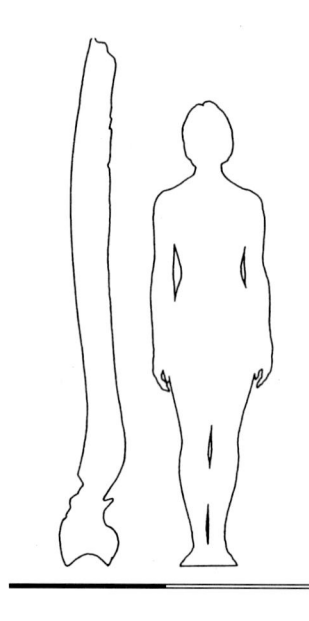

図17.14● スピノサウルス（*Spinosaurus*）の椎骨
人体図は比較のため．縮尺線は1 m．椎骨はStromer 1915から描き直す．

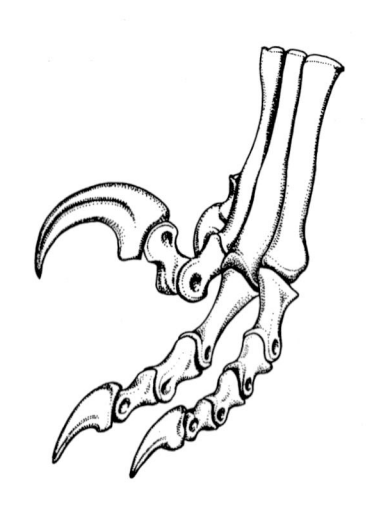

図17.15● デイノニクスの左足部
第2指の獲物を捕らえるのに適した爪を示す．Ostrom 1969から描き直す．

えている．ドロマエオサウルス類，トロオドン類，そしてたぶんノアサウルス（*Noasaurus*）（アルゼンチン産）の場合は 2 番目の指も地面から持ちあげられていた．この指のかぎ爪はより大きく，より湾曲し，より先が鋭くとがっていた．そして，かぎ爪のつく関節はネコ類の引き込むことのできる爪を想起させるような，大きな可動範囲を可能にしていた．その第 2 指は攻撃的な武器になっていたようで，他の 2 本の指がその動物の体重を支えていた．ドロマエオサウルス類とトロオドン類の骨格にはいくつかの基礎的な差異があり，これらの獣脚類が近縁ではなかったこと，事実，その特殊化した捕食用のかぎ爪は 2 つの系列で独自に進化したことを示唆している．この考えを支持してくれる事実は，現在の南米産の 2 種の鳥類，ノガンモドキ類がその第 2 指に強力な捕食用のかぎ爪を独自に発達させ，その指が通常は地面から離れていることである．

●生態学

獣脚類は普遍的な分布区域を持ち，標本はアラスカ州のノース・スロープ（North Slope）から北極圏に至るまで発見されている．しかし，獣脚類の生態学的優勢度となるとわずかしか知られておらず，これは主として大多数の種の標本数が希少であることによる．

植物食恐竜が発見されているところでは獣脚類も発掘されている．大型獣脚類は常に大型の植物食恐竜類とともに発見されている．その堆積環境の両極端は，北米西部の白亜紀後期の植物の繁茂した海岸低地から，中央アジアの砂漠まである．モンゴルのジャドクタ層（白亜紀後期）とそれに相当する中国の化石層は，比較的少数種の恐竜類にしか適さない，乾燥しストレスの多い環境であったことを示している．これらの現場で採集された骨格は数百にもなるが，恐竜類の多様性は低く，体長 4 m を超える動物はいなかった．他の環境から洗い出されてきたものと見られるわずかな個別の歯と骨以外には，ティラノサウルス類はジャドクタ層からは発見されていない．一方，小型獣脚類はドロメオサウルス類，オヴィラプトル類，トロオドン類が，これらのストレスに満ちた環境におけるよい代表例になっている．

獣脚類の属は鳥盤類の属に比べて気候や植生による制約が少なく，現生の肉食動物同様，地理的分布範囲がより広かったようである（Farlow 1993）．例えば，州立恐竜記念公園（Dinosaur Provincial Park）とデヴィルズ・クーリー（Devil's Coulee）は現在のアルバータ州では約 300 km 離れているが，両者は同時期だが異なった生息環境を代表している．7500 万年前の恐竜記念公園はより降雨量が多かったと思われ，水利がよく，良好な植生のある生態系を生んでいた．デヴィルズ・クーリーは海岸線からより遠く，雨の陰［訳注：山または山脈の風下側で，風上側に比べて著しく降水量が少ない地域］だったかもしれず，少なくとも季節的には，疑いなく，より乾燥していた．この 2 つの産地は近いにもかかわらず，植物食恐竜の個体群構成が著しく異なっている．最も明らかに対照的な点の一つは，恐竜記念公園にはハドロサウルス類のコリトサウルス（*Corythosaurus*）とラムベオサウルス（*Lambeosaurus*）が存在したのに対し，デヴィルズ・クーリー産の最も一般的な植物食恐竜はヒパクロサウルス（*Hypacrosaurus*）であるということである．ヒパクロサウルスは，かつて，より新しい時代の岩石からしか発見されないと考えられていたハドロサウルス類である．個別の歯の発掘と分析も，曲竜類はより乾燥した地方にはるかに多く生息したことを示唆している．食物と気候はハドロサウルス類の分布区域を支配したが，おそらく大部分の他の植物食恐竜についてもそうだったであろう．しかし，恐竜記念公園とデヴィルズ・クーリーの肉食恐竜は同じ分類群——ゴルゴサウルス・リブラトス（*Gorgosaurus libratus*），サウロルニトレステス・ラングストニ（*Saurornitholestes langstoni*），そしてトロオドン・フォルモスス（*Troodon formosus*）が最もよく見られる型——であったことを示唆する証拠がある．

植物食恐竜類は獣脚類に比べて非常に数が多かった．恐竜記念公園における関節したハドロサウルス類，角竜類，曲竜類の骨格数をティラノサウルス類のそれと比べると 10：1 という比が出てくる（標本量は発掘された 148 骨格）．この比は統計中に収集されなかった関節した骨格数を加えると 11：1 と大きくなる（標本量は 207 骨格に増える）．同じ場所から同種の動物のものとして収集された個別に同定された骨と歯の数を比べると，その比率はより低くなる（ロイヤル・ティレル古生物博物館のコレクションの 1 万 2000 を超える登録標本数での標本量では 7：1 になる．ただし，この標本中では獣脚類が好んで収集されるという偏りがまちがいなく存在する）．獣脚類個体の数を推定する他の手段では 5：1 から 511：1 になる（Farlow 1993）．

個別の骨とか歯の場合は，小型獣脚類のものはテ

ィラノサウルス類のものよりいっそうふつうになるが，関節した骨格はよりまれになる．その個体群が餌動物との関係でどのくらいの大きさだったかを定めることはさらに困難である．小型獣脚類は非恐竜類の動物，植物食恐竜の小型種，大型植物食種の子どもといった広範なものを食べていただろうからである．さらにオルニトミムス類は雑食性であったかもしれないので，このような計算はより複雑になる．しかし，獣脚類は全般的に見て，恐竜記念公園における恐竜相の 20% 以下を構成したことを登録コレクションは示唆している．獣脚類より植物食恐竜類の方がはるかに数が多かったが，獣脚類は相対的に多様性が高い．この現場から出た恐竜類の 35 種中 16 種は獣脚類で，13 科中の 7 科を占めていた．このことは獣脚類の食物資源の分配がより特殊化していたことを示唆している．このことは獣脚類の顎と歯に見られる種間の変異性と身体の大きさの変異幅が大きいことに反映されている．

大型獣脚類の幼体が獣脚類の小型種と争った可能性はあり，ほとんどの知名な恐竜産地で小型獣脚類が，事実上，欠けていたことの説明になるであろう．しかし，一部の大型種の場合，その子どもが群れとか家族といった集団の中に成体とともに住んでいた可能性もある．このような筋書きでは，あらゆる年齢の大型獣脚類は群れの中のより成熟した個体が殺した獲物を食べられたであろうし，そのことによってより幼い個体は獣脚類の小型種と直接争わないですんだであろう．ティラノサウルス類が家族集団を維持していたことを示唆する若干の証拠があるため，ティラノサウルス類が大型捕食者であった古環境中で，小型獣脚類の最大の放散が見出されたにしても驚くには当たらない．

●行　動

獣脚類の行動に関する洞察は，少数のかなり例外的な発見から得られている．しかし，この情報を他の獣脚類にいかに適用するかについては注意しなければならない．肉食恐竜類の行動は現生の肉食哺乳類の行動と同じくらい多様だったことは疑いないからである．

ニューメキシコ州のゴースト・ランチ (Ghost Ranch) でコエロフィシス (*Coelophysis*) のより大型の標本が，肋骨腔中により小さな標本を伴って発掘された．これらが産まれる前の幼体を示す可能性はあるが，その証拠はその幼体がその成体によって食べられたことを示唆している．共食いは現生の爬虫類・鳥類・哺乳類の中で広範に見られ，したがって少なくとも一部の獣脚類に共食いがあったとしても驚くことではない．

大型獣脚類が活動的な狩猟者だったのか，屍肉食者だったのかについては長い論争が続いてきた．この議論の多くがティラノサウルス・レックス (*Tyrannosaurus rex*) に集中してきた．それが知られる最大で，最も有名な獣脚類だからである．ティラノサウルス類の一種はアルバートサウルス・サルコファグス (*Albertosaurus sarcophagus*) (「アルバータ州の屍体を食べる爬虫類」) という名前さえつけられている．この恐竜を記載した学者が，活動的な狩猟者であることを思い浮かべられなかったからである．

ティラノサウルス類の頑丈な歯は，深くかみつき，骨にさえ食い込める能力があった (Erickson and Olson 1996)．しかし，この能力はこの恐竜類が活動的な捕食者・屍肉食者のどちらであろうと有用なものだったであろう．いずれにせよ，捕食者・屍肉食者論争はほとんどの肉食者が両能力を見せ，行動していることからするといくぶんなりとも無意味である．ハイエナは最も効率的な屍肉食者として知られているが，可能な時にはその獲物を狩りもすれば殺しもする．それに対し，大型のネコ科動物でさえ，偶然見つけた屍体を食べることがある．獣脚類も自分に都合のよい機会に乗じたかもしれないが，その必要とする食事を満たすほどの十分な死んだ動物を見出しえたとは思えない．

大型獣脚類が狩猟者だったことを示唆する論拠は，そのほかにもたくさんある．例えば，ティラノサウルス類の脚は，その想定される獲物 (ハドロサウルス類と角竜類) より速く走る動物に期待できる長さと釣合いを持っている．そして，これらの特徴は幼体ではより発達している．明らかに素早く機敏な動物であった．その前方に面した両眼も屍肉食者よりは狩猟者により意味のある形質，つまり，立体視を提供していたかもしれない．その不釣合いに長い歯は獲物を殺すのに有用であっただろうが，その歯が屍肉食の場合，なぜ選択的な利益を持っていただろうかを想定することはむずかしい．群れ行動の証拠が正しいと考えると（以下参照），ティラノサウルスは共同の狩猟戦略をとることで食物獲得に成功する機会を高めていたことも考えられる．

コロラド州のジュラ紀後期の地層では，大型獣脚類のかみ跡のある竜脚類の骨が発見されている．これらの傷ついた骨の一部が治癒していた事実は，そ

の狙われた獲物が攻撃から生き残ったことを意味している.このことは大型獣脚類が実際に生きた動物を攻撃していたことの証拠にもなる.また,テキサス州の白亜紀前期の歩行跡現場は,一頭の大型獣脚類が1頭の竜脚類を追尾していたという一つの事件を記録しているように思える(Farlow 1987).もし,ジュラ紀と白亜紀前期の大型獣脚類が活動的な狩猟者だったとすると,より洗練されたティラノサウルス類が全くの屍肉食であったことを示唆する議論は根拠がないように思われる.

モンゴルの白亜紀後期の間に,1頭の小型獣脚類がまだ生きている1頭の植物食者を攻撃したという,少なくとも一つの例がある.たぶん,これまでに発見された最も注目すべき恐竜の発見は,1頭のヴェロキラプトル(*Velociraptor*)が1頭のプロトケラトプス(*Protoceratops*)の傍らに並んで横たわって発見されたことである(Chin, 本書第26章参照).どちらの標本も事実上完全で,プロトケラトプスは腹部を下にまっすぐな姿勢で横たわっている.これらの動物が活発な砂丘を伴う砂漠環境で暮らしていたことが今ではわかっている.その獣脚類の後肢はプロトケラトプスの横腹を引っかくような位置にあり,その左手はその植物食恐竜の頭骨後部をつかんでいる.その獣脚類にとって不幸なことに,その右腕は狙った獲物の顎の中にある.可能性のある筋書きは,そのヴェロキラプトルに襲われた時,そのプロトケラトプスは砂嵐の中で砂丘の陰に身を避けていたということである.プロトケラトプスは怪我がもとで死んだが,死んだのは捕食者の腕をかんだあとであった.通常の環境であれば,その獣脚類はおそらく最終的には自由になっていたであろう.しかしこの場合は,砂丘の頭越しに吹く風が運んだ砂によって埋もれる前に逃れることができずに,ヴェロキラプトルは窒息死した.

同じ地域の岩石から,1923年,別の注目すべき標本が産出した.1体のオヴィラプトルの骨格がプロトケラトプスの卵と思われる巣の隣で発見されたのである.その獣脚類の特有の顎の器官と巣に近かったことから,そのオヴィラプトルは砂嵐にやられて埋まった時,巣を略奪していたと結論された.これがオヴィラプトルに「卵泥棒」という意味の名前がついた理由である.その獣脚類がなぜ砂が深くなりすぎた時,単にその巣を離れなかったのか思い描くことはむずかしい.最近の探検で同種の卵のある,より多くの巣が見つかったが,その巣のあるものには1頭のオヴィラプトルの骨格が巣の上に座って保存されていた(Norell et al.1995;Dong and Currie 1996).現在,その獣脚類は他の種の巣を掠めていたというよりは,むしろ自分たち自身の巣を守っているところだったように思われている.その卵がオヴィラプトル類のものであるという同定は,アメリカ自然史博物館とモンゴルの合同調査隊がオヴィラプトル類の胚が入った一つの卵を発見した時点で確証された(Norell et al. 1994).この発見はオヴィラプトル類が何を食べていたかという疑問を再提起したが,一部の小型獣脚類はその巣の番をし,おそらく抱卵するか少なくともその卵を守っていた可能性を示唆している(Norell et al. 1995;Dong and Currie 1996;Geist and Jones 1996 a,1996 b;Norell and Clark 1996).

ニューメキシコ州のゴースト・ランチに,コエロフィシスの少なくとも1000個体に及ぶ完全または部分的骨格を含む,注目すべきボーンベッドがある(Schwartz and Gillette 1994).単一の現場からそれほど多くの個体が発掘されたことは,この恐竜が群居性だったことを強く示唆している.ジンバブウェには近縁のシンタルスス(*Syntarsus*)の骨格が同様に累積した現場があり,この結論を支持している.ホリョーク(Holyoke)(マサチューセッツ州)のジュラ紀前期の歩行跡現場は,20頭の獣脚類が一つの集団として移動していたことの証拠を示している.獣脚類が大きな集団に集まっていたことを示唆する場所が,なぜそれほど多く三畳紀後期とジュラ紀前期の現場にあるかを推定するのはむずかしい.それほど大きな群れが形成されたのはほんの短期間で,たぶん,繁殖とか渡りのためだったのかもしれない.ジュラ紀後期の時代までには,この種の行動は変化していたかもしれない.なぜなら,可能性のある一例を除けば,このような大きな群れ構成についてのそれ以上の証拠が存在しないからである.

ユタ州のジュラ紀後期のクリーブランド・ロイド(Cleveland-Lloyd)採石場で,少なくとも44個体のアロサウルスの化石が一つのボーンベッドから発見された.この現場での証拠は骨の累積が相対的に長期間にわたって起こり,その現場はロス・アンゼルスのランチョ・ラ・ブレア(Rancho La Brea)のような,捕食者にとっての罠だったかもしれないことを示唆している.捕食者の罠では,植物食恐竜が流砂(クリーブランド・ロイド堆積物の可能性のある根源)やタール(ランチョ・ラ・ブレア),もしくは泥にはまった.その植物食者の臨終の叫びともがきが肉食恐竜の注意を引き,その肉食者が続いて罠

に陥る．それらの肉がまた罠の餌になり，より多くの捕食者や屍肉食者を呼び寄せる．最終的な結果は，植物食恐竜より肉食恐竜の方がより多く罠にかかることになる．クリーブランド・ロイドが捕食者の罠であると仮定すると，アロサウルスの群居性の証拠にはならないことになる．

ブリティッシュ・コロンビアの白亜紀前期の足跡現場は，小型獣脚類が半ダースかその程度の個体数の群れで移動していたのに対して，大型獣脚類は2～3頭のより小さな集団で動いていたことを示唆している．モンタナ州の類似の時代の現場では，少なくとも3頭のデイノニクスの化石が植物食恐竜テノントサウルス (Tenontosaurus) の単一の壊れた骨格に付随して産出した (Maxwell and Ostrom 1995)．そのデイノニクスははるかに大きなテノントサウルスを攻撃していた群れの一部が，引き続いて起こった争いの不慮の死者であったことを示唆していた．ティラノサウルス類における群居行動を支持する証拠は，それほど強力なものではない．ブラック・ヒルズ研究所の手で，1990年，サウス・ダコタ州で発見された大きく保存状態のよいティラノサウルスの骨格は，いくつかのより小型のティラノサウルス標本の化石を伴っており，一つの家族集団であった可能性を示していた．成体のティラノサウルス類は彼ら自身と同じ大きさか，より小型の動物を狩りしていたから，家族単位より大きないかなる群れをつくる必要もなかったであろう．一方，アロサウルス類は狩りをし，はるかに大きな竜脚類を殺すため，より大きな群れに集まらねばならなかったかもしれない (Farlow 1976)．獣脚類の群れの大きさは環境の広さにも依拠していたかもしれない．密林地帯より，現代の北米西部とかアフリカの草原の平地のような広大な環境の中の方が，肉食動物の大きな群れは見出せそうである．

●渡　り

大きなティラノサウルス類，おそらくはアルバートサウルスがアラスカ州のノース・スロープとカナダ領北極圏の島々の一つから知られている．証拠は歯に基づいているが，白亜紀後期の北極圏内に大型獣脚類が生息していたことを明らかに示している．ボーンベッドは同じ地域にハドロサウルス類の群れが存在したことを記録していて，夏の数か月間の植物の高い生産性を利用するため，それらの動物が北極圏へ渡っていたことを示唆している．冬になると，これらの群れはすべての植物が休眠状態に入っていたであろう真冬の24時間続く夜を避けて，再び南へ向かったかもしれない．もし実際にハドロサウルス類が南北の渡り様式をとっていたとすると，ティラノサウルス類がその群れを追尾し，若者や弱者，病者それに年老いた個体を狙って殺したことが考えられる．残念なことだが，大型獣脚類が渡りをしたという考えは推測の域を出ていない．

●進化と系統分類学

多様性

先に論じたように，獣脚類はほとんどの地域で希少だが，放散する傾向がある．ゴースト・ランチのコエロフィシスのボーンベッドとクリーブランド・ロイド採石場でアロサウルスが優勢であることは異常な産出状況である．獣脚類は，ふつう，どんな現場でも発掘化石の20%以下を構成するからである．現在，妥当なものとして認められている恐竜類は約300属だが，その約40%が獣脚類である．恐竜類の認められている科のほとんど50%が獣脚類で，このことは哺乳類の認められている科のほぼ半分が肉食者，昆虫食者，魚食者とか雑食者を含んでいることと好対照である．恐竜の計数の中には計上されていない保存上，採集上，研究上の偏りが入っているが，個体数が低かっただろうにもかかわらず，計算を改善しても獣脚類の多様性が高いという結論は大幅には変わりそうにない．情報がより少なく，より複雑であるという問題があるため，獣脚類の相互関係が植物食恐竜類のほとんどの分類群の進化ほどにはよく理解されておらず，獣脚類の分類学が変化し，影響されやすいことは驚くには当たらない．

分　類

長年，獣脚類は2つの系列に分けられていた．カルノサウルス類は大きな身体の獣脚類すべてを含み，一方，コエロサウルス類は小型のもの全部を含んでいた．この単純な分類は獣脚類分類群の真の関係を反映していなかったので，これらの動物の研究者は誰ももうこの分類を受け入れていない．代案の分類がいくつか提出されているが (Gauthier 1986; Holtz 1994a; Sereno et al. 1994, 1996)，どの案も獣脚類研究者の全員に受け入れられてはいない．

獣脚類は単系統の分類群（ある共通の祖先から受け継いだ特異な形質を共有する集団）を形成してい

る．その中で，ヘレラサウルスが現在知られている最も原始的な獣脚類である．三畳紀末期までには，より特質のある形態のものとしてコエロフィシスとシンタルススがいた．ディロフォサウルスはジュラ紀前期までに比較的大型になった類縁の属であった．これら三種の動物はジュラ紀後期のケラトサウルスとともにケラトサウルス類に一体化されているが，この不適当な一体化には多くの古生物学者が同意していない．

残りの獣脚類は，通常，堅尾類（テタヌーラ類 Tetanurae）に分類されているが，前眼窩窓の前に一つの大きな開口部（上顎骨窓）があり，また，手の掌部の第1・第2骨（中手骨）の間に広い範囲にわたる接触面があるなどの特異な形質がある．堅尾類を構成する上で使われた他の形質としては，第4指の喪失，坐骨の閉鎖突起の存在などがあるが，これらの形質はかつて考えられたほど一般的ではない．

カルノサウルス類はジュラ紀中期時代に現れ，白亜紀末期まで生き残った．多様な科の集まった大型獣脚類（アベリサウルス科，メガロサウルス科，シンラプトル科，アロサウルス科，カルカロドントサウルス科）は，それにもかかわらず1組の特異な形質を共有するもの（共有派生形質）として統一されている．それらの形質には前面では球状・後面では窩状の関節がある頸椎が一般的に存在することなどが含まれる．ティラノサウルス類は頸椎の両端がほぼ平坦で，伝統的にカルノサウルス類に含まれており，Huene（1926）による分類は顕著な例外である．最近の分岐論的分析（Holtz 1994 a）により，ティラノサウルス類は白亜紀の小型獣脚類により近縁で，したがってカルノサウルス類には入らないことが確かめられた．

Gauthier（1986）はコエルロサウルス類を再定義し，オルニトミムス類と彼が手奪類（マニラプトル類 Maniraptora）とした新しい分類群を含むことにした．すでに述べたように，ティラノサウルス類もコエルロサウルス類に分類されるべきである．鳥類を含む手奪類は，身体の方に手を折り戻せる滑車状の手首関節によって特徴づけられる（図17.16）．この特徴はオルニトミムス類とティラノサウルス類では2次的に退化するか喪失した可能性があり，コエルロサウルス類と手奪類は同義の可能性がある．手奪類はオヴィラプトロサウルス類（ケナグナトス類とオヴィラプトル類を含む），ドロマエオサウルス類，トロオドン類，テリジノサウルス類，そして鳥類からなる多様な集合である．エルミサウルス科はおそらくケナグナトス科の新参シノニム（新参同物異名）であり，テリジノサウルス上科とセグノサウルス亜目はおそらく同じ動物に帰せられる．

●鳥類の起源

鳥類の起源については多くの推論と論争がなされてきたが，最も強力な証拠は鳥類は獣脚類恐竜の直接の子孫であることを示唆している．鳥類がオルニトスクス類かワニ類（crocodylians，一部の研究者が好んで使う綴りでは crocodilians）から派生したとする代替理論は（Chatterjee 1991；Martin 1991；Feduccia 1996），鳥類にオルニトスクス類もしくはワニ類に特異な形質が存在することで支持されていない．ところが，恐竜類と鳥類だけに見出される形質は120を超えている．

最初期の鳥類を獣脚類と区別する形質が相対的に少ないことは指摘されるべきであろう．これが羽毛の痕跡を含まない始祖鳥の2体の標本が，当初は獣脚類のコンプソグナトスとして同定された理由である．問題を別の面から見ると，ケナグナトス（*Caenagnathus*）とかアヴィミムス（*Avimimus*）といった恐竜は初めは鳥類であったと考えられた．含気性，中空な骨，恒温性，そして羽毛でさえ，おそらく鳥類がその獣脚類の祖先から引き継いだいくつかの形質である．鳥類を定義する唯一の実在する形質

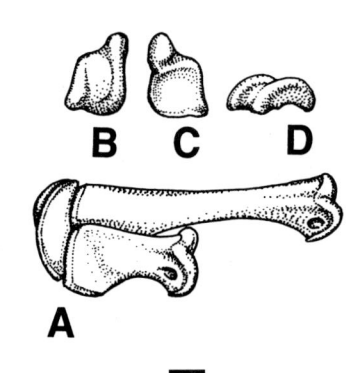

図17.16●デイノニクスの手部と手根部の構成部分　縮尺線は1cm．（A）三日月型（半月状）の手根骨の一つ橈側骨（図の一番左側の骨）は，2個の手部の骨（中手骨），第1指の短く頑丈な中手骨と第2指のより長い中手骨に接している．手部の骨から遠い方の橈側骨の側面にある滑車状の稜に注目してもらいたい．上部の1組の図は橈側骨を近位から（B），遠位から（C），および腹面から（D）描いたものである．Ostrom 1969から描き直す．

は飛行能力だけである．

　獣脚類の中では，どの科が鳥類の起源に最も密接な関連があるかについて，かなり論争がなされてきた．知られている最も鳥らしい獣脚類のほとんどは，主に白亜紀後期の岩石から出たものである（例：Novas and Puerta 1997 参照）．しかし，これは単に保存上の偏りの反映である．小型獣脚類はより古い岩石からは極めて貧弱にしか知られていない．そして，白亜紀後期の科のほとんどは明らかに，長い個別の歴史を持っていた．アヴィミムス類，オヴィラプトル類，そしてオルニトミムス類は最も鳥類に似た外観を持っていたが，これは無歯性，くちばしのある頭骨の収斂進化が大きく原因している．ドロマエオサウルス類とトロオドン類が誤って単一の分類群デイノニコサウルス類に帰せられていることもあるが，鳥類の祖先の血統である可能性の方が高い．この2つの科は白亜紀前期の岩石から産出した保存状態のよい骨格が示されている．そして，ジュラ紀後期のドロマエオサウルス類，トロオドン類の歯も報告されている．

　1986年，テキサス州の三畳紀後期の岩石から出た数点の化石の発見が，古生物学界に著しい関心を引き起こした．プロトアヴィス（*Protoavis*）（図17.17）は初期の鳥類として記載された（Chatterjee 1991）．そのプロトアヴィスは始祖鳥の形質より，より進歩したいくつかの鳥類的形質を持っていたらしい．仮に三畳紀後期の間に鳥類が存在していたとすると，獣脚類が鳥類の祖先だったという可能性は少なくなり，始祖鳥は鳥類進化の主系列からはずれたジュラ紀後期の遺存種になるであろう．脳函を除くと，プロトアヴィスのほとんどの骨格は貧弱にしか知られておらず，特に鳥類に似てはいない．プロトアヴィスの脳函の含気的形質は，鳥類，トロオドン類，一部のドロマエオサウルス類，そしてその他の獣脚類の形質で，したがって，鳥類にだけ見られる形質ではない．中国（シノルニス *Sinornis*）とスペイン（イベロメソルニス *Iberomesornis*）の白亜紀前期から新しく記載された鳥類の解剖学的構造は，始祖鳥が鳥類進化の主系列に近いことを確認している．現在の証拠に照らすと，プロトアヴィスは独特の小型獣脚類と考えるのがより論理的である．

● 文　献

Abler, W. L. 1992. The serrated teeth of tyrannosaurid dinosaurs, and biting structures in other animals. *Paleobiology* 18：161–183.

Alexander, R. McN. 1976. Estimates of the speeds of dinosaurs. *Nature* 261：129.

Bonaparte, J. F.；F. E. Novas；and R. A. Coria. 1990. *Carnotaurus sastrei* Bonaparte, the horned, lightly built carnosaur from the Middle Cretaceous of Patagonia. Contributions in Science, Natural History Museum of Los Angeles County, no. 416.

Chatterjee, S. 1991. Cranial anatomy of a new Triassic bird from Texas. *Philosophical Transactions of the Royal Society of London*, Series B, 332：277–346.

Currie, P. J.；S. J. Godfrey；and L. Nessov. 1993. New caenagnathid（Dinosauria：Theropoda）specimens from the Upper Cretaceous of North America and Asia. *Canadian Journal of Earth Sciences* 30：2255–2272.

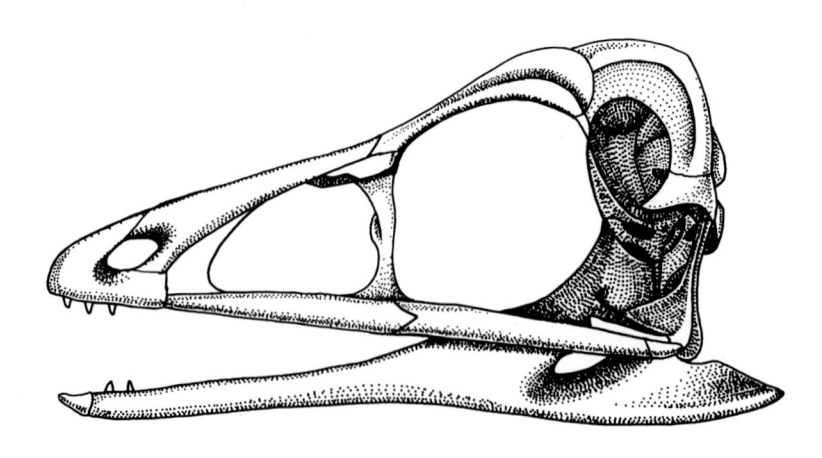

図17.17 ● プロトアヴィス（*Protoavis*）の頭骨
縮尺線は1 cm．Chatterjee 1991 から描き直す．

Currie, P. J., and X. -J. Zhao. 1993. A new carnosaur (Dinosauria, Theropoda) from the Jurassic of Xinjiang, People's Republic of China. *Canadian Journal of Earth Sciences* 30：2037-2081.

Dong Z. -M. and P. J. Currie. 1996. On the discovery of an oviraptorid skeleton on a nest of eggs at Bayan Mandahu, Inner Mongolia, People's Republic of China. *Canadian Journal of Earth Sciences* 33：631-636.

Erickson, G. M., and K. H. Olson. 1996. Bite marks attributable to *Tyrannosaurus rex*：Preliminary description and implications. *Journal of Vertebrate Paleontology* 16：175-178.

Farlow, J. O. 1976. Speculations about the diet and foraging behavior of large carnivorous dinosaurs. *American Midland Naturalist* 95：186-191.

Farlow, J. O. 1981. Estimates of dinosaur speeds from a new trackway site in Texas. *Nature* 294：747-748.

Farlow, J. O. 1987. *Lower Cretaceous Dinosaur Tracks, Paluxy River Valley, Texas*. Waco, Tex.：South Central Section, Geological Society of America, Baylor University.

Farlow, J. O. 1993. On the rareness of big, fierce animals：Speculations about the body sizes, population densities, and geographic ranges of predatory mammals and large carnivorous dinosaurs. *American Journal of Science* 293-A：167-199.

Feduccia, A. 1996. *The Origin and Evolution of Birds*. New Haven, Conn.：Yale University Press.

Gauthier, J. 1986. Saurischian monophyly and the origin of birds. In K. Padian(ed.), *The Origin of Birds and the Evolution of Flight*, pp. 1-55. San Francisco：California Academy of Sciences.

Geist, N. R., and T. D. Jones. 1996 a. Juvenile skeletal structure and the reproductive habits of dinosaurs. *Science* 272：712-714.

Geist, N. R., and T. D. Jones. 1996 b. Dinosaurs and their youth. *Science* 273：166-167.

Gilmore, C. W. 1920. Osteology of the carnivorous Dinosauria in the United States National Museum, with special reference to the genera *Antrodemus* (*Allosaurus*) and *Ceratosaurus*. Bulletin 110, United States National Museum (Smithsonian Institution).

Hammer, W. R., and W. J. Hickerson. 1994. A crested theropod dinosaur from Antarctica. *Science* 264：828-830.

Holtz, T. R. Jr. 1994 a. The phylogenetic position of the Tyrannosauridae：Implications for theropod systematics. *Journal of Paleontology* 68：1100-1117.

Holtz, T. R. Jr. 1994 b. The arctometatarsalian pes：An unusual structure of the metatarsus of Cretaceous Theropoda (Dinosauria：Saurischia). *Journal of Vertebrate Paleontology* 14：480-519.

Huene, F. von. 1926. The carnivorous Saurischia in the Jura and Cretaceous formations principally in Europe. *Museo de La Plata, Revista* 29：35-167.

Lambe, L. M. 1917. The Cretaceous theropodous dinosaur *Gorgosaurus*. Memoir 100, Canada Department of Mines, Geological Survey.

Madsen, J. H. Jr. 1976. *Allosaurus fragilis*：A revised osteology. Utah Geological and Mineral Survey, Bulletin 109. Salt Lake City：Utah Department of Natural Resources.

Martin, L. D. 1991. Mesozoic birds and the origin of birds. In H. P. Schultze and L. Trueb (eds.), *Origins of the Higher Groups of Tetrapods*, pp. 485-540. Ithaca, N.Y.：Cornell University Press.

Maxwell, W. D., and J. H. Ostrom. 1995. Taphonomy and paleobiological implications of *Tenontosaurus* -*Deinonychus* associations. *Journal of Vertebrate Paleontology*15：707-712.

Norell, M. A., and J. M. Clark. 1996. Dinosaurs and their youth. *Science* 273：165-166.

Norell, M. A.；J. M. Clark；L. M. Chiappe；and Dashzeveg D. 1995. A nesting dinosaur. *Science* 378：774-776.

Norell, M. A.；J. M. Clark；Dashzeveg D.；Barsbold R.；L. M. Chiappe；A. R. Davidson；M. C. McKenna；Perle A.；and M. J. Novacek. 1994. A theropod dinosaur embryo and the affinities of the Flaming Cliffs dinosaur eggs. *Science* 266：779-782.

Novas, F. E. 1993. New information on the systematics and postcranial skeleton of *Herrerasaurus ischigualastensis* (Theropoda：Herrerasauridae) from the Ischigualasto Formation (Upper Triassic) of Argentina. *Journal of Vertebrate Paleontology* 13：400-423.

Novas, F. E., and P. F. Puerta. 1997. New evidence concerning avian origins from the Late Cretaceous of Patagonia. *Nature* 387：390-392.

Osborn, H. F. 1916. Skeletal adaptations of *Ornitholestes, Struthiomimus, Tyrannosaurus*. *Bulletin American Museum of Natural History* 35：733-771.

Ostrom, J. H. 1969. Osteology of *Deinonychus antirrhopus*, an unusual theropod from the Lower Cretaceous of Montana. Bulletin 30, Peabody Museum of Natural History, Yale University.

Ostrom, P.；S. A. Macko；M. H. Engel；and D. A. Russell. 1993. Assessment of trophic structure of Cretaceous communities based on stable nitrogen isotope analyses. *Geology* 21：491-494.

Paul, G. S. 1988. *Predatory Dinosaurs of the World：A Complete Illustrated Guide*. New York：Simon and Schuster.

Reig, O. A. 1963. La presencia de dinosaurios saurisquios en los "Estratos de Ischigualasto"(Mesotriásico Superior) de las Provincias de San Juan y La Rioja (República Argentina). *Ameghiniana* 3：3-20.

Russell, D. A., and Dong Z. -M. 1993. A nearly complete skeleton of a troodontid dinosaur from the Early Cretaceous of the Ordos Basin, Inner Mongolia, China. *Canadian Journal of Earth Sciences* 30：2163-2173.

Schwartz, H. L., and D. D. Gillette. 1994. Geology and taphonomy of the *Coelophysis* quarry, Upper Triassic Chinle Formation, Ghost Ranch, New Mexico. *Journal of Paleontology* 68：1118-1130.

Sereno, P. C. 1993. The pectoral girdle and forelimb of the basal theropod *Herrerasaurus ischigualastensis*. *Journal of Vertebrate Paleontology* 13：425-450.

Sereno, P. C.；D. B. Dutheil；M. Iarochene；H. C. E. Larsson；G. H. Lyon；P. M. Magwene；C. A. Sidor；D. J. Varricchio；and J. A. Wilson. 1996. Predatory dinosaurs from the Sahara and Late Cretaceous faunal differentiation. *Science* 272 : 986–991.

Sereno, P. C. ; C. A. Forster ; R. R. Rogers ; and A. M. Monetta. 1993. Primitive dinosaur skeleton from Argentina and the early evolution of Dinosauria. *Nature* 361 : 64–66.

Sereno, P.C., and F. E. Novas. 1993. The skull and neck of the basal theropod *Herrerasaurus ischigualastensis*. *Journal of Vertebrate Paleontology* 13 : 451–476.

Sereno, P. C. ; J. A. Wilson ; H. C. E. Larsson ; D. B. Dutheil ; and H. -D. Sues. 1994. Early Cretaceous dinosaurs from the Sahara. *Science* 266 : 267–271.

Smith, D. 1992. The type specimen of *Oviraptor philoceratops*, a theropod dinosaur from the Upper Cretaceous of Mongolia. *Neues Jahrbuch für Geologie und Paläontologie Abhandlungen* 186 : 365–388.

Stromer, E. 1915. Wirbeltier-Reste der Baharije-Stufe (unterstes Cenoman). Das Original des Theropoden *Spinosaurus aegyptiacus* nov. gen. nov. spec. *Abhandlungen. Bayerische Akademie der Wissenschaften. Mathematisch-Naturwissenschaftliche Klasse* 28 : 1–32.

Welles, S. P. 1984. *Dilophosaurus wetherilli* (Dinosauria, Theropoda) osteology and comparisons. *Palaeontographica* A 185 : 85–110.

Witmer, L. M. 1997. The evolution of the antorbital cavity of archosaurs : A study in soft-tissue reconstruction in the fossil record with an analysis of the function of pneumaticity. Society of Vertebrate Paleontology Memoir 3.

Zhao, X. -J., and P. J. Currie. 1993. A large crested theropod from the Jurassic of Xinjiang, People's Republic of China. *Canadian Journal of Earth Sciences* 30 : 2027–2036.

18 セグノサウルス類（テリジノサウルス類）

Teresa Maryańska

　セグノサウルス類は中型から大型（体長3～7m）の恐竜類で，まっすぐで平たく鋸歯のある歯を持った相対的に小さな頭骨，重々しく長い頸，異常な後恥骨型の骨盤（恥骨が後方に向かっている），大きな爪で終わる手，そして，幅が広く短い4本の指を持つ足で特徴づけられる．現在知られているところでは，セグノサウルス類は白亜紀のアジア産竜盤類のみからなる希少な集団で，獣脚類に近縁の可能性が最も高い．これらの恐竜類は数属からなり，モンゴルと中国の白亜紀堆積物中で発見された．ほとんどのセグノサウルス類の標本は関節していない骨格で知られている．このグループの科学的な研究と他の恐竜類の関係についての議論は，南東モンゴルから出た白亜紀後期の中期の型セグノサウルス・ガルビネンシス（*Segnosaurus galbinensis*）（Perle 1979）と中国・広東省から出た白亜紀後期の種ナンシュンゴサウルス・ブレヴィスピヌス（*Nanshiungosaurus brevispinus*）（Dong 1979）の記載された1970年代に始まった．白亜紀前期のセグノサウルス類の一種と考えられるアルシャサウルス・エレシタイエンシス（*Alxasaurus elesitaiensis*）は中国の内蒙古自治区にある阿拉善（アルシャ/アラシャン Alxa/Alashan）砂漠から出て，Russell and Dong（1993）によって記載された．

●セグノサウルス類の解剖学

　唯一知られているセグノサウルス類の頭骨はエルリコサウルス（*Erlikosaurus*）のものである（図18.1）．その頭骨は低くて長く，大きく長く伸びた外鼻孔と歯のないくちばしを持っていた．鼻腔と眼窩の間の頭骨の両側には，大きな開口部（前眼窩窓）があった．かたい口蓋が歯骨と前歯骨の水平突起によって形成される一方，より後部における口腔は高くアーチ状になっている．頭骨の基底部と耳の部分は膨れ，この部位の骨は強度に含気化されている（つまり，気室を内包していたのである）．完全な下顎骨（下の顎骨）はエルリコサウルスとセグノサウルスだけに知られている（図18.1，18.2）．アルシャサウルスの下顎は非常に断片的である．エルリコサウルスとセグノサウルスの下顎は浅く，その前部が下の方へ湾曲している．下顎の最吻部はエルリコサウルスとセグノサウルスでは無歯であるが，アルシャサウルスの場合は，まだ，そこに歯が存在する．

　上顎の多数の歯は形の上ではほとんど同じである．それらの歯はまっすぐで狭く，多少側方に扁平で，鋸歯縁がある．セグノサウルスとエルリコサウルスの下顎歯の最初の5本はまっすぐで，ほかの歯

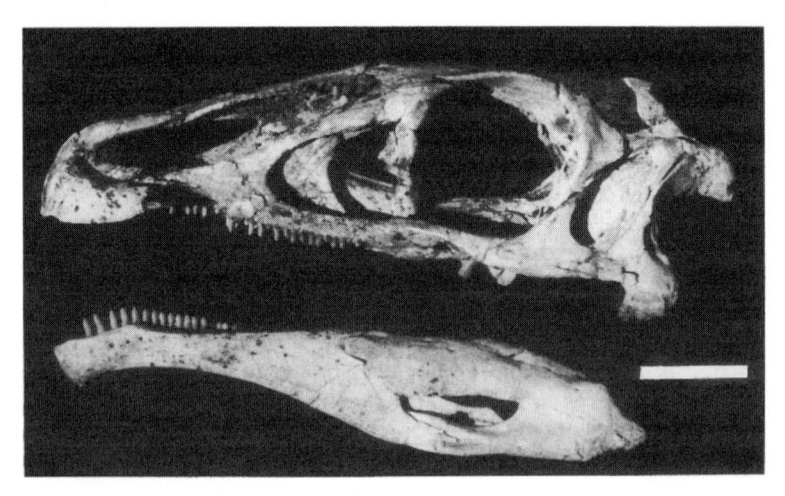

図18.1●エルリコサウルス・アンドルーシ（*Erlikosaurus andrewsi*）の頭骨と下顎骨（完模式標本：GIN 100/111，バイシーン・ツァフ，南東モンゴル）
　　　　スケールは4 cm.

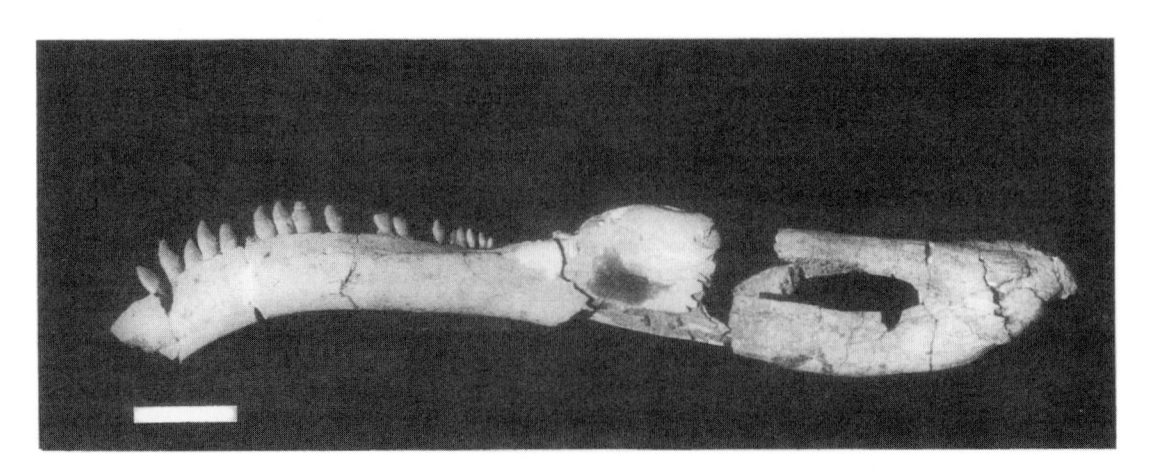

図18.2●セグノサウルス・ガルビネンシス（*Segnosaurus galbinensis*）の左下顎骨（完模式標本：GIN 100/80，アムトガイ，南東モンゴル）の側面図
　　　　スケールは4 cm.

に比べてより大きい．後部の歯は扁平で，鋸歯を持ち，明らかに後方へいくほど小さくなっている．

一般的な形状からすると，セグノサウルス類の頭骨・下顎・歯は獣脚類よりは古竜脚類のものに似ている．

ほとんど完全な椎骨の1組がナンシュンゴサウルスに知られている（尾部だけを欠く）．エルリコサウルスとセグノサウルスでは，脊柱は断片的にしか保存されていない．アルシャサウルスでは脊柱が部分的には保存されてはいても押し潰されているが，尾椎は関節していて完全に近い．セグノサウルス類の頸椎と前部胴椎は大きく，含気化が強く，神経棘は低い．短く幅の広い頸部（首）肋骨はエルリコサウルスとナンシュンゴサウルスでは椎骨に癒合しているが，アルシャサウルスでは癒合していない．頸椎の構造は竜脚類と類似している．背側（体部）肋骨は扁平で幅が広い．セグノサウルスでは6個の癒合した仙部（腰部）椎骨があるが，アルシャサウルスとナンシュンゴサウルスの仙椎は5個である．尾部は長さの点では中庸だが，知られている尾椎に基づいて判断すると，尾の前半部は重々しかったにちがいない．

胸帯はセグノサウルス，テリジノサウルス，そしてアルシャサウルスについて知られている．まっすぐで狭い肩甲骨と大きな烏口骨は獣脚類のものによく似ている．前肢は重々しい上腕骨（腕の骨）で特徴づけられる．その上腕骨には強度に広がった骨端部と，大きく骨質の隆起（三角胸筋稜）があり，テリジノサウルスの場合は上腕骨長の3分の2，セグノサウルスでは上腕骨長の半分以上の長さにわたって走っていた．しかし，エルリコサウルスにおいては，上腕骨長の半分に満たなかった（図18.3）．アルシャサウルスの上腕骨はRussell and Dong（1993）の復元ではほっそりしていて，その三角胸筋稜は広がっていない．セグノサウルス類の上腕骨に見られる形質的な特徴は，この骨の長さの中央あたりにある後内側面の鋭くとがった突起の存在である．この突起はセグノサウルス，エルリコサウルス，テリジノサウルスには存在するが，アルシャサウルスには見られない．

中手骨と3本の指を伴うほとんど完全な手部（手）は，テリジノサウルスとアルシャサウルスにおいてのみ知られている．一般的な外見は獣脚類のものに似ている．手の指節骨（指の骨）はテリジノサウルスでは短いが，アルシャサウルスの場合は比較的長い．テリジノサウルスの手のかぎ爪は非常に変わっている．圧縮され，弱く湾曲し，そして非常に長く，前腕よりも長い．テリジノサウルス・ケロニフォルミス（*Therizinosaurus cheloniformis*）の完模式標本に保存されているかぎ爪は約70 cmの長さがある！ セグノサウルスの手のかぎ爪も圧縮されているが，強く湾曲し，比較的にはより短く，より重々しいつくりになっている．

セグノサウルス類の最もめだつ特徴はその骨盤の構造で，セグノサウルス（図18.4），ナンシュンゴサウルス，エニグモサウルス（*Enigmosaurus*），アルシャサウルスに知られている．それは短く，しっかり腰椎と癒合し，腸骨（腰の上部の骨）は広く離れている．その腸骨は寛骨臼（骨盤窩）の前ではかなり厚さがあり，側方に強く張り出している．腸骨

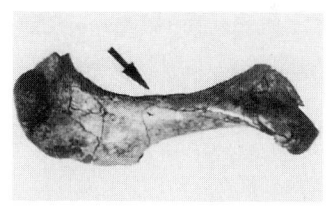

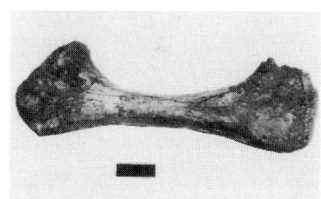

図18.3●エルリコサウルス・アンドルーシの左上腕骨の前面図と後面図
矢印は上腕骨の後中側面にある，鋭くとがった突起の位置を示す．スケールは4 cm．

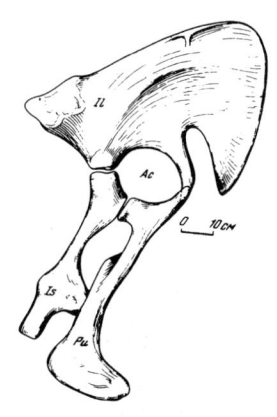

図18.4●セグノサウルス・ガルビネンシスの骨盤の右側面図
Perle 1979に基づく．

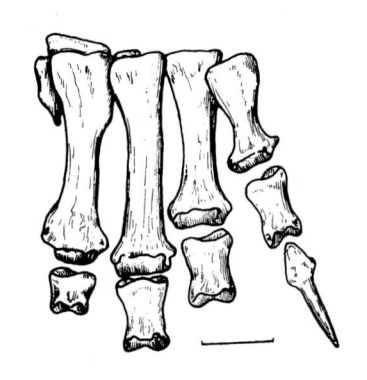

図18.5●セグノサウルス・ガルビネンシスの不完全な右足の背面図
Perle 1979に基づく．スケールは10cm．

の後寛骨臼部分は非常に短く，骨端はこぶ状の前部結節になっている．骨盤の他の2つの骨——恥骨と坐骨——は互いに平行で，いずれも後下方を指していて，いわゆる後恥骨型の骨盤をつくっていた．アルシャサウルスの場合は，腸骨の厚みのある前翼部の外方への張り出しは中庸程度である．また，その骨盤は比較的に長く，アダサウルス(Adasaurus)とかヴェロキラプトル(Velociraptor)といった後恥骨型の獣脚類の骨盤とより類似している．

ほとんど完全な後肢はセグノサウルスと，おそらくはテリジノサウルスに知られている(以下参照)．脛部の長さは大腿部の長さの80%を超える．脛骨は遠位で強度に広がっている．ほっそりした腓骨は脛骨に密に押しつけられている．両者の保存されている近位足根骨(かかとの骨)では，距骨に高く側方に湾曲した上向突起があり，一部獣脚類の足根骨に極めてよく似ている．セグノサウルス類の足(うしろの足)は4本指で短く，幅は広い．中足骨(砲骨)は5本の骨で構成され，第1〜第4中足骨が重々しい一方で，第5中足骨は退化している(図18.5)．足指の指節骨は白亜紀後期の型では短くずんぐりしているが，アルシャサウルスでは比較的により長かった．足指にあるかぎ爪はエルリコサウルスの場合は先がとがり，湾曲し，強く側方に圧縮されているが，セグノサウルスでは大きく，重々しく，湾曲し，わずかに圧縮されているだけである．アルシャサウルスでは相対的により短い．短く幅の広いセグノサウルス類の足部は，獣脚類のものより若干の古竜脚類のものに似ている．しかし，第1中足骨の近位部分は，おそらく，足根骨と関節していなかったであろう．

●セグノサウルス類の分類群と他の恐竜類との関係

セグノサウルス類に当てはまる属はほんの少数である．それぞれの属が単一の種だけで表されている．セグノサウルス・ガルビネンシス(Perle 1979)，エルリコサウルス・アンドルーシ(*Erlikosaurus andrewsi*)(Barsbold and Perle 1980)，エニグモサウルス・モンゴリエンシス(*Enigmosaurus mongoliensis*)(Barsbold 1983)は白亜紀後期の中期(?セノマニアン-チューロニアン[疑問符は年代が不明確なことを示す])の南東モンゴルのバインシーレ累層(Baynshirenskaya svita)から出た．ナンシュンゴサウルス・ブレヴィスピヌス(Dong 1979)は白亜紀後期(?マーストリヒチアン)の中国・広東省の南雄(Nanxiong)層から知られている．テリジノサウルス・ケロニフォルミス(Maleev 1954)は白亜紀後期(カンパニアン/マーストリヒチアン)の南モンゴル・ネメグト(Nemegt)層から，アルシャサウルス・エレシタイエンシス(Russell and Dong 1993)は白亜紀前期(?アルビアン)の中国・内蒙古自治区の阿拉善砂漠から出たが，これらも同様にセグノサウルス類であろう．

2本の足の指と，大きな湾曲したかぎ爪によって，カルノサウルス類の一種としてDong(1979)の記載したチランタイサウルス・ジェジアンゲンシス(*Chilantaisaurus zhejiangensis*)は白亜紀後期の中国の浙江省(ジェジアンZhezjang)から出たが，これもたぶんセグノサウルス類に属している(Barsbold and Maryańska 1990)．同様なことは，Gilmore(1933)に記載された1本の上腕骨(アメリカ自然史博物館標本[AMNH]6368)で，白亜紀後期の内モンゴルのイレン・ダバス(Iren Dabasu)層から出てティラノサウルス類の一種とされたアレクトロサウルス・オルセニ(*Alectrosaurus olseni*)についてもいえる(Mader and Bradley 1989)．カナダ，アルバータ州のジュディス・リバー(Judith River)層から出た一つの前頭骨が，Currie(1987)によってエルリコサウルスに帰せられているが，疑わしいと思われる(Barsbold and Maryańska 1990)．

セグノサウルスとナンシュンゴサウルスが記載された1979年以来，数人の著者がセグノサウルス類の分類群の相互関係と，この集団の他の恐竜類との類縁関係について議論してきた．Perle(1979)はセグノサウルスを含むセグノサウルス科という新しい科を設け，この新しい科を獣脚類に割り当てた

が，一方，Dong (1979) はナンシュンゴサウルスを竜脚類と考えた．1年後，新しい下目としてセグノサウルス類が——獣脚亜目の中の捕食恐竜類の別の系列として——提案された（Barsbold and Perle 1980）．1983年には Barsbold と Perle はセグノサウルス類の中に，エニグモサウルスのためのエニグモサウルス科という2つめの科を設けた．この科の名称は Barsbold and Maryańska (1990) によってセグノサウルス科の異名とされた．しかし，Perle と Barsbold が数本の論文中で示唆したセグノサウルス類の獣脚類との類縁関係は，同じ著者の他の論文中で弱められた．例えば，Perle (1981) は典型的なセグノサウルス類には，これらの恐竜を獣脚類や，ほかのどれかの恐竜の亜目に指定することを疑いもなく立証できるような形質は見られないと主張した．

セグノサウルス類の関係についての異なった解釈は Paul (1984) によって提案された．彼によれば，セグノサウルス類恐竜類はいかなる獣脚類様の形質も示していない．それよりも，一部の鳥盤目の形質と適応（特に植物食）を示す古竜脚類に由来している．したがって，セグノサウルス類は古竜脚類・鳥盤類の過渡期後期の典型をなすというのである．

Gauthier (1986) によると，セグノサウルス類は著しく特殊化しており，幅広い足を持つ竜脚形態類に類縁の可能性が最も高い．Barsbold and Maryańska (1990) はセグノサウルス類は竜盤類の植物食の集団であり，獣脚類より竜脚形態類により密接な関係があると考えた．Dong (1992) はセグノサウルス類を新しい恐竜類の目，セグノサウリスキア（Segnosaurischia）（Dong による原文のまま）として認めた．

セグノサウルス類の系統的位置に関しては，このグループの白亜紀後期の類縁者に見られる異常な形質の組合せのため，意見が非常に分かれている．その状況は，白亜紀前期のアルシャサウルス・エレシタイエンシスの記載以来，変化した（Russell and Dong 1993）．この種はほとんど完全だが，部分的に圧縮され関節がはずれた頭骨後部の骨格で示され，Russell と Dong によって，セグノサウルス類恐竜のうち，知られる最も原始的な一員として認められた．白亜紀後期セグノサウルス類の高度に派生し，特殊化した形質の一部は，アルシャサウルスではまだ存在せず，他の形質はそれほど発達していない．したがって，Russell と Dong はアルシャサウルスは疑いなく獣脚類の一つであり，形態学的には白亜紀後期のテリジノサウルス（＝セグノサウルス）類の祖先型に近いとした．そういうこともあり，彼らはセグノサウルス類の獣脚類との類縁関係の疑問は解決したものとした．

しかし，テリジノサウルスをセグノサウルス類の恐竜へ当てはめることには若干の注釈が必要である．テリジノサウルス・ケロニフォルミスは Maleev (1954) に設定され記載された．この種が記載された時，最初の極めて断片的な化石（大きなかぎ爪と肋骨）はカメ類の新科（テリジノサウルス科）に属すると Maleev は考えた．のちに，Barsbold (1976) が白亜紀後期の南モンゴル，ケルメン・ツァフ（Khermeen Tzav）から出たテリジノサウルス・ケロニフォルミスの新しい化石（関節した胸帯とかぎ爪を伴った前肢）を記載し，テリジノサウルス科を獣脚類へ移した．このように，テリジノサウルスは巨大なかぎ爪を伴う前肢のみによって知られている．Perle (1982) はセグノサウルス類に似た後肢を，テリジノサウルスの一種に属するものであろうとして記載した．そして，テリジノサウルス科をセグノサウルス下目に含めた．その Perle によって記載された化石は，Barsbold (1976) が記載したテリジノサウルス・ケロニフォルミスの前肢が発見された現場と同一層準と産地——極めて近いところ——から発見された．

Russell and Dong (1993) は Perle の解釈を受け入れた．彼らによると，アルシャサウルスの形態は，他のセグノサウルス類に対するテリジノサウルスの関係が非常に近いことを確認している．その結果，Russell と Dong は，セグノサウルス科という科名（Perle 1979）がテリジノサウルス科（Maleev 1954）の新参シノニム（新参同物異名）であると考えた．彼らは獣脚類恐竜のこのグループに新しい分類を提案した．テリジノサウルス上科で，アルシャサウルスのためのアルシャサウルス科と，残りの属のためのテリジノサウルス科（＝セグノサウルス科）の2科からなる．このように，Russell と Dong に従えば，アルシャサウルスの発見と記載は獣脚類とセグノサウルス類との類縁関係の問題を解決しただけでなく，セグノサウルス類をテリジノサウルス上科に「移しかえた」．Russell と Dong の見解によれば，これはティラノサウルス類やドロメオサウルス類よりは，オヴィラプトロサウルス類やトロオドン類といった獣脚類により近縁な堅尾類（テタヌーラ類 Tetanurae）の獣脚類群である．Clark et al. (1994) はエルリコサウルス・モンゴリエンシスの頭骨の解剖学的構造について再記載した．この種の頭骨の特徴は

テリジノサウルス類と獣脚類との類縁関係を支持するばかりでなく，RussellとDongによって主張されたテリジノサウルス類の堅尾類との類縁関係を確立した．しかし，この集団の細部にわたる系統関係は，まだ調査が必要である．

● 生態と系統についての仮説

セグノサウルス類の生物学的古生物学についての情報は不足している．セグノサウルス類の化石は川や湖の堆積物中で発見されてきた．Barsbold and Perle (1980) によると，セグノサウルス類の生態は他の獣脚類と異なっていた（あまり活動的でない）．そして，彼らはセグノサウルス類は両生的な魚食者であったかもしれないことを示唆した．Paul (1984) はこれらの恐竜類が植物食者だったことを提案した最初の人物である．このセグノサウルス類の食餌に対する解釈を支持するいくつかの特徴がある．歯の構造（その歯は抵抗力のある植物素材を処理するには貧弱なつくりに思われるが），鼻部前方が無歯という状態（おそらく角質のくちばしで覆われていた），部分的に発達した側面の歯骨棚（初期の頬部の存在を示唆）などである．Paulの論文はBarsbold and Maryańska (1990)，Russell and Russell (1993)，Russell and Dong (1993) によって受け入れられた．

これらの骨格上の形態から判断すると，セグノサウルス類は巨体を持つ，動きの遅い動物（植物食に矛盾しない他の特徴）で，長く，より遠くへ届く首と，高度な動きがとれる大きな手を持つ前肢，そして重量感のある足を持っていた．Dong (1992) はナンシュンゴサウルスを四足歩行の動物として復元した．しかし，Russell and Russell (1993)，Russell and Dong (1993) によると，脊椎や仙椎と体幹部の椎骨の自然な湾曲度といった形態（ナンシュンゴサウルスとアルシャサウルスに見られる）は，背骨が腰の前方で持ちあがり，二足歩行の姿勢を保つことができたことを示唆している（図18.6）．その前肢と重々しい尾の前方部は，その動物が歩き，または座っている時，支柱の役を果たしていたかもしれない．二足歩行の姿勢で立ち，歩く能力，可動性のある長い頸，そしておそらくものをつかむ器官として効果的に働いたであろう前肢の構造は，セグノサウルス類が高所の葉を食べた動物だったとする仮説を

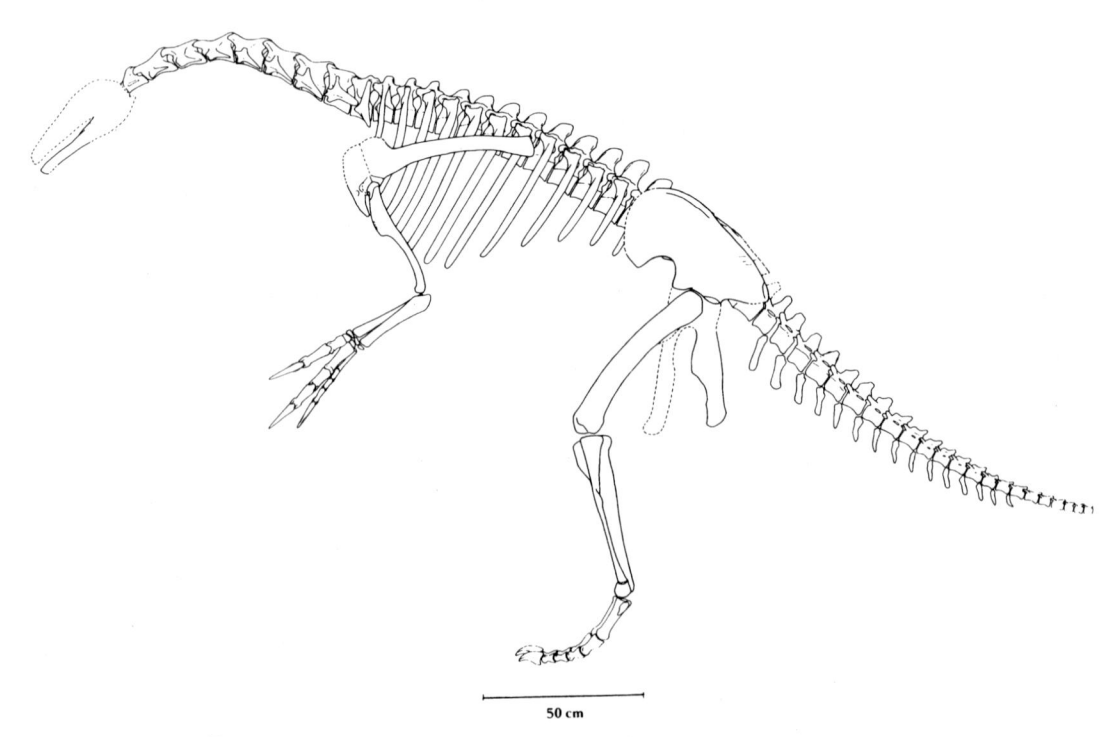

図18.6● アルシャサウルス・エレシタイエンシス (*Alxasaurus elesitaiensis*) の骨格復元図 Russell and Dong 1993による．

支持している（Russell and Russell 1993）．

　セグノサウルス類の約15年の研究期間には，他の竜盤類との類縁関係についての極めて議論を呼ぶ意見がいくつか述べられている．セグノサウルス類は獣脚類恐竜の一つの異常な系列を示すというPerle（1979）の最初の所説は，Russell and Dong（1993）そしてClark et al.（1994）によって認められた．セグノサウルス類の最も原始的な典型であるアルシャサウルスの頭蓋後部骨格の解剖学的構造と，エルリコサウルスの頭骨の特徴によってである．しかし，セグノサウルス類の異なる属の間の相互関係を認め，これらがどの獣脚類集団に最も近縁であるかを決定するには，さらなる発見といっそうの研究が必要である．現在知られている白亜紀後期の型の骨格は極めて断片的で，大部分は比較に堪えないため，この問題を解くには不十分である．この点に関しては，自身の野外経験からすると，筆者は楽観的である．目下，エルリコサウルスは唯一の標本――エルリコサウルス・アンドルウシの完模式標本――で知られている．しかし，1989年，モンゴルの一地方での2日間の滞在中に，筆者は岩石中にこの種の骨格化石2体を見た．このことはセグノサウルス類はわれわれが考えるほどまれなものではなく，この謎に満ちた恐竜のより完全な化石が結局は発見されるだろうという希望を与えてくれた．

● 文　献

Barsbold R. 1976. New data on *Therizinosaurus* (Therizinosauridae, Theropoda). *Soviet-Mongolian Paleontological Expedition, Transactions* 3：76–92.（In Russian.）

Barsbold R. 1983. Carnivorous dinosaurs from the Cretaceous of Mongolia. *Soviet-Mongolian Paleontological Expedition, Transactions* 19：1–117.（In Russian.）

Barsbold R. and T. Maryańska. 1990. Segnosauria. In D. B. Weishampel, P. Dodson, and H. Osmólska (eds.), *The Dinosauria*, pp. 408–415. Berkeley：University of California Press.

Barsbold R. and Perle A. 1980. Segnosauria, a new infraorder of carnivorous dinosaurs. *Acta Palaeontologica Polonica* 25：185–195.

Clark, J. M.；Perle A.；and M. A. Norell 1994. The skull of *Erlikosaurus andrewsi*, a Late Cretaceous "Segnosaur" (Theropoda：Therizinosauridae) from Mongolia. *American Museum Novitates* 3115：1–39.

Currie, P. J. 1987. Theropods of the Judith River Formation of Dinosaur Provincial Park, Alberta. Fourth Symposium on Mesozoic Terrestrial Ecosystems, Short Papers. *Occasional Paper of the Tyrrell Museum of Palaeontology* 3：52–60.

Dong Z. 1979. The Cretaceous dinosaur fossils in southern China. In *Mesozoic and Cenozoic Redbeds in Southern China*, pp. 342–350. Beijing：Science Press.（In Chinese.）

Dong Z. 1992. *Dinosaurian Faunas of China*. Beijing：Ocean Press, and Berlin：Springer Verlag.

Gauthier, J. 1986. Saurischian monophyly and the origin of birds. *Memoirs of the California Academy of Sciences* 8：1–55.

Gilmore, C. W. 1933. On the dinosaurian fauna of the Iren Dabasu Formation. *Bulletin of the American Museum of Natural History* 67：23–95.

Mader, B. J., and R. L. Bradley. 1989. A redescription and revised diagnosis of the syntypes of the Mongolian tyrannosaur *Alectrosaurus olseni*. *Journal of Vertebrate Paleontology* 9：41–55.

Maleev, E. A. 1954. New turtle-like reptile in Mongolia. *Priroda* 3：106–108.（In Russian.）

Paul, G. S. 1984. The segnosaurian dinosaurs：Relics of the prosauropod-ornithischian transition? *Journal of Vertebrate Palaeontology* 4：507–515.

Perle A. 1979. Segnosauridae-a new family of theropods from the Late Cretaceous of Mongolia. *Soviet–Mongolian Palaeontological Expedition, Transactions* 8：45–55.（In Russian.）

Perle A. 1981. A new segnosaurid from the Upper Cretaceous of Mongolia. *Soviet-Mongolian palaeontological Expedition, Transactions* 15：50–59.（In Russian.）

Perle A. 1982. On a new finding of hind limb of *Therizinosaurus* sp. from the Late Cretaceous of Mongolia. *Problems of Mongolian Geology* 5：94–98.（In Russian.）

Russell, D. A., and Dong Z. 1993. The affinities of a new theropod from the Alxa Desert, Inner Mongolia, People's Republic of China. *Canadian Journal of Earth Sciences* 30：2107–2127.

Russell, D. A., and D. E. Russell. 1993. Mammal-dinosaur convergence. *National Geographic Research and Exploration* 9：70–79.

19 古竜脚類

Jacques VanHeerden

　三畳紀後期，約2億3000万年前頃，長い首と小さな頭，そして大きな体を持つ恐竜の一群が地球上に姿を見せた．これらの恐竜は（主に）植物食だったと考えられるが，のちの植物食恐竜類ほど巨大な体形になりもしなければ，特殊な適応も示さなかった．彼らはジュラ紀前期の末期にかけて消滅した．

　1920年，偉大なドイツの古生物学者フリードリッヒ・フォン・ヒューネ（Friedrich von Huene）が，このグループに古竜脚類という名称を提案した．Huene（1914, 1920, 1932, 1956）は竜脚類・古竜脚類・肉食恐竜類をひとまとめにし，コエルロサウルス類をこの集団の姉妹群とした．この分類には1960年代に異議が唱えられ，Colbert（1964），Charig et al.（1965）や Bonaparte（1969）が重要な寄与をした．この例で，実際に「目をそらさせたもの」は（Walker［1964］により最初に認められた）肉食恐竜類様の歯と古竜脚類様の肢骨との関連の薄弱さであった．新しい型の恐竜の発見と，それまでに記載された三畳紀竜盤類の再調査によって，ヒューネの分類はもはや支持できるものではないことが明らかになった．

　知られる最も初期の古竜脚類は，竜脚類の祖先とするにはすでに特殊化しすぎている．「竜脚類の先駆者」を意味する「古竜脚類」という名称自体が誤った名称ということになる．しかし，代替の名称が提出されたにもかかわらず（例えば，Edwin Colbert

のプラテオサウルス類［1964］），古竜脚類という名称は今も残っている．

ある意味では，古竜脚類は恐竜研究における継子である．おそらく，これは，古竜脚類が恐竜類の進化史上，早期の，子孫を残さなかった可能性がかなり高い分類枝だからである．また，相対的に標本数が少なく，適切に保存された標本がわずかしかないことも原因であるのかもしれない．しかし，古竜脚類がジュラ紀や白亜紀の恐竜のように，アマチュアや専門家の心を捕らえなかったことは疑いない．こういったこともあるので，恐竜類が地球上に生息していた1億6000万年間のうち，最初の4分の1強にわたって古竜脚類がいたということを考えると目がさめる思いがする！

古竜脚類が最初に現れた当時（三畳紀後期），すべての諸大陸はまだパンゲアとして知られる単一の超大陸をつくっていた．三畳紀末期までに，パンゲアはそれぞれローラシアとゴンドワナとして知られる，北と南の超大陸に分裂し始めていた．知られる最古の古竜脚類の属は，現在ではアフリカ大陸と呼ばれている中央ゴンドワナからのものである．したがって，古竜脚類は世界のこの地域に起源を持ち，その後，他の諸大陸に広がったと思われる．

古竜脚類は最初に記載された恐竜類の中に入る．テコドントサウルス（*Thecodontosaurus*）は1836年に記載されたが，これは英国でメガロサウルス（*Megalosaurus*）とイグアノドン（*Iguanodon*）が発見されて間もなくのことであった．翌1837年には，ドイツのノーリアンから出た古竜脚類の化石が，ヘルマン・フォン・マイヤー（Hermann von Meyer）によってプラテオサウルス（*Plateosaurus*）として記載された．現在，この恐竜はすべての古竜脚類の中で最もよく知られていて，100を超す断片から，完全な骨格，さらに数個の頭骨まで知られている．マイヤーが最初にプラテオサウルスを記載した時は，個体群中の個体間の変異幅についてはわずかしか知られておらず，その恐竜の解剖学自体もまだあまり理解されていなかった．

この当時，オーウェン（Owen 1842）がこれらの大型爬虫類を記載するため，恐竜類（ダイノソア［dinosaur］:「恐ろしく巨大なトカゲ」）という用語をつくった．その後，若干の他のプラテオサウルス類の化石が記載され，ルドヴィヒ・リュティマイヤー（Ludwig Rütimeyer 1856 a）が「ディノサウルス（*Dinosaurus*）」と命名した．しかし，この名称はそれ以前にトカゲ類の一種に使用されていたため，変えなければならなかった．そこで，Rütimeyer（1856 b）は自分の化石をグレスリオサウルス（*Gresslyosaurus*）と再命名した．現在，この名前はプラテオサウルスのもう一つの名前（公式には「新参シノニム（新参同物異名）」）として一般的に認められている（Galton 1986a, 1990参照）．これらすべてのことは，プラテオサウルスは「恐竜」という名前に特別な関係を持っていることを意味している——ある意味でプラテオサウルスは「最初の」恐竜なのである．そして，ディノサウルスという属名の恐竜が現存しないにもかかわらず，その概念は人々の心を強く捕らえたため，爬虫類のこのグループ全部が「恐竜（dinosaurs）」として知られるようになった．そして，プラテオサウルスが「恐ろしいトカゲ」という特性を正当化すると仮定すると，われわれはティラノサウルス（*Tyrannosaurus*）やディプロドクス（*Diplodocus*）をなんと呼べばいいのだろう？

ここ160年間に，恐竜についてのわれわれの知識には多くが加わった．古竜脚類の多くの新種がこれまでに記載され，今ではその解剖学的構造，さらにはその生理学，行動学，また生態学上の諸様相に対する概念がより高度なものになっている．プラテオサウルスが最もよく知られているので，古竜脚類を記述するに当たり，この恐竜を基本として利用したいと思う．この解説はほとんどをHuene（1926, 1932）とPeter Galton（1984, 1985 c, 1986 a, 1990）によってなされた広範な研究に負っている．

●プラテオサウルスの解剖学

プラテオサウルス（図19.1）は小さな頭骨，相対的に長い首，多少とも梨状の胴体を持ち，その体重は骨盤周辺に重心がくる．その頭骨は頭骨高と頭骨長に比べると頭骨の幅が非常に狭いという点でかなり特異である．頭骨を上部から見ると，長く吻部へとがっている．側面から見ると眼窩の後部が下方に湾曲しているように見える．その結果，頭骨の長軸に対して，頭骨の後部（側頭部）の上縁は20°，下縁では30°の角度をなしている．頭骨の後部（後頭部）は，多少，矩形を呈する．1組の鼻孔は大きいが，眼の入る孔（眼窩）は他の古竜脚類に比べると小さい．鼻部と脳函の頭蓋内の雄型は，この動物たちの生活中で嗅覚が重要な役割を果たしていたことを示している．両眼は前向きというよりは側方を向いていた．したがって，奥行知覚は弱かったが，捕食者を見つける上で重要な広範な視野は持っていた．

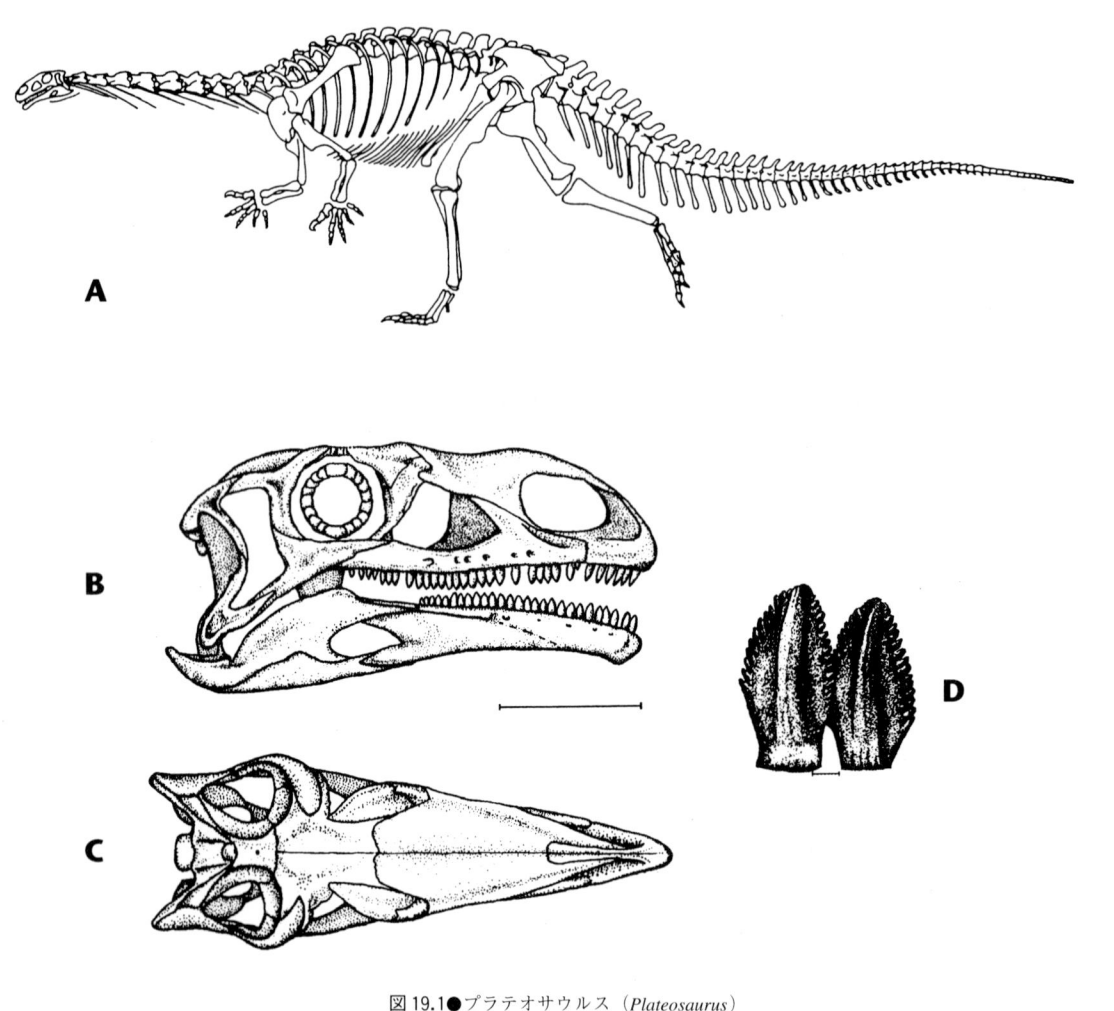

図 19.1● プラテオサウルス（*Plateosaurus*）
（A）Weishampel と Westphal による復元図，Galton 1990 より．（B）と（C）頭骨の側面図と背面図．（D）2 本の歯の側面図，Galton 1990 による．縮尺：A＝50 cm，B と C＝10 cm，D＝1 mm．

　上顎の歯列は長く（前上顎骨歯は 5～6 本，上顎骨歯は 24～30 本），眼窩の下中央部まで伸びている．下顎歯は 21～28 本で，この一連の長さは上顎歯列の 4 分の 3 にすぎない．その顎関節は歯列のかなり下にある．顎は鋏のような閉じ方ではなく，上顎歯と下顎歯の列が互いにかみあうクルミ割り的な動きをする．下顎の歯が生えている前部はかなり浅いが，一方，後部の 3 分の 1 はずっと深く，顎を開閉する筋肉を挿入するための内腔を提供している．歯は各歯槽に生えており（槽歯類の条件），規則的に置換する．両顎の前部にある歯の歯冠は先端へ向かって先細りし，わずかに後方へ湾曲している．奥歯は幅が広く，先端は扁平で，その歯冠は顎の長軸に対してわずかに斜めに生えている．したがって，1 本の歯の後縁はそのあとにくる歯の前縁にわずかだが重なることになる．歯の縁には鋸歯がある．歯には摩耗面がなく，採餌中，その歯が相互にすりあうことはなかったことを示している．プラテオサウルスには鼻道と口腔を隔てるやわらかい二次口蓋があった証拠があるので，食物を食いちぎるに当たって呼吸を妨げられることはなかった．採餌に関係があるかもしれない他の形質は，下顎の側面にある突起稜の存在である．この稜は頬筋の付着位として働いていたことが示唆されている．このような頬部は現在のシマリス同様，一時的に食物を蓄えるのに使われたのであろう．

　中軸骨格には前環椎，10 個の頸椎，15 個の胴椎，3 個の仙椎（骨盤と結合する）と約 50 個の尾椎，それに加えて複数の肋骨と腹肋骨（いわゆる腹部肋骨）が含まれる．その第 1 頸椎は長く低かったが，頭部から遠い方では高さを増し，首の軸側（軸方向の長さ）ではより短かった．頸部肋骨は細く，繊細

で，後方を指していた（つまり，首の軸に対して平行）．

体部の椎骨（脊椎）は骨盤の方へ向かって次第に大きさを増している．肋骨のうち最初の8本は丈夫なつくりである．生時には，それらの遠位端には軟骨が続き，独得の胸部を形成していた．第9脊椎から先の対の肋骨は次第に短くなり，互いにつながってはいなかった．肋骨に加えて，細い桿状の腹肋骨があり，腹側の腹壁を支えていた．

仙骨は3個の強力なつくりの椎骨からなっている．仙椎の肋骨は癒合して強直な構造を生んでいる．仙椎間の関節は仙椎間の側方への動きを制限するような配置になっている．このことは骨盤が仙骨に付着し，そして，ここが身体全体の主要な支持点だったという事実から見て重要なことである．

尾椎は約50個で，最初の数個は比較的に高く，短い椎体を持っている．その短い椎体はこの動物が尾の付け根付近から，かなり急激に尾を持ちあげ，曲げることを可能にしていた．このことは，この動物が樹木に寄りかかって後肢で立ちあがる時に重要だった．尾の先端に向かって，その尾椎はより小さくなっていく．尾椎の下には，個々の尾椎と関節してY字型の骨要素（いわゆる血道弓）があり，尾部の特に付け根部分で高さを増していた．血道弓は筋の挿入に役立っていた．

胸帯と前肢（図19.2）は四肢動物に典型的に見られる骨から構成されている．肩甲骨は長い葉片状の骨で，その末端は広がっている．その下方（遠位）の骨端部は厚くなり，上腕骨が関節するくぼみ（関節窩）の半分を形成している．関節窩の残り半分を形成するのが烏啄骨の一部で，肩甲骨同様に厚くなっているが，残りの部分は薄く，全体は多少卵形である．細く桿状の鎖骨の存在がプラテオサウルスについて報告されている（Huene 1926）．

身体の他の部分の長骨と異なり，上腕骨は「扁平」である．この骨はねじれた8の字状に見え，その両端は同一平面上にない．近位の拡大部（つまり肩甲骨に最も近い部分）は側方に伸びて三角胸筋稜になり，これは前方を指している．橈骨は上腕骨の半分よりわずかに長い．尺骨はそれより多少長く，上腕骨長のほぼ4分の3である．

手首をつくる手根骨は，通常，四肢動物の場合は2列になっている．プラテオサウルスの場合は近位手根骨（橈骨と尺骨に近い根骨）の化石が発見されていない．おそらく，軟骨性だったため保存されなかったのであろう．このことから，前肢は歩行に際してあまり重量を支えず，その手でものを巧みに扱う方が重要だったと推断できるであろう．2個の遠位手根骨（第1と第2）は通常は存在したが，第3手根骨も時には残っていたかもしれない．両遠位手根骨の縁は不規則で，両者が軟骨中で「丸みを帯びていた」ことを示している．遠位の手根骨は同数の中手骨の近位末端に載っていた．

中手骨は手の掌部を形づくる．第1中手骨は短く，ずんぐりした骨である．その遠位関節面（蝶番関節）は約45°の角度で傾いている．このことは手の掌部を下向きにした時（つまり回内），その第1指が斜め内方（内側）を指したことを示している．第2中手骨は中手骨中で最も長く，第3中手骨はそれよりわずかに短く，第4中手骨は第2中手骨の約70％の長さである．また，第2中手骨から第4中手骨に向かうにつれて，つくりが弱くなっている．第5中手骨は中手骨中で最も短く，一番がっしりしていない．5個の中手骨の近位端は大なり小なり一

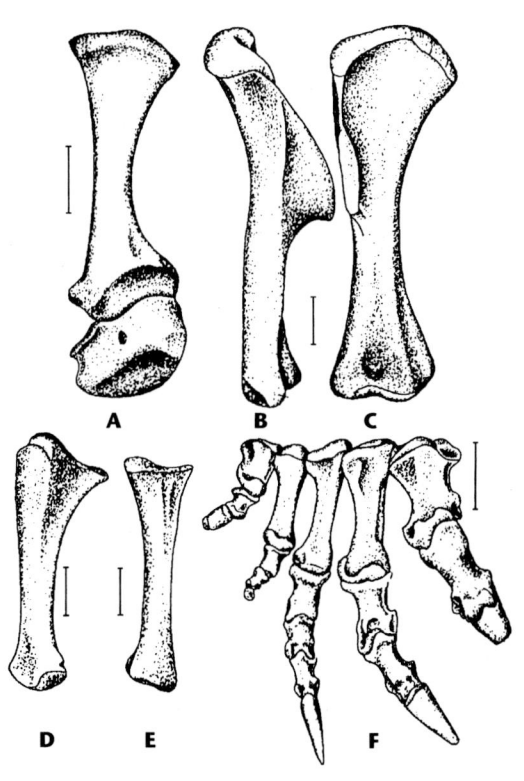

図19.2● プラテオサウルスの右胸帯と前肢．縮尺はすべて同率

(A) 肩甲骨と烏啄骨の側面図．(B) と (C) 上腕骨の側面図と前面図．(D) 尺骨の側面図．(E) 橈骨の側面図．(F) 手の前面図．Galton 1990による．縮尺：A＝10 cm，B〜F＝5 cm．

直線上にあり，そのことで掌部と手首をしっかり関節させていた．

手の指節骨（指の骨）式は，おそらく，2-3-4-3-2 である（各数字は第1指に始まり第5指で終わる各指に，それぞれ何個の指節骨があるかを示す）．第1指の第1指節骨は手のすべての指節骨の中で最も長い．第1指の爪指節骨はあらゆる爪指節骨の中で最大のものである．その大きさと鋭さはおそらく防御用に使われたことを示している．第2と第3指はより短く，第2指の各指節骨（爪指節骨を含む）は第3指のものよりがっしりしている．第4・第5指の各指節骨はかなり小さく，また，これらの指には爪指節骨がない．

骨盤（図19.3）は一対の腸骨・坐骨・恥骨から構成されている．腸骨はその高さ（深さ）の約1.5倍の長さがある．肉食恐竜類の状態と，そして多くの竜脚類の状態とさえ対照的に，腸骨扁平部分の前縁突起はとがっている．後縁突起は形の上で三角形により近い．寛骨臼は開いていて（貫通），一つの稜，上寛骨臼隆起がある．この隆起は寛骨臼の背側縁に接し，大腿骨（上腿の骨）の骨頭が入る関節窩を深くする上で効果がある．

恥骨は肩甲骨と同様に扁平状の骨である．この骨の腸骨に最も近い部分は，寛骨臼の外縁の一部を形成するように約90°の角度でねじれている．恥骨のこの部分には大きな開口部，いわゆる閉鎖孔がある．この閉鎖孔の下では2本の恥骨が中心線上で接し，そのため，前下方へ伸びた幅広い板状部（もしくは「エプロン」）が形成される．

坐骨の長さは恥骨の約80%である．この骨の近位端は扁平状だが，寛骨臼との境を形成する部分では厚い縁になっている．寛骨臼の下では，坐骨の近位端が恥骨と接し，癒合している．坐骨の遠位部分は軸状である．

側面もしくは背面から見た大腿骨は押し潰されたS字状を呈している．大腿骨の骨頭は寛骨臼に入るが，丸みはなく（人はそう思うだろう），むしろ扁平である．筋肉が付着する部位として重要な第4転子は極めて顕著である．この転子の位置は「二足歩行性」の大まかな指標である．二足歩行の肉食恐竜類の場合，この転子は大腿骨長の中間より上にあり，重量のある竜脚類の場合は中間より低い位置にある．プラテオサウルスでは第4転子の下端は大腿骨を二分した遠位部分にあり，この恐竜は例えば獣脚類ほど典型的な二足歩行者ではなかったであろうことを示している．

脛骨は大腿骨の長さの約75%である．この大腿骨長に対する脛骨長の低い比率は，プラテオサウルスが速い走者ではなかったことを示している．脛骨の低い方の（遠位の）末端には距骨の上向突起がはまる溝がある．腓骨は相対的にほっそりした骨で，近位末端は扁平な三角形状で，遠位末端は幅が広くなる．

足根骨は足首を形成し，手根骨と同様に2列になっている．近位の足根骨は距骨と踵骨である．距骨は厚い皿状で，凹んだ側面を持ち，踵骨とぴったり合うようになっている．踵骨はずっと小さい．距骨と踵骨は，ともに，脛骨および腓骨と機能的な単位を構成している．足首の関節は近位足根骨（距骨と踵骨）と遠位足根骨の間にくる．この様式は「進化型足根骨間足首関節」として知られており，すべての恐竜類・翼竜類，そして鳥類に見られる．

第3と第4の中足骨にかぶさるように，2個の遠位足根骨がある．両者とも皿状でおおよそ三角形を

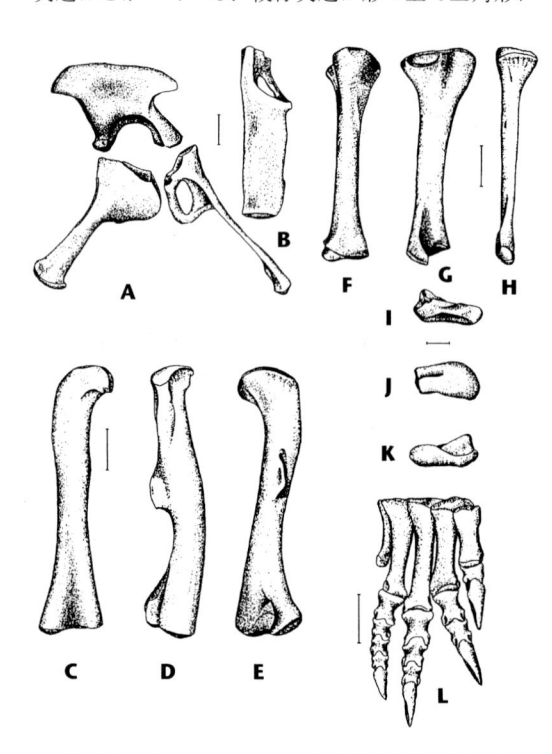

図19.3●プラテオサウルスの右骨盤と後肢．縮尺はすべて同率
（A）骨盤（腸骨，坐骨，恥骨は少し離してある）の側面図．（B）恥骨の前面図．（C〜E）それぞれ，大腿骨の前面図，側面図，後面図．（F）と（G）脛骨の前面図と側面図．（H）腓骨の側面図．（I〜K）距骨の前面図，近位端（背面）図，後面図．（L）足の前面図．Galton 1990による．縮尺：（A〜H, L）=10 cm，（I〜J）=5 cm．

なしている（Huene 1926：plate 6）．

中足骨は足（手の掌部の同等物）の「球状関節」を形成する．第3中足骨は中足骨中で最も長く，脛骨長の約半分の長さがある．第2と第4中足骨はわずかに短い．第5中足骨は第3中足骨の半分より短く，一方，第1中足骨は心持ち長い．第5中足骨を除いたすべての中足骨は多少の差はあれ同じ厚さを持つ．

足部の指節骨式は 2-3-4-5-1 で，第3指が最も長く，第4指はほんの少し短い．中足骨の遠位関節面の向きの結果として，足部は第2指と第3指の間でわずかに開いている．特に大きな爪指節骨はない．第1指から第4指にかけて，爪指節骨は順に小さくなる．第5指で唯一の指節骨は痕跡的である．

●その他の古竜脚類

アンキサウルス類とテコドントサウルス類（図19.4 A）は，より小さく，より軽量なつくりをしているという点でプラテオサウルス類と異なっている．これらの頭と眼窩は相対的により大きく，鼻孔はより小さく，その歯列はより短い（図19.5 A〜D）．顎関節は上顎歯列の少し下にあるため，その顎は鋏状の様式で閉じた．結果的に，上顎歯と下顎歯の奥歯は，まず相互に擦れちがい，次に顎を閉じ続けるにつれて，かみ合わせは次第に前方へ移動する．そのため，かむ力はどの時点をとっても，短い範囲にしかかからなかった．このことは咬合点では食べものにより強い力が加えられたことを意味し，より抵抗力のある食物を処理していたことを示している．この論点は両顎が比較的に短かった事実によっても支持されている．

一方，メラノロサウルス類とブリカナサウルス類は，かなり重量のあるつくりである．残念ながら，両科についてはまだ不十分にしか知られていない．ブリカナサウルス類は単一の後肢下部によって知られている（Galton and VanHeerden 1985）．最もよく知られているメラノロサウルス類は南米のリオハサウルス（*Riojasaurus*）属（図19.4 B）で，若干の部分骨格が発掘されている（Bonaparte 1972）．最近，Bonaparte（1994）は頭骨も記載した．一時期，メラノロサウルス類は竜脚類の祖先であると考えられていた．しかし，知られる最も初期のメラノロサウルス類でさえ，彼らを竜脚類の直接の祖先から除外

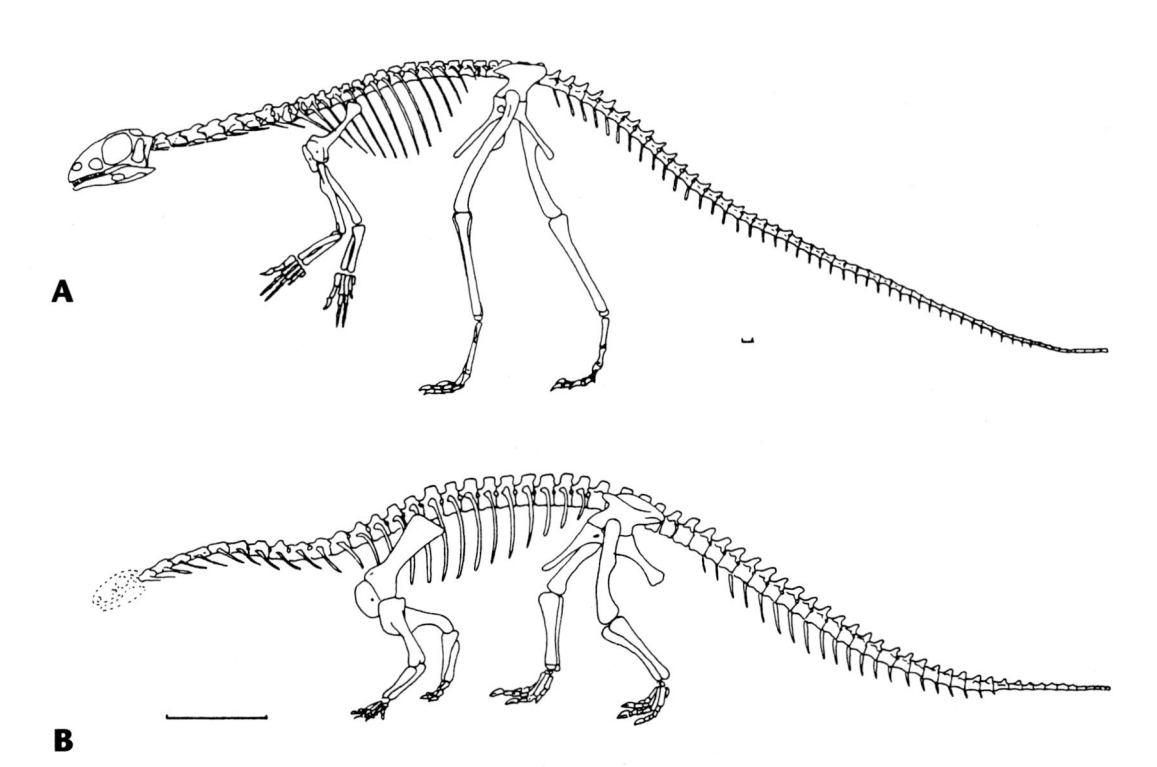

図19.4● (A) テコドントサウルス（*Thecodontosaurus*）の復元図（Kermack 1984）．(B) リオハサウルス（*Riojasaurus*）の復元図（Bonaparte 1972）．縮尺：A＝1 cm，B＝50 cm．Galton 1990 による

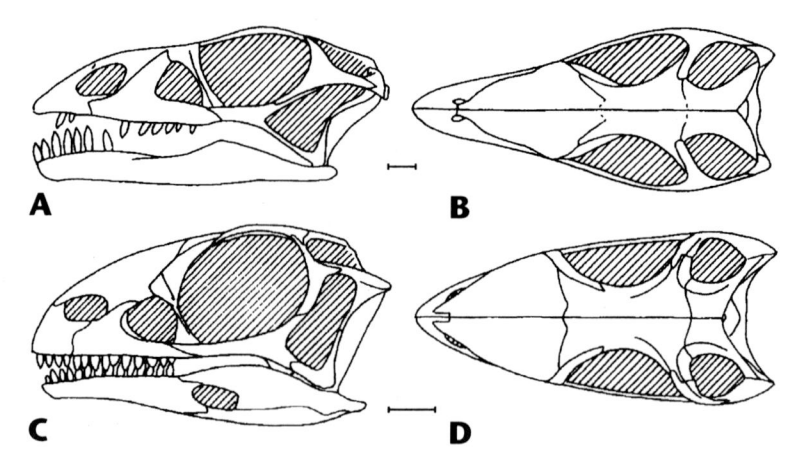

図19.5●アンキサウルス（*Anchisaurus*）(A, B) とテコドントサウルス (C, D) の頭骨のそれぞれ側面図と背面図 Galton 1990. 縮尺＝1 cm.

する多数の派生形質を持っている．それにもかかわらず，彼らは大きく重い身体を持ち，四足歩行の植物食恐竜へと向かう進化上の初期の発展を示しており，この点に関してはのちの竜脚類に似ていた．

●姿勢とロコモーション

現生の爬虫類は四足歩行だが，速く走る際にはトカゲ類が前肢を地面から離しているのを筆者は見たことがある．ワニ類さえ，そうするという非確認の報告もある．南アフリカ産のオオトカゲ（コモドオオトカゲの，より小型の類縁）は木につかまって後肢で立ちあがることができ，このような姿勢をとれるほど，その背骨に十分な屈曲性があることを示している．しかし，このような支持物なしに身体の前四半部を持ちあげることはできない．支持物がないところではこのような姿勢を維持するのに要するエネルギー対価はめだって高くなり，トカゲ類は短距離の場合のみ二足で走るが，その後疲れ果ててしまう．対照的に，絶滅した爬虫類の数グループは，そのほとんどが恐竜の分類群に入るが，日常的な二足姿勢であった．彼らはどのようにこれをなし遂げたのであろうか？ また，古竜脚類の通常の姿勢はどんなものであっただろうか？

一見したところでは，前肢と後肢の長さの比は，ある動物が二足歩行か四足歩行かの信ずべき指標になるはずである——つまり，前肢が後肢に比べて短いほど，その動物が二足歩行だったという可能性が高い．しかし，この事態はそれほど単純なものではない．多くの竜脚類と剣竜類では，前肢は相対的に短かったが背骨はひどく湾曲していたので，動物たちは4本足全部で歩いた．一方，オルニトミムス類に属するコエルロサウルス類のいくつかは比較的長い前肢を持っていたが（Barsbold and Osmólska 1990），その動物たちの体重を支えるには細すぎた．

ロコモーションの方式を決定するためにしばしば用いられる，より信頼できる別の解剖比は（Galton 1976 参照）後肢と体幹の長さの比である．後肢の長さは大腿骨・脛骨・第3中足骨の長さの合計で得られる．体幹の長さはすべての胴椎の椎体を合計した長さに等しい．しかし，なぜこれが二足歩行か四足歩行かの，より信頼できる指標になるのであろうか？

四足歩行者は4つの支持物——つまり，4本の肢を持っている．静止した二足歩行恐竜は，2本の後肢と尾が3つの支持物になりえたであろう．そのかわり，その恐竜は身体の前方部（骨盤の前部）の重量と尾部の重量で釣合いをとらなければならなかった（Molnar and Farlow 1990 参照）．これは指先で定規の釣合いをとるのに似ている．その定規の上に載せた任意の品物（例えば消しゴム）によって加えられる力は，支点からの距離にその品物の重量を掛けることで算出される．いわゆるモーメントである（図19.6 A）．アロサウルス（*Allosaurus*）とかティラノサウルスのような大型の二足歩行者の場合は大きな頭部と重い胴体を持ち，この側の合計したモーメントは脊柱を短縮することで減少されている．これは椎骨の数を減らすことより，個々の椎骨を短くすることで通常行われていた．同時に，尾の長大化が見られることがあるが，これは反方向の合計モーメントを増加させる（図19.6 B）．

モーメントを調節する他の方法を以下に述べる．

通常，支点は寛骨臼（大腿骨頭が骨盤に入るところ）内にあるが，大腿骨が下方よりは，むしろ前方に傾いている時は，膝関節が支点になる（図19.6C）．すると，重い骨盤とそれがとり囲む組織は効果的に支点の後方に移る．この方式で釣合いを保つ二足歩行者（例えば鳥類）の場合，大腿骨（上腿の骨）は脛骨（下腿の骨）より短い．大腿骨がはっきりわかるほど脛骨より長い場合（例えば古竜脚類），両側のモーメントの釣合いがとれる唯一の方法は体部（そして，たぶん頸部）を短くすることだったであろう．一部の恐竜類の場合は（しかし，おそらく古竜脚類はそうではない），かなり長い首をS字状に曲げることで，支点まわりのモーメントを効果的に減少していた．

ある動物が前進している時，そのモーメントは絶えず変化し，その解析はより複雑になる．もし，身体の前四半部があまり重すぎなければ，その動物は後肢で立ちあがることができる（シマリス類のように）．もし，後肢が十分に長く，足をより前方の，重心よりかなり前へ踏み出せるならば，その動物はその後肢で立って歩くことができる．多くの古竜脚類は実際このような方法で移動したと想定され，選択的二足歩行だったといわれている．

異なった古竜脚類についての各種の比率を表19.1にあげてある．二足歩行恐竜類では，後肢の体幹に対する比率は1：22の高さになりうる（例：ハドロサウルス類）．その比はトリケラトプス（*Triceratops*）とステゴサウルス（*Stegosaurus*）では0.9，他の一

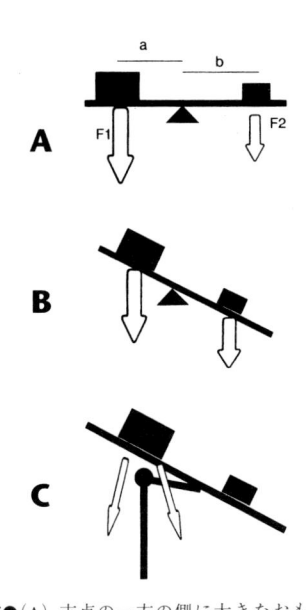

図19.6●(A) 支点の一方の側に大きなおもり，反対側により小さなおもりが載っている単純なてこ機構．反時計回りのモーメントは距離 a と力 F 1 により生まれる；時計回りのモーメントは b×F 2 である．おもりから中央までの距離を調節することで，てこの釣合いをとり，水平位置に保つことができる．その場合，F 1×a＝F 2×b．(B) 二足歩行恐竜体形におけるてこ機構のシミュレーション．ここではてこはある角度で傾いている．(C) 大腿骨が多少とも水平位置に保たれ，寛骨臼の中での大腿骨の回転が制限されると，主な支点は膝にくる．これにより，体重の一部が支点のうしろに効率的に移動する．ここでは2本の矢印で示した

表19.1●古竜脚類恐竜類の体部測定値と比率（単位：mm）

	上腕骨＋尺骨＋第2中手骨（掌骨）	大腿骨＋脛骨＋第3中足骨（足骨）	体幹長	前肢/後肢比	後肢/体幹比	第3中足骨/脛骨比
アンキサウルス	150＋105＋36	211＋145＋98	507	0.64	0.90	0.68
セロサウルス	175＋100＋53	226＋216＋131	537	0.57	1.07	0.61
テコドントサウルス	220＋150？＋50	255＋180＋110	640	0.77	0.85	0.61
プラテオサウルス	400＋270＋100	680＋490＋240	1415	0.55	1.00	0.49
リオハサウルス	470＋310＋150？	600＋510＋200	1600？	0.71	0.82	0.39
マッソスポンディルス				0.44	0.95	0.42－0.53
ルーフェンゴサウルス	327＋215＋56	555＋357＋216	約1216	0.53	0.92	0.61

データの出所：アンキサウルス（*A. polyzelus*）は YPM 1883 に基づく．データは Galton 1976 による．セロサウルス（*S. gracilis*）は Galton (1973) が記載したエフラアシア・ディアグノスティカ（*Efraasia diagnostica*）による．尺骨と第3中足骨の長さは第2標本からの推定で得た．一連の胴椎は不完全で，その長さは推定である．テコドントサウルス（*T. antiquus*）は Huene 1932：116, plate 54 (1) に基づく．体幹長が復元されている．プラテオサウルスは Huene 1926 に基づく．リオハサウルスは Bonaparte 1972 による．体幹長は復元図から推定した．マッソスポンディルスは Cooper 1981 によって記載された標本QG 1559 に基づき，彼は比率のみ示し，実測値は示していない．また，Cooper はその計算に当たって第2中手骨のかわりに第3中手骨の長さを使ったので，小さな差異は起こるだろう．ルーフェンゴサウルスは Young 1941 に基づく．ほとんどの数字は左右両側の測定値の平均値である．第15脊椎の椎体長は 80 mm とされている．

部の四足歩行恐竜類ではかなり低い(Galton 1976). この比率に基づくと，セロサウルス(*Sellosaurus*)とプラテオサウルスは選択的な二足歩行だったかもしれない．一方，その脊柱の構造に基づくと，Christian and Preuschott (1996) によれば，プラテオサウルスは日常的な四足歩行と解釈された．

前進方法のもう一つの手がかりは前肢，特に手の構造に見られる．前肢が体重のかなりの部分を支えている場合は，前肢は頑丈になり，中手骨と指節骨(それぞれ手のひらと指)はかなり短い．対照的に，Huene (1926) はプラテオサウルスの手を「つかむ手」として記載し，この動物を二足歩行の姿で復元した．

前文に密に関連するものとして，歩行跡によって得られる証拠がある．このような証拠は注意して取り扱うべきであるが，歩行跡がかなり安心して化石遺物と関連づけられる実例がある(Baird 1980；Olsen and Galton 1984；Farlow 1992；Lockley et al. 1992；Lockley and Hunt 1995 参照)．若干の足跡属(つまり足跡に基づく属名)が，少なくとも一部は古竜脚類に帰せられている．Baird はナバホ砂岩層(北米)から出た足跡をナバホプス・ファルキポレックス(*Navahopus falcipollex*)として記載した(図 19.7 A)．彼はその連続歩行跡を同じ層準から出たプラテオサウルス類の古竜脚類アムモサウルス(*Ammosaurus*)に帰した．Ellenberger (1972) は下部エリオット層(南アフリカ)から出た類似足跡をテトラサウロプス・ウングイフェルス(*Tetrasauropus unguiferus*)として記載した(図 19.7 B)．足跡のどちらの組も第 5 指が退化した 5 本指の足と，第 1 指の分離した，ひどく大きな爪指節骨を持つ手を示している．

Olsen and Galton (1984) によれば，エリオット層から出る歩行跡で認識でき，最も多産するものは足跡属のブラキキロテリウム(*Brachychirotherium*) に属するものと思われる．足で最も長い指は第 3 指で，第 4・第 2・第 1 そして第 5 の順に短くなる(図 19.7 C)．手の印象が存在するところでは，5 本の指はほぼ等長である．このような印象は大型の槽歯類，おそらくラウイスクス類によって残された可能性がある．しかし，手の印象が存在しない実例がたくさんあり，その足跡は古竜脚類によって残された可能性がある．Ellenberger (1972) はエリオット層から出たこういった連続歩行跡をプセウドテトラサウロプス・ビペドイダ(*Pseudotetrasauropus bipedoida*)として記載した．そして，Olsen と Galton はこれを「二足歩行ブラキキロテリウム」連続歩行跡と名づけた．

Farlow (1992) はモロッコ(北アフリカ)のプリーンスバキアンから出た 2 つの型の足跡に注目し，二者の中の一つはメラノロサウルス類かブリカナサウルス類の古竜脚類の，非常に大型の子孫によって残されたものかもしれないと示唆した．Lockley et al. (1992) は北米の三畳紀後期とジュラ紀前期から出た連続歩行跡(プセウドテトラサウロプス，テトラサウロプス，そしてオトゾウム *Otozoum*)を古竜脚類に属するものと同定した．これらの著者はプセウドテトラサウロプス連続歩行跡は繊細な二足歩行動物によって残され，そしてテトラサウロプスの印象は重い四足歩行動物によって残されたものと結論した．このことは同一名称の南アフリカ産の足跡にも当てはまる．

Galton (1990) は大多数の古竜脚類はおそらく選

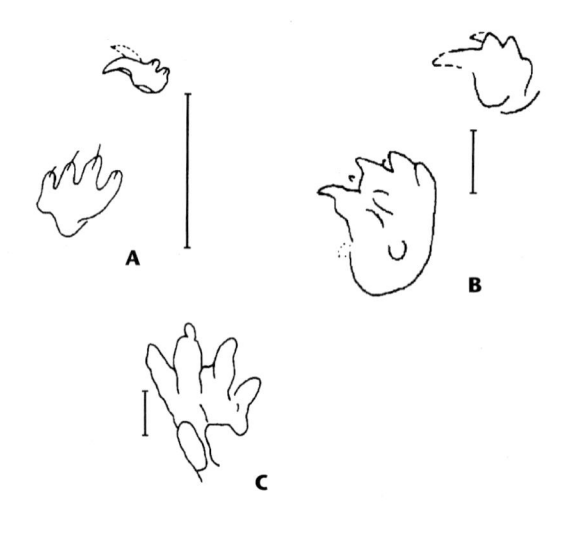

図 19.7● (A) ナバホ砂岩層(ジュラ紀前期)から出た右の手と足の印象．ナバホプス・ファルキポレックス(*Navahopus falcipollex*)として記載され，プラテオサウルス類のアムモサウルス(*Ammosaurus*)に帰された(Baird 1980：Fig.12.3 より)．(B) 南アフリカのエリオット層(三畳紀後期)から出た類似の印象．Ellenberger (1972；Olsen and Galton 1984 により作図)によって，テトラサウロプス・ウングイフェルス(*Tetrasauropus unguiferus*)として記載された．(C) エリオット層から出た二足歩行爬虫類の足跡．Ellenberger 1972 によって，プセウドテトラサウロプス・ビペドイダ(*Pseudotetrasauropus bipedoida*)として記載され，Olsen and Galton 1984 はブラキキロテリウム(*Brachychirotherium*)に帰した．縮尺＝20 cm

択的な二足歩行であるが，アンキサウルス（Anchisaurus）やセロサウルスなどの軽量体型は「より二足歩行的」であり，テコドントサウルス（Thecodontosaurus）は全くの二足歩行であったかもしれないと結論づけた．骨格化石を，直接，連続歩行跡と関連させるのは不可能であるが，二足歩行の古竜脚類の連続歩行跡と思われるものが現在では記載されているという事実が，ガルトンの結論に重みを与えている．一方，四足歩行型はその後肢で立ちあがり，付加的な支持物としての尾を使うことで，この姿勢を維持できた（Bakker 1978 参照）．このような姿勢の時は，古竜脚類は手の大きな第1爪指節骨を防御や攻撃にさえ利用できた（Galton 1976, 1990）．しかし，手の構造と連続歩行跡化石から判断すると，ほとんどの古竜脚類は二足歩行で移動したと思えそうである．例外はそれらが斜面を登る時（例えばBaird［1980］のナバホプス足跡主の復元）とか，より重量のあるつくりのメラノロサウルス類やブリカナサウルス類における場合である．南米産のメラノロサウルス類のリオハサウルスでは，手の第1爪指節骨はプラテオサウルスのものに比べて相対的に小さい．また，その第1指はそれほど強く偏ってもいない．このような手はプラテオサウルスにおける場合よりも，身体の前四半部の重量を支えるのにより適応している．リオハサウルスにおける体幹・後肢比も二足歩行よりは四足歩行だったことを示している．

走行能力（つまり，その動物がいかに速く移動できるか）を考える時，中足骨と脛骨の比はよい指標になる（Ostrom 1978）．二足歩行恐竜類においては，この比は0.45まで低くなりうる（アロサウルス［Madsen 1976］）．セロサウルス（＝エフラアシアEfraasia）の場合はその比が0.53で，アンキサウルスでは0.68であり（Cooper 1981），このことはこれら2種の恐竜がかなり速く走れたことを示している．

● 感覚器官

一部の小型古竜脚類の場合（特にテコドントサウルス類），眼窩は大きく鼻孔は小さい．このことは，おそらく，これらの動物にとっては嗅覚より視覚の方がより重要であったことを意味している．しかし，テコドントサウルスの場合さえ，両眼は前面より側面に向いており，立体視より広範な視野という結果になる．プラテオサウルスと関係のある形態の古竜脚類の場合は，その鼻孔と嗅神経が比較的大きく，眼窩は小さく，その行動の中では嗅覚が重要な役割を果たしていたことを示している．

Osmólska（1979）はほとんどの植物食恐竜類（古竜脚類を含む）に見られる大きな鼻孔は，その動物が植物食からとり込む過剰カリウムイオンをとり除く助けとして塩腺があった可能性を示唆した．一方，Whybrow（1981）は呼吸組織と塩腺のための十分な余地は鼻孔中になかったであろうと論じた．前眼窩窓が一部の現生カモシカ種に見られるのと似た香腺を収容していた可能性がある．この腺から分泌される香気はテリトリーを匂いづけするか，交配フェロモンを放出することに使われた可能性がある．

● 食物と採餌

古竜脚類が何を食べたかについては多くの推測がある．彼らの咀嚼器官は抵抗のある植物素材を処理するには不向きなように思われる．まず，歯がかなり「扁平」で（へら状，図19.1 参照），通常，植物食の歯に見られる摩耗面を欠いている．第二に，ユンナノサウルス（Yunnanosaurus）を除き，歯同士による摩耗を示すものがない．第三に，哺乳類の植物食の場合のように，下顎が側方に動いた可能性がない．実際，頭骨全体のつくりはかなり弱く，おそらくかたい食材をかみ続けることには耐えられなかったであろう．

この争点をさらに混乱させることに，大きな「肉食恐竜」状の歯が古竜脚類の化石とともに発見されている．このため，多くの人がメラノロサウルス類（そして，たぶん他の古竜脚類）は肉食者だったと想定するようになった．これらの歯はしばしば歯根を欠き，そのことは捕食者と被食者の命がけの闘争の中でおそらく歯が抜け落ちたことを示唆する，と指摘したのがMick Raath（Cooper 1980 内）であった．この壊れた歯は非恐竜類の分類群を含む，多数の大型肉食者グループのどれのものでもありうる．

Cooper（1981）は彼がなぜマッソスポンディルス（Massospondylus）（図19.8）を屍肉食（これはCooperの引用で，本来はMick Raathによって示唆された）であるとともに，「小型の爬虫類・両生類・哺乳類・昆虫類・おそらく魚類さえも食べる，自分に都合のよい機会に乗じる採餌者」の肉食者だったと認めているかについて多くの理由をあげている（Cooper 1981：814）．

これらの考えはGalton（1984, 1985 b, 1986 b）に

よって議論され，彼は古竜脚類は植物食だったと主張した．彼は肉食爬虫類と植物食爬虫類の典型的な適応性を比較した（Galton 1986 b：Table 16.1）．彼の表を多少簡略化した形に改め，筆者の最終的比較を付加して，ここにあげる（表 19.2）．

顎関節が歯列と同一線上にある場合，その顎は鋏状の方式で閉じる．このことはかむ力がどの時点でも1点に集中することを意味する．対照的に，顎関節が歯列から顎関節が歯列平面より下がった位置にある場合は，かむ力は顎のより長い範囲に分配され，どの1点をとっても働く力は小さくなる．

広い歯隙を持った歯はかみ裂き構造としてよりすぐれ，一方，歯隙の狭い歯はかみ切る縁を形づくる．歯が前後に並んでいる時は，獲物がもがいてもどの歯も壊れにくいし，獲物が逃げようとすると歯が獲物に与える損傷はより大きくなる．歯冠の長軸が顎の長軸に対してある角度を持つような配置の歯の場合は，獲物がもがくことによってその歯は容易に折れる．同じ理由で，葉片状の歯は実質的な抵抗にあった時は歯根の上で壊れやすくなるだろう．一方，肉食型の釘状の歯は短剣のように働き，顎を開けば獲物から容易に引き抜くことができる．その上，前後に並んでいるような歯の場合，獲物がもがくことによって前後の歯による裂け傷が合体し，より損傷は大きくなるであろう．

歯の鋸歯に関しては，金鋸を使ったことがある人は知っているように，細かな鋸歯は金属を切るが，粗い鋸歯はよりやわらかい素材にしか向いていない．植物素材が動物の肉より抵抗が多いのは概して

表 19.2 ● 肉食と植物食爬虫類の顎と歯の形質対照表

肉食爬虫類	植物食爬虫類
①顎関節は歯列と同一水準にある	⑦顎関節は歯列の下にくる
②歯はほかの歯との間に大きな歯隙を持つ	⑧歯は密生して配置される（歯隙は小さいか，なくなる）
③歯冠は顎の中央部沿いに1列に配置	⑨歯冠は顎の長軸に対して「ねじれ」，歯は側面から見ると互いに重なりあう（梯形状配列）
④歯冠は基部から先端に向かい，連続的に先細りになる	⑩歯冠はまず幅が広くなり，次いで先細りになる（つまり，葉片状である）
⑤歯には歯冠の縁に直角に細かな鋸歯がある	⑪歯は歯冠の縁に対して約45°をなす粗い鋸歯を持ち，先端にいくほど多くなる
⑥歯の大きさはさまざまで，壊れ欠損した歯は新しい歯によって絶えず置換形成される（例：クロコダイル，アロサウルス．Madsen 1976 参照）	⑫歯は破損が少ないため，大なり小なり，同じ大きさである

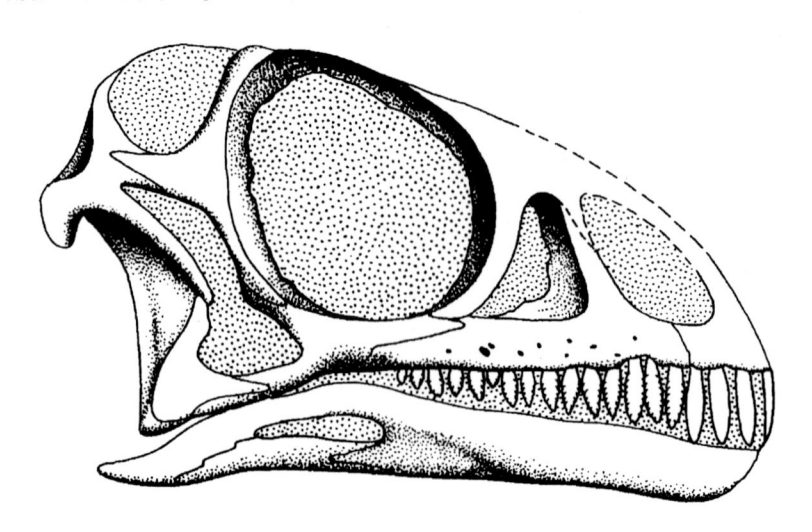

図 19.8 ● マッソスポンディルス（*Massospondylus*）の頭骨の側面図（Cooper 1981 による）．縮尺＝2 cm

事実だが，恐竜の植物食者はかなり選択的で，植物の木質素材は敬遠していたようである．

これまで書いてきたことから，古竜脚類の大半は（全部ではないとしても）肉食者の食物にはあまり適応していなかったであろうことは明らかである．また，彼らが抵抗のある植物素材を処理できなかったであろうことも明らかだが，よりやわらかい植物素材，特に背の低い植物（トクサ類・古生マツバラン類・シダ類・種子シダ類）の葉が十分に得られたようである．顎の歯が斜めに配置されていることは，頭部の側方への動きで葉を食いとったことを示している．プラテオサウルスの場合，その顎はクルミ割り方式で閉じた．くちばしが狭いため，植物素材は短い切片にかみ切られたであろう．やわらかい二次口蓋が口の中でのいっそうの食物処理作用を示しているため，頬と歯の間で食物素材を入れかえた可能性もある．

しかし，顎関節が（下顎の）歯列とほとんど同じ水準にあったため，より鋏方式の顎の動きを持っていたアンキサウルス類とテコドントサウルス類ではどうなのか？ これらの動物は顎を閉じた際，かむ力を短い範囲に働かせることができ，顎の働きは肉食者に似ている．しかし，歯の基盤はプラテオサウルスの場合より広いが，これらの恐竜類の歯は葉片状である（Galton 1990：Fig. 15.4 D）．彼らの歯の鋸歯は歯の縁に対して約45°の角度でついており，プラテオサウルスの歯の鋸歯よりいくぶん細かくなっていて，より抵抗のある食物をとったことを示している．しかし，これらの恐竜類が上等な捕食者だったとは思えない．また，屍肉の採餌という考えも除外できるとしていいであろう．なぜなら，現生の屍肉採餌者の持つ適応（強力な顎を持つハイエナ，鉤状のくちばしを持つハゲタカ）を，彼らは何一つ示していないからである．また，立体視を欠くため，飛んでいる昆虫を捕らえるのもあまりうまくなかったであろうが，おそらく這っている昆虫類は食べられたであろう．したがって，その証拠は植物食，あるいは最上の場合でも雑食を支持している．おそらくこれらの爬虫類は葉よりは丈夫な植物素材，例えば若木などを採餌していたのであろう．その長い首は背の高い植物の生長する先端に届くことによく適していたと思われる．

食物をさらに機械的に分解するのは，胃石（小さな石）の入っている胃咀嚼器の働きを通して，胃の中で起こっていた．胃石はマッソスポンディルス（Bond 1955；Raath 1974）とセロサウルス（Huene 1932；Galton 1973：エフラアシアはセロサウルスの新参シノニム［新参同物異名］，Galton and Bakker 1985 参照）について報告されている．Farlow（1987）はこれらの恐竜が食物のより栄養価のある成分を選ぶ高い通過率を選ぶことができたであろうと示唆した．Galton（1990）は短い小腸・長い大腸・区切られた結腸，さらに植物素材を破砕するよく発達した共生微生物相で，これらの恐竜が低い回転率を持てたであろうと結論した．

● 活動レベル

われわれはこれらの初期の恐竜類が，どの程度の活動レベルでなければならなかったかについては推定することしかできない．活動性は異なった体部の比率（例：胴長に対する脚長）だけではなく，多くの物理的な要素，例えば呼吸速度・食物消化速度・また血液循環などに基づいている．連続歩行跡が化石動物と合理的に関係づけられる場合には，歩幅の指標を入手できるが，このような証拠も完全に疑いの余地がないというわけではない．したがって，論争の余地のないような証拠は存在しない．表19.1にあげた後肢の比率（特に最後の欄の比率に注意）は現生哺乳類の比率と対比でき，少なくとも移動速度の指標にはなる（Coombs 1978）．より小型の古竜脚類（アンキサウルス類，テコドントサウルス類，マッソスポンディルス類，そしてプラテオサウルス類の中のセロサウルスとアムモサウルス）はたぶん遅い走者で，一方，より大型のものはより重く，いっそうゆっくり移動した．

● 進化上の類縁関係

Sereno（1989）は竜脚形類は2つの分岐群を含むことを示唆した．一つが竜脚類であり，第二の分類群が古竜脚類とセグノサウルス類で構成される．Sereno は一つの単系統群（共通した起源を持つもの）を構成することを示唆する，古竜脚類間のいくつかの共有派生形質を列挙した．セグノサウルス類と古竜脚類が共有する形質はすべてが頭骨に言及しているため，いまだにその頭骨が知られていない場合には，直接利用することはできない．Sereno はすべての竜脚形類が共有する形質についても注目した．彼の見解によると，単系統群としての竜脚形類と竜盤類には強固な論拠がある．

Galton（1990）は下記のような古竜脚類の標徴を

```
竜脚類
テコドントサウルス
アンキサウルス
マッソスポンディルス
ユンナノサウルス
プラテオサウルス
ルウフェンゴサウルス
コロラディサウルス
セロサウルス
カメロティア
リオハサウルス
メラノロサウルス
ブリカナサウルス
```

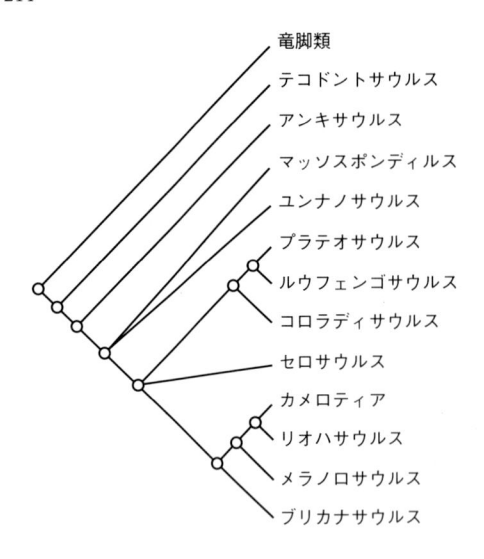

図19.9●古竜脚類の分岐図（Galton 1990）

提出した：大腿骨長の約半分の頭骨；上顎骨歯列の水準より少し下がった顎関節；小さくて構造的に類似した歯，もしくは，ほんのわずかなちがいのある葉片状で，縁に粗い鋸歯のある歯；大きく先のとがった爪指節骨を持つ第1指，第4・第5指の退化；幅の広い「エプロン」を形成する恥骨の遠位部分；痕跡的な第5指を伴う足．

Galtonの古竜脚類についての分岐図をここにあげる（図19.9）．この分岐図は祖先型の竜盤類は比較的に小型で，二足歩行，直立した走行性の動物であったという仮定を反映している．ヘレラサウルス，スタウリコサウルス（Staurikosaurus），そしてラゴスクス（Lagosuchus）は外群比較として利用された

（Gauthier 1986；Galton 1990）．知られている古竜脚類の中で，テコドントサウルスはこのような仮説上の祖先に構造上で最も近い形態のもので，この古竜脚類は小型で二足歩行，そして少なくとも亜走行者（つまり，ゆっくり走るもの）であった．

古竜脚類の分類群の分岐図内でのまとまり方は，その分類群の進化が下記のような傾向で特徴づけられることを示唆している．鼻孔の発展的な拡大，歯列の長さの増大，漸進的に腹側により低く位置した顎関節，首と体部の長さの長大（後肢に比べて），前肢の伸長，大腿骨の「直線化」，大腿骨の中間にある筋付着点（第4転子）の下方への移動．

提案された分岐図に問題がないわけではない．すでに述べたように，この分岐図は祖先の竜盤類が比較的に小型で二足歩行，直立し，走行性だったという仮説，中でも，Huene（1932）とRomer（1956，1966）に支持された考え方に基づいている．しかし，古竜脚類の知られた化石記録を考えてみると（表19.3），テコドントサウルスやその他の軽量級の古竜脚類は比較的に遅く登場したことが明らかである．それに対して，リオハサウルス，メラノロサウルス，そしてエウスケロサウルス（Euskelosaurus）などの極めて初期の型は大きく重々しいつくりで，むしろ，非常に重い動物であった．これらの型がゴンドワナ大陸の南部のかなり広範な地域を構成するところから出てきて，アンキサウルス，マッソスポンディルス，そしてテコドントサウルスのような形態の化石記録がそのあとに続くという事実は，これが化石記録中の単なる地方的変種ではないことを示している．単に分岐図の仮説にあうように，軽量の

表19.3●古竜脚類属の属序分布

世	期	百万年前	属	
ジュラ紀前期	トアルシアン	194		?アンキサウルス
	プリーンスバキアン	200	マッソスポンディルス	アムモサウルス
	シネムリアン	206	ユンナノサウルス	
	ヘッタンギアン	213	ルーフェンゴサウルス	
三畳紀後期	レーティアン	219	カメロティア	テコドントサウルス
	ノーリアン	225	コロラディサウルス エウスケロサウルス ムスサウルス プラテオサウルス セロサウルス ?メラノロサウルス リオハサウルス	
	カーニアン	231	アゼンドサウルス エウスケロサウルス メラノロサウルス ブリカナサウルス	

古竜脚類は存在したが保存されなかった（または未発見である）と想像することは，論証としてはむしろ薄弱な方法である．

前述の視点に立つと，代替の仮説が必要になる．一つの可能性は，古竜脚類は重いつくりの四足歩行，それもおそらく植物食の槽歯類から起こり，それがリオハサウルス，メラノサウルス，それにエウスケロサウルスのような型を最初に台頭させたということである．より軽いつくりの二足歩行の古竜脚類が，このような恐竜から起こった可能性がある．もし，このことが事実だとすると，竜盤類はそれでも単系統群ということになるが，竜盤類の進化過程についての概念は変わってくるであろう．

2番めの代替仮説は，古竜脚類は多系統群であるとするものである（図19.10）．もし，テコドントサウルスが想定される二足歩行，走行性（そして肉食の）「竜盤類」の祖先に解剖学構造的に近いことが事実とすると，テコドントサウルスや他の軽量型のものは槽歯類の中では異なる起源を持ち，より重々しい古竜脚類の祖先とは異なるのかもしれない．南米のカーニアンの堆積物から出たスタウリコサウルス（そして，いくぶんよりがっしりしたヘレラサウルス）のような軽量型の存在は，ブリカナサウルス（*Blikanasaurus*），エウスケロサウルス，そしてメラノサウルスと同時代になるが，こういった仮説を強化するように思われる．このことは「古竜脚類」は一つの分岐群（単系統群）ではなく，むしろ，一つの段階群であることを意味することになる．換言すれば，槽歯類から竜盤類につながる2つ，またはそれ以上の異なる進化系列があった．このことは竜盤類——そして恐竜類——は多系統群であることをも意味する（Benton，本書第16章，一つの対立見解として参照）．

多くの「古竜脚類」の形質が，事実上，これらの動物のロコモーションに関連があることが示唆されている．槽歯類は大腿骨が側方に張り出していたため，貫通していない寛骨臼を持っており，骨盤における圧点は寛骨臼の中央にあった．ラウイスクス類の槽歯類の場合，その足どりは「半改良型」——つまり，大腿骨がより垂直の位置にあった（垂線から約45°）．ロコモーション中に骨盤にかかる力が，それでも寛骨臼の中央へ向くようにするため，腸骨は傾いていた．「古竜脚類」とその他の恐竜の分類群に見られる貫通した寛骨臼と垂直位の大腿骨は，大腿骨をより内転させ，腸骨がより垂直な位置になるようにすることにより，ラウイスクス類の条件から生じたのかもしれない．別の考えとしては，これらの爬虫類は水平位置から垂直な配置方向へ大腿骨が内転することによって，通常の槽歯類の条件（垂直な腸骨）から生じたのかもしれない．どちらだったにしても，その体重は腸骨上の上寛骨臼隆起をとおして（寛骨臼をとおしてというより），大腿骨の骨頭へ転嫁されたであろう．寛骨臼内の圧力がなくなるとともに，寛骨臼が貫通してくるであろう．圧力の消滅が原因して起こる骨組織の欠損は（逆もまた同じ）骨の発達における通常の現象である．

古竜脚類の類縁関係についての全部で3つの仮説は，それぞれの長所——そして短所を持っている．

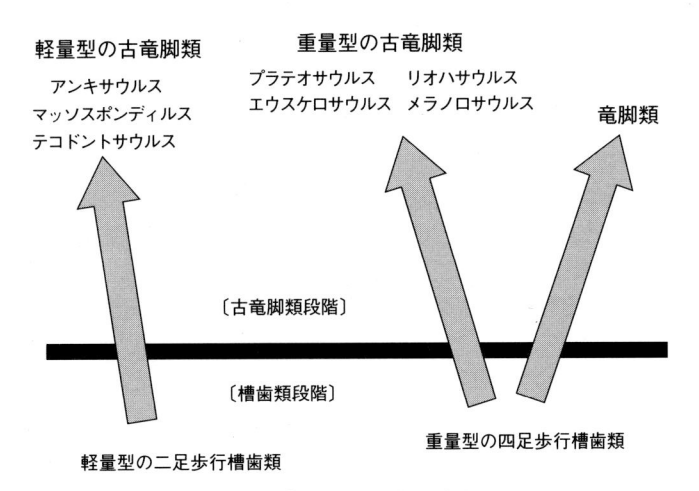

図19.10●「古竜脚類」系統の伝統的な説

2つの異なる進化系列が示されている．左が軽量型，右が重量型で，いずれも槽歯類–古竜脚類区を超えている．竜脚類は重いつくりの古竜脚類とその祖先を共有するよりは，むしろ槽歯類の別の起源であったかもしれない．

現時点では，どうにか古竜脚類の起源についての疑問を解決するに足りるような証拠はないように思われる．最終的な解答はより多くの素材が手に入った時にのみ可能になるであろう．

未解決の古竜脚類の起源から離れて，われわれは古竜脚類の子孫についてここで考えなければならない．数人の著者（例：Charig et al.1965；Cruickshank 1975；VanHeerden 1978；Galton 1986 b, 1990；Sereno 1989）は，知られている古竜脚類から竜脚類は起こりえなかったはずであることを示している．しかし，極めて初期のメラノロサウルス類の古竜脚類と竜脚類の間の可能性のある接点は，大きく極めて重いつくりの竜盤類ヴルカノドン（*Vulcanodon*）かもしれない（Raath 1972）．この恐竜は南アフリカ，ジンバブウェのヘッタンギアン（ジュラ紀前期）から出ていて，極めて原始的な竜脚類として認められている（Cooper 1984；McIntosh 1990）．Cruickshank（1975）はヴルカノドンは退化していない第5中足骨を持ち，その形質がヘレラサウルスと竜脚類には見られるが，古竜脚類には見られないことに注目した．知られている古竜脚類はすべて，退化した第5中足骨を持っていることからすると，ヴルカノドンは竜脚類の祖先に近い側系統群の一員であったかもしれない．

しかし，古竜脚類はいかなる痕跡も残さずに消えたのであろうか？ Sereno（1989），Barsbold and Maryańska（1990）は，謎の多い白亜紀のセグノサウルス類が古竜脚類と関連していることを示した．不幸なことに，セグノサウルス類自体があまりよく知られていないため，信頼できる答えを出すことは不可能である（Maryańska，本書第18章参照）．もし，これら2つの恐竜グループが密接な類縁関係にあるとすると，古竜脚類は白亜紀まで何らかの形で存在していたにちがいないことを意味するが，十中八九，化石化する機会が（ほとんど）ゼロの環境中にいたのかもしれない．

● 文　献

Baird, D. 1980. A prosauropod dinosaur trackway from the Navajo Sandstone（Lower Jurassic）of Arizona. In L. L. Jacobs（ed.）, *Aspects of Vertebrate History:Essays in Honor of Edwin Harris Colbert*, pp. 219–230. Flagstaff：Museum of Northern Arizona Press.

Bakker, R. T. 1978. Dinosaur feeding behaviour and the origin of flowering plants. *Nature* 274：661–663.

Barsbold R. and T. Maryańska. 1990. Segnosauria. In D. B. Weishampel, P. Dodson, and H. Osmólska（eds.）, *The Dinosauria*, pp. 408–415. Berkeley：University of California Press.

Barsbold R. and H. Osmólska. 1990. Ornithomimosauria. In D. B. Weishampel, P. Dodson, and H. Osmólska（eds.）, *The Dinosauria*, pp. 225–244. Berkeley：University of California Press.

Bonaparte, J. F. 1969. Dos nuevas "faunas" de reptiles Triásicos de Argentina. *I Gondwana Symposium, Mar del Plata Ciencas Tierra* 2：283–306.

Bonaparte, J. F. 1972. Los tetrápodos del sector superior de la Formación Los Colorados, La Rioja, Argentino（Triásico Superior）. I Parte. *Opera lilloana* 22：1–183.

Bonaparte, J. F. 1994. Dinosaurs of South America. Part I：Triassic dinosaurs of South America. *Gakken Mook* 5：4–25.

Bonaparte, J. F., and M. Vince. 1979. El hallazgo del primer nido de Dinosaurios Triásicos（Saurischia, Prosauropoda）, Triásico superior de Patagonia, Argentina. *Ameghiniana* 16：173–182.

Bond, G. 1955. A note on dinosaur remains from the Forest Sandstone（Upper Karroo）. *Arnoldia* 2：795–800.

Charig, A. J.；J. Attridge；and A. W. Crompton. 1965. On the origin of the sauropods and the classification of the Saurischia. *Proceedings Linnean Society of London* 176：197–221.

Christian, A., and H. Preuschott. 1996. Deducing the body posture of extinct large vertebrates from the shape of the vertebral column. *Palaeontology* 39：801–812.

Colbert, E. H. 1964. Relationships of the saurischian dinosaurs. *American Museum Novitates* 2181：1–24.

Coombs, W. P. Jr. 1978. Theoretical aspects of cursorial adaptations in dinosaurs. *Quarterly Review of Biology* 53：393–418.

Cooper, M. R. 1980. The first record of the prosauropod dinosaur *Euskelosaurus* from Zimbabwe. *Arnoldia* 9：1–17.

Cooper, M. R. 1981. The prosauropod dinosaur *Massospondylus carinatus* Owen from Zimbabwe：Its biology, mode of life and phylogenetic significance. *Occasional Papers, National Museums and Monuments of Rhodesia*, Series B, 6：689–840.

Cooper, M. R. 1984. A reassessment of *Vulcanodon karibaensis* Raath（Dinosauria：Saurischia）and the origin of the Sauropoda. *Palaeontologica africana* 25：203–231.

Cruickshank, A. R. I. 1975. The origin of sauropod dinosaurs. *South African Journal of Science* 71：89–90.

Dutuit, J. M. 1972. Découverte d'un dinosaure ornithischien dans le Trias supérieur de l'Atlas occidental marocain. *Comptes Rendue Academie Science Paris* D 275：2841–2844.

Ellenberger, P. 1972. Contribution à la classification des Pistes de Vertébrés du Trias：Les types du Stormberg d'Afrique du Sud（I）. *Palaeovertebrata* Memoire Extraordinaire, Montpelier.

Farlow, J. O. 1987. Speculations about the diet and digestive physiology of herbivorous dinosaurs. *Paleobiology* 13：60–72.

Farlow, J. O. 1992. Sauropod tracks and trackmakers：Integrating the ichnological and skeletal records. *Zubía* 10：89–

138.

Galton, P. M. 1973. On the anatomy and relationships of *Efraasia diagnostica* (v. Huene) n. gen., a prosauropod dinosaur (Reptilia ∶ Saurischia) from the Upper Triassic of Germany. *Paläontologische Zeitschrift* 47 ∶ 229-255.

Galton, P. M. 1976. Prosauropod dinosaurs (Reptilia ∶ Saurischia) of North America. *Postilla* 169 ∶ 1-98.

Galton, P. M. 1984. Cranial anatomy of the prosauropod dinosaur *Plateosaurus* from the Knollenmergel (Middle Keuper, Upper Triassic) of Germany. Part I ∶ Two complete skulls from the Trossingen/Württ. with comments on the diet. *Geologica et Palaeontologica* 18 ∶ 139-171.

Galton, P. M. 1985 a. Notes on the Melanorosauridae, a family of large prosauropod dinosaurs (Saurischia ∶ Sauropodomorpha). *Géobios* 19 ∶ 671-676.

Galton, P. M. 1985 b. Diet of prosauropod dinosaurs from the Late Triassic and Early Jurassic. *Lethaia* 18 ∶ 105-123.

Galton, P. M. 1985 c. Cranial anatomy of the prosauropod dinosaur *Plateosaurus* from the Knollenmergel (Middle Keuper, Upper Triassic) of Germany. Part II ∶ All the cranial material and details of soft-part anatomy. *Geologica et Palaeontologica* 19 ∶ 119-159.

Galton, P. M. 1986 a. Prosauropod dinosaur *Plateosaurus* (= *Gresslyosaurus*) (Saurischia ∶ Sauropodomorpha) from the Upper Triassic of Switzerland. *Geologica et Palaeontologica* 20 ∶ 167-183.

Galton, P. M. 1986 b. Herbivorous adaptations of Late Triassic and Early Jurassic dinosaurs. In K. Padian (ed.), *The Beginning of the Age of Dinosaurs*, pp. 203-221. Cambridge ∶ Cambridge University Press.

Galton, P. M. 1990. Basal Sauropodomorpha-Prosauropoda. In D. B. Weishampel, P. Dodson, and H. Osmólska (eds.), *The Dinosauria*, pp. 320-344. Berkeley ∶ University of California Press.

Galton, P. M., and R. T. Bakker. 1985. The cranial anatomy of the prosauropod dinosaur "*Efraasia diagnostica*," a juvenile individual of *Sellosaurus gracilis* from the Upper Triassic of Nordwürttemberg, West Germany. *Stuttgarter Beiträge Naturkunde*, Series B, 117 ∶ 1-15.

Galton, P. M., and J. VanHeerden. 1985. Partial hindlimb of *Blikanasaurus cromptoni* n. gen. and n. sp., representing a new family of prosauropod dinosaurs from the Upper Triassic of South Africa. *Géobios* 18 ∶ 509-516.

Gauthier, J. 1986. Saurischian monophyly and the origin of birds. In K. Padian (ed.), *The Origin of Birds and the Evolution of Flight*, pp. 1-55. Memoirs California Academy of Science no. 8.

Haughton, S. H. 1924. The fauna and stratigraphy of the Stormberg Series. *Annals South African Museum* 12 ∶ 323-497.

Huene, F. von. 1907-08. Die Dinosaurier der europäischen Triasformation mit Berücksichtigung der aussereuropäischen Vorkommnisse. *Geologische und Paläontologische Abhandlungen*, Supplement 1 ∶ 1-419.

Huene, F. von. 1914. Saurischia et Ornithischia triadica ("Dinosauria" triadica). *Fossilium Catalogus. I. Animalia* 4 ∶ 1-21.

Huene, F. von. 1920. Bemerkungen zur Systematik und Stammesgeschichte einiger Reptilien. *Zeitschrift für Induktive Abstammungs-und Vererblehre* 24 ∶ 162-166.

Huene, F. von. 1926. Vollständige Osteologie eines Plateosauridien aus dem schwäbischen Trias. *Geologische und Paläontische Abhandlungen* 15 ∶ 129-179.

Huene, F. von. 1929. Los Saurisquios y Ornithisquios de Cretacéo Argentino. *Annales Museo de La Plata*, Series 2, 3 ∶ 1-196.

Huene, F. von. 1932. Die fossile Reptil-Ordnung Saurischia, ihre Entwicklung und Geschichte. *Monograph Geologie Paläontologie*, Series 1, 4 ∶ 1-361.

Huene, F. von. 1956. *Paläontologie und Phylogenie der Niederen Tetrapoden*. Jena ∶ Gustav Fischer.

Huxley, T. H. 1866. On some remains of large dinosaurian reptiles from the Stormberg Mountains, South Africa. *Geological Magazine* 3 ∶ 563.

Kermack, D. 1984. New prosauropod material from South Wales. *Zoological Journal of the Linnean Society* 82 ∶ 101-117.

Lambert, D. 1983. *A Field Guide to Dinosaurs*. New York ∶ Avon Books.

Lockley, M. ; K. Conrad ; M. Paquette ; and J. Farlow. 1992. Distribution and significance of Mesozoic vertebrate trace fossils in Dinosaur National Monument. Sixteenth Annual Report of the National Park Service Center, University of Wyoming, pp. 74-85.

Lockley, M., and A. P. Hunt. 1995. *Dinosaur Tracks and Other Fossil Footprints of the Western United States*. New York ∶ Columbia University Press.

Lydekker, R. 1890. Contributions to our knowledge of the dinosaurs of the Wealden, and the Sauropterygia of the Purbeck and Oxford clay. *Quarterly Journal Geological Society of London* 6 ∶ 36-53.

Madsen, J. H., Jr. 1976. *Allosaurus fragilis*, a revised osteology. *Utah Geological and Mineral Survey Bulletin* 109 ∶ 1-163.

Marsh, O. C. 1885. Names of extinct reptiles. *American Journal of Science*, Series 3, 29 ∶ 169.

Marsh, O. C. 1891. Notice of new vertebrate fossils. *American Journal of Science*, Series 3, 42 ∶ 265-269.

Marsh, O. C. 1895. On the affinities and the classification of the dinosaurian reptiles. *American Journal of Science*, Series 3, 50 ∶ 483-498.

McIntosh, J. S. 1990. Sauropoda. In D. B. Weishampel, P. Dodson, and H. Osmólska (eds.), *The Dinosauria*, pp. 345-401. Berkeley ∶ University of California Press.

Meyer, H. von. 1837. Mitteilung an Prof. Bronn (*Plateosaurus engelhardti*). *Neues Jahrbuch für Mineralogie, Geologie und Paläontologie* 1837 ∶ 317.

Molnar, R. E., and J. O. Farlow. 1990. Carnosaur paleobiology. In D. B. Weishampel, P. Dodson, and H. Osmólska (eds.), *The Dinosauria*, pp. 210-224. Berkeley ∶ University of California Press.

Olsen, P. E., and P. M. Galton. 1984. A review of the reptile and amphibian assemblages from the Stormberg of southern Africa, with special emphasis on the footprints and the age of the Stormberg. *Palaeontologia africana* 25 ∶ 87-110.

Osmólska, H. 1979. Nasal salt glands in dinosaurs. *Acta Palaeontologica Polonica* 24∶205-215.

Ostrom, J. H. 1978. The osteology of *Compsognathus longipes* Wagner. *Zitteliana* 4∶73-118.

Owen, R. 1842. Report on British Fossil Reptiles. Part II. *Report of the British Association for the Advancement of Science* for 1841∶60-204.

Owen, R. 1854. *Descriptive Catalogue of the Fossil Organic Remains of Reptilia Contained in the Museum of the Royal College of Surgeons of England*. London∶British Museum of Natural History.

Raath, M. A. 1972. Fossil vertebrate studies in Rhodesia∶a new dinosaur (Reptilia∶Saurischia) from near the Triassic-Jurassic boundary. *Arnoldia* 5∶1-37.

Raath, M. A. 1974. Fossil vertebrate studies in Rhodesia∶Further evidence of gastroliths in prosauropod dinosaurs. *Arnoldia* 7∶1-7.

Riley, H., and S. Stutchbury. 1836. A description of various fossil remains of three distinct saurian animals, recently discovered in the Magnesian Conglomerate near Bristol. *Transactions Geological Society of London*, Series 2, 5∶349-357.

Romer, A. S. 1956. *Osteology of the Reptiles*. Chicago∶University of Chicago Press.

Romer, A. S. 1966. *Vertebrate Paleontology*. 3rd ed. Chicago∶University of Chicago Press.

Rütimeyer, L. 1856 a. (*Dinosaurus gresslyi*). *Bibliothèque Universelle des Sciences Belles-Lettres et Arts, Genève Sept. 1856*∶53.

Rütimeyer, L. 1856 b. Reptilienknochen aus dem Keuper. *Allgemeine Schweizerische Gesellschaft für de Gesammten Naturwissenschaften* 41∶62-64.

Sereno, P. C. 1989. Prosauropod monophyly and basal sauropodomorph phylogeny. *Journal of Vertebrate Paleontology* 9 (Supplement no. 3)∶38 A.

VanHeerden, J. 1978. *Herrerasaurus* and the origin of the sauropod dinosaurs. *South African Journal of Science* 74∶187-189.

Walker, A. D. 1964. Triassic reptiles from the Elgin area∶*Ornithosuchus* and the origin of carnosaurs. *Philosophical Transactions of the Royal Society of London* B 248∶53-134.

Whybrow, P. J. 1981. Evidence for nasal salt glands in the Hadrosauridae (Ornithischia). *Journal of Arid Environments* 4∶43-57.

Young, C. -C. 1941. A complete osteology of *Lufengosaurus huenei* Young (gen. et. sp. nov.). *Palaeontologica Sinica*, Series C, 7∶1-53.

Young, C. -C. 1942. *Yunnanosaurus huangi* (gen. et sp. nov.), a new Prosauropoda from the Red Beds at Lufeng, Yunnan. *Bulletin Geological Society of China* 22∶63-104.

20 竜脚類

John S. McIntosh,
M.K. Brett-Surman,
and
James O. Farlow

● 竜脚類の発見

多くの他の主要な恐竜グループと同様，大型竜脚類の最初の骨は英国で発掘された．ジュラ紀中期の時代の岩石から出た若干の椎骨と断片的な肢骨が，1825年6月3日，ジョン・キングストン(John Kingston)によってロンドン地質学協会に報告された．その報告の内容とか，骨自体についての記録は残っていないが，その化石の断片的な性格からすると，その化石がどんな動物のものであったかについては，それが極めて大きいこと以外は全くわからなかったはずである．その後の16年間にジュラ紀の岩石からばらばらの骨がさらに発見され，1841年，リチャード・オーウェン(Richard Owen)が英国産のすべての化石爬虫類の主要な研究を行った(Owen 1842として出版された)．その際，彼は知られているいかなる型にも当てはまらない極めて大きな動物の一連の骨があり，それらの骨は海綿質の組織を持っている点で互いに類似しており，いくぶんクジラのものに似ていることに気づいた．その結果，オーウェンはこの動物にケティオサウルス(*Cetiosaurus*)，「クジラのようなトカゲ」と命名した．彼はケティオサウルスは「全くの水生で，海洋性だった可能性が最も高い」，そしてワニ類に類縁であると結論づけている．

厳密にいうと，ケティオサウルスは最初に命名された竜脚類の属ではない．オーウェンはその数か月前に出版した本の中で，どのような型の動物のものかを知らずに，2個のハート形の歯にカルディオドン(*Cardiodon*)と命名しているのである．いろいろな著者がカルディオドンの歯はケティオサウルスのものかもしれないと推測しているが，これは証明されていない．

オーウェンの研究に次ぐ20年間に，ケティオサウルスの骨についての報告が数回なされ，その中に

はオックスフォードから8マイルの地点で発見された長さ129 cmの大腿骨が含まれる．イグアノドン（Iguanodon）の命名者であるギデオン・マンテル博士（Gideon Mantell）も，1850年，大きな上腕骨にペロロサウルス（Pelorosaurus）と命名した．1860年，オーウェンはケティオサウルスとストレプトスポンディルス（Streptospondylus）のために，オピストカウディア類（Opisthocaudia）というワニ類の新しい亜目を設立した．ストレプトスポンディルスはのちに獣脚類であることが判明している．この亜目の設立は，これらそれぞれの動物の脊椎の一部が後凹型（椎体の後部が凹面，前部が凸面）であるという事実に基づいていた．この後凹型と真正ワニ類の椎骨とは対照的で，ワニ類は前凹型（前部が凹面，後部が凸面）になっている．

竜脚類についてのこの極めて不十分な知識の突破口は，ケティオサウルスの命名後約30年経って，やっと出てきた．オックスフォードに近いジブラルタルの同じ採石場から出た，その動物の骨格主要部分の発見がそれで，ここから上述した129 cmの大腿骨が出ている．その骨格の細部について記載したのはオックスフォード大学のジョン・フィリップス教授（John Phillips）で，1871年に刊行された彼の著作『オックスフォードの地学』に載った．発掘された骨には，ほとんどすべての肢骨と帯部の骨のほかに，脊柱の異なった場所の椎骨が含まれていたが，頭骨部で出たのは1本の不完全な歯だけであり，足に関しても極めて不完全なものしか出ていなかった．坐骨と恥骨の向きが正しくないことを除くと，フィリップスの諸骨の同定はかなり正確で，彼の観察により，竜脚類の恐竜がどのようなものであったかという本当の姿が初めて入手された．最終的な結論には達しなかったが，彼はケティオサウルスをワニ類とだけではなく，トカゲ類や恐竜類とも比較した．彼はその動物の巨大さについて論じ，その歯から「この動物が栄養を得ていたのは……植物性の食物だった」と結論した．彼はさらに「寛骨臼から自由に動けるように突出した骨頭を持つ大腿骨は，自由歩行の際の運動が体軸に対してより平行で，ワニ類の持つ匍匐型の歩き方より直立に近いことを要求しているように思われる．その大きな爪はこのような地上性の特徴と一致する．しかし，反面において，この動物が水陸両生であったかもしれないという意見と反するものでもない」と述べている．その尾椎に関してさらに論じたあと，彼は「したがって，われわれは沼沢生息者か河岸の動物を手にしている」と結論した．1870年代には，個別の椎骨とか孤立した肢骨の各種の散在した化石が英国から報告されているが，この10年間の後半には，より完全な化石が北米で発見された．

英国の場合と同様，あとになって竜脚類恐竜と判明したものについての北米での最初の報告は，メリーランド州の白亜紀前期の地層から出た，1856年にアストロドン（Astrodon）と命名された2本の歯についてのものであった．しかし，1877年が米国西部から竜脚類についての知識があふれ出た決定的な年になった．エドワード・ドリンカー・コープ（Edward Drinker Cope）がユタ州から出た1本の部分的前肢をディストロファエウス（Dystrophaeus）として2月に報告した（実際には1859年に採集された）．しかし，その系統的な関係についての明らかな指摘はなかった．その後，夏から秋，冬にかけて，さらに1878年から1879年にかけて，コロラド州のガーデン・パーク（Garden Park），モリソン（Morrison），ワイオミング州のコモ・ブラフ（Como Bluff）から出た化石について，O. C. マーシュ（O. C. Marsh）とエドワード・コープが立て続けに論文を発表する．記録による十分な裏づけを持つ，この両者の激しい競争は（Colbert，本書第3章参照），多数の新属と新種を設立する結果を生んだ．その骨格の主要部分がまだ地中にある間に，それらの採集者が持ち込んだ部分的な骨格に基づいて命名されることもしばしばあった．その結果，かなりの同物異名が生まれた（結果的には同一種の動物であることが判明するものに，異なった名称が与えられた）．相応の化石に基づいた属には，カマラサウルス（Camarasaurus），アパトサウルス（Apatosaurus），「モロサウルス（Morosaurus）」（のちにカマラサウルスの同物異名であることが判明），ディプロドクス（Diplodocus），そして「ブロントサウルス（Brontosaurus）」（のちにアパトサウルスの同物異名と判明［コラム20.1参照］）がある．

この時期の最も重要な発展の一部には，マーシュによる3つの貢献がある．1878年には恐竜類の新しい亜目として竜脚類という名称を設立し，その分類群の際立って特徴的な10種類の形質を提示した．同一論文中で，「モロサウルス」・グランディス（"Morosaurus" grandis）の前肢・後肢と帯部の諸骨が初めて正しい位置に図示された．そして1879年には，関節していない多少不完全な「モロサウルス」・グランディスの頭骨に基づき，竜脚類の頭骨を初めて簡単に記載した．こののち，マーシュは竜

脚類の完全骨格の最初の復元図を刊行した（1883年）——「ブロントサウルス」・エクセルスス（"*Brontosaurus*"*excelsus*）のものである．この復元は単一の個体に基づいていて，頭部・前部頸椎・末端尾椎・尺骨・足部の多くの部分骨は欠けていたが，竜脚類が実際にはどのように見えたかについてのある程度の考えを提供した．1880年代と1890年代初期に，マーシュによっていっそうの貢献がなされた．それには1884年の最初の完全な関節した竜脚類ディプロドクスの頭骨と，メリーランド州やサウスダコタ州から出た新属が含まれている．

1890年代後期と1900年代初期は，北米の竜脚類の多様性を理解する上で最も生産的な数年であった．西部への探検が多数行われ，最も著名なものはニューヨークのアメリカ自然史博物館とピッツバーグのカーネギー博物館（現在のカーネギー自然史博物館）によるものであったが，シカゴのフィールド・コロンビアン博物館（現在のフィールド自然史博物館）やいろいろな大学，中でもカンザス大学とワイオミング大学によるものもあった．最も著名なものはワイオミング州，メディシン・ボウ（Medicine Bow）の北東にある，アメリカ自然史博物館のボーン・キャビン採掘場（Bone Cabin Quarry）で，ここから出た数百の標本には多くの関節した前肢と後肢とともに，初めて産出した多くの関節した前後の足が含まれる．この事業は Henry Fairfield Osborn and C. C. Mook（1921），John Bell Hatcher（1901），William J. Holland（1910），そして Elmer S. Riggs 1903）などによる主要な大著（モノグラフ）を生んだ．その中で，ディプロドクス，アパトサウルス，そしてハプロカントサウルス（*Haplocanthosaurus*）が細部まで記載・図示された．これは1905年のニューヨークでの竜脚類「ブロントサウルス」（＝アパトサウルス）・エクセルススの最初の組立て骨格，少し遅れて，ピッツバーグのディプロドクス・カーネギー（*Diplodocus carnegii*）の組立て骨格にもつながった．後者の雄型はロンドン，パリ，ベルリン，ウィーン，サンクトペテルブルグ，メキシコシティ，ラ・プラタ（アルゼンチン），そしてミュンヘン（組み立てなかった）など，世界中の博物館に送られた．北米産竜脚類発見の頂点は，1909年，カーネギー博物館のアール・ダグラス（Earl Douglass）が，ユタ州東部でのちに恐竜国立公園になった恐竜の巨大採掘場を発見したことによりもたらされた．この採掘場からはアパトサウルス，ディプロドクス，カマラサウルス，そしてバロサウルス（*Barosaurus*）それぞれのほとんど完全に関節した骨格数点と，このうち最初の3種の多くのみごとな頭骨が産出した．

米国内でこれらすべてのことが進行していたのと同じ時期，1890年代の半ば頃，アフリカで竜脚類の発見が始まった．ライデッカー（Lydekker）は1892年にアルゼンチンの白亜紀からティタノサウルス類を記載した．これらの恐竜は，1877年，彼がインドから報告していた極めて断片的な素材と近縁であった．最初，マダガスカルで，多数の散在した化石が発見され，ブラキオサウルス類のボトリオスポンディルス（*Bothriospondylus*）に帰せられた．その後，20世紀の最初の20年間になると，十分に組織されたドイツの探検隊がドイツ領東アフリカ（現在のタンザニア）に遠征し，ブラキオサウルス（*Brachiosaurus*），ディクラエオサウルス（*Dicraeosaurus*），米国のバロサウルス属に帰せられる動物，そして，現在ヤネンスキア（*Janenschia*）として知られる別の動物の良好な部分骨格を掘り出した．このうち最初の2種の骨格は，ベルリンにおける組立て骨格の基盤を形づくる上で十分に完全であった．不幸にも，こういった非常に生産的な努力は第一次世界大戦によって終わらせられた．

これと同じ時期に，ヨーロッパ産のわずか3～4個の良好な標本の一つであるケティオサウリスクス（*Cetiosauriscus*）の後半身骨格が英国から出ている．その後の発見には，フランスから出たブラキオサウルス類の部分骨格と，ポルトガルから出た若干の他の竜脚類の骨格が含まれる．

1920年代と1930年代は，カマラサウルスについては H. F. Osborn and C. C. Mook（1921），アパトサウルスについては C. W. Gilmore（1936）による膨大なモノグラフがあり，さらに1929年には，アルゼンチンの白亜紀後期から発見され，いまだに謎の多いティタノサウルス類の多数の属についてのヒューネ（Huene）による網羅的な研究が発表されたことが重要である．

1930年代には，ワイオミング州，シェル（Shell）近くのハウ採掘場（Howe Quarry）というジュラ紀後期の竜脚類のめざましい発掘現場がアメリカ自然史博物館によって掘り出されたが，この化石は未記載で，大部分がクリーニングされないままである．より重要なことは，この10年間に中国のジュラ紀竜脚類についての一連の論文が，西洋では C.C.ヤング（C.C. Young）として知られる伝説的な中国の科学者，楊鐘健（Yang Zhong-jian）の手によって出されてきたことである．中国から出たヘロプス

(Helopus)（現在のエウヘロプス Euhelopus）の数点の良好な部分骨格については，1929年にワイマン（Wiman）によって記載されているが，中国の豊かな竜脚類相を明らかにしてきたのは，その後40年以上に及ぶ楊の論文であった．彼の研究は，1972年，「途方もなく」長い首のマメンチサウルス（Mamenchisaurus）に関する趙（Chao）との共著論文で最高潮に達した．

竜脚類研究に関する過去20年間の重要な貢献は，ほとんどが南米と中国からのものである．ボナパルテ（Bonaparte）とその共同研究者はアルゼンチンから産したジュラ紀中期の属と，白亜紀前期・後期の多数の新しい動物——その多くがティタノサウルス類——を概括的に記載してきた．劇的な発見の中にサルタサウルス（Saltasaurus）の皮膚の装甲がある．さらにより劇的な発見は，中国の四川省南部の自貢（Zigong）近くの大山舗（Dashanpu）におけるジュラ紀中期恐竜類の大きな採掘地であった．ここからは比較的に原始的なシュノサウルス（Shunosaurus）の骨格が多産し，その一部のものは頭骨を伴っており事実上完璧であった．また，少なくとも10個体のオメイサウルス（Omeisaurus）の骨格と，完全さには少し欠けるダトウサウルス（Datousaurus）もあった．これらの3種の動物により，竜脚類の初期進化についての知識は大幅に増えた．また，中国のいろいろな地方での董枝明などの発見により，竜脚類に関する知識は増え続けている．

● 竜脚類の解剖学

竜脚類は成体の体長が約7mからおそらく40m程度に達した四足歩行の動物であった．竜脚類を特徴づけられるものとしては，すべての恐竜類の中で相対的に最も小さい頭骨（体容積に比べ）を持つこと，恐竜類中で最も低いEQ（脳指数：推定脳重量の推定体重量に対する比率．「IQ（知能指数）」と混同しないこと．いかなる恐竜についても，そういったものを測定することは明らかに不可能である），長い首，長い尾，重々しい四肢，そして5本指の手と足がある．環骨（第1頸椎）と頭骨の後頭顆をつなぐ関節は極めて弱く，竜脚類の頭部は死後に首から離れ，なくなることがしばしばある．したがって，その他の点ではよく知られている多数の属が，その頭部に関しては全く知られていない．残念なことに，ほとんどの場合，属を同定する上で最も重要な要素が頭骨なのである．幸いなことに，この不利益は脊柱の発達上の膨大な多様性によっていくぶん和らげられている．これらの動物は体重を減らすために，椎骨が——特に頸椎と胴椎——あらゆる種類の空洞（いわゆる側腔）と支柱を発達させた．これは最小の骨で最大の力を生む工学上のすばらしいつくりで，中生代以来，いまだにこれに匹敵する動物は登場していない！

おおまかにいえば，竜脚類の頭骨は2つの機能型に分けられるかもしれない（図20.1）．カマラサウルスとブラキオサウルスに典型的な厚いへら状の歯を持つ大きな型と，ディプロドクスやそのなかまのように細い杭状の歯を持ち，より小型，より軽量で，より長い鼻面を持つ型である．

各種の属を定義する上で重要なのは，首と体幹（前仙椎骨）の椎骨の総数と配置である．原始的な数は古竜脚類・竜脚類ともに25個で，プラテオサウルス（Plateosaurus）のような典型的な古竜脚類では，頸椎（首）が10個，脊椎（体幹）が15個である．シュノサウルスのような基本的竜脚類は頸椎が12個，脊椎が13個で，胴仙椎はなく，そのため合計25個になる．竜脚類が進化する間に「頸椎化」の過程があり，体幹の脊椎が頸椎に転用され，加えて，最高で6個の新しい椎骨が首と体幹に加わった．さらに，個々の頸椎が一部の動物では非常に長くなった（長さ1mを超すものもある）．

原始的な仙椎は2つの椎骨（第2と第3の仙椎）から構成されている．これらに尾からさらに2個が追加された（第4と第5仙椎）．ジュラ紀後期の大部分の型では，それらの仙椎の前に体幹からもう1個加わり（第1仙椎，胴仙椎），標準的な数5個を生んだ．しかし，白亜紀後期のティタノサウルス類では第2胴仙椎がその前に加わり，仙椎の合計数は6個になった．

最初にコープが気づいたもう一つの特徴は，多くの属で脊柱の体幹部分を強化する機構が発達したことであった．通常の関節方法では，神経弓の後側にある一対の滑らかな突起（後関節突起）が次にくる椎骨の神経弓の前側にある上方に向いた一対の突起（前関節突起）の上に重なり関節しているが，それに加え関節の2次的な手段がある．後関節突起の下には一つの塊状の突起（下楔［hyposphene］）が発達し，それがつながっている椎骨の前関節突起の下にある一つの腔（下腔［hypantrum］）中に挿入し，椎骨同士を固定するのに役立っている．このため，体幹のこの部分の屈曲性は制限されたが，強度はかなり増していた．椎骨によく見られる他の変異に

図20.1●ディプロドクス（*Diplodocus*）（左上）とカマラサウルス（*Camarasaurus*）（右下）の頭部の肉づけした復元図．本章の図はすべて Gregory S. Paul による．

は，体部（椎体）の空洞化の量と手段が含まれる．

竜脚類の分類群間の尾部の変異には尾椎骨の数の増加が含まれ，シュノサウルスのような初期型における44個から，カマラサウルスにおける53個，アパトサウルスやディプロドクスにおける80個以上まであり，40個にも及ぶ桿状の骨が尾の先端部で「鞭ひも」状を形成しているものもある．さらに尾の特徴として，シュノサウルスのような一部の原始的形態のものでは血道弓（尾椎の下から下方に突出した骨）の特異な発達があり，ディプロドクスの場合はそれが極端である．単に下方を指すのではなく，尾の中央部の血道弓が後方を向くとともに，前方へ向かう血道弓の分枝が発達しているため，側面から見るとその血道弓は長辺を地表に平行にした二等辺三角形を呈している．

胸（肩帯）は両端で広がった大きく長い肩甲骨と，卵形または四辺形の烏口骨から構成されていて，成体では両者が癒合している．シュノサウルス，オメイサウルス，ディプロドクスなどの若干の型に見られる小さくほっそりした骨が鎖骨として記載されているが，若干の種におけるこの同定は不確実である．上腕の骨（上腕骨）は近位と遠位で幅広く広がり，常に下腕より長い．ジュラ紀中期のほとんどの型では3個の手根骨があるが，1個しかなかったアパトサウルスを除くと，残りのものは2個であった．

手には5本の頑丈な中手骨がある．上から見ると，中手骨の上端は円の3分の2くらいの弧を形成して並んでいる．これらの骨はほぼ直立していたので，その動物はその指先で歩き（指行性），掌部にあった大きな肉趾で支えられていた．しかし，このことはブロントポドゥス（*Brontopodus* [Farlow et al. 1989]）のような一部の竜脚類の歩行跡では不明確である．指節骨（指の骨）の数は大幅に減少し，ほとんどの場合，内側の指だけがかぎ爪を持つ．実際，最後期の竜脚類の一部のものでは，すべての爪とすべての指節骨さえ消滅していたかもしれないことを示す徴候がある．

骨盤の3個の骨は大きく，通常は分離している

が，特に初期の型では坐骨と恥骨の両者あるいは一方が，その中間線に沿って癒合していたかもしれない．そして，時によっては，非常に年老いた個体では坐骨と恥骨が癒合していたかもしれない．大腿骨（腿の骨）は頑丈で，ほとんどの竜脚類では骨格中で最も長い骨で，ブラキオサウルスの長い前肢は例外である．大腿骨は常に下腿の骨（脛骨と腓骨）より長い．足首の関節はほとんどの竜脚類で2個の骨に減っており，大きな距骨が脛骨の下端に固定され，ずっと小さく球状の踵骨はディプロドクス類では消失している．距骨の丸みを帯びた下端表面は，その下にくる5個の中足骨（主な足の骨）と極めて屈曲性のある関節をつくっている．

前肢の足の骨とは異なり，中足骨は半円形に並び，下方外側を指して半蹠行型である．この結果，前肢の足跡に比べ，後肢の足跡ははるかに大きい．大きく肉質の「緩衝物」が，ゾウ類のものにいくぶん似た，ある種の踵をつくっていた．指節骨の数は手に比べて著しく多く，外側の2指のみがほとんどの型で退化している．そのため，内側の3本の指にだけかぎ爪があり，時には第4指にもかぎ爪があった．

●竜脚類の進化

竜脚類がジュラ紀中期のほとんどすべての大陸上の世界景観中に突如として現れる以前の，その祖先については明らかではない．彼らが古竜脚類，それもおそらくはメラノロサウルス類から起こったと仮定されることがしばしばあるが，いまだに確証されていない．さらに，(竜脚類には見られないが)すべての古竜脚類に見られる後肢の第5指の退化を含む若干の形質は，これらの動物を竜脚類の祖先とするにはすでに特殊化しすぎており，竜脚類は三畳紀後期に姉妹群として起こった可能性を示唆している．事実，四足歩行の竜脚類は二足歩行の古竜脚類から発達したという伝統的な仮説は，A. J. Charig, J. Attridge, そして A. W. Crompton によって，早くも1965年という時点から疑問視されていた．

おそらく竜脚類として認めてよいであろう最初の動物はジンバブウェの三畳紀・ジュラ紀境界から出たヴルカノドン（Vulcanodon）であるが，その類縁関係についてはまだ不確実さが残っている．最重要の頭骨と椎骨（仙椎と尾椎を除く）が知られていないのである．全体的に，ヴルカノドンは体長10 mくらいの四足歩行と認められる．この動物の骨格の知られている体部は，古竜脚類様の形質と竜脚類様の形質が混ざっているように見える．中国のジュラ紀前期から出たジゴンゴサウルス（Zhigongosaurus）とドイツの同じような時代の岩石から出たオームデノサウルス（Ohmdenosaurus）は同じ科の構成員かもしれない．

三畳紀後期とジュラ紀前期に古竜脚類が占めていた生態的役割は，ジュラ紀中期になって竜脚類が占めるようになり，古竜脚類は姿を消した．比較的単純な椎骨を持つ多数の異なった属が世界各地に現れ，しばしばケティオサウルス類としてひとまとめにされている（Clark et al. 1995）．これらには英国で出たケティオサウルス，アルゼンチンのパタゴサウルス（Patagosaurus）(図20.2)，インドのバラパサウルス（Barapasaurus），オーストラリアのロエトサウルス（Rhoetosaurus）が含まれる．類縁動物であるハプロカントサウルス(図20.3)は，米国西部でジュラ紀後期まで生息していた．これらの動物の完全な頭骨はどれも知られていないが，この分類群の分枝はよく保存された頭骨と分岐した血道弓を持つ若干の異なった属から構成され，のちのディプロドクス類を思わせるものもあり，中国のジュラ紀中期に現れた．それらの最初のものがシュノサウルスで（図20.4），多数の関節した骨格によって知られている．2番めのものはより進歩した型のオメイサウルスで，これも中国で発見された．中国産のさらに進歩した別の型が，ジュラ紀後期から出たケタはずれに長い首を持つマメンチサウルス（図20.5, 20.6）であり，確かに全竜脚類中で最も変わったものの一つである．この恐竜は極限にまで発達した首を持ち，その首には19個の長い椎骨があった．この動物はディプロドクス類の祖先系列に近いものと思われるが，多数の原始的形質を維持している．マメンチサウルスはよく発達し分岐した血道弓と，肩帯部には二叉に分かれた神経棘を持っていたが，まだかなり幅の広いへら状の歯もあった．尾の先端がどうなっていたかは知られていない．

マダガスカルのジュラ紀中期からは，ブラキオサウルス類に類縁関係のある竜脚類のすばらしい化石が出ており，それには幼体の多くの骨が含まれる．これらの化石は英国産の十分に定義されていないボトリオスポンディルス属に帰されている．この恐竜はジュラ紀後期の巨大なブラキオサウルス(図20.7)の先駆者である．

ブラキオサウルスの骨はコロラド州，タンザニア，そしてポルトガルといった非常に広く離れた地域で発見されている．頭が地上13 mにも達するこ

図 20.2●パタゴサウルス（*Patagosaurus*）の骨格復元図．大腿骨長 1360 mm

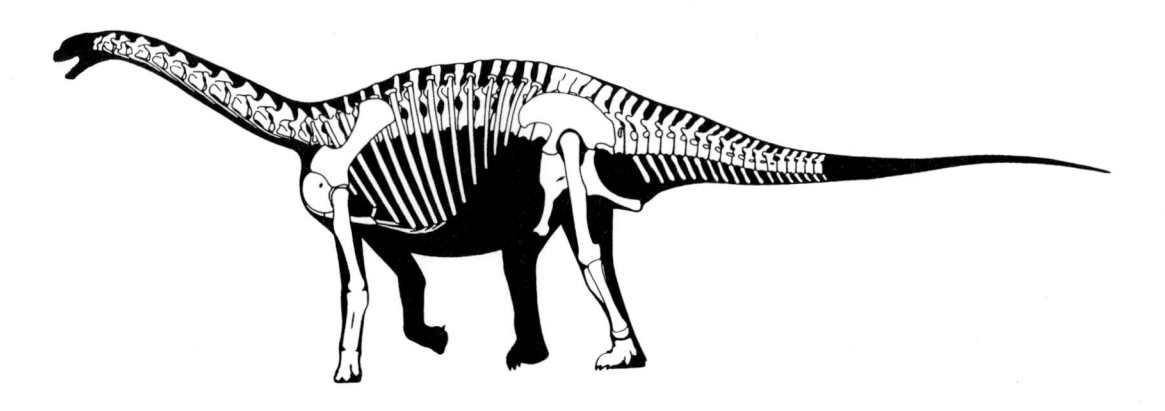

図 20.3●ハプロカントサウルス（*Haplocanthosaurus*）の骨格復元図．大腿骨長 1745 mm

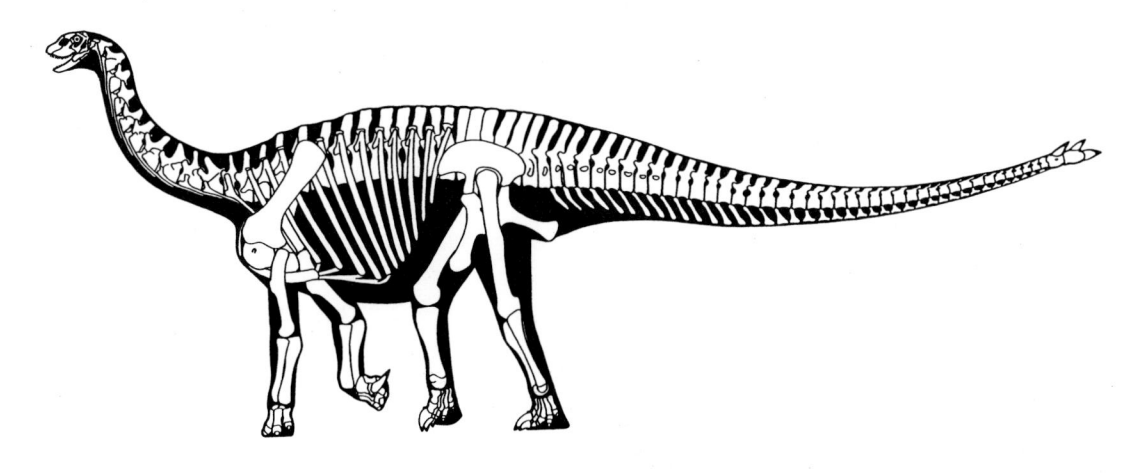

図 20.4●シュノサウルス（*Shunosaurus*）の骨格復元図．大腿骨長 1200 mm

図20.5●マメンチサウルス（*Mamenchisaurus*）の骨格復元図．大腿骨長1350 mm

の巨大な動物は前肢が後肢より長く，ケタはずれに長い首と短い尾を持っていた．その歯は幅が広く，スプーン状であった．頸椎と脊椎の神経棘は分岐しておらず，血道弓は単純であった．顕著な特徴は手のたった一つのかぎ爪が縮小していたことである．テキサス州の白亜紀前期から出た，おそらく類縁の動物（プレウロコエルス *Pleurocoelus*）の足跡（足跡名がブロントポドゥス [Farlow et al. 1989]）は，当時すでにかぎ爪が全部消失していたかもしれないことを示唆している．

　カマラサウルス類はジュラ紀後期に北米とヨーロッパに現れた．カマラサウルス（図20.8）は米国西部のモリソン層で最も一般的な竜脚類で，シュノサウルス（図20.4）とともに，その骨学が完全に知られている唯一の竜脚類である（Madsen et al. 1995；McIntosh et al. 1996）．他の竜脚類と比べると，その頭骨はがっしりしたつくりで，短くブルドッグ様の鼻面を持ち，大きなスプーン状の歯があった．頸椎は12個，胴椎は12個，胴仙椎は1個で，椎骨の合計は25個であった．首と体幹前半の椎骨には，U字型のくぼみを形成する深く分かれた神経棘があった．このくぼみに大きな人靱帯（神経靱帯 [neural ligament]）があり，頭部と脊柱をつなぎ，仙椎まで伸

びていた．尾は中程度の長さしかなく，単純な血道弓があった．後肢は前肢より長かった．類縁の動物はスペイン（アラガサウルス *Aragasaurus*）とポルトガルのほぼ同時代の岩石中から発見されている．中国から出たエウヘロプス（図20.9）はカマラサウルスに似た頭骨を持っているが，首には17個の椎骨があり，ほんのわずか分岐した神経棘があった．組合せの疑わしい非常に長い前肢はブラキオサウルス類との類縁関係を示唆しているが，エウヘロプスの真の類縁関係を決定するには将来の発見が必要であろう．カマラサウルス類と疑問はあるが類縁関係を持つと見られる別の竜脚類に，モンゴルの白亜紀後期から出たオピストコエリカウディア（*Opisthocoelicaudia*）がある（図20.10）．

　ジュラ紀後期のもう一つの重要な科であるディプロドクス類は，北米と東アフリカでは一般的だった．この科には北米・ジュラ紀の最もよく知られた2つの恐竜，ディプロドクス（図20.11）とアパトサウルス（図20.12）が含まれる．これらの動物は全長が22〜24 mに達した．この科は鼻面が突き出た長い頭骨と，頭骨の頂点の両眼の近くに開いた鼻孔で特徴づけられる（図20.1）．しかし，最も顕著なものはその歯である．歯は小さく細く鉛筆状で，

図20.6●獣脚類ヤンチュアノサウルス（*Yangchuanosaurus*）に襲われた竜脚類マメンチサウルスの肉づけ復元図

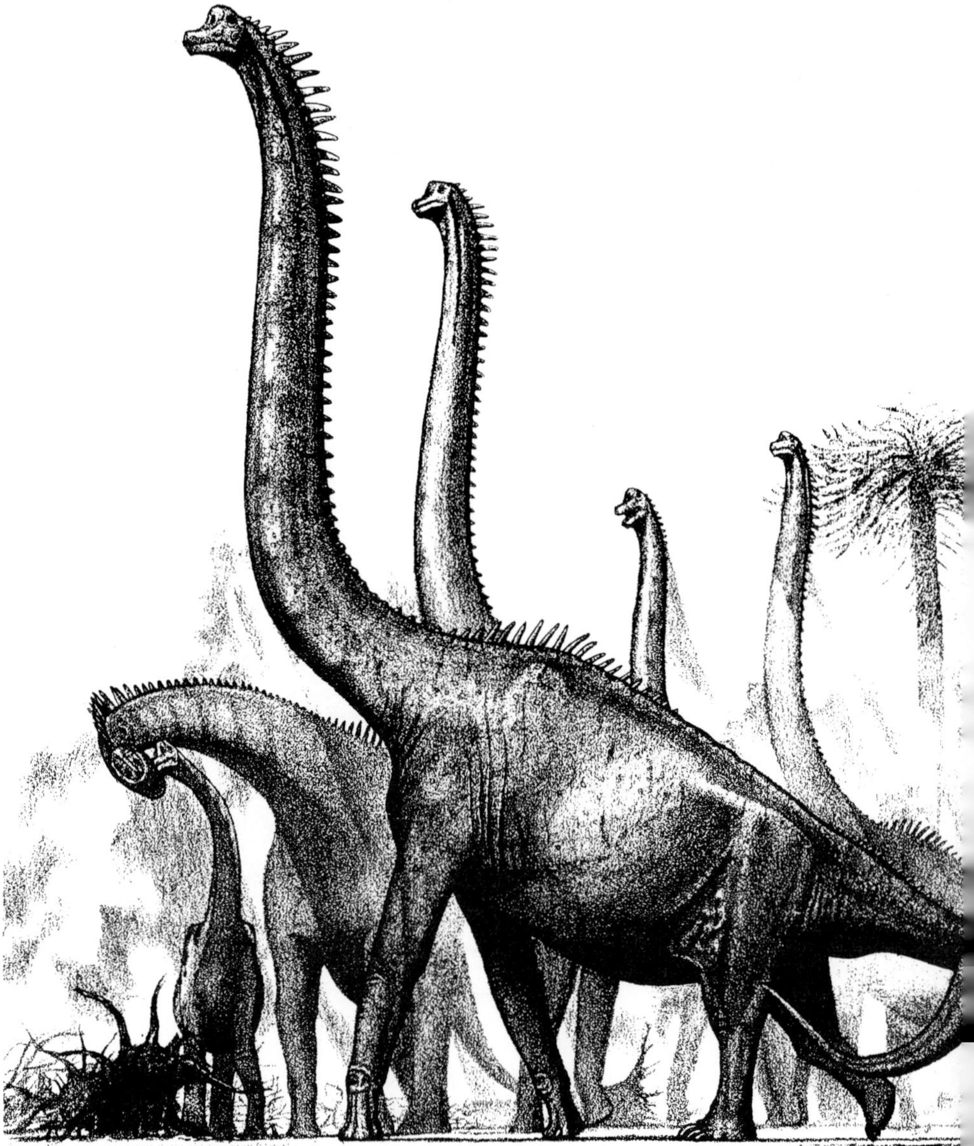

図20.7●ブラキオサウルス（*Brachiosaurus*）集団の肉づけ復元図

図20.8●カマラサウルスの幼体（上）と成体（下）の骨格復元図．幼体の大腿骨長567 mm，成体では1525 mm

図20.9●エウヘロプス（*Euhelopus*）の骨格復元図．大腿骨長955 mm

図 20.10●オピストコエリカウディア（*Opisthocoelicaudia*）の骨格復元図．大腿骨長 1395 mm
この動物の断面図は中央部で左右に割られている．断面図の左側は，尾をとり除き，後肢をうしろから見た場合を示す．断面図の右側は，首をとり除き，前肢を前から見た場合を示す．

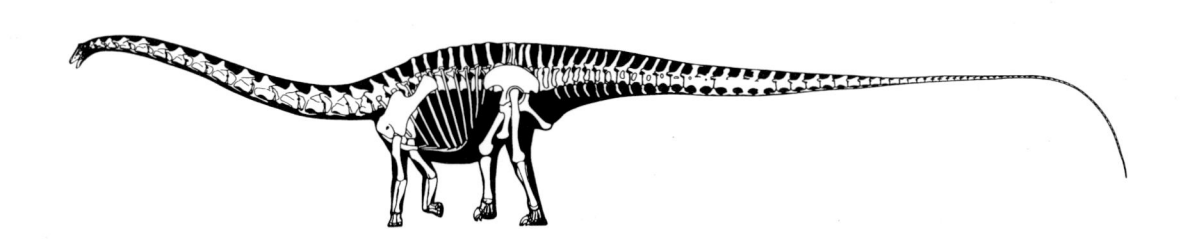

図 20.11●ディプロドクスの骨格復元図．大腿骨長 1542 mm

図 20.12●アパトサウルス（*Apatosaurus*）の骨格復元図．大腿骨長 1785 mm

顎の前部に限られていた．

　体幹からの椎骨は首へ組み込まれていた．首には15個，体幹には10個，胴仙椎は1個で，これはディプロドクスもアパトサウルスも同じである．これらの椎骨の神経棘にある深いV字型の切れ込みには靭帯が入っていた．尾はむやみに長く，アパトサウルスには82個の尾椎があり，その最後の40個くらいは単なる桿状の骨で「鞭ひも」をつくっていた．極めて特徴的なのはディプロドクス類の中央部の血道弓で，その橇（そり）状の形はディプロドクスにおいて最も発達していた．このことから，以下に述べるような，その恐竜の採餌習性に関連する多くの推測が生まれた．この科のもう一つの重要な形質は，前肢が著しく短かったことである．予期しなかった最近のすごい発見は，アパトサウルスの骨格中の1組の完全な腹肋骨（腹部の肋骨）であった．このことは，おそらく，腹肋骨はすべての竜脚類に存在したことを示唆している．

　ディプロドクスがアパトサウルスと異なる点は，非常に細い肢骨と，長くなった頸椎と尾椎を持っていることである．一方のアパトサウルスは頑丈な四肢と，短い椎骨を持っている．ロバート・バッカー（Robert Bakker）は，かつて，アパトサウルスを「太ったディプロドクス」といううまい表現をした．ディプロドクスに近縁のもう一つの動物がバロサウルスで（図20.13），この米国産の竜脚類はむやみに長い頸椎を持ち，その点ではブラキオサウルスに匹敵し，ディプロドクスと異なっていた．北米からは2種の巨大なディプロドクス類が報告されている．まず，スーパーサウルス（Supersaurus）は体長が38mに達したかもしれないが，この動物の完全な形質記述はより多くの化石が発見されるまで待たなければならない（興味深いことに，以前にウルトラサウロス Ultrasauros と名づけられた若干の竜脚類の骨格化石は，実際はスーパーサウルスのものである［Curtice et al. 1996］）．もう一つのセイスモサウルス（Seismosaurus）は同じくらいに大きく，ディプロドクス自体に最も近縁だったと思われるが，現時点ではその骨格はほんの部分的にしかクリーニングされていない．興味ある特徴は腹部に非常に多量の胃石（胃の中の石）が発見されたことであった（Calvo 1994参照）．最後に，英国から出た原始的なディプロドクス類であるケティオサウリスクスの後半身3分の2は，依然として，これまでにヨーロッパで発見された最も完全な竜脚類の骨格の一つである．

　ディプロドクス類の科で特有な分枝は，南方の超大陸ゴンドワナで発生した．タンザニアのジュラ紀後期から出たディクラエオサウルス（Dicraeosaurus）（図20.14）はディプロドクス類似の頭骨を持っていたが，椎骨の配分はより原始的で，首で12個，体幹で12個，胴仙椎部で1個であった．最も著しい特徴は，首と体幹部の椎骨にあるケタはずれに高く，深い切れ込みのある神経棘であった．さらにより極端なのが，アルゼンチンから出た白亜紀前期のアマルガサウルス（Amargasaurus）であった（図20.15）．アマルガサウルスでは各神経棘はよりいっそう長く，帆のような外観を生んだが，椎骨の数は減少していた．

　竜脚類の最後の分類群ティタノサウルス類はジュラ紀後期または白亜紀前期に起こったが，かつての南方のゴンドワナ大陸では，白亜紀のまさに末期まで，各地で極めて一般的に見られた．ティタノサウルス類はヨーロッパではそれほど一般的ではなく，北米では一時的に完全に姿を消したが（Lucas and Hunt 1989），白亜紀後期に南米から再流入し，恐竜類が最終的に絶滅する前にはユタ州あたりまで（アラモサウルス Alamosaurus）北上していた．ティタノサウルス類は完全に関節した骨格も，完全な頭骨もこれまで発見されておらず，竜脚類の研究者にとっては最も大きな課題になっている．

　ティタノサウルス類の体長はサルタサウルスの7mから，全長25〜30mに及ぶ巨大なものまである．その歯はすべて非常に小さくほっそりしていて，表面的にはディプロドクス類のものに似ている．この特徴のため，多くの古生物学者は長年にわたり，両者の頭部からうしろの骨格が非常に異なっているにもかかわらず，ディプロドクス類とティタノサウルス類は同一科に属するとしていた．ティタノサウルス類の大いに重要な神経棘は全部が単一で（二叉でなく），血道弓も単一で（ディプロドクス類のような橇状でなく），そして体幹の椎骨から次の1個が仙椎に加わって合計6個になっていた．尾椎は非常に特殊である．その本体（椎体）は典型的な前凹である（つまり，それらは相互に球窩状の関係を持ち，窩は椎体の前面に，球は椎体の後面にある）．最も興味深いのは，ティタノサウルス類の一部，またはおそらく全部が，盛りあがった骨板と小さな小骨からなる骨質の体甲を持っていたことである．極めて多数の属が命名されているが，そのほとんどは骨格のほんの小部分に基づいている．関節した骨格のよりよい状態のものの一つは，北米産の大型の属アラモサウルスに属している．より状態のよ

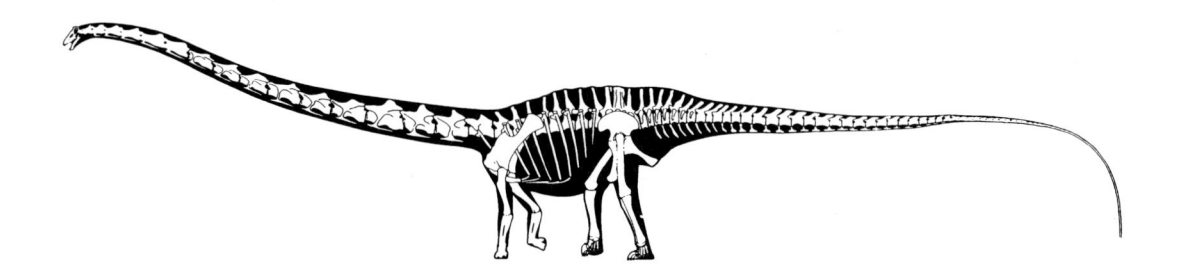

図20.13●バロサウルス（*Barosaurus*）の骨格復元図．大腿骨長 1520 mm

図20.14●ディクラエオサウルス（*Dicraeosaurus*）の骨格復元図．大腿骨長 1220 mm

図20.15●アマルガサウルス（*Amargasaurus*）の骨格復元図．大腿骨長 1050 mm

い他の標本は，アルゼンチンから出た小型のサルタサウルスとネウケンサウルス（*Neuquensaurus*），大型のアルギロサウルス（*Argyrosaurus*）とアンタルクトサウルス（*Antarctosaurus*）である．ティタノサウルス類はブラジル，エジプト，インド，ベトナム，タイ，英国，フランス，ルーマニア，スペイン，そしてテキサス州の白亜紀後期からも報告されている．

●分　類

　竜脚類の分類に関する考え方は時代とともに大幅に変わってきており，今も変わり続けている．マーシュの変種を伴う多科体系は1929年まで優勢であったが，この年，ヤネンシュ（Janensch）は歯に基づいて2科体系（それぞれ4亜科を含む）を提案した．幅広くへら状の歯を持つものはブラキオサウルス科に位置づけられ，一方，細く杭状の歯を持つものがティタノサウルス科に含められた．この体系は，これ以上分岐できないほど分岐している竜脚類の2つの分類群であるディプロドクス類とティタノサウルス類を，同じ科に一括する結果になった．両者に共通する形質は歯である．竜脚類のほとんどの研究者は，現在，4～5の十分に確定された科と，それほど十分な根拠があるとはいえないいくつかの科を認めている．本章では，将来の発見によってより多くの科を設立する必要が生じるであろうことを十分に考えた上で（McIntosh 1989, 1990），慎重な扱い方をしたい（表20.1参照）．これにかわる分類については Upchurch（1995），Calvo and Salgado（1995）を参照してもらいたい．

表20.1●竜脚類の分類

竜脚亜目
　ヴルカノドン科
　ケティオサウルス科
　　ケティオサウルス亜科
　　シュノサウルス亜科
　ブラキオサウルス科
　カマラサウルス科
　ディプロドクス科
　　ディプロドクス亜科
　　ディクラエオサウルス亜科
　ティタノサウルス科
　　ティタノサウルス亜科
　　アンデサウルス亜科（？）

●生体と生活様式の復元

　すでに述べたように，竜脚類は大型四足歩行の植物食者で，もしかしたら南極を除く（しかし，十中八九というわけではない）すべての大陸に生息していた．その成体の体長は約7～40mの範囲に及ぶ．竜脚類はすべての恐竜類の中で最も長い首と尾を持ち，ワニ類の方式とは異なり，柱状に直立した四肢を持っていた．その総体重は大変な論争課題になっているが，これは個々の骨の筋の付着痕の位置と大きさに基づいて，筋やその他の腱でモデルをいかに「肉づけ」するかにかかわってくるからである．研究の一つでは，E. H. Colbert（1962）がアパトサウルス（「ブロントサウルス」）の体重は約30t，ディプロドクスで12t，ブラキオサウルスで80tと見積もった．一方の極端な例では，Béland and Russel（1980）はブラキオサウルスの体重をわずか15tと見積もっている．よりよく知られているモリソン層の竜脚類の，より最近の推定体重は，この両極端のおおよそ中間にある（Anderson et al. 1985；Coe et al. 1987）．最大級の竜脚類は体重で優に50tを超え，一部のものは100tにも達したかもしれない（Gillette 1991, 1994）．

　一部の竜脚類は昔の漫画「アリーウープ」のディニー［訳注：穴居人アリーウープが主人公の米国の漫画．タイムマシンで先史時代と現代との間を行ったり来たりする．ディニーはその中に出てくる恐竜］を思い出させるような，一連の円錐形表皮性の棘が尾と背中に沿ってあった（Czerkas 1992, 1994）．竜脚類の外皮の色とか色模様については，どのような直接証拠もなければ，おそらくありえないであろう．しかし，初期の復元のように，彼らのすべてが単色の冴えない緑色だとか灰色の生物であったということはありそうもない．

　竜脚類の「生活様式」に関する疑問は，長年にわたり多くの論争を生んできたが，結論は大部分が間接的な証拠に基づいている．このような点で極めて有用なのは足跡であった（Lockley et al. 1994 a）．竜脚類の連続歩行跡はこれらの恐竜類が泳げたことの証拠として引用されているが，このような「手が優先」した歩行跡は足跡保存条件の単なる反映かもしれない（Lockley et al. 1994 c）．尾を引きずった痕跡はほとんど見られない（Lockley et al. 1994 a）．このことは尾が水に浮かんでいたか，竜脚類の尾は常に地面から離れた状態に掲げられていたという，より

徹底した結論を示唆している．これはブラキオサウルスのような尾が短いか中程度の動物の場合には道理にかなっているが，ディプロドクス類については疑問が残る．ディプロドクス類の尾の後端の40～80個の椎骨は単なる桿状の骨で，神経弓もなく，どんな靱帯や腱のための付着点もいっさい見られない．確かにこれらの動物は地面から遠く離して尾を振ることはできたが，休息中に尾をあげていられたのであろうか？　実際，その「鞭ひも」状の尾は，まさに防御用の武器だったと示唆されている．短尾型のシュノサウルスの「棍棒状」の骨質の尾も，この目的のために利用されていたかもしれない．

　20世紀の初期における，まさに大論争を生んだ一つの疑問は，解決されたといっていいかもしれない．O. C. マーシュ（O. C. Marsh 1883）は竜脚類の骨格（「ブロントサウルス」）を初めて復元し，ワニ類のように四肢が水平に出る匍匐型というよりは，哺乳類の配置のように四肢が下方を指していることを示した．H. F. オズボーン（H. F. Osborn）と J. B. ハッチャー（J.B. Hatcher）はこの解釈に同意した．しかし，1908年，O. P ヘイ（O. P. Hay）はよりワニ類に近い四肢の運びを主張し，この見解はグスタフ・トルニエ（Gustave Tornier）の多数の論文で支持を得た．これらの論文の結果として，ドイツ・フランクフルトのディプロドクスの骨格は，元来は伝統的な姿勢で組み立てられていたが，分解され匍匐姿勢に再組立てされた．この疑問は W. J. ホランド（W. J. Holland）によって，マーシュに有利な形で明快に解決された．ホランドは1910年にディプロドクスの腰（骨盤）と大腿骨の型をとり，大腿骨の骨頭が寛骨臼にはまり，位置が水平な場合，大腿部は固定されすべての動きが妨げられることを示した．もし，これ以上のものが必要だとすると，テキサス州・白亜紀前期のグレン・ローズ（Glen Rose）石灰岩中の保存のよい竜脚類の歩行跡の発見が，すでに十分なところへ駄目押しともいえる証拠を提供した．これらの歩行跡は比較的に幅が狭く，匍匐の際の肢の運びとは一致しないのである（Farlow and Chapman，本書第36章参照）．

　発見された最初の（そして，長年にわたり唯一であった）竜脚類の完全な頭骨はディプロドクスのもので，鼻孔は頭頂にあり，開口部は上を向いていた．このため，マーシュはこの竜脚類は半水棲だったと示唆し，この提案は長い間問題にならずに通用していた．古生物学者はこれらの動物が，おそらく産卵か渡りのために，時々湖や川から姿を現すことができ，実際にそうしていたと同意したが，通常の条件では体の一部が水に浸っていたとした．その後，K. A. Kermack（1951）と，特に R. T. Bakker（1971）と W. P. Coombs（1975）が異なる見解を精力的に主張した．つまり，竜脚類の解剖学的構造は多くの点でゾウに似ており，陸地に住む生物であることを示したのである（Desmond ［1975］に要約されている）．現在の多数意見では，竜脚類は実際に地上性だったが，多くの竜脚類歩行跡が証明しているように，湿ったりぬかるんだ土地にも時には踏み込んでいたとしている．

　竜脚類の骨と足跡は多様な堆積環境から出ており（Dodson 1990；Farlow 1992），これらの恐竜類が多様な生息地で暮らしていたことを示唆している．しかし，Lockley（1991）は竜脚類の足跡産地の古生態学的・古地理学的な産出に基づいて，分類群としての竜脚類は，足跡集団で鳥脚類の連続歩行跡が優勢を占める高緯度地方とは異なり，低緯度の地方に優先したと主張した．Farlow（1992）は歩行跡産地と竜脚類の骨格産地の古地理的な産出を調べ，鳥脚類と竜脚類の古緯度上の分離についての証拠は説得力が弱いことを発見した．

　次に，Farlow の結論が Lockley et al.（1994 b；Lockley，本書第37章も参照）によって異議を申し立てられた．Lockley らは竜脚類の新しい連続歩行跡産地からの資料を加え，Lockley（1991）が記載した様式に対して強力な支持を見出した．しかし，彼らは特定産地の足跡を含む異なった地層を，たとえそれらの地層が1m足らずの厚さの堆積物で隔てられている場合でも，分離した産地として数えた．さらに，彼らは地理的に比較的短い距離で隔てられた足跡産地も，分離した産地として数えた．これらのように空間的にも時間的にも近い足跡の産出を異なった産地と考えるのは妥当かもしれないが，Lockley et al.（1994 b）が採用した研究方法が生物学的に合理的であるかどうかには議論の余地がある．仮に，竜脚類並みの大きさの生物に期待するような個々の動物の大きな行動範囲，竜脚類のような巨大な動物が占めたであろう大きな地理的範囲（Brown 1995），ある産地における多数の密集した足跡を産する地層が，異種の竜脚類の存在を記録するほど時間的に隔てられていなかったという可能性を考えると，Lockley et al.（1994 b）が一連のデータに著しい先入観を持ち込んだ可能性が実際にある．もし，他の竜脚類の種がとりあげられないといった程度まで，少数の竜脚類の種が資料の中で繰り返しとりあげら

されていたとすると、これは分類群としての竜脚類の緯度優先（もし，そういうものが存在すれば）について誤解を招く印象を生む可能性がある．

R. T. Bakker（1986）は竜脚類（同様にその他の恐竜類）は高い食物消化率を持つ，全くの温血であったと強力に主張している．この結論は他の研究者によって異議を唱えられてきた（例：Weaver 1983；Spotila et al. 1991；Daniels and Pratt 1992；Farlow et al. 1995；Paladino et al., 本書第34章）．おそらく恐竜研究者の大部分は他の恐竜類（特に獣脚類——ただし，Ruben et al., 本書第35章参照）が温血であったかもしれないことを承認してはいるが，竜脚類の成体は体内に生物学的な「高温にセットした自動温度調節器」を持っていたのではなく，定温動物であった——つまり，その巨体で吸収し，自身の代謝作用で生み出される熱が，現生の「恒温動物」を模倣できるくらい十分であった——と現在では信じている．したがって，適度な体温は休息時にも維持されたであろう．中生代が現在に比べてずっと温暖で，竜脚類が最小の体表面積・体容積比を持っていたことを考えると，竜脚類にとっての主要課題は過熱であったかもしれない．竜脚類とゾウ類の骨格を比べてみると，主要な体腔の大きさは近似しているが，竜脚類は形の上では円筒状で，かつ，極めて細く（長さに比べて）著しく長い肢と首，そして尾を持っていることは明らかである．この結果，本質的に，竜脚類は体積当たりの体表面積の比が高い6本の長い円筒——換言すると，熱を獲得・放散するための6本の冷却塔——を得ていたことになる．

竜脚類の歯の形は，これらの動物が肉食者ではなかったことの明らかな証拠を提供している．一方，カマラサウルス型とディプロドクス型両者の歯の摩耗面は（Fiorillo 1991；Calvo 1994；Barrett and Upchurch 1994），その日常の食物が低い地上植物相の主要部を形成していた汁の多いシダ類だけではなかったことを示している．ソテツ類，背の高い木生シダ類，そして球果類が食物の役を果たしていたことは疑いない．最近，セイスモサウルスの消化管の中に多数の胃石（胃の中の石）が発見されたが（Gillette 1991），これは竜脚類化石を産出する多数の地層で発見されたこれらの磨かれた小石が，実際は，ある種のワニ類のように一部の動物が食物を細かく砕き，消化過程を助けるために使う小石の類似物であったことを確認する証拠となった（Stokes 1942；Bird 1985中のFarlow）．

竜脚類が採餌するために後肢で立つことができたかどうかという疑問は，長年にわたって論じられてきたが，この論争は現在も続いている．ディプロドクスの尾の中間部の血道弓が，垂直位というよりは水平位にあるという異常な発達に気づいたHatcher（1901）は，この動物が高い枝で採餌するため，後肢と尾を三脚のように使って後肢で立ったと示唆した．この考えは1986年にBakkerによって繰り返された．1993年にはディプロドクスに近縁のバロサウルスの骨格が，ニューヨークのアメリカ自然史博物館で，この姿勢に組み立てられた．この考えについての批判者は多く，後肢で立った竜脚類の垂直に立った首に血液を押しあげるのは不可能であり，身体のあれほど重い前端を持ちあげるのに必要な筋力も持ちえないと論じた．最初の反論の回答としては若干奇妙に聞こえる示唆も出ている．中には，バロサウルスのような竜脚類は，その長い首に血液を押しあげるため，いくつかの補助的な心臓を使っていたかもしれないという見解が含まれている（Choy and Altman 1992）！

血液の循環をどのように達成したかにかかわらず，例えばブラキオサウルスの場合，その首は生まれつき上に向けられており，実際，血液が本当に頭へ達していたことは明らかである（キリンは血液の逆流を防ぐため，その頸動脈に一連の弁がある）．この動物の前端部を持ちあげることについての生物工学に関しては，結論的な研究はまだ終わっていないが，1点だけは注目すべきである．それは，ディプロドクス類においてはその首と尾の部分が極めて長くなると同時に，体幹と特に四肢は著しく短くなっていることである．その結果，重心は後方へ移動し，この動物が後肢で立とうとした場合の重心まわりのねじりモーメントは減少してくる．したがって，ブラキオサウルス（映画「ジュラシック・パーク」中の情景にもかかわらず）とおそらく他のほとんどの竜脚類は，採餌するために後肢で立ちあがらなかったのはかなり明白だが，ディプロドクスやバロサウルスのような動物はそうしたかもしれないという紛れもない可能性を残している（Alexander 1985, 1989, 本書第30章参照）．

最後の疑問は竜脚類が卵を産んだのか，生きた子どもを産んだのかどうかに関係する．19世紀にフランス南部で，ティタノサウルス類の竜脚類ヒプセロサウルス（*Hypselosaurus*）の骨と同じ地層から，多数の卵が発見された（Buffetaut and Le Loeuff 1994）．その結果，多くの著者がそれらの関係を認め，竜脚類は産卵者（卵生）であったと結論した．

竜脚類は実際に卵を産んでいたようにいまだに思える一方（Carpenter and McIntosh 1994 参照），この種の関係を認めるに当たっては注意深くあらねばならない（Hirsch and Zelenitsky, 本書第 28 章参照）．外見上，すべての他の竜盤類は，鳥類やワニ類と同様，卵を産んでいた（あるいは産んでいる）ことは注目すべきであろう．

竜脚類について最もよく尋ねられる疑問は，なぜ彼らはそれほど大きくなれたのかということである（図 20.16 参照）．これは答えるには容易ではない疑

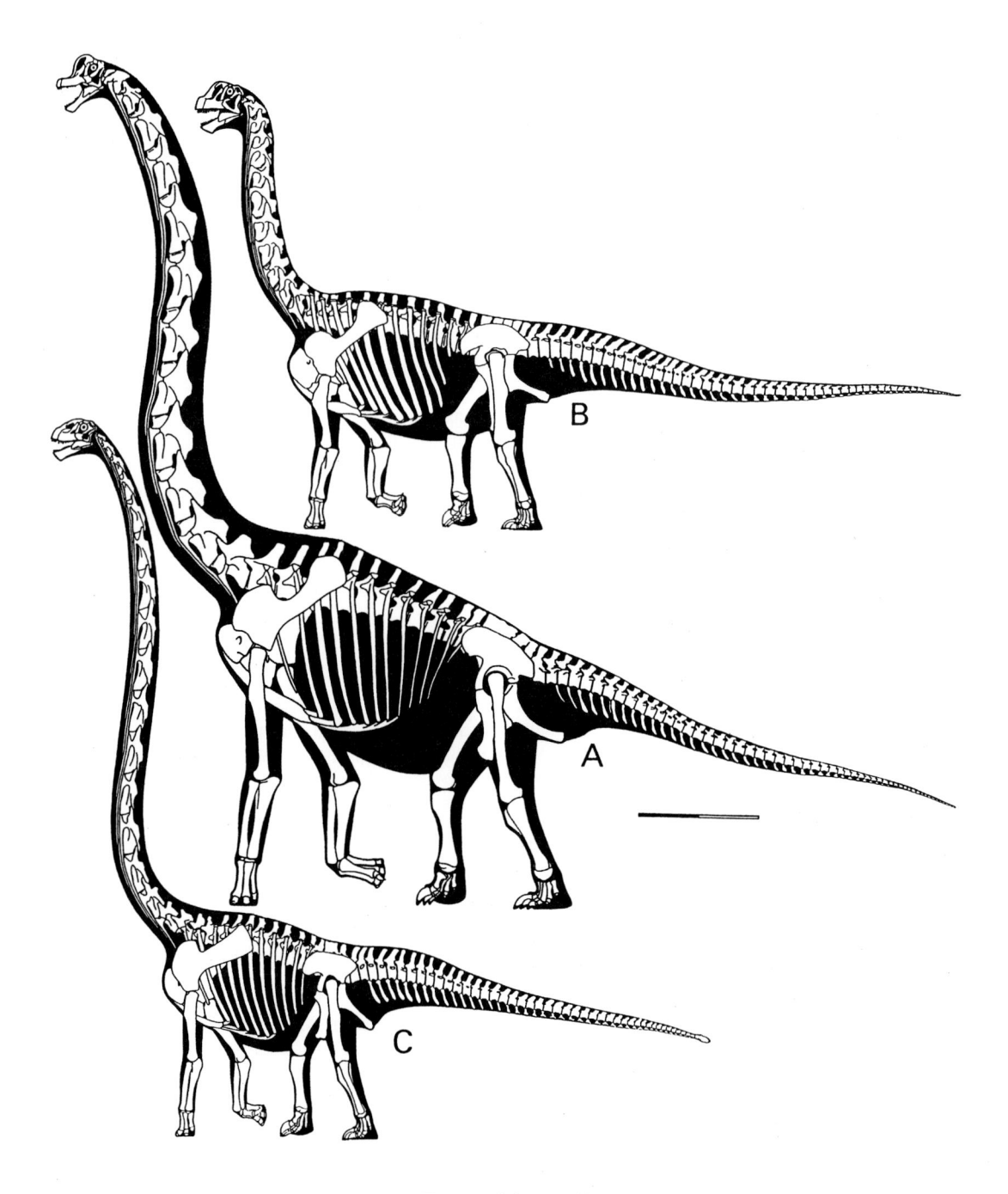

図 20.16 ● 大きさの比較
（A）ブラキオサウルス，（B）カマラサウルス，（C）オメイサウルス．縮尺線は 2 m.

問である．身体の大きさは極めて複雑な形で多様な生理的・生態的な要因と結びついており（Peters 1983；Calder 1984；Dunham et al. 1989；Spotila et al. 1991；Brown 1995），ある動物の生態学的な多くの特徴のどれが，その体の大きさに最も影響を与えているかを選ぶとなると問題のあるところである．しかし，巨大化が竜脚類にとって有利であったかもしれないという一定の方向は明らかにできる．

まず最初の利点は，植物食者は大きいほど，より多くの食物をとれることである．竜脚類は長いだけではなく，背も高かった．このため，他の恐竜類が食べられないような木の葉に届くことができた．したがって，竜脚類は他のより小型種に勝る採餌上の利点を持っていたのである．もし，竜脚類に両親による保育が存在したとすると，その場合，彼らは自分の子どもと競合しないですむような食物源を入手することもできたであろう．そして，子どもたち自身ではとれないような食物を，子どもたちに与えることもできたかもしれない．

大型であることの2番めの利点は防御である．動物は大きいほど，自分自身をよりよく守ることができる．大きさ自体が主要な利点になりうるのである．竜脚類はどんな獣脚類からも走って逃れることはできなかった．彼らの全質量は，1本の肢なり尾によるどんな打撃によってでも，破壊的な効果を生むであろう十分な力を与えていた．

竜脚類の巨大化傾向を，一つの分類群としての恐竜類の形質であった，非常に大型化する傾向の極端な例として考えるのも有益かもしれない（Hotton 1980；Peckzis 1994）．Farlow et al.（1995）は恐竜類動物相に見られる大きな体と哺乳類動物相のそれとを比べ，恐竜類は地上性の哺乳類には全く見られないほどの巨大化傾向を発達させたと言及した．彼らは恐竜類の巨大化傾向に寄与したかもしれないいくつかの要素を考えたが，最も重要な要素は等大の哺乳類が必要とするであろう食物必要量より，おそらく，その個体当たりの必要量はより低かったことであると結論した．このことは巨大な動物の種が，常にその種を絶滅させる恐れのあった各種の環境上の災害から生き残る上で，十分な大きさの個体群を維持することもより容易にしたであろう．

どのような要素が竜脚類の巨大化傾向に寄与していたにしても，竜脚類は印象的な生態的・進化的な成功を享受する恐竜類の一群という結果となった——分類群の多様化に関して考えようと，分類群全体としての層位学的な長寿に関して考えようとである．

● 文　献

Alexander, R. McN. 1985. Mechanics of posture and gait of some large dinosaurs. *Zoological Journal of the Linnean Society* 83：1-25.

Alexander, R. McN. 1989. *Dynamics of Dinosaurs and Other Extinct Giants*. New York：Columbia University Press.

Anderson, J. F.；A. Hall-Martin；and D. A. Russell. 1985. Long-bone circumference and weight in mammals, birds and dinosaurs. *Journal of Zoology, London* A 207：53-61.

Bakker, R. T. 1971. The ecology of the brontosaurs. *Nature* 229：172-174.

Bakker, R. T. 1986. *The Dinosaur Heresies：New Theories Unlocking the Mystery of the Dinosaurs and Their Extinction*. New York：William Morrow.

Barrett, P. M., and P. Upchurch. 1994. Feeding mechanisms of *Diplodocus*. *Gaia* 10：195-203.

Béland, P., and D. A. Russell. 1980. Dinosaur metabolism and predator/prey ratios in the fossil record. In R. D. K. Thomas and E. C. Olson (eds.), *A Cold Look at the Warm-Blooded Dinosaurs*, pp. 85-102. American Association for the Advancement of Science Selected Symposium 28. Boulder, Colo.：Westview Press.

Berman, D. S., and J. S. McIntosh. 1978. Skull and relationships of the Upper Jurassic sauropod *Apatosaurus* (Reptilia：Saurischia). *Bulletin of the Carnegie Museum of Natural History* 8：1-35.

Bird, R. T. 1985. *Bones for Barnum Brown：Adventures of a Dinosaur Hunter*. Fort Worth：Texas Christian University Press.

Brown, J. H. 1995. *Macroecology*. Chicago：University of Chicago Press.

Buffetaut, E., and J. Le Loeuff. 1994. The discovery of dinosaur eggshells in nineteenth-century France. In K. Carpenter, K. F. Hirsch, and J. R. Horner (eds.), *Dinosaur Eggs and Babies*, pp. 31-34. Cambridge：Cambridge University Press.

Calder, W. A. 1984. *Size, Function, and Life History*. Cambridge, Mass.：Harvard University Press.

Calvo, J. O. 1994. Jaw mechanics in sauropod dinosaurs. *Gaia* 10：183-193.

Calvo, J. O., and L. Salgado. 1995. *Rebbachisaurus tessonei* sp. nov., a new sauropod from the Albian-Cenomanian of Argentina：New evidence of the origin of the Diplodocidae. *Gaia* 11：13-33.

Carpenter, K., and J. McIntosh. 1994. Upper Jurassic sauropod babies from the Morrison Formation. In K. Carpenter, K. F. Hirsch, and J. R. Horner (eds.), *Dinosaur Eggs and Babies*, pp. 265-278. Cambridge：Cambridge University Press.

Charig, A. J.；J. Attridge；and A. W. Crompton. 1965. On the origins of the sauropods and the classification of the Saurischia. *Proceedings of the Linnaean Society of London* 176：197-221.

Choy, D. S. J., and P. Altman. 1992. The cardiovascular system of barosaurus [*sic*]：An educated guess. *Lancet* 340：

534–536.

Clark, N. D. L. ; J. D. Boyd ; R. J. Dixon ; and D. A. Ross. 1995. The first Middle Jurassic dinosaur from Scotland : A cetiosaurid? (Sauropoda) from the Bathonian of the Isle of Skye. *Scottish Journal of Geology* 31(2) : 171–176.

Coe, M. J. ; D. L. Dilcher ; J. O. Farlow ; D. M. Jarzen ; and D. A. Russell. 1987. Dinosaurs and land plants. In E. M. Friis, W. G. Chaloner, and P. R. Crane (eds.), *The Origins of Angiosperms and Their Biological Consequences*, pp. 225–258. Cambridge : Cambridge University Press.

Colbert, E. H. 1962. The weights of dinosaurs. *American Museum Novitates* 2076 : 1–16.

Coombs, W. P. Jr. 1975. Sauropod habits and habitats. *Palaeogeography, Palaeoclimatology, Palaeoecology* 17 : 1–33.

Curtice, B. D. ; K. L. Stadtman ; and L. J. Curtice. 1996. A reassessment of *Ultrasauros macintoshi* (Jensen, 1985). In M. Morales(ed.), *The Continental Jurassic*, pp. 87–95. Bulletin 60. Flagstaff : Museum of Northern Arizona.

Czerkas, S. 1992. Discovery of dermal spines reveals a new look for sauropod dinosaurs. *Geology* 20 : 1068–1070.

Czerkas, S. 1994. The history and interpretation of sauropod skin impressions. *Gaia* 10 : 173–182.

Daniels, C. B., and J. Pratt. 1992. Breathing in long necked dinosaurs : Did the sauropods have bird lungs? *Comparative Biochemistry and Physiology* 101 A : 43–46.

Desmond, A. J. 1975. *The Hot-Blooded Dinosaurs : A Revolution in Palaeontology*. London : Blond and Briggs.

Dodson, P. 1990. Sauropod paleoecology. In D. B. Weishampel, P. Dodson, and H. Osmólska(eds.), *The Dinosauria*, pp. 402–407. Berkeley : University of California Press.

Dunham, A. E. ; K. L. Overall ; W. P. Porter ; and C. A. Forster. 1989. Implications of ecological energetics and biophysical and developmental constraints for life-history variation in dinosaurs. In J. O. Farlow (ed.), *Paleobiology of the Dinosaurs*, pp. 1–19. Special Paper 238. Boulder, Colo. : Geological Society of America.

Farlow, J. O. 1992. Sauropod tracks and trackmakers : Integrating the ichnological and skeletal records. *Zubía* 10 : 89–138.

Farlow, J. O. ; P. Dodson ; and A. Chinsamy. 1995. Dinosaur biology. *Annual Review of Ecology and Systematics* 26 : 445–471.

Farlow, J. O. ; J. G. Pittman ; and J. M. Hawthorne. 1989. *Brontopodus birdi*, Lower Cretaceous sauropod footprints from the U. S. Gulf Coastal Plain. In D. D. Gillette and M. G. Lockley(eds.), *Dinosaur Tracks and Traces*, pp. 371–394. Cambridge : Cambridge University Press.

Fiorillo, A. R. 1991. Dental microwear on the teeth of *Camarasaurus* and *Diplodocus* : Implications for sauropod paleoecology. In S. Kielan-Jawowrowska, N. Heintz, and H. A. Nakrem (eds.), *Fifth Symposium Mesozoic Terrestrial Ecosystems and Biota*, pp. 23–24. Contributions of the Paleontology Museum of the University of Oslo 364.

Gillette, D. D. 1991. *Seismosaurus halli*(n. gen., n. sp.)a new sauropod dinosaur from the Morrison Formation(Upper Jurassic–Lower Cretaceous) of New Mexico, U.S.A. *Journal of Vertebrate Paleontology* 11 : 417–433.

Gillette, D. D. 1994. *Seismosaurus the Earth Shaker*. New York : Columbia University Press.

Gilmore, C. W. 1936. Osteology of *Apatosaurus* with special reference to specimens in the Carnegie Museum. *Memoirs of the Carnegie Museum* 11 : 175–300.

Hatcher, J. B. 1901. *Diplodocus* Marsh : Its osteology, taxonomy, and probable habits, with a restoration of the skeleton. *Memoirs of the Carnegie Museum* 1 : 1–63.

Holland, W. J. 1910. A review of some recent criticisms of the restorations of sauropod dinosaurs existing in the museums of the United States, with special reference to that of *Diplodocus carnegiei* in the Carnegie Museum. *American Naturalist* 44 : 259–283.

Hotton, N. III. 1980. An alternative to dinosaur endothermy : The happy wanderers. In R. D. K. Thomas and E. C. Olson (eds.), *A Cold Look at the Warm-Blooded Dinosaurs*, pp. 311–350. American Association for the Advancement Science Selected Symposium 28. Boulder, Colo. : Westview Press.

Huene, F. von. 1929. Los saurisquios y Ornithisquios de Cretacéo Argentino. *Annals Museum La Plata*, Series 2, 3 : 1–196.

Janensch, W. 1929. Material und Formengehalt der Sauropoden in der Ausbeute der Tendaguru-Expedition. *Palaeontographica*, Supplement 7, 2 : 1–34.

Kermack, K. A. 1951. A note on the habits of sauropods. *Annals and Magazine of Natural History*, Series 12, 4 : 830–832.

Lockley, M. 1991. *Tracking Dinosaurs : A New Look at an Ancient World*. Cambridge : Cambridge University Press.

Lockley, M. G. ; V. F. dos Santos ; C. A. Meyer ; and A. Hunt (eds.). 1994 a. Aspects of sauropod paleobiology. *Gaia* 10 : 1–279.

Lockley, M. G. ; C. A. Meyer ; A. P. Hunt ; and S. G. Lucas. 1994 b. The distribution of sauropod tracks and trackmakers. *Gaia* 10 : 233–248.

Lockley, M. G. ; J. G. Pittman ; C. A. Meyer ; and V. F. dos Santos. 1994 c. On the common occurrence of manus-dominated sauropod trackways in Mesozoic carbonates. *Gaia* 10 : 119–124.

Lucas, S. G., and A. P. Hunt. 1989. *Alamosaurus* and the sauropod hiatus in the Cretaceous of the North American Western Interior. In J. O. Farlow(ed.), *Paleobiology of the Dinosaurs*, pp. 75–85. Special Paper 238. Boulder, Colo. : Geological Society of America.

Lydekker, R. 1877. Notices of new and other Vertebrata from Indian Tertiary and Secondary rocks. *Records of the Geological Survey of India* 10 : 30–43.

Madsen, J. H. Jr. ; J. S. McIntosh ; and D. S. Berman. 1995. Skull and atlas-axis complex of the Upper Jurassic sauropod *Camarasaurus* Cope (Reptilia : Saurischia). *Bulletin of the Carnegie Museum* 31 : 1–115.

Mantell, G. A. 1850. On the *Pelorosaurus* ; an undescribed gigantic terrestrial reptile, whose remains are associated with those of the *Iguanodon* and other saurians in the strata of the Tilgate Forest, in Sussex. *Philosophical Transactions of the Royal Society of London* 140 : 391–392.

Marsh, O. C. 1883. Principal characters of American Jurassic dinosaurs. Part VI : Restoration of *Brontosaurus. American Journal of Science*, Series 3, 26 : 81–85.

McIntosh, J. S. 1989. The Sauropod dinosaurs : A brief survey. In K. Padian and D. J. Chure (eds.), *The Age of Dinosaurs*, pp. 85–99. Short Courses in Paleontology no. 2. Knoxville : Paleontological Society, University of Tennessee.

McIntosh, J. S. 1990. Sauropoda. In D. B. Weishampel, P. Dodson, and H. Osmólska (eds.), *The Dinosauria*, pp.345–401. Berkeley : University of California Press.

McIntosh, J. S., and D. S. Berman. 1975. Description of the palate and lower jaw of *Diplodocus* (Reptilia : Saurischia) with remarks on the nature of the skull of *Apatosaurus*. *Journal of Paleontology* 49 : 187–199.

McIntosh, J. S. ; W. E. Miller ; K. L. Stadtman ; and D. D. Gillette. 1996. The osteology of *Camarasaurus lewisi* (Jensen, 1988). *Brigham Young University Geological Studies* 41 : 73–116.

Osborn, H. F., and C. C. Mook. 1921. *Camarasaurus, Amphicoelias*, and other sauropods of Cope. *Memoirs of the American Museum of Natural History*, n.s. 3 : 247–287.

Ostrom, J. H., and J. S. McIntosh. 1966. *Marsh's Dinosaurs*. New Haven, Conn. : Yale University Press.

Owen, R. 1842. Report on British fossil reptiles. Part II. *Report British Association for the Advancement of Science* for 1841 : 60–204.

Peckzis, J. 1994. Implications of body-mass estimates for dinosaurs. *Journal of Vertebrate Paleontology* 14 : 520–533.

Peters, R. H. 1983. *The Ecological Implications of Body Size*. Cambridge : Cambridge University Press.

Phillips, J. 1871. *The Geology of Oxford and the Valley of the Thames*. Oxford : Clarendon Press.

Riggs, E. S. 1901. The largest known dinosaur. *Science*, n.s. 13 : 549–550.

Riggs, E. S. 1903. Structure and relationships of opisthocoelian dinosaurs. Part 1 : *Apatosaurus* Marsh. *Publications of the Field Columbian Museum, Geology* 2 : 165–196.

Spotila, J. R. ; M. P. O'Connor ; P. Dodson ; and F. V. Paladino. 1991. Hot and cold running dinosaurs : Body size, metabolism and migration. *Modern Geology* 16 : 203–227.

Stokes, W. L. 1942. Some field observations on the origins of the Morrison "gastroliths." *Science* 95 (2453) : 18–19.

Upchurch, P. 1995. The evolutionary history of sauropod dinosaurs. *Philosophical Transactions of the Royal Society of London*, Series B, 349 : 365–390.

Weaver, J. C. 1983. The improbable endotherm : The energetics of the sauropod dinosaur *Brachiosaurus*. *Paleobiology* 9 : 173–182.

Young, C. C., and H. C. Chao. 1972. *Mamenchisaurus hochuanensis* sp. nov. *Institute of Vertebrate Paleontology and Palaeoanthropology Monograph*, Series A, 8 : 1–30.

コラム 20.1 ● なぜ「ブロントサウルス」という名称がアパトサウルスに変わったか？

「ブロントサウルス」はすべての恐竜類の中で最もよく知られ，最も知的な満足を与え，最もなじみ深い名前の一つである．では，なぜ最近のすべての書物で，それをアパトサウルスと呼んでいるのであろうか？　その答えは，発掘の初期における有名なマーシュとコープの対立と，恐竜類および恐竜類の解剖学的構造の不完全な理解とが関わりあっている．

すべては1877年に始まった．その年，アーサー・レイクス(Arthur Lakes)は，彼がコロラド州の小さな町モリソンの近くで採集した，非常に大きな恐竜の1個の仙椎と少数の椎骨をマーシュに送った．その頃，マーシュとコープの両者はできるだけ多くの恐竜類を命名することで，相手に打ち勝とうと努めていた．不文律だった(当時の)先取権の原則では，その名称のもとになった標本の十分な記載を伴って公刊された最初の名称が，公式名として認められる権利を与えられている．のちに公刊されたいかなる名称も「同物異名」として知られるものになり，2度と使うことはできない．マーシュとコープ両者の場合は，どちらも彼らの野外採集者から受けとった最初の標本に基づいて，新しい動物を記載した．たとえその時に，残りの骨格がまだ地中に眠っていた時でさえである！

マーシュがレイクスから受けとった仙骨の場合もそうであった．1877年，マーシュはその恐竜にアパトサウルス・アジャクス(*Apatosaurus ajax*)と命名した．1878年には，より多くの骨格がマーシュに送られ，手短かで十分に記載され，図示された．

1879年の夏，マーシュのために働いていた有名な野外採集者ウィリアム・リード(William H. Reed)がワイオミング州のコモ・ブラフで恐竜の新しい採掘場を発見したが，そこには1点の大型骨格があった．最初に移送された骨の中に仙椎があり，マーシュは即座にそれにブロントサウルス・エクセルスス(*Brontosaurus excelsus*)と命名した．その後数年間にモリソンとコモ・ブラフの残りの骨が発掘され，マーシュのもとへ送られた．どちらも頭骨を除く，ほとんどの骨格要素を示すものであることがわかった．ブロントサウルスの骨格はそれまでに発見された竜脚類の最も完全な骨格の一つだったことから，それは図示され，アパトサウルスに比べ，より完全に記載された．2つの動物はその大きさとつくりが類似していた．マーシュは両者を同じ科に帰したが，アパトサウルスは仙椎に3個の椎骨があり，ブロントサウルスは5個あったため，それらを別属においた．有名な古生物学者 S. W. ウィリストン (S. W. Williston)は，この当時，マーシュの助手の一人であった．彼は両動物の類似性を認め，今では彼の未公刊の覚え書きからもわかっているように，この両者が実際は同一属であったことに気づいていた．アパトサウルスの骨格はブロントサウルスのものより大きかったが，より若い個体のものであった．当時は，この動物が年をとるにつれて，基本的な3個の仙椎に(両端に1個ずつ)さらに2個の椎骨が癒合することは知られていなかったのである．

1903年，シカゴのフィールド・コロンビアン博物館のエルマー・リッグス(Elmer Riggs)は，コロラド州のフルータ近くで彼が発見した別のアパトサウルスの骨格を記載していた．彼はブロントサウルスとアパトサウルスの両者が同一属であることを理解した．先取権の原則から，2年先立って最初につけられた名称アパトサウルスが残されなければならない．リッグスは論文中で，その時にはシカゴ大学の教授になっていたウィリストンと相談したことを認めた．本来のアパトサウルスの骨格はブロントサウルスの骨格ほど完全ではなかったが，両者が同一属に属することを示すには十分すぎるほどであった．これが「ブロントサウルス」という名称が，現在，常に括弧つきで公刊される理由で，それはもはや正当な名称ではないことを示しているのである．

コラム 20.2 ●アパトサウルスが新しい頭を持っている理由

　ワイオミング州のコモ・ブラフでマーシュの隊員が発掘した「ブロントサウルス」・エクセルススの骨格は，1880年代後期の時点で，発見された竜脚類の骨格としては最も完全なものになった．しかし，恐竜類の多くの骨格と同じで，その頭部が欠けていた．したがって，1883年と1891年に公刊された2つの骨格復元を完全なものにするため，マーシュはイェール大学のコレクションから2個の別の大きな頭骨を選び出した．この2個の孤立した頭骨を，マーシュは「ブロントサウルス」の候補者であるように思った．それらの頭骨がジュラ紀後期のモリソン層から出ていたためである．第一の頭骨は頭骨のない骨格の出たところから東へ数マイルのところで発見され，第二の頭骨はコロラド州のガーデン・パーク，これもモリソン層から出た．これらの頭骨はカマラサウルスのものに似た大きくスプーン状の歯を持っていたので，「ブロントサウルス」の骨格が国中で組み立てられた時，カマラサウルスの頭骨がひな型にされた．当時は「ブロントサウルス」とカマラサウルスのいずれも，骨格と関節した完全な頭骨は発見されていなかったので，頭骨と骨格を正しく結びつけるには問題があった．

　1900年代初期に，ディプロドクスに帰せられた1個の頭骨が，恐竜国立公園で2体のアパトサウルスの骨格といっしょに横たわっているのが発見された．（1903年に，「ブロントサウルス」という名称は，正当なアパトサウルスに変えられていた）．この新しい頭骨は一つの骨格の首の中間付近の上，そして別の骨格の前肢からわずか数フィートのところに横たわっていた．その頭骨はディプロドクスに典型的な釘状の歯を持ち，カマラサウルスの歯とは全く似ていなかった．この後者の骨格は，現在，ピッツバーグのカーネギー博物館に組み立てられている．当時，カーネギーの館長だったW. J. ホランドは，この頭骨がアパトサウルスの真の頭部だったことに気づいたが，組み立てることは控えた．ニューヨークのアメリカ自然史博物館の館長で，強力な影響力をもったH. F. オズボーン（H. F. Osborn）が反対したからである．オズボーンはカマラサウルスをひな型にした頭で，自分の博物館のアパトサウルスを組み立てていた．また，恐竜国立公園から出た頭骨と，同じ採掘場から出た2番めの頭骨を登録する際に混乱が生じたために，さらに事態が複雑になった．2番めの頭骨は最初のものより大きく，2つの頭骨のうちの小さい方は，これほど大きなアパトサウルスの骨格に帰するには大きさが十分でないとされたのである．

　より完全な骨格をさらに研究した結果は，アパトサウルスはディプロドクス科に属し，カマラサウルス科ではないことを示した．アール・ダグラス（Earl Douglass）（恐竜国立公園の発見者で，両頭骨を発掘した人物）による野外記録と詳細な測定は，その混乱に対する解答を決定的に示した．大きい方の頭骨がアパトサウルスのものだったのである．結果的に，アパトサウルスはディプロドクス（釘状の歯を伴う）のような頭骨を持ち，カマラサウルス（スプーン状の歯を伴う）のような頭骨ではなかったのである．

　この探偵物語の完全な詳細は，McIntosh and Berman（1975）およびBerman and McIntosh（1978）を見てもらいたい．

21 剣竜類

Peter M. Galton

●オスニエル・チャールズ・マーシュとステゴサウルス

イェール大学のオスニエル・チャールズ・マーシュ（Othniel Charles Marsh）は、コロラド州のジュラ紀後期モリソン層から出た大型絶滅爬虫類を入れる新しい目として、1877年、剣竜類を設立した。彼は、当時、新しい水生爬虫類ステゴサウルス・アルマトゥス（*Stegosaurus armatus*）（ギリシャ語でstegeは「屋根」、saurusは「爬虫類」、ラテン語でarmatusは「武装した」）と考えたこの爬虫類の背中は、大きな皮骨すなわち皮膚性の骨板（そのうちの一つは長さが1m以上あった）で覆われ、その大きな骨板は完全に皮膚内に埋もれ、カンザス州の白亜紀後期から出た大きな水生のカメ類プロトステガ（*Protostega*）の骨板に相当するものと考えた。マーシュ（1877：513）はその骨が「極めてかたい母岩中にあるため、完全な記載を行うには大変な時間と労力が要るだろう」と書き留めている。O.C.マーシュにとって幸いなことに、彼の野外作業員がコロラド州のガーデン・パーク（Garden Park）とワイオミング州のコモ・ブラフ（Como Bluff）で（Ostrom and McIntosh 1966）、のちにモリソン層として知られるようになった極めてやわらかい岩石中から、より良好な化石の産出する現場を探し当てた。科学にとって不幸なことに、イェール大学ピーボディ自然史博物館にあるモリソン層から出たこの現物化石の大部分は、いまだにクリーニングも、記載もされていない。

マーシュ（1880）はステゴサウルス・ウングラトゥス（*Stegosaurus ungulatus*）の肢骨と骨板、それに皮骨性の棘について例証し、剣竜類を恐竜類の中の1亜目に引き下げた。彼はより小型の骨板が実際に直立していたことを認めていたが、その復元では、最大の骨板は背中に平らに置かれている。マーシュは皮骨棘は前肢に付随していたかもしれないと示唆

した．この点に関しては彼はリチャード・オーウェン（Richard Owen 1875）の考えに従っており，オーウェンは英国のジュラ紀後期から出たオモサウルス・アルマトゥス（*Omosaurus armatus*）のある程度完全だが頭骨を欠く骨格について記載した中で，その皮骨棘を鳥脚類恐竜のイグアノドン（*Iguanodon*）の手首にあった棘突起に対比されるものとして記載していた．マーシュ（1880）はオモサウルスを彼が新設した科ステゴサウルス科に含めた．1887年に発見されたステゴサウルスのほとんど完全な骨格では，その骨板と棘が関節して保存されており，すべての骨板は垂直に立っていて，棘は尾についていたことを示している（Marsh 1887）．ステゴサウルスの最初の完全な復元骨格では，背中の正中線に沿った1列の骨板と尾の四対の棘が示されていた（Marsh 1891, 1896；Fig. 21.1 A；マーシュによる復元以降になされた骨板の復元のより詳細については以下の文と Czerkas 1987 を参照されたい）．

● 武装恐竜類に関する概念の変化

Owen（1842）による恐竜類の再分割は，まず，トーマス・ヘンリー・ハクスリー（Thomas Henry Huxley 1870）によって行われ，彼は皮膚装甲を持つすべての型をスケリドサウルス科に帰した．この科には英国のジュラ紀前期から出た，ある程度完全な骨格のあるスケリドサウルス（*Scelidosaurus*）が含まれた（図 21.1 E；Owen 1861, 1863）．ハリー・ゴヴィア・シーリー（Harry Govier Seeley 1887）は恐竜類を竜盤類と鳥盤類に分けた際，スケリドサウルス科を後者に入れた．Marsh（1889, 1896）は皮膚装甲を持つすべての四足歩行鳥盤類を（類似した歯の形態を持つ型とともに）ステゴサウルス類に帰した．骨盤帯の差異を根拠に，アルフレッド・シャ

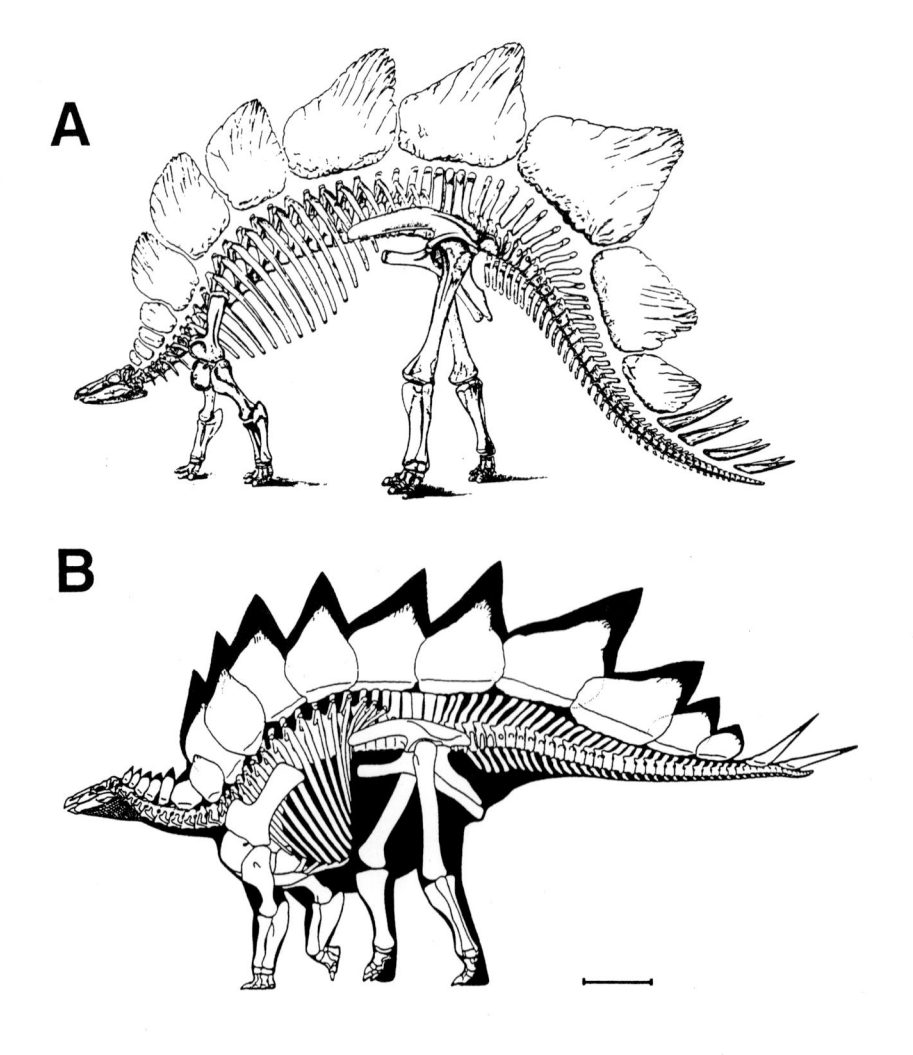

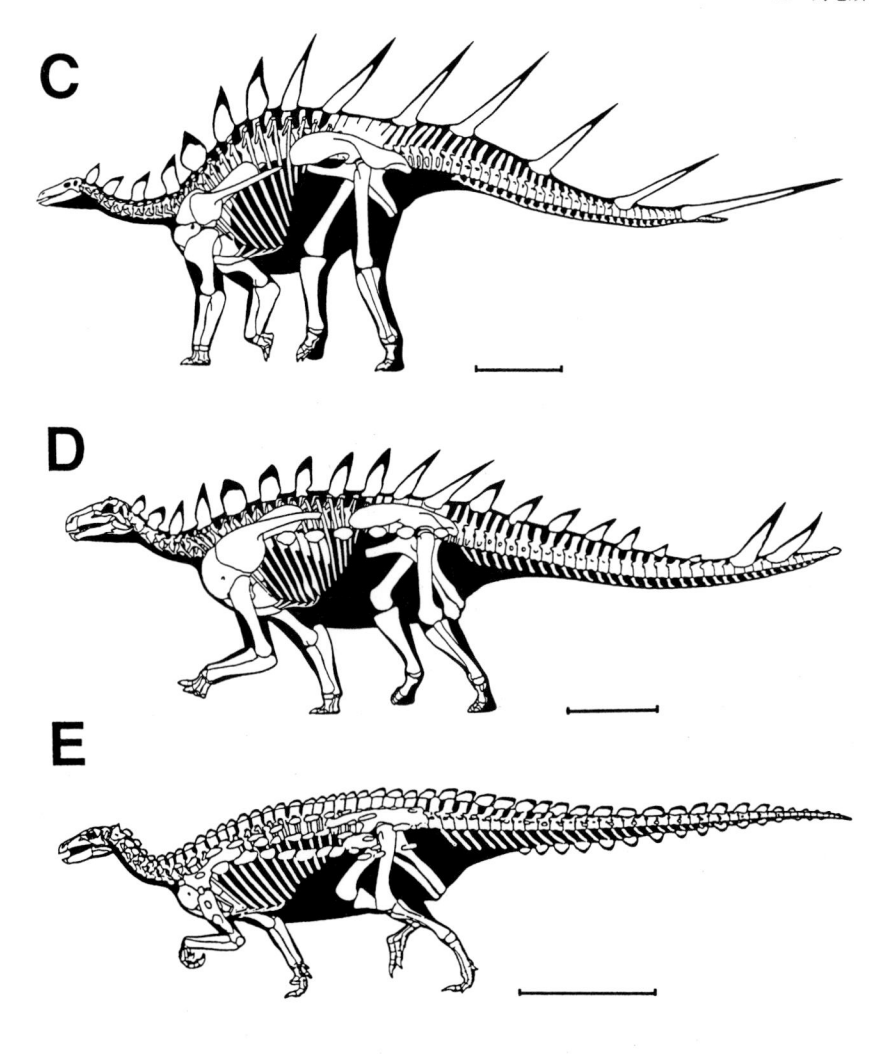

図21.1●剣竜類（A～D）とスケリドサウルス（*Scelidosaurus*）（E）の骨格復元図
（A, B）米国西部のジュラ紀後期から出た剣竜類のステゴサウルス（*Stegosaurus*）：（A）剣竜類の最初に公刊された復元図．1891年，オスニエル・チャールズ・マーシュによる．脊椎・帯部・四肢と尾にある四対の皮骨棘はステゴサウルス・ウングラトゥス（*Stegosaurus ungulatus*, YPM 1853, 1854, 1858標本），頭骨と皮骨装甲はステゴサウルス・ステノプス（*S. stenops*, USNM 4934標本）の標本に基づいて合成（17個の骨板のうち，前部の4個の骨板は対になっていたが，復元ではそのように示されていない［Marsh 1896］．そして，ステゴサウルス・ウングラトゥスの第17骨板は2個の余分な皮骨棘を入れる余地をつくるため除外されている［Czerkas 1987］）．
（B）ステゴサウルス・ステノプス．ほとんどをUSNM 4934標本に，尾部の後半と尾棘はUSNM 4714標本に基づく．
（C）東アフリカ，タンザニアのジュラ紀後期から出た剣竜類ケントロサウルス（*Kentrosaurus*）．HMNの組立て骨格に基づく（Janensch 1925参照）．
（D）中国のジュラ紀中期から出たファヤンゴサウルス類のファヤンゴサウルス（*Huayangosaurus*）．ZDM T 7001標本（Zhou 1984参照）および側仙椎棘はSereno and Dong 1992に基づく．（E）英国のジュラ紀前期から出た基盤の装盾類スケリドサウルス．Paul 1987による．
博物館の略号：HMN：ドイツ，ベルリン，フンボルト自然史博物館，USNM：ワシントンD.C., 米国立自然史博物館，YPM：コネティカット州，ニューヘブン，イェール大学，ピーボディ自然史博物館，ZDM：中国，四川省，自貢恐竜博物館．縮尺線は50 cmを示す．B～Eは著作権者Gregory S. Paulの提供に負う．

ーウッド・ローマー（Alfred Sherwood Romer 1927）は，ヘンリー・フェアフィールド・オズボーン（Henry Fairfield Osborn 1923）が定義せずに設けたアンキロサウルス亜目（「癒合した，すなわち，つながった爬虫類」）をステゴサウルス亜目から分離することを初めて主張した．ローマーはステゴサウルス亜目をステゴサウルス科とスケリドサウルス科（スケリドサウルスに少数のよく知られていない型も合わせて）に限定した．皮骨板を持つ恐竜類だけにステゴサウルス亜目を限定使用することは，米国・カナダ・英国の大部分の古生物学者に追従された．しかし，他の研究者はステゴサウルス類をより包括的に使用する Marsh（1889，1896）に従った（例：Hennig［1924］，Lapparent and Lavocat［1955］はステゴサウルス上科とし，Nopcsa［1915，1928］は角竜類つまり角のある恐竜を含めて解釈し，装盾類「盾を持つもの」とした）．アンキロサウルス亜目は Romer（1956）によって特性の長い記載が提示されるまでは，あまり広く認められなかった．

1980年代のいくつかの分析の結果，フランツ・バロン・ノプシャ（Franz Baron Nopcsa 1915）の装盾類は，剣竜類と曲竜類，そして両者の基本的な類縁動物を含むとするフリードリッヒ・フォン・ヒューネの考え（Friedrich von Huene 1956）（つまり，角竜類を除外する）に戻った．この中で最もよく知られているのは，ジュラ紀前期の属である英国産のスケリドサウルス，アリゾナ州産のスクテロサウルス（*Scutellosaurus*）（Colbert 1981），最近記載されたドイツ産のエマウサウルス（*Emausaurus*）（Haubold 1990）である．装盾類は眼窩の後方にある横方向に幅の広い棒状の骨（図 21.2 A，C，E），体表の背面にある準前後方向（正中線に平行）の低い竜骨状鱗甲の列からなる皮骨装甲，側方の付加的な低い竜骨状鱗甲があることで一本化される（図 21.1 D，E；Sereno 1986）．下顎歯の列（歯骨上の）の深い波状の湾曲の存在，眼窩の上縁の中央部を形成するように頭蓋天井に入り込み結合した上眼窩骨（眼瞼骨，本来は眼瞼に関係する），頭骨の他の諸形質は，スケリドサウルス（図 21.2 E，F）が広脚類（Eurypoda）（＝剣竜類＋曲竜類［Sereno 1986］）の姉妹群（最も近縁なもの）であることを明らかにしている．

剣竜類と曲竜類とを結びつける派生（独特の）形質はたくさんある（したがって，これらの形質は剣竜類にとって原始的形質である）．頭骨では（図 21.2 A〜D），これらの形質に含まれるものとして，大部分が3個の上眼窩骨（眼瞼骨）で形成される上眼窩

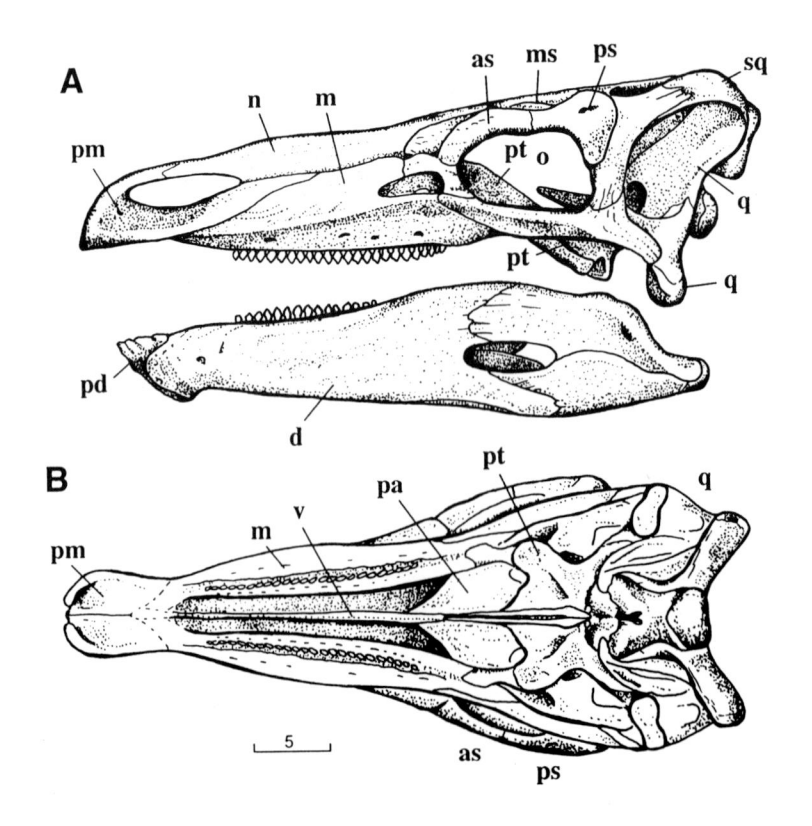

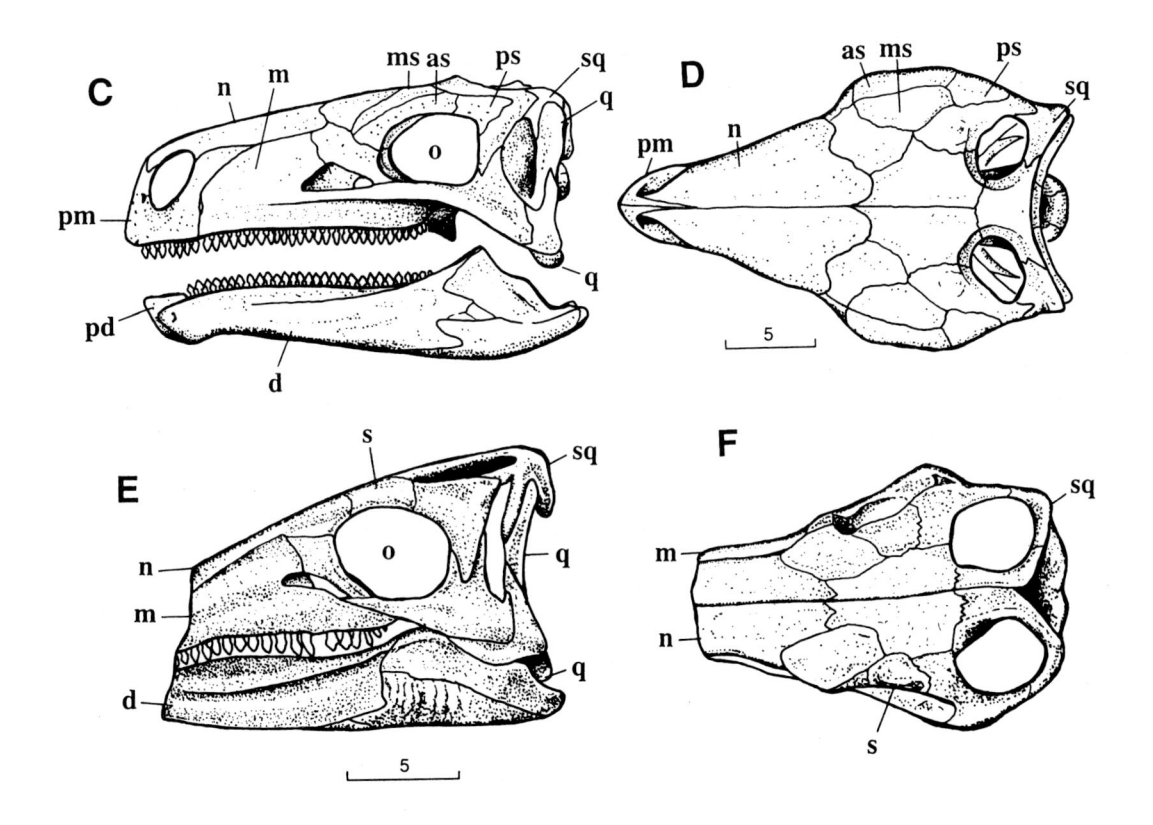

図21.2●剣竜類とスケリドサウルスの頭骨の左側面図(A, C, E), 腹面図(B, 下顎を除く)と背面図(D, F) (A, B)コロラド州のジュラ紀後期から出た剣竜類ステゴサウルス・ステノプス. Sereno and Dong 1992による. (C, D) 中国のジュラ紀中期から出たファヤンゴサウルス類のファヤンゴサウルス. Sereno and Dong 1992による. (E, F) 英国のジュラ紀前期から出た基盤的な装盾類のスケリドサウルス. Coombs et al. 1990による. 略号: as: 前上眼窩骨(あるいは眼瞼骨), d: 歯骨, m: 上顎骨, ms: 中上眼窩骨(あるいは眼瞼骨), n: 鼻骨, o: 眼窩, pa: 口蓋骨, pd: 前歯骨, pm: 前上顎骨, ps: 後上眼窩骨(あるいは眼瞼骨), pt: 翼状骨, q: 方形骨, s: 上眼窩骨(眼瞼骨), sq: 鱗骨, v: 鋤骨. 縮尺線は5 cmを示す.

縁, 鼓膜の前部上方にある著しい切痕の欠如, 口蓋の長径にわたって存在する背の高い中央の竜骨状の隆起がある. 前足(図21.3 A)は比較的に短い中手骨(手首と「指」の間の骨)を持ち, その指節骨(「指」)には蹄状の爪指節骨(指骨の先端の骨)があった. 腸骨(腰の上部の骨)(図21.1 A〜D)は顕著で, 非常に短い後寛骨臼突起(腰関節の後方部)と, 正中線に対して少なくとも35°くらい側方に向かった非常に長い前寛骨臼突起があった. 成体では脛骨と腓骨(向こう脛部分の骨)は遠位で距骨と踵骨(踵の骨)と癒合している. うしろ足(図21.3 B)は短く, 広がった中足骨(足首と足指の間の骨)と蹄状の爪指節骨がある. 皮骨または皮骨装甲には突き出た棘が含まれる(図21.1 A〜D).

「武装恐竜」という用語は, 現在は, 曲竜類の一員に当てられている. 剣竜類すなわち装甲板恐竜類は, 現在は, 中型から大型(総体長9 mまで)の四足歩行の鳥盤類で, その背中と尾の中央部沿いに直立したほぼ前後方向の板と棘のある長大な体を持つものに限られている(図21.1 A〜D; Dong 1990; Galton 1990; Sereno and Dong 1992; Olshevsky and Ford 1993).

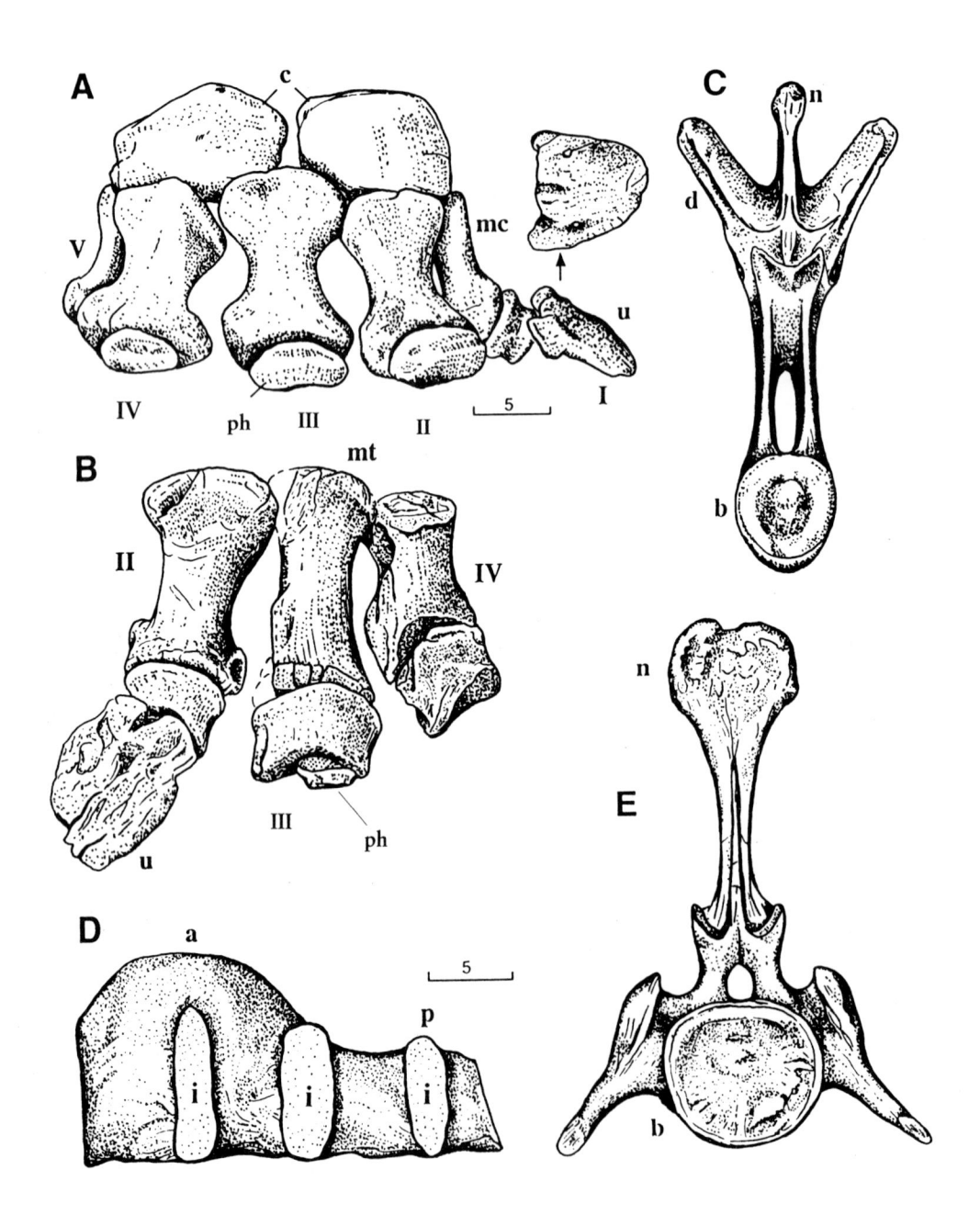

図21.3● 米国西部のジュラ紀後期から出たステゴサウルスの解剖学的構造
(A) 右前足と近位手根骨 (手首の骨) の前面図, および第1爪指節骨の背面図 (第2爪指節骨は残っていない).
(B) 不完全なうしろ足 (左足を描く) の前面図. (C) 中間部胴椎の前面図. (D) 仙椎の内部雄型の左側面図.
(E) 前部尾椎の前面図. A, B は Gilmore 1914, C～E は Marsh 1896 による.
略号: a: 前部拡大部, b: 本体または椎体, c: 手根骨, d: 横突起, i: 椎間孔の雄型, mc: 中手骨, mt: 中足骨, n: 神経棘, p: 後部拡大部, ph: 指節骨, u: 爪指節骨, I, II, IV, V: 第1, 第2, 第4, 第5の各指節骨. 縮尺線は5cmを示す.

朝倉書店〈天文学・地学関連書〉ご案内

恐竜野外博物館
小畠郁生監訳　池田比佐子訳
A4変判　144頁　定価3990円（本体3800円）（16252-9）

現生の動物のように生き生きとした形で復元された仮想的観察ガイドブック。〔目次〕三畳紀（コエロフィシス他）／ジュラ紀（マメンチサウルス他）／白亜紀前・中期（ミクロラプトル他）／白亜紀後期（トリケラトプス、ヴェロキラプトル他）

日本地方地質誌4　中部地方（CD-ROM付）
日本地質学会編
B5判　588頁　定価26250円（本体25000円）（16784-9）

日本の地質を地方別に解説した決定版。中部地方は「総論」と露頭を地域別に解説した「各論」で構成。〔内容〕【総論】基本枠組み／プレート運動とテクトニクス／地質体の特徴【各論】飛騨／舞鶴／来馬／手取／伊豆／断層／活火山／資源／災害／他

地震防災のはなし －都市直下地震に備える－
岡田恒男・土岐憲三編
A5判　192頁　定価3045円（本体2900円）（16047-X）

阪神淡路・新潟中越などを経て都市直下型地震は国民的関心事でもある。本書はそれらへの対策・対応を専門家が数式を一切使わず正確に伝える。〔内容〕地震が来る／どんな建物が地震に対して安全か／街と暮らしを守るために／防災の最前線

風成塵とレス
成瀬敏郎著
A5判　208頁　定価5040円（本体4800円）（16048-8）

今後の第四紀研究に寄与するこの分野の成書。〔内容〕研究史／風成塵とレスの特徴／ESR分析と酸素同位体比分析／南西諸島と南九州のレス／北九州、本州、北海道／韓国／中国黄土／最終間氷期以降／ボーリングコア／文明の基盤／気候変動

自然環境の生い立ち（第3版） －第四紀と現在－
田渕　洋編著
A5判　216頁　定価3150円（本体3000円）（16041-0）

地形、気候、水文、植生などもっぱら地球表面の現象を取り扱い、図や写真を多く用いることにより、第四紀から現在に至る自然環境の生い立ちを理解することに眼目を置いて解説。第3版。〔内容〕第四紀の自然像／第四紀の日本／第四紀と人類

第四紀学
町田　洋編著
B5判　336頁　定価7875円（本体7500円）（16036-4）

現在の地球環境は地球史の現代（第四紀）の変遷史研究を通じて解明されるとの考えで編まれた大学の学部・大学院レベルの教科書。〔内容〕基礎的概念／第四紀地史の枠組み／地殻の変動／気候変化／地表環境の変遷／生物の変遷／人類史／問題と展望

オックスフォード　地球科学辞典
坂　幸恭監訳
A5判　720頁　定価15750円（本体15000円）（16043-7）

定評あるオックスフォードの辞典シリーズの一冊"Earth Science (New Edition)"の翻訳。項目は五十音配列とし読者の便宜を図った。広範な「地球科学」の学問分野——地質学、天文学、惑星科学、気候学、気象学、応用地質学、地球化学、地形学、地球物理学、水文学、鉱物学、岩石学、古生物学、古生態学、土壌学、堆積学、構造地質学、テクトニクス、火山学などから約6000の術語を選定し、信頼のおける定義・意味を記述した。新版では特に惑星探査、石油探査における術語が追加された

地震の事典（第2版）
宇津徳治・嶋　悦三・吉井敏尅・山科健一郎編
A5判　676頁　定価24150円（本体23000円）（16039-9）

東京大学地震研究所を中心として、地震に関するあらゆる知識を系統的に記述。神戸以降の最新のデータを含めた全面改訂。付録として16世紀以降の世界の主な地震と5世紀以降の日本の被害地震についてマグニチュード、震源、被害等も列記。〔内容〕地震の概観／地震観測と観測資料の処理／地震波と地球内部構造／変動する地球と地震分布／地震活動の性質／地震の発生機構／地震に伴う自然現象／地震による地盤振動と地震災害／地震の予知／外国の地震リスト／日本の地震リスト

岩石学辞典
鈴木淑夫著
B5判 912頁 定価39900円（本体38000円）（16246-4）

岩石の名称・組織・成分・構造・作用など，堆積岩，変成岩，火成岩の関連語彙を集大成した本邦の辞典。歴史的名称や参考文献を充実させ，資料にあたる際の便宜も図った。〔内容〕一般名称（科学・学説の名称／地殻・岩石圏／コロイド他）／堆積岩（組織・構造／成分の形式／鉱物／セメント，マトリクス他）／変成岩（変成作用の種類／後退変成作用／面構造／ミグマタイト他）／火成岩（岩石の成分／空洞／石基／ガラス／粒状組織他）／参考文献／付録（粘性率測定値／組織図／相図他）

地質学ハンドブック
加藤碩一・脇田浩二編集編
A5判 712頁 定価24150円（本体23000円）（16240-5）

地質調査総合センターの総力を結集した実用的なハンドブック。研究手法を解説する基礎編，具体的な調査法を紹介する応用編，資料編の三部構成。〔内容〕〈基礎編：手法〉地質学／地球化学（分析・実験）／地球物理学（リモセン・重力・磁力探査）／〈応用編：調査法〉地質体のマッピング／活断層（認定・トレンチ）／地下資源（鉱物・エネルギー）／地熱資源／地質災害（地震・火山・土砂）／環境地質（調査・地下水）／土木地質（ダム・トンネル・道路）／海洋・湖沼／惑星（隕石・画像解析）／他

宇宙から見た地質 —日本と世界—
加藤碩一・山口　靖・渡辺　宏・薦田麻子編
B5判 160頁 定価7770円（本体7400円）（16344-4）

ASTER衛星画像を活用して世界の特徴的な地質をカラーで魅力的に解説。〔内容〕富士山／三宅島／エトナ火山／アナトリア／南極／カムチャッカ／セントヘレンズ／シナイ半島／チベット／キュブライト／アンデス／リフトバレー／石林／など

化　石　革　命
小畠郁生監訳　加藤　珪訳
A5判 232頁 定価3780円（本体3600円）（16250-2）

化石の発見・研究が自然観や生命観に与えた「革命」的な影響を8つのテーマに沿って記述。〔目次〕初期の発見／絶滅した怪物／アダム以前の人間／地質学の成立／鳥から恐竜へ／地球と生命の誕生／バージェス頁岩と哺乳類／DNAの復元

ひとめでわかる　化石のみかた
小畠郁生監訳　舟木嘉浩・舟木秋子訳
B5判 164頁 定価4830円（本体4600円）（16251-0）

古生物学の研究上で重要な分類群をとりあげ，その特徴を解説した教科書。〔目次〕化石の分類と進化／海綿／サンゴ／コケムシ／腕足動物／棘皮動物／三葉虫／軟体動物／筆石／脊椎動物／陸上植物／微化石／生痕化石／先カンブリア代／顕生代

バージェス頁岩　化石図譜
D.E.G.ブリッグス他著　大野照文監訳
A5判 248頁 定価5670円（本体5400円）（16245-6）

カンブリア紀の生物大爆発を示す多種多様な化石のうち主要な約85点の写真に復元図をつけて簡潔に解説した好評の"The Fossils of the Burgess Shale"の翻訳。わかりやすい入門書として，また化石の写真集としても楽しめる。研究史付

基　礎　地　球　科　学
西村祐二郎編著　鈴木盛久・今岡照喜・高木秀雄・金折裕司・磯﨑行雄著
A5判 244頁 定価3360円（本体3200円）（16042-9）

地球科学の基礎を平易に解説しながら地球環境問題を深く理解できるよう配慮。一般教育だけでなく理・教育・土木・建築系の入門書にも最適。〔内容〕地球の概観／地球の構造／地殻の物質／地殻の変動と進化／地球の歴史／地球と人類の共生

続プレートテクトニクスの基礎
瀬野徹三著
A5判 176頁 定価3990円（本体3800円）（16038-0）

『プレートテクトニクスの基礎』に続き，プレート内変形（応力場，活断層のタイプ），プレート運動の原動力を扱う。〔内容〕プレートに働く力／海洋プレート／スラブ／大陸・弧／プレートテクトニクスとマントル対流／プレート運動の原動力

オックスフォード 天文学辞典

岡村定矩監訳
A5判 504頁 定価10080円（本体9600円）（15017-2）

アマチュア天文愛好家の間で使われている一般的な用語・名称から，研究者の世界で使われている専門用語に至るまで，天文学の用語を細大漏らさずに収録したうえに，関連のある物理学の概念や地球物理学関係の用語も収録して，簡潔かつ平易に解説した辞典。最新のデータに基づき，テクノロジーや望遠鏡・観測所の記載も豊富。巻末付録として，惑星の衛星，星座，星団，星雲，銀河等の一覧表を付す。項目数約4000。学生から研究者まで，便利に使えるレファランスブック

天文の事典

磯部・佐藤・岡村・辻・吉澤・渡邊編
B5判 696頁 定価29925円（本体28500円）（15015-6）

天文学の最新の知見をまとめ，地球から宇宙全般にわたる宇宙像が得られるよう，包括的・体系的に理解できるように解説したもの。〔内容〕宇宙の誕生（ビッグバン宇宙論，宇宙初期の物質進化他），宇宙と銀河（星とガスの運動，クェーサー他），銀河をつくるもの（星の誕生と惑星系の起源他），太陽と太陽系（恒星としての太陽，太陽惑星間環境他），天文学の観測手段（光学観測，電波観測他），天文学の発展（恒星世界の広がり，天体物理学の誕生他），人類と宇宙，など

雪と氷の事典

日本雪氷学会編
A5判 784頁 定価26250円（本体25000円）（16117-4）

日本人の日常生活になじみ深い「雪」「氷」を科学・技術・生活・文化の多方面から解明し，あらゆる知見を集大成した本邦初の事典。身近な疑問に答になるコラムも多数掲載。〔内容〕雪氷圏／降雪／積雪／融雪／吹雪／雪崩／氷／氷河／極地氷床／海水／凍上・凍土／雪氷と地球環境変動／宇宙雪氷／雪氷災害と対策／雪氷と生活／雪氷リモートセンシング／雪氷観測／付録（雪氷研究年表／関連機関リスト／関連データ）／コラム（雪はなぜ白いか？／シャボン玉も凍る？他）

気象ハンドブック 第3版

新田　尚・住　明正・伊藤朋之・野瀬純一編
B5判 1040頁 定価39900円（本体38000円）（16116-6）

現代気象問題を取り入れ，環境問題と絡めたよりモダンな気象関係の総合情報源・データブック。［気象学］地球／大気構造／大気放射過程／大気熱力学／大気大循環［気象現象］大気規模／総観規模／局地気象［気象技術］地表からの観測／空からの気象観測［応用気象］農業生産／林業／水産／大気汚染／防災／病気［気象・気候情報］観測値情報／予測情報［現代気象問題］地球温暖化／オゾン層破壊／汚染物質長距離輸送／炭素循環／防災／宇宙からの地球観測／気候変動／経済［気象資料］

オックスフォード 気象辞典

山岸米二郎監訳
A5判 320頁 定価8190円（本体7800円）（16118-2）

1800語に及ぶ気象，予報，気候に関する用語を解説したもの。特有の事項には図による例も掲げながら解説した，信頼ある包括的な辞書。世界のどこでいつ最大の雹が見つかったかなど，世界中のさまざまな気象・気候記録も随所に埋め込まれている。海洋学，陸水学，気候学領域の関連用語も収載。気象学の発展に貢献した重要な科学者の紹介，主な雲の写真，気候システムの衛星画像なども掲載。気象学および地理学を学ぶ学生からアマチュア気象学者にとり重要な情報源となるものである

古生物の科学
古生物学の視野を広げ,レベルアップを成し遂げる

1. 古生物の総説・分類
速水 格・森 啓編
B5判 264頁 定価12600円(本体12000円)(16641-9)

科学的理論・技術の発展に伴い変貌し,多様化した古生物学を平易に解説。〔内容〕古生物学の研究・略史/分類学の原理・方法/モネラ界/原生生物界/海綿動物門/古杯動物門/刺胞動物門/腕足動物門/軟体動物門/節足動物門/他

2. 古生物の形態と解析
棚部一成・森 啓編
B5判 232頁 定価12600円(本体12000円)(16642-7)

化石の形態の計測とその解析から,生物の進化や形態形成等を読み解く方法を紹介。〔内容〕相同性とは何か/形態進化の発生的側面/形態測定学/成長の規則と形の形成/構成形態学/理論形態学/バイオメカニクス/時間を担う形態

3. 古生物の生活史
池谷仙之・棚部一成編
B5判 292頁 定価13650円(本体13000円)(16643-5)

古生物の多種多様な生活史を,最新の研究例から具体的に解説。〔内容〕生殖(性比・性差)/繁殖と発生/成長(絶対成長・相対成長・個体発生・生活環)/機能形態/生活様式(二枚貝・底生生物・恐竜・脊椎動物)/個体群の構造と動態/生物地理他

4. 古生物の進化
小澤智生・瀬戸口烈司・速水 格編
B5判 272頁 定価12600円(本体12000円)(16644-3)

生命の進化を古生物学の立場から追求する最新のアプローチを紹介する。〔内容〕進化の規模と様式/種分化/種間関係/異時性/分子進化/生体高分子/貝殻内部構造とその系統・進化/絶滅/進化の時間から「いま・ここ」の数理的構造へ/他

5. 地球環境と生命史
鎮西清高・植村和彦編
B5判 264頁 定価12600円(本体12000円)(16645-1)

地球史・生命史解明における様々な内容をその方法と最新の研究と共に紹介。〔内容〕〈古生物学と地球環境〉化石の生成/古環境の復元/生層序/放散虫と古海洋学/海洋生物地理学/同位体〈生命の歴史〉起源/動物/植物/生物事変/群集/他

生命と地球の進化アトラス I ―地球の起源からシルル紀―
R.T.J.ムーディ・A.Yu.ジュラヴリョフ著　小畠郁生監訳
A4変判 148頁 定価9240円(本体8800円)(16242-1)

第 I 巻ではプレートテクトニクスや化石などの基本概念を解説し,地球と生命の誕生から,カンブリア紀の爆発的進化を経て,シルル紀までを扱う。〔内容〕地球の起源/生命の起源/始生代/原生代/カンブリア紀/オルドビス紀/シルル紀

生命と地球の進化アトラス II ―デボン紀から白亜紀―
D.ディクソン著　小畠郁生監訳
A4変判 148頁 定価9240円(本体8800円)(16243-X)

第 II 巻では,魚類,両生類,昆虫,哺乳類的爬虫類,爬虫類,アンモナイト,恐竜,被子植物,鳥類の進化などのテーマをまじえながら白亜紀までを概観する。〔内容〕デボン紀/石炭紀前期/石炭紀後期/ペルム紀/三畳紀/ジュラ紀/白亜紀

生命と地球の進化アトラス III ―第三紀から現代―
I.ジェンキンス著　小畠郁生監訳
A4変判 148頁 定価9240円(本体8800円)(16244-8)

第 III 巻では,哺乳類,食肉類,有蹄類,霊長類,人類の進化,および地球温暖化,現代における種の絶滅などの地球環境問題をとりあげ,新生代を振り返りつつ,生命と地球の未来を展望する。〔内容〕古第三紀/新第三紀/更新世/完新世

ISBN は 4-254- を省略　　　　　　　　　　　　　　　(表示価格は2006年11月現在)

朝倉書店
〒162-8707　東京都新宿区新小川町6-29
電話　直通(03)3260-7631　FAX(03)3260-0180
http://www.asakura.co.jp　eigyo@asakura.co.jp

●時代と場所における剣竜類の分布

剣竜類の最も初期の記録は英国のジュラ紀中期（下部バトニアン）から出た断片的な化石からなるが（Galton and Powell 1983），ファヤンゴサウルス（*Huayangosaurus*）（図21.1 D, 21.2 C, D）の頭骨を伴うほとんど完全な骨格は中国のバトニアンとカロビアン両階から知られている（Zhou 1984; Sereno and Dong 1992）．

剣竜類はジュラ紀後期から最もたくさん出ており，多くの属について関節した骨格（しかし，大部分は頭骨を欠く）が知られている．ヨーロッパ，特に英国から出た剣竜類は（Galton 1985），大型機械が広範に利用される以前の，煉瓦生産業上の採石場で通常発見されている．これらの剣竜類化石は本来はオモサウルス属（*Omosaurus*）（Owen 1875）に含まれていたが，この属名はすでにジョーゼフ・ライディ（Joseph Leidy 1856）によってワニ類の一種に当てられ，先取されていたので，再命名が必要になった．キンメリッジ粘土層から出たオモサウルス・アルマトゥス（*Omosaurus armatus*）（Owen 1875）標本にはダケントルルス（*Dacentrurus*）（Lucas 1902）が適用された．より古い下部オックスフォード粘土層から出た，異なった属を示すオモサウルス・ドゥロブリヴェンシス（*Omosaurus durobrivensis*）（Hulke 1887）にはレクソヴィサウルス（*Lexovisaurus*）（Hoffstetter 1957）が当てられた．

ケントロサウルス（*Kentrosaurus*）（図21.1 C）の多数の骨は，ドイツ領東アフリカ（現タンザニア），テンダグルーの焼けつくような気候のもとで，1909年から1912年にかけて，ベルリンのヴェルナー・ヤネンシュ（Werner Janensch）とエドウィン・ヘンニッヒ（Edwin Hennig）の指揮下，手作業で発掘された（Hennig 1924; Janensch 1925）．四川省の上沙渓廟層（Shangshaximiao）から出たチアリンゴサウルス（*Chialingosaurus*）の部分骨格は揚鐘健（1959）によって記載され，董枝明の努力のおかげで，この骨格の追加部分とさらに2つの属トゥオジャンゴサウルス（*Tuojiangosaurus*）とチュンキンゴサウルス（*Chungkingosaurus*）（Dong et al. 1983）の骨格がこの地層から発掘されている．中国は，今や，剣竜類の最も長く，最も多様化した化石記録を持っている（Dong 1990; Galton 1990; Olshevsky and Ford 1993 参照）．

剣竜類は白亜紀にはまれであるが（Galton 1981），驚くべきことに，剣竜類の最も初期の記載は南イングランドの白亜紀前期から出たレグノサウルス（*Regnosaurus*）とクラテロサウルス（*Craterosaurus*）のものであった．ギデオン・アルジャノン・マンテル（Gideon Algernon Mantell 1841）は歯骨（下顎の骨）の小片を鳥脚類イグアノドン（*Iguanodon*）のものとして記載したが，他の標本によってこれが誤りであることが示された（Mantell 1848）．数本の歯の歯根だけを含んだこの顎骨は，剣竜類に位置づけられる以前は，スケリドサウルス科，曲竜類，そして竜脚類に帰されていた（Olshevsky and Ford 1993; Barrett and Upchurch 1995）．クラテロサウルスはSeeley（1874）によって，おそらくは恐竜類の脳函として記載されたが，フランツ・バロン・ノプシャ（Franz Baron Nopcsa）（1912）はそれが実際は剣竜類の脊椎の神経弓の一部であることを示した．これらの断片的な化石は2つの属，場合によっては単一の属を示しているかもしれず，単一属であれば，最初に命名されたレグノサウルスになるであろう．剣竜類は南アフリカ（Galton 1981）と中国（Dong 1990）の白亜紀前期からも出ている．最も最近の記録は，インドの白亜紀後期（コニアシアン）から出た，問題のある部分骨格ドラヴィドサウルス（*Dravidosaurus*）である．これはP.Yadagiri and K.Ayyasami（1979）によって記載されたが，彼らはインドの白亜紀最後期（マーストリヒチアン）から出た未記載の剣竜類化石についても報告している．

●頭　骨

ファヤンゴサウルス（ジュラ紀中期，ファヤンゴサウルス科でレグノサウルスを含む）の頭骨に比べて，ステゴサウルス（および，たぶん，残りの剣竜類，すべてのステゴサウルス科）の頭骨はより浅く，眼窩上の頭蓋天井はより狭い（頭骨長と比べて）（図21.1 A～D）．他の鳥盤類と同様に，頭骨の前部の骨の先端，つまり上部の前上顎骨と下部の前歯骨は植物を食いちぎるために使われた角鞘（角質の鞘）で覆われていた．ファヤンゴサウルスでは前上顎骨にはどちらも7本の歯があったが，ステゴサウルス科ではこの骨の歯がなく，角鞘は釣合い的により大きくなった（図21.2 A～C）．歯に比べて，角鞘は食いちぎる構造としては特に適している．角鞘には自然に鋭くなる連続した縁が常時あり，かみ切る縁と扁平なかみ砕く部分の両方か片方があり，摩耗するとすみやかに置換された．下顎では，ファヤンゴサ

ウルスの場合は歯骨の第1歯は前歯骨のすぐうしろにくるが，ステゴサウルスの場合は多くの植物食哺乳類にも存在するような歯列の間の隙間，つまり歯隙があった．頬歯の歯冠は形の上では単純で，突出し，円形に配置された歯帯（隆起部）が歯根近くにあり，歯同士の摩耗によって生じたいくつかの小面を示している．

　鳥盤類の恐竜類は，通常，頬袋があったり（1908～1940年と1973年以降．以下参照）頬袋がなかったり（1940～1973年）といった形で復元されてきた．他の鳥盤類と同様に，剣竜類には上顎骨の（上方の）歯列と歯骨の（下部の）歯列の外側に余地があり，その部分は上顎骨にある顕著な水平の隆起によって覆われ，がっしりした歯骨がその床になっている（図21.2 A, C）．この隆起はある種の構造が付着する領域で（対応する隆起は歯骨にもある），歯には密接していないが，哺乳類の頬袋の機能をある程度果たしていた．この頬袋のような構造は口前庭，すなわち下顎歯の側方（つまり外側）に入った食物の咀嚼物を受け止めていたと見られる領域に接していた．

　このような復元は，本来は，1903年にリチャード・スワン・ラル（Richard Swann Lull）によって角竜類のトリケラトプスについて示唆され，1908年にはこの属に対して頬筋を伴う頬袋が復元された．Barnum Brown and Erich Maren Schlaikjer（1940）は，第7脳神経の分枝が分布する顔面の筋肉，つまり頬筋が哺乳類の形質であり，いかなる現生爬虫類にも存在しないことの上に立って，鳥盤類における頬部の存在に反対した．しかし，この論証は頬筋がない頬袋状の構造を鳥盤類（剣竜類も含めて）が持っていたことを否定するものではない（詳細についてはGalton 1973参照）．したがって，鳥盤類における咀嚼は，長く，付け根の狭く細い舌が口前庭から残りの食物をかき集め，それを再びかむか飲み込むかするために口へ戻すので，時には中断させられた．われわれの頬は頬歯に非常に近く，通常はそれらの間に食物を保っている．しかし，われわれは歯や歯齦の外側から食物（例えばピーナッツバター）を回収するために，舌を使わなければならないことがある．そういった食物を頬筋の筋肉の効果で歯の間に保つことはできないからである．

　口蓋の長辺沿いに存在した正中線上の背の高い竜骨状突起（鋤骨，口蓋骨，翼状骨からなる）（図21.2 B）は，おそらく，側方で上顎骨によって支持されたやわらかい二次口蓋の支持になっていた．この口蓋は口腔のより背側［訳注：上方］にある鼻道を隔てていたので，剣竜類は食物を咀嚼している間でも呼吸を続けることができた．下顎は方形骨と関節していたが，その方形骨の上端はステゴサウルスの成体では鱗骨と癒合している（図21.2 A）．頭骨はかたい箱をつくり，方形骨が癒合していたので，咀嚼中に顎を閉じる場合は下顎歯列が上顎歯列に対して上方に動くだけで，鳥脚類で見られるような複雑さはなかった．

●脊　椎

　すべての剣竜類の胴椎は背が高い．その高さの増大は椎体（つまり椎骨の本体）と横突起（肋骨のつく，横に伸びた突起）の間の部分にあり（図21.3 C），そのため体腔の高さが増し，内臓のためのより大きな余裕が提供されたであろう．高い胴椎を持つ他の恐竜類では，その高さの増大は神経棘が長大化したことによっていた．神経腔は後部頸椎では上腕部位の増大に対応してより大きくなっている．この部分の脊髄は大きな前肢の筋肉へ神経を供給する上腕神経叢に関係していた（Lull 1917）．一部の中・後部の胴椎は，ステゴサウルスや特にケントロサウルスの場合は，拡張した神経腔を持っていたように思われる．しかし，腔の大きさは開口部上部に橋状に横切る骨質の薄い横中隔があるため著しく縮小されている．その結果，胴椎の椎弓根部位の高さの増大は，より大きな神経腔のための余地を提供することにはならなかった．

　横突起は，中部の胴椎では，水平から50～60°にも及ぶ角度で上方を指していた（図21.3 C）；この角度は前部と後部の胴椎では約25～40°と減少している．中部胴椎の角度の増大は，胴椎上にあった皮骨のよりよい支持になったであろう．皮骨は正中線に平行に配置されており，横突起の末端に近い部位沿いに重量が集中していたらしい．この部位は肋骨の骨幹によっても支持されており，中部胴椎の肋骨骨幹の断面はT字型で外部表面は平らであった．

　ステゴサウルス科では横突起とT字型の仙部肋骨は相互に癒合し，神経棘の基盤から腸骨の平らな背面まで伸びるほとんど均質の背部骨板をつくり，腸骨につながっていた．この骨板が仙椎を強化し，剣竜類に存在した釣合い的に長い大腿骨と関連していたように思われる．この大腿骨のために股関節は肩関節よりかなり高くなり，そのため大腿骨は体重の大きな部分を支えることになった．

仙椎の神経腔は著しく拡張し，前部では著しく大きく，後部ではより小さい内仙椎拡大部を形成している（図21.3 D）．この部位は O. C. マーシュ（O. C. Marsh 1881：168）によって「後位脳函」として記載された．このことがステゴサウルスには「通常の位置の頭に一つ，背骨の基部にもう一つの2組の脳」があったという通俗的な誤解を生んだことの説明になるかもしれない．しかし，この増大部は「仙部脳函」を示すものではなかった（Edinger 1961）．この容積（前部の拡大部）の一部は拡大した脊髄で占められており，このことは垂直に保たれ重量を支えていた後肢へ神経を送り込む仙椎叢の大きさの増大に関係があった．さらに，後位の拡大部には尾大腿骨筋へ走る神経が収容されていた．この筋肉は，歩行中，その後肢を後方へ引っ張る機能とともに，皮骨のある尾部の側方への動きの機能も果たしていた（Wiedersheim 1881；Lull 1910 a，1910 b，1917；詳細については Giffin 1991 参照）．その容積の残り部分は鳥類に見られるようなグリコーゲン体によって占められていたかもしれないが（Krause 1881），その機能については明らかになっていない（Giffin 1991）．

仙椎の最後部の椎体後面には横方向に著しい凹面があるのに対し，第1尾椎の対応面には著しい凸面がある．この2つの面は垂直方向では一直線になる．この関節の形状から，尾の側方への動きは容易だが，垂直方向への動きは制限されていたと考えられる．前部尾椎の神経棘の上端は横方向に幅が広く（図21.3 E），そのため，その上端は側面観より前面観の方が広くなる．後部尾椎の椎体つまり尾椎本体の形状は，ほとんどの他の恐竜類のように長方形というよりは，ほとんど正方形に近かった（図21.1 A～D）．これらの尾部の変化はこの部位の皮骨の重量を支える助けになっていた．

剣竜類には数点の非常によい保存状態の関節した骨格があるが，骨化した腱のいかなる痕跡も示していない．鳥盤類のすべての他のグループでは至るところで骨化した腱が見られることからすると，剣竜類に骨化した腱がないことは二次的な喪失を示すものと考えるのが合理的である．Paul Sereno and Zhimin Dong（1992）によると，胴椎の小柄の高さが増したことで，骨化した腱がなくても，体幹をしっかり維持するための付加的な筋肉の付着面が得られたのであろうと示唆されている．

●帯部と四肢

肩甲骨（肩の骨）の基部は幅広い板になっている．上腕骨（上腕の骨）は短いががっしりしており，骨端は広がっている（図21.1 A～D）．その結果，前部でその体重を支える強力な肩と胸の筋肉が付着する多くの余地が生まれた．前足は全くゾウのようで，短く，相対的に屈曲性を欠いていた．前足には1個または2個の大きな塊状の近位手根骨（手首の骨）があり，平らな手根間関節で分離しており，遠位の手根骨はない．5個の短く頑丈な中手骨には短い指がつき，5本の中で少なくとも2本の指は蹄状の爪を持った爪指節骨で終わっていた（図21.3 A）．恥骨（前腹側部の腰骨，図21.1 A～D）は相対的に長い前部突起（後部突起の長さの少なくとも40%）と側方に向かった卵型の寛骨臼面を持っていた（Sereno and Dong 1992）．大腿骨は側面観はほっそりしているが，前面観ではほぼ一様な幅のまっすぐな長骨で，幅が広い．ファヤンゴサウルスを除くすべての剣竜類で，大腿骨は上腕骨に比べて長く（また，脛骨に対しても；図21.1 A～D），重量型（ゾウ型）のロコモーション方式を示している．うしろ足のずんぐりした比率（図21.3 B）も重量型のロコモーション方式を示す．その足は第3指を中心に比較的に対称であった．第1指の欠如と，第5中足骨の大きさが大幅に減少したため第5指が機能を失ったことの結果である．体重を支える中央部の3本の指（第2～4指）は頑丈で，蹄状の爪指節骨を持っている．

●皮膚装甲

レクソヴィサウルスの低い角度で出た一対の棘は，最初，Nopcsa（1911）によって肩甲骨の外側に当てられたが，いっそう大きな基盤を持つ類似の個々の骨板はケントロサウルスの腸骨上に位置づけられた（Hennig 1924；Janensch 1925）．しかし，ファヤンゴサウルスとトゥオジャンゴサウルスの関節した骨格では，これらの骨板が胸帯の近くにあった（Sereno and Dong 1992）．この側肩甲骨の棘の対（図21.1 C, D）は，ステゴサウルスでは2次的に喪失している（図21.1 B）．ファヤンゴサウルスには低い竜骨状の突起のある側方の皮骨（スケリドサウルスの皮骨に似た）があるが，これらはステゴサウルス科ではなくなっている（図21.1）．剣竜類の他の皮

骨は，全体として背中に広がっているというよりは脊柱の上に位置し，上方へ，そして多少外方へ傾いていた．側面から見ると，ステゴサウルスを除く大部分の剣竜類の皮骨は，前方の短く直立した骨板から，後方のより長く，後背側に傾いた棘まで徐々に変化する列をつくっている（図21.1 C, D）（次節参照）．すべての剣竜類で，その列は最後の尾椎を越えて続く，釣合い的に狭い，対の棘で終わっている（図21.1 A～D）．ステゴサウルスを除くすべての剣竜類で，すべての背側の皮骨は対をつくり，そのため，右と左を表すそれぞれの型の骨板と棘があり，小さいものから大きいものへと進む段階的な変化を示しながら，尾の大部分を覆う棘で終わっている（図21.1 C, D）．

ステゴサウルス・ステノプス（*Stegosaurus stenops*，USNM 4934 標本）の関節した骨格では，皮膚装甲はいろいろな大きさの17個の直立した薄い骨板の1組からなり，尾の大部分にわたって伸びている．さらに，わずか二対の棘が尾の末端にある（Gilmore 1914）．これらの骨板は異なった様式で復元されてきた（Czerkas 1987）：正中線上の単一の列として（図21.1 A；Marsh 1891, 1896；Ostrom and McIntosh 1966；Czerkas 1987），あるいは正中線上に2列になる復元で，2列の復元では骨板が対になるか（Lull 1910 a, 1910 b；Paul 1987），あるいは前後にずれているか（互いちがいになっているか）（図21.1 B；Gilmore 1914；Farlow et al. 1976；Bakker 1986；Paul 1992）のいずれかである．ステゴサウルス・ステノプスでは形も大きさもぴったり同じ骨板はなく，保存された17個の骨板のうち3個は互いちがい型になっている（Gilmore 1914, USNM 4934 標本）．同様の骨板配列は，コロラド州，ガーデン・シティから出たステゴサウルス・ステノプスの別の標本にも出てきており（Paul 1992；Carpenter and Small 1993），恐竜国立公園近くで発見されたステゴサウルスの現時点では未確定種の標本においても出てきているが，他の種ではちがった装甲配列もあったかもしれない．例えば，ステゴサウルス・アルマトゥスの場合は少なくとも一対の同じ大きさと形の大きな骨板がある（Ostrom and McIntosh 1966：plates 59-1, 60）．この種ではすべての骨板が対になって配置されていたとも考えられ（Paul 1987），この種には尾に四対の皮骨棘があった（図21.1 A；Marsh 1891, 1896；Ostrom and McIntosh 1966：plates 55, 56）．

●分　類

ファヤンゴサウルス科（ファヤンゴサウルスとレグノサウルス）はステゴサウルス科（他のすべての剣竜類）の姉妹群であり，ステゴサウルス科は以下のような形質によって特徴づけられる．前上顎骨歯の喪失，（肋骨同士の間で背側に大きな空隙を持つというよりは）腸骨同士の間ではほとんど中実な骨板を形成するような仙肋骨の背縁での癒合，前恥骨突起の長さの増大，体幹両側に沿う鱗甲の列の喪失，そして上腕骨の長さの少なくとも1.5倍はある大腿骨の伸長（ファヤンゴサウルスでは上腕骨と大腿骨の比は1：1）（図21.1A～D；Sereno and Dong 1992）．しかし，これより派生的なグループ内における剣竜類間の系統的類縁関係は不明のままである（Sereno and Dong 1992；Sereno 1997）．

●化石生成論と古生態

ヨーロッパにおける化石記録は剣竜類の生息地についての情報は何も提供してくれない．単一の孤立した死体が下流に押し流され，海成堆積物中に堆積される前に，さまざまな程度に分解したものでできた化石記録だからである．タンザニアのテンダグルー動物相は季節的な乾期を伴う温暖気候に支配された陸地に由来する，海岸に近い堆積物から出ている．ケントロサウルスはこの動物相の中では比較的に小さな要素で，化石の保存は中型の個体により有利であった（Russell et al. 1980）．テンダグルーの剣竜類の主要な発掘場には，部分的に関節したり，部分的に分離した化石が大量に集中していた（Hennig 1924）．

モリソン恐竜類の化石生成に関する詳細な研究はPeter Dodson et al.（1980）によって達成され，一般的な属は各種の異なった堆積物中に幅広く分布していたことを示している．ステゴサウルスは水路に堆積した砂の中から産出することが再々で，おそらく氾濫原域で生活の大半を送っていたであろう動物の骨が集積したことを示している．しかし，ステゴサウルスは水源からかなり離れた生息地を持っていたとも見られ，そのため，竜脚類とは生態的にいくぶん切り離されていた可能性もある．モリソン恐竜類の死体は，典型的には，開けた乾燥地で分解したか，あるいは堆積に先立って水路内で相当の時間を費やしていた．その結果，1体のステゴサウルスが

関節した骨格として産出することはほんの時折で, その化石の関節程度はようやく中程度かそれより低く, 他の恐竜類の20〜60体の骨格が集積したものの一部であるのが通常である.

中国・四川省から出た剣竜類の数点の骨格は頭骨を含み, モリソン層から出る骨格より関節程度が良好なので, 死体は四川省ではより急速に埋没されたらしい. ファヤンゴサウルスは下沙渓廟層の砂岩中から出るが, この砂岩は低エネルギー条件下の湖岸の浅瀬環境に堆積した (Xia et al. 1984).

● 習性と行動

剣竜類はロコモーションにおいては重量型すなわちゾウ型で (Coombs 1978), 時によっては後肢と尾でつくられた三脚で身体を支え, より直立した二足歩行姿勢をとっていた (Alexander 1985；Bakker 1986). しかし, ゾウが二足歩行姿勢である時のように, 3本足の姿勢が採餌の際に日常的に使われていたとは思えない. 結果として, 剣竜類はおそらく高さの低い, 約1mまでの若葉を食べる主要な動物で, これが4本足全部で立っている時に届くことができる最大の「好適な」高さだったであろう.

剣竜類の脳指数 (同じ大きさの主竜類に「期待される」脳の大きさに対する, 計測された脳の大きさの比) は曲竜類の脳指数に匹敵し, 竜脚類を除く他のすべての恐竜類の脳指数より小さい. 両グループのこの低い数値は, James A. Hopson (1980) によって, 捕食者に対抗する上で, 素早く逃げるよりはむしろ防御用装甲と尾部の武器を頼りにしたことに帰せられた.

剣竜類の尾の棘は本来は角質で覆われ, 恐るべき武器であったであろう. Robert T. Bakker (1986) は, 剣竜類における骨化した腱の喪失が尾の屈曲性の増大と関連していることを示唆した. 彼はステゴサウルスが強力な肩の筋肉を使って, 体重の主要な支柱である非常に長い後肢を支点にして身体を回転させ, 尾を曲げねじることで棘を攻撃者に突き刺す姿を描いた.

骨板と棘の全体にわたる様式 (図21.1 B〜D) はそれぞれの種によって特徴があり, そのため, 同一種の他の個体を認識する上で, また, 性的な誇示の上で, おそらく重要だったと思われる. L. S. Davitashvili (1961) はこれがおそらく直立した皮骨の本来的な機能であったことを示唆した. すべての剣竜類の装甲は側面を誇示する上で最大の効果をあげられるよう, 理想的に配置されている (Spassov 1982).

ステゴサウルスの骨板については次のような示唆もある. その骨板は通常は水平に保たれ, 攻撃されやすい後肢上の最大の骨板が横腹を防御していたが, その骨板は攻撃者を驚かせ, 思い止まらせたり, 上方からの攻撃を防ぐために, 筋肉の働きで急に直立させることができたというのである (Hotton 1963；Bakker 1986). しかし, Vivian de Buffrénil et al. (1986) によるステゴサウルスの骨板の組織学的研究は, このような骨板の可動性はありそうもないことを示唆した. 骨板の基部3分の1のところにある表面の痕跡は, 骨板が厚く丈夫な皮膚の中に左右相称的に埋め込まれていたことを示している. さらに, ステゴサウルスの骨板は厚く緻密な骨からできてはいないので, 装甲として機能しそうもない.

対照的に, 性的誇示における何らかの利用を別にすると, 骨板は体温調節の機能をしていたかもしれない. 互いちがいの配列の場合, 骨板は熱を放散するための強制的な放熱板として十分機能しえたであろうし, 太陽放射の熱吸収装置として機能した可能性もある (Farlow et al. 1976；Buffrénil 1986). 骨板は効果的な熱交換機構としての働きをしたと思われる, 血管に富んだ皮膚を支える足場をつくっていた. 骨板の熱吸収の上での役割は, ステゴサウルスが外温 (「冷血」) 動物だったとすると合理的である. それに対して, 放散による熱損とか強制的熱交換は, ステゴサウルスが外温か, 何らかの程度の内温 (「温血」) (Buffrénil et al. 1986) 動物だったとすると有利になるであろう. これらの結論は, レクソヴィサウルスの背面にある似たような大きさで薄い骨板にも当てはまるが, 他の剣竜類にとっては誇示がおそらく骨板の主要な機能だったようである. すべての剣竜類において, 末端の尾棘 (Thagomizer) はおそらく防御の役割を果たしていたのであろう.

● 文 献

Alexander, R. McN. 1985. Mechanics of posture and gait of some large dinosaurs. *Zoological Journal of the Linnean Society* 83：1–25.

Bakker, R.T. 1986. *The Dinosaur Heresies：New Theories Unlocking the Mystery of the Dinosaurs and Their Extinction*. New York：William Morrow.

Barrett, P. M., and P. Upchurch. 1995. *Regnosaurus northamptoni*, a stegosaurian dinosaur from the Lower Cretaceous of southern England. *Geological Magazine* 132：213–222.

Brown, B., and E. M. Schlaikjer. 1940. The structure and relationships of *Protoceratops. New York Academy of Science, Annals* 40：133–266.

Buffrénil, V. de ; J. O. Farlow ; and A. de Ricqlès. 1986. Growth and function of *Stegosaurus* plates : Evidence from bone histology. *Paleobiology* 12 : 459–473.

Carpenter, K., and B. Small. 1993. New evidence for plate arrangement in *Stegosaurus stenops*. *Journal of Vertebrate Paleontology* 13 (Supplement to no .3) : 28 A–29 A.

Colbert, E. H. 1981. A primitive ornithischian dinosaur from the Kayenta Formation of Arizona. *Museum of Northern Arizona Bulletin* 53 : 1–61.

Coombs, W. P. Jr. 1978. Theoretical aspects of cursorial adaptations in dinosaurs. *Quarterly Review of Biology* 53 : 393–418.

Coombs, W. P. Jr. ; D. B. Weishampel ; and L. M. Witmer. 1990. Basal Thyreophora. In D. B. Weishampel, P. Dodson, and H. Osmólska (eds.), *The Dinosauria*, pp. 427–434. Berkeley : University of California Press.

Czerkas, S. A. 1987. A reevaluation of the plate arrangement on *Stegosaurus stenops*. In S. J. Czerkas and E. C. Olson (eds.), *Dinosaurs Past and Present*, vol. 2, pp.83–99. Seattle : University of Washington Press.

Davitashvili, L. 1961. *The Theory of Sexual Selection*. Moscow : Izdatel'stvo Akademii Nauk SSSR. (In Russian.)

Dodson, P. ; A. K. Behrensmeyer ; R. T. Bakker ; and J. S. McIntosh. 1980. Taphonomy and paleoecology of the Upper Jurassic Morrison Formation. *Paleobiology* 6 : 208–232.

Dong, Z. 1990. Stegosaurs of Asia. In K. Carpenter and P. J. Currie (eds.), *Dinosaur Systematics : Approaches and Perspectives*, pp.255–268. Cambridge : Cambridge University Press.

Dong, Z. M. ; S. W. Zhou ; and Y. H. Chang. 1983 . The dinosaur remains from Sichuan Basin, China. *Palaeontologica Sinica* 162 (C) 23 : 1–166. (In Chinese with English summary.)

Edinger, T. 1961. Anthropocentric misconceptions in paleoneurology. *Rudolf Virchow Medical Society of New York, Proceedings* 19 : 56–107.

Farlow, J. O. ; C. V. Thompson ; and D. E. Rosner. 1976. Plates of the dinosaur *Stegosaurus* : Forced convection heat loss fins? *Science* 192 : 1123–1125.

Galton, P. M. 1973. The cheeks of ornithischian dinosaurs. *Lethaia* 6 : 67–89.

Galton, P. M. 1981. *Craterosaurus pottonensis* Seeley, a stegosaurian dinosaur from the Lower Cretaceous of England, and a review of Cretaceous stegosaurs. *Neues Jahrbuch für Geologie und Paläontologie, Abhandlungen* 161 : 28–46.

Galton, P. M. 1985. British plated dinosaurs (Ornithischia, Stegosauria). *Journal of Vertebrate Paleontology* 5 : 211–254.

Galton, P. M. 1990. Stegosauria. In D. B. Weishampel, P. Dodson, and H. Osmólska (eds.), *The Dinosauria*, pp. 435–455. Berkeley : University of California Press.

Galton, P. M., and H. P. Powell. 1983. Stegosaurian dinosaurs from the Bathonian (Middle Jurassic) of England : The earliest record of the Stegosauridae. *Géobios* 16 : 219–229.

Giffin, E. B. 1991. Endosacral enlargements in dinosaurs. *Modern Geology* 16 : 101–112.

Gilmore, C. W. 1914. Osteology of the armored dinosaurs in the United States National Museum, with special reference to the genus *Stegosaurus*. *United States National Museum, Bulletin* 89 : 1–136.

Gilmore, C. W. 1918. A newly mounted skeleton of the armored dinosaur *Stegosaurus stenops* in the United States National Museum. *United States National Museum, Proceedings* 54 : 383–396.

Haubold, H. 1990. Ein neuer Dinosaurier (Ornithischia, Thyreophora) aus dem unteren Jura des Nördlichen Mitteleuropa. *Revue de Paléobiologie* 9 : 149–177.

Hennig, E. 1924. *Kentrurosaurus aethiopicus*, die Stegosaurier-funde von Tendaguru, Deutsch-Ostafrika. *Palaeontographica*, Supplement 7, 1(1) : 103–254.

Hoffstetter, R. 1957. Quelques observations sur les Stégosaurinés. *Muséum National d'Histoire Naturelle de Paris, Bulletin* 2(29) : 537–547.

Hopson, J. A. 1980. Relative brain size in dinosaurs : Implications for dinosaurian endothermy. In R .D .K. Thomas and E. C. Olson (eds.), *A Cold Look at the Warm-Blooded Dinosaurs*, pp.287–310. Selected Symposium 28, American Association for the Advancement of Science. Boulder, Colo. : Westview Press.

Hotton, N. III. 1963. *Dinosaurs*. New York : Pyramid Publications.

Huene, F. 1956. *Paläontologie und Phylogenie der Niederen Tetrapoden*. Jena : Fischer.

Hulke, J. W. 1887. Note on some dinosaurian remains in the collection of A. Leeds, Esq., of Eyebury, Northamptonshire. *Geological Society of London, Quarterly Journal* 43 : 695–702.

Huxley, T. H. 1870. On the classification of the Dinosauria with observations on the Dinosauria of the Trias. *Geological Society of London, Quarterly Journal* 26 : 31–50.

Janensch, W. 1925. Ein aufgestelltes Skelett des Stegosauriers *Kentrurosaurus aethiopicus* E. Hennig aus den Tendaguru-Schichten Deutsch-Ostafrikas. *Palaeontographica*, Supplement 7, 1(1) : 257–276.

Krause, W. 1881. Zum Sacralhirn der Stegosaurier. *Biologisches Zentralblatt* 1 : 461.

Lapparent, A. F. de, and R. Lavocat. 1955. Dinosauriens. In J. Piveteau (ed.), *Traité de Paléontologie*, vol. 5, pp.785–962. Paris : Masson et Cie.

Leidy, J. 1856. Notice of extinct animals discovered by Prof. E. Emmons. *Academy of Natural Sciences of Philadelphia, Proceedings* 8 : 255–256.

Lucas, F. A. 1902. Paleontological notes : The generic name *Omosaurus*. *Science* 19 : 435.

Lull, R. S. 1903. Skull of *Triceratops serratus*. *American Museum of Natural History, Bulletin* 19 : 685–695.

Lull, R. S. 1908. The cranial musculature and the origin of the frill in the ceratopsian dinosaurs. *American Journal of Science* 4 (25) : 387–399.

Lull, R. S. 1910 a. The armor of *Stegosaurus*. *American Journal of Science* 4 (29) : 201–210.

Lull, R. S. 1910 b. *Stegosaurus ungulatus* Marsh, recently

mounted at the Peabody Museum of Yale University. *American Journal of Science* 4(30)：361–376.

Lull, R. S. 1917. On the functions of the "sacral brain" in dinosaurs. *American Journal of Science* 4(44)：471–477.

Mantell, G. A. 1841. Memoir on a portion of the lower jaw of the *Iguanodon*, and on the remains of the *Hylaeosaurus* and other saurians, discovered in the strata of Tilgate Forest, in Sussex. *Royal Society of London, Philosophical Transactions* 131：131–151.

Mantell, G. A. 1848. On the structure of the jaws and teeth of the *Iguanodon*. *Royal Society of London, Philosophical Transactions* 138：183–202.

Marsh, O. C. 1877. New order of extinct Reptilia (Stegosauria) from the Jurassic of the Rocky Mountains. *American Journal of Science* 3(14)：513–514.

Marsh, O. C. 1880. Principal characters of American Jurassic dinosaurs. Part III. *American Journal of Science* 3(19)：253–259.

Marsh, O. C. 1881. Principal characters of American Jurassic dinosaurs. Part IV：Spinal cord, pelvis and limbs of *Stegosaurus*. *American Journal of Science* 3(21)：167–170.

Marsh, O. C. 1887. Principal characters of American Jurassic dinosaurs. Part IX：The skull and dermal armor of *Stegosaurus*. *American Journal of Science* 3(34)：413–417.

Marsh, O. C. 1889. Comparison of the principal forms of the Dinosauria of Europe and America. *American Journal of Science* 3(37)：323–331.

Marsh, O. C. 1891. Restoration of *Stegosaurus*. *American Journal of Science* 3(42)：179–181.

Marsh, O. C. 1896. Dinosaurs of North America. *United States Geological Survey, 16 th Annual Report* 1894–95：133–244.

Nopcsa, F. 1911. Notes on British dinosaurs. Part IV：*Stegosaurus priscus*, sp. nov. *Geological Magazine* 5(8)：109–115.

Nopcsa, F. 1912. Notes on British dinosaurs. Part V：*Craterosaurus* (Seeley). *Geological Magazine* 5(9)：481–484.

Nopcsa, F. 1915. Die Dinosaurier der siebenburgischen Landesteile Ungarns. *Mittheilungen aus dem Jahrbuch der Ungarischen geologischen Reichsanst* 23：1–26.

Nopcsa, F. 1928. The genera of reptiles. *Palaeobiologica* 1：163–188.

Olshevsky, G., and T. Ford. 1993. The origin and evolution of the stegosaurs. *Gakken Mook* 4：65–103. (In Japanese.)

Osborn, H. F. 1923. Two Lower Cretaceous dinosaurs from Mongolia. *American Museum Novitates* 95：1–10.

Ostrom, J.H., and J.S. McIntosh. 1966. *Marsh's Dinosaurs: The Collections from Como Bluff*. New Haven, Conn.：Yale University Press.

Owen, R. 1842. Report on British fossil reptiles. Part II. *British Association for the Advancement of Science, Annual Report* for 1841：60–204.

Owen, R. 1861. A monograph of the fossil Reptilia of the Lias formations. Part I：*Scelidosaurus harrisonii*. *Palaeontographical Society Monographs* 13：1–14.

Owen, R. 1863. A monograph of the fossil Reptilia of the Lias formations. Part II：*Scelidosaurus harrisonii* Owen of the lower Lias. *Palaeontographical Society Monographs* 14：1–26.

Owen, R. 1875. Monographs of the fossil Reptilia of the Mesozoic Formations. Parts 2 and 3 (genera *Bothriospondylus, Cetiosaurus, Omosaurus*). *Palaeontographical Society Monographs* 29：15–94.

Paul, G. S. 1987. The science and art of restoring the life appearance of dinosaurs and their relatives. In S. J. Czerkas and E. C. Olson (eds.), *Dinosaurs Past and Present*, vol. 2, pp. 4–49 .Seattle：University of Washington Press.

Paul, G. S. 1992. The arrangement of plates in the first complete *Stegosaurus*, from Garden Park. *Garden Park Paleontological Society, Tracks in Time* 3(1)：1–2.

Romer, A. S. 1927. The pelvic musculature of ornithischian dinosaurs. *Acta Zoologica* 8：225–275.

Romer, A. S. 1956. *Osteology of the Reptiles*. Chicago：University of Chicago Press.

Russell, D.；P. Béland；and J. S. McIntosh. 1980. Paleoecology of the dinosaurs of Tendaguru (Tanzania). *Société Géologiques de France, Mémoires*, n.s. 1980, no. 139：169–175.

Seeley, H. G. 1874. On the base of a large lacertian cranium from the Potton Sands, presumably dinosaurian. *Geological Society of London, Quarterly Journal* 30：690–692.

Seeley, H. G. 1887. On the classification of the fossil animals commonly called Dinosauria. *Royal Society of London, Proceedings* 43：165–171.

Sereno, P. C. 1986. Phylogeny of the bird-hipped dinosaurs (Order Ornithischia). *National Geographic Research* 2：234–256.

Sereno, P. C. 1997. The origin and evolution of dinosaurs. *Annual Review of the Earth and Planetary Sciences* 25：435–489.

Sereno, P. C., and Dong Z. 1992. The skull of the basal stegosaur *Huayangosaurus taibaii* and a cladistic analysis of Stegosauria. *Journal of Vertebrate Paleontology* 12：318–343.

Spassov, N. B. 1982. The bizarre dorsal plates of *Stegosaurus*：Ethological approach. *Comptes Rendus de l' Academie Bulgare des Sciences* 35：367–370.

Wiedersheim, R. 1881. Zur Paläontologie Nord-Amerikas. *Biologisches Zentralblatt* 1：359–372.

Xia W.；X. Li；and Z. Yi. 1984. The burial environment of dinosaur fauna in Lower Shaximiao Formation of Middle Jurassic at Dashanpu, Zigong, Sichuan. *Chengdu College of Geology, Journal* 2：46–59. (In Chinese with English summary.)

Yadagiri, P., and K. Ayyasami. 1979. A new stegosaurian dinosaur from Upper Cretaceous sediments of south India. *Geological Society of India Journal* 20：251–530.

Young, C. C. 1959. On a new Stegosauria from Szechuan, China. *Vertebrata PalAsiatica* 3：1–8.

Zhou S. W. 1984. *The Middle Jurassic Dinosaurian Fauna from Dashanpu, Zigong, Sichuan*. Vol. II：*Stegosaurs*. Chongquing：Sichuan Scientific and Technical Publishing House. (In Chinese with English summary.)

22 曲竜類

Kenneth Carpenter

　曲竜類は短い肢で四足歩行，長く幅広い体を持った装甲恐竜類であった．最もめだつ装甲すなわち骨板は，皮膚内にある竜骨状の突起を持つ骨板と持たない骨板で構成されていた．これらの骨板はその体部と尾部では，棘突起や釘状突起で補足されていることもあった．少なくとも一つの群では，尾の先端に骨質の棍棒もあった．曲竜類の武装はかなりのもので，頭部さえ骨板中におさめたものもいる．この頭骨の装甲は骨質の眼瞼や頬を覆う骨板に伸びている場合さえあった．

　長い間，曲竜類の分類学は混乱し続けた．これは標本の極めて多くが断片的な素材で構成されていたからである．W. Coombs and T. Maryańska (1990) による最も最近の分類では，2つの科が認められている．ノドサウルス科（非公式にはノドサウルス類）とアンキロサウルス科（アンキロサウルス類）である．2つの群を分ける形質は多いが，主として，頭骨・肩甲骨そして体部の装甲に見られる．

●骨格の特徴

　上から見ると，ノドサウルス類の頭骨は典型的には長く，狭く，先細りの鼻面を持っている（図22.1 A）．対照的に，アンキロサウルス類の頭骨は長さに対応して幅も広く，鼻面の幅は通常広い（図22.1 B）．ノドサウルス類の長く狭い頭骨は，ステゴサウルス（*Stegosaurus*）のような他の鳥盤目恐竜類の頭骨とより似ており，それが原始的な状態であることを示唆している．原始的というのは下等の意味ではなく，その特徴がより祖先に似た状態であることを意味している．

　ノドサウルス類の頭骨上の骨板は大きく，頭骨の両側面に対称に配置されていた．対照的に，アンキロサウルス類の骨板は小さく，数も多く，頭骨上で非対称に配置されていた．さらに，アンキロサウルス類では，頭骨後方の上部と下部の両角に，角状の三角形の骨板がある．

　恐竜類に典型的に見られる頭骨の5つの主要な開口部（外鼻孔・前眼窩孔・上側頭孔・側方の下側頭孔）のうち，曲竜類には2～3の開口部しかなかった．ピナコサウルス（*Pinacosaurus*）の頭骨では，アンキロサウルス類の頭骨をつくる諸骨が拡張し，前眼窩孔・上側頭孔・下側頭孔を覆っていたことを示している．ノドサウルス類では下側頭孔を除くすべての開口部が覆われている．一方，外鼻孔すなわち鼻骨の開口部は，曲竜類では典型的に大きく，タルキア（*Tarchia*）では特に大きい．アンキロサウルス類では鼻面が幅広いため，通常，外鼻孔は前方

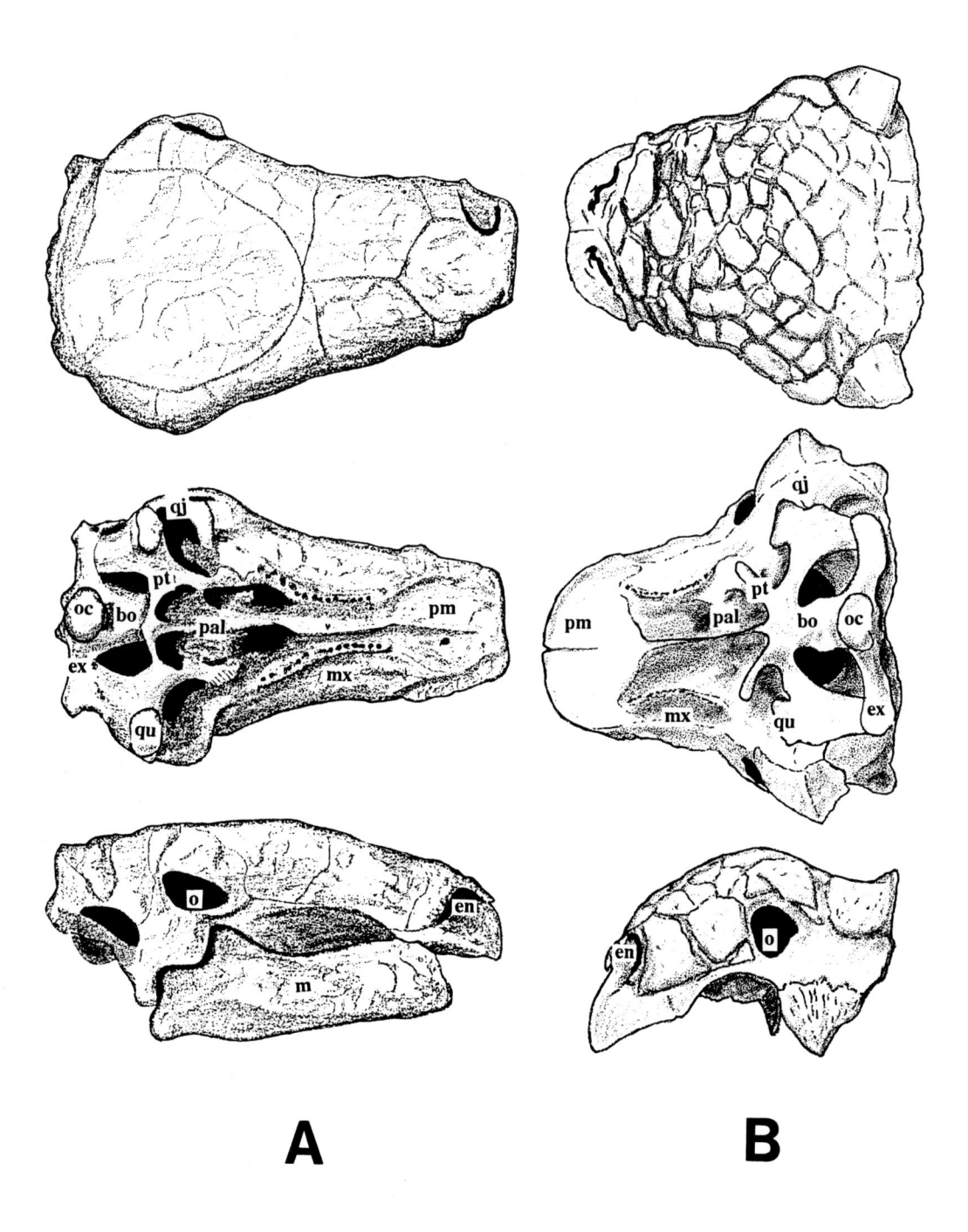

図22.1●ノドサウルス類エドモントニア（*Edmontonia*）(A) とアンキロサウルス類エウオプロケファルス（*Euoplocephalus*）(B) の頭骨の比較
略号：bo：基後頭骨, en：外鼻孔, ex：外後頭骨, m：下顎骨, mx：上顎骨, pal：口蓋骨, pm：前上顎骨, pt：翼状骨, o：眼窩, oc：後頭顆, qj：方頬骨, qu：方形骨.

に面している．シャモサウルス（*Shamosaurus*）とアンキロサウルス（*Ankylosaurus*）は例外で，より狭い鼻面を持つノドサウルス類のように，外鼻孔は側方に面している．エウオプロケファルス（*Euoplocephalus*）のような進歩したアンキロサウルス類では，呼吸の間，空気は湾曲した副鼻洞をとおっていた．なぜこのような複雑な構造が発達したかについてはわかっていないが，いくつかの仮説が提案されている．これらの動物は特に鋭い嗅覚を持っていた，この通路は空気を温め水分を供給することに使われた，あるいは共鳴器として使われたなどの仮説である（Maryańska 1977）．曲竜類の眼窩すなわち眼の入る腔は通常大きく，その形状は円形か楕円形である．眼窩の背側すなわち上の縁は，上眼窩骨と呼ばれるいくつかの小骨で構成されている．エウオプロケファルスでは眼瞼を守るため，骨の湾曲した円盤状構造さえあった．

曲竜類の歯は全部の指をくっつけた小さな手のような形をしている．その歯は小さいが，アンキロサウルス類の歯はノドサウルス類のものより，典型的には，さらに小さい．例外は確かにあり，原始的なシャモサウルスでは特に歯が大きく，ノドサウルス類のものに似ている．ノドサウルス類の歯冠の基盤近く，歯根のすぐ上には，ある種の棚すなわち歯帯があったかもしれない．アンキロサウルス類では，歯の基盤は逆に膨れている．原始的な曲竜類では，前上顎骨の鼻部の前に円錐状の歯がある．これらの歯は進化した型では見られず，前上顎骨によって形成された鋭い切断縁に置換されていた．生時には，おそらく，そこには鋭い角質のくちばしがあったであろう．曲竜類の上顎の頬歯は頭骨の側面から奥まったところに生えていて，曲竜類に特有な広い棚を形成しているが，その機能については以下で議論したい．

脊柱は首の7〜8個の頸椎，背中の約16個の胴椎，骨盤の3〜4個の仙椎に分けられる（図22.2）．アンキロサウルス類では尾に約20個の尾椎，ノドサウルス類では最高で40個の尾椎がある．頸椎は短く，その結果として，大きく重い頭骨を支える首も短い．胴椎は長く，長い体をつくっている．さらに，椎骨に肋骨がつく場所である横突起は，上方へ30〜50°の角度で傾いている．この大きな角度のため，肋骨は外方へ湾曲し，樽状の胴腔をつくっている．うしろから3番めから6番めまでの胴椎はしば

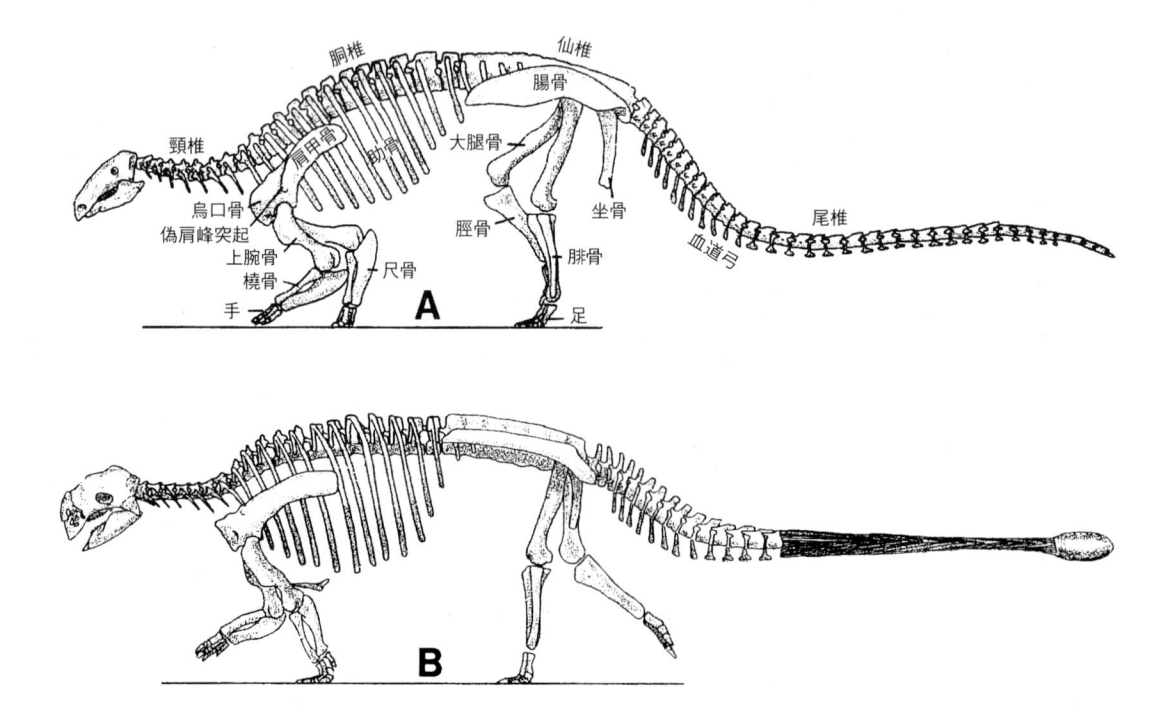

図22.2● ノドサウルス類ノドサウルス（*Nodosaurus*）（A）とアンキロサウルス類ピナコサウルス（*Pinacosaurus*）（B）の骨格の比較
ノドサウルスの体長は約5m，ピナコサウルスは約3.5m．

しば互いに癒合し，仙椎とともに癒合仙椎と呼ばれる構造を生んでいる．この椎骨の不動の連接棒(rod)は，幅広く扁平な構造へ向かった骨盤の変形に関係していたかもしれないが，これについてはあとで触れる．

尾椎は，骨盤近くを除き，長くなっている．アンキロサウルス類では，尾の後半の尾椎は尾の末端に大きな骨質の棍棒の「柄」を形成するように変形している．この棍棒は癒合したいくつかの大きな骨板と最後部の少数の尾椎から形成されている．ノドサウルス類では，その尾椎が骨質の棍棒を帯びるようには変形していない．そのかわり，その尾は長く細くなっていた．

曲竜類の前肢と後肢は短く，アンキロサウルス類では特に短かった（Coombs 1978, 1979）．結果として，その体は長く低く見えた（図22.2）．ノドサウルス類の肩甲骨には，前肩甲上腕骨筋が付着するために，肩関節面の上に偽肩峰突起と呼ばれる突起がある．この突起の位置は異種のノドサウルス類の間では多様で，肩甲骨は異なったノドサウルス類の種を定義する上で重要なものになっている．

上部の腕の骨すなわち上腕骨は，曲竜類では短く丈夫である．上腕骨の上部にはめだって突出した骨の大きな縁があり，三角胸筋稜と呼ばれている．この隆起はすべての恐竜類にあるが，曲竜類ではそれが特によく発達している．この隆起はロコモーションの際に使われるいくつかの主要筋肉群のための起始点になっていた（図22.3）．下腕は大きく頑丈な尺骨とより小さな橈骨から構成されている．肘では尺骨に非常に高く突出した肘頭があり，伸筋の付着点になっていた．前足は短く，その大きな体重を支えるため幅広くなっている．曲竜類の原始的な種の場合は，前足は5本指だが，進歩した種の場合は4本である．

骨盤は他の鳥盤類に見られるものより，かなり変形している．骨盤の上部の骨である腸骨は非常に大きく，ほぼ水平に位置している．腸骨の下側にある筋の付着痕は，その後肢を動かす筋肉群が大きく強力で，特に後肢を前方に引く筋肉が強かったことを示している．前方下部の骨盤つまり恥骨は，非常に小さな長方形の骨に縮小していた．後方下部の骨盤の骨つまり坐骨は，他の鳥盤類では後下方を向いているが，むしろほぼ真下に突き出ている．寛骨臼すなわち腰骨の陥凹部は他の恐竜ではカップ状であるのと異なり，むしろ単なる開口部になっている．

大腿骨（太腿の骨）は柱状で，曲竜類の大きな体重を支えるため，まっすぐで大きくがっしりしている．その大腿骨は，短いががっしりした2本の向こう脛の骨，脛骨と腓骨の上に乗っている．うしろ足は短く頑丈で，通常（しかし常にではない），ノドサウルス類では4本，アンキロサウルス類では3本の指がある．

恐竜類としての曲竜類で最も顕著な特徴はその装甲である（Carpenter 1982, 1984, 1990）．この装甲は首と肩にある大きく扁平または竜骨状の骨板と，背中と尾にあるより小さな竜骨状の骨板で構成されている．各骨板間の間隙は，より小さい骨板かビー玉大から豆粒大の骨がモザイク状になって満たしていた．この小さな装甲は腹部と四肢も覆っていたかもしれない．ノドサウルス類は，首と肩の部位の側面，あるいは上部に沿って，皮骨棘も持っている．アンキロサウルス類では，変形した骨板が癒合し，末端の棍棒になっている．化石化した棍棒は，非常に多孔質な内部構造が鉱物で満たされた結果，極めて重い．生時は，有機物の組織がこれらのスペースを満たし，棍棒を強力で弾力のあるものにしていた．

● 起源と進化

曲竜類が初めて出現し多様化したと思われる，ジュラ紀初期と中期の知られている標本があまりに少ないため，曲竜類の起源はよくわかっていない．最古の類縁動物は，英国のジュラ紀前期から出た装盾類スケリドサウルス（Scelidosaurus）とドイツのジュラ紀前期から出たエマウサウルス（Emausaurus）である．スケリドサウルスは頭骨の一部に皮骨装甲が癒合した薄板があるため，より曲竜類に近い．これらの「原曲竜類」はその体を円錐形の骨板が覆っているが，その頭骨には他の原始的な特徴とともに，いまだに前眼窩孔と上側頭孔があった．

真の曲竜類はジュラ紀中期までには知られていて，英国から出たサルコレステス（Sarcolestes），中国から出たティアンキアサウルス（Tianchiasaurus）が含まれる．不幸なことに，両属は断片的な化石でしか知られていない．ジュラ紀前期の曲竜類はこれよりは多少よくわかっている程度で，ワイオミング州のジュラ紀後期から新しく産出した未命名の頭骨が含まれている．この標本はノドサウルス類の形質とアンキロサウルス類の形質が混ざっており，曲竜類の単系統的起源を支持している．ノドサウルス類的な形質は首の上の高い棘を含み，一方，

図 22.3●サウロペルタ・エドワルジ（*Sauropelta edwardsi*）
（A）骨格復元図，（B）表面筋肉図，（C）生体復元図. 体長約 5 m.

　アンキロサウルス類的な特徴は頭骨に癒合した多数の小さな骨板を含んでいることである．頭骨のコンピューターX線体軸断層写真（CATスキャン）によると，上側頭孔と前眼窩孔は装甲の下で癒合して閉じていることを示している．この時代から知られている他の曲竜類としては，米国西部から出たノドサウルス類ミモオラペルタ（*Mymoorapelta*），ポルトガルから出たドラコペルタ（*Dracopelta*）の2つがある．

　白亜紀前期までで見ると，アンキロサウルス類はアジアから出たシャモサウルス，英国と米国から出たポラカントス（*Polacanthus*）の属するポラカントス亜科がその例になる．ノドサウルス類はこの時代により良好な例があり，英国から出たヒラエオサウルス（*Hylaeosaurus*）とアカントフォリス（*Acanthopholis*），米国から出たサウロペルタ（*Sauropelta*）とパウパウサウルス（*Pawpawsaurus*）が含まれる．謎の多いミンミ（*Minmi*）はオーストラリア・クィーンズランド州から出た，2体の装甲を伴うほとんど完全な骨格が知られている．南半球から出た知られている曲竜類は，ミンミと南極から出た未命名の標本だけである．

　曲竜類の最大の多様化は白亜紀後期に起こった．マレーヴス（*Maleevus*），ピナコサウルス（*Pinacosau-*

rus)，サイカニア（*Saichania*），タラルルス（*Talarurus*），そしてタルキア（*Tarchia*）がアジアから知られている．これらの分類群のほとんどは頭骨で知られており，一部は本来の場所に保存された装甲を伴う完全に近い骨格で知られている．北米産のアンキロサウルス類には，アンキロサウルスとエウオプロケファルスが含まれ，両者は頭骨と部分骨格から知られている．ノドサウルス類はアジアからは知られていないが，北米にはエドモントニア（*Edmontonia*），ニオブララサウルス（*Niobrarasaurus*），ノドサウルス（*Nodosaurus*），パノプロサウルス（*Panoplosaurus*），そしてシルヴィサウルス（*Silvisaurus*）のよい標本がある．ヨーロッパではストルチオサウルス（*Struthiosaurus*）が知られている．

曲竜類の分布は，曲竜類がスケリドサウルスに似た一部の原始的装盾類から，ジュラ紀中期の初期に，ヨーロッパで最初に出現したことを示唆している．ワイオミング州から出た未命名の標本やミンミなどの一部の曲竜類に，ノドサウルス類とアンキロサウルス類両者の特徴が存在することは，ノドサウルス類とアンキロサウルス類が曲竜類が最初に出現して間もなく，何らかの共通の祖先から分かれたことを示している．ノドサウルス類はやがて北米とヨーロッパに定住し，アンキロサウルス類は主としてアジアと北米に定住し，ポラカントス亜科の曲竜類は，白亜紀前期の短い期間，ヨーロッパと北米に存在した．ミンミは原始的形質を保有していたと思われ，基本的な曲竜類の系統の子孫で，おそらく2つの主要な科が分岐する以前に派生したことを示唆している．

●生理と行動

短い脚の曲竜類は地を這うようなつくりで，食べられるのは植物の下方2m程度に限られていたであろう．曲竜類はくちばしに角質の被覆があり，こ

図22.4●捕食者対策としての棘：アルバートサウルス（*Albertosaurus*）を寄せつけないエドモントニア
棘を捕食者に向けることで，エドモントニアは容易に自分を守ることができた．

れらの植物を摘みとることができたようである．曲竜類が食べた植物種は，曲竜類が生息する場所と，その鼻面の形に依存していた．サイカニアのようなアジア産のほとんどのアンキロサウルス類は，植物が水不足に適応した乾燥または亜乾燥の環境に生息していた．一方，北米産のアンキロサウルス類の多くは，十分に水がある沿岸環境に生息していた．そこでは植生は青々と茂り，水分の保護的な構造を欠いていた．しかし，興味深いことに，アジアと北米のアンキロサウルス類の歯は，大きさと構造の上であまり大きなちがいは見られない．しかし，ノドサウルス類とアンキロサウルス類の歯の間には著しい差異がある．北米の白亜紀後期では，両グループは同時代に生息していたため，その歯の差異は両者が食物をめぐる争いを回避していたであろうことを示している．加えて，2つの科では鼻面の形が異なり，これは食物を集めた方法も異なっていたことを示している．アンキロサウルス類のエウオプロケファルスの幅広い鼻面は，この動物が普遍的な採餌者で，広いくちばしで背の低い植物を食べていたことを示している（Carpenter 1982）．一方，同時代に生息したノドサウルス類のエドモントニアは鼻面が狭いため，植生を選択的に食べられた．このように食物源を食い分けしたおかげで，曲竜類は白亜紀後期の海岸平野で共生することができた．

　曲竜類は舌の基盤に大型の咽喉の骨（舌骨）があったことからすると，非常によく動く舌を持っていたと思われる．よく動く舌があるということは，咀嚼する時，多量の植物を口の中で押し転がすことができたことになろう．この方法で食物を消化するには，口の中に食物を保つ何らかの手段が必要で，それが頬部の機能である．筋肉でできた頬の存在は，奥まって生えた頬歯と十分に発達した上顎骨の棚から推測できる．いったん食物が飲み込まれると，胃石と呼ばれる胃の中にある石の摩耗作用によって，さらに消化された．これらの石は直径が数cmで，ノドサウルス類のパノプロサウルスなど，ほんのいくつかの標本でしか見つかっていない．モンゴルの砂丘堆積物中から発掘されたアンキロサウルス類の完全骨格などを含む他の曲竜類には，胃石がないら

図22.5●捕食者対策としての棍棒
ディオプロサウルス（*Dyoplosaurus*）がアルバートサウルスから自分を守っている．

しく当惑させられる．たぶん，すべての曲竜類が胃石を利用していたわけではないのであろう．

植物の細胞壁をつくる繊維素（セルロース）は消化が困難なので，栄養分は微生物の発酵作用によってのみ抽出される．現生の哺乳類では，この作用はウシ類のように胃の特別な小室で起こるか，ウマ類のように腸内部で起こる．曲竜類の非常に幅の広い腰部は，非常に大きいか長いかの後方消化管の存在を示唆しているため，曲竜類は後方の消化管すなわち腸での発酵作用を利用していた可能性が最も高い（Bakker 1986）．

曲竜類の装甲は，ワニ類と似た方法で，皮膚内でつくられていたかもしれない．伝統的に，この装甲は大型捕食者に対する防御に役立っていたと考えられている．ノドサウルス類では，エドモントニアの前方に突出した首の棘は，ある種の武器として利用されていたかもしれない．最大の棘は肩を補強しており，このような棘の最も明らかな目的は，捕食者を寄せつけないために使われた一種の「捕食者対策」である（図22.4）．他の曲竜類では，尾が防御のために使われたかもしれず，アンキロサウルス類のように尾に棍棒があった場合は（Coombs 1979）特にそうであろう（図22.5）．

サウロペルタのような多くの他のノドサウルス類は上方に突出した棘を持ち，すべての棘が捕食者に対して使われたのではないことを示唆している（図22.6 A）．このような棘は確かにめだち，レイヨウ類の角のように，現生動物が行動的相互作用で利用している「これ見よがしの」構造に似たものであったかもしれない．多くの現生動物の間では，これ見よがしの構造は性的なディスプレイや拮抗関係中のディスプレイにおいて重要である．性的なディスプレイは配偶の可能性がある個体を誘引することに使われ，それに対して，拮抗関係中のディスプレイはライバルを追い払うことに使われる．拮抗関係の行動は威嚇と示威に分けられる．威嚇行動は敵対者に対する武器の顕著な誇示を伴い，したがって闘争の意志を示している．一方，示威は「心理的な交戦状態」の一形式で，誇示する動物は自分自身をより大きく見せようとする．

サウロペルタの棘が高さを強調している一方で，エドモントニアの棘は外方に突出し，この動物を実際よりずんぐり，大きく重く見せている（図22.6 B）．アンキロサウルス類とノドサウルス類のパノプロサウルスには大きく突出した頸部の棘はないが，このことはこれらの動物では前面での示威ディスプレイは重要ではなかったかもしれないことを示唆している（図22.6 C）．そのかわり，現生の角のない（つまり，原始的な）有蹄類の行動から類推すると，側面での示威ディスプレイを利用していたのかもしれない．この種の威嚇の場合，おそらく，シューッとか，ゴロゴロとか，曲竜類が出す音がどのようなものであれ，何らかの音を出しながら，互いに平行に対峙していたのであろう．

また，装甲の角質の覆いの下に血液が流れ込んでいた結果として，その装甲にピンクがかった色合いを持たせ，曲竜類は体色を「紅潮させる」こともで

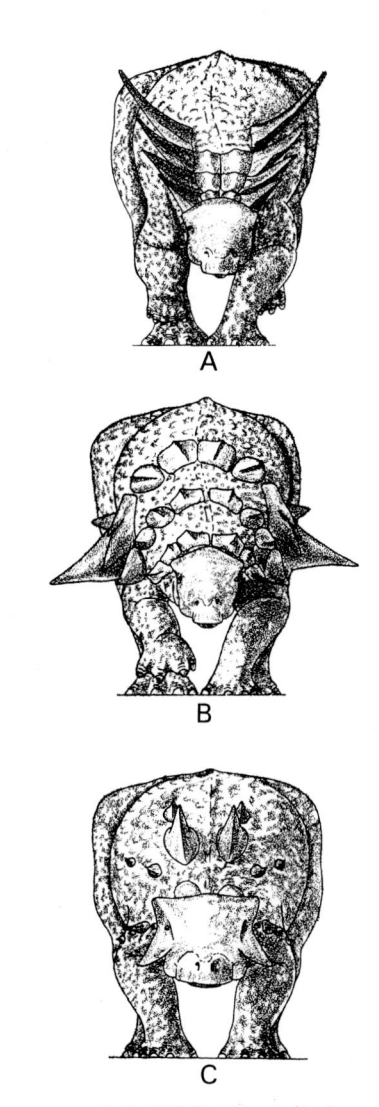

図22.6●装甲のディスプレイ
（A）サウロペルタ，（B）エドモントニア，（C）ディオプロサウルス．

図 22.7●肩にある二叉の棘を種内闘争で利用するエドモントニア

きた可能性がある．ほとんどの曲竜類の装甲表面を覆っていた血管溝は，豊富な血液の供給があったことを示している．ピンクがかったの装甲を持った体重 2t の曲竜類たちが，互いに吠え唸っているところを想像してもらいたい！

　エドモントニアは捕食者を寄せつけないほかに，肩にある棘を付加的にも利用していたかもしれない．その棘は二叉で，この構造はシカ類の枝角上の角の類似物かもしれない．シカ類では，種内闘争の際，この枝角上の角で交戦する．これは相互の枝角が滑ってずれたり，格闘者を傷つけたりしないようにしている．エドモントニアの二叉の棘が枝角のような機能を持ち，その動物が危険な傷を負うことなしに，押しあいで争えた可能性はある（図 22.7）．

●文 献

Bakker, R. T. 1986. *The Dinosaur Heresies : New Theories Unlocking the Mystery of the Dinosaurs and Their Extinction*. New York : William Morrow.

Carpenter, K. 1982. Skeletal and dermal armor reconstruction of *Euoplocephalus tutus* (Ornithischia : Ankylosauridae) from the Late Cretaceous Oldman Formation of Alberta. *Canadian Journal of Earth Sciences* 19 : 689–697.

Carpenter, K. 1984. Skeletal reconstruction and life restoration of *Sauropelta* (Ankylosauria : Nodosauridae) from the Cretaceous of North America. *Canadian Journal of Earth Sciences* 21 : 1491–1498.

Carpenter, K. 1990. Ankylosaur systematics : Example using *Panoplosaurus* and *Edmontonia*. In K. Carpenter and P. J. Currie (eds.), *Dinosaur Systematics:Approaches and Perspectives*, pp. 281–298. Cambridge : Cambridge University Press.

Coombs, W. P. Jr. 1978. Forelimb muscles of the Ankylosauria (Reptilia, Ornithischia). *Journal of Paleontology* 52 : 642–658.

Coombs, W. P. Jr. 1979. Osteology and myology of the hindlimb in the Ankylosauria (Reptilia, Ornithischia). *Journal of Paleontology* 53 : 666–684.

Coombs, W. P. Jr., and T. Maryańska. 1990. Ankylosauria. In D. B. Weishampel, P. Dodson, and H. Osmólska (eds.), *The Dinosauria*, pp. 456–883. Berkeley : University of California Press.

Maryańska, T. 1977. Ankylosauridae (Dinosauria) from Mongolia. *Paleontologia Polonica* 37 : 85–151.

23 周飾頭類

Catherine A. Forster
and
Paul C. Sereno

●周飾頭類：共通の祖先

　周飾頭類は鳥盤類恐竜類の多様化した分類群の一つで，2つの異なった亜群によって構成されている．パキケファロサウルス類すなわち「厚頭類」恐竜群と，ケラトプス類すなわち角竜類恐竜群がそれである（図23.1）．周飾頭類は恐竜類の進化の上では比較的に新参者で，アジアの白亜紀前期の堆積物中から初めて現れた．彼らは成功裏に多様化して北半球全体に広がり，恐竜類の最後の一員として白亜紀・第三紀境界まで生き残った（Weishampel 1990）．鳥盤類進化の流れの中で，周飾頭類はジュラ紀前期に登場した鳥脚類の姉妹群になる．そういうこともあり，周飾頭類の分岐の基盤は，鳥盤類の分岐の起源までさかのぼらなくてはならない．したがって，知られている周飾頭類は白亜紀に限られているとはいえ，まだ発見されてこそいないが，周飾頭類はジュラ紀前期までさかのぼるより古い歴史を持っていることになる．

　化石記録中に厚頭類と角竜類が最初に出現するまでの数百万年にわたる進化は，その共通祖先に関してはほんのわずかな痕跡しか残していない．それらの痕跡は，ある共通祖先から引き継いだ，骨格の共有形質の中に存在する．重要な共有する特徴の一つは，厚頭類と角竜類の頭骨には見られるが，他の恐竜類には見られない．それは頭蓋天井の後縁が後頭（首に続く頭骨後部）上に，狭い棚状に覆いかぶさっていることである．この覆いかぶさった棚つまり「縁飾り」が，これらの鳥盤類に対して周飾頭類すなわち「縁のある頭を持つ」恐竜類という集合的な名称を思いつかせたのであった．周飾頭類を特徴づける他の形質としては，骨盤に見られる変化があげられる．坐骨における骨質の突起の喪失，恥骨癒合の喪失（両恥骨がもはや相互に接しない），そしてより広く離れた両寛骨臼である（Sereno 1986）．

　白亜紀末までに，両亜群の頭骨頂は2つの非常に異なった型に変形し，肥大（拡大）していた．厚頭

```
        カ セ プ プ 厚
        ス ン ロ シ 頭
        モ ト ト ッ 類
        サ ロ ケ タ （
        ウ サ ラ コ 下
        ル ウ ト サ 目
        ス ル プ ウ ）
        類 ス ス ル
        （ 類 類 ス
        亜 （     （
        科 亜     属
        ） 科     ）
            ）
```

ケラトプス類（科）

新角竜類

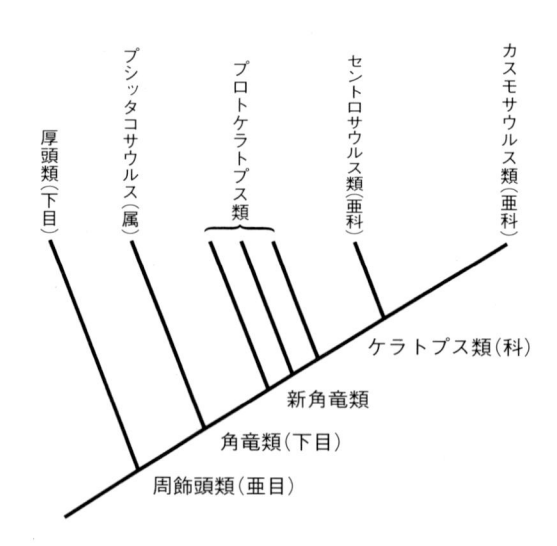

角竜類（下目）

周飾頭類（亜目）

図 23.1● この簡単な分岐図は周飾頭類間の類縁関係を図示している．厚頭類はこの群の最初の，すなわち最も原始的な枝を構成している．角竜類は小型の属プシッタコサウルス（*Psittacosaurus*，最初の枝を占める），プロトケラトプス類（次の数本の小枝），そして最後にケラトプス科（さらにセントロサウルス亜科とカスモサウルス亜科に分けられる）を含む

類では頭骨は上方へ拡大し，脳函の上で厚くなり，こぶ状の，時に飾り鋲を打ったようなかたい骨のドームになった．角竜類では頭骨後方の棚は強調され，後方へ広がって，えり飾りすなわち「首の楯」になり，頭骨は鼻骨と上眼窩骨上の角によって装われた．伝統的に，これらの骨質の頭部装飾物は捕食者に対する防御用の武器と見られてきた（例：Colbert 1948）．しかし，より最近では，これらの構造物は現生の類似動物（レイヨウ類・シカ類などの角をもつ有蹄類，あるいはカメレオン類のような角のあるトカゲ類）を根拠にして，主として種内競争に使われた第二次性徴だったと解釈し直されている（Farlow and Dodson 1975；Forster 1990；Sampson 1993および本書第27章；Dodson 1996）．これらの著しい構造的な変化の多くは，大部分ではなかったとしても，婚姻とかなわばり争いに際しての種内の各個体間競争とディスプレイの所産であったといえるであろう．骨格の特徴から推論されるこのような行動型は，そのグループの特徴でもあるかもしれない．

角竜類はアジアと北米で，厚頭類はアジア，ヨーロッパと北米で発見されている．このように，周飾頭類は北半球でしか発見されておらず，すべての南方の大陸には生息しなかったようである（可能性がある例外として，Molnar，本書第38章参照）．すべての鳥盤類と同じで周飾頭類は植物食であり，その

祖先と同様に，厚頭類と原始的な角竜類は二足歩行であった．一方，より派生的な角竜類は2次的に四足歩行になった．

● 厚頭類：厚い頭骨と装飾されたドーム

厚頭類はヨーロッパの白亜紀前期の堆積物から初めて記録されていて，そこでは非常に小型のヤヴェルランディア（*Yaverlandia*）の頭蓋化石が発見されている．ヤヴェルランディアはすでに，すべての厚頭類を特徴づける頭蓋天井の厚さの増大を示している．より進歩した型の完全な頭骨と部分的な頭蓋後骨格（身体骨格）は，北米とモンゴルの白亜紀後期から知られている．最も小型な厚頭類の数点が，最近，アルバータ州の白亜紀後期から発見されているが，直径がわずか2インチくらいのキノコ状のドームを持っている．逆に最も大きなものとしては，北米産の他の型で，長さが約2フィートもある頭骨を持つパキケファロサウルス（*Pachycephalosaurus*）がいた．

すべての厚頭類を特徴づける頭骨の厚化は，主として，脳の上にくる2つの骨，前頭骨と頭頂骨で起こっている（Maryańska and Osmólska 1974；Maryańska 1990）．これらの骨はパキケファロサウルスに見られるように，厚さが数インチに達することがある．その頭骨の両隅に近接する骨，つまり鱗状骨も

しばしば突出した突起で装飾されている．頭骨後方の骨格は相対的に短い前肢によって特徴づけられ，この厚頭類が明らかに二足歩行であったことを強調している．厚頭類の骨格の最も変わっており特有な特色の一つは，網目状の織り目をなす骨化した腱が尾の後半部をとり囲んでいたことである．この骨質の網目は尾を強化していたらしいが，その目的は判然としていない．厚頭類の完全な骨格はまだ発見されていない．

厚頭類は，しばしば，原始的な「扁平な頭を持つ」亜群と，派生的な「ドーム状頭骨を持つ」亜群の2つに分けられる（例：Sues and Galton 1987）．しかし，Sereno (1986) はこの単純な分類には妥当性がないのではないかと感じている．それよりも，厚頭類は一連の型に分類され，高低両方のドームを持つ厚頭類が，すべてが高いドームを持つ別の亜群のパキケファロサウルス科に発展したと考えている．これまでに発見された最も原始的な厚頭類は，中国産の型ワンナノサウルス（*Wannanosaurus*）である．

他の原始的な厚頭類には，ゴヨケファレ（*Goyocephale*），ホマロケファレ（*Homalocephale*），オルナトトルス（*Ornatotholus*），ヤヴェルランディアがあり，諸形質の発展を示している．その形質には，側頭部（上側頭孔）の上の頭骨頂にあった円形の開口部の縮小，頭頂骨の厚化，頭骨天井の前頭骨と頭頂骨の癒合が含まれる．

これらのより原始的な厚頭類の多くは，全部ではないが，「扁平な頭骨」を持っている．この「扁平な頭骨を持つ」型の頭骨天井は左右均等に厚くなり，背面は扁平で孔がある．上下顎には，モンゴル産のゴヨケファレに保存されていたように，1本の短い犬歯があり，下顎の犬歯は上顎の特殊なV字型の刻み目の中に突出している．残りの歯列は典型的な鳥盤類型で，鋸歯縁を持つ小さな歯冠と，植物素材をかみ切るための鋭い切面で構成されている．

より進歩した厚頭類であるパキケファロサウルス科（図 23.2）は北米とアジアの両方で発生し，ステゴケラス（*Stegoceras*），ミクロケファレ（*Micro-*

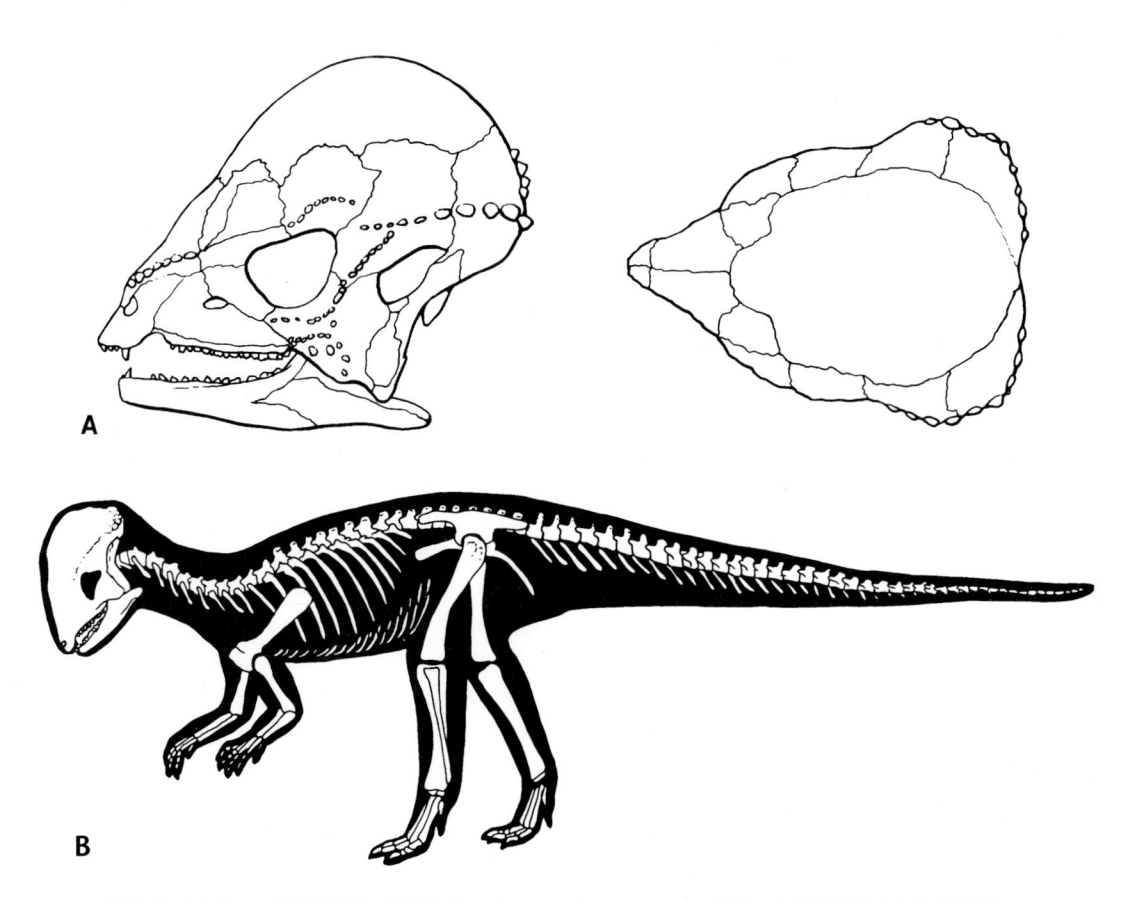

図 23.2● (A) ドーム状頭骨を持つ厚頭類プレノケファレ（*Prenocephale*）の頭骨の左側面図（左）と背面図（右），(B) ステゴケラス（*Stegoceras*）の体型の輪郭を付加した骨格図．ステゴケラスの全長は約 2 m *cephale*)，ティロケファレ（*Tylocephale*），プレノケファレ（*Prenocephale*），パキケファロサウルスを含む．これらの型では，前頭骨と頭頂骨は単一の大きな骨に癒合し，厚みを増して円柱状の骨（columnar bone）の高くてかたいドームになっている．頭骨は脳容量がかなり増大したかのような誤った印象を与えるが，脳はドームの容積に比べ，極めて小さなものにとどまっていた．ドームの外側表面は極めて滑らかなことが多いが，一部の型ではドームの側面がこぶ状の隆起や短い骨棘で装飾されている．モンゴル産のプレノケファレのようなより進んだ型では，円形の側頭孔が周囲の骨によって完全に閉ざされ，小さくぼみを残すのみになっている．ドームの垂直方向の厚さは相対的に大きく，頭骨の周辺部のすべての骨と一体化している．北米で最も一般的な厚頭類はステゴケラスで，成長しつつあるドームまわりには，まだ骨棚が残っていた．その癒合した，かたいドームは風化に対する抵抗力が非常に強く，しばしばフィールドで孤立して発見される．

厚化した頭骨の基本的な機能は，現生のオオツノヒツジに似た行動，厚頭類の仲間同士の頭突きあいにあったようである（例：Galton 1970）．現生のヒツジ類（および他のウシ類）の頭突きあいは社会的な相互作用の必要部で，「突きあいの順位」を確立するため，また，配偶と縄張りを巡る争いのための手段になっている．現生動物から推論すると，厚頭類がそのなかま内部で似たような優位の誇示をしていたと考えることは容易であろう．パキケファロサウルスの場合，そのドームは小さな脳函上では厚さが9インチに達していて，競争相手と衝突する時の途方もない力に耐えたものと想像される．ドームには凹凸やその他の傷跡があることがあり，おそらくは頭突きによる衝撃の結果である．すべての厚頭類がある程度厚化した頭蓋天井を持っていることからすると，頭突きあいはこの群の全員に保有された先祖伝来の行動様式を構成していたのかもしれない（参照：Alexander，本書第30章；Sampson，本書第27章．これらの恐竜類の頭突きあいについての付加的な論議がある）．

● 角竜類：オウム状のくちばし，角，そしてえり飾り

プシッタコサウルス（*Psittacosaurus*）と新角竜類（「プロトケラトプス類」とケラトプス類［図23.1］）から構成される角竜類は，多様でみごとな角とえり飾りを示し，二足歩行と四足歩行の両型があり，七面鳥からゾウくらいの大きさの範囲の動物である．装飾，姿勢，大きさがこのようにさまざまであるにもかかわらず，角竜類は彼らの共有の祖先を証拠立てる多くの骨格上の新機軸を共有している．顕著なのは頭骨で，非常に狭いが深いくちばし状の吻部と広く張り広がった頬部を持っていたため，上から見た時その頭骨がほとんど三角形に見えることである．頭骨の後縁はすべての周飾頭類と同様に後頭部に覆いかぶさっているが，角竜類ではその縁が非常に薄く，主として単一の天井部を覆う骨である頭頂骨で形成されている．角竜類の最後の特徴は，その上くちばしをつくる付加的な中間の骨，吻骨の発達である（Sereno 1986；Dodson and Currie 1990）．吻骨の表面はきめが細かく，浅いくぼみがあり，生時には角質のくちばしで覆われていたことを示している．この独特な骨は他の恐竜類には見られない．

北米における恐竜類発見の初期には，本来，角竜類は角と大きな首のえり飾りで高度に装飾された，大きな体型の白亜紀後期の四足歩行者だけを含み，その中でトリケラトプス（*Triceratops*）が最もよく知られていた．しかし，20世紀に入って間もなく，モンタナ州とアルバータ州の白亜紀後期から産出したレプトケラトプス（*Leptoceratops*）のような，頭部の角と首の大きなえり飾りを持たない，より小型の角竜類が発見された．小型角竜類の保存状態のよい化石は，アメリカ自然史博物館の中央アジア探検期間の1920年代に，モンゴルの白亜紀後期の岩石からも発見され，プロトケラトプス（*Protoceratops*）として記載された．それ以来，北米とアジアで発見されたこれらの小型のものや，その他のものは，しばしば「プロトケラトプス類」と呼ばれている．角竜類と同時代の恐竜類には，角竜類の直接の祖先と思われるものは全くいない（Forster 1990）．

これらの小型で角のない「プロトケラトプス類」の発見が角竜類についてのわれわれの定義を変えている一方で，中央アジア探検隊による他の発見は，最終的に，より大きな衝撃を生んだ．これがモンゴルの白亜紀前期の堆積物から出た最も初期の，最も原始的な角竜類，プシッタコサウルスであった．当初，プシッタコサウルス類は他の角竜類よりは，むしろ，より遠縁の鳥盤類の同類とされていた（例：Osborn 1924）．数十年にわたって続いたこの誤解は理解できる．プシッタコサウルスの角竜類的な特徴は，頭骨の細部構造にしか見られないからである．その頭部よりうしろの骨格は原始的な二足歩行鳥盤類のものに類似しており，この骨格自体は角竜類の

ものに近似している程度とほぼ同じくらい，鳥盤類の他の亜群のものに近似している．

角竜類は，もっぱら，北米西部とアジアの白亜紀時代の岩石中から出ている．白亜紀後期の間，ベーリング海峡地域をつないでいた断続的な陸橋のおかげで，制限はあったものの，動物相は交流できた．太平洋の両岸で産出する角竜類（または厚頭類）の種は知られていないが，それぞれのグループの進化史は，一方から他方へ多様な放散があったことを明らかに示している．

プシッタコサウルス

プシッタコサウルス［訳注：以下数行では $P.$ と略称］（図23.3）はロシア，モンゴル人民共和国，中国の白亜紀前期（アプティアン～アルビアン）の岩石から記録されている．現時点では，$P.$ グヤンゲンシス（$P.guyangensis$），$P.$ メイレインゲンシス（$P.meileyingensis$），$P.$ モンゴリエンシス（$P.mongoliensis$），$P.$ シネンシス（$P.sinensis$），$P.$ ヤンギ（$P.youngi$），$P.$ シンジャンゲンシス（$P.xinjiangensis$）を含む7種が認められている（Sereno 1990）．プシッタコサウルスは多くの完全な頭骨と骨格が採集されているが，その中には頭骨長がわずか2.8cmの小さな幼体1体も含まれている．成体のプシッタコサウルス類は全長がおそらく1.5～2mに達した．

プシッタコサウルスという名称は「オウムに似たトカゲ」を意味し，側面から見た鼻部の背が高く，オウムに似た外形であることに由来している．眼窩から頭骨の前部に及ぶプシッタコサウルス類の鼻部は，釣合いの上では他のいかなる恐竜類よりも短い．外鼻孔（鼻の孔）は非常に小さく，他の鳥盤類に比べて，鼻部のより高い位置にある．プシッタコサウルス類の頭部よりうしろの骨格上の変わった特徴は，手部外側の2本の指の退化で，機能指は3本しかない．しかしプシッタコサウルス類では，その前肢は長さと大きさの点では退化しておらず，歩行や低い植生の若葉を食べる時に使われたようである．

プシッタコサウルスの2つの標本では，その肋骨腔の内部に，小さな丸みをもった石がぎっしり密集した状態で発見されている（Osborn 1924）．これらの石すなわち胃石はプシッタコサウルス類の消化系

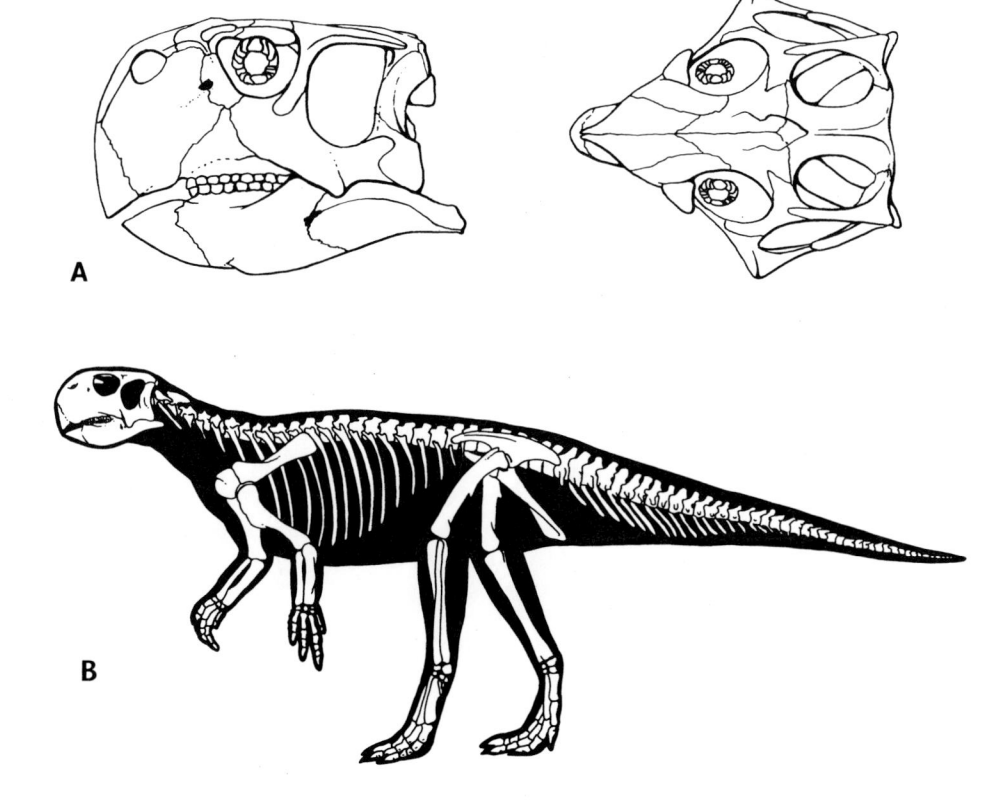

図23.3● (A) プシッタコサウルス（$Psittacosaurus$）の頭骨の左側面図（左）と背面図（右），(B) プシッタコサウルスの体型の輪郭を付加した骨格図．全長は約2m

の一部を形成し，植物素材をより消化しやすくするため，すり潰すことに使われた．この機構は，一部の鳥類や爬虫類がその砂嚢に保有している小さな石を飲み込んでいることに見られる機能に似ている．採餌された食物が砂嚢を通過する際，食物はその石の間ですり潰され，より処理しやすいよう分解される．

新角竜類

　新角竜類は2つの一般的な亜群，小さな体型のプロトケラトプス類と，大きな体型のケラトプス類からなっている．新角竜類は扇状の骨の薄板すなわちえり飾りを発達させた．これは原始的な周飾頭類の骨棚が非常に長くなったもので，首の上に突き出ている．どちらかというと，そのえり飾りは薄い場合がしばしばで，丈夫な防御手段にはならなかった．むしろ，えり飾りは同一種内の構成員に対する誇示行動の中で機能していたように思える．前方から見ると，えり飾りの幅広い表面が十分に見えるようになっており，ケラトプス類ではその縁が，通常，さまざまな小骨・角そして溝のある突起で装飾されていた．正面から見た場合，その幅広いえり飾りは印象的な誇示になり，その動物をより大きく，おそらく，より恐ろしく見せたにちがいない（Sampson，本書第27章参照）．新角竜類のその他の特有な形質には，体の大きさに比べて大きな頭部，その大きな頭を支持する助けになった最初の3個の椎骨の癒合，上方に鉤状に曲がった下のくちばし，側方に広がった両頬部の上にある外頬骨と呼ばれる付帯的な骨質の突起の発達がある（Dodson and Currie 1990；Forster 1990；Lehman 1990）．

プロトケラトプス類

　アメリカ自然史博物館の探検隊が，1910年，アルバータ州マーストリヒチアンのスカラード（Scollard）層から，最初のプロトケラトプス類のレプトケラトプス（図23.4）を発掘した（Brown 1914）．レプトケラトプスが出現した時代は遅かったが，非常に原始的な短いえり飾りを持つ型で，原始的なものが時代的に早く見られることを必ずしも意味しな

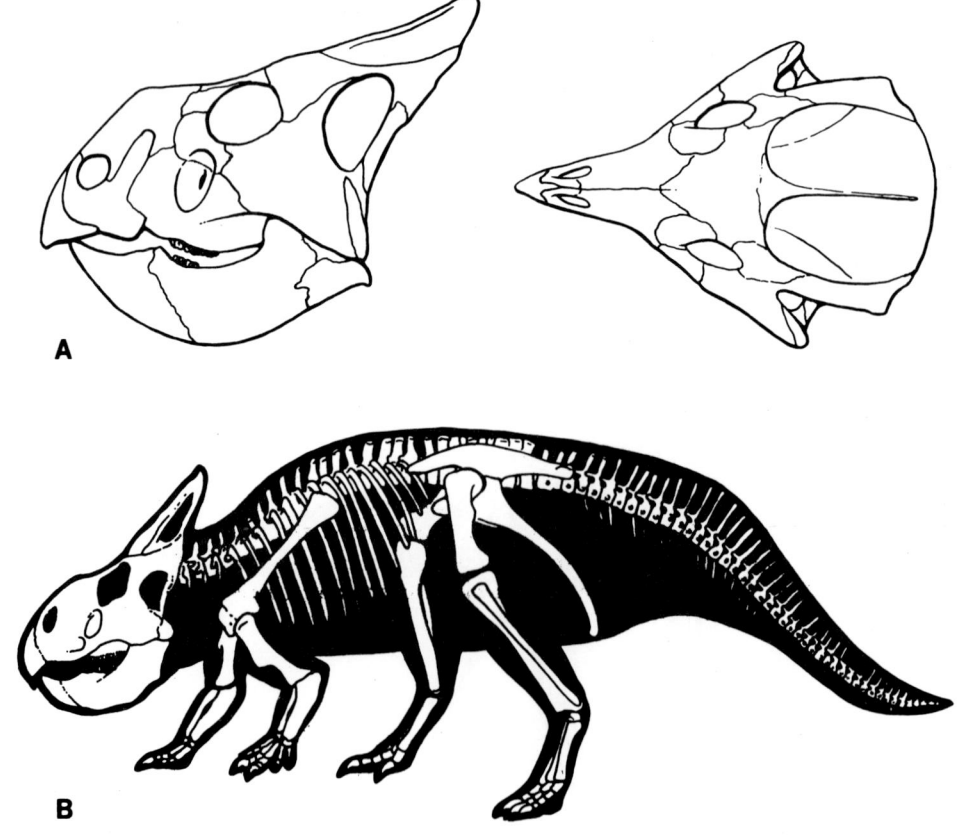

図23.4● (A) レプトケラトプス（*Leptoceratops*）の頭骨の左側面図（左）と背面図（右），(B) プロトケラトプス（*Protoceratops*）の体型の輪郭を付加した骨格図．プロトケラトプスの全長は約2.5 m

いことを想起させてくれるものとして役立っている．北米産のプロトケラトプス類（レプトケラトプスとモンタノケラトプス Montanoceratops）はマーストリヒチアンの岩石中でしか発見されていないのに対して，アジア産のもの（プロトケラトプス，グラキリケラトプス Graciliceratops，バガケラトプス Bagaceratops）はサントニアンからカンパニアンの堆積物をとおして産出している．

プロトケラトプス類は，しばしば，単系統と考えられてきたが（例：Dodson and Currie 1990），最近の研究ではケラトプス科につながる進歩途上の一系列を形成することが考えられている（Sereno 1986；Forster 1990）．最も原始的なプロトケラトプス類はレプトケラトプスで，小型で，かたく短いえり飾り，短い顔面，揺り椅子状の湾曲した下顎を持っている．より進歩したプロトケラトプス類では，頭頂骨と鱗状骨が漸進的に長くなってえり飾りが後方に伸び，えり飾りには2つの側頭の孔すなわち側頭孔が発達していた．歯はより密に詰め込まれ，腰の上の神経棘は癒合していた．そして，幅広い基盤を持つ鼻骨の隆起が鼻孔の上に発展し始めていた．

アメリカ自然史博物館は小さな幼体から大きな成体に至るまで，プロトケラトプス類の何ダースかの頭骨と骨格をモンゴルで採集した．この一連の標本を研究したのち，Dodson（1976）は幼体の標本の全部が「10歳代」になるまで類似していることに気づいた．それらの幼体はその年代になると，ますます異なった2つの形態に分岐し始める．一つは突出した鼻部の隆起を持つ大型で頑丈なものへ，もう一つはより小さく，より繊細で，鼻部の隆起を持たないものである．彼はこの事実を性的二型性の証拠と解釈した．つまり，プロトケラトプス類は成熟するにつれて，雌雄間の肉体的な差異が増大するということである．性的二型性は多くの動物，ヒトの間にさえ一般的であるが，性的二型性が恐竜に認められたのはこれが最初であった．

1920年代のモンゴルにおけるプロトケラトプスの発見とともに，恐竜の卵の巣の最初の報告がもたらされた．これらの卵はこの地方では極めて一般的で，関係を確証するような胚が卵の中に発見されなかったにもかかわらず，至るところから発見されるプロトケラトプスのものと考えられてきた．最近，いわゆる「プロトケラトプス」の卵の中からオヴィラプトル（Oviraptor）という肉食恐竜の胚が発見された（Norell et al. 1994）．この件はいっそうの研究を待たねばならないが，現在，「プロトケラトプス」の卵はほかの恐竜のもののように思われている．

ケラトプス類

長い角と，拡大し，飾り鋲を打ったような首のえり飾りのため，ケラトプス科は恐竜類の中で最も識別しやすい群の一つである（図23.5）．その巨大な頭骨はトロサウルス（Torosaurus）のような型では長さが優に6フィート以上に達し，かつて地上に生息したいかなる陸上動物の中でも最大の頭骨である．ケラトプス類は北米西部のアラスカ州からニューメキシコ州にかけての白亜紀最後期（カンパニアンとマーストリヒチアン）の堆積物中でしか発見されていない．

最初に発見されたケラトプス類の化石断片は，1887年，コロラド州デンヴァー層で発見された一対の大きな上眼窩角であった．それ以前に角のある恐竜類を見たことがなかったO. C. マーシュ（O. C. Marsh 1887）はこのような大きな角は絶滅した野牛（バイソン）のものにちがいないと考え，この不完全な標本にバイソン・アルチコルニス（Bison alticornis）と命名した．やがて，ワイオミング州からケラトプス類の完全な頭骨が発見され，自分の誤りに気づいたマーシュはこの最初の標本をトリケラトプス・アルチコルニス（Triceratops alticornis）と再命名した．1800年代後期以来，100点を超すケラトプス類の頭骨と骨格が北米西部で採集されている．

ケラトプス類はその共通の祖先を立証する非常に多くの特有な形質を共有しており，それらには極度に大きな鼻孔，頭骨頂部に展開する脳函上の二次的「頭蓋天井」の発達，大きな体寸法，2本の歯根を持つ歯（Dodson and Currie 1990；Forster 1990）が含まれる．もう一つの新機軸は複雑な歯団の発達で，近接した歯同士が縦の列［訳注：頭骨の長軸に沿った前部から後部への列］と垂直柱状の列が組み合わさっている．両顎の切面沿いの歯が摩耗した時は，その歯は抜け落ち，下からの新しい歯によって置換される．ケラトプス類の場合は各垂直柱上に少なくとも3本の歯があり，1本が切面に，他の2本は置換用に待機している．一生をとおして継続するこの過程は，隙間なしに自然に鋭くなる切面を提供していた．それらの歯の切面はほぼ垂直に位置しているため，ケラトプス類は植物をほとんど鋏のように切り裂くことができた．ケラトプス類の歯団の発達は，同時代のカモノハシ竜のハドロサウルス類の間で見られた類似の発展と平行している．両群は効果

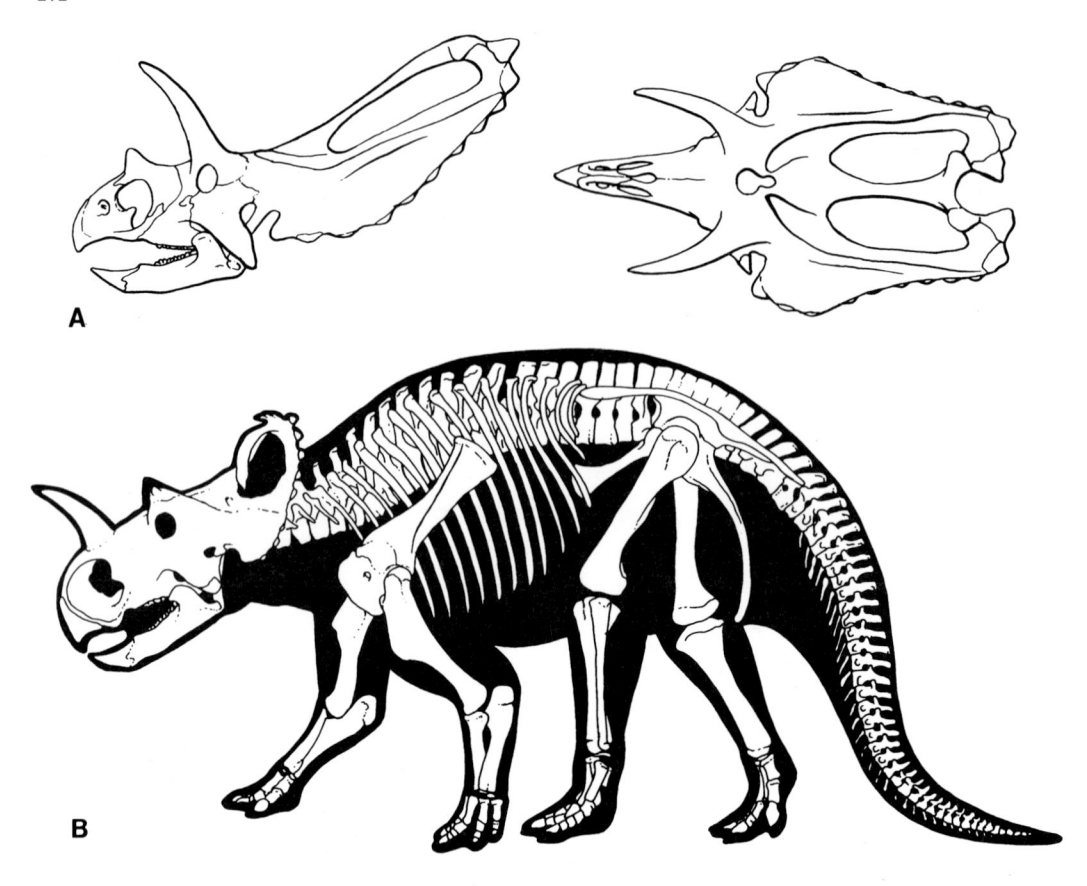

図23.5● (A) カスモサウルス亜科の角竜類ペンタケラトプス (*Pentaceratops*) の頭骨の左側面図 (左) と背面図 (右), (B) セントロサウルス亜科の角竜類セントロサウルス (*Centrosaurus*) の体型の輪郭を付加した骨格図. セントロサウルスの全長は約5 m

的な歯並みを発達させており, 単一個体の顎に数百本の歯が組み込まれ, 恐竜類に見られる平行進化の印象的な例となっている.

類縁動物である厚頭類と同様, ケラトプス類も頭対頭の争いに備えた武装が十分であったように思われる (Sampson, 本書第27章; Alexander, 本書第30章参照). 一部のケラトプス類が眼と鼻の上に長い角を持っていた一方で, 他のケラトプス類は短い角, あるいはパキリノサウルス (*Pachyrhinosaurus*) におけるような, 頭骨の頂部にある厚化した骨の台を持っていた. 現生のレイヨウ類・シカ類・カメレオン類などと同様に, ケラトプス類はなわばり上の権利とか競争相手に対する優勢を決定するための押しあいによる対戦で, その角を絡ませていたかもしれない. その目的は競争相手を傷つけたり殺したりするものではなかったが, 一部のケラトプス類の頭骨上に残っている回復した傷跡や刺し傷からする

と, 負傷はかなり日常的なものであった (図23.6; ただし, Rothschild, 本書第31章参照). 現生のレイヨウ類の場合と同様で, ケラトプス類の種内部では, その闘争が重要な社会的相互作用を構成していたようである. しかし, 捕食動物に直面すると, レイヨウはその角を防御用に使う. ティラノサウルス (*Tyrannosaurus*) と直面した場合は, トリケラトプスがその角で防御したことは容易に想像される. ケラトプス類におけるこれらの装飾物は多目的構造で, 単一ではなくより多くの理由のために発達したと見られるであろう.

異なったケラトプス類の頭骨が装飾に関しては非常に多様化している一方で, その頭骨より後部の骨格はすべてが非常によく似ている. その長い後肢は直立姿勢で, 地面に垂直に伸びている. 一部の復元では前肢についても直立姿勢を示しているが (例: Bakker 1986), その骨を注意深く観察すると, 前肢

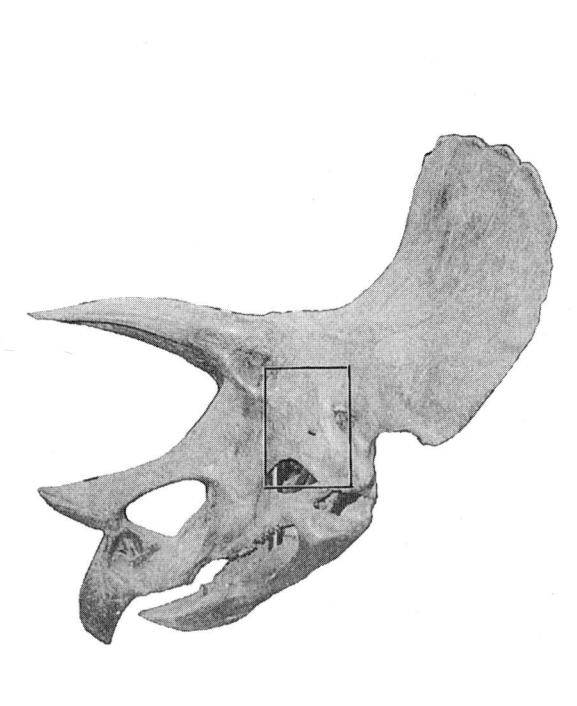

図 23.6 ● 他のトリケラトプス（*Triceratops*）と争った結果とも思われる，回復した傷跡を示すトリケラトプス標本．左の写真は頭骨の左側面で，右に示した拡大写真の場所（囲みの範囲）を示す．傷は2つの孔になり，頬部を貫通している．この標本はセント・ポールのミネソタ科学博物館にある．

はこのような方法では関節できないかわりに，半直立の位置を保っていたことがわかる（Johnson and Ostrom 1995；別の見解については Lockley and Hunt 1995 参照）．ケラトプス類のすべての脚の骨は厚く，重々しいつくりで，上腿部より下腿部の方が短い（ウマ類のような足の速い動物は，相対的に長い下肢を持つ）．その重々しい身体と半直立の前肢とを合わせ考えると，強力な動物ではあるが，速く走れるようにはできていなかったことを示している．素早く逃げることより，力，角，そしておそらく何らかの社会的「群れ」行動の方が，捕食者に対する防御に役立っていたであろう．ケラトプス類は時によっては「駆け足」もできたであろうが，その骨格はより動きの遅い，より定住性の生活様式を送っていたことを示唆している．

ケラトプス類は2つの群，セントロサウルス亜科とカスモサウルス亜科に分けることができる．角竜類の多くの特徴が共有される一方で，それぞれの群はそれ自体の特有な形態も持っていた．

セントロサウルス類は多くの形質で識別できるが，それには長い鼻骨の角，頭頂骨上の鉤と突起（時にはスティラコサウルス *Styracosaurus* におけるように長い棘に発達している），短くて方形の鱗状骨，そして鼻孔のうしろに突き出ている「指状」の骨が含まれる．もう一つの特有な装飾はパキリノサウルスに見られ，この恐竜では眼窩と鼻骨上の角が垂直方向で厚みを増した不規則な骨の台になり，頭骨頂を覆っていた．これらのくぼみや溝のある骨質の台は角質の棘もしくは突起の基盤を形成し，サイの顔に見られるつくりと類似した性質のものであったかもしれない．

セントロサウルス類の大きな「ボーンベッド（骨層）」がモンタナ州とアルバータ州で発見されている．どちらのボーンベッドも小さな幼体から成体までを含み，単一種の頭骨と骨格の数百の断片を含んでいる．これらの「一連の個体発生」——つまり，生まれてから成体になるまで，その動物たちがどのように変化するか——を研究した科学者は，すべて

のセントロサウルス類の種はセントロサウルスであれ，スティラコサウルスであれ，パキリノサウルスであれ，若い時は全く同じに見えることに気づいた．動物たちが成体に近くなり性的に成熟するまで，その属を識別する角や棘，骨質の台の成長はなかったのである（Tanke 1988；Ryan 1992；Sampson 1993）．したがって，アヴァケラトプス（*Avaceratops*），ブラキケラトプス（*Brachyceratops*），モノクロニウス（*Monoclonius*）のような幼体の動物に基づく分類群の評価は困難である．例えば，一部の研究者はブラキケラトプスは実際には幼体のスティラコサウルスであると考えている（例：Sampson 1993）．

カスモサウルス類も特有の形質を持ち，それには多数の孔と骨質の突起で非常に複雑化した鼻孔，眼窩上の長い角と鼻骨上の短い角，じょうご状に開いた頬部にある大きく円錐形の外頬骨，鼻部の角の前方を増大させている特別な「外鼻骨」の骨が含まれる．カスモサウルス類の大きなボーンベッドは発見されていないため，この群の幼体と成長に伴う変化についてはほとんどわかっていない．

トリケラトプスやトロサウルスのような進歩したカスモサウルス類は，角の根元と脳函の間に大きな空洞，すなわち前頭洞が発達していた（Forster 1990, 1996）．これらの前頭洞はすべてのケラトプス類に見られる二次的頭蓋「天井」が拡張したものであった．類似の空洞はレイヨウ類やヤギ類のような現生のウシ類にも見られ，その角が受けた衝撃力を吸収する緩衝器の役割を果たしている（2頭のオオツノヒツジが頭を打ち突けあっているところを想像してもらいたい）．この空洞は衝撃を受けている間，脳が傷つかないように保護し，長い角を持つカスモサウルス類の場合と同様の機能を果たしていたようである．他のカスモサウルス類には，カスモサウルス（*Chasmosaurus*），ペンタケラトプス（*Pentaceratops*），アリノケラトプス（*Arrhinoceratops*），そしてアンキケラトプス（*Anchiceratops*）が含まれる．

● 文 献

Bakker, R. T. 1986. *The Dinosaur Heresies: New Theories Unlocking the Mystery of the Dinosaurs and Their Extinction*. New York：William Morrow.

Brown, B. 1914. *Leptoceratops*, a new genus of Ceratopsia from the Edmonton Cretaceous of Alberta. *Bulletin American Museum of Natural History* 33：567–580.

Colbert, E. H. 1948. Evolution of the horned dinosaurs. *Evolution* 2：145–163.

Dodson, P. 1976. Quantitative aspects of relative growth and sexual dimorphism in *Protoceratops*. *Journal of Paleontology* 50：929–940.

Dodson, P. 1996. *The Horned Dinosaurs*. Princeton, N.J.：Princeton University Press.

Dodson, P., and P. J. Currie. 1990. Neoceratopsia. In D. B. Weishampel, P. Dodson, and H. Osmólska (eds.), *The Dinosauria*, pp. 593–618. Berkeley：University of California Press.

Farlow, J. O., and P. Dodson. 1975. The behavioral significance of frill and horn morphology in ceratopsian dinosaurs. *Evolution* 29：353–361.

Forster, C. A. 1990. The cranial morphology and systematics of *Triceratops*, with a preliminary analysis of ceratopsian phylogeny. Ph.D. dissertation, Department of Geology, University of Pennsylvania. 227 pp.

Forster, C. A. 1996. New information on the skull of *Triceratops*. *Journal of Vertebrate Paleontology* 16：246–258.

Galton, P. M. 1970. Pachycephalosaurids：Dinosaurian battering rams. *Discovery* 6：23–32.

Johnson, R. E., and J. H. Ostrom. 1995. The forelimb of *Torosaurus* and an analysis of the posture and gait of ceratopsian dinosaurs. In J. J. Thomason (ed.), *Functional Morphology in Vertebrate Paleontology*, pp. 205–218. Cambridge：Cambridge University Press.

Lehman, T. M. 1990. The ceratopsian subfamily Chasmosaurinae：Sexual dimorphism and systematics. In K. Carpenter and P. J. Currie (eds.), *Dinosaur Systematics:Approaches and Perspectives*, pp. 211–229. Cambridge：Cambridge University Press.

Lockley, M. G., and A. P. Hunt. 1995. Ceratopsid tracks and associated ichnofauna from the Laramie Formation (Upper Cretaceous：Maastrichtian) of Colorado. *Journal of Vertebrate Paleontology* 15：592–614.

Marsh, O. C. 1887. Notice of new fossil mammals. *American Journal of Science*, series 3, 34：323–331.

Maryańska, T. 1990. Pachycephalosauria. In D. B. Weishampel, P. Dodson, and H. Osmólska (eds.), *The Dinosauria*, pp. 564–577. Berkeley：University of California Press.

Maryańska, T., and H. Osmólska. 1974. Pachycephalosauria, a new suborder of ornithischian dinosaurs. *Paleontologia Polonica* 30：45–102.

Norell, M. A.；J. M. Clark；D. Demberelyin；B. Rinchen；L. M. Chiappe；A. R. Davidson；M. C. McKenna；P. Altangerel；and M. J. Novacek. 1994. A theropod dinosaur embryo and the affinities of the Flaming Cliff dinosaur eggs. *Science* 266：779–782.

Osborn, H. F. 1924. *Psittacosaurus* and *Protiguanodon*：Two Lower Cretaceous iguanodonts from Mongolia. *American Museum Novitates* 127：1–16.

Ryan, M. 1992. The taphonomy of a *Centrosaurus* (Reptilia：Ornithischia) bone bed (Campanian), Dinosaur Provincial Park, Alberta, Canada. Master's thesis, University of Calgary, Alberta.

Sampson, S. D. 1993. Cranial ornamentation in ceratopsid dinosaurs：Systematic, behavioral, and evolutionary implications. Ph.D. dissertation, Department of Zoology, University of Toronto. 298 pp.

Sereno, P. C. 1986. Phylogeny of bird-hipped dinosaurs (Order Ornithischia). *National Geographic Research* 2 : 234–256.

Sereno, P. C. 1990. Psittacosauridae. In D. B. Weishampel, P. Dodson, and H. Osmólska (eds.), *The Dinosauria*, pp. 579–592. Berkeley : University of California Press.

Sues, H. -D., and P. M. Galton. 1987. Anatomy and classification of North American Pachycephalosauria (Dinosauria : Ornithischia). *Palaeontographica* A 178 : 183–190.

Tanke, D. H. 1988. Ontogeny and dimorphism in *Pachyrhinosaurus* (Reptilia : Ceratopsia), Pipestone Creek, N. W. Alberta, Canada. *Journal of Vertebrate Paleontology* 8 (Supplement 3) : 27 A.

Weishampel, D. B. 1990. Dinosaur distributions. In D. B. Weishampel, P. Dodson, and H. Osmólska (eds.), *The Dinosauria*, pp. 63–139. Berkeley : University of California Press.

24 鳥脚類

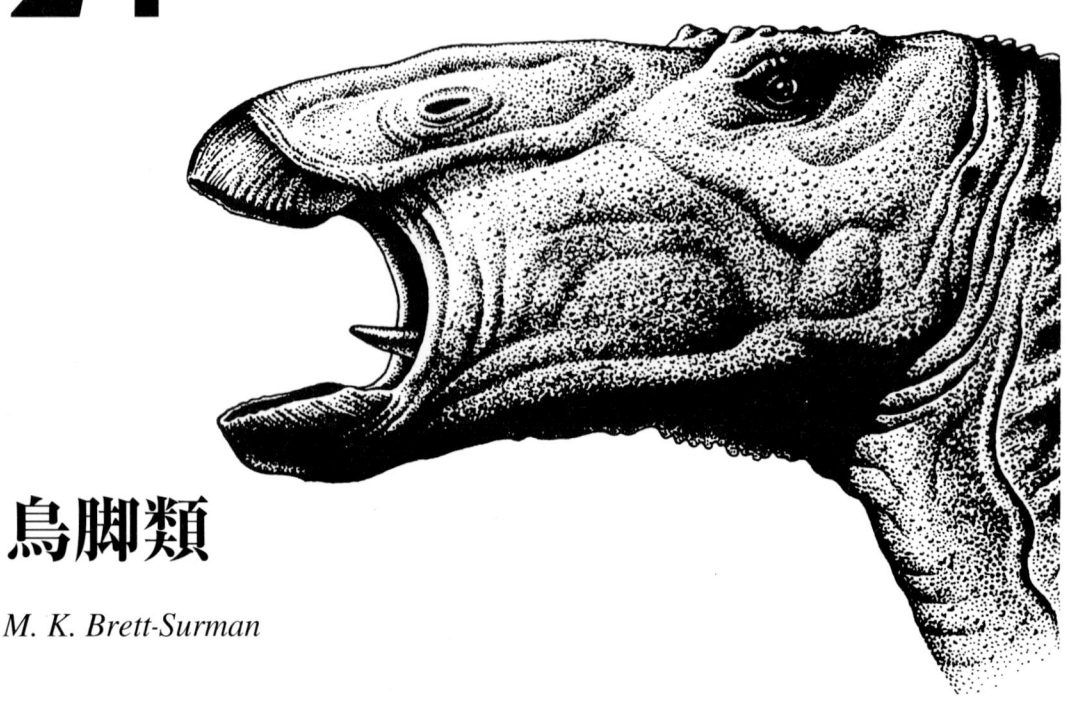

M. K. Brett-Surman

　一般には鳥脚類と呼ばれる鳥脚類亜目（Ornithopoda,「鳥の脚」）は，ジュラ紀の最初期から白亜紀末期まで生存していた小型（体高1 mで体長2 m未満）から大型（体高約7 mで体長20 m）の二足歩行植物食恐竜であった．この鳥脚類を構成したグループを，化石記録の中に出現したおおよその順にジュラ紀から並べると，ヘテロドントサウルス類，ヒプシロフォドン類，ドリオサウルス類，カンプトサウルス類，テノントサウルス類，イグアノドン類，そしてカモノハシ竜類となる．これらの恐竜類は南極大陸を含むすべての大陸に生息していた．獣脚類に支配されていた世界で，鳥脚類には装盾類のような装甲も，角竜類のような角もなかった．彼らは多数の歯列，頬袋，そして真の咀嚼能力（「かむ能力」）を持つ最初の植物食恐竜類であった．彼らが生きていた当時，彼らは地球上で最も派生的な植物食者であった．彼らは現生のレイヨウ類，バク類，オオジカ類，ウマ類といった中型の植物食動物が占めているような生態的地位（ニッチ）を占有していた．彼らは「選択的な採餌」をした最初の植物食恐竜でもある．植物の特定部分を選択的に摘みとることのできる非常に狭い鼻面を持っていたからである．彼らはほとんどあらゆる大きさの身体を持った最初の二足歩行植物食者であった．ジュラ紀から白亜紀末にかけて鳥脚類は多様化を続け，動物相当たりの個体数の点でも，鳥盤類の種の総数の点でも，最も成功した植物食恐竜類であった．

●鳥脚類についての知識の歴史

　イェール大学のO. C. マーシュ（O. C. Marsh）が，1881年，初めて鳥脚類という名を使った．その1年後に出版された修正の定義的記載では（Marsh 1882）次のようにいいかえられている：鳥脚類はその指先で歩き（足裏全面でではなく），機能的な指は手に5本，足に3本ある；前恥骨突起は前方へ伸び，体の正中線からは離れており（獣脚類では恥骨が正中線で接し，癒合していたのとは対照的に），後恥骨突起が存在する；椎骨は中空ではない（竜盤類のように）；前肢は小さく，すべての肢骨が中空である；前上顎骨（上唇の骨）には歯がない．マーシュの体系では，このグループは「カンプトノティド類」（のちに，カンプトサウルス類と再命名された），イグアノドン類，カモノハシ竜類をふくん

いた．

　鳥脚類は他の鳥盤類に見られるような精巧な角，えり飾り，骨棘，体の装甲のいずれをも持たないため，かつては他の鳥盤類の系統がそこから発生した基盤，すなわち基幹に当たるグループと考えられていた．元来，イグアノドン（*Iguanodon*）は，知られている恐竜としてはやっと2番めであった当時（1825年），四足歩行者であると思われていた．1860年代になって，フィラデルフィアのジョーゼフ・ライディ（Joseph Leidy）が，「トラコドン *Trachodon*」（1856年），ハドロサウルス（*Hadrosaurus*）（1858年），イグアノドンは二足歩行かもしれないことを初めて示唆した（Torrens，本書第14章参照）．このことは，1878年，ベルギーのベルニサールでイグアノドンの多数の完全骨格が採集された際に確かめられたようである．

　年が経つにつれて，鳥脚類を定義する上で使われた特徴が，他の鳥盤類にも存在することが明らかになった．その結果，鳥脚類は次第に「本質的に二足歩行の鳥盤類」として認められるようになった（Steel 1969）．したがって，すべての二足歩行鳥盤類は鳥脚類に分類され，それにはパキケファロサウルス類，ステノペリクス（*Stenopelix*），プシッタコサウルス類，「ファブロサウルス類」が含まれた．1970年代になって初めて，そしてのちに Sereno（1986）による分岐分類で，すべての鳥盤類の再分類が鳥脚類の再定義という結果を生んだ．二足歩行は多くの他の恐竜類と共有する単なる祖先形質であることが明らかになった．パキケファロサウルス類ははずされ，それ独自のグループに位置づけられ，周飾頭類として角竜類（プシッタコサウルス科を含む）と合併された（Maryańska and Osmólska 1974, 1985；Cooper 1985；Sereno 1986；Dodson 1990）．

●分　類

　現在，鳥脚類を区別する特徴の一部は以下のようになるであろう：前上顎骨歯（もし存在すれば）は上顎骨歯より低いところにある；顎関節は歯列より低いので，両顎は鋏状ではなくクルミ割り状に閉じる；前上顎骨には眼窩（眼）の方へ後方（尾方）に伸びる突起がある；そして，尾大腿骨筋群の付着点として，大腿骨上に非常に大きな第4転子がある．この仲間の分岐群を定義することに使われた多くの形質の議論を伴う，より完全な分類については，Fastovsky and Weishampel（1996）を参照されたい．

　鳥脚類の中には真鳥脚類（文字どおり「真の鳥脚類」）があり，真鳥脚類は以下の点で識別される：下顎の窓（孔）の喪失（ヘテロドントサウルス類には存在する）（図 24.1）；非真鳥脚類に比べ，より前方に伸びた前恥骨突起の伸長；坐骨の閉鎖突起の存在．真鳥脚類中にはヒプシロフォドン科とイグアノドン類（Iguanodontia）がある．この後者のグループにはイグアノドン類（iguanodontids）とカモノハシ竜類が含まれ，前上顎骨歯の喪失；眼窩前の前眼窩孔が小さいか（図 24.2，24.3 A，B）または全くないこと；拡大した鼻孔；後方に突出した2つの突起を持つ前歯骨によって定義づけられる．すべての真鳥脚類は側運動性（pleurokinetic）の頭骨を持っている（以下で議論する；Norman and Weishampel 1990）．

　ヘテロドントサウルス類（図 24.1 B）は犬歯状の歯，大きな手を持つ相対的に長い腕などの，いくつかの独特の特徴を持っている．この恐竜類はすべての頬歯が互いに密着して，がっしりした一つの歯団を形成し，その歯が植生を「かき集める」のではなく，かみ切るようにつくられていた最も初期の鳥脚類グループであった．体長が約1mのヘテロドントサウルス類は人間の成体の約半分の大きさであった．

　ヒプシロフォドン類（図 24.2，24.3 A，B）は体長約2mで，テスケロサウルス（*Thescelosaurus*）やヒプシロフォドン（*Hypsilophodon*）などの有名な属を含んでいる．この分岐群は世界中に生息した最初の鳥脚類グループであった．ヒプシロフォドン類にはまだ前上顎歯があり，頬歯はのみ状で，軽量なつくりではあるが相対的に重い後肢を持ち，これは走行時の安定を保つためであったと思われる．約1ダースの属が知られているが，一つの属に対して知られている完全骨格は数点しかない．米国における新しい発見，特にテキサス州から出た新しいヒプシロフォドン類の発見は（Winkler et al. 1997），新しい情報，特にこれらの恐竜類の成長過程についての情報を加えてくれるであろう．この科の一部のグループだけが単系統であるという結果になるかもしれない．

　ジュラ紀のイグアノドン類（Iguanodontia）の初期の分岐群の一つがドリオサウルス類で（図 24.3 C，24.4 A），小型（体長2mを超す程度）で軽量なつくりの二足歩行植物食恐竜——おそらく，生時の体重が100 kgを超えた最初の鳥脚類グループを含んでいる．ドリオサウルス類は比較的に短い腕を持

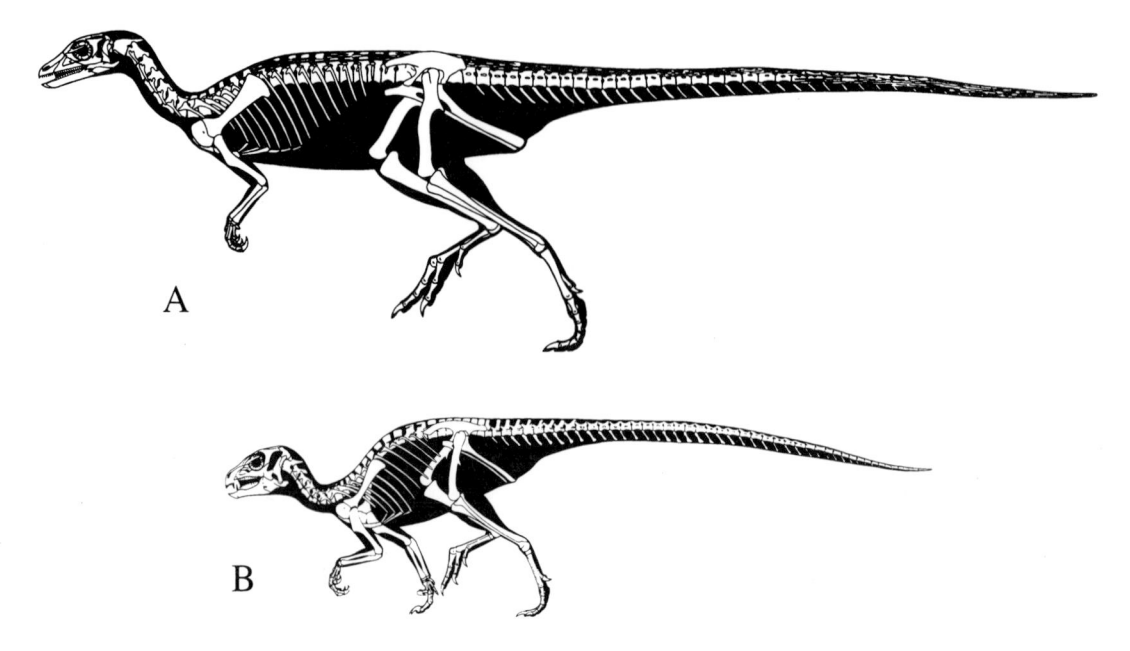

278

図24.1● (A) レソトサウルス (*Lesothosaurus*), ファブロサウルス類の1種 (?), (B) ヘテロドントサウルス (*Heterodontosaurus*). 各動物の体長は約1m
本章の図はすべてGregory S. Paulによる. 著作権: Gregory S. Paul所有.

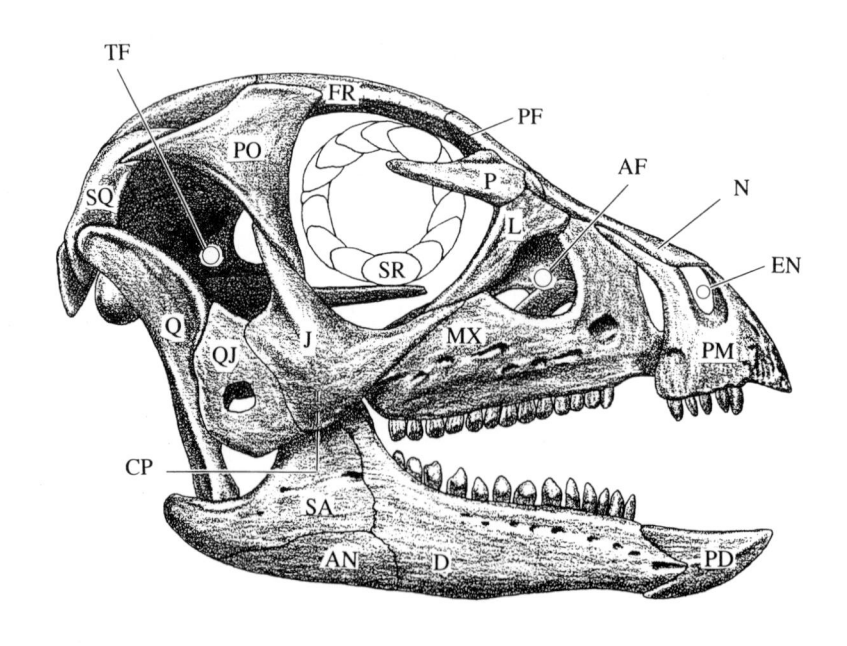

図24.2●ヒプシロフォドン (*Hypsilophodon*) の頭骨
略号は下記のとおり: AF: 前眼窩孔 (窓), AN: 角骨, CP: 烏口突起, D: 歯骨, EN: 外鼻孔, FR: 前頭骨, J: 頬骨, L: 涙骨, MX: 上顎骨, N: 鼻骨, P: 眼瞼骨, PD: 前歯骨, PF: 前前頭骨, PM: 前上顎骨, PO: 後眼窩骨, Q: 方形骨, QJ: 方形頬骨, SA: 上角骨, SQ: 鱗状骨, SR: 強膜輪, TF: 側頭孔 (窓).

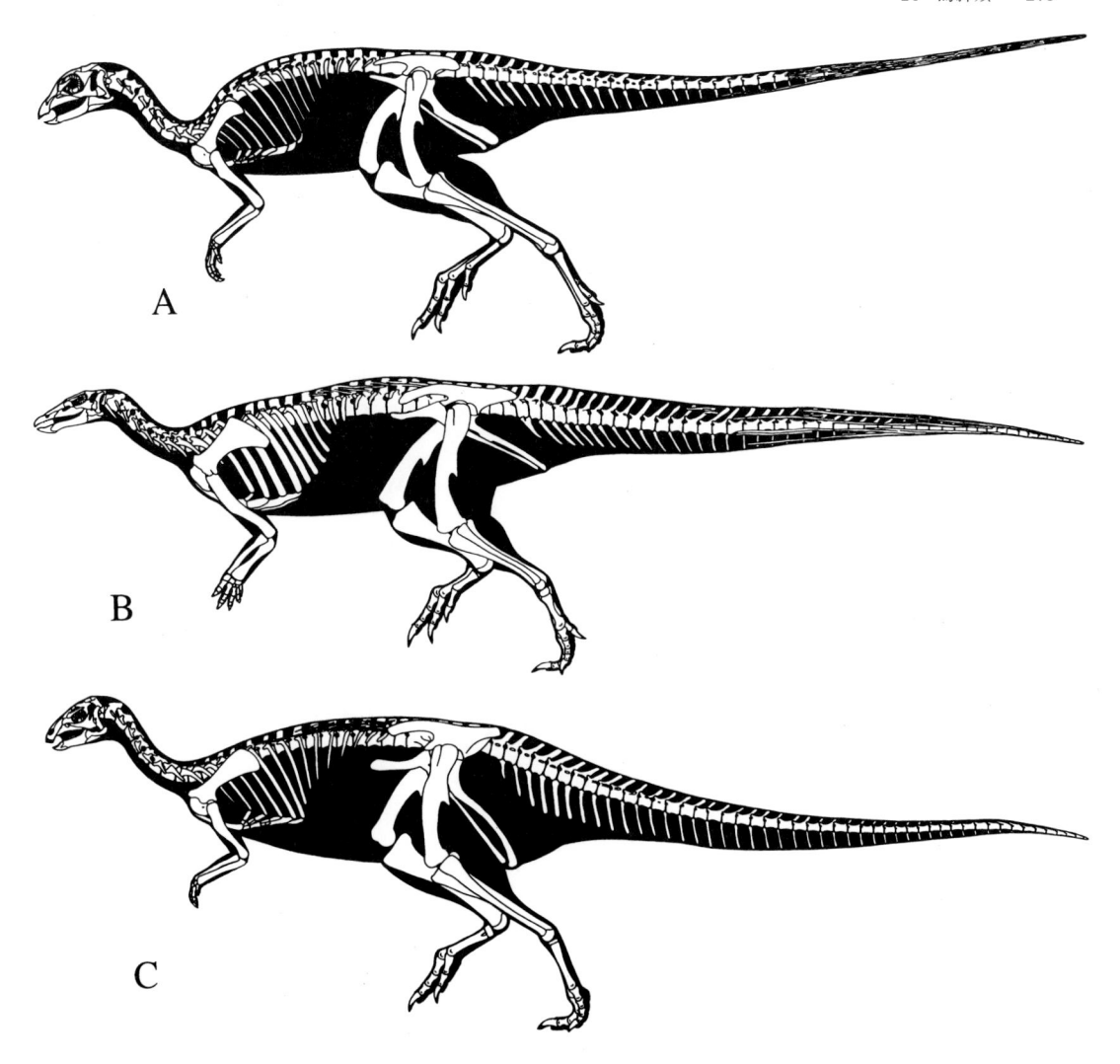

図24.3● (A) ヤンドゥサウルス (*Yandusaurus*), (B) テスケロサウルス (*Thescelosaurus*), (C) ドリオサウルス (*Dryosaurus*). ヤンドゥサウルスとテスケロサウルスの体長は約1.5 m, ドリオサウルスは約2 m

つ最後の鳥脚類グループで, このために機能的に見て四足歩行になれなかったのかもしれない. ドリオサウルス類は坐骨の遠位端が広がった最初の鳥脚類である.

カムプトサウルス類は体長3 mを超し, ドリオサウルス類に比べ, 相対的に長い腕を持つ最初の重量級の鳥脚類であった. カムプトサウルス (*Camptosaurus*) (図24.4 A, 24.5 A) はめだって長い鼻面を持った最初の鳥脚類で, これはおそらく一かみ当たりで採餌し, 処理する食物量を増やすためだったであろう. カムプトサウルス類はそれぞれの頬に機能的な2列の歯を持った最初のグループでもあり, その歯は交互に互いの上に重なり, 単一の咀嚼単位を形成していた. カムプトサウルス類は非常に幅の広い骨盤と厚みのある後肢を持っている. その前肢は後肢よりずっと短かったが, それにもかかわらず地面に達することはでき, 四足歩行を可能にしていた. 第1中手骨は手では1本の棘に退化し, 手首の手根骨はかなり癒合していた. オーストラリア産の一つのまれな属ムッタブラサウルス (*Muttaburrasaurus*) (図24.4 B) はのちの時代のイグアノドン類と同じくらいの大きさだが, 詳細については未記載である.

テノントサウルス (*Tenontosaurus*) (図24.5 B) は, ヒプシロフォドン類にもイグアノドン類にも分類されてきた謎の多い属である (Weishampel and Heinrich

図 24.4●(A) カムプトサウルス (*Camptosaurus*)(左) とドリオサウルス (右), (B) ムッタブラサウルス (*Muttaburrasaurus*) の生体復元図

1992). 体長は約 7 m で,非常に高い頭骨,無歯(歯がない)のくちばし,そして後肢には 4 本の指がある.ジュラ紀のカムプトサウルス類と,のちの白亜紀のカモノハシ竜類との中間にあるとも考えられるが,他の鳥脚類と比べ相対的によりがっしりした骨盤を持つなど,いずれのグループにもはっきり位置づけられない特徴が見られる.テノントサウルスはデイノニクス (*Deinonychus*) の獲物であったことでよく知られている (Maxwell and Ostrom 1995). 1990 年代初期にモンタナ,ワイオミング,オクラホマ,テキサス各州でなされた新しい発見が (Winkler et al. 1997) その系統的位置を最終的に明らかにしてくれるであろう.

イグアノドン類 (Iguanodontia) の中で最も派生的なグループはイグアノドン上科 (Iguanodontoidea) で,2 つのグループを含んでいる:イグアノドンと背中に帆があるオウラノサウルス (*Ouranosaurus*) (図 24.6, 24.7A) などのイグアノドン類 (iguanodonts) と,アナトティタン (*Anatotitan*) とパラサウロロフス (*Parasaurolophus*) (図 24.7 B, 24.8) などのカモノハシ竜類である.カモノハシ竜類は次のような点で特徴づけられる:他の鳥脚類に比べ,より広く,より伸長した鼻部を持つこと;多数の列に連結する歯,すなわち歯団;すべての鳥脚類中で相対的に最も長い前肢;足の蹄状の爪指節骨.一部の属では広がった鼻骨隆起が認められる.カモノハシ竜類は鳥脚類中最大で,一部の型(シャントゥンゴサウルス *Shantungosaurus*)(図 24.8 A) は大きさの点で

24 鳥脚類 281

図 24.5● (A) カムプトサウルスと (B) テノントサウルス (*Tenontosaurus*). カムプトサウルスの体長は約 2.5 m, テノントサウルスは約 4.5 m

図 24.6● (A) イグアノドン (*Iguanodon*) と (B) オウラノサウルス (*Ouranosaurus*). イグアノドンの体長は約 9 m, オウラノサウルスは約 6 m

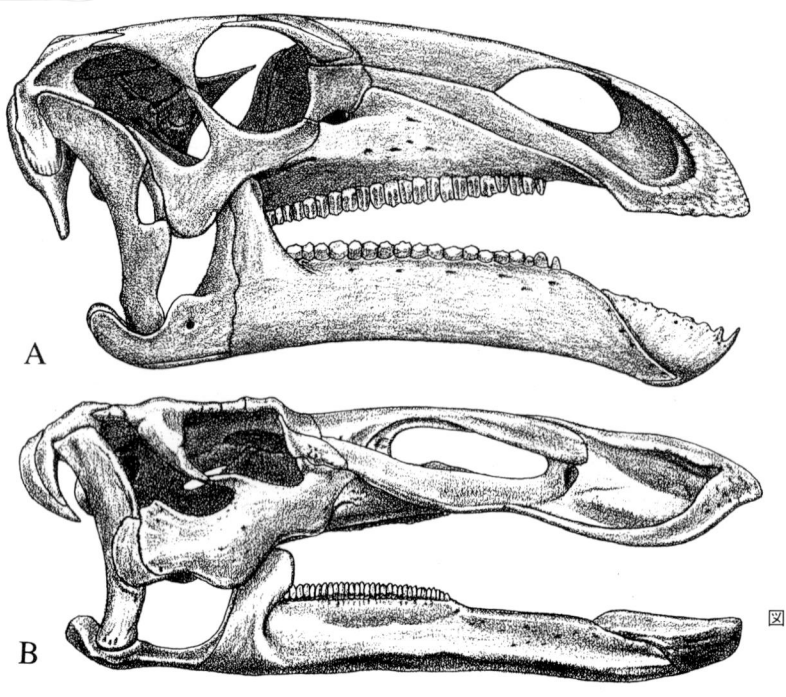

図 24.7 ● (A) イグアノドンと (B) アナトティタン (*Anatotitan*) の頭骨

図 24.8 ● (A) シャントゥンゴサウルス (*Shantungosaurus*), (B) アナトティタン, (C) パラサウロロフス (*Parasaurolophus*). シャントゥンゴサウルスの体長は約 17 m, アナトティタンは約 12 m, パラサウロロフスは約 9 m

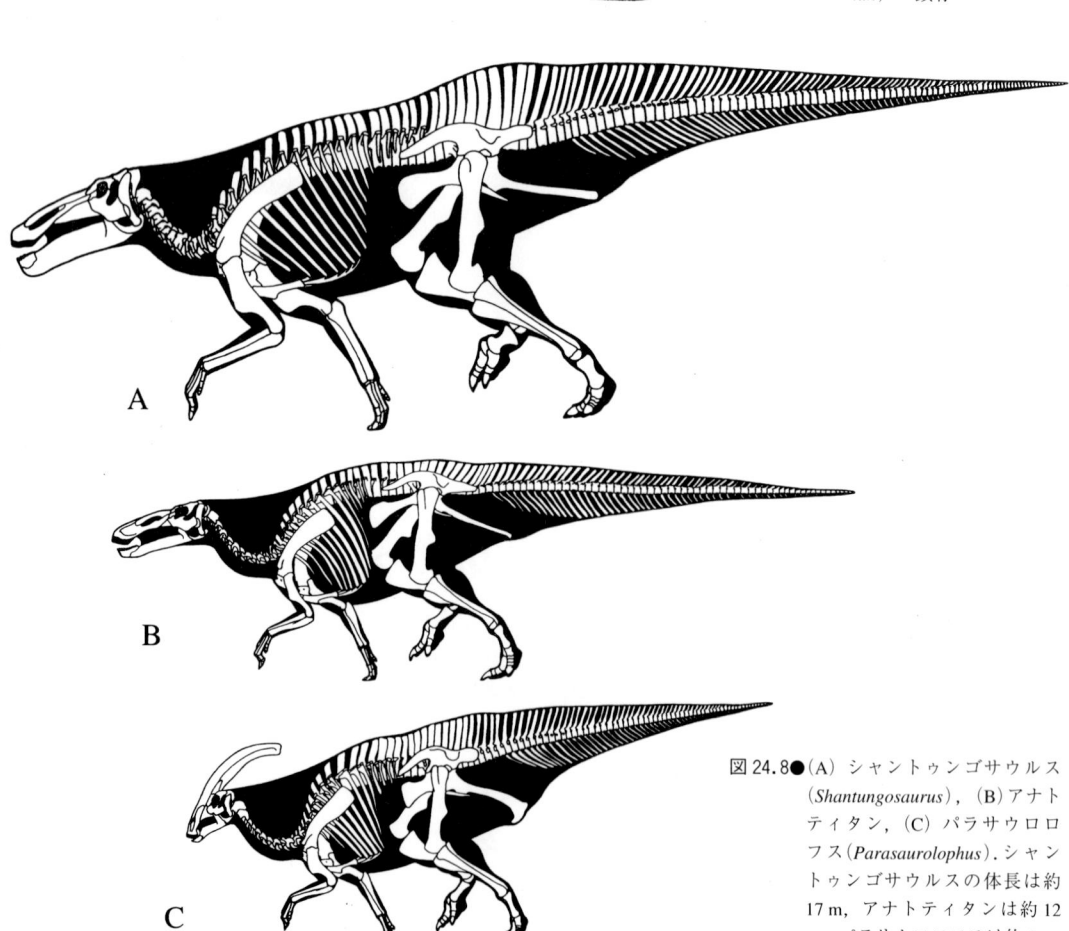

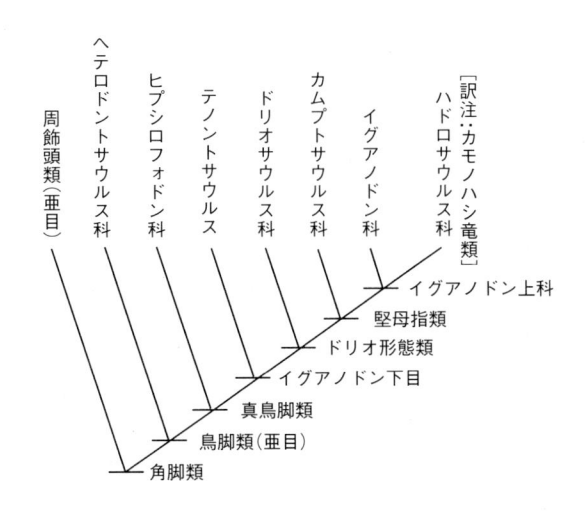

図24.9●鳥脚類の分岐図試案
鳥脚類の分類は新しい発見とよりよい形質分析によってしばしば変わり，そのため，その系統的類縁関係の理解は流動的な状態にある．この分岐図は鳥脚類グループについての数人の研究者からの情報によって描いている．代替の分類に関してはSereno 1997参照．

は竜脚類に近づいていた．これらの恐竜類は分布の上ではほとんどがローラシアのもので（つまり，北方の諸大陸を占めていた），すべての鳥脚類中で最も良好な化石記録がある．

このグループの以前の分類では，ハドロサウルス科はハドロサウルス亜科（緻密な冠を持つ属と冠のない属）とランベオサウルス亜科（中空の冠を持つ型），それに前述の2亜科に当てはまりにくい初期の型に下位分割されていた．最近の分類では（Weishampel et al. 1993；Fastovsky and Weishampel 1996），分岐群のハドロサウルス亜科とランベオサウルス亜科はエウハドロサウルス類（Euhadrosauria）に置かれ，より初期の型は再定義されたハドロサウルス科に合体させられている．分岐群のハドロサウルス科は，現在は，エウハドロサウルス科，テルマトサウルス（*Telmatosaurus*），セケルノサウルス（*Secernosaurus*），その共通の祖先とそのすべての子孫を含めて使用されている．全体としては，鳥脚類の分類で一般的に認められたものはいまだにないが，下記は一つの分類案である（図24.9参照）：

Ornithopoda　鳥脚類（亜目）
  Heterodontosauridae　ヘテロドントサウルス科
  Euornithopoda　真鳥脚類
    Hypsilophodontidae　ヒプシロフォドン科
    Iguanodontia　イグアノドン下目
      Dryomorpha　ドリオ形態類
        Tenontosaurus　テノントサウルス
        Dryosauridae　ドリオサウルス科
        Ankylopollexia　堅母指類
          Camptosauridae　カンプトサウルス科
          Iguanodontoidea　イグアノドン上科
            Iguanodontidae　イグアノドン科
            Hadrosauridae　ハドロサウルス科
              ［訳注：カモノハシ竜類］

●「ファブロサウルス類」の問題

「ファブロサウルス類」は三畳紀後期からジュラ紀前期にかけての小型（体長2m未満）の二足歩行鳥盤類のグループで，長い間，鳥脚類の中に置かれていた（Gow 1981）．鳥脚類を定義する二つのカギになる特徴，つまり坐骨の閉鎖突起と両顎外縁から十分に奥まった歯列を欠いていたため，1986年，このグループは再分類されて鳥脚類からはずされた．このことは，ファブロサウルス類には頰がなかったかもしれないことを意味している．一方，Thulborn（1992）は，現在までのところ最も有名な型であるレソトサウルス（*Lesothosaurus*）（図24.1 A）はファブロサウルス類であり，したがってこのグループは奥まった歯列と閉鎖突起の両者を確かに持っていることから，これらの恐竜類を鳥脚類であると指摘した．現時点では骨格と結びついた完全な頭骨が存在しないので，慎重に扱い，ファブロサウルス類を鳥脚類以外のものとして取り扱うことにした．レ

ソトサウルスの新しい復元（図24.1）を鳥脚類と対照するためにここに示した．

しかし，ファブロサウルス類と，より派生的なヘテロドントサウルス類とヒプシロフォドン類が，ジュラ紀鳥脚類の初期の傾向——下生えを選択的に採餌するための狭い鼻部を持つ，小型で軽量なつくりの迅速な植物食恐竜——を確立したことに注目することは重要である．

● 地理的分布

鳥脚類は三畳紀・ジュラ紀の間にゴンドワナとローラシアの両方に生息した．白亜紀になって初めて，ある一定のグループが特定の地域に限られるといった地方性，あるいは，固有性を持った可能性のある証拠が見出される——ヒプシロフォドン類は例外で，すべての主要大陸で生息し続けた．テノントサウルスはローラシアの属だったようだが，このことは限られた化石記録からくる人為的なものかもしれない．テノントサウルスは米国のある一定の白亜紀前期の堆積物からしか知られていない．ドリオサウルス類はアフリカと南北両アメリカから知られている．イグアノドン類（iguanodonts）はゴンドワナ・ローラシアの両方から知られており，カモノハシ竜類も同様だが，カモノハシ竜類グループのほとんどの型はローラシアに限定されている．白亜紀後期の間に両大陸は分裂しつつあり，陸上動物が渡りの道筋沿いに移動することは，ますます困難になっていた．そして，このことが中生代後期の鳥脚類の分布に見られる地方性を示唆する原因になっているのかもしれない．一方，現在知られている化石産地で，ゴンドワナの白亜紀最後期のものの数はかなり貧弱である．地上性の化石記録はアジアメリカ（東アジアと北米西部）の産地にひどく偏っている．したがって，白亜紀後期の鳥脚類の地方性は見かけだけで実際はそうでもなかったとも見られ，鳥脚類の科の分布は世界中に及んだままであったのかもしれない．

● 起源と進化傾向

鳥脚類の進化上の起源は不明確なままである．三畳紀から知られている鳥盤類の総種数は10種に満たない．ジュラ紀までに限ると，ヘテロドントサウルス（*Heterodontosaurus*）（図24.1 B）とレソトサウルス（図24.1 A）のみが，ある程度よく知られている．

ジュラ紀から白亜紀をとおしての鳥脚類の歴史を，ヒプシロフォドン類からカモノハシ竜類までたどると，いくつかの一貫した傾向が出てくる．鼻部が次第により長く，より幅広くなり，吻部の先端が無歯になる．このため，一口でより多くの食物が集められ，植生の中へより深く鼻部を入れられるようになった．

より効果的にすり潰し，薄くかみ切れるように，頬歯の数が増える．初期の鳥脚類は各顎に1列の歯列しかないが，カモノハシ竜類ではその顎に連結した3列の歯列があり，すり潰しのために歯が舗石状に並んだ歯団を形成していた．

最も注目すべきつくりは，一部のイグアノドン類や大部分のカモノハシ竜類に存在する鼻部の器官に見られる．これらの動物では前上顎骨と鼻骨は後方に延びて鼻孔の上に達し，頭骨の全長にわたることもある．これは発声のための鼻部の変化の反映かもしれない（後述）．

鳥脚類は古生物学者によって認められた進化の「法則」の2つのよい例証になっている．コープの法則は，時代が経つにつれて，ある系列では大きさが増すと述べている．これは鳥脚類については明らかに真実である．ジュラ紀前期のヘテロドントサウルスは体長約1mだが，白亜紀後期のシャントゥンゴサウルス（*Shantungosaurus*）では竜脚類並みの大きさ（体長20m以上）になる．マーシュの「法則」は，時代が経つにつれて，ある系列の脳指数（EQ）が増すと述べている．脳指数は，現代の動物の資料に基づいて，ある一定の大きさの爬虫類に期待される脳重量に対する実際の脳重量の比として定義される．脳の大きさは脳函の容量を測定することで推定する．初期の鳥脚類は他の鳥盤類の範囲内に十分に入る脳指数を持っているが，のちの鳥脚類はすべての鳥盤類の中で最高の脳指数を持っている（Hopson 1977）．

前肢は次代の鳥脚類グループが出現するたびに，次第により長くなった．結局，このために，のちの鳥脚類は「任意の四足歩行」とか「非真正二足歩行」と呼べるものになった．この呼び方は，腕が後肢に比べて十分に長くなったことで，これらの鳥脚類は4本足で歩くこともでき，時には駆け足もできたことを意味している．しかし，より高い速度では，これらの鳥脚類はおそらく二足歩行に戻っていた．前肢が長くなるとともに，のちの時代の鳥脚類の手はより頑丈になり，かぎ爪状の指はより蹄状になった（図24.10）．イグアノドン類から始まって，手の第

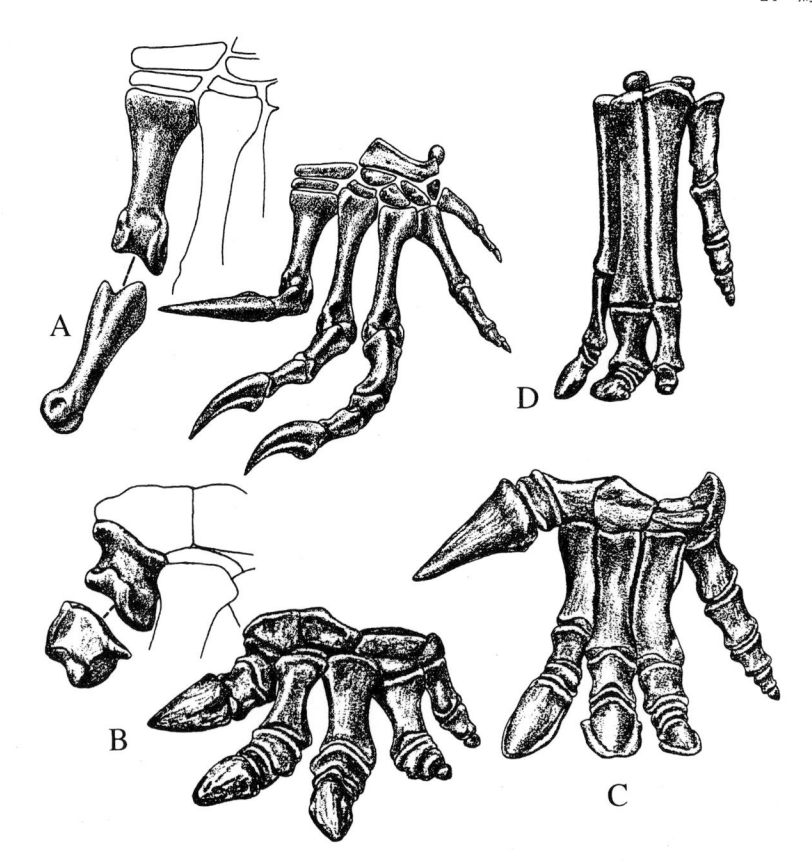

図24.10●いくつかの鳥脚類の手
(A) 原始的な鳥脚類ヘテロドントサウルス．第1中手骨と第1指の自然状態における中間関節の細部を示す．握る能力がある程度あったかもしれない．(B) カンプトサウルス．ここでも第1中手骨の細部を示した．第1指は中心軸からわずかにずれている．(C) イグアノドン．(D) アナトティタン．第1指の握る能力から，手全体のより強力な支持機能まで変化した時間の上（つまり，ヘテロドントサウルスから次第に派生的な型へ）の傾向に注目してほしい．また，第1指の要素（骨）の喪失，手根骨の喪失，中間の中手骨の長化がある．縮尺不同．

1指と第5指は退化し，中央の3本の指は長くなり，地面に触れる際に前肢にかかる重量を支えるようになった．

大きさが増すに伴って，体重を支えるため，仙椎（骨盤と背骨を連結する）の数が増した．カモノハシ竜類では仙椎の数が10個に達することもある．骨盤帯もいくぶん幅広くなった．おそらく，消化器官のためにより大きな空間を提供し，安定を保つために左右の足の間隔をより広くし，大きくなった動物をよりしっかり支える，などのためだったであろう．

●**機能形態学**

鳥脚類の咀嚼器官は，現生の多くの植物食動物の咀嚼器官に比べると，いくつかの点では機能的にすぐれていた．初期の鳥脚類は小さな歯が1列に並んだほっそりした顎を持ち，植生をかみ切ることはできても，植物飼料をかみ砕き潰すことはできなかった．鳥脚類が進化する間に頬歯はより大きくなり，エナメル質も厚くなり，強さを増した．歯冠に沿った歯の切縁にはかみ切ることを助ける小歯があり，歯のエナメル質の表面には稜があった．カンプトサウルス類が現れたジュラ紀後期までには，上下両顎にはほかの歯の上にもう1本の歯が位置する互いちがいの2列の歯ができ，2列の直列した歯が単一の咀嚼単位を形成した．白亜紀最後期までには，カモノハシ竜類は3列の直列した歯を持ち，完全に連結した菱形の歯が大きな歯団になっていた．これらの歯は常に置換されていた．つまり，これらの歯はコ

ンベアー・ベルトに載っているかのように顎から発生し，歯団の頂部から順次摩耗した．常に数百本の歯が生えていたため，顎は深い．その歯は一方の側だけがエナメル質で，反対側は象牙質が露出しており，エナメル質の側が実際の咀嚼面を形成していた．上下顎の歯団が互いにこすれあうにつれ，象牙質はエナメル質より速く摩耗したので，歯は自動的に研がれることになった．

派生的な鳥脚類の顎には運動性があった．つまり，両顎は互いに対して回旋する能力があったことを意味する（Norman 1984；Norman and Weishampel 1985；Weishampel and Norman 1989；Weishampel and Horner 1990）．下顎は上顎との関節部でわずかに前後へ滑らせることができた．同時に，上顎は頭骨に蝶番状に関節しており，両者は独立に外側へ回転できた（反対方向に開く一対の引き戸に似ている）．この状態は側運動性として知られている．これらすべての能力によって，餌の植物をより効率的にかみ砕くことができ，両顎は咀嚼時にかかる力をある程度緩衝できた（Weishampel 1984 参照）．

他の進歩した鳥盤類同様，鳥脚類の歯列は顎骨から平均に奥まっており，生時には肉質の頬があったことを示している．咬合面（上下の歯がかみ合う表面）は下方および外方へ傾いていたため，植物の塊りは咀嚼中に頬袋の中へ落ち込んだ．

のちの鳥脚類の口の前部には歯がなく，頬歯の前端はくちばしのかなりうしろにあった．このくちばしのうしろと歯の前にあった隙間つまり歯隙は，舌を頬の中まで自由に滑らせ，食物の塊りをうしろの歯団の方へ送り込むことを可能にした．続いて起こる分岐群中の両顎の伸長については，増加した歯列の数（カモノハシ竜類では60列以上）が加わったことによって，ある程度までは説明することができる．

くちばしはより広くなり，角質の被覆で覆われていた．絶え間ない摩耗と抵抗力のある植物素材のかみ切りは，くちばしの切面を鋭くする働きをし，摘みとり装置としてのくちばしの価値を高めていた．

イグアノドン下目（Iguanodontia）に属する鳥脚類の顎を，白亜紀後期のアジアメリカで顕著だったもう一つの大型植物食者のグループ，つまり角竜類と比べた場合，2つの点に注目すべきである：鳥脚類の顎は角竜類の顎に比べて相対的に弱く，鳥脚類の顎は角竜類の顎の薄切り機能に対して，かみ砕き機能に特殊化していたことである．食物を処理する手段のこのような差異は，鳥脚類と角竜類が食物をめぐって直接に競合することを避けた方法の指標になるかもしれない．鳥脚類は選択的によりやわらかい植生を採餌し，一方，角竜類はよりかみ切りにくい繊維質の植物を集中的に採餌していたともいえよう．植物と植物食恐竜類の相互作用は，疑いなく，両グループの進化上の道程に影響していた（Wing and Tiffney 1987；Tiffney，本書第25章）．

カモノハシ竜類の鼻部と鼻骨上の冠は，長い間，カモノハシ竜類の発声能力の進歩という点から解釈されてきた（Abel 1924；Weishampel 1981）．カモノハシ竜類の鼻骨の冠には充実型と中空型の2種類の基本型がある．充実した冠（サウロロフス亜科）と冠のない（エドモントサウルス亜科とクリトサウルス亜科）カモノハシ竜類は拡大した外鼻室を持っていた．この拡大はクリトサウルス（*Kritosaurus*）におけるように単なる拡大か，エドモントサウルス（*Edmontosaurus*）におけるように鼻部前方で骨が広がって折り重なった小空洞の形成物であるか，いずれかの結果であった．鼻室中の軟組織は，おそらく，オーボエのような舌管楽器に似た方式で共鳴したのであろう．コリトサウルス（*Corythosaurus*）やパラサウロロフス（*Parasaurolophus*）（図24.8）のような中空の冠を持つカモノハシ竜類（ラムベオサウルス亜科）は，フレンチホーンとかトロンボーンに似た機能を持つ鼻室を持っていた．

このような精巧なつくりの冠は，おそらく，多くの機能を同時に果たしていた．例えば，種の認知，視覚による連絡が直接とれない時に仲間のカモノハシ竜類と連絡を保つための種独自の「鳴き声」，また，可能性として性の識別とか年齢の指標などの機能である．冠は嗅覚組織の表面積も増し，嗅覚を向上させていたかもしれない．

おびただしい多様性を示すカモノハシ竜類の頭骨の冠がきっかけで，先駆的な古生物学者はこれらの恐竜類に過剰なまでの種名をつけた．しかし，多変量統計解析を使った恐竜類の最初の主要な形態学的研究の一例で，Dodson（1975）は冠の形態的差異の多くは成長度と性的な変異によるもので，したがって分類学的な利用には限界があることを示した．

大型の鳥脚類は，時によって，半水生の動物として描かれてきた．「カモノハシ」という名前自体が，カモのような水への熟達を示唆している．装甲もなければ獣脚類より速い逃げ足もない鳥脚類は，しばしば，獣脚類から逃れるために水中に駆け込んでいたように描かれる．しかし，不幸なことに，鳥脚類はおそらく獣脚類より泳ぐのが下手であった．

地上生脊椎動物の水中での推進には3つの基本的手段がある．前肢を櫂のように動かして泳ぐ，ワニ類のように尾で漕いで泳ぐ，後肢を主要な推進器官として泳ぐ——の3つである．最初の2つの方法は，より大型の恐竜類にとっては速度に水の抵抗が加わるせいで極めて非効率的だったであろう．鳥脚類の腕と手は身体の断面積に比べて小さく，そのため，鳥脚類は前方へ向かう大きな推進力を生むことはできなかった．カモノハシ竜類アナトティタン（*Anatotitan*）（図24.8）の身体の断面と手の断面を比べて想像してほしい．この恐竜にとって，その手で櫂のように漕ぐ試みは，幅の広いカヌーを櫂のかわりにスプーンで漕ごうとするようなものだったであろう．

一部の鳥脚類，特にカモノハシ竜類の手は，水生に適応していたという考えから水かきがあるように描かれたりする．しかし，カモノハシ竜類のミイラ化した手には水かきはなく，地上生に適応した肉趾があったことを示している．

尾を櫓のように漕いで効率的に泳ぐ方法も，鳥脚類には不可能である．鳥脚類の背骨と尾の近位部分3分の1には，左右への動きをひどく制限する骨化した腱があったからである（ただし，代替仮説はCoombs 1975参照）．これらの骨化した腱は，一部の原始的な鳥脚類では尾をとり巻く引き締まった束を形成し，進歩した鳥脚類では重なりあった腱が長斜方形の格子を形成していた．一神経棘突起当たり，重なりあう2列の腱の数は9本にも達することもあるが（カモノハシ竜類の場合），それほど進歩していない鳥脚類では1束当たりの腱の数はより少なかった．これらの骨化した腱は尾の背側（軸上の列）でよく発達し，尾の腹側（軸下の列）ではそれほど発達していなかった．尾椎から側方に突き出て，左右に尾部を動かす筋肉の付着点として働く骨質の突起（尾椎の横突起）はカモノハシ竜類では小さく，尾に沿って後方へと見ていった場合，第16尾椎あたりで完全に消失している．大型獣脚類では，対照的に，これらの横突起と全体としての尾は骨化した腱を欠き，横突起はより大きく，尾の全長の3分の2以上にわたって存在した．獣脚類の尾は，おそらく，カモノハシ竜類の尾より推進装置としてはずっと勝っていたであろう．

このため，鳥脚類が泳ぐための最も可能性の高い方法は脚による推進力に頼ることになる．しかし，ここでもまた，鳥脚類は同大の獣脚類に比べ，脚の強力さが劣っていた．しかし，水中へ退却することが捕食者である獣脚類から逃げる方法としては効果的ではなかったにせよ，より大型の鳥脚類は，少なくとも，シカ類とかウマ類のような現生の地上生大型草食動物のどれとも同じ程度には泳げたであろう．

大部分の鳥脚類は獣脚類ほど走ることに向いたつくりを持たなかった．防御に関しては，鳥脚類には装甲がなく，逃げるために水中に駆け込むことにも依存できなかった．では，自分自身をどのようにして守ったのであろうか？　可能性のある答えは2つある．第一は数による安全である．現生の多くの有蹄類は安全のために群れで旅をする．少なくとも，カモノハシ竜類の一種（マイアサウラ *Maiasaura*）は，おそらく，数千個体の群れで旅をした．第二の可能性は，鳥脚類は獣脚類より機動性が高かったらしい点にある．それは鳥脚類がより広い骨盤を持っていたからで，そのため彼らの動きはより安定していたであろう．また，よりしっかりと接地する，より幅広い足を持ち，重心の位置がより低く，このため鳥脚類は全速の際でもより小回りが効いたかもしれない．したがって，鳥脚類にとっての基本的な防御手段はおそらく地上における群れ行動であり，そこでは鳥脚類は獣脚類に勝る機動性の有利さを利用できた．

大型の鳥脚類は，おそらく，歩く時には四足歩行で，走る時には二足歩行であった．前肢は後肢長の3分の2しかなく，この大きさのちがいを打ち消すような，後肢より広い可動弧を持っていなかった．肩甲骨は回転せず，したがって，例えばウマ類の場合のように，付加的な肢骨要素として歩幅を増やす働きはなかった．その結果，鳥脚類の前肢は後肢と同じ長さの歩幅は持てなかった．鳥脚類が全速走行に入った場合はいつでも，前肢を引っ込め，2本足で走らなければならなかった（Bennett and Dalzell 1973；Thulborn 1990；代替仮説はPaul 1987を参照）．

●皮膚と卵

鳥脚類は厚く，皺のある，至るところに各種の大きさの骨質のこぶが埋め込まれた皮膚を持っていた．このことは，ニューヨークの自然史博物館とドイツのゼンケンベルグ自然史博物館の「ミイラ化した」カモノハシ竜類で見ることができる．のちの鳥脚類の手には肉趾があり，親指だけが離れた二叉手袋に非常によく似ていた．一つの種には，外見が杭を打った柵のような，背中沿いの小さな「竜のひだ

飾り」があった（Horner 1984）．羽毛やトカゲ類のような折り重なったうろこの証拠はない．

知られている鳥脚類の卵の大部分は，ヒプシロフォドン類のオロドロメウス（*Orodromeus*）とカモノハシ竜類のマイアサウラとヒパクロサウルス（*Hypacrosaurus*）のものである（Horner and Currie 1994）．卵の大きさはさまざまで，多くの異なった産卵型式が存在する．現在は，卵と赤ちゃんに関する主題だけを扱った豊富な典拠が出版されるほど，十分な数の恐竜営巣地が出ている（Carpenter et al. 1994；Hirsch and Zelenitsky，本書第28章）．幼体のマイアサウラの研究に基づき，孵化したカモノハシ竜類は長く親の保護を受けて育つ晩成性であり，早成性ではなかったことが示唆されているが（Weishampel and Horner 1994），この結論には反論も出ている（Geist and Jones 1996）．

●鳥脚類研究の将来

鳥脚類，特にカモノハシ竜類は，孵化したての幼体から成体に至るまで，恐竜類について知られる最も完全な化石記録の一つがあることから，一連の成長や生活史［訳注：発生から死に至るまでの生活過程・変化］の研究に利用する上で最良のグループの一つになっている．将来の研究にとって最も有益な2つの領域は，しばしば無視されてきた相対成長と頭蓋より後方の機能形態学，そして，この2つが個体発生と系統発生にいかに関与するかという領域であろう（Dunham et al. 1989）．例えば，一部のカモノハシ竜類では，層序学的に初期の属の成体段階にだけ現れる諸形質が，最終的には，層序学的によりあとの属の幼体段階に現れ始める（幼形成 peramorphosis の一例）．幼形進化と幼形成熟は，恐竜類の個体群に関する将来の研究で中核になると見られる2つのつけ加えられるであろう主題である．ある特定の分類形質は発達の成体段階にしか現れないので，このことは将来の分類学に影響を与えるであろう（Brett-Surman 1989）．

最大の鳥脚類は極めて長生きで，非常にさまざまな大きさを経験していたので，機能的には一生の間ではいくつかの異なる生態的地位（ニッチ）を占めていたであろう．この「生態的地位の同位」は，生態的には，現在の哺乳類の多数の種に相当するであろう．その結果，生物群集構造が縮小し（現代の哺乳類動物相と比べた場合），このことが恐竜類絶滅の一要因であったかもしれない．少数種でできた生物群集は多数種の生物群集より絶滅の影響を受けやすいからである．

●文 献

Abel, O. 1924. Die neuen Dinosaurierfunde in der Oberkreide Canadas. *Naturwissenschaften*（Berlin）12：709-716.

Bennett, A. F., and B. Dalzell. 1973. Dinosaur physiology：A critique. *Evolution* 27：170-174.

Brett-Surman, M. K. 1989. Revision of the Hadrosauridae（Reptilia：Ornithischia）and their evolution during the Campanian and Maastrichtian. Ph.D. thesis, George Washington University.

Carpenter, K., and P. J. Currie（eds.）. 1990. *Dinosaur Systematics：Approaches and Perspectives*. Cambridge：Cambridge University Press.

Carpenter, K.；K. F. Hirsch；and J. R. Horner（eds.）. 1994. *Dinosaur Eggs and Babies*. Cambridge：Cambridge University Press.

Coombs, W. P. 1975. Sauropod habits and habitats. *Palaeogeography, Palaeoclimatology, Palaeoecology* 17：1-33.

Cooper, M. R. 1985. A revision of the ornithischian dinosaur *Kangnasaurus coetzeei* Haughton, with a classification of the Ornithischia. *Annals of the South African Museum* 95(6)：281-317.

Dodson, P. 1975. Taxonomic implications of relative growth in lambeosaurine dinosaurs. *Systematic Zoology* 24：37-54.

Dodson, P. 1990. Marginocephalia. In D. B. Weishampel, P. Dodson, and H. Osmólska（eds.）, *The Dinosauria*, pp. 562-563. Berkeley：University of California Press.

Dunham, A. E.；K. L. Overall；W. P. Porter；and C. A. Forster. 1989. Implications of ecological energetics and biophysical and developmental constraints for life-history variation in dinosaurs. In J. O. Farlow（ed.）, *Paleobiology of the Dinosaurs*, pp. 1-19. Special Paper 238. Boulder, Colo.：Geological Society of America.

Fastovsky, D. E., and D. B. Weishampel. 1996. *The Evolution and Extinction of the Dinosaurs*. New York：Cambridge University Press.

Forster, C. A. 1990. The postcranial skeleton of the ornithopod dinosaur *Tenontosaurus tilletti*. *Journal of Vertebrate Paleontology* 10：273-294.

Galton, P. M. 1983. The cranial anatomy of *Dryosaurus*, a hypsilophodontid dinosaur from the Upper Jurassic of North America and East Africa, with a review of hypsilophodontids from the Upper Jurassic of North America. *Geologica et Palaeontologica* 17：207-243.

Geist, N. R., and Jones, T. D. 1996. Juvenile skeletal structure and the reproductive habits of dinosaurs. *Science* 272：712-714.

Gow, C. E. 1981. Taxonomy of the Fabrosauridae（Reptilia：Ornithischia）, and the *Lesothosaurus* myth. *South African Journal of Science* 77：43.

Hopson, J. A. 1977. Relative brain size and behavior of archosaurian reptiles. *Annual Review of Ecology and Systematics* 8：429-448.

Horner, J. R. 1984. A "segmented" epidermal tail frill in a

species of hadrosaurian dinosaur. *Journal of Paleontology* 58：270-271.

Horner, J. R., and P. J. Currie. 1994. Embryonic and neonatal morphology and ontogeny of a new species of *Hypacrosaurus* (Ornithischia, Lambeosauridae) from Montana and Alberta. In K. Carpenter, K. F. Hirsch, and J. R. Horner (eds.), *Dinosaur Eggs and Babies*, pp. 312-336. Cambridge：Cambridge University Press.

Marsh, O. C. 1882. Classification of the Dinosauria. *American Journal of Science* (3)23：81-86.

Maryańska, T., and H. Osmólska. 1974. Pachycephalosauria, a new suborder of ornithischian dinosaurs. *Paleontologia Polonica* 30：45-102.

Maryańska, T., and H. Osmólska. 1985. On ornithischian phylogeny. *Acta Paleontologia Polonica* 30：137-150.

Maxwell, W. D., and J. H. Ostrom. 1995. Taphonomy and paleobiological implications of *Tenontosaurus-Deinonychus* associations. *Journal of Vertebrate Paleontology* 15：707-712.

Norman, D. B. 1984. On the cranial morphology and evolution of ornithopod dinosaurs. In M. W. J. Ferguson (ed.), *The Structure, Development and Evolution of Reptiles*, pp. 521-547. Symposium 52, Zoological Society of London.

Norman, D. B., and D. B. Weishampel. 1985. Ornithopod feeding mechanisms：Their bearing on the evolution of herbivory. *American Naturalist* 126：151-164.

Norman, D. B., and D. B. Weishampel. 1990. Iguanodontidae and related ornithopods. In D. B. Weishampel, P. Dodson, and H. Osmólska (eds.), *The Dinosauria*, pp. 510-533. Berkeley：University of California Press.

Padian, K. (ed.). 1986. *The Beginning of the Age of Dinosaurs:Faunal Change across the Triassic-Jurassic Boundary*. Cambridge：Cambridge University Press.

Paul, G. S. 1987. The science and art of restoring the life appearance of dinosaurs and their relatives. In S. J. Czerkas and E. C. Olson (eds.), *Dinosaurs Past and Present*, vol. 2, pp. 5-49. Los Angeles：Natural History Museum, and Seattle：University of Washington Press.

Rosenberg, G. D., and D. L. Wolberg (eds.). 1994. *Dino Fest*. Paleontological Society Special Publication no. 7. Knoxville：Department of Geological Sciences, University of Tennessee.

Sereno, P. 1986. Phylogeny of the bird-hipped dinosaurs (Order Ornithischia). *National Geographic Research* 2：234-256.

Sereno, P. 1991. *Lesothosaurus*, "fabrosaurids," and the early evolution of the Ornithischia. *Journal of Vertebrate Paleontology* 11：168-197.

Sereno, P. 1997. The origin and evolution of dinosaurs. *Annual Review of Earth and Planetary Sciences* 25：435-489.

Steel, R. 1969. *Ornithischia*. Handbuch der Paläoherpetologie 15. Jena：G. F. Verlag.

Sues, H. -D., and D. B. Norman. 1990. Hypsilophodontidae, *Tenontosaurus*, Dryosauridae. In D. B. Weishampel, P. Dodson, and H. Osmólska (eds.), *The Dinosauria*, pp. 498-509. Berkeley：University of California Press.

Thulborn, R. A. (ed.). 1990. *Dinosaur Tracks*. London：Chapman and Hall.

Thulborn, R. A. 1992. Taxonomic characters of *Fabrosaurus australis*, an ornithischian dinosaur from the Lower Jurassic of southern Africa. *Geobios* 25(2)：283-292.

Weishampel, D. B. 1981. Acoustic analyses of potential vocalization in lambeosaurine dinosaurs (Reptilia：Ornithischia). *Paleobiology* 7：252-261.

Weishampel, D. B. 1984. Evolution of jaw mechanics in ornithopod dinosaurs. *Advances in Anatomy, Embryology and Cell Biology* 87：1-110.

Weishampel, D. B.；P. Dodson；and H. Osmólska (eds.). 1990. *The Dinosauria*. Berkeley：University of California Press.

Weishampel, D. B., and R. E. Heinrich. 1992. Systematics of Hypsilophodontidae and basal Iguanodontia (Dinosauria：Ornithopoda). *Historical Biology* 6：159-184.

Weishampel, D. B., and J. R. Horner. 1990. Hadrosauridae. In D. B. Weishampel, P. Dodson, and H. Osmólska (eds.), *The Dinosauria*, pp. 534-561. Berkeley：University of California Press.

Weishampel, D. B., and J. R. Horner. 1994. Life history syndromes, heterochrony, and the evolution of Dinosauria. In K. Carpenter, K. F. Hirsch, and J. R. Horner (eds.), *Dinosaur Eggs and Babies*, pp. 229-243. Cambridge：Cambridge University Press.

Weishampel, D. B., and D. B. Norman. 1989. Vertebrate herbivory in the Mesozoic：Jaws, plants, and evolutionary metrics. In J. O. Farlow (ed.), *Paleobiology of the Dinosaurs*, pp. 87-100. Special Paper 238. Boulder, Colo.：Geological Society of America.

Weishampel, D. B.；D. B. Norman；and D. Grigorescu. 1993. *Telmatosaurus transsylvanicus* from the Late Cretaceous of Romania：The most basal hadrosaurid. *Palaeontology* 36：361-385.

Weishampel, D. B., and L. M. Witmer. 1990. Heterodontosauridae. In D. B. Weishampel, P. Dodson, and H. Osmólska(eds.), *The Dinosauria*, pp. 486-497. Berkeley：University of California Press.

Wing, S. L., and B. H. Tiffney. 1987. The reciprocal interaction of angiosperm evolution and tetrapod herbivory. *Review of Paleobotany and Palynology* 50：179-210.

Winkler, D. A.；P. A. Murry；and L. L. Jacobs. 1997. A new species of *Tenontosaurus* (Dinosauria：Ornithopoda) from the early Cretaceous of Texas. *Journal of Vertebrate Paleontology* 17：330-348.

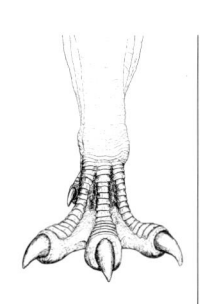

恐竜の生物学

Part 4

　全部で5頭である——2頭が大人で，3頭が子どもだ．身体は巨大だった．子どもでさえゾウ並みであり，2頭の大人は私がこれまでに見たすべての動物より，はるかに大きかった．皮膚は暗い青灰色で，トカゲのようなうろこで覆われ，日光に当たるところはかすかに光っていた．5頭すべてが腰を下ろして，幅広く力強い尾と3本指の巨大な後肢の上でバランスをとりながら，5本指の小さな前足で枝を引き下ろし，その葉を食べていた．その様子を実感してもらおうと思えば，その動物は体長6mもある巨大カンガルーのようで，その皮膚は黒いクロコダイルのようだったというよりない．
　——アーサー・コナン・ドイル，『失われた世界』

　多くの人が新分類は古生物学的研究の最終結果だと考えている．実際は，これはまさに始まりである．新しい恐竜化石発見の結果として出てくる，3段階の知的な疑問が考えられるのである．
　「第1段階」の疑問は，実際の化石そのものに基づいている．よりわかりやすい例をあげると，基本的な例証としては，骨，歯，歯の摩耗パターン，皮膚の印象，筋肉の付着部位，関節の配置，骨の病理，内臓含有物，糞石，連続歩行跡，巣などがある．このような化石を用いて，恐竜の身体の大きさ，成長に伴う骨格の均衡の変化，動物の成長過程，可能であった運動の種類，その動物を悩ませた外傷や病気，感覚の想定される鋭敏性に関すること，そして，おそらく，その知性に関する疑問にさえ取り組むことができる．
　「第2段階」の疑問は，このような断片的な恐竜の自然誌の先に進もうとするものである．これらの疑問は「第1段階」の疑問に対する解答に基礎を置き，容易には検証できない恐竜についての仮説を表している．例えば，恐竜の考えられる生態学的な役割は何であったか？　恐竜が性的に成熟するまでにどのくらいかかったか，そして，一生のどの時点で性徴が現れたか？　恐竜の生殖率はどの程度であったか？　同種間で異なる年齢層の死亡率はどの程度であったか？
　疑問の最終段階は，進化論に関係する．恐竜（そして，ほかの生物）は全体像でどのような位置を占めているか？　時代経過に伴う恐竜の適応の主要傾向には，何らかの進化学的「法則」が認められるか？　種や属レベル以上の恐竜クレード（分岐群）の進化に何らかのパターンはあるか？　恐竜は陸上生態系の進化の中で，いかなる長期傾向に当てはまるか？

恐竜化石は孤立して存在するわけではない．恐竜化石は包括的な化石グループの一部であり，その化石動物相は，ある特定の堆積環境で累積した堆積岩の構成要素である．したがって，われわれは恐竜や他の生物を生物進化という鳥瞰図に当てはめようと試みられるだけではなく，生物進化が地球の自然体系とどのように相互作用してきたかをも考えることができる．

本書のPart 3では，恐竜グループについて述べた各章で，その章でとりあげた恐竜がどのような生物であったかについての考えを紹介した．Part 4では，恐竜生物学のさまざまな側面に主題別に取り組み，より一般的な方法で，この主題に戻ることになる．したがって，Part 4はところどころで鳥瞰図をとりあげてはいるものの，主として前述の第2段階の疑問に重点が置かれている．

どのような動物であれ，4つの基本的行動の一つは食物を見つけることである(戦い，退避，繁殖に加えて)．ハリウッド映画では血に飢えた太古の生物として描かれるにもかかわらず，恐竜の大部分は植物食であった．したがって，恐竜の生態学を理解するためには，恐竜がその中で生きていた植物群集について知ることが必要である．そこで，Part 4は，中生代の植物相に関する現時点での知識の概説から始めている．植物食恐竜はどのような種類の植物を得られたか，食物としての質はどうであったか，植物群集は中生代を通じてどのように変化したか，そして，これが恐竜群集にどのように影響したか？

植物食恐竜が何を食べたであろうかを考察した次は，植物食恐竜と肉食恐竜が実際に何を食べたかに関する証拠を考察する．連続歩行跡，集団死，かみ跡，胃の内容物，糞石などから得られる情報を手短に解説した．

ある種が長期間生き延びるためには，少なくとも繁殖率と死亡数が釣り合っていなければならない．したがって，繁殖は動物生物学のもう一つの本質的側面であり，恐竜は新しい世代の存在をどのように確保していたかについての考察に2章がさかれている．赤ちゃんを産むための第一歩はつがいの相手を見つけることであり，まず，雄の恐竜が雌の恐竜にどのように求愛したであろうか，そして同時に，ライバルの雄をどのように退けたかを考察する．これは，現生動物の似かよっている行動が，恐竜の行動を解釈する上で重要な役割を果たしている分野である．

著者陣が過度に上品ぶるからではなく，化石になりうる情報がないという理由から，つがいの相手を見つけられたあとに続く明白な段階には触れず，新しい世代の生命がどのように始まったかを次に考察する．大部分の（すべてではないにしても）恐竜はおそらく卵を産んだ．そして，近年，恐竜の営巣地と卵に関する関心は爆発的に高まっている．第28章では，恐竜の卵についてわかっていることと，卵を産んだ恐竜の特定にまつわる問題を論じる．

いったん卵から孵化すると，赤ちゃん恐竜は中生代の世界にその地位を占める準備ができたことになる．赤ちゃん恐竜も結局はつがいの相手探しを試みることになるが，まず，成体になるまで成長しなければならない．第29章では骨組織から推論した，恐竜の成長過程を考察する．

すべての恐竜が巨大であったわけではないが，恐竜進化における一つの重要な傾向は巨大化であった．恐竜には地球の歴史上で最大の陸生動物が含まれていた．自然は，どのようにしてこのような巨大生物を生み出したのか？　竜脚類は後肢で立ちあがり，その長い首を高い木々の頂まで伸ばしえたか？　大型恐竜は速く走れたか，あるいは，ゆっくり重々しい動きに限られていたか？　恐竜はどのように戦ったか？　第30章ではこのような疑問について考察する．

恐竜は身体がしっかりしていたようだが，すべての肉体に振りかかるのと同じ不安，すなわち，怪我と病気が身に振りかかったことは疑いない．驚くべきことに，恐竜の骨にはこのような疾病の痕跡が残されていることがあり，恐竜の怪我と病気の骨学的証拠に1章をさいた．この研究分野は，それ独自の古病理学という一領域を古生物学の中に開いた．

恐竜は多くの生物学的特徴の上で，現生爬虫類より現生鳥類や哺乳類に似ていたであろうという考えは，恐竜目を設立したほかならぬリチャード・オーウェン（Richard Owen）の業績に

端を発している．E. D. コープ（E. D. Cope）が1868年に記したように，「もし，オーウェン教授が恐竜を温血だったと考えたように，それ（コープが記載した，いわゆる *Laelaps*）が温血であったとすると，基本的な現生爬虫類より表情があったことはまちがいない．温血の脊椎動物を冷血の脊椎動物から区別するような，日常的な活動力を備えていたことは疑いない」．コネティカット・バレーで産した恐竜の足跡の分類を再検討する最初の試みの中で，R. S. ラル（R. S. Lull）（1904：475）は，恐竜は爬虫類に典型的な，成長が一定時期だけに限らないであろうという可能性を退ける手段として，温血恐竜という考えを打ち出した．もし，鳥類や哺乳類同様，恐竜がある一定の大きさに達して，その成長が止まったとすると，足跡化石学者は，非常にさまざまな大きさの足跡は同種の恐竜の複数個体のものかもしれないという可能性を考えなくてもすむかもしれない．

リチャード・オーウェンやL. S. ラッセル（L. S. Russell）を含むほかの研究者も，時に恐竜は温血であった可能性を考えはしたが，恐竜生理学を本当に古生物学の最大関心事にしたのは，1960年代から1980年代にかけての，ジョン・オストローム（John H. Ostrom），ジョン・ホーナー（John R. Horner），そして，ロバート・バッカー（Robert T. Bakker）の業績であった．特にバッカーとホーナーは恐竜温血説を非常に精力的かつ魅力的に主張したため，恐竜温血説は世間一般のマスコミ媒体の関心を広く集めるようになった．その最も顕著な例が映画「ジュラシック・パーク」である．

恐竜の生理に関するさまざまな論議をすべて検討するには，それだけで1冊の本が必要になるであろう．本書では温血恐竜という仮説の擁護説と反対説のうち，有力な説や最近の説のいくつかをとりあげるにとどめた．したがって，この問題を取り扱う章は，恐竜の生物学に関する全体構想の中で一部を占めている（しかし，われわれの考えの一部に関しては次頁のコラムを参照）．

Part 4の最後では，歩き去った恐竜，すなわち，恐竜の足跡について考察する．すべての恐竜骨格は，かつての骨格の持ち主の悲劇を表している――その生物が，時として，時ならぬ死に至らなければその骨格は岩石中に存在しなかったからである．それとは対照的に，足跡は，やるべきことに取り組んでいる生きた動物が残したものである．したがって，足跡からは，化石となった遺体からは認めにくい，恐竜の生活に関する情報が得られる可能性がある．

したがって，2章にわたり，恐竜の足跡に関する研究を考察する．第36章では，足跡を残した恐竜をどの程度同定できるか，恐竜の足跡につけられた学名，連続歩行跡から恐竜のロコモーションについてわかること，などに主眼が置かれている．第37章では，恐竜の足跡が保存された地質学的環境，特定の種類の恐竜が生息した時代と場所について，このような生痕化石から知られるであろうこと，などに焦点を置いている．

● 文　献

Cope, E.D. 1868. The fossil reptiles of New Jersey. *American Naturalist* 1：23-30.
Lull, R.S. 1904. Fossil footprints of the Jura-Trias of North America. *Memoirs Boston Society of Natural History* 5：461-557.

恐竜の代謝生理機能に関する不遜な考察：ティラノサウルス・レックスが法律家を食べた場合の食物消費率 ●M.K. Brett-Surman and James O. Farlow

　映画「ジュラシック・パーク」(ユニバーサル・スタジオ，1993年)のやま場が，映画の真の主人公であるティラノサウルス・レックス (*Tyrannosaurus rex*) が法律家を食べるシーンであったことは，万人の認めるところである．そこで，一つの明白な疑問が浮かびあがってくる．飼育されているティラノサウルス・レックスに十分な餌をやるには何人の法律家が必要であったか，という疑問である．幸いなことに，科学はこの重要な疑問に解答を与えられ，それに従って計画を立てられるまでに現在では進歩している．

　ここでは2つの情報が必要になる．すなわち，
（A）ティラノサウルス・レックスが1年に必要な食物
（B）法律家1人の食物的価値

　「ジュラシック・パーク」で描かれたように，まず，ティラノサウルス・レックスは内温性だと仮定する．また，ティラノサウルス・レックスの体重は4540 kg と仮定する——多少軽めの見積もりだが (Farlow et al. 1995)，十分近似した見積もりである．

　Farlow (1990，使用データに関する詳細は Farlow 1976 を参照) は，現生の内温性動物 (哺乳類と鳥類) の食物消費率 (単位：ワットまたはジュール/秒，すなわち，単位時間当たりに必要な食物エネルギーの量) と身体の質量 (単位：kg) に関する数式を発表した．

　　消費率 = $10.96 \times$ 身体の質量$^{0.70}$

　体重が 4540 kg のティラノサウルス・レックスの場合，この数式によれば，平均的な食物消費率が 3978.8 ジュール/秒となる．ティラノサウルス類がジュール/年という単位で必要なエネルギーを計算することに関心があるため，この計算値を 3.1536×10^7 倍しなければならない．これが1年間の秒数だからである (すなわち，60秒/分×60分/時間×24時間/日×365日/年——テレビでゴルフを見ている場合は，この価はずっと高くなる)．この計算結果は 1.2547×10^{11} ジュール/年という大きな数値になる．

　これで，ティラノサウルス・レックスを満足させるに足る十分な法律家を集めにかかる上で，知る必要がある最初の部分が明らかになった．次に，1人の法律家が持つエネルギー価値を計算しなければならない．

　1人の法律家のジュール単位での食物的価値には3つの構成要素がある：(1) 法律家の肉 1 kg のエネルギー価 (単位：ジュール)，(2) 犠牲になる法律家の kg での体重 (質量)，(3) 肉食動物が肉を消化する消化の割合，すなわち，食物吸収効率——ここでは，法律家の実際の食物的価値の割合——である (衣服，ブリーフケース，携帯電話やシステム手帳は，エネルギーとしての価値がないものと仮定する．したがって，ある活動中の法律家のこのような構成要素は計算に入れない)．

　法律家の肉のエネルギー価は，ほかの動物と同様，7×10^6 ジュール/kg と仮定する (Peters 1983)．さらに，法律家の体重は 68 kg と仮定する．

　肉を食べる肉食動物の食物吸収効率は約90%である (Golley 1960，この価は高繊維の植物を餌にしていた植物食恐竜——大部分の植物食恐竜に想定される——より，はるかに高い．Tiffney，本書第25章参照)．

　したがって，ある1人の法律家のエネルギー価は次式で求められる．

　　68 kg × (7×10^6 ジュール/kg) × 0.9 = 4.2903×10^8 ジュール

　ティラノサウルス・レックスが1年に必要なエネルギーを，1人の法律家のエネルギー価で割れば，ティラノサウルス・レックスが1年当たりに必要であろう法律家の数が求められる：

　　(1.2547×10^{11} ジュール/年) ÷ (4.2903×10^8 ジュール/法律家) = 292 人/年

　この計算はティラノサウルス類が外温性だとしても同じことだが，その場合には，爬虫類と両生類における食物消費率と身体の質量に関する数式を用いなければならない (Farlow 1990，使用単位は内温の場合と同様)：

　　消費率 = $0.84 \times$ 質量$^{0.84}$

　体重が 4540 kg のティラノサウルス・レックスの場合，この数式によれば，食物摂取率は 991.3 ワットになり，年当たり 73 人の法律家という計算結果が得られる．

　したがって，遺伝子工学で復活させられたティラノサウルス類が内温性であった場合には，外温性であった場合より，法律家の数に与える捕食の影響がはるかに大きいことになる．あるいは，このことが恐竜は内温性であったとわかることを期待する一つのよい理由かもしれない．

● 文　献

Farlow, J. O. 1976. A consideration of the trophic dynamics of a Late Cretaceous large-dinosaur community (Oldman Formation). *Ecology* 57：841–857.

Farlow. J. O. 1990. Dinosaur energetics and thermal biology. In D. B. Weishampel, P. Dodson, and H. Osmólska (eds.), *The Dinosauria*, pp. 43–55. Berkeley：University of California Press.

Farlow, J. O.；M. B Smith；and J. M. Robinson. 1995. Body mass, bone "strength indicator," and cursorial potential of *Tyrannosaurus rex*. *Journal of Verte-*

brate Paleontology 15：713–725.

Golley, F. B. 1960. Energy dynamics of a food chain of an old–field community. *Ecological Monographs* 30：187–206.

Peters, R. H. 1983. *The Ecological Implications of Body Size*. Cambridge：Cambridge University Press.

25 恐竜時代における食物および生息地としての陸生植物

Bruce H. Tiffney

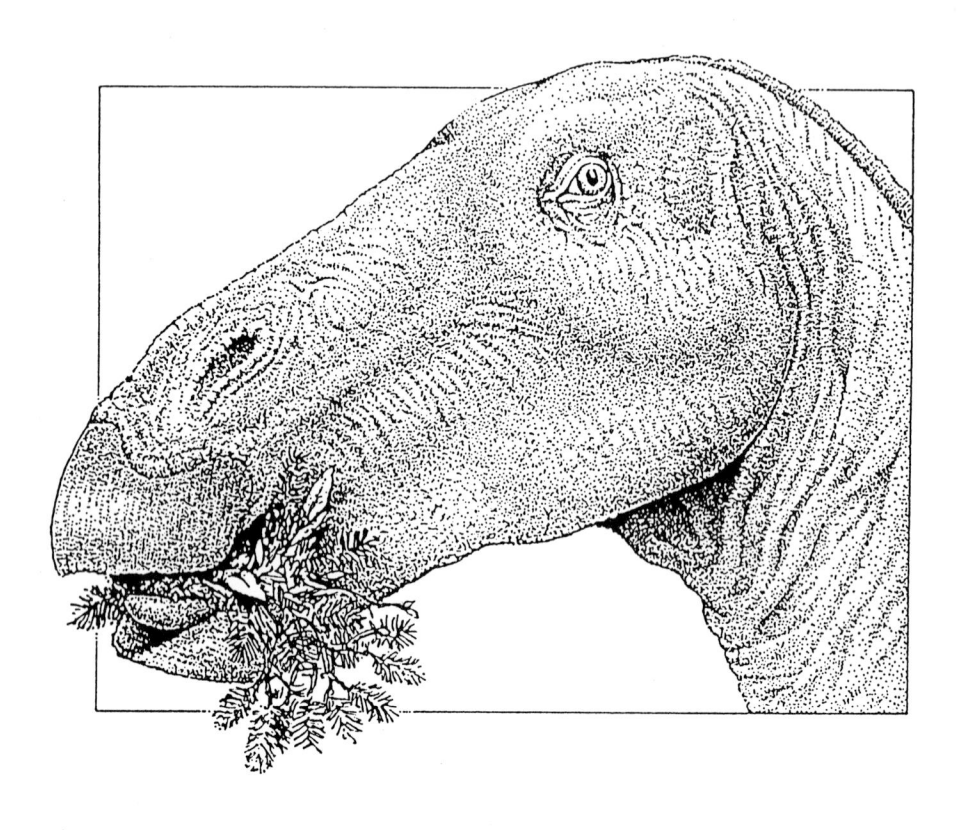

　恐竜に関する本で植物？　しかし，場ちがいではないだろう．植物は太陽エネルギーを直接捕らえられる生物体，つまり，無機栄養生物である．これとは対照的に，恐竜は他の動物と同様，生きるために他の生物体を食べなければならない動物，つまり，有機栄養生物であった．植物は食物連鎖の基部に位置しているため，地球の歴史上，植物食動物と肉食動物の両方の進化にはかり知れない影響を与えてきた．入手できる植物の大きさ，生長率，障害からの回復力，繁殖率，環境での豊富さ，葉や繁殖器官の消化のよしあし——このすべてが結びついて，植物食動物が植物から獲得できるエネルギー量に影響する．植物のこのような特色は時代とともに進化し変化するので，その植物に依存する植物食動物と肉食動物の性質も変化することになる．

　さらに，植物は動物が生きる環境を定めるという点でも，動物にとって重要である．例えば，森林は大型生物には障害になり，大型生物がとおり抜けるのはむずかしい．これとは対照的に，より小型の生物にとって森林は3次元の生息地であり，森林内では左右だけでなく上下にも動き回れる．逆にいえば，開けたいわゆる「草地」のような2次元平面では，大型生物は自由に動き回れるが，小型生物は動きが制限されることになる．より小型の生物は，開けた土地では穴を掘らない限り，3次元環境をつくり出せない．これは哺乳類によく見られる問題解決

法だが，恐竜で，すでに存在する穴を利用して，この解法を見つけ出せるほど小型のものは，一般的には鳥類だけであった．

植物と動物の相互作用は一方通行ではない．植物食動物は食物選択，消費量，採餌頻度と採餌期間などにより，植物進化に重要な影響を与えてきた．植物を食べすぎれば環境を破壊し，植物に選択的な圧力をかけることになりうるし，それが既存系統の絶滅や新系統の進化につながることもありうる．

本章では，恐竜が食物にできた植物の主要グループと，植物と恐竜間の相互作用によって両者に起こりうる影響について概説する．この相互作用を考察することで，植物食恐竜の観点から植物をとらえ，食物としての質に影響する植物のさまざまな特色を調べることになる．同様に，植物の消費者という観点で，植物食恐竜について考察する．読者は以下の2点を念頭に置いてほしい．まず，本章は簡潔で，特定の例外の存在することが判明している場合にも，一般的な情報を述べている．次に，植物食動物とその食物だった植物との間の進化上の相互作用を化石の記録で調べる研究は，まだ揺籃期にある．したがって，本章の後半で述べた解釈の多くは全くの仮説である．

● 中生代の植物グループ

恐竜はシダ植物と裸子植物という，2種類の主要陸生植物がすでに存在している世界で進化した．そして，白亜紀中期に3種類めである被子植物が加わった（図25.1，25.5）．この3つのグループはすべて，植物の体内に水分や養分を運ぶ伝導組織を備えた維管束植物である．これとは対照的に，藻類（「海藻類」）はほぼ完全に水生であり，蘚苔類（コケ類）は陸生だが，維管束組織がないため，大きさや重要性は限られている．まず，3種類の維管束植物の特色を，次に，この3種類が中生代をとおして，空間的・時代的にどのように分布していたかを考察する．陸生藻類と蘚苔類に関しては，植物食恐竜の食物としては重要ではなかったので，本章では検討しない．

以下に述べることの情報は何から得ているか？化石植物が現生植物に類似している場合は，現在の植物が化石植物の完全な代用にはならないことを前提にして，現生の類似植物の生活史から化石植物の生活史を推測できる．しかし，多くの場合，近縁の現生植物が存在しないため，化石植物の解剖学的構造と形態，ならびに現生植物のそれらに相当するものから得られる状況証拠によって推論しなければならない．また，化石植物が見つかった堆積条件から，さらに洞察が得られることもある．このような証拠のおかげで中生代の生態系モデルを構築できるわけだが，新しい情報や理解とともに，このモデルも確実に進展することを知っておく必要がある．中生代の植物についてりより詳しい情報，あるいは，その同定の手引きを知りたい場合は，Stewart and Rothwell（1993）と Taylor and Taylor（1993）を参照してもらいたい．

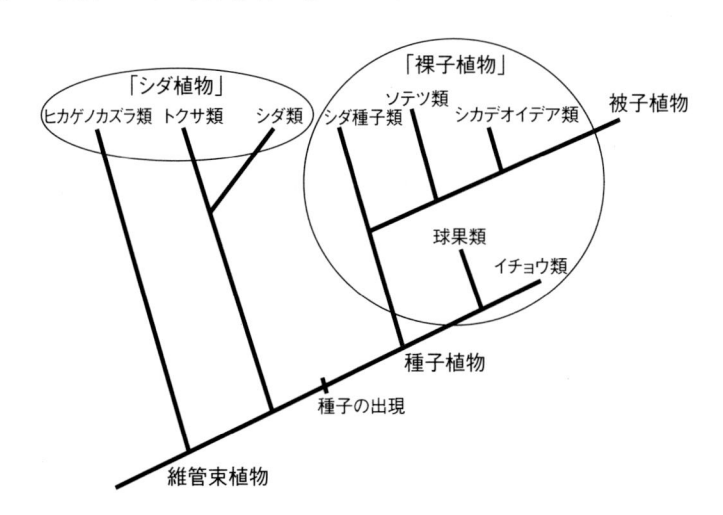

図25.1● 陸生維管束植物主要グループの一般的な類縁関係
図中の分岐はグループ同士の祖先・子孫関係を示す．また，丸で囲んだ2か所は「シダ植物」と「裸子植物」の側系統群を示す．Doyle and Donoghue 1986 より．Doyle and Donoghue 1992 参照．

●シダ植物

　シダ植物という用語は，原始的な維管束植物のいくつかのグループをほかと区別するために用いられる．シダ植物は側系統，すなわち，祖先を共有する子孫のすべてではなく，一部からなるグループである．この場合，すべての「シダ植物」は最初の維管束植物から進化したが，最初の陸生植物の別の子孫である種子植物は，このグループには含まれない．したがって，シダ植物は，祖先・子孫関係よりは，むしろ，繁殖方法が水生様式であるという共通の特徴で定義づけられる（図25.1）．シダ植物の分類群の中で，ここで最も重要なのは，シダ類ならびに見られる機会がより少ない類縁植物のトクサ類とヒカゲノカズラ類である．図25.2にこれらすべてを図解した．この3つのグループはデボン紀に発生したという歴史を共有している．この3つのグループすべてにおいてよく見られる植物は，各細胞内に個々の染色体を2組有する二倍体である．二倍体植物の特殊化した構造内では減数分裂が起こり，対の染色体は2つのグループに分かれ，それぞれのグループが個々の染色体の複製1組を持つことになる．これが半数体と呼ばれる状態である．この半数体の染色体グループが保護構造内で胞子を形成し，この胞子が放出された大気中で飛散することになる．胞子が空中から地表に落ちた際，湿ったところに落ちると発芽し，光合成する小さな半数体植物である配偶体になる．配偶体は半数体の卵子と精子を持っている．受精過程は祖先の藻類を思わせ，ある配偶体から放出された精子は卵子を有している配偶体まで，利用できる霧や雨水中を文字どおり泳いでいき，受精が起こる．半数体の卵子と半数体の精子が融合すると，二倍体の接合体になり，一般の人になじみ深い目に見える植物（例：シダ）に生長する．これは水陸両生のライフサイクルで，そのためもあって，一般にシダ植物は少なくともある季節には水分が得られる地域に制約される．受精は精子が泳げるような静止した水がないと起こらず，新世代の二倍体植物は受精が起こらないと生長しない．したがって，1年中あるいは季節によってひどく乾燥する環境でも，シダ植物はまれになる．

　中生代のシダ植物は，一般的には，かなり丈の低い草本性植物で，十分に発達した茎は備えていなかった．この一般論の例外として最もよく見られるのが，木性シダ類および三畳紀に限られた地域で繁茂した小型の木性（樹木類似の）ヒカゲノカズラ類である．後者は古生代後期に繁茂した大型木性ヒカゲノカズラ類の最後の生き残りである．木性シダ類と木性ヒカゲノカズラ類には空中に伸びる無枝の茎があり，生長点は1か所であった．このような木性以外のシダ植物は，ほぼ例外なく，地下茎か根茎を持ち，これが枝分かれして多くの生長点をつくり，その結果，地中にあった本来の一つの根茎から，多くの新しい個体が地上に姿を見せる．これは有性生殖システムの制約を相殺するものである．なぜなら1回有性繁殖に成功すれば，その後に起こる栄養繁殖で，文字どおり，あたり一面に植物が生長するからである．さらに，栄養生長だと，障害を受けたあとに素早く再生できる．すでに出ている葉を失っても，地中に安全にとどまっている根茎から新しい葉を出して対抗できるのである．加えて，水分が十分にあれば，シダ類の生長はかなり速い傾向がある．大部分のシダ類の葉は比較的に多肉質のものが多く，強固な防御機構（かたい樹皮，棘など）は持たない．しかし，現生の一部シダ植物には，哺乳類にとって発ガン性や，消化を妨げることの知られている化学物質が含まれており，過去に生息したシダ植

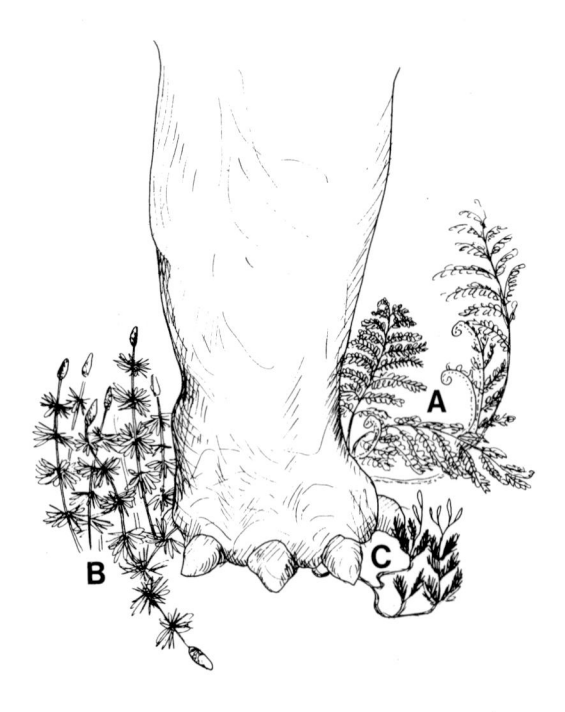

図25.2●中生代シダ植物の数例
(A) 根茎を持つシダ類の一種．(B) トクサ類の一種（*Equisetum*）．(C) ヒカゲノカズラ類の一種．ブラキオサウルス類の成体の足は相対的な大きさを示す．

物にも恐竜にとって類似作用があった可能性はある．

上記の内容を植物食恐竜の観点から要約すると，木性ではないシダ類は，その植物全体を殺さずに食べられ，生長が速く，回復する食料源であった．しかし，このような利点はシダ類が生殖に水分を必要とすることで相殺された．中生代には乾燥した，また季節により乾燥した環境が広く行き渡っていたとも見られ，シダ植物は通常は利用できなかったかもしれないのである．

● 裸子植物

裸子植物には種子植物の原始的なグループが含まれる．種子植物はおそらく単系統の分岐群（一つの祖先と，その遺伝学的な子孫のすべてを含むグループ）である．なぜなら，種子はデボン紀に1回進化しただけであると一般的に考えられることによる．通常，裸子植物という名前が使われているが，裸子植物は側系統である．なぜなら，裸子植物には一つの共通祖先（最初の種子植物）を持ついくつかの分岐群が含まれるが，種子植物の最も進化した被子植物が含まれていないことによる（図25.1）．したがって，裸子植物は果実中に種子を持つ被子植物とは対照的に，裸出した種子を持つという共通の特徴で定義される．種子植物のいくつかの異なる特定の分岐が裸子植物に包括されるのである．

現生，そしておそらく中生代で最もよく見られる

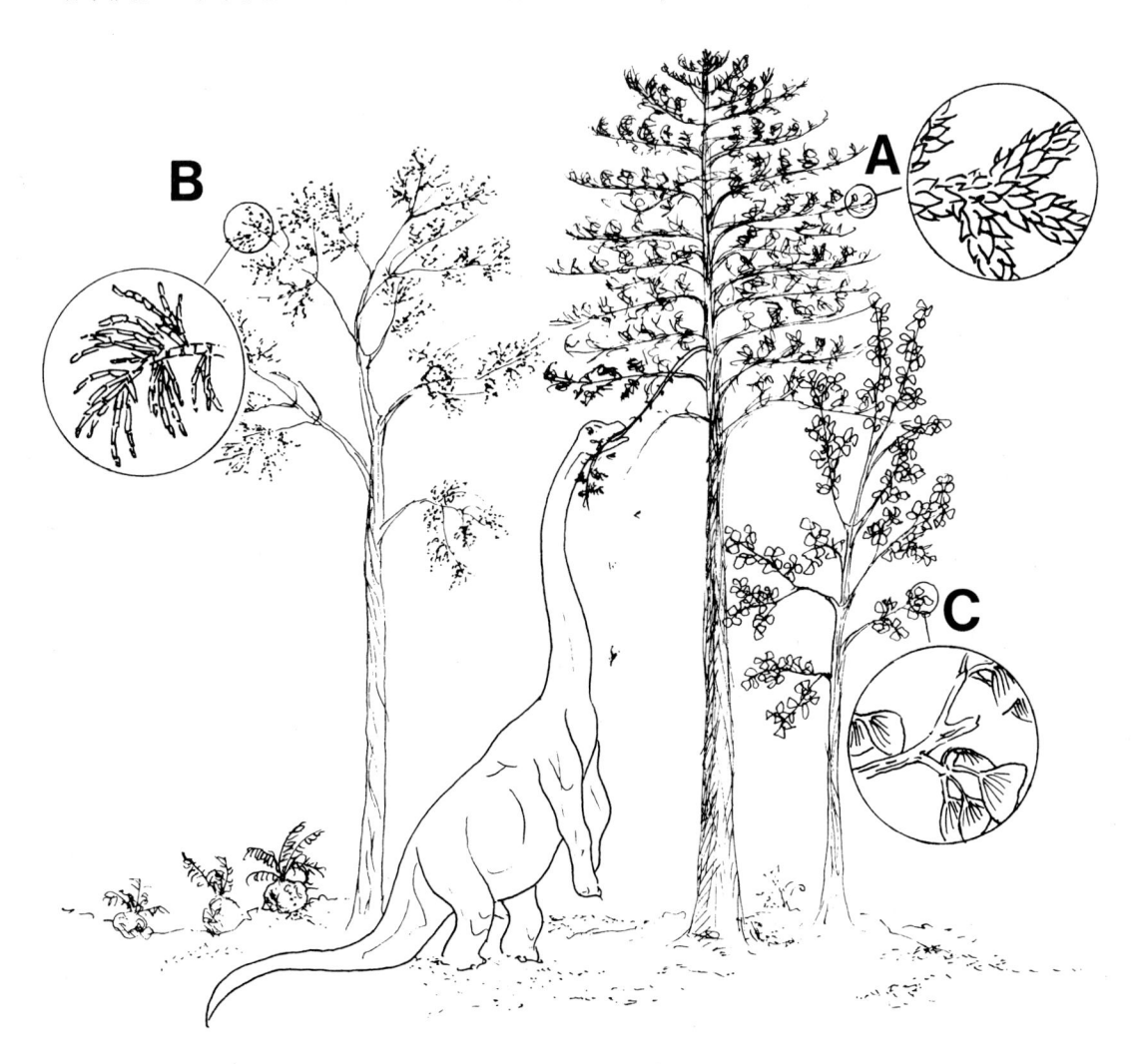

図25.3 ● 中生代裸子植物の数例
(A) ナンヨウスギ (*Araucaria*), ナンヨウスギ科の球果類. (B) プセウドフレネロプシス (*Pseudofrenelopsis*), ケイロレピディウム科の球果類 (Alvin 1983より). (C) イチョウ (*Ginkgo*), イチョウ科のイチョウ.

裸子植物は球果類である（図25.3）．これはナンヨウスギ（*Araucaria*）属とその近縁植物を含む「マツ」とその類縁で，恐竜の復元図にしばしば描かれている．しかし，中生代には他の球果類も重要であった．重要な科にはヒノキ科，スギ科，マキ科（現在ではほぼ完全に南半球に限られるが，中生代の湿気が多い地域では，おそらく重要なタイプの植物であった）などが含まれる．球果類の大きさは小さな低木から巨木まであるが，最もよく見られるのは高木である．

裸子植物の2つめの主要グループはソテツ類で，ソテツ類とシカデオイデア類が含まれる（図25.4）．前者のグループは現在も熱帯や亜熱帯で生き残っているが，後者は絶滅した．ソテツ類とシカデオイデア類には，幅が狭く，時に枝分かれしたヤシのような幹で直立した型と，樽あるいは引き延ばした半球のような低い幹の型がある．いずれの場合も，幹の頂にはバラの花冠状に分かれた葉がある．ソテツ類とシカデオイデア類は似ているが，生殖方法は大きく異なっていた．シカデオイデア類の花粉と胚珠は一般的に単一の植物の共通軸上にあったが，ソテツ類の花粉と種子をつける構造は別の植物にある．

裸子植物の他のいくつかの分岐群は中生代システムの中では明らかに重要であったが，絶滅したか，あるいは現在では非常に限られた重要性しかなく，評価がむずかしい．これらにはシダ種子類（シダのような葉で種子を持つ小型〜大型の絶滅植物），マオウ類（ふつう Mormon Tea と呼ばれるマオウを含む植物の小さなグループが生き残っている），チェカノウスキア類（変わった繁殖の特徴を持った絶滅球果類状の木のグループ）やイチョウ類（現在でも多くの街の街路樹，図25.3）などが含まれる．

これらの植物の共通点は，進化の上で目新しいことだったが，種子を持つことである．種子と陸生植物の進化の関係は，羊膜卵（羊膜動物，すなわちトカゲ類と単弓類の生殖方法）と四肢動物の進化の関係に等しい．どちらの場合も，それは重大な新機軸で，この新機軸のおかげで，これらの生物は有性生殖のための静止した水に依存しないですむようになったのである．羊膜動物の受精は卵子を持つ親の体内で起こるため，その結果である胚は保護膜（羊膜）に包まれている．胚は母親の体内に出産までとどまるか（哺乳類），あるいは，養分を含んだ殻に入った状態で母親の体外に産み落とされたあと，完全に発達してから孵化する（現生爬虫類と鳥類）．

植物の場合，この進歩は親植物が卵子のある配偶体を持っていたことを意味する．その結果が，胞子を散布するという段階を回避して，自由生活性の卵子を持つ配偶体の発生へとつながった．精子を卵子まで運ぶのは雄性の胞子または花粉粒で，大気の流れに乗って，卵子を持つ配偶体に運ばれる．花粉粒は卵子を持つ配偶体の宿主である親植物の与える水分中で発芽して精子を放出し，その精子はこの水分中を卵子まで泳いでいく．初期段階では，この結果生じる胚および親植物により与えられた栄養組織と水分は，種子を形成する保護カバーに入っている．種子は風・水・動物などにより親植物から散布され，親植物からある程度離れた好適な環境で発芽する．この一連の適応の結果，受精時に静止している水の必要がなくなり，幼植物が確立する時にもさほどの水分を必要としなくなった．原始的な裸子植物（例：シダ種子類）は生殖のため，ある程度水分への依存を続けたかもしれないが，中生代の優勢な裸子植物（例：ソテツ類，球果類など）は比較的乾い

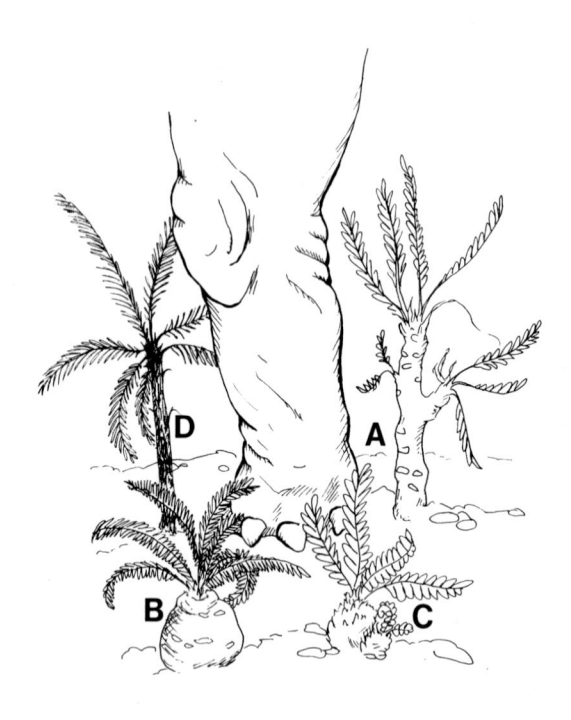

図25.4●中生代によく見られた，より小型の裸子植物の数例
（A）シカデオイデア類のウィリアムソニア（*Williamsonia*）．（B）シカデオイデア類のシカデオイデア（*Cycadeoidea*）．（C）一般化した丈の低いソテツ．（D）レプトキカス（*Leptocycas*），三畳紀後期のソテツ類（Delevoryas and Hope 1971 より）．ブラキオサウルス類の成体の足は相対的な大きさを示す．注：これらすべての分類群は中生代に存在していたが，すべてが同時期に存在したわけではない．

た場所に群体をつくることができた．このことが広い範囲にわたる陸生植物相の出現につながった．

　裸子植物は植物食恐竜の食物としてはどうであっただろう？　現在わかっている限り，中生代と現生のすべての裸子植物は樹木または低木で，幹は枝分かれし，生長点は地上にある．根茎による栄養生長で素早く群体をつくれるような「草本性」のものは全くなく，栄養生殖の他の型が見られるものも数属に限られている．したがって，裸子植物が新しい個体を定着させるのは種子に依存し，一般的には，地中の芽から再生長することで外部からの障害に対応することはできない．

　現生裸子植物には生長がかなり速いもの（例：マツの数種）と，生長や障害への反応が遅いもの（例：ソテツ類，他のいくつかの球果類）がある．現生および化石証拠によると，多くの裸子植物の樹皮は厚く，葉は丈夫で抵抗力があり，棘で覆われていることがしばしばある．また，一般的には，分解や消化がむずかしく，細胞膜の厚い細胞に富んでいる．また，現生裸子植物の葉は消化できない化学成分や樹脂の豊富なこともしばしばである．このような一般論には例外もある．英国のジュラ紀のヨークシャー・デルタから産出したソテツ類の葉は厚いが，丈夫とも抵抗力があるとも思われない（P. Crane 私信, 1994）．同様に，中生代の高緯度域でよく見られた落葉樹イチョウの葉はやわらかだったが，樹脂はそれほど多くなかった．絶滅した球果類ケイロレピディウム類は，中生代中期から後期にかけて，当時の低緯度域にかなりの数が自生していたものと思われる．水分の多い葉をかなり持っていたようだが，その化学成分や生長率は全くわかっていない．

　かなりの高さ，厚い樹皮，高い樹脂含有量，丈夫な葉といった一般的な特徴と，乾燥した環境，しばしば自然火災が発生するような環境，そのいずれか，または両者で生育する現生植物との間には，しばしば相関が見られる．中生代初期から中期にかけては干ばつや火災が起こりがちだったと思われ，そのため当時は裸子植物が優勢になり，その結果，植物食恐竜の得られる食物の性質を決定する役割を果たしていたかもしれない．地下根茎を持つシダ植物，特にシダ類には，季節的な湿潤気候の乾期の自然火災が有利に働いたとも考えられる．

　植物食恐竜の観点からすると，種子が広範囲に散布されるという理由からだけでも，裸子植物はおそらく最も重要な食料源になったであろう．しかし，一般的には，中生代裸子植物の葉には抵抗力があり，化学成分を豊富に含んでいたので，十分な栄養をとるにはかなりの量の葉を食べる必要があったと思われる．さらに，中生代の裸子植物は一般的に生長が遅く，地下根茎がなかったらしいので，このことは，植物食恐竜がある1本の植物なり1か所の立ち木で採餌する際には，次の訪問との間隔が比較的長くなければならなかったことも示唆している（Bond 1989；Midgley and Bond 1991）．

● 被子植物

　被子植物すなわち顕花植物は，維管束植物中，最も新しく進化した主要グループである．現生では，被子植物が約22万種あるのに対し，裸子植物は約750種，シダ植物は1万〜1万2000種である．被子植物が最初に登場したのは白亜紀中期で，その後分化し，白亜紀末までには世界の植物相で優位に立っていた（Niklas et al. 1985；Lidgard and Crane 1990）．被子植物が単系統（ある一つの共通祖先の子孫）であるのはほぼ確かだが，その起源は明らかではない．ある特定の性質に基づいて被子植物を定義づけるのはむずかしい．一般的に論じる場合は，被子植物には花があることから「顕花植物」ということになる．このことはしばしば昆虫による受粉と関連づけられる．しかし，昆虫による受粉という特徴は一部の裸子植物にも見られる．本章では被子植物の位置を裸子植物内に組重ね式におさめて表し，種子植物の「進化した」グループとして考えるのが最善だと思う（図25.1）．

　最も初期の被子植物は草本性だったと思われるが，すぐに分化し，広範な生態的地位や生長形態を有するようになり，一般的には，生長が速く，食害にも強いという「速く広がる」生態で特徴づけられる．植物食恐竜の食物としての関心の上で重要なのは，概して，被子植物は裸子植物より生殖も生長も速くなるようなライフサイクルと植物体の変異を持つことである（Stebbins 1981；Bond 1989；Midgley and Bond 1991）．さらに，すべてではないが，多くの被子植物には地下の根茎または根からの発芽能力があり，有性生殖をせずに広範囲に群体をつくることができ，食べられても回復できる．被子植物はかなりさまざまだが，一般に裸子植物より葉の水分が多く，消化できない化学成分も少ないといってよいだろう．

　いくつかの点で，被子植物は植物食恐竜の願望に対する回答であった．種子を持つため，非常にさま

ざまな土地で生育し，したがって，ほぼ至るところで入手可能であった．ライフサイクルが速く，生長率が速く，栄養生殖ができるため，集中的に食べられても比較的にそれに耐えられた上，食べられたあともすぐに再生できた．このような特徴のすべてが，裸子植物に比べ，被子植物がより多くの植物食恐竜を支ええたことを示唆している．また，被子植物は裸子植物より，生長形態も生育地の生態もさまざまである．その結果，被子植物の登場後，おそらく世界のより広い範囲でこれらの植物が生育するようになり，恐竜が生息した3次元的な環境を変えたようである．

●時代をとおしての古植物相の変遷

陸生植物相は時代をとおして同一だったわけではない．古生代後期には，各大陸の位置と世界的な気候との相互作用から，湿度を好むシダ植物の生育に適した場所が多数でき，シダ植物が陸生の植生で優勢を占めた．しかし，ペルム紀後期以降，超大陸パンゲア形成が気候に与えた影響から，地球の気候は一般により乾燥化し，より季節的になった（「大陸性気候」）．このため，当時のシダ植物の生殖サイクルは次第にストレスにさらされるようになり，ペルム紀後期と三畳紀前期には，古生代後期に優勢であったシダ植物が大量絶滅するとともに，陸生植物相の裸子植物の重要性が増してきた（図25.5；Niklas et al. 1985）．

三畳紀の裸子植物で優勢であったのは，球果類，シダ種子類，初期のソテツ類，および，これらほど理解の進んでいないさまざまなグループである．これらの分岐群はジュラ紀から白亜紀にかけて分化した．シダ種子類は中生代の間に次第に重要性が薄れ，白亜紀には姿を消した．一方，ソテツ類は分化し，ジュラ紀に次第に重要性を増したのち，白亜紀に衰退した．球果類も同様で，ジュラ紀から白亜紀前期にかけて分化し，白亜紀後期に多様性が衰え始めた（Niklas et al. 1985；Lidgard and Crane 1990）．

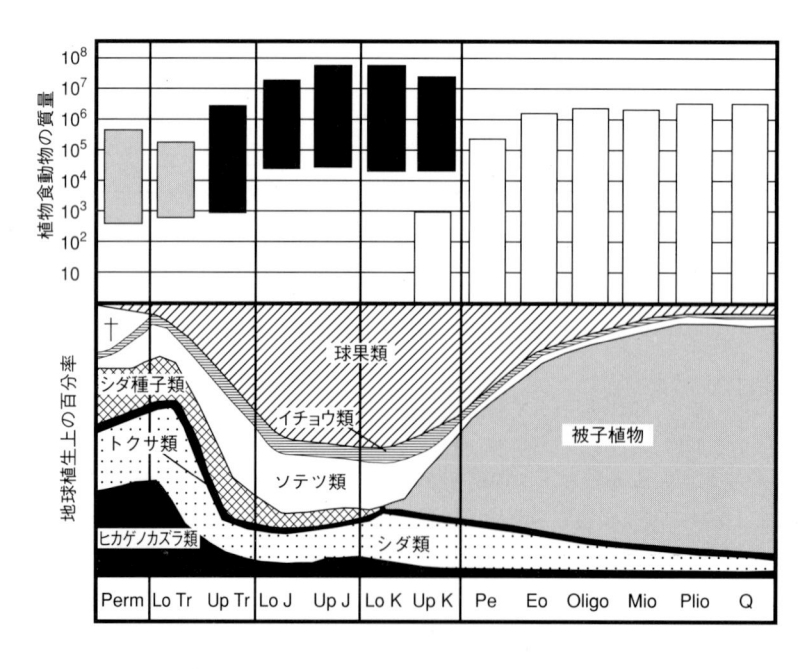

図25.5●維管束植物のさまざまな主要グループ（名称つき）が中生代と新生代の植物相に占めた割合の変化 恐竜以前の植物食動物（網点棒グラフ），植物食恐竜（黒棒グラフ），植物食哺乳類（白棒グラフ）の体質量の範囲と対照して図示．哺乳類が厳密な植物食の特徴を示したのは白亜紀最後期であり，それ以前の時代には図示されていないことに注意．植物食動物の質量を示す縦軸はグラムの対数目盛；10^6＝1メートルトン（1000 kg）．時代を示す横軸は1次ではなく概略．
略号：Perm：ペルム紀，Lo Tr：三畳紀前期，Up Tr：三畳紀後期，Lo J：ジュラ紀前期，Up J：ジュラ紀後期，Lo K：白亜紀前期，Up K：白亜紀後期，Pe：暁新世，Eo：始新世，Oligo：漸新世，Mio：中新世，Plio：鮮新世，Q：第四紀．恐竜のデータは主に Norman 1985 により，Tiffney 1989 を改変．植物のパターンは Niklas et al. 1985 および Lidgard and Crane 1990 を略図に改変．

三畳紀後期と特にジュラ紀に超大陸パンゲアが分裂し，その結果として大陸性気候の優勢な地域が世界的に減少したことに対応して，現代のシダ類系列のいくつかが進化した．

白亜紀後期に被子植物が登場し優勢を占めるようになったが，これは生長機能および生殖機能の特徴に依存していた．被子植物は生殖サイクルと生長率が比較的に速いので，特に食害を受けた場所に群体をつくる能力という点で，裸子植物より有利だったのかもしれない（Bond 1989）．その結果，裸子植物の分布は，次第に，被子植物にはより不利な自然の特徴（低日照，低温，養分不良）を持つ辺境の地に限られるようになった．さらに，被子植物は昆虫によって受粉し，種子が脊椎動物によって散布されることがしばしばある．この2つの特徴は遺伝子拡散率，したがって，種分化率に影響を及ぼすことがある．これが，動物と被子植物の関係から，被子植物は裸子植物より種分化能力が高く，したがって，進化上の柔軟性も高いという仮説を生んだ（Stebbins 1981）．しかし，この仮説には疑問も唱えられている（Midgley and Bond 1991）．

●古植物地理学

さまざまな種類の植物が中生代の地球に均一に分布していたわけではない（簡潔な概要に関してはMeyen 1987：313–323，詳細に関してはVakhrameev 1991を参照）．中生代をとおして，緯度による気候勾配と大陸の位置の移動は，異なった種類の植物分布と，その結果生じた植生に影響を及ぼした．地球規模での中生代の植生の型式を総合的にとらえる試みはまだ初期段階にあり，出典が異なると詳細も異なってくる．さらに，このような化石植物相についての知識も，現在の南半球より，現在の北半球の諸大陸に関するものの方がはるかに進んでいる．したがって，以下に述べる一般論の多くは，今後の研究によって誤りであることが証明される可能性はある．

中生代全体では，両極地域の気候は赤道地域と比べて，比較的に穏やかで湿気が多いという型式で区別される．赤道地域は一般的により温暖で乾燥しており，時としてひどく乾燥する傾向があった．赤道地域では，しばしば，乾燥に適応した球果類やソテツ類が優勢を占めた．一方，両極に向かっての植物群落は，湿度が必要な球果類，その他の裸子植物（例：イチョウ類，チェカノウスキア類）とシダ植物が次第に優勢になった．乾燥した赤道帯は三畳紀後期からジュラ紀中期にかけて次第に発達し，白亜紀後期まで，この状況はほとんど変化なく続く．一部の研究者はこの乾燥帯がジュラ紀後期に劇的に拡大したのち，白亜紀前期に収縮したと示唆した（Hallam 1984, 1993；Vakhrameev 1991）のに対して，Ziegler et al.（1993）は，これは世界的な実際の気候変化の作用というよりは，むしろ，北半球の各大陸が乾燥帯を通過して「漂移」した結果であると示唆している．被子植物は白亜紀前期の後半に赤道帯の乾燥地方で最初に登場し，白亜紀後期の初期までには両極まで急速に分布を拡げ，存在していた球果類群落を侵略し，その過程でソテツ類，シダ類や，まだよくわかっていない複数の植物グループと入れかわった（Saward 1992；Spicer et al. 1993）．

われわれは現在のなじみあるものから過去を想像する傾向がある．しかし，その場合，過去を現在に置き換えないよう注意することが必要である．したがって，三畳紀から白亜紀にかけての復元画の多くが，当時の地球は現代の地球と同じように植物が絶えず密生した惑星のように描いているが，これにかわるさまざまな仮説が考慮されるべきである．大陸配置，世界規模の気候，中生代に存在した植物のタイプといった組合せは，現在の「熱帯雨林」に相当するような植生単位が存在しなかったことを示唆している（Saward 1992；Ziegler et al. 1993）．むしろ，低・中緯度のほとんどの諸大陸で，少なくとも季節的な乾燥に適応した植生が不連続に存在した．赤道域と亜赤道域の植物食動物にとって，海岸や河岸の低地は十分な食物が存在したであろう．しかし，内陸や高地の植生はよりまばらで，その他の点では不毛で，おそらく植生が貧弱な環境に散在していることを知ったであろう．より高緯度域になると水分が得やすくなるため，植生はより連続的で，より生産力があったようである．両極の植生はおそらく落葉性だった（Saward 1992；Spicer et al. 1993；Ziegler et al. 1993）．最もさまざまな恐竜化石が発掘されているのは中生代の南北両半球の中緯度域なので，恐竜の分布はこの植生様式に対応していたらしいことが非公式に示唆されている（Hallam 1993：296のJ. M. Parrishの論評を参照）．こういった分布様式が対比できる反面，認められている恐竜分布は，恐竜が本来生息していたすべての場所というよりは恐竜化石が収集された場所の投影である可能性もある．

●恐竜と植物：基本概念

中生代植物の生活を推論したのと同様に，化石の形態学的および地質学的状況，そして，爬虫類（King 1996）と哺乳類両方の植物食現生脊椎動物の生物学から，中生代の植物食動物の生活を推論しなければならない．現生生物からは，植物食動物について2つの大まかな一般論を導き出すことができる．

まず，食物利用の効率はその消化のよしあしに依存している．食物としての植物は消化しにくいもの（大部分の葉，樹皮）とかなり消化しやすいもの（果実，種子，デンプンに富む一部の根）に大別できる．後者からエネルギーを得るためには，植物食動物は保護している外皮をかみ破り，その中身を軽くかみさえすればよい．しかし，葉を消化するためには，葉の細胞壁を機械的に分解し，細胞の中身をむき出しにするか，あるいは，長時間，消化管中に葉をとどめ，その細胞壁を分解できる微生物の発酵にさらす必要がある．恐竜の中には石（胃石）を飲み込んだと思われるものがあり，その胃石は消化管内に保たれていた（Stokes 1987）．胃石は次の2つのうち，どちらかの方法で，消化を助ける機能をしたであろう．古典的な考えでは，胃の筋肉の動きで石同士がぶつかりあい，そのことによって胃中の植物素材が砕かれたとされている．これにかわる案としては，胃石は胃の内容物を混ぜ合わせる働きをし，その内容物をより完全に消化するとされている（Gillette 1994）．また，頑丈な植物素材は砂嚢のような構造物，ひいては，筋肉質の素嚢で分解された可能性もある（Farlow 1987；Gillette 1994）．しかし，このような軟部の証拠は化石記録では発見されていない．

次に，食物の品質と植物食動物の大きさには関連がある．現生の大型植物食動物は多量の食物を必要とする．高品質の食物品目（果実，種子）は環境中の広い地域に散在するため，大型植物食動物にはそれらを探し出す余裕がなく，簡単に入手できるが低品質の食物を多量に消費する傾向がある（Mellett 1982；Farlow 1987）．このことで，大きな身体と低品質の食物という関連がおのずと補強されることになる．より大量の食物を摂取するには，より大きな胃が必要になる．さらに，食物が発酵するには胃の中に長くとどまる必要があり，より大きな胃はいろいろな消化段階の食物をとどめることが必要になる．この2つの要素が，より大型のすべての動物を支配している．このような大型植物食動物は「植物まるごとの捕食動物」となり，植物のかなりの部分を消費し，その生育域の植生に長期的に多大な影響を与える．例えば，アフリカの禁猟区にいるゾウ類は，樹木を大量に食べることで，森林を草原に変えたりする．

これと対照的に，現生の小型植物食動物はそれほど多量の食物を必要とせず，環境中に散在する果実や種子のような高品質の食物品目を探し出す余裕がある．その結果，小型植物食動物は食物の選択がより特殊化し，個々の植物器官段階の植物捕食者になる傾向がある．このことが，授粉あるいは果実や種子の散布を含む，植物・動物間の特定の相互作用に対して新しい可能性を生んでいる．

植物食動物と植物との相互作用におけるこれらの原則は，恐竜時代をその後に続く哺乳類時代と区別する上で重要である．なぜなら，植物食動物の大きさと食物として入手できる植物の性質が，中生代と新生代では異なるからである（図25.5）．

●三畳紀後期

三畳紀は，特に赤道域と南方の高緯度域で，シダ種子類・シダ類植物相から球果類・ソテツ類植物相へ及ぶ大きな変遷があった．三畳紀前期の植生には比較的やわらかい葉を持つ多様な植物があり，その高さは草本から低木，高木に至るまでさまざまであった．三畳紀後期に広がった球果類・ソテツ類植物相は，一般的に，自衛のための化学成分に富み，より丈夫で，しばしば棘のある葉を持つ植物が優勢を占めた．球果類の多くでは，その葉は木についていた．植生におけるこのような変化は，おそらく，前述したように，超大陸パンゲアの形成に伴う大陸性気候の広まりが原因であった．

この植物相上の変化は，植物食四肢動物の変遷と対応するものと思われる（Benton 1983）．三畳紀前期と中期に優勢だった植物食動物は獣弓類で，獣弓類は比較的小型で（最大でブタくらい），採餌範囲が地上数フィート以内になる傾向があった（Zavada and Mentis 1992）．これとは対照的に，三畳紀後期に生息した初期の恐竜類には，数種の小型鳥盤類の植物食恐竜もいたが，その一方ではプラテオサウルス（*Plateosaurus*）やメラノロサウルス（*Melanorosaurus*）などの非常に大型で，高所で採餌する古竜脚類の植物食恐竜も存在し，ジュラ紀から白亜紀前期の植物食恐竜群集の舞台を構成していた（Galton 1985）．これらの初期の竜盤類植物食恐竜が到達した大型体

型は，新しく優勢になった植生が「低」品質だった直接的な結果かもしれない．

●ジュラ紀から白亜紀中期

　三畳紀から白亜紀を通じて多種の「小型」植物食恐竜（体重数十～数百 kg）がいたが，留意すべき点が2つある．まず，最も小型の植物食恐竜とはいえ，現生哺乳類や鳥類中の最も小型の植物食脊椎動物より，おそらく2ケタは身体が大きかった．次に，これらの「小型」植物食恐竜がいたが，中生代の陸上生態系は，支配されてはいなかったとしても，大型植物食恐竜の極めて強い影響を受けていた．このことは，ジュラ紀から白亜紀前期にかけての地球全体について，また，白亜紀の後半に北半球で小型鳥盤類が放散したあとの，南半球の白亜紀後期について特に当てはまる．

　大型の植物食恐竜は少なくとも地上 8～10 m，Bakker（1978, 1986）が示唆したように後肢で立ちあがり尾でバランスをとれたとすると，あるいは地上 15 m での採餌が可能だったであろう．しかし，後肢で立ちあがるのはあまり見られない行動であったかもしれない（Dodson 1990 a）．このような高所での採餌は，大型竜脚類が，通常，木々の葉を食べていたことを示唆し，その場合，ほとんどすべてが球果類だったようである．一部の研究者は，常に高い位置を保った頭に十分な血液を送り続けるむずかしさに言及し，この高所での採餌という型式に疑問を唱えている（Dodson 1990 a）．これにかわるものとして，竜脚類はある1点に立って，低所の植生を広範囲にわたって食べていたという仮説が提示された．実際，一部の研究者は，竜脚類は広い範囲に及ぶ「シダ類の大草原」で採餌したと示唆している（Coe et al. 1987）．シダ植物は中生代の湿潤な地域ではよく見られたが（Krassilov 1981；Saward 1992；Spicer et al. 1993），現生の芝のように，そして，「大草原」という語が意味するように，シダ植物が中生代の各大陸の乾燥した内陸で広範囲に生息していたということは考えにくい．そこでもう一度，過去は現在と同じではなく，被子植物登場前の世界には広範囲の植生がなかったかもしれないことを思い出す必要がある．したがって，低木の植生（ソテツ類，シダ種子類，一部の球果類）が確かに利用でき，消費されたことに疑いはないが，竜脚類は「高所での採餌」だけではなく，木々を含む何段階かの高さにある食物を利用したのではないかと筆者は考えている．実際，低いところで採餌する鳥盤類が被子植物の登場したあとに放散したことは（以下参照），被子植物出現以前の「低所」にある食料は重要な資源ではなかったことを示唆している．

　大型植物食竜脚類の歯は木釘のようで，その歯は咬合せず，食物をかむことはできなかった．恐竜は枝をくわえてから頭を引き，その過程で葉を食いちぎるといった形で，歯を「熊手」のように使ったと思われる．最も入手しやすい裸子植物の葉は低品質で，特に古緯度での低・中緯度に当てはまるが，消化できない化学成分の含有量が高く，また，これらの竜脚類が効果的に咀嚼できなかったこともあり，植物素材の分解は胃の中で行われたと思われる．これらの竜脚類は身体が巨大だったため，比較的に消化しにくい食物を大量にとり，体内に長時間とどめておけたであろう．そのため，微生物による発酵で強い細胞壁を分解し，有機体維持に十分な栄養を抽出できたと思われる（Farlow 1987）．砂嚢とか筋肉質の素嚢，あるいは，胃の中で胃石をすり合わせるといった機械的な分解が，消化を助けていたかもしれない．また，身体が巨大なことで可能になった大量の採餌・消化に要する長い時間・微生物による発酵などのおかげで，恐竜は消化を妨げる化学成分の効果をかなり軽減できたかもしれない（Farlow 1987）．おそらく，高緯度の植物群落は，より多様性を持ち，より密生していたため（Saward 1992；Spicer et al. 1993；Ziegler et al. 1993），よりよい食物源になったであろう．さらに，前述の仮説から，高緯度域に生息する最大の植物食恐竜は，より低緯度域に生息するものより，いくぶん小型であったにちがいないものと推測される．

　もし，植物食恐竜が植物との相互作用の結果でかなり大型化したとすると，同時代の肉食恐竜がそのような植物食恐竜に対応するため，大型に進化したとしても驚くには当たらない．したがって，大型捕食恐竜の身体の大きさを，ジュラ紀の植物群落の性質に帰することができるかもしれない．

　これまで，生態学的に重要な大型植物食恐竜に焦点を置いてきたが，より小型の植物食恐竜はより地表に近いところで採餌していたにちがいない（例：一部の古竜脚類，ステゴサウルス Stegosaurus，より小型の一部鳥盤類）．このような恐竜の多くは，球果類やソテツ類の丈夫な葉という，前述の食物の低品質問題に取り組まざるをえなかったようである．しかし，恐竜によっては，よりやわらかい葉を持つシダ種子類，シダ植物，その他の裸子植物を食

べることで，消化量を維持するといった要求に直面しなかったとも見られる．ソテツ類や一部の球果類の巨大な種子を食べた恐竜さえいたかもしれない（Weishampel 1984）．植物食恐竜である竜脚類の若い個体は，大量の食物が必要になり，より低品質の食物に頼らざるをえなくなるまで，より高品質の食物を食べた可能性もある．しかし，もし恐竜の代謝が哺乳類や鳥類より低かったとすると，このような傾向は哺乳類や鳥類におけるほど顕著ではなかったかもしれない（Farlow 1987）．

優勢だった植物食竜脚類の大きさそのものを，少なくとも高緯度域のジュラ紀の植生が（現在と比べると）比較的散在していたこと，食物としては低品質だったことと合わせ考えると，いくつかの興味深い疑問が生じてくる．ジュラ紀のある時点に何頭の植物食恐竜がいたか？ 現在の現生植物食哺乳類とほぼ同数か？

現在の世界では，ある動物の身体が大きくなるほど，その種の総個体数は少なくなることが観察されている（Peters 1983）．また，入手できる食物の質が悪いほど，その食物で維持できる総個体数が少なくなることも認められている．ジュラ紀の多くの植物食恐竜の巨大さ，入手できる食物の比較的低い品質，その限られた分布，そして多様性の低さ――これらから3つの予測が考えられる．第一に，現在の植物食大型哺乳類の種数に比べ，植物食大型恐竜の種数は少なかったと思える．第二に，竜脚類のそれぞれの種内部の個体数は比較的少なかったと思える．第三に，ある種内の各個体は，生きるに必要な食物を入手するため，非常に広範囲に及ぶ渡りをしなければならなかったと思えることである．

いくつかの分野から，これらの仮説を無効とはしない状況証拠があがっており，三畳紀後期から白亜紀中期の陸上生態系の本質は，第三紀と現在の生態系の本質とはかなり異なっていたことを示唆している．まず，恐竜の分類学的多様性は，化石哺乳類と比べてはるかに低い．Dodson（1990 b）は，恐竜が優勢だった1億6000万年間，恐竜の属数は900～1200，種数は約1100～1500，すなわち，100万年当たり約7～9種と推測した．対照的に，第三紀から報告されている化石哺乳類の属数は約3000である．現生哺乳類の1属当たり約4種を想定すれば（Nowak 1991），この6500万年という期間に3000（最も控えめな見積もり）～1万2000種，100万年当たりでは46～185種の存在したことが示唆される．化石保存上のさまざまな偏りを見込んだにしても，前述の数値は，恐竜の単位時間当たりの種の多様性は哺乳類で比較した期待値より，はるかに低かったことを示唆している．北米にある恐竜の連続歩行跡化石は，大型の植物食竜脚類は長距離の渡りをしたらしいこと（例：Dodson 1990 a），そして，それぞれの群れはさほど大きくなかったことを示唆している．これは，ある種内の個体数が少なかったことについての証拠としては弱いが，対照的に，白亜紀後期の一部恐竜の群れには多数の個体が含まれていたことの明白な証拠にはなっている（以下参照）．

しかし，これらの推測は2つの（それ以上ではないにせよ）基本的な仮定に基づいている．第一に，恐竜はどのような生理機能（あるいは複数の生理機能？）を持っていたか？ 植物食の竜脚類は内温動物だったか，不活発な定温動物だったか，それとも外温動物だったか？ 外温動物であれば，内温動物である現生哺乳類に比べ，必要な食物量は少なかったかもしれない．もし，不活発な定温動物であれば，必要な食物量を見積もる基礎になる大型陸上で不活発な定温動物が全く現存しないという困難さがある．第二に，大型竜脚類のような大きさの生物体にとって，その大きさは必要カロリーにどのような影響を及ぼすか？ 現生動物の研究から，基礎代謝率は，上限のゾウに至るまで，身体が大きくなるにつれて直線的に低下することが証明されている（Peters 1983；Schmidt-Nielsen 1984）．しかし，平均的な植物食恐竜ほど大きな現生植物食動物は存在しないため，この基礎代謝率と身体の大きさの関係が，ゾウの10～20倍の大きさまで直線的に保たれるかどうかは確かめようがない．しかし，たとえ，植物食の竜脚類が現生哺乳類に匹敵する生理機能を持たなかったにせよ，竜脚類が依然として中生代の森林倒伐に侮れない影響力を持ったことはありうるであろう．

● 白亜紀後期

植物食恐竜と植物の関連性は，被子植物の出現と多様化に伴って劇的に変化した．実際 Bakker（1986）と Wing and Tiffney（1987）は，恐竜が植物食で食べ荒らしたことが選択的に働き，生長が速く，栄養生殖のできる，食害に強い種子植物――換言すれば被子植物の登場につながったのかもしれないと述べている．白亜紀後期までには，被子植物は裸子植物やシダ類に比べ，はるかにエネルギー価が高く，多様性に富む食物源を提供していた．被子植物は生息地や高さ，形状などの点で，より多様化しており，

障害からの回復も速く，消化の妨げになる構造や化学成分も少なかった．被子植物がつくり出した植生の厳密な性格は，まだ解明途上にある．被子植物が白亜紀後期までに地球上で分類学的に最も多様化した植物になったこと（Lidgard and Crane 1990），そして，赤道域から両極域に至る植物群落中に存在したこと（Saward 1992；Spicer et al. 1993）は明白である．しかし，被子植物が実際にどのくらいの速さで，地球上の植生を物理的に支配するに至ったかは不明である．このように高い多様性は，少なくとも地球の一部の地域では，少ない個体数の中で生じた可能性もある（Wing et al. 1993）．

白亜紀後期には，ハドロサウルス類や角竜類を含む鳥盤類の大放散も起こっている．鳥盤類と被子植物の放散が平行して起こったことは，被子植物が鳥盤類の放散を裏書きしたという仮説を示唆している（しかし，疑問を唱える研究者もいる：Insole and Hutt 1994 参照）．この仮説を支持する状況証拠はいくつかの分野で得られている．第一に，新しく登場した鳥盤類恐竜は，それ以前の植物食竜脚類よりも低所で採餌したが（Bakker 1978），これは白亜紀被子植物の多くが持つ，草本，低木，または小型の樹木という植物の高さに適合している．第二に，鳥盤類はそれ以前の竜脚類（10～50 t）に比べ相対的に小型な植物食恐竜であり（1～10 t），胃の中の発酵所要時間がより短くてすむ，より消化のよい食物源が要求されたことを示唆している．第三に，北米でほぼ同時に各種の動物相が存在した場合（Lehman 1987），球果類が優勢だった地域は植物食竜脚類（アラモサウルス *Alamosaurus*）が豊富な動物相を，一方，被子植物が優勢だった地域は鳥盤類植物食動物相を保持していた．このことは，植物食恐竜と食物類型間の関連を示唆している．

最後に，恐竜の多様性には2つの変化が生じた．Dodson（1990 b）は，恐竜記載種のほぼ50％は恐竜が存在した最後の2000万年間のものであると述べているが，このことは白亜紀後期に種分化がかなり飛躍したことを示唆している．このことにより，白亜紀後期以前の恐竜の種数と第三紀の哺乳類の種数との対照はいっそう顕著になる．さらに，恐竜の一つの種の個体が大量に死んだことを示す大量死化石現場は，白亜紀後期からしか発見されていない．最も劇的な事例は，植物食のカモノハシ恐竜マイアサウラ（*Maiasaura*）の1万個体にも及ぶ群れを含む産地で（Weishampel and Horner 1990），その他の植物食恐竜の多数の個体を含むボーンベッドも知られている（例：Currie and Dodson 1984）．

被子植物の登場がこの鳥盤類放散の唯一の要素であったわけではなく，鳥盤類進化上の変化もその役割を果たしていた．多くのハドロサウルス類は咬合する歯を，角竜類は刈りとる働きをする歯を持ち，飲み込む前に植物素材を分解できた（Norman and Weishampel 1985；Weishampel and Norman 1989）．このことにより，消化率と食物消費の単位当たり獲得エネルギーが増加し，このような植物食恐竜のいっそうの成功と，より小型であることに有利になった．しかし，植物食竜脚類の場合と同じで，いくつかの疑問が残る．例えば，このような植物食鳥盤類恐竜の生理機能は，植物食大型竜脚類の生理機能と同じであったか，あるいは，植物食恐竜の多様性と身体の大きさの変化の一端は，まだ認められていない生理機能の変化に負うものか？

被子植物の登場はちがう形でも恐竜の環境に影響を与えたであろう．ジュラ紀の地球上の植生は，おそらく，低・中緯度域では樹木同士の間隔が広いか，樹木が断片的に存在するような広大な地域を含み，開けた植生を形成していたであろう．実際，よく知られているジュラ紀の恐竜産地の多くは，開けた植生と関連している（Krassilov 1981；Saward 1992；Ziegler et al. 1993）．このことは，大型植物食動物と開けた環境が関連を持つ現代に近似している．

被子植物は，登場後，いっそう密生した植生，そして，裸子植物とシダ植物だけの場合より，多様な種からなる植生をつくり出したと推定される．この変遷の性質は研究が活発な分野である．Wolfe and Upchurch（1987）は，白亜紀の被子植物群落は「開けた森林地」で，以前の裸子植物より密集し，広範囲にわたる植生を形成していたと提唱している．しかし，Wing et al.（1993）は，完全にシダ類が優勢だった白亜紀後期の植生について述べ，少なくとも白亜紀後期の北米西部の一部地域では，高い湿度のため，少なくとも局部的にはシダ類が優勢な植生を形成していたと示唆している．もし，被子植物の放散が本当に白亜紀後期の3次元環境を変化させたとすると，この変化は竜脚類から鳥盤類への変遷，白亜紀後期における鳥盤類の進化，そして，白亜紀から第三紀に起こった恐竜絶滅にどのような影響を与えたのであろうか？　最後の疑問については，ますます密集した植生が発達したことで恐竜個体群がさらに分断され，恐竜が絶滅しやすくなったのかもしれない．

第三紀初期に，密生した被子植物森林といった現在的な外観を持つ植生の初登場を見る（Tiffney 1984）．第三紀初期には，また，鳥類と哺乳類の大放散も起こった．これらの植物食動物は以前の植物食恐竜に比べて小型で（図25.5），新しく進化した被子植物森林の周辺部よりは，むしろ，その3次元構造「内」に適合した．小さな身体は被子植物のさまざまな器官を採餌するのに都合よく，以前の恐竜時代とは非常に異なる植物食動物・植物間の相互作用をつくり出した．実際，中生代の陸上生態系と新生代および現在の陸上生態系との最も基本的な相違は，植物・動物間の相互作用の規模にある．中生代は，開けた植生と，植物をまるごと食べる「植物捕食者」の働きをする大型植物食動物を伴った．新生代初期に，植物のさまざまな器官を食物にする，より小型の植物食動物の住み家となる密集した植生が登場した．「植物をまるごと食べる」という捕食方式は，より開けた被子植物群落が第三紀後期に進化するまで，再出現しなかった．

これまで述べてきた中生代植物の説明は，一般的に認められている情報を要約したものである．しかし，中生代植物と恐竜間の相互作用および相互関係についての説明は，推測の度合いがはるかに高い．なぜか？ 10年前の古植物学者と古脊椎動物学者は，中生代陸上生態系の2つの重要な要素であるこの両者間に，どのような相互作用があったかという疑問を無視しがちであった．もはや，そのようなことはなくなったが，この分野はまだ揺籃期にある．これまで，多数の様式が認められ，その観察を説明するためにいくつかの仮説が提唱されてきた．しかし，仮説には検証・修正・再検証が必要であり，観察を待つ様式はいくつも存在する．将来の古生物学者を楽しませ，かつ，欲求不満に陥らせることがたくさんある！

初期の観察から明白なのは，三畳紀後期から白亜紀中期にかけての植物と植物食恐竜間の絶えず変化する相互作用は白亜紀後期のものとは異なっており，また，その両者とも，第三紀と現在における鳥類・哺乳類・被子植物という植物食動物と植物間の相互作用ともかなり異なっているということである．読者は，恐竜時代は「現在とそっくり」で，単に鳥類と哺乳類のかわりに恐竜がいたにすぎないと考えて，本章を読み終わってはならない．むしろ，恐竜時代は独自の方法で機能した独特の生態系としてとらえられるべきで，そうすることで，この惑星上にかつて存在した既存のものとは異なる一つの世界の興味深い様子がうかがえるであろう（Tiffney 1992）．

● 文　献

Alvin, K. L. 1983. Reconstruction of a Lower Cretaceous conifer. *Botanical Journal of the Linnean Society* 86：169–176.

Bakker, R. T. 1978. Dinosaur feeding behavior and the origin of flowering plants. *Nature* 274：661–663.

Bakker, R. T. 1986. *The Dinosaur Heresies：New Theories Unlocking the Mystery of the Dinosaurs and Their Extinction*. New York：William Morrow.

Benton, M. J. 1983. Dinosaur success in the Triassic：A non-competitive ecological model. *Quarterly Review of Biology* 58：29–55.

Bond, W. J. 1989. The tortoise and the hare：Ecology of angiosperm dominance and gymnosperm persistence. *Biological Journal of the Linnean Society* 36：227–249.

Coe, M. J.；D. L. Dilcher；J. O. Farlow；D. M. Jarzen；and D. A. Russell. 1987. Dinosaurs and land plants. In E. M. Friis, W. G. Chaloner, and P. R. Crane（eds.）, *The Origins of Angiosperms and Their Biological Consequences*, pp. 225–258. Cambridge：Cambridge University Press.

Currie, P. J., and P. Dodson. 1984. Mass death of a herd of ceratopsian dinosaurs. In W.-E. Reif and F. Westphal（eds.）, *Third Symposium on Mesozoic Terrestrial Ecosystems, Short Papers*, pp. 61–66. Tübingen：ATTEMPO Verlag.

Delevoryas, T., and R. C. Hope. 1971. A new Triassic cycad and its phyletic implications. *Postilla* 150：1-14.

Dodson, P. 1990 a. Sauropod paleoecology. In D. B. Weishampel, P. Dodson, and H. Osmólska（eds.）, *The Dinosauria*, pp. 402-407. Berkeley：University of California Press.

Dodson, P. 1990 b. Counting dinosaurs：How many kinds were there? *Proceedings of the National Academy of Sciences*（USA）87：7608-7612.

Doyle, J. A., and M. J. Donoghue. 1986. Seed plant phylogeny and the origin of angiosperms：An experimental cladistic approach. *Botanical Review*（Lancaster）52：321-431.

Doyle, J. A., and M. J. Donoghue. 1992. Fossils and seed plant phylogeny reanalyzed. *Brittonia* 44：89-106.

Farlow, J. O. 1987. Speculations about the diet and digestive physiology of herbivorous dinosaurs. *Paleobiology* 13：60-72.

Galton, P. M. 1985. Diet of prosauropod dinosaurs from the Late Triassic and Early Jurassic. *Lethaia* 18：105-123.

Gillette, D. D. 1994. *Seismosaurus：The Earth Shaker*. New York：Columbia University Press.

Hallam, A. 1984. Continental humid and arid zones during the Jurassic and Cretaceous. *Palaeogeography, Palaeoclimatology, Palaeoecology* 47：195-223.

Hallam, A. 1993. Jurassic climates as inferred from the sedimentary and fossil record. *Philosophical Transactions of the Royal Society of London* B 341：287-296.

Insole, A. N., and S. Hutt. 1994. The palaeoecology of the dinosaurs of the Wessex Formation（Wealden Group, Early Cretaceous）, Isle of Wight, southern England. *Zoological Journal of the Linnean Society* 112：197-215.

King, G. 1996. *Reptiles and Herbivory*. London：Chapman

and Hall.

Krassilov, V. A. 1981. Changes of Mesozoic vegetation and the extinction of dinosaurs. *Palaeogeography, Palaeoclimatology, Palaeoecology* 34 : 207-224.

Lehman, T. M. 1987. Late Maastrichtian paleoenvironments and dinosaur biogeography in the western interior of North America. *Palaeogeography, Palaeoclimatology, Palaeoecology* 60 : 189-217.

Lidgard, S., and P. Crane. 1990. Angiosperm diversification and Cretaceous floristic trends : A comparison of palynofloras and leaf macrofloras. *Paleobiology* 16 : 77-93.

Mellett, J. S. 1982. Body size, diet, and scaling factors in large carnivores and herbivores. *Proceedings of the Third North American Paleontological Convention* 2 : 371-376.

Meyen, S. V. 1987. *Fundamentals of Palaeobotany*. London : Chapman and Hall.

Midgley, J. J., and W. J. Bond. 1991. Ecological aspects of the rise of the angiosperms : A challenge to the reproductive superiority hypothesis. *Biological Journal of the Linnean Society* 44 : 81-92.

Niklas, K. J. ; B. H. Tiffney ; and A. H. Knoll. 1985. Patterns in vascular land plant diversification : An analysis at the species level. In J. W. Valentine (ed.), *Phanerozoic Diversity Patterns : Profiles in Macroevolution*, pp. 97-128. Princeton, N. J. : Princeton University Press.

Norman, D. 1985. *The Illustrated Encyclopedia of Dinosaurs*. New York : Crescent Books.

Norman, D. B., and D. B. Weishampel. 1985. Ornithopod feeding mechanisms : Their bearing on the evolution of herbivory. *American Naturalist* 126 : 151-164.

Nowak, R. M. 1991. *Walker's Mammals of the World*. Baltimore : Johns Hopkins University Press.

Peters, R. H. 1983. *The Ecological Implications of Body Size*. Cambridge : Cambridge University Press.

Saward, S. A. 1992. A global view of Cretaceous vegetation patterns. In P. J. McCabe and J. T. Parrish (eds.), *Controls on the Distribution and Quality of Cretaceous Coals*, pp. 17-35. Special Paper 267. Boulder, Colo. : Geological Society of America.

Schmidt-Nielsen, K. 1984. *Scaling : Why Is Animal Size So Important?* Cambridge : Cambridge University Press.

Spicer, R. A. ; P. M. Rees ; and J. L. Chapman. 1993. Cretaceous phytogeography and climate signals. *Philosophical Transactions of the Royal Society of London* B 341 : 277-286.

Stebbins, G. L. 1981. Why are there so many species of flowering plants ? *Bioscience* 31 : 573-577.

Stewart, W. N., and G. W. Rothwell. 1993. *Paleobotany and the Evolution of Plants*. Cambridge : Cambridge University Press.

Stokes, W. L. 1987. Dinosaur gastroliths revisited. *Journal of Paleontology* 61 : 1242-1246.

Taylor, T. N., and E. L. Taylor. 1993. *The Biology and Evolution of Fossil Plants*. Englewood Cliffs, N.J. : Prentice Hall.

Tiffney, B. H. 1984. Seed size, dispersal syndromes, and the rise of the angiosperms : Evidence and hypothesis. *Annals of the Missouri Botanical Garden* 71 : 551-576.

Tiffney, B. H. 1989. Plant life in the age of dinosaurs. In K. Padian and D. J. Chure (eds.), *The Age of Dinosaurs*, pp. 35-47. Short Courses in Paleontology 2. Knoxville : Paleontological Society, University of Tennessee.

Tiffney, B. H. 1992. The role of vertebrate herbivory in the evolution of land plants. *The Palaeobotanist* 41 : 87-97.

Vakhrameev, V. A. 1991. *Jurassic and Cretaceous Floras and the Climates of the Earth*. Cambridge : Cambridge University Press.

Weishampel, D. B. 1984. Interactions between Mesozoic plants and vertebrates : Fructifications and seed predation. *Neues Jahrbuch für Geologie Paläontologie Abhandlungen* 167 : 224-250.

Weishampel, D. B., and J. R. Horner. 1990. Hadrosauridae. In D. B. Weishampel, P. Dodson, and H. Osmólska (eds.), *The Dinosauria*, pp. 534-561. Berkeley : University of California Press.

Weishampel, D. B., and D. B. Norman. 1989. Vertebrate herbivory in the Mesozoic : Jaws, plants and evolutionary metrics. In J. O. Farlow (ed.), *Paleobiology of the Dinosaurs*, pp. 87-100. Special Paper 238. Boulder, Colo. : Geological Society of America.

Wing, S. L. ; L. J. Hickey ; and C. J. Swisher. 1993. Implications of an exceptional fossil flora for Late Cretaceous vegetation. *Nature* 363 : 342-344.

Wing, S. L., and B. H. Tiffney. 1987. The reciprocal interaction of angiosperm evolution and tetrapod herbivory. *Review of Palaeobotany and Palynology* 50 : 179-210.

Wolfe, J. A., and G. R. Upchurch, Jr. 1987. North American nonmarine climates and vegetation during the Late Cretaceous. *Palaeogeography, Palaeoclimatology, Palaeoecology* 61 : 33-77.

Zavada, M. S., and M. T. Mentis. 1992. Plant-animal interaction : The effect of Permian megaherbivores on the glossopterid flora. *American Midland Naturalist* 127 : 1-12.

Ziegler, A. M. ; J. M. Parrish ; Y. Jiping ; E. D. Gyllenhaal ; D. B. Rowley ; J. T. Parrish ; N. Shangyou ; A. Bekker ; and M. L. Hulver. 1993. Early Mesozoic phytogeography and climate. *Philosophical Transactions of the Royal Society of London* B 341 : 297-305.

26 恐竜は何を食べたか？ 恐竜の食物を示す糞石などの直接的な証拠

Karen Chin

　中生代の恐竜は実際に何を食べていたか？　この疑問に対して，科学者，恐竜ファン，そして，空想小説作家は，非常に多くの仮説を生み出した．恐竜の食物についての考察は，入手可能な食物の調査や，機能形態学から推論した採餌能力に関する理論などの間接証拠に基づくことが多い．このような分析は恐竜の一般的な摂餌戦略を示唆する重要な手段である．しかし，間接証拠では入手可能な食物の何が実際に食べられたかはわからない．恐竜はある種のシダ類を餌にしたのか？　球果類か？　哺乳類か？　共食いか？　恐竜の食性が完全に理解されることはないだろうが，化石記録を注意深く調べることで，恐竜の摂食行動が偶然に残った多くの痕跡が明らかになっている．このような手がかりは通常は

まれで，議論の種になることがしばしばだが，恐竜類および恐竜と他の生物間の相互作用をより理解する上で役立つ，古生物学的な情報を提供するものでもある．

恐竜の食物の直接証拠を探すためには，食物探し，捕獲，摂食，消化，排泄を含む採餌行動の全段階が考慮に入れられる（Bishop 1975）．これらの行動は一般的にはほとんど証拠として残らない．しかし，動物は食物探しにかなりの時間を費やすため，摂食行動の何らかの痕跡が保存されていたとしても驚くには当たらない．手がかりはさまざまな生痕化石（生物の活動を示す化石）や，一群の特異な骨格資料から得られている．このような異種類の化石証拠からは，恐竜の摂食習性に関する異なった展望が得られる．

●食物探しの証拠としての連続歩行跡

食物探しという行為は追跡できないと思えるかもしれないが，恐竜が夕食の主要料理を活動的に探していたことを示唆する一連の痕跡が残っていることがある．テキサス州パラクシー（Paluxy）川沿いにある白亜紀前期の有名な現場では，1頭あるいは複数の獣脚類の足跡が，数頭の竜脚類の歩行跡を追っているように見える．肉食恐竜の足跡が竜脚類の歩行跡のいくつかの上に重なっており，竜脚類の方が獣脚類より先に歩いたことは明らかである．しかし，両グループが通過した時間差は確かめられていない．恐竜足跡研究者の Roland T. Bird は，ぴったり適合した歩行跡は，獣脚類が竜脚類の群れのすぐあとを追っていたことを示すと提唱した（Farlow 1987）．しかし，獣脚類が距離を置いて竜脚類に忍び寄っていた可能性もある（Lockley 1991）．もし，実際に獣脚類が竜脚類を追っていたとすると，この現場はこれら特定の獣脚類が群れで狩りをした証拠になりうるであろう．共同での狩りはボリビアの白亜紀後期産の，別の1組の獣脚類と竜脚類の歩行跡からも示唆されている．そこでは，獣脚類のいくつかの歩行跡が，竜脚類の一群の残した足跡に平行に走り，また，重なり合っている（Leonardi 1984）．

獣脚類の狩りの異なる筋書きを示すかもしれないものが，オーストラリアの白亜紀産の歩行跡群として残されている．この現場には，数千に及ぶ足跡があり，1頭の大型獣脚類が小型のコエルロサウルス類と鳥脚類の混ざった群れに忍び寄ったことで引き起こされた，恐竜の「大逃走」を示すものと解釈されている（Thulborn and Wade 1979）．大型獣脚類の足跡は，実際には，より小型な恐竜の歩行跡を追っているわけではないが，100頭を超す小型恐竜たちの長い歩幅と平行した歩行跡は，重大な脅威から逃れようとしていたことを示唆している．

足跡化石から，植物食恐竜の採餌行動についての情報が得られることもある．ユタ州の炭鉱の天井に残された白亜紀産の一連の奇妙な足跡は，生えていたままの状態で保存された化石樹幹に群がる状態で発見された．その足跡は木の幹の方に向いており，木の葉を食べるカモノハシ竜類が足を引きずってすり足であちこち動いていたことを示唆している（Parker and Rowley 1989；L. Parker 私信）．

●捕食者と獲物の相互作用を示唆する化石集団

捕食者と獲物間の相互作用は，時として，珍しい化石群として残された，異なる生物の共産から推測できることもある．ゴビ砂漠での驚くべき発見では，肉食のヴェロキラプトル（*Velociraptor*）の骨格が植物食のプロトケラトプス（*Protoceratops*）と絡み合った状態で発見された（図 26.1；Kielan-Jaworowska and Barsbold 1972）．2頭の恐竜の相互の位置からすると，獣脚類の爪のある後肢がプロトケラトプスの喉部と腹部に伸びているところから，この2頭は争っている最中に死んだことが示唆される．この共産は争う恐竜の例として，しばしば引用されるが，ある研究報告はこの見解に異論を出し，ヴェロキラプトルは，単に，死んだ，もしくは死にかかりの動物を食べていたものと示唆している（Osmólska 1993）．この筋書きでは，ヴェロキラプトルを，採餌中，何らかの原因で死んだ屍肉食動物として描いている．しかし，より最近の研究論文では（Unwin et al. 1995）化石生成上の証拠は，本来の捕食者と獲物の争いという解釈を支持するものだと述べている．特に多くを語っているのは獣脚類の腕を植物食恐竜の顎がしっかり絞めつけているという事実である——このような姿勢が偶然に起こったはずはない．この研究は，争っていた恐竜が大規模な砂嵐で同時に死んだものと提唱している．

モンゴルの白亜紀後期の，この驚くべき組合せに記録された出来事の2つの異なる解釈は，ヴェロキラプトルの特性を屍肉食動物とするか，活動的なハンターとするかによる．しかし，両解釈とも，ヴェロキラプトルがプロトケラトプスを食べる意図を十分に持っていたと結論づけている．

図26.1●この白亜紀後期モンゴル産の化石群は，ヴェロキラプトル（右）とプロトケラトプスの関節した骨格が，明らかに争っている状態で組み合わさっていることを示す．この遭遇の相互作用の本質は，肉食恐竜の右の前肢が植物食恐竜の顎にくわえられているという事実に示されている．写真：T. Jerzykiewicz

　その他の捕食者と獲物間の相互作用は，獣脚類の歯と他の動物の骨の共産によって示唆されている．恐竜の歯は新しい歯が成長するに従って，継続的に抜け落ちる．精力的にかむことによって歯の抜ける機会が増えてくる採餌現場では，歯の発見が期待されていい．このような獣脚類の採餌現場の可能性を持つ一例として，タイのジュラ紀後期産，部分的に関節した竜脚類骨格と共産した獣脚類の歯数点の発見があげられる（Buffetaut and Suteethorn 1989）．

　肉食のより抵抗しがたい証拠が，モンタナ州の白亜紀前期に発見されている．そこでは15の異なる現場から，デイノニクス（Deinonychus）の歯がテノントサウルス（Tenontosaurus）の骨とともに発見された（Maxwell and Ostrom 1995）．デイノニクスの歯とテノントサウルスの骨がしばしば共産し，ほかの獲物になりそうな動物の骨の付近にデイノニクスの歯が欠除していることは，植物食恐竜のテノントサウルスがデイノニクスの好みの獲物であった可能性を示唆している．特に特徴的な一つの現場では（図26.2），35点を超えるデイノニクスの歯と4頭のデイノニクスの骨格が，1頭のテノントサウルスの部分化石とともに発見されている．骨は細粒の氾濫堆積物中から発見されているので，流水作用で運ばれたことはありえない．したがって，この化石群は，1頭の大型のテノントサウルスと，ずっと小型なデイノニクスの群れが闘争後，肉が食い荒らされ，骨や歯が化石になったものと解釈されている．この現場にデイノニクスとテノントサウルス両者の骨があることは，獲物の動物と襲ったデイノニクスの群れのメンバーが闘争中に死に，そのあとに食べられたことを示唆している（Ostrom 1990；Maxwell and Ostrom 1995）．

　これらの化石骨群は捕食者と獲物動物が同定されているため，異なる恐竜間の相互作用について多くのことがわかってくる．しかし，捕食行動の明白な例を示す化石集団はまれであり，骨化石を不注意に結びつけて誤った解釈をしないよう，注意深く調べなければならない．

26 恐竜は何を食べたか？ 恐竜の食物を示す糞石などの直接的な証拠　　313

イェール大学
デイノニクス発掘現場
（YPM 64-75）.
モンタナ州
1964～1967年
John H. Ostrom
〔記号〕

　⌒　デイノニクスの骨
　▬　テノントサウルスの骨
　Ⓓ　デイノニクスの歯
　▽　テノントサウルスの歯
　Ⓒ　デイノニクスの頭蓋の断片
　?ᴬ　デイノニクスの分離した尾椎

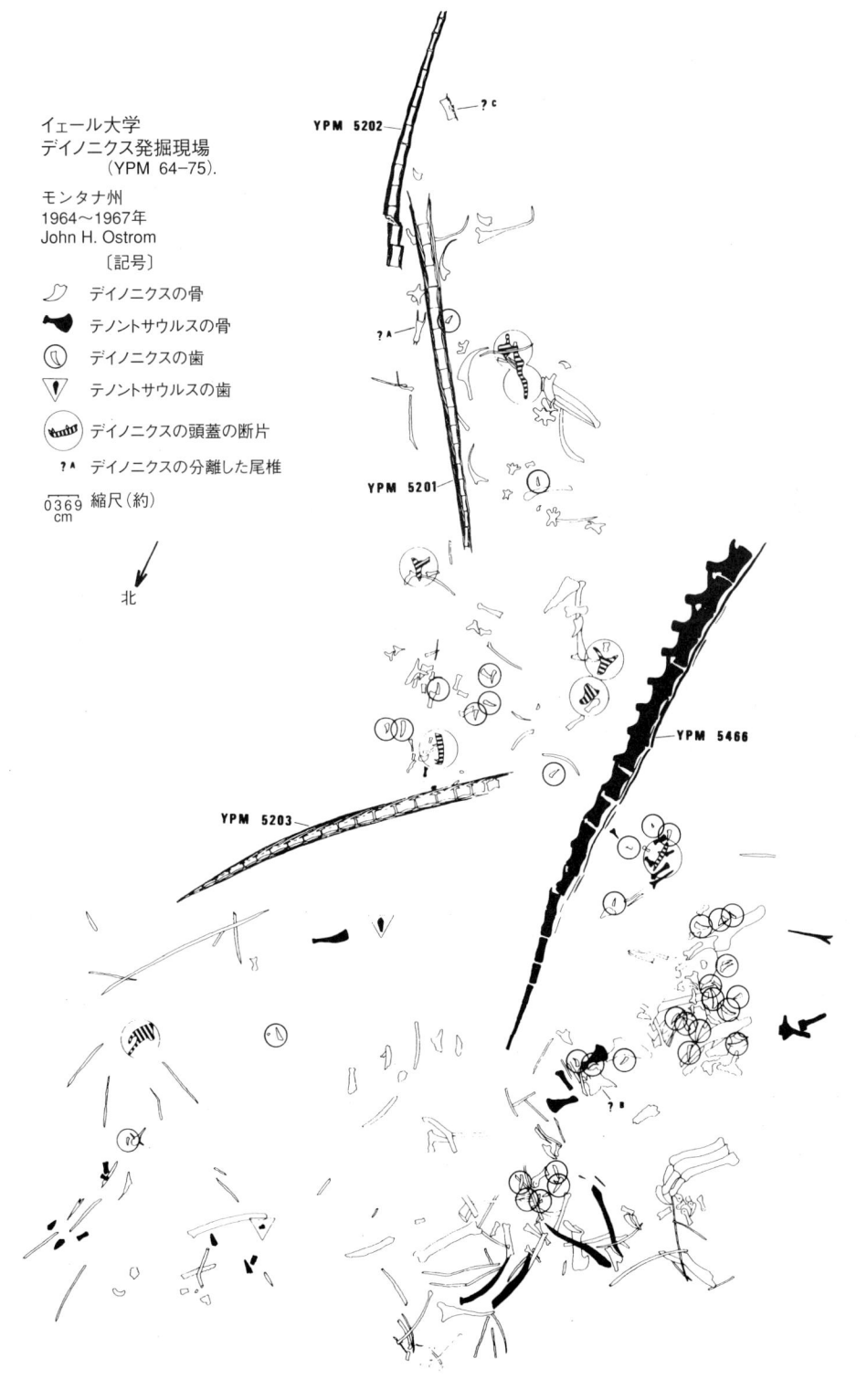

0 3 6 9
cm　　縮尺（約）

↓
北

図 26.2 ● モンタナ州にあるイェール大学のデイノニクス発掘現場の地図（YPM 64-67）は, デイノニクスとテノントサウルスの部分骨格化石とともに, 現場周辺に多数のデイノニクスの歯が散在していることを示す. 化石生成の端緒は, デイノニクスの群れがテノントサウルスの襲撃に成功した反面で, その中の数個体が死んだことを示唆している. 詳細に関しては Maxwell and Ostrom 1995 を参照

● 骨に残された歯跡：争いあるいは摂食行動の結果

もし，獣脚類が他の恐竜類を餌にしていたとすると，恐竜の骨に無数のかみ跡が見出せるかもしれない．複数の研究者が歯によって損傷を受けた恐竜の骨について報告しているが（例：Jacobsen 1995），このような痕跡の発生率は，大型肉食哺乳類を伴う生物群集から出た骨に見られる痕跡発生率より，かなり低いように思われる（Fiorillo 1991）．この不一致は屍肉利用型式のちがい（Hunt 1987；Fiorillo 1991）あるいは化石生成上の偏り（Erickson and Olson 1996）を反映しているのかもしれない．

歯によって損傷を受けた恐竜の骨は，溝や穿孔などの特徴的な痕跡で識別できる．一部の損傷は種内部での勢力争いに際して生じた可能性もあるが（Tanke and Currie 1995），大部分のかみ跡はおそらく肉食を示している．損傷を受けた骨が同定できれば，ある特定の種の恐竜が食べられたことが判明する．しかし，通常，その獲物が狩られて殺されたのか，都合よく屍肉食されたのかはわからない．ただ，事例によっては，損傷の型と損傷部位に基づいて，異なる歯跡を特定の捕食行動と結びつけられることもある．例えば，竜脚類の肢骨の両端にある多数のかみ跡は，襲撃による傷というよりは被食を示す可能性の方が高い（Hunt et al. 1994 b）．

かみ跡を残した動物の同定は通常困難である．中生代に生息した多くの脊椎動物（クロコダイル類を含む）が，歯で普遍的な損傷を骨に与えることができたからである．幸いなことに，保存状態の良好な歯跡は，時には，同時代に生息した肉食動物の顎化石と対比できる特徴的な形状や歯の間隔，鋸歯跡のいずれか，または両者を示すことがある．例えば，あるアロサウルス（*Allosaurus*）の顎の歯の間隔は，あるアパトサウルス（*Apatosaurus*）の骨に見つかった跡のパターンと一致することがわかった（Matthew 1908）．より決定的な同定例としては，モンタナ州ヘル・クリーク層から産出した骨の穿孔に歯科用のパテを用いて型をとった例があげられる．この巧妙な手法で，あるトリケラトプス（*Triceratops*）の骨盤と，あるエドモントサウルス（*Edmontosaurus*）の指節骨に残った痕跡が，ティラノサウルス（*Tyrannosaurus*）の歯によって加えられたことが明らかになっている（図 26.3；Erickson and Olson 1996）．

さらに劇的なのは，恐竜の歯が獲物の骨に実際に突き刺さった状態で発見された極めてまれな例がある．モンタナ州で，ティラノサウルス類の1本の歯がヒパクロサウルス（*Hypacrosaurus*）の腓骨に食い込んだ状態で発見され（J. R. Horner 私信），肉食のより確実な証拠が提供された．

● 胃の内容物：すでに摂取された食物の証拠

もし，ある恐竜が満腹の状態で死んだとすると，その腹部に部分的に消化された最後の食事を確認できる可能性がある．そのためには，浸食や屍肉食で乱されなかった関節した標本という，例外的な保存状態が必要になる．植物食恐竜の胃の内容物である可能性を持つ一事例が，1900年代初期に報告された（Kräusel 1922）．球果類の葉，小枝，種子がエドモントサウルスの体腔内で発見されたのである．しかし，この報告には十分な化石生成上の評価が付随しておらず，別の研究者は（Abel 1922）その植物断片が，単に，死体内に流れ込んだ多量の植物の破片を示すものかもしれないといっている．残念ながら，標本をクリーニングする際に，その植物素材がとり除かれたため，この発見の再評価は不可能である（Weishampel and Horner 1990）．

肉食恐竜の胃の内容物の報告例には，より説得力がある．ゾルンホーフェン（Solnhofen）の石灰岩から産出した小型のコンプソグナトゥス（*Compsognathus*）の関節した完模式標本は，腹部に1匹のトカゲが入った状態で発見された（Ostrom 1978）．このトカゲの部分骨格は明らかにコンプソグナトゥスの胸郭内に挟み込まれており，この恐竜が他の爬虫類を捕食したことを示している（図 26.4）．

胃の内容物が本来の場所にある別の事例は，より驚くべき採餌行動を示している．三畳紀に生息した恐竜コエロフィシス（*Coelophysis*）の関節した骨格2点は，胸郭内に別の複数のコエロフィシスの骨格資料が入った状態で発見された．この発見は，中に入っていた骨は胚であり，卵胎生（かたい殻の卵が母親の体内で孵化し，幼体で産まれるように見える）を示唆するのかといった疑問を生じる．この可能性は，腹部で見つかった骨が大きいことで，事実上，除外できる．腹部に入っていた骨は，この骨を含んでいた骨格の同一部位の骨の3分の2の大きさがあるため，出産時に骨盤の開口部を通過するには大きすぎる．したがって，コエロフィシスは捕食あるいは屍肉食の形で共食いしたように考えられるのである（Colbert 1989）．

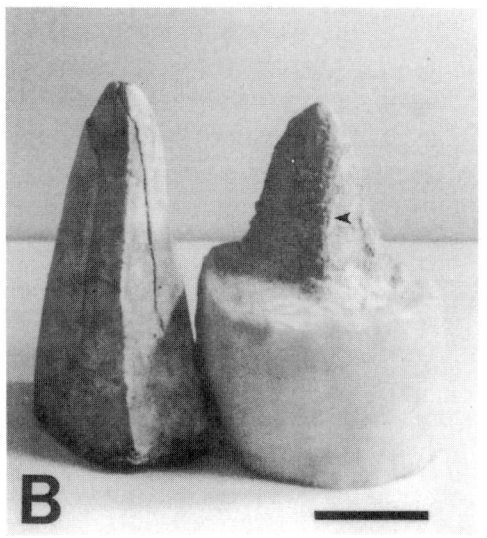

図26.3● (A) モンタナ州白亜紀後期のヘル・クリーク層から産出したトリケラトプスの骨盤（ロッキー博物館標本番号799）に残された歯の穿孔．58の特徴的な歯跡が，この動物の腸骨と仙椎に確認された．(B) 最も深いかみ跡の一つの型（右）は歯科用のパテを穿孔に押し込んでつくられた．この型は明らかにティラノサウルスの歯型（左：カリフォルニア大学付属古生物学博物館標本番号118742の雄型）と一致する．スケールは2cm．写真：G. Erickson

●糞石：採餌行動の最終結果

　恐竜の暮らしの復元では，しばしば，恐竜は糞を，それも大量にしたという都合のいい事実に目を向ける．糞は消化の際に利用されなかった排泄物であるため，事実上，食性の最終的な印象を提供してくれる．現存する野生動物の食餌に関する研究でも糞分析に頼ることがしばしばあるが，これは，動物の消化器官を通過したあとでも，多くの食品成分が何かを明らかにできるからである．したがって，食物の直接証拠として恐竜の糞石（糞の化石）に注目することは理にかなっている．疑う余地なく恐竜のものとされた糞石はこれまでほとんどないが，報告された標本数は増えつつある．

　保存された化石の偏りは，知られている恐竜の糞石が少ないことの説明に役立つ．糞が化石になる可能性は，その構成物や堆積環境に依存しているからである．植物食恐竜やその他の陸生植物食動物が，肉食恐竜やその他の陸生肉食動物を数の上で勝っていることは確かだが，肉食動物の糞石の方がはるかによく見られる——明らかに，肉食動物の食物に含まれる高いリン酸カルシウムの量が鉱化作用を助長するためである（Bradley 1946）．堆積条件も同様に重要である．記載された糞石の大部分は，おそらく，急激な堆積作用を受けやすい環境に生息した水生動物のものであった．対照的に，陸に排泄された糞は，分解，乾燥，踏みつけ，浸食や糞食（消費）の害を受けやすく，より保存されにくい．したがって，恐竜の糞が偶然保存されるには，急速に埋まる必要があったであろう．

　恐竜の糞石である可能性を識別するには問題がある．特に，多くの脊椎動物は似たような形の糞をするからである．らせん形の糞石はらせん状の弁腸管

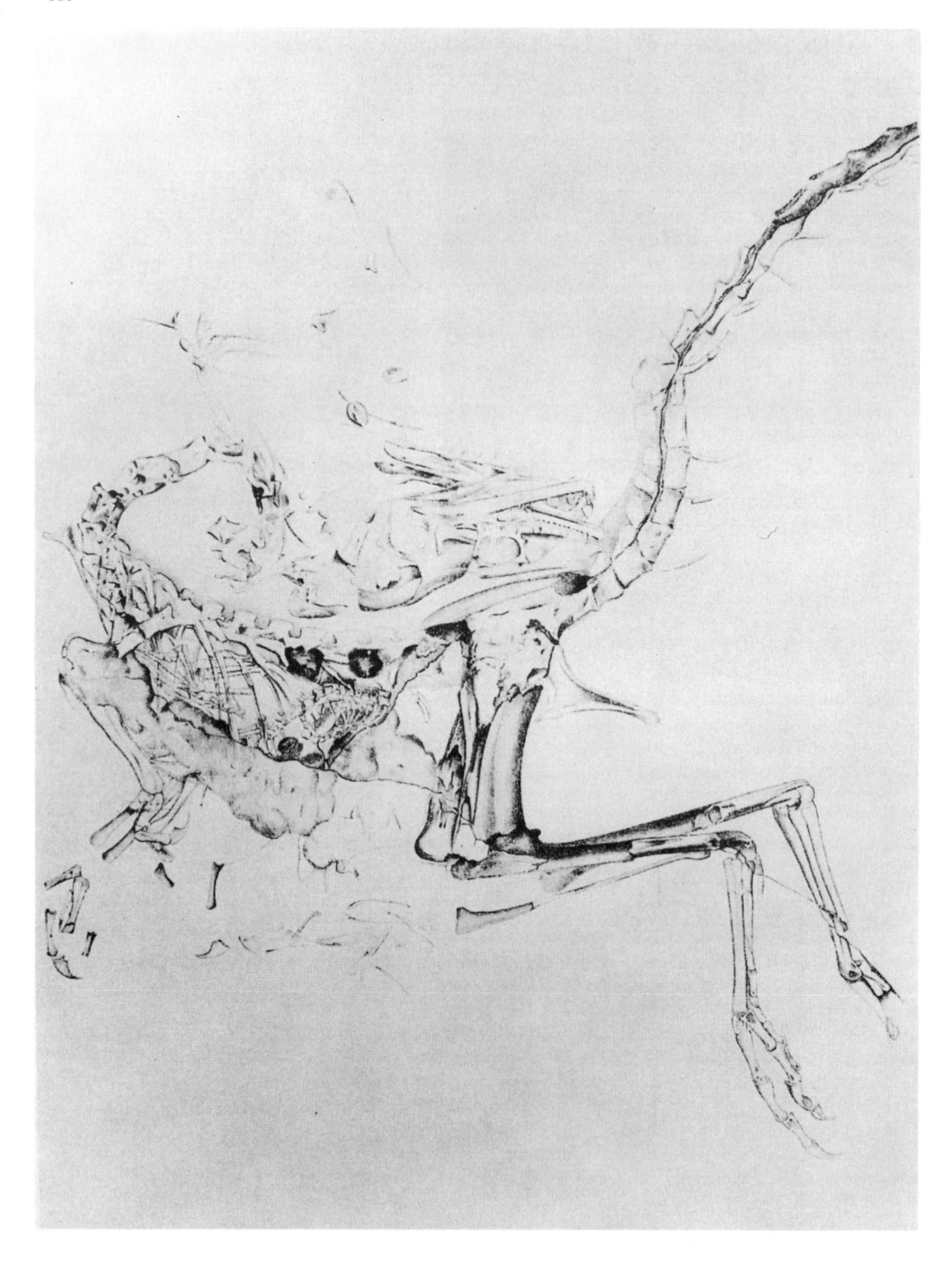

図26.4●トカゲのバヴァリサウルス（*Bavarisaurus*）の部分骨格が，コンプソグナトゥス・ロンギペス（*Compsognathus longipes*）の完模式標本（バイエルン州立古生物学・地史学研究所標本番号 AS I 563）の腹部に見られる．トカゲの骨は明らかにコンプソグナトゥスの肋骨に囲まれた状態にあり，この恐竜がこのトカゲを捕食したことを示している

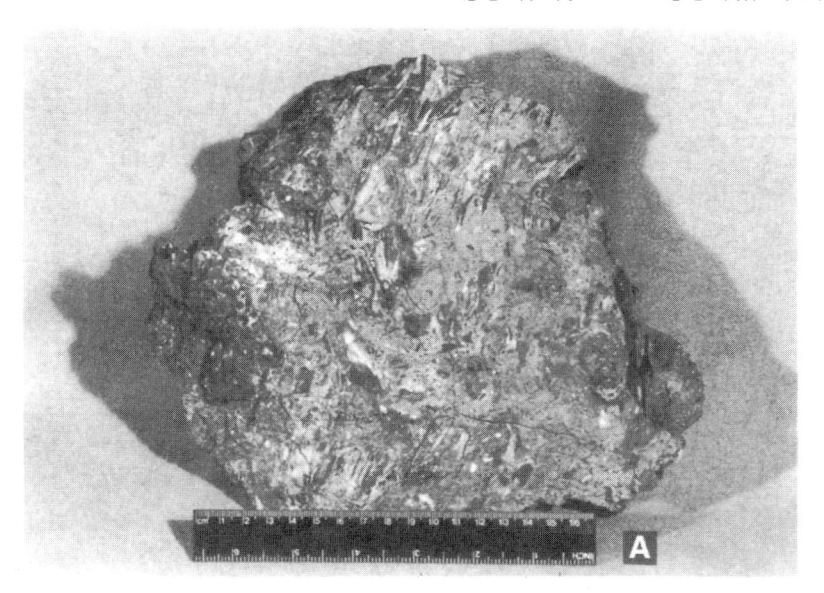

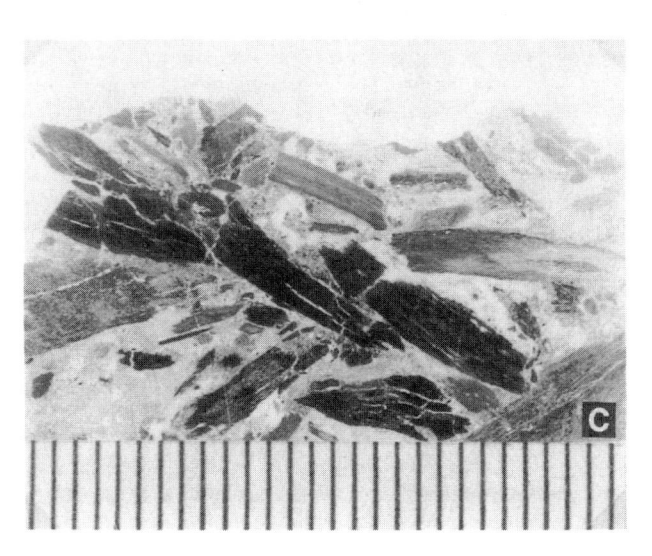

26 恐竜は何を食べたか？　恐竜の食物を示す糞石などの直接的な証拠　317

図 26.5 ● (A) モンタナ州白亜紀産のこのずんぐりした糞石では，球果類の幹の断片が黒い線状の含有物として見られる．このような大型糞石は，踏みつけ，糞食，浸食，続成作用などで壊れたり変形して，不規則な形をしていることがある．下部にある定規は 17 cm．(B) 糞石に近接した堆積物に残されたセンチコガネ類の活動の痕跡．矢印は昆虫が餌か営巣に利用したと見られる糞材で埋め戻された穴を示す．(C) 球果類の木性組織の断片を示す糞石の薄片．縮尺は mm．ロッキー博物館標本番号 771．写真：K. Chin

を持つ原始的な魚類（例：サメ類）のものであることがわかっているが，その他の大部分の糞石には分類学的な明白な形態はない（Hunt et al. 1994 a）．幸いなことに，大型恐竜は相当な大きさの糞をしたであろうから，大量の糞は明白な特徴になる可能性を持つ．しかし，この大きさという要素は，恐竜の糞を識別する助けにもなれば妨げにもなる．糞の全体量が多いことは，その糞をした動物が大型であることを示すので有用である．大型動物が小さい粒のような糞をすることもあるが，小型動物は大量の糞はしない．しかし，大きな糞の塊りは，排泄され，大気中にさらされ，埋まる間に，非常に壊れやすく変形しやすい．その結果，恐竜の糞は多数の不規則な断片になりうる．断片の一部は，それでも他の動物の糞石よりは大きいかもしれないが，見慣れた糞の形をしていないかもしれず，糞の出所を確証する助けとして別の基準が必要になるだろう．したがって，糞石の大きいことが，特に適切な時代，堆積環境や含有物などのほかの特徴と共用されれば，恐竜の糞石の特徴になるかもしれない．

議論の余地がない恐竜の糞石はまれなため，中生代の堆積物中に恐竜の糞が大量に欠除していることは顕著な事実で，これが原因して疑わしい素材も恐竜の糞であるという主張が生まれてくる．例えば，多数の疑わしい形のノジュールは，これらの岩石が本来は糞であるという否定しがたい証拠になる有機質の含有物を一切含まないにもかかわらず，保存状態の悪い恐竜の糞石であるという考察がある．別の事例では，真正の糞石ではあるが，恐竜のものだという証拠が弱いにもかかわらず，恐竜のものとされたりしている（Thulborn 1991）．恐竜の糞石であると納得できる標本の大部分は，ほかに記載された糞石で見慣れた糞の形はしていない．しかし，これらの糞石は消化と続成作用に耐え，それとわかる構成物を含んでいるため，食餌に関する貴重な情報を提供してくれる．

多数の平らな糞石の，極めて異例なジュラ紀堆積物が，イングランドのヨークシャー地方で発見された（Hill 1976）．個々の炭素質の痕跡は動物の糞にはほとんど似ていないが，その集合堆積物が現生のシカがする粒状の糞の集まりに似ていて，250以上の小さい（直径約1 cm）粒状の糞石の集団になっていることは確かである．この糞石はシカデオイデア類の葉のクチクラを多量に含んでおり，この糞をした動物は陸生の植物食動物だったことを示唆している．平らになった痕跡の寸法は，本来の糞の総量が約 130 cm^3 だったことを示している．したがって，恐竜以外で知られているジュラ紀の植物食動物は，これほど多量の糞をするには小型すぎるところから，この塊りは合理的に恐竜に帰することができるのである．

また，植物食恐竜のこれとは著しく異なった糞石が，モンタナ州白亜紀後期のツー・メディシン層から発掘されている（図26.5）．この大きく，ずんぐりした標本には独特な形態はないが，標本内部や周辺にセンチコガネ類の掘った穴があることで，これが本来糞だったことを確証するのに役立っている（Chin and Gill 1996）．糞石の大部分は主として木性球果類の幹の組織からなっており，高繊維質の食物を示唆している．このような含有物は球果類を好んで食べたことの証明かもしれないが，採餌植物の季節によるちがいを反映しているかもしれない．また，これらの標本は木性の構成物が化石化しやすいという保存上の偏りを示唆しているともいえる．とにかく，木が断片状になっていることは，この糞をした動物が丈夫な食物を処理する上で十分なものを身につけていたことを示している．この所見はそういった糞石がしばしばハドロサウルス類のマイアサウラ（*Maiasaura*）化石の近くで共産するという事実とも矛盾しない．この大型植物食恐竜には木性の食物を処理できたであろう一連のすり潰しにかなった歯があり，この糞石の主である可能性が最も高い．

食物は一過性であるにもかかわらず，恐竜の採餌行動の直接証拠は驚くほどさまざまな化石から収集されている．珍しい歩行跡，骨格群，歯跡，胃の内容物や糞石は，採餌の痕跡あるいは特定の食材を明らかにする上で役立つあれこれの情報を提供している．このような発見の中には，恐竜の植物食あるいは捕食者・獲物間の相互作用についての，以前の推測を確証する上で役立ったものもあれば，集団での狩りあるいは共食いなどの採餌戦略についての議論を支援するものもある．

残念なことに，食餌の化石証拠はかなりまれで，多様の解釈がされやすい．しかし，追加的な発見が分析されれば，あいまいさの一部を解明する助けになるであろう．この情報は同時代の生物および恐竜の形態学に基づく食餌についての予測と結びついているため，恐竜の食性そのものが明らかになるであろう．そして，次には，これが中生代生態系における恐竜とほかの生物との相互作用の解明に役立つものと思われる．

●文　献

Abel, O. 1922. Diskussion zu den Vorträgen R. Kräusel and F. Versluys. *Paläontologische Zeitschrift* 4：87.

Bishop, G. A. 1975. Traces of predation. In R. W. Frey (ed.), *The Study of Trace Fossils*, pp. 261–281. New York：Springer-Verlag.

Bradley, W. H. 1946. Coprolites from the Bridger Formation of Wyoming：Their composition and microorganisms. *American Journal of Science* 244：215–239.

Buffetaut, E., and V. Suteethorn. 1989. A sauropod skeleton associated with theropod teeth in the Upper Jurassic of Thailand：Remarks on the taphonomic and palaeoecological significance of such associations. *Palaeogeography, Palaeoclimatology, Palaeoecology* 73：77–83.

Chin, K., and B. D. Gill. 1996. Dinosaurs, dung beetles, and conifers：Participants in a Cretaceous food web. *Palaios* 11(3)：280–285.

Colbert, E. H. 1989. The Triassic dinosaur *Coelophysis*. *Bulletin of the Museum of Northern Arizona* 57：1–160.

Erickson, G. M., and K. H. Olson. 1996. Bite marks attributable to *Tyrannosaurus rex*：Preliminary description and implications. *Journal of Vertebrate Paleontology* 16：175–178.

Farlow, J. O. 1987. *Lower Cretaceous Dinosaur Tracks, Paluxy River Valley, Texas*. Waco, Tex.：South Central Geological Society of America, Baylor University.

Fiorillo, A. R. 1991. Prey bone utilization by predatory dinosaurs. *Palaeogeography, Palaeoclimatology, Palaeoecology* 88：157–166.

Hill, C. R. 1976. Coprolites of *Ptiliophyllum* cuticles from the Middle Jurassic of North Yorkshire. *Bulletin of the British Museum (Natural History), Geology* 27：289–294.

Hunt, A. P. 1987. Phanerozoic trends in nonmarine taphonomy：Implications for Mesozoic vertebrate taphonomy and paleoecology. *South Central Section, Geological Society of America, Abstracts with Program* (Waco, Texas) 19：171.

Hunt, A. P.；K. Chin；and M. G. Lockley. 1994 a. The palaeobiology of vertebrate coprolites. In S. K. Donovan (ed.), *The Palaeobiology of Trace Fossils*, pp. 221–240. New York：Wiley.

Hunt, A. P.；C. S. Meyer；M. G. Lockley；and S. G. Lucas. 1994 b. Archaeology, toothmarks and sauropod dinosaur taphonomy. *Gaia* 10：225–231.

Jacobsen, A. R. 1995. Ecological interpretations based on theropod tooth marks：Feeding behaviour of carnivorous dinosaurs. *Journal of Vertebrate Paleontology* 15 (Supplement to no. 3)：37 A.

Kielan-Jaworowska, Z., and R. Barsbold. 1972. Narrative of the Polish–Mongolian Palaeontological Expeditions 1967–1971. *Palaeontologia Polonica* 27：5–13.

Kräusel, R. 1922. Die Nahrung von *Trachodon*. *Paläontologische Zeitschrift* 4：80.

Leonardi, G. 1984. Le impronte fossili di Dinosauri. In J. F. Bonaparte, E. H. Colbert, P. J. Currie, A. de Ricqlès, Z. Kielan–Jaworowska, G. Leonardi, N. Morello, and P. Taquet (eds.), *Sulle Orme dei Dinosauri*, pp. 165–186. Venice：Erizzo Editrice.

Lockley, M. G. 1991. *Tracking Dinosaurs*. Cambridge：Cambridge University Press.

Matthew, W. D. 1908. *Allosaurus*, a carnivorous dinosaur, and its prey. *American Museum Journal* 8：2–5.

Maxwell, W. D., and J. H. Ostrom. 1995. Taphonomic and paleobiological implications of *Tenontosaurus-Deinonychus* associations. *Journal of Vertebrate Paleontology* 15：707–712.

Osmólska, H. 1993. Were the Mongolian "fighting dinosaurs" really fighting? *Revue de Paléobiologie*, vol. spéc. 7：161–162.

Ostrom, J. H. 1978. The osteology of *Compsognathus longipes* Wagner. *Zitteliana* 4：73–118.

Ostrom, J. H. 1990. Dromaeosauridae. In D. B. Weishampel, P. Dodson, and H. Osmólska (eds.), *The Dinosauria*, pp. 269–279. Berkeley：University of California Press.

Parker, L. R., and R. L. Rowley Jr. 1989. Dinosaur footprints from a coal mine in East-Central Utah. In D. D. Gillette and M. G. Lockley (eds.), *Dinosaur Tracks and Traces*, pp. 361–366. Cambridge：Cambridge University Press.

Tanke, D. H., and P. J. Currie. 1995. Intraspecific fighting behavior inferred from tooth mark trauma on skulls and teeth of large carnosaurs (Dinosauria). *Journal of Vertebrate Paleontology* 15 (Supplement to no. 3)：55 A.

Thulborn, R. A. 1991. Morphology, preservation and palaeobiological significance of dinosaur coprolites. *Palaeogeography, Palaeoclimatology, Palaeoecology* 83：341–366.

Thulborn, R. A., and M. Wade. 1979. Dinosaur stampede in the Cretaceous of Queensland. *Lethaia* 12：275–279.

Unwin, D. M.；A. Perle；and C. Truman. 1995. *Protoceratops* and *Velociraptor* preserved in association：Evidence for predatory behaviour in dromaeosaurid dinosaurs? *Journal of Vertebrate Paleontology* 15 (supplement to no. 3)：57 A–58 A.

Weishampel, D. B., and J. R. Horner. 1990. Hadrosauridae. In D. B. Weishampel, P. Dodson, and H. Osmólska (eds.), *The Dinosauria*, pp. 534–561. Berkeley：University of California Press.

27 恐竜の闘争と求愛

Scott Sampson

「恐竜ルネサンス」といわれるここ30年の間に，恐竜は昔の愚鈍な動物から，より円滑に動き，より速く，より複雑なモデルへと変身を遂げ，多くの風変わりな，時に異様でさえある冠，角，骨板や骨棘といった恐竜の骨格的特徴には社会的機能があったと考えるのがふつうになった．長い間，捕食者に対する防御の役割を果たしていたと考えられた構造が，配偶者を引きつけたり，競争相手との争いに使われる性的信号として定義し直されてもいる．こうして，長年描かれてきたトリケラトプス（*Triceratops*）とティラノサウルス（*Tyrannosaurus*）の対決といった図柄は，大幅に，発情している角竜類，らっぱのような音をたてているカモノハシ竜類，そして，頭突きをしている厚頭類といった図柄にとってかわられた．一部の恐竜に対しては，種の雌雄差である性的二型があったと仮定されているが，これも通常は何らかの社会的・性的役割に関連するものとされている．本章の目的は2つある．一つは鳥類ではない恐竜の性的二型性と社会的行動（特に求愛と闘争）についての最新の考え方の概観を簡潔に提供することであり，もう一つはその主張に対する証拠を評価することである．

● 古い骨に対する新しい考え方

動物のコミュニケーションには，同一種内での信号のため，配偶を引きつけるため，競争相手と争うためなどのさまざまな行動が含まれる．競争相手と争う場合，同一種内での個体間の攻撃，すなわち「反発」行動は，身体を使っての争いや威嚇のディスプレイなど多くの形態をとることができる．独特で特徴的な形態が持つ行動機能に関する推測が多数の恐竜に対してなされている．例えば，竜盤類の間では竜脚類の頭，頸，尾のすべてが社会的な構造に関連づけられている（Bakker 1968, 1971, 1986；Coombs 1975）．竜脚類の十分に長い頸は，現生のキリン同士の争い方に似た打ちあいに適していたと考えられている．また，一部の種（例：ディプロドクス *Diplodocus*）の長い鞭のような尾も，争う際の武器として役立ったであろう．これらにかわるものとして，一部の竜脚類（例：アパトサウルス *Apatosaurus*）は後肢で立ちあがり，手にある巨大な爪を闘争に用いたかもしれない．また，竜脚類の頸と尾は同性の個体への威嚇，あるいは異性の個体への求愛信号と

して，ディスプレイ手段としての役をみごとに果たしていたかもしれない．Bakker (1986) に至っては，一部の竜脚類（例：カマラサウルス Camarasaurus，ブラキオサウルス Brachiosaurus）には鼻孔を覆う，膨らますことのできる嚢があり，現生ゾウアザラシに似たディスプレイ手段として役立った可能性を提示している．

肉食獣脚類の中には，多くの種に骨質の角のような構造があり，目の上（アルバートサウルス Albertosaurus），鼻部（ケラトサウルス Ceratosaurus），あるいは頭蓋天井の大部分にわたる（ディロフォサウルス Dilophosaurus）など，その場所はさまざまである．大部分の場合，このような造作は薄くてもろく，闘争よりはむしろディスプレイに適応していたことを示唆している．少なくとも，獣脚類の分類群の一つであるスピノサウルス (Spinosaurus) では，脊椎の棘突起が極めて長く，これもディスプレイの役を果たしていた可能性があることを示唆している（同様のことが，ある種の鳥脚類［オウラノサウルス Ouranosaurus，ヒパクロサウルス Hypacrosaurus］や竜脚類［アマルガサウルス Amargasaurus］の長い脊椎の棘突起について主張できるであろう）．一部の獣脚類（例：ドロマエオサウルス類）にはうしろ足に大きな爪があり，闘鶏のけづめのような働きをし，競争相手に肉体的な傷を負わせることに使われたかもしれない．また，強化された尾は，闘争の際，第三の肢のような働きをしたかもしれない (Ostrom 1986；Coombs 1990)．

植物食恐竜である鳥盤類の著名なものの多くは，社会的機能を果たしたと見られる手の込んだ構造を持っている．例えば，剣竜類の装甲板や骨棘は，たぶん，婚姻信号にふさわしかった．このような骨の構造はディスプレイ作用を果たし，特に側面から見た場合，身体を実際より大きく見せたかもしれない．そして，尾部の骨棘は捕食者を撃退するだけでなく，他の剣竜と争うための恐るべき武器であったかもしれない (Davitashvili 1961, Farlow et al. 1976)．

曲竜類の特徴は，種ごとに特有な骨棘，装甲板や棘状突起があることで，尾に棍棒があるものや，頭部に角があるものもいた．アンキロサウルス類（亜科）のグループには尾に大きな棍棒があり，それを使って競争相手と闘ったようである．一方，幅広で平らな装甲板を備えた頭骨は，争いの際に頭同士の押しあいに使われたというのももっともらしい．もう一つの主要グループであるノドサウルス類（亜科）は，頭骨の幅がより狭く，尾には棍棒がない．しかし，多くのノドサウルス類には肩のあたりに大きな骨棘があり，互いにその部分をからみ合わせて優勢を競えたのであろう (Carpenter 1982；Coombs 1990)．

同種の恐竜間の争いが仮定されている中で，最もしばしば，かつ，生き生きと描かれている例が厚頭類の争いである．比較的珍しいこの恐竜の厚いドーム状頭蓋からひらめきを受けた一部の研究者は，現生のオオツノヒツジの雄が争う時のように，競争相手同士が頭突きでの争いに，この部分を使ったものと想定している (Galton 1970；Molnar 1977；Sues 1978)．

主として頭骨の形をもとに識別される多様で多数のカモノハシ竜類は２つのグループに分けられる．冠を持つカモノハシ竜であるラムベオサウルス類（亜科）（例：パラサウロロフス Parasaurolophus，ラムベオサウルス Lambeosaurus）には，種ごとに特有の精巧な構造の冠があり，その中には複雑な鼻道がある．一部の研究者が，この冠は視覚的な信号として働いたかもしれないと論じたのに対し (Abel 1924；Davitashvili 1961；Dodson 1975；Hopson 1975)，一部の研究者は冠の中の鼻道は共鳴室のような働きをし，音によるディスプレイに役立ったのではないかと論じている (Weishampel 1981)．頭が平らなカモノハシ竜であるハドロサウルス類（亜科）として知られる２番めの分岐群（例：エドモントサウルス Edmontosaurus）には中空の冠はないが，鼻部に頭骨長の半分にも及ぶ大きなくぼみがある．Hopson (1975) は，この注目すべき「鼻窩」には，膨らますことのできる嚢，すなわち「鼻憩室」があり，視覚上のディスプレイの役割を果たしたのではないかと考え，のちに Bakker もこれに似たことを竜脚類について提案している．Hopson (1975) はさらに，補強された鼻平面を備えたある種のハドロサウルス類（亜科）（例：クリトサウルス Kritosaurus）も，頭と頭で押しあい争ったかもしれないと考えている．

角竜類のえり飾りと角は配偶をめぐる争いの中で重要な社会的役割を果たす器官であったかもしれない (Davitashvili 1961；Farlow and Dodson 1975；Sampson 1995 a；Sampson et al., 印刷中)．えり飾りは角竜類を実際より大きく見せたはずで，特に正面から見た時はそうであったと思われる．眼窩の上にある一対の長い角はカスモサウルス類（亜科）（例：トリケラトプス）のグループの特徴だが，格闘時には互いの角をかみ合わせて使われたものであ

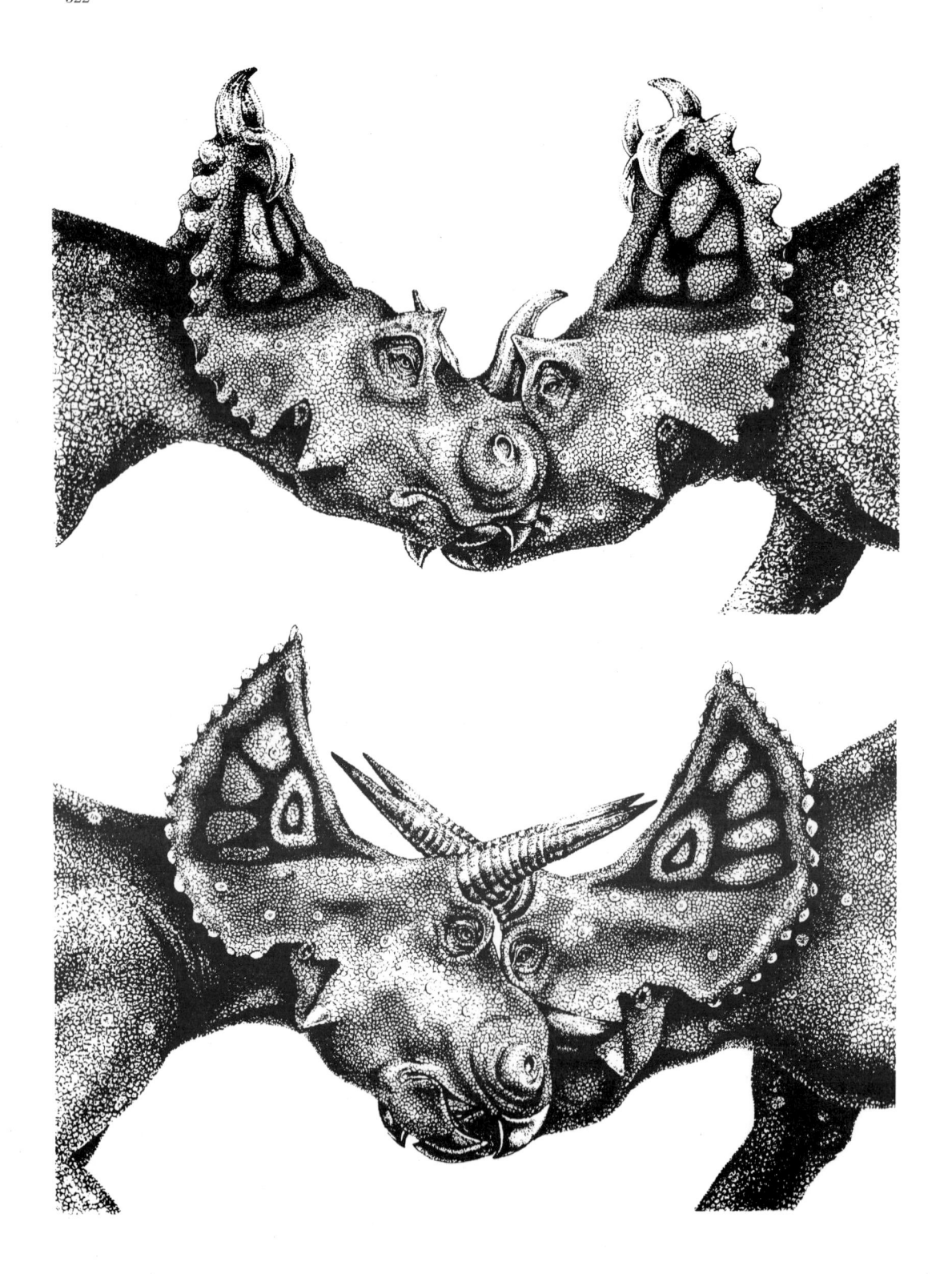

図27.1●セントロサウルス（*Centrosaurus*）（上）とトリケラトプス（*Triceratops*）（下）の格闘について考えられるスタイル
アーティスト Bill Parsons の許可のもと，図を使用．

ろう（図27.1）．目の上の角が短いセントロサウルス類（亜科）（例：セントロサウルス *Centrosaurus*）の頭蓋天井は，鼻部にあるさまざまな向きの大きな角から，目と鼻の上にある厚くて凹凸のある「突起」に至るまで，その形状はさまざまであった．頭骨の形状がこのように多様なことは，セントロサウルス類（亜科）が種によって格闘の仕方が異なり，互いの角や突起をかみ合わせて闘ったことを示唆している．

最後に，多くの恐竜は求愛の信号として鮮やかな色を用いたことが，今日ではしばしば提唱され，時に当然のこととまで考えられている．めだつ色模様が上述したさまざまなディスプレイ用の構造（例：角竜類のえり飾り，カモノハシ竜類の冠）の視覚的な影響を高めたであろうことは疑いない．この新しい考え方の傾向は，過去100年間にわたる恐竜の描かれ方を見ると一番よくわかる．最近の世代のアーティストたちは，事実上，ジュラ紀と白亜紀の光景を変容させた．今世紀初頭には図体が大きく，くすんだ色彩のグロテスクな動物として描かれていた恐竜像が，より敏捷で，活動的で，奔放な色彩の生物に置き換えられたのである．

● 証　拠

恐竜の社会的行動についての，こういった新しい急進的な考えを支持する確たる証拠はあるのであろうか．あるいは，将来の世代の古生物学者たちが現時点を振り返った時，抑制もなく誤りに導かれた空論の時代だったととらえることになるのであろうか？　本章で上述のすべての考えを扱うことはできないが，ここでは恐竜の行動に関する研究一般をとりあげ，上述の数例を考えてみよう．恐竜研究のほかのどの分野にもまして，恐竜の社会生活についての主張はしばしば単に推論的なものであり，直接証拠という基盤はほとんどか，あるいは全く存在しない．もちろん，このことは絶滅動物の行動を直接観察することができないという単純な理由による．したがって，上述の仮説の多くは事実上検証が不能であり，それゆえ非科学的でもある．概して，恐竜の行動についてのあらゆる推論は，疑いの念を持って受け止められるべきで，証拠が引用されていない場合はなおさらである．不幸なことに，恐竜の生活様式について最も思いつき的な考えが，大半の一般向けや素人向け科学出版物で注目を集めることもしばしばある．しかし，その説を支持するデータにほとんどか，全く触れられないことがしばしばある！

しかし，そのようなデータのすべてが失われているわけではない．絶滅動物の行動の間接的な証拠は，化石化した骨や歯から，歩行跡や巣に至るまでのさまざまな形で与えられている．このような太古の手がかりを現生動物の観察と組み合わせることで，古生物学者たちは行動のいくつかの側面をある程度の確信を持って再現することができるのである．

● 絶滅動物の解明に役立つ現生動物

多くの面で，恐竜の社会的行動を理解するための最も強力な証拠は現生動物から得られる．このことは，現生動物中で恐竜に最も近縁な鳥類とクロコダイル類が，大部分の恐竜とは構造も大きさもかなり異なり，また，行動の面でもかなり異なっていることがほぼ確実であるにもかかわらず，真実である．現生動物の観察が絶滅動物についての推論にどのように役立つかという重要な例に，恐竜の体色の問題がある．大部分の哺乳類とは異なり，鳥類とクロコダイル類には色覚があり，多くの鳥類の求愛信号は目を引くような色彩によって高められている．したがって，絶滅した恐竜が鮮やかな体色だったという直接証拠はないが，現生類縁動物を観察することで恐竜の体色をなるほどと思わせるよう推論することができるであろう．

現生動物の行動から得られる情報は非常に重要である．なぜなら，生き延び，そして繁殖するために特有の体制をどのように用いるか，という直接証拠を提供する唯一の情報源だからである．古生物学者たちにとって幸いなことに，収斂──類縁関係のない生物が独自に類似の体制や行動を獲得すること──は，進化上よく見られることであり，また，進化上の適応に対する最良の証拠でもある．進化は類似の問題を似たような様式で解決することが，幾度となく知られている．例えば，オルニトミムス類の恐竜は足が速かったものとわれわれは確信しているが，それは，この恐竜が足の速いダチョウ類にそっくりなだけではなく，この恐竜の後肢が走ることに適応した多くの大型動物（例：ウマ類，レイヨウ類）の後肢のようなつくり──すなわち，長い四肢の上部（大腿骨）は比較的短く，下部（脛骨，足根，足）が長い──をしているからである．

同様に，現生動物において，角や角に共通した器官（冠，えり飾りなど）が甲虫類やウシ類からカメ

レオン類やヒクイドリ類に至るまで，類縁関係のない多数のグループに見られ，ほぼすべての例においてその主な機能が配偶を引きつけたり，繁殖の成功のために競争相手と競いあうなどの性に関連したものであることは見過ごせない．さらに，現生動物中の近縁種は，鳥類・カエル類・昆虫類の鳴き声から，シカ類の枝角やレイヨウ類の角に至るまで，求愛信号という視点から区別されることがしばしばある．これと同じような型式が，これまで見てきた，しばしば異様でさえある恐竜の体制にも当てはまり，このような体制が種を同定・識別する際の主たる手段になる傾向がある（Dodson 1975；Horner et al. 1992；Sampson 1995b）．したがって，現世代の古生物学者たちが，恐竜に見られる角や関連した特徴に社会的な機能があると考えることは，おそらく，かなり的確だと思う．

本当の問題は，ある仮説を検証し，さまざまな代案を評価する際に生じる．カモノハシ竜類の冠が視覚的・音声的な信号で，その種であることを示し，競争相手を威嚇し，競争相手と争い，配偶に求愛したりするために使われたのか，体温調節を助けるなどの他の社会性に関係のないことに使われたのか，それとも両者かは，どのようにして決められるであろうか？　生き，呼吸し，行動する動物の体制のさまざまな機能を決定することは，しばしば非常に困難であり，絶滅動物においてはなおさらである．実際，ほとんどの場合，絶滅動物の行動となると，一つの仮説をとり，他を排除することは単に不可能であるばかりか，複数のもっともらしい解釈があるというありがたくない状況も生まれてくる．

そうではあるが，行動に関する代替仮説を識別するに当たっての重要な第一歩は，軟部組織の解剖学的構造をできるだけ正確に復元することである（Witmer 1995）．もちろん，必然的に，恐竜古生物学者の研究は主として化石骨にその焦点が合わされる．しかし，骨は脊椎動物に見られる組織の一類型にしかすぎず，血管・神経・筋肉・軟骨・皮膚などの「軟部組織」は，解剖学的機能という点では，より情報を持っていることがしばしばである．幸いなことに，軟部組織は筋肉の付着痕から神経や血管がとおっていた孔に至るまで，はっきりそれとわかる印を骨に残すことがしばしばある．問題が生じるのはこのような特徴を解釈する時で，この時に，近縁な動物（鳥類やクロコダイル類など）と，恐竜の特質と相似性はあるかもしれないが，より類縁関係の遠い動物の両者を含む，現生脊椎動物の解剖学的研究が不可欠になる．この種の詳細な比較研究は始まったばかりで（Witmer 1995），恐竜の骨に残されたメッセージの解釈を学ぶにつれて，今後，恐竜の行動に関して重大な洞察が得られるであろうことはほぼ確実である．

●生物力学的考察

生物力学的分析にも，ある与えられた体制が特定の用途に向いたつくりか不向きなつくりかを立証することによって，機能に関する仮説を支持したり論破したりする能力がある．恐竜の社会的行動に関していえば，生物力学的検証は種内での争いにまつわる論争を調べる際に特に役立つであろう．例えば，トリケラトプス（*Triceratops*）の頭骨と頸は，相手と角をからみ合わせ，優位を確立するために争うといった対決向きのつくりになっているように思われる（Farlow and Dodson 1975；Ostrom and Wellnhoffer 1986）．闘争のための適応として考えられるものには，目の上の一対の大きな角，脳を覆う骨が二重の層になっている丈夫な三角形の頭骨，強化された骨を持つ眼窩，第1頸椎から第3頸椎の癒合などがある．この考えをさらに支持してくれるものが，現生の角を持つ動物が似たような争い方をするという事実である（Geist 1966；Schaffer and Reed 1972）．

逆に，詳細な分析が行われるべきではあるが，厚頭類の頭突きというよく知られている考え方は，生物力学的根拠からすると，かなり考えにくい．激しい「頭」対「頭」の争いをする現生のウシ類では（例：オオツノヒツジ），角は広く平らな接触面を提供するつくりになっており，その結果，頸をひねることによる負傷を予防している．したがって，丸いドーム状頭蓋（頭蓋円天井）は頭突きをする動物に想定されるつくりとは正反対になる．厚頭類の丸いドーム状頭蓋は，相手の脇腹に頭突きするのに使われたとする方がはるかにもっともらしくなる（Goodwin 1995；Alexander，本書第30章，参照）．現生動物の間では，脇腹への頭突きが多数のグループで見られるのに対して，厚頭類に想像されている激しい頭突きは哺乳類の少数の種に限られている．

●ボーンベッドと成長パターン

大量死を示す化石集団すなわち「ボーンベッド」は，多種の恐竜について知られている（例：イグアノドン *Iguanodon*，コエロフィシス *Coelophysis*，ア

ロサウルス Allosaurus，マイアサウラ Maiasaura）．このような現場には，ある一つの種の数十，数百，時に数千個体に及ぶ化石が保存されていることがしばしばあり，そのため，変異に関する直接的な洞察が得られるという理由で非常に重要である．北米西部にある多数のボーンベッドには，えり飾りが短い角竜類のセントロサウルス類（亜科）（例：スティラコサウルス Styracosaurus，エイニオサウルス Einiosaurus）の化石が保存されている．これらの産地のいくつかを比較研究することで（Sampson et al., 印刷中），それぞれの種には鉤状突起・角・骨棘・えり飾りと骨突起の両方，または一方に特徴的な型式のあることが明らかになった．しかし，さらにまた，それらにはいくつかの成長段階が存在し，それらの特徴はその動物が事実上成体の大きさに達するまで十分には発達しなかったことをも示唆している．このことは，精巧な第二次性徴を持つ現生動物にも見られる型式である（Jarman 1983）．この発見からいえることは，未成熟個体標本のみに基づくいくつかの分類群は（例：ブラキケラトプス・モンタネンシス Brachyceratops montanensis），成体がどのような外見であったかを確言できないため，説得力がないことである．換言すれば，もしこのような未成熟の個体が完全に成体になるまで生き延びていたとすると，他の種と関連づけられる角やえり飾りといった特徴が発達したかもしれないのである．

もし，角やえり飾りの主な機能が捕食者から身を守ることであったとすると，できるだけ早くそれらを使えるように，一生の早い時点で発達させたことが予期される．成長段階のより遅い時点でそれらの発達が起こるという事実は，それらが主として交配のための信号として使われたという仮説に立った方が矛盾しない．現生動物の求愛信号はしばしば遅れて現われるが，成熟期の遅くになって十分に発達し，順位，いわゆる「つつきの順位」の確立と関連することが頻繁にある．このような成長パターンのおかげで，大きな集団内で生きている各個体は，肉弾戦で生命や手足を失う危険を冒さずに順位を決めることができる（Geist 1978）．このような証拠と，社会生活を暗示する広大なボーンベッドが多数存在することに基づくと，角竜類の一部の種（そして，類似の証拠をもとにカモノハシ竜類）が，複雑で順位的な構造を持つ群れで生息していたということは確かにもっともらしいことで，おそらくそうであったようである（Sampson 1995 a）．

● 性的二型性

種の両性間における変異，すなわち性的二型性は現生動物ではよく見られるもので，配偶をめぐる競争と関連することが再々ある．多くの種の雄はしばしば雌より大きく，体色も手が込んでいる．また，雄には，しばしば，角や冠のような社会性に伴う体制があるが，雌には小さいものがあるか，または全くない．しかし，雌雄間の二型性は性や求愛信号とは無関係な要素によるものかもしれない．例えば，ある種の雌は産卵という必要のために，雄より大きいことがある．

もし，現生脊椎動物が何らかの指針になるとすれば，恐竜の一部の種は性的二型性であったかもしれない．しかし，これを争う余地なく論証するには，驚くには当たらないが，問題がある．頭骨の形状における性的二型性は数種類の恐竜について仮定されており，そのうち，ラムベオサウルス亜科のカモノハシ竜類の場合は冠の変異（Dodson 1975），そして角竜類の場合には角とえり飾り（Dodson 1990；Lehman 1990；Sampson et al., 印刷中）に基づいている．しかし，ボーンベッドから入手した標本量が増えはしたものの，ある一つの種に対して入手可能な頭骨の総数（20点未満）は統計的な検証には依然として少なすぎる．したがって，性的二型性についてのどのような結論も慎重に考える必要がある．より多くの標本が入手できない限り，性的二型性であると認められているものが，実際には，年齢・地理・個体差あるいは分類学上のちがい（すなわち，複数種）などの，一つもしくは複数の無関係な要素から生じた変異である可能性が常に存在する．現在までのところ，一つの例外がプロトケラトプス・アンドルーシ（Protoceratops andrewsi）で，このアジア産の小型角竜は，文字どおり，何ダースもの完全骨格が知られている．この恐竜の頭骨の形態計測分析は，本当に性的二型性があり，特にえり飾りについていえることを示している（Kurzanov 1972；Dodson 1976）．

現生動物で相似の可能性があるものについて話を戻すと，大型陸生哺乳類の大きさと武器の性的二型性は，小型種（体重20 kg未満）で最小，中型種で最大，大型種（体重300 kg以上）で減少する傾向があり，開けた環境に生息する大型種には特にこの傾向が見られる（Jarman 1983）．大型種の場合，雌雄の武器が類似する傾向を持つが，角には性差がよ

く見られる．このパターンの背後にある理由は，捕食者に対する防御および社会性を持つ集団中での生活に関連して強まった競争など，複数の要因と関係するであろう．この現生動物での相似の上に立って，その多くが優に300 kgを超えた植物食鳥盤目では，身体の大きさと武器に関する性的二型性は最小限であったろうと予測できる．現時点での証拠はいくぶん不足ではあるが，この予測は少なくとも角竜類の恐竜には当てはまるであろうことを示唆している．性的二型性を示すものが角とえり飾りの詳細においてだけだからである（Dodson 1990；Lehman 1990；Sampson et al., 印刷中）．

鳥盤類での雌雄差が頭骨と関連づけられることが最もしばしばなのに対し，獣脚類での雌雄差は身体の大きさと形のちがいに帰することがより一般的である．Carpenter（1990）はきゃしゃなタイプと，よりがっしりしたタイプの2つの骨格のタイプを根拠に，ティラノサウルス・レックス（Tyrannosaurus rex）の性的二型性を主張した．しかし，比較した標本が約15点なため，サンプル数の問題がここにも当てはまる．Colbert（1990）とRaath（1990）は2種類の小型獣脚類コエロフィシスとシンタルスス（Syntarsus）のそれぞれに関して，骨格の特徴に見られる性差の存在を提案した．この2種類の恐竜は広大な大量死化石集団として保存されている．シンタルススについてのRaathの研究は，30個体以上の量的な分析を行ったものであるため特に注目すべきである．その結果は身体に関して2つのタイプ，すなわち「変異型」の存在を支持しており，一方の変異型は他方より身体がたくましく，がっしりしている．

興味深いことに，Raath（1990）とCarpenter（1990）は各自が，いずれの場合も，より大きく，よりがっしりした変異型が雌を表すと提唱している．Raathは現生猛禽類の性差に結論を基づかせているが，一方，Carpenterは骨盤後部と尾椎間の角度が，ティラノサウルスのよりがっしりした型の方で広く，これは産卵に伴う制約の結果かもしれないと言及している．最後に，Larson（1994）も同様にこの見解を支持し，ティラノサウルスのよりがっしり型の標本には第1尾椎の下部に小さなV字型の血道弓がなく，これも産卵という制約のせいであろうと主張している．もし，個体の性別を鑑別するLarsonの手法が恐竜に対して一般に利用できるということになれば，古生物学者たちはより確信を持って性的二型性の見方を決定できるようになるであろう．

●求愛信号と恐竜の進化

恐竜の体制の多くが，上述したように，配偶に信号を送り，競争者との競合に使われたとすると，そのような体制には以前に想像されていたより，はるかに重要な進化上の意味があるかもしれない．以前に，現生動物の集団内部の種は求愛信号に基づいて識別される傾向があること，また，この型式は角竜類，カモノハシ竜類，厚頭類，曲竜類や剣竜類を含む，恐竜の多くのグループに見られる手の込んだ特徴に当てはまるかもしれないと言及してきた．

理論生物学の最近の研究は，性淘汰と種認知のための淘汰を含む進化の過程は，付随的に，新しい求愛信号を生み出すことを通じて，新しい種の起源という結果につながったという考えを強く支持している（West-Eberhard 1983；Paterson 1985）．もし，ある種の2つの個体群が隔離され，交配のために独自の信号を進化させると，両個体群の個体は他の個体群の個体を，もはや配偶の可能性があるものとして認知できなくなり，2つの新しい種が形成されるであろう．このような過程は新しい型の誕生だけでなく，ある集団が他の集団より成功をおさめるという点でも多大な影響を及ぼすであろう．したがって，例えば，角竜類やカモノハシ竜類の著しい多様性は，結局はその求愛行動によるものかもしれない．化石動物と現生動物の両者に関して進行中の研究は，この魅力的な案に対してさらなる洞察を提供することであろう．

恐竜の社会的行動を考える際には，2点について常に慎重であることが必要である．第一に，現生動物における求愛信号は視覚・聴覚・触覚・化学的など，あらゆる範囲の知覚経路を活用しているのに対して，化石の場合は一般的にはこれらのうちの一つ，すなわち，骨格組織に保存された視覚的信号のごく一部に対する直接証拠しか提供してくれない（時には例外もあり，最近発見された非常にすばらしい保存状態のカモノハシ竜マイアサウラの骨格には，頸袋，すなわち頸の下にある皮膚の大きい垂下物らしいものの印象が残っている［H.-D.Sues，私信］）．第二に，恐竜類は今日とは非常に異なった時代に生息していたので，現代とは全く相似性のない，完全に恐竜類独自の行動をしていたことは疑いない．したがって，古生物学者たちが入手できるであろう証拠の量と質には明確に限界がある．扱いやすいタイムマシンが発明でもされない限り，恐竜の

社会生活の研究は高度に推論的な努力にとどまらざるをえない運命にある.

このような制約から考えて，一部の進化生物学者は，恐竜の行動に関する研究は入手可能な証拠の量がほぼ同等である,他の惑星の生命に関する研究（宇宙生物学）とほぼ同質だと考えているようである.しかし，これに対しては多くの古生物学者が強く異を唱えるであろう．行動に関する多くの仮説はその行動を目撃することができない，あるいは，すべての代案を除外できないという意味では検証不能であり非科学的ではある．しかし，そうではあるが，恐竜類がいかなる生き方をしていたかという理解に立ち入ることは可能である．すべての種は，現生であれ，絶滅したものであれ，進化上の実験を表しており，生命史上で再発する様式を探索することで，進化についての多くの仮説を検証する手段を入手できる．現生動物との比較，生物工学的分析，大量死集団化石における変異の研究，そして，新手法の応用などを通じて，社会的あるいは求愛行動の特定の側面を含む，太古の行動に取り組むことができる．もちろん，適切な厳密さを示すためには，古生物学者たちが精力的に複数の代案に取り組み，証拠に裏打ちされた主張と全くの空論をはっきり区別する必要がある．最後に，もし行動や進化過程などの興味深いが厄介な論点を単純に無視したら，恐竜の研究は新しく発見された型の記載と分類――栄光に輝く一種の化石切手ならぬ刻印の収集――に限定されることになり，多くの古生物学者は確実に別の職業に従事することになるであろう.

●文　献

Abel, O. 1924. *Die Stämme der Wirbeltiere*. Berlin：De Gruyter.

Bakker, R. T. 1968. The superiority of dinosaurs. *Discovery* 3：11-12.

Bakker, R. T. 1971. The ecology of brontosaurs. *Nature* 229：172-174.

Bakker, R. T. 1986. *The Dinosaur Heresies：New Theories Unlocking the Mystery of the Dinosaurs and Their Extinction*. New York：William Morrow.

Carpenter, K. 1982. Skeletal and dermal armor reconstruction of *Euoplocephalus tutus*（Ornithischia：Ankylosauridae）from the Late Cretaceous Oldman Formation of Alberta. *Canadian Journal of Earth Sciences* 19：689-697.

Carpenter, K. 1990. Variation in *Tyrannosaurus rex*. In K. Carpenter and P. J. Currie（eds.）, *Dinosaur Systematics：Approaches and Perspectives*, pp. 141-145. Cambridge：Cambridge University Press.

Colbert, E. H. 1990. Variation in *Coelophysis bauri*. In K. Carpenter and P. J. Currie（eds.）, *Dinosaur Systematics：Approaches and Perspectives*, pp.81-90. Cambridge：Cambridge University Press.

Coombs, W. P. Jr. 1975. Sauropod habits and habitats. *Palaeogeography, Palaeoclimatology, Palaeoecology* 17：1-33.

Coombs, W. P. Jr. 1990. Behavior patterns of dinosaurs. In D. B. Weishampel, P. Dodson, and H. Osmólska（eds.）, *The Dinosauria*, pp. 32-42. Berkeley：University of California Press.

Davitashvili, L. Sh. 1961. *Teoriia polovogo otbora*（The theory of sexual selection）. Moscow：Izdatel'stvo Akademii Nauk（Academy of Sciences Press）.

Dodson, P. 1975. Taxonomic implications of relative growth in lambeosaurine hadrosaurs. *Systematic Zoology* 24：37-54.

Dodson, P. 1976. Quantitative aspects of relative growth and sexual dimorphism in *Protoceratops*. *Journal of Paleontology* 50：929-940.

Dodson, P. 1990. On the status of the ceratopsids *Monoclonius* and *Centrosaurus*. In K. Carpenter and P. J. Currie（eds.）, *Dinosaur Systematics：Approaches and Perspectives*, pp. 211-229. Cambridge：Cambridge University Press.

Farlow, J. O., and P. Dodson. 1975. The behavioral significance of frill and horn morphology in ceratopsian dinosaurs. *Evolution* 29：353-361.

Farlow, J. O. ；C. V. Thompson；and D. E. Rosner. 1976. Plates of *Stegosaurus*：Forced convection or heat loss fins？ *Science* 192：1123-1125.

Galton, P. M. 1970. Pachycephalosaurids：Dinosaurian battering rams. *Discovery* 6：23-32.

Geist, V. 1966. The evolution of horn-like organs. *Behaviour* 27：173-214.

Geist, V. 1978. On weapons, combat and ecology. In L. Krames, P. Pliner, and T. Alloway（eds.）, *Aggression, Dominance and Individual Spacing*, pp. 1-30. New York：Plenum Press.

Goodwin, M. B. 1995. A new skull of the pachycephalosaur *Stygimoloch* casts doubt on head butting behavior. *Journal of Vertebrate Paleontology* 15（Supplement to no. 3）：32A.

Hopson, J. A. 1975. The evolution of cranial display structures in hadrosaurian dinosaurs. *Paleobiology* 1：21-43.

Horner, J. R.；D. J. Varricchio；and M. B. Goodwin. 1992. Marine transgressions and the evolution of Cretaceous dinosaurs. *Nature* 358：59-61.

Jarman, P. 1983. Mating system and sexual dimorphism in large, terrestrial, mammalian herbivores. *Biological Review* 58：485-520.

Kurzanov, S. M. 1972. Sexual dimorphism in protoceratopsians. *Palaeontological Journal* 1972：91-97.

Larson, P. 1994. *Tyrannosaurus* sex. In G. D. Rosenberg and D. L. Wolberg（eds.）, *Dino Fest*, pp. 139-155. Paleontological Society Special Publication no. 7. Knoxville：University of Tennessee.

Lehman, T. M. 1990. The ceratopsian subfamily Chasmosaurinae：Sexual dimorphism and systematics. In K. Carpenter and P. J. Currie（eds.）, *Dinosaur Systematics：Approaches and Perspectives*, pp. 211-229. Cambridge：

Cambridge University Press.

Molnar, R. E. 1977. Analogies in the evolution of combat and display structures in ornithopods and ungulates. *Evolutionary Theory* 3 : 165–190.

Ostrom, J. H. 1986. Social and unsocial behavior in dinosaurs. In M. H. Nitecki and J. A. Kitchell (eds.), *Evolution of Animal Behavior*, pp. 41–61. Oxford : Oxford University Press.

Ostrom, J. H., and P. Wellnhoffer. 1986. The Munich specimen of *Triceratops*, with a revision of the genus. *Zitteliana* 14 : 111–158.

Paterson, H. E. H. 1985. The recognition concept of species. In E. S. Vrba (ed.), *Species and Speciation*, pp. 21–29. Transvaal Museum Monograph 4. Pretoria, South Africa.

Raath, M. A. 1990. Morphological variation in small theropods and its meaning in systematics : Evidence from *Syntarsus rhodensis*. In K. Carpenter and P. J. Currie (eds.), *Dinosaur Systematics : Approaches and Perspectives*, pp. 91–105. Cambridge : Cambridge University Press.

Sampson, S. D. 1995 a. Horns, herds, and hierarchies. *Natural History* 194 (6) : 36–40.

Sampson, S. D. 1995 b. Two new horned dinosaurs from the Upper Cretaceous Two Medicine Formation of Montana ; with a phylogenetic analysis of the Centrosaurinae (Ornithischia : Ceratopsidae). *Journal of Vertebrate Paleontology* 15 : 743–760.

Sampson, S. D. ; M. J. Ryan ; and D. H. Tanke. In press. The ontogeny of centrosaurine dinosaurs (Ornithischia : Ceratopsidae), with new information from mass death assemblages. To be published in *Zoological Journal of the Linnean Society*.

Schaffer, W., and C. A. Reed. 1972. The co-evolution of social behavior and cranial morphology in sheep and goats (Bovidae, Caprini). *Fieldiana Zoology* 61 : 1–88.

Sues, H.-D. 1978. Functional morphology of the dome in pachycephalosaurid dinosaurs. *Neues Jahrbuch für Geologie und Paläontologie Monathefte* 1978 : 459–472.

Weishampel, D. B. 1981. Acoustic analyses of potential vocalizations in lambeosaurine dinosaurs (Reptilia : Ornithischia) : Comparative anatomy and homologies. *Journal of Paleontology* 55 : 1046–1057.

West-Eberhard, M. J. 1983. Sexual selection, social competition, and speciation. *Quarterly Review of Biology* 58 : 155–183.

Witmer, L. M. 1995. The extant phylogenetic bracket and the importance of reconstructing soft tissues in fossils. In J. J. Thomason (ed.), *Functional Morphology in Vertebrate Paleontology*, pp. 19–33. Cambridge : Cambridge University Press.

28 恐竜類の卵

Karl F. Hirsch
and
Darla K. Zelenitsky

恐竜の卵に関して最もよく聞かれる質問が2つある．その標本が卵かどうかは，どのようにしてわかるのか？　その卵はどのような種類の動物が産んだものか？　この課題をよりよく理解するには，卵とは何か，どのように機能するかを考えなければならない（図 28.1 A, B, 28.2）．

● 卵とは何か？

卵は胚にとっての家に当たる．この家は胚の成長に必要なすべてのもの——隠れ場，保護，養分，水分，新鮮な空気（酸素），有害な気体（二酸化炭素）の排除，一定温度，骨が成長するためのカルシウム，排泄物の貯蔵所——を提供しなければならない（Ar et al. 1979；Hirsch 1994）．卵殻はこの家の壁に当たる．この殻は石灰質とか有機物でできており，さまざまな機能的・形態的な特性を持っている．卵殻は抱卵する親の体重や，上に乗る巣材の負担を支えられるだけの強さがなければならない．同時に，胚が孵化できるだけの弱さもなければならない．また，卵殻は発達する胚が必要とする追加のカルシウムも供給する．卵殻は気体や水蒸気の拡散，場合によっては液体の吸収も可能でなければならない（Rahn et al. 1979）．さらに，卵殻はバクテリアや寄生虫を締め出し，胚を保護しなければならない．卵とその卵殻は異なる環境条件にうまく対処するために，さまざまな形状，卵殻構造，気孔組織を備えている．卵殻は複数の色素でカムフラージュされていることもあり，これらの色素はエネルギーを吸収・反射することで，卵の温度を調節する助けもしてい

る．カモメの卵はとがった西洋梨のような形をしており，崖から転がり落ちるのを防いでいる．上述のすべての要素が，卵では精緻な均衡を保っているのである（Taylor 1970；Ar et al. 1979）．

卵は卵殻の物理的特性によって，軟殻型，弾性殻型，硬殻型に類別される．かたい殻の卵は化石化する可能性が一番高い．卵殻に石灰分が多く，密接して連結した卵殻単位でできているからである（図

卵は胚の家である．
胚の成長に必要な養分，空気，水がなくてはならない．

汚れた空気
二酸化炭素

卵殻は家の壁に当たる．
壁は石灰分と有機分からなる．
家の壁は動物グループの家によって異なる．

きれいな空気
酸素

きれいな空気
酸素

卵殻には
3種がある：
硬殻，
弾性殻，
軟殻．

鳥類　恐竜類
ヤモリ類
ワニ類　ムカシトカゲ類
リクガメ類　ヤモリ類　トカゲ類
カミツキガメ　ヘビ類
ウミガメ類

硬殻
独立自足
石灰分が主．強直．
化石は多い．

弾性殻
水を要する．
石灰層はゆるい．
知られる化石は少数．

軟殻
水を要する．
有機分が主．
化石は知られていない．

A

B

C

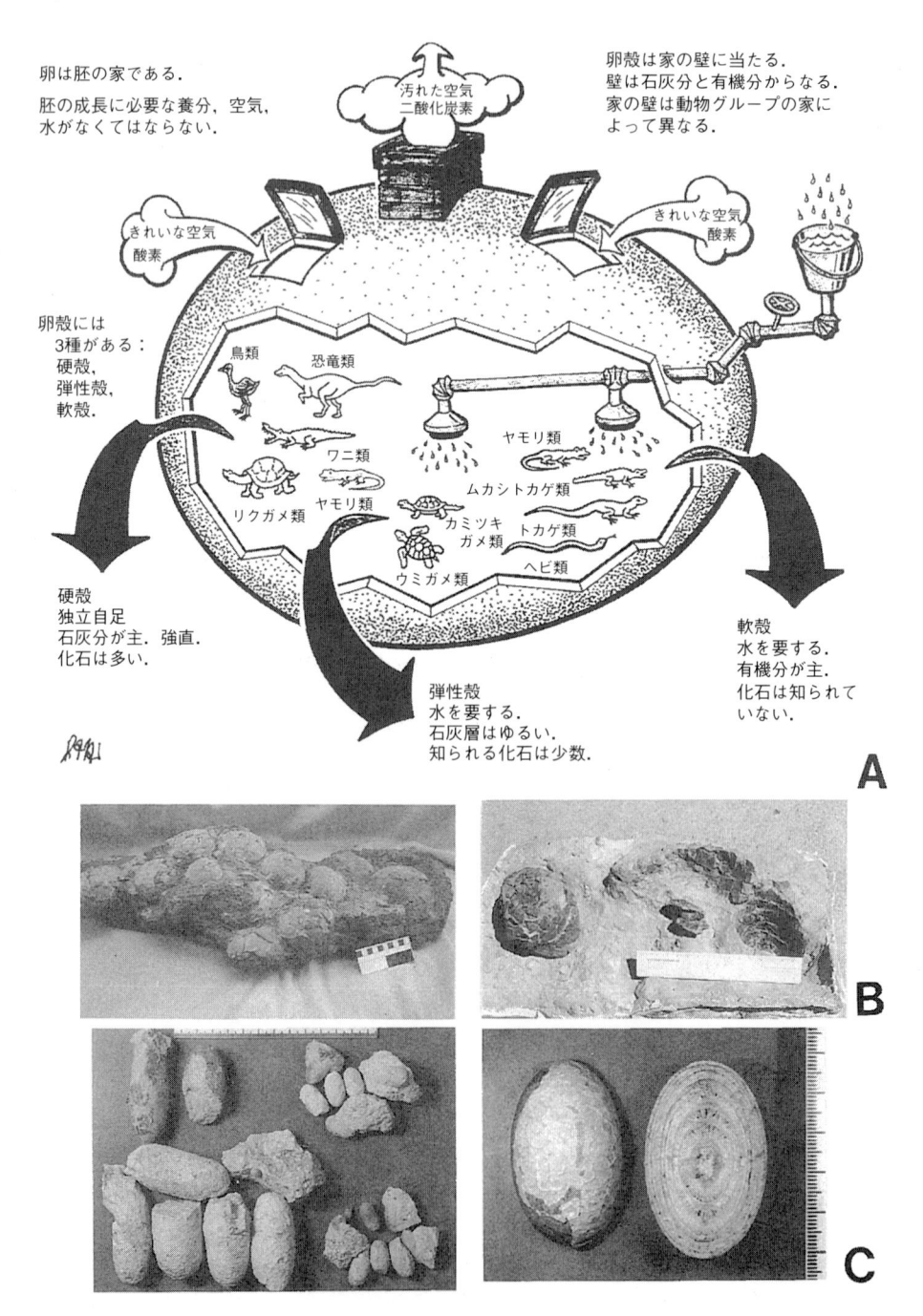

図 28.1● (A) 卵の家とその居住者．(B) 恐竜類の卵．左は中国・河南省から出た楕円形の卵の巣，右は米国・ユタ州，ノースホーン層から出た保存状態の異なる3個の卵型の卵の集まり．(C) 卵疑似物．左はフランス始新世の堆積物中に形成された小球状（pelloidal）の構造物，右は米国・ユタ州から出た中央に玉髄の砕片を含む胃石

28.2). 他の2つの型の卵殻では有機物が多く，貧弱にしか組み込まれていない石灰分は，有機物が腐敗したあとは，卵殻の構成要素としてほとんど認められない．現在までのところ，かたい殻の恐竜の卵だけが同定されている（図28.1 B）．一部の恐竜がやわらかい卵とか弾力性のある卵を産んだ可能性はあるが，そのような標本は見つかっていない（Hirsch 1994）．

● 余談：何が卵ではないのか？

自然は堆積物中でつくり出される小球状の標本やコンクリーションから，反芻哺乳類の胃の中で形成される精巧な卵形の結石に至るまで，卵に似た多くの物体をつくり出している（図28.1C；Hirsch 1986）．ある標本が卵であることを証明するためには，卵殻構造の証拠がなければならない．

● 卵殻化石の研究

卵殻化石の研究は現生動物の卵殻の研究から得た知識に基づいている．卵殻の研究は比較的新しい学問分野であるため（Carpenter et al. 1994 参照），一般に認められるような十分に確立した専門用語が存在しない．現行の用語は研究が進んでいる鳥類の卵殻に基づいている（図28.2）．

かたい，もしくは強直な卵殻は，内側にある有機物の卵殻膜および外側に密接して連結している卵殻単位からできた石灰質の層から構成されている（図28.2 A，28.4 A）．卵殻膜と卵殻単位は，核形成の中心から卵殻膜の中へと成長する基底冠（帽）により，互いにつながっている（図28.2 A）．

卵と卵殻の記載は，その標本の外面の形態（外見）と卵殻構造に基づいている．これらの特徴は3段階の構造で調べられる：

1. マクロ構造は卵の大きさや形，殻の厚さ，気孔の型式，表面の模様を含む．
2. 微細構造は卵殻の構成を扱い，卵殻単位と気孔管の形態や配列を含む．
3. 超微細構造は卵殻の基本的構造，すなわち，非常に緻密な細部——結晶質帯の構成（平板状または鱗片状）と，それが絡み合った有機物の網状組織——を表す．

他の学問分野から採用し修正した複数の手法は，卵化石の同定および分類にとって非常に貴重であることが立証されている．卵殻構造の研究には偏光顕微鏡（PLM）と走査型電子顕微鏡（SEM）が使われる．いずれの手法にも利点があり，両者は互いに補足しあうのに役立つ．卵殻の微細構造と超微細構造は放射状の切片で観察される（図28.2 B，28.4 A）．SEMを用いての切縁面からは卵殻の外側と内側の表面の構造的な詳細が得られ，PLMを用いての切縁切片からは卵殻の内部構造が明らかになる（図28.2 B）．

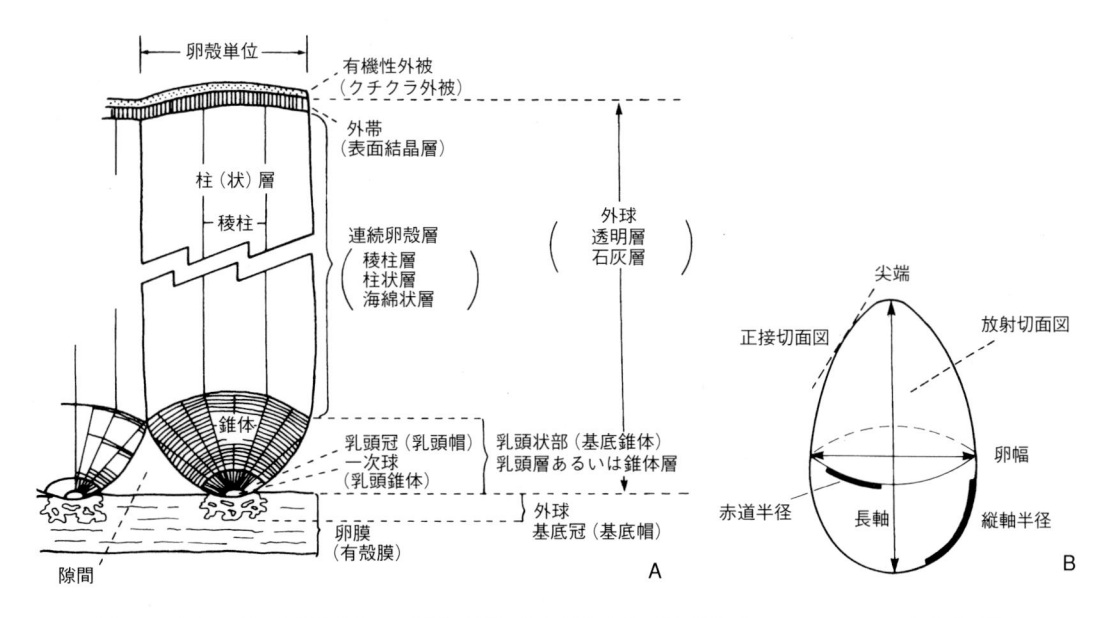

図28.2 ● (A) 鳥類の卵殻構造とその述語の図解，(B) 卵殻外形の湾曲要素（curvature components）および異なった断面と視点を示す

埋まったあとに卵に起こった変化を理解するためには，付加的な手法が用いられる．鉱物学的元素分析と陰極線ルミネセンスは，このような変化を理解するのに役立っている．卵の大きさと形はジュネーブ式レンズ計測器や工学的半径計測器を使って，大きい卵殻片の半径を測定することで見積もることができる．卵内部の胚の骨を探したり，あるいは，圧縮され変形された卵の復元を援助するため，コンピューター断層撮影（CAT）が使われることもある．

● 卵殻の分類

現生動物の強直なもしくはかたい卵は，卵殻の基本構造と卵を産んだ動物との間の相関関係を示している（図28.3, 28.4）．例えば，カメ類は共通の基本的な殻構造を持った卵を産み，これはほかのグループに属する産卵動物の基本的な卵殻構造とは異なっている．したがって，卵殻の構造から異なるグループの産卵動物を同定することができる．現生のカメ類・ヤモリ類・ワニ類そして鳥類の卵殻は，それぞれ「卵殻体制の基本型」と呼ばれる独特の構造を見せている．現代のすべての硬殻卵は以下にあげる4つの卵殻基本型の中の一つになる：カメ類型（カメ類），ヤモリ類型（ヤモリ類），ワニ類型（ワニ類），そして鳥類型（鳥類）．卵殻化石の研究をとおし，これらの「基本型」は白亜紀からジュラ紀までさかのぼることができる．卵殻構造はこれら現生動物の大きいグループ内では安定しており，したがって，ある絶滅分類群内での卵殻の同定も容易になる．

恐竜類の卵は上記現生動物の基本型には部分的にしか当てはまらない．恐竜類の卵の一つのグループは鳥類型基本型を持ち，したがって鳥類の卵の基本型と似ている．これ以外の恐竜類に対しては，さらに2つの「基本型」が確立されている．すなわち，球顆状恐竜類型と稜柱状恐竜類型の「基本型」である（図28.3；Hirsch and Packard 1987；Hirsch and Quinn 1990；Mikhailov 1991, 1992, 1997；Mikhailov et al. 1996 参照）．

「基本型」は卵殻微細構造の一般的な特徴を示す構造上の形態型に再分され，恐竜類の卵殻に対しては9つの形態型が確立されている（図28.3, 28.4 B～I）．

卵は動物が産んだ物体である．したがって，卵は生痕化石であって，たとえ胚によって，ある動物分類群に明確に結びつけられるとしても，生痕化石に分類されるべきである．産卵動物の分類群なり分類は，それが産んだ卵の副分類法（異なる別個の分類法）とは別のものである．もしこの2つの分類が結びつけられると，2つの異種の胚が類似の卵殻構造を持つ異なる卵の中で発見された時，問題を起こす可能性がある．卵の副分類法は卵を産んだ動物の分類群の学名の前に卵（oo）をつけることで産卵者の分類法とは区別される．したがって，卵の副分類法の分類体系的な分類には卵科（oofamilies），卵属（oogenera）や卵種（oospecies）が含まれる．

最近まで，恐竜類の卵の分類は混乱していた．一部は型 1, 2, 3,…，あるいは型 A, B, C,…と分類され，さらに，一部には名前がつけられていたからである．イングランドから産出した卵化石が卵属と卵種をつけられた最初の事例である（Buckman 1860）．卵に対するこの命名法は，その後，中国の学者によって発展し，進展された（Zhao 1979, 1993）．基本型と形態型を含む構造的な分類は，卵を命名するシステム（卵科，卵属，卵種）とともに，卵化石分類のための実用的な副分類システムを生み出したのである（図28.3）．

● 卵を産んだ動物の同定

卵は内部証拠が存在すれば，ある動物分類群に明らかに結びつけられる生痕化石である．唯一の決定的な証拠は同定可能な胚が存在することである．ある卵をある動物分類群に関連づける2番めによい証拠は，孵化したばかりの幼体か胚——または親の化石——を伴う巣の中で発見される卵とか卵殻である．骨格化石と同じ層準内に卵とか卵殻が存在したとしても状況証拠にしかならず，したがって疑問が残る．

卵と卵殻が特定の恐竜のものとされた事例はかなりあるが，その大部分は状況証拠に基づいている．現在までに文献に記録されているもので，卵内に同定しうる胚があった産出例は3例のみ，巣の中で孵化したばかりの幼体と卵殻が産出した例は1例にしかすぎない．

・獣脚類トロオドン・フォルモスス（*Troodon formosus*），米国，モンタナ州，エッグ・マウンテン（Egg Mountain）（この卵は以前はヒプシロフォドン類オロドロメウス・マケライ *Orodromeus makelai* のものとされていた．詳細はVarricchio et al. 1997 を参照）

・ハドロサウルス類ヒパクロサウルス・ステビンゲリ（*Hypacrosaurus stebingeri*），カナダ，アル

卵殻組織の基本型		構造的形態型	気孔組織	副分類学上の科	分類群
		現代型羊膜卵の卵化石			
カメ類型		硬球型 柔球型		カメ類卵科 カメ類柔卵科	カメ目
ヤモリ類型	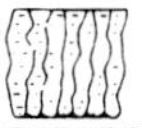	ヤモリ類型	網管系	ヤモリ類卵科	ヤモリ下目
ワニ類型		ワニ類型		ワニ類卵科	ワニ目
鳥類型		稜柱型 ("新口蓋類")	狭管系		ゴビピプス (胚)
		走鳥類型	狭管系	滑卵科	?エナンチオルニス類
	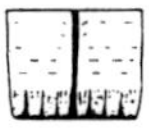		狭管系	正中卵科	?
	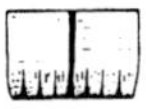		狭管系		ダチョウ科
			狭管系	鳥卵科	?ディアトリマ科
		恐竜卵			
鳥類型	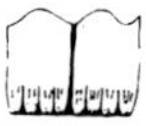	走鳥類型	狭管系	長卵科	獣脚亜目 (オヴィラプトルの胚)
球顆状恐竜類型		糸状球顆型 (多球顆型)	多管系	蜂巣卵科	?竜脚亜目
		樹状球顆型	扁長管系	樹状卵科	?竜脚亜目 ?鳥脚亜目
		?網状球顆型	扁長管系	網状卵科	?竜脚亜目
		分離球顆型 (管状球顆型)	筒管系	巨大卵科	?竜脚亜目 ?鳥盤目
		長球顆型	扁長管系	球状卵科	?鳥脚亜目 (一部カモノハシ竜の胚)
		狭球顆型	裂狭管系	卵形卵科	?鳥脚亜目
稜柱状恐竜類型		稜柱型 (狭稜柱型)	狭管系	稜柱卵科	獣脚亜目 (トロオドンの胚) プロトケラトプス類
		稜柱型 (斜稜柱型)	斜管系		?鳥脚亜目

図 28.3●卵殻の基本型, 形態型, 気孔組織とそれに対応する副分類学上の科と分類群の相関表. 分類群の前に ? があるものは状況証拠に基づく相関を示す [訳注：例えば長卵科は正式には Elongatoolithidae]

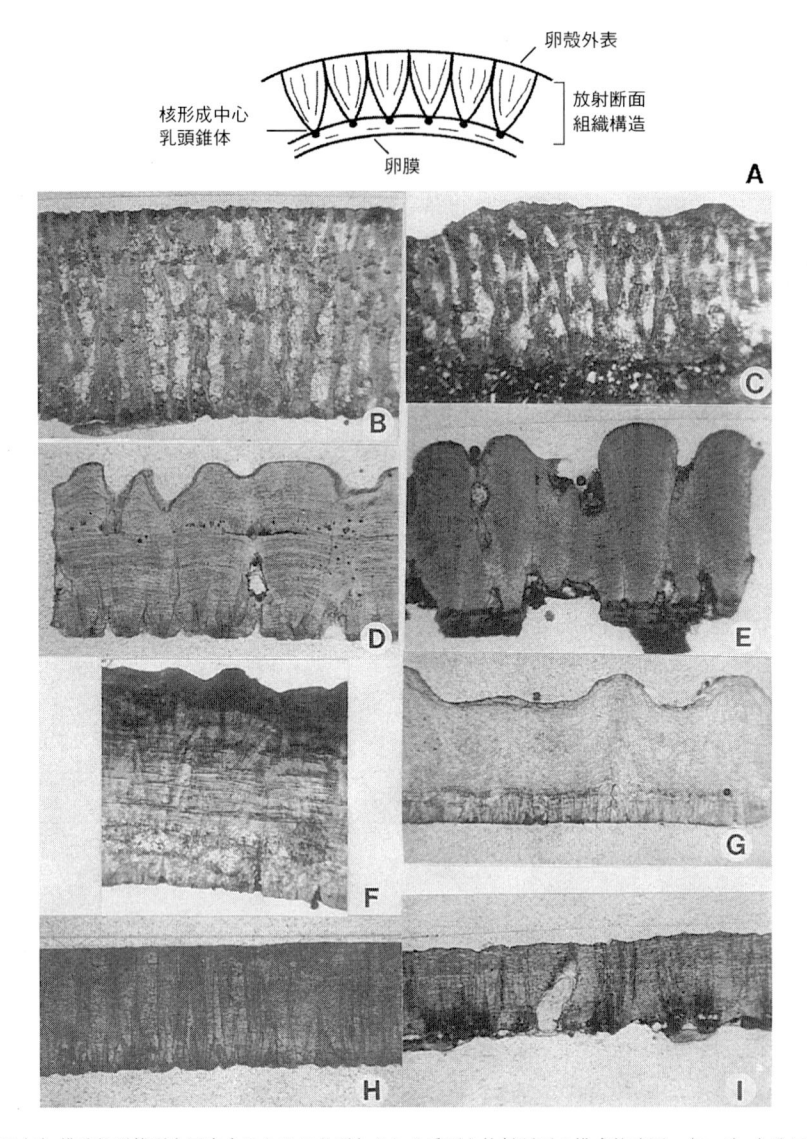

図28.4●(A) 構造的形態型を同定するために必要とされる重要な放射断面の模式的略図，(B～I) 十分に確立された恐竜類卵殻形態型8種類の放射面薄片，(B) 糸状球顆型（多球顆型）；厚さ 2.5 mm，(C) 樹状球顆型；厚さ 1.5 mm，(D) 長球顆型；厚さ 1.2 mm，(E) 分離球顆型（管状球顆型）；厚さ 1.6 mm，(F) 狭球顆型；厚さ 2.0 mm，(G) 走鳥類型；厚さ 1.4 mm，(H) 稜柱型（狭稜柱型）；厚さ 0.9 mm，(I) 稜柱型（斜稜柱型）；厚さ 0.7 mm

バータ州，デビルズ・クーリー（Devil's Coulee）
・未同定のオヴィラプトル類，モンゴル，ゴビ砂漠，ウハー・トルゴッド（Ukhaa Tolgod）
・ハドロサウルス類マイアサウラ・ピーブレソルム（*Maiasaura peeblesorum*）（孵化したばかりの幼体），米国，モンタナ州，エッグ・マウンテン

上記標本に対しては卵種を，その卵を産んだ動物に関連づけることができた．形と構造が類似している2つの卵が見つかった場合，その2つの卵は同一種が産んだとは限らない．その2つの卵が異なる地域とか層準から産出した場合はなおさらである．片方の卵には同定しうる胚が入っており，他方には入っていない場合，分類学上の位置を確言できるのは胚を伴った卵だけである．胚を伴った卵に類似の卵殻断片だけが異なる地域とか層準で見つかった場合は，その産卵動物との関連づけはさらに薄弱になる．胚を含む卵はまれなため，特定の恐竜分類群内の卵殻構造の変動範囲については限られた情報しかない．

数種類の卵殻の形態型と，それを産んだと考えら

図28.5●驚くべき一発見：小型獣脚類オヴィラプトル（*Oviraptor*）の骨格が，自分のひとかえりの卵の上に座った形で保存された．この標本は Norell et al. 1995 によって記載されている；Dong and Currie 1996 は類似の標本について記載している．この恐竜は折り曲げた後肢の上に座って保存された．左右の足は前方に突き出している．左右の前肢は石塊の前縁沿いに曲げられ，長円形の卵を抱え込んでいた．その卵は右の前肢に隣接したところにあり特に見分けやすい．この恐竜はおそらく巣を守るか抱卵中に，砂嵐で埋もれ死んだらしい

れる動物との間の相関関係は不明確で，したがって，相関図の右端の列では最初に？をつけてある（例：？鳥脚類，？竜脚類，など）（図28.3）．これらの位置づけは暫定的なもので，状況証拠に基づいている．これらの特定の位置づけをした恐竜は，卵産地の近くで発見されている．疑問符つきであることは，長期にわたってオヴィラプトル類とプロトケラトプス類の卵がとりちがえられていたことで例証されたように，正当化される（Norell et al. 1994；Mikhailov 1995）．オヴィラプトル（*Oviraptor*）がプロトケラトプス（*Protoceratops*）の卵を盗んでいるところだと推測されていたが，実際は，オヴィラプトルは自分の卵を守るか抱卵していたのである（図28.5）．このような筋書きは，産卵動物の位置づけが状況証拠に基づいている場合は，その動物を提唱するに当たって過信は禁物であることを明らかにしている．

●文 献

Ar, A.；H. Rahn；and C. V. Paganelli. 1979. The avian egg, mass and strength. *Condor* 81：331–337.

Buckman, J. 1860. Fossil reptilian eggs from the Great Oolite of Cirencester. *Quarterly Journal of the Geological Society of London* 16：107–110.

Carpenter, K.；K. F. Hirsch；and J. R. Horner（eds.）. 1994. *Dinosaur Eggs and Babies*. Cambridge：Cambridge University Press.

Dong, Z.-M., and P. J. Currie. 1996. On the discovery of an oviraptorid skeleton on a nest of eggs at Bayan Mandahu, Inner Mongolia, People's Republic of China. *Canadian Journal of Earth Sciences* 33：631–636.

Hirsch, K. F. 1986. Not every"egg"is an egg. *Journal of Vertebrate Paleontology* 6：200–201.

Hirsch, K. F. 1994. The fossil record of vertebrate eggs. In S. Donovan（ed.）, *The Paleobiology of Trace Fossils*, pp.269–294. London：John Wiley and Sons.

Hirsch, K. F., and M. J. Packard. 1987. Review of fossil eggs and their shell structure. *Scanning Microscopy* 1：383–400.

Hirsch, K. F., and B. Quinn. 1990. Eggs and eggshell fragments from the Upper Cretaceous Two Medicine Formation of Montana. *Journal of Vertebrate Paleontology* 10：491–511.

Mikhailov, K. E. 1991. Classification of fossil eggshells of amniote vertebrats. *Acta Palaeontologica Polonica* 36：

193–238.

Mikhailov, K. E. 1992. The microstructure of avian and dinosaurian eggshell : phylogenetic implications. In K. E. Campbell, Jr.(ed.), *Papers in Avian Paleontology*, pp. 361–373. Los Angeles : Natural History Museum of Los Angeles County.

Mikhailov, K. E. 1995. Theropod and protoceratopsian dinosaur eggs from the Cretaceous of Mongolia and Kazakhstan. *Paleontological Journal* 28(2) : 101–120.

Mikhailov, K. E. 1997. *Fossil and Recent Eggshell in Amniotic Vertebrates : Fine Structure, Comparative Morphology and Classification*. Special Papers in Palaeontology no. 56. London : Palaeontological Association.

Mikhailov, K. E. ; E. S. Bray ; and K. F. Hirsch. 1996. Parataxonomy of fossil egg remains (Veterovata) : Principles and applications. *Journal of Vertebrate Paleontology* 16 : 763–769.

Norell, M. A. ; J. M. Clark ; L. M. Chiappe ; and Dashzeveg D. 1995. A nesting dinosaur. *Nature* 378 : 774–776.

Norell, M. A. ; J. M. Clark ; Dashzeveg D. ; Barsbold R. ; L. M. Chiappe ; A. R. Davidson ; M. C. McKenna ; Perle, A. ; and M.J. Novacek. 1994. A theropod dinosaur embryo and the affinities of the Flaming Cliffs dinosaur eggs. *Science* 266 : 779–782.

Rahn, H. ; A. Ar ; and C. V. Paganelli. 1979. How bird eggs breathe. *Scientific American* 2 : 46–56.

Taylor, T. G. 1970. How an eggshell is made. *Scientific American* 222(3) : 89–97.

Varricchio, D. J. ; F. Johnson ; J. J. Borkowski ; and J. R. Horner. 1997. Nest and egg clutches of the dinosaur *Troodon formousus* and the evolution of avian reproductive traits. *Nature* 385 : 247–250.

Zhao Z. 1979. Progress in the research of dinosaur eggs. In *Mesozoic and Cenozoic Redbeds of South China*, pp.330–340. Beijing : Science Press.

Zhao Z. 1993. Structure, formation and evolutionary trends of dinosaur eggshells. In I. Kobayashi, H. Mutvei, and A. Sahni (eds.), *Structure, Formation and Evolution of Fossil Hard Tissues*, pp.195–212. Tokyo : Tokai University Press.

29 恐竜の成長過程

R. E. H. Reid

　恐竜の成長を観察できた人間はおらず，今後もできるはずはないので，恐竜の成長に関する論文は推論にならざるをえない．だが幸いにも，恐竜の成長過程でつくられた2種類の骨から探りを入れられる．現在の四肢動物を見る限り成長過程はおおよそ共通しているので，現生動物から得た情報を利用してある程度まで空白を補うことができる．しかし，それでも知りえない部分は大きい．

　当然ながら，成長過程の研究は胚から始まり，成長が終わる成体まで及ぶ．ここ数年の間にさまざまな恐竜類の胚が見つかっているが（Norell et al. 1994など），詳細はまだ発表されておらず，また骨がすでに骨化している標本がほとんどのようである．そ

れでは現生動物で骨ができる過程から見ていこう．

●発生初期およびその後の成長段階

　とりあえず次のように推測してよいだろう．恐竜の骨格では，頭骨の一部を除くほとんどの骨がまず軟骨からつくられたあとに骨化した．簡単な構造の軟骨組織では，プロテオグリカン（タンパク質と炭水化物からなる化合物）コンドロイチン硫酸から形成されたゲル状の基質中に，軟骨細胞と呼ばれる生体細胞が散在している．また通常，コラーゲン繊維もある程度含まれている．軟骨は細胞組織であるという点では硬骨に似ているが，細胞が分割して新し

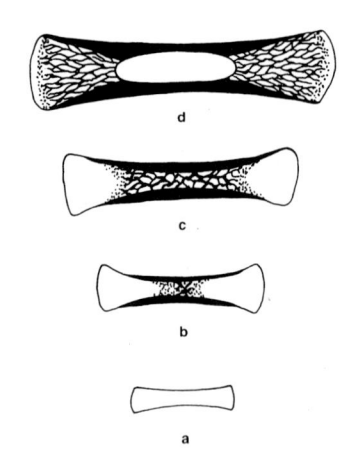

図 29.1 ● 恐竜の四肢骨の成長初期
(a) 第 1 期：単純な棒状の軟骨を軟骨膜が包んでいる．(b) 第 2 期：骨の側面を覆う組織が軟骨膜になり，骨膜性骨（黒く塗りつぶした部分）が沈着し始める．骨幹の軟骨が石灰化し（黒点の部分），骨膜性骨に置換し始める（筋状の部分）．(c) 第 3 期：骨幹の中心を軟骨性骨の梁構造が占め，隙間を骨髄が埋めている．石灰化が行われる部分が骨端の方へ移動している．(d) 第 4 期：石灰化していない軟骨は骨端表面のすぐ下の部分だけになる．その下に石灰化帯があり，内側で軟骨性骨が成長している．骨髄腔が形成され，拡大していく．

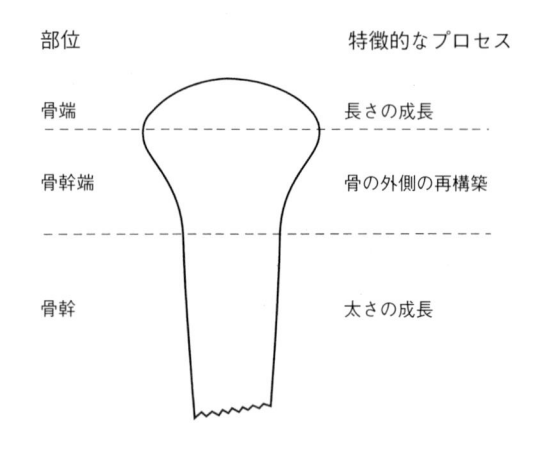

図 29.2 ● 骨頭部分の図
図の左側に書き込まれた用語は骨の部位を示している．上から下へ，骨の端の関節部（骨端）；骨端よりやや内側に広がる部分（骨幹端）；骨体部（骨幹）．図右側の用語は恐竜類の（哺乳類では異なる）四肢骨のこの領域に特徴的なプロセスを示している．上から下へ，新しい軟骨性骨の形成によって骨が長軸方向へ成長；骨膜の下で骨が再吸収され，骨の外部が再構築される；骨膜性骨が加わることで太さが増す．

い基質を生じ，間を拡げていけるところが異なる．こうした能力は，骨を形成する 2 つの主要なプロセスの一つで基盤となっている．

次に，恐竜の四肢骨が生じるプロセスを考えよう．軟骨を原型とする骨はすべて次のようにしてつくられる（図 29.1）．最初は単なる棒状の軟骨（a）で，軟骨膜と呼ばれる繊維組織に包まれている．軟骨膜には軟骨形成に関与する軟骨芽細胞が含まれている．初期段階では，側面と両端にさらなる軟骨が形成されていくだけだが，やがて中央部で 2 つの新しい過程が始まる．骨をつくる骨芽細胞という名の細胞が外側の軟骨膜に現れ，軟骨表面を骨組織で覆って広がっていく．骨組織は骨の両端を包み込む寸前まで達する（b）．現生種では，この変化が起こったあとに骨の表面を覆う組織を骨膜と呼び，骨膜によって形成された骨を骨膜性骨という．これとほぼ同時期に第二の過程が始まる．骨幹の中心で軟骨が石灰化し，この石灰化した軟骨に軟骨膜性（骨膜性）の組織が入り込む．この軟骨膜性組織には，軟骨を吸収する軟骨吸収細胞という名の細胞が含まれている（c）．この段階で軟骨膜性組織は骨内膜と呼ばれるようになる．骨内膜中に生じた骨芽細胞は，軟骨吸収細胞の働きでできた空所を軟骨性骨で裏打ちする．この三重の作用は骨の両端に向かって広がり，末端（骨端）（図 29.2）近くまで及ぶが，末端の表面は軟骨質のまま残り，関節軟骨となる（d）．

ここからさらに次の段階に入り，2 つの作用を受けながら骨は成長していく．すなわち，側面に骨膜性骨がさらに加わって太さを増すと同時に，両端では新しい軟骨が形成され続け，軟骨性骨に次々と置き換わることによって長さも増すのである．恐竜類では，早期をすぎて形成された骨膜性骨は緻密にできている（緻密質）が，軟骨性骨はほかの四肢動物と同じく海綿質で，骨梁という名の骨質の支柱からなり，格子構造と呼ばれる空間がある．生時にはこの空間は骨内膜で覆われていたはずである．でなければ，骨髄組織が詰まっていて，造血組織の中で血球（赤血球，顆粒血球，血小板）がつくられていたと思われる．さらにこのあと，骨を形成する作用が 2 つ加わる．これは成長に直接関わるものではないが，骨が正常に形成されるために欠かせない．すなわち，すでにできている骨を再吸収してつくり直し，新しい組織に置き換えるのである．この再吸収は骨膜と骨内膜に生じる破骨細胞によって行われるので，外側と内側の両方から進められる．

ここには主要な側面が 2 つある．まず一つめは，

硬骨は間を拡げる成長ができないので，骨の長さを増すには骨端に骨を加えていくしかないということである．しかし骨の両端は拡張して関節構造をつくっているため，ただ末端を成長させれば中軸（骨幹）が長くなるわけではなく，末端の少し手前の部分（骨幹端）で外側の骨を吸収しながら，然るべき形になるまで拡大しなくてはならない（図29.3）．その後，骨膜性骨が形成される．骨が成長する時，例えば脳函が拡大する時などには湾曲具合を変えていく必要がある．その際にも骨は再吸収される．その過程は Enlow (1962) に詳しく解説されている．2つめは，四肢の骨が成長する際にまわりの骨が吸収されて，骨髄が放射状の方向にのみ拡大することである．獣脚類や一部の鳥盤類では，四肢の骨に空間があるが，このような骨では骨内膜の破骨細胞がまず骨幹中心に骨髄の空間（髄腔）をつくり出し（図29.1d），これがさらに長軸方向と外側方向へ拡大する．竜脚類のように髄腔のない骨では，間に骨髄の詰まった2次性の海綿骨組織が外側へ広がることによって骨髄が増大する．内側へ向かって骨が再構築される場合もあるが，ここで重要なのは前述の2つである．

●軟骨性骨と骨端

恐竜類の骨でわかっている軟骨性骨の型は一種類のみである．保存状態のよい四肢骨，あるいは椎体もしくは脊椎関節突起の関節面と思われる部分を観察すると，緻密質からできていて，表面が平らだったり，たくさんの丸い穴が密集していたりするのがわかる（図29.4 c, d）．これは硬骨ではなく石灰化した軟骨で，生時には，やわらかい関節軟骨の下にある成長帯の一部だったものである．表面には特徴が現れていないかもしれないが，切断して観察すると，発泡プラスチックに似た組織が確認できる（図29.4 b）．そこにびっしり並んだ丸い小腔に軟骨細胞が入っていたのである．恐竜が生きていた時には（図29.5），石灰化していない軟骨で形成された関節面を軟骨膜と滑液組織が覆い，骨の成長に伴って新しい軟骨が表面につけ加えられていたはずである．しかし，そこからやや下の層では軟骨細胞が増大（肥大）や分裂を繰り返し，柱状もしくは不規則な並び方で密集していた．さらに内側に，この肥大軟骨が石灰化する層があり，その下の層では軟骨性骨に次々と置き換わっていた．したがって，化石の関節面のように見える部分（図29.4 c, d）は，実は，石灰化していない軟骨とその下にある石灰化した組織の境目で，石灰化していない部分が失われたために外に出てきたものである．このような形で長軸方向に成長する骨は，現生種のカメ類やワニ類に見られるので，消失した細部はそれらをもとに補った．またこうした特徴を持つ骨は，一般に四肢動物としては原始的とされている（Haines 1938, 1942）．

成長帯の詳細についてはほとんど研究されていないが，ある程度の情報は手に入る（例えば Reid 1984, 1996 など）．石灰化した軟骨層の厚さはさまざまで，細胞2～3個分の薄い層もあれば細胞何個分にもなる厚い層もある．一方，軟骨と骨髄の接触面は，ほとんど平らで骨梁だけで支えられているものから，初期の軟骨性骨が，石灰化した軟骨層の奥深くに食い込んでいるものまである．軟骨性骨の梁構造は，硬骨のみからできていることもあれば，成長帯からやや離れたところに石灰化した軟骨の核すなわち「島」を含む場合もある．この島はのちに骨梁がつくり直される時に破壊される．「関節」面を見るだけではその下の状態をつかめないかもしれない

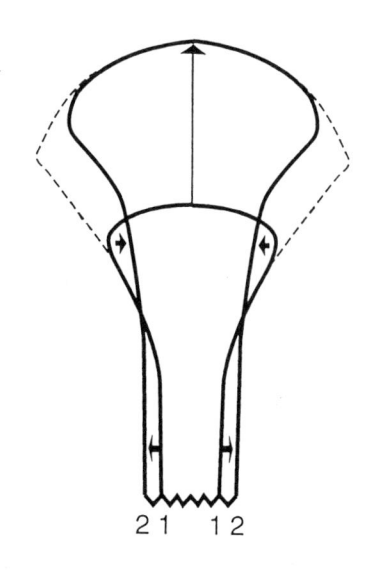

図 29.3 ● 骨の外側の再構築
実線で重ね描きされた2つの輪郭（1,2）は，成長途中の四肢骨の形を，連続する2つの段階で比べたもの．硬骨組織はいったんつくられると拡大しないので，長軸方向へ成長するには（上向きの矢印）軟骨性骨が新たに形成される必要があり，太さが増すには（外側横向きの矢印）骨膜性骨が新たに加わる必要がある．しかしこのようなプロセスだけでは，骨頭部がどんどん広がっていくばかりで（点線で示した輪郭），骨体部（骨幹）の長さは変わらない．そうならないために，成長する骨端面の下の部分で骨が再吸収される（内側横向きの矢印）．こうすると，骨頭部の形を正しく保ちながら骨体部の長さを伸ばすことができる．

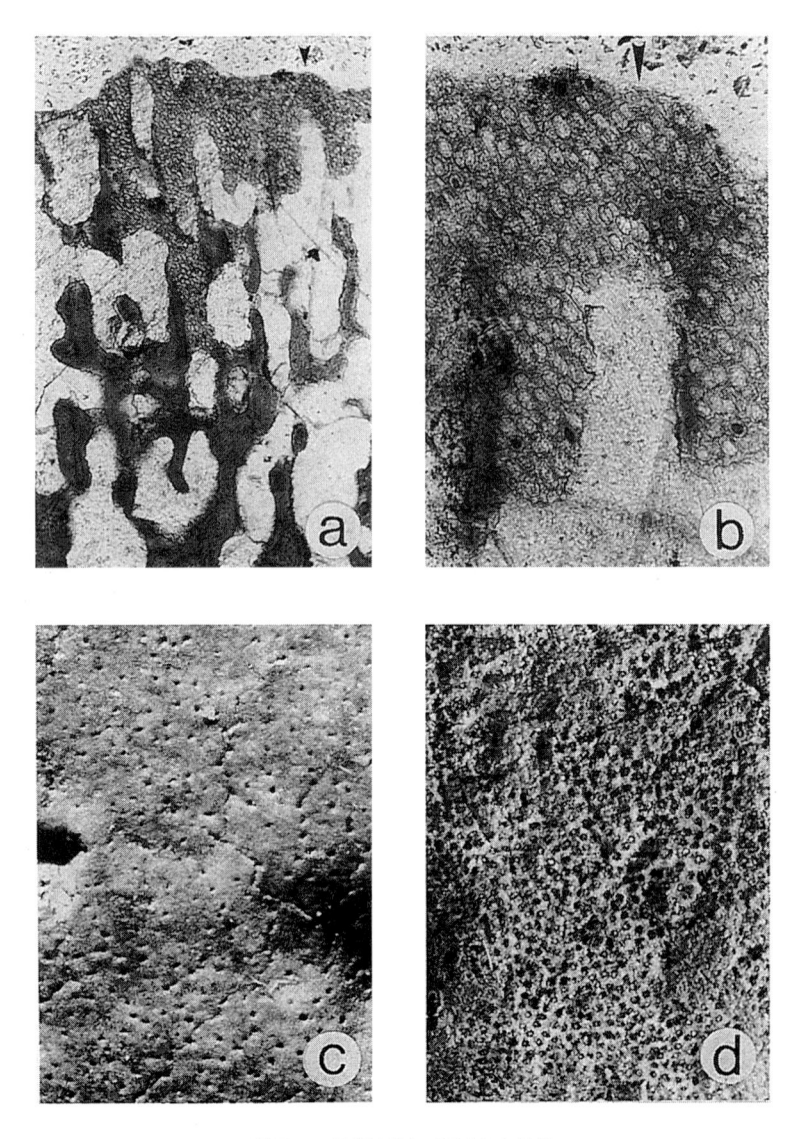

図 29.4 ● 軟骨性骨と石灰化した軟骨
(a) アロサウルス（Allosaurus）の腓骨骨頭部．どちらの組織も見られる．上半分は石灰化した軟骨で，発達する骨髄突起によってつくられた空所がある．ところどころに初期の軟骨性骨（黒っぽい組織）が見られる．下半分は骨梁構造を持つ軟骨性骨（図29.5のeとfの部分に相当）．(b) (a) の右上の部分にある石灰化した軟骨の拡大図．丸い形をした空所には軟骨細胞が入っていた．(c) オルニトミムス類の中足骨の「関節」面．石灰化した軟骨の薄板に小孔が点在している．(d) イグアノドンの四肢骨の「関節」面．孔のまわりを黒っぽい軟骨性骨の層が同心円状にとり囲み，Haines（1938）がナイルワニ類の幼体で観察したのと同様の細管を形成している．

が，さまざまな鳥脚類（イグアノドン［Reid 1984］など）で，小さな円筒状の骨髄突起が，石灰化した軟骨の層を突き抜けて外に伸びていたらしく，表面に無数の小孔が現れている例が認められる．これについては先ほども触れたが，この小孔のまわりは軟骨のみでとり囲まれているか，あるいは薄い輪状の硬骨に包まれている．その切断面を観察すると，骨髄突起が入っていた細管の壁に軟骨性骨の薄い層が形成されているのがわかる（図29.4 d）．これはワニ類の幼体にも見られる特徴で（Haines 1938），原始的な主竜類の祖先から受け継いだ共通の形質と考えられる．

図の各部ラベル（上から下へ）:

化石に保存されない

a 軟骨膜と関節面

b 成長する関節軟骨

c 軟骨細胞が拡大（肥大）し，数を増やしていた層

化石に保存される

d 軟骨が石灰化した層

e 石灰化した軟骨が骨髄の軟骨吸収細胞によって吸収され，軟骨性骨に置き換わっていた層

f 隙間に骨髄が詰まった，梁構造の軟骨性骨

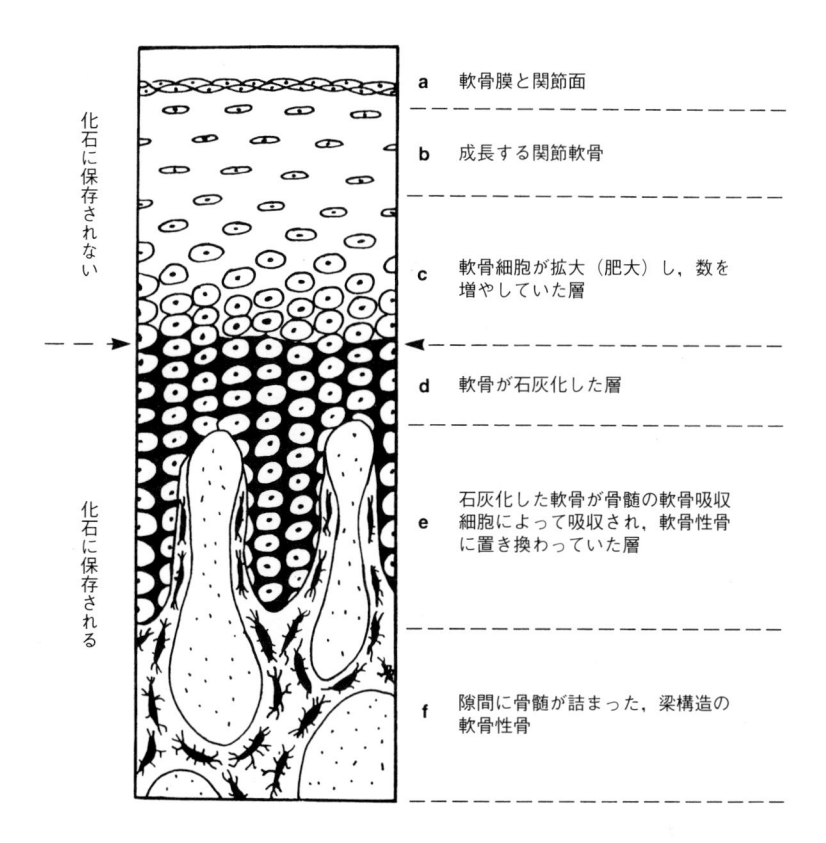

図 29.5 ●恐竜類の四肢骨が長軸方向に伸びる過程．成長途中の骨の末端部分（骨端，図 29.2 および 29.6 a を参照）に「成長板」がある．その断面図を復元したもの
(a) 本物の関節面を覆う軟骨膜．この下で新しい軟骨が形成された．(b) 軟骨膜の下で，関節軟骨が次々とつくられていた．(c) 軟骨細胞が大きさと数を増し，縦列をつくっていた層．現生動物では，各縦列の先端で細胞が分裂することでこのような列が形成される．(d) 軟骨基質が石灰化した層（黒く塗りつぶした部分）．境界面（矢印）が化石骨の「関節」面をつくっている．(e) 石灰化した軟骨が間に入り込んだ骨髄の突起によって吸収され，軟骨性骨に置き換わる層．(f) 梁構造の軟骨性骨．隙間に骨髄が詰まっている（黒点部）．骨細胞は枝状突起を放射状に出している点が軟骨細胞と異なる．

ここで，哺乳類を含むほかの四肢動物と恐竜類のちがいに注目しよう（図 29.6）．恐竜類ではワニ類と同様に，軟骨が軟骨性骨に置き換わるまでの過程が関節面の下で起こっていたが（図 29.6 a），哺乳類や鱗竜類（トカゲ類とムカシトカゲ Sphenodon）や一部の両生類では，骨端そのものが石灰化の中心となり，哺乳類では骨端が骨化することがある（図 29.6 b）．このため，骨の長軸方向への成長は，骨端より内側にある成長板のところで行われる．成長板は，石灰化もしくは骨化した骨端と骨幹の端に広がる骨幹端に挟まれて横方向に伸びている軟骨の薄板である．骨の端に広がる軟骨は純粋に関節としての機能のみを持つ．さらに哺乳類では，成体の大きさに達して成長が止まると，骨化した骨端が骨幹端と融合するので，長さはそれ以上伸びはしない．この

ことと，融合する骨端が年齢によって異なるという既知の事実から，骨端の状態を見て成体かどうかを確認できるし，年齢まで知ることができる．しかし恐竜類では，現生爬虫類と同様に，関節下の軟骨内で骨が伸びていくので，生きている限り成長は止まらない．このため，骨端の状態からは成体かどうかの判断も年齢の推測もできない．恐竜類の骨には生きている間に成長が止まった痕跡が見られないので，死ぬまで成長し続けたと de Ricqlès (1980) は考えた．もっとも，これだけでは確かな証拠とはいえないので，どこまで信じてよいかわからない．

締めくくりに一つ問題を提供しよう．鳥類の脚の骨はたいてい恐竜類のものと同じような方法で成長するので，これは祖先の恐竜類から受け継いだ特徴と考えたくなる．だが本当にそうだろうか？　1931

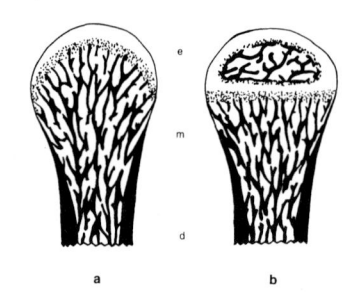

図 29.6●恐竜類の骨（a）と哺乳類の骨（b）は，長軸方向への成長の仕方が異なる

恐竜類（a）では，関節軟骨（一番上の白い部分）の下で，肥大し石灰化した軟骨（黒点部）が「成長板」を形成し，軟骨性骨の梁構造（黒い網状の部分）がこの成長板まで伸びている．したがって「成長板」は関節面に沿った形をしている．恐竜類の骨に残る見かけ上の関節面は，石灰化していない軟骨と石灰化した軟骨の境界面の形を残している．このような方法で長さを伸ばす骨は，現生種ではカメ類やワニ類に，化石種では首長竜類や魚竜類，そして三畳紀以前のすべての四肢動物に見られる．一方，哺乳類（b）では，骨端（一番上のeの部分）が石灰化の第二の中心をなし，その後，軟骨性骨に置き換わって骨化する．軟骨性骨の形成による長軸方向への成長は，内側にある成長板で行われる．成長板は骨端（e）と骨幹端（m）の間で横に広がっている．（d）は骨幹．成体になると骨端が融合して，この成長板が消滅するので，それ以上長さが伸びることはないが，恐竜類の骨はカメ類やワニ類と同様，生涯伸び続けた可能性がある．

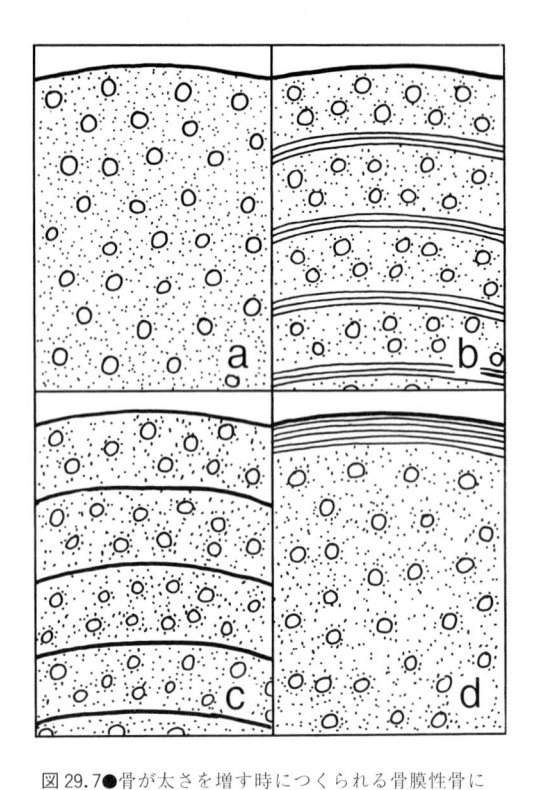

図 29.7●骨が太さを増す時につくられる骨膜性骨には，成長の仕方のちがいが記録されている

（a）途切れや質の変化がなく，一定の速度で連続的に成長したことがわかる骨で，成長が止む前に成長速度が落ちた痕跡がない．このような成長方法は，恐竜類によく見られる．（b）環と呼ばれる薄板状の組織で明確な「成長輪」もしくは帯に区切られた骨は，成長速度がふつうの時期（帯状の部分）と遅い時期（環の部分）が定期的に訪れたことを示している．（c）休止線によって「成長輪」に区切られた骨．休止線は成長が中断した時期を示している．（d）（a）と似ているが，薄板状の組織に包まれているので，成長の活発な時期からやがて骨がゆっくりとつけ加わっていく時期へ移行したことがわかる．このような例は恐竜類にはまれだが，竜脚類のブラキオサウルスや数種類の小型獣脚類（シンタルススなど）で確認されている．丸く見えるのは血管のとおり道．

年に，Landauerが行った実験では，軟骨異常栄養と呼ばれる状態で四肢骨の骨端が石灰化することが示された．さらに7年後，Haines（1938）は，これはどの骨でも起こりうる骨生成の機構で，通常は働いていないだけだと述べた．発生学の観点からすると，このような骨生成を引き起こす遺伝子は存在するが，普段は「スイッチが入っていない」といえる．だとすれば，関節下で骨が成長する方法は2次的なものかもしれない．もっとも，恐竜類に見られるこの特徴を原始的なものではないとする証拠もないのである．初期の鳥類の研究が進めば，この難問も解決するかもしれない．

●骨膜性骨

骨の長軸方向への成長についてはすでに説明したので，次に骨が太さを増す仕組を考えよう．ざっと見たところ（図 29.7, 29.8），哺乳類や鳥類と同様，骨膜性骨の成長はたいてい連続的だが，爬虫類のように断続的な場合もあり，一部の恐竜類では，骨格の場所によってどちらの状態も観察される（Reid 1984, 1987）．体系的な標本集めを行ったわけではないので，後者のような状態がどこまで広く認められるかはわからない．成長速度の変化は確認できるが，わかるのは速いか遅いかのちがいだけである．

恐竜類で骨膜性骨が連続的に成長している場合は，現生動物が速く成長する時と同じような方法で組織がつくられたからだと考えてよい．繊維薄層骨と呼ばれる（de Ricqlès 1974）この組織（図 29.9）

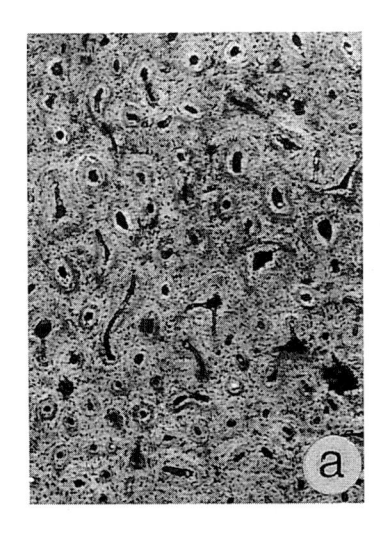

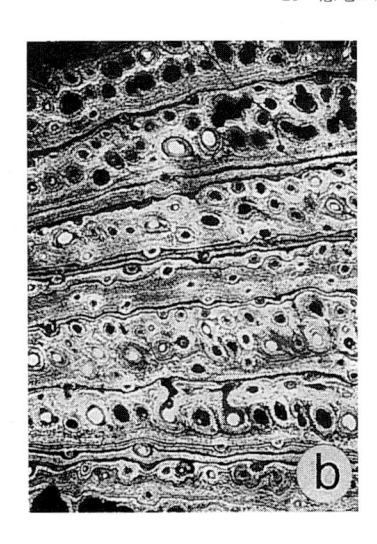

図29.8● 間断なく形成された骨膜性骨（a）と不連続に形成された骨膜性骨（b）に見られるちがい
標本はティラノサウルス（a）と，白亜紀前期の大型獣脚類（b）の肋骨．生存時に毛細血管がとおっていた管はあるが，ティラノサウルスの肋骨には成長が中断した痕跡が見られない．（b）の肋骨は休止線によって「成長輪」（帯）に区切られている．成長の再開がうまくいかなかったために環状の休止線が二重になっているところもある．

では，まず細かな海綿質の骨ができたあと，内側に骨が沈着して緻密になり，1次骨単位という構造をつくる．初めにできる海綿状の枠組は，網状骨と呼ばれる成長の速い組織から形成されており，その中にあるコラーゲン繊維の束はばらばらの方向を向いている．このような海綿質の構造を持つおかげで，緻密質構造だった場合よりもはるかに速い速度で放射線方向へ骨を成長させることができる．成長の速い大型哺乳類にも同じような種類の骨が見られるので，こうした骨を持つ恐竜類は大型哺乳類に匹敵する速さで成長し，ブラキオサウルス類の大きさにまで達したものと思われる．しかし，これと見かけは似ていても，偏光子を当てて観察すると，層構造を含む骨膜性骨だとわかることがある．この場合，真の網状骨より成長が遅い．あるいは，骨全体がこうした組織からできていて，骨単位がない場合はもっと成長が遅い（図29.10）．しかし，時間の尺度がないので，実際の成長速度をはかることはできない．

一方，ある種の恐竜類の骨膜性骨には（図29.7 b, c, 29.8 b），「成長輪」もしくは帯がはっきりと認められる．これは現生爬虫類にも見られる特徴で，成長が遅くなったり休止したりしたために生じる．成長が遅くなると環輪という密度の高い帯状構造ができ，成長が休止すると休止線（停止線，もしくはLAG［成長停止線］）と呼ばれる特徴が現れ，外表の成長が休止期にあったことがここからわかる（図29.4

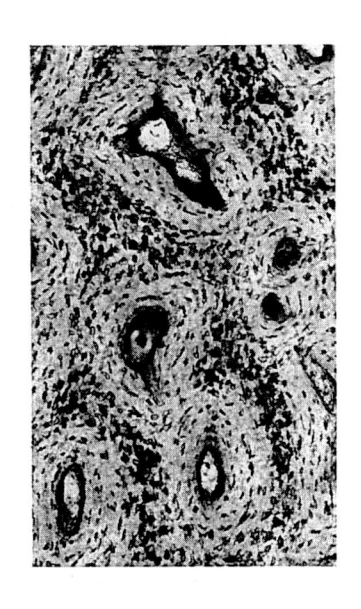

図29.9● 竜脚類ケティオサウルス（*Cetiosaurus*）の四肢骨に見られる繊維薄層骨
図中の大きな丸い孔は血管のとおり道．小さな黒いものは鉱物が染み込んだ孔（裂孔）で，かつてはここに骨細胞が入っていた．黒い部分を見ると，骨細胞の孔が大きいところがあるので，この組織が最初，細かな海綿状骨として形成されたことがわかる．その後，内側に骨が沈着し，血管を包み込むように成長して緻密化した．この骨がつくる1次骨単位と呼ばれる構造では，最初の枠組に比べて骨細胞の孔が小さく，血管の通路をとり囲んでほぼ同心円状に並んでいる．

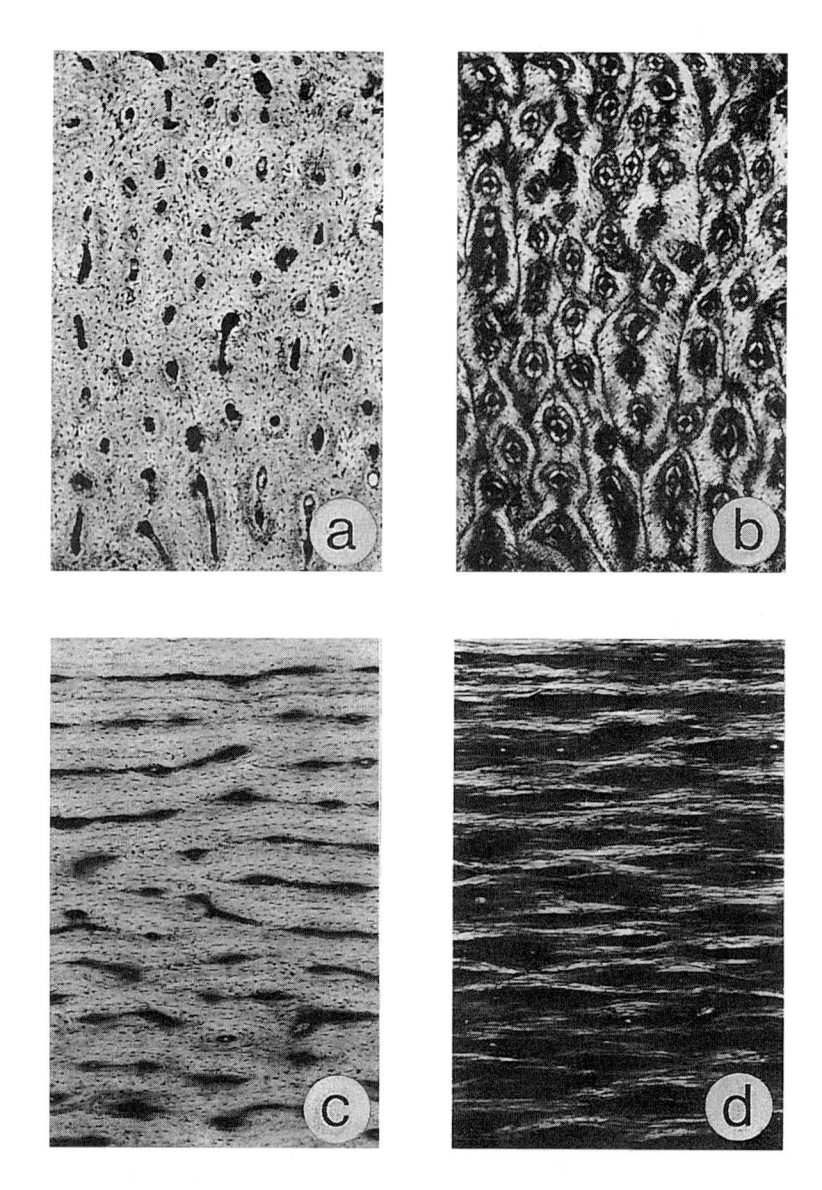

図29.10●血管の通路（大きな黒い孔）の配置は対照的だが，ティラノサウルス（a）とケラトサウルス（*Ceratosaurus*）（c）の骨試料は，通常の光のもとではよく似ている．しかし偏光子を当てて観察すると，はっきり異なっている（b,d）．ティラノサウルスの骨（b）は特殊な繊維薄層状組織で，小さな1次骨単位を無数に含んでいる．その形は黒い4本腕の「十字」に表れている．その間にある骨膜性骨は変わったパターンを示しており，明るく浮き出た部分と暗い消光線からなっている．一方，ケラトサウルスの骨（d）は，大まかな層状をなす骨膜性骨だけで構成され，網状構造や骨単位は見られない．ティラノサウルスの骨の方が成長が速かったと推測されるが，この2種類の組織の成長速度まではわからない

b，cも参照のこと）．帯の部分の骨は，成長が速い時にできる繊維薄層構造の場合もあれば，成長が遅い時にできる緻密な層板組織の場合もある．ワニ類と同じように成長輪が1年に一つずつできるなら，骨の「成長輪」から年齢や成長速度を計算することも可能だが，このような研究はほとんどなされておらず，また成長輪の解釈にはいろいろな問題がつきまとっている．一番の問題は，恐竜類の骨に成長輪が認められるとしても，成長の最後の部分しか記録していないことである．それは，骨髄が拡大したり2次組織に置き換わったりする時に，初めの頃にできた骨膜性骨の大部分が吸収されてしまうからであ

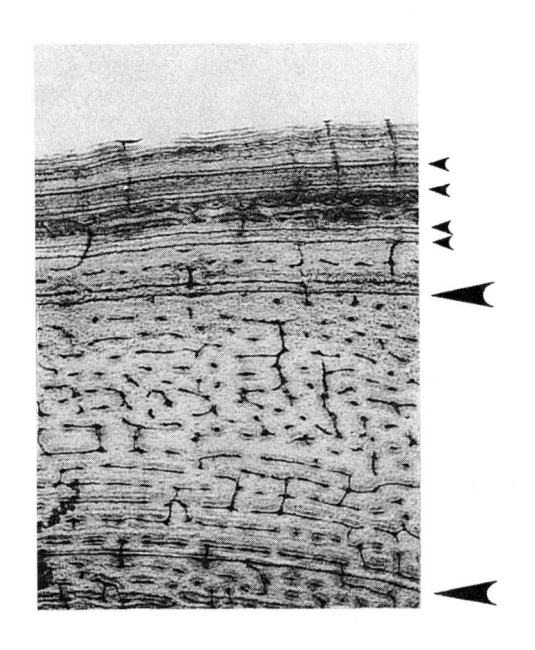

図29.11●白亜紀の小型獣脚類サウロルニトレステスはある程度で成長が限界に達したものと思われる。この図は骨の外側の部分で、主に管の多い組織からできている。成長の中断を示す休止線によってはっきりとした「成長輪」もしくは帯に区切られている。2つの大きな矢印の間にあるのが最後の帯。このあとに狭い間隔で並んだ数本の休止線(小さい矢印)が続き、さらに、ほとんど管を含まない骨の薄板が周囲をとり囲んでいる。ここから、成長の活発な時期がすぎたあと、ゆっくりとした付加成長に移行することがわかる。このような現象は現生種の内温動物が上限の大きさに達した時点で成長を止めた時にも起こる

る。ただし、十分な資料を得られたなら、残っている成長輪の厚みから、どれだけの成長輪が消えてしまったかを推測することができるだろう。Ferguson et al.（1982）はこの方法でアリゲーター類の「年齢」を数えている。これを利用すると、竜脚類が体重5〜6tの現生ゾウ類の成体とほぼ同じ大きさに達するには28年〜29年かかり（Reid 1987, 1990）、イグアノドン類のラブドドン（Rhabdodon）は16年ほどで乗馬用のウマの大きさに達した計算になる（Reid 1990）。David Varricchio（1993）は、小型獣脚類のトロオドン（Troodon）が3〜5年で体重50kgに成長したと見ているが、計算のもとになる休止線が1年に1本の割合でできたのでなければ、この数字はあてにならないとも述べている。サウロルニトレステス（Saurornitholestes）がこれと同じ大きさに達するには6〜7年かかったらしい（Reid 1993）。しかし、連続して成長する恐竜類に関しては、このような推測は成り立たない。前にも述べたように、成長が活発だった期間の長さがわからないので、骨が増大する速度ははかれないのである。

最後に、2つの問題点を指摘しよう。まず第一に、米国のアリゲーター類を含む現生ワニ類では、幼体のうちは成長が速いので繊維薄層骨が形成されるが、歳をとると、その能力が失われ、管のない薄い層の骨しかつくられなくなる。しかし恐竜類では、体の大きさが現在知られている最大級の陸生哺乳類の数倍に達するまで、繊維薄層骨がつくられ続ける。なぜそのようなことが可能なのか。これについては多くの学者の間で意見が衝突しているが、広く支持を得られた説はまだない。第二に次のような問題があげられる。恐竜類の骨の多くは生きている間に成長が止まった痕跡を残していないが、ごくわずかな例で、骨膜性骨化の仕組が変わって、緻密質の層板骨が表面を薄く覆うようになる（図29.7 d, 29.11）。このような状態は恐竜類の中でも最大級のブラキオサウルス（Brachiosaurus）で最初に記載され（Gross 1934）、最近になって小型獣脚類のシンタルスス（Syntarsus）（Chinsamy 1990）、トロオドン

（Varricchio 1993），サウロルニトレステス（Reid 1993）でも確認された．Chinsamy（1990）も述べているように，こうした組織は，成長の速い哺乳類が成長を止めたあとに形成される付加成長骨に似ている．サウロルニトレステスでは，一連の休止線から見て，活発に成長していた期間より，そのあとの方が長かったと推測される（Reid 1993）．以上の観点から，ここにあげた恐竜類は一般の恐竜類より「哺乳類に近い」種類と思われる．その一方で，シンタルススとサウロルニトレステス，それにやや不確かではあるがトロオドンでも，成長がさかんだった時期には「成長輪」で区切られた骨がつくられていたらしく，この点では「爬虫類」に近い．このように現生動物との類似点を探すと分類上の矛盾が生じるので，恐竜類の形態を研究する者にとっては謎が増すばかりである．

　本章では恐竜類と現生動物の両方から資料を集めて，より具体的な解釈を試みた．要点は次のとおりである．

　現生四肢動物と同様に，恐竜類の骨の多くは軟骨をもとに形成されたと見てよい．また，成長が進むと，ほかのプロセス（内部での骨の再構築）も始まる．

　四肢の骨の長さが伸びる時には軟骨性骨が新たにつくられるが，その形成は，哺乳類のように骨頭から離れた位置にある骨端下板 sub-epiphysial plates で行われるのではなく，ワニ類やカメ類と同様に関節軟骨の下で行われる．

　骨膜性骨化による成長は，哺乳類や鳥類と同様に連続しているのがふつうだが，時には断続的な場合もある．骨の組織構造を見ると成長の仕方が速い部分と遅い部分が認められるが，わかるのは相対的なちがいだけである．ほとんどの恐竜類の骨には生きている間に成長が止まった痕跡がないが，記録がないからといってそう断言はできない．

● 文　献

Chinsamy, A. 1990. Physiological implications of the bone histology of *Syntarsus rhodesiensis* (Saurischia : Theropoda). *Palaeontologia africana* 27：77–82.

de Ricqlès, A.J. 1974. Evolution of endothermy : Histological evidence. *Evolutionary Theory* 1：51–80.

de Ricqlès, A.J. 1980. Tissue structure of dinosaur bone : Functional significance and possible relation to dinosaur physiology. In R.D.K. Thomas and E.C.Olson(eds.), *A Cold Look at the Warm-blooded Dinosaurs*, pp.103–139. American Association for the Advancement of Science Selected Symposium 28. Boulder, Colo. : Westview Press.

Enlow, D.H. 1962. A. study of the post-natal growth and remodelling of bone. *American Journal of Anatomy* 110：79–102.

Ferguson, M.W.J.；L.S. Honing；P. Bringas, Jr.；and H.C. Slavkin. 1982. *In vivo* and *in vitro* development of first branchial arch derivatives in *Alligator mississippiensis*. In A.D. Dixon and B. Sarnat(eds.), *Factors and Mechanisms Influencing Bone Growth*, pp.275–296. New York：Alan R. Liss.

Gross, W. 1934. Die Typen des mikroskopischen Knochenbaues bei fossilen Stegocephalen und Reptilien. *Zeitschrift für Anatomie* 103：731–764.

Haines. R.W. 1938. The primitive form of the epiphysis in the long bones of tetrapods. *Journal of Anatomy* 72：323–343.

Haines, R.W. 1942. The evolution of epiphyses and endochondral bone. *Biological Reviews* 17：267–292.

Landauer, W. 1931. Untersuchungen über der Krüperkuhn. II. Morphologie und Histologie des Skelets, inbesondere de Skelets der langen Extremitätenknochen. *Zeitschrift für mikroskopische-anatomische Forschung* 25：115–141.

Norell, M. A.；J. M. Clark；Dashzeveg D.；Barsbold R.；L. M. Chiappe；A. R. Davidson；M. C. McKenna；Perle A.；and M.J. Novacek. 1994. A theropod dinosaur embryo and the affinities of the Flaming Cliffs dinosaur eggs. *Science* 266：779–782.

Reid, R.E.H. 1984. The histology of dinosaurian bone, and its possible bearing on dinosaurian physiology. In M. W. J. Ferguson(ed.), *The Structure, Development and Evolution of Reptiles*, pp. 629–663. Orlando, Fla., and London：Academic Press.

Reid, R.E.H. 1987. Bone and dinosaurian "endothermy".*Modern Geology* 11：133–154.

Reid, R.E.H. 1990. Zonal "growth rings" in dinosaurs. *Modern Geology* 15：19–48.

Reid. R.E.H. 1993. Apparent zonation and slowed late growth in a small Cretaceous theropod. *Modern Geology* 18：391–406.

Reid, R.E.H. 1996. Bone histology of the Cleveland-Lloyd dinosaurs, and of dinosaurs in general. Part I : Introduction : Introduction to bone tissues. *Brigham Young University Geology Studies* 41：25–71.

Varrichio, D.J. 1993. Bone microstructure of the Upper Cretaceous theropod dinosaur *Troodon formosus*. *Journal of Vertebrate Plaleontology* 13：99–104.

30 恐竜工学

R. McNeill Alexander

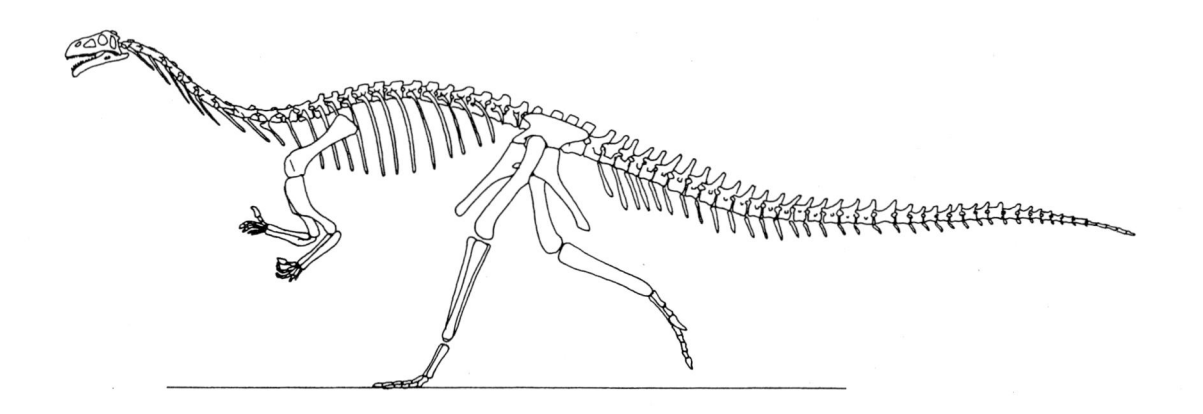

　本章では恐竜類を工学的見地から観察し，骨格の強さや動く時にかかった重圧について考える．体が大きいとどのような問題が生じるか，そうした問題を進化の過程でどう解決したのかといった疑問を突き詰めてみよう．最大級の恐竜類はその並はずれた体重をかろうじて支えながら重々しく歩く巨竜だったのか？　それとも抜け目なくてすばしこい生き物だったのか？　竜脚類はあの長い首をどうやって支えたのか？　うしろ脚で立ちあがって高い枝についた葉を食べることができたのか？　角竜類の角や石頭恐竜の頑丈な頭骨など，恐竜類の武器を工学的に分析すると何がわかるのか？

●体の大きさとその限界

　大型恐竜類は現生種のどの陸上動物をもしのぐ大きさであった．長い首と尾を持つディプロドクス (*Diplodocus*) は全長約 25 m（アメリカンフットボールの競技場をディプロドクスの体長ではかると，縦4頭分かける横2頭分になる）．ブラキオサウルス（*Brachiosaurus*）がキリンのように首を縦に伸ばすと 13 m の高さになり，4階建てのビルから頭が突き出たであろう．一方，キリンは高さ約 5.5 m までしか成長しない．

　本章で扱う問題には，恐竜類の高さや長さよりも体重の方が深く関わっている．生きている恐竜をはかることはできないので，体重は化石となった遺骸をもとに推定するしかない．推定値はふつう，生時の姿を想像してつくった模型をもとに計算する．骨格の寸法はわかっているが，骨にどれだけの肉と皮膚をつけるかは模型製作者の判断に任されている．こうしてできた模型の体積をはかるのだが，できれば空気中と水中ではかるのが望ましい（詳しい説明は Alexander 1989 を参照）．計測結果から，生時の体積を計算し，推定密度をこれに乗じると体重がはじき出される．もう一つ，脚の骨の周囲をはかって計算する方法もある（Anderson et al. 1985）．これが有効な場合もあるが，本章の工学的分析には適していない．恐竜の体重を骨の太さから推定し，体重を支えるのに十分な太さだったかどうかを問えば，循環論法に陥ってしまう．

　残念ながら，恐竜の重さについてはわからない部分が多い．Colbert（1962）は模型法を使ってブラキオサウルス・ブランカイ（*Brachiosaurus brancai*）の重さを 78 mt と推定した．筆者の推定では 47 mt（Alexander 1989），Paul（1988）はわずか 32 mt と計算している（科学者が用いるメートルトンは，民間で用いられるトンとほぼ同じ）．このようなちがいが生じた理由は，それぞれの研究者が異なる個体をもとに推定値を出したからである．やせ形の模型を使

った者もいれば，太った模型を利用した者もおり，恐竜の密度もはっきりしない．

ブラキオサウルスは模型による推定体重が出ている恐竜の中で最も大きい．どの推定値が本物に近いかはともかく，ブラキオサウルスは最大級の現生陸上動物の何倍も重かった．アフリカゾウの雄は成獣で体重約6t，アジアゾウはそれよりやや少なめ，サイは最も重い種類で約3tである（Nowak 1991）．ティラノサウルス・レックス（Tyrannosaurus rex）は，完全に近い骨格標本から，史上最大の肉食恐竜だったことがわかっている．このティラノサウルス・レックスの体重は，模型から推定して，5.7〜8.0tの範囲だったと思われる（Farlow 1990）．これはホッキョクグマ（0.8tに達する）やトラ（0.3t）（Nowak 1991）よりはるかに重い．やはり肉食恐竜のギガノトサウルス（Giganotosaurus）とカルカロドントサウルス（Carcharodontosaurus）は，ティラノサウルスほど骨格がそろっていないが，もっと体重が重かった可能性がある（Coria and Salgado 1995；Sereno et al. 1996）．

大型恐竜類は陸上動物の限界に近い大きさに達していた，とよくいわれている．これは体が巨大化すれば体重を支えきれなくなることからくる力学的な限界だ，というのが一般的な見方である．この大きさの問題は，恐竜類が発見されるずっと以前に，ガリレオ（Galileo 1638）も気づいていた．幾何学的な形は似ているが大きさの異なる2匹の動物がいたとしよう．つまり縮尺はちがうが相似形ということである．この時，大きい方の体長が小さい方の2倍あったとすると，幅も高さも2倍で，骨の直径も2倍になる．個々の骨の強度は断面積に比例するので，つまり線分比の2乗に比例し，長さが2倍なら強度は4倍ということになる．しかし，骨格の重さは体の体積に比例するので，線分比の3乗から，重さは8倍になる．したがってこの場合，大きい方の動物は小さい方の動物の4倍の強度を持つ骨格で，8倍の重さを支えなくてはならない．（幾何学的には相似形のまま）体が大きくなると必ず，これ以上は耐えられないという限界に達する．骨の相対的な太さを増せばこの限界線を押しあげることができる（例えばスイギュウの脚の骨はガゼルに比べて太めにできているので，大きな体を支えられる）．しかし，動きが鈍くなりすぎては困るというのなら，脚の骨を太くして乗り切るのもある程度までである．

現生動物で大型竜脚類より体重が重いのはクジラ類だけである（シロナガスクジラの成体は体重優に100tを超える）（Nowak 1991）．大型竜脚類は陸上では体重を支えられなかったので湖で暮らし，浮力で体重を支持できるくらいの深みを歩き回っていた，と以前は考えられていた．しかしBakker（1971）は，竜脚類は半水中生活より陸上生活により適応していたのではないかと主張し，Hokkanen（1986）も，竜脚類は最大級のクジラ類より大きくても陸上でちゃんと体を支えられた，と推測した．

体の大きさに限界があるとするもう一つの根拠は，体が極端に大きい動物は熱がこもりすぎるということである．これは強度を根拠にした説よりもっと複雑である．なぜなら，代謝熱発生は体の質量に完全には比例せず，また熱損失率は体の面積だけでなく（断熱材として働く）皮膚の厚さにも関係しているからである．それに，恐竜類の代謝速度についてはいろいろ議論がなされている．似たような大きさの爬虫類と同じ速度で熱を発生していたと推測してよいのか？ それとも哺乳類に近い速度だったのか？ あるいはそのどちらともちがう速度だったのか？ 体の大きさの異なる現生爬虫類で熱損失率を比べ，それをもとに計算した結果から判断すると，恐竜類の代謝が哺乳類と同様だったとすれば，過熱を防ぐために体から大量の水分を蒸発させねばならなかったようである（Alexander 1989）．最大級の恐竜類は大きさの限界にほぼ達していた可能性があり，この限界を超したなら温暖な気候のもとでは過熱を避けられなかったと思われるが，断言はできない．

Farlow（1993）の説によると，陸上動物の大きさに限界があるのは体の支持や熱損失の問題がからんでいるからではなく，存続可能な個体数を維持するためなのだという．種のメンバーの数が多くなると，その種の生息地域内の資源によって養える個体数は減る．体が極端に大きい種では個体数がぐっと減るので，突発的な出来事で絶滅する可能性が高くなるであろう．

●活動性の限界

以上の議論から，大型恐竜類は力学的に見た大きさの限界には全然達していなかったと思われる．それでも体の大きさからくる力学的影響は興味を引く．最大級の現生陸上動物はあまり活動的ではない．ゾウ類はそれなりの速度で走れるが，ギャロップやジャンプはできない．恐竜類はもっと動きが鈍かったのだろうか？ 現生哺乳類の中で最も足が速

くジャンプ力があるのは中型の動物のようである（Garland 1983［ただし，Garland が引用しているスピード記録の多くは実測ではなく，個人的な推測に基づくので要注意］）．これは恐竜類にも当てはまるのだろうか？

恐竜類の動きを直接示す一番の証拠は足跡化石である．ここから Alexander（1976；本書第 36 章 Farlow and Chapman も参照）による方法を使って推定歩行速度を算出できる．いくつかの足跡化石から推測すると，中型恐竜類は人間が全力疾走するよりも速く，毎秒 12 m ほどのスピードで走れたらしい（Farlow 1981）が，かなり大型の恐竜類になると足が速かったという証拠は得られていない．竜脚類の場合，現在知られている足跡のどれをとっても，速さは人が歩くスピードと同じ程度で，毎秒 2 m にも達しなかったことがわかる．大型獣脚類の足跡はそれよりほんの少し速いスピードだったことを示している（Thulborn 1990）．

足跡化石を調べると，大型恐竜類は普段，歩いていたようだが，時々は走った可能性も否定できない．恐竜類がどれほど活動的だったか（あるいは活動的でなかったか）を判断するには，ほかの証拠を探す必要がある．筋肉の大きさがわかればずいぶん便利だが，それは無理である．となると一番の研究方法は骨格を調べることである．恐竜類の骨格は走ったりジャンプしたりできるくらいの強度を持っていたのだろうか？

人や動物が活発に動くと，脚の骨にかかる力は（通常）大きくなる．人が歩く時，片方ずつの足が地面を押す力の最大値は体重にほぼ等しい．ジョギングの場合，地面をける力の最高値は体重の約 2.5 倍，全力疾走すると体重の約 3.6 倍（Nigg 1986），ジャンプするとそれ以上の重さがかかる．活発な動物は強靭な骨格を必要とするのである．

動物が走ったりジャンプしたりする時に骨格にかかる力を計算するのはなかなかむずかしく，動物が動いているところを観察できなければ確かな答えは出せない．また，活発な動きと骨格の強度の関係にもよくわからない点がある．なぜなら，激しい運動に耐えられるだけの強度が骨にあればそれで十分というわけではないからである．例えば何かにつまずいて思いがけず大きな力が加わることがあるかもしれない．そのような場合にも安全に対処できなくてはならない．建造物を設計する技術者もやはり安全性という要素をそこに組み込む．10 t の重みに耐える橋をつくるように要求されれば，20 t の重みがかかっても壊れない強さに設計するであろう．

Alexander（1985）では，こうした問題点を克服する方法を編み出し，恐竜類の活動性を推測している．その方法とは，恐竜骨格と現生動物の骨格の比較，および次のような仮定に基づいている．

・恐竜の骨は現生哺乳類の骨とほぼ同じ強度である．爬虫類の骨の強度についてはほとんどわかっていないが，鳥類と哺乳類の骨は強度がほぼ同じなので，爬虫類の骨も同じと考えてよい．

・恐竜骨格の安全要因は現生哺乳類の骨格の場合とほとんど同じであった．この仮定に無理はないと思うが，安全性に最も関わる要因（すなわち，自然選択で有利に働く要因）は状況によって異なるようなので，こうした仮定からまちがった結論に至る恐れもある．例えば，捕食者の脅威にさらされていない草食動物は走る必要がほとんどないので，脚の骨が太くて動きが鈍くなっても特に問題はなく，むしろずば抜けて強い骨を持っている方がより安全といえるかもしれない．すると，サイ類の脚の骨は非常に高い安全要因に合わせてあのようなつくりになっていると見ることができる（Alexander and Pond 1992）．

・恐竜類の動きは現生哺乳類とそっくりであった．この先で説明する専門用語を使ってより正確に表現すると，恐竜類の運動は等しい速度で走る現生哺乳類の運動に力学的に相似していた．ここで爬虫類ではなく哺乳類と比較するのは，恐竜類が歩いたり走ったりする時に，哺乳類と同じように脚が体の下に位置していたことが足跡化石からわかるからである（本書第 36 章 Farlow and Chapman を参照）．トカゲ類などの現生爬虫類とちがって，恐竜類は体の両側に突き出た脚で這い回る歩き方はしなかった．

体型については，すでに幾何学的相似性という概念を紹介した．同様に，運動を比較した場合の相似性が力学的相似性である．ある形の長さを均一の縮尺で変えると別の形ができる時，この 2 つの形は幾何学的に相似である．長さ，時間，力を均一の縮尺で変えた時に 2 つの運動が等しくなるなら，2 つの運動は力学的に相似である．大小 2 匹の動物が力学的に相似の走り方をしている映像があったとすると，一方の映像の倍率を変え（長さの尺度を調整し），ちがう速さで（時間の尺度を調整して）映写機を回すと，そっくりの映像をつくり出せる．

力学の基本原理によると，大きさの異なる動物が

力学的相似性を示す場合は必ず，等しいフルード数で動いている．

$$\text{フルード数} = \frac{\text{速度の2乗}}{\text{脚の長さ} \times \text{重力加速度}}$$

この原理はさまざまないい方で表現できる．一つ例をあげると，陸上における複数の動物の運動が相似になるには，位置エネルギー（体重×重力×高さ）に対する運動エネルギー（［体重の2分の1］×［速度の2乗］）の比が同じでなければならない．この比の2倍がフルード数である．例えば，ウマの脚の長さがイヌの脚の4倍だったとすると，この2匹が相似の動き方をするのは，ウマがイヌの2倍の速度で動く（速度の2乗/脚の長さ，が等しい値を示す）場合にのみ可能である．そうすると同じ歩きぶり（歩行，速歩，全力疾走など）を示し，それぞれの足の長さに応じた歩幅をとり，体重に比例した力で地面をけるといったことができる．小さな齧歯類からサイ類までさまざまな哺乳類を調べた結果，こうした理論的予測がかなり事実に近いことがわかった（Alexander and Jayes 1983）．もちろんイヌはウマと明らかにちがう体型をしているので，完全に相似形の動きを示すのは無理だが，フルード数が等しければ力学的相似性にずいぶん近づく．

大きさの異なる2匹の動物が力学的に相似の動きを示す時（例えば2匹とも速歩，あるいは2匹ともふつうの駆け足など），骨格にかかる力はそれぞれの体重に比例する．ということは，どちらの骨格もそれぞれが支えるべき体重に比例した強度を持ち，一方が何らかの激しい活動を実行できるなら，もう一方の骨格は同じ行動をとれるだけの，つまり力学的に相似の動き方をできるだけの強度を持つ．

Alexander（1985）では，体重に応じた骨の強さをはかる基準として「強度指標」を定めた．これは骨幹に対して直角に働く力にどれだけ耐えられるかを示している．なぜなら，骨幹と同じ方向に力がかかった時よりも，骨幹に対して直角にかかった時の方が受ける負荷がはるかに大きいからである．例えば，次のような状況を想定してみるとその意味がよくわかるだろう．脚の骨を地面と水平にして，その近位端（生きていた時には胴体により近い位置にあった端）をしっかりと固定する．そして反対側の端に動物をぶら下げる（図30.1）．骨幹の断面にかかる最大負荷をSとすると，強度指標は$1/S$である．したがって，骨が太ければ負荷Sは小さく，強度指標の値は高くなる．この説明が当てはまるのは二足歩行の場合である．四足歩行の場合，計算に使われる重さは全体重ではなく，（前脚の骨については）前半身もしくは（後脚に関しては）後半身の重さだけである．Alexander（1985）では，体重（恐竜の場合は模型から推定した体重）と，骨の精密な計測をもとにした計算方法の解説がなされている．

結果は表30.1に示した．体重は長さの3乗に比例するが，強度は長さの2乗に比例するので（前に説明），大きい動物ほど強度指標が低くなるのは当然である．表を見ると，ゾウよりスイギュウの方が強度指標が大きい．実際，スイギュウの方が動きが活発で，ギャロップで疾走することもできるが，ゾウ類はゆっくりとした速度で走るぐらいしかできない．竜脚類アパトサウルス（*Apatosaurus*）の強度

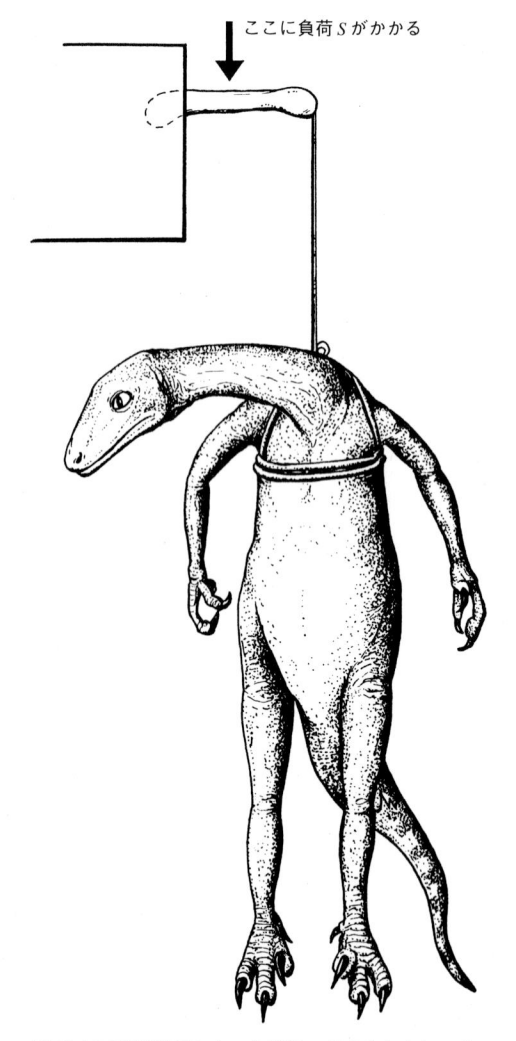

図30.1●「強度指標」という用語の意味をわかりやすく示した図（詳しくは本文を見られたい）

表 30.1●大型の現生哺乳類と恐竜類の強度指標

	体重（t）	強度指標（m²/GN）		
		大腿骨	脛骨	上腕骨
アフリカゾウ	2.5	11	7	9
シロサイ幼体	0.75	31	26	33
アフリカスイギュウ	0.50	21	22	27
アパトサウルス	34	9	6	14
トリケラトプス	6〜9*	15〜21	12〜20	
ティラノサウルス	8	9		

*数値に幅があるのは，推定体重が一定していないためである（データの出所：Alexander 1989 および Alexander and Pond 1992）．

指標はゾウの数値に近いので，ゾウよりもはるかに巨体ではあるが，その骨格はゾウと同程度の運動能力を発揮できる強度を持っていたと思われる．たぶん低速で走ることもできたであろう．アパトサウルスに比べると，トリケラトプス（Triceratops）の強度指標はもっと高い（スイギュウの数値には及ばないが）．トリケラトプスは遅めのギャロップができたのではないかと Alexander（1985）は推測しているが，これには異論も出されている．トリケラトプスやそのなかまの恐竜類は，現生爬虫類と同様に前脚が体側に突き出ていたので，ギャロップはできなかったというのである（Farlow 1990；Johnson and Ostrom 1995；反対意見としては Lockley and Hunt 1995がある）．クロコダイル類の中にはギャロップができるものもいるので（Webb and Gans 1982），爬虫類のような姿勢ではギャロップはできないと決めつけることはできないが，骨にかかる負担は増すであろう．

竜脚類と角竜類の脚を現生大型哺乳類の脚と比較すると，現生哺乳類にかなり近い動き方をしたと想定できるほどよく似ているので，両者の強度指標を比較して推断してもよいであろう．しかし，ティラノサウルスの脚は現生種の二足性動物のどれともプロポーションがちがう．したがって，ダチョウのような走り方も（ダチョウの足首と脚の間には長い付蹠骨があり，大腿骨は短い），人間のような走り方も（ヒトは地面に足裏全体をつけて立つ）できなかった．また強度指標が（ゾウと同様）低いことから，運動能力が乏しかったと思われるが，そうでなかった可能性も否定できない．

いずれにせよ，体重がはっきりわからない以上，どの恐竜類に関しても不確かさは残る．われわれが想像しているほど重くなかったとすれば，もっと敏捷だったかもしれない．特にアパトサウルスの体重は，18 t しかなかったと Paul（1988）は主張している．もしそれが正しければ，アパトサウルスの強度指標は表30.1に示した数値よりもずっと高かったにちがいない．また，ティラノサウルスの強度指標も最近になって再評価されている（Farlow et al. 1995）．問題の標本は体重が 6 t しかなかったようだが，それにしても大腿骨は以前に測定された標本のものより細く，強度指標は 7.5〜9 m²/GN と計算された．

同じ論文中で Farlow et al.（1995）は，ティラノサウルスは速く走れなかったと述べている．というのは，その前脚では転んだ時に身を守れず，大怪我をする危険性があるからである．大ざっぱな計算のようだが，転倒した場合，体重の6倍以上の力が胴体にかかったというのである．Alexander（1996）では，これだけの力がかかるとどれほど危険か，自動車衝突のデータを使って確かめたが，現生動物の中には転倒した時に重傷を負う危険をあえて冒しているものがいるとも述べた．キリンが全力疾走している時につまずいて倒れたら，あるいはテナガザルが高い枝から落下したら，おそらく骨折するであろう．

● 恐竜類とキリン類の比較

竜脚類恐竜は半水生ではなかったという説（Bakker 1971）に続けて，Bakker（1978）は次のような意見を出した．竜脚類恐竜はキリン類と同じように長い首を使って木の葉を食べたというのである．ブラキオサウルスなど一部には，ずいぶん前からキリンのように首を立てた姿で復元されてきたものもあった．一方，アパトサウルスやディプロドクスは頸椎の形が異なるので，首を地面と水平に保っていたと思われる．ところが Bakker は，後者の竜脚類もキリンのように後脚で立ちあがって餌を食べたという大胆な見解を発表した．はたして，あれほど巨大な動物が後脚で立てたのであろうか？

しかし問題は強度ではなく，バランスである．動

物が走っている時に後脚にかかる力は立っている時にかかる力よりはるかに大きいので、四足で走るだけの強さがあれば、一対の脚で立つには十分である。重要なのは後脚を動物の重心の真下に持ってこれるかどうかで、そうでなければバランスはとれない。

Alexander（1985）では恐竜類の重心位置の推定を試みた。手順としてはまずプラスチック製の生体模型で重心の位置を求めたあと、肺が肉ではなく空気で満たされることを考えて修正を加えた（模型は全体が均質のプラスチックでできていたので）。体の部位によって異なる骨のプロポーションや、竜脚類の頸椎の周囲に空気を含んだ孔があった可能性まで考慮して計算をもっと複雑にすることもできたであろうが、どのみち正確な答えは出ないので、そのような微細な点まで考えに入れる必要はないと判断した。計算の結果、ブラキオサウルスとディプロドクスの間にははっきりとしたちがいが認められ、ブラキオサウルスの重心は前脚と後脚の中間にあり、ディプロドクスの重心は股関節部の近くにあったという答えが出た（図30.2）。図中のディプロドクスが右の後脚を前へ動かして左の後脚と並べると、両方の後脚が重心の下にくるので、簡単に後脚立ちができたであろう。一方、ブラキオサウルスが後脚で立つのはもっとむずかしかったようなので、後脚立ちをしたとは思えない。

Dodson（1990）も、特別な場合には竜脚類が後脚で立ちあがったかもしれないと認めているが、そうたびたびではなかったと考えている。特別な場合とは、例えば戦わねばならない時や一番高い枝にしか餌の葉が残っていない時である。Dodson はまた、竜脚類が4本足で立っている時でさえ、どれだけの時間、首を高くあげていられたかどうか疑問だともいっている。その理由は、一つには、頭が心臓より高い位置にあったなら脳へ血液を押しあげるために相当高い血圧が必要だったと予測されるからである。キリンの脳は心臓より3mほど高い位置にあり、その血圧はほかの哺乳類に比べて約2倍の値を示している。もしもブラキオサウルスが首を高くあげて立ったとしたら、脳は心臓の約8m上に位置するので、キリン類の2倍の血圧が必要になる（Seymour 1976）。これは驚異的な高血圧だが、全くありえない話ではない。

頭を高く持ちあげている時はかなり高い血圧が必要だが、頭を下げている時は頭と首を支えるのに要する力が大きくなる。なぜなら、首の重心が肩より前に移動するので、首の重みから生じるこの力が増大するからである。土木技師が桁にかかる力をはじき出す時の計算方法によると、ディプロドクスが首と尾を水平に保った時の背筋の張力は13tだったと推測される（Alexander 1985）。

ディプロドクスや一部の竜脚類には、頸椎と胸椎から上へ突き出たV字型の棘突起がある。このV字型突起を埋めるように、首の上端に沿って靭帯が走っていたと思われる。その張力で頭部の重みを支え、筋肉が疲労するのを防ぐことができたのであろ

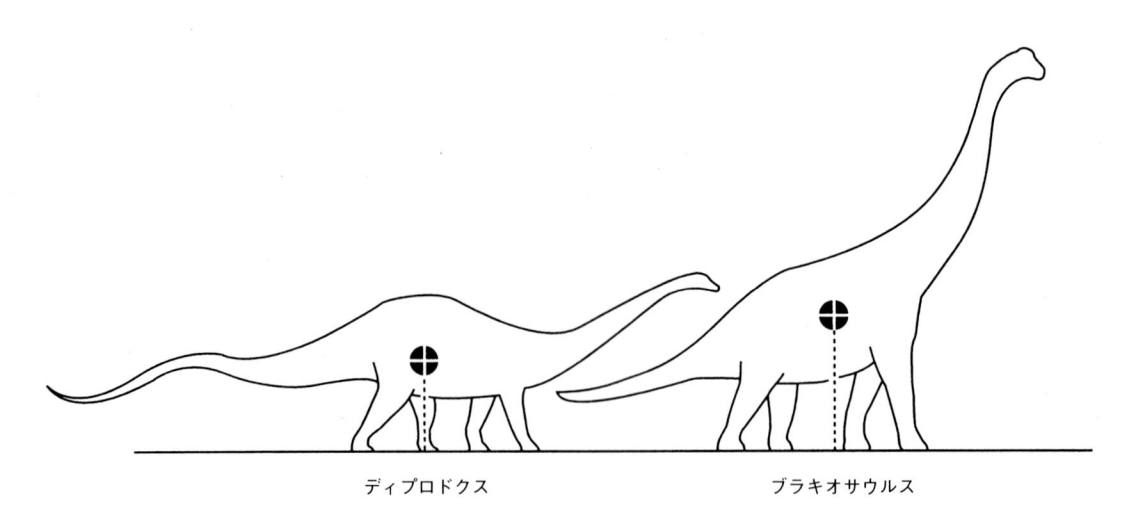

図30.2●模型による実験から導き出された、ディプロドクスとブラキオサウルスの重心の位置（Alexander 1989からの引用に変更を加えた図）

う．それにもしこの靭帯に弾力性があれば，頭を上げ下げするのが楽になったはずである．ウシを始め有蹄哺乳類の首にもこのような靭帯があり，重い頭を支えている．靭帯の主成分はエラスチンというゴム様のタンパク質である．筆者が計算したところでは，V字型の脊椎棘突起を埋めていた靭帯が同様の成分でできていたとすれば，ディプロドクスの頭部を支えるのに十分な強度を持っていたことは確かである（Alexander 1985）．

●恐竜の武器

恐竜類には武器らしき構造を持つものが多くいる．中には現生動物が備えている武器とはあまりにも異なるので，どのように使われたか想像するしかない武器もある．ステゴサウルス（*Stegosaurus*）の尾についている50 cmのスパイク状のものや，アンキロサウルス類の尾についている重い骨質の棍棒のような武器は，現生動物には全く見られない．これらの武器は捕食者を追い払うための防御用だったのか，それともライバルの雄同士が戦う時に使われたのか？

その他，現生動物が持っている武器にそっくりのものもあり，同じような使われ方をしたのではないかと考えられる．例えば角竜類の角はアンテロープの角に似ているが，アンテロープの角は雌をめぐる雄同士の戦いで対敵誇示のために用いられる（Lehman 1989；Godfrey and Holmes 1995；Sampson 1995；Forster 1996 a を参照）．トリケラトプスの雄も雄ジカやアンテロープと同様に角を組み合わせて格闘したのであろう．だとすれば，雄の方に大きな角が見られるはずである．実際，アンテロープ類では雌に角がない種が多く，角がある種類でも雌のものは雄の角より明らかに細い（Packer 1983）．Lehman（1989, 1990）と Farlow（1990）は，トリケラトプスの化石に角の太さや形のちがいが認められるのは，雄の角は太く雌の角は細いという性的ちがいによると指摘している（ただし，性別によるちがいと思われている特徴の少なくとも一部は，種によるちがいの可能性もあり，別種のトリケラトプスの存在を示唆しているかもしれないので，注意が必要である［Forster 1996 b］）．

もっとも，トリケラトプスの角は，同じ体重のアンテロープがいたと想定した場合の角に比べると，かなり短くて細い．体重6tのトリケラトプスの角は，体重がその10分の1しかないエランドの角と同じくらいの長さである．また，角の根元の直径は，現生種のアンテロープを体重6tまで拡大した時の角に比べると，その半分ほどしかない．このような比較から，Alexander（1989）は，トリケラトプスの角がこれだけ大きな動物同士の戦いに耐えられるほど強靭だったかどうかに疑問を投げかけた．角の威力を計算する明確な方法はないが，Farlow（1990）は，ゾウ類の牙も細いが雄はこの牙を戦いに使う，と指摘している．彼のデータによると，トリケラトプスの角の核になっている骨質の部分は同じ体重のアフリカゾウのものと断面積がほぼ同じだという．

パキケファロサウルス類の頭骨に大きく盛りあがったドームもまた武器だったと思われる．例えば，長さ62 cmのパキケファロサウルス（*Pachycephalosaurus*）の頭骨には，22 cmの厚みを持つ海綿質の骨の天蓋が乗っている（Sues 1978）．ここから，雄同士が戦う際にビッグホーンのように頭を下げてぶつけあった，と以前は考えられていた（Galton 1971）．しかし Sues（1978）はこれを疑問視し，ビッグホーンの角は互いにかみ合わせることができるが，パキケファロサウルス類のドーム状頭骨は衝突させると予測不可能な方向にはね返りそうだと指摘した．そうすると首に損傷を与えるようなねじりモーメントがかかったかもしれない．かわりに Sues が立てた仮説は，ライバルの体側に頭をぶつけたというものであった．

ここで頭突きの力学的側面を考察し，それほど危険なねじりモーメントが本当に生じたかどうか考えてみよう．パキケファロサウルス類がどれだけの速度で走ったかは不明なので，ビッグホーンのデータを使用する．映像を分析した結果，ビッグホーンの雄同士は秒速6 m（時速22 km）（Kitchener 1988）のスピードで衝突していることがわかる．相当な速さに思えるが，実はそれほどでもない．人間でいえば，短距離走ではなく中距離走のスピードである．

このスピードでビッグホーンの頭が持つ運動エネルギーは，頭部の重さ1 kgにつき18 Jである．この推定値をパキケファロサウルス類に当てはめてみる．頭突きがずれたときに起こりうる最悪の事態は，これと同じ運動エネルギーで頭が横に傾くことであろう．筋肉を素早く伸展させて吸収できるエネルギーは，筋肉1 kg当たり約170 Jなので，首の両側に頭の重さの11%の筋肉がついていれば，この横方向への動きを安全に食い止めることができた．

衝突によって体が止まる速度が速いほど，かかる力は大きくなる．だから，やわらかいマットレスよ

りかたいコンクリートの上に倒れた方が痛いのである．動物の横腹は比較的やわらかいため，横腹にぶつかった時にかかる力はそれほど大きくなく，頭蓋天井を特別厚くする必要はなかったであろう．さらに，捕食者を追い払う目的で脇腹にぶつかったのなら，丸いドームは武器としては意外な感じがする．鋭い角の方が相手を傷つける効果は大きいはずである．ライバルの雄同士で儀式的闘争として横腹に頭をぶつけた可能性も否めないが，現生種のそうした例を筆者は知らない．

パキケファロサウルス類のドームの骨は海綿質構造だったようなので，衝撃で変形し，クッションの役割をしたものと思われる．もしも頭突きで体全体が急停止したなら，ドームの骨の変形によって数cmの余裕ができても，非常に大きな力がかかる．むしろこう考えた方が納得がいく．急激に減速したのは頭部だけで，背骨が自動車のバンパーのような機能を果たしたおかげで体の減速距離がもっと長くなり，衝撃力を和らげたのである．Kitchener（1988）はビッグホーンの雄同士がぶつかりあう映像を分析し，体の減速度は $34\,\mathrm{m/s^2}$ にすぎず，かかる力は体重のたった3.4倍だと推定した．秒速6mのスピードからこの割合で減速すれば，体が止まるまでの時間は0.17秒で，減速距離は0.5mである．この計算が正しければ（正直なところ，映像から加速度を計算するのはむずかしいが），ビッグホーンの背骨がたわむことによって，体の重心が，最初にぶつかった地点から0.5m前方まで移動する余裕が生まれる．その結果，衝撃で生じた大きなエネルギーを背中の筋肉で吸収できるようになる．パキケファロサウルス類の場合も同じだったであろう．

工学は構造と運動を研究する科学で，人工構造を分析するために考え出されたものだが，現生種，絶滅種を問わず，動物にも応用できる．本章では工学の原理を利用して，大型恐竜の生活様式に関するさまざまな説を評価し，大型恐竜はその並はずれた体重をどうやって支えたのか，どのくらい機敏だったのか，竜脚類は長い首をどのように使ったのか，そして，その他の恐竜類の戦い方について考察した．

● 文 献

Alexander, R. McN. 1976. Estimates of speeds of dinosaurs. *Nature* 261：129–130.
Alexander, R. McN. 1985. Mechanics of posture and gait of some large dinosaurs. *Zoological Journal of the Linnean Society* 83：1–25.
Alexander, R. McN. 1989. *Dynamics of Dinosaurs and Other Extinct Giants*. New York：Columbia University Press.
Alexander, R. McN. 1996. *Tyrannosaurus* on the run. *Nature* 379：121.
Alexander, R. McN., and A. S. Jayes. 1983. A dynamic similarity hypothesis for the gaits of quadrupedal mammals. *Journal of Zoology* 201：135–152.
Alexander, R. McN., and C. M. Pond. 1992. Locomotion and bone strength of the white rhinoceros, *Ceratotherium simum*. *Journal of Zoology* 227：63–69.
Anderson, J. E.；A. Hall–Martin；and D. A. Russell. 1985. Long bone circumference and weight in mammals, birds and dinosaurs. *Journal of Zoology* (A) 207：53–61.
Bakker, R. T. 1971. The ecology of the brontosaurs. *Nature* 229：172–174.
Bakker, R. T. 1978. Dinosaur feeding behaviour and the origin of flowering plants. *Nature* 274：661–663.
Colbert, E. H. 1962. The weights of dinosaurs. *American Museum Novitates* 2076：1–16.
Coria, R. A., and L. Salgado. 1995. A new giant carnivorous dinosaur from the Cretaceous of Patagonia. *Nature* 377：224–226.
Dodson, P. 1990. Sauropod paleoecology. In D. B. Weishampel, P. Dodson, and H. Osmólska (eds.), *The Dinosauria*, pp.402–407. Berkeley：University of California Press.
Farlow, J. O. 1981. Estimates of dinosaur speeds from a new trackway site in Texas. *Nature* 294：747–748.
Farlow, J. O. 1990. Dynamic dinosaurs [book review]. *Paleobiology* 16：234–241.
Farlow, J. O. 1993. On the rareness of big, fierce animals：Speculations about the body sizes, population densities, and geographic ranges of predatory mammals and large carnivorous dinosaurs. *American Journal of Science* 293 A：167–199.
Farlow, J. O.；M. B. Smith；and J. M. Robinson. 1995. Body mass, bone "strength indicator," and cursorial potential of *Tyrannosaurus rex*. *Journal of Vertebrate Paleontology* 15：713–725.
Forster, C. A. 1996 a. New information on the skull of *Triceratops*. *Journal of Vertebrate Paleontology* 16：246–258.
Forster, C. A. 1996 b. Species resolution in *Triceratops*：Cladisitc and morphometric approaches. *Journal of Vertebrate Paleontology* 16：259–270.
Galilei, G. 1638. *Dialogues Concerning Two New Sciences*. English translation. New York：Dover Publications, 1954.
Galton. P. M. 1971. A primitive dome–headed dinosaur (Reptilia. Pachycephalosauridae) from the Lower Cretaceous of England and the function of the dome of pachycephalosaurids. *Journal of Paleonotology* 45：40–47.
Garland, T., Jr. 1983. The relation between maximal running speed and body mass in terrestrial mammals. *Journal of Zoology* 199：157–170.
Godfrey, S. J., and R. Holmes. 1995. Cranial morphology and systematics of *Chasmosaurus* (Dinosauria：Ceratopsidae) from the Upper Cretaceous of western Canada. *Journal of Vertebrate Paleontology* 15：726–742.

Hokkanen. J. E. I. 1986. The size of the largest land animal. *Journal of Theoretical Biology* 118 : 491–499.

Johnson, R. E., and J. H. Ostrom. 1995. The forelimb of *Torosaurus* and an analysis of the posture and gait of ceratopsian dinosaurs. In J. J. Thomason (ed.), *Functional Morphology in Vertebrate Paleontology*, pp.205–218. Cambridge : Cambridge University Press.

Kitchener, A. 1988. An analysis of the forces of fighting of the blackbuck (*Antilope cervicapra*) and the bighorn sheep (*Ovis canadensis*) and the mechanical design of the horns of bovids. *Journal of Zoology* 214 : 1–20.

Lehman. T. M. 1989. *Chasmosaurus mariscalensis*, sp. nov., a new ceratopsian dinosaur from Texas. *Journal of Vertebrate Paleontology* : 137–162.

Lehman, T. M. 1990. The ceratopsian subfamily Chasmosaurinae : Sexual dimorphism and systematics. In K. Carpenter and P.J. Currie (eds.), *Dinosaur Systematics : Perspectives and Approaches*, pp.211–229. Cambridge : Cambridge University Press.

Lockley, M. G., and A. P. Hunt. 1995. Ceratopsid tracks and associated ichnofauna from the Laramie Formation (Upper Cretaceous : Maastrichtian) of Colorado. *Journal of Vertebrate Paleontology* 15 : 592–614.

Nigg, B. M. 1986. *Biomechanics of Running Shoes*. Champaign, Ill. : Human Kinetics Publishers.

Nowak, R. M. 1991. *Walker's Mammals of the World*. 5th ed. Baltimore : Johns Hopkins University Press.

Packer, C. 1983. Sexual dimorphism : The horns of African antelopes. *Science* 221 : 1191–1193.

Paul, G. S. 1988. The brachiosaur giants of the Morrison and Tendaguru with a description of a new subgenus, *Giraffatitan*, and a comparison of the world's largest dinosaurs. *Hunteria* 2(3) : 1–14.

Sampson, S. D. 1995. Two new horned dinosaurs from the Upper Cretaceous Two Medicine Formation of Montana ; with a phylogenetic analysis of the Centrosaurinae (Ornithischia : Ceratopsidae). *Journal of Vertebrate Paleontology* 15 : 743–760.

Sereno, P. C. ; D. B. Dutheil ; M. Iarochene ; H. C. E. Larsson ; G. H. Lyon ; P. M. Magwene ; C. A. Sidor ; D. J. Varricchio ; and J. A. Wilson. 1996. Predatory dinosaurs from the Sahara and Late Cretaceous faunal differentiation. *Science* 272 : 986–991.

Seymour, R. S. 1976. Dinosaurs, endothermy and blood pressure. *Nature* 262 : 207–208.

Sues, H.-D. 1978. Functional morphology of the dome in pachycephalosaurid dinosaurs. *Neues Jahrbruch für Geologie und Paläntologie Monatshefte* 1978(8) : 459–472.

Thulborn, R. A. 1990. *Dinosaur Tracks*. London : Chapman and Hall.

Webb, G. J. W., and C. Gans. 1982. Galloping in *Crocodylus johnstoni* : A reflection of terrestrial activity. *Records of the Australian Museum* 34 : 607–614.

31 恐竜の古病理学

Bruce M. Rothschild

恐竜類は中生代の動物の中では比較的健康であった．章タイトルには古病理という言葉を使っているが，古健康とした方がふさわしいかもしれない (Rothschild and Martin 1993)．病例の大半は単独なので，以下に示す3つの仮説が成り立つ．(1) 恐竜類は実際，健康そのものであった；(2) 病的状態があったとしても致命的なものであったので，(病気を確認できる) 骨の変化が現れるまで生きてはいなかった；(3) 恐竜類は極めて健康で，骨に異変が生じても，ほとんど跡を残さないまで完治した．

化石記録では骨遺骸に残る異変が最も見つけやすい．軟組織に影響を及ぼす病気も存在したかもしれないが，まだ確認されていない．人間がかかるとすぐさま死ぬ恐れもある感染症（インフルエンザなど）は，骨に変化を起こさないので，直接確認はできないであろう．遺伝子の異常もやはり見つけにくい．寿命を縮めたり感染症にかかりやすくしたりする要因は骨格に影響を及ぼさないため，ざっと調べただけではわからない．

●骨の古病理を確認する際の問題と手順

大昔の病気を研究する古病理学（Parks 1922; Moodie 1923, 1930; Swinton 1981; Sawyer and Erickson 1985; Monastersky 1990; Rothschild and Martin 1993）は，もともと珍奇なものを扱う学問で，非常にばかげた推論に達することもままあった（匿名 1934）．この分野が初めて認知されたのは1895年，辞書に名前が登場した時であった．最初の古病理学者は Marc Armond Ruffer である（Swinton 1981）．Ruffer は「テーベ（Thebes）近郊にある古代寺院の聖なる猿」に「脊椎炎」が認められ，中新世前期のワニ類トミストマ・ダウソニ（*Tomistoma dawsoni*）とドウクツグマ（*Ursus spelaeus*）に椎骨の融合が見られた，と報告している（Ruffer 1921）．

恐竜類の病理に関する報告は最初はもっぱら損傷と融合に関するものばかりであった（Moodie 1923; Brown and Schlaikjer 1937; Sternberg 1940; Tyson 1977）．現在の研究方法なら，恐竜の生活様式や行

動を詳細に調べることもできる（Rothschild and Martin 1993）．例えば歩行跡を分析すれば恐竜についてより詳しいことがわかるが（Lockley 1986,1989），歩行跡の分析は今のところ，正常と思われる個体や集団の歩行パターンに集中している．病気の獣脚類（たぶんティラノサウルス *Tyrannosaurus*）が残した足跡の報告例がわずかにあるものの（Currie, Lockley and Tanke，個人的な情報交換による；Ishigaki 1986），そうした個体の歩行障害を重点的に分析した調査報告はまだ耳にしていない．Tucker and Burchette（1977）は，アンキサウリプス（*Anchisauripus*）と名づけられた獣脚類の足跡化石から，第3指の奇形を確認したと報告している．また，Thulborn（1990）は明らかに足指が欠けている例に言及している．

古病理学の分野も今は仮説の検証を導入できる科学になっている（Rothschild and Martin 1993）．化石化の過程を経ても骨組織は残ることがわかり（Dollo 1887；Broili 1922），また続成作用で生じた人工産物を識別する能力が高まったおかげで，このような検証が可能になったのである．電子顕微鏡で観察した結果，三畳紀の標本に微細構造が壊れずに残っていることが明らかになった（Issacs et al. 1963）．保たれるのは組織構造だけではない．Wyckoff（1980）は，今から2億年前の恐竜の骨から骨コラーゲンを検出したと報告している．今後は免疫学や，DNAの技術まで恐竜研究に応用できるかもしれないが，その試みはまだ始まったばかりである（Rothschild and Martin 1993）．このプロセスを進めていくには，1951年に初めてSigeristが提唱したように，医者や古生物学者，獣医，植物学者，地理学者，気象学者，農学者，昆虫学者，地質学者が共同で研究に当たる必要がある．

病変を見つけるには，病気とは関係のない骨の変化を識別することが大事である．動物が生きていた時に起こったのではないこのような変化は，続成作用による変化として区別され，それを引き起こした過程をまとめて続成作用と呼ぶ．堆積物の重みがかかっただけでも，遺骸の骨は破損するであろう．埋もれた骨に水が染み込む時に，酸性やアルカリ性の状態であれば骨の無機質成分が溶け出すかもしれない．こうしてやわらかくなった骨は堆積物の重みで変形したり「曲がったり」することがある．そうすると，ビタミンD欠乏（すなわち，くる病もしくは骨軟化症）の症状に似てくる．ビタミンD欠乏症にかかると長骨が（重みがかかって）たわむことがあるが，もちろん人間の場合は続成作用によるものではない．

さらに（遺骸にかぶさる堆積物から浸出した）無機質が骨に沈着することもある．そうすると，無機質成分を化学的もしくは物理的に分析して骨密度を評価しても，正しい結果は得られない．遺骸が埋まる過程で受けた損傷も続成作用に含まれる．とりわけ骨折は見分けにくい．紛れもない病変と解釈できるのは，治癒した証拠のある骨折だけである．死ぬ前の数週間以内に起こった骨折は，堆積物のせいで破損した場合や，大きな動物に踏みつけられて損傷を受けた場合と区別できないであろう．続成作用による変化は川に押し流されて骨が転がる時にも起こる．川の流れにもまれると，関節面はすり減って滑らかになる．

化石化していてもいなくても，骨はリン酸塩を豊富に含むので植物の根を「引き寄せる」．死んだばかりの動物の骨に昆虫類が穴をあけたり，動物がかみついたりすることもある．このような続成作用による変化を見つけてそのパターンを観察すれば，死後どのくらいの速さで埋没したかを推測できる．骨がすぐに埋まらなければ，寒暖の差にさらされて骨膜（骨皮質の外側の層）が皮質からはがれる．その結果，骨膜が隆起した（はがれた）状態になり，あたかも動物が生きている時に骨内に出血したような印象を与える．ビタミンC欠乏（壊血病）で骨内に出血した時にもこうした症状が現れるからである．骨膜のはがれた骨が1本だけ見つかった場合，続成作用を考慮に入れなければ，壊血病と診断されるかもしれない．しかし，壊血病は全身性の病気なので（長骨の多くに影響を及ぼすので），骨膜の隆起した骨が全体骨格のうち1本か2本に限られているなら，続成作用による可能性が高い．

骨の病気で興味をそそるのは，浸食性の病気である（図31.1）．感染症にかかると骨が吸収されることがあるが，これには微化石の研究から面白い警告が発せられている．フクロウが吐き戻すペレットを調べると，部分的に消化された齧歯類の骨がしばしば見つかる．このような状況で骨が吸収（消化）された箇所は，病気が原因で破骨細胞により骨が吸収されたものと区別がつきにくい．

よく使われるX線技術を補うために，コンピューター断層X線写真（CT）スキャニングが用いられる．デジタル（コンピューター）復元の技術を利用すると，骨の3次元像を描ける上，調べたい箇所を破壊せずに「解剖」することさえ可能で，研究対

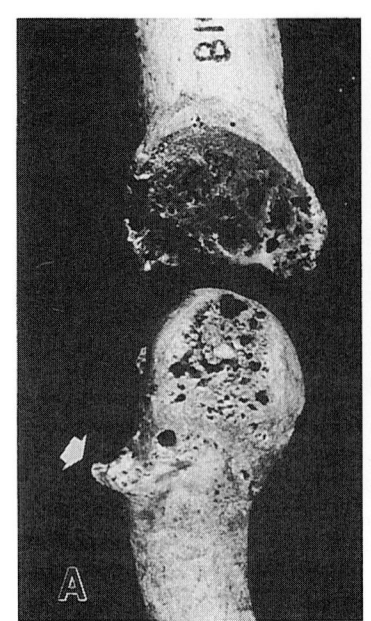

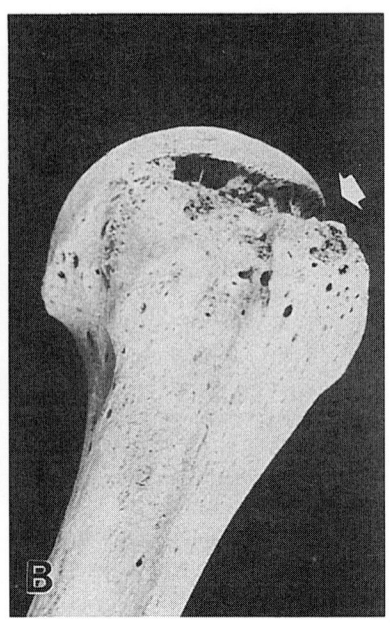

図31.1 浸食性関節炎による病変
(A) 脊椎関節症にかかったゴリラの中手骨-指骨（前足と指の骨の間の）関節の前外側面．浸食性関節炎によって軟骨下骨（subchondral bone）に孔/浸食が生じている（矢印：新しい骨が形成された箇所は，もともとは軟骨で骨が覆われていた）．(B) リウマチ性関節炎にかかった人間の上腕骨近位部の後外側面．浸食性関節炎の影響で関節面の縁が浸食している（矢印）.

象を眺める角度や透視図にもほとんど制約はない（Artzy et al.1980；Skinner and Sperber 1982；Conroy and Vannier 1985；Virapongse et al.1986；Woolson et al.1986；Hadley et al. 1987；Farrell and Zappulla 1989）．解像できるのは厚さ1mmまでだが，3次元の復元像があれば本物の化石を整形する必要が減ったり，整形を進める際の手がかりになるほど信頼できることも多い．入力ずみのデータを利用すれば，物理的な3次元模型もつくれる（Roberts et al. 1984；Sundberg et al. 1986）．最も画期的な研究成果が得られるのは磁気共鳴映像法（MRI）の技術を使って化石を観察した時であろう（Sebes et al. 1991）．

現在のMRIは水素の磁気特性に基づいている．奇数の陽子を持つ原子は小さな磁場をつくり出している．水素が持つ陽子は奇数なので，水素を含む化合物には極性を与えることができる．強力な磁石があれば個々の水素原子は整列する．そこへさらに磁気を短時間かけると，極性の方向が変わる．変化の程度と，極性の変化が通常の基線に戻るのにかかった時間をMRIではかる．しかし，極性を生じるには，水素原子の持つ陽子が束縛されていてはいけない．したがって，現在のMRIでは水素を含む物質すべての中にある陽子束を変えたりはかったりはできるわけではない．例えば，骨の皮質に含まれる水素はかたく結合しているので，骨はMRIでは映し出せない（つまり，黒く見える）．空気も十分な水素を含んでいないので映像にならない．したがって空気もまた黒く見える．だが，脂質と水は十分な水素を含み，さらに重要なことに，「可動性の陽子」を持っている．MRIで構造を映像化するには可動性の陽子が必要である．だから，脂質と水分を含む構造は映し出せる．

化石は「可動性の」陽子の多くを失っているので，MRIで映し出せない．けれども化石を水もしくは軽油につけると，内部構造を映し出せるだけの「陽子を加える」ことができる（Rothschild and Martin 1993）．

●外骨腫

病気の中で一番確認しやすいのは骨の成長異常であろう．骨の大きさは成長を示す一つの手がかりとなるが，成長は必ずしも対称的ではない．骨の一部分，あるいはほんの一片が過剰に成長して非対称の形をとることがある．骨の外皮（骨膜）が骨の成長

にいくらか関与していれば，骨膜が分離した部分に突起ができ，そこだけ骨が非対称になる．骨膜の一端が引きはがされると（例えば腱の裂離，つまり腱が骨からとれた場合），骨のその部分は骨片が突き出てぎざぎざになる．さらに成長が続くと，そこに新しい骨が形成される．この新しくできた骨は外骨腫と呼ばれる．骨に軟骨片が含まれていると，軟骨で包まれた外骨腫ができることがある．このような場合は骨軟骨腫という．骨の過形成で骨片ができた例は，トリケラトプス（*Triceratops*）の下顎骨と肩甲骨（図 31.2），そしてアロサウルス（*Allosaurus*）の肩甲骨（図 31.3；Gilmore 1919；Rothschild 1989 b）の外骨腫で確認されている．

図 31.2 ● トリケラトプスの肩甲骨を腹側正中から写したもの（アメリカ国立自然史博物館［USNM］標本番号 8013）
前方に向かって，鉤状の外骨腫がある（矢印）．

図 31.3 ● アロサウルスの胸部骨格の側面（USNM 4734）
通常は細長い形をしている肩甲骨に外骨腫が認められる．

●芝生のくぼみ（ディヴォット Divots）

骨の関節面がむしばまれた例は恐竜類では観察されていない．しかし，ほかの面の損傷は確認されている．このような傷（図31.4）は，マナーの悪いゴルファーがクラブで芝生に穴をあけて埋め戻さずにいった跡に似ている．こうした状態は今までのところラムベオサウルス科のハドロサウルス類でのみ観察されている．芝生のくぼみに似たこのような傷は，軟骨の発育不全，つまり骨化しなかった軟骨細胞群なのかもしれない．

芝生の穴状の構造はティラノサウルス（*Tyrannosaurus*）の標本でも見つかっている（図31.5）．傷は上腕骨の腱が付着する場所にあるので，腱の裂離跡（腱が骨から引きはがされた場所）らしい．人間

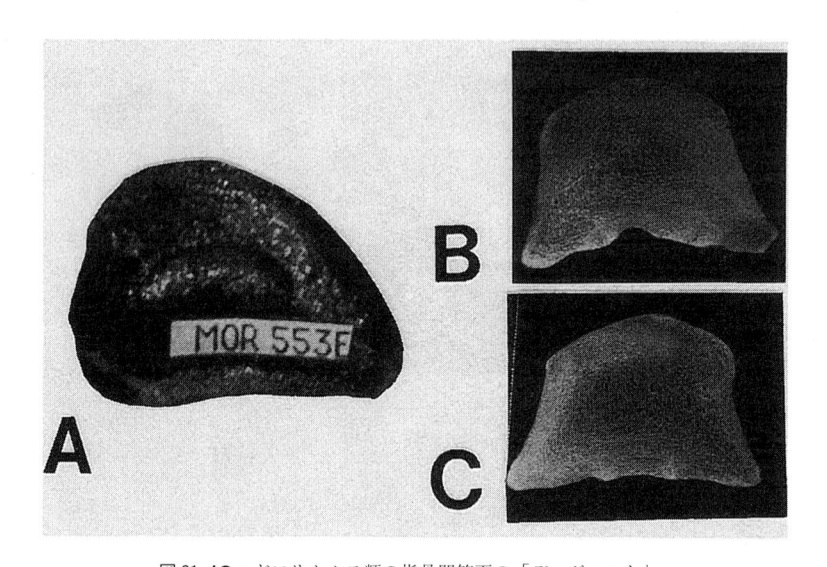

図31.4●ハドロサウルス類の指骨関節面の「ディヴォット」
（A）ロッキーズ博物館（MOR）の標本番号553の上面（背面）．「えぐられた」部分がはっきりわかる．（B）別のハドロサウルス類の指骨X線写真．ロイヤル・ティレル博物館（RTM）標本番号P.67.9.61．正常な指骨（C）と比較すると，病巣の穴/くぼみがあるのがわかる．

図31.5●「スー」という非公式名がついているティラノサウルス標本の上腕骨キャスト
（A）前面，（B）側面．A（矢印）に映っている「ディヴォット」は腱が裂離したためにできたと思われる．Bの骨片（矢印）はこれと関わりがあるようである．
（C）人間の足の側面X線写真．同様のディヴォット（矢印）が認められる．

の大腿骨遠位部でもよく似た損傷が時々見られ，やはり腱の裂離でできた傷がもとになっている（S. Murphy，個人的な情報交換による）．

●骨　折

　恐竜類が外傷を受けた証拠はさまざまな治癒段階の骨折によって示される．死後に受けた損傷と区別できるのは，完全にあるいは部分的に治癒した骨折だけである．したがって，骨折して数週間以内の傷は，生時に受けたものかどうかわからないであろう．それを念頭に置いて観察すると，怪我をしたあとも生きていたことを示す明白な証拠は，草食恐竜の骨の構造ではごくわずかである．傷の記録はまばらにしか残っていない．例えば，竜脚類の肋骨骨折（Riggs 1903）や，カンプトサウルス（*Camptosaurus*）の腸骨の傷や尾の付け根の骨折（Gilmore 1909, 1912），それにイグアノドン（*Iguanodon*）の坐骨折（Blows 1989）などである．

　獣脚類では，骨折や怪我をしている例はそれほど珍しくない．獣脚類標本を調べた結果，前肢と足の骨折がそれぞれ27％と25％の割合で見られたが，これは獲物と格闘する間に受けた損傷と思われる（図31.6；Molnar and Farlow 1990；Molnar，印刷中を参照）．これに対してVance（1989）は別の仮説を出し，前肢の骨折は交尾の最中に生じたものではないかと述べた．Madsen（1976）はアロサウルスの橈骨（前腕の骨）に骨折が見られたと報告し，Molnar（印刷中）はシンタルスス（*Syntarsus*）の蹠骨骨折とデイノニクス（*Deinonychus*）の指骨骨折に言及している．Lambe（1917）はアルバートサウルス（*Albertosaurus*，ゴルゴサウルス *Gorgosaurus* とする説もある）の肋骨と腓骨（下腿骨）の骨折を，そしてRussell（1970）はアルバートサウルスの上腕骨遠位部の病変を報告している．興味深いことに，獣脚類の前肢骨折の多くは近位よりに見られる．ティラノサウルス類の上腕骨骨折はVance（1989），Larson（1991），そしてMolnar and Farlow（1990）による報告があり，これを補足するものとしてLarson（1991）およびPetersen et al.（1972）によるアロサウルスの研究報告がある．体重を支える主要な骨が骨折すれば生き延びられるとは思えないが，Molnar（印刷中）はシンタルススで脛骨（下腿骨）骨折が治癒した例と，アロサウルスで腓骨骨折が治癒した例を報告している．腓骨骨折の例はアルバートサウルスとティラノサウルスでも見られる（筆者自身の観察と，D.Tankeとの個人的な情報交換による）．Molnar（印刷中）の指摘によると，病変が認められた獣脚類のうち，頭骨もしくは下顎骨に異常があるものが13％，脊柱もしくは肋骨に異常があるものが27％だったという（Larson 1991を参照）．

　恐竜類の骨折を体系的かつ量的に研究した例は，アルバータ州の白亜紀後期の地層から産出した角竜類とハドロサウルス類のみである（Tanke，印刷中a, b）．これが可能になったのは，化石産地を入念に調

図31.6●(A)　アルバートサウルスの上腕骨標本（中央の骨）MOR 79の側面．同じ種類の恐竜の正常な上腕骨と比較すると，遠位部分が短くゆがんでいるのがわかる．(B)　MOR 379の腹側正中

査し，恐竜類のボーンベッドからすべての標本を採集したからである．保存状態の完璧な全身標本のみを収集する方法では，病的異常の度合いを実際より低く見積もることになる．逆に，病変を持つ標本を集めることばかり考えていると，病的異常の頻度を高く見積もってしまう．約3万本の骨を対象にしたTankeの研究（印刷中b）は示唆に富んでいる．Tankeはセントロサウルス（*Centrosaurus*）骨の0.025〜0.5％，パキリノサウルス（*Pachyrhinosaurus*）の骨の0.2〜1.0％に骨折を発見した．その大半が背肋の中部と後部に集中していた．セントロサウルス類とアメリカバイソンの成体の雄は骨折の分布がそっくりで，後者でも背肋の中部と後部に骨折が見られる（McHugh 1958）．アメリカバイソンの雄は横腹に頭突きをする習性があるので，セントロサウルス類も同じ行動をとったと推測される（Tanke，印刷中b）．角やえり飾りの破損も同一種内の闘争を示す証拠と受けとれる．こうした例はトリケラトプス（Gilmore 1919；Erickson 1966；Czerkas and Czerkas 1990），トロサウルス（*Torosaurus*）（Tokaryk 1986；Czerkas and Czerkas 1990；Johnson 1990），ペンタケラトプス（*Pentaceratops*）（Czerkas and Czerkas 1990），ディケラトプス（*Diceratops*）（Gilmore 1906）で確認されている．

ハドロサウルス類では，尾骨近位部の神経棘骨折と尾骨の融合がめだつ（図31.7；Tanke，印刷中a）．これらの傷は交尾行動に関係がある（雌の尾とつくりのきゃしゃな神経棘の先端に雄の体重がかかった結果）とTankeは推測している．それ以前にも，Gilmore（1909,1912）がカンプトサウルスのこうした傷を交尾のせいだとしているし，Blows（1989）もイグアノドンで同様の見解を示している．

●ストレス骨折

骨折は一般に，ひどい外傷つまり怪我の直接的な結果として，あるいは骨の力学的な統一性が突然くずされた時に起こる（Rothschild and Martin 1993）．深刻な骨折を引き起こすまではないストレスも，度重なるとやはり骨に跡を残す．人間の場合，このような状態はたいてい，慣れないストレスを受けた（以前に経験したことのないストレスに初めて骨がさらされた）ことが原因になっている．新兵がいきなり30kmの行軍を強いられると，蹠骨（足の骨）に繰り返しストレス／外傷を受ける．これとは逆に，最初の1週間は1日に1kmちょっとの道のりを歩き，次の1週間は1日に数km歩く，というように徐々に体／骨をストレス／外傷に慣らして「耐久力を養う」方法がある．前述の新兵はそれをせずにすぐさま行動に移ったわけである．ウォーミングアップや手足のストレッチなどの準備運動をせずに運動を始めた時は特に，無防備な骨に運動によるストレスがかかって急激なショックを引き起こしやすい．もしも運動の速さや程度が骨の物理的強度を超えたなら，ストレス骨折を招く．このような骨折は蹠骨や脛骨，大腿骨などに生じるが，バレエのダンサーでは腰椎の柄の部分にまでストレス骨折が起こる．クロスカントリー競走は足の中央と脛骨，大腿骨にストレス骨折を生じやすく，やり投げは上腕骨遠位部と尺骨近位部に，ジャンプ競技は踵骨（かかと）と

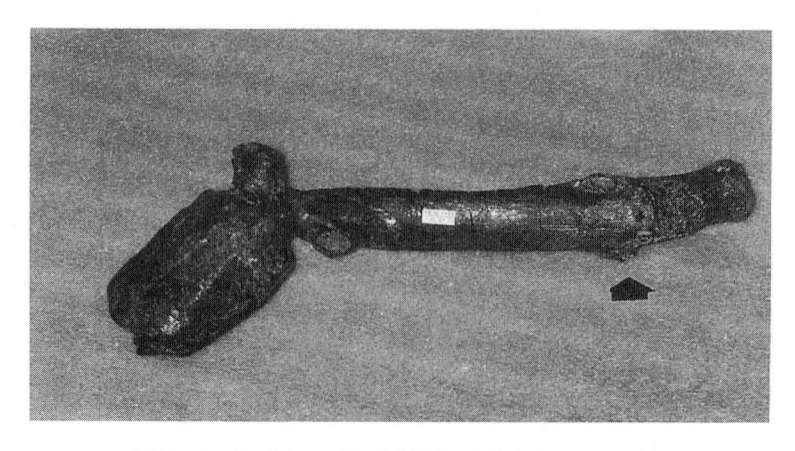

図31.7●ハドロサウルス類の近位尾椎の左側面（MOR.20.92.37）骨折が治った箇所に棘状突起がある（矢印）．

腓骨近位部に同様の傷害を引き起こす可能性がある.

用意のできていないところへ繰り返しかかるストレスの力が，骨に本来備わっている強度を超えた時，微小破壊が起こって骨の再構築が促進され，ストレス骨折(疲労骨折)が生じる(Hartley 1943；Daffner 1978；Worthen and Yanklowitz 1978；Rothschild 1982).このような状態になるのは，ストレスに促された骨の再構築(ストレスを受けた部分の補強)が，ストレスのかかる速さや範囲を「追い越」さない時である(Goodship et al.1979).人間でストレス骨折が最もよく見られるのは蹠骨だが，指骨のストレス骨折も記録されている(Morris and Blickenstaff 1967；Wilson and Katz 1969；Daffner 1978；Orava et al. 1978；Rothschild 1982).

ストレス骨折はX線で確認できる.なぜなら，実際に傷を受ければ一部が分離するからである.この分離したところは白いX線像に対して黒っぽく見える.こうなるのはフィルムを黒くするX線光子を遮らないからで，これを放射線透過性という.無傷の骨はX線フィルムを覆ってX線光子に感光しにくくするので，骨で隠れた部分は白っぽく，もしくは透きとおって見える.健全な骨に生じたストレス骨折はふつう，骨の長軸に対して斜めに入っている.異常のある骨(例えば変形性骨炎など)にストレス骨折が起こると，骨の長軸に対して直角に亀裂が入ることが多い.どちらのタイプでも，ストレス骨折はたいてい細い透過性領域として映る.

ナイフで斜めに切りつけたような放射線透過性の裂け目があればストレス骨折と診断されるが，骨を目で見て診断する手がかりは骨膜の過形成しかない.骨膜の過形成は，仮骨/骨の治癒反応による(Wilson and Katz 1969).放射線透過性の裂け目を別にすると，ストレス骨折の最もめだつ印は，骨の外側の層(骨膜)の肥大と，骨密度の局所的な増加(硬化)(Wilson and Katz 1969)である.

骨の感染症，腫瘍，それに外傷が原因の骨挫傷もストレス骨折の特徴によく似ているが，ストレス骨折なら放射線透過性の裂け目があるはずなので区別できる.残念ながら，もう一つ，ストレス骨折による放射線透過性の裂け目に似た特徴を示す病気がある.それは骨軟化症(ビタミンD欠乏症)に起因するルーサー線(Looser lines)と呼ばれるものである.ルーサー線は疑似骨折で，X線をかけると，無機質の不足した骨の部分が幅1〜10 mmのはっきりとした帯状に映る.ストレス骨折では骨皮質の外側の層が肥厚する(骨膜反応)が，骨軟化症による疑似骨折ではそのようなことはない.

骨の破壊を伴わない，線状のストレス骨折は，角竜類の指骨で見つかっている(図31.8)(Rothschild 1988 a).確認された箇所は，セントロサウルス，スティラコサウルス(*Styracosaurus*)，パキリノサウルス，トリケラトプスの第2指から第4指の指骨近位部である(Rothschild and Martin 1993).骨膜反応を伴うのでまちがいなくストレス骨折と診断でき，骨軟化症(ビタミンD欠乏症)を疑う必要は

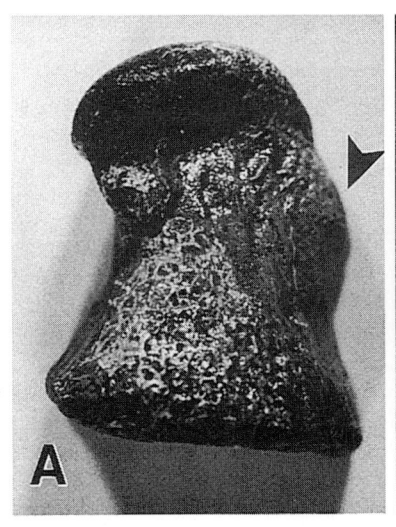

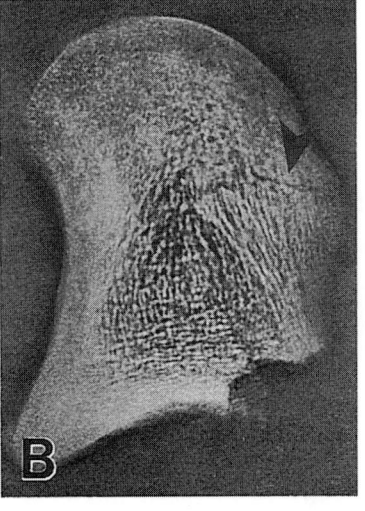

図31.8● (A) 角竜類の指骨側面(カナダ国立博物館 40741).こぶ(矢印)の原因はストレス骨折.(B) 同じ骨の側面X線写真.ストレス骨折を起こした箇所にナイフで切りつけたような裂け目(矢印)がある

ない．角竜類のストレス骨折は，足で地面を強く踏みつけたか突然加速した（捕食者の反応として考えられる），あるいは長距離の移動の最中に生じたのではないかと思われる．

●歯の病気

歯の病気も滅多になかったようである．アルバータ州の化石発掘地やロイヤル・ティレル古生物博物館の所蔵標本にはハドロサウルス類の歯がたくさん含まれているが，病気の歯は一例もない (Rothschild and Tanke 1991 ; D.Tanke，個人的な情報交換による)．しかし，Moodie (1930) はラムベオサウルスの顎に歯の膿瘍があったと報告している (Olshevsky 1978)．腫れあがった深いくぼみがあり，歯列の溝が壊れ，歯が欠損していたという．そのほかにも報告されている歯の病気がある．獣脚類では時々歯が壊れていることがあり (Farlow et al. 1991 ; Farlow and Brinkman 1994)，アロサウルス（以前はラブロサウルス・フェロックス *Labrosaurus ferox* という名で知られていた；図 31.9) の標本で歯がなくなっているものもある．また目録には載っていないティラノサウルスの上顎骨で不正咬合が確認されている（図 31.10）．Gilmore (1930) もノドサウルス類のエドモントニア (*Edmontonia*)（パラエオスキンクス *Palaeoscincus*) の「前上顎骨右側に傷」があったと報告している．

●感染症

非公式に「スー」と呼ばれているティラノサウルス標本は関節炎にかかっていた可能性があるが，恐竜類ではまだ関節の感染症ははっきり確認されていない (Rothschild and Martin 1993)．骨の感染症（骨髄炎）もほとんど見られない．こうした感染症にかかることは珍しかったのか，かかった時に生き残るのが珍しかったか，どちらかである (Rothschild and Tanke 1991)．Moodie (1926) は，ハドロサウルス類の前肢末端部に骨折と感染が見られたと報告しているが，このように感染症の多くは外傷に伴って2次的に起こっている．骨折した際に，骨が薄い外皮を突き破ったのではないだろうか．複雑骨折と呼ばれるこうした傷が，人間の場合と同様に，細菌に感染したのであろう．カンプトサウルスで腸骨が骨髄炎を起こしている例があり，同じ箇所に何かにかまれたらしい跡が残っているので，おそらくこれが原因と思われる (Moodie 1917)．時々報告は聞くものの，感染症にかかった証拠，もしくは急性の感染症にかかって回復した証拠は滅多に得られない．同じ分類群に属する骨の標本がたくさんあっても，感染症が観察されることはまれである．数少ない例をあげると，膿瘍のできたディロフォサウルス (*Dilophosaurus*) の上腕骨 (Molnar，印刷中)，アロサウルスの指骨 (Madsen 1976)，トロオドン (*Troodon*) の

図 31.9●アロサウルスの下顎 (USNM 315) の側面（最初はラブロサウルスとして記載された）骨の遠位付近の歯が欠け，溝ができているのがはっきり見える．

図31.10●カタログには記述されていないティラノサウルスの上顎腹面 ロッキーズ博物館の所蔵標本．右から2番めの歯の位置がずれている．

頭頂骨（Molnar，印刷中）などの報告がある．そのほか，角竜類の肩甲骨で（Rothschild and Martin 1993）骨の外皮の感染症（骨膜炎），1例のみだがトリケラトプスのくちばしで（感染症が原因と見られる）突起の破損が確認されている（D. Russell，個人的な情報交換）．

●骨関節症

ホモ・サピエンス（*Homo sapiens*）が最もかかりやすい関節症は骨関節症である．75歳を過ぎるとほとんどすべての人に（Lawrence et al.1966），棘突起もしくは骨棘と呼ばれる骨関節面の過形成が認められる（図31.11）．これは，変形性脊椎症と呼ばれる状態を示す，椎体末端の棘突起（骨棘ともいう）と比較できる（図31.12）．後者の棘突起は骨棘の平らな端に平行しており，原因としては繊維輪の亀裂と椎間板脱が考えられる．椎間板は2つの要素から構成されている．内側にある髄核とそれをとり巻く繊維輪である．繊維輪が弱くなったり裂けたりすると，髄核が飛び出て，突出症と呼ばれる状態になる．骨関節症になると痛んだり動かせなくなったりすることが多いが，変形性脊椎症は無症候性である．50歳以上の人間では，女性の約60%，男性の約80%にこの現象が見られる．

骨関節症は恐竜類によく見られる疾患と考えられてきた（Abrams 1953；Jurmain 1977；Norman 1985）．これに対し，筆者はかねがね疑問を感じていた．と

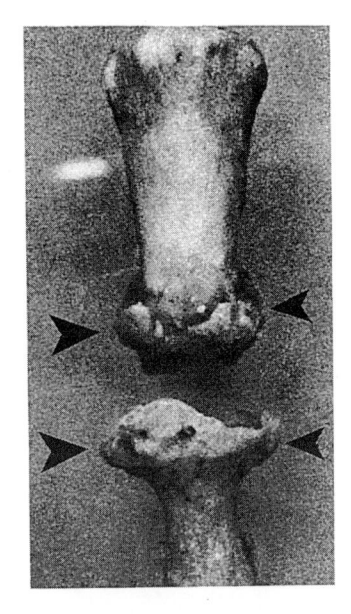

図31.11●人間の遠位指骨間関節の前面 骨棘（矢印）がはっきり認められる．

いうのは恐竜類の遺骸1万体を調べてただの1例も骨関節症を確認できなかったからである（Rothschild 1990）．その後，ベルギーのブリュッセル（Brussels）にある王立自然史博物館を訪れて，初めてイグアノドンの骨関節症を2例（図31.13）確認した（後述）．骨関節症は恐竜類によく見られる疾患というのは誤った思い込みだったのである．骨関節症の主な徴候の一つは，骨棘すなわち棘突起の成長である．椎骨

の椎体はよく棘突起が形成される場所だが，それは関節ではなく椎間板のスペースなので（Rothschild 1989 a, 1989 b），ここに形成された棘突起は骨関節症とは見なされない．椎体の骨棘は痛みや病的状態を引き起こさないので，一般に骨関節症と認められる状態とは大きくかけ離れている．このような病変は変形性脊椎症を表している．

しかし，関節の骨棘だけでも十分に骨関節症の診断はできる（Rothschild 1982；Resnick and Niwayama 1988；Rothschild and Martin 1993）．重傷の骨関節症では象牙質化（関節面の溝形成）が起こる．骨関節症の徴候としてはほかに骨密度の増加と囊胞形成がある．これらは関節面のすぐ下に生じ，切断面やX線撮影によって確かめられる．X線を使うと，棘突起形成を伴う骨の再構築に加えて，関節面下（軟骨下骨 subchondral bone）の骨密度増加もわかる．時にはこの場所に形成された囊胞も映し出されることがある．こうした孔（囊胞）は微小破壊によってつくられるらしい（Meachim and Brooke 1984）．化石骨の多くは保存状態が極めてよいので，切断面やX線写真で骨梁構造まで見える（Rothschild and Martin 1993）．このように，X線は恐竜類の骨の病気を確認する有効な手段となる．

ハドロサウルス類，曲竜類，獣脚類，剣竜類，角竜類，厚頭類，竜脚類ではまだ骨関節症は見つかっていない（Rothschild 1990）．完全な骨を調べても，X線で撮影しても，骨棘，象牙質化，囊胞，軟骨下（関節面下）硬化の証拠は全く得られなかった．カマラサウルス（*Camarasaurus*），アパトサウルス（*Apatosaurus*），ディプロドクス（*Diplodocus*），ハプロカントサウルス（*Haplocanthosaurus*），バロサウルス（*Barosaurus*）といった竜脚類に骨関節症が見られないのは，体重の重さが恐竜類に骨関節症を生じる主な決定要因ではないことを示している．イグアノドン類の一属であるカンプトサウルスでは骨関節症は見つかっていないが（Rothschild 1990），近縁のイグアノドンで，体重のかかる骨に恐竜類では唯一，骨関節症の症例が見られた．39体あるイグアノドン標本のうち，2体の足首に骨関節症が認められたのである（図31.13；Rothschild and Martin 1993）．

人間の骨関節症では体重過多（肥満）が発生に大きく関与しているのではないかといわれているが（Silberberg and Silberberg 1960；Sokoloff et al.1960；Saville and Dickson 1968；Leach et al. 1973），関節の安定度の方がもっと深く関わっているようである（O'Donoghue et al. 1971；Jurmain 1977）．安定度の高い関節は，動きがもっぱら一つの可動面に限られ

図31.12●エドモントニア（USNM 11868）の椎骨側面
椎体の端の過形成（矢印）は骨棘と呼ばれ，変形性脊椎症にかかっていることを示している．これは骨関節症とはちがう．

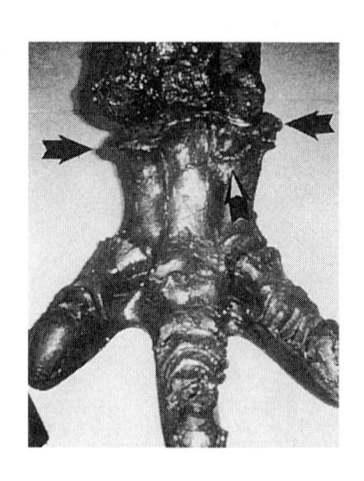

図31.13●イグアノドンの足首前面（ベルギー，ブリュッセルの王立自然史博物館）
関節の端の過形成によって骨棘が生じている（矢印）．

ている（例えば、肘の蝶番関節など）．このように安定性の高い関節は骨関節症にかかりにくいらしい（Harrison et al.1953；Puranen et al.1975；Funk 1976；Cassou et al. 1981）．これに対し，動きの束縛が最も少ない（複雑な動きができる）関節は骨関節症に最もかかりやすい（Radin 1978）．例えば人間の膝は単なる蝶番関節ではなく，動きに回転を加えられる要素を備えている．したがって可動範囲の制約が最も少なく，怪我や骨関節症を起こしやすい．恐竜類で骨関節症の発生率が低いのは，一般に恐竜類の関節は可動範囲に制約があり，回転運動がほとんどできない蝶番関節だったからであろう．

● 関節炎

痛風は主に手足に起こる関節の炎症で痛みを伴う．この病気は血中の尿酸濃度が極端に高くなった時に生じる．痛風にかかった骨は表面が回転楕円状に浸食されているのが特徴で，その縁に新しい骨ができていることがよくある．

痛風は肉食恐竜類で2体確認されている（Rothschild et al. 1997）．サウスダコタ州のヘル・クリーク累層（Hell Creek Formation）から掘り出されたティラノサウルスの前肢骨2本が，骨組織に痛風の特徴を呈していた．また，アルバータ州の恐竜公園累層（Dinosaur Park Formation）（ジュディス・リバー層群 Judith River Group）から見つかったティラノサウルス科恐竜の足指の骨にも同様の徴候が認められた．人間に関する限り，痛風は赤身の肉などプリンを多く含む食物の摂取と結びついている．ティラノサウルス科の恐竜で痛風が見つかった例は多くないが，それでも，栄養価が高いものばかり食べていたせいで痛風に苦しむこともときにはあったのであろう．

● 汎発性突発性骨増殖症

脊柱の正常な連結は，骨の間を走る靱帯によっても支えられている．中でも主たる役割を果たしているのは体の長軸方向に走る靱帯である．脊椎の長軸方向に走る靱帯が骨化したものが汎発性突発性骨増殖症，DISHという状態で（Oppenheimer 1942；Forestier and Lagier 1971；Resnick et al. 1978），フォレスチャー病とも呼ばれている．椎骨椎体の前方と側方に曲がりくねった傍脊椎石灰化が生じた様子は，脊椎の縦方向にろうそくのろうが垂れたように見え

る（図 31.14；Rothschild and Berman 1991）．これは靱帯に起こる現象で，脊椎関節突起（小関節面）や仙腸関節には現れない．DISH は40歳以下の人間では滅多に起こらないが，50歳をすぎると男性の20％近く，女性の約4％に見られる（Rothschild 1985）．

DISHのごく初期段階では，椎体の中央部分付近に新しい骨が形成されるようだが（Fornasier et al. 1983），靱帯の石灰化は椎体そのものとはほとんど接していない．放射線を当てると，椎体の長軸と平行に（数mm〜1cmを超える幅の）放射線不透過線として映し出されるが，明らかな空間によって分離されている（Resnick et al. 1978；Rothschild 1985；Rothschild and Martin 1993）．このような靱帯の骨化は椎骨に限らず，腱や靱帯のある場所，関節包付着点でも起こりうる．

DISH は病的状態に見えるが，病気ではなさそうである．人間では，糖尿病（グルコース不耐症）を併発している場合を除くと，ほかにこれといった病状は確認されていない（Rothschild 1985；Schlapbach et al. 1989）．実際，背中や首の傷害や病気は，DISH のある人間より一般の人たちの方によく見られる．これは病気というより現象なのである．DISH からくる危険性は一つも明らかにされておらず（Roth-

図31.14●人間の胸椎側面
ろうそくのろうが「背骨に沿って垂れた」ように，骨化している（矢印）．この状態を汎発性突発性骨増殖症（DISH）という．

schild 1985；Schlapbach et al. 1989)，むしろ背中の痛みを防ぐ効果さえ考えられる (Rothschild 1989 b；Rothschild and Martin 1993)．

DISH は感染症の脊椎炎と区別しなくてはならない．後者の場合は，反応として海綿質の骨が新しく形成され，椎骨が癒着するという特徴がある．その結果，金銀線細工のような見かけになる．新しい骨がつくる細かなレース模様は，ファベルジュの卵細工に施された複雑な金線模様を思わせる．

靭帯骨化を引き起こす原因はほかにも 2 つある．フッ素沈着症とビタミン A 過剰症である．フッ化物を大量に摂取するとフッ素沈着症を起こし，ビタミン A を摂りすぎるとビタミン A 過剰症になる．ビタミン A 過剰症は（ホッキョクグマの肝臓を食べる）北極探検家に起こる急性中毒症状として，また慢性の中毒としても記録されている．後者の場合は，腱，靭帯，関節包付着点が骨化する．ビタミンA過剰症にかかると骨の組織構造に特徴が現れる．DISH による靭帯骨化ではハヴァース系（層板状）の骨が生じるが，フッ素沈着症とビタミン A 過剰症では無秩序で層板構造を持たない石灰化が特徴である．ビタミン A 過剰症の患者には，さかんな骨膜化反応（骨皮質の外層の過形成）が見られ (Seawright and English 1965；Pennes et al. 1985)，フッ素沈着症では不規則な骨膜の肥厚が報告されている（Singh et al. 1962)．

脊椎靭帯の骨化は，ほとんどの恐竜類において例外というより当たり前の現象である．人間の DISH と同様に，切断面にハヴァース系が見られ (Rothschild and Martin 1993)，靭帯が骨質に変化していることがわかる．角竜類，ハドロサウルス類，イグアノドン類，厚頭類は，幼体の時期に骨化したと思われる靭帯を持つ (Moodie 1926, 1928；Rothschild 1985,1987 a,1987 b；Rothschild and Tanke 1991)．恐竜類は「尾を引きずって」はおらず，実際は地面から尾を持ちあげていたという説が現在では認められているので，こうした機構で尾を強化していたとしても不思議ではない．この点は例外によって証明することもできるであろう．尾を武器として使ったと思われる（剣竜類など）恐竜類では，このような脊椎靭帯の融合が全体に及んではいない．

曲竜類における靭帯融合の発生箇所はもっと印象的である．曲竜類で唯一融合が見られるのは尾に棍棒を持つ種類で，場所は尾椎の遠位に限られている．これによって尾の付属物の安定性を大きく高め，より効果的な武器にしていたのであろう．Gil-more (1930) も，ノドサウルス類のエドモントニア *Edmontonia*（パラエオスキンクス *Palaeoscincus*) の尾部が融合して「よじれた尾」になっていた例を報告している．この個体には「前上顎骨の右側に傷」もあった．外傷が原因で異常を引き起こしたものと思われる．

竜脚類における DISH の発生はさらに興味をそそる．ディプロドクスで尾椎の 2～4 本に融合が見られたことから，いろいろな推測がなされている．これは外傷後の現象だ（おそらく後脚で立ちあがった時に受けたストレスに関係がある）とする研究者もいるが，脊椎関節突起（小関節面）の結合が無傷の状態に保たれている点がこの仮説に反する．竜脚類でストレス骨折が確認されていないことからも，うしろ足立ちからストレスを受けなかったと思われる (Rothschild and Martin 1993)．変化の生じた椎骨にふつうの X 線をかけても決定的な証拠は得られなかった．しかし，コンピューター断層写真を撮った結果，このような標本では骨化した靭帯と椎骨椎体の間が分離していることがわかった（図 31.15)．DISH は尾椎の 17～23 番に限られているが，これは片持ち梁の構造を補強する場所として当然予測しうる．ここに靭帯骨化があることで，竜脚類の歩行跡に尾の引きずり跡が見られないわけが説明できる (Thulborn 1984)．こうした (DISH による) 融合は，Bakker (1968) が歩行跡の記録をもとに推断したように，尾を持ちあげやすくしていた．DISH は尾を防御手段として使うのに役立っていたかもしれないが (Hatcher 1901；Holland 1915)，その機能はむしろ同一種間のなわばり争いや求愛行動と密接に関わり，交尾には欠かせなかったとさえ考えられる (Rothschild 1987 b；Rothschild and Berman 1991)．これまで調べた標本のうちディプロドクスとアパトサウルスの 50％，カマラサウルスの 25％ にこの現象が存在したので (Rothschild and Berman 1991)，性的二型性を表しているのではないかと思う．雌の尾が補強されれば，総排出腔を交尾しやすい位置に保てたであろう．

● 脊椎の融合

人間の関節炎には末端や中軸の関節に融合を生じる（骨同士が結合/いっしょに骨化する）ものがさまざまあり，脊椎関節症として分類されている (By-waters 1960；Martel 1968；McEwen et al. 1971；Rothschild 1982；Ortner and Putschar 1985；Resnick and Niwayama 1988). 脊椎関節症はいくつかの下位グループに分けられ, 硬直性脊椎炎, ライター症候群, 乾癬関節炎, そして炎症性の内臓疾患（潰瘍性大腸炎やクローン病）に伴う関節炎などが含まれる (Rothschild 1982; Resnick and Niwayama 1988). ライター症候群や反応性関節炎は, 感染性の病原体による下痢（食中毒）が間接的な原因となっているか, あるいは性交渉を通じて（クラミジアに）感染した際に起こる. 脊椎関節症にかかると通例, 椎骨椎体と後方の（脊椎関節突起もしくは小関節面の）接合部分に浸食や融合が起こる (Rothschild 1982; Kelly et al. 1985; Resnick and Niwayama 1988; Katz 1989; Rothschild and Martin 1993).

繊維輪（椎間板の外側の層）が石灰化すると, 脊椎に靭帯骨棘形成 (syndesmophytes) と呼ばれる橋がかかる（図31.16). 靭帯骨棘形成は体の長軸方向に骨が過形成したもので, たいていの場合, 椎体同士が結合する. 隣りあう椎体が完全に融合すると, 竹の節のように見える. この現象を表すのにバンブー・スパイン (bamboo spine「竹の背骨」) という用語が使われる. このように椎体と脊椎関節突起の接合部が融合した状態は, 人間の脊椎関節症の特徴である. 脊椎関節症の病変は, 脊椎感染症（感染性脊椎炎）によって新しい骨が多量に形成された破壊的な病変とはすぐに区別がつく (Rothschild 1982; Resnick and Niwayama 1988). 汎発性突発性骨増殖症 (DISH) は脊椎関節症に似ているが, 脊椎関節突起の接合部は融合しない.

角竜類では最初の3個の頸椎（首の椎骨）が融合した例が記録されている（図31.17）(Rothschild 1987a; Tanke, 印刷中). 当初は脊椎関節症と診断されたが, 融合が最初の3個の頸椎に限られ, 末端の骨格には及んでいないので, 誤診を疑われる結果となった. また複数の属の成体すべてにこの現象が認められたことから, 別の可能性が持ちあがった. つまり, 発育上の現象ではないかというのである. 筆者自身は, 角竜類で最初の3個の頸椎が融合しているのは病気ではない, と考えている. これには巨大な頭骨を支えるという重要な力学的機能があるのかもしれない. 成体と思われる大型の角竜類（カスモサウルス *Chasmosaurus*, 「モノクロニウス」*Monoclonius*, パキリノサウルス *Pachyrhinosaurus*, トリケラトプスといった属）とは対照的に, もっと小型で, 幼体と思われる角竜類ではこの頸椎の融合が不完全である (Rothschild 1987a; Tanke, 印刷中b). この仮説には異論もあり, 十分な数の頸椎（最初の3個の頸部椎骨で, 種が特定できているもの）を集めて評価にかけた時に初めて確かめられるであろう. レプトケラトプス (*Leptoceratops*) の頸椎は明らかに分節している. プロトケラトプス (*Protoceratops*)

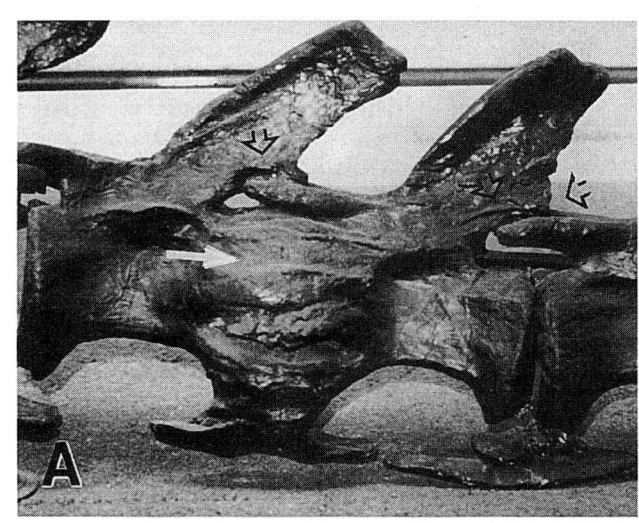

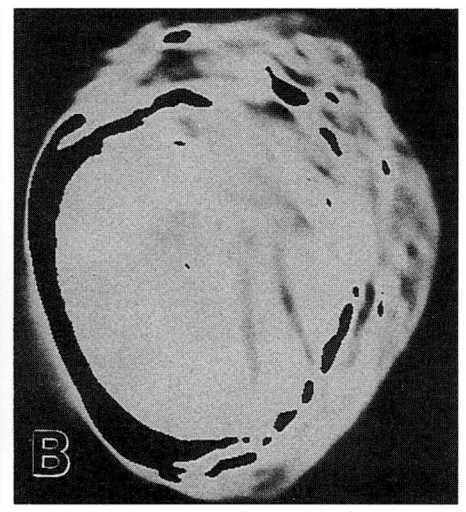

図 31.15 ● 汎発性突発性骨増殖症
(A) カーネギー自然史博物館標本番号94, ディプロドクスの側面. 尾椎2個が融合している（白い矢印). 脊椎関節突起（小関節面）の接合部は正常である点に注目. (B) ディプロドクスの椎骨融合のコンピューター断層撮影写真（アメリカ自然史博物館［AMNH］655). 骨化した靭帯と椎体の間が分離している（空間がくっきりと黒く映っている).

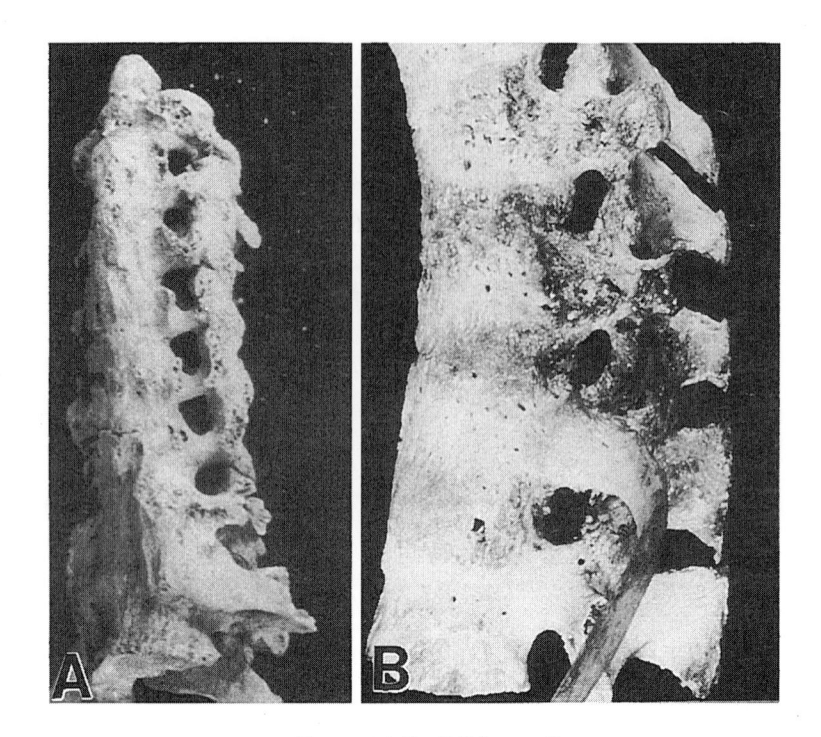

図 31.16●人間の繊維輪の石灰化
隣接する椎骨の椎体が融合して，竹の節のように見える．脊椎関節突起（小関節面）の接合部も融合している．
(A) 融合した頸椎，(B) 融合した腰椎．肋骨と椎骨も融合している．

の頸椎は目で見る限り融合しているようだが，入手できた標本すべてを放射線で調べたところ，分節が見られた．パキリノサウルスはほかの大型角竜類とは異なるパターンを示し，大型の成体標本では多様な融合が記録されている．融合が個体発生上の（成長に関係した）出来事であるなら，小型の角竜類と思われる標本で融合がない場合は，実は成体ではなく別の種の幼体である可能性が考えられる．

ティラノサウルスの標本（アメリカ自然史博物館5027）(Carpenter 1990) で，2個の脊椎の椎体が奇妙な形で融合している例がある．頸部の最後の椎骨と胸部の最初の椎骨が融合し，かなり異様な姿勢になっているのである．椎骨が融合しているため，この部分で首が急に反り返っている．原因は不明である．しかし，融合の仕方が特殊で，その結果，変形が生じていることから，かまれた傷が治った結果とも考えられる．詳しく調べれば証拠が得られるかもしれない．例えば，モササウルス類（海生のトカゲ類）の標本に例があるように，捕食者の歯が脊椎に食い込んでいるのが見つかる可能性はある．

椎骨の融合は，怪我や感染のあとにも起こりうる．感染の場合はたいてい骨の構造がかなり乱れている（Rothschild 1982；Resnick and Niwayama 1988）．

こうした外傷が原因で尾先が融合した例が，ハドロサウルス類(Tanke，印刷中 a)とアロサウルス(Rothschild and Martin 1993) で記録されている．

●腫瘍

恐竜類における腫瘍の例は不確かな点が多い．Moodie (1923) は，竜脚類の尾骨融合は血管腫を示していると述べた．血管腫は血管の腫瘍で，X線写真にはっきりとした特徴が現れる．縦軸の梁構造が顕著になる（めだつ）(Resnick and Niwayama 1988)．このような腫瘍では泡状もしくはハチの巣状の梁構造も確認されているが，人間の脊椎ではごくふつうに見られる（地域によっては，人口の10%ともいわれる）状態である．

Moodie が記載したオリジナル標本は残念ながらなくなってしまったので，彼の診断を評価する手立てはない．しかし，発表された図（Moodie 1923）を見る限り，長軸方向の梁構造がめだったりハチの巣状になっている様子はないので，血管腫という診断はかなり怪しい．ほかの竜脚類の椎骨融合（前述）から得られた証拠を見ても，彼の解釈に疑問を投げかけざるをえない．Moodie が腫瘍と記載した病変

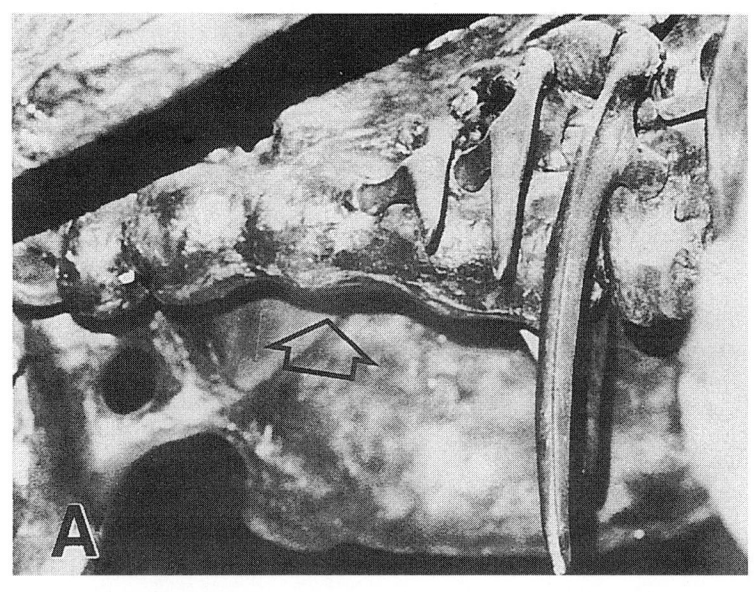

図 31.17 ● 角竜類の頸椎側面
(A) AMNH 842 の頸椎の最初の 3 個（矢印）が融合している．(B) 未特定の角竜類，MOR 71 の頸椎．最初の 3 個が融合．

は DISH だった可能性が高い．

ブリガム・ヤング大学の Wade Miller とサンディエゴ海軍病院の Leon Goldman は，1 億 3500 万年から 1 億 5000 万年前の（アロサウルスかトルヴォサウルス *Torvosaurus* と思われる）獣脚類の上腕骨に「カリフラワー状の盛りあがり」を認め，軟骨肉腫と呼ばれる軟骨腫ではないかと述べている．筆者が知る限り，この例に関する詳細な記述はまだ発表されていない．人間の軟骨肉腫は小葉からなる塊りをつくり，内部はところどころ石灰化している（Copeland 1956）．ホモ・サピエンスでは，それとともに骨膜（皮質の外層）が隆起し，縁が広がって厚みや密度が不規則になるのが大きな特徴である．筆者はまだこの獣脚類標本を調べる機会を得られず，X 線写真や組織も見たことがない．この発見が大昔のガンの起源を知る手がかりとなるかどうか，大いに興味をそそられるところである．

● 恐竜の卵

恐竜類の卵も病気に無縁ではなかった（Dughi and Sirugue 1957, 1958）．Erben et al.（1979）は，ヒプ

セロサウルス (Hypselosaurus) の卵の殻が多層になっている度合いが増えていると報告している．Hirsch et al. (1989) の報告では，ジュラ紀の恐竜の卵で殻に石灰化した層が2層あるものを発見したという．2つの層の孔がぴったり重なっていなかったので，呼吸が妨げられ，中の胚はおそらく生き延びられなかったであろう．しかし，卵を傷つけずにコンピューター断層撮影 (CT) で調べたところ，胚は正常だったようである．

古病理学の研究は新しい展望を開いてくれる．病気の「時刻表」に興味を持つ人もいるだろうが，古病理学はほかにも重要な機会を提供している．恐竜類が被った災禍や病気の化石記録を研究すれば，生活様式，生息環境，生理機能に独特の視点から探りを入れられるであろう．

● 文　献

Abrams, N. R. 1953. Etiology and pathogenesis of degenerative joint disease. In J. Hollander(ed.), *Arthritis and Allied Conditions*, p.691. 5th ed. Philadelphia：Lea and Febiger.

Anonymous. 1934. Glands may have caused evolution of freak dinosaurs. *Science News Letter* 25：182.

Artzy, E.；G. Frieder；and G. T. Herman. 1980. The theory, design, implementation and evaluation of a three-dimensional surface detection algorithm. *Computer Graphics and Image Processing* 15：1–24.

Bakker, R. T. 1968. The superiority of dinosaurs. *Discovery* 3：11–22.

Blows, W. T. 1989. A pelvic fracture in *Iguanodon*. *Archosaurian Articulations* 1：49–50.

Broili, F. 1922. Über den feineren Bau der"Verknocherten Sehnen"(=Verknocherten Muskeln) von Trachodon. *Anatomischer Anzeiger* 55：464–475.

Brown, B., and E. M. Schlaikjer. 1937. The skeleton of *Styracosaurus* with the description of a new species. American Museum *Novitates* 955：1–12.

Bywaters, E. 1960. The early radiologic signs of rheumatoid arthritis. *Bulletin of the Rheumatic Diseases* 11：231–234.

Carpenter, K. 1990. Variation in *Tyrannosaurus rex*. In K. Carpenter and P. J. Currie (eds.), *Dinosaur Systematics：Perspectives and Approaches*, pp.141–145. Cambridge：Cambridge University Press.

Cassou, B.；J. P. Camus；and J. G. Peyron. 1981. Recherche d'une arthrose primitive de la cheville chez les sujets de plus de 70 ans. In J. G. Peyron (ed.), *Epidemiologie de l'Arthrose*, pp.180–184. Paris：Geigy.

Conroy, G. C., and M. W. Vannier. 1985. Endocranial volume determination of matrix-filled fossil skulls using high-resolution computed tomography. In K. D. Lawrence (ed.), *Evolution：Past, Present and Future*, pp.419–426. Lawrence, Kans.：Alan R. Liss.

Copeland, M. M. 1956. Tumors of cartilaginous origin. *Clinical Orthopedics and Related Research* 7：9–26.

Czerkas, S. J., and S. A. Czerkas. 1990. *Dinosaurs：A Complete World History*. New York：B. Mitchell.

Daffner, R. H. 1978. Stress fractures：Current concepts. *Skeletal Radiology* 2：221–229.

Dollo, L. 1887. Note sur les ligaments ossifies des dinosauriens de Bernissart. *Archives of Biology* 7：249–264.

Dughi, R., and F. Sirugue. 1957. Les oeufs de dinosauriens du Bassin d'Aix-en-Provence. *Compte Rendu de l'Academie Sciences, Paris* 245：707–710.

Dughi, R., and F. Sirugue. 1958. Observations sur les oeufs de dinosaures du bassin d'Aix-en-Provence：Les oeufs a coquilles biostratifiées. *Compte Rendu de l'Academie Sciences, Paris* 246：2271–2274.

Erben, H. K.；J. Hoefs；and K. H. Wedepohl. 1979. Palaeobiological and isotopic studies of eggshells from a declining dinosaur species. *Paleobiology* 5：380–414.

Erickson, B. R. 1966. Mounted skeleton of *Triceratops prorsus*. Science Publications Science Museum, St. Paul, Minneapolis 1：1–16.

Farlow, J. O., and D. L. Brinkman. 1994. Wear surfaces on the teeth of tyrannosaurs. In G. D. Rosenberg and D. L. Wolberg (eds.), Dino Fest, pp.165–175. Paleontological Society Special Publication 7. Knoxville：University of Tennessee.

Farlow, J. O.；D. L. Brinkman；W. L. Abler；and P. J. Currie. 1991. Size, shape, and serration density of theropod dinosaur lateral teeth. *Modern Geology* 16：161–198.

Farrell, E. J., and R. A. Zappulla. 1989. Three-dimensional data visualization and biomedical applications. *Critical Reviews in Biomedical Engineering* 16：323–363.

Forestier, J., and R. Lagier. 1971. Ankylosing hyperostosis of the spine. *Clinical Orthopedics and Related Research* 74：65–83.

Fornasier, V. L.；G. Littlejohn；and M. B. Urowitz. 1983. Enthesial new bone formation：The early changes of spinal diffuse idiopathic skeletal hyperostosis. *Journal of Rheumatology* 10：939–947.

Funk, F. J., Jr. 1976. Osteoarthritis of the foot and ankle. In American Academy of Orthopedic Surgeons (eds.), *Symposium on Osteoarthritis*, pp.287–301. St. Louis：C. V. Mosby.

Gilmore, C. W. 1906. Notes on some recent additons to the exhibition series of fossil vertebrates. *Proceedings of the U.S. National Museum* 30：607–611.

Gilmore, C. W. 1909. Osteology of the Jurassic reptile *Camptosaurus*, with a revision of the species of the genus, and descriptions of two new species. *Proceedings of the U.S. National Museum* 36：197–332.

Gilmore, C. W. 1912. The mounted skeletons of *Camptosaurus* in the United States National Museum. *Proceedings of the U.S. National Museum* 41：687–696.

Gilmore, C. W. 1919. A new restoration of *Triceratops* with notes on the osteology of the jaw. *Proceedings of the U.S. National Museum* 55：97–112.

Gilmore, C. W. 1930. On dinosaurian reptiles from the Two Medicine Formation of Montana. *Proceedings of the U.S. National Museum* 77：1–39.

Goodship, A. E.; L.E. Lanyon; and H. McFie. 1979. Functional adaptation of bone to increased stress. *Journal of Bone and Joint Surgery* 61 A: 539–546.

Hadley, M. N.; V. K. Sonntag; M. R. Amos; J. A. Hodak; and L.J. Lopez. 1987. Three-dimensional computed tomography in the diagnosis of vertebral column pathological conditons. *Neurosurgery* 21: 186–192.

Harrison, M. H.; F. Schajowicz; and J. Trueta. 1953. Osteoarthritis of the hip: A study of the nature and evolution of the disease. *Journal of Bone and Joint Surgery* 35 B: 598–626.

Hartley, B. J. 1943."Stress" or "fatigue" fractures of bone. *British Journal of Radiology* 16: 225–262.

Hatcher, J. B. 1901. *Diplodocus* (Marsh), its osteology, taxonomy and probable habits, with a restoration of the skeleton. *Memoirs of the Carnegie Museum* 1: 1–63.

Hirsch, K. F.; K. L. Stadtman; W. E. Miller; and J. H. Madsen, Jr. 1989. Upper Jurassic dinosaur egg from Utah. *Science* 243: 1711–1713.

Holland, W. J. 1915. Heads and tails: A few notes relating to the structure of the sauropod dinosaurs. *Annals of the Carnegie Museum* 9: 273–278.

Isaacs, W. A.; K. Little; J. D. Currey; and L. B. Tarlo. 1963. Collagen and cellulose-like substance in fossil dentine and bone. *Nature* 197: 192.

Ishigaki S. 1986. *The Dinosaurs of Morocco*. Tokyo: Tsukiji Shokan.

Johnson, R. E. 1990. Biomechanical analysis of forelimb posture and gait in *Torosaurus*. *Journal of Vertebrate Paleontology* 10 (Supplement 3): 29 A–30 A.

Jurmain, R. 1977. Stress and the etiology of osteoarthritis. *American Journal of Physical Anthropology* 80: 229–237.

Katz, W. A. 1989. *Diagnosis and Management of Rheumatic Disease*. 2nd ed. Philadelphia: Lippincott.

Kelly, W. N.; E. D. Harris, Jr.; S. Ruddy; and C.B. Sledge. 1985. *Textbook of Rheumatology*. 2nd ed. Philadelphia: Saunders.

Lambe, L. 1917. The Cretaceous theropodous dinosaur *Gorgosaurus*. *Geological Survey of Canada Memoir* 100: 1–84.

Langston, W., Jr. 1961. News from members. *Society of Vertebrate Paleontology News Bulletin* 63: 7–9.

Larson, P. L. 1991. The Black Hills Institute *Tyrannosaurus*: A preliminary report. *Journal of Vertebrate Paleontology* 11 (Supplement 3): 41 A–42.

Lawrence, J. S.; J. M. Bremner; and F. Bier. 1966. Osteo-arthrosis: Prevalence in the population and relationship between symptoms and x-ray changes. *Annals of the Rheumatic Diseases* 25: 1–24.

Leach, R. E.; S. Baumgard; and J. Broom. 1973. Obesity: Its relationship to osteoarthritis of the knee. *Clinical Orthopedics and Related Research* 93: 271–273.

Lockley, M. J. 1986. *A Guide to Dinosaur Tracksites of the Colorado Plateau and American Southwest*. University of Colorado at Denver, Geology Department Magazine, Special Issue 1: 1–56.

Lockley, M. J. 1989. Tracks and traces; New perspectives on dinosaurian behavior, ecology, and biogeography. In K. Padian and D. J. Chure (eds.), *The Age of Dinosaurs*, pp.134–145. Short Courses in Paleontology no. 2. Knoxville: Paleontological Society, University of Tennessee.

Madsen, J. H., Jr. 1976. *Allosaurus fragilis*: A revised osteology. Utah Geological and Mineral Survey Bulletin 109. Salt Lake City.

Martel, W. 1968. Radiologic signs of rheumatoid arthritis with particular reference to the hand, wrist, and foot. *Medical Clinics of North America* 52: 655–665.

McEwen, C.; D. DiTata; and J. Lingg. 1971. Ankylosing spondylitis and spondylitis accompanying ulcerative colitis, regional enteritis, psoriasis, and Reiter's disease: A comparative study. *Arthritis and Rheumatism* 14: 291–318.

McHugh, T. 1958. Social behavior of the American Bison (*Bison bison bison*). *Zoologica* 43: 1–40.

Meachim, G., and G. Brooke. 1984. The pathology of osteoarthritis. In R. W. Moskowitz, D. S. Howell, V. M. Goldberg, and H. J. Mankin (eds.), *Osteoarthritis: Diagnosis and Management*, pp.29–42. Philadelphia: Saunders.

Molnar, R. E. In press. Theropod paleopathology: A literature survey. To be published in B. M. Rothschild and S. Shelton (eds.), *Paleopathology*. London: Archetype Press.

Molnar, R. E., and J. O. Farlow. 1990. Carnosaur paleobiology. In D.B. Weishampel, P. Dodson, and H. Osmólska (eds.), *The Dinosauria*, pp.210–224. Berkeley: University of California Press.

Monastersky, R. 1990. Reopening old wounds: Physicians and paleontologists learn new lessons from ancient ailments. *Science News* 137 (3): 40–42.

Moodie, R. L. 1917. Studies in paleopathology. Part I: General consideration of the evidences of pathological conditions found among fossil animals. *Annals of Medical History* 1: 374–393.

Moodie, R. L. 1923. *Paleopathology: An Introduction to the Study of Ancient Evidences of Disease*. Urbana: University of Illinois Press.

Moodie, R. L. 1926. Excess callus following fracture of the fore foot in a Cretaceous dinosaur. *Annals of Medical History* 8: 73–77.

Moodie, R. L. 1928. The histological nature of ossified tendons found in dinosaurs. American Museum *Novitates* 311: 1–15.

Moodie, R. L. 1930. Dental abscesses in a dinosaur millions of years old, and the oldest yet known. *Pacific Dental Gazette* 38: 435–440.

Morris, J. M., and L. D. Blickenstaff. 1967. *Fatigue Fractures: A Clinical Study*. Springfield, Ill.: Charles C. Thomas.

Norman, D. 1985. *The Illustrated Encyclopedia of Dinosaurs*. New York: Crescent Books.

O'Donoghue, D. J.; G. R. Frank; and G. L. Jeter. 1971. Repair and reconstruction of the anterior cruciate ligament in dogs: Factors influencing long-term results. *Journal of Bone and Joint Surgery* 53 A: 710–718.

Olshevsky, G. O. 1978. The Archosaurian taxa. *Mesozoic Meanderings* 1: 1–50.

Oppenheimer, A. 1942. Calcification and ossification of vertebral ligaments (spondylitis ossificans ligamentosa) : Roentgen signs of pathogenesis and clinical significance. *Radiology* 38 : 160–173.

Orava, S. ; J. Puranen ; and L. Ala–Ketoal. 1978. Stress fractures caused by physical exercise. *Acta Orthopaedica Scandinavica* 49 : 19–27.

Ortner, D. J., and W. G. Putschar. 1985. *Identification of Pathological Conditions in Human Skeletal Remains*. Washington, D. C. : Smithsonian Institution Press.

Parks, W. A. 1922. *Parasaurolophus walkeri* : A new genus and species of crested trachodont dinosaur. *University of Toronto Studies, Geological Series* 13 : 1–32.

Parks, W. A. 1935. New species of trachodont dinosaurs from the Cretaceous formations of Alberta : With notes on other species. *University of Toronto Studies, Geological Series* 37 : 1–45.

Pennes, D. R. ; W. Martel ; and C. N. Ellis. 1985. Retinoid–induced ossification of the posterior longitudinal ligament. *Skeletal Radiology* 14 : 191–193.

Petersen, K. ; J. I. Isakson ; and J. H. Madsen, Jr. 1972. Preliminary study of paleopathologies in the Cleveland–Lloyd dinosaur collection. *Utah Academy of Sciences Proceedings* 49 : 44–47.

Puranen, J. ; L. Ala–Ketola ; and P. Peltokallio. 1975. Running and primary osteoarthritis of the hip. *British Medical Journal* 2 : 424–425.

Radin, E.L. 1978. Our current understanding of normal knee mechanics and its implications for successful knee surgery. In *American Association of Orthopedic Surgeons Symposium on Reconstructive Surgery of the Knee*, pp.37–46. St. Louis : Mosby.

Resnick, D., and G. Niwayama. 1988. *Diagnosis of Bone and Joint Disorders*. Philadelphia : Saunders.

Resnick, D. ; R. F. Shapiro ; and K. B. Wiesner. 1978. Diffuse idiopathic skeletal hyperostosis (DISH) (ankylosing hyperostosis of Forestier and Rotes–Querol). *Seminars in Arthritis and Rheumatism* 7 : 153–187.

Riggs, E. S. 1903. Structure and relationships of opisthocoelian dinosaurs. Part 1 : *Apatosaurus* Marsh. *Publications of the Field Columbian Museum, Geological Series* 2(4) : 165–196.

Roberts, E. D. ; G. B. Baskin ; E. Watson ; W. G. Henk ; and T.C. Shelton. 1984. Calcium pyrophosphate deposition disease (CPDD) in nonhuman primates. *American Journal of Pathology* 166 : 359–361.

Rothschild, B. M. 1982. *Rheumatology : A Primary Care Approach*. New York : Yorke Medical Press.

Rothschild, B. M. 1985. Diffuse idiopathic skeletal hyperostosis (DISH) : Misconceptions and reality. *Clinical Rheumatology* 4 : 207–212.

Rothschild, B. M. 1987 a. Diffuse idiopathic skeletal hyperostosis as reflected in the paleontologic record : Dinosaurs and early mammals. *Seminars in Arthritis and Rheumatism* 17 : 119–125.

Rothschild, B. M. 1987 b. Paleopathology of the spine in Cretaceous reptiles. In T. Appelboom (ed.), *Art, History and Antiquity of Rheumatic Disease*, pp.97–99. Brussels : Elsevier.

Rothschild, B. M. 1988 a. Stress fracture in a ceratopsian phalanx. *Journal of Paleontology* 62 : 302–303.

Rothschild, B. M. 1988 b. Diffuse idiopathic skeletal hyperostosis. *Comprehensive Therapy* 14 : 65–69.

Rothschild, B. M. 1989 a. Skeletal paleopathology of rheumatic diseases : The subprimate connection. In D. J. McCarty (ed.) , *Arthritis and Allied Conditions*, pp. 3–7. 11 th ed. Philadelphia : Lea and Febiger.

Rothschild, B. M. 1989 b. Paleopathology and its contributions to vertebrate paleontology : Technical perspectives. *Journal of Vertebrate Paleontology* (Supplement 3) : 36 A–37 A.

Rothschild, B. M. 1990. Radiologic assessment of osteoarthritis in dinosaurs. *Annals of the Carnegie Museum* 59 : 295–301.

Rothschild, B. M., and D. Berman. 1991. Fusion of caudal vertebrae in Late Jurassic sauropods. *Journal of Vertebrate Paleontology* 11 : 29–36.

Rothschild, B. M., and L. Martin. 1993. *Paleopathology*. Montclair, N.J. : Telford Press.

Rothschild, B. M., and D. Tanke. 1991. Paleopathology : Insights to lifestyle and health in prehistory. *Geoscience* 19 : 73–92.

Rothschild, B. M. ; D. Tanke ; and K. Carpenter. 1997. Tyrannosaurs suffered from gout. *Nature* 387 : 357.

Ruffer, M. A. 1921. *Studies in the Paleopathology of Egypt*. Chicago : University of Chicago Press.

Russell, D. A. 1970. Tyrannosaurs from the Late Cretaceous of western Canada. National Museum of Natural Sciences, *Publications in Paleontology* 1 : 1–34.

Saville, P. D., and J. Dickson. 1968. Age and weight in osteoarthritis of the hip. *Arthritis and Rheumatism*. 11 : 635–644.

Sawyer, G. T., and B. R. Erickson. 1985. Injury and diseases in fossil animals : The intriguing world of paleopathology. *Encounters* (May/June) : 25–28.

Schlapbach, P. ; C. Beyeler ; N. J. Gerber ; S. van del Linden ; U. Burgi ; W. A. Fuchs ; and H. Ehrengruber. 1989. Diffuse idiopathic skeletal hyperostosis (DISH) of the spine : A cause of back pain? A controlled study. *British Journal of Rheumatology* 28 : 299–303.

Seawright, A. A., and P. B. English. 1965. Hypervitaminosis A and hyperostosis of the cat. *Nature* 206 : 1171–1172.

Sebes, J. I. ; J. W. Langston ; M. L. Gavant ; and B. M. Rothschild. 1991. Magnetic resonance imaging of growth recovery lines in fossil vertebrae. *American Journal of Roentgenology* 157 : 415–416.

Sigerist, H.E. 1951. *A History of Medicine*. New York : Oxford University Press.

Silberberg, M., and R. Silberberg. 1960. Osteoarthritis in mice fed diets enriched with animal or vegetable fat. *Archives of Pathology* 70 : 385–390.

Singh, A. ; R. Dass ; S. Singhhayreh ; and S. S. Jolly. 1962. Skeletal changes in endemic fluorosis. *Journal of Bone and Joint Surgery* 44 B : 806–815.

Skinner, M. F., and G. H. Sperber. 1982. *Atlas of Radiographs of Early Man*. New York : Liss.

Sokoloff, L. ; O. Mickelsen ; E. Silverstein ; G. E. Jay, Jr. ;

and R. S. Yamamoto. 1960. Experimental obesity and osteoarthritis. *American Journal of Physiology* 198：765-770.

Sternberg, C. M. 1940. Ceratopsidae from Alberta. *Journal of Paleontology* 14：468-480.

Sundberg, S. B.；B. Clark；and B. K. Foster. 1986. Three-dimensional reformation of skeletal abnormalities using computed tomography. *Journal of Pediatric Orthopecdics* 6：416-419.

Swinton, W. E. 1981. Sir Marc Armand Ruffer：One of the first palaeopathologists. *Canadian Medical Association Journal* 124：1388-1392.

Tanke, D. H. In press a. Paleopathologies in Late Cretaceous hadrosaurs (Reptilia：Ornithischia)：Behavioral implications. To be published in B. M. Rothschild and S. Shelton (eds.), *Paleopathology*. London：Archetype Press.

Tanke, D. H. In press b. The rarity of paleopathologies in "short-frilled" ceratopsians (Reptilia：Ornithischia：Centrosaurinae)：Evidence for non-aggressive intraspecific behavior. To be published in B. M. Rothschild and S. Shelton, (eds.), *Paleopathology*. London：Archetype Press.

Thulborn, R. A. 1984. Preferred gaits of bipedal dinosaurs. *Alcheringa* 8：243-252.

Thulborn, R. A. 1990. *Dinosaur Tracks*. London：Chapman and Hall.

Tokaryk T. T. 1986. Ceratopsian dinosaurs from the Frenchman Formation (Upper Cretaceous) of Saskatchewan. *Canadian Field-Naturalist* 100(2)：192-196.

Tucker, M. E., and T. P. Burchette. 1977. Triassic dinosaur footprints from South Wales：Their context and preservation. *Palaeogeography, Palaeoclimatology, Palaeoecology* 22：195-208.

Tyson, H. 1977. Functional craniology of the Ceratopsia (Reptilia：Ornithischia) with special reference to *Eoceratops*. Master's thesis, University of Alberta.

Vance, T. 1989. Probable use of the vestigial forelimbs of the tyrannosaurid dinosaurs. *Bulletin of the Chicago Herpetological Society* 24：41-47.

Virapongse, C.；M. Shapiro；A. Gmitro；and M. Sarwar. 1986. Three-dimensional computed tomographic reformation of the spine, skull, and brain from axial images. *Neurosurgery* 18：53-56.

Wilson, E. S. Jr., and F. N. Katz. 1969. Stress fractures：An analysis of 250 consecutive cases. *Radiology* 92：480-486.

Woolson, S. T.；P. Dev；L. L. Fellingham；and A. Vassiliadis. 1986. Three-dimensional imaging of bone from computerized tomography. *Clinical Orthopaedics and Related Research* 202：239-244.

Worthen, B. M., and B. A. Yanklowitz. 1978. The pathophysiology and treatment of stress fractures in military personnel. *Journal of the American Podiatric Association* 68：317-325.

Wyckoff, R. W. 1980. Collagen in fossil bones. In P. E. Hare (ed.), *Biogeochemistry of Amino Acids*, pp.17-22. New York：Wiley.

32 恐竜の生理機能：「中間」説の根拠

R. E. H. Reid

　1976年，恐竜の骨に典型的な爬虫類の「成長輪」を偶然発見したことをきっかけに，筆者は骨の研究プログラムに着手した．そして，恐竜類の生理機能は現在の四肢動物に見られる「冷血」型と「温血」型の中間だったのではないか，と考えるようになった（Reid 1984 a, 1984 b, 1987, 1990）．本章ではそのような意見を持つに至った理由を説明し，骨に残る証拠からほかにどのようなことが推測されるかを示した．

　恐竜類の生理機能は現在のところ謎に満ちているが，主な解答として次の3つが考えられる．

　1. 恐竜類は現生爬虫類と同じく「冷血」爬虫類だったが，多くはかなりの巨体に成長したので，日々の温度変化に耐えられた．この古典的な恐竜観は現在，新しく形を変えているが，その主たる基盤はColbert et al.（1946）と Spotila et al.（1973）による温度慣性の研究である．

　2. 恐竜類は現生種の温血動物と基本的には変わらない「温血」動物であった．この説の1番の提唱者はR.T.Bakker（1972,1975,1986など）だが，彼以前にも恐竜温血説を唱えた研究者がいる（L.S.Russell 1965 など）．

　3. 恐竜類は，現在の基準からすると「冷血」でも「温血」でもない3番めの種類の動物で，両者の中間に位置し，そのどちらとも異なる．de Ricqlès（1974）が前にそれとなく触れてはいるが，この考え方をまとまった形で発表したのは，Regal and Gans（1980）の研究が初めてである．

さらに，恐竜類にはこの3種類のうちの2つもしくは3つ全部の種類があった可能性も考えられる．

なぜこれほどはっきりしないのか．それは，人によって研究方法にちがいがあり，何を証拠とするか，あるいは得られた証拠をどう解釈するか，という見方もまちまちであるところにも原因がある．例えばBakker (1986) は，自分の説に合う証拠をいろいろとりそろえて説得力のある議論を展開しているが，自説に合わない証拠や意見にはほとんど注意を払わない．逆に，Bakkerが正しい指摘をしているのに，それを無視してきた研究者もいる．Spotila et al. (1991) は外洋生のオサガメ (*Dermochelys*) を恐竜類の生理機能を知る有効なモデルとしたが，恐竜類とは生態環境や生活様式がちがいすぎるので，参考にはならないと筆者は思う（コラム32.1）．しかし本当の問題は，動物の体温調節方法が現生動物でしか確かめられず，化石で確認できる技術は現在も今後も得られそうにないということである．例えば，同位体化学を利用して恐竜類の骨が形成された温度を推定できたとしても（Barrick and Showers 1994など），その温度をどうやって維持したかまではわからない（コラム32.2）．したがって，できる

のはせいぜい，証拠を極端に拡大解釈した主張をせずに，その証拠に最もぴったりの答えを探すことぐらいである．

筆者自身が謎解きの根拠にしているのは，Hohnke (1973), Seymour (1976), Ostrom (1980) らが展開した血液循環力学（血行力学ともいう）の議論であり，第二の要素としてColbert et al. (1946), Spotila et al. (1973), McNab and Auffenberg (1976) による温度慣性の研究，そして「冷血」説も「温血」説もともに否定する骨の証拠である．こうして得られた概念はRegal and Gans (1980) と基本的には同じで，そこに，彼らが想像した循環形式からすれば妥当と思われる修正を少しばかり加えた．

●最初のステップ：体高と心臓

まず第一に，ワニ類以外の現生爬虫類の心臓は2心房1心室で（図32.1 A），心室が一つしかないため，肺循環と体循環が完全には分かれていない．大型爬虫類でも垂直方向へ血液を循環させる距離はそれほど大きくないので，このような原始的な構造で十分なのである．しかし恐竜類は体がもっと大きか

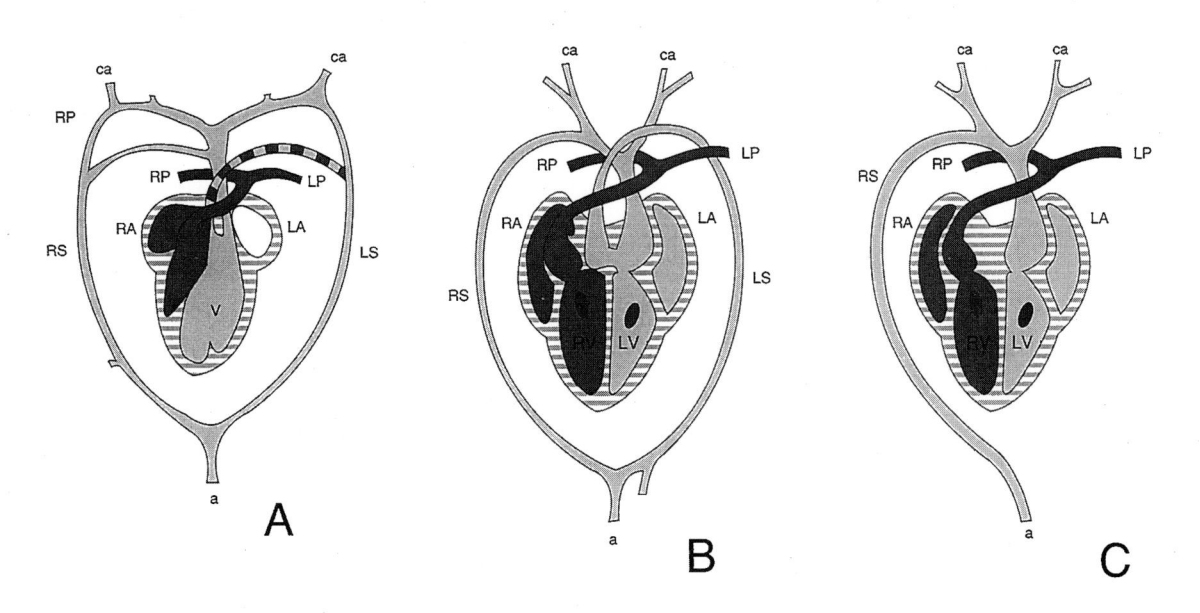

図32.1●心臓と付随する動脈
(A) トカゲ，(B) ワニ，(C) 恐竜．恐竜は完全な複ポンプ式の血液循環系を持っていたものと仮定．略語：a：大動脈（背大動脈），ca：頸動脈，LA：左心耳（心房），LP：左肺動脈，LS：左大動脈弓，LV：左心室，RA：右心耳（心房），RP：右肺動脈，RS：右大動脈弓，RV：右心室，V：心室．トカゲの心臓 (A) は心室中隔が不完全で，血流が部分的にしか分離されないので，酸素の少ない血液と酸素の多い血液が同一の心室からいっしょに送り出される．ワニの心臓 (B) は，心室が分かれているが，右と左の大動脈弓が隙間（パニッツァ孔）をとおしてつながっている．潜水する時はパニッツァ孔を利用して，酸素の少ない血液が肺へ流れ込まないようにする．L.S. Rusell(1965)の説によると，恐竜の心臓(C)はワニ型から左大動脈弓をなくした構造だったと思われる．

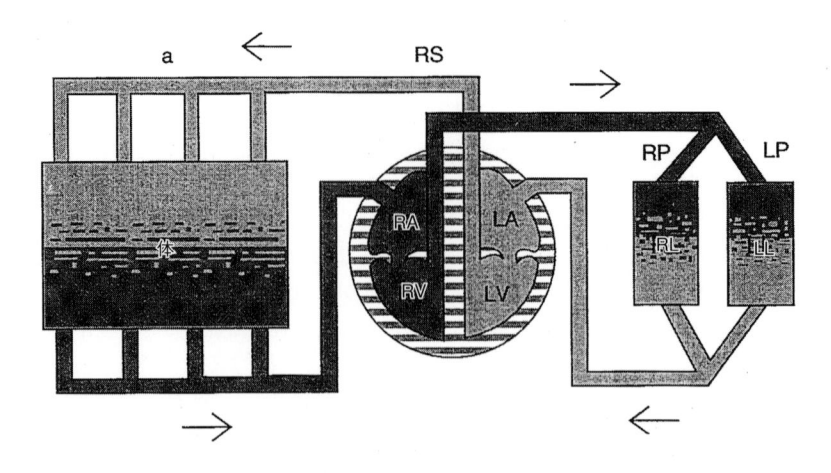

図32.2●恐竜が完全な複ポンプ式心臓を持っていたとすると，血液はこのように循環した
LL：左肺，RL：右肺，そのほかの略語は図32.1を参照．

っただけでなく，直立していたので，首が長いと頭が背中よりかなり高い位置にくることもあった．例えば，巨大な竜脚類ブラキオサウルス（*Brachiosaurus*）の頭は，これまで推測されてきた姿勢が正しければ，地面から約11 m，心臓から7.5 mも上にあった．

これだけの高さに血液を送るには，現生爬虫類のどの種類よりも大きな血圧が必要となり，肺の血管から血液が漏れ出して命を落とすことはほぼまちがいない．ここから，恐竜類は哺乳類や鳥類と同様に，「複ポンプ」循環構造を備えた2心房2心室の心臓を持ち，肺循環と体循環が完全に分かれていたのではないかと考えられる［訳注：最近，小型草食恐竜テスケロサウルス胸部のCTによる3次元画像で，左右の心室が厚い壁で仕切られ，大動脈が1本あることが報告されたが，異論もある］．ワニ類（図32.1 B）は原始的な複ポンプ循環構造で2心房2心室からなる心臓を持つが，直立はせず，まだ心臓の右側と左側の間で血液が混じり合う．直立歩行をした大型恐竜類は，十分に発達した複ポンプシステムを必要としたはずなので，たぶん現在の鳥類に見られる型の心臓を持っていたと思われる（図32.1 C，32.2）．Russell（1965）が考えたように，鳥類の心臓は，ワニ類型から左大動脈弓（左の大動脈）（図32.1 BとCを参照）がなくなることによってできあがったと思われる．

もしこの推測が正しければ，恐竜類と現生爬虫類すべてとの間には，解剖学的構造に大きなちがいがあり，そこからさらに生理機能のちがいが生じていたのではないだろうか．この型の循環システムは現在「温血」動物にしか見られないので，恐竜類が同じシステムを持っていたのなら「温血」だった可能性がある．すると問題は，恐竜類と現生爬虫類の生理機能がちがっていたかどうかではなく，どれだけちがっていたかということである．

● 「温」血，「冷」血，そしてそれ以外の可能性

「温」血とは？

次に，「温」血と「冷」血を科学的に定義する専門用語と，恐竜類についての議論に関わってくる概念を知っておく必要がある．初めに，「冷」血と「温」血の定義は単に温度だけの問題ではないことをはっきりさせておこう．両生類と爬虫類は「冷血」と呼ばれるが，それはたいていの場合，体温がわれわれより低く，触ると冷たく感じるからである．だが，爬虫類の中には体温が人間に近いものや，人間より高い体温を持つものさえいる．アメリカアリゲーターの体温は，最適条件のもとでは33～34℃にも達し（Coulson and Hernandez 1983），人間のレベル（37℃）に接近する．またサバクイグアナ（*Dipsosaurus*）が活動中は，体温が40～42℃になる．

厳密に表現するには，互いに反対の意味を持つ3組の科学用語を使う．(1)通常の環境では，気温（環境の温度）の日周変動に関わりなく一定の体温を維持できるなら「恒温性」，そうでなければ「変温性」；(2)体内の産熱によって活動温度を維持するなら「内温性」，体外の熱源に頼るなら「外温性」；(3)体の化学作用（代謝）の速度が速ければ「速代謝性」，遅ければ「遅代謝性」．

理想をいえば,「温血」動物は恒温性,内温性,速代謝性で,急速な代謝によって体内の熱源を供給し,一方,「冷血」動物は変温性で遅代謝性となる.「温血」の場合の条件は定温性,内温性,速代謝性ということである.ところが実際は,「温血」動物のすべてが理想的なパターンに合致しているわけではない.例えば一部の鳥類(ハチドリ類,アメリカコガテ類など)は夜の間体温を下げてエネルギーを節約している.このような2次的と思われる習性を持つ動物は,典型的な内温動物と区別して,異温動物と呼ばれる.巣穴で一生を過ごすアフリカ東部のハダカデバネズミ(*Heterocephalus*)は,ほぼ完全な変温性である.現生種の内温動物で一定の体温を維持している場合でも,ナマケモノ類や単孔類で28〜30℃,有袋類で33〜36℃,大部分の有胎盤類で36〜38℃,鳥類では40〜41℃の間で変動が見られる.

ここで注意しておくが,変温動物は体温をコントロールできず,環境温度が変われば体温もそれに合わせて単純に変動する,といった誤解をしてはならない.外温性のトカゲ類は夜の間は最適体温を維持できないが,昼間はかなり正確に体温を維持できることが多く,さまざまな行動や生理機能によって環境温度より上や下の体温をつくり出している.恐竜類がごくふつうの爬虫類だったとしても,たぶん同じような能力を備えていたであろう.

巨体ゆえの「温」血

現生四肢動物では,恒温性は代謝量の高い内温動物に限られている.しかし,外温動物も十分な大きさに成長しさえすれば,代謝量が高くなくても恒温性を獲得できる,という研究者もいる.このように推測される状態は,慣性恒温性(McNab and Auffenberg 1976)と呼ばれ,大型動物の体の温度慣性,簡単にいえば容積恒温性(de Ricqlès 1974)に基づく.基本概念はColbert et al. (1946)が行ったアリゲーター類の実験から得られた.この実験によりColbertらは,大きな標本は小さな標本より温度変化に時間がかかることを発見した.これは,体の体積は線分比の3乗の割合で増えるが,表面積は2乗にしかならないことから説明がつく.つまり,同じ幅だけ体温を上下させるのに,大型動物の場合は,ある一定の表面積を通過する熱量が小型動物に比べて多くなくてはならない.前述のアリゲーター類の資料をもとにColbertらは,体重10tの「冷血」恐竜で体温が1℃変化するのに要した時間は86時間と推測した.1日は24時間しかないので,通常の状態なら,1日の間に気温が変化しても,このような動物は基本的にはほとんど変わらない体温を維持できたであろう.

しかし現在では,Spotila et al. (1973)によってもっと進んだ数学的研究がなされている.体の直径が1m,断熱材の皮下脂肪層が5cmで,アリゲーターと同じエネルギーを蓄えたモデル恐竜を想定して計算した結果,1日の気温が22〜32℃の間で変化するフロリダ地方のような気候では,体心部の温度(図32.3, Tc)は28.5〜29.6℃に保たれ,平衡温度の間を変化するのに48時間かかることがわかった.恐竜類の多くは体が大きく,これよりはるかに大きいものもいた.しかし,小型恐竜や子どもの恐竜は変温性のままで,ほかの手段を用いて体温を調節する必要があったであろう.例えばHalstead (1975)は,体の容積を増やして恒温性を獲得するには,古竜脚類のプラテオサウルス(*Plateosaurus*)の大きさが最小限度だとし,体長が1mしかない鳥脚類のファブロサウルス(*Fabrosaurus*)は,日なたに出入りすることで体温を調節したものと考えた.これは現生トカゲ類が行っている往復日光温性と呼ばれる方法と同じである.

容積恒温性動物の恐竜を頭に描いて「温血」という用語を当てる研究者はHalstead (1975)以外にも

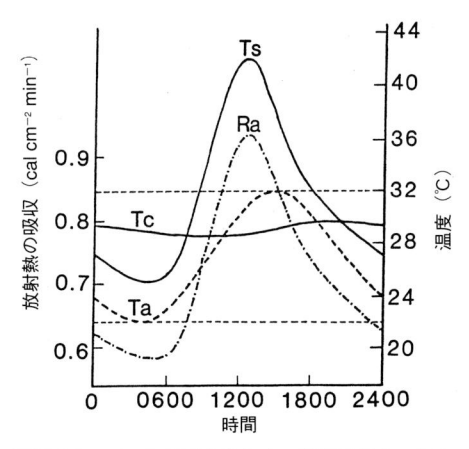

図32.3●Spotilaらが考え出した,体の直径1mのモデル恐竜の慣性(外温性)恒温性

ここではSpotila et al. (1973)のFig.2aと2bを組み合わせた.1日の気温が22〜32℃の間で変化する,フロリダのような気候条件では,アメリカアリゲーターに近い生理機能を持つ直径1mの動物の体内(体心部の)温度(Tc)は,28.5〜29.6℃の間でしか変化しない.つまり,気温(Ta)の日周変動が10℃でも,1日の体温変化はわずか1.1℃である.しかし,体表温度(Ts)は,放射熱の吸収量(Ra)に平行して,もっと大きな幅で変動する(Reid 1987: Fig.1より.許可を得て,説明文を書きかえ).

いるが，この考え方では「温血」を恒温性とだけ結びつけている．代謝量は体温とともに上昇するので，外温性の恐竜でも容積恒温性を獲得できるだけの大きさがあれば，安定して高めの代謝量を得られたと思われる．しかし，巨体のおかげで体温を高く保ち高い代謝量を維持するのは，体の大きさとは関係なく，もともと代謝量が高いために体温を高く保てるのとははっきり異なる．こうした観点から恐竜類をとらえるなら，哺乳類や鳥類を「温血」と呼ぶ時と同じ意味で，恐竜類に「温血」という用語を当てることはできない．「内温性」や「内温動物」という用語も同様に，厳密な用い方をする必要がある．研究者の中には，体温のほとんどが体内起源であれば，それだけで内温動物として扱う者もいた．しかし，代謝活動はすべて熱を生み出すので，代謝量の低い外温性動物でも十分な大きさがあれば，前にも述べた「3乗と2乗の効果」によって，体温のほとんどが体内起源という条件に合致する．巨体からくる，このような「内温性」を de Ricqlès (1983) は「容積内温性」と名づけたが，これも哺乳類や鳥類の速代謝性内温性とは明らかに異なる．

恐竜類の容積効果を補っていたと思われる特徴を，現生爬虫類からさらに2つあげることができる．一つめは，McNab and Auffenberg (1976) が発見した次のような特徴である．体表をとおしての熱交換は，体重約100 kgを境として，それ以下では哺乳類よりトカゲ類の方が速く，それ以上ではトカゲ類の方が遅い（図32.4）．もしも恐竜類がこのトカゲ類に近かったとすれば，大きな体からくる容積効果はさらに高まったであろう．繰り返しになるが，ほとんどの恐竜類はトカゲ類よりもはるかに体が大きかった．2つめの特徴は，Regal and Gans (1980) の研究に見ることができる．現生爬虫類の中には，体表の血管を収縮させたり拡張させたりして熱交換を調節しているものがいるが，これも容積効果を補うのに役立っていた，と Regalらは考えた．このような容積効果と生理的な調節の組合せを，Spotila et al. (1991) は巨体温度性と呼んだ．

「高」代謝量

内温動物は代謝量が高く，外温動物は代謝量が低い，と一般にいわれるが，実際はもっと複雑である．まず第一に，動物の代謝量は一定しておらず，活動のレベルに応じて変化する．どの動物にも基礎代謝量がある．これは休止代謝量もしくは標準代謝量（SMR）と呼ばれ，標準状態（標準温度で標準圧力）のもとで生命を維持するのに必要な最小酸素消費量によって決まる．どんな活動でも，消化活動でさえ，高い代謝量を必要とするので，活動中の外温動物の代謝量は，同じ大きさの内温動物が休止している時よりも高い．内温動物は代謝量が高い，といわれるのは，一般に，同じような大きさの外温動物に比べて標準代謝量が6倍以上あるからである．例えば，28℃の時，体重70 kgのアメリカアリゲーターのSMRは，体重70 kgの人間のSMRの4％以下だという（Coulson and Hernandez 1983）．したがって，代謝量の高さをもとに恐竜類を内温動物と見なすなら，活動代謝ではなく基礎代謝量を問題にすべきである．小型恐竜の中には，かなり活動的で活動代謝の水準が高く，その結果，産熱レベルも高いものがいたようである．だが，哺乳類や鳥類の内温性は活動代謝に基づくものではなく，活動とは関係ない基礎代謝量の高さに基づいている．そのおかげで，たとえ体が小さくても睡眠中に高い体温を維持できるのである．これは，活動によって高い体温を維持している恐竜では不可能である．

第二に，内温動物は外温動物より基礎代謝量が高い，という表現は，体の小さな動物にのみ当てはまる．なぜなら，体の大きさによってSMRが2種類

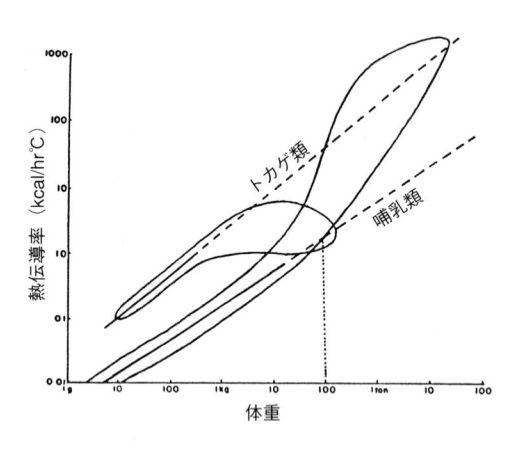

図32.4● トカゲ類と哺乳類における，体の大きさと熱伝導率の関係

McNab (1978) の Fig.1 を簡略化してここに載せた．体が1 kg以下では，トカゲの皮膚の熱伝導率は，同じくらいの体重の哺乳類に比べて10倍にもなる．しかし，1 kgを超えると伝導率の値が近くなり，100 kg以上では両者の関係が逆転する．恐竜類の皮膚の熱伝導率が大型トカゲ類に近かったとすると，あるいは，もっと体が大きい恐竜類ではトカゲ類より低かったかもしれないが，そうすると，これは慣性恒温性を維持するのに十分役立ったと思われる（Reid 1987：Fig.2より．許可を得て，説明文を書きかえ）．

の方法で変化するからである．総酸素消費量に関しては，必ず，最高値は大型動物に，最低値は小型動物に現れる．だが，単位質量当たりの最小酸素消費量，すなわち mass-specific SMR は逆に小型動物で最高値に達し（コラム 32.3），小型の外温性トカゲ類の方が大型の内温性哺乳類よりも高い mass-specific SMR を示すことさえある（図 32.5）．体の大きさに伴う SMR のこうした変化から，恐竜類に関して次のような 2 つの推測ができる．

まず第一に，小型というだけで，自動的に，大型動物より単位質量当たりの SMR が高くなるが，だからといって内温性に近づくわけではない．ただし，容積効果による体温の安定が得られないので，内温性に移行する淘汰圧はより大きくかかったであろう．例えば，Eckert et al. (1988) によるネコとゾウの図（Table 16-2）を参考にすると，体重 3833 kg (3.833 t) のティラノサウルスの総 SMR は，体重 2.5 kg のコンプソグナトゥス類に比べて約 158 倍だったと推定されるが，後者の単位質量当たりの SMR はティラノサウルスの 9.7 倍で，まるまる 1 ケタ高い．もしも体重 30 t の竜脚類と比べたなら，その差はもっと大きかったであろう．

さらに，大型恐竜類によく見られるように，成体が幼体よりはるかに大きい場合，単位質量当たりの SMR は成長とともにかなり下がる．例えば Walter Coombs (1980) は，プシッタコサウルス（$Psittacosaurus$）の赤ん坊は，体重が成体の 0.7% しかなかったとしている．また，Ted Case (1978) は，ヒプセロサウルス（$Hypselosaurus$）の赤ん坊と成体の体重を 2.9 kg と 5300 kg (5.3 t) と推定しているので，さらに差が開き，赤ん坊の体重は成体のわずか 0.055 % という計算になる．比較のために，Coulson and Hernandez (1983) が出した数値を示すと，体重 7 kg のアリゲーターの単位質量当たりの SMR は，体重 35 g の赤ん坊の数値の 17% しかなく，体重が 70 kg では 7.66% に下がり，体重が 700 kg になるとわずか 3.6% にまで落ちる（コラム 32.3）．恐竜類が外温動物だったか内温動物だったか，あるいはその中間体だったかどうかに関わりなく，大型恐竜類にはこのように成長とともに単位質量当たりの SMR がどんどん下がるという特徴があったと思われる．

余談：なぜ体温を調節するのか？

これまで，爬虫類，哺乳類，鳥類の体温（体温調節）について語ってきたが，体温を調節する理由には触れなかった．簡単に説明すると次のように解釈できる．生物は，酵素を触媒とし，温度に左右されやすい数多くの生物化学反応の組合せに頼って生きている．その効率を最大限に高めるために，陸上動物は体温を狭い範囲で調節しているのである (Pough et al.1989 など)．低温に比べて最適温度の時の方が神経の反応が速いといわれ，温度が常に一定に保たれれば，外部の熱源に頼らずとも活動できる．容積恒温性を獲得するに足る大きさに達していた外温性の恐竜も，同じように，外部の熱源に頼らずにすんだと思われる．さらに，真の内温性ではエネルギー消費量の 90% が産熱に使われるが，そうした必要もなく，安定して高い代謝量を得ていた．

また，体温調節には，生命維持のプロセスが致命的に壊れる限度を超えないように体温を保つという意味もある．外温性の爬虫類の多くは外部の熱源に頼っているので，活動温度よりかなり低いところまで体温が下がっても耐えられるが，内温動物は，産熱によって補える限度を超えて熱が失われると，低体温で死んでしまう．逆に体心部の温度が通常範囲を上回った場合は，外温動物も内温動物もほとんど耐えられないので，これを避けるためにさまざまな方法をとっている．例えば，パンティング（あえぎ呼吸）は，呼吸による冷却効果を高めて余分な熱を放散する生理的手段である．気温の高い砂漠に住む動物の多くは，一番暑い時間帯には日陰や地下に身を隠す．小型恐竜類が低温にどこまで耐えられたかは，どのような生理機能を持っていたかによる．しかし過熱の問題は，熱生理に関わりなく，大型恐竜すべてにとって問題だったであろう．とりわけ日差しが強くて暑い気候条件のもとでは，深刻だったにちがいない．

●恐竜類のモデル

de Ricqlès (1974,1980) は，恐竜類とすべての現生四肢動物の間に生理機能のちがいがあるのではないかと述べたが，具体的にどうちがうかを初めて示したのは，Philip Regal and Carl Gans (1980) であった．彼らは，大型動物が少ない餌を最大限に利用できるようにモデルを設計して説明した．この理想的な恐竜は，完全な複ポンプ式血液循環機構を持ち，巨体によって体温を一定に保ち，代謝率（SMR）は低かった．さらに，有酸素活動代謝，血管による熱交換の調節，不安定な温度への耐性，といった特徴も備えていた．この組合せによって，「食糧供給が乏しくても活発に動き，速い成長を示す並はずれた

能力」が得られたはずであり，また，竜脚類のような巨竜が過熱を防ぎ，ほんの小さな頭だけで十分な餌を摂取できたことの説明もつく，と彼らは考えた．

このような恐竜類は，複ポンプ式の心臓を持つだけでなく，もしも活動代謝が有酸素だったとすれば，もう一つの点でも現生爬虫類と異なっていたであろう．現生爬虫類は，無酸素性の糖分解をエネルギー源としているので，激しい活動は短時間しかできない．激しい活動で生じた「酸素負債」をあとで補わなくてはならないからである．一方，哺乳類や鳥類のように，直接酸化によってエネルギーを放出したなら，恐竜類も同じように連続した活動ができたであろう．オオトカゲ類（varanidsもしくはgoannas）は不完全な有酸素活動を行うが，完全な複ポンプ式心臓を持っていたとすれば，恐竜類で有酸素活動が十分に発達していた可能性はある．

これは基礎代謝量が低いことが条件である．なぜなら体の大きさが同程度なら，基礎代謝量が高いほど，その維持に必要な餌の量が増えるからである．例えば現生哺乳類は現生爬虫類の10～13倍の餌を必要とする（Pough 1979）．恐竜類が実際に少量の餌でも生きていけるように適応していたかどうかは不明だが（Farlow et al. 1995を参照），SMRが低ければ，餌から得られるエネルギーの多くを成長に当てられたであろう．体表の血管を弛緩収縮させて血流を変え，熱交換を調節している例は，さまざまな現生爬虫類で知られている．また，Spotila et al.（1973）のモデルでは受動的な断熱手段しかないが，血流を変えれば熱の損失を能動的にコントロールすることもできたであろう．容積恒温性という概念を退けようとして（Desmond 1975など），恐竜類は熱交換をコントロールする能動的な手段を持たなかった，と考える者もいる．しかし恐竜類は生きものであり，命を持たない物体ではなかったので，その可能性は低い．

完全な複ポンプ式血液循環は現在，内温動物に限られている．ならば，恐竜類が複ポンプ式心臓を持てば自動的に内温動物になり，RegalやGansが想像したような種類の動物は存在しなかったのか．そういい切ってしまうこともできるが，たぶんちがうであろう．ワニ類は複ポンプ式の血液循環構造を持ち，肺が使えない潜水中を除いて，大動脈弓は酸素血だけを運んでいる．それでも，ワニ類には内温動物に移行する兆しは見られない．一方，完全な複ポンプ式血液循環と有酸素活動，そして急速な連続成長という3つの組合せが，基礎代謝量の上昇を全く伴わずに進化するとは思えない．そこで筆者は，RegalとGansの恐竜モデルは内温動物にいくらかでも近づいているものと想像した．ここで，恐竜類はどこまで内温動物に近づいていたか，という疑問が生じる．

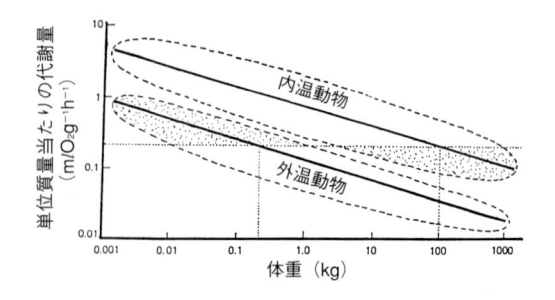

図32.5●外温動物と内温動物における，体の大きさと，単位質量当たりの標準代謝量の変化
どちらでも，体が大きくなるにつれて単位体重当たりのSMRが下がっている．ばらつきを平均して回帰線を出すと，傾斜角度が約0.25になる．その結果，左の網かけ部に位置する小型の外温動物の方が，右の網かけ部に位置する大型の内温動物よりも代謝量が「高く」なっている．だから，代謝量を比較して「低い」，「高い」という言葉を使う場合には必ず，同じような大きさの動物で比べているものと解釈しなくてはならない（McFarland and Heiser 1979：Fig.7.21に変更を加えた．下の部分はReid 1987：Fig.4より．許可を得て，説明文を書きかえ）．

これはさらに，内温動物はどのようにして進化したか，という疑問を生む．誰にもわかりはしないが，Brian McNab（1978）は，まず最初に慣性（容積）恒温性動物になり，その後徐々に小型化しながら，恒温性を維持するためにSMRをだんだんあげていった，という説を出している．実は，この想像図のもとになっている哺乳類型爬虫類（獣弓類）に，進化上の連続性はなかった．しかし，知られている限り最古の哺乳類はマウスくらいの大きさで，知られている最初の鳥類である始祖鳥（Archaeopteryx）はハトほどの大きさしかなかった．ここから少なくとも推測できるのは，哺乳類や鳥類に見られる「温血」が小型動物で進化したということである．しかし恐竜類は，出現したばかりの時点ですでに，中型から大型の動物がほとんどであった．また，巨体に成長すれば容積効果が増大するが，Brian McNabの主張が正しければ，その一方で真の内温性から遠ざかっていったであろう．ここから筆者は恐竜類を「内温動物のなり損ない」と見るべきだと考えるようになった（Reid 1984b, 1987）．つまり，真の内温動

物になるために不可欠なステップを2つまで踏んだが（複ポンプ式の血液循環と有酸素活動），そのあと「ちがう方向へ」向きを変えたため，ほとんどの恐竜類が巨体を頼りに体温の安定をはかるようになったのである．こう推測するに至った背景には，骨から得られた証拠があった．

● 骨に残る証拠

1907年，Adolf Seitzは，ハヴァース系と呼ばれている骨組織が恐竜類でも発達し，現在では主に大型哺乳類に見られるレベルにまで達していた可能性があることを示した．今なお続く論争が始まった頃には，Bakker（1972）もde Ricqlès（1974）もこれを恐竜類の内温性を示す証拠と見なした．しかし一方で，これをむしろ容積恒温性（McNab 1978など）や，巨体の物理的効果（Hotton 1980；Ostrom 1980など）と結びつけた研究者もいる．ごく小型の鳥類や哺乳類では，代謝量は極めて高くてもハヴァース系が生じないので，ハヴァース系の存在とSMRのレベルの高さとの間に厳密な因果関係はない．また，ほかの組織にとってかわってできた2次組織なので，温度以外のさまざまな要因から影響を受けることも知られている（Enlow 1962など）．そのうちのいくつか（例えば筋肉の付着［Reid 1984 a］）は，恐竜類の骨組織に影響を及ぼしていたことがわかっている．Marianne Bouvier（1977）も述べたように，これも内温動物に限ったものではなく，内温動物とは思えないカメのGeochelone triserrata（Reid 1987：Fig. 3 b）でもヒトと同じようにかなり発達していた．こうした問題があるので，筆者自身は別の組織に研究対象を絞り，恐竜の成長過程を示す直接証拠を探すことにした．

骨膜性骨は骨が太くなる時に表面に形成される組織である．このような研究における骨膜性骨の重要性に気づいたのは，Armand de Ricqlès（1974）が最初であった．骨膜性骨は時間をかけて形成されると，緻密で細かな層板組織になり，管状通路として知られる毛細血管の通路はほとんど見られない．しかし，短時間で形成されると，管の数がかなり増え，最初に細かな海綿状（スポンジ状）の枠組ができたあと，層板骨が内側の血管へ向かって徐々に形成され，1次骨単位と呼ばれる構造をつくる（図32.6 a）．de Ricqlèsも指摘したように，帯状（Cross 1934）もしくは層板-帯状骨（de Ricqlès 1974）と記述される現生爬虫類の骨膜性骨はたいてい，部分的にしろ全体的にしろ，最初のタイプの骨からできている（図32.6 b,c）．そしてまた，成長が遅くなったり，周期的に休止したりした結果できた「成長輪」もしくは帯によってはっきりと区切られていることが多い．

ワニ類を含むさまざまな現生爬虫類の「成長輪」は年周期を示している．しかし，大型で成長の速い

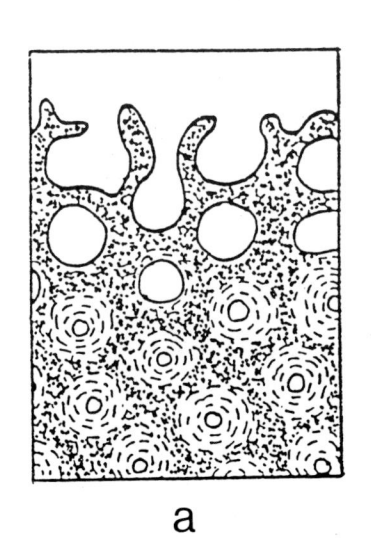

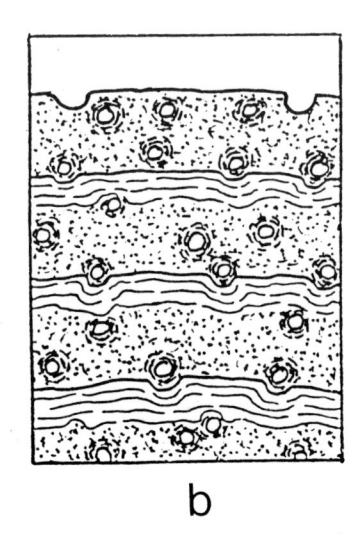

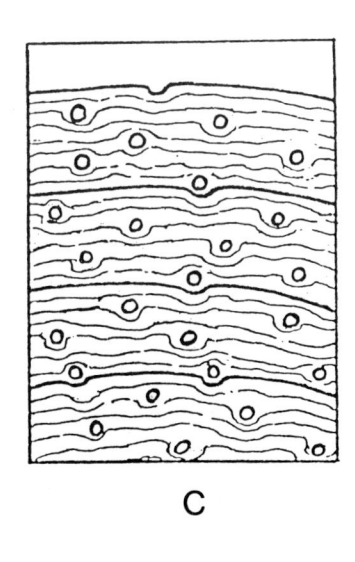

図32.6● 繊維-薄層状および帯状の骨
（a）繊維-薄層骨．細かな海綿骨（一番上の部分）は，でき始めの状態．その後，1次骨単位（下半分）が形成されて穴が埋められる．（b）帯状骨．帯と帯の間に層板状の環があり，層板状でない基質に小さな1次骨単位が見られる．（c）層板状組織のみからなる帯状骨．休止線で帯が区切られている．

哺乳類（ウシなど）や鳥類（ダチョウなど）の骨は，繊維−薄層骨と呼ばれる2番めのタイプの骨で，年周期の中断がなく，連続して形成されているのが特徴である．もっとも，病気や餌不足などで成長が妨げられれば，周期的でない「成長輪」が生じることはあるが．恐竜類ではこの種の骨が広く見られることから（de Ricqlès 1980：Table 10 参照），de Ricqlès（1974, 1976）は最初，恐竜類ではこのタイプの骨しか生じないと考えた．彼も注意を促しているように，ここからはっきりいえるのは，大型哺乳類や鳥類と同様，恐竜類の成長も速くて連続していたということだけである．しかし，現在そのような成長をするのは「温血」動物に限られているので，温血動物でなければそうした成長の仕方は不可能だと考えることもできる．

この説は Bakker（1975, 1986 など）も支持しているが，そこには大きな欠陥が3点ある．

第一に，Donald Enlow（1969）が以前に指摘したように，繊維−薄層骨の構造は，周期的に成長が速まるカメ類やワニ類でも断続的に形成され，成長輪の主要部分を形づくる．アメリカアリゲーターの幼体では，このような組織しかつくられないほどである（図32.7 a,b）．また，体の大きさがちがう個体で単位質量当たりの SMR を比べた場合，Coulson and Hernandez（1983：Table 2.1）によると，体重7 kg の個体の数値（0.40 lO_2/kg/1日）は，それよりほんの少し大きな（体重10 kg の）イヌの数値（8.0 l）のわずか5％しかない．したがって，このような骨を内温性の代謝量を示す証拠と解釈することはできない．Paul（1991）はこうした結論を退けようとして，速い成長は最適環境で育った動物にのみ見られると主張した．しかし，ここに示された例はどちらも野性で，しかも生息場所はノースカロライナ州なので，これらの動物はルイジアナ州と同じくらい寒い冬を体験している（Joanen and McNeese 1980 を参照）．

第二に，繊維薄層骨の連続した成長が見られるからといって，そうした特徴を示す最古の動物の体温生理機能を調べることもなく，直ちに内温性の指標と受け止めるのは危険である（Reid 1984 a, 1984 b）．両者が必ずしも結びつかないという証拠は，哺乳類へつながる動物たちにも見ることができる．繊維薄層骨はまず最初に原始的な獣弓類（恐頭類 deinocephalians，ティタノスクス類 titanosuchians，エオテリオドン類 eotheriodonts）に生じるが，これらの動物には内温性を示すほかのしるしは見られない（Kemp 1982）．さらに，「成長輪」のない管状骨で，繊維−薄層状ではなく，均質で骨単位のない組織を形成する恐竜類もいる（Currey 1962；Reid 1984 a）．これは，明らかに内温動物ではないガラパゴスゾウガメ（*Geochelone elephantopus*）（図32.7 c）にも見られる特徴である．しかし，これも代謝ではなく，成長の速度を反映しているのかもしれない．

第三に，内温性を主張する de Ricqlès の議論

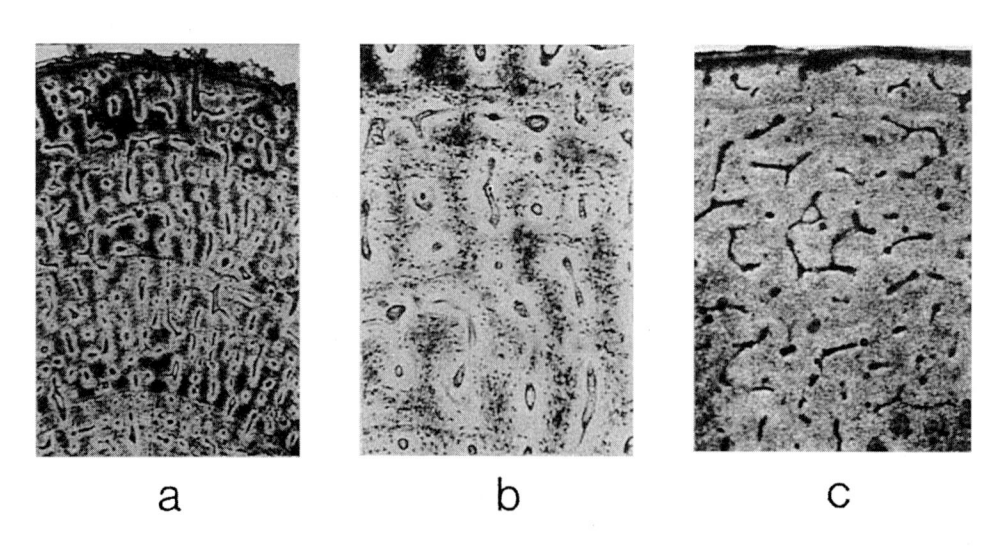

図 32.7 ● 2 種類の現生爬虫類の骨
(a) アメリカアリゲーターの幼体の骨．はっきりとした繊維薄層構造と，うっすらと区切られた4つの帯が見える．(b) 同じ組織の拡大写真．骨膜性骨の枠組（黒く映っている骨梁）が層板構造を持たないことがわかる．(c)「成長輪」のない管状骨．成体になる前のガラパゴスゾウガメの大腿骨から採取．

(1974, 1976) は，典型的な爬虫類の「成長輪」が恐竜類には生じない，という仮定に基づいていたので，実際に生じていることが確認された時に (Reid 1981；de Ricqlès 1983) 撤回せざるをえなかった．今ではさまざまな種類の恐竜で「成長輪」が確認されているし (Reid 1990)，四肢骨だけでなく（図32.10に例），それ以外の骨からも見つかっている（図32.8, 32.9に例）．

しかし，こうした問題はあるものの，繊維－薄層骨から恐竜類についてわかることが3点ある．その一つは，de Ricqlès (1974, 1980) が述べたように，恐竜類の多くはかなりの大きさになるまで速く連続的に成長できたということである．その速度は，成長の速い現生大型哺乳類や鳥類にも匹敵した．現生爬虫類でこれほど速く成長できるものはいないが，恐竜類は，体重30 tを超すブラキオサウルス (Gross 1934) のような巨大竜脚類でも，その大きさに達するまでこのように成長し続けた．第二に，こうした成長の仕方から判断して，恐竜類の循環系は少なくとも大型陸上哺乳類と同じくらい効率がよかったと推測される．ここから体高に基づく議論が裏づけられる．われわれ人間の例を見てもわかるように，動物は実際の能力よりもゆっくりと成長するように遺伝子でプログラムできる．しかし，脈管系が物質とエネルギーを成長中の組織に供給できる速度によって，成長速度の上限が決まるので，それを上回る速度で成長する動物はいない．したがって，恐竜類が急激に大きくなったのなら，そうした急成長を支える心臓と血液を備えていたはずである．第三に，小型の種類や幼体で繊維－薄層骨が連続して形成されているのは，一部の研究者が推測しているような (Hotton 1980など)，容積効果の産物ではありえない．もし容積効果であったとすれば，例えば，小型鳥脚類のヒプシロフォドン (*Hipsilophodon*) (Reid 1984 b：Fig. 1 j) やドリオサウルス (*Dryosaurus*) (Chinsamy 1995) などでは見られないはずである．しかしJ.R. Hornerは，ハト大の赤ん坊までさかのぼって，幼鳥のものに似た骨を確認している．これだけ大きな個体から小さな個体まで存在するのなら，容積効果ではありえないので，別の説明が必要である．

一方，帯状の「成長輪」（図32.8〜10）を持つ骨があることから，恐竜類は，内温性哺乳類だけでなく，外温性の爬虫類と同じ成長の仕方も示し，時には，

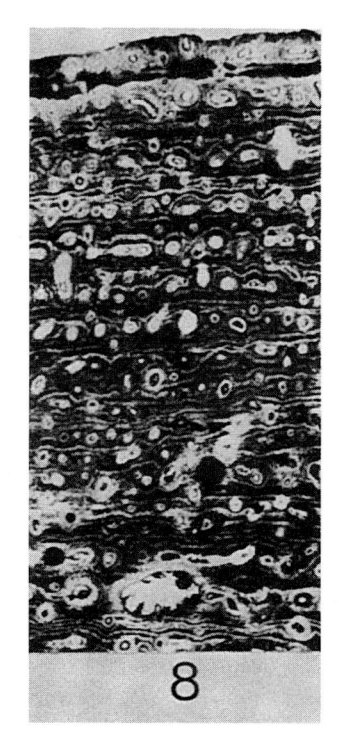

図32.8●竜脚類恐竜の恥骨に見られる帯状骨
英国，ノーサンプトンシア州 (Northamptonshire) のバジョシアン期前期の地層から採集．この組織はGross (1934：Fig.4) が典型的な爬虫類の帯状骨として描いたノトサウルス (*Nothosaurus*) の骨に酷似している．

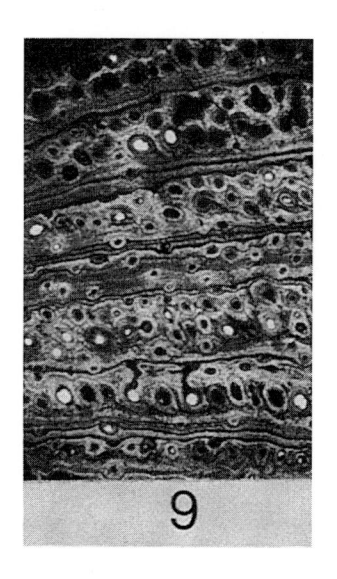

図32.9●帯状の「成長輪」を持つ骨
アロサウルス類と同じくらいの大きさのカルノサウルス類 (carnosaur) の肋骨．英国，ワイト島 (the Isle of Wight) のウェセックス累層（白亜紀前期，ウィールド階，?バレミアン期）から採集．

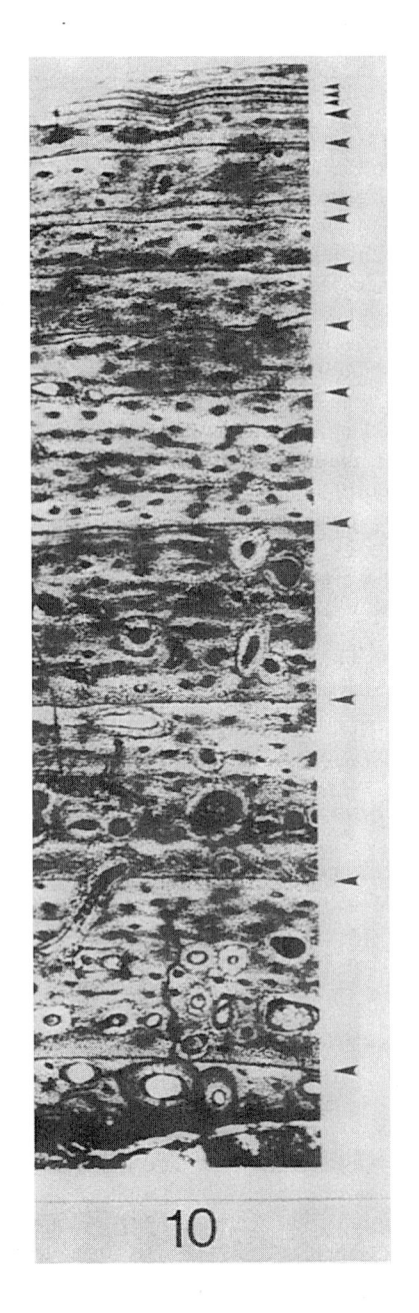

図32.10●帯状の「成長輪」を持つ骨
ルーマニア，セントペテルファルヴァ（Szentpeterfalva）のマーストリヒチアン期の地層から発掘された，鳥脚類ラブドドン（*Rhabdodon*）の大腿骨．外表（一番上）に近づくに連れて環がだんだん薄くなっていることから，成長が徐々に遅くなっているのがわかる．現生ワニ類でも同様の状態が見られるが，環の厚みからすると，現在知られているどのワニ類より成長が速かったようである．この標本は，第一次世界大戦の前に，バロン・フェレンク・ノプシャ（Baron Ferenc Nopcsa）によって採集された．

体の部位によって両方の成長方法をとったと思われる．例えばde Ricqlès（1968）は，大型古竜脚類のエウスケロサウルス（*Euskelosaurus*）の四肢骨に，途切れのない完全な繊維-薄層骨を発見しているが，筆者の方も同様に，完全な帯状骨を肋骨で発見した．また，獣脚類メガロサウルス（*Mergalosaurus*）（Reid 1990）の大腿骨と恥骨の間にも似たような対照比が見られた．ここから，現生動物のデータをもとに恐竜類を解釈することのまちがいもわかるであろう．現在，こうした種類の骨はそれぞれ内温動物と外温動物で特徴的に見られるが，だからといって体温生理機能のちがいを反映しているとはいい切れない．1種類の動物で両方の骨が見つかることもあるし，どちらか一方の骨を発達させる決定要因は別のところにあるかもしれないからである．幸いにも，恐竜類自身がその可能性を示す証拠を提供してくれている．de Ricqlès（1983）が最初に指摘したように，不均整に成長した骨は，成長が最も遅い部分で周期的に成長が途切れた可能性を示している．その結果生じた「成長輪」は特定部分の成長速度がある限界を下回ったか上回ったことと関係しているのは明らかで，これは恐竜類に発生したすべての「成長輪」に当てはまるはずである．

帯状の「成長輪」を持つ骨はまた，2つの側面で有用な証拠を提供している．まず第一に，これは，恐竜類に見られる連続した成長は容積効果ではないという，さらなる証拠になる．なぜなら高レベルの容積恒温性を示すに十分な大きさの個体にも「成長輪」が生じているからである．例えば竜脚類のカマラサウルス（*Camarasaurus*）（Reid 1990：Fig.7を参照）でも，容積恒温性によって「成長輪」を消せなかったのなら，それより小型の恐竜でできたとは思えない．第二に，環が年周期を表しているとすれば，恐竜類の成長速度を知るデータが得られる．こういうことは年周期の指標がなければ不可能である．例えば，図32.8に骨の写真を載せた竜脚類は，腰骨（恥骨と坐骨）しか見つかっていないが，現生ゾウ類に負けない大きさだったことがこれらの骨からわかる．そのうちの一つ（恥骨）では，骨幹に23本の環が見られる．骨幹の余地からして，ここに入る環の数は多く見積もっても28本か29本である（Reid 1987, 1990）．つまり，この骨は「爬虫類」の方法で形成されているが，骨の持ち主である動物は現生爬虫類にはまねのできない速さで成長していたということになる．現生ゾウ類は最大限の大きさに達するまで20〜25年を要するが，そのゾウ類の成

長速度に近い．

　最後に，恐竜類が成長を終えるパターンは多岐にわたっている．途切れのない繊維-薄層構造を持つ骨の多くは，恐竜類が死ぬ前に成長が止まった，あるいは成長速度が落ちた痕跡さえ残していない（ドリオサウルス *Dryosaurus* など[Chinsamy 1995]）．ここから de Ricqlès（1980）が描いた恐竜像は，大型内温動物のように速い速度で連続して成長しながら，爬虫類と同様いつまでも成長し続ける動物であった．これは恐竜類が独特の生理機能を持っていたことを示している，と彼は考えた．成長輪を持つものについても，成長が止まる前に成長速度が落ちた痕跡がない場合もあれば（図32.8）（マッソスポンディルス *Massospondylus* [Chinsamy 1993]），うっすらとではあるが，ワニ類のように，徐々に成長速度が落ちた痕跡が見られる場合もある（図32.10）．巨大竜脚類ブラキオサウルス（Gross 1934）と小型獣脚類トロオドン（*Troodon*）(Varricchio 1993)では，管のない層板骨の層が表面に薄く重なっているのが見られる．これは内温動物が成熟して成長が止まったあとに，ゆっくりと骨がつけ加わって形成される時の構造に似ているが，単に老齢に達したしるしかもしれない．小型獣脚類シンタルスス（*Syntarsus*）(Chinsamy 1990)とサウロルニトレステス（*Saurornitholestes*）(Reid 1993)では，「成長輪」を示す骨ができたあとに，先ほどのような表層組織が骨に現れるので，現在では内温動物と外温動物それぞれに固有の特徴が，ここではいっしょに生じている．

　このように「内温性」と「外温性」の成長様式がさまざまに入り混じっていることを主な根拠として，筆者は，恐竜類は中間形態の生理機能を持つものと見なしてきた．しかしこの問題を論じる前に，さらに別の証拠に目を向けよう．

●腔所のある骨

　鳥盤類には当てはまらないが，竜盤類の恐竜では，首や胴体の椎骨の側面に，側腔（pleurocoels）と呼ばれる深いくぼみが見られたり，あるいは小さな穴があいていて，薄い骨板で仕切られた内腔の迷路器官につながっていることがよくある（図32.11）．肋骨の上部にも腔があり，やはり小さな開口部が認められる．鳥類では，これによく似た椎骨の穴に気嚢器官の拡張部がおさめられ，肺から空気が流れ込んでいる．ここから，多くの研究者が（Swinton 1934；Romer 1945；Janensch 1947 など）竜盤類にも同様の気嚢器官があったと推測するようになった．厳密には，軟組織が保存されていなければ，これは証明しようがない．しかし，こうした腔のある骨の組織構造は現生動物の含気骨と基本的には同じ

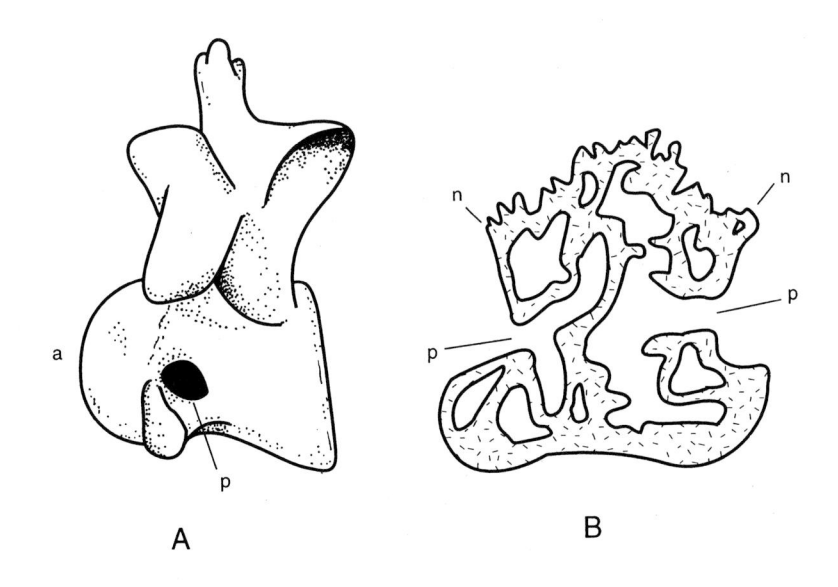

図32.11● (A) 獣脚類アロサウルス（*Allosaurus*）の後方の頸椎側面にあいた小さな穴が側腔（p），a＝前方．(B) 側腔 pleurocoels を通じて分離された椎体の横断面．側腔は気孔 pneumatopores と同じように内側の腔に通じている．神経弓は神経椎体縫合（n）に沿って分離されている．倍率：(A) 2/3，(B) 1

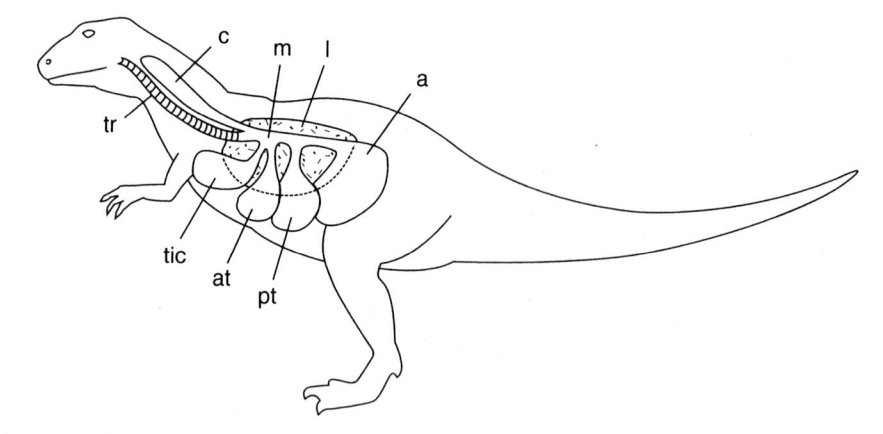

図32.12● 鳥類と同様の気嚢器官を持っていたと想定した時の，獣脚類恐竜の図解
図は左側から見た右側の構造．tr：気管，l：肺，c：頚気嚢，tic：鎖骨間気嚢，at：前胸気嚢，pt：後胸気嚢，a：腹気嚢，m：中気管支．

である．もちろん，恐竜類が時に巨大化していることからくるちがいはあるが（Reid 1996）．現生動物と同様，恐竜類でも骨内の腔は内部の骨吸収によって生じたもので，その内側を覆う組織は，骨髄腔を裏打ちしている組織に似ている．しかし，骨髄が詰まっている骨とはちがって，吸収されなかった海綿骨はたいてい緻密骨に変わった．こうしてできた組織の構造は，鳥類の椎骨やゾウ類の頭骨の気腔を含んだ部分と見分けがつかないこともある．とすると，竜盤類は実際に鳥類の気嚢に似た器官を持っていたのかもしれない．そうした呼吸方法は哺乳類の呼吸方法より効率がよいので，有酸素活動をしたと推測する十分な根拠になる．

恐竜類は呼吸による冷却にかなり依存していたようだが，気嚢器官はこれにも大きく貢献していたはずである．さまざまな研究者（例えばSpotila 1980など）が認めているように，体が大きくなればなるほど，恐竜類にとって過熱は深刻な問題となり，それに伴って呼吸器官の重要性も増していたと思われる．ここにはいろいろな要因が関わっている．まず第一に，現在知られている恐竜類の皮膚はワニ類の皮に見かけが似ているが，気管の内側は薄い膜組織で覆われており，肺ではガス交換ができるくらい薄いところもあったであろう．第二に，このため呼吸器系は蒸発による冷却の主要手段になっていたと推測される．第三に，皮膚をとおして体を冷却する方法は無風状態のせいでうまく機能しない時があり，また太陽の照りつける環境ではとても無理だが，呼吸による冷却は常に空気が流れている状況で働くので，より恒常性が増す．第四に，肺組織が成長すると，ただ単にサイズが大きくなるだけでなく，呼吸要素も増加するので，体の体積に対する肺の内面積の割合には，外表と同じ平方対立方の法則が適用されない．こうした要因はすべての恐竜類に当てはまるが，その上気嚢器官があれば，少なくとも冷却に使える内面積が増えるという効果があったであろう（図32.12）．また，鳥類と同様，空気が一方向に流れることで効率が増したかもしれない．大型竜脚類では余分な熱をいかに放散するかが大きな問題になっていたはずなので，この2つの要素はとりわけ重要であったにちがいない．

鳥盤類の骨には腔状構造がないので，気嚢があまり発達していなかったか，全くなかったと考えられるが，大型竜脚類の大きさに達しなかったという点を除けば，竜盤類と比べて生理機能が劣っていたようには見えないし，哺乳類は気嚢がなくても十分に有酸素活動をしている．

●最後のステップ：断片をつなぎ合わせる

さて残るは，これまでとりあげた原則や証拠を使って，本章の初めに提示した可能性を検証することだけである．最初に，恐竜類を単なる容積恒温性動物（もしくは巨体温度動物）と見なし，そのほかの点では現生爬虫類と変わらないとする考え方は当然排除すべきであろう．ここで重要なポイントが3つある．(1) Hohnke（1973），Seymour（1976），およびOstrom（1980）も認めているように，大型恐竜類の血液循環には，十分に発達した複ポンプ式心臓にしか生み出せないような体循環血圧が必要だった

と思われる．(2) de Ricqlès (1974) によると，繊維-薄層骨から，恐竜類には，現在知られている最大の大きさまで速く連続的に成長する能力があったことがわかる．(3) さらに，そのような成長ができるのは，それを支える心臓血管系を備えた動物だけだと推測される．

竜盤類には，鳥類と同様の気囊器官を持っていた証拠もあり，有酸素活動をしていた可能性が高い．こうした特徴を合わせ持つ動物を，ただ単に大型の「真正爬虫類」としか見ないのはおかしい．容積恒温性も，容積効果を示すには小さすぎる種や幼体で連続した速い成長が見られることを説明できないし，短期間で巨体に成長できる能力を説明することすらできない．また，体が大きくなるほど無酸素活動代謝の限界がいっそう重くのしかかるはずだが，「真正爬虫類」である恐竜が容積恒温性でその限界を乗り越えたとするのにも無理がある．例えばCoulson (1984) によると，体重100 t の「爬虫類の」恐竜が無酸素活動のためにエネルギーを使い果たさざるをえなかったとすると，それを補うのに少なくとも3週間を要したと推測される．大型捕食動物が獲物を狙っている状況で，このような問題を抱えた動物が生き延びられたとは思えない．

次に，恐竜類が内温動物だった可能性を考える際には，まず，体が大きければ熱ストレスがかかるので内温動物だったはずがない，という考え方 (Spotila 1980 など) を持ち込まないようにすべきである．大型竜脚類は例外だが．de Ricqlès (1980) が指摘したように，体重が16 t もあったとされる (Halstead 1979) 第三紀のサイ類パラケラテリウム *Paraceratherium* (インドリコテリウム *Indricotherium* もしくはバルキテリウム *Baluchitherium* ともいう) をはるかにしのぐ大きさに育ったのは竜脚類だけで，竜脚類以外のほとんどの恐竜類は，体重6 t 以上に達するアフリカゾウよりも体重が軽かったようである．

しかし，こうした考え方を拒絶するからといって，内温性を認めようとしているわけではない．恐竜類を哺乳類や鳥類と同じ意味での内温動物とするには，当然起こる疑問を解消し，次の2点を証明する必要がある．そのうちの1点は，哺乳類や鳥類と大体同じ範囲に入るほど高い「基礎」代謝量を有していたかどうか，そしてもう1点は，巨体や活動に関係なく，体が小さくても体温を高く保てたかどうかである．まず第一に，基礎代謝と活動代謝を区別し，この両者を区別できていない主張や議論は疑ってかかることが大事である．特に，ヒプシロフォドンやトロオドンのように小型で細身の恐竜類は活発に動くこともあったようなので，「高い代謝量」を有していたといわれてきた．しかし，内温動物の特徴である高い代謝量は活動代謝に基づくものではなく，最大限の活動によって獲得した高い代謝量は基礎代謝量とはちがう．

Bakker (1972 など) は，こうした恐竜類の体はスピードを出せるつくりになっていたようなので，そのスピードを維持するためには内温動物でなくてはならない，と主張した．しかし，最高速度をかなりの時間維持できたか，あるいはごく短い時間しか最高速度を出せなかったか，ということは，活動の基盤が有酸素性だったか無酸素性だったかによるのであって，内温性とは関係ない．かつて de Ricqlès (1974, 1976；1983 は異なる) が指摘した高代謝量は基礎代謝量のことだったが，その根拠となった繊維-薄層骨は，同じくらいの大きさの哺乳類と比べてSMR が 20 分の1 しかないアメリカアリゲーターの幼体でも形成されるので (図 32.7 a, b)，恐竜類の場合には内温性の SMR が必要だったとする明確な理由はない．恐竜類は一般に連続的に成長した，という点はまちがいなさそうだが，ガラパゴスゾウガメ (図 32.7 c) も内温動物ではないのに同じことができる．

とすると，高い基礎代謝量を証明する真の証拠となりそうなのは，捕食者と被食者の割合に基づくBakker (1972) の説だけである．Bakker によると，肉食恐竜類は肉食哺乳類と同じくらいの餌を必要としたらしい．だが，J.O.Farlow (1976) は，考えられる偏りをすべて斟酌したとしても，Bakker の結論を検証することはできないし，またたとえ確かめられたとしても，それは肉食恐竜 (つまり獣脚類) にのみいえることで，ほかの恐竜類には当てはまらない，と述べた．

さらに，現在のところ，体が小さな恐竜類でも高い体温を維持できたとする証拠はなく，これからもそのような証拠は得られそうにない．例えばイエネコやニワトリは睡眠中も高体温を維持できるが，ニワトリ大のコンプソグナトゥスの場合，起きている間にどれほど活動的だったとしても，睡眠中も高体温を維持できたとは証明できない．また，鳥類や哺乳類の内温性は，体の外側の断熱機構によっても支えられている．それは単なる消極的な断熱材ではなく，生理的な引き金によって神経や筋肉が活動し，個々の羽根や羽毛をコントロールするのである．こ

れに対し，現在わかっている恐竜類の皮膚には，外部断熱機構の痕跡はない［訳注：最近発見された *Sinosauropteryx* には羽毛様構造が認められた．さらに，*Protoarchaeopteryx* や *Caudipteryx* は明らかな羽毛を持っている］．始祖鳥を恐竜と呼んだり，獣脚類に想像で羽毛を描き込んだりするだけではなく，すべての恐竜類が羽毛を持っていたか，あるいは羽毛のある祖先から生じたことを証明しなければ，この問題は解決できない．それより何より，恐竜類が現在の爬虫類には見られない体温調節手段を持っていたことを示す証拠すらないのである［訳注：最近 *Oviraptor* が抱卵中の化石が発見され，またこの類の化石に尾羽のつく尾端骨も発見されている］．

こうなると，恐竜類が内温動物の特徴の一部と爬虫類の体温調節方法を組み合わせた「中間の」動物だった可能性を考えるしかない．現在の外温動物と内温動物の間には重複する部分がいろいろあるが，両者の間に進化上，真の中間体といえる動物は存在しない．しかし，かつては存在したはずである．なぜなら内温動物は外温動物から進化したもので，現在，中間体が存在しないのははるか昔に移行が完了してしまったからである．例えば，哺乳類の内温性は前-哺乳類のキノドン類（犬歯類）から受け継いだと思われるので（Kemp 1982；Ruben 1995），移行の時期はペルム紀後期のようである．さらに，大型哺乳類は，恐竜類が中生代の動物相で果たしていたのと同じ役割を白亜紀よりあとの動物相で受け持ってきたが，生理機能は，現生種のラットやマウス大の体格で恐竜時代を過ごした小型の祖先から受け継いだ．したがって，必要性というより系統的な理由で内温動物になったといえる．一方，恐竜類は初めから内温性を抱え込んでいたわけではないので，活動的な大型動物でありながらエネルギー消耗を少なく抑える方法を発達させることができたのかもしれない．しかし，そうだったとする証拠はあるのだろうか？

個人的な意見をいえば，その証拠はある．骨膜性骨から得られた証拠の一部が，恐竜類の内温性を否定するものとして認められたらという条件つきだが．中でも恐竜類の内温性を否定する証拠になりそうなのは，「内温性の」成長方法と「爬虫類の」成長方法がさまざまに入り混じっている点である．最初にこれを指摘したのは de Ricqlès (1980) である．帯状の「成長輪」が幅広く発達している点も（図32.8～10）注目に値する．ここで性急な判断を下してはならない．それは，哺乳類の一部にも年周期の「成長輪」が生じるからである．しかし，哺乳類の「成長輪」は冷たい環境に遭遇した海生哺乳類（ネズミイルカ *Phocoena* など［Buffrenil 1982］）や，寒い地域に住む小型哺乳類（ビーバー，マスクラット，ハムスターなど［Klevezal and Kleinenberg 1969］）に限られ，その中には冬眠をするものも含まれている．また，ゆっくりと形成された，管のない骨にもっぱら見られ，成長が中断したことを示す「休止線」は密に重なっている．これに対し，「成長輪」のある恐竜類では，管の多い組織が形成され，ここに例示した種類はすべて温暖な気候のもとで生活していた．例えば前にとりあげた竜脚類（図32.8）は，小さなサンゴ礁が散在する海の近くに住んでいたし，鳥脚類のラブドドン（図32.10）は熱帯性のテチス海にとり囲まれた陸地に生息していた．つまり，熱帯性の環境のもとでさえ典型的な爬虫類の方法で骨を形成できた動物について考えなくてはならないのである．現生哺乳類や鳥類には見られない組織を持つこうした動物が，内温動物であった可能性は低いであろう．

もちろん，恐竜類が複数のタイプの生理機能を持っていた可能性はある．しかし，四肢の骨に「成長輪」を持つラブドドン（図32.10）は，それ以外の点では，イグアノドンのように「成長輪」を持たない典型的な鳥脚類と変わりはない．したがって，両者の間に生理的なちがいはなかったと思われる．2つの主要な成長方法が一個体の中にいっしょに生じている時も，体温生理の違いは反映されないし，そういう場合に形成される不均斉な骨はむしろ局所的な成長速度に関係している．こうした証拠の最も簡単な，あるいは「最節約的な」解釈は次のようになる．恐竜類はすべて同一のタイプの生理機能を持ち，成長が速い時や速い場所では連続して骨ができ，成長が遅くなった時や遅くなった場所では「成長輪」が形成される（Reid 1990）と考えるのである．とすると，現生爬虫類に比べれば生理機能が鳥類や哺乳類に近づいていたが，恐竜類と現生爬虫類との距離は，哺乳類や鳥類と現生爬虫類の距離より近かったということになる．もしこれが正しければ，Regal and Gans (1980) が描いた中間的な動物像にぴったり合う．

恐竜類を中間体とする議論はここまでである．最終的な証明はできないが，恐竜類は内温動物だったとする見方より，こちらの方が現在得られている証拠にうまく適合する．血行力学と，短期間で大きな体に成長したことの両側面から考えると，恐竜類は

現生爬虫類のどれよりも効率のよい循環系を必要としたはずである．また，竜盤類に気嚢があったという証拠から，有酸素活動をしたことが強く示唆される．どちらも SMR を上昇させる効果を期待できる．しかし，骨から得られる証拠によると，内温性のレベルまで SMR を上昇させる必要はなかったようだし，活動性が高くても SMR まで高かったと推測することはできない．それにこれを証明するには別の手段を用意する必要がある．恐竜類が成長の速い内温動物と同じ方法で成長できたのは確かだが，それと同時に，ふつうの爬虫類の方法で成長することもできた．たいていの恐竜は現生爬虫類に見られる以外の体温調節手段を持っていた，といい切る証拠は何もない．だが，平均的な現生爬虫類の SMR レベルを倍にするだけでも，現生爬虫類よりもはるかにうまく容積恒温性を利用できたであろう．巨体が恐竜類にとって生理的に重要な意味を持っていたことは，彼らの多くが大きな体に成長し，外温性のトカゲ類や内温性の鳥類や哺乳類とはちがって，小型動物として放散するのに失敗したという事実からもまちがいなさそうである．小さな体は，外部断熱機構を発達させれば内温動物へ進化できる，前適応だったと思われる．だが，現在得られている証拠から判断すると，これは鳥類につながる血統でしか起こらなかったようである．これらすべての点は，ほとんどの恐竜類が「内温動物のなり損ない」だったとする見方と一致する．恐竜類は内温性に至る道をたどり始めたものの，体温を安定させる主要手段として巨体を選択したために，目的地に到達しなかったのである．

要するに，恐竜類があの時代に繁栄を極めたからといって，必ずしも彼らが内温動物だったということにはならないのである．むしろ恐竜類は現生爬虫類のどれよりも発達した循環系を備えた，半-内温性の「超-爬虫類」もしくは「超-巨体温度動物」であり，現在では彼らと類似の生理機能を持つものはいない．祖先から受け継いだ直立型の四肢は可動性にすぐれ，大きな体重を支える前適応的性質を有していた．そうした好条件も重なって，恐竜類は中生代のライバルすべてをしのぐ巨大陸上動物になれたのである．最後に，恐竜類の特殊な生理機能は大きな体の成体でこそ最高の力を発揮するが，小さな体ではうまく働かず，これが恐竜没落の要因となったのではないだろうか．だが，そうだったとしても，それはまた別の話である．

●文 献

Bakker, R. T. 1972. Anatomical and ecological evidence of endothermy in dinosaurs. *Nature* 238：81–85.

Bakker, R. T. 1975. Dinosaur renaissance. *Scientific American* 232(4)：58–78.

Bakker, R. T. 1986. *The Dinosaur Heresies:New Theories Unlocking the Mystery of the Dinosaurs and Their Exinction*. New York：William Morrow.

Barrick, R. E., and W. J. Showers. 1994. Thermophysiology of *Tyrannosaurus rex*：Evidence from bone isotopes. *Science* 265：222–224.

Bouvier, M. 1977. Dinosaur Haversian bone and endothermy. *Evolution* 31：449–450.

Buffrénil V. de. 1982. Données préliminire sur la présence de lignes de'arrêt de croissance périostiques dans la mandibule du marsouin commun, *Phocoena phocoena* (L.), et leur utilisation comme indicateur de l'âge. *Journal conadien de zoologie* 60, 2557–2567.

Case, T. J. 1978. Speculations on the growth rate and reproduction of some dinosaurs. *Peleobiology* 4：320–328.

Chinsamy, A. 1990. Physiological implications of the bone histology of *Syntarsus rhodesiensis*（Saurischia：Theropoda）. *Palaeontologia africana* 27：77–82.

Chinsamy, A. 1993. Bone Histology and growth trajectory of the prosauropod dinosaur *Massospondylus carinatus*. *Modern Geology* 118：319–329.

Chinsamy, A. 1995. Ontogenetic changes in the bone histology of the Late Jurassic ornithopod *Dryosaurus lettowvorbecki*. *Journal of Vertebrate Paleontology* 15：96–104.

Colbert, E. H.；R. B. Cowles；and C. M. Bogert. 1946. Temperature tolerances in the American alligator, and their bearing on the habits, evolution and extinction of the dinosaurs. *Bulletin of the American Museum of Natural History* 86：327–373.

Coombs. W. 1980. Juvenile ceratopsians from Mongolia：The smallest known dinosaur specimens. *Nature* 283：380–381.

Coulson, R. A. 1984. How metabolic rate and anaerobic glycolysis determine the habits of reptiles. In M. W. J. Ferguson (ed.), *The Structure, Development and Evolution of Reptiles*, pp.425–441. Orlando, Fla., and London：Academic Press.

Coulson, R. A., and T. Hernandez. 1983. Alligator metabolism：Studies on chemical reactions *in vivo*. *Comparative Biochemistry and Physiology* 74：i–iii, 1–182.

Currey, J. D. 1962. The histology of the bone of a prosauropod dinosaur. *Palaeontology* 5：238–246.

de Ricqlès, A. J. 1968. Recherches paléohistologiques sur les os longs des tétrapods. I. Origine du tissue osseux plexforme des dinosauriens sauropodes. *Annales de Paléontologie (Vertébrés)* 54：133–145.

de Ricqlès, A. J. 1974. Evolution of endothermy：Histological evidence. *Evolutionary Theory* 1：51–80.

de Ricqlès, A. J. 1976. On bone histology of fossil and living reptiles. with comments on its functional and evolutionary significance. In A. d'A. Bellairs and C.B. Cox (eds.), *Morphology and Biology of Reptiles*, pp.123–150. London：Academic Press.

de Ricqlès, A. J. 1980. Tissue structure of dinosaur bone : Functional significance and possible relation to dinosaur physiology. In R. D. K. Thomas and E.C. Olson (eds.). *A Cold Look at the Warm−Blooded Dinosaurs*, pp.103–139. American Association for the Advance of Science Selected Symposium 28. Boulder, Colo. : Westview Press.

de Ricqlès, A. J. 1983. Cyclical growth in the long limb bones of a sauropod dinosaur. *Acta palaeontologia Polonia* 28 : 225–232.

Desmond, A. J. 1975. *The Hot−Blooded Dinosaurs*. London : Blond and Briggs.

Eckert, R. ; D. Randall ; and G. Augustine. 1988. *Animal Physiology:Mechanisms and Adaptations*. 3rd ed. New York : W. H. Freeman.

Enlow, D. H. 1962. Functions of the Haversian system. *American Journal of Anatomy* 110 : 268–306.

Enlow, D. H. 1969. The bone reptiles. In C. Gans and A. d'A. Bellairs (eds.), *Biology of the Reptilia*, vol. 1, pp. 45–80. London and New York : Academic Press.

Farlow, J. O. 1976. A consideration of the trophic dynamics of a Late Cretaceous large–dinosaur community (Oldman Formation). *Ecology* 57 : 841–857.

Farlow, J. O. ; P. Dodson ; and A. Chinsamy. 1995. Dinosaur biology. *Annual Review of Ecology and Systematics* 26 : 445–471.

Gross, W. 1934. Die Typen des mikroskopischen Knochenbaues bei fossilen Stegocephalen und Reptilien. *Zeitschrift für Anatomie* 103 : 731–764.

Halstead, L. B. 1975. *The Evolution and Ecology of the Dinosaurs*. London : Peter Lowe.

Halstead, L. B. 1979. *The Evolution of the Mammals*. London : Book Club Associates.

Hohnke, L. A . 1973. Haemodynamics in the Sauropoda. *Nature* 244 : 309–310.

Hotton, N. III. 1980. An alternative to dinosaur endothermy : The happy wanderers. In R.D.K. Thomas and E.C. Olson (eds.), *A Cold Look at the Warm–Blooded Dinosaurs*., pp.311–350. American Association for the Advancement of Science Selected Symposium 28. Bloulder, Colo. : Westview Press.

Janensch, W. 1947. Pneumatizität bei Wirbeln von Sauropoden und anderen Saurischiern. *Palaeontographica*, Suppl. VII : 1–25.

Joanen, T., and L. McNeese. 1980. The effects of a severe winter freeze on wild alligators in Louisiana. In *Crocodiles : Proceedings of the 9th Working Meeting of the Crocodile Specialist Group*, pp.21–32. Gland, Switzerland : World Conservation Union.

Kemp, T. S. 1982. *Mammal−Like Reptiles and Origin of Mammals*. London and New York : Academic Press.

Klevezal, G. A., and S. E. Kleinenberg. 1969. *Age Determination of Mammals from Layered Structures in Teeth and Bone*. Jerusalem : Israel Program for Scientific Translations.

McFarland, W. N. ; F. H. Pough ; T. J. Cade ; and J. B. Heiser (eds.). 1979. *Vertebrate Life*. London and New York : Collier Macmillan International.

McNab, B. K. 1978. The evolution of endothermy in the phylogeny of mammals. *American Naturalist* 112 : 1–21.

McNab, B. K., and W. Auffenberg. 1976. The effect of large body size on the temperature regulation of the Komodo dragon. *Varanus komodoensis. Comparative Biochemistry and Physiology* 55 A : 345–350.

Ostrom, J. H. 1980. The evidence for endothermy in dinosaurs. In R.D.K. Thomas and E.C. Olson (eds.), *A Cold Look at the Warm−Blooded Dinosaurs*, pp.15–54. American Association for the Advancement of Science Selected Symposium 28. Boulder, Colo. : Westview Press.

Paul, G. S. 1991. The many myths, some old, some new, of dinosaurology. *Modern Geology* 16 : 69–99.

Pough, F. H. 1979. Modern reptiles. In W. N. McFarland, F. H. Pough, T. J. Cade, and J. B. Heiser (eds.), *Vertebrate Life*, pp. 455–513. London and New York : Collier Macmillan International.

Pough, F. H. ; J. B. Heiser ; and W. N. McFarland. 1989. *Vertebrate Life*. 3rd ed. London and New York : Collier Macmillan and Macmillan Publishing.

Regal, P. J., and C. Gans. 1980. The revolution in thermal physiolgy. In R. D. K. Thomas and E. C. Olson (eds.), *A. Cold Look at the Warm−Blooded Dinosaurs*, pp.167–188. American Association for the Advancement of Science Selected Symposium 28. Boulder, Colo. : Westview Press.

Reid, R. E. H. 1981. Lamellar−zonal bone with zones and annuli in the pelvis of a sauropod dinosaur. *Nature* 292 : 49–51.

Reid, R. E. H. 1984 a. The histology of dinosaurian bone, and its possible bearing on dinosaurian physiolgy. In M. W. J. Ferguson (ed.) , *The Structure, Development and Evoution of Reptiles*, pp.629–633. Orlando, Fla., and London : Academic Press.

Reid, R. E. H. 1984 b. Primary bone and dinosaurian physiology. *Geological Magazine* 121 : 589–598.

Reid, R. E. H. 1987. Bone and dinosaurian "endothermy." *Modern Geology* 11 : 133–154.

Reid, R. E. H. 1990. Zonal "growth rings" in dinosaurs. *Modern Geology* 15 : 19–48.

Reid, R. E. H. 1993. Apparent zonation and slowed late growth in a small Cretaceous theropod. *Modern Geology* 18 : 391–406.

Reid, R. E. H. 1996. Bone histology of the Cleveland−Lloyd dinosaurs and of dinosaurs in general. Part I : Introduction : Introduction to bone tissues. *Brigham Young University Geology Studies* 41 : 25–71.

Romer, A. S. 1945. *Vertebrate Paleontology*. Chicago : University of Chicago Press.

Ruben, R. 1995. The evolution of endothermy in mammals and birds : From physiology to fossils. *Annual Review of Physiology* 57 : 69–95.

Russell, L. S. 1965. Body temperature of dinosaurs and its relationship to their extinction. *Journal of Paleontology* 39 : 497–501.

Seitz, A. L. L. 1907. Vergleichender Studien über den mikroskopichen Knochenbau fossiler und rezenter Reptilien und dessen Bedeutung für das Wachstum und Umbildung des Knochengewebes in allgemeinen. *Nova Acta, Abhandlungen der daiserlichen Leopold−Carolingischen* deutschen Akademie der Naturforscher 87：230.-370.

Seymour, R. S. 1976. Dinosaurs, endothermy and blood pressure．*Nature* 262：207-208.

Spotila, J. R. 1980. Constraints of body size and environment on the temperature regulation of dinosaurs. In R. D. K. Thomas and E. C. Olson（eds.），*A Cold Look at the Warm-Blooded Dinosaurs*, pp.232-252. American Association for the Advancement of Science Selected Symposium 28. Boulder, Colo.：Westview Press.

Spotila, J. R.；P. W. Lommen；G.S. Bakken；and D. M. Gates. 1973. A mathematical model for body temperature of large reptiles：Implications for dinosaur ecology. *American Naturalist* 107：391-404.

Spotila, J. R.；M.P.O'Connor；P. Dodson；and F.V. Paladino. 1991. Hot and cold running dinosaurs：Body size, metabolism and migration．*Modern Geology* 16：203-227.

Swinton, W. E., 1934. *The Dinosaurs*. London：Thomas Murby.

Varricchio, D. J. 1993. Bone microstructure of the Upper Cretaceous theropod dinosaur *Troodon formosus*. *Journal of Vertebrate Paleontology* 13：99-104.

コラム 32.1●オサガメ（*Dermochelys*）と恐竜類の比較

Spotila et al.（1991：207）は，恐竜類は単なる「巨体温度動物」であったと推測し，オサガメ（*Dermochelys*）が「現生爬虫類における巨体温度性の研究に最適のモデルになりうる」と述べた．その考えもあながち否定はできないが，しかし，オサガメの生理機能は，恐竜だけでなく，どの陸生爬虫類とも大きく異なると思われる．以下にその理由を示す．

1. オサガメは海底深く潜水するように特殊化しているので，その生態環境や生活様式は，現在知られている恐竜類のどれとも共通していない．したがって，恐竜類が受けたことのない適応淘汰圧のもとで，生理機能を進化させてきたはずである．とりわけ，空気とは温度特性がかなり異なる（海水という）媒質に常時浸っていることから受ける影響は大きい．低温への耐性が高いのも潜水の習性に関係しているのであろう．新生代に深海は徐々に冷えていったが，それも一つの要因として，長い期間をかけて低温に耐えられるようになったのかもしれない．こうした事柄はどれも恐竜類には当てはまらない．また，ほかの海生生物すべてと同様に，オサガメは雨風の冷たさにさらされることはないが，恐竜類はそれに十分適応する必要があった．

2. オサガメは体の支持を半分浮力に頼っているので，体重を支えるエネルギー機構を必要としないが，直立歩行で体重が30tを超える恐竜類ではかなり発達していたにちがいない．

3. オサガメはマッコウクジラに負けない潜水力を持つので，肺呼吸なしでも活動を続けられるように適応しているにちがいない．筋肉エネルギーの放出はほとんど無酸素性のはずで，ほかにも特殊な適応をしている可能性がある．潜水の習性を持つほかの生物から判断すると，(a) 潜水を始める前に血液と筋肉に酸素をため込む能力が高く，(b) 潜水中の活動によって増加する二酸化炭素と乳酸によく耐え，(c)酸素を優先的に神経系へ送る手段を有する，といった適応をしているのではないだろうか．また，ワニ類と同様に，肺を使わない時には血液の流れをよそへそらす仕組も持っていると思われる．恐竜類は時々湖や川に入ったかもしれないが，そういう場合でなければ，こうした適応手段はどれも必要としなかったであろう．また，恐竜類の活動代謝は完全に有酸素性だった（前の記述を参照）可能性が高い．

4. そのほかにも，恐竜類には必要のない細かい適応機能がある．例えば，塩水に常時浸っていても耐えられる皮膚や，餌といっしょに摂取した塩分の処理などである．

別のいい方をすれば，体温の生理機能はほかの生理システムと別個に存在するのではなく，複雑にからみ合う相互依存システムの一部分にすぎないことを認識し，すべてを考慮に入れながら一個体の生理機能をとらえなくてはならないのである．そういう観点から見ると，オサガメの生理機能は，どの恐竜類ともちがっているだけでなく，現生種のどの陸生爬虫類とも異なっているものと思われる．さらに，これはまずまちがいないだろうが，オサガメの持つ極めて高い低温耐性が本来，生活様式の産物だとすれば，それはどの陸生爬虫類にも開かれていない道をとおって進化してきたものである．とすると，このような「巨体温度性」爬虫類の仕組を知るには，実は，ワニ類，大型の陸生カメ類，コモドオオトカゲ類を手がかりとすべきなのである．

コラム 32.2●同位体と内温性

Barrick and Showers (1994) は，同位体を利用して恐竜類の生理機能を推定する方法を導入し，体心部と末梢部の骨に記録された沈着温度を比較した．ティラノサウルス・レックスでは両者の温度差が4℃しかないので，内温動物だったと Barrick らは述べている．同位体データという客観的な手段を用いている点はなかなか興味深いが，それでもこの研究には問題がある．

まず第一に，この方法によると，骨格のさまざまな部分に骨が沈着した時の温度を比較することができるが，その動物の代謝を示す直接の証拠は得られず，代謝についてはやはり推測するしかない．したがって，恒温性が示されても，内温性の証明にはならない．また，現生種の外温動物と内温動物の中間の代謝量を持った，大型の「中間」容積恒温性動物（「巨体温度動物」）と，真の内温性恒温動物を区別する確かな方法はない．Barrick と Showers の研究結果はどちらとも受けとれるし，ティラノサウルス・レックスの代謝量は現生種の内温動物の代謝量には及ばなかったかもしれない，と彼ら自身も述べている（第33章）．

第二に，もっと深刻な問題がある．このような同位体データから信頼できる結果が得られるのは，比較する部分の間で骨の沈着が同じように連続していた場合だけなのである．Barrick と Showers が行ったティラノサウルスの研究では，この条件を満たしていたかどうかには触れられていない．筆者が行ったアロサウルス類の研究（Reid 1990, 1996）では，この条件は満たされていなかった．この時調べた資料では，成長が休止した痕跡である休止線（LAG）が，大きな脚の骨ではまばらだったり欠けたりしていたが，末梢部付近の骨ではもっと数が多く（Reid 1990：Fig.14，尾部の遠位部分；1996：Fig.61，指骨），かぎ爪ではかなりたくさん見られた（1990：Fig.13；1996：Fig.27）．少なくとも，ここから，体心部の骨に比べて末梢部の同位体データが不完全だったことがわかる．末梢部での成長の休止が温度と関係していた証拠はないが，どうやら，骨が沈着できないレベルまで温度が下がった時を示しているらしい．すると，体心部と末梢部の温度差は，同位体データに記録されているものよりかなり大きかった可能性があり，実際より恒温性が高く解釈される恐れがある．したがって，骨の沈着が標本のどの部分でも同じように連続していたことが示されなければ，こうした研究結果の扱いには注意を要する．

コラム 32.3●代謝量と体の大きさ

脊椎動物（と多くの無脊椎動物）の特徴は，体が大きくなると総酸素消費量も増えるが，単位体重当たりの酸素消費量は逆に減少することである．現生脊椎動物の単位質量当たりの標準代謝量（SMR）を対数表で表すと，外温動物と内温動物の値は，平行する2本の回帰線の周辺に集中する．両方とも，線の傾きは−0.25で，高さのちがいは，両者の代謝量の平均的な差に一致している（図32.5）．したがって，恐竜類も同様のパターンを示したと考えられる．外温動物だったか内温動物だったか，あるいはその中間のどこかに位置していたか，といったことには関わりなく，恐竜類でも，大きさが増すほどSMRが下がったのであろう．これはもちろん，基本的な生理機能がすべての恐竜類に共通していたと仮定した場合だが，ここから推測される結果を見れば，この仮定条件の正しさがわかるであろう．

これから示す表のデータは，Coulson and Hernandez (1983) のもので，哺乳類とアリゲーター類のSMRを，比較しやすいように百分率で示している．まず最初に，哺乳類の代表例として，ごく小型のトガリネズミから，知られている限り最大級の哺乳類（シロナガスクジラ）までの数字を表にまとめ，一つの綱のメンバーの間で，どれだけ変化の幅があるかを示す（次頁の表1を参照）．

最初の2列の数字をかけると，シロナガスクジラの最小酸素消費量の総量（＝総SMR）が，トガリネズミの75000倍以上であることがわかるであろう．ところが一方，単位質量のレベルで比べると，トガリネズミの数値はシロナガスクジラの660倍近くになり，平均的なヒト（体重70 kg）と比べても60倍に相当する．＊これは総量の値のちがいが体重のちがいにそのまま一致するわけではないからである．一番近い単分数で表すと，ヒトの数値は体重10 kgのイヌのおよそ3分の2，体重200 gのラットの5分の1，体重20 gのマウスの16分の1，そして体重2 gのトガリネズミの60分の1になる．恐竜類も同じパターンを示すものとすると，体重100 tの竜脚類の単位質量当たりのSMRは，体重70キログラムのデイノニクス類に比べて10分の1（9.1%），体重10 kgの赤ん坊恐竜類と比べると16分の1になる．

同じ著者によるアメリカアリゲーターの数値を見ると，成体が幼体よりはるかに大きい場合，成長するにつれてSMRが著しく変わることがわかる（次頁の表2を参照）．

これらの数値からすると，体重が20000倍に増え

れば，SMRは約28分の1に減る計算になる．恐竜類とアリゲーター類がどこまで似ていたかはっきりしないが，こうした数値から判断して，卵からかえったばかりの赤ん坊の体重が0.5〜7 kgだと仮定すれば，体重700 kgの巨体に達するまで，どれだけの割合で変化するか推測がつく．

*SMRの比較パーセンテージは縦方向に読む．例えば最初の列では，トガリネズミを100％とした時のシロナガスクジラのSMRは，トガリネズミに対して0.15％となる．その隣の列では，マウスを100％とした時のシロナガスクジラのSMRは，マウスに比べて0.58％となる．

表1●哺乳類

体重（kg）	1日1kg当たりの酸素消費量(l)	体重に対するSMRの比較				
トガリネズミ 0.002	322.8	100％				
マウス 0.02	84.0	26％	100％			
ラット 0.2	27.7	8.6％	32.9％	100％		
イヌ 10.0	8.0	2.5％	9.5％	28.9％	100％	
ヒト 70.0	5.38	1.7％	6.4％	19.4％	67.3％	
シロナガスクジラ 100000.0	0.49	0.15％	0.58％	1.8％	6.1％	

表2●アリゲーター類

体重（kg）	1日1kg当たりの酸素消費量(l)	成長に伴うSMRの相対変化				
0.035	2.35	100％				
0.050*	2.07*	88.1％				
0.12	1.56	66.4％				
0.5*	1.05*	44.7％	100％			
1.0	0.77	32.8％	73.3％	100％		
3.5*	0.56*	23.8％	53.3％	72.7％	100％	
7.0	0.40	17.0％	38.1％	51.9％	71.4％	100％
70.0	0.18	7.66％	17.1％	23.4％	32.1％	45％
700.0	0.084	3.6％	8.0％	10.9％	15.0％	21％

*Coulson and Hernandez 1983：Fig.2.1；Table 2.1より引用

33 酸素同位体による恐竜骨の分析

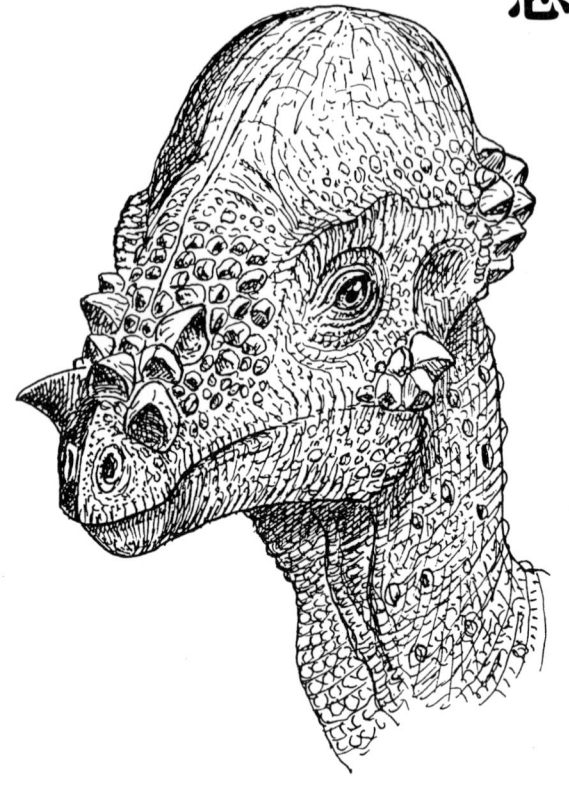

Reese E. Barrick,
Michael K. Stoskopf,
and
William J. Showers

● 体温調節，代謝率，酸素同位体

　動物の体温調節は代謝率の影響を受けるので，恐竜類の体温調節がわかれば，彼らの代謝戦略をより正確に把握できる．恐竜類の体温調節と代謝を詳しく知れば，恐竜類の生活史や進化の重要な部分に探りを入れられる．

　恐竜の骨に含まれる酸素同位体の割合は，恐竜類の体温調節戦略を解明する直接の手段となる．酸素は動物の血液や組織，骨に多く含まれるだけでなく，地殻や大気，水圏に最も豊富に存在する成分の一つである．酸素原子の原子核には16〜18の核子が含まれるが，陽子の数は一定である．これら酸素同位体の質量差は，物理化学的な特性にわずかばかりのちがいを生じる．そして化学特性のちがいは化学反応における同位体効果につながる．

　質量に関連した同位体効果の中でもとりわけ興味を引くのは，液体と無機物間の酸素同位体の交換が温度に依存している点である．つまり骨の無機質成分が形成される間に骨のリン酸塩 $Ca_{10}(PO_4)_6(OH)_2$ に含まれる質量18の酸素原子と質量16の酸素原子の比率（$^{18}O/^{16}O$）が，(1) 動物の体温，および (2) 骨の酸素原子交換が行われる体液中の $^{18}O/^{16}O$ の値によって決まるということである．したがって，骨の燐酸塩と体液の両方の同位体組成がわかれば，骨が形成された時の体温を計算できる．この計算には次のような方程式が使われる．

$$T°C = 111.4 - 4.3(\delta^{18}O_p - \delta^{18}O_w)$$

　$T°C$ は摂氏で測った体温，$\delta^{18}O_p$（デルタ $^{18}O_{phosphate}$）は骨のリン酸塩の同位体組成（$^{18}O/^{16}O$），そして，$\delta^{18}O_w$ は体液の同位体組成（$^{18}O/^{16}O$）を表している．

　酸素同位体比に対するデルタ値については少々説明が必要である．そうすれば，骨ができた時の温度を知るのにどれほど重要であるかがわかるであろう．自然界では ^{16}O 原子より ^{18}O 原子の方がはるかに数が少ないので，試料間の $^{18}O/^{16}O$ 比の差は極めて小さい．そこで地球化学では，数値を操作してその

差を際立たせるのが通例になっている．

操作に当たっては，軽い同位体に対する重い同位体の比率について，（骨などの）試料で測定した値と，ある任意の基準に従ってはかった値を比べる．酸素同位体比に関しては，標準平均海水すなわちSMOWと呼ばれる基準が使われる．試料とSMOWの間で酸素同位体比はほんの少ししか変わらないので，ちがいがめだつように，数値に1000をかける．これは日常で2つの数値の差をパーセント（百分率ともいう）で表すのと変わりはないが，同位体比の差を示す時には100ではなく1000をかけるので，千分率で表した数値ということになる．

試料の$^{18}O/^{16}O$比がSMOWの値より大きければ，$\delta^{18}O_{sample}$は正の数になる．逆に，試料の酸素同位体比がSMOWより小さければ，デルタの値は負になる．

前述の方程式を見ると，$\delta^{18}O_w$の値がすべての試料に関して同じであれば，骨の同位体の値が正に傾くほど（^{18}Oが多いほど）温度が低く，負に傾くほど（^{16}Oが多いほど）温度が高いことが示される（Longinelli and Nuti 1973；Luz and Kolodny 1989）．

体液の組成は，代謝率だけでなく，摂取した水分の$^{18}O/^{16}O$値によっても変わる．恐竜類のさまざまな種に関して体液の$^{18}O/^{16}O$値がわからなければ，個々の体温を計算することはできない．恐竜類の体で残っているのは骨だけである．しかし，体液の同位体組成はどの個体でも平衡状態にある（Pflug et al. 1979；Schoeller 1986；Wong et al. 1988）．したがって一個体の中では，すべての骨が基本的には同じ$^{18}O/^{16}O$値の体液中で酸素原子を交換している．一個体の異なる場所からとった骨で$^{18}O/^{16}O$値に差があるなら，それは骨がつくられた時の温度差と関係している．とすると，内温動物であれば，一個体の体心部からどの骨格要素を採取しても，骨のリン酸塩の$^{18}O/^{16}O$値にほとんど差はないはずである．なぜなら，内温動物は体心部の温度変動幅が狭いのが特徴だからである．だが，現生爬虫類は一定の体温を維持しないので（Cloudsley-Thompson 1971；Greenberg 1980），季節による体温の変動が骨の酸素同位体組成の変化として記録されている．

種の生産性を最大限に高める一連の適応戦略を考える時，その両極に位置すると想定される戦略に，現生動物では，「内温性」と「外温性」という用語を当てている．一つの種の生活史全体をとおして，純粋にどちらか一方の戦略がとられることは滅多にない．とはいえ，主に外温性である種では，環境の温度にほぼ同調して代謝率が急激に上下する（Keeton 1967）．現存の外温動物の多くは，外界の温度変化が自分の代謝プロセスに及ぼす影響を最小限にとどめるために，行動や生化学，生理上のさまざまな戦略をとっている．例えば，積極的に移動することで，比較的狭い範囲の環境条件に身を置くものもいれば（Johnson et al. 1976；Pearson and Bradford 1976），酵素が最大の効果を発揮できずとも，ほどほどに酵素が働けばよしとして，許容範囲を拡げるものもいる（Bouche 1975；Staton et al. 1992）．あるいは，ホルモンを媒介とする複雑な仕組を利用し，環境温度に合わせて代謝を変化させるものもいる（Paxton and Umminger 1979）．それでもやはりふつうは，食物の供給と環境温度が外温動物の成長効率をコントロールする主要因となっている（Lillie and Knowlton 1897；Brett et al. 1969）．これがさらに動物の生存と生殖能力の両方に影響を及ぼす．

主として内温性である種の代謝率は，温度とも密接に結びついている．このような種は一つもしくは複数の戦略を採用して組織内で熱を発生し，体温を比較的狭い範囲に（恒温性），それもたいていは環境温度より高い温度に保っている（Bligh and Johnson 1973）．それと同時に通常は，熱が外界へ逃げるのを阻止し，代謝熱を保持する機構も合わせ持っている（Whittow 1976）．内温動物は高い代謝率を支え，体温を一定に保つために，大量の食物を食べ続けなくてはならないが，代謝酵素とそのほかの機能分子を狭い範囲の最適状態に保つ能力に長けているので，外温動物に比べてはるかに広い範囲の環境条件を有効に利用できる．一方，外温性の代謝は，食物が豊富にある時はそれを活用し，食物資源が乏しい間はできるだけ長く生きられる対策をとる，といった調節をする．この2つのエネルギー戦略は生存戦略における重要な対比を示している．

内温性と外温性の代謝戦略のちがいは小型動物ほど大きく，大型動物ではあまりめだたないとよく指摘される．しかしその一方で，恐竜類はたいてい体が大きく，内温性と外温性のちがいがはっきりしない範囲に入っていた，というまちがった思い込みもある．大型竜脚類についてはそういえるかもしれないが，ほとんどの恐竜類は成体でもニワトリとアフリカゾウの間に入る大きさである．したがって，恐竜類を始め絶滅した脊椎動物の体温生理を知るのは，彼らの生活史を解明する上で重要なカギとなる．

●骨内および骨間の同位体の差異

動物の酸素同位体組成のちがいを評価する方法は2つある．一つは骨内差異（同一の骨の異なる部分の差），もう一つは骨間差異（異なる骨の間の差）である．一つの骨から連続して採取した複数の標本は，その骨が成長する間に生じた一連の温度変化や体液の$^{18}O/^{16}O$変化を知る材料となる．しかし，この同位体変化のパターンは骨の再構築（骨の機械的・生理的能力を維持するために行われる，骨の再吸収と再沈着）の過程で変更されている．したがって，軟体動物の二枚貝の殻とはちがい，骨全体に刻まれた変化は，体温や体液の$^{18}O/^{16}O$値における特定の日周期，季節周期，年周期の変化に呼応していない可能性がある．例えばヒトの骨の場合，再構築の速度は，骨の種類や骨格のどの要素であるかによって，速いもので1年に2％，遅いもので10％という幅がある（Marshall et al. 1973；Frost 1980；Francillon–Vieillot et al. 1990）．こうした骨の回転速度は，一個体で月ごとや季節ごとに生じる同位体変化の速度よりは遅い．その結果，季節ごとの同位体変化は骨のリン酸塩の同位体組成に現れるが，変化のパターンは骨の再構築のパターンに基づくことになるであろう．

一つの骨格要素から複数の試料を採取し，骨のリン酸塩の$^{18}O/^{16}O$比を調べて，そのちがいが1パーミル（‰）あれば，それぞれの骨が形成された時の温度差は4.3℃だったということになる．この計算は，リン酸塩と水の温度の方程式の傾きからはじき出される（Longinelli and Nuti 1973）：

$$\Delta T℃ = 4.3(\Delta \delta^{18}O_p)$$

$\Delta T℃$は2つの試料の温度差，そして$\Delta \delta^{18}O_p$は2つの骨試料の$^{18}O/^{16}O$比の差を示している．ここで思い出してほしいのは，同位体値が正に傾くほど（^{18}Oが多いほど）骨が沈着した温度が低く，負に傾くほど（^{16}Oが多いほど）骨が沈着した温度が高いことである．恒温動物と定義されるのは，体温変化が±2℃以内の動物である（Bligh and Johnson 1973）．したがって，恒温動物であれば，どの骨でも，温度に関係した同位体変化は1‰（体温の変動範囲が4℃の場合の数値）以下であるはずである．これに対し，異温動物（変温動物）では，骨の同位体変化が1‰を超えることも多い．これはつまり体温が4℃以上変化しているということになる．異温性外温動物における温度に関係した変化の量は，体の大きさに左右される．また，活発に成長したり骨の再構築を行っていた間の，季節による気候変化の大きさにも依存している．

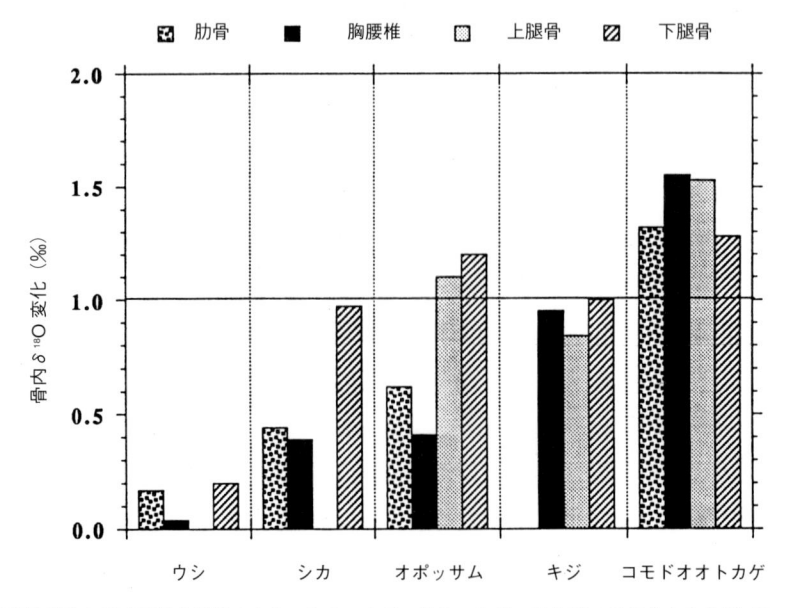

図33.1●現生動物の骨内同位体変化：ウシ，シカ，オポッサム，キジ，およびコモドオオトカゲ（*Varanus komodoensis*）
同位体変化の1‰は，温度変化の約4℃に相当する．「胸腰椎」は胸椎と腰椎を示している．上腿骨は大腿骨，下腿骨は脛骨を表している．

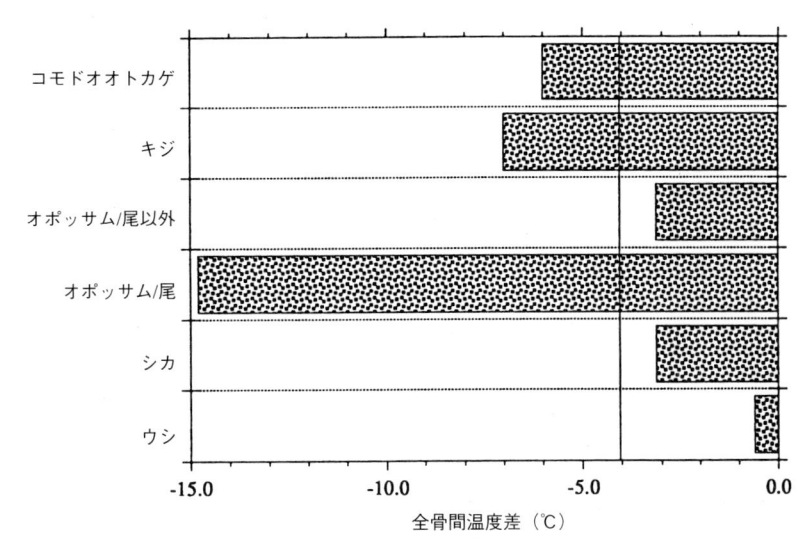

図 33.2●現生動物の最大骨間温度差
マイナスの温度は，同位体の値が最も正に傾いている脚や尾の骨が，最も負に傾いている（つまり最も温かい）体心部の骨に比べてどれだけ冷たいかを摂氏で示したもの．

●現生動物における骨の同位体比

　骨の同位体比を利用して骨内および骨間の温度差を探る方法の有効性を試すために，数種類の現生動物を分析した（図33.1, 33.2）．最初に用いた4種類の動物（ウシ，シカ，キジ，オポッサム）はすべてアイオワ州のものだが，この地方では，30年間の平均値をもとにごくふつうの日の気温を比べると，1月と8月の間で30℃以上の開きがある（米国1994年統計要録による）．家畜ウシは骨内同位体変化の度合いが肋骨と胸腰椎でかなり低く，脛骨ではほんの少しだけ高い（どれも0.5‰以下）．骨間の差異からすると，脛骨と，肋骨や椎骨の間の温度差は平均で0.5℃しかない．野性のシカはある程度の部位的異温性（つまり体の異なる部分で温度に差がある）を有しているので，骨間および骨内の同位体組成の差が大きい．それでも脛骨と胸腰椎の間の平均的な温度差はわずか0.75‰つまり3.2℃である．骨が沈着する間の脛骨の温度変化も4℃しかない．環境の平均温度は年周期で20℃以上も変化しているのにである．

　もしかすると，この方法では部位的異温性を見分けられないのかもしれない．しかし，オポッサムとキジの骨の分析を見ると，そうともいい切れない．オポッサムの骨内同位体変化は極めて低いが，尾の部分は例外である．オポッサムの尾は長くて毛がなく，熱損失や向流熱交換（動物の体心部から末梢部へ温かい血液を運ぶ血管が，末梢部から内部へ冷えた血液を戻す血管と密着することで，冷えた血液が温められ，体熱の維持を助けるシステム）をとおして外界の温度をより色濃く反映しているはずである．実際，尾椎はほかの骨格要素より3.5‰だけ正の数値に傾いているので，体心部の温度より約15℃低い温度で骨が沈着したと推測される．オポッサムは脚の骨内変化も大きく，1‰を超えるので，4〜5℃の温度変化があることがわかる．

　アイオワ州のキジ類も部位的異温性を示している．大腿骨と脛骨からわかるおよその温度はそれぞれ5℃と7℃で，椎骨や叉骨より冷たい．尺骨は体心部の温度より約4.5℃低い．つまり，この技術でも部位的異温性の信号を拾うことは可能なのである．この部位的異温性は鳥類の脚や足で（特に水鳥で）めだっている．しかし有蹄類の平均温度差は意外に小さく，体心部より冷たい温度ではあるが，足も体心部と同じく恒温性であることを示している．環境の月平均温度の年変化と比べると，キジでさえ，その骨内変化は環境の温度変化よりはるかに小さい．

　ところで外温動物はどうであろうか？　大型トカゲ類のコモドオオトカゲ（*Varanus komodoensis*）からとった標本を同様の分析にかけてみた．標本に使用したのはサンディエゴ動物園で飼育された体長2.3mの個体で，このトカゲが置かれていた環境の

最大平均温度変化はおよそ 8～10℃ であった．最大骨内変化は肋骨と椎骨で約 1.4‰，脚と尾で約 1.5‰ である．骨が沈着した時の体温は 6～8℃ の幅で変化していた．体心部と末梢部の間の骨内同位体変化のちがいはごくわずかである．これは比較的管理の行き届いた環境にいたためか，あるいは向流熱交換がほとんど起こらなかったせいで，体心部と末梢部の両方で恒温性の限界を超える変化が生じていたからかもしれない．ところが，このトカゲの骨間差異は，末梢部の温度が体心部より 4～7℃ ほど低かったことを示している．骨内差異は体心部でも末梢部でも変わらないので，この骨間の差異は，単に，末梢部で向流熱交換より熱損失の方が大きかったことが原因であろう．

こうして数種類の現生動物で予備分析を行った結果，代謝率の低い陸生外温動物では，骨内および骨間両方で恒温性の限界を超えた温度差が生じ，成長が可能な範囲を出ない限り，平均的な環境温度の変化にぴったり同調していることがわかる．部位的異温性を示す内温動物では，体心部と末梢部の骨間温度差が大きいが，キジの例を見るとわかるように，末梢部でも体心部でも骨内の差は小さい．もう一つの選択肢として，シカのように，骨間温度差を 4℃ 以下に保ったまま，骨内温度変化を大きくする（4℃ 以内で）場合もある．もっと安定した気候のもとで暮らす内温性恒温動物では，骨内と骨間の温度差が小さいはずである．筆者らが次の研究対象に選んだ現生動物は，南アフリカのゾウ類，フロリダ州のアリゲーター類，そしてノースカロライナ州の農場で飼育されたダチョウ類である．

●余談だが必要な話：続成作用と骨の同位体比

「続成作用」という用語は，化石が埋もれたあとに起こるすべての化学変化を含んでいる．続成作用には，溶解，再結晶，鉱物による骨の置換などがある．化石骨の同位体分析が意味を持つには，恐竜が生きていた時にもともと骨のリン酸塩中に含まれていた酸素原子が残っている必要があるので，骨を変化させる続成作用を理解しておくことは大切である．

骨の無機質で一番簡単な構造は，鉱物のダーライト，すなわち $Ca_{10}(PO_4)_6(OH, F, CO_3)_2$ から構成される．骨が埋もれたあと，骨の無機質はたいてい再結晶してもっと安定した形のフッ素リン灰石になる．フッ素リン灰石では，OH と CO_3 が F で置換され，Ca が土壌中のさまざまな微量元素陽イオン（Sr, U, Mg など）で置換されている（Hubert et al. 1996）．再結晶に伴うこうした置換は PO_4 酸素原子には影響を及ぼさない．もしもかなりの数の PO_4 イオンが骨から失われたり（Stuart-Williams et al. 1996），地下水から骨に付加されたりすれば，骨のリン酸塩の酸素同位体組成は変わりうる．骨のリン酸塩にもとから含まれている酸素原子は地下水とは交換されないが，消化され，細菌によって代謝プロセスに利用されたのちに再沈殿すれば話は別である．したがって，場合によっては（組織から骨が大量に失われているとか，たくさんのリン酸塩がつけ加わっているといった場合），恐竜の骨の同位体値が変わることがある．それどころか，恐竜の骨が埋まった時やそのあとに，さまざまな環境にさらされると，骨の組成が変わりすぎて生物学的古生物学の（同位体による）研究に使えないこともある．Hubert et al.(1996)は，ユタ州の国立恐竜記念公園から産出したジュラ紀の恐竜類で，リン酸塩の 2 次沈殿が起こっているのではないかと述べている．透過型電子顕微鏡（TEM）を使ってそれを確認したそうである．これらの PO_4 イオンが骨や骨コラーゲンの PO_4 イオンが再結晶したものではなく，実際は地下水から 2 次的に沈殿したのであれば，骨の同位体組成に影響を及ぼすであろう．2 次的なリン酸塩が，骨本来の同位体組成を大きく変えたり，骨内や骨間の同位体の傾向を覆い隠すほどあるかどうかは，骨本来のリン酸塩に対する 2 次的リン酸塩の量による．幸いにも，骨の同位体組成が変わっているか，本来の生物学的信号をしっかり保持しているかどうかは，いくつかの方法によって知ることができる．

骨の無機質成分は，海綿骨で全体量の 10～30% しかないが，緻密骨では 95% を占める（Francillon-Vieillot et al. 1990）．その結果，骨の表面を包む結晶が地下水にさらされる（そして続成作用によって同位体組成が変えられる）割合は，緻密骨より海綿骨の方がはるかに高い．したがって，同位体が地下水と入れかわったり，2 次的リン酸塩が沈殿したり，リン酸塩が溶解，損失したりといった，続成作用によって $\delta^{18}O$ の値が変わる可能性は，海綿骨で最も高く，緻密骨では低いと思われる．

これを試す一つの方法は，同じ動物の化石骨から海綿骨と緻密骨の標本を採取し，$\delta^{18}O$ の平均値を比べることである（図 33.3）．海綿骨と緻密骨の間の $\delta^{18}O$ 平均値の差はどの例でも 0.3‰ より小さい．また，海綿骨と緻密骨の標準偏差（1 組のデータの

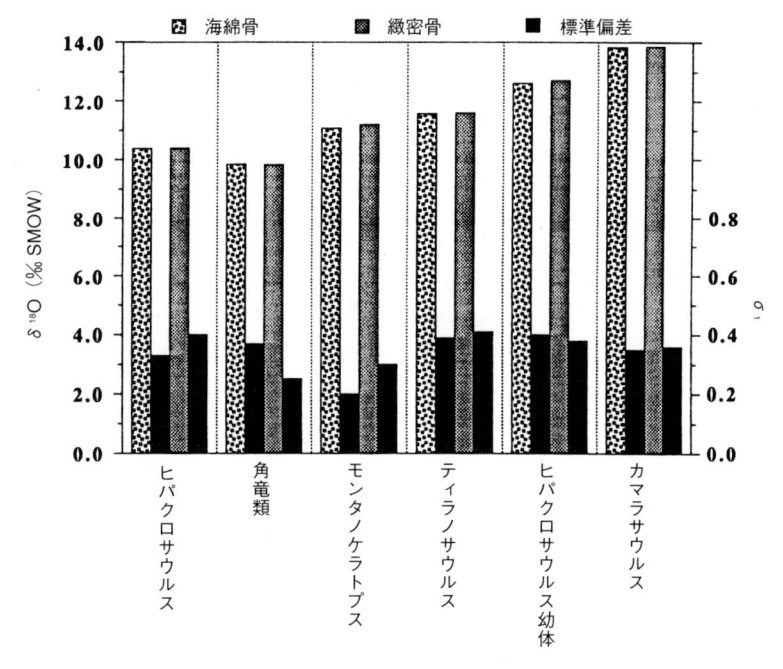

図 33.3●海綿骨と緻密骨の平均同位体値と標準偏差(データ内の変化の尺度)
試料は，この研究方法で分析された 6 種類の恐竜から採取した．本来，酸素原子 1000 のうち，998 ほどが ^{16}O で，^{18}O は 1000 のうちの 2 しかないので，試料の同位体組成を示すには，試料に含まれる同位体の絶対量より，標準に対して同位体組成がどれだけちがっているかという千分率で表す方が簡単である．標準の同位体組成を便宜的に 0‰ と定めて，リン酸塩の酸素同位体組成を，標準平均海水(SMOW)の同位体組成に対する割合で表す．例えば，カマラサウルス(*Camarasaurus*)試料では，δ^{18}O 平均値が +13.9‰ で，SMOW と比べると，酸素原子 1000 個中に含まれる ^{18}O の数が平均で 13.9 個多いことになる．

中の変化を統計的にはかるのによく用いられる測定値)を見ても，やはりそれぞれの動物でかなり近い値が出ている．海綿骨と緻密骨で骨の無機質成分が占める量は大きくちがうので，このような結果が出るのは，δ^{18}O の値が変わっていないか，あるいはリン酸塩の酸素がすべて地下水と完全に釣り合うように再編成されたかのどちらかである．

そのどちらが正しいかを決定するには，骨の炭酸塩と，ともに生じる方解石セメント(骨が埋もれたあとに骨の空所に沈殿した方解石)の δ^{18}O 値を分析するのも一つの手である．動物の骨が沈着する時に媒介する酵素は異なるが，炭酸塩 (CO_3) とリン酸塩 (PO_4) システムは，同位体組成に関しては類似の現象を示すはずである．もしも(死んで埋もれたあとの)続成作用が，骨の炭酸塩の同位体組成を変えて，リン酸塩の同位体組成は変えなかった時，方解石セメント(CO_3)と骨の炭酸塩(CO_3)の間には δ^{18}O の共変量が見られるであろうが，これらと骨のリン酸塩の δ^{18}O の間には共変量は生じない．もう一つの選択肢として，リン酸塩が地下水と完全に再平衡化しているなら，骨リン酸塩，骨炭酸塩，方解石セメントの間に共変量が生じるであろう．最後に，骨リン酸塩と骨炭酸塩が平衡を保ち，セメントの同位体値との間に共変量がなければ，骨の同位体に続成作用による変更はなかったと見なされる．

図 33.4 は骨炭酸塩，骨リン酸塩，方解石セメントの δ^{18}O 値の共変量を表したものである．骨を構成する炭酸塩は方解石セメントと相関して一部変化しているようだが，骨リン酸塩は変化していないようである．これは骨リン酸塩がもともとの生物学的信号を保存していることを示している．

Kolodny et al. (1996) は，ダーライトがフッ素リン灰石に再結晶した結果，骨の結晶構造に有機体のリン酸塩が加わって，同位体組成が変化するのではないかと述べた．彼らは，溶解と沈殿が無機的環境にあるリン酸塩の酸素同位体記録に影響を及ぼさないであろうことを認めている．ところが，考古学の発掘現場で見つかるヒトの骨を研究した Stuart–Williams et al. (1996) や，現生動物の骨に対する加熱効果を考察した Person et al. (1996) は，骨が再結晶する前に有機物質が骨から除去される，と結論づ

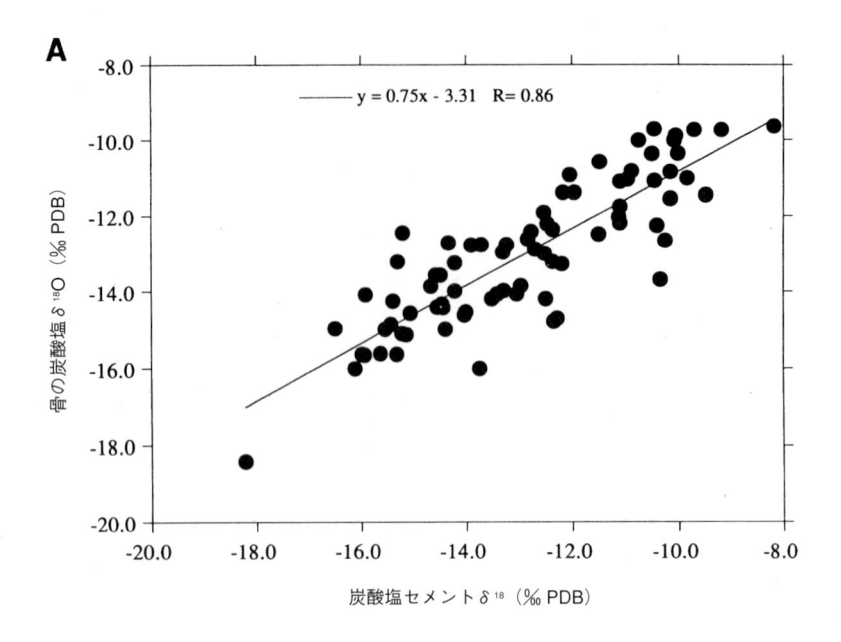

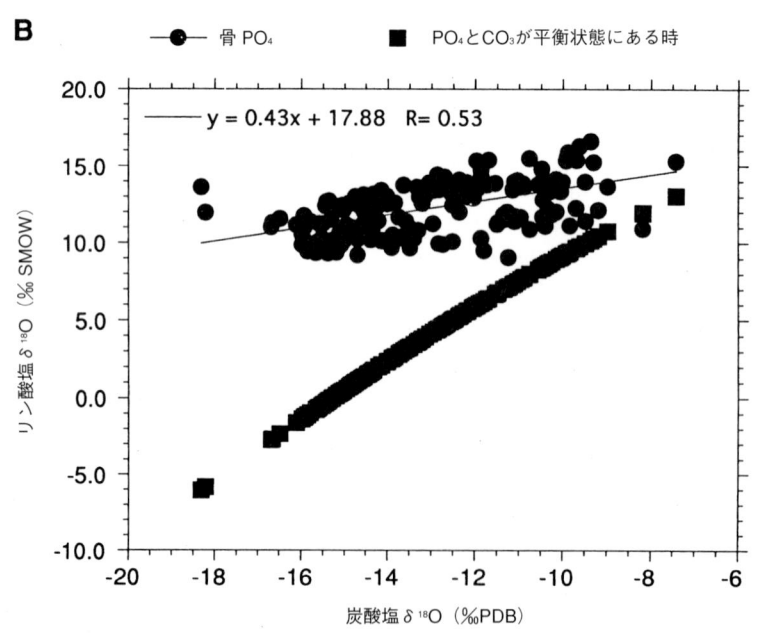

図33.4● (A) 骨の炭酸塩同位体値（$\delta^{18}O_c$）とそれに対応する炭酸塩セメント同位体値（$\delta^{18}O_{cc}$）の共変量．炭酸塩同位体組成はSMOWではなくPDB標準との比較で表されている．PDB標準は，サウスカロライナ州のピーディー累層から産出したベレムナイト（絶滅した軟体動物）の殻から得た．(B) 黒丸は，筆者らが所有する白亜紀の恐竜類試料で調べた，骨質のリン酸塩と炭酸塩の同位体値の共変量を示している．黒い四角は，続成作用を受けた炭酸塩とリン酸塩の平衡値．骨のリン酸塩が炭酸塩とともに同位体組成に変化を起こしていれば，このような線が描かれるであろう

けた．この結論は，筆者らが調べたティラノサウルス・レックス（*Tyrannosaurus rex*）の未発表データによっても確かめられている．このデータによると，骨の結晶化度（再結晶化）と化石骨の同位体組成の間には相関関係が見られなかった．骨リン酸塩の同位体組成が変化したかどうかを確かめる唯一の方法は，前にも述べたように，既知の続成作用値や骨密度とアパタイトの同位体値の相関関係を算定することである．

同位体変化に反する証拠として最後に一つ，白亜

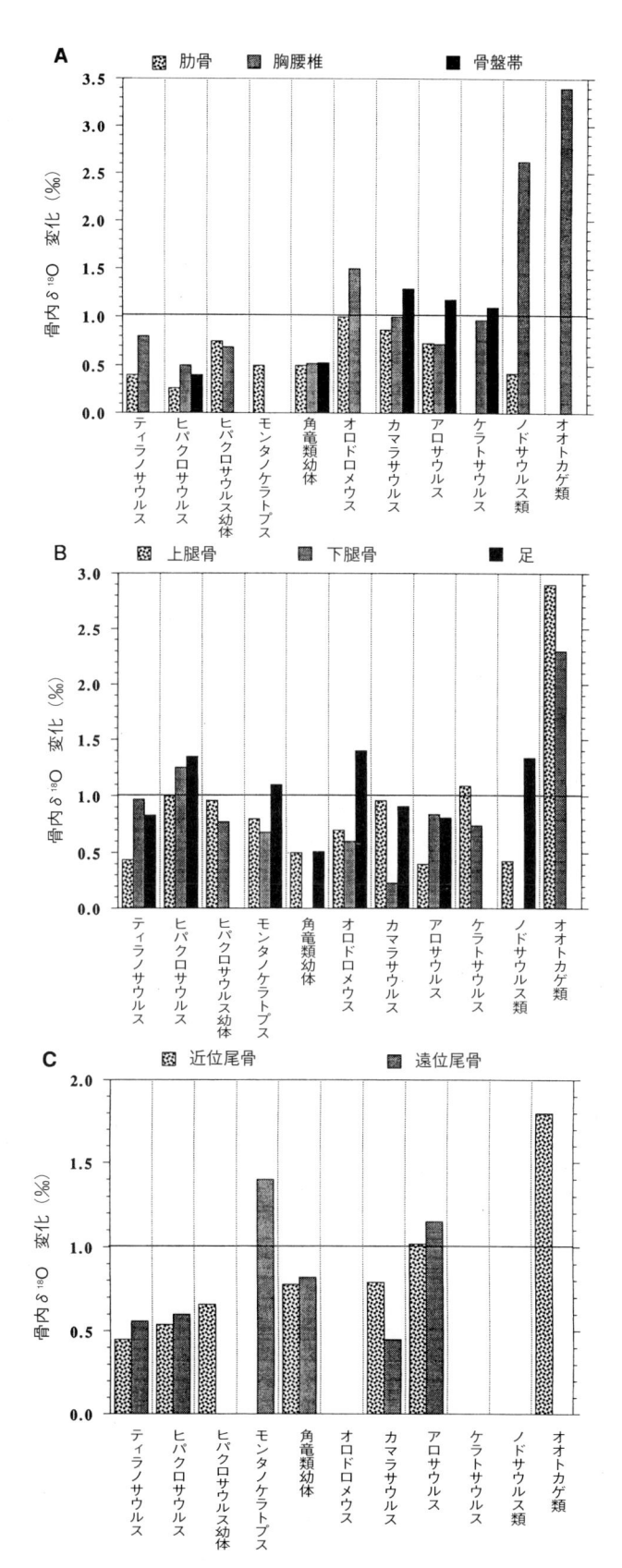

図 33.5 ● 10 種類の恐竜類と 1 種類のオオトカゲ類の, (A) 体心部, (B) 四肢, (C) 尾の骨で調べた骨内同位体変化

変化が 1‰ 以下であれば, 骨が成長する間の全体の温度変化が 4℃ 以下であったと推測される.

紀後期のツー・メディシン累層（Two Medicine）から産出した5種類の恐竜類と1種類のトカゲ類をとりあげる．ここにはトカゲに異温性の，そして恐竜類に恒温性（後述）の証拠が見られるのである．もしも続成作用による変化が起こっていたなら，これらの動物すべてからとった骨が均一の同位体比を示し，トカゲまでが恒温動物の様相を呈するであろう．

●化石種の骨の同位体比

白亜紀後期とジュラ紀後期の恐竜類と白亜紀のオオトカゲ類（コモドオオトカゲの近縁種）の骨を分析し，骨内同位体変化を調べた（図33.5）．オオトカゲ類の骨から3ないし4の標本を採取し，骨内変化を調べると，近位尾椎の1.7‰から，胸腰椎の3.4‰までの幅があった．四肢の骨内変化は上腕骨，橈骨，脛骨で2.0〜2.5‰，大腿骨で3.2‰であった．この大きさのトカゲには容積恒温性の能力がほとんどないので，骨はすべて同じ範囲の温度で沈着したらしい．このオオトカゲから得られた同位体データは，体温が季節によって少なくとも10〜15℃の幅で変動したことを示している（Barrick et al. 1996）．ここで注意が必要だが，これは骨の沈着が起こった期間の体温に関係しているのであって，骨の沈着が起こっていなかった期間，動物が活動も成長もしていなかった季節には，体温はもっと広い幅で変動した（つまり，かなり冷たくなった）はずである．

白亜紀の一部の恐竜類（ティラノサウルス，ヒパクロサウルス *Hypacrosaurus*，モンタノケラトプス *Montanoceratops*，幼体のアケロウサウルス *Achelousaurus*）の体心部から採取した骨（肋骨と胸腰椎）の骨内同位体変化は，全体の変動幅がおよそ1‰かそれ以下で，恒温状態（±2℃）で骨が形成されたことがわかる．これは小型の（体長約1.5 m [Varricchio and Horner 1993]）ヒパクロサウルス幼体（Barrick and Showers 1995）で特に顕著である．

ところが，小型のヒプシロフォドン類のオロドロメウス（*Orodromeus*）では，肋骨の変化が1‰（4℃）より大きく，恒温性の限界に近づいている．この恐竜は白亜紀のほかの恒温性恐竜に比べて体温調節機能がやや弱かったようである．同様に，あるノドサウルス類曲竜の胸腰椎でも，同位体変化の幅が2.5‰あり，骨の内部の温度変化が11℃近くあったことが推測される．ジュラ紀恐竜類の骨盤帯には，異温性の温度幅（±2.2〜2.8℃）を示す骨内変化が認められる．

末梢部の骨内温度変化は，白亜紀恐竜類標本のほとんどすべてで，恒温性の幅に大体おさまっている．10種類の恐竜のうち4種類の脚で，骨内変化の数値が高くなっているが，これは部位的異温性を示している．モンタノケラトプスとアロサウルスの尾の遠位部についても同様である．ジュラ紀のケラトサウルスの大腿骨では1‰をやや超える変化が見られる．

骨間の同位体にちがいを生じる唯一の原因は温度

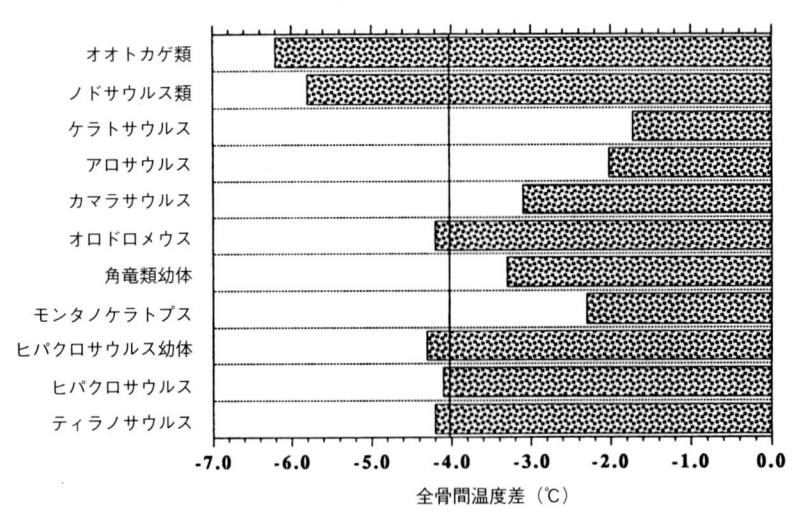

図33.6 ●化石骨試料の最大骨間温度差
マイナスの温度は，同位体の値が最も正に傾いている四肢や尾の骨が，最も負に傾いている（すなわち最も温度が高い）体心部の骨に比べて，摂氏で何度低いかを示している．ノドサウルス類を除くすべての恐竜類が，恒温性と定義される範囲にほとんどおさまっている．

と見るのが一番わかりやすい（図33.6）．骨間温度差は，各骨格要素に関する平均値を利用して求めた．そして，それぞれの骨格要素の$^{18}O/^{16}O$値を，同位体の負の値が一番大きい（つまり最も温度が高い）体心部の骨と比較する．平均骨間温度差は，末梢部が体心部の温度から約4℃以内にとどまっていることを示している．

骨内および骨間の同位体の差異をもとにすると，これまでのところ研究した恐竜類のほとんどすべてが，ある程度の部位的異温性を示す恒温動物だったと思われる．例外はノドサウルス類で，背中の装甲板と中手足骨の温度が胸腰椎より5～6℃ほど低く，体心部の温度は約10℃の幅で変動した．

オオトカゲ類の骨間温度差データを見る時は注意を要する．なぜなら，平均値を計算するのに使った試料の数が，骨1本につき1～4か所という開きがあるので，そのまま単純に比較はできないからである．近位尾椎の温度は胸腰椎より2～6℃低く，橈骨や脛骨の温度はそれぞれ上腕骨や大腿骨に比べて2℃ほど低い．オオトカゲ類の皮骨板の温度は，体心部の平均温度より8℃も低いことがわかる．しかし，各試料は2～3枚の皮骨板を合わせたものであった．

●まとめ：恐竜の生理機能はどのようなものであったか？

白亜紀のオオトカゲ類に見られる異温性は，現生動物の近縁種であるコモドオオトカゲに似ている．どちらも，体心部と末梢部の両方で大きな骨内同位体変化を示している．両方とも，末梢部の温度が体心部に比べて平均温度差で5～6℃低い．

これらトカゲ類に比べると，恐竜類の多くははるかに高性能の体温調節機能を備えていたようである．こうした恐竜類に見られる恒温性は，巨体からくるのか（Spotila et al.1991），それとも真の内温性を示しているのであろうか？

白亜紀の恐竜類の体重は，約60kgのものから6000kg（アフリカゾウのオスに近い大きさ）（Horner and Lessem 1993）ほどもあるティラノサウルスまでの幅がある．研究に使った恐竜類は，ノドサウルス類（テキサス州で発掘）を除いて，すべてモンタナ州で発掘された．モンタナ州は，白亜紀後期には北緯53°に位置し，その気候は現在のルイジアナ州やノースカロライナ州に似ていたが，季節による温度変化はこの2州ほど大きくはなかった．しかしSloan and Barron（1990）は，季節による気候の変化はかなりはっきりしていたのではないかと推測している．

体重が2～5000kg（すなわち，赤ん坊から大きな成体まで）に及ぶ遅代謝性の（代謝が低い）ハドロサウルス類の生物物理学モデルをつくり，白亜紀のこうした気候を模擬的につくり出して実験したところ，これらの恐竜類では，体心部の温度が1年の間に20～30℃の幅で変化したと推定される結果が出た（Dunham et al. 1989）．春，夏，秋，冬をそれぞれ13週ずつとすると，遅代謝性動物の体心部の温度が季節の平均温度に合わせて調整される時間はたっぷりあったはずなので，体温がこれだけ変動することは十分考えられる．

この大きさの温度変動が骨のリン酸塩に記録されれば，約4‰の骨内同位体変化が現れるはずである．しかし，ノドサウルス類は別として，このような例は白亜紀の恐竜類には全く見られない．

もっと小型の恐竜のモンタノケラトプスや幼体のカモノハシ恐竜なら，きっと大きな同位体変化を示すと思うであろう．もちろん，それは彼らが，同じ地層から産出したオオトカゲ類のように，外温動物に特有の低い代謝率を有していたらの話だが．興味深いことに，生物物理学的モデルによって外温性の現れと判断される温度変化を示したのは，はるかに低緯度の地層から発掘されたノドサウルス類なのである．この動物の四肢は体心部より低い温度に保たれていたが，温度が最も大きく変動しているのは体心部である．これは，ここで扱ったほかの恐竜類とはちがって，ノドサウルス類が適温である高い体温を季節によっては維持できなかったことを示している．つまりノドサウルス類はほかの白亜紀恐竜より代謝率がずいぶん低かったのであろう．もう一つの可能性として，次のように説明することもできる．ノドサウルス類には冬眠する季節があり，その間，代謝率がかなり落ちたので，体温も下がったと考えるのである（G. Paul，個人的な情報交換による，1996）．ノドサウルス類はほかの白亜紀恐竜類に比べて体温調節機能が劣っていたようである．

白亜紀恐竜類のほとんどが恒温性を示していることは，比較的高い代謝率でそれを維持していたとしか考えられない（Barrick and Showers 1994, 1995；Barrick et al. 1996）．これら恐竜類の代謝率が現在の内温動物と同じくらい高かったかどうかはわからないが，現生種の外温動物とはちがって，主に代謝率のコントロールによって体温を維持できる程度の高さはあった．

ここで問題になるのは，代謝率の低さがどの程度までなら恒温性を維持できたか，ということである．もちろん，体の大きさや生息地の気候はさまざまなので，答えは恐竜類によって異なるであろう．面白いことに，恐竜類の同位体変化パターンは現生種の内温動物のどれと比べてもぴったり同じではない．恐竜類では遠位末梢部における骨内変化も大きければ（4℃以上），骨間温度差も大きく，4℃あたりか，それをやや上回るほどである．シカと夜行性のオポッサムは末梢部における骨内変動幅が大きいが，骨間温度差は（オポッサムの尾を除いて）4℃よりかなり小さい．キジでは四肢に向かって骨間温度の勾配が生じているが，骨内変化はどの骨でも1‰より低い．

白亜紀恐竜類が生息していた土地の気候は，現在のアイオワ州（米国の中北部）に比べるとはるかに穏やかではあったが，恐竜類の同位体組成の差は，筆者らが調べた現生内温動物の標本と似ているか，やや高めである．ここから，恐竜類が代謝率をあげていたことと，それでも現生哺乳類よりは低い値にとどまっていたことがわかる．つまり，恐竜類という爬虫類は，「恐竜型」内温性とでも呼ぶべき独特の代謝戦略をとっていたのである．

ジュラ紀の恐竜類も，これまで分析したところでは，恒温動物だったようである．骨内同位体変化が，恒温動物と判断される値を上回っている骨はほとんどなく，骨間の差は，体のいろいろな領域の間で恒温性が保たれていたことを示している．これらの恐竜類は内温性だった可能性がある．しかし，竜脚類のカマラサウルスは，かなりの巨体なので（およそ15 t [G. Paul，個人的な情報交換による，1993]），容積恒温動物だったかもしれない．体の小さい幼体の標本を分析しなければ，竜脚類が内温動物として成長したのか外温動物として成長したのか決定できないであろう．同様に，これらの恐竜類において気候変化が骨の同位体値に及ぼした影響について，よりはっきりとした解釈を下すには，もっと多くのジュラ紀獣脚類を分析する必要がある．

恐竜内温説を疑う者（Spotila et al. 1991など）は，体重15 tの竜脚類はかなり低い代謝率で恒温性を（首や尾でも）維持できたと述べている．しかし，このような研究者たちは，こうした恐竜類が成体に達する前にどうやって恒温性を維持できたのかということを（そもそも恒温性を維持したかどうかすら）考えていない．別の批判者たち（Ruben et al.，本書第35章）は，体重5～6 tの内温性恐竜類なら四肢と尾は異温性だったはずなので，変化がほとんどないとする同位体研究はどれもまちがいだと主張している．

これらの研究者たちには次のような思い込みがある．つまり，恐竜類の内温性に言及する時は必ず哺乳類型の代謝率を想定しているものと考え，また，ある恐竜が内温性だったと推測する場合は，すべての恐竜類にそれが当てはまると見なすのである．しかし，すでに述べたように，恐竜類は哺乳類型の内温性を備えてはいなかったと思われる．彼らは小型哺乳類や，あるいは哺乳類の祖先であるキノドン類から高い代謝率を受け継いだのではない．内温性を示す恐竜類は，この生理機能の特徴を祖先の恐竜類もしくはオルニトスクス類から受け継いだか，そうでなければ独自に進化させたのであろう．内温性の定義は単に代謝率を高めて恒温性を維持することであり（Bligh and Johnson 1973），なにも哺乳類レベルの代謝率を想定しているわけではない．内温性であれば，代謝率が外温動物よりも高いはずだということならいえるが．

たぶん大型竜脚類の成体は，単位質量当たりの代謝量が低くても恒温性を維持できたであろう．これがいわゆる巨体温度性である（Paladino et al. 1990；Spotila et al. 1991）．しかし，ノドサウルス類は，体重が重く，中身の詰まったタンクのような体をしていたが，体心部も四肢と同様に年周期の異温性を示した．ノドサウルス類は歯生状態が単純で走る力が劣っていたことから，ほかの恐竜類より代謝率が低かったと推測されている（Coombs and Maryańska 1990）．遅代謝性で外温性の恐竜類の成体では20℃もの幅で体温が変化したという説（Dunham et al. 1989）はしばしば笑い飛ばされ，温度の上昇曲線や下降曲線が描かれるには数週間を要するという観察結果によって反駁されている．しかし，季節による温度変化は数か月の単位で生じるので，真に遅代謝性の恐竜類で平均体温が変化する時間はたっぷりあったであろう．また，筆者らが集めたデータによると，ノドサウルス類の体心部の温度はおよそ11℃の幅で変化したらしく，末梢部の温度は体心部よりかなり低かったようである．

「巨体温度性」という用語は，まさしく巨体だった竜脚類の成体にのみ当てはまるのではないだろうか．だとすると，竜脚類の幼体は成体の大きさに成長するまでどのようにして体温を調節したのか，という興味深い疑問が生じる．彼らは恐竜型の内温性を利用したのか，それとも外温性だったのか？こ

れにはまだ答えが出ていないが，巨体の進化における内温性の役割がからんでいるように思われる．

Ruben et al.（本書第35章）は，哺乳類が一部の「哺乳類型爬虫類」から受け継いだ鼻甲介に，内温性の「ロゼッタ・ストーン」を発見したと主張する．つまり，哺乳類の内温性（小型哺乳類に見られる高い代謝率）の直接証拠を見つけたというのである．しかし，少数の哺乳類，特にゾウ類と，それに一部の鳥類でも，呼吸甲介が欠けていたり，ほとんど発達していなかったりする例が見られるので（Bang 1971；Sikes 1971），内温性に必要な高い換気率に対処するには，鼻甲介だけが水分保持手段ではないことがわかる．恐竜型内温性を支えられるだけの代謝率を維持するのに，鼻甲介が発達している必要があったかどうかは不明である．

体のサイズからすると，恒温性には現生爬虫類よりも高い代謝率を必要とする大きさでありながら，恒温性を維持していた恐竜がいたのはまちがいない．したがって，呼吸甲介があってもなくても，代謝率を高めることはできるはずである．Rubenらは中間的な代謝戦略の可能性については説明していない．しかし，そうした研究は，骨組織学と同じくらい重要であり（本書第32章Reid参照），恐竜類やそのほかの絶滅脊椎動物の生理機能を解明するのに役立つ．

恐竜類はさまざまな体温調節機能と代謝戦略を有していたようである．恐竜型内温性を進化させて恒温性を維持したものもいれば，代謝率の低い異温動物であり続けたものもいた．つまり，恐竜類の体温調節と代謝に関して，今後も幅広い研究が可能だということである．恐竜の骨の同位体組成を研究し続ければ，恐竜の生理機能のパターンと歴史を解明する重要なカギの一つが得られるであろう．

● 文 献

Bang, B. G. 1971. Functional anatomy of the olfactory system in 23 orders of birds. *Acta Anatomica* 79：1–71.

Barrick, R. E., and W. J. Showers. 1994. Thermophysiology of *Tyrannosaurus rex*：Evidence from oxygen isotopes. *Science* 265：222–224.

Barrick, R. E., and W. J. Showers. 1995. Oxygen isotope variability in juvenile dinosaurs（*Hypacrosaurus*）：Evidence for thermoregulation. *Paleobiology*：21 450–459.

Barrick, R. E.；A. G. Fischer；and W. J. Showers. 1996. Comparison of thermoregulation of four ornithischian dinosaurs and a varanid lizard from the Cretaceous Two Medicine Formation：Evidence from oxygen isotopes. *Palaios* 11：295–305.

Bligh, J., and K. G. Johnson. 1973. Glossary of terms for thermal physiology. *Journal of Applied Physiology* 35：941–961.

Bouche, G. 1975. Researches on the nucleic acids and protein synthesis during prolonged starvation and refeeding in carp. Thesis Docteur D'Etat, mention sciences, Université Paul Sabatier de Toulouse, France.

Brett, J. R.；J. E. Shelbourn；and C. T. Shoop. 1969. Growth rate and body composition of fingerling sockeye salmon in relation to temperature and ration size. *Journal of the Fisheries Research Board of Canada* 26：2263–2394.

Cloudsley-Thompson, J. L. 1971. *The Temperature and Water Relations of Reptiles*. Watford, England：Merrow Technical Library.

Coombs, W. P. Jr., and T. Maryańska. 1990. Ankylosauria. In D. B. Weishampel, P. Dodson, and H. Osmólska(eds.), *The Dinosauria*, pp. 456–483. Berkeley：University of California Press.

Dunham, A. E.；K. L. Overall；W. P. Porter；and C. A. Forster. 1989. Implications of ecological energetics and biophysical and developmental constraints for life-history variation in dinosaurs. In J. O. Farlow (ed.), *Paleobiology of the Dinosaurs*, pp. 1–19. Special Paper 238 Boulder, Colo.：Geological Society of America.

Farlow, J. O. 1990. Dinosaur energetics and thermal biology. In D. B. Weishampel, P. Dodson, and H. Osmólska (eds.), *The Dinosauria*, pp. 43–55. Berkeley：University of California Press.

Frost, H. M. 1980. Skeletal physiology and bone remodeling. In M. R. Urist(ed.), *Fundamentals and Clinical Bone Physiology*, pp. 208–241. Philadelphia：J.B. Lippincott.

Francillon-Vieillot, H.；V. de Buffrénil；J. Castanet；J. Géraudie；F. J. Meunier；J. Y. Sire；L. Zylberberg；and A. de Ricqlès. 1990. Microstructure and mineralization of vertebrate skeletal tissues. In J. G. Carter (ed.), *Skeletal Biomineralization：Patterns, Processes and Evolutionary Trends*, vol. 1, pp. 471–529. New York：Van Nostrand Reinhold.

Greenberg, N. 1980. Physiological and behavioral thermoregulation in living reptiles. In R.D.K. Thomas and E.C. Olson(eds.), *A Cold Look at the Warm-Blooded Dinosaurs*, pp. 141–166. American Association for the Advancement of Science Selected Symposium 28. Boulder, Colo.：Westview Press.

Horner, J. R., and D. Lessem. 1993. *The Complete T. rex*. New York：Simon and Schuster.

Hubert, J. F.；P. T. Panish；D. J. Chure；and K. S. Prostak. 1996. Chemistry, microstructure, petrology, and diagenetic model of Jurassic dinosaur bones, Dinosaur National Monument, Utah. *Journal of Sedimentary Research* 66：531–547.

Johnson, C. R.；W. G. Voigt；and E. N. Smith. 1976. Thermoregulation in crocodilians. Part III：Thermal preferenda, voluntary maxima and heating and cooling rates in the American alligator, *Alligator mississippiensis. Zoological Journal of the Linnean Society* 62：179–188.

Keeton, W. T. 1967. Body temperature and metabolic rate. In W. T. Keeton (ed.), *Biological Science*, pp.145–149. New

York: W. W. Norton.

Kolodny, Y.; B. Luz; M. Sander; and W. Clemens. 1996. Dinosaur bones: Fossils or pseudomorphs? The pitfalls of physiology reconstuction from apatitic fossils. *Palaeogeography, Palaeoclimatology, Palaeoecology* 126: 161–171.

Lillie, F. R., and F. P. Knowlton. 1897. On the effect of temperature on the development of animals. *Zoological Bulletin* 1: 179–193.

Longinelli, A., and S. Nuti. 1973. Revised phosphate–water isotopic temperature scale. *Earth and Planetary Science Letters* 19: 373–376.

Luz, B., and Y. Kolodny. 1989. Oxygen isotope variation in bone phosphate. *Applied Geochemistry* 4: 317–324.

Marshall, J. H.; J. Liniecki; E. L. Lloyd; G. Marotti; C. W. Mays; J. Rundo; H. A. Sissons; and W. S. Snyder. 1973. Alkaline earth metabolism in adult man. *Health Physics* 24: 125–221.

Paladino, F. V.; M. P. O'Connor; and J. R. Spotila. 1990. Metabolism of leatherback turtles, gigantothermy and thermoregulation of dinosaurs. *Nature* 344: 858–860.

Paxton, R., and B. L. Umminger. 1979. Role of hexokinase in the maintained hyperglycemia of cold–acclimated goldfish. *American Zoologist* 19(3): 974.

Pearson, O. P., and D. F. Bradford. 1976. Thermoregulation of lizards and toads at high altitudes in Peru. *Copeia* 1976: 155–170.

Person, A.; H. Bocherens; A. Mariotti; and M. Renard. 1996. Diagenetic evolution and experimental heating of bone phosphate. *Palaeogeography, Palaeoclimatology, Palaeoecology* 126: 135–149.

Pflug, K. P.; K. D. Schuster; J. P. Pichotka; and H. Forstel. 1979. Fractionation effects of oxygen isotopes in mammals. In E. R. Klein and P. D. Klein (eds.), *Stable Isotopes: Proceedings of the Third International Conference*, pp.553–561. New York: Academic Press.

Schoeller, D.; C. Leitch; and C. Brown. 1986. Doubly labeled water method: In vivo oxygen and hydrogen isotope fractionation. *American Journal of Physiology* 251: 1137–1143.

Sikes, S. K. 1971. *The Natural History of the African Elephant*. New York: Elsevier.

Sloan, L., and E. Barron. 1990."Equable"climates during Earth history? *Geology* 18: 489–493.

Spotila, J. R.; M. P. O'Connor; P. Dodson; and F. V. Paladino. 1991. Hot and cold running dinosaurs: Body size, metabolism and migration. *Modern Geology* 16: 203–227.

Staton, M. A.; H. M. Edwards; I. L. Brisbin; T. Joanen; and L. McNease. 1992. The influence of environmental temperature and dietary factors on utilization of dietary energy and protein in purified diets by alligators, *Alligator mississippiensis* (Daudin). *Aquaculture* 107: 369–381.

Stuart–Williams, H. LeQ.; H. Schwarcz; C. White; and M. Spence. 1996. The isotopic composition and diagenesis of human bone from Teotihuacan and Oaxaca, Mexico. *Palaeogeography, Palaeoclimatology, Palaeoecology* 126: 1–14.

Varricchio, D. J., and J. R. Horner. 1993. Hadrosaurid and lambeosaurid bone beds from the Upper Cretaceous Two Medicine Formation of Montana: Taphonomic and biologic implications. *Canadian Journal of Earth Sciences* 30: 997–1006.

Whittow, G. C. 1976. Regulation of body temperature. In P.D. Sturkie (ed.), *Avian Physiology*, pp.154–184. New York: Springer Verlag.

Wong, W. W.; W. J. Cochran; W. J. Klish; E. O. Smith; L. S. Lee; and P. D. Klein. 1998. In vivo isotope–fractionation factors and the measurement of deuterium and oxygen–18 dilution spaces from plasma, urine, saliva, respiratory water vapor, and carbon dioxide. *American Journal of Clinical Nutrition* 47: 1–6.

34 巨竜の青写真：大型恐竜の生理機能

*Frank V. Paladino,
James R. Spotila,
and
Peter Dodson*

　動物の生理機能に影響を及ぼす淘汰圧は何だろう？　似たような環境でさまざまな種類の動物が進化，生息し，しかも構造上の制約が大きく異なるのに，それぞれの生理機能が正常に働いているのはなぜなのか？　恐竜類の基本構造——生理機能の青写真——については，過去30年にわたって多くの議論がなされてきた．恐竜類の生理機能は爬虫類に近かったのか，それとも哺乳類や鳥類に似ていたのか？　どの青写真が恐竜類の生理機能を最もよく表しているかという，この根本的な疑問には，生きた実験動物が存在しないため，はっきりとした答えを出すことができない．絶滅動物の生理機能を化石から突き止めるのはむずかしい．もとにする材料が骨などの化石では，動物の体が実際にどう機能したかを完全に把握するのは不可能である．

　しかし，現存の脊椎動物の生理機能を観察すれば，この問題の，ある面は調べることができる．もちろん恐竜学者はそれを承知しているが，小型のトカゲ類や哺乳類，鳥類の研究結果を何の疑いもなく利用して，中型から巨大型の，外温性もしくは内温性の恐竜類の機能を推測した例があまりにも多く見られる．例えば Bakker (1986) は，ティラノサウルス（*Tyrannosaurus*）などの大型獣脚類が時速40マイル（時速64 km）を超すスピードで走れたと，十分な確証もなしに述べている．この主張は，ティラノサウルス骨格の生体力学的分析からは裏づけられない（Alexander 1985；Farlow et al. 1995 b）．それだけでなく，ティラノサウルスほどの大きさの動物にとって，このような激しい活動が呼吸系と心臓血管系の両方にもたらす生理機能の負担は極めて大き

く，耐えがたかったはずである．それに，絶滅した巨大爬虫類の生理的仕組を推測し，どんな制約があったかを考えるには，ワニ類やウミガメ類，巨大な陸生カメ類といった大型現生爬虫類やゾウ類の生理機能データの方が，小型トカゲ類の計測結果（Paladino et al. 1990）よりも役に立つであろう．小型トカゲ類の多くは，小型外温動物の生活様式に合うよう特殊化しているかもしれないからである（Gans and Pough 1982）．

古生物学者はまた，古生理について考える時に，系統分類学から過度の影響を受けてきた恐れがある．生物の分類群は，全体の形態学的類似性ではなく，一番新しい共通の祖先をもとに決めるべきだという，系統学における総意は，脊椎動物の分類を根本から変えた（Benton 1988）．しかし，こうした分岐学的考え方が，恐竜の生理機能を再現しようという試みに困った副作用をもたらしたのではないだろうか．自然な単系統群を認識するもととなるのは特殊な派生的特徴の確認であり，原始的形質は（2つの分類群の間に，派生的特徴より原始的特徴の方が共通して多く見られたとしても）完全に無視される．したがって，古生物学者は（同系統の現存するメンバーに見られる）生理機能の派生的特徴をその系統（クレード）の最も古いメンバーのものとし，クレードの最古のメンバーが，自らの子孫よりも，類縁だが別のクレードのメンバーに生理的に似ている可能性を考えない傾向がある．

極端な例を見てみよう．一番新しい共通の祖先を考慮すると，肺魚はマスよりウシに近い．だからといって，デボン紀の肺魚の生理機能や生態を理解するのにウシをモデルに使うと，うまくいく見込みはむしろ薄くなる．マスと肺魚が共有する原始的形質の数は，ウシと肺魚が共有する派生形質の数より多い．だからこそ，伝統的なリンネ式分類法では，マスと肺魚をどちらも魚類と見なしているのである．

現在の古生物学者のほとんどは（全員ではないが），小型肉食恐竜類から鳥類が派生したと考えている．分岐学の観点からすると，これは，絶滅した恐竜類がワニ類や恐竜以外の主竜類より，鳥類により近縁だという意味になる．なぜなら，恐竜類と鳥類に共通の祖先は，すべての主竜類に共通の祖先より新しい時代に生きていたからである．

そのせいで，古生物学者の多くは（たぶん無意識のうちに）鳥類に似た生理的特徴を絶滅恐竜類に付与しがちなのかもしれない．しかし，多くの特徴において，典型的な恐竜類は鳥類の子孫よりワニ類に（それに大型トカゲ類やカメ類にも）近いと筆者らは考えている．現在知られている鳥類はすべて羽毛を持っている．羽毛を持つ恐竜類がいたという証拠はまだない［訳注：最近，*Protoarchaepteryx*や*Caudipteryx*のように羽毛を持つ恐竜が確認されている］が，多くの恐竜類が羽毛を持たなかったという証拠はある．現生鳥類には歯がなく（絶滅種には歯を持つものがいるが），長い骨質の尾もない（やはり，中生代の鳥類の中には骨質の尾を持つものがいる）．この2つも，恐竜類が現生鳥類よりワニ類に似ている特徴である．多くのカメ類やワニ類，それに絶滅種の海生トカゲ類の一部（モササウルス類）にさえ，典型的な恐竜類の大きさに近いものがいるが，現生鳥類にはほとんどいない．最後に，鳥類の大半は飛翔のためにかなり特殊化しているが，これは鳥類と典型的な恐竜類との相違点の中で最も際立っている特徴であろう．この点ではむしろ，恐竜類は現生爬虫類に近かったといえる．

したがって，恐竜の生理機能を解釈するには，現生鳥類の生理的特徴に注目するより，大型現生爬虫類に見られる生理機能をもとにする方がよいと筆者らは考えている．ワニ類とカメ類は恐竜類と同じ頃に生じ，中生代からほとんど変化していない．マス−肺魚−ウシの比較と同様に，恐竜類クレード中の，鳥類でないメンバーの生理機能を理解するには，異なる（この場合は爬虫類の）クレード同士を比較した方が，同じクレードの古いメンバーと新しいメンバーを比較するより役に立つ．

本章では，一方で大型哺乳類や大型鳥類が，もう一方で大型爬虫類が，一部の恐竜のような巨体を持った時生理機能がどのように働くかを，現生種の生理機能データを使って考察する．そして，これらの比較をもとに，大型恐竜類が持っていたと思われる生理的特徴を説明するつもりである．

● **恐竜の生理機能を理解する上での問題点**

恐竜の古生理を再現するには，いくつかの基本的な問題を考慮する必要がある．カメ類やワニ類，恐竜類，鳥類，哺乳類など，あとに続く動物の生理機能を進化させるもとになった，最初の有羊膜類の生理的仕組はどのようなものだったのか？　現生種の爬虫類や哺乳類，鳥類の生理的仕組（呼吸系や心臓血管系の特徴，そして体の大きさに関係した代謝量）から，巨大恐竜類の生理機能にどこまで探りを入れることができるか？　体の大きさは動物の生理機能

にどんな影響を及ぼすか，また，巨体に対してプラスあるいはマイナスのどのような淘汰圧がかかるか？　そして，熱帯性から亜熱帯性の環境に生息する巨大動物をつくり出すには，どの生理的仕組が最も適しているか？

●四肢動物の生理的青写真

現生爬虫類の生理機能を研究すると，祖先の爬虫類を特徴づけたと考えられる共通の特徴が浮かびあがってくる．その一部は最古の有羊膜類にも見られたと思われる．

1. 内温動物は酸化的糖分解が速い（FOG）タイプの筋繊維を持つのが特徴だが，爬虫類は一般にこれを持たない．内温動物は，活性度の高いATP（アデノシン三リン酸，生物の細胞代謝で使われる「燃料」）と高く保たれた酸化的代謝量に依存している．したがって，爬虫類は，筋繊維におけるクエン酸合成酵素（このように燃料をたくさん使うのに必要な酵素/化学物質）の活性が低い傾向がある．

2. 爬虫類も複雑な多室（室がたくさんある）肺を持つことがあり，原始的な気嚢を備えた例も見られる（Perry 1989）．爬虫類は負圧の胸部ポンプ器官を発達させた最初の脊椎動物の一つである．この種の呼吸系では，胸腔の容積の拡大および/もしくは内臓の内部運動の結果として，動物の体外の空気圧に対して体内の胸部に負圧の空気圧が生じ，空気が胸腔に入り込む．胸腔が拡大収縮することで，横隔膜を使わなくても呼吸系に空気が迅速に出入りできる．横隔膜は胸腔と腹部を隔てる筋肉の膜で，哺乳類はこれをふいごのように使って胸腔の容積を拡大縮小している．

3. 爬虫類にも4室の心臓と複雑な血液循環と血圧変化が見られることがあるが，現生爬虫類の心臓はたいてい3室からできている．現生主竜類はすべて4室の心臓を持つので，恐竜も同様であったと想定することにする．

4. 爬虫類はたいてい尿酸排出動物である．つまり，タンパク質分解の結果としてつくられる窒素老廃物が，濃縮した尿酸の形で生じるのである．こうした適応はたぶん，この系統の大多数が閉鎖卵，すなわち殻と膜に包まれた卵によって繁殖しているという事実に起因しているのであろう（Romanoff 1967；Carey 1996）．

5. ほとんどの爬虫類は季節周期的に成長する．これは骨にできる成長輪に典型的なパターンとして現れている．さらに，現生爬虫類は無限の成長を示す．つまり，生きている限り成長を止めないのである．

爬虫類の設計図が精巧にできていても，引きつけられる古生物学者はあまりいないが，生理学者は大きな関心を示す．例えば，Grigg（1989）は，ワニ類の心臓と流出室の解剖学的構造は脊椎動物の中で最も複雑で，爬虫類，哺乳類，鳥類の仕組の一番すぐれた特徴が組み合わさっている，と述べた．

爬虫類の設計図と比べて，現生種の哺乳類と鳥類の生理機能は次のような特徴を持つ．

1. 哺乳類と鳥類は複雑な筋繊維タイプを数多く持ち，速い酸化的糖分解と好気性（酸素を使う）経路を利用していて，アデノシン三リン酸ホスファターゼ活性とクエン酸合成酵素活性が高い．これにより，内温性体温調節に伴う過剰な熱が体内に発生する．興味深いことに，マグロのような内温性魚類の筋肉細胞にも，同様の生化学的特徴が見られる．

2. 哺乳類と鳥類は複雑な多室肺（哺乳類の場合は行き止まりの肺胞）を有している．鳥類は側気管支肺（ガス交換組織の中を平行に走る直径1mm以下の細管で，ここから数多くの毛細管が枝分かれして幅広い毛細管網をつくり，飛翔に適した硬式の肺を構成している）と気嚢を持つ（Scheid 1979）．内温動物は大量の酸素を消費して活動しているが，こうした構造により，外界から酸素を効率よくとり込んで，高い酸素需要に応じ，有酸素活動の範囲を広げることができる．どちらのグループも負圧ポンプ構造の肺を利用して呼吸している．哺乳類ではそのために横隔膜が使われるが，鳥類では使われない．

3. 鳥類と哺乳類はすべて複雑な4室構造の心臓を持っている．

4. 胎盤を有する哺乳類は尿素排出動物（尿素はタンパク質代謝から生じる窒素老廃物）で，鳥類は尿酸排出動物である．

5. 鳥類と哺乳類の成長は有限である（成体になると成長を止める）．また，鳥類と哺乳類の成長は，爬虫類ほど季節の影響を受けないので，骨に季節周期の成長輪がはっきりと現れることは滅多にない．

6. 鳥類と哺乳類は体の外側に特殊な羽衣や毛衣を持つ．これは体温調節において重要な機能を果たしている．鳥類の羽毛はもちろん飛翔中にも機能している．

このように，爬虫類と鳥類/哺乳類の生理機能は大きく異なるが，巨大恐竜類に最もふさわしいのはどちらの設計図であろうか？　この問題に取り組む

表 34.1●安静状態と運動後のゾウ類の呼吸および代謝データ
Paladino et al. 1981；Benedict 1936 より．変数の略語は表 34.2 を参照．

動物*	状態	年齢(歳)	体重(kg)	V_T (l)	回数(毎分呼吸数)	V_E (l/分)	O_2 (%↓)	V_{O_2} (ml/分)	M. R. (W/kg)	CO_2 (%↑)	V_{CO_2} (ml/分)	R. Q.
ロクシー	安静時	12	1955	6.5	10.6	63.89	4.22	2.7	0.452	4.09	2.61	0.97
	予測値	N/A	1955	14.7	5.6	82.08	3.86	3.17	0.531	N/A	N/A	N/A
	運動後	12	1955	13.5	13.5	129	5.69	7.34	1.23	6.24	8.05	1.09
ジージー	安静時	10	2046	6.0	8.6	58.9	4.01	2.36	0.378	3.98	2.34	0.99
	予測値	N/A	2046	15.4	5.5	84.93	3.86	3.28	0.526	N/A	N/A	N/A
	運動後	10	2046	21.9	7.5	164.25	5.15	8.61	1.38	5.34	8.77	1.02
イルマ	安静時	5	1273	8.1	8.2	67	2.72	1.8	0.469	2.63	1.76	0.98
	予測値	N/A	1273	9.55	6.2	59.42	3.85	2.29	0.845	N/A	N/A	N/A
	運動後	5	1273	12.66	15.4	195	4.22	8.23	2.12	4.7	9.17	1.11
ジャップ	安静時	37	3672	26.5	8.8	209	2.78	5.81	0.518	N/A	N/A	N/A
	予測値	N/A	3672	27.5	4.8	131.5	3.89	5.12	0.457	N/A	N/A	N/A
グレッチェン	安静時	16	2182	18.5	6.2	114.75	2.04	2.34	0.351	2.4	2.75	1.18
(アフリカゾウ)	予測値	N/A	2182	16.37	5.44	89.02	3.88	3.45	0.518	N/A	N/A	N/A
	運動後	16	2182	15.3	12.2	186.14	4.89	9.1	1.37	5.1	9.49	1.04
ネモ	安静時	10	1360	19.9	6.6	131.3	N/A	N/A	N/A	N/A	N/A	N/A
(雄)	予測値	N/A	1360	10.2	6.12	62.43	3.86	2.41	0.581	N/A	N/A	N/A
安静時平均値		15	2081	14.3	8.2	107.5	3.15	2.3	0.434	3.28	2.37	1.03

*実験に使った動物は，記述のあるもの以外はアジア産の雌．ロクシーとジージーはサーカスのゾウ，イルマとグレッチェンは動物園のゾウ，ジャップとネモは 1936 年の Benedict による研究で使われたゾウ．

前に，まず現生種の巨大動物，ゾウ類の生理機能について考えると有益な情報が得られるであろう．

●ゾウの生理機能

大型で内温性の陸生哺乳類の生理的なメカニズムと適応を詳しく知るために，筆者らは現生種で最大の陸生哺乳類であるインドゾウ（*Elephas maximus*）とアフリカゾウ（*Loxodonta africana*）の呼吸と代謝の生理を研究した（表 34.1）．ゾウの生理機能を包括的に研究して発表したのは，Benedict（1936）が最初であった．それから 50 年以上ののちに，筆者らが行った調査結果によって（Paladino et al. 1981），ゾウ類の代謝，呼吸，体温調節の生理機能に関する彼の研究の大部分が裏づけられた．

ゾウの代謝量は，Prange and Jackson（1976）およびJackson and Prange（1979）に記述されている標準的な手順を使って決定した．実験では，まずゾウ類から呼吸ガス試料を集めて，それらをもとにゾウが外界からとり除いた酸素の量と，外界に排出した二酸化炭素の量を分析した．この 2 つの呼吸ガス試料は，ゾウのエネルギー代謝（燃料の消費）レベルの間接的な尺度になる（Kleiber 1975 を参照）．

シンシナティ動物園とエンシンガー・サーカスで飼われているインドゾウとアフリカゾウの両方を使って，呼気から終末呼気ガス試料を（気象観測気球に似た）ダグラスバッグに集め，酸素含有量，二酸化炭素含有量，および全容量を分析した．計測は，安静状態と，10 分間の運動のあとに行った（Paladino et al. 1981）．

この計測結果を利用して，呼気量の生産と分別濃度の差（吸気と呼気に含まれる CO_2 の絶対量）から，呼吸による CO_2 生産（V_{CO_2}）を計算した．V_{O_2} の評価は，吸気中と呼気中の O_2 濃度差をもとに，吸気量と呼気量の間のちがいを計算して出した．ガス計測値はすべて，標準方法（Depocas and Hart 1957）を用いて STPD（標準温度，標準圧力の乾燥した空気）に合わせて修正した．

呼吸商（R.Q.），つまり動物が生産すなわち放出した CO_2 と空気試料から消費すなわち除去した O_2 との比を，ゾウ類の呼吸ガスの副試料と比べて算出した．この実験データを，Benedict（1936）がゾウの雄と雌の両方で調べた呼吸データといっしょにまとめた．そして Jackson（1985）に記された方法を使って，R.Q. と V_E（換気値，つまり単位時間当たり呼吸系に出入りした空気の量）を計算した．

これらの研究で使われたゾウの平均年齢は 15 歳で，平均体重は 2081 kg，安静時の 1 回呼吸気量（パラメーターの説明は表 34.2 を参照）は 14.3 l，呼吸回数は 1 分間に平均 8.2 回，毎分呼吸量（1 分間に

表 34.2● 爬虫類，哺乳類，鳥類における，体重とさまざまな生理機能パラメーターの関係を示すのに用いられる相対成長スケーリング方程式

方程式の出所：Dejours 1981；Dubach 1981；Nagy 1982；Calder 1984；Paladino et al.1990

RMR（すべての爬虫類，$T_b=30℃/W\ kg$）$=0.378(M)^{-0.17}$
RMR（哺乳類，$T_b=39℃/W\ kg$）$=3.35(M)^{-0.25}$
RMR（鳥類，$T_b=41℃/W$）$=0.047(m)^{0.72}$
T.L.V.（爬虫類/ml）$=1.237(m)^{0.75}$
T.L.V.^{m}（哺乳類/ml）$=0.035(m)^{1.06}$
T.L.V.^{b}（鳥類/ml）$=0.034(m)^{0.97}$
V_T（爬虫類/ml）$=0.020(m)^{0.80}$
$V_T{}^m$（哺乳類/ml）$=0.0075(m)^{1.0}$
$V_T{}^b$（鳥類/ml）$=0.0076(m)^{1.08}$
f（爬虫類の毎分呼吸数）$=20.6(m)^{-0.04}$
f（哺乳類の毎分呼吸数）$=209(m)^{-0.25}$
f（鳥類の毎分呼吸数）$=146(m)^{-0.04}$
HM（爬虫類）$=0.0051(M)$
HM（哺乳類/g）$=5.8(M)^{0.98}$
HM（鳥類/g）$=8.6(M)^{0.94}$
HR（哺乳類/bpm）$=241(M)^{-0.25}$
HR（鳥類/bpm）$=156(M)^{-0.23}$
SV（哺乳類/ml）$=0.78(M)^{1.06}$
SV（鳥類/ml）$=1.83(M)^{1.01}$
wf（爬虫類/$ml\ H_2O$/日）$=45(M)^{0.66}$
wf（哺乳類/$ml\ H_2O$/日）$=123(M)^{0.80}$
wf（鳥類/$ml\ H_2O$/日）$=115(M)^{0.75}$

略語（M は質量 kg で m は質量 g）：RMR：休止代謝量（爬虫類では，食後 10 時間以上を経過し，暗がりで安静時，T_b：30℃ で温度の負担がない環境で計算した最小エネルギー消費量），T.L.V.：全肺容量，V_T：1 回呼吸気量（1 回の呼吸で呼吸系に出入りする空気の量），f：呼吸速度（毎分呼吸数），wf：水分流量（単位時間当たりに損失もしくは獲得される水分），HM：g もしくは kg での心臓の質量，HR：毎分の心拍数，SV：心拍容量，つまり心室が体内に押し出す血液の量．

呼吸系に入り込む空気の量）は 107.5 l であった．運動後のゾウは雄，雌ともに，軽い活動に対する典型的な哺乳類の反応を示し，代謝量と呼吸が 2～3 倍に増えた．

ゾウ類で測定した生理機能パラメーターの値を次のように用いると，大型動物や巨大動物の生理機能に探りを入れられる．すなわち，動物の体重関連の変数を含む相対成長方程式を使って（表 34.2），ゾウ大の動物の数値を予測し，ゾウ類で測定した値と比較するのである．すると，ゾウ類で測定した生理機能パラメーターの値は，相対成長（予測）方程式（表 34.1）を使って出した哺乳類の値とみごとに一致していた．この相対成長方程式がもっぱら小型から中型の動物から得たデータをもとに導き出された（Calder 1984）ことを考えると，これほどぴったり合うのは驚きである．

ほかの哺乳類と同様，ゾウ類も代謝のレベルが高く，呼吸系の能力が大きくて回転が速いので，活動時にはとりわけ，横隔膜を使った呼吸を必要とする．ゾウ類が生息する熱帯性から亜熱帯性の環境では，熱放散を促進する進化適応が数多く見られる．アフリカゾウの大きな耳や，毛衣の欠如は，こうした適応の中でも特に顕著な例である（Benedict 1936；Wright 1984；Williams 1990；Phillips and Heath 1992）．

● 恐竜の設計図：心臓血管系の制約

生理機能パラメーターの予想値と実測値が合致したことから自信を得たので，相対成長方程式を利用して恐竜類の生理機能のモデルをつくろうと思う．しかしその前にまず，恐竜類の代謝を支えた心臓血管系の性質がどのようなものであったかを考えねばならない．

恐竜の心臓血管系はたぶん，現在の主竜類（ワニ類と鳥類）に見られるものとあまり変わらない 4 室心臓だったと思われるが，ワニ類の特徴（本書第 32 章 Reid 参照）である潜水のための適応（パニッツア孔など，心臓の右側から左側への流路）はなかったようである．4 室の心臓を持つ小型から中型のアリゲーター類は，80 mmHg にも達する体循環血圧を生じることができる（Johansen and Burggren 1980；Lillywhite 1988）．3 室の心臓を持つ爬虫類でさえ，ウミヘビ類やオオトカゲ類のように，100 mmHg を超す体循環血圧をつくり出す能力を持ち（Johansen and Burggren 1980；Lillywhite 1988），肺循環血圧は 20～45 mmHg に保たれている．すると，心臓が 4 室でなくても，全身に大量の血液を送るのに必要な血圧を生み出せるということになるが，現生主竜類は鳥類もワニ類もすべて 4 室の心臓を持つという事実を見れば，恐竜類もそうだったと考えるのが妥当であろう．

同様に，鳥類とワニ類に横隔膜が欠如しているのなら，大型恐竜類も横隔膜なしに大量の空気を動かさなくてはならなかったと推測される（Hengst and Rigby 1994）．恐竜類の中には（竜脚類など）長い首を持っていたものがいるが，この場合，死腔（呼吸したあとも毎回，肺に通じる口や気管の中に残る空気）の容積が大きくなるので，生きていくのに十分な酸素を肺に供給するには，かなりの量の空気を回転させる必要があった．アパトサウルス（Apatosaurus）がトカゲと同じ呼吸系を持っていたとする

表 34.3●哺乳類，鳥類，爬虫類の相対成長生理機能方程式による予測値を使った，巨大恐竜（アパトサウルス）の生理機能

恐竜の種	動物の青写真	体重 (kg)	肺容量 (l)	1回呼吸気量 (l)	呼吸速度 (回数)	心拍数 (bpm)	拍容量 (l)	心臓質量 (kg)
アパトサウルス	哺乳類	30000	2949.96	225	2.82	18.31	43.45	141.56
	鳥類	30000	608.54	903.87	0.70	14.57	60.86	138.99
	爬虫類	30000	501.43	19.18	10.35	*	*	153.00

*使える相対成長方程式がない．

と，相対成長から推測される 1 回呼吸気量はおよそ 19 l でしかない（表 34.3）．この量では全く不十分で，こうした首の長い巨竜で予測される死腔の空気を入れかえることさえできなかったであろう（Hengst and Rigby 1994）．筋肉でできた横隔膜を持つ哺乳類は，大きな圧力差を生じて大量の空気を移動させることができる．竜脚類はどうだったであろうか？

現在，最も原始的な爬虫類には，原始的な気嚢と多室の肺が見られる（Perry 1989）．大型恐竜類が酸素摂取量を増やすには，複雑な肺と，竜盤類恐竜では気嚢（Reid 1996）が必要だったのではないかと筆者らは考えている．これはとりわけ，死腔容積の大きい竜脚類に当てはまる（Daniels and Pratt 1992；Hengst and Rigby 1994）．気嚢と，空気が一方向に流れる肺（本書第 32 章 Reid を参照）があれば，全肺容量が約 1400 l で死腔容積が 184 l と推定される（Hengst and Rigby 1994）アパトサウルスのような大型竜脚類でも，筋肉性の横隔膜なしに，適度な呼吸速度を維持できたであろう．

「哺乳類」型，「鳥類」型，「爬虫類」型呼吸系（表 34.3）に関する相対成長計算を検討してみると，体重 30000 kg のアパトサウルスは，爬虫類型の比較的低い代謝であっても，鳥類タイプの肺と気嚢がなければ，十分なガス交換ができなかったと予測される．鳥類や哺乳類のような内温性代謝では酸素需要がさらに大きくなり，そのために必要なガス交換は，この相対成長方程式による予測値をはるかに上回る．もしもアパトサウルスの全胸容量が 1700 l あって，肺組織が 232 l を占め（肺質量＝0.013(M)$^{0.95}$ [Calder 1984]），その上心臓の容積が 500 l あったとすれば，残る肺容量は約 900 l となる．この容積は鳥類タイプの側気管支を備えた，つまり硬式の肺で計算した時の 600 l という数値に極めて近い．体重 30000 kg の恐竜の 1 回呼吸気量が，予測肺容量よりはるかに大きくなるのは不思議に思えるだろうが，これは気嚢器官があったと仮定してその内部の空気を考慮に入れれば，簡単に説明がつく．巨大恐竜類の長い首には気管の部分に死腔がかなりあり，そこに残る古い空気を薄めるために，これだけ大きな 1 回呼吸気量が必要だったであろう．このように巨体と大きな死腔容量のせいで呼吸系の効率を高める必要が生じていたが，それに加えて，内温性に伴う酸素需要の増大があったとはとても考えられない．

●巨竜の進化

哺乳類は，その進化史の大半において小型動物であった．陸上の動物相で大型哺乳類や巨大哺乳類が頭角を現したのは新生代後半に入ってからで，気候の寒冷化と乾燥化に反応してのことであった（Behrensmeyer et al. 1992；Prothero 1994）．大型哺乳類が進化したあとでさえ，どの時点をとっても哺乳類の大半は小型のままである（Brown 1995；Farlow et al. 1995 a）．体の大きな熱帯性哺乳類（現生ゾウ類など）は確かに存在するが，いろいろな理由から，熱帯地方は大型の内温動物にとって最適の温度環境ではないと考えられる．温暖な環境条件のもとで暮らす大型内温動物は，巨体から生じる大量の熱を捨てるのに苦労するであろう（Spotila et al. 1991）．それを考えれば，巨大な熱帯性哺乳類が日中より夜に餌をあさることが多く，分厚い毛衣を持たず（Owen-Smith 1988），前述したようにゾウが耳で熱を放出しているのも説明がつく．

しかし海にはさまざまな巨大哺乳類が生息している．彼らが巨体を維持できているのは，食糧源である小型の餌（オキアミなど）の生産性が高く，また体から生じる大きな熱負荷を熱伝導性の高い水の中で放散できるからである．とはいえ，最大級のクジラ類はもっぱら極地の冷たい海中で過ごし，子を産む時以外は温かい海域に入ることは滅多にない．

絶滅した恐竜類は，大半の種が大型から巨大型であった（Peckzis 1994；Farlow et al. 1995 a）．恐竜類が生きていた時期には，地球の大部分が温暖な環境下にあった（Behrensmeyer et al. 1992；Farlow et al.

1995a).したがって,大型恐竜類は高い休止代謝率をほとんど必要としなかったであろう.現生種の大型爬虫類と同様,大型恐竜類はひとまとめに巨体温度性と呼ばれる生理的特徴を利用していた(大きな体,循環系の調節,何層もの断熱構造を利用して,比較的低温の環境でも,外温性の低い代謝率によって恒常的に高い体温を維持すること)(Paladino et al. 1990).さらに,巨大な恐竜類が内温動物であったとしたら,過度な体熱を放出することができず,命を危険にさらすことになったであろう(Spotila et al. 1991).

現在入手できる化石証拠は (Carpenter et al. 1994),恐竜類が卵を産んだことを示している.現生の近縁種のワニ類や鳥類と同じように,閉鎖(閉鎖系の)卵の中で発生するという制約から,必然的に尿酸排出(窒素代謝から生じる老廃物をアンモニアより毒性の低い尿酸という形にして排出する)であったはずである.現生鳥類や爬虫類の多くが塩分除去の腎外(腎臓以外の)手段(鼻や目の塩腺など)を進化させているという事実は,現生哺乳類につながる系統が,現生爬虫類や鳥類につながる系統とは全く異なっていたということのさらなる証拠となる.さまざまな大きさの爬虫類や哺乳類,鳥類の水分流量を相対成長方程式によって計算すると,哺乳類型の設計図に基づいてつくられたアパトサウルス大の竜脚類は,水源への依存度が高く,1日に少なくとも469 l の水分を外界からとり入れなくては生存できない(方程式は表34.2).爬虫類型設計図に従って組み立てられた恐竜類なら,彼らの生息環境によく見られた乾燥状態に最もうまく対処できたであろう(Behrensmeyer et al. 1992;Farlow et al. 1995a).しかし,アパトサウルス類の呼吸系が(気嚢があり,肺の中を空気が一方向に流れる)鳥類型で,休止代謝が爬虫類型だったとしたら(鳥類型の方程式を使って,爬虫類型の代謝を維持するとしたら),腎外塩腺に必要な水分は哺乳類や鳥類が必要とする水分の約56%ですみ,1日に262 l 程度の水分で生存できるであろう.爬虫類型の呼吸系と腎臓や塩腺を備えた恐竜なら,生存のために外界からとり入れる水分は約41 l で足りる.閉鎖卵に蓄積される窒素老廃物を毒性の低い形に変える方法を進化させる淘汰圧に加えて,水分保存の問題も,恐竜類で尿酸排出が発達するきっかけになったと思われる.

外温性の恐竜類が必要とする食べものは,同じ大きさの内温動物よりかなり少ないので(Farlow 1993;Farlow et al. 1995a),大型哺乳類に比べて,はるかに少ない資源で個体群を維持できたはずである.巨大哺乳類が突発的な出来事で絶滅する危険を避けられるだけの個体数を保つのはむずかしい(Farlow et al. 1995a).これも(熱ストレスの問題に加えて),過熱が問題にならないと思われる極地圏にさえ,クジラ大の陸生哺乳類が存在しない理由の一つであろう.一方,外温性の恐竜類は,一定数の個体群で比べると,内温動物ではありえないほど大きな体でも維持できた.つまり恐竜類の生理機能は,環境条件さえ整えば,いつでも巨大な体を進化させられる状態にあったのである.

中生代が始まると同時に,大気中の CO_2 濃度が古生代の終わりに比べて高くなる(Berner 1994;Graham et al. 1995).地球が温暖化し,外温動物が巨体を選択するのに理想的な環境がつくられた上に,二酸化炭素濃度の上昇で植物の生産性が促進された.こうして恐竜類は,古生代後期の獣弓類よりもはるかに大きな食糧源を獲得し,これを基盤に巨体を進化させ,巨体温度性が最も有効に働く大きさに成長できたのである.ほとんどの爬虫類と,少なくとも一部の恐竜類は,非決定的成長パターンを特徴としているので(Farlow et al. 1995a),十分な栄養が得られれば一生を通じて成長し続けたと思われる.

最近,恐竜類は内温動物だったか外温動物だったかという議論が,古生理学の論文でかなりの注目を浴びている.Chinsamy (1990) および Chinsamy et al. (1994) は,骨組織学の研究を利用して,絶滅恐竜類の骨の成長パターンが,典型的な外温動物の季節周期的な成長パターンにかなり似ていると結論づけた.さらに,爬虫類の筋力生理の研究データ(Ruben 1991)によると,内温性と,体温を高く保つ調整機能が進化する前に,原始的な鳥類で羽ばたき飛翔が進化していたと推測される.どうやら内温性は,典型的な爬虫類である恐竜類の系統から鳥類が分かれてからかなりあとに,そして飛翔が進化したずっとあとに進化したらしい.

内温性は飛翔の進化に必要不可欠なものではなく(Bennett and Ruben [1979] は酸素活用能力の増大を根拠に,内温性は飛翔の進化に必要不可欠だと述べているが),爬虫類の筋肉生理機能でも,ニワトリや七面鳥の大きさの鳥を地面から空中に飛び立たせる能力は十分にある(Ruben 1991).北方の温帯性気候で過ごす小型の渡り鳥は,たくさんの酸素を消費する羽ばたき飛翔を常に行っているが,ニワ

リやシチメンチョウ大の鳥はちがう飛び方をする．大きめの鳥は短時間に思い切り翼を羽ばたかせて空へ舞いあがったあと滑空し，断続的に翼を羽ばたかせたり小さい上昇気流に乗ったりして長い距離を飛ぶ．コンドル類やワシ類，タカ類は，連続的な羽ばたき飛翔をしなくても遠いところまで移動できる．ニワトリからシチメンチョウ大の二足歩行恐竜類から進化した原始的な鳥類は，ワシ類やタカ類と同じくらいの大きさで，その飛び方も似ていたものと推測される．内温性を進化させたことで，鳥類は季節の変化に富む北方や南方まで生態的地位を拡げられたが，そういった地方はマーストリヒチアン期の気候寒冷化に伴ってかなり寒くなっていた．そこで，これら原始的な鳥類には，高い体温を維持し，力強い爬虫類型の筋肉が寒さの中で冷えないようにする必要が生じた．筋肉を温めておかなくては，飛翔のための推進力を生み出せなかったのである．ニワトリからシチメンチョウの大きさの鳥類は，寒冷な気候の中で筋肉を温かく保つのに内温性を必要としたのであろう．これら中型から大型の原始的な鳥類で内温性が進化すると，より内温性に長けた小型鳥類でも酸素活用能力が増大し，現在の小型鳥類に見られる典型的な高エネルギー羽ばたき飛翔を支えられるまでになった．

このように体温調節の淘汰圧がかかり，温度に関する生態的地位が拡大したことが，鳥類における内温性の進化に拍車をかけたと思われる．

こうした議論は，魚類における内温性の進化を生態的地位が拡大した結果とし，高い酸素活用能力を支える必要から生じたのではない，と述べた Block et al.(1993)の仮説をさらに裏書きするものである．同一の祖先から発したマグロ類やその近縁であるサバ類では，少なくとも3つの異なる時期に内温性が進化した (Block 1991；Block et al. 1993)．これらの研究では，筋肉中のシトクロム b 遺伝子を比較して，サバ類の系統を導き出している．系統学的研究のために比較に使用された外群は，すべて体側に赤色筋を備えた魚類である（カマス Sphyraena，スズキ類 Serranidae，シイラ Coryphaena）．

サバ類の異なる4属で突然変異が起こり，内温性の赤色筋が進化発達したと思われる時期に，遺伝子変異が認められた．また変異に働いたメカニズムはそれぞれに異なっていた．例えば，ビルフィッシュのグループでは，遺伝子変異によって上直筋が熱発生器官（頸動脈から形成される向流熱交換器官）に変わったことが，部位的内温性の発達につながっ

た．バタフライ・マカレルでは，外側直筋が熱発生器官（側背部大動脈に由来する熱交換器官）に変化したことから，異なるルートをとおって内温性に至った．マグロ類の場合，内温性につながる適応は，筋肉や内臓，脳（頸動脈から形成される脳の熱交換器官）の血管性向流熱交換器官を利用した全身性のもので，水平隔壁に沿って赤色筋が内側に入り込んでいる．

マグロ類の近縁であるカツオ類などもかなりの速度で泳ぐが，外温性である．一方，マグロ類は真の内温動物で，他と熱的に分離され特殊化した赤色筋を有し，驚異的な酸素活用能力を発揮する．内温性を進化させたことで，マグロ類は温度の生態的地位を北方や南方の冷たい海域へ，そしてより深く冷たい水域まで拡げた．外温性のなかまにはとうてい無理な業である．

内温性の魚類とは対照的に，オサガメは巨体温度動物で，大きな体と恒常的な低出力を使って長い距離を活発に移動し，高い体温を維持しながら，深さ1000 m の冷たい水域まで潜る（Paladino et al. 1990）．

サバ類のデータと，巨体温度性のカメ類のデータ，爬虫類の筋力の計算結果，そして恐竜類と原始的鳥類の化石骨組織のデータすべてが示す，内温性進化への道は，ここで行った解釈と一致している．つまり，典型的な恐竜類で内温性が進化するように導く淘汰圧はなかった．絶滅した大型恐竜類は外温動物だったのである．

●恐竜類の青写真

初期の主竜類で大きな体が急速に進化したことは，4室心臓を進化させる強い淘汰圧として働いたであろう．主竜類の体がどんどん大きくなると，より効率的な栄養と酸素の供給が求められるようになったが，それに対応するにはこのような4室の心臓が必要だったはずである．この要求を満たすために進化した循環系には，改良を加えれば鳥類の内温性の生理的枠組となりうる特徴がすべて備わっていた．

しかし，恐竜類の場合，同じ種類の心臓を持っていても，それが全く異なる方向への進化を支えるのに，つまり，もっと大きな体をつくるのに使われた可能性がある．竜盤類恐竜で，気囊を備えた，一方向へ流れる側気管支肺が進化したのも，大きな体の進化に伴う淘汰圧へのさらなる反応だったのかもし

れない．
　ところで，こうした呼吸系ができあがってみると，竜脚類の長い首に生じる大きな死腔容量にはぴったりの対処手段であることがわかった．そして，これらの恐竜類が巨体を獲得するのを可能にした，重要な適応構造の一つになったのであろう．

● 文　献

Alexander, R. McN. 1985. Mechanics of posture and gait of some large dinosaurs. *Zoological Journal of the Linnean Society* 83：1-25.

Bakker, R. T. 1986. *The Dinosaur Heresies：New Theories Unlocking the Mystery of the Dinosaurs and Their Extinction*. New York：William Morrow.

Behrensmeyer, A. K.；J. D. Damuth；W. A. DiMichele；R. Potts；H-D. Sues；and S. L. Wing（eds.）. 1992. *Terrestrial Ecosystems through Time：Evolutionary Paleoecology of Terrestrial Plants and Animals*. Chicago：University of Chicago Press.

Benedict, F. G. 1936. *Physiology of the Elephant*. Washington, D. C.：Carnegie Institution Publication no. 474.

Bennett, A., and J. Ruben. 1979. Endothermy and activity in vertebrates. *Science* 206：649-654.

Benton, M. J.（ed）. 1988. *The Phylogeny and Classification of the Tetrapods*. Vol. 1. Systematics Association Special Volume 35 A：289-332.

Berkson, H. 1966. Physiological adjustments to Prolonged diving in the Pacific green turtle. *Comparative Biochemistry and Physiology* 18：101-119.

Berner, R. A. 1994. GeocarbⅡ：A revised model of atmospheric CO_2 over Phanerozoic time. *American Journal of Science* 294：56-91.

Block, B. 1991. Evolutionary novelties：How fish have built a heater our of a muscle. *American Zoologist* 31：726-742.

Block, B.；J. Finnerty；A. Stewart；and J. Kidd. 1993. Evolution of endothermy in fish：Mapping physiological traits on a molecular phylogeny. *Science* 260：210-214.

Brown, J. H. 1995. *Macroecology*. Chicago：University of Chicago Press.

Calder, W. A. 1984. *Size, Function, and Life History*. Cambridge, Mass.：Harvard University Press.

Carey, C. 1996. Reproductive energetics. In C. Carey（ed.）, *Avian Energetics and Nutritional Ecology*, pp.324-374. New York：Chapman and Hall.

Carpenter, K.；K. F. Hirsch；and J. R. Horner(eds.). 1994. *Dinosaur Eggs and Babies*. Cambridge；Cambridge University Press.

Chinsamy, A. 1990. Physiological implications of the bone histology of *Syntarsus rhodesiensis*（Saurischia：Theropoda）. *Palaeontologia Africana* 27：77-82.

Chinsamy, A.；L. Chiappe；and P. Dodson. 1994. Growth rings in Mesozoic birds. *Nature* 368：196-197.

Daniels, C. B., and J. Pratt. 1992. Breathing in long necked dinosaurs：Did the sauropods have bird lungs? *Comparative Biochemistry and Physiology* 101 A：43-46.

Dejours, P. 1981. *Principles of Comparative Respiratory Physiology*. Amsterdam：Elsevier.

Depocas, F., and J. S. Hart. 1957. Use of the Pauling oxygen analyzer for measurement of oxygen consumption in open-circuit systems and in short lag, closed-circuit aparatus. *Journal of Applied Physiology* 10：388-392.

Dixon, D.；B. Cox；R. J. G. Savage；and B. Gardiner. 1992. *The Macmillan Illustrated Encyclopedia of Dinosaurs and Prehistoric Animals*. New York：Collier Books, Macmillan.

Dubach, M. 1981. Quantitative analysis of the respiratory system of the house sparrow, budgerigar, and violet eared hummingbird. *Respiratory Physiology* 46：43-60.

Farlow, J. O. 1993. On the rareness of big, fierce animals：Speculations about the body sizes, population densities, and geographic ranges of predatory mammals and large carnivorous dinosaurs. *American Journal of Science* 293-A：167-199.

Farlow, J. O.；P. Dodson；and A. Chinsamy. 1995 a. Dinosaur biology. *Annual Review of Ecology and Systematics* 26：445-471.

Farlow, J. O.；M. B. Smith；and J. M. Robinson. 1995 b. Body mass, bone "strength indicator," and cursorial potential of *Tyrannosaurus rex*. *Journal of Vertebrate Paleontology* 15：713-725.

Gans, C., and H. Pough. 1982. Physiological ecology：Its debt to reptilian studies, its value to students of reptiles. In C. Gans and F.H. Pough（eds.）, *Biology of the Reptilia*, vol.12, pp. 1-11. New York：Academic Press.

Gleeson, T. T. 1991. Patterns of metabolic recovery from exercise in amphibians and reptiles. *Journal of Experimental Biology* 160：187-207.

Graham, J. B.；R. Dudley；N. M. Aguilar；and C. Gans. 1995. Implications of the late Palaeozoic oxygen pulse for physiology and evolution. *Nature* 375：117-120.

Grigg, G. C. 1989. The heart and pattern of cardiac outflow in Crocodilia. *Proceedings of the Australian Physiological and Pharmacological Society* 20：43-57.

Hengst, R., and J. K. Rigby, Jr. 1994. *Apatosaurus* as a means of understanding dinosaur respiration. In G. D. Rosenberg and D. L Wolberg（eds.）, *Dino Fest*, pp.199-212. Special Publication 7. Knoxville：The Paleonotlogical Society, University of Tennessee.

Jackson, D. C. 1985. Respiration and respiratory control in the green turtle, *Chelonia mydas*. *Copeia* 1985：664-671.

Jackson, D. C., and H. D. Prange. 1979. Ventilation and gas exchange during rest and exercise in adult green turtles. *Journal of Comparative Physiology* 134：315-319.

Johansen, K., and W. W. Burggren. 1980. Cardiovascular function in the lower vertebrates. In G.H. Bourne（ed.）, *Hearts and Heart-like Organs* vol.1, pp.61-117. New York：Academic Press.

Kleiber, M. 1975. *The Fire of Life*. New York：R. E. Krieger.

Lillywhite, H. B. 1988. Snakes, blood circulation and gravity. *Scientfic American* 259：92-98.

Nagy, K. A. 1982. Field studies of water relations. In C. Gans and F. H. Pough（eds.）, *Biology of the Reptilia*, vol.12, pp.483-501. New York：Academic Press.

Owen–Smith, R. N. 1988. *Megaherbivores : The Influence of Very Large Body Size on Ecology*. Cambridge : Cambridge University Press.

Paladino, F. V., and J. R. King. 1984. Thermoregulation and oxygen consumption during terrestrial locomotion by white–crowned sparrows, *Zonotrichia leucophrys gambelii. Physiological Zoology* 57 : 226–236.

Paladino. F. V. ; M. P. O'Connor ; and J. R. Spotila. 1990. Metabolism of leatherback turtles, gigantothermy, and themoregulation of dinosaurs. *Nature* 344 : 858–860.

Paladino, F. V. ; J. R. Spotila ; and D. Pendergast. 1981. Respiratory variables of Indian and African elephants. *American Zoologist* 21 : 143.

Peckzis, J. 1994. Implications of body–size esimates for dinosaurs. *Journal of Vertebrate Paleontology* 14 : 520–533.

Perry, S. F. 1989. Structure and function of the reptilian respiratory system. In S. C. Wood (ed.), *Comparative Pulmonary Physiology : Current Concepts*, pp.193–236. Lung Biology in Health and Disease, vol.39. New York : Marcel Dekker.

Phillips, P. K., and J. E. Heath. 1992. Heat exchange by the pinna of the African elephant (*Loxodona africana*). *Comparative Biochemistry and Physiology* 101 A : 693–699.

Prange, H. D., and D. C. Jackson. 1976. Ventilation, gas exchange and metabolic scaling of a sea turtle. *Respiratory Physiology* 27 : 369–377.

Prothero, D. R. 1994. *The Eocene–Oligocene Transition : Paradise Lost*. New York : Columbia University Press.

Reid, R. E. H. 1996. Bone histology of the Cleveland–Lloyd dinosaurs and of dinosaurs in general. Part I : Introduction : Introduction to bone tissues. *Brigham Young University Geology Studies* 41 : 25–71.

Romanoff, A. L. 1967. *Biochemistry of the Embryo*. New York : John Wiley and Sons.

Ruben, J. 1991. Reptilian physiology and flight capacity of *Archaeopteryx. Evolution* 45 : 1–17.

Scheid, P. 1979. Mechanism of gas exchange in bird lungs. *Reviews of Physiology, Biochemistry and Pharmacology* 86 : 137–186.

Spotila, J. R. ; M. P. O'Connor ; P. Dodson ; and F. V. Paladino, 1991. Hot and cold running dinosaurs : Body size, metabolism and migration. *Modern Geology* 16 : 203–227.

Williams, T. M. 1990. Heat transfer in elephants : Thermal partitioning based on skin temperature profiles. *Journal of Zoology, London* 222 : 235–245.

Wood, S. C. 1989. *Comparative Pulmonary Physiology : Current Concepts*. Lung Biology in Health and Disease, vol. 39. New York : Marcel Dekker.

Wright, P. S. 1984. Why do elephants flap their ears? *South African Journal of Zoology* 19 : 266–269.

35
恐竜の代謝機能に関する新見解

*John Ruben,
Andrew Leitch,
Willem Hillenius,
Nicholas Geist,
and
Terry Jones*

　内温性，すなわち「温血」は，脊椎動物の進化発達の中で重要な位置を占めており，現生種の鳥類や哺乳類と，爬虫類や両生類，魚類を区別する最も際立った特徴の一つである．内温性が鳥類と哺乳類で別個に進化したのはまちがいない．内温性は生物に，生理面でも生態面でも明らかな利益をもたらす．水陸両方の環境で，鳥類や哺乳類が現在，繁栄している主な理由はそこにあるようである（Ruben 1995）．肺の換気率，酸素消費率，そして体内産熱率が（好気的代謝によって）高まるのが内温性の顕著な特徴であり，これによって鳥類と哺乳類は，外界の温度がかなり変化しても一定の体温を維持できる．その結果，鳥類と哺乳類は低温の環境や温度変化の激しい環境でもたくましく繁殖し，夜間にも活動できるが，これは外温性脊椎動物にはまず不可能である．

　さらに，内温動物は酸素活用（酸素消費）能力が高いので，外温動物の能力をはるかに超えた活動レベルを維持できる（Bennett 1991）．注目すべき例外がいくつかあるものの，爬虫類のような外温動物が比較的速い活動をする時は，持続のきかない嫌気的代謝に頼るのがふつうである．びっくりするほど激しい動きを見せることもしばしばあるが，すぐに乳酸がたまるので，外温動物は概して疲れやすい．一方，内温動物は比較的高い活動レベルでも長時間にわたって維持できる．これにより，広い範囲で餌をあさったり，遠いところまで移動したりすることが可能になる．コウモリ類や鳥類が長距離を力強く飛び続ける能力は，現生外温動物には及びもつかないものである（Ruben 1991）．

　現生脊椎動物の生態にとって内温性がどれほど重要であるかを考えると，内温性の進化が多くの注目を集めているのも驚くには当たらない（例えば，Hopson 1973；Bennett and Ruben 1979；Bennett and Huey 1990）．また，翼竜類や恐竜類など，中生代の大半にわたって陸空の環境を支配した絶滅種の爬虫類や鳥類の系統について，内温性だった，いやそうではなかった，といった推論が，ここ数十年の間に

数多く出されている（例えば，Farlow 1990；Padian 1983）．

ほんの少し前まで，絶滅種の内温性をはっきり証明することは不可能といってもよかった．内温性の特質はほとんど「軟組織構造」に限られており，化石記録に残ったとしてもごくわずかで，残っていないのがふつうである．生理機能の観点から見ると，内温性は細胞での莫大な酸素消費率によって獲得される．実験室では，哺乳類の基礎代謝率，すなわち休止代謝率は大体，体重と体温が同じ爬虫類の6〜10倍になる．鳥類の休止代謝はたいていもっと大きく，爬虫類の15倍にもなる．野外では，哺乳類や鳥類の代謝率が，同じ大きさの外温動物に比べて20倍ほどになることも多い．こうした高い酸素消費レベルを維持するために，内温動物は構造や機能を大きく変更して，酸素の摂取，輸送，受けわたしを促進している．哺乳類も鳥類も肺換気率が高く，肺循環系と体循環系が完全に分離されており，心拍出量が大きい．また両者とも血液容量と血液の酸素運搬能力がかなり大きく，組織の好気性酵素の活性も高い（Ruben 1995）．こうした内温性生理機能の主要な特徴は，哺乳類でも鳥類でも，あるいはほかの動物でも，化石には残りそうもない．

したがって，さまざまな絶滅脊椎動物が内温性を備えていたとするこれまでの推測は，捕食者と被食者の比率（Bakker 1980），歩行跡化石（Bakker 1986）といった不確かな基準や，鳥類や哺乳類の姿勢との比較（Bakker 1971）などと，代謝率が相関関係を持つと仮定した上でのことであった．しかし，詳しく調べると，こうした相関関係のほとんどすべてが，どう見ても疑わしいとわかる（Farlow et al. 1995）．内温動物は全体的に成長速度が速いとされることから，一部の恐竜類は成長が速く内温性だったという仮説を導き出そうとした者もいた．しかし，新しい情報（および昔のデータの再分析）によると，現在のさまざまな内温動物と外温動物の間に，それほど大きな成長速度のちがいはない（Chinsamy 1990, 1993；Owerkowicz and Crompton 1995）．おまけに，成長速度がアメリカアリゲーターと似ている恐竜が，少なくとも一種（トロオドン *Troodon*）いることがわかっている（Ruben 1995）．

ごく最近になって，化石骨の酸素同位体量の比率（$^{16}O:^{18}O$）をもとに，一部の大型恐竜類（ティラノサウルス *Tyrannosaurus* など）（Barrick and Showers 1994）では，生時における末梢部と体心部の温度差があまりなかった，という主張がなされた．これは，こうした大型恐竜類が内温動物だったことを示す証拠と受け止められた．外温動物とはちがって，内温動物の生時の体温は末梢部と体心部の間でほとんど差がないと思われていたからである．ところが残念なことに，数多くの鳥類や哺乳類で，末梢部の体温がしばしば体の深部，すなわち体心部の温度よりかなり低く保たれていることを示すデータはいくらでもある．また，化石骨の酸素同位体比は，地下水の温度によって大きく左右される（Kolodny et al. 1996）．つまり，恐竜類の化石骨における酸素同位体比からは，恐竜の代謝生理機能について確かな情報をほとんど得られないということである．

もっとはっきりいうなら，これまでの議論は，哺乳類や鳥類の状態に見かけが似ているという点を主たる根拠としたものばかりで，内温性のプロセス自体には機能面での明らかな相関関係は認められなかった．内温性への明白で疑う余地のない機能的関係を，保存可能な形態的特徴によって実際に証明できる研究は，最近までなかったのである．

この状況が変わったのは，現生哺乳類のほとんどすべての種で，呼吸甲介（後述）が高い肺換気率と内温性の維持に必要不可欠となっており，機能面で密接な相関関係を持っていることが示されたからである．やはり最近になってからだが，呼吸甲介と，それにたぶん肺換気率や代謝率の高さも，ペルム紀から三畳紀の哺乳類型爬虫類の少なくとも2つのグループで出現したことがわかった（Hillenius 1994）．つまり，呼吸甲介は，化石記録でも観察可能で，内温性を直接示す初めての形態的指標なのである．

複雑な呼吸甲介は現生鳥類のすべての種類でも認められる．鳥類におけるこの構造は哺乳類とは別個に生じたものだが，哺乳類のものに驚くほど似ている．少ないが信頼できるデータによると，鳥類の呼吸甲介も，高い肺換気率や内温性と同様の機能的結びつきがあるらしい．つまり，獣弓類から哺乳類につながる系統の場合と同じように，こうした構造の有無は，初期の鳥類とその祖先である恐竜類の，肺換気率と代謝のパターンを明らかにする「ロゼッタ・ストーン」となるかもしれない．

● 哺乳類および鳥類における呼吸甲介，そして内温性との関係

甲介骨，もしくは甲介軟骨は，ほとんどすべての爬虫類，鳥類，哺乳類の鼻腔にある要素で，渦巻形や整流装置形をしている．大半の哺乳類では，ふつう，粘膜に覆われた2組の構造からなり，鼻の主気

道に直接突き出ているか，あるいは主呼吸気道に隣接した袋小路の「細い通路」に突出している（図35.1）．鼻の前方にある空気の主なとおり道（すなわち，主鼻道），顎骨甲介，あるいは呼吸甲介の中に位置するこうした器官は，薄く複雑な構造で，湿った呼吸上皮に包まれている．嗅甲介（側蝶形骨や鼻骨甲介，篩骨甲介としても知られている）は，呼吸気の主経路のすぐ外側に位置し，たいていの場合，呼吸甲介の背側後方にある．嗅甲介は嗅（覚）上皮に包まれ，嗅覚の中核となっている．これはすべての爬虫類，鳥類，哺乳類に現れるので，内温性の維持とは特に関係ない．

内温性と機能面で強い結びつきがあるのは呼吸甲介だけである．鳥類でも哺乳類でも，内温性は高い

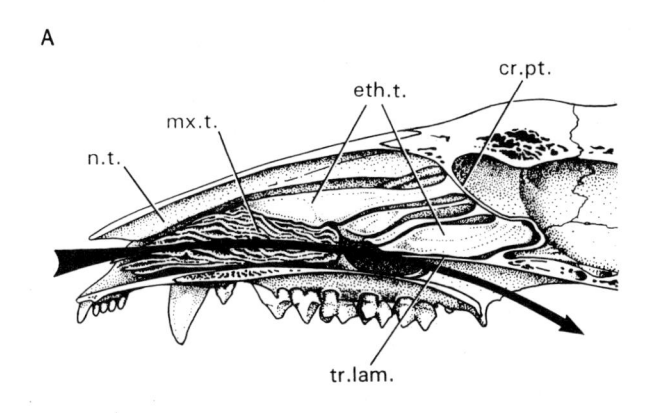

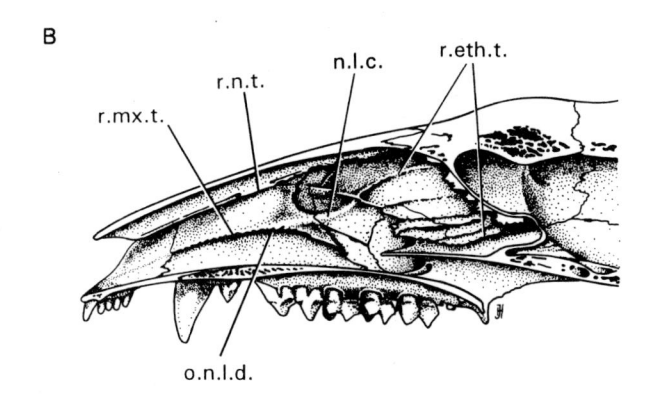

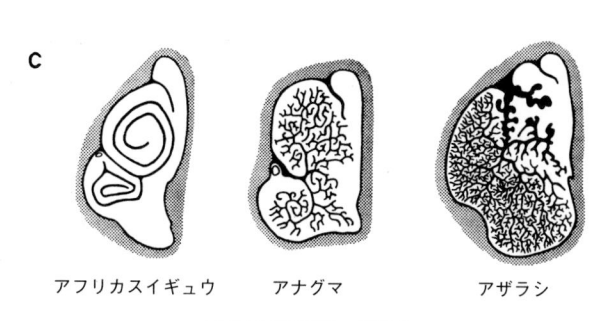

図35.1●哺乳類の鼻甲介

矢印は，鼻域をとおって口腔に入り込む気流の通路を示している．(A) オポッサム (*Didelphis*) の頭骨の縦断面右側．(B) Aに似ているが，甲介をとり除いて，甲介が付着する隆起部を露出させている．(C) 哺乳類の前甲介の断面図．種類はアフリカスイギュウ (*Syncerus*)，アナグマ (*Meles*)，アザラシ (*Phoca*)．縮尺は異なる．Hillenius 1994 による．略語：cr. pt.：ふるい状板，eth. t.：篩骨甲介（嗅覚の），mx. t.：顎骨甲介，もしくは呼吸甲介，n. l. c.：鼻涙管腔，n. t.：鼻骨甲介（嗅覚の），o. n. l. d.：鼻涙管腔の開口部，r. eth. t.：嗅覚の篩骨甲介が付着する隆起部，r. mx. t.：顎骨甲介が付着する隆起部，r.n.t.：鼻骨甲介（嗅覚）が付着する隆起部．

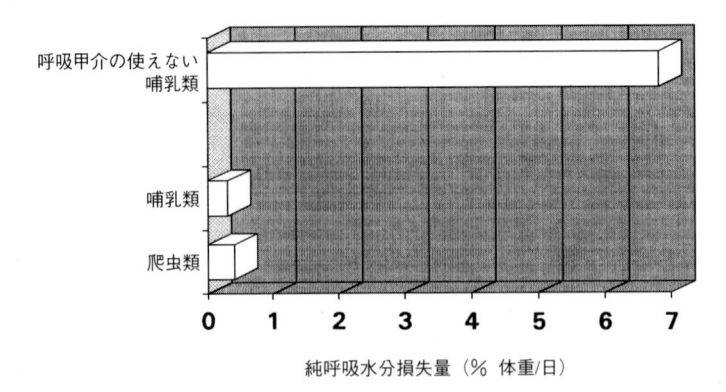

図 35.2 ● 自由生活性で体重 1 kg の爬虫類と哺乳類の 1 日の純呼吸蒸発水分損失量（呼吸蒸発水分損失から代謝による水分生産を引いたもの），および呼吸甲介を使えない（つまり，鼻の構造が爬虫類型で，O_2 消費量 1 cm^3 当たりの純呼吸水分損失量が爬虫類に似ている）自由生活性哺乳類の純呼吸蒸発水分損失の推定値

呼吸甲介の水分保持機能がなければ，哺乳類と鳥類における 1 日の水分流出量は，30% ほどバランスを失うであろう．トカゲ類と真獣類哺乳類の野外代謝量と水分流出量（Nagy 1987 と Nagy and Peterson 1988 による回帰），および，トカゲ類，健全な哺乳類，実験的に手を加えた哺乳類で観察された純呼吸蒸発水分損失量（Hillenius 1992）に基づく計算．体温を調節するトカゲ類（体温＝37℃）の純呼吸水分損失（外界温度＝15℃）は，O_2 消費量 1 cc につき H_2O がおよそ 1.5 mg である．健全な哺乳類では，O_2 消費量 1 cc 当たりの純呼吸水分損失はほとんど問題にならない数値で，外界温度が 15℃ でわずかにプラスの値を示す（Hillenius 1992 を参照）．

酸素消費量や高い肺換気率と密接につながっている．実験室では，鳥類と哺乳類の肺換気率は，同じ大きさの爬虫類の 3.5～5 倍を示すので，野外での鳥類や哺乳類の肺換気率が爬虫類の 20 倍ほどになることは確かである．哺乳類では，肺換気率の高さからくる水分損失率の高さが問題を引き起こす恐れがあり，これを解消するのに呼吸甲介が欠かせない（図 35.2）．

呼吸甲介は，呼吸気と，甲介を包む湿った上皮との間で，呼吸による熱と水分が間欠的に向流交換されるのを促す（図 35.3）．簡単にいえば，外界から吸い込まれた冷たい空気が甲介の粘膜から熱と湿り気を奪いとる．これによって肺の乾燥を防ぐが，呼吸上皮が冷えて，甲介に温度勾配が生じる．息を吐く時には，このプロセスが逆になる．つまり，水蒸気で完全に飽和された温かい空気が肺から出て，呼吸甲介上を再びとおる時に冷やされる．その結果，呼気は過飽和状態になり，「過剰な」水蒸気が甲介表面で凝縮するので，水分を回収して再利用できる．こうしてしばらくの間，相当量の水分と熱が外界へ放出されることなく保たれる．甲介がなければ，砂漠以外の環境に住む種であっても，呼吸による水分損失率が許容レベルをしばしば超え，連続した高い酸化代謝と内温性を維持できなくなるであろう（Hillenius 1992, 1994）．

哺乳類の呼吸甲介の類似器官や相同器官は，現生種の爬虫類や両生類のどれにも見られない．現生爬虫類には単純な鼻甲介が 1 つから 3 つあるが，機能は嗅覚に限られている（図 35.4）．哺乳類の嗅甲介（鼻骨甲介もしくは篩骨甲介）と同様，これらはたいてい鼻腔の後背部の嗅覚部に位置している．爬虫類の鼻腔には（現生外温動物すべての鼻腔といってもよいが）呼吸水蒸気回復のための特別な構造は存在しないし，またその必要もなさそうである．爬虫類の肺換気率は，砂漠に生息する種であっても，肺の水分損失率が深刻な問題を招くことなど滅多にないくらい低い（図 35.2）．

哺乳類の甲介に匹敵する複雑な甲介は，ほとんどすべての鳥類でも認められ（Bang 1971），やはり同様の機能を持っているようである（例えば Schmidt-Neilsen et al. 1970）．鳥類の鼻腔の大きさと複雑さは，くちばしの形によってさまざまに異なるが，一般に，鳥類の鼻道は細長く，軟骨の，もしくは時に骨化した，甲介が 3 つ連続している（図 35.5）．前甲介は比較的単純な場合が多いが，ほかの甲介，とりわけ中甲介はもっと発達して，幾重にも折れ曲がり，はっきりとした渦巻形をつくっていることが多い．感覚（嗅）上皮は後甲介に限られている．哺乳類の嗅甲介と同様，この構造は呼吸気の主要な流れの外側に位置し，分離された嗅室内にあることも多い．発生学や解剖学の研究によると，爬虫類に相同器官が見られるのは後甲介のみで，前部および中部

の甲介は，哺乳類の呼吸甲介とは別個に，鳥類で独自に進化した新しい特徴であることがわかる（Witmer 1995）．

鳥類の前甲介および中甲介は，哺乳類の呼吸甲介と同様，まさに呼吸経路内に位置し，主として呼吸上皮に包まれている．これら甲介の位置は，大量の呼吸気に変化を加えるのにふさわしい場所にある．信頼できるデータによると，これらの甲介は，呼気に含まれる水蒸気の回復において，哺乳類の呼吸甲介と同じかそれ以上の機能を果たしている（Schmidt-Neilsen et al. 1970）．したがって，鳥類におけるこれらの構造は，高い肺換気率と内温性への適応を表し，哺乳類の呼吸甲介と完全な相似性を持つと見て

よい．

要約すると，生理機能データから見て，鳥類，哺乳類および/もしくは彼らの祖先がそれぞれ独自に内温性を選択したことは，これらの生物群における呼吸甲介の収斂進化と切っても切れない関係にあると考えられる．内温性や，内温性に近い代謝率は，大量の肺換気を必要とするが，呼吸甲介のような構造がなければ，肺における水分損失率の高さが慢性的な障害となって，大量の肺換気を維持できなくなる恐れがある．

鳥類と哺乳類の甲介系が，別々に派生したのに，解剖学的構造や機能がこれほど似ていることは，単なる偶然の一致では説明できそうもない．なぜな

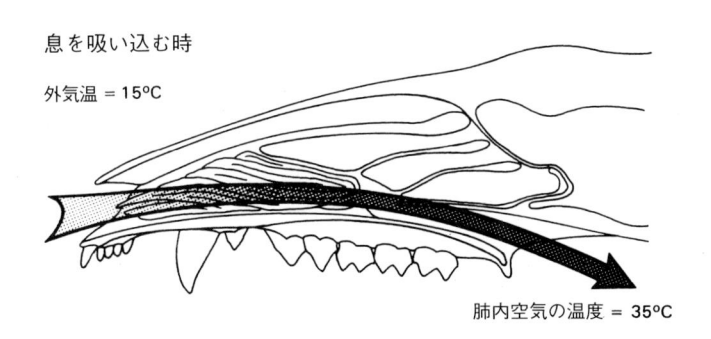

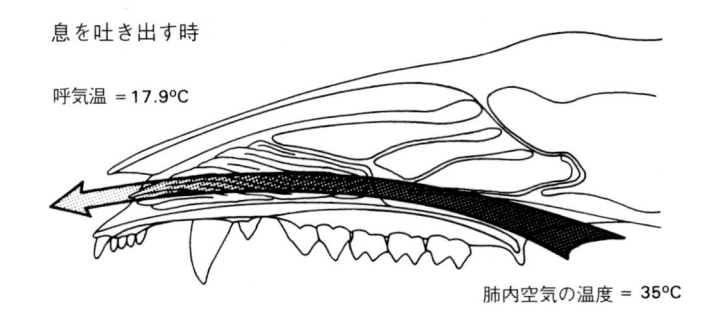

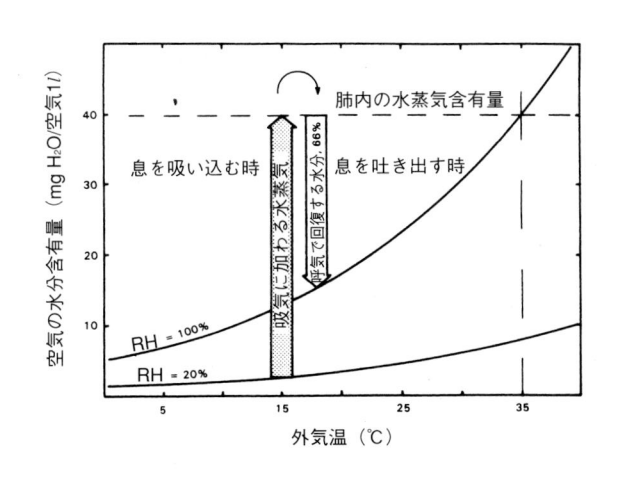

図35.3●呼吸甲介の水分回復メカニズム
上：息を吸い込む時は，外気が呼吸甲介上をとおって，体温まで温められる．その結果，吸気が水蒸気で飽和され，甲介は気化熱を奪われて冷却される．中央：息を吐き出す時には，温かい空気が肺から鼻道を抜けて逆戻りし，甲介上をとおって外へ出る時に冷却される．こうして呼気は水蒸気で過飽和され，過剰な水分が甲介の薄板上で凝縮する．下：オポッサムの吸気に加わる水蒸気（網掛けされた棒線）と，呼気で回復する水分（凝縮液）（網掛けしていない棒線）を示したグラフ．曲線は飽和状態の空気（相対湿度 RH＝100%）と，相対湿度20%の空気の水蒸気含有量を表している．この例では，吸気は外気の温度と湿度（15℃，RH＝20%）から，肺内の空気の状態（35℃，RH＝100%）に変更される．甲介によって冷却されたあとも，呼気は飽和状態にあるが，温度は17.9℃しかない．このため，最初に吸気に加えられた水蒸気のうち，66%が「回収される」．グラフは Schmidt-Nielsen et al.1970；データは Hillenius 1992 より．

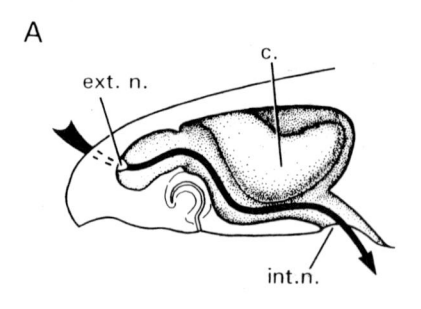

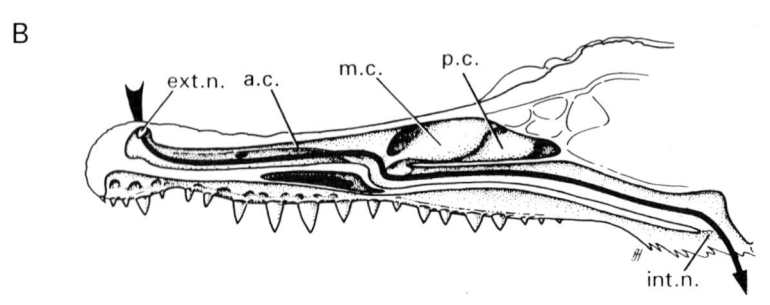

図 35.4● 爬虫類の鼻甲介

これらの動物の甲介はすべて，機能が嗅覚に限られている．矢印は鼻域をとおる空気の流れを示している．(A) コモチカナヘビ (*Lacerta*) の鼻腔の右側矢状断面．(B) アリゲーター (*Alligator*) の鼻腔の右側矢状断面．縮尺は異なる．Hillenius 1994 による．略語：ext. n.：外鼻孔，int. n.：内鼻孔，a. c., c., m. c., p. c.：嗅甲介．

コンドル　フルマカモメ　アメリカダチョウ　エミュー

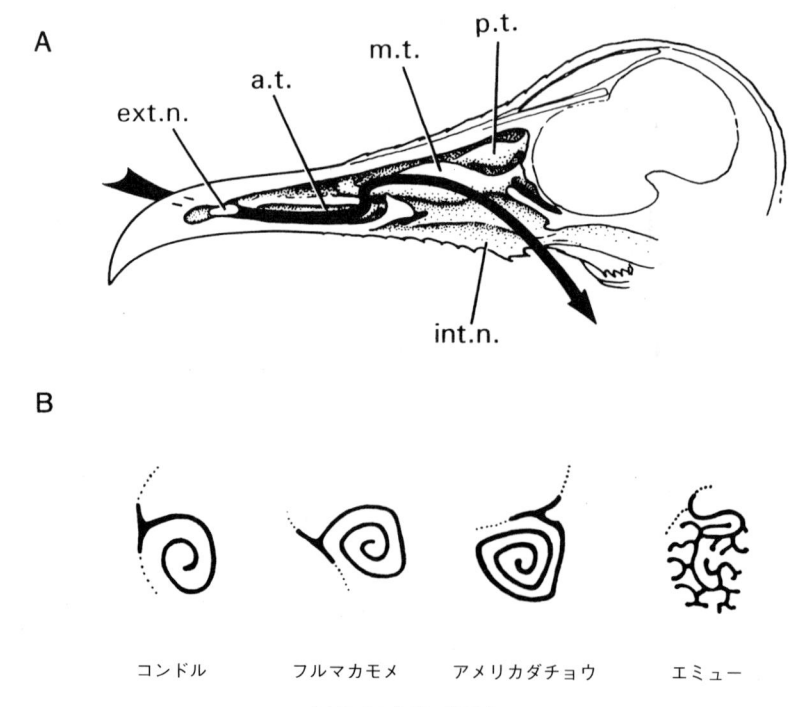

図 35.5● 鳥類の鼻甲介

矢印は鼻腔内の気流の通路を示している．前甲介と中甲介は呼吸の機能を持つ．後甲介は嗅覚．(A) カモメ (*Larus*) の鼻腔の右側矢状断面．(B) コンドル (*Coragyps*)，フルマカモメ (*Fulmarus*)，アメリカダチョウ (*Rhea*)，エミュー (*Dromaius*) の中甲介 (呼吸鼻介) の横断面．縮尺は異なる．Hillenius 1994 による．略語：ext. n：外鼻孔，int. n.：内鼻孔もしくは後鼻孔，a. t., m. t.：前甲介および中甲介 (呼吸甲介)，p. t.：後 (嗅) 甲介．

ら，内温性に必要な向流熱交換系は，鼻腔を除くと，呼吸樹のどの場所でも維持できないからである．断続的に向流熱交換を行う場所が体腔内にあれば，どうしても体心部の恒温性が妨げられる．また気管で向流熱交換を効率よく行おうとすれば，脳の温度が常に上下することになる．なぜなら，（頸動脈循環によって）脳へ向かう動脈血は気管の近くをとおっているからである．つまり，呼吸甲介やそれに類似する構造がないとはっきりわかれば，それは現生種，絶滅種を問わず，またどの生物群であろうと，肺換気率と代謝率が外温性もしくは外温性に近いことを示す確かな指標となる．

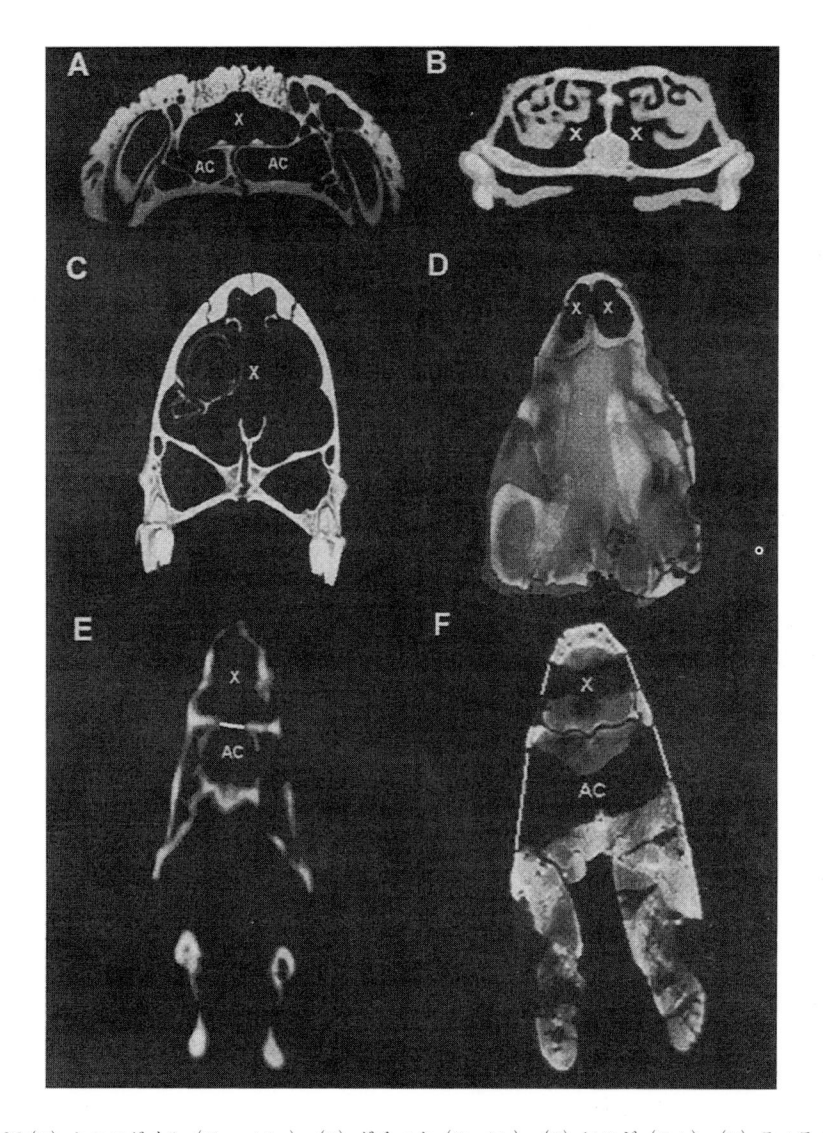

図 35.6● (A) クロコダイル (Crocodylus)，(B) ダチョウ (Struthio)，(C) ヒツジ (Ovis)，(D) ティラノサウルス科獣脚類恐竜ナノティランヌス (Nanotyrannus)，(E) 「ダチョウ型」獣脚類恐竜オルニトミムス (Ornithomimus)，(F) ラムベオサウルス科「カモノハシ」恐竜ヒパクロサウルス (Hypacrosaurus) の鼻道の，コンピューターによる X 線体軸断層撮影 (CT スキャン)

哺乳類と鳥類の呼吸甲介は，広い鼻道におさめられている．この図の B と C（図 35.3 も参照）で "×" 印をつけた室にある骨の複雑な構造に注目．アリゲーターの場合と同様，獣脚類恐竜の管状の鼻道 (cavum nasi proprium) は，主として上顎骨と鼻骨の間におさめられていたようである．カモノハシ恐竜類の主鼻道はたぶん細長い鼻前庭で，鼻骨の中にほぼおさまっていたものと思われる．これらの化石に堆積後わずかばかりゆがみが加わっているのは明らかである．それでも，恐竜の鼻道が比較的狭かったことが化石から推測されるので，生時に呼吸甲介はなかったのであろう．縮尺目盛りは 1 cm．略語：AC：副腔，X：主鼻道．

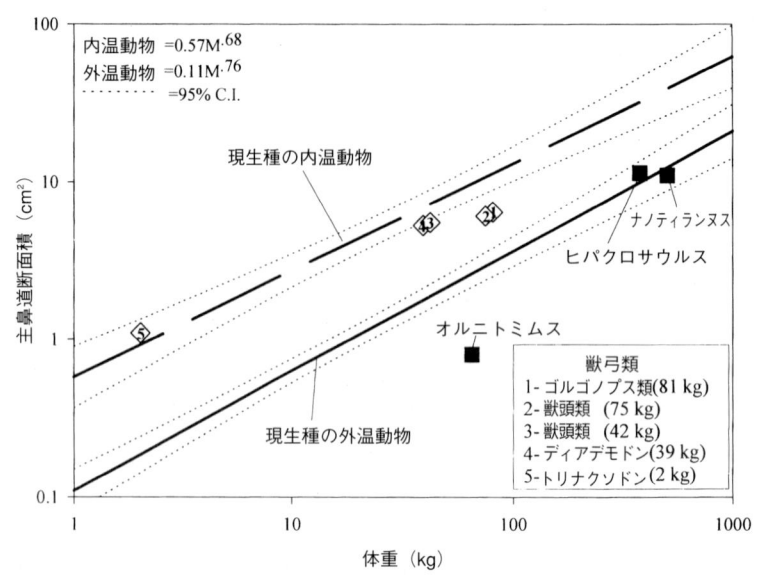

図 35.7●現生種の内温動物（鳥類と哺乳類）と外温動物（トカゲ類とワニ類），白亜紀後期の恐竜類 3 属，および獣弓類 5 属（恐竜類と獣弓類の数値は回帰計算には含まれない）における，主鼻道断面積と体重との関係

恐竜類の体重（頭骨および/もしくは胴体骨格の長さから推定したもの）：ダチョウ型恐竜，オルニトミムス（*Ornithomimus*）（獣脚亜目，オルニトミムス科），70 kg（カンパニアン期，ロイヤル・ティレル古生物学博物館，標本 95.110.1）；「カモノハシ」恐竜，ヒパクロサウルス（*Hypacrosaurus*）の幼体（鳥盤目，ハドロサウルス科），375 kg（マーストリヒチアン期，アメリカ自然史博物館，標本 5461）；ティラノサウルス類恐竜，ナノティランヌス（*Nanotyrannnus*）（獣脚亜目，ティラノサウルス科），500 kg（マーストリヒチアン期，クリーヴランド自然史博物館，標本 7541）．Ruben et al.1996 を一部変更．

●一部の恐竜類の代謝状態

現生種でも絶滅種でも，呼吸甲介の有無を確認できれば，ほとんどすべての陸生生物群において肺換気率と代謝率を示す手がかりとなるであろう．現生鳥類はどれもたいてい複雑な呼吸甲介や嗅甲介を有しているが，この構造は，化石鳥類や鳥類の祖先とされる恐竜類では（Feduccia [1996] は鳥類の起源についてちがう見解を示しているが）まだはっきりとは確認されていない．現生鳥類の間に呼吸甲介が広く見られることから，こうした構造が出現したのは，現生鳥類群の一番新しい共通の祖先が生じたとされる，白亜紀後期より前であろう（Feduccia 1995, 1996）．しかし，それがどれほど昔の出来事だったか，また恐竜類から鳥類に至る系統で，この構造がどのようにして広まったかは不明である．

甲介の進化史の研究を面倒にしている問題がいくつかある．甲介が絶滅生物群で保存されていることは時々あるが（例えば，側鰐類 *phytosaurs*［Camp 1930］や，ごく初期の哺乳類［Lillegraven and Krusat 1991］の嗅甲介など），現生生物に見られる甲介は極めてもろい構造なので，化石標本では大体保存状態が悪いか，消失している．さらに，甲介は現生動物の多くで骨化もしくは石灰化しているが，鳥類ではほとんど軟骨性のままなので，保存される確率はさらに低くなる．それでも，現生内温動物に呼吸甲介があることと，主鼻腔の断面積の割合がめだって大きいことの間には，必然的関係があるという結論を筆者らは下した（Ruben et al. 1996）（図 35.6, 35.7）．内温動物で鼻道の断面積が大きくなっているのは，くちばしの容積を拡げて呼吸甲介をおさめると同時に，肺換気率の高さに順応するのにも役立っていると思われる．重要なのは，鼻道の直径の割合を調べると，時とともに哺乳類に近づいていく獣弓類の系統では，哺乳類や鳥類の割合に徐々に近づき，そして極めて哺乳類に近いトリナクソドン（*Thrinaxodon*）では，哺乳類や鳥類の割合に達している点である（図 35.7）．

最近は，コンピューターによる X 線体軸断層撮影，すなわち CT スキャンを古生物標本に適用することで，中に器具を入れずに化石標本の鼻域の細部

までやすやすと調べられるようになった．とりわけ便利さを感じるのは，整形が「不完全」な標本の場合である．時には，保存状態が極めて良好な標本をCTスキャンで撮影した結果，石灰化したものや軟骨性のもの，もしくは少しばかり石灰化した軟骨性のものも含めて，繊細な構造を映し出せることがある．ティラノサウルス類のナノティランヌス（図35.6～35.8）をCTスキャンを使って調べたところ，生時にはかなり発達した嗅甲介を持っていたが，呼吸甲介はなかったらしいことがわかった．ナノティランヌスの化石に呼吸甲介は見当たらず，また最も重要な手がかりである鼻道の断面積が，現生外温動物のものとほとんど同じだったからである（図35.6, 35.7）．さらに，同じ獣脚類恐竜であるオルニトミムス科のオルニトミムスや，鳥盤類恐竜のヒパクロサウルスでも，鼻域をCTスキャンにかけると，呼吸甲介が入る余地のないほど狭い，外温動物型の鼻腔が映し出される（図35.6, 35.7）．この点は，多くの現生爬虫類（クロコダイルなど［図35.6, 35.7］）の鼻域に酷似しており，これらの恐竜類は肺換気率

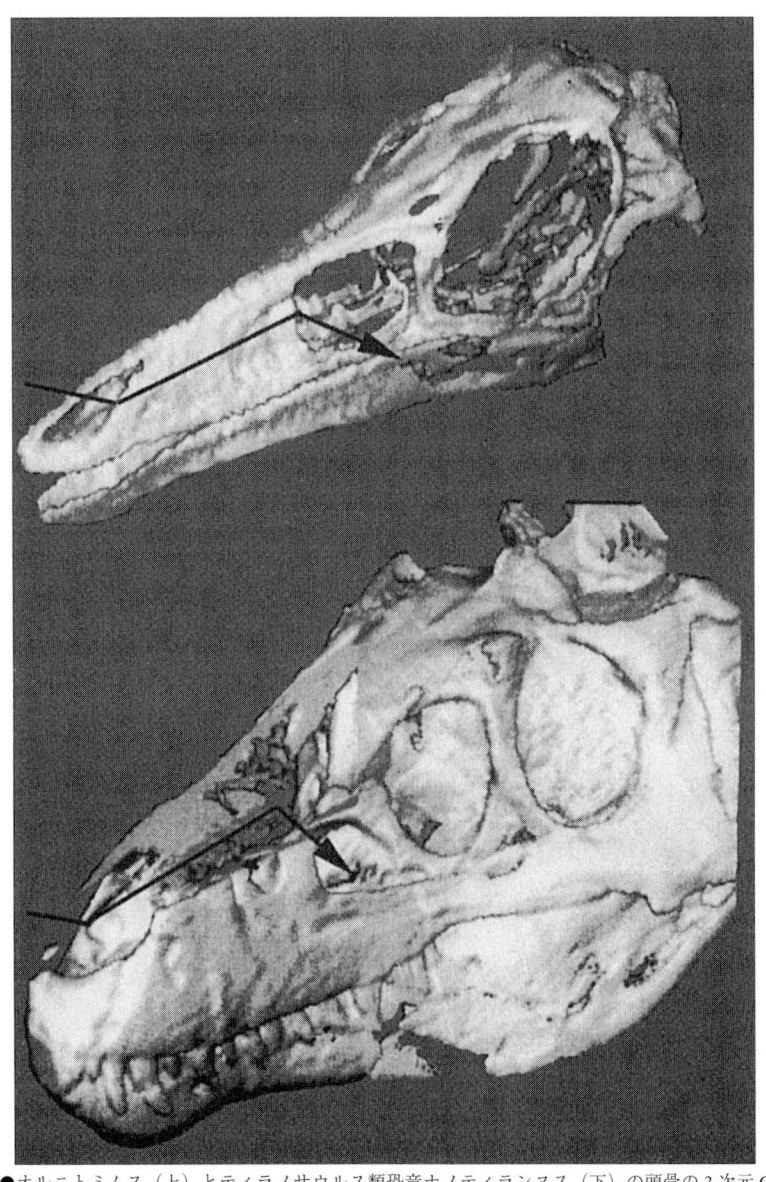

図35.8●オルニトミムス（上）とティラノサウルス類恐竜ナノティランヌス（下）の頭骨の3次元CTスキャン撮影写真（左側面）
呼吸甲介はなかったようである．矢印は頭骨の鼻腔内を流れる空気の通路．

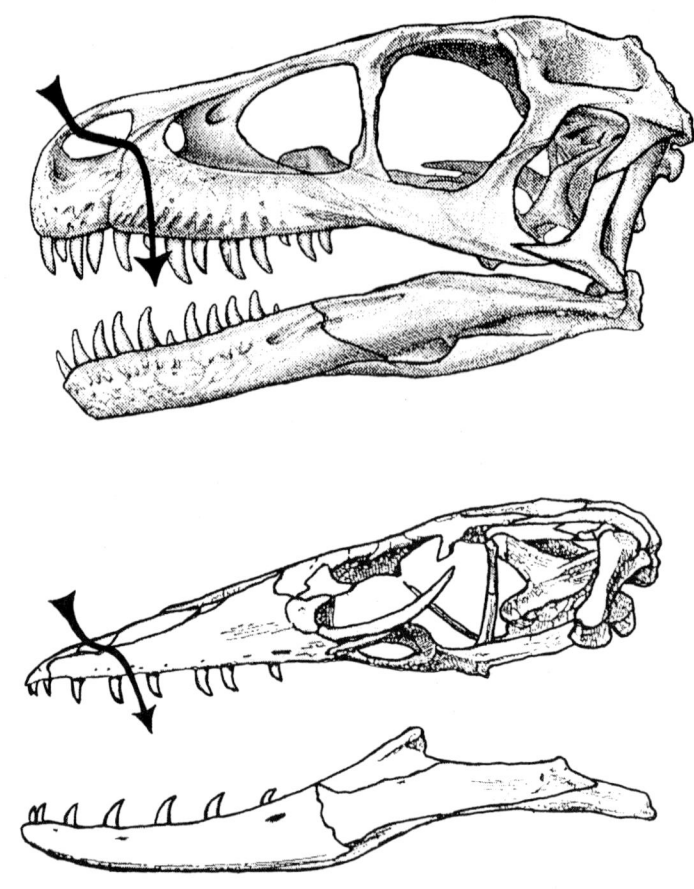

図35.9●マニラプトル類の獣脚類恐竜ドロマエオサウルス(*Dromaeosaurus*)(獣脚亜目,ドロマエオサウルス科)(上)およびオオトカゲ(*Varanus*)(有鱗目,オオトカゲ科)(下)の頭骨側面図
矢印は,鼻域をとおって口腔へ流れ込む気流の予想通路.ドロマエオサウルスと,ほかのドロマエオサウルス科恐竜の一部(デイノニクス *Deinonychus* など)では,短い通路をとおって空気が直接口腔へ流れ込むところが,オオトカゲ(そして,そのほかの現生トカゲ類の多く)に似ている.呼吸甲介を収容できるだけの空間はありそうもない.ドロマエオサウルス科の恐竜類は,鳥類の姉妹群と見なされることがよくある.Ruben et al. 1996 を一部変更.

が低く,外温性もしくは外温性に近かったことの有力な証拠となる.

加えて,一部のドロマエオサウルス類(デイノニクス,ドロマエオサウルスなど)では,鼻孔と後鼻孔(鼻から口蓋天井に通じる管の開口部)の配置がオオトカゲ類と大体同じであるため,これらの獣脚類には呼吸甲介がなかったと推測してよさそうである(図35.9).

●そのほかの観察結果

ここにあげたさまざまな種類の恐竜で呼吸甲介が欠落しているので,恐竜類が日常活動をしている間は,外温性もしくは外温性に近い肺換気率と代謝率が一般的だったと考えられる.これらのデータからは,恐竜類が激しい活動をしている間の酸素消費能力はほとんど読みとれない.しかし,多くの恐竜類で胸部骨格の改造があまり見られないことから(例えば肋骨はワニ類と似ており,胸骨も短めで動かせない),トカゲ類やワニ類型の隔膜のついた肺を持っていた可能性はあるが,このような肺では,激しい運動をする間鳥類や哺乳類並みのガス交換率を保つことはできなかったであろう(Perry 1983)(図35.10).これに対し,高性能で鳥類型の,「空気が一方向にとおり抜ける」隔膜つきの肺は,胸肋骨の接合部が柔軟性に富み,胸骨がかなり改造されていて,背腹の運動幅を広く確保できる(図35.10).

こうした観察結果をまとめると,多くの恐竜類の解剖学的構造には,現生動物に見られる内温性様式と結びつくような特徴がなかったようである.だか

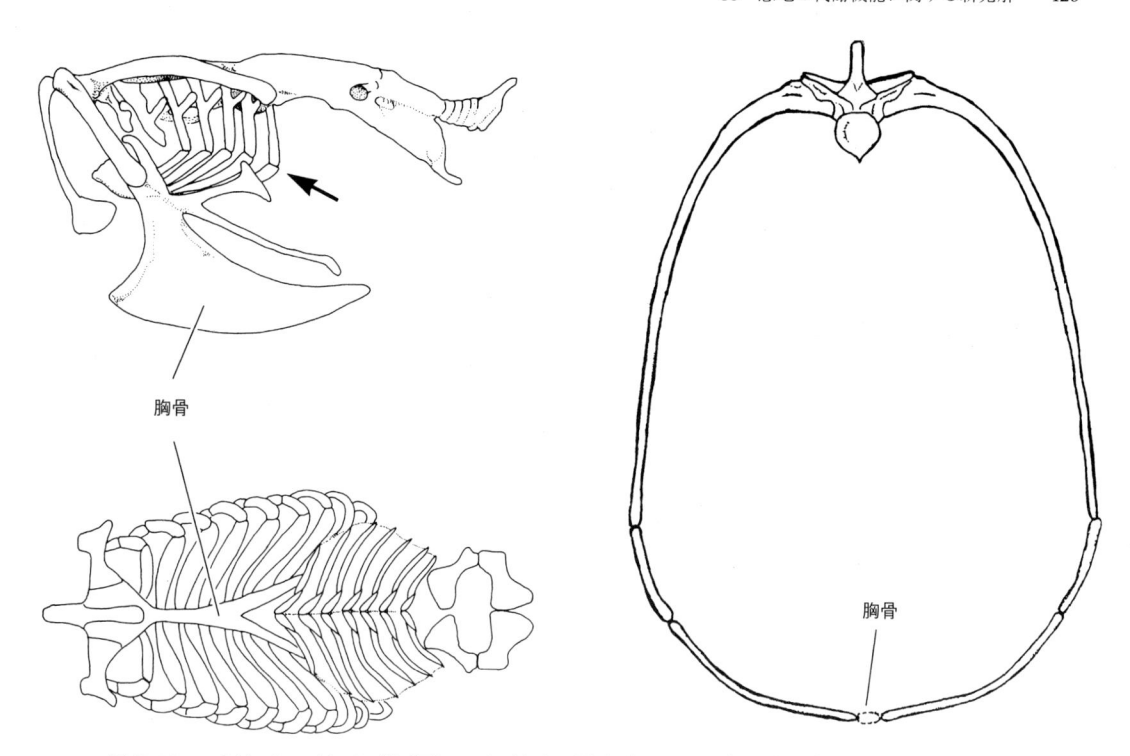

図 35.10●アリゲーター（左下，腹面図），ハト（左上，側面図），マニラプトル類恐竜デイノニクス（右，断面図）の体軸骨格
鳥類型の「高性能」で，一方向に空気がとおり抜ける，隔膜つきの肺の換気は，胸肋骨接合部（矢印）の可動性が高く，胸骨の後部が長く伸び，その後端が換気の間に背腹方向へ動くことと，密接に結びついている．アリゲーター類や多くのトカゲ類と同様，恐竜類も，肋骨と胸骨の改造があまりないので，比較的単純な「ふいご状」隔膜のついた肺しか持たなかったと思われる．このような肺では，長時間の運動を続けながら哺乳類や鳥類並みの酸素消費率を維持することはできなかったであろう．

らといって，恐竜類の生活様式は，現在の温帯地方に生息する爬虫類に似ていた（つまり，動きの鈍い草食動物か，「待ち伏せ」型の捕食者）と結論づけるのはまちがっている．多くの恐竜類の動的骨格構造からすると，少なくとも瞬発的な活動に関しては鳥類や哺乳類に似た能力を持っていたと推測される．さらに，恐竜類が完全な外温性だったとしても，現在の熱帯地方に生息する一部のオオトカゲ類（コモドオオトカゲ *Varanus komodoensis* など）に等しい好気的代謝能力と捕食習性を持っていれば，広い行動圏を維持し，大きな獲物を活発に追いかけて殺し，追いつめられた時は猛反撃で身を守ったかもしれない．

●文 献

Bakker, R. T. 1971. Dinosaur physiology and the origin of mammals. *Evolution* 25：636–658.
Bakker, R. T. 1980. Dinosaur heresy–dinosaur renaissance. In R. D. K. Thomas, and E. C. Olson（eds.）, *A Cold Look at the Warm–Blooded Dinosaurs*, pp. 351–462. American Association for the Advancement of Science, Selected Symposium 28. Boulder, Colo.：Westview Press.
Bakker, R. T. 1986. *The Dinosaur Heresies：New Theories Unlocking the Mysteries of the Dinosaurs and Their Extinction*. New York：William Morrow.
Bang, B. 1971. Functional anatomy of the olfactory system in 23 orders of birds. *Acta Anatomica* 79：1–71.
Barrick, R. E., and W. J. Showers. 1994. Thermophysiology of *Tyrannosaurus rex*：Evidence from oxygen isotopes. *Science* 265：222–224.
Bennett, A. F. 1991. The evolution of activity capacity. *Journal of Experimental Biology* 160：1–23.
Bennett, A. F., and B. Dalzell. 1973. Dinosaur physiology：A critique. *Evolution* 27：170–174.
Bennett, A. F., and R. B. Huey. 1990. Studying the evolution of physiological performance. In D. Futuyma and J. Antonovics（eds.）, *Oxford Surveys in Evolutionary Biology*, vol. 7, pp. 251–284. Oxford：Oxford University Press.
Bennett, A. F., and J. A. Ruben. 1979. Endothermy and activity in vertebrates. *Science* 206：649–654.
Camp, C. L. 1930. *A Study of the Phytosaurs*. Berkeley：University of California Press.

Chinsamy, A. 1990. Physiological implications of the bone histology of *Syntarsus rhodesiensis* (Saurischia : Theropoda). *Paleontologia Africana* 27 : 77–82.

Chinsamy, A. 1993. Bone histology and growth trajectory of the prosauropod dinosaur *Massospondylus carinatus* (Owen). *Modern Geology* 18 : 319–329.

Farlow, J. O. 1990. Dinosaur energetics and thermal biology. In D. B. Weishampel, P. Dodson, and H. Osmólska (eds.), *The Dinosauria*, pp. 43–55. Berkeley : University of California Press.

Farlow, J. O. ; P. Dodson ; and A. Chinsamy. 1995. Dinosaur biology. *Annual Review of Ecology and Systematics* 26 : 445–471.

Feduccia, A. 1995. Explosive evolution in Tertiary birds and mammals. *Science* 267 : 637–638.

Feduccia, A. 1996. *The Origin and Evolution of Birds*. New Haven, Conn. : Yale University Press.

Hillenius, W. J. 1992. The evolution of nasal turbinates and mammalian endothermy. *Paleobiology* 18 : 17–29.

Hillenius, W. J. 1994. Turbinates in therapsids : Evidence for Late Permian origins of mammalian endothermy. *Evolution* 48 : 207–229.

Hopson, J. A. 1973. Endothermy, small size and the origin of mammalian reproduction. *American Naturalist* 107 : 446–452.

Kolodny, Y. ; B. Luz ; M. Sander ; and W. A. Clemens. 1996. Dinosaur bones : Fossils or pseudomorphs? The pitfalls of physiology reconstruction from apatitic fossils. *Palaeogeography, Palaeoclimatology, Palaeoecology* 126 : 161–171.

Lillegraven, J. A., and G. Krusat. 1991. Craniomandibular anatomy of *Haldanodon exspectatus* (Docodontia ; Mammalia) from the Late Jurassic of Portugal and its implications to the evolution of mammalian characteristics. *Contributions to Geology, University of Wyoming* 28 : 39–138.

Nagy, K. A. 1987. Field metabolic rate and food requirement scaling in mammals and birds. *Ecological Monographs* 57 : 111–128.

Nagy, K., and C. C. Peterson. 1988. Scaling of water flux in animals. *University of California Publications in Zoology* 120 : 1–172.

Owerkowicz, T., and A. W. Crompton. 1995. Bone of contention in the evolution of endothermy. *Journal of Vertebrate Paleontology* 15 (Supplement to no. 3) : 47 A.

Padian, K. 1983. A functional analysis of flying and walking in pterosaurs. *Paleobiology* 9 : 218–239.

Perry, S. F. 1983. Reptilian lungs : Functional anatomy and evolution. *Advances in Anatomy, Embryology and Cell Biology* 79 : 1–81.

Ruben, J. A. 1991. Reptilian physiology and the flight capacity of *Archaeopteryx*. *Evolution* 45 : 1–17.

Ruben, J. A. 1995. The evolution of endothermy : From physiology to fossils. *Annual Review of Physiology* 57 : 69–95.

Ruben, J. A. ; W. J. Hillenius ; N. R. Geist ; A. Leitch ; T. D. Jones ; P. J. Currie ; J. R. Horner ; and G. Espe III. 1996. The metabolic status of some Late Cretaceous dinosaurs. *Science* 273 : 1204–1207.

Schmidt–Nielsen, K. ; F. R. Hainsworth ; and D. E. Murrish. 1970. Counter–Current heat exchange in the respiratory passages : Effect of heat and water balance. *Respiratory Physiology* 9 : 263–276.

Witmer, L. M. 1995. Homology of facial structure in extant archosaurs (birds and crocodilians), with special reference to paranasal pneumaticity and nasal turbinates. *Journal of Morphology* 225 : 269–327.

36 恐竜の足跡に関する科学的研究

James O. Farlow
and
Ralph E. Chapman

　恐竜が生きものだということを最も強烈に実感するのは，組み立てた骨格を見た時ではなく，よく保存された足跡の連なりを観察した時であろう．何千万年も前にあるがままに生きて行動していた1匹の恐竜が，一つまた一つとつけた足跡を見ていると，足跡の主が実在の動物として触れることさえできそうな気がしてくる．想像力豊かな古生物学者が沈思，考察して導き出す分析の産物からは得られない感覚である．

　エドワード・ヒッチコック（Edward Hitchcock）も似たような感覚に襲われたにちがいない．19世紀初期の米国の地質学者で，米国東部のコネティカット渓谷（Connecticut Valley）の足跡化石について先駆的研究（本書第3章 Colbert 参照）を行った人物であり，その研究は同時代の文学者らの思索に影響を与えた．ハーマン・メルヴィル（Herman Melville）や，エミリー・ディキンソン（Emily Dickinson），ヘンリー・デイヴィッド・ソロー（Henry David Thoreau），ヘンリー・ウォッズワース・ロングフェロー（Henry Wadsworth Longfellow）などである（Dean 1969）．中生代前期の足跡相（図36.1）についてのヒッチコックの記念碑的記載，1858年の『ニューイングランドの生痕学（Ichnology of New England）』[訳注：以下，単に『生痕学』と記す] には，次の

図36.1●ジュラ紀前期（イーストベルリン East Berlin 層）の恐竜の足跡
コネティカット州ロッキーヒル（Rocky Hill），州立恐竜公園（Dinosaur State Park）．足跡の長さは約30〜40 cm．足跡をつけた恐竜は獣脚類とされているが，Weems（1987, 1992）は，このような中生代前期の大型の恐竜の足跡は古竜脚類のものだと反論している．これとよく似た3本指の足跡が，大きいものから小さいものまで，北米東部の中生代前期の岩石にある足跡露頭の多くに見られる．生痕学の先駆者エドワード・ヒッチコックが研究したのは，このような足跡であった．

ように書かれている．

「何とすばらしい動物の楽園であったことか！これほどの痕跡が地層に埋もれているなどと，誰が信じただろうか？…初めのうち，私が記載した奇妙な巨大動物は，想像の産物にすぎないと考えられた．古代の詩人がうたったゴルゴンやキメラと同じように．しかし今では，まるでつい昨日泥に刻印されたばかりのように鮮明でくっきりとした彼らの足跡が，われわれの標本室にある大量の石板上に何百となく存在し，懐疑主義者の注意を引きつけている．いかに懐疑的な者であっても，一風変わったこれらの巨大種の存在を疑おうとすれば，自分自身の肉体の存在をも疑わねばならないであろう」(p.190)

恐竜について足跡から得られる情報は，少なくともその一部は，骨格化石からわかることとはまた別である．本章では，恐竜の足跡の調査方法，化石化した足跡をつけた恐竜の種類の特定の仕方，恐竜の足跡に固有の学名をつけるやり方とその理由，そのような生痕化石からそれをつけた動物の歩き方，走り方についてわかること，を述べていく．Lockley（本書第37章）が，恐竜の足跡がどのようにして保存されたかに関してより詳しく解説しており，また足跡群集を利用した恐竜相の復元についても述べている．

ところで，本文に入る前に簡単に用語を解説しておくのが順序であろう．日常語で「足跡」というと，一つの足の跡を指すこともあれば，1匹の動物がつけた一連の足跡を指すこともある．混乱を避けるために，ここでは一つの足でつけられた一つの跡を指す語として，「足跡」という用語を狭義に用いる．「歩（走）行跡」という用語は，同じ動物がつけた連続した足跡を指すこととする．

●恐竜の足跡の調査方法：フィールドワーク

恐竜の足跡の露頭を記載しようとする時，最も重要な作業の一つは，足跡同士の相対的な位置を記録することである．1匹ずつの動物がつけた足跡を見

分け，それぞれがどの方向に移動していたかを記録しなければならない．そのような情報を保存する最もすぐれた方法は，露頭のマップをつくることである（図36.2）．

方法はいろいろある．単純なものでは，一定の間隔で区切った正方形グリッド（格子）を足跡露頭の地表にかぶせる方法がある．似たようなグリッド（当然，縮尺はずっと小さい！）がフィールドノートに引かれているし，数学のグラフ用紙を使ってもよい．それらのグリッドの交点から正しい距離，方向に，またサイズがわかるように正しい縮尺で，個々の足跡のスケッチをとればよい．この手法の上級編として，露頭に描いた正方グリッドの正方形一つ一つを写真に撮り，足跡のある地表全体のモザイク写真をつくって，そこから一つ一つの足跡の位置を，全部覆えるような大きな紙やプラスチック製のフィルムにトレースする方法がある．

上記以外のマップ作成法では，露頭にある何らかの固定した目印から，各足跡までの距離と，目印から見た足跡の方位とをはかる．それぞれの足跡のサイズと向きも測定する．これらの測定値を用いて，各足跡の位置，方向，サイズをマップに描くことができる．

輪郭だけの比較的単純なマップをつくる生痕学者（足跡を研究する科学者）もいるが，より芸術的才能に恵まれた生痕学者は，一つ一つの足跡の特徴をみごとに描いたマップをつくる．マップがどのようにつくられるにしても，露頭の写真はできる限り多く撮っておくべきである．写真を用いてマップの正確さをチェックすることができ，また，露頭を永久に記録することにもなる．

足跡をつけた動物の動きを詳細に研究するためには，ほかにも有用な測定項目がある（図36.3）．動物の右足と左足がつけた連続する足跡間の距離（ペース［歩幅］）と，同じ側の足がつけた連続する足跡間の距離（ストライド［複歩長］）とが，その動物の動き方について何かを語ることは明らかである．例えば，動物の1歩1歩が大きいほどその動きは速かった．動物の左右の足跡が1列に並んでいるか，遠く離れて2列となっているか，ということから，足跡をつけた動物の胴体の幅が広かったか狭かったかが示され，また，足の上に胴体が乗った直立姿勢であったか，あるいは這っていたかがわかる．足跡の一番長い方向が動物の進行方向に対してなす角度を見れば，動物が足を外に向けていたか，まっすぐ前を向けていたか，あるいは内股で歩いていた

かがわかる．

足跡をつけた動物をできるだけ正確に同定するためには，個々の足跡の形をできるだけ忠実に記録しなければならない．それぞれの足跡の全体サイズや，指（および各指の節）の長さ，指と指のなす角度などを測定することが多い．フィールドで足跡そのものを測定してもよいし，あとから実験室で足跡の型や写真などを使ってはかることもできる．一つ一つの足跡の写真は，斜め方向からではなく真上から撮るのが最もよい．ある角度をもって足跡を撮影すると，ゆがんで写るからである（図36.4）．もう一つ写り方に影響するのが，光線の具合いである．太陽光線が地面に対して低い角度で差し込む夕暮れ時は，太陽が真上にある正午と比べて，足跡の見え方が全く異なることがある．

こういうことがあるので，研究室に持ち帰ってさらなる研究を行うために，足跡の型はとれる限りとっておく方がよい．足跡の型をとるのに使う材料は，足跡の保存形態や生痕学者の予算によっても異なる．動物が歩いて横切った地面にくぼみとなって保存されている足跡化石もあれば，足跡をあとから埋めた堆積物が天然の雄型として残っているものもある．足跡が単純なくぼみで，アンダーカット（足跡の指や縁が，地表に見える足跡の輪郭よりも大きく地中に食い込んでいる状態）がない場合，簡単かつ素早く安価に型をとるには，岩石の表面に分離剤となる油脂（ワセリンなど）を塗り，焼き石膏をこねたものを注ぎ込む．石膏が固まったら，型の完成である．

アンダーカットがある場合は，足跡の型をラテックス・ゴムでつくる方がよい．足跡にラテックスの液体またはペーストを薄く塗り，それを一層ずつ前の層が乾くまで待って塗り重ねていく．ラテックス層が何層か固まったら，次に塗ったラテックス層が乾く前にバーラップやチーズクロス［訳注：どちらも目の粗い布地］の端切れを浸し，その布の上からさらに数回ラテックスを塗り重ねる．チーズクロスやバーラップが入ると，型に亀裂が入りにくく，多少変形しにくくなる．ラテックスを使うこのやり方は，当然ながら時間がかかる．

足跡に何層かラテックスを塗り，硬化したら，型を岩石の表面からはがすことができる．次にその型をまた足跡にはめなおし，型が自重で壊れず形状を保てるように，石膏に繊維ガラスやバーラップ，チーズクロスを浸したものでしっかりと裏打ちをする．また，時間が経つと硬化するような物質でラテ

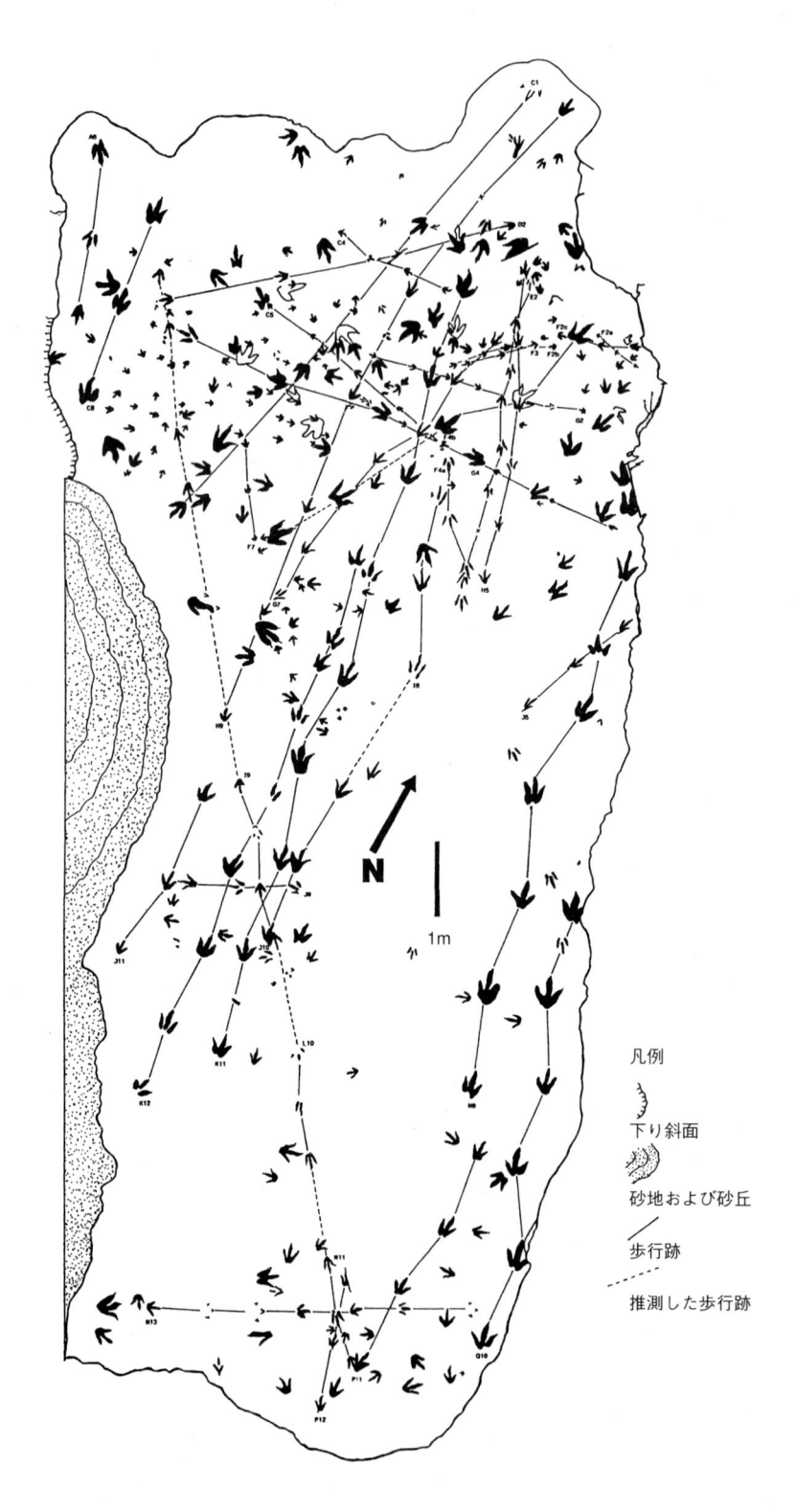

図 36.2 ● アリゾナ州北東部，モーネイブ（Moenave）層にある，ジュラ紀前期の恐竜の足跡が見つかった場所のマップ．スケールの長さが 1 m．Irby 1996 a より

凡例
下り斜面
砂地および砂丘
歩行跡
推測した歩行跡

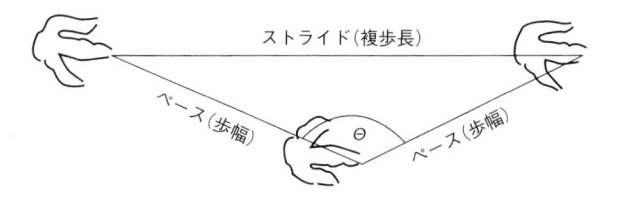

図 36.3●恐竜の歩行跡において行われる主な測定

ペース（歩幅）は，左右の足でつけられた 2 つの連続する足跡間の距離であり，ストライド（複歩長）は，同じ足が連続してつけた 2 つの足跡間の距離である．歩角（Θ）は，左右の足跡の並び方が直線に近いかどうかをはかる．左右の足を直前の足の正面に置いて歩く場合，歩角は 180°になる．歩角は間接的に歩行跡の幅を示すので，足跡をつけた動物の胴体の幅や，直立歩行か這っていたかということに関する情報源となる．それ以外によく測定されるのは，分かれている 1 本ずつの指の跡の長さ，指同士がなす角度，一つ一つの足跡とそれをつけた動物の全体としての移動方向とのなす角度である．四足歩行恐竜では，前後の足跡の位置を用いて，それをつけた動物の肩から腰までの長さを見積もることができる．足跡と歩行跡の測定に関してより詳細なことは Leonardi 1987 参照．

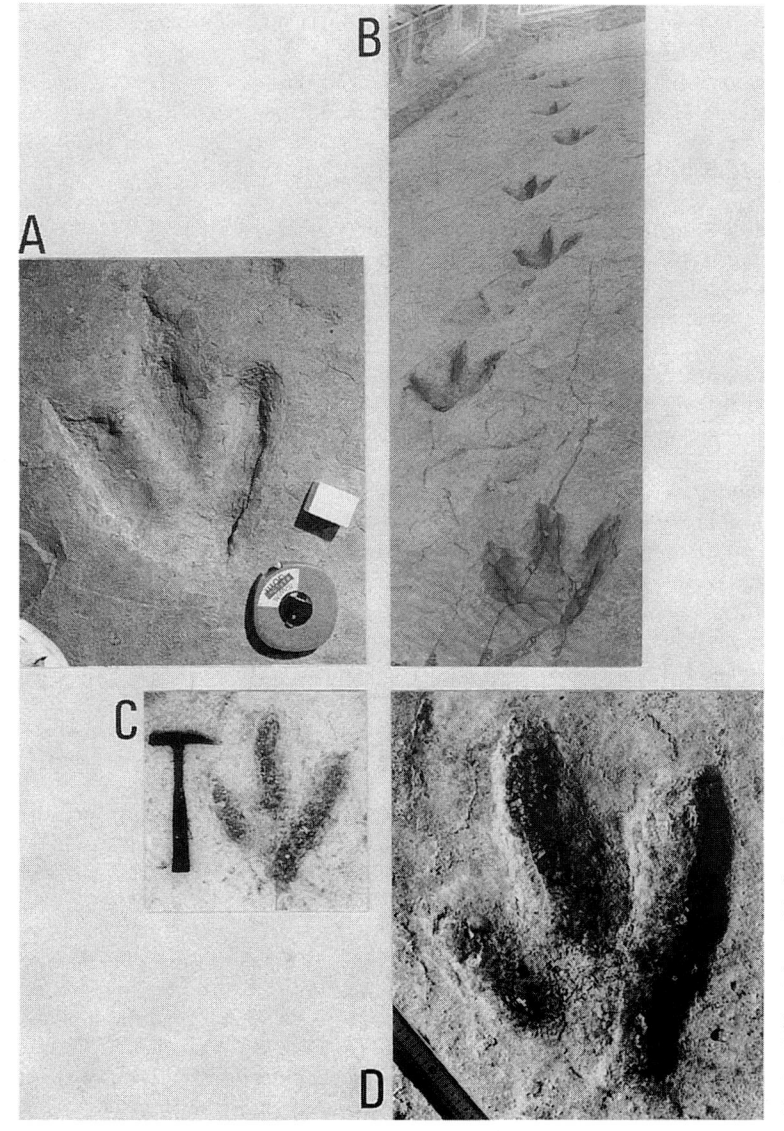

図 36.4●フィールドで恐竜の足跡を写真撮影するやり方いろいろ

(A) ジュラ紀前期の獣脚類の足跡（イーストベルリン East Berlin 層）．コネティカット州ロッキーヒルの州立恐竜公園．足跡の長さは約 35 cm．形状をできるだけ正確に写すために，足跡を真上から見たところ．テープから足跡の大きさがわかり，小さな紙箱の影から写真の光線の方向がわかる．
(B) 白亜紀前期の獣脚類の歩行跡（エンシーソ Enciso 層群）を斜めから見たところ．スペイン，ラ・リオハ（La Rioja），ロス・カヨス（Los Cayos）．足跡の長さは約 45 cm．このように斜めから写すと，歩行跡での足跡の並び方はわかるが，一つ一つの足跡の形は大きくゆがんでしまう．(C) テキサス州キンブル郡（Kimble County），F°ランチ（F° Ranch）露頭の白亜紀前期の獣脚類の足跡（フォート・テレット Fort Terrett 層）．太陽が真上にある時に，見下ろしたところ．足跡の長さは約 37 cm．(D)(C) と同じ足跡を見下ろしたところだが，こちらはたそがれ時に低角の光線のもとで撮影したもの．

ックスの型を充填してもよく，その物質としてはエキスパンダブル・フォームや，ラテックスとティッシュペーパーをやわらかく混ぜたものでもよい．ラテックスの型に支持材をつける作業は，極めて大きな足跡の型をとる場合に特に重要である．ラテックスはいずれ劣化する（予定外の子ども――本章の筆頭執筆者を含む――が数知れず生まれていることからもわかるように）．したがって，耐久性のある他の材料で，足跡のラテックス型の複製をつくっておくとよい．

足跡が天然の雄型として保存されている時もやはり複製をとることができるが，そのやり方は手の込んだものになることが多い．例えば，足跡の雄型が岩棚の下面から突き出ている時，石膏で複製をとるのは極めて困難である．

フィールドや研究室で足跡の複製をとるのに適した材料はラテックスや石膏ばかりではないが，この2つが比較的安価で手に入れやすい．シリコーン・ゴムなど他の材料を用いてもよいが，かなり高価なことが多い．

生痕学者は，足跡そのものを採集することさえある．ただしこれは時間と手間のかかる事業である．この種のプロジェクトのうち最も大がかりなものは，アメリカ自然史博物館の Roland T. Bird が，テキサス州グレン・ローズ（Glen Rose）付近のパラクシー川（Paluxy River）の川床から，白亜紀前期の恐竜の足跡を含む岩石 40 t ばかりを採集したことであろう（Bird 1985）．竜脚類1頭と大きな獣脚類との歩行跡をばらばらにして持ち帰り，あとから再び組み立てて博物館の展示品にしたのである．

●研究室での作業

フィールドワークは楽しいが，それは出発点にすぎない．マップ，測定値，写真，型を研究室に持ち帰り，詳細な検討ができるようになった時，本当の作業が始まるのである．研究室では，フィールドよりも整った条件で足跡の型の写真を撮ることができ，また写真以外の方法でも足跡を描くことができる（図36.5）．ある歩（走）行跡上の一つ一つの足跡を比較し，1匹の動物がどれくらいさまざまな足跡を残すかを見る．一つの歩（走）行跡についての足跡の測定結果を，今度は他の跡と比較し，それらがどれほど類似あるいは相違しているかを見る．足跡の形状を，さまざまな種類の恐竜の足の骨格と比較し，その足跡をつけたと思われる恐竜の種類を決定する．またそれまでに他の足跡露頭で記載された足跡とも比較し，その種類または数種類の恐竜が他の場所でも足跡をつけていたと考えられるかどうか決定しようとする．

もし新たな露頭の足跡が，それ以前に科学文献で命名されたものと大きく異なるようであれば，新しい足跡を正式に記載し，固有の名前を与える必要がある．過去に記載された足跡やその露頭を再調査し，過去に記載された生痕化石を何らかの方法で命名しなおす必要が生じることもしばしばである．いずれにしても，フィールドワークと研究室の作業の最終成果は，足跡の露頭とその足跡を記載して発表することであり，これによって科学者たちはその情報を恐竜に関する全データベースにつけ加えることができる．

●足跡をつけた恐竜を同定する：ヒッチコック先生と驚異の鳥

コネティカット渓谷でジュラ紀前期の恐竜の足跡を記載していた頃，エドワード・ヒッチコックは，足跡をつけたものが恐竜だとは考えもしなかった．ヒッチコックは，イグアノドン（*Iguanodon*）などの動物が中生代に生きていたことを知っていた（Hitchcock 1858：175）が，恐竜の外見についての彼のイメージは，疑いなくリチャード・オーウェン（Richard Owen）の影響を受けていた．オーウェンは恐竜を，巨大な4本足の（四足歩行）動物だと解釈した（本書第14章 Torrens 参照）．しかし，コネティカット渓谷の3本指の足跡は，明らかに2本足の生きものによってつけられていた．ヒッチコックは，これらの3本指の足跡のほとんどを，現生のエミュー，ダチョウ，レア，ヒクイドリなどと同じ，大型の飛べない鳥類がつけたにちがいないと結論づけた．コネティカット渓谷の足跡をつけた動物の正体についてヒッチコックが抱いた確信（Hitchcock 1858：76-79, 178）を支えていたのは，オーウェンの，ある科学的業績であった．すなわち，ニュージーランドにかつてモアという大型の飛べない鳥が数種生息していたというオーウェンの認識である（Gruber 1987）．モアや，マダガスカルのエピオルニス（象鳥）が過去に生きていたということ，現在でも飛べない鳥が生息し続けていることを考え合わせれば，コネティカット渓谷の足跡が類似の生きものによってつけられたと考える根拠は十分あるように思われた．皮肉なことに，ニューイングランドの足跡に関するヒッチコックの調査が，逆にオーウェ

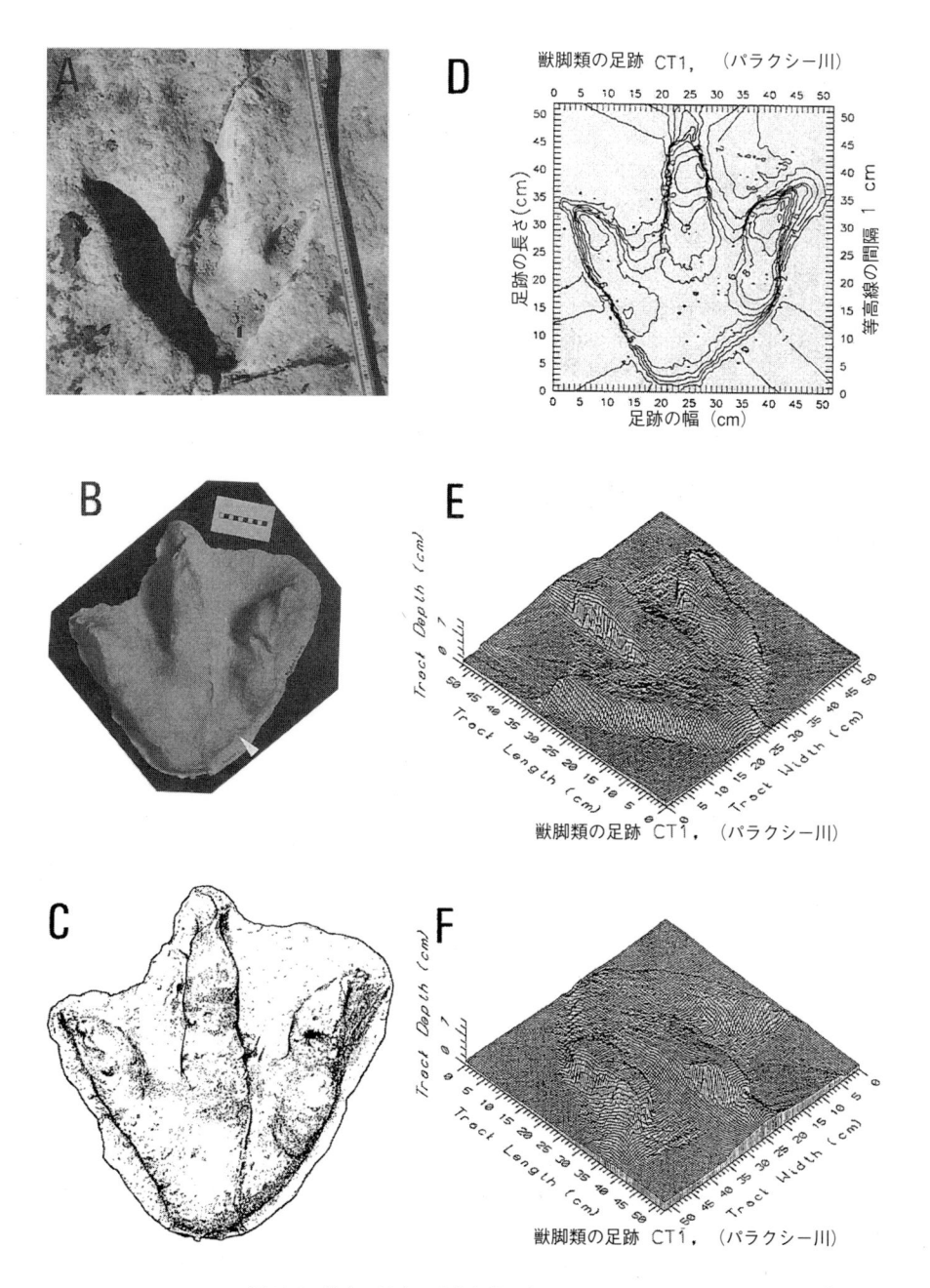

図36.5●恐竜の足跡の形状を描画するやり方いろいろ
(A) 大型肉食恐竜の右足の足跡の写真．テキサス州グレン・ローズの州立恐竜渓谷公園（Dinosaur Valley State Park）の，パラクシー川の石灰岩の川床で，その場で撮影したもの．足跡の長さは約50 cm．(B) 同じ足跡の型の写真（型作成 Peggy Maceo）．型をとるための物質を実際の足跡に流し込んでつくったので，本物の足跡と凹凸が逆である．足跡の内側の縁に沿った「へこみ」に注目（この型では足跡の右端，矢印）．この欠けた部分は，内側の指の一部が地面につかなかったためにできたもの．(C) 同じ足跡の型を画家が描いたもの（Jim Whitcraft 画）．(D) コンピューターで描いた同じ足跡の型の等高線図．3次元デジタイザーを用いて型の表面をコンピューターのファイルに読み込んだあと，ソフトウェアで生データを処理してこのような形にした．(E) と (F) 2方向からの足跡の鳥瞰図を示すワイヤネット・ダイアグラム．足跡を描画する手法のそれぞれにすぐれた特徴があり，また欠点もある．写真とコンピューター画像は，足跡の描写として絵よりも客観的であるが，生痕学者が重要と考える特徴を強調することができない．絵は，写真やコンピューター画像ではっきりしない特徴を強調して描くことができるが，足跡の全体形状をそれほど正確に描写することはできない．可能であれば，一つの足跡を複数の手法で示すことが望ましい．

ンの研究に影響を与えた点もある．オーウェンは，数種のモアを，コネティカット渓谷の足跡の種の名前にちなんで命名したのである（Anderson 1989）．

ヒッチコックが復元してみせた，多種多様な巨鳥が生きる失われた世界は，同時代の文筆家らの想像力を刺激した．ハーマン・メルヴィルは，『エンカンターダ諸島（The Encantadas）』の中のエッセイで，自分自身のことを「古いもの好きの地質学者のように，露出したスレートの上の，鳥が歩いた跡か何だかわからない形を調べている．それは，今はその幻影すら見ることができない途方もない生きものが歩を進めた跡である」と記している．ヘンリー・ウォッズワース・ロングフェロー（義父がヒッチコックの研究に資金を提供していた［Dean 1969］）は，「To the Driving Cloud」と題した詩の中で，「かつて川岸を，見知らぬそれらの鳥は歩き回っていた，われわれにはその足跡だけが残された」と，米大陸原住の古代種に思いをはせた．

それでもヒッチコックは，コネティカット渓谷の足跡の主の一部については，鳥だという確信を持てずにいた．ヒッチコックの足跡分類の一つで，彼がギガンティテリウム（*Gigantitherium*）と呼んだもの（今ではギガンディプス *Gigandipus* といわれている［Lull 1953］）は，鳥らしい足跡に加えて，極めて鳥らしくない，尾を引きずった跡がついていた（図 36.6）．ヒッチコックはギガンティテリウムを残した動物について，鳥に似た巨大な二足歩行のトカゲまたは両生類であろうと推測した（1858：93, 179-180）．「二足歩行動物であるなら，適切なバランスを保つために，体の形は多少鳥に似たところがあったにちがいない……どんなにか奇妙な見かけのトカゲ，あるいは両生類であったことだろう，足と胴体は鳥のようでありながら，紛れもなく尾を引きずっているとは！」（180）．ヒッチコックの足跡分類のもう一つ，アノモエプス（*Anomoepus*）は，鳥のような 3 本指の後肢に長い「かかと」があり，前足は 5 本指であった．この前足を見てヒッチコックはすぐさま，カンガルーなど有袋類（袋を持つ）の哺乳動物を思い起こした（図 36.7）．ヒッチコックはアノモエプスの解釈に苦しんだ．

「有袋類，鳥類，両生類さらにはトカゲの特徴も合わせ持つことを意味するような，複合的な呼び方がもしあれば，それが他のどんな言葉よりも私の現在の考えをいい当てていることであろう．この足跡を研究すればするほど，これらの太古の動物の中に，今では 2 種，3 種あるいは 4 種類の動物（脊椎動物）がそれぞれ独占している特徴を合わせ持つものがいたのではないか，という気がしてならないからである」（1858：60）．

この考えを公平に評価し，歴史の流れの中で適切な位置づけを与えるために，一つ強調しておかなければならないことがある．それは，ヒッチコックが，足跡に異なる脊椎動物の特徴が混在しているということを，進化論の枠組で解釈してはいなかったという点である．ヒッチコックは生涯，天地創造の概念を信じていた（Guralnick 1972；Lawrence 1972）．

図 36.6●ギガンディプス（*Gigandipus*）と呼ばれる足跡（エドワード・ヒッチコックがギガンティテリウム *Gigantitherium* という名前で記載した）
マサチューセッツ州アマーストカレッジ（Amherst College），プラット博物館（Pratt Museum）の所蔵品．足跡から足跡へとスラブを縦方向に走る溝に注目．尾を引きずった跡と解釈されている．足跡の長さは約 40～45 cm．

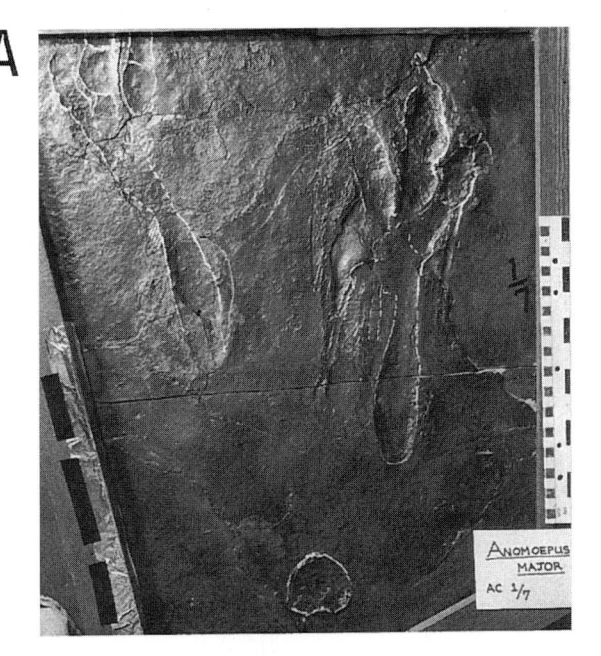

図36.7●(A) 中生代前期の年代の小型鳥盤目恐竜の後肢の足跡（アノモエプス Anomoepus）．アマーストカレッジ，プラット博物館の所蔵品．スケールの短い1目盛りの長さが1cm．ここに示した標本はふつうとちがって，座っている動物がつけた跡と見られる．そのために，足跡に長い「かかと」の跡がついている（解剖学的な意味でのかかとではなく足の骨そのものである．恐竜は「つま先立ち」で歩いていた）．アノモエプスの足跡をつけた動物は通常二足歩行をしていたが，この種の足跡といっしょに時々5本指の手の跡が見つかる．(B) 小型のカンガルーの歩行跡．オーストラリア，クイーンズランド州，アイデリア国立公園（Idalia National Park）．写真には2組の足跡が写っている．2つ1組の手の形をした手部の跡が，それぞれ，2つの2本指の足部の跡の後方にある．エドワード・ヒッチコックは最初，アノモエプスの足跡をつけた動物を鳥に似た有袋類であろうと考えたが，始祖鳥の発見によって，そうではなくごく原始的な鳥であったと納得した．アノモエプスの足跡をつけた動物に似た動物の手足の骨格は，図36.10 (A)～(F) に示した

皮肉なことに，ヒッチコックは進化論者ではなかったにも関わらず，最も古い鳥として知られている始祖鳥（Archaeopteryx）の発見には満足した．これは非常に「低級な」鳥で，その骨格にはコネティカット渓谷の足跡に見出されてヒッチコックの悩みの種となった，まさにその特徴が見られた．『生痕学』(1858) の，死後に出版された『補遺 (Supplement)』の中でヒッチコックは，アノモエプスの足跡をつけた動物が始祖鳥のような「低級な」鳥であったにちがいないと結論し，以下のように書いている．「アノモエプスが鳥であったと考えてよいなら，それは，もう一つのさらに重大な結論を強く裏づけることになる．すなわち『生痕学』や本論文で記載した，ずんぐりした指を持つ二足歩行動物14種がすべて，鳥であったことになる」(Hitchcock 1865：32).

ヒッチコックの『生痕学』が出版されたのと同じ1858年に，フィラデルフィアの自然科学アカデミー（Academy of Natural Sciences）のジョーゼフ・ライディー（Joseph Leidy）は，彼がハドロサウルス（Hadrosaurus）と名づけた鳥脚類の恐竜の骨格を記載した．ライディーはこの動物の後肢が前肢よりもかなり長いことに気づき，ハドロサウルスなどの恐竜が二足歩行動物であった可能性を示唆した（Glassman et al. 1993）．実際，ギデオン・マンテル（Gideon Mantell）はイグアノドンについてそのように考えていた（本書第14章 Torrens 参照）．この結論は，獣脚類，鳥脚類，その他の多様な二足歩行恐竜の発見により，その後の数十年間で十分に検証されている．

コネティカット渓谷の3本指の足跡の解釈に関して，二足歩行恐竜の存在がどういう意味を持つかにナチュラリストらが気づくまで，そう長くはかからなかった．1867年の「*Proceedings of the Academy of Natural Sciences of Philadelphia*」は，エドワード・ドリンカー・コープ（Edward Drinker Cope）が，構造的に「鳥に近い，絶滅した爬虫類について意見を述べた」と報告している（著者不明，1867：234）．

コープは「コネティカットの砂岩にある足跡のうち最も鳥らしいもの」をつけたのが恐竜である，と結論した．次の年，進化論一般の妥当性，中でも恐竜から鳥が進化して派生したかどうかに関し，始祖鳥と小型の獣脚類恐竜であるコンプソグナトゥス（*Compsognathus*）とが何を示すかについて，熱のこもった議論が行われた．その中でトーマス・ヘンリー・ハクスリー（Thomas Henry Huxley）は，コネティカット渓谷の足跡が以下のことを証明していると指摘した．「中生代の初めに鳥類の足を持つ二足歩行動物が存在し，同じように直立あるいは半直立の姿勢で歩行していた．これらの二足歩行動物は，鳥類だったかもしれないし，爬虫類だったかもしれない．おそらくはその両方であった（Huxley 1868：365）」．それが意味することは，足跡を残した動物の多くが厳密な意味での鳥類ではなく，恐竜だったかもしれないということである．1877年に，イェール大学のオスニエル・チャールズ・マーシュ（Othniel Charles Marsh）はさらに一歩踏み込み，コネティカット渓谷の3本指の足跡はすべて，鳥ではなく恐竜がつけたものだと主張した．

ヒッチコックは，ニューイングランドの中生代前期の足跡の研究から，二足歩行恐竜の体型をもう少しで解明するところであった．彼は足跡をつけた動物を恐竜ではなく鳥といっていたが，彼が足跡の調査をしていた時代に恐竜について知られていたことの少なさを考えれば，それを「鳥」としたのは，考えられる限り最も正確な認識であった．

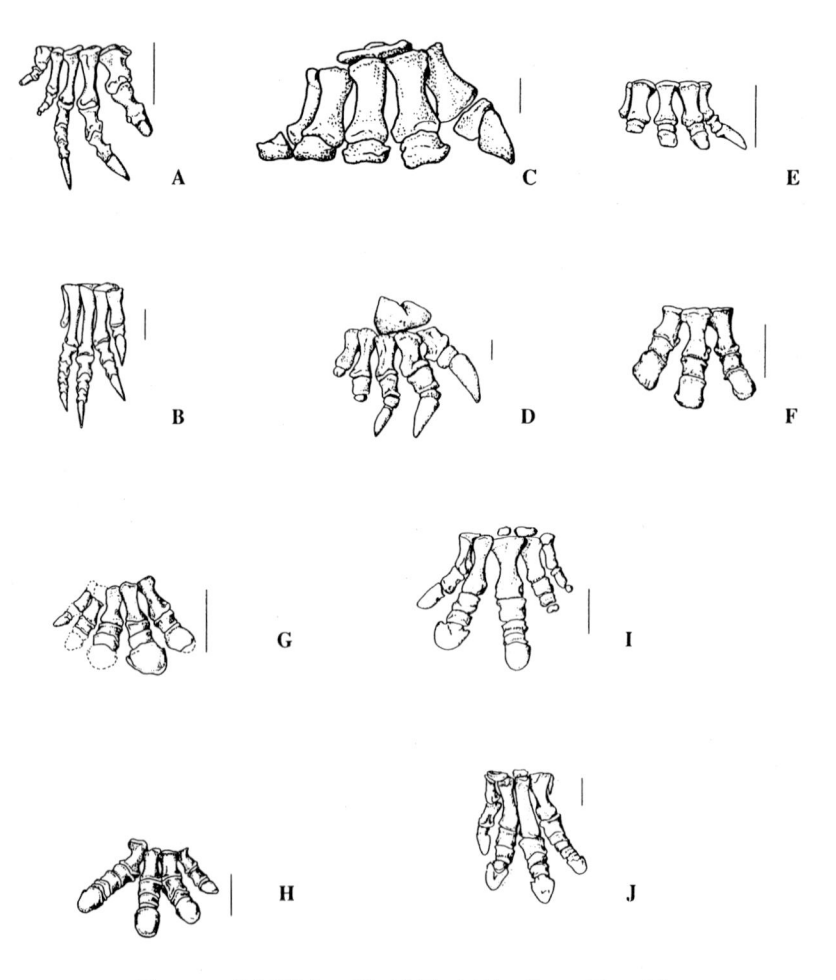

図36.8●四足歩行恐竜の手部（前足）と足部（うしろ足）の骨格
(A)と(B) 古竜脚類プラテオサウルス（*Plateosaurus*）の右手部と右足部，(C)と(D) 竜脚類アパトサウルス（*Apatosaurus*）の右手部と右足部，(E)と(F) 剣竜類ケントロサウルス（*Kentrosaurus*）の右手部と右足部，(G)と(H) 曲竜類タラルルス（*Talarurus*）の右手部と右足部，(I)と(J) 角竜類セントロサウルス（*Centrosaurus*）の左手部と左足部．スケールの長さは10 cm. Lull 1933, Gilmore 1936, Galton 1990, Thulborn 1990 より．

●足跡をつけた動物を同定する

　現代の古生物学者の恐竜についての理解は、ヒッチコックよりもはるかに明確だが、特定の足跡がどの種類の恐竜のものかを正確に決定することはやはり簡単ではない。まれに「ミイラ」状に乾燥した恐竜の足の柔組織の形が保存されていることがある（Brown [1916] が記載したコリトサウルス *Corythosaurus* など）。しかしほとんどの場合は、恐竜の分類——骨格に基づいて記載されている——に対応して足のやわらかい部分が生きていた時にどのようであったかを知ることはできない。したがって、例えばわれわれがある足跡を獣脚類のものだ、という時、本当は以下のようなことをいっているのである。すなわち、その足跡の形は、獣脚類の足の骨の周囲にある柔組織が堆積物に押しつけられたときにできたであろうとわれわれが考えている形と矛盾しない、と。この結論の根拠となるのは、獣脚類の足の骨格構造に関する知識や、現代の脊椎動物、特に現生動物の中でも最も恐竜に近い親戚であるワニ類と鳥類における、足の骨格とそれを包む柔組織との関係についてのわれわれの知識である。

　足跡をつけた動物の同定作業の中には、比較的容易に決められる項目もある。歩（走）行跡をつけたものを特定するに当たって重要な判断の一つが、その動物が四足歩行であったか、それとも二足歩行をしていたかである。獣脚類のほとんどや厚頭類など、一部の恐竜は常に二足歩行をしていた。一方、竜脚類、剣竜類、曲竜類、角竜類など他の恐竜は、ほとんど常に4本の足で歩いていたと思われる。鳥脚類と古竜脚類は、条件によって四足歩行と二足歩行を両方使っていたであろう。

　一連の跡の中の個々の足跡の形状やサイズもまた重要である。四足歩行恐竜は多様なグループに分かれるが、うしろ足の大きさに対する前足の大きさや、それぞれの足の指の数や形が、グループごとにさまざまに異なる（図36.8）。四足歩行恐竜の種の多くは、成体の体の大きさも互いに異なる。よく保存された歩（走）行跡で、非常に大きくゾウのような足跡からなり、うしろ足の足跡が前足の跡よりも顕著に大きければ、竜脚類がつけたものである可能性が高い。一方、それほど大きくない足跡からなる歩（走）行跡で、前足の跡に指が5本、うしろ足の跡に4本であれば、おそらく曲竜類がつけた跡にちがいない。

　残念ながら、自然は常に協力的とは限らない。四足歩行恐竜の足跡は保存状態がよくないことが多く、時には、明瞭に歩（走）行跡らしいパターンで並んでいなければ足跡であることさえわからない。足跡をつけた動物が属した大分類を判断するだけでも、経験に基づいた「当て推量」以上のものとはいいがたいことがある。ある歩（走）行跡が、例えば竜脚類のものであるという確信が持てたとしても、骨格から知られている竜脚類のうちのどれが足跡をつけたのかを知ることは、ほとんど不可能である。それどころか多くの場合、本当に足跡をつけた動物は、まだ骨格の化石が発見されていない種に属するのかもしれない。

　同じ問題が、二足歩行恐竜の3本指の（三指の）足跡の同定にも当てはまる（図36.9、36.10）。ほとんどの（しかしたぶんすべてではない [Harris et al. 1996]）獣脚類は、通常の歩行の際に3本指の足跡をつけた。二足歩行の鳥盤目恐竜の多くも同様に三指であったが、一部は第1指が長く、それが一般に地面に触れていたかどうかはわからない。二足歩行の古竜脚類の足跡は、4本指だったであろう（Lockley 1991）。しかし、Weems (1987, 1992) は、中生代前期の大型の3本指の足跡の一部（図36.1に示したようなもの）も古竜脚類がつけたものではないかと示唆した。分化した三指の種で骨格の化石がまだ見つかっていないか、あるいはプラテオサウルス（*Plateosaurus*）に似た古竜脚類でうしろ足の内側の指を地面につけずに歩いていたのではないかというのである。獣脚類、二足歩行の鳥盤目恐竜、そして古竜脚類（仮に古竜脚類が3本指の足跡を残したとして）の三指の足跡を区別できるような判断基準が、はたしてあるだろうか？

　保存状態のよい3本指の足跡には、指の跡に沿って数か所に明瞭な膨らみ、あるいは指の節が見られる。少なくとも、これらの節のうち大きいもの（特に最も指の付け根に近い節）は、足と指の骨、あるいは指の骨同士をつなぐ関節に対応することが多い（Heilmann 1927；Peabody 1948；Baird 1957；Thulborn 1990；図36.11）。これによって、指の節のパターンから、足跡をつけた動物の足の骨格の一つ一つの指の骨（正式には指骨）の長さを見積もることができる。ただし、指の節のパターンは足の骨格のパターンをそっくりそのまま反映しているとは限らない（図36.11に示したレアの足の外側の指を見てほしい）ので、安易に行ってはならない。指の節のパターンから足の骨格が復元できたら、それを3本

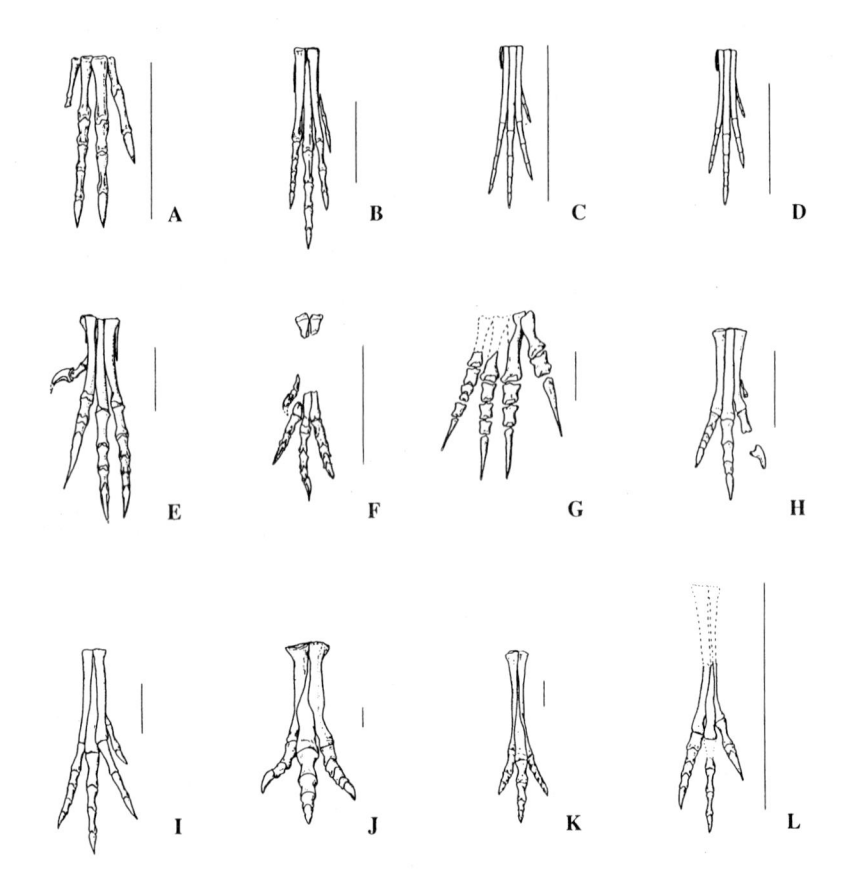

図36.9●獣脚類の恐竜の手部・足部の骨格

(A)と(B)ケラトサウルス類コエロフィシス(*Coelophysis*)の右手部と右足部，(C)小型獣脚類コンプソグナトゥス(*Compsognathus*)の右足部，(D)ケラトサウルス類プロコンプソグナトゥス(*Procompsognathus*)の右足部，(E)ドロマエオサウルス類デイノニクス(*Deinonychus*)の左足部，(F)鳥(?)のモノニクス(*Mononykus*)の左足部，(G)テリジノサウルス類(セグノサウルス類)エルリコサウルス(*Erlikosaurus*)の右足部，(H)オヴィラプトル類インゲニア(*Ingenia*)の右足部，(I)エルミサウルス類キロステノテス(*Chirostenotes*)の右足部，(J)ティラノサウルス類ティラノサウルス(*Tyrannosaurus*)(タルボサウルス*Tarbosaurus*)の左足部，(K)オルニトミモサウルス類ストルチオミムス(*Struthiomimus*)の左足部，(L)トロオドン類ボロゴヴィア(*Borogovia*)の右足部．スケールの長さは10 cm． Ostrom 1969, 1978；Maleev 1974；Colbert 1989；Barsbold and Maryańska 1990；Barsbold et al. 1990；Barsbold and Osmólska 1990；Currie 1990；Osmólska and Barsbold 1990；Perle et al. 1994より．

指の二足歩行恐竜の実際の足の骨格と比較することができる．

そこで，三指の足跡をつけたであろうさまざまな種類の恐竜について足の骨格のプロポーションを検討し，足跡をつけた可能性のある動物グループ間で，指の節がよく保存された足跡でなら判別できそうなちがいが足の骨格構造にあるかどうかを見てみるとよい．そのような識別可能な特徴は確かにある(図36.12, 36.13)．足跡をつけた可能性のある他の三指の恐竜と比較すると，獣脚類は指の付け根や先端部の骨よりも，それぞれの指の中程の骨が比較的長い．獣脚類はまた，鳥盤目恐竜や古竜脚類に比べてかぎ爪が短いことが多い(図36.13；Farlow and Lockley 1993参照)．

二足歩行恐竜の主要な部門だけでなくそのサブグループまでも，足のプロポーションに基づいて一つずつ区別することができるという意見もある．主成分分析を行うと，ケラトサウルス類，ティラノサウルス類，オルニトミムス類は，形態空間の異なる領域にプロットされる(図36.12，この分析手法についての議論は，本書第10章Chapman参照)．ハドロサウルス類とイグアノドンは，中指骨が際立って

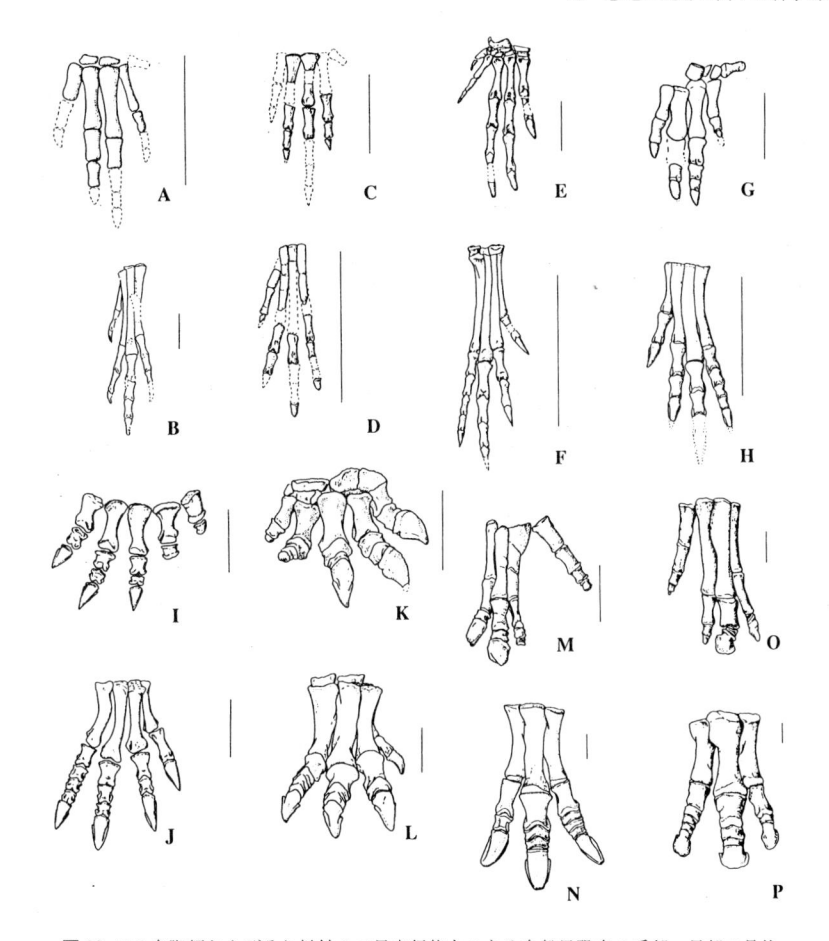

図 36.10 ● 鳥脚類およびそれ以外の二足歩行能力のある鳥盤目恐竜の手部・足部の骨格
(A) と (B) 原始的鳥盤類レソトサウルス (*Lesothosaurus*)(ファブロサウルス *Fabrosaurus*) の左手部と左足部，(C) と (D) 原始的装盾類スクテロサウルス (*Scutellosaurus*) の左手部と左足部，(E) と (F) 原始的鳥脚類ヘテロドントサウルス (*Heterodontosaurus*) の右手部と右足部，(G) と (H) ヒプシロフォドン類ヒプシロフォドン (*Hypsilophodon*) の左手部と左足部，(I) と (J) テノントサウルス類テノントサウルス (*Tenontosaurus*) の左手部と右足部，(K) と (L) イグアノドン類カムプトサウルス (*Camptosaurus*) の右手部と右足部，(M) と (N) イグアノドン類イグアノドン (*Iguanodon*) の左手部(「親指」は示されていない)と左足部，(O) と (P) ハドロサウルス類エドモントサウルス(*Edmontosaurus*)の右手部と右足部．スケールの長さは，(A)，(B)，(C)，(E)，(G)で 2.5 cm，その他は 10 cm. Gilmore 1909；Thulborn 1972；Galton 1974；Santa Luca 1980；Colbert 1981；Norman 1986；Forster 1990；Thulborn 1990 より．

短いために，他のグループから大きく離れてプロットされる．イグアノドンとテノントサウルス（*Tenontosaurus*）は，足指のかぎ爪が不釣り合いに長いことから，他の鳥脚類に比べて第 3 因子の値が大きい位置にプロットされる．

とはいっても，グループ同士が重なる部分もある．ティラノサウルス類の足跡をアロサウルス（*Allosaurus*）やそれに近い種の恐竜の足跡と区別することはおそらくできないということが，グラフから読みとれる．形態空間の中でヒプシロフォドン類が占める領域は，プシッタコサウルス（*Psittacosaurus*）

や数種の小型獣脚類が占める領域と重なるか，あるいは近傍にある．また，ヒプシロフォドン類とテノントサウルスが，古竜脚類が占める領域付近にプロットされることにも注意してほしい．したがって，これらの恐竜の一部については，うしろ足の 3 本の主要な指のプロポーションのみを根拠に足跡を識別することは困難であろう（ただし，ドロマエオサウルス類は，2 番めの指の長いかぎ爪の跡を通常残さないと考えられている）．こうなると，このうち一部のグループに属する恐竜がつけた跡を特定するには，別の手がかりが存在してくれることを祈るしか

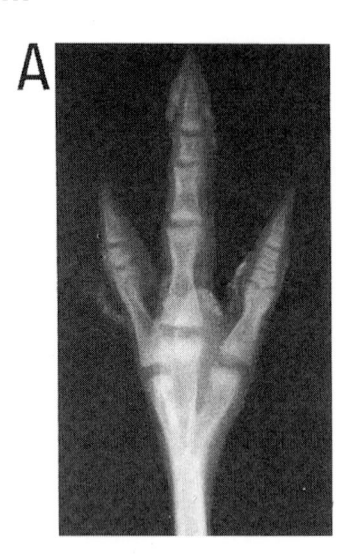

図36.11● (A) 南米の飛べない鳥レア (Rhea americana) の幼鳥の右足のX線写真．足の指の骨（指骨）をつなぐ関節がはっきり見える．中央の指（第3指）では，柔組織の膨らみ（指の節あるいは肉趾）が指骨間の関節に対応している．外側の指（第2指と第4指）では，指骨が比較的短く全部が一つの肉趾に入るので，上記の対応がそれほど明瞭ではない．(B) 小型獣脚類の足跡(アンキサウリプス Anchisauripus またはグララトル Grallator, Weems [1992] 参照) の，天然の雄型．みごとに保存されている．プラット博物館の所蔵品．足跡の指の跡によく発達した節が見える

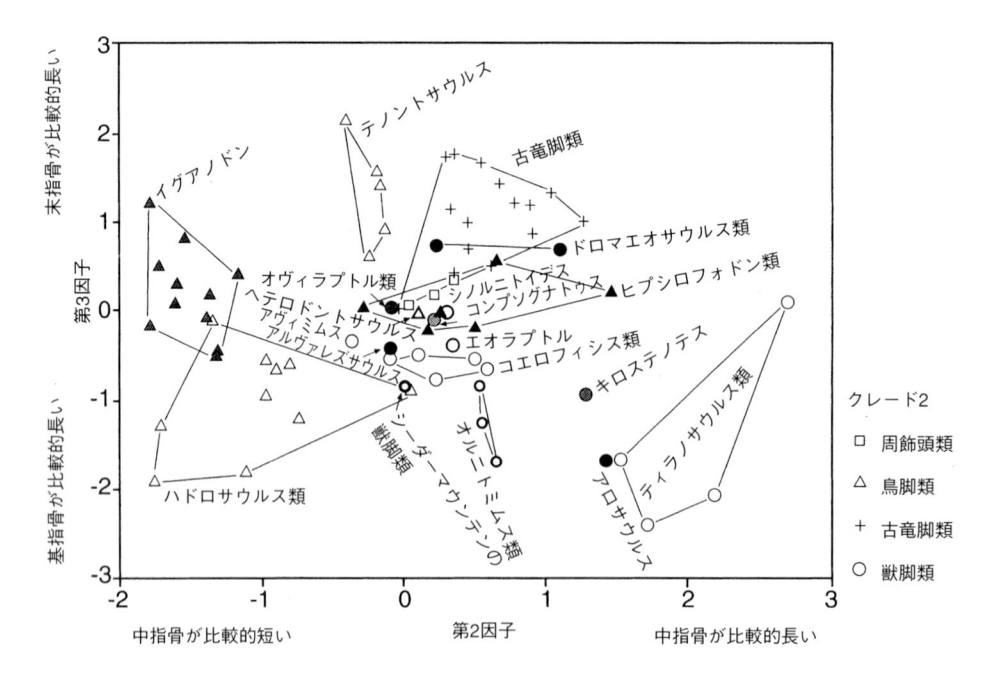

図36.12● 3本指の恐竜の足跡をつけた可能性がある恐竜の，足の骨格の主成分分析
第1因子は，それぞれの種の全体のサイズに関連する因子であり，省略した．第2因子は，足の指の中央部分の骨（指骨）の長さと，基指骨（最も脚に近い）および末指骨（最も脚から遠い）の長さとを比べる因子である．第3因子は，かぎ爪の骨も含めた足の最も先端の骨の長さを，最も基部に近い指の骨と比較する因子である．この図の「周飾頭類」はプシッタコサウルス (Psittacosaurus) である．獣脚類の末指骨はどちらかというと短く，古竜脚類や多くの鳥脚類の末指骨は比較的長い．指の中央部分の骨は，獣脚類では比較的長いが，ハドロサウルス類の恐竜や，テノントサウルス (Tenontosaurus)，およびイグアノドン (Iguanodon) では極めて短い．ヒプシロフォドン類と一部の小型獣脚類とは重なる部分が大きい．

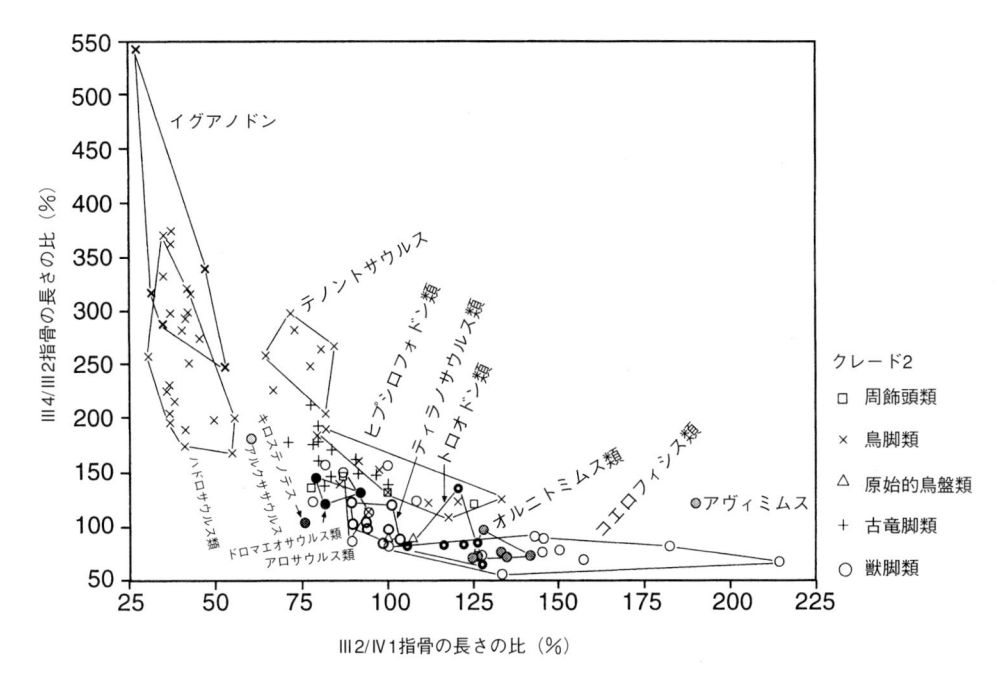

図36.13● III 2 指骨（第 3 指の 2 番目の骨）の，IV 1 指骨（第 4 指の 1 番めの指骨）に対する長さの比を，第 3 指のかぎ爪（III 4）の長さと III 2 指骨との長さの比に対してプロットしたもの

三指の恐竜では，歩行に使う 3 本の大きな指のうち最も内側が第 2 指であり，中央の指が第 3 指，外側の指が第 4 指である．III 2 指骨は第 3 指の中央付近にあり，IV 1 指骨は第 4 指の最も基部に近い骨である．したがって，III 2 指骨/IV 1 指骨の長さの比は，図 36.12 に示した主成分分析における第 2 因子と関連している．同様に，III 4/III 2 の比は第 3 因子に関連する．この図の「原始的鳥盤類」とはレソトサウルス（*Lesothosaurus*）である．獣脚類の III 2 は IV 1 や III 4 と比較して長めであり，古竜脚類や鳥盤目恐竜はその逆である．

ない．例えば，時々残される足の第 1 指の跡や，手の跡などである．このような追加情報があってもまだ，一部の恐竜については歩（走）行跡を区別するのがむずかしいかもしれない（小型の鳥盤目恐竜のさまざまなグループなど）．ここに示したグラフには描かれていないが，同じ属の恐竜の足の骨格は，時には同じグループの他の恐竜の足の骨格よりも近接してプロットされる．しかし，同じ属の恐竜の足の骨格も，そのグループの異なる属の骨格も，同程度にばらばらにプロットされる場合もある．足跡から見積もった指の骨のプロポーションに基づいて，ある足跡を二足歩行恐竜の特定のグループのものと考えることができたとしても，足跡をつけた動物がそのグループ中のどの属かを明らかにすることは不可能であろう．

古竜脚類の値が形態空間にプロットされる様子（図 36.12～36.14）から，三指の古竜脚類の足跡が存在するとすれば，その足跡は獣脚類がつけた足跡よりも三指の鳥盤目恐竜の足跡とまちがわれやすいことがわかる．実際，プラテオサウルスのうしろ足は，テノントサウルスのうしろ足と酷似している（図 36.8 B，36.10 J）．このことから，二足歩行の古竜脚類の足跡を，（現在は仮説であるが）中生代前期の大型の二足歩行の鳥盤目恐竜がつけた足跡と混同することが，理論的に起こりうることがわかる．うしろ足が何本指であろうと混同しうるのである！ ヒッチコックの足跡のタイプの一つ，オトゾウム（*Otozoum*）をつけたのは 4 本指の二足歩行動物であり，それに対する近年の解釈は，古竜脚類（Lockley 1991, Farlow 1992），鳥脚類（Thulborn 1990），鳥盤類に属する装盾類（Gierlinski 1995）となっているのが興味深い．

足のプロポーションから足跡をつけた三指の恐竜を同定できる可能性についてここまで述べてきたことは，足跡の保存状態が非常によい時にしか当てはまらないのだということを強調しておかねばならない．保存状態がよいとは，肉趾が明瞭に見えるほどで，そこから 1 本 1 本の足指の骨の相対的長さを見積もることができるような状態である．3 本指の足跡で肉趾がはっきりしないこともよくある．足跡の全体の形から三指の足跡をつけた動物を特定できるような判断基準がないものだろうか？

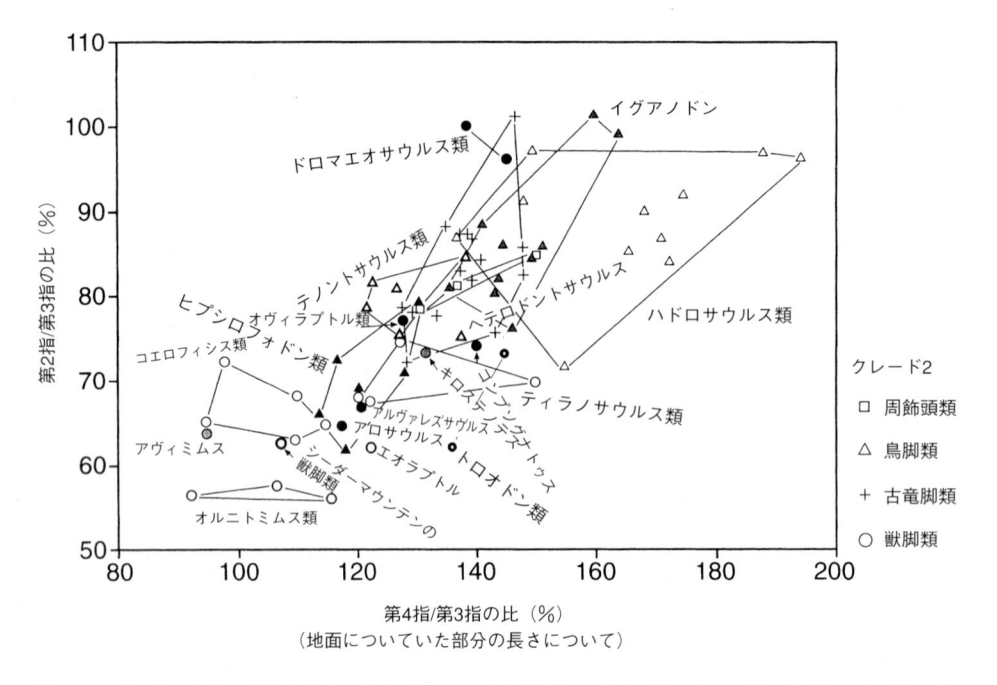

図 36.14 ● 第 2 指のうち，通常歩行時に地面に接していたと思われる部分（第 2 および第 3 指骨）の全長を，第 4 指の全長に対してプロットしたもの
両軸ともに，中央の指（第 3 指）のうち識別できるような跡が残ると考えられる部分（III 2～III 4 指骨）の長さに対する百分率で示した．獣脚類は中央の指が比較的長いことが多いが，ヒプシロフォドン類など他のグループと重なっている．ドロマエオサウルス類は第 2 指に巨大なかぎ爪があるため，他の獣脚類とは離れている．

利用できそうな特性の一つは，3 本の指の跡の長さを比較することである（恐竜の足跡の記載でよく行われる．Moratalla et al. 1988, 1992；Demathieu 1990；Gierlinski 1988, 1994；Casanovas Cladellas et al.1993；Gierlinski and Ahlberg 1994 参照）．三指の足跡の多くに，足跡の後端部付近の内側の縁に沿って，明瞭に欠けた部分がある（図 36.5 B；Thulborn 1990 参照）．これは，足跡が恐竜の右足のものか左足のものかを判断する時に有用である．この欠けた部分は，内側の指である第 2 指が，その全長にわたって地面に触れてはいなかったためにできた．第 2 指の跡の後端部は，その指の第 1 および第 2 の指骨をつなぐ関節によってつけられている．同じように，中央の指（第 3 指）も，第 1 および第 2 の指骨の間の関節より基部に近い部分の跡はつかない．対照的に，第 4 指は通常その全長にわたって跡がつき，その跡の後端部——それが足跡全体の後端であることが多い——は，その指の第 1 指骨と足の第 4 中足骨とをつなぐ関節の跡である．

その結果，第 2 指および第 3 指の跡の長さは，それぞれ第 2 から第 3 指骨，第 2 から第 4 指骨の長さの合計となり，第 4 指の跡は，その指の指骨 5 本全部の長さの合計となる．足の主要な 3 本の指の相対的長さを比較する（図 36.14）と，三指の足跡をつける可能性がある主要な種のうち，獣脚類がある程度分かれる以外は，グループ同士で重なる部分が大きい．

大型の獣脚類は，大きな鳥脚類と比べて指骨が細い傾向がある（図 36.9，36.10）ため，大きな 3 本指の足跡で指の跡がひょろ長ければ（図 36.5），鳥脚類よりも獣脚類の足跡である可能性が高い．一方，大きな足跡で，比較的短く太い 3 本の足指の跡がある（図 36.15）場合，それをつけた動物はおそらく鳥脚類であろう．とはいえ，小型の二足歩行の鳥盤目恐竜の多くは，比較的細長い足指を持っているため（図 36.10），小型鳥盤目恐竜の足跡から小型獣脚類の足跡を識別する際には，指の跡のスマートさもあまり役に立たないかもしれない．例えば，アトレイプス（*Atreipus*）と呼ばれる中生代前期の足跡をつけた動物が，人によって鳥盤目恐竜とされたり獣脚類とされたりしている（Thulborn 1990）ことも，驚くには当たらない．

獣脚類も鳥盤目恐竜も，三指の恐竜の多くは，第 2 指や第 3 指よりも外側の指（第 4 指）が明らかに

TMP87.76.6   鳥脚類の足跡

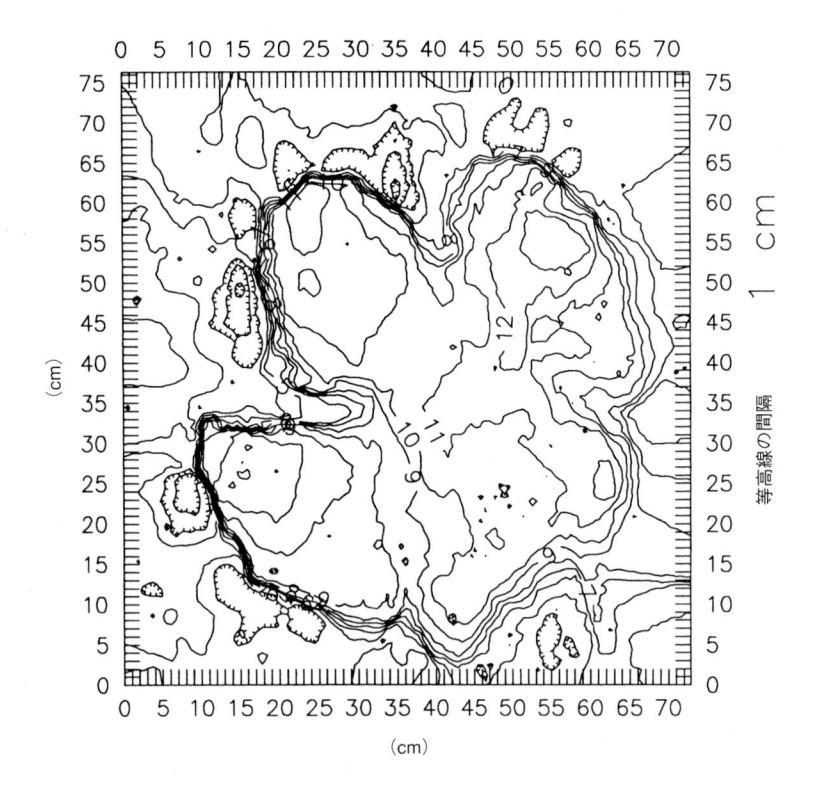

図36.15●コンピューターで描いた大型の鳥脚類の足跡の等高線図
カナダ，アルバータ州，ロイヤルティレル古生物博物館（Royal Tyrrell Museum of Palaeontology）の所蔵品．指の跡が比較的短くずんぐりしている．この形を図36.5の大型獣脚類の足跡と比較してほしい．

細い（図36.10）．しかし，トロオドン類のボロゴヴィア（*Borogovia*）や初期の鳥（？）モノニクス（*Mononykus*）などの第4指は非常にがっしりしていて，中央の指（第3指）が比較的スリムである．よく保存された足跡にはこのような指の太さのちがいが記録されているかもしれない．

三指の足跡をつけた恐竜を同定するため，ほかにも足の骨格構造と直結しない判断項目が提案されてきた（Thulborn 1990, 1994；Lockley 1991；Weems 1992）．足跡の全体の幅/長さの比，指の跡が互いになす角度，足跡の長軸方向と足跡をつけた動物の移動方向とのなす角度，歩（走）行跡の歩角（図36.3）などの特徴が使われる．そのようなパラメーターは有用かもしれないが，骨格構造と直接関連するパラメーターほど確定的に，足跡をつけた動物を同定することはできないと思われる．

足跡をつけた恐竜を同定するという仕事は，恐竜の足跡の出現を層序的に考慮すると，いくらか容易になることがある．例えば，テキサス州の白亜紀前期のグレン・ローズ石灰岩から，みごとに保存された竜脚類の足跡が見つかっている（図36.16）．どの種の竜脚類がつけた足跡かははっきりしない．しかし，同じ地域の同時代の岩石からプレウロコエルス（*Pleurocoelus*）と呼ばれるブラキオサウルス類の骨格が発見されているという事実，さらにプレウロコエルスの足の骨格についてわかっていることがその足跡の形状と矛盾しないことなどから，グレン・ローズ石灰岩の竜脚類の足跡をつけた動物はプレウロコエルスである可能性が高いといえる．同様に，グレン・ローズ石灰岩に見られる大型の獣脚類の足跡は，大きなアロサウルス類アクロカントサウルス（*Acrocanthosaurus*）がつけたものである可能性が極めて高い．この恐竜の骨格が，同じ地域の同様な年代の岩石から出ているからである．同じ論法を用いると，ニューメキシコ州の白亜紀末期の堆積物に見られる，かぎ爪の跡が比較的細い，巨大な三指の足跡は，巨体を持つマーストリヒチアン［訳注：白亜紀を細分割した最後の時代の名前］の獣脚類ティラ

図36.16●テキサス州グレン・ローズ，州立恐竜渓谷公園のパラクシー川の川床にある竜脚類の歩行跡
この種の足跡はブロントポドゥス（*Brontopodus*）という名前で呼ばれている．竜脚類の足跡の多くに，大きな獣脚類の三指の足跡が重なっているので，竜脚類を追っていたのかもしれない．撮影：R.T. Bird.

ノサウルス（*Tyrannosaurus*）がつけたものであろう（Lockley and Hunt 1994）．

　いずれか特定の地層にある足跡について，それをつけたとは考えにくい恐竜を推論することもできる．ティラノサウルス類の骨格が白亜紀後期の年代の岩石にしか見られないことから，コネティカット渓谷にあるジュラ紀前期の大型獣脚類の足跡の中に，このひときわ大型の獣脚類の足跡があるとは考えにくい．また，南米の白亜紀後期の岩石からは，現在のところティラノサウルス類が見つかっておらず，中生代後期の大型獣脚類としてはアベリサウルス類が一般的であった．したがって，南米の白亜紀後期の大きな獣脚類の足跡は，ティラノサウルス類よりもアベリサウルス類のものだと考えた方がよい．同様の理由から，白亜紀後期の四足歩行恐竜の足跡を，4本足で歩いていたからといって古竜脚類（現在のところ三畳紀とジュラ紀からしか見つかっていないグループ）がつけたものだとはいいにくい．もちろんこれらは，そうらしいというだけの記述であり，絶対確実に真実だといい切れることではない．いずれ誰かが，ジュラ紀前期のティラノサウルス類や白亜紀の古竜脚類の骨格の化石を発見する

可能性はある．ただしその可能性は非常に低い．南米で白亜紀後期の年代の岩石にティラノサウルス類の化石がいつの日か出現するということの方がいくらか考えやすい．

時には，層序を考慮することで足跡をつけた動物の同定が複雑になることもある．典型的な獣脚類の足跡とよく似た3本指の足跡が，最も古い肉食恐竜の骨格化石よりも前の，三畳紀中期の岩石から見つかっている（Haubold 1984；Demathieu 1989；Arcucci et al. 1995――ただし King and Benton 1996 も参照のこと）．獣脚類が現在考えられているよりもかなり早い時期に進化したか，あるいは，足と歩き方が獣脚類に酷似した，恐竜以外の主竜類の動物によってこれらの足跡がつけられたか，どちらかである．後者が真実であれば，別の疑問が生じる．つまり三畳紀後期，さらにジュラ紀前期において，現在獣脚類がつけたと考えられている足跡も，実は恐竜の近縁ではあっても恐竜ではない主竜類のものではないか，という疑問である．

特定の地層に恐竜の足跡を残した動物を同定しようとする時，常にある程度の不確実性が伴う．恐竜の足跡群集に基づいて恐竜相の構成を復元しようとした場合，保存のよい骨格の群集を根拠にした場合ほど確定的なことは決していえないだろう（ただし，これほど悲観的ではない展望もある．本書第37章 Lockley 参照）．一方で，骨格化石がほとんどない地層については，足跡だけが，他の方法では知ることができない恐竜の世界をかいま見せてくれるだろう．

● 恐竜の足跡を命名する

1858年の『生痕学』に先立ち，ヒッチコックはコネティカット渓谷の足跡についての短い報告を数編発表している．これらの初期の著作の中で，特に足跡そのものに適用するための名前がつくり出された．1845年には，ヒッチコックは，ギガンティテリウムやアノモエプスといった名前で，足跡だけではなくそれを残した生きものを呼んでもよいと考えるようになっていた．この信念は，19世紀初期のナチュラリストが比較解剖学の持つ予測力を信頼していたことからきている．フランスの偉大な解剖学者ジョルジュ・キュヴィエ（Georges Cuvier）は，母岩の表面からのぞくわずかな骨格の化石から，その骨が全部掘り出されたらある種の化石哺乳動物が有袋類であることが判明するだろう，と正確に予測

した（Rudwick 1976：113-116）．リチャード・オーウェン（Richard Owen）も同じように，大腿骨の破片を根拠に，巨大な飛べない鳥モアが過去に存在していたことを推論することができた．こうしたことから，ヒッチコックは以下のことを確信を持って主張した．

「足跡化石を残した動物を命名し記載することを私が提案する根拠は，比較解剖学および動物学に由来する．これらの科学は，異なる綱や科の動物の間だけでなく，同じ動物の異なる部分の間にも，厳密な数学的関係が成立することを示している．それなら，それらの事実を考慮して，未知の動物を命名し記載しようではないか．その正体を推測する手がかりが，足跡以外に何も残されていないとしても．実際，足跡は石化した足とほとんどちがいはないのである．そして，もしキュヴィエの方法が正しいのであれば，足跡から体の他の部分について我慢できる程度に正しい知識が概して得られる．解剖学者が体のどこか別の部分の，たった1本の骨から動物を復元できるように，われわれにもこの石化した足から動物全体を復元することができるはずではないか？」（1858：23-24）

ヒッチコックの雄弁な問題提起に対する答えは，残念ながら本章のここまでで議論したとおりである．特定の足跡を残した動物の種類に関して「我慢できる程度に正しい知識」を得ることは可能かもしれないが，どの種類の動物がその足跡をつけたかを正確にいい当てられるほどの精密さはほとんどない．ハドロサウルス類，ティラノサウルス類の中の一つの種の足跡を識別することはできないだろうし，おそらくある属を別の属から区別することもできない．

生痕学者はそこで，ヒッチコックの当初のアプローチに立ち返り，足跡をつけた動物ではなく，特徴的な種類の足跡そのものを記載するための学名をつくることにした．恐竜などの化石脊椎動物の場合は，骨格に基づいて属や種が命名されている．それらと区別するために，足跡は足跡属および足跡種として命名されている（Baird 1957；Demathieu 1970；Haubold 1984；Sarjeant 1989, 1990；Thulborn 1990；Lockley 1991；Leonardi 1994；Sarjeant and Langston 1994 参照）．ただし，恐竜その他の化石脊椎動物の足跡をどこまで区別して命名すべきかの判断基準については，見解の相違がある．

脊椎動物の足跡は，生痕化石の種類の一つにすぎない．脊椎動物の生痕化石としてはほかにも，卵，

糞石，歯形などがある（本書第26章Chinおよび第28章 Hirsch and Zelenitskyを参照）．さらに，太古の堆積物に活動の痕跡を残した有機体は脊椎動物だけではない．多様な無脊椎動物，植物，さらには微生物までもが同じように痕跡を残した．海水でも淡水でも，水底に住む（底生）無脊椎動物は海や湖の底を這い，穴をあけ，潜り込み，餌をとることで堆積物（かたい岩石でも）の上や中に跡を残す．ある無脊椎動物の生痕化石について，それをつけた動物の門でさえ特定できないことがしばしばある．一方で，堆積岩中の無脊椎動物の生痕化石から動物の活動の種類がわかれば，堆積物が積もった環境条件について非常に有用な情報を得ることができる（Osgood 1987；Maples and West 1992）．したがって，無脊椎動物の生痕を研究する生痕学者は，これらの堆積構造を，生痕に記録された動物の活動の種類に基づいて命名するのであり，生痕をつけた動物のほとんど知りようがない分類学的な類縁関係に基づいてではない（Sarjeant and Kennedy 1973；Basan 1979；Magwood 1992）．1種類の海洋性の無脊椎動物が，海底にじっとしているときにある種の跡をつけ，這いずり回る時に全く異なる跡をつけることがありうる．無脊椎動物の生痕を研究する生痕学者の手法に従うと，同じ動物がつけた異なる跡には，異なる名前が与えられる．

生痕学者の中には（例えばSarjeant 1990；Sarjeant and Langston 1994），脊椎動物の生痕分類を識別し命名する際に，同じアプローチをとることを提唱する者もある．ある特徴的な形状の足跡には，それをつけた動物が特定の種類に属するかどうかに関わらず，一つの名前をつけるべきである．さらに，同じ種類の動物でも異なる状況（走っている時と歩いている時，など）で足跡の形が異なるようであれば，同じ種類の動物がつけた異なる足跡に異なる名称が与えられるべきだというのである．

足跡をつけた動物の種の類縁関係が確定できるかどうかにかかわらず，独特の足の構造を示す特徴的な形態を持つ脊椎動物の足跡に命名すべきだという点では，ほとんどの生痕学者の意見が一致している．論争となるのは，ふるまいのちがいによって生じた足跡の形のちがいも，無脊椎動物の生痕のように，足跡を命名する根拠とするべきかどうかについてである．

われわれは，2つの理由から，これを行うことの有用性について懐疑的である．第一に，すでに議論したように，特定の脊椎動物の足跡をつけた動物が確実にはわからないとしても，脊椎動物におけるその不確実さは分類学的に下位のレベルで起こることであり，底生無脊椎動物のほとんどとは異なる（Schult and Farlow 1992）．獣脚類の足跡についてある科をもう一つの科と区別できなくても，それどころか獣脚類の足跡を鳥脚類の足跡から識別できなくても，ある門の「虫」が掘った巣穴を別の門のものと区別できないこととは大分事情がちがう．恐竜その他の脊椎動物の足跡には，無脊椎動物の生痕よりも，足跡をつけた動物の種の類縁関係に関する情報が多く読みとれるものである．

第二に，底生無脊椎動物の生痕のちがいは，それをつけた動物のふるまいのちがいを反映することから，その生痕がつけられた環境の生態系（堆積物中の食物の分布など）について有用な情報を持っている（Osgood 1987）．反対に，特定の種類の脊椎動物の行動のちがいによって，あるいはその足跡の形成，保存のされ方によって足跡の形にちがいが生じたとしても，そこから足跡がつけられた環境について特に興味深い事柄が判明することは（当時の地面の状態以外には）滅多にない（Schult and Farlow 1992）．ある恐竜が歩いていたか，走っていたか，跳ねていたか，座っていたか，あるいは足を引きずっていたかということからは，その動物が何をしていたのかがわかってすばらしいが，それらは動物がその行動をとっていた環境について生態学的に重要なことを反映しているわけではない．したがって，無脊椎動物の生痕化石の命名方法と全く同じように脊椎動物の足跡分類を命名しても，何の役にも立たないように思われる．

ここまでで述べてきたことから，基本的な疑問が生じる．何のために足跡分類をつくるのか？　いいかえると，脊椎動物の生痕化石に命名する目的，そこから得ようとするものは何なのか？

Lockley（1991；本書第37章）が指摘したように，地層によっては恐竜その他の中生代の脊椎動物が，身体の化石よりも足跡という形で多く記録されていることがある．北米東部の中生代前期の岩石（ヒッチコックが研究したコネティカット渓谷の岩石など）がよい例である．

恐竜の足跡が豊富で骨はほとんど出ないような岩体を調査したとしよう．そしてまた，その岩体から推測される恐竜相を，地理的に別の地域あるいは層序的に別の時代の，足跡や骨格から推定されている恐竜相と比較したいとしよう．足跡分類の命名に当たって，足跡をつけた動物の足の構造のちがいを表

す足跡形状のちがいだけでなく、その動物のさまざまなふるまいによって生じた足跡の形状のちがいを用いたとすると、その岩体から得られる足跡分類のリストは、その地域に実際に生息していた動物の種類や動物分類の多様性とほとんど対応しなくなる。足跡分類を用いたのでは、得られた足跡群集によって示される恐竜相が、ほかの場所や時代における恐竜相と似ているか、あるいは異なるか、ということについて多くを語ることができないであろう。

そこで、脊椎動物の足跡の命名では、ヒッチコックの1858年の考え方に示された立場と、無脊椎動物の生痕研究者が使う方法との、中間的アプローチをとる生痕学者が多い（Baird 1957；Olsen and Galton 1984；Farlow et al. 1989；Lockley et al. 1994；Lockley and Hunt 1995 a 参照）。足跡が命名されるのは、以下の場合だけである。すなわち、でき方による見かけのちがいとは考えにくい独特の形状を示す足跡で、その形状が足跡をつけた動物の骨格構造をある程度反映している場合である。その上、足跡が示す足の構造が、すでに命名されている足跡分類には見られなかった構造でなければならない。ただし、足跡に与えられる名前は、それを残した動物に与えられる名前とは別である。例えば、ブロントポドゥス（*Brontopodus*）という名前がグレン・ローズ層の竜脚類の足跡につけられたが、おそらく（確実ではないが）プレウロコエルスのものと考えられている（Farlow et al. 1989）。

このアプローチの利点は、無脊椎動物の生痕研究者と同じアプローチでつくられたリストに比べて、脊椎動物の足跡分類のリストがより密接に足跡を残した動物相と対応づけられることである。ある程度の分類レベルまでは、骨格分類と足跡分類の間に関連があるだろう。それがどのレベルまでかは、おそらく場合によって異なる。Olsen and Galton（1984：94）が指摘したように、「足跡属グララトル（*Grallator*）［ヒッチコックが足跡につけた名前の一つ］は、…中生代のあらゆる時代に出現した獣脚亜目に属する既知のどの種にでもつけることができた足跡だと考えられる。足跡属アノモエプスは、ファブロサウルス科、ヒプシロフォドン科、イグアノドン科の一部、プシッタコサウルス科、そしてレプトケラトプス科の一部の走行性の恐竜であれば残すことができた」。

図36.12～36.14をよく観察すると、その理由がわかる。三指の恐竜のうしろ足のプロポーションに関して現在得られるデータによると、テノントサウル

スがつけた足跡がもし発見されれば、それで一つの足跡分類（おそらく足跡属）が成立するはずである。また別に、ハドロサウルス類すべての足跡を含むと思われる足跡分類ができる。ティラノサウルス類（その他の大型獣脚類も？）の足跡のためにさらに別の足跡分類を設けることができ、オルニトミムス類やケラトサウルス類がつけた足跡のためにまた別の足跡分類がつくられる。さまざまな種類のヒプシロフォドン類がつけたあらゆる形の足跡を含むと思われる足跡分類には、おそらくヘテロドントサウルス（*Heterodontosaurus*）やプシッタコサウルス類の足跡も、さらにその他の二足歩行の小型鳥盤目恐竜をも含めなければならないだろう。こういうわけで、本章で提唱するアプローチによって命名されたある岩体からの足跡分類のリストは、当時の動物相における動物の多様性を過小評価するかもしれない。しかし足跡という証拠を用いる限り、これが最も現実的に、動物相中の動物分類の数と関係とを表している。

残念ながら、図36.12～36.14から、困った可能性があることもわかる。関連のないグループの恐竜が残した足跡が、一つの足跡分類に含まれてしまうかもしれないのである。小型の鳥盤目恐竜と一部の小型獣脚類がグラフ上で重なっているのをもう一度見てほしい。このことは足の骨格の比較からいえるのであって、足跡からではないが、われわれが直面している問題が現実となりうると考えるべき理由はもう一つある。

新生代の経過につれて、世界各地で膨大な数の地上に住む（多くは飛べない）鳥のグループが進化した（Feduccia 1996）。平胸類（ダチョウ、レア、ヒクイドリ、エミュー、キーウィ、モア、エピオルニス［象鳥］）、シギダチョウ、ガストルニス目（ディアトリマ属 *Diatryma* およびその近縁種）、ツル目（バソルニス、ノガンモドキ、フォールスラコス、メッセルクイナ、イオグルス、エルギロルニス、アドゼビル、ノガン類、ツル類、クイナ類）、ハトに似た大型の飛べない鳥（ドードーとロドリゲスソリテアー）、大きな飛べないガンカモ類、キジ目（キジ類、シチメンチョウ類、ツカツクリ類およびその近縁種）、ヘビクイワシおよび類似の猛禽類、ヒレアシ類（オーストラリア地域の、類縁関係が不確かな鳥、大型ないし巨大な飛べない種）。印象的な種を一部あげただけでもこれだけある。

これら多種多様な地上の鳥のグループの進化における関係は、完全に理解されてはいない。現生の平

胸類の多様な種同士が，平胸類以外のグループに対してよりも，互いに近縁なのかどうか（分子レベルの証拠から示されたように［Cooper et al. 1992；Cooper and Penny 1997］）もまだよくわかっていないほどである（Feduccia 1996）．

平胸類すべてが近縁ならば，さまざまな地上に住む鳥がつけた足跡を比較すると（図36.17），面白い疑問が湧く．もし平胸類が単系のグループを構成するとすれば，2本指のダチョウの足跡が他の平胸類の足跡と全く異なるということは興味深い．ダチョウの足跡の全体の見た目は，他の平胸類よりも絶滅したツル目の一種，すなわち同じように2本指のエルギロルニスの足跡に似ているかもしれない．またエミューとヒクイドリは近縁だと誰もが信じているが，ヒクイドリの足の第2指に巨大なかぎ爪があるために，ヒクイドリの足跡の全体の見た目はエミューの足跡と異なり，エミューの足跡はヒクイドリよりもレア，モア，ヒレアシ類，ノガン類の足跡の方に近い．

2つの異なる分類の動物の足跡が互いに類似する

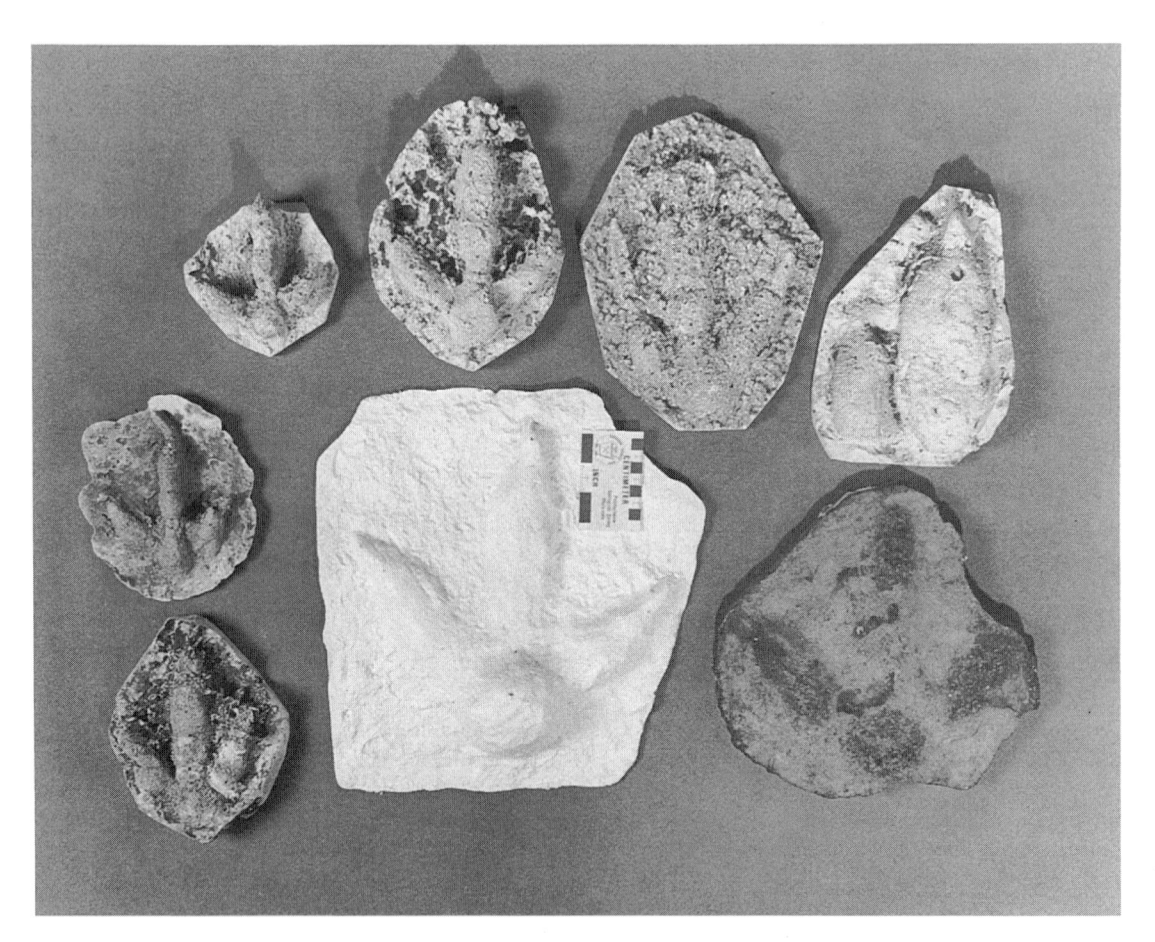

図36.17●大型の地上に住む鳥の現生種および絶滅種の足跡の型
上左角から時計回りに，エミュー（*Dromaius novaehollandiae*）の幼鳥の右足の足跡，エミューの成鳥の右足の足跡，ヒクイドリ（*Casuarius casuarius*）の左足の足跡（内側の指，第2指［型の向かって左側］に巨大なかぎ爪の跡がある．隣のエミューの足跡では同じ指が向かって右側になっている），ダチョウ（*Struthio camelus*）の成長の右足の足跡（第2指がない．大きな第3指の跡の右側に来るはず），タスマニアのヒレアシ類（dromornithid）の右足（？）の足跡，ニュージーランドのモアの右足（？）の足跡，ダーウィンレア（*Rhea pennata*）の左足の足跡，アフリカオオノガン（*Ardeotis kori*）の右足の足跡．エミューは他の鳥よりもヒクイドリに近いが，その足跡は同程度に，あるいはそれ以上に，アフリカオオノガンの足跡に似ている．同様に，レア，エミュー，ヒクイドリ，モアは互いにより近い関係にあり，ダチョウとも近縁であるが，アフリカオオノガンやヒレアシ類とは比較的遠い．しかし足跡の形状を比べる限り，そのような関係を見出すことはむずかしい．このことから，同じ足跡分類に属する足跡が必ずしも近縁の動物によってつけられたとは限らないこと，また，近縁種の動物でも足跡は異なる足跡分類に入れられるかもしれない，ということがわかる．

場合，その理由は以下のいずれかである．（1）両方の分類に，共通の祖先の原始的な足の形が保持されている．この時その原始的な足の形は他の分類にも共通に見られる．（2）両方の分類が，似た形の足を進化させた．ただし，2つの分類は単系のグループの一部であり，他の分類には同じ特徴が見られない（本書第8章 Holtz and Brett-Surman 参照）．（3）2つの分類は近い類縁関係にないが，生活様式が似ており機能が同じであったために，類似した形状の足を独立に進化させた．（4）一つの分類が原始的な足の形を残していて，もう一つの分類は他の形状への派生を経て現在の足の形に戻った．その理由はおそらく，先祖の生活形態に戻ったからであろう．

以上のうちのどれが足跡の形の類似性を正しく説明しているかは，おそらく恐竜の足跡の場合と鳥の場合では異なる．しかし重要な点は，今では分類学者のほとんどが，自然の系統発生グループは派生した特徴を共通して持っている時だけ認定されるべきだと主張しているということである（本書第8章 Holtz and Brett-Surman 参照）．そうなると，足の形に基づいた分類のグループ分けと単系のクレードによる分類のグループ分けとが一致するためには，単系のグループの定義に用いられる特徴が変化すると同時に，足の形も一貫して変化していなければならない（単系のグループを定義するには，恐竜の場合，足以外の骨格の特徴も用いられる）．図36.12～36.14と図36.17を見ると，それが成り立たない場合も多いようである．

足跡分類をほかから区別する，あるいは類似していると考える際は，全体形の相違や類似性を根拠にするのがふつうである．足跡の形が似ている理由が，上述の第二の理由なのか（単系グループであることになる唯一の理由［Olsen 1995］），あるいは他の3つの説明のどれかに当たるのかは，決定できないことも（しばしば）ある．

そうであるから，恐竜の骨格分類と足跡分類の対応づけは，必然的に精度が粗くなることがあるのは避けられない（ただし，再度強調しておくが，無脊椎動物の生痕分類学におけるほど大きな問題にはならない）．このため，恐竜の足跡分類に基づいて生態系の構成を復元したり，生層位学的な対応づけをしたり，生物地理学的パターンを解釈したりする時に，期待できる精度は大きく下がる．

例えば，Lockley（本書第37章）によると，ユーラシア大陸と北米大陸に同じ獣脚類の足跡分類が出現することは，ジュラ紀全体を通じてこれらの陸地の間が地続きであったことを示しているという．当時，陸上に住む脊椎動物が一つの陸地から別の陸地へと比較的容易に移動することができた，という考えに異議を唱えるわけではない．しかし，複数の大陸に同じ足跡属が存在したことが，大陸同士の連結を示す十分な証拠だとはいい切れない．それがいえるのは，異なる大陸の足跡をつけた動物が，単系のクレードに属することを示すような派生した特徴を共有していて，足の形状の類似性にもそれが表れており，その理由によって異なる大陸の足跡が同じ足跡属に入れられている場合だけである．上述の例では，問題の足跡属に含まれるとされる北米の大型獣脚類と，ユーラシアの同じ足跡属の足跡をつけた動物との類縁関係が，それぞれのグループと他の種類の大型獣脚類との関係よりも互いに近かったという確証が必要であろう．足跡の形からそこまで分類学的に細かいことがいえるかどうかは，議論の余地がある．すでに見てきたように，近い関係にある鳥や恐竜が必ずしも足の形が類似しているとは限らず，一方で遠い関係にある鳥や恐竜の分類の足の形が識別困難であることがある．とはいえ，全く役に立たないわけではない．異なる地域の足跡群集が同じ足跡分類を多く共有していれば（Olsen and Galton 1984 参照），これらの類似すべてが単なる偶然である危険性は非常に低いであろう．

保存のよい足跡からどれほど有用な分類学的情報を抽出できるかはさておき，恐竜の足跡の多く——ほとんどといってもよいほど——は，名前を与えられてよい程度に，足跡をつけた動物の足の骨格構造について十分な情報を保持していないのではないかと推測される．例えば，長い年月の間に命名されてきた三指の恐竜の足跡分類の多くは，本当に一つずつがそれほど異なるのかどうか，疑わしい．つまり「獣脚類の足跡」あるいは「二足歩行恐竜の足跡」などという大まかな同定以上に，足跡を残した動物を示すものとして役立つとは思えない．慎重すぎるくらいの方がよい．脊椎動物の生痕化石に正式な名前をつけると，その化石には解剖学的に識別可能な何かがあるような印象を与えてしまう．本当にそうであるような（まれな？）場合にのみ，正式な名前をつけるよう主張しておきたい．

●足跡と恐竜の移動様式

生きている恐竜がどのような動物であったかについてのわれわれの理解の大部分は，恐竜の骨格を生

きた機械仕掛けとして扱い，どのように機能したかを解明することによって得られている（本書第30章 Alexander 参照）．解明すべきことの一つが，恐竜の歩き方，走り方についてである．骨と骨とをつなぐ関節においてどのような動き方ができたかが復元されている（それらの骨の表面形状を根拠に）．四肢の骨同士，またそれらが胸帯や腰帯と連結している様子から，生きていた恐竜の姿勢が推測されている．関連する骨の機械的強度を計算して，恐竜がどれほど活動的だったかを見積もることができる．

このような機能形態学的研究は有用であるが，恐竜の生体力学に関する仮説を検証するためには，独立情報源がほしい．恐竜の歩（走）行跡は，そのような独立の系統の証拠となる．

1900年代の初めに，竜脚類の恐竜の歩行姿勢について激しい論争が持ちあがった（Desmond 1976）．しばらくの間，マーシュ（O. C. Marsh）を始めとする米国の古生物学者らは，竜脚類の四肢をゾウのような直立した姿勢に復元していた．ピッツバーグ（Pittsburgh）のカーネギー自然史博物館（Carnegie Museum of Natural History）が，博物館の出資者アンドルー・カーネギー（Andrew Carnegie）の命令でディプロドクス（*Diplodocus*）の骨格の複製と生きていた様子の模型を製作し，世界中の博物館に寄贈した時，恐竜が直立姿勢をとっていることに異論を唱えた古生物学者もいた．ディプロドクスは直立しておらず，現生のワニのように腹を地面すれすれにして這って歩いていた可能性が高い，と彼らは反論した．

この解剖学的修正主義に率先して反撃したのは，カーネギー博物館の W. J. Holland であった．その指摘によれば，ディプロドクスその他の竜脚類に這う姿勢をとらせると，四肢の骨の関節の位置が大きく変わり，深い（高さがある）胴体の位置が下がって，竜脚類が這い進むにつれて腹で地面に溝が掘れてしまう！

若いカマラサウルス（*Camarasaurus*）のほぼ完全な骨格が発見され，竜脚類の直立説がさらに強まった．「関節がつながっている右後肢は，これらの動物が直立四足歩行をしていたという見方を支持してきた者に利する議論の余地なき証拠であり，竜脚類の恐竜がトカゲのような姿勢で這っていたと主張する者の口を永遠につぐませるであろう」（Gilmore 1925：349）．

Gilmore の見方を支持したのが，アメリカ自然史博物館の R. T. Bird が発見した，グレン・ローズ石灰岩の竜脚類の歩行跡であった（図36.16）．この歩行跡では，左右の足跡間の距離が短く，足跡をつけた動物は，四肢が体の真下に来る直立姿勢をとっていたとしか考えられなかった．このようにして，それまでは骨格の解剖学のみを根拠に論じられていた問題に，歩行跡という証拠が終止符を打ったのである．

近年の論争でも歩行跡が登場している．今度は角竜類の恐竜の前肢の歩行姿勢についてである．20世紀初期の古生物学者のほとんどは，トリケラトプス（*Triceratops*）やその近縁の恐竜を復元する際に，後肢は完全に直立，前肢は這う姿勢をとらせていた（Dodson 1996；Dodson and Farlow, 印刷中）．この解釈に異を唱えたのが R. T. Bakker（1986，およびその参考文献）で，角竜類の移動様式はサイに似ていて前肢も後肢と同様に下向きについていた，と主張した．

角竜類のものと考えられる歩行跡の発見（Lockley and Hunt ［1995 a］がケラトプシペス（*Ceratopsipes*）と命名した）が，その論争に生痕学的要素をつけ加えた．左右の前足（手部）の跡同士の幅は，左右のうしろ足（足部）の足跡同士の幅よりも大きかったが，Lockley と Hunt は，前肢が直立歩行姿勢であったと思われる他の四足歩行恐竜においても同程度のことが予測される，と判断した．Lockley と Hunt は，ケラトプシペスの足跡をつけた動物の前肢は半直立あるいは（彼らによればこちらの可能性が高いが）直立の姿勢であったという結論を出した．Paul（1991）も同様に，ケラトプシペスの歩行跡のパターンは，前肢が直立歩行姿勢だったと考えると最も自然だと主張した．

ケラトプシペスからは角竜類の前肢が這う姿勢であったとは思われない，という点で Paul（1991）と Lockley and Hunt（1995 a）に同意しつつも，Dodson and Farlow（印刷中）は前肢が直立か半直立かを判断するのはより困難であることに気づいた．彼らは，ケラトプシペスを残した動物の体の大きさを見積もったり，角竜類の腰の幅と肩幅との比率を復元したりする際の問題点を指摘した．いずれも，歩行跡パターンから前肢の歩行姿勢を解明する時に必要な項目である．この論争にはまだ関係者全員を納得させる答えが得られていない．

原始的な陸生の脊椎動物では，上腕骨および大腿骨が体から外に向かって突き出し，肘あるいは膝で四肢が下方に向かって大きく曲がる（Bakker 1971；Charig 1972）．この場合，左右の足跡が互いに離れ

る．すでに記したように，これを定量的に記載するための間接的手段が，歩行跡の歩角である（図36.3）（ほかの方法もある，Leonardi 1987参照）．這って歩く両生類や爬虫類の歩行跡の歩角は100°未満であることが多い（Peabody 1948；Haubold 1984；Padian and Olsen 1984 a；Lucas and Heckert 1995）．

陸上を歩くワニ類の歩き方は，一般にトカゲのような這い歩きではなく，四肢がより下向きに近い半直立姿勢をとって「ハイ・ウォーク（腰高歩き）」と呼ばれる歩き方をする（Cott 1961；Bakker 1971；Charig 1972；Webb and Manolis 1989；本書第15章Parrish）．皮肉なことに，ワニ類はふつう，竜脚類が這って歩くと主張した人々がいったように陸上を這い歩くことはないのである！ 恐竜および恐竜以外のある種の主竜類は，少なくとも後肢については完全に直立歩行であった（Bakker 1971；Charig 1972）．半直立と完全直立の四足歩行爬虫類の歩行跡は，歩角が100°より大きく（Peabody 1948；Demathieu 1970；Padian and Olsen 1984 b），時には180°にもなる．四足歩行恐竜の歩行跡の歩角は100°と120°の間である（Farlow et al. 1989；Thulborn 1990）．

もちろん，動物が歩く際の前腕と脚の姿勢以外にも歩行跡の歩角を増減させる要因はある．同じように直立姿勢を持つ動物であっても，体の幅が広く脚の短い四足歩行動物は，体の幅が狭く脚の長い四足歩行動物よりも，歩角が小さい跡を残すであろう．2匹の直立歩行動物の脚の長さが等しくても，もし1匹の足が肩や腰から真下に向かってついていて，もう1匹の脚が肩や腰から下向きかつ内側にわずかに傾いてついていれば，歩行跡の歩角は異なるであろう．さらに，動物が走った跡は，同じ動物がゆっくり移動した跡よりも歩角が大きくなりうる．

二足歩行恐竜の歩行跡は，四足歩行恐竜の歩行跡よりも，歩角が大きい（時には180°に達する，つまり左右の足跡が一直線上に並ぶ）（Farlow 1987；Thulborn 1990）．四足歩行動物は4本足で体を支えるため，歩く時の支持基盤が広い．横方向に転倒したり前後に転ぶことは考えにくい．しかし二足歩行動物はそうはいかない．典型的な獣脚類を考えると，片側に頭部と胴体，反対側に尾があり，腰の部分で釣合いをとっている（図36.18）．その支持基盤は2つの足だけであり，われらが獣脚類は常に，脇，顔，尻（何だったらケツでもよい）から転倒する危険と隣りあわせなのである．

もし脚の長さに比べて胴体の幅が広く，左右の足が大きく離れていれば，われらが獣脚類は横方向に関して当然安定するであろう．しかし，この恐竜の頭部，胴体，および尾は，バランスの支点からはる

図36.18●巨大な獣脚類ティラノサウルスの通常歩行を復元したもの
獣脚類の恐竜の歩行跡における典型的なパターンから示されるとおり．一方の足をもう一方の足のほぼ正面に置き，尾は高々と地面から持ちあげている．Matt Smithの模型を参考に，Jim Whitcraftが描いた．

か前方および後方へと延びる．ただ立っているだけでも，前後に傾かないために，剣呑な平衡行動を行っていることになる．それが大した困難ではないとしても，一歩踏み出すごとに，すでに転倒の危険をおかしているまさにその方向に，不安定さが増してしまうのである．

一方，もし——実際の獣脚類のように——われわれの二足歩行動物の体の幅が比較的狭く脚が長ければ，その長い脚が体を前方へ転倒することから防ぐ役割を果たすであろう．その動物は前進中も，考えられる限り最も安定した状態になる．今度は横方向に不安定になるが，体の幅が狭いことで体重が足の真上に保たれるため，その危険も多少減らされる．必要以上に左右に動くこともなくなる！　これらの配慮がすべて，獣脚類その他の二足歩行恐竜の動き方に表れており，結果として彼らの歩行跡は幅が狭く，歩角が大きい．

昔から数え切れないほどの怪獣映画に描かれてきた恐竜とは反対に，ふつうの恐竜は，トカゲやワニ類のように尾を地面に引きずって歩くことはなかった．二足および四足歩行恐竜の歩行跡に尾を引きずった跡が見られることはまれである（ヒッチコックのギガンティテリウム［図36.6］はよく知られた例外である）．骨格の機能形態学から示されるとおり（Molnar and Farlow 1990），獣脚類は生きたシーソーのように腰の部分を支点とし，頭部，胴体の重さを尾の重さでバランスをとって歩いていた（図36.18）ことが，足跡からも確認できる．四足歩行恐竜は尾で釣合いをとる必要はなかったが，その歩行跡を見ると，尾の長い四足歩行恐竜（一部の竜脚類など）でも，尾をだらりと地面に引きずることは滅多になかった．

種々の現生動物（ヒト，ウマ，スナネズミ，ゾウ，ダチョウ）の動きの観察から，英国の動物学者 R. McNeill Alexander は動物の脚の長さ（腰高），ストライド，移動速度を，フルード数と呼ばれる無次元のパラメーターを用いて解析する式を考案した（本書第30章Alexander）．Alexanderの式を書き直すと，歩（走）行跡から動物の速度を見積もることができる．

$$速度(m/s) = 0.25 \times 重力定数^{0.5} \times ストライド^{1.67} \times 腰高^{-1.17}$$

歩（走）行跡から恐竜の速度を見積もるためには，まずその跡から直接ストライドを測定する．腰高は明らかに歩行跡からはわからない．しかしAlexanderの指摘によれば，復元された骨格から，恐竜の腰高は地面に接する足の部分の長さのおおよそ4倍であることがわかる．つまり，足跡をつくった動物の腰高を足跡の長さから見積もることができる（Thulborn［1990］はさらに，各グループの恐竜について足跡の長さから腰高を見積もれるように等式を発展させた）．

多くの古生物学者が Alexander の等式を適用して恐竜の速度を見積もった（レビューは Thulborn 1990参照）．驚くには当たらないが，ほとんどの見積もり速度が，足跡をつけた恐竜は時速2～10kmの間で歩いていたことを示している．現生の動物と同様，恐竜もおそらく必要以上に猛烈な勢いで野山を突っ走っていたわけではない．ただし，時速5～10kmでも長く歩き続ければかなりの距離を移動できる．したがって，恐竜の中にはかなりの遠距離移動をしたものがある，という推測も不合理ではない（Hotton 1980；本書第37章 Lockley）．

ところで，歩行跡の中には動物が走っていたことを記録しているように見えるものがある（Thulborn 1990；Irby 1996b）．そのような跡では，ストライドが，それをつけた動物の見積もられた腰高のおおよそ3倍以上になる（Thulborn 1990）．明らかに走っている恐竜の走行跡が集中する場所の中でも，最も印象的なのが，オーストラリアのクイーンズランド州西部の白亜紀中期の露頭，ラーク採石場（Lark Quarry）である（Thulborn and Wade 1984）．ここでは，大型の肉食恐竜の接近に驚いたのか，非常に多数の小型の鳥脚類と獣脚類とが泥地の上を全速力で駆け抜けている（図36.19）．これらの小さな恐竜の見積もり速度は時速12～16kmで，それほど速いようには思えないかもしれない．しかし，足跡をつけた動物が小動物であることを考えれば，これでも短い足が彼らを運べる限りの最高速度に近かっただろう．

恐竜について見積もられた移動速度で最も速いのは，テキサス州の露頭の中型獣脚類の走行跡のものである（Farlow 1981）．この場所に足跡をつけた動物のほとんどが歩いていたが，獣脚類のうち3匹は走っていたらしく（図36.20），その速度は時速30～40kmと見積もられている．同程度の速度が，スペインの白亜紀前期の中型獣脚類の走行跡からも見積もられている（Viera and Torres 1995）．

現在までのところ，恐竜が走った跡と思われる走行跡は，小型ないし中型の二足歩行恐竜の足跡に限られている．大型の恐竜については，四足，二足に関わらず，速い速度で走っていたことを示す走行跡

図 36.19 ● 小型の二足歩行恐竜の足跡
オーストラリア，クイーンズランド州，ラーク採石場（Lark Quarry）（ウィントン Winton 層，白亜紀中期）．足跡をつけた動物は撮影地点から遠ざかる方向に移動していた．この発掘現場には，膨大な数の小型恐竜の足跡があり，そのストライドが長いことから，足跡をつけた動物は全速力で走っていたと考えられる．

はまだない．このため，巨大恐竜の最大走行能力を解明しようとすれば，今のところ，恐竜の骨格の機能形態学および四肢の強度を根拠に推測するしかない（Coombs 1978；Bakker 1986；Paul 1988；Alexander 1989；本書第 30 章 Alexander；Thulborn 1990；Farlow et al. 1995）．トリケラトプスやティラノサウルスなどの大型恐竜も，上述のテキサス州の露頭でより小さい恐竜の走行跡から見積もられた速度と同程度の速度を出すことができた，と考える古生物学者もいる（この解釈は映画「ジュラシック・パーク」においてすばらしい形で具現化された！）．大型恐竜がそれほど迅速に動けたということに疑いを持つ研究者もいる．竜脚類の歩行姿勢の時と同様，走行跡がこの論争において決定的な証拠となるかもしれない．疾走するトリケラトプス，あるいは突進するティラノサウルスが残した走行跡がたった一つ見つ

図 36.20● 獣脚類の恐竜が走った走行跡の中の足跡3つ．テキサス州キンブル郡，Fランチ露頭．この一連の足跡のうち中央の足跡（メートル尺の横）は，図 36.4 （C）および（D）に示したものである．

かれば，これらの恐竜が非常に速く移動する能力を持っていたことが証明される．一方，もし——足跡露頭が研究され尽くしても——大型恐竜が迅速に移動した跡が出てこなければ，大型恐竜は走る能力がなかった，あるいはほとんど走らなかった，という結論を否定することはむずかしくなる．

● 文 献

Alexander, R. McN. 1976. Estimates of speeds of dinosaurs. *Nature* 261：129–130.

Alexander, R. McN. 1989. *Dynamics of Dinosaurs and Other Extinct Giants*. New York：Columbia University Press.

Anderson, A. 1989. *Prodigious Birds:Moas and Moa-Hunting in Prehistoric New Zealand*. Cambridge：Cambridge University Press.

Anonymous. 1867. Untitled report of Professor Cope's "account of the extinct reptiles which approached the birds." *Proceedings of the Academy of Natural Sciences of Philadelphia* 1867：234–235.

Arcucci, A. B.；C. A. Forster；F. Abdala；C. L. May；and C. A. Marsicano. 1995. "Theropod" tracks from the Los Rastros Formation (Middle Triassic), La Rioja Province, Argentina. *Journal of Vertebrate Paleontology* 15（Supplement to no. 3）：16 A.

Baird, D. 1957. Triassic reptile footprint faunules from Milford, New Jersey. *Bulletin of the Museum of Comparative Zoology, Harvard University* 117：449–520.

Bakker, R. T. 1971. Dinosaur physiology and the origin of mammals. *Evolution* 25：636–658.

Bakker, R. T. 1986. *The Dinosaur Heresies：New Theories Unlocking the Mystery of the Dinosaurs and Their Extinction*. New York：William Morrow.

Barsbold R., and T. Maryańska. 1990. Segnosauria. In D. B. Weishampel, P. Dodson, and H. Osmólska (eds.), *The Dinosauria*, pp.408–415. Berkeley：University of California Press.

Barsbold, R.；T. Maryańska；and H. Osmólska. 1990. Oviraptorosauria. In D.B. Weishampel, P. Dodson, and H. Osmólska (eds.), *The Dinosauria*, pp.248–258. Berkeley：University of California Press.

Barsbold, R., and H. Osmólska. 1990. Ornithomimosauria. In D.B. Weishampel, P. Dodson, and H. Osmólska (eds.), *The Dinosauria*, pp.225–244. Berkeley：University of California Press.

Basan, P. B. 1979. Trace fossil nomenclature：The developing picture. *Palaeogeography, Palaeoclimatology, Palaeoecology* 28：143–167.

Bird, R. T. 1985. *Bones for Barnum Brown:Adventures of a Dinosaur Hunter*. Fort Worth：Texas Christian University Press.

Brown, B. 1916. *Corythosaurus casuarius*：Skeleton, musculature, and epidermis. *Bulletin of the American Museum of Natural History* 35：709–716.

Casanovas Cladellas, M. L.；R. Ezquerra Miguel；A. Fernández Ortega；F. Pérez-Lorente；J. V. Santafé Llopis；and F. Torcida Fernández. 1993. Icnitas de dinosaurios. Yacimientos de Navalsaz, Las Mortajeras, Peñaportillo, Malvaciervo y la Era del Peladillo 2 (La Rioja, España). *Zubía* 5：9–133.

Charig, A. J. 1972. The evolution of the archosaur pelvis and hindlimb：An explanation in functional terms. In K. A. Joysey and T. S. Kemp (eds.), *Studies in Vertebrate Evolution*, pp.121–155. New York：Winchester Press.

Colbert, E. H. 1981. *A Primitive Ornithischian Dinosaur from the Kayenta Formation of Arizona*. Bulletin 53. Flagstaff：Museum of Northern Arizona Press.

Colbert, E. H. 1989. *The Triassic Dinosaur Coelophysis*. Bulletin 57. Flagstaff：Museum of Northern Arizona Press.

Coombs, W. P. Jr. 1978. Theoretical aspects of cursorial adaptations in dinosaurs. *Quarterly Review of Biology* 53：393–418.

Cooper, A：C. Mourer-Chauviré；G.K. Chambers；A von

Haeseler ; A. C. Wilson ; and S. Pääbo. 1992. Independent origins of the New Zealand moas and kiwis. *Proceedings of the National Academy of Sciences U.S.A.* 89 : 8741–8744.

Cooper, A., and D. Penny. 1997. Mass survival of birds across the Cretaceous–Tertiary boundary : Molecular evidence. *Science* 275, 1109 · 1113.

Cott, H. B. 1961. Scientific results of an inquiry into the ecology and economic status of the Nile crocodile (*Crocodilus niloticus*) in Uganda and northern Rhodesia. *Transactions of the Zoological Society of London* 29 : 211–357.

Currie, P. J. 1990. Elmisauridae. In D. B. Weishampel, P. Dodson, and H. Osmólska (eds.), *The Dinosauria*, pp.245–248. Berkeley : University of California Press.

Dean, D. R. 1969. Hitchcock's dinosaur tracks. *American Quarterly* 21 : 639–644.

Demathieu, G. R. 1970. *Les Empreintes de Pas de Vertébrés du Trias de la Bordure Nord–Est du Massif Central*. Paris : Centre National de la Recherche Scientifique.

Demathieu, G. R. 1989. Appearance of the first dinosaur tracks in the French Middle Triassic and their probable significance. In D. D. Gillette and M. G. Lockley (eds.), *Dinosaur Tracks and Traces*, pp.201–207. Cambridge : Cambridge University Press.

Demathieu, G. R. 1990. Problems in discrimination of tridactyl dinosaur footprints, exemplified by the Hettangian trackways, the Causses, France. *Ichnos* 1 : 97–110.

Desmond, A. 1976. *The Hot–Blooded Dinosaurs:A Revolution in Palaeontology*. New York : Dial Press.

Dodson, P. 1996. *The Horned Dinosaurs*. Princeton, N.J. : Princeton University Press.

Dodson, P., and J. O. Farlow. In press. The forelimb carriage of ceratopsid dinosaurs. To be published in D. Wolberg (ed.), *Dinofest II*.

Farlow, J. O. 1981. Estimates of dinosaur speeds from a new trackway site in Texas. *Nature* 294 : 747–748.

Farlow, J. O. 1987. *Lower Cretaceous Dinosaur Tracks, Paluxy River Valley, Texas*. Waco, Tex. : South Central Section, Geological Society of America, Baylor University.

Farlow, J. O. 1992. Sauropod tracks and trackmakers : Integrating the ichnological and skeletal records. *Zubía* 10 : 89–138.

Farlow, J. O., and M. G. Lockley. 1993. An osteometric approach to the identification of the makers of early Mesozoic tridactyl dinosaur footprints. In S. G. Lucas and M. Morales (eds.), *The Nonmarine Triassic*, pp.123–131. Bulletin no. 3. Albuquerque : New Mexico Museum of Natural History and Science.

Farlow, J. O. ; J. G. Pittman ; and J. M. Hawthorne. 1989. *Brontopodus birdi*, Lower Cretaceous sauropod footprints from the U. S. Gulf Coastal Plain. In D. D. Gillette and M. G. Lockley (eds.), *Dinosaur Tracks and Traces*, pp.371–394. Cambridge : Cambridge University Press.

Farlow, J. O. ; M. B. Smith ; and J. M. Robinson. 1995. Body mass, bone"strength indicator", and cursorial potential of *Tyrannosaurus rex*. *Journal of Vertebrate Paleontology* 15 : 713–725.

Feduccia, A. 1996. *The Origin and Evolution of Birds*. New Haven, Conn. : Yale University Press.

Forster, C. A. 1990. The postcranial skeleton of the ornithopod dinosaur *Tenontosaurus tilletti*. *Journal of Vertebrate Paleontology* 10 : 273–294.

Galton, P. M. 1974. The ornithischian dinosaur *Hypsilophodon* from the Wealden of the Isle of Wight. *Bulletin of the British Museum (Natural History) Geology* 25 : 1–152 c.

Galton, P. M. 1990. Basal Sauropodomorpha–Prosauropoda. In D.B. Weishampel, P. Dodson, and H. Osmólska (eds.), *The Dinosauria*, pp.320–344. Berkeley : University of California Press.

Gierliński, G. 1988. New dinosaur ichnotaxa from the Early Jurassic of the Holy Cross Mountains, Poland. *Palaeogeography, Palaeoclimatology, Palaeoecology* 85 : 137–148.

Gierliński, G. 1994. Early Jurassic theropod tracks with the metatarsal impressions. *Przeglad Geologiczny* 42 : 280–284.

Gierliński, G. 1995. Thyreophoran affinity of *Otozoum* tracks. *Przeglad Geologiczny* 43 : 123–125.

Gierliński, G., and A. Ahlberg. 1994. Late Triassic and Early Jurassic dinosaur footprints in the Höganäs Formation of southern Sweden. *Ichnos* 3 : 99–105.

Gilmore, C. W. 1909. Osteology of the Jurassic reptile *Camptosaurus*, with a revision of the species of the genus, and descriptions of two new species. *Proceedings of the U.S. National Museum* 36 : 197–332.

Gilmore, C. W. 1925. A nearly complete articulated skeleton of *Camarasaurus*, a saurischian dinosaur from the Dinosaur National Monument, Utah. *Memoirs of the Carnegie Museum* 10 : 347–384.

Gilmore, C. W. 1936. Osteology of *Apatosaurus*, with special reference to specimens in the Carnegie Museum. *Memoirs of the Carnegie Museum* 11 : 175–298.

Glassman, S. ; E. A. Bolt, Jr. ; and E. E. Spamer. 1993. Joseph Leidy and the"Great Inventory of Nature". *Proceedings of the Academy of Natural Sciences of Philadelphia* 144 : 1–19.

Gruber, J. W. 1987. From myth to reality : The case of the moa. *Archives of Natural History* 14 : 339–352.

Guralnick, S. M. 1972. Geology and religion before Darwin : The case of Edward Hitchcock, theologian and geologist (1793–1864). *Isis* 63 : 529–543.

Harris, J. D. ; K. R. Johnson ; J. Hicks ; and L. Tauxe. 1996. Four–toed theropod footprints and a paleomagnetic age from the Whetstone Falls Member of the Harebell Formation (Upper Cretaceous : Maastrichtian), northwestern Wyoming. *Cretaceous Research* 17 : 381–401.

Hatcher, J. B. 1901. *Diplodocus* (Marsh) : Its osteology, taxonomy, and probable habits, with a restoration of the skeleton. *Memoirs of the Carnegie Museum* 1 : 1–63.

Haubold, H. 1984. *Saurierfährten*. Wittenberg Lutherstadt, Germany : A. Ziemsen.

Heilmann, G. 1927. *The Origin of Birds*. New York : D. Appleton. Reprint, New York : Dover, 1972.

Hitchcock, E. 1858. *Ichnology of New England:A Report on the Sandstone of the Connecticut Valley, Especially Its Fossil Footmarks*. Boston : William White. Reprint, New York : Arno Press.

Hitchcock, E. 1865. *Supplement to the Ichnology of New England*. Boston : Wright and Potter.

Hotton, N. III. 1980. An alternative to dinosaur endothermy : The happy wanderers. In R. D. K. Thomas and E. C. Olson (eds.), *A Cold Look at the Warm-Blooded Dinosaurs*, pp.311-350. American Association for the Advancement of Science Selected Symposium 28. Boulder, Colo. : Westview Press.

Huxley, T. H. 1868. On the animals which are most nearly intermediate between birds and reptiles. *Geological Magazine* 5 : 357-365.

Irby, G. V. 1996 a. Paleoichnology of the Cameron Dinosaur Tracksite, Lower Jurassic Moenave Formation, northeastern Arizona. In M. Morales (ed.), *The Continental Jurassic*, pp.147-166. Bulletin 60. Flagstaff : Museum of Northern Arizona.

Irby, G. V. 1996 b. Paleoichnological evidence for running dinosaurs worldwide. In M. Morales (ed.), *The Continental Jurassic*, pp.109-122. Bulletin 60. Flagstaff : Museum of Northern Arizona.

King, M. J., and M. J. Benton. 1996. Dinosaurs in the Early and Mid-Triassic? The footprint evidence from Britain. *Palaeogeography, Palaeoclimatology, Palaeoecology* 122 : 213-225.

Lawrence, P. J. 1972. Edward Hitchcock : The Christian geologist. *Proceedings of the American Philosophical Society* 116 : 21-34.

Leonardi, G. (ed.). 1987. *Glossary and Manual of Tetrapod Footprint Palaeoichnology*. Brazilia : Brazilian Department of Mines and Energy.

Leonardi, G. 1994. *Annotated Atlas of South America Tetrapod Footprints (Devonian to Holocene)*. Brazilia : República Federativa do Brasil, Ministério de Minas e Energia.

Lockley, M. G. 1991. *Tracking Dinosaurs:A New Look at an Ancient World*. Cambridge : Cambridge University Press.

Lockley, M. G. ; J. O. Farlow ; and C. A. Meyer. 1994. *Brontopodus* and *Parabrontopodus* ichnogen. nov. and the significance of wide-and narrow-gauge sauropod trackways. *Gaia* 10 : 135-145.

Lockley, M. G., and A. P. Hunt. 1994. A track of the giant theropod dinosaur *Tyrannosaurus* from close to the Cretaceous/Tertiary boundary, northern New Mexico. *Ichnos* 3 : 1-6.

Lockley, M. G., and A. P. Hunt. 1995 a. Ceratopsid tracks and associated ichnofauna from the Laramie Formation (Upper Cretaceous : Maastrichtian) of Colorado. *Journal of Vertebrate Paleontology* 15 : 596-614.

Lockley, M. G., and A. P. Hunt. 1995 b. *Dinosaur Tracks and Other Fossil Footprints of the Western United States*. New York : Columbia University Press.

Lucas, S. G., and A. B. Heckert (eds.). 1995. *Early Permian Footprints and Facies*. Bulletin 6. Albuquerque : New Mexico Museum of Natural History and Science.

Lull, R. S. 1933. *A Revision of the Ceratopsia or Horned Dinosaurs*. Memoirs of the Peabody Museum of Natural History 3 : 1-135.

Lull, R. S. 1953. *Triassic Life of the Connecticut Valley*. Bulletin 81. Hartford : Connecticut State Geological and Natural History Survey.

Magwood, J. P. A. 1992. Ichnotaxonomy : A burrow by any other name…? In C. G. Maples and R. R. West (eds.), *Trace Fossils*, pp.15-33. Plaeontological Society Short Course no. 5. Knoxville : University of Tennessee.

Maleev, E. A. 1974. [Gigantic carnosaurs of the family Tyrannosauridae]. *Sovm. Sov.-Mong. Paleontol. Eksped. Trudy* 1 : 132-191. (In Russian.)

Maples, C. G., and R. R. West (eds.). 1992. *Trace Fossils*. Paleontological Society Short Course no. 5. Knoxville : University of Tennessee.

Marsh, O. C. 1877. Introduction and succession of vertebrate life in America. *American Journal of Science*, Third Series, 14 : 337-378.

Molnar, R. E., and J. O. Farlow. 1990. Carnosaur Paleobiology. In D. B. Weishampel, P. Dodson, and H. Osmólska (eds.), *The Dinosauria*, pp.210-224. Berkeley : University of California Press.

Moratalla, J. J. ; J. L. Sanz ; and S. Jiménez. 1988. Nueva evidencia icnologica de dinosaurios en el Cretacico Inferior de La Rioja, España). *Estudios Geológicos* 44 : 119-131.

Moratalla, J. J. ; J. L. Sanz ; S. Jiménez ; and M. G. Lockley. 1992. A quadrupedal ornithopod trackway from the Lower Cretaceous of La Rioja (Spain) : Inferences on gait and hand structure. *Journal of Vertebrate Paleontology* 12 : 150-157.

Norman, D. B. 1986. On the anatomy of *Iguanodon atherfieldensis* (Ornithischia : Ornithopoda). *Bulletin de l'Institut Royal des Sciences Naturelles de Belgique* 56 : 281-372.

Olsen, P. E. 1995. A new approach for recognizing track makers. *Geological Society of America Abstracts with Program* 27(1) : 72.

Olsen, P. E., and P. M. Galton. 1984. A review of the reptile and amphibian assemblages from the Stormberg of southern Africa, with special emphasis on the footprints and the age of the Stormberg. *Palaeontologia africana* 25 : 87-110.

Osgood, R. G. Jr. 1987. Trace fossils. In R. S. Boardman, A. H. Cheetham, and A. J. Rowell (eds.), *Fossil Invertebrates*, pp.663-674. Palo Alto, Calif. : Blackwell Scientific Publications.

Osmólska, H., and R. Barsbold. 1990. Troodontidae. In D.B. Weishampel, P. Dodson, and H. Osmólska (eds.). *The Dinosauria*, pp.259-268. Berkeley : University of California Press.

Ostrom, J. H. 1969. *Osteology of Deinonychus antirrhopus, an Unusual Theropod from the Lower Cretaceous of Montana*. Bulletin 30. New Haven, Conn. : Peabody Museum of Natural History, Yale University.

Ostrom, J. H. 1978. The osteology of *Compsognathus longipes* Wagner. *Zitteliana* 4 : 73-118.

Padian, K., and P. E. Olsen. 1984 a. Footprints of Komodo monitor and the trackways of fossil reptiles. *Copeia* 1984 : 662·671.

Padian, K., and P. E. Olsen. 1984 b. The fossil trackway *Pteraichnus* : Not pterosaurian, but crocodilian. *Journal of*

Paleontology 58: 178–184.

Paul, G. S. 1988. *Predatory Dinosaurs of the World: A Complete Illustrated Guide*. New York: Simon and Schuster.

Paul, G. S. 1991. The many myths, some old, some new, of dinosaurology. *Modern Geology* 16: 69–99.

Peabody, F. E. 1948. Reptile and amphibian trackways from the Lower Triassic Moenkopi Formation of Arizona and Utah. *Bulletin of the Department of Geological Sciences, University of California, Berkeley* 27: 295–468.

Perle A.; L. M. Chiappe; Barsbold R.; J. M. Clark; and M. A. Norell. 1994. Skeletal morphology of *Mononykus olecranus* (Theropoda: Avialae) from the Late Cretaceous of Mongolia. American Museum *Novitates* 3105: 1–29.

Rudwick, M. J. S. 1976. *The Meaning of Fossils: Episodes in the History of Palaeontology*, 2nd ed. New York: Neale Watson Academic Publications.

Santa Luca, A. P. 1980. The postcranial skeleton of *Heterodontosaurus tucki* (Reptilia, Ornithischia) from the Stormberg of South Africa. *Annals of the South African Museum* 79: 159–211.

Sarjeant, W. A. S. 1989. "Ten paleoichnological commandments": A standardized procedure for the description of fossil vertebrate footprints. In D. D. Gillette and M. G. Lockley (eds.), *Dinosaur Tracks and Traces*, pp.369–370, Cambridge: Cambridge University Press.

Sarjeant, W. A. S. 1990. A name for the trace of an act: Approaches to the nomenclature and classification of fossil vertebrate footprints. In K. Carpenter and P. J. Currie (eds.), *Dinosaur Systematics: Approaches and Perspectives*, pp.299–307. Cambridge: Cambridge University Press.

Sarjeant, W. A. S., and W. J. Kennedy. 1973. Proposal of a code for the nomenclature of trace-fossils. *Canadian Journal of Earth Sciences* 10: 460–475.

Sarjeant, W. A. S., and W. Langston, Jr. 1994. *Vertebrate Footprints and Invertebrate Traces from the Chadronian (Late Eocene) of Trans-Pecos Texas*. Bulletin 36. Austin: Texas Memorial Museum.

Schult, M. F., and J. O. Farlow. 1992. Vertebrate trace fossils. In C. G. Maples and R. R. West (eds.), *Trace Fossils*. pp.34–63. Paleontological Society Short Course no. 5. Knoxville: University of Tennessee.

Thulborn, R. A. 1972. The post-cranial skeleton of the Triassic ornithischian dinosaur *Fabrosaurus australis*. *Palaeontology* 15: 29–60.

Thulborn, R. A. 1990. *Dinosaur Tracks*. London: Chapman and Hall.

Thulborn, R. A. 1994. Ornithopod dinosaur tracks from the Lower Jurassic of Queensland. *Alcheringa* 18: 247–258.

Thulborn, R. A., and M. Wade. 1984. Dinosaur trackways in the Winton Formation (Mid-Cretaceous) of Queensland. *Memoirs of the Queensland Museum* 21: 413–517.

Viera, L.I., and J. A. Torres. 1995. Análisis comparativo sobre dos rastros de Dinosaurios Theropodos: Forma de marcha y velocidad. *Munibe* 47: 53–56.

Webb, G., and C. Manolis. 1989. *Australian Crocodiles: A Natural History*. Chatswood, New South Wales: Reed Books.

Weems, R. E. 1987. A Late Triassic footprint fauna from the Culpeper Basin, northern Virginia (U.S.A.). *Transactions of the American Philosophical Society* 77: 1–79.

Weems, R. E. 1992. A re-evaluation of the taxonomy of Newark Supergroup saurischian dinosaur tracks, using extensive statistical data from a recently exposed tracksite near Culpeper, Virginia. In P. C. Sweet (ed.), *Proceedings of the 26th Forum on the Geology of Industrial Minerals, May 14–18, 1990*, pp.113–127. Charlotte: Commonwealth of Virginia, Division of Mineral Resources.

37

古生態学および古環境学における恐竜の足跡の有用性

Martin G. Lockley

　恐竜の生痕学，つまり恐竜の足跡などの痕跡の研究は，堆積地質学の中の発展しつつある一分野であり，脊椎動物の古生物学や，堆積学，生層位学，一般の生痕学との間に重大な学際的つながりがある．エドワード・ヒッチコック（Edward Hitchcock）が1836年に初めて発表して以来，長い間あまり脚光を浴びることがなかったが，現在の恐竜生痕学は空前の人気で，今までにないほど真剣な科学的関心が寄せられている．古生物学会講座（Paleontological Society short course）「恐竜の時代（*The Age of Dinosaurs*）」から，一部をかみ砕いて引用すると，恐竜の足跡に興味を持ち，それを愛するわれわれにとっては「目が回るような時代になった」（Padian and Chure 1989）．また別の古生物学会講座「生痕化石（*Trace Fossils*）」から引用すると，「この10年で恐竜の足跡に対する関心は劇的に高まり，同時に，恐竜の生痕化石に記録されていることを，この偉大な爬虫類の骨格に記録されていることと統合する試みも多くなった」（Schult and Farlow 1992：47）．このテーマに関する新しい本の数の増加（Gillette and Lockley 1989；Thulborn 1990；Lockley 1991 a；Lockley and Hunt 1995）や，恐竜と生痕学を扱う出版物における足跡化石に関する論文数の増大（Lockley 1987, 1989 a, 1991 a；Schult and Farlow 1992；Lockley et al. 1994 a；Lockley and Hunt 1994 a）だけを見ても，この点ははっきりしている．

　この分野への関心が復活した背景には，きちんとした科学的根拠があることを強調しておいてよいだろう．まず John Ostrom（1969）と Robert Bakker（1975）が，恐竜は頭が鈍く不格好な過去の動物ではなく，むしろ機敏で頭がよく，一世を風靡した活動的な動物であると記載し直し，いわゆる「恐竜ルネサンス」

の先陣を切った．それ以来，足跡というものは当然，動物が生きている時につけたのであるから，足跡は恐竜の活動を示す縮図であるということにわれわれが気づいたのである．この意味での足跡の有用性を示す例としてよく知られているのは，恐竜の最高移動速度についての論争である（Alexander 1989；Thulborn 1990；Lockley 1991 a, 1991 b, 1991 c；および本書第36章 Farlow and Chapman を参照）．もう一つのよく知られた例は，社会的行動，つまり群れで行動していたことを示す証拠として足跡を用いたものである．群れによる行動は，特に竜脚類と大型鳥脚類において，非常に多かったことがわかっている（Bird 1944；Lockley 1991 a, 1991 b, 1991 c, 1995）．

しかし，足跡が役立つのは，移動様式の研究や，個々の動物および群れの行動を解釈するためだけではない．筆者らが示したように（例：Lockley and Hunt 1994 a, 1994 b；Lockley et al. 1994 a），足跡は古生態の個体数調査研究に極めて役立ち，以下で議論するように，さまざまなレベルで太古の動物群集を表していると考えることができる．さらに，特定の足跡の組合せ（足跡群集）が再三にわたって特定の古環境に出現することが明らかになっており，その足跡相をほかと区別して定義し，特定の動物群集の環境選好性を示す方向に一歩踏み込むことができる．適切な堆積学的，層序学的および古生物地理学的枠組の中でそれらのデータを総合すれば，多様な恐竜グループが空間的時間的にどのように分布していたかということに関するわれわれの知識も大いに増す．そして一度などは，白亜紀–第三紀境界（K/T境界）の恐竜絶滅を巡る長年の論争に重大な光を投げかけた．

K/T境界から下方に少なくとも3m以内では，関節がつながった恐竜の骨格の遺物が発見されないことから，恐竜はK/T境界よりも以前に死に絶えたのではないか，という議論が持ちあがった．この3mの空白の層の中や上にばらばらの骨があっても，それは恐竜の存在を示す証拠ではなく一度できた化石が別の地層に埋められただけかもしれないため，この議論を解決することはほとんど不可能であった．ハドロサウルス類と角竜類の足跡が境界のわずか37 cm下で発見され，また境界から下方2m以内の数か所の地層面でも見つかった（Lockley 1991 a；Lockley and Hunt 1995）ことによって，ばらばらの骨が持つ重要性を吟味する必要がなくなり，少なくとも恐竜のうちの2つの科は最後の瞬間まで生存していたことを示す明確な証拠が得られた．

また近年の研究によって，足跡が以前推測されていたよりもはるかに豊富に見つかることがわかってきた．例えば，巨大足跡露頭と呼ばれる露頭は，広さ数万km²の規模で足跡が集中している単一の面あるいは一連の薄い地層のことで，文字どおり何百万——それどころか何億——もの足跡が含まれる．そのように豊富な足跡化石は，当然，データベースとして極めて役に立ち，体化石を十分に補うことができる．

体化石と生痕化石が記録している分類学的精度のレベルは異なるが，足跡の記録は精度を欠いても，驚異的な出現量がそれを補うことが多い．保存の悪い大量の足跡の方が，保存のよい骨が少ししか残っていないよりもよい，ということではない．しかし概して，足跡記録が広い範囲に及んでいれば，保存のよい足跡もかなりの数になり，骨と比べて足跡が表す個体数はどのくらい多いのかと考えさせられてしまう．また，足跡記録は常に足（足の骨および肉の部分）に関する同じ種類の形態学的情報を記録しているため，サンプル間，露頭間で同じ情報を比較することができる．それに対して骨の場合は，肋骨と，歯や椎骨，その他の部分の骨とを比較しなければならないことがある．

得られるデータを整理することで，生痕化石と体化石の記録を比較する際の注意点を見きわめることができ，また，化石記録にはもともと偏りがあることも明らかになる．実際に比較してみると，多くの場合，記録されている標本の数や分類数では，足跡の記録の方が骨の記録よりもはるかに充実していることがわかる．しかし，本章で行うそうした比較の最終目的は，足跡の記録と骨格の記録の優劣を議論することではなく——それはリンゴとオレンジを比べるようなもの——，恐竜その他の化石脊椎動物への理解を深めるために，得られるデータを蓄積することである．

古生物学のパラドクスの一つは，生痕化石と体化石が根本的に異なるものであるのに，生物学的に古生物を研究する立場からは，同じような取扱いを受けることが多いという点である．例えば，第36章でFarlowとChapmanが概説しているように，体化石も生痕化石も，その形態を十分に理解するためには詳細な系統分類学的記載を必要とする．どちらもリンネ式分類法を用いて分類される．ただし生痕や足跡の系統分類は，分類とはいわずに，足跡分類あるいは準（副）分類と呼ばれる．さらに，体化石と

生痕では，得られる分類学的精度のレベルが多少異なる．理論的には，保存のよい素材に基づいて明確に定義された足跡種は，骨から定義された種とおおむね一致するはずであり，現生ではそれが成り立っている．しかし実際の足跡化石では，どの種がその足跡をつけたかを正確に知ることはできず，できても非常にまれである．例えば，ティラノサウリプス・ピルモレイ（*Tyrannosauripus pillmorei*）という足跡はほぼ確実にティラノサウルス・レックス（*Tyrannosaurus rex*）という種を表している（Lockley and Hunt 1994 b）．そのような理想的な場合には，数本の骨だけに基づいて決められた種と同じように，足跡種も形態学的観点から見て有用かつ情報を持っている．ただし完全な骨格，あるいは適度にそろった骨格に基づいた種と比べれば，その意味での情報量は遠く及ばない．

実際には，多くの足跡が足跡属より広いカテゴリーに対応づけられており，時には非常に幅広い「その他」というべきカテゴリーになる．そうなると，足跡をつけた動物として，より大きな科や目レベルの分類グループに含まれる多くの種の動物が当てはまるだろう．このようにひとまとめになってしまう理由はいくつかあるが，一つは，異なる地質時代の異なる動物の足跡の形態が本当に，あるいは見かけ上，類似していることである．類似の原因としては，保守や収斂によって足の形態が実際に似ていることもあり，また保存の悪さや足を置く際の動きによって本当の足の形態がよく見えなかったりぼかされたりすること，さらに，有効な足跡分類と無意味な分類を区別できるような詳細な分類作業を行うことを生痕学者がためらう，あるいはできない，ということもある．

恐竜や他の化石脊椎動物の足跡に関する足跡分類学的研究の混乱した歴史，そしてこの分野の専門家が比較的少ないことを考えれば，分類学的な問題に決着をつけることをためらう気持ちは理解できる．しかし，だからといってこの状況を正すのに大きな進歩ができないとか，してはならないとかいうことにはならない．適切に保存されたサンプルで形態学的変化が見られた場合にはそれを記載すべし，という系統分類学と生痕学の基本原則はここでも成立している（Baird 1957）．この方向に進む限り，考え方を誤った名前を排除し，足跡化石の形態的変化を本当に反映する足跡分類学を確立することに希望が持てる．これは，非現実的あるいは到達不可能な目標ではなく，単に基本に立ち返るだけと考えるべきで

ある．生痕学を応用する分野，例えば生層位学（古生痕層位学）や古生態学的個体数調査の研究，足跡相の解析などが，今後発展するかどうかは，十分な足跡分類学的根拠の有無にかかっているのである．

●足跡の保存：問題点と解決方法

体化石が一般に堆積層に保存されるのに対して，足跡は層と層の間の面に保存される．このちがいが生じるのは，足跡が堆積作用の中断する時期につけられ，骨は堆積作用の最中に埋まるからである．大まかにいって，骨よりも足跡の方がはるかに多く保存される．例えば Dodson（1990：7608）によれば，世界中で 150 年以上にわたって発掘されてきた今でも，恐竜の「属が確定され，関節がつながっている標本」は，世界の主要な博物館に保存されているものでたったの 2100 体ほどしかない．対照的に，米国西部など単一の地域で数千の歩行跡が記録されるのには 10 年もかかっておらず，そのほとんどが異なる個体の恐竜の足跡である（Lockley and Hunt 1994 a, 1995）．

保存されやすい骨に偏りがあるのと同じことが，多くの場合，足跡の保存においても見られる．例えば，大きな骨と同様，大きな足跡の方がはるかに保存されやすく発見されやすい（Lockley 1991 a）．骨および歩行跡による個体数調査のデータを整理する際には，このような偏りを考慮しなければならない．

多くの堆積物中に豊富に保存されているとはいえ，足跡の保存状態はさまざまである．骨格や骨と同じように歩行跡も不完全なことがある上，埋没する前や地表に露出したあと，あるいはその両方で，浸食や風化を受ける（化石生成過程における変質）ことがある．また，足跡が骨と異なる点は，地表面の状態が最適でないと，形成された当初からあまりはっきりつかない場合があることである．

有名な例が，オルニトミムス類が走った跡とされているホピイクヌス（*Hopiichnus*）と命名された足跡であり，アリゾナ州の下部ジュラ系で見つかり Welles（1971）が記載したものである．下部ジュラ系からはオルニトミムス類が見つかっておらず（Haubold 1984；Thulborn and Wade 1984），またこの歩行跡はどう見てもよく知られた下部ジュラ系の足跡属アノモエプス（*Anomoepus*）に属する（Lockley and Hunt 1994 a, 1995）．しかし，それらの事実を別としても，この歩行跡の保存状態は劣悪で，走って

いた証拠とされる歩幅の大きさは，おそらく歩行跡の一部が保存されていないために足跡が欠けてそう見えるだけなのである！ 保存が悪いという単純な説明ができるにもかかわらず，一部の研究者は，問題の足跡を見ずに歩幅の計測結果をうのみにしているようであり，発表されている見積もり速度は時速26.4～82.5 km に達する（Haubold 1984；Thulborn and Wade 1984）．このうち最も速い見積もり速度は，足跡化石から導き出された速度の中でも最も速く（Farlow 1981；Thulborn 1990），それどころか理論的見積もりをも上回る（Thulborn 1982, 1990）．それを考えると，保存の悪いホピイクヌスの歩行跡から算出された見積もりは，疑わしいといわざるをえない．

足跡の保存において非常に重大な問題は，アンダートラック（アンダープリント，ゴーストプリントともいう）という現象が起こることである（図37.1）．これは，足跡をつけた動物が実際に歩いた地面より下の層に足跡が伝わってできる．本当の足跡がついた地面とそれより下にある層との間にはさまざまな厚さの堆積物の層が挟まれていたはずなので，一般にアンダートラックはあまり明瞭ではない．アンダートラックの輪郭はぼやけて広がり，実際よりも足跡が大きく見える．理想をいえば，本当の足跡には皮膚や肉趾などの跡が詳細に保存されているはずであるが，アンダートラックにはふつうそのようなものはない．足跡を研究する際にはこのちがいを認識し，アンダートラックに形態学的意味を求めすぎないように注意しなければならない．

足跡のある露出面は，粘板岩の剥離面のように最も弱い面に沿って浸食されてできるものだというこ とを指摘しておくべきだろう．この理由から，アンダートラックのある面は，「本当の」足跡がある面と同程度の確率で露出する．アンダートラックのある面の例は多くあげることができるが，本当の足跡がある面の数に対して，アンダートラックのある既知の面の数の割合がどのくらいかは見積もられていない．本当の足跡とそれに対応するアンダートラックを，重なっている複数の面上で観察することができる露頭は多いので，特定の足跡分類のアンダートラックの外観を知ることができる．

アンダートラックを誤って解釈した結果，恐竜のふるまいをまちがって説明することになった有名な事例は確かにある．1944 年，Roland Bird が白亜紀のグレン・ローズ（Glen Rose）層に見られる不完全な歩行跡を記載した．その歩行跡は，見たところ前足の跡ばかりで，一つだけうしろ足の一部の跡がついていた．Bird はこの歩行跡を「泳いでいた」あるいは半分浮いていた動物が残したものと解釈した（Bird 1944）．彼のいくつかの著作では，竜脚類が水生あるいは半水生動物であったと確信していたらしいことがうかがえる．その後の研究で，その歩行跡が下層のアンダートラックからなることが明らかにされ，その面上にかすかにうしろ足の足跡も認められることがわかった（Lockley and Rice 1990；Pittman 1990；Lockley 1991 a）．したがってこの歩行跡は，陸上に現れていた地面を歩いていた動物のものであって，浅い海を泳ぐ竜脚類の足跡ではなかったのである．

このようにデータの解釈が改められ，異常なふるまいではなく保存の問題だということがわかったにもかかわらず，竜脚類が泳ぐという仮説に言及した

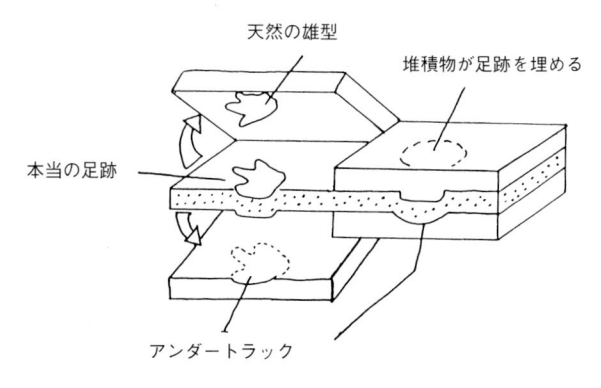

図 37.1●足跡の保存
本当の足跡は，動物が実際に歩く地面につけられる．アンダートラックは，下の層自体が動物の体重によって変形したもので，足跡をつけた動物が移動した層より下の堆積層にできる．天然の雄型は，足跡ができたあとでそれを堆積物が埋めることによってできる．Lockley 1991 a より再描．

著作は近年も発表され続けており，そこには足跡がある地層の堆積学や新しく改定された解釈が参照されていない（例：Thulborn 1990；Czerkas and Czerkas 1990；Norman 1991；Gardom and Milner 1993）．このように古い仮説に固執する理由は，学習が追いついていないということだけではなく，古生物学者および一般の人々に広く見られる考え方を反映している．つまり足跡は動物のふるまいを示す重要な手がかりであり，何か劇的な行動がわかるにちがいないという思い込みである．上の例とその前の事例が示すように，安全を期してアプローチするためには，まず保存状態を把握してからふるまいを解釈すべきであり，さらに，歩行跡の記録に異常なふるまいが常に見られるわけではなく，むしろ例外だということを念頭においておくとよい．

●歩行跡データの採取：足跡，歩行跡，足跡露頭

古生物学の研究はすべてそうだが，生痕学の主な目的の一つは有用な情報を最大限に修復することである．一つ一つの足跡は，足の形態とサイズに関する情報を持っており，足跡をつけた動物の同定や足跡分類学に役立つ．一方，個々の足跡は歩行跡の構成要素であり，歩行跡からはさらに，足跡をつけた動物の姿勢，歩き方，移動様式に関して重要な情報を得ることができる．歩行跡の幅，歩角，前後の足跡のサイズのちがいや足の置き方などのあらゆるパラメーターが，特定の足跡分類の特徴を表す指標となる（Thulborn 1990；Lockley 1991 a；本書第 36 章 Farlow and Chapman）．

以上のことから，単一の足跡一つだけの露頭であろうと，何千もの足跡が出現するはるかに広大な露頭であろうと，あらゆる足跡露頭に共通して見られる通貨に当たるものが，足跡や歩行跡の一部なのである．足跡は，単一の面だけに見られることもあり，また複数の層に足跡が残っている場合もある．面が一つだけの露頭は，単一の足跡の組合せ（足跡群集）と考えられ，複数の面を持つ露頭は，いくつもの連続する時代に形成された複数の足跡群集を表す．

●個体数調査研究，生物量，足跡群集，および足跡相の概念

古生物学の他の分野と同様，ある群集に見られる異なる種類の個体の数を単純に数えることによって，足跡や歩行跡の個体数調査をすることができる．これを行うための最も効率のよい方法は，足跡がある面（足跡群集）の完全なマップ（図 37.2）を作成することである．これは，骨が出現する露頭でいうクオーリー・マップと同じものと考えてよく，足跡や歩行跡の全体数だけでなく，それらの方向を記録できるという利点がある．マップを作成したら，歩行跡を一つ一つ数え，番号を打つことができる．これによって，特定の範囲内を横切った個体の数を見積もることができる．歩行跡がすべて異なる種類（異なる足跡分類）の動物のものであるか，同じ種類でもサイズが異なれば，2 回以上出現している個体はないといってよい．もし同じサイズの動物らしい同種の歩行跡が多くある場合は，個体の一部が何度も現れている可能性がある．

数多くの露頭におけるサイズ分布のデータ（例：Lockley 1994）からうかがえるところでは，ほとんどの歩行跡は別々の個体のものである．したがって最も単純に考えると，一つの歩行跡が一つの個体を表すと仮定することができる．この「見積もり」方法は確実ではないが，これ以外の数え方をしようとすればいくつもの仮定をしなければならず，それらの仮定はさらに根拠薄弱である．どの露頭でも，足跡の種類（足跡分類）と動物個体（サイズの異なるもの）の最低数を見積もることは容易にできる．ほとんどの場合，この個体数の下限値は，歩行跡の合計数に近い大きな値となる（合計数から，すでに数えた足跡とサイズや足跡分類が同じ歩行跡の数を引いてもよいかもしれない．しかしこの方法では，実際の個体数よりも低く見積もられる可能性がある上，これまでに試みられたこともない）．発表されたデータのほとんどに，広い範囲の足跡サイズが記録されていることを考えると，歩行跡一つに対して個体数一つ，とするアプローチが最も手間がかからないのではないだろうか．

特定の露頭に出現する足跡をつけた動物（個体）の数を見積もることが，足跡の組合せ（足跡群集）の生痕学的個体数調査に相当する．その結果は異なる足跡分類同士の相対量で表現することができる．データは，円グラフで歩行跡の数を示すなど，処理せずに表してもよく（Lockley 1991 a；Lockley et al. 1994 a；図 37.3），また生物量（問題にしている個体群がなしている生体物質の総量）の見積もりを反映させるように処理してもよい．後者の処理方法は，ごく最近生痕学の研究にとり入れられたばかりである（Lockley and Hunt 1995）．

骨格の寸法から恐竜の体重を見積もることは比較

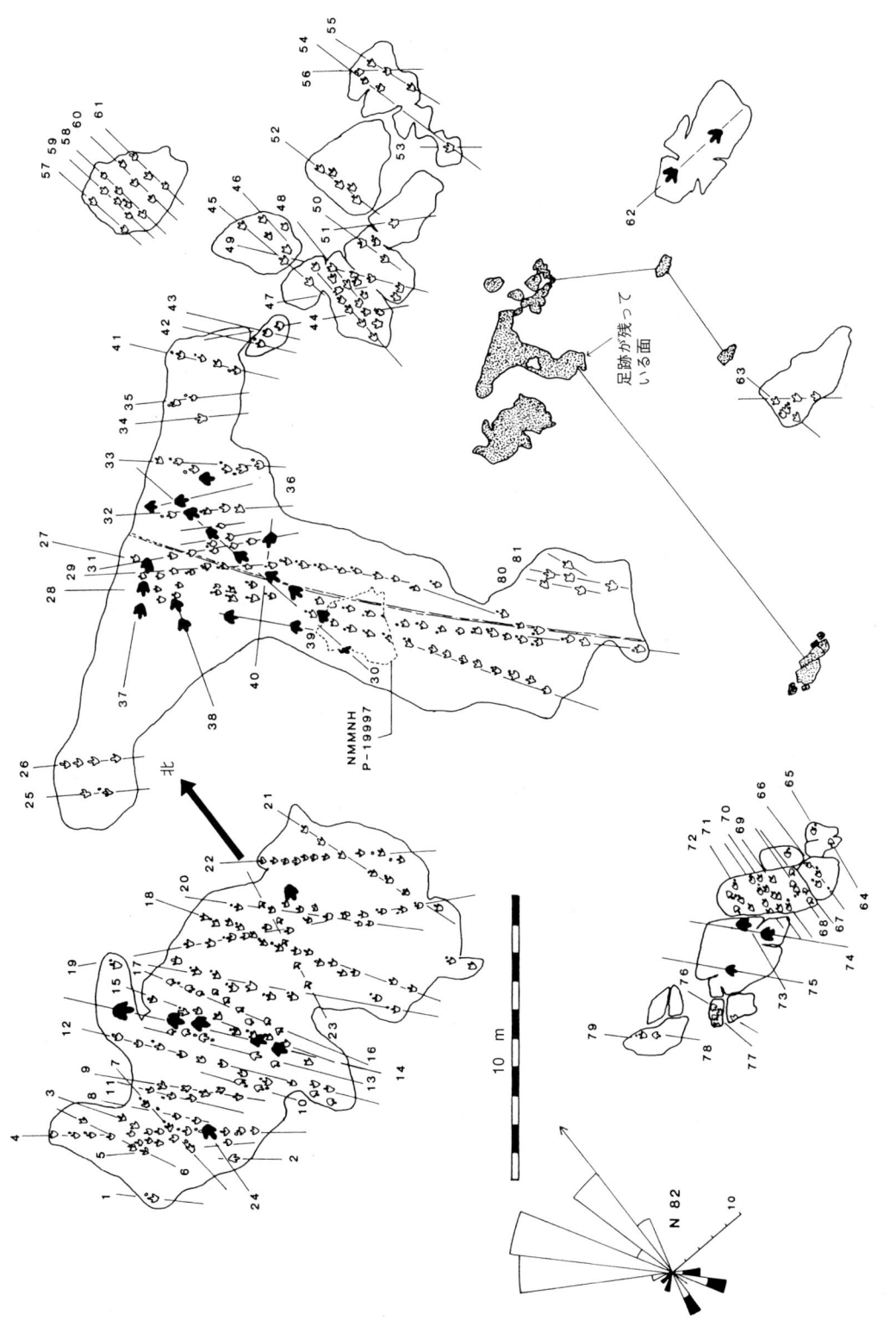

37 古生態学および古環境学における恐竜の足跡の有用性　467

図 37.2 ● 恐竜の足跡露頭のマップには，大量の情報が非常に簡潔にまとめられている
このマップは，モスケロ・クリーク(Mosquero Creek)露頭(白亜紀，ニューメキシコ州のダコタ層群 Dakota Group)の恐竜の歩行跡の方向を図示したものであり，鳥脚類における群れ行動の証拠と考えられる．Lockley and Hunt 1995 より．

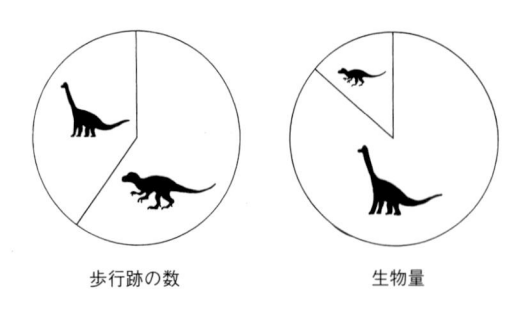

図 37.3 ● 竜脚類と獣脚類の相対量に関する情報を 2 とおりの方法で示した円グラフ
コロラド州東部パーガトア（Purgatoire）のジュラ紀後期の露頭．左側の円グラフは，足跡をつけた 2 つのグループの恐竜の歩行跡の数を単純に数えてその相対量を比較したものである．右側の円グラフは，生物量に換算したものである．生物量は，各種の歩行跡の数に，その足跡をつけた種類の動物の個体平均体重をかけて算出した．Lockley and Hunt 1995 より．

的容易だが（Colbert 1962），足跡（歩行跡）の数を生物量の見積もりに変換することは，今まで誰も考えたことがなかった．そのような作業の価値を示すために，コロラド州にある有名なジュラ紀後期のパーガトア（Purgatoire）足跡露頭の足跡の寸法から，獣脚類および竜脚類の生物量を見積もった（Lockley and Hunt 1995）．その結果が単純な歩行跡数とどのように変わるかを示したのが図 37.3 である．歩行跡数を見ると，主要な足跡のある層位には獣脚類の歩行跡が約 60，竜脚類の歩行跡が 40 あることがわかる．獣脚類の歩行跡がこれほど多数だということこそ，足跡の記録に偏りがあるのではないかという疑問を抱かせる類の証拠である．獣脚類すなわち肉食恐竜（捕食者）の足跡が草食性の被食者の足跡よりもはるかに豊富なことがよくあるため，前者がより活動的だったのではないかともいわれた．骨としては 60 % ではなくほんの 3〜5 % を占めるにすぎないのに，足跡の記録において獣脚類が極めて多く出現するように見えるのはなぜかと疑問を抱くのは当然だが，もっと簡単な説明ができるかもしれない．

生物量を見積もると，全く異なる結論に到達する．パーガトアの露頭における平均的な獣脚類の足跡のサイズ（足長が 37 cm）に基づくと，動物の平均体重はおよそ 1 t と見積もることができる（Thulborn 1990）．対照的に，平均的な竜脚類の足長は 67 cm である．体積（と質量）は長さの 3 乗に比例するので，竜脚類の方が獣脚類よりもはるかに個体の質量が大きかったことは明白である．この露頭の竜脚類の平均は 9〜10 t の間と見積もられている．つまり，60：40 という比率は，60：360 ないし 60：400 となる．その結果，図 37.3 に示したように，捕食者：被食者の比率が大きく変化する．捕食者の生物量は 60 % ではなく，全体の 15〜17 % にすぎない．骨の研究から獣脚類の割合が少ないと推測されること（Coe et al. 1987）を考えれば，この手法で得られた結果の方が，骨による個体数調査データに近い．したがって，より事実に近いといってよいだろう．

足跡は豊富に出現するので，生物量や群集の様式，捕食者：被食者比を解明する際に利用できる可能性がある．将来的には，今まとめようとしている豊富な足跡個体数調査のデータから，足跡をつけたさまざまな動物グループの生物量に関して信頼性の高い見積もりを得られるようにしたいと考えている．これをするには，足跡をつけた個々の動物のサイズ，体重（生物量）を見積もる方法を標準化しなければならない．しかし，上記の例で，数だけによる見積もりよりも正確に，古代の生態系や群集の動態を反映する生物量を見積もることができそうだということが示されており，この結果は有望である．

経験から，さまざまな足跡分類が繰り返し現れることがわかっている．それらは特定の堆積層に同じような割合で再び出現することが多く，足跡をつけた動物の構成，分布，地質年代，そして（または）環境に対する選好性を反映している．無脊椎動物の生痕学の分野でつくられた先例に従えば，このように繰り返し共存する関係から，足跡相（繰り返し独特の足跡の組合せを示す特定の堆積層）を定義することができる．足跡相は，その定義から，特定の環境で暮らしていた動物群集をある程度まで反映している（Lockley et al. 1994 a）．類似の足跡群集が特定の堆積層に繰り返し現れることが明らかになりつつある．そこで，複数の足跡群集に見られるいろいろな種類の足跡の数の比率のデータをまとめて，足跡をつけた動物の分布を狭い範囲ではなく地域スケールで特徴づけることが可能である．例えば，テキサスにある白亜紀前期の炭酸塩の層に見られる 10 か所以上の足跡露頭に，竜脚類の足跡（ブロントポドゥス *Brontopodus*）と大型獣脚類の足跡が繰り返し現れることから，個々の露頭で見られるパターンが単なる偶然ではないことが証明されている．現生の環境での足跡の研究から，足跡のパターンは，その場所に生息する動物のうち足跡をつけた動物が占める割合の大小を反映することがわかっている（Cohen et al. 1993）．Schult and Farlow（1992）はまた，

東アフリカのラエトリ（Laetoli）にある300万～400万年前のヒト科の足跡の有名な露頭に見られる足跡の組合せが，その地域の同時代の堆積物中の骨格の記録とよく一致することを見出した．

特定の環境の中の動物群集を表すほかの形の証拠としては，骨格や糞石などもあり，それらと比較して足跡がどれほどのことを代表しているかについては，まだ議論の余地がある．しかし，ある程度の「代表性」があることは否定できない．簡単に述べると，代表性は少なくとも3つ以上のレベルで認められる．一つめは，すべての足跡が，その足跡がつけられた古環境にその種の動物が少なくとも1種は生息していた，あるいはとおりすぎたことを示しているはずだということである．次に，現生生物および古生物の研究から，足跡が動物群集（観察される動物あるいは骨格化石の実際の数の割合）を反映している，少なくともそういう場合があるということがわかっている．これもまた，足跡が太古の動物群集を反映していることを示す別のレベルの代表性である．3つめとしては，特定の堆積相に繰り返し同じ足跡の組合せが現れることから，それぞれが特定の古環境における特定の動物相を代表していることが示される．この最後にあげた現象が足跡相の概念であり，生痕学ではよく知られた概念であるが，ごく最近まで脊椎動物の古生物学には適用されていなかった（Lockley et al. 1994 a）．このように考えると，実は骨格の記録についてもどれほど代表性があるかはよくわかっていない．ただ，時にはまばらで時には豊富であること，また時にはよくある典型的な群集が見つかり，時にはまれな群集が見つかる，ということがわかっているだけである．太古の動物群集のうちの，足跡が切りとっている側面は，骨格が代表している側面と同じかもしれないし，動物相の別の側面を切りとっているのかもしれない．この話題についてはまた後述することにする．

特定の足跡の組合せ（足跡群集）や複数の組合せ（複数の足跡群集または足跡相）を記載する際に，「足跡の動物相」という用語も用いられてきた．しかし，この用語は一般にかなりあいまいなため（Lockley et al. 1994 a），足跡群集や足跡相が正確に定義できない場合に，一般的な記述用語として用いるのがよいだろう．

● サイズ頻度分布データ

足跡は豊富にあるため，サイズの頻度分布データを得ることができる．これは骨格化石からは通常簡単に得られないものである．骨格化石からそのようなデータが得られるのは，おそらく，大量死したものが累積した場合など，特殊な化石生成状況を示す何らかの単一種の骨の層からのみである．一方，ある程度以上の規模の足跡露頭では，一つの足跡分類に属する数十の歩行跡についてサイズ頻度分布データが得られることが珍しくない．そのような歩行跡が一つの面上で平行に並んでいるのが発見された場合，それは地質年代でいえば同じ瞬間に群れとして行動していたことを示しており，それらの足跡は一つの個体群に属する個体を表していると推測することができる．例えば，Lockley（1994）は，3か所の露頭から得られた竜脚類の歩行跡のデータを整理して，骨格の記録からは得られない情報を多く明らかにした．

いくつかのサンプルを根拠に，竜脚類の骨格の記録が，足跡の記録と比較して大型の個体に強く偏っていることを示すことができる．サンプルとしては，韓国南部の複数の層位から得られた大量の竜脚類の歩行跡があるが，そこでは小型の個体が主流である．Dodson（1990）は，幼い竜脚類の骨格化石は極めてまれだといい，次のように指摘した．「竜脚類の標本の圧倒的多数は，少なくとも成体の80％以上の大きさである」．

多くの足跡露頭から得られた証拠によれば，十分に成長した竜脚類のうしろ足の足跡の長さは約1 mになり，それを用いると，歩行跡は全く異なるイメージを描き出す．つまり，成体の半分以下の大きさの小型竜脚類の割合が高いと思われる根拠があり（Lockley 1994），十分に成長した個体はほんの一部ということになる．

もう一つ，サイズ頻度分布データの適用方法として興味深いのは，それを使って足跡をつけた動物の年齢を見積もることである．このアプローチで問題となる点は，恐竜の年齢とサイズとの関係を正確に知ることができないことである．したがって，ここに提示された推論の多くは，仮説に基づいていることを断っておく．絶滅した有機体の個体の年齢を見積もることは，古生物学につきまとう問題だが，この方面には多くの労力が注がれ，近年では恐竜の年齢の見積もりにおいていくらか進歩が見られた．Horner（1992）の研究によって，初めて白亜紀の大型鳥脚類の成長曲線が試験的に描かれた．この曲線が正しいと仮定すれば，足跡のサイズに基づいて大型鳥脚類のおおよその年齢を比較的単純なやり方で

計算できる（Lockley 1994）．大型鳥脚類のために提案された成長曲線は，他の大型恐竜にも適用可能かもしれないが，それにはまだ今後の研究を待つ必要がある．現在得られる成長速度モデルの信頼性はともかくとして，サイズと年齢の間には明らかに一般的な相関があり，与えられたサンプル内でなら，足跡のサイズを相対的（絶対値ではない）年齢の見積もりに用いることができる．

現在までに得られた証拠からは，鳥脚類や竜脚類などよく知られた恐竜グループで，非常に小さな足跡はまれだということがわかっている．この観察事実は，小型恐竜がまれかどうかについての初期の論争を彷彿とさせる（Richmond 1965）．現在は，保存の偏り，および，一世代前の古生物学者の採集の偏りが，小型恐竜が少ない原因の一つであることが示されている．また，以前にあったフィールドの軽視——この状況は最近ある程度改善されてきたが——も原因の一つである（Weishampel et al. 1990；Carpenter et al. 1994）．小型の個体が少ない原因としてはまた，恐竜の初期の成長速度が速く，小さな個体として足跡をつける可能性がある期間が極めて短かったということも考えられる．Horner（1992）によると，恐竜は生まれて1年めですでにその全成長の40～50％を終えるという（ただし Farlow et al. 1995に警告の指摘があるので参照のこと）．

赤ちゃん恐竜の足跡についても，まれである（Leonardi 1981 参照）理由として，保存の際の偏り（Lockley 1991 a, 1994）や，初期の成長速度が速いことで説明できるだろう．したがって，生痕学者が大型の種の非常に幼い個体の足跡にしょっちゅうお目にかかるとは考えにくい．ほとんどの恐竜が，生まれて最初の数か月の成長期間を巣やコロニーで過ごしたはずだということを考えに入れると，そのような推理は特にありそうなことに思われる（ただし異なる見解について Geist and Jones 1996 を参照）．巣やコロニーの周辺は地面がぎっしりと踏み固められているため，小さな足跡がつきにくく保存されにくいからである．しかし，残っている足跡のサイズ範囲と仮に見積もられた年齢によれば（Horner 1992；Lockley 1994），足跡の記録が適度に幅広い年齢の恐竜を記録していることは明らかで，最も幼い個体は1歳前後と見積もられている．

最後に，三畳紀後期およびジュラ紀前期の数多くの地層に，小型恐竜の歩行跡が大量に見つかっていることを指摘しておくべきだろう．足跡をつけた可能性のある動物の骨格化石からわかっている体の大きさと，先ほど簡単に触れた保存の際の偏りに関する議論を考えに入れると，この足跡のほとんどは，体の小さい種の成体がつけた歩行跡だろうと推測される．

●歩行跡の方向データ

複数の歩行跡が見られる恐竜の足跡露頭の研究では常に，歩行跡の方向データを整理することが重要である．そのデータは，足跡をつけたそれぞれの動物（それぞれの種）がどの程度ランダムに，あるいは決まった方向に前進していたかを決定する上で非常に役立つことがある．時には，特定の足跡分類に属し，サイズが異なる足跡をつけた動物が，異なる方向に移動していることがわかる．例えば，コロラド州ダイナソー・リッジ（Dinosaur Ridge）やニューメキシコ州モスケロ・クリーク（Mosquero Creek）にある白亜紀の足跡露頭で，同じ足跡種（カリリクニウム・レオナルディ *Caririchnium leonardii*）に属する大型と小型の鳥脚類が異なる方向に移動していた（図37.2）．そのような例から，露頭の解析に，サイズ頻度分布と方向のデータとを両方とも用いることが有用であることがわかる．

Ostrom（1972）や Lockley（1986 b, 1991 a）が解釈しているように，特定の動物がつけた足跡（足跡分類）とされる歩行跡が平行に並ぶ場合，まず純粋に「生物学的な」群れ行動を示している可能性が考えられる．また，海岸線などの「物理的に制限されたとおり道」を個体が通過したため，または以上2つの要因の組合せによる可能性もある（Lockley 1991 a）．歩行跡が海岸に平行につけられたことを示す最も説得力のある証拠は，足跡の移動方向が2方向に集中していて（A地点からB地点に行く歩行跡とBからAに戻る歩行跡と），波のリップルの峰の方向など海岸線方向を示す指標に平行であるような足跡群集である（Lockley et al. 1986；Lockley 1991 a）．反対に，群居性の行動を最もよく示す証拠となるのは，同じ深さで，同一方向に向かっている，等間隔の歩行跡からなる足跡群集で，大きく交差したりそれたりしないものである．そのようなパターンのことを，「歩行跡間距離」が規則的である，という（Lockley 1989 a, 1991 a）．隊列を組んで行進する兵隊のイメージであり，別々の時に個体が移動した跡とは考えにくい．特に，平行な歩行跡のすべてがある足跡分類に含まれ，足跡をつけた個体のサイズが異なる場合はそうである．

Lucas（1994：210）によると，そのように平行に並ぶ複数の歩行跡を「多くの古生物学者が，社会的行動を示す最も強力な根拠と見なしている」．この法則を最初に示したのは Bird（1944）で，白亜紀の地層であるテキサス州の下部グレン・ローズ層の最上位付近から，竜脚類（足跡属ブロントポドゥス）がつけた12本の平行な歩行跡を報告した．グレン・ローズの町に近いその場所は現在，州立恐竜渓谷公園（Dinosaur Valley State Park）となっている．Bird（1944）はまた，ウェスト・ヴァーデ・クリーク（West Verde Creek）沿いで，ブロントポドゥスの歩行跡が23本平行に並んでいる露頭も報告し，マップを作成した．その地点は上部グレン・ローズ層の最上位に当たり，より上位の層である（層序的位置については Pittman 1989, 1992 を参照）．上部グレン・ローズ層の最上位からは，ほかにも平行な竜脚類の歩行跡が，サウス・サン・ガブリエル川（South San Gabriel River）沿いやその他テキサス州内のさまざまな場所で発見されている（Pittman and Lockley 1994）．

ウェスト・ヴァーデ・クリークの露頭はもともと「ダヴェンポート・ランチ（Davenport Ranch）」露頭と呼ばれており，単一の群れが通過したことをほぼ確実に示す歩行跡の例として説得力があるために有名になった．ただ，歩行跡間距離が規則的とは限らず，交差する歩行跡も多く見られる．ダヴェンポート・ランチの例は，恐竜の群れ行動に関連して多く引用されており（Ostrom 1985；Haubold 1984；Lockley 1987, 1991 a, 1991 b, 1995；Thulborn 1990；Pittman and Lockley 1994；Lockley and Hunt 1995），時には「構造を持つ群れ」の例とされることもある．「構造を持つ群れ」とは「最大の足跡は群れの縁辺部にだけつけられ，最小の足跡は中心部にしかない」（Bakker 1968：20）というものである．足跡に関するその後の分析結果は，この仮説を支持していないが，群れの中に大小の個体が混在していたことは明らかである（Ostrom 1985；Lockley 1987, 1991 a, 1991 b, 1995）．

近年かなり多くの研究が行われ，北米（Lockley et al. 1986）やヨーロッパ（Lockley et al. 1994 b）のジュラ紀後期や，南米の白亜紀後期（Leonardi 1984）の竜脚類の足跡露頭から，社会的行動の証拠がさらに多く見つかった．白亜紀の大型鳥脚類（イグアノドン類およびハドロサウルス類）が群居性だったことを示す歩行跡も豊富に存在する（北米の例については Currie 1983；Lockley and Hunt 1995 を参照，韓国南部の例については Lim et al. 1989；Lockley 1991 a を参照）．したがって，社会的行動を示す歩行跡は極めてふつうに見られるのであり，特に大型草食恐竜の歩行跡には多い．

●足跡群集を堆積環境と関連づける

足跡は，堆積と同時にその場にできる構造であるため，足跡がつけられた連続的な堆積作用の文脈の中で常にとらえるべきである．まず，一つの面の2次元マップや，小さなスケールでは個々の足跡の形状から，何がわかるかを考える．われわれは，足跡と歩行跡の大きさや形が，足跡がつけられた堆積ユニットの組成や組織によってどう変わるかを記録することができる．また，堆積層の水の飽和度の大小や勾配との関係を記録することもできる．このアプローチから，足跡がつけられた当時のその場所の堆積物の密度に関する情報が得られる（Allen 1989 参照）．その場合，足跡を「土質力学の実験」（意味については Seilacher 1986）と見なすことができ，主に保存状態と，狭い範囲における堆積環境を知るための手がかりとなる．

標準的な足跡露頭の露出面程度（数十〜数百 m）の広さの中規模スケールでは，足跡や歩行跡の構成要素は，リップルマークやマッドクラックなど堆積状況を示すほかの線と合わせ，海岸線その他，地形の古地理学的特徴を表している可能性がある（Lockley 1986 a, 1986 b；Lockley et al. 1986）．さらにいえば，大部分は水中で堆積した層が重なってできている中で，足跡の支持基体となった層だけが一時的に水面から現れていたことを示しているとも考えられる．

足跡の2次元あるいは平面的な形状を中規模スケールで研究した例としてはほかに，砂丘の前置斜面に残る足跡に関する報告がある．その足跡を用いると，古堆積環境における傾斜を決定することができる（Lockley 1986 a, 1986 b, 1991 a，およびその中の参考文献）．それらの足跡がつけられた時にどのような古環境が支配的であったか（湿潤，乾燥，地上，水中）については，現在論争が続いている（Loope 1984, 1992；McKeever 1991；Brand and Tang 1991；Lockley 1992 a；Lockley and Hunt 1995）．

●踏みつけ

足跡とその場所の古環境の関係を示す例として，

ほかに，植物や無脊椎動物の体化石からなる踏みつけられた生物相の研究があげられる（Lockley 1986 b；Lockley et al. 1986；Santos et al. 1992）．この現象は詳細に研究されていないが，踏みつけられた植物や動物の遺骸を研究することによって，支持基体の状態やその場所の生物相について何かを解明できる可能性が高いことは明らかである．骨の露頭のいくつかで，骨格化石やその周辺に踏みつけられた形跡が見られる．例えば，ワイオミング州にあるジュラ紀後期のハウ（Howe）露頭では，大型および小型の獣脚類がさまざまな死体の間に足跡をつけている様子がわかる．そのような形跡は明らかに腐食行動を強く示唆する例である．

踏みつけを詳細に論じることは，本章の目的の範囲外ではあるが，中生代当時の地表面が激しく踏みつけられている場所があるという根拠は豊富に示すことができる（Lockley 1991 a, 1991 b, 1991 c, 1992 b）．ほとんどの場合，踏みつけられている部分は比較的狭いが，数 km にわたって同じ地層が踏みつけられている例も知られている．この現象は，踏みつけ，あるいは「恐竜擾乱」と呼ばれてきた（Dodson et al. 1980；Lockley 1991 a, 1991 b）が，支持基体をかなり破壊するため，定量的に計測することはむずかしい．これについて，恐竜擾乱指数が提案されている（Lockley and Conrad 1989；Lockley 1991 a, 1991 b）．足跡がつけられた地表面の面積を用いて軽度，ふつう，および重度の踏みつけを区分するものである（図 37.4）．中生代後期（ジュラ紀後期から白亜紀後期にかけて）になると恐竜擾乱が増加することがわかっており，主に竜脚類および大型鳥脚類の足跡露頭に見られるようである（Lockley et al. 1988；Lockley 1991 a, 1991 b, 1991 c；Lockley and Hunt 1995）．これらの動物が大型で数が多く，群居性であったと考えれば，不思議なことではない．

踏みつけの強度（恐竜擾乱指数）は，単にその地域の個体数密度や恐竜の活動レベルを表すだけではない，という点をつけ加えておく方がよいだろう．もちろん，それらの要素も影響する可能性があることは明らかだが，この指標は時間の基準にもなる．海洋性堆積物の生物擾乱強度の研究から，化石化した生痕の密度（生痕ファブリック）と堆積速度との間には相関があることがかなり以前から知られていた（例えば Bromley 1990）．陸上で積み重なった踏みつけのある地層の研究にも，同じ法則が当てはまる．この場合，踏みつけの強度は，生物学的活動を示すと同時に，堆積イベント間の経過時間をも示し

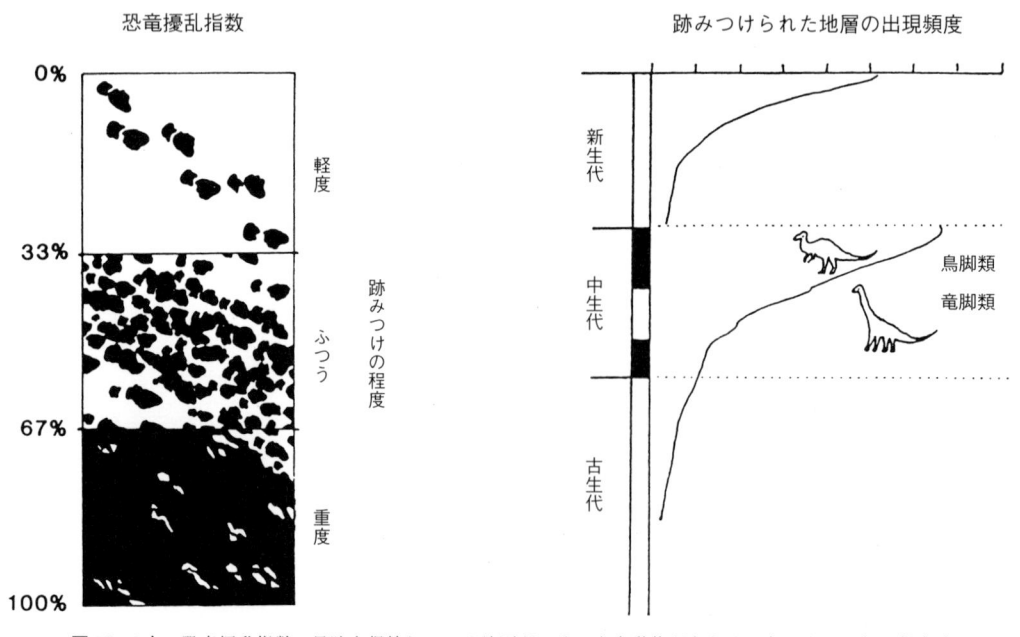

図 37.4●左：恐竜擾乱指数．足跡を保持している地面が，その上を動物がとおることによってどの程度踏みつけられたかの度合いを単純に区分する方法．Lockley and Conrad 1989 および Lockley 1991 a, 1992 b より．
右：陸生脊椎動物による踏みつけ強度の時代によるちがい．それぞれの時代の踏みつけられた露頭の数で表している．Lockley and Hunt 1995 より

ている可能性がある．この例でも，足跡の状態を生物学的，行動学的に解釈するだけでなく，物理的に，あるいは保存状態から説明することが重要である．

●地域スケールのパターン

　地域という，より大きなスケールでは，足跡の分布を空間と時間からとらえる必要がある．堆積相は地質年代を通じて3次元的に形成されており，足跡相というものがあることからわかるように，足跡露頭がこの3次元形状を反映していることは極めて多い．1980年代以前は，そのような現象にほとんど注意が払われなかった――脊椎動物の生痕学者の大半は，せいぜい，足跡が海岸線や干潟に多いことを観察する程度であった．その後の研究（例えばLockley 1989 b：Fig. 50.6）によって，足跡の分布はでたらめではないことが多く，予測可能だということが示された．

　例えば，河川では堤防決壊堆積物に足跡があることが多く（Nadon 1993），砂漠では砂丘間のプラヤ（雨季には湖となるくぼ地）の堆積物に多い（Lockley 1991；Lockley and Hunt 1995）．また，湖岸の隆起汀線の堆積物にもよく見られ，湖の形状によっては何層か重なっていることがある．足跡はまた，垂直付加堆積物（堆積物がたまる場所にできる）に特に多いらしく，堆積盆地の一連の地層の中で特殊な層序的位置を占めることが多い（Hunt and Lucas 1992；Lockley and Hunt 1995）．

　足跡は海岸平野堆積物付近にも多く見られる．ここでは，海進期埋積体（海水面の上昇につれて形成された垂直付加層）の下部すなわち初期の部分に当たる垂直付加層で，水平方向に広く薄く足跡が広がる傾向がある．そのように足跡が豊富な相は，時に「巨大足跡露頭（メガトラックサイト）」や「恐竜専用道路」などと呼ばれる．

●巨大足跡露頭

　広大な地域に足跡を含む層が広がるこの現象（Lockley et al. 1988）すなわち巨大足跡露頭（Lockley and Pittman 1989；Lockley 1991 a, 1991 b, 1991 c）が最初に指摘されたのは，米国西部のジュラ紀および白亜紀の数々の海岸平野堆積物においてであったが，それ以降ヨーロッパでも観察されている（Meyer 1993）．現在の定義では，巨大足跡露頭とは広い地域に広がる単一の面，あるいは非常に薄いひとまとまりの地層で，数百～数千 km² 規模の広い面積に足跡が見られる，あるいは足跡に富むもののことである．

　現在知られている代表的な例をいくつかあげると，以下のとおりである．中期から後期ジュラ紀の「モアブ（Moab）巨大足跡露頭」（Lockley 1991 b；Lockley and Hunt 1994 a, 1995）は，ユタ州のエントラーダ＝上部サマーヴィル（Entrada-Upper Summerville）遷移帯に 1000 km² にわたって広がっている．スイスのジュラ紀後期のソロトゥルン（Solothurn）石灰岩にある巨大足跡露頭（Meyer 1993）は，広さ 400 km²．グレン・ローズ石灰岩（メキシコ湾）中の2つの層位にまたがって見られる，下部から中部白亜系の巨大足跡露頭コンプレックス．そして，ダコタ砂岩（Dakota Sandstone）（西部内陸海）の複数の層位にまたがるコンプレックス．推定値は定まっていないが，これらの白亜紀の巨大足跡露頭は非常に広い面積に広がっており，数万 km² 規模である（Lockley 1991 a, 1991 b, 1991 c, 1992 b；Lockley and Hunt 1994 a, 1994 b；Lockley et al. 1992；Pittman 1992 参照）．

　足跡の種類や堆積相はそれぞれ異なるにも関わらず，知られている巨大足跡露頭すべてが，類似の岩相に類似の足跡群集が見られる複数の露頭からなるという点は興味深い．つまり，それらはみな巨大足跡露頭だというだけでなく，それぞれが別の足跡相なのである．例えば，モアブ巨大足跡露頭の珪砕屑性の（炭酸塩を含まない）海進相には，獣脚類（「メガロサウリプス *Megalosauripus*」）の足跡群集が複数出現する．ソロトゥルンとグレン・ローズの例では，獣脚類と竜脚類との足跡の組合せ（ブロントポドゥス足跡相）が台地の炭酸塩岩（石灰岩）に見られる．ダコタの例では，石炭を含む海岸平野相の組合せの地層に，鳥脚類（カリリクニウム *Caririchnium*）ときゃしゃな体格の獣脚類とワニ類とからなる足跡の組合せが見られる．

　ダコタの巨大足跡露頭コンプレックスだけは平均の厚さが約 10 m だが，それ以外の例はすべて足跡が単一の面または非常に薄い（厚さ約 1 m）層序ユニットに見られる．一見，有用な層位学的マーカーすなわち等時線のようである．しかし，足跡は明らかに，層序のシーケンス境界（堆積作用が中断し，再開する部分）に位置する海進堆積層に出現しているため，その地面あるいは地層は，少なくとも多少は，時間につれて海進が進む中で堆積したと思われる（図37.5）．当初，筆者は，巨大足跡露頭が海水

面の下降に伴って形成されるのではないかと考えた（Lockley 1989 a, 1991 a）．しかしその後の研究で，巨大足跡露頭は海水面の上昇によって，沿岸の堆積物が垂直付加，つまり蓄積して形成されることがわかってきた（図37.5）．直感的には反対のように感じるが，それはわれわれが，満潮の時ではなく引き潮の時につけられる足跡をよく見るからである．しかし，潮の干満の周期と，長期間かけて起こる海水面変動とは別のものである．シーケンス層序学的研究によれば，海水面の上昇によって垂直付加作用が起こると，堆積物とそこに含まれる足跡その他の化石が多く保存されるようになる（Haubold 1990）．

ダコタの巨大足跡露頭は，通称「恐竜専用道路」と呼ばれており，太古の渡りの経路の例として引用される．Lockley et al. (1992)が説明したように，渡りの経路だとの仮説には議論の余地がある．しかし，巨大足跡露頭コンプレックスの面積80000 km^{2}もの範囲に同じ足跡群集が出現することが知られており，また群居性の大型草食恐竜（この場合はイグアノドン類）はおそらく渡りをしただろうと考えられている．したがって，ダコタの「恐竜専用道路」は，恐竜が渡りをしたという仮説と矛盾しない証拠となっている．類似の構造を持つ恐竜相（または群集）が，足跡の層が積み重なっていくのに要した年月の間ずっと，この広大な場所を歩き回っていたのは確かである．

●対比ツールとしての足跡：古生痕層位学の科学

豊富で広い範囲に出現する化石生物は，対比，つまり生層位学に役立つ可能性があるとされてきた．堆積岩の層の相対的な年代を求めることができるということである．生層位学的に非常に役立つ化石として古くから用いられてきたのは海洋動物であり，よく知られているグループとして筆石類，コノドント，アンモナイトがある．地上では，パリノモルフ（化石化した花粉の粒など）が対比に有用であることがわかっているが，大型植物の化石（化石化した葉，茎その他の植物の部分）や，無脊椎動物，脊椎動物はごくわずか，よくても一部しか利用できていない．中生代後期および新生代の堆積物中に哺乳類の歯が比較的多く見つかっており，陸生哺乳類年代と呼ばれる生層位学的単位を決定する際に有用である．しかし，新生代より古い堆積物においては，陸生脊椎動物年代，あるいは生存帯（意味についてはLucas 1991, 1993 a, 1993 b）を確立することはどちらかといえば厳密さを欠く科学であり，年代層序区分単位の階（地質年代では期に当たる）が識別できるほどの精度を得ることも容易ではない．多くの場合，正確にわかるのは，より大きな年代層序単位の統（世）までであるにすぎない．

したがって，足跡を生層位学に役立てようとする考えは興味深い．ヨーロッパの脊椎動物の生痕学者らの仕事はあまり知られていないが，彼らは石炭紀後期からジュラ紀前期までの一連の足跡分帯を提案し，生層位学のこの分野を指す古生痕層位学という用語をつくり出した（Haubold 1984, 1986；Haubold and Katzung 1978）．それらの時代にそのような足跡分帯が認識できるという事実には，古地理学的理由がある．古生代後期から中生代前期にかけては，すべての大陸が合体して超大陸パンゲアを形成していた時代で，地上の脊椎動物の動物相は比較的地球全体に広がっていたため，対比に役立てやすい．恐竜時代の最初の2つの世（三畳紀後期とジュラ紀前期）においてHaubold (1984, 1986)が定義した足跡帯が，全地球的規模で有用だということは明らかであ

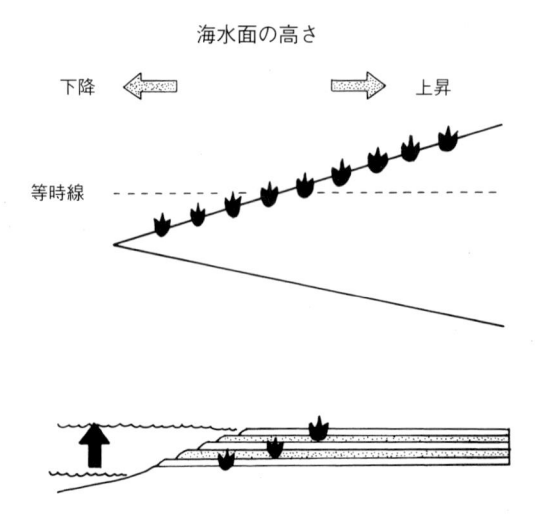

図37.5●巨大足跡露頭で時間の経過につれて足跡が累積された様子を示す概略図

海水面が上昇すると，海岸線は地面を横方向に動く．沿岸の環境——脊椎動物の足跡が保存されやすい状況——で形成される堆積岩は場所によって年代が異なり，海水面の上昇に伴って初めて水をかぶった部分ほど古いはずである．この考え方を描いたのが上の図で，足跡を含む地面を等時線で切ったものである（Lockley 1989 b に加筆）．下の図は，海水面の上昇に伴う堆積岩の層の垂直付加作用によって，足跡を含む一連の岩石層が累積される様子を示したものである．それぞれの層はその下の層よりも新しく，大陸縁辺部を海水が覆うにつれて，上に新しい層ができた．

る（レビューについては Lockley 1993a, 1993b; Lockley and Hunt 1994a, 1995; Lockley et al. 1994a を参照．Ellenberger 1972, 1974 のモノグラフも参照）．

例えば，ヨーロッパ，北米およびアフリカでは，三畳紀の最後の頃の足跡帯を同定することができる．その足跡帯は，小型のグララトル（Grallator）の足跡が初めて豊富に含まれる層で，それとともに古竜脚類のものと思われる足跡属テトラサウロプス（Tetrasauropus）およびプセウドテトラサウロプス（Pseudotetrasauropus）に属する足跡，その他恐竜以外の主竜類の足跡が見られる．対照的に，より新しいジュラ紀前期の足跡の組合せには，より大型の三指の足跡（エウブロンテス Eubrontes），鳥脚類の足跡といわれているもの（アノモエプス），そしておそらく古竜脚類のまた別の足跡（オトゾウム Otozoum）が含まれる．近年の研究によって，パンゲア分裂後のジュラ紀中期および後期に見られる特有の足跡の種類（足跡分類）が，北米，ヨーロッパおよびアジアで対比できることがわかった．例えば Lockley et al.（印刷中）は，ユタ州東部のカーメル層（Carmel）に見つかるジュラ紀中期に特有の獣脚類の足跡カーメロポドゥス（Carmelopodus）が，英国の全く同じ時代の堆積物にも出現することを示した．同様に，足跡属メガロサウリプスに当てはまる種類の足跡が，北米，ヨーロッパおよびアジアの上部ジュラ系の堆積物中に同定されている（Lockley et al., 印刷中）．そのような証拠から，ジュラ紀の全体を通じて，それらの大陸間に陸橋があった，あるいは陸続きだった可能性がある．Lockley et al.（1994）は，ほかの化石と同じように足跡も相にある程度支配されていると指摘した．したがって，異なる地域間の対比を行う時には，注意を払うことが重要である．類似の相を対比する時には，より大きな類似性が証拠として必要になり，また異なる相を対比する時には，相のちがい以上に差が大きいことを証明しなければならない．

●足跡および骨格のデータベースの比較

新しく発見される恐竜その他の足跡の数やその報告数の爆発的増加から，足跡というものが非常に多いことは明らかである．理由の一つは，1匹の動物は死ぬまでに何千もの足跡をつけることができるのに対して，骨格は一つしか持たないからである．しかしこれは十分な説明ではない．個々の足跡露頭の研究から，ほとんどの足跡がサイズの異なる個体によってつけられたものだということが示されている（前述したように）．したがって，活動の繰り返しによる説明は，多少説得力に欠ける．

もう一つの説明は，足跡が積み重なった堆積層の一部をなしていて，浸食，風化を受けやすいが，化学的浸食は受けにくいこと，また捕食動物や腐食動物の活動によって破壊されないことである．また，垂直付加作用が優勢な盆地状の地形において最もできやすく保存されやすいため，比較的保存される可能性が高いのである．一つ一つの足跡は地表にそれほど長く残らない（Cohen et al. 1991）――よく尋ねられる当然の疑問が，この足跡はなぜ洗い流されなかったの？　というものだ――が，足跡が簡単に洗い流されるものだという科学的根拠はほとんどない．事実，足跡の形状，つまり2次元平面における外観は，足跡を保存したまさにそのプロセス――内部を埋めるプロセス――によってぼやかされているだけである．さらに，これらの足跡のアンダートラックの形状は保存される可能性が極めて高い．アンダートラックはつけられた時点ですでに埋まっていて，支持基体の中におさまっているからである（Lockley 1991a）．

足跡が一時期考えられていたほどまれではなくふつうに見られる，ということを確立できたからには，特定の種類の堆積物，特に骨の化石が出ない堆積物にだけ足跡が出現する（または，出現しやすい），という広く認められている信念に対して一言述べておくべきであろう．現在わかっていることからすると，その信念にはほとんど根拠がない（Lockley 1991a; Lockley and Hunt 1994a）．足跡は，多種多様な堆積物から見つかっており，その中には骨格を豊富に含むものもある（もっとも，特定の地層の中で，骨格と全く同じ層から足跡が見つかることは少ない）．例えば，骨格が豊富なモリソン（Morrison）層からは，1980年代以前はほんの一握りの足跡露頭しか知られていなかった（5か所ほど）が，今では約40の露頭が知られている．乏しい記録とはいいがたい．さらにこの記録は，おなじみのモリソン層の恐竜たちに関する個体数調査に，数百匹の個体をつけ加えることになっており，数量の面では，関節のつながった骨格化石に基づく個体数データに匹敵する（Russell 1989; Schult and Farlow 1992）．

恐竜の骨格化石が極めてまれな層が多いために，骨格が出ないところに足跡が豊富に出現するような印象を与えるといった方が正確であろう．この点を

強調するためには，Dodson（1990）が整理しているように，中生代全体を通じて階ごとの恐竜の分布を見るとよい．そのような見方でまとめると，多くの階において恐竜はまれであり，多種多様に豊富に生息したのはジュラ紀後期および白亜紀後期のほんの一時期の堆積物だけであるように見える（図37.6）．対照的に，恐竜の足跡は同時代を通じて安定して豊富に存在する（Lockley and Hunt 1994 a, 1995）．

ここで，恐竜の足跡の量を測定する方法が2つあることを記しておくべきであろう．一つは，ある層内の歩行跡の数（これを個体の数と考える）を数える方法であり，2つめは，歩行跡が見つかった露頭の数を数える方法である．理想的には，両方の手法を用いるのがよい．それぞれの露頭が別々の層位を代表しているかもしれないからである．したがって，ある地層の異なる露頭（層位）の歩行跡が，異なる個体を表していることが強調される．LockleyとHunt（1994 a, 1995；Lockley et al. 1994 a）はこの手法を用いて，特定の地層内の知られている露頭（足跡群集）の数を記録した．この手法の利点は，与えられた地層あるいは相の中で同じ足跡のタイプが何回出現するかがわかることである．

例えば，テキサス州のメキシコ湾海盆中の11か所から竜脚類の足跡露頭が見つかっている（Pittman 1992）．Farlow（1992）は，自身が地球全体の竜脚類の足跡露頭を整理した際にはこの手法を用いず，テキサスの竜脚類の足跡を一つの露頭であるかのように数えたが，一方でこの種のアプローチを提唱した．すべての層位を別々の露頭として記録すると（Lockley et al. 1994 b），世界中の竜脚類の足跡の分布に関して，はるかに総合的な全体像が得られる（このアプローチに関する懐疑的見解については本書第20章 McIntosh et al. を参照）．

米国西部の中生代の地層に見られる足跡露頭の数のまとめから，Lockley and Hunt（1994 a, 1995）は，大半の層において骨格化石よりも足跡の方がはるかに豊富だという結論を出した．多くの場合，この結論は骨格と足跡露頭の比率に基づいており，例えばウィンゲイト（Wingate）層の場合は0：15，エン

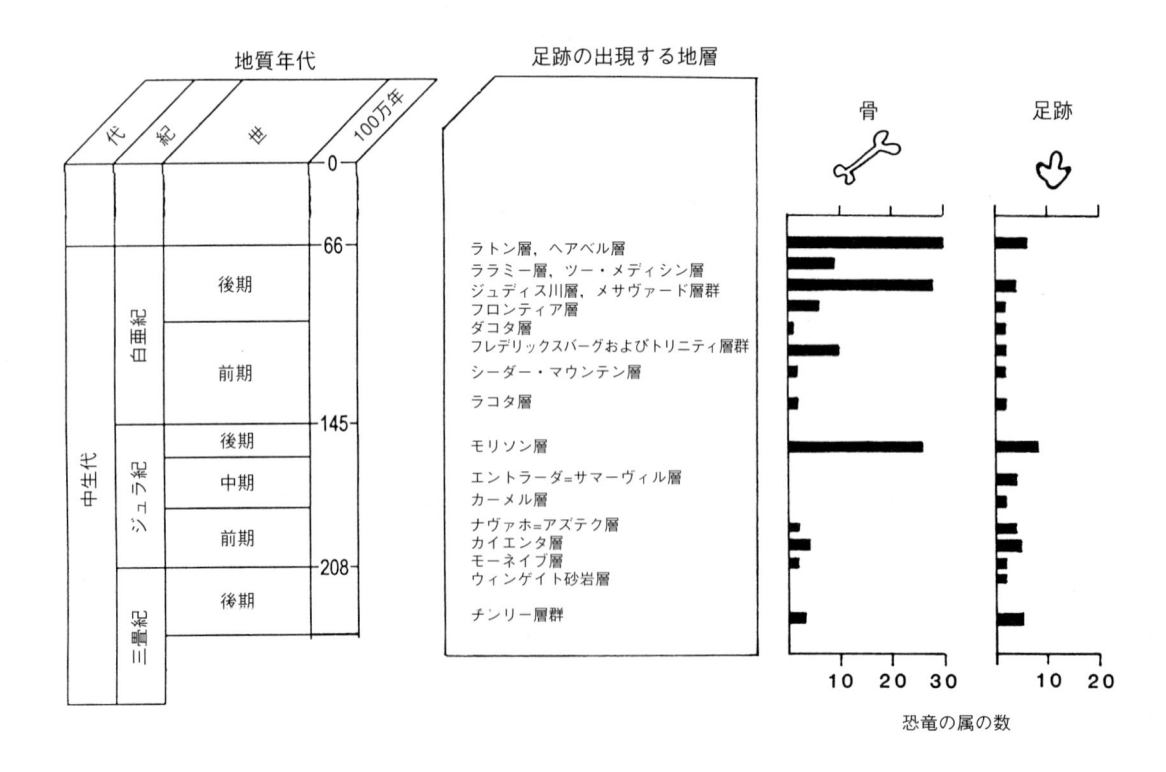

図37.6●恐竜の骨格および生痕の記録の比較
骨格化石から記載された恐竜の属の数（図では「骨」，Dodson 1990に加筆）は，中生代の中でも時代によって大きく変動する．対照的に，生痕学的記録（図では「足跡」，Lockley and Hunt 1995に加筆）は，それほどむらがなく，足跡属の数が全時代を通じて平均的に分布している．

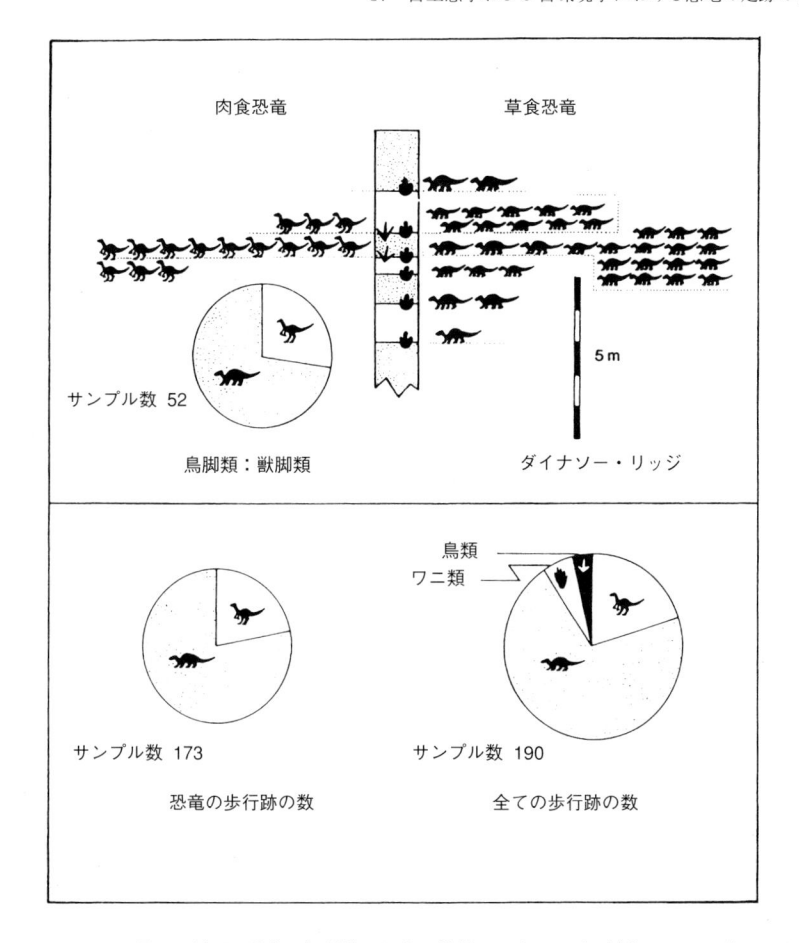

図 37.7●足跡をつけた異なる種類の動物の相対量に関する情報．よくサンプル採集された一群の足跡露頭から得られたデータ

上の図は，コロラド州デンヴァー付近の白亜紀の露頭（ダコタ層群）であるダイナソー・リッジ（Dinosaur Ridge）のデータをまとめたものである．恐竜型一つが，それぞれ小型獣脚類（肉食動物）または大型鳥脚類（草食動物）に分類される一つずつの歩行跡を表す．露頭の歩行跡の合計数は52．円グラフも，足跡をつけた2種類の動物の相対数を示したものである．下の図は，ダイナソー・リッジを含むダコタ層群の多数の露頭から得られた，足跡をつけた異なる種類の動物の相対量のデータをまとめて示している．左の円グラフは，すべての露頭における獣脚類と鳥脚類の歩行跡の相対量を比較したものである．歩行跡のサンプル数は173．右のグラフは，恐竜，鳥類，ワニ類の歩行跡の相対量を比較したもので，用いた歩行跡の数は190．情報はLockley et al. 1992およびLockley and Hunt 1995より．

トラーダ＝サマーヴィル帯では1：35である．足跡露頭ではなく個体（すなわち報告された歩行跡の最小数）の比率を計算すると，比率の格差は1ケタ大きくなり，それぞれ0：150あるいは1：350などという数字になるであろう．したがって，歩行跡ではなく露頭の数を数えるという昔ながらの手法を用いても，多くの場合歩行跡の証拠の方が数量的に優勢であることがわかる．

足跡露頭を数えることと同様，個々の歩行跡を数えることもまた，足跡群集を特徴づけたり，足跡をつけた動物グループ同士の相対数を確定したりするために重要である．前述したように，そのような足跡のデータは整理しやすく，すぐに定量的に意味のある結果を導き出すことができる．恐竜国定記念物（Dinosaur National Monument）での3年間の調査で，個体数約250の歩行跡数調査を行うことができたが，この数字は，この有名な地区で発掘された骨格化石の合計数に匹敵する（Lockley and Hunt 1993）．同様に，恐竜専用道路地区（ダコタ層群）から得られた歩行跡数調査によって，数百の歩行跡がマップに描かれ，詳細に記載された（Lockley et al. 1992；図 37.7）．

上述の議論に基づき，次のことを論理的に提言してよいだろう．つまり，足跡の量は，行動が繰り返されたことによる見かけの作用でもあるが，層序の中に記録された真に生物学的な現象であり保存上の現象であるともいえるのである．したがって，足跡の記録を考えに入れなければ非常に不完全になってしまう骨格記録の欠けた部分を補うという，足跡の重要な役割を見すごさないことが大切である．足跡は，あまりにも長い年月の間，古生物学の手がかりとしては比較的意味のないものと見なされてきた．しかし，恐竜ルネサンスの影響で，恐竜の行動を理解する手がかりとしての足跡の有用性に注目が集まるようになった．

足跡は，相と動物相との関係を理解する際に役立ち，足跡を用いて恐竜の生息数や群集に関する古生態学的特徴づけを行える可能性がある．巨大足跡露頭には意味がある．非常にたくさんの露頭で驚くほど多くの足跡が見られる．本章で述べたこれらのことから，われわれは挑発的な疑問を投げかけることができる．足跡の記録は，体化石の記録よりも完全で，実態をよりよく表しているのか（Lockley and Hunt 1994 a：95）？ 現在の知識に基づけば，その答えはイエスのようだ！――少なくとも純粋に定量的な面を見れば．つまり，地質学的記録全体を通じての，足跡露頭の出現頻度から見れば，質的によい記録だといっているのではない．比較的完全な体化石から導き出される分類学的精度に関していえば，骨格記録の方が通常はすぐれている．しかしこの結論は一考の価値があり，化石記録の完全性について根本的な疑問を生じさせる．公平に見て，次のことは結論してよいだろう．すなわち，過去10年間で恐竜の生痕学は大きな進展を遂げたこと，この小さな分野が，堆積地質学という分野の中に適切かつ正当な地位を与えられたことである．未来は「輝いており，得られる材料の豊富さから見て，研究者にとってはこの先何年間も仕事が尽きないだろう」（Lockley 1989 b：447）．

●文献

Alexander, R. McN. 1989. *Dynamics of Dinosaurs and Other Extinct Giants*. New York：Columbia University Press.

Allen, J. R. L. 1989. Fossil vertebrate tracks and indenter mechanics. *Journal of the Geological Society of London* 146：600-602.

Baird, D. 1957. Triassic reptile footprint faunules from Milford, New Jersey. *Bulletin Museum of Comparative Zoology, Harvard University* 117：449-520.

Bakker, R. T. 1968. The superiority of dinosaurs. *Discovery* 3：11-22.

Bakker, R. T. 1975. Dinosaur renaissance. *Scientific American* 232(4)：58-78.

Bird, R. T. 1944. Did *Brontosaurus* ever walk on land? *Natural History* 53：60-67.

Brand, L. R., and T. Tang. 1991. Fossil vertebarate footprints in the Cocinino Sandstone (Permian) of northern Arizona：Evidence for underwater origin. *Geology* 19：1201-1204.

Bromley, R.G. 1990. *Trace Fossils：Biology and Taphonomy*. London：Unwin Hyman.

Carpenter, K.；F. Hirsch；and J. R. Horner (eds.)1994. *Dinosaur Eggs and Babies*. Cambridge：Cambridge University Press.

Coe, M. J.；D. L. Dilcher；J. O. Farlow；D. M. Jarzen；and D. A. Russell. 1987. Dinosaurs and land plants. In E.M. Friis.,W.G, Chaloner, and P. R. Crane (eds.), *The Origins of Angiosperms and Their Biological Consequences*. pp. 225-258. Cambridge：Cambridge University Press.

Cohen, A.；J. Halfpenny；M. G. Lockley；and E. Michel. 1993. Modern vertebrate tracks from Lake Manyara, Tanzania and their paleobiological implications. *Paleobiology* 19：443-458.

Cohen, A.；M.G. Lockley；J. Halfpenny；and E. Michel. 1991. Modern vertebrate track taphonomy at Lake Manyara, Tanzania. *Palaios* 6：371-389.

Colbert, E. H. 1962. The weights of dinosaurs. American Museum *Novitates* 2076：1-16.

Currie, P. J. 1983. Hadrosaur trackways from the Lower Cretaceous of Canada. *Acta Palaeontologica Polonica* 28：63-73.

Czerkas, S. J., and S. A. Czerkas. 1990. *Dinosaurs：A Global View*. Limpsfield, U. K.：Dragon's World.

Dodson, P.1990. Counting dinosaurs：How many kinds were there? *Proceedings of the National Academy of Sciences, U.S.A.* 87：7608-7612.

Dodson, P.；A.K. Behrensmeyer；R. T. Bakker；and J.S. McIntosh. 1980. Taphomomy and paleoecology of the dinosaur beds of the Jurassic Morrison Formation. *Paleobiology* 6：208-232.

Ellenberger, P.1972. Contribution à la classification des pistes vertébrés du Trias：Les types du Stormberg d'Afique du Sud(Ⅰ). *Palaeovertebrata* Memoire Extraordinaire.

Ellenberger, P.1974. Contribution à la classification des pistes de vertébrés du Trias：Les types du Stormberg d'Afrique du Sud (Ⅱ partie：le Stormberg superiur-Ⅰ. Le biome de la zone B/1 ou niveau de Moyeni：ses biocénoses). *Palaeovertebrata* Memoire Extraordinaire.

Farlow, J. O. 1981. Estimates of dinosaur speeds from a new trackway site in Texas. *Nature* 294：747-748.

Farlow, J. O. 1992. Sauropod tracks and trackmakers：Intergrating the ichnological and skeletal records. *Zubía* 10：89-138.

Farlow, J. O. ；P. Dodson；and A. Chinsamy. 1995. Dinosaur biology. *Annual Review of Ecology and Systematics* 26：445-471.

Gardom. T., and A. Milner. 1993. *The Book of Dinosaurs：The Natural History Museum Guide*. London：Prima Publishing.

Geist, N. R., and T. D. Jones. 1996. Juvenile skeletal structure and the reproductive habits of dinosaurs. *Science* 272：712-714.

Gillette, D. D., and M. G. Lockley (eds.). 1989. *Dinosaur Tracks and Traces*. Cambridge：Cambridge University Press.

Haubold, H. 1984. *Saurierfährten*. Wittenberg Lutherstadt：Die Neue Brehm-Bucheri.

Haubold, H. 1986. Archosaur footprints at the terrestrial Triassic-Jurassic transition. In K. Padian (ed.), *The Beginning of the Age of Dinosaurs*, pp.189-201. Cambridge：Cambridge University Press.

Haubold, H. 1990. Dinosaurs and fluctuating sealevels during the Mesozoic. *Historical Biology* 4：176-206.

Haubold, H., and G. Katzung. 1978. Paleoecology and paleoenvironments of tetrapod footprints from the Rotliegend (Lower Permian) of central Europe. *Palaeogeography, Palaeoclimatology, Palaeoecology* 23：307-323.

Hitchcock, E. 1836. Ornithichnology, description of the footmarks of birds (Ornithoidichnites) on New Red Sandstone in Massachusetts. *American Journal of Science* 29：307-340.

Hitchcock, E. 1858. *Ichnology of New England:A report on the Sandstone of the Connecticut Valley, especially its Fossil Footmarks*. Boston：W. White. Reprint, New York：Arno Press, 1974.

Horner, J. 1992. Dinosaur behavior and growth. In R. S. Spencer (ed.), *Fifth North American Paleontological Convention, Abstracts and Program*, p.135. Paleontological Society Special Publication 6.

Hunt, A. P., and S. G. Lucas. 1992. Stratigraphic distribution and age of vertebrate tracks in the Chinle Group (Upper Triassic), western North America. *Geological Society of America, Abstracts with Program* 24：19.

Leonardi, G. 1981. Ichnological data on the rarity of young in North East Brazil dinosaurian populations. *Anais da Academia Brasileira de Ciências* 53：345-346.

Leonardi, G. 1984. Le impronte fossili de dinosauri. In J. F. Bonaparte, E. H. Colbert, P. J. Currie, A de Ricqlès, Z. Kielan-Jaworowska, G. Leonardi, N. Morello, and P. Taquet (eds.), *Sulle Orme dei Dinosauri*, pp.165-186. Venice：Erizzo Editrice.

Lim, S-Y.；S.-Y. Yang；and M. G. Lockley. 1989. Large dinosaur footprint assemblages from the Cretaceous Jindong Formation of South Korea. In D. D. Gillette and M. G. Lockley (eds.), *Dinosaur Tracks and Traces*, pp.333-336. Cambridge：Cambridge University Press.

Lockley, M. G. 1986 a. *A Guide to Dinosaur Tracksites of the Colorado Plateau and American Southwest*. Denver：University of Colorado at Denver, Geology Department Magazine Special Issue 1.

Lockley, M. G. 1986 b. The paleobiological and paleoenvironmental importance of dinosaur footprints. *Palaios* 1：37-47.

Lockley, M. G. 1987. Dinosaur trackways. In S. J. Czerkas and E. C. Olsen (eds.), *Dinosaurs Past and Present*, pp. 80-95. Seattle：Natural History Museum of Los Angeles County/University of Washington Press.

Lockley, M. G. 1989 a. Tracks and traces：New perspectives on dinosaurian behavior, ecology and biogeography. In K. Padian and D. J. Chure (eds.), *The Age of Dinosaurs*, pp.134-145, Short Course 2. Knoxville：Paleontological Society, University of Tennessee.

Lockley, M. G. 1989 b. Summary and prospectus. In D.D. Gillette and M. G. Lockley (eds.), *Dinosaur Tracks and Traces*, pp.441-447. Cambridge：Cambridge University Press.

Lockley M. G. 1991 a. *Tracking Dinosaurs:A New Look at an Ancient World*. Cambridge：Cambridge University Press.

Lockley, M. G. 1991 b. The dinosaur footprint renaissance. *Modern Geology* 16：139-160.

Lockley, M. G. 1991 c. The Moab Megatracksite：A preliminary description and discussion of millions of Middle Jurassic tracks in eastern Utah. In W. R. Averett (ed.), *Guidebook for Dinosaur Quarries and Tracksites Tour, Western Colorado and Eastern Utah*, pp.59-65. Grand Junction, Colo.：Grand Junction Geological Society.

Lockley, M. G. 1992 a. Comment：Fossil vertebrate footprints in the Coconino Sandstone (Permian) of northern Arizona-Evidence for underwater origin. *Geology* 20：666-667.

Lockley, M. G. 1992 b. La dinoturbación y el fenómeno de la alteración del sedimento por pisadas de vertebrados en ambientes antiguos. In J. L. Sanz and A. D. Buscalioni (eds.), *Los Dinosaurios y su Entorno Biotico*, pp.269-296. Cuenca, Spain：Actas del Segundo de Paleontologia en Cuenca, Instituto "Juan de Valdes."

Lockley, M. G. 1993 a. *Auf der Spuren der Dinosaurier*. (Translation of Lockley 1991 a with additional chapter [no.11] and prologue.) Berlin：Birkhauser.

Lockley, M. G. 1993 b. *Siguiendo las Huellas de los Dinosaurios*. (Translation of Lockley 1991 a with additional meterial.) Madrid：McGraw-Hill.

Lockley, M.G. 1994. Dinosaur ontogeny and population structure：Interpretations and speculations based on footprints. In K. Carpenter, K.F. Hirsch, and J.R. Horner (eds.), *Dinosaur Eggs and Babies*, pp.347-365. Cambridge：Cambridge University Press.

Lockley, M. G. 1995. Track records. *Natural History* 104 (6)：46-50.

Lockley, M.G., and K. Conrad. 1989. The paleoenvironmental context and preservation of dinosaur tracksites in the western USA. In D. D. Gillette and M. G. Lockley (eds.), *Dinosaur Tracks and Traces*, pp.121-134. Cambridge：Cambridge University Press.

Lockley, M. G., and V. F. dos Santos. 1993. A preliminary report on sauropod trackways from the Avelino Site, Sesimbra Region, Upper Jurassic, Portugal. *Gaia*：6：38-42.

Lockley, M. G., and A. P. Hunt. 1993. Fossil footprints：A previously overlooked paleontological resource in Utah's National parks. In V. L. Santucci(ed.), *National Park Service Paleontolocigical Research Abstract Volume*, P.29. Denver：U.S. Department of the Interior, Natural Resources Publication Office.

Lockley, M. G., and A. P. Hunt. 1994 a. A review of vertebrate ichnofaunas of the Western Interior United States : Evidence and implications. In M. V. Caputo, J. A. Peterson, and K. J. Franczyk (eds.), *Mesozoic Systems of the Rocky Mountain Region, United States*, pp.95–108. Denver : Society of Economic Paleontologists and Mineralogists Rocky Mountain Seciton).

Lockley, M. G., and A. P. Hunt. 1994 b. A track of the giant theropod dinosaur *Tyrannosaurus* from close to the Cretaceous/Tertiary boundary, northern New Mexico. *Ichnos* 3 : 213–218.

Lockley, M. G., and A.P. Hunt. 1995. *Dinosaur Tracks and Other Fossil Footprints from the Western Untied States*. New York : Columbia University Press.

Lockley, M. G., and J. G. Pittman. 1989. The megatracksite phenomenon : Implications for paleoecology, evolution and stratigraphy. *Journal of Vertebrate Paleontology* 9 (Supplement to no. 3) : 30 A.

Lockley, M. G., and A. Rice. 1990. Did *"Brontosaurus"* ever swim out to sea? Evidence from brontosaur and other dinosaur footprints. *Ichnos* 1 : 81–90.

Lockley, M. G. ; K. Conrad ; and M. Jones. 1988. Regional scale vertebrate bioturbation : new tools for sedimentologists and stratigraphers. *Geological Society of America Abstracts with Program* 20 : 316.

Lockley, M. G. ; J. Holbrook ; A. Hunt ; M. Matsukawa ; and C. Meyer. 1992. The dinosaur freeway : A preliminary report on the Cretaceous Megatracksite, Dakota Group, Rocky Mountain Front Range and Highplains, Colorado, Oklahoma and New Mexico. In R. Flores (ed.), *Mesozoic of the Western Interior*, pp.39–54. Denver : Society of Economic Paleontologists and Mineralogists Midyear Meeting Fieldtrip Guidebook.

Lockley, M. G. ; K. J. Houck ; and N. Y. Prince. 1986. North America's largest dinosaur trackway site : Implications for Morrison paleoecology. *Bulletin Geological Society of America* 97 : 1163–1176.

Lockley. M. G. ; A. P. Hunt ; and C. Meyer. 1994 a Vertebrate tracks and the ichnofacies concept : Implications for paleoecology and palichnostratigraphy. In S. Donovan (ed.), *The paleobiology of Trace Fossils*, pp.241–268. New York : Belhaven Press.

Lockley, M. G. ; A. P. Hunt ; M. Paquette ; S. A. Bilbey ; and A. Hamblin. In press. Dinosaur tracks from the Carmel Formation, northeastern Utah : Implications for Middle Jurassic paleoecology. *Ichnos*.

Lockley, M. G. ; C. A. Meyer ; and V. F. dos Santos (eds.). 1994 b. Aspects of sauropod biology. *Gaia* 10 : 1–279.

Lockley, M. G. ; C. A. Meyer ; and V. F. dos Santos. 1996. *Megalosauripus*, *Megalosauropus* and the concept of megalosaur footprints. In M. Morales (ed.), *The Continental Jurassic*, pp.113–118. Bulletin 60. Flagstaff : Museum of Northern Arizona.

Lockley, M. G. ; V. Novikov ; V. F. dos Santos ; L. A. Nessov ; and G. Forney. 1994 c."Pegadas de Mula" : An explanation for the occurrence of Mesozoic traces that resemble mule tracks. *Ichnos* 3 : 125–133.

Loope, D. 1984. Eolian origin of Upper Paleozoic sandstones, southeastern Utah. *Journal of Sedimentary Petrology* 54 : 563–580.

Loope, D. 1992. Comment on fossil vertebrate footprints in the Coconino sandstone (Permian) of northern Arizona : Evidence for underwater origin. *Geology* 20 : 667–668.

Lucas, S. G. 1991. Sequence stratigraphic correlation of nonmarine and marine Late Triassic biochronologies, western United States. *Albertiana* 9 : 11–18.

Lucas, S. G. 1993 a. The Chinle Group : Revised stratigraphy and biochronology of Upper Triassic nonmarine strata in the western United States. *Museum of Northern Arizona Bulletin* 59 : 27–50.

Lucas, S. G. 1993b. Vertebrate biochronology of the Jurassic–Cretaceous boundary, North America Western Interior. *Modern Geology* 18 : 371–390.

Lucas, S. G. 1994. *Dinosaurs:The Textbook*. Dubuque, Iowa : William C. Brown.

Maples, C.G., and R.R. West (eds.). 1992. *Trace Fossils*. Short Course 5. Knoxville : Paleontological Society, University of Tennessee.

McKeever, P.1991. Trackway preservation in eolian sandstones from the Permian of Scotland. *Geology* 19 : 726–729.

Meyer, C. 1993. A sauropod dinosaur megatracksite from the Late Jurassic of northern Switzerland. *Ichnos* 3 : 29–38.

Nodon, G. C. 1993. The association of anastomosed fluvial deposits and dinosaur tracks, eggs and nests : Implications for the interpretation of floodplain environments and a possible survival strategy for ornithpods. *Palaios* 8 : 31–44.

Norman, D. 1991. *Dinosaur*. London : Boxtree.

Ostrom, J. H. 1969. Terrestrial vertebrates as indicators of Mesozoic climates. *North American Paleontological Convention, Chicago Proceedings* D : 347–376.

Ostrom, J. H. 1972. Were some dinosaurs gregarious ? *Palaeogeography, Palaeoclimatology, Palaeoecology* 11 : 287–301.

Ostrom, J. H. 1985. Social and unsocial behavior in dinosaurs. *Bulletin Field Museum of Natural History* 55 : 10–21.

Padian, K., and D. Chure (eds.). 1989. *The Age of Dinosaurs*. Short Course 2. Knoxville : Paleontological Society, University of Tennessee.

Pittman, J. G. 1989, Stratigraphy, lithology, depositional environment, and track type of dinosaur track–bearing beds of the Gulf Coastal Plain. In D. D. Gillette and M. G. Lockley (eds.), *Dinosaur Tracks and Traces*, pp.135–153. Cambridge : Cambridge University Press.

Pittman, J. G. 1990. Dinosaur tracks and trackbeds in the middle part of the Glen Rose Formation, western Gulf Basin, USA. In G. R. Bergan and J. G. Pittman (eds.), *Nearshore Clastic–Carbonate Facies and Dinosaur Trackways in the Glen Rose Formation (Lower Cretaceous) of Central Texas*, pp.47–83. Field Trip Guide no. 8. Dallas : Geological Society of America.

Pitman, J. G. 1992. Stratigraphy and vertebrate ichnology of the Glen Rose Formation, Western Gulf Basin, USA. Ph.D.

thesis, University of Texas at Austin.

Pittman, J. G., and M. G. Lockley. 1994. A review of sauropod dinosaur tracksites of the Gulf of Mexico Basin. *Gaia* 10：95–108.

Richmond, N. D. 1965. Perhaps juvenile dinosaurs were always scarce. *Journal of Paleontology* 39：503–505.

Russell, D. A. 1989. *An Odyssey in Time:Dinosaurs of North America*. Toronto：University of Toronto Press/National Museum of Natural Sciences.

Santos, V. F.；M. G. Lockley；J. J. Moratalla；and A. M. Galopim de Carvalho. 1992. The longest dinosaur trackway in the world? Interpretations of Cretaceous footprints from Carenque, near Lisbon, Portugal. *Gaia* 5：18–27.

Schult, M. F., and J. O. Farlow. 1992. Vertebrate trace fossils. In .G. Maples and R. R. West（eds.）, *Trace Fossils*, pp. 34–63. Short Course 5. Konxville：Paleontological Society, University of Tennessee.

Seilacher, A. 1986. Dinosaur tracks as experiments in soil mechanics. In D.D. Gillette, D.D.（ed.）, *First International Symposium on Dinosaur Tracks and Traces, Abstracts with Program*, p.24. Albuquerque：New Mexico Museum of Natural History.

Thulborn, R. A. 1982. Speeds and gaits of dinosaurs. *Palaeogeography, Palaeoclimatology, Palaeoecology* 38：227–256.

Thulborn, R A. 1990. *Dinosaur Tracks*. London：Chapman and Hall.

Thulborn, R. A., and M. Wade. 1984. Dinosaur trackways in the Winton Formation（mid–Cretaceous）of Queensland. *Memoirs of the Queensland Museum* 21：413–517.

Weishample, D.；P. Dodson；and H. Osmólska（eds.）. 1990. *The Dinosauria*. Berkeley：University of California Press.

Welles, S. P. 1971. Dinosaur footprints from the Kayenta Formation of northern Arizona. *Plateau* 44：27–38.

変わりゆく中生代に生きる恐竜の進化

Part 5

> その風景のすべてを思い浮かべることができる…巨大なプテロダクティルスが重い大気中を飛び回り…偉大なる恐竜たちの不格好な姿が氷河期以前の森の暗がりをのし歩いている…
> ——エドガー・ライス・バローズ，『時に忘れられた人々』

　恐竜はすべて（おそらくはサーベル「タイガー」やマンモス，洞窟に住む人間もいっしょに），同じ時代に生きていたと考える人が少なくない．恐竜の動物相は常に変化し，場所によって，また時代によって異なっていたという事実は，ほとんど認識されていない．
　白亜紀後期の巨大な肉食恐竜ティラノサウルス（*Tyrannosaurus*）と本書の読者とを隔てている時間の長さは，ジュラ紀後期の大型の肉食恐竜アロサウルス（*Allosaurus*）が地上に現れるに当たってティラノサウルスに先んじた時間の長さとほぼ同じなのである．そして，それと同じだけの時間の流れが，アロサウルスと最も初期の肉食恐竜の一種である三畳紀後期の小さなコエロフィシス（*Coelophysis*）とを隔てている．白亜紀後期の北米西部の荒野をティラノサウルスがうろついていた頃には，アロサウルスの骨はすでに7000万年の時を経て化石となっていた．浸食された足下の地面から顔をのぞかせる恐竜の化石を，ティラノサウルスは目にしていたかもしれない．それがどの恐竜の化石だったか——そして，巨大な肉食恐竜はそれをいったい何だと思っていたか——と，哲学的興味にかられて考えを巡らせたくなる．
　Part 5 では，恐竜相を地理および年代の枠組の中で整理するとともに，恐竜と世界を分かちあっていた他の動物についても記述する．
　最初の章は，読者のための導入として生物地理学の基本を概説している．生物地理学は，生きものの地理的分布を科学的に研究する学問である．まず，大陸や海洋の配置を変化させ，地表面の状態を決めているテクトニクスの作用について述べる．次に，恐竜の生物地理学の研究と密接な関係を持つ事柄をいくつか考察する．生物地理学に対するさまざまな理論的アプローチ，古気候を復元する手法，気候変動が動物の進化に与えた影響などである．章の終わりに，これらの材料すべてが恐竜相の地理的分布を理解する上でどのように役立つかを論じる．
　中生代の脊椎動物は恐竜だけではない．恐竜世界を理解するためには，同時代の動物たちのことも知らなければならない．そこで，次の章では，恐竜以外の中生代の動物を概説する．
　第 40 章と第 41 章では，恐竜相の時代による変遷を述べる．まず，地球上の主要な大陸が

まだ互いに近接していた中生代前期を主に解説する．その後，中生代後期に大陸の分裂が進行したことで，異なる地域における恐竜相の成り立ちにどのような影響があったかを概観する．

　恐竜は，その歴史の流れの中でかなりの環境変動を乗り越えて生き延びたが，白亜紀－第三紀境界（K/T境界）で起こったことには対処し切れなかった．恐竜だけではない．他の数多くの陸生，海生の生物もやはり死滅した．この原因について，過去15年の間「漸移説」と「天変地異説」との間で活発な議論が繰り広げられてきた．「漸移説」は，絶滅の原因が地球にあって徐々に作用したと主張し，「天変地異説」は彗星または小惑星が地球に衝突したことでK/T境界の絶滅を説明する．Part 5の最後の章は，漸移派と天変地異派との対話形式になっている．2人の著者が，白亜紀の絶滅に関連する事象について各々の解釈を述べながら，協力して2人の立場に共通する基盤を探り出そうというものである．

38 恐竜の生物地理学

Ralph E. Molnar

　過去は今とはちがっていた，そうでなければ歴史もできない．過去は別の国だ，とさえいわれたことがある．もとの文章は（Hartley 1967：3），みごとに的を射ている．「過去は異国である．彼らには彼らのやり方がある」．われわれはこのことを深く考えず，過去の世界が現在とよく似たものだろうとただ想像している．しかし，想像力など知れている．なぜなら，過去は文字どおり異世界であり，中生代への「旅」は，地球上の進化と歴史の専門家でもなければ知ることができない場所への旅だからである．

　生命が進化したという考え方に親しんで育ったわれわれは，中生代の動物や植物が現在生きているも

のとはちがっていたことを知っている．しかし，地球上の気候や地理もまた変化してきたのである．恐竜の分布と生態を理解するためには，これらの環境条件が，今日なじみのある気候や地理とどのように異なっていたのかを理解しなければならない．さらに重要なことは，太古の生物の脈絡のない遺物や，彼らが生きそして死んだ時に堆積した泥や砂から，それをどうしたら読みとることができるかを理解することである．

●大陸移動説とプレート・テクトニクス：その歴史

16世紀のヨーロッパ人たちの偉大な発見の航海——というよりもそれで得られた地図——によって，大西洋の東西の海岸線の形が大まかに一致することがわかった．フランシス・ベーコン卿（Francis Bacon）は1610年にこの一致が偶然ではありえないと指摘し，M. François Placetは，ノアの洪水で海ができ，その際に昔一つの大陸だったものが分割されたのではないかと考えた．信仰心が薄れ考え方が合理的になった20世紀初めに生まれた説は，海の両側の大陸が滑って互いに離れていき，その間に大西洋ができたというものであった．

ドイツの気象学者アルフレッド・ウェゲナー（Alfred Wegener）は，そのような理論を提唱した人物としては初めてではなかった．しかし，最も詳細にその仮説を論じたため，大陸移動説の生みの親として当初は見下され，のちに称えられるようになった．その考え方は一部，主に南半球の地質学者に支持されていただけで，ヨーロッパでも北米でもあまり受け入れられなかった．大きな理由は，ウェゲナーが地質学者ではなく「素人」だったからである．それは別としても，当時，大陸移動説を否定するもっともな根拠が2つあった．一つは，固体の岩石を押しのけて地球表面上を巨大な大陸が動くようなメカニズムを，ウェゲナーが何ひとつ提案しなかったことである．もう一つは，大陸移動を裏づける地質学的証拠が北方の大陸には見当たらなかったことである．南米と南アフリカには明瞭な証拠があったが，当時，地域の地質を詳しく調査するためだけに世界中を飛び回るほど資金に恵まれた地質学者はほとんどなかった．そこで，たいていの地質学者は，大陸移動説をつくり話と受けとりこそすれ，仮説とは思っていなかった．

その考えに変化があったのは1960年代，まさに上の2つの問題点に納得のいく説明が見つかったことがきっかけであった．

●プレート・テクトニクスの証拠

大西洋の海底，特に大西洋中央海嶺付近の調査によって，海洋底は凝固した溶岩でできていることがわかった．この溶岩には，凝固した当時の地球の磁場の方向が記録，刻印されており，それを調べると海嶺に平行に明瞭な縞状となっていた（図38.1）．地球の磁場は，過去に何度も極性を反転し，その度に北極と南極が入れかわった．この縞は，海嶺付近の溶岩ほど年代が新しく，離れるにつれて古くなることを示していた．まるで，海洋底が海嶺でつくられながらゆっくりと広がったように見えるが，まさにそのプロセス——そのとおりに「海洋底拡大」と呼ばれる——が起こっていたのである．海洋底は拡大しながら大陸を押しやり，時には他の海底の上にのしあげさせることもあった．北米大陸の場合，大西洋の海底が拡大するにつれて太平洋の海底上を西方に押しやられ，その過程でコルディレラ山系（Cordilleran Mountains）（ロッキー山脈，シエラネヴァダ山脈など）がせりあがった．

大陸移動の証拠は，海洋底拡大だけではなかった．地理的特徴，地層，化石動植物の分布が海を越えて連続している点は，特に南大西洋の両側である南アフリカとブラジル南方において顕著であった（Colbert 1973）．この両地方の地質学者らは，大陸移動説が現実的だということを早くから確信していた．最も劇的だったのは，衛星が開発され，短い距離やごく短い時間を精密に測定する手法が得られたことにより，大陸が実際に1年に数cm——指の爪が伸びる速度とほぼ同じ——で動いている事実が測定できたことであった．

●大陸が動くメカニズム

初めのうち，証拠は明白で説得力があるのに対して，メカニズムの方はそうでもなかった．以前から，地表においてはかたく脆性を示す小さな岩体（小さいといっても，大陸を構成する塊りの大きさと比較して）が，地下深部の高温高圧のもとでは延性的に流動することが地球物理学者に知られていた．地球のマントル（地球の核と地殻との間を占める厚い部分）の岩石は，巨大な対流をなしてゆっくりと動いており，深部からあがってきたものがマントルの表面（地殻の下）に沿って広がったあと，十分に冷却

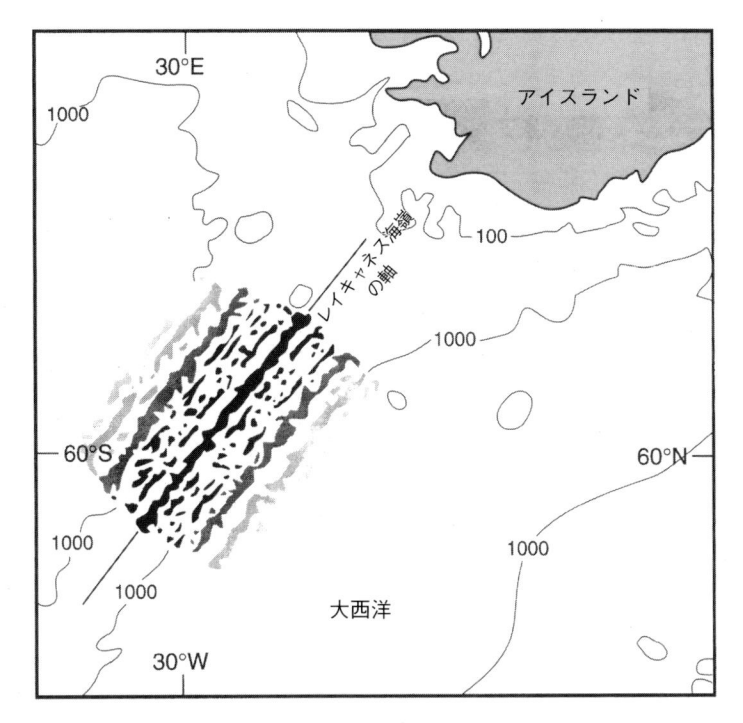

図38.1●大西洋中央海嶺付近の海洋底で観測される地磁気の「縞模様」
アイスランドの南西．海嶺の頂部で火山が噴火すると，新しい海洋底地殻が形成される．溶岩が凝固する際に，鉄を含む鉱物がその時の地球の磁場に沿った方向に並ぶ．海底が分裂して海嶺から両側へと離れると，形成された磁気の帯が2つに裂け，大西洋中央海嶺を境に線対称のパターンができる．運び去られた固体の地殻にかわって融けた岩石が新しく下から上昇してくる．この作用の途中で地球の磁場が逆転すると，新しく結晶化する海洋地殻の極性が逆転前と正反対になる．この図では，濃色の部分が「正磁極」(現在の地球と同じ方向) で磁化した海洋底地殻の領域に当たる．淡色の部分は「逆磁極」極性を示す．Press and Siever 1994 より．

されるとまた沈んでいく．表面に沿ってゆっくりと広がる動きが，浮いている軽量な大陸（と海洋底）を運搬し，大陸は海洋底に乗って動くのである．その間にマントルの流れは冷やされ，惑星深部へと再び下降していく（図38.2）．つまり，地球物理学者から見ると，大陸や海は重大な地理的特徴ではなく，マントル上に浮かんで流れに運ばれている地殻の板＝プレート（大陸と海洋底の両方を含む）こそが本質的なのである（図38.3）．ここから，この理論にプレート・テクトニクスという名前がつけられた．

現在のところ，上記のマントル流を証明する直接的証拠はなく，間接的証拠も多くはない．しかし，全くないわけではない．地震波の研究から，プレートのような形の（周囲よりは）冷たい傾斜した岩石の塊りが，オレゴン州とペルーの西海岸のはるか下方にあることがわかっている（例：Vidale 1994）．この塊りが，沈み込む海洋底地殻の一部であろうと考えられている．この塊りが，どうしてマントル対流の証拠になるのか？ 答えは簡単．対流に巻き込む以外に，冷たい岩石の塊りをマントル中に引きずり込めるメカニズムが知られていないし，仮説もないからである（ただし，沈み込んでいるスラブの重さが一役買っている可能性はある．Press and Siever 1994）．さらに，地震波を使った別の研究から，上部マントルの岩石が異方性を持つ——方向によって物理的特性が異なる——ことが示されている．

● プレート・テクトニクスと大陸移動説以外の説

大陸移動説と，そのメカニズムに関する理論すなわちプレート・テクトニクスとは，広く受け入れられてはいるが全世界的とまではいえない（例：Chatterjee and Hotton 1992）．大陸移動説を認めても，動くメカニズムはちがうのではないかと考える地質学者もおり，また，大陸は常に同じ位置にあり続けたといまだに信じる者もいる．

大陸の変位，移動を認めながらもプレート・テク

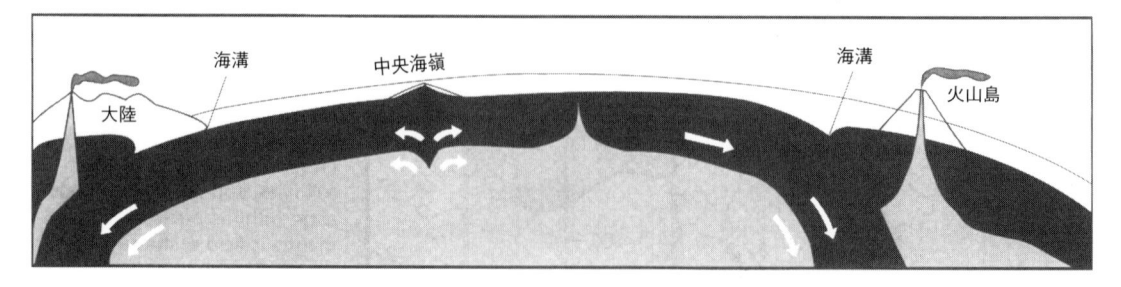

図 38.2●プレート・テクトニクスのメカニズムの模式図

中央海嶺（陸上なら地溝帯が海嶺に当たる）でマントルから融けた岩石が上昇し，凝固し，海嶺の両側へ去っていく．最終的に，海洋底地殻がその上部をなすリソスフェア（プレート）は，沈み込み帯でマントル中に沈む．沈み込み帯が地表に現れている部分が海溝である．プレートは沈み込みながら融け，融けた物質の一部は地表へと上昇して大陸の端部に火山性の島弧や火山の列を形成する．高温の物質のプリューム（上昇流）が海嶺から離れた場所で海底に噴出すると，プレートがその上を移動するのに伴って，一列の火山島ができる．ハワイ諸島などがそうである．

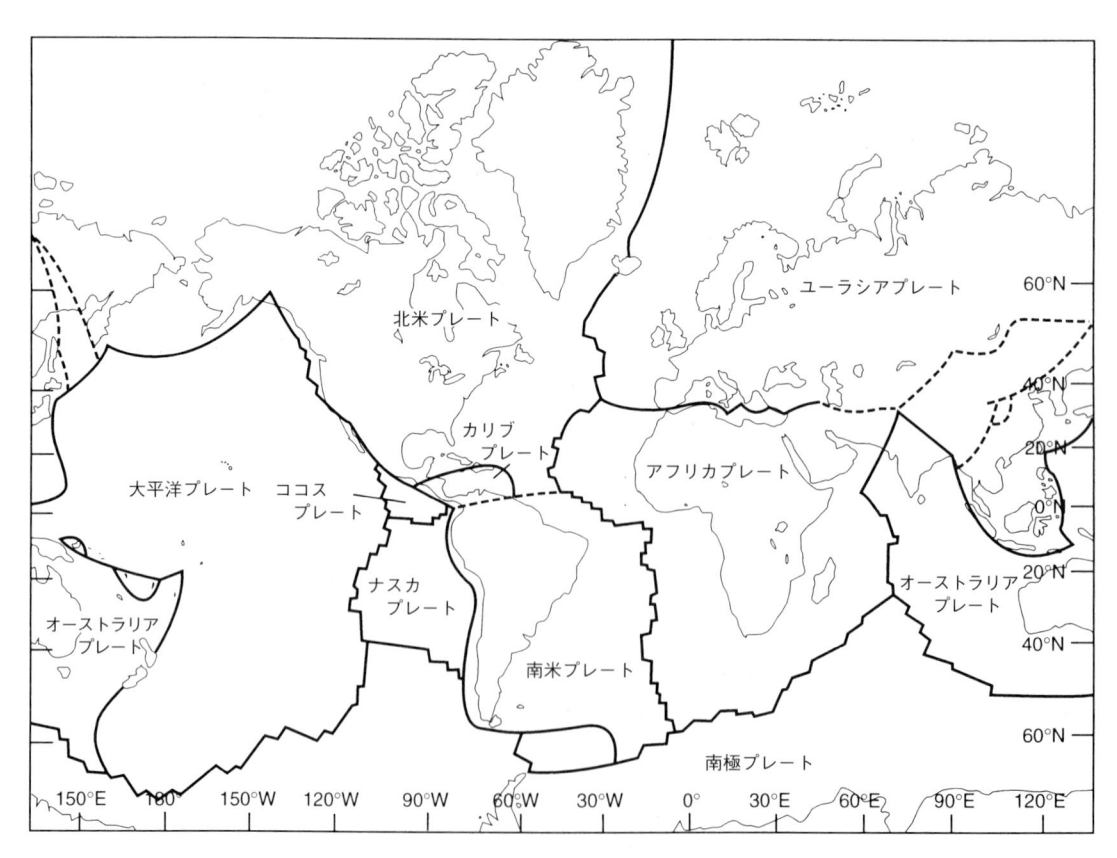

図 38.3●プレート・テクトニクスの立場から見ると，地球表面を特徴づけているのはリソスフェアのプレートである．大陸や海は目につくが，表面的なものである．リソスフェアのプレートの現在の配置を図示した．Duxbury and Duxbury 1994 より

トニクスは支持しない理論のうち，最も有名なのは，地球自体の膨張によって大陸が動いたとする仮説である．しかし，今のところ，膨張するための納得のいくメカニズムは発表されておらず，膨張を裏づける証拠もない．大陸はまっすぐ移動したのではなく，回転したのではないかと考える地質学者もいる（図38.4）．

「サージ・テクトニクス」というもう一つの仮説によれば，プレート・テクトニクスで説明されている地球表面の特徴は，マントル流が一定ではなく変動すると考えた方がよく説明できるという．そもそも大陸が動いたこと，少なくとも水平移動したことに疑いを持つ学者もいる．ある学派は，大陸はほとんど上下方向にしか動かなかったと強く主張し，「失われた大陸」を今でも信じているかのようである．その信念によれば，ジュラ紀以降，主に西太平洋の広い地域が海に沈んだという．また，旧ソビエト連邦には，大陸移動説以前の地質学と地理学の概念に固執した地質学者が多かった．

以上の理論は（ほとんど）すべて，プレート・テクトニクス理論の問題点と思われたことを解決するために提唱されたものである．それぞれの説にはそれなりの根拠もある．しかし，多数派はプレート・テクトニクスの信奉者である．彼らはこの概念が今まで通用してきたことから見ても，今後の研究でそれらの問題点——本当であれ見かけ上であれ——が解消され，プレート・テクトニクス説が支持されるはずだと確信している．そして，今のところ彼らは正しい——ただ，新たな発見によってまた別のウェゲナーが誕生しないとも限らない．上記の代替案のうちいくつかは，オーストラリア，ニュージーランド，ロシアなどに有力な支持者がいるため，それらの国の古生物地理学の論文を読む際には，このことを念頭に置く必要がある．

大陸があちらこちらに水平移動をしたという理論をとり入れると，大陸が静止していたと仮定する場合とは，生物地理学の解釈が異なる．一部，特に上下方向の動きを支持する学派の見方は，プレート・テクトニクスと矛盾せず，特別な古動物地理学的知見はないのかもしれない．オーストラリア東方のロードハウ海膨（Lord Howe Rise）の沈下は，オーストラリア・プレートが北方に移動する際にその東部が破砕されたことと関連があるようである．太平洋西部に指摘されている水没した陸地（例：パシフ

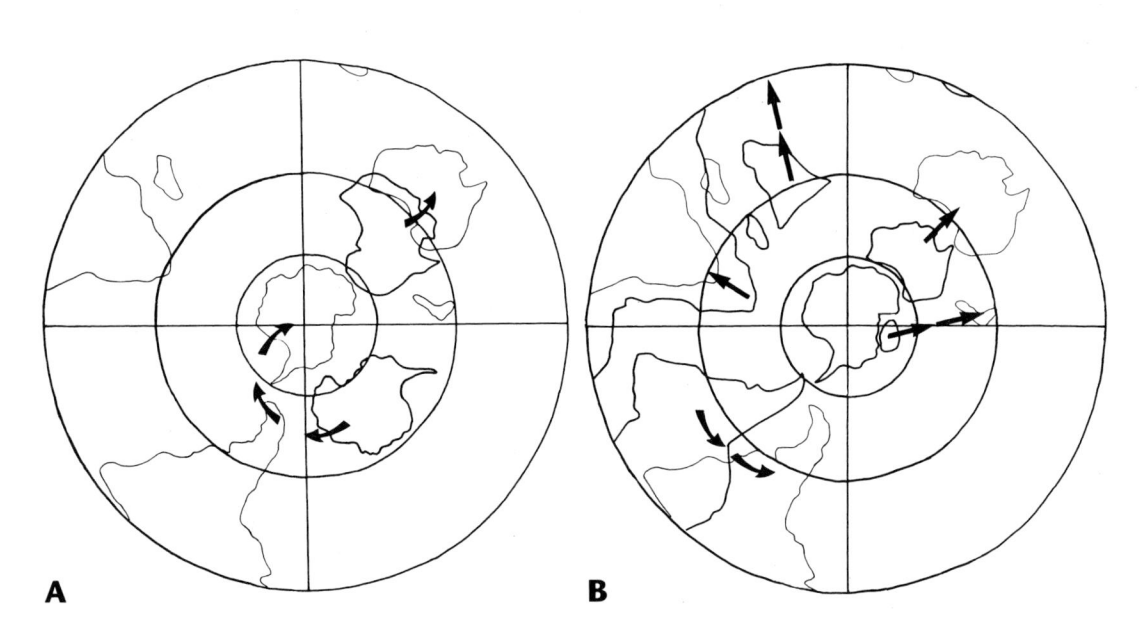

図38.4●大陸の回転（A）と大陸移動（B）
白亜紀以降の南半球の大陸の動きを説明する2つの説．白亜紀および現在の大陸の位置と，白亜紀の位置から現在の位置に向かう矢印が示されている．Aは，回転学派が主張するオーストラリア大陸と南極大陸の位置の変化である（南米大陸およびアフリカ大陸の回転に関して推定した資料はない）．Bは，南半球の全大陸の移動に関して一般に認められている見解である．この場合，大陸は球形の地表面上を可能な限り直線に近い経路で移動する（当然ながら，インドは「水平線」の彼方の北半球へと消え去っている）．

ィカ Pacifica やダーウィン海膨 Darwin Rise）は，ティラノサウルス類や角竜類などアジアメリカの恐竜の分布に影響したかもしれない．現生動物の動物地理学者とは異なり，恐竜の動物地理学者は誰もそれを真面目に受けとっていない——今はまだ．

　プレート・テクトニクスが最有力な解釈となった理由は，一見全くかけ離れた種々の地質学的観察事実をうまく関連づけたからである．古生物地理，山脈などの地形的特徴の位置と構造，鉱床の位置など——ほかにもいろいろ——がこの理論で関連づけられるのに対して，他の説では（今はまだ）それができず，それ以前のどの地質学の理論でも当然できない．つまり，現在のところ最も説明力が高い理論なのである．この理論は，恐竜の研究に大きな影響を与えた．大陸が静止していたという以前の認識のもとでは，ロッキー山脈地域のジュラ紀後期のドリオサウルス（*Dryosaurus*）とタンザニア南部のジュラ紀後期のディサロトサウルス（*Dysalotosaurus*）が近縁だなどと本気で考えた者はいなかった．生息地が離れすぎている．しかし，今ではジュラ紀後期にアフリカと南米が隣接し，北米からも遠くはなかったことがわかっている．したがって，これらが単一の属（ドリオサウルス属）に含まれる2つの種だというのも，地理的にありえないことではなくなったのである．

　図 38.5〜38.12 は，中生代における世界地理の移り変わりについて，現在考えられているところをまとめたものである．大陸の位置は，恐竜相の分布を根本的に支配した．

●生物地理学の理論

　生物地理学の地理学的基礎知識を述べたところで，今度は生物地理学の目的を考えよう．生物地理学は，4つの要因に基づいて動植物——バクテリアや菌類についてはあまり気にしないらしい——の分

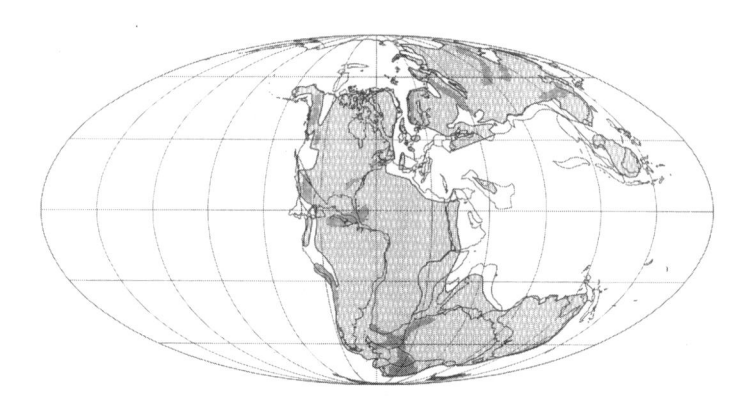

図 38.5●三畳紀後期（カーニアン期からレーティアン期まで）における大陸の位置を古地理学的に復元した図．薄い点々が大陸を示し，そのうち濃い部分は高地である．細い実線は現在の大陸の輪郭．地球上の主要な陸地が集合して超大陸パンゲアを形成しているが，浅く幅の狭い海が北米とヨーロッパを隔てている．ヨーロッパ西部は小さな島々からなり，この地形はこれ以降中生代を通じて変わらない．地図は Smith et al. 1994 より．

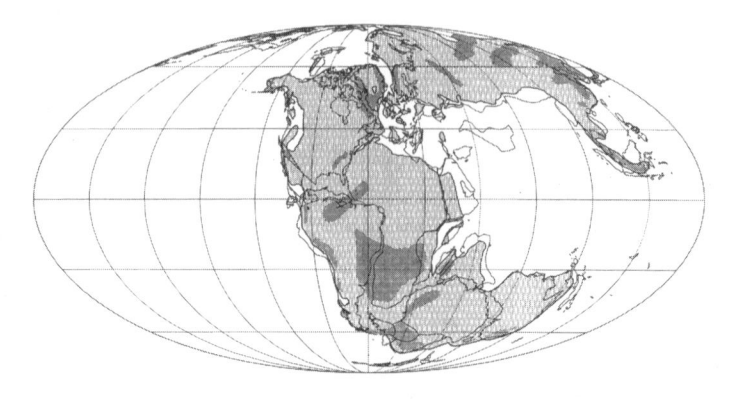

図 38.6●ジュラ紀前期（プリンスバッキアン期）の古地理学的復元図．Smith et al. 1994 より．

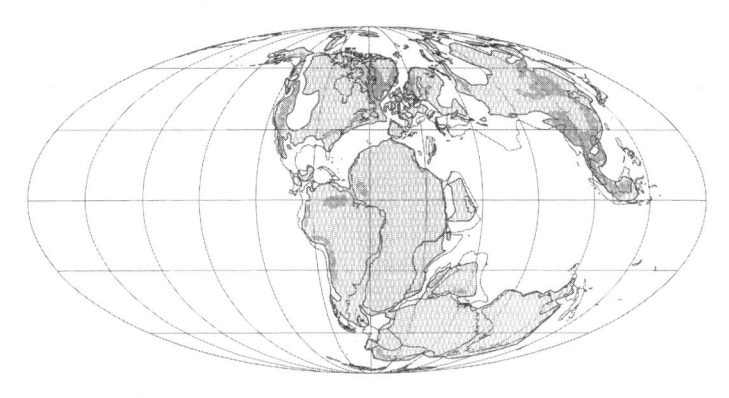

図38.7●ジュラ紀中期（カロビアン期）の古地理学的復元図
大西洋が生まれたばかりであり，北米西部に浅い海が入り込んでいる．Smith et al. 1994 より．

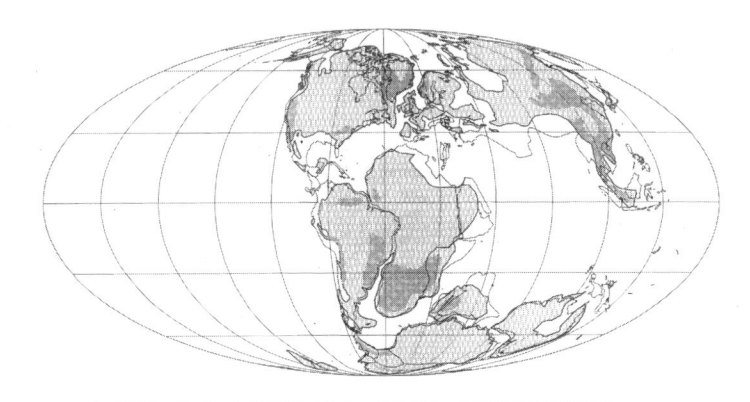

図38.8●ジュラ紀後期（チトニアン期）の古地理学的復元図
インド，南極大陸およびオーストラリア大陸（ゴンドワナ古陸の東部）が，アフリカと南米（ゴンドワナ大陸西部）から分裂しつつある．Smith et al. 1994 より．

図38.9●白亜紀前期（オーテリビアン期からバレミアン期）の古地理学的復元図
北大西洋は拡大し続け，南大西洋は大海になりかけている．Smith et al. 1994 より．

図 38.10●白亜紀前期の後期（アルビアン期）の古地理学的復元図
南極大陸とインドがアフリカから遠く離れ，インドはオーストラリアからも離れて島になっている．オーストラリアと北米の広い部分が浅い海で覆われている．Smith et al. 1994 より．

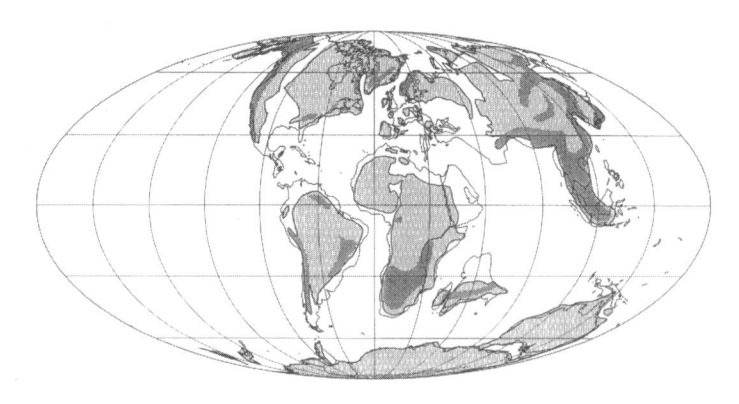

図 38.11●白亜紀後期の前期（チューロニアン期）の古地理学的復元図
浅い海が大陸の多くを覆い，マダガスカルがインドから分裂している．Smith et al. 1994 より．

図 38.12●白亜紀後期（カンパニアン期）の古地理学的復元図
引き続き大陸が海で覆われている．大陸は現在の地理を想像できる位置へと動き始めている．白亜紀の終わり（マーストリヒチアン期）までに，北米と南米が一時接するようになり，海は大陸から大きく後退する．Smith et al. 1994 より．

布を説明しようとする学問である．すなわち，気候，分散の障壁（山，砂漠，海など），資源とその下にある土壌や岩石の種類の地理的分布，そして，対象地域における生物の進化の歴史である．一部の学者は，生物地理学的プロセスの方が進化のプロセスよりも速度が速いと感じているようである．例えば，クラカタウ（Krakatoa）で起こったような火山の噴火によってある島の動物が絶滅すると，島が冷えたあとで再びその島に現れる動物は，以前生息していた動物が分岐してきたのと同じ種からなる同じ個体群から，また分かれてくるということである．

本章で対象とするのは，それよりはるかに長い時間である．古生物地理学では，動植物の進化や，大陸，島，海の位置と過去の動き，そして過去の気候を用いて，動植物の分布を理由づけようとする．

●分断生物地理学

大陸移動説が受け入れられる前まで，大陸自体に歴史があると考えた者はなかった．山々ができ，浸食され，縁海が低地を覆っても，生物地理学的に見て重要な変動は2種類だけであった．異なる大陸を結ぶ陸橋の形成，消失と，気候の変動である——後者などは気候の歴史であって大陸の歴史ではなかった．したがって，古生物地理学とは，生物地理学を拡大したもの，少なくともより長いスケールにしたものにすぎなかった．大陸移動説が認識されると，大陸にも歴史があることが明らかになった．例えば，北米は，古生代前期にはオーストラリアに隣接していたが，中生代にはヨーロッパと隣りあい，現在は南米とつながっている．地理的関係が移り変われば，明らかに移動や分散ができる経路も大きく変化しただろう．

さらに，大陸が動いたということは，（進化しつつある）動植物の一団を船のように運んだということであった．ヨーロッパとアジアのように大陸同士が長い間接触していれば，動物相が広範囲に混合する時間があったが，新生代第三紀におけるオーストラリアや南米のように大陸が隔離されていれば，独特の動物相ができたと考えられる．分断生物地理学（図38.13）は，生物の歴史と分布を大陸や島の歴史や動きと関連づけて考察する．生物の進化の歴史も非常に重要となる．生物の系統発生的関係を理解することが，その生物の分布や，分布の理由を理解する上で不可欠だからである．分断生物地理学では，全世界の動植物の分布を決める主要なメカニズムは大陸や小規模な陸地の移動であると考える．

分断生物地理学の適用は，海洋性の生物に関しては限度があることに注意しなければならない．底生（海底に生息する）の浅海生物には——おそらく深海生物にも——適用できるかもしれないが，水中を泳ぐ動物や漂流する動物にはほとんど影響がない．

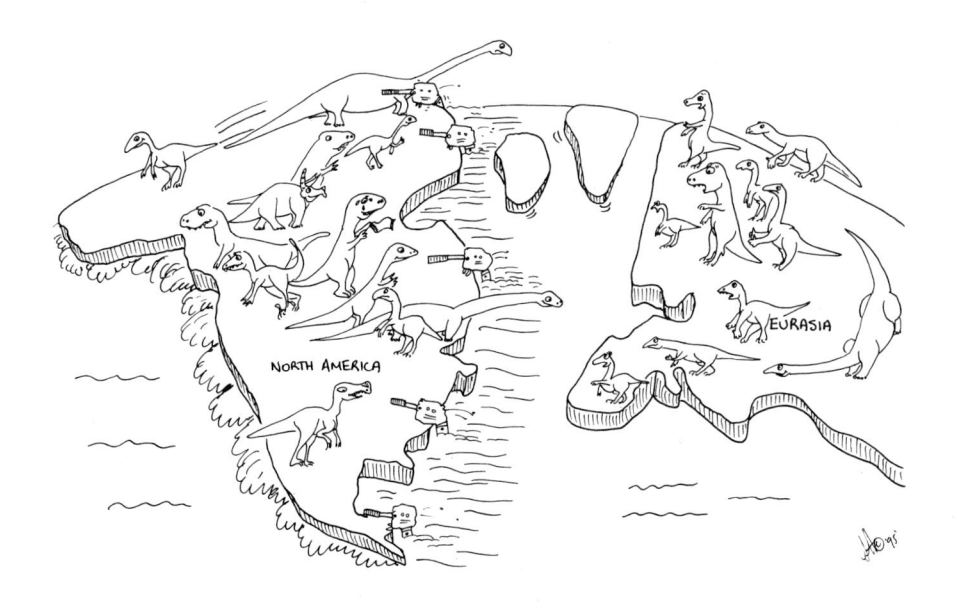

図38.13●動物分布の分断生物地理学モデル
動物相（と植物相）を乗せて，大陸全体が移動する．S. Hocknull 画．

海や海盆はある意味では確かに動くが，地表面上のあまりに広い面積を覆っているので，漂泳生物の分布は主に海流，温度，塩分濃度，そして大陸などの物理的障壁によって決まるのである．

●分散生物地理学

生物地理学および古生物地理学の学派で，大陸移動説が受け入れられる前に主流であった——そのため，自分たちが一つの科学ではなく一学派にすぎないということに気づかなかった——ものを，現在，分散（またはワラスの）生物地理学と呼んでいる（図38.14）．この名称は，個体（または個体群）が大陸や海を移動すること——生物の分散ともいう——によって生物分布を説明しようとする彼らの手法からきている．分散生物地理学では，動植物の分布を決める主要なメカニズムは動植物自身の分散であると考える．飛ぶ，泳ぐ，歩く，漂う，あるいはハリケーンで吹き飛ばされてもよい（もう一つの名称は，科学としての生物地理学の先駆者となったアルフレッド・ラッセル・ワラス Alfred Russel Wallace に敬意を表してつけられた）．陸橋が大型の陸生動物の分散を促進し，風や海流が小さな浮遊性動物や種子の分散を助けた．海，山，砂漠を始め，適切でない気候の地域があると，分散は抑制あるいは完全に阻止された．

分散生物地理学者は，異所的種分化の概念を最も重要と考えていた．異所的種分化とは，種が分化するのはほとんど常に地理的に隔離された小さな個体群においてである，という考えである．その場合，よく見られるような地理的に広範な生息域を獲得するために，動植物は発生した小さな区域から外に向かって生息地を広げなければならなかったはずである．島や別の大陸に到達するためには，動植物は意図的にか偶然にか，海や陸橋をわたって移動あるいは分散する必要があったはずである——もちろん，飛べれば別だが．しかし，動物にはたいてい本拠地に残りたがる性向があるため，分散するのは新しいなわばりを求める時，あるいはハリケーンなど何らかの異常事態の時だけであろう．

そこで，分散生物地理学が重視したのは，種や生物の進化の系統が発生した場所を探し出し，現在の分布にどうやってたどり着いたか（文字どおりの意味と，比喩的な意味と）を解明することである．米国の古生物学者ウィリアム・ディラー・マシュー（William Diller Matthew）のような注目すべき例外はあるが，一部の分散生物地理学者らは，進化にかかった時間と比較すると分散はほとんど瞬間的に起こったと考えた．つまり，分布は進化の結果であって進化を起こす要因ではなかった．分断生物地理学者らは，動植物の分布の移り変わりを理解する上でのこの学派の立場を批判し，軽視していたが，「分散主義者」の説の中には時の試練に耐えて生き残ったものもある．例えばウマの系統は，初めに北米に

図38.14●動物分布の分散生物地理学モデル
大陸の動きではなく，動物の動きが重要な役割を果たす．その理由はおそらく大陸が動かないから（今では一般に認められていない説），または，ある場所からある場所へと動物が動く方が，大陸の移動よりもはるかに速いからである．S. Hocknull 画．

出現したあとユーラシアとアフリカに分散し，最終的に「出身地」の北米では絶滅した，と広く考えられている．同様に，角竜類，ティラノサウルス類，カモノハシ竜類は，白亜紀中期のいずれかの時代に北米へと分散したが，発生したのはアジアだと考えられている．

● 汎生物地理学

一部の国々（ニュージーランドなど）で浸透している第三の学派がある．レオン・クロイツァート（Leon Croizat）が創始した汎生物地理学である（図 38.15）．この学派は，よく分断生物地理学の前身とされる点で重要である——ただしクロイツァート自身はそう思っていなかった．もともと植物学者のクロイツァートは，多作で魅力的な著述家だったが，明快な記述よりも考えをイメージで伝えることを好んだ．彼の基本的な見方は，生物地理学が進化と地質学的に長い時間とに密接に関係しているというものであった．生物——生物の系統——は今日の地理より歴史が長いため，現在の生物の地理的分布は，古生物の地理的分布（および進化）によってもたらされた．汎生物地理学は本来，動植物の分布パターンを，その由来を決めつけずに——少なくともこの学派の支持者によれば——観察，調査する方法である．クロイツァートは，必ずしも地理的な意味での一点で種分化が起こり，その発生地点から生物が広がったとは限らないと考えていた．逆に，現在の生息地を含む広い地域で発生し，その後，種の絶滅や陸地の上昇，水没——プレート・テクトニクスは信じなかった——などによって生息地が変化した種が多いのではないかと考えた．クロイツァートはまた，分散を完全に否定したのでもなく，遠い過去の分布から今日見られる分布への「微調整」は分散によって行われたと思っていた．

● 生物地理学の「近代的融合」

2つの学派の特徴を風刺的に極言すると，分散生物地理学では動物は動くが大陸は動かないと想定し，分断生物地理学では大陸は動くが動物は動かないと想定する．今では生物地理学者の大半が，両方起こると考えている．はっきり区別できないこともあるが，この2つはスケールに重大なちがいがある．分散生物地理学では，成体にしろ幼体にしろ，個体としての生物の移動を扱う．分断生物地理学では，動物相，植物相全体の移動を扱う．分散生物地理学は，地質学的尺度で比較的短い時間を見てお

図 38.15 ● 動物分布の汎生物地理学モデル
「おじいちゃんのおじいちゃん生きていた頃，まだあの山はなかったんだよ，ほら見てごらん！」
動物も大陸も同時に，徐々に進化する．S. Hocknull 画．

り，分断生物地理学は長い時間を見ている．したがって，大スケールの分布のほとんどは分断生物地理学で説明されると考えてよく，分散生物地理学で説明できるのは，分断生物地理学で説明される分布の詳細部分や，例外部分（しかもほとんどは狭い地域に関すること）であろう．ンゴロンゴロ・クレーター（Ngorongoro Crater）にはライオン，シマウマ，ハイエナ，カバが生息していて，キリン，ワニ，オカピはいないが，セレンゲティ平原(Serengeti Plain)には（アフリカの他の地域にも）これら全部の動物が生息している．このちがいがなぜかを説明しようとして分断生物地理学が持ち出されることはない．同様に，オーストラリアの大型四肢動物は（地質学的尺度で最近まで）有袋類と鳥，ニュージーランドでは地上に住む大型の鳥であり，他の地域のような正獣類の哺乳類ではなかった理由を説明するために，分散生物地理学に頼ろうとすることはもはやない．

●生物地理学の予言

地球の歴史を通じて大陸がどこにあったかを知ることができれば，化石が見つかっていない地域や時代に，どのような種類の動物が生息していたかがわかるはずである．例えば，南極大陸は厚い氷冠で覆われているため化石の採集が非常に困難である——もちろん不可能ではないが．白亜紀の南極大陸の恐竜について知りたい時は，南方の他の大陸における恐竜の分布を手がかりにすればよい．ある程度わかっているそれらの分布をもとにして，白亜紀の南極大陸にどの恐竜が生息していたか見当をつけることができる．1989年に，実際にこの手法を使っていくつかの「予言」がなされた（Molnar 1989）．そのうちの一つ，小型の鳥脚類が南極大陸に生息していたということが，のちに立証された（Hooker et al. 1991）．

南極大陸における恐竜の化石の発見と，森林の遺物が見つかったことを考え合わせると，南極大陸は常に現在のように寒冷であったわけではないようである．南極大陸が白亜紀の初めから南極付近にあったことからすると，これは地質時代を通じた気候変動を顕著に示す事例であり，今日のわれわれにも関係してくる問題である．

●古気候学

天気が変わるという事実は，知識というより常識である．実際，「天気」という言葉が，予測不可能な素早い変化とほとんど同義で使われる国もある．しかし，天気は日ごとに変化するだけではない．月ごとに，季節によって，さらに歴史時代を通じても変化し，地質時代においてももちろんである．長時間の変化——例えば1か月以上かけて変化する場合——は，天気ではなく気候と考える．恐竜の生物地理学を理解する時に重要なのは，中生代の天気ではなく中生代の気候である．気候を左右する要因はさまざまだが，よく知られているのは太陽から受けとる熱量と，軌道上の地球の位置である．双方とも一定ではないが，前者は非常にゆっくりと変化するので，たとえ気候についてといえどもここで考えに入れる必要はない．後者は——今のところ——中生代よりあと（特に氷河時代）に影響した以上に中生代の気候に大きく影響した事実はないようである．

気候は地理とも関連しており，したがって大陸移動とも関連がある．大陸が南北に移動すると，異なる気候の領域に迷い込むことになる．この例としてまずあげられるのがオーストラリアである．オーストラリアは，新生代の初期には南半球の温帯地方に位置しており，南の海岸線が南極圏付近にあった．気候は涼しく多湿であった．今日のオーストラリアはもっと北にあって南回帰線に達しようとしており，全体として砂漠の大陸である．大気が上昇する時に水分を雨として降らせる地域から，大気が下降してきて熱せられ，地上で触れる水分をすべて吸収する地域へと，じりじりと北上したのである．結果として，涼しく多湿な気候から暖かく乾燥した気候へと変化した．この事例から，地質学的に記録されている気候変動の一部を大陸移動の概念で説明できることがわかる．実際，この時期に地球全体の気候はそれほど大きく変化していない——変化したのはオーストラリアの位置なのである．

大陸とその移動が，より根本的な意味で気候を左右しうると考える地質学者もいる．大陸同士が衝突すると山脈ができることがあり，山は大気の流れや熱せられ方に影響を及ぼす．ヒマラヤ山脈の形成は，新生代の気候に大きく影響したのではないかと指摘されている（Raymo and Ruddiman 1992）．

●堆積岩に見る過去の気候の証拠

マッドクラックや雨粒の跡は，過去の天気の明瞭な指標である．しかし，何層も重なっていない限り，気候ではなく天気を示すにすぎない．気候についてのよい指標となるのは，堆積した時やその直後に堆積物中で起こる地球化学的変化の方である．（ふつうは）特定の気候条件でしか形成されない大陸性の堆積物がいくつかある．例えば石炭は，気候が十分に多湿で植物が豊富に成長できる時に形成され，沼地などの湿潤な環境でできることが多い．砂漠に石炭はできない．赤い地層は酸化した堆積物であり，乾燥条件を示すとされていた．しかしこの見方には根拠がなく，今では複数種類の気候で形成されうると考えられている．大気が乾燥していると，水分が蒸発し，溶け込んでいた塩分はすべてあとに残る．海水には多くの物質が溶け込んでいるので，海水が蒸発すると特有の鉱物が独特の一連の層となって残されることがよくあり，蒸発岩と呼ばれる．これが厚い層となって発見されれば乾燥気候を示す——暑い気候とはいい切れないまでも，大量の海水が蒸発できる程度には温暖であったといえる．同様に，地下水の蒸発によって沈殿する鉱物もある．そのようなものの出現，特にカリーチと呼ばれる炭酸塩岩は，やはり乾燥気候の指標となる．

堆積作用に見られる多種多様な古気候の指標の中でも，最も見解が分かれるのが氷成堆積物からできた氷礫岩という岩石である．氷成堆積物とは，氷河の作用によって形成された岩石，礫，砂，シルトが混ざり合った堆積物である．ある岩石について，氷礫岩であると確実に判断することができるかどうかについても意見が一致していない．ここでは言及しないが，海洋性の堆積物もまた古気候を示すことがある．例えば，珊瑚礁の堆積物は温暖な気候を示す．

以上の手法ではいずれも，温度など過去の気候条件を詳細に測定することはできないが，酸素同位体比（^{16}Oの^{18}Oに対する比）を用いると温度を算出することができる．さまざまな化合物がこれらの同位体をとり込む比率は，すべての化学的プロセスと同様，温度に依存する．したがって，適切な計算をすればこの比率は温度を表すことになる．示される温度は，大気の温度ではなく海水や地下水の温度であることが多いが，少なくとも大まかには大気の温度を示しているのがふつうである．ただし，注意は必要である．ニューギニアの低地では，山から流れ下る川の付近の地下水温度は，低地の熱帯性気候ではなく，高山の冷たい大気温を反映している．さらに，堆積物が堆積してから長い時間が経つと，酸素同位体比は続成作用によって変化することがある．とはいっても，慎重に解釈することで重要な情報を得ることができる．

●過去の気候に関する古植物学的証拠

過去の気候を推測するもう一つの方法は，化石植物を用いるものである．動物は気候から逃れて身を隠すことができるが，植物にはそれができない（一年生植物か，地上部分が枯れて根や塊茎だけになれるなら別）．したがって，ある場所に同時期に生息していた植物の種類は，その場所の気候がどのようだったかを示す——一般論として．ただし，化石植物が現生の子孫たちと同じ気候を好んだかどうかは，常に不確実な部分として残る．

天気が植物にとって非常に重要な要因だった一部の地域では，天気に対応するために植物が独特の適応を発達させた．この場合，植物の形態から気候を推定することができる（Dilcher 1973）．よく用いられるのは，葉の大きさと葉縁の特性である．大きな葉や，全縁の（縁が滑らかな）葉（図38.16）は，温暖または多湿の条件を示し，小さな葉や縁に切れ込みのある（「全縁でない」）葉は，涼しい気候や乾

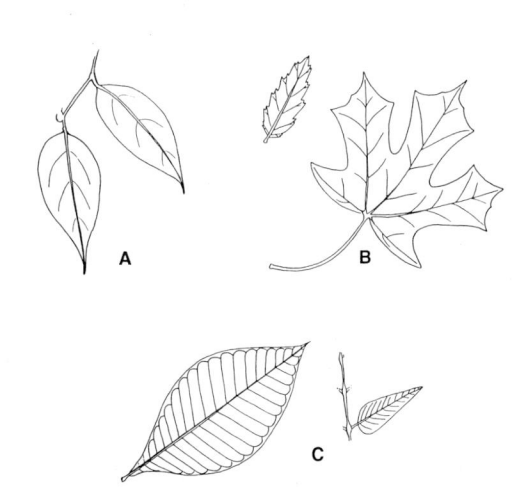

図38.16●過去の気候の推定に使われる葉の特徴　(A) 葉先が滴下先端をなすことは降雨量が多いことを示す，(B) 葉の縁に切れ込みがあると寒冷または乾燥気候を示す，(C) 切れ込みのない全縁の葉は高湿度または温暖な条件を示す．詳しくはDilcher 1973参照．

燥条件を示唆する．大きな葉や全縁の葉が単に出現しさえすればよいのではなく，一つの露頭に見られる化石植物の中でのそれらの割合が指標として用いられる．そしてその推論には必然的に曖昧さが残る．温暖あるいは多湿（あるいは両方）な条件であると解釈されても，温度や降水量はわからない．滴下先端，すなわち葉の先端が細く延びている場合(図 38.16)，非常に雨量が多く——少なくとも多雨な季節があり——，水を落としやすくするために特殊な構造が必要だったことを示すと考えられている．このような気候と葉の相関関係は，被子植物で認められたものだが，他の種類の植物にも適用されている．季節性は生長輪（「年輪」）から示される可能性がある．始新世（新生代前期）のバンクシア（Banksia）の種子は，発芽するために火を必要とする現生のバンクシアの種子と非常によく似ていることから，火事が起こりやすい乾燥した季節があったことを示している．

植物群落の特徴と，植物の個体の形態学的特徴の双方から，気候条件を推測することができる．前述したように，縁がぎざぎざの葉の（植物全体に対する）割合は，年間の平均気温と対応づけられる．しかし，酸素同位体の手法と同様に，温度を見積もる際には注意が必要である．保存された葉の割合は化石化の過程で変化している可能性があり，またこの割合は土壌の種類や降水量にも左右されるからである（Wing and Greenwood 1993）．

●気候のシミュレーション

気候を決定しうる基本要因はよくわかっている——太陽光線の量，軌道上の地球の位置，雲や海，氷で反射される日射量など（図 38.17）——ので，コンピューターを用いて気候と天気をシミュレーションしたり，変化を予測したりすることができるはずである．さまざまな用途へのコンピューターの利用は，1940 年代にハンガリー生まれの数学者ジョン・フォン・ノイマン（John von Neumann）から始まったが，気候の計算もその一つであった．しかしすぐに，天気のシミュレーションは——したがって予測も——単純ではなく，大量の計算が必要だということがわかった．実際，24 時間先の天気を計算するのにほぼ 24 時間かかるほどであった．コンピューターが進歩して速くなると，全地球の気候シミュレーションも可能になった．1970 年代に行われたシミュレーションによって，温室効果の潜在的重要性が示され，それによってよりよいモデルの開発が促進された．これらのモデルを「逆方向」に用いて，過去の気候のシミュレーションが行われている．

天気（および気候）を予測するシミュレーションの基本構造は単純である．すべて数値で表すことができる．数値とは，風速や気圧，年間降水量あるいは季節ごとの降水量など，天気に関する特性の値である．これらすべては相互に関係している（図 38.17

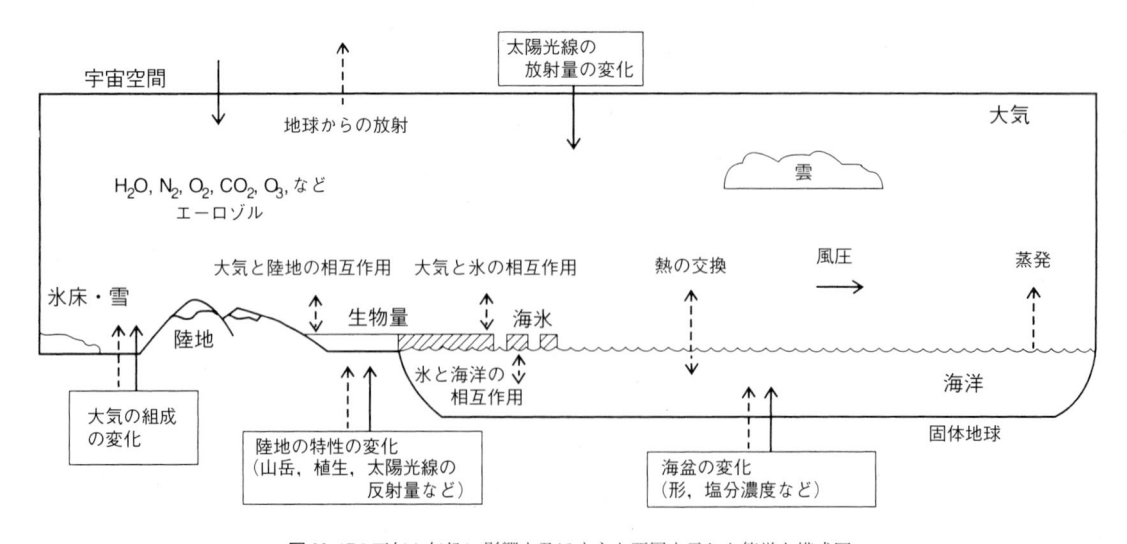

図 38.17 ●天気や気候に影響を及ぼす主な要因を示した簡単な模式図
ここに示した変数と変数同士の関係を方程式で表現し，それを用いて天気と気候のシミュレーションを行うことができる．Casti 1991 より．版権は John Wiley & Sons Limited. 許可を得て複製．

参照).例えば,圧力の変動が風を発生させる.ある時刻における圧力の値は,それ以前の時刻における値から計算することができる——いいかえると,明日の天気は今日の天気によって決まる.つまり,天気にも因果関係があるということである.

上記の変数間の相関関係は複雑だが,理解は進んでいるため,一連の方程式で表現してコンピューターで扱うことができる.方程式は,流体である大気の気体の動きを4次元で記述する.空間を表すおなじみの3次元と,時間を表す4つめの次元である.また,蒸発量,気圧の変動,その結果生じる大気の水平方向(風),鉛直方向(上昇気流,下降気流)の運動と,太陽から受けとる熱量との関係が方程式で表される.鉛直方向の運動は水分を凝結させ,雨や雪を降らせることがある.一方,風は水分と熱を両方とも運搬することができる.具体的につくられる方程式は,次の5つである.(1)水平方向および(2)鉛直方向の大気の運動,(3)ある運動から別の運動に移る時の質量保存則(例えば,計算上の下降気流が計算上の地面に達して風になる時に,大気が消滅したりしないように),(4)大気温の上昇,(5)大気中の水分(水蒸気あるいは水滴として)に関する質量保存則.次に,大気を3次元の格子と考え(モデル化),大気の与えられた部分についてそれぞれの方程式を計算する(図38.18,詳細はCasti 1991参照).

しかし,天気のシミュレーションの期間を延長するだけでは,気候のシミュレーションにならない.気候は天気から派生するものではあるが,この2つは全く異なる時間スケールで働く別々のプロセスを含むため,シミュレーションに必要な情報が異なるからである.例えば,天気のシミュレーションでわれわれが知りたいことは——ほかにもいろいろあるが——1日のさまざまな時刻の気温である.気候のプロセスで重要なのは平均気温であり,1日のうちで時刻によって気温が異なっても,それはささいな揺らぎにすぎない.地球に到達する熱量は長い期間で見ると変動し,天気に(直接の)影響を及ぼすことはほとんどないが,気候を左右する力はある.

数値モデルは基本的に2種類ある.ある特定の時

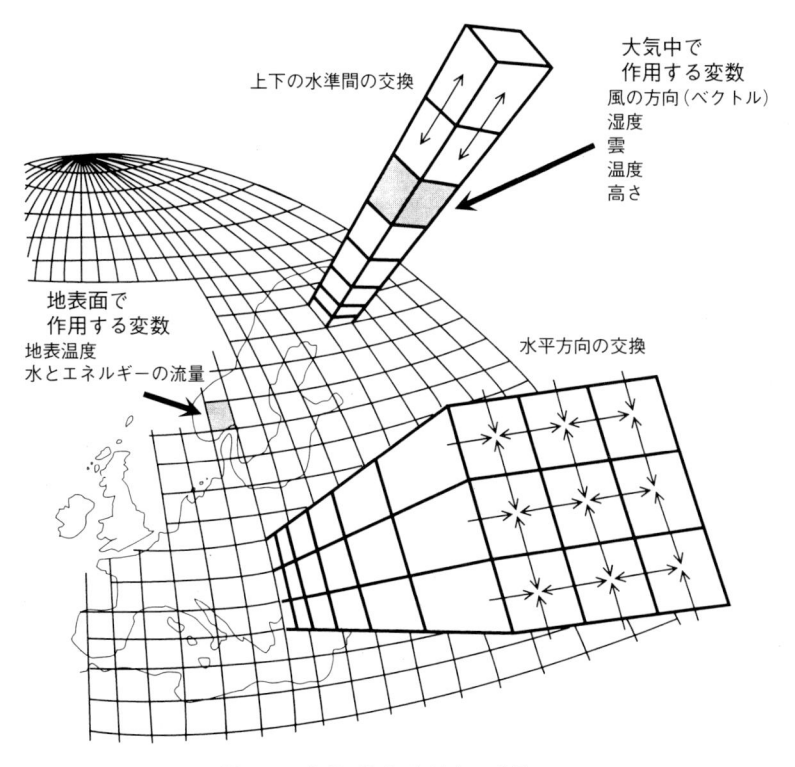

図38.18●気候(および天気)の定量モデル
大気を3次元グリッドと考え,グリッド中の一つ一つのセルについて計算を行う.計算が複雑になりすぎないようにセルのサイズを大きくとる必要があり,これがシミュレーションに誤差を生じさせる原因の一つである.Casti 1991より.版権はJohn Wiley&Sons Limited.許可を得て複製.

刻における変数——気温，気圧など——の値から出発するモデルは，天気予報に用いられる．この方法では，今日の天気に関する情報から明日の天気を（あくまでも理論上！）計算することができる．もう一つは，地球に到達する熱量などの変数の一般的あるいは平均的な値を使って計算するもので，過去（および未来）の気候を再構築する目的で用いられる．このうち最も広く利用されているのが，大気大循環モデル（GCMs）である．

以上のような気候モデルを使えば，地球の歴史のさまざまな時代に支配的だった気候を，数学的に正確に再現できるようになると誰もが期待していた．しかし，実際にやってみると，期待するほど簡単ではなかった．古気候のモデルがいくつかの問題点や困難に突き当たっただけでなく，現在の気候のシミュレーションでさえ正確にはできなかった．まず，大気と，惑星を構成するそれ以外の要素との間の相互作用をモデル化することが問題であった．海洋，氷冠，陸地の地形，そして雲までもが，すべて大気と天気に影響を及ぼすが，詳細なモデル化は困難だということがわかった．次に，モデルを使って実際に計算させる際の問題がある．熱せられた空気は，熱せられた海水に比べてはるかに移動速度が速く，移動速度のちがいがモデルにおいて問題となる．シミュレーションの運動速度は計算の速度によって決まり，その速度は空気のシミュレーションだろうと水のそれだろうと変わらないからである．また，モデルの格子がかなり粗く，最近のモデルでも一辺500 kmの範囲を同じ天気だと仮定している（図38.18）．これでは，ニューヨーク市からノースカロライナ州まで，あるいはサンフランシスコとロサンゼルスが，常に同じ天気だと仮定するようなものである．

シミュレーションでは，大スケールの特性値だけしか表現されない．しかし，計算上で最も大きな問題となるのは，ダイナミック・カオスからくるものである．わかりやすいように「バタフライ効果」と呼ばれている問題である．バタフライ効果は，察知できないほど小さな変数の変化が，全く異なる結果につながること——いいかえると，当初は非常に小さかった差が，のちのち大きく増幅されて，極めて大きな差となること——をいう．よくいわれるように，ある週にリオで蝶が羽ばたくと，翌週はロンドン（どこでもいいのだが）でハリケーンが起こるというものである．これが古気候モデルにおいてはさらに困った状況を生む．対象とすべき本当の値（実測値）が，もともと存在しないからである．すべての値——気温，気圧その他——は推定値であり，今日測定できる値よりも信頼性が低いと考えざるをえない．

このように見てくると，最後の問題点は驚くほどでもないだろう．シミュレーションで得られた過去の気候が，化石から見積もられる気候と必ずしも一致しないことである．ペルム紀（古生代後期）のゴンドワナ古陸中央部（現在の南アフリカ）の気候をシミュレーションすると，夏は60℃，冬は−40℃という極端な温度を示す．しかし，多種多様な化石植物および脊椎動物（主に獣弓類）が見られることから，はるかに穏やかな気候が推測される．それらの植物や獣弓類が，おそらく極限の気候に適応していたのでは？ しかし，堆積物の指標も，酸素同位体による古温度でさえ，極端な温度を示さない．問題は，シミュレーションの精度と地形にあるらしい（Yamane 1993）．その地方には大きな湖がいくつかあり，その湖水が，夏は気温を下げ冬は暖める作用をした形跡がある．北米中部の始新世（新生代前期）の気候に関するシミュレーションでも，他の証拠との間に同様の不一致が見られる（Wing and Greenwood 1993）．シミュレーションの結果，温度が氷点下になる季節があったとされる地域で，恐竜が生息できたという主張を検討する時は，気候を緩和する類似の要因があったのではないかと考える必要がある（高緯度における植生の存在など，Otto-Bliesner and Upchurch 1997）．

以上はすべて，シミュレーションの根本ではなく詳細部分に関わる問題点である．気候についてわれわれが何か重大なことを見落としていない限り，気候のシミュレーションは古生物地理学の解釈において有望な手段であろう．ただし，気候についてわれわれが何か重大なことを見落としている可能性はある．近年にも驚くべき発見が2回ほどあった．雲は，モデルをつくる人々が考えていたよりも3〜5倍も多くの太陽光線を吸収することがわかった（Kerr 1995）．また，南極周辺の気候（および海氷）は，8〜10年ほどの周期で作用する傾向があった（Yuan et al. 1996）．それでもやはり，シミュレーションを利用することによって，そのような発見の重要性を把握しやすくなるのであり，それらはのちの世代のシミュレーションに組み込むことができる．

● 地理，気候，そして進化

　進化生物学者の多くは，地理や気候にはほとんど注意を向けなかったが，それらが進化の歩みに何らかの影響を及ぼしたことは確かである．それらが自然淘汰の要因であるというだけでも，進化のプロセスに関係しているといえる．動植物は何らかの環境の中で生息，交配，生殖するのであり，環境条件は，動植物のそれらの行動が成功するかどうかを決定する役割を持つ．気候と地形は環境を決定する主要な要因であり，生息，交配，生殖に大きな影響を及ぼすと考えてよい．あらゆる生物について，自然淘汰されるかどうかは，この3つの行動が成功するかしないかで決まる．したがって，地理と気候は自然淘汰の決定要因である．これらは主に4つの角度から淘汰に関わる．陸地の広さの効果，地域間の分断や隔離の度合い，種が発生しやすい地域（「ゆりかご」）の存在，そして，気候変動の効果である．

　新しい種が発生する基本のメカニズムとして，まだ最も広く認められているのが，地理的要因を含むプロセス，すなわち異所的種分化である．簡単にいうと，一つの種が2つのグループに分けられ，片方のグループの個体ともう片方のグループの個体とが交配する可能性がなくなるプロセスである．グループの間に何らかの障壁，ふつうは海などの地理的障壁ができることによって，異所的種分化ができる状況が生まれる．その障壁が十分に長い間存在し続けると，2つの個体群は遺伝的に分岐し，グループ同士での生殖がなくなって新しい種が分化すると考えられる．異所的種分化は，分散生物地理学に不可欠であり，分断生物地理学でもそうである．

　分散学派のもう一つの要素は，陸橋が重大な役割を持つという点である．陸橋は，大陸移動説以前の時代に，陸生動物が一つの大陸から別の大陸へと分散するための主要な手段として提案された．それらは，進化の原因というよりは動物を移動させる手段というべきだったが，実際は進化にも寄与したのである．陸橋が出現すると，それまで隔離されていた動物相同士が接触できるようになり，この「隔離の終焉」によって新しい種が進化し古い種が絶滅した．ここから，面積と動物相の多様性との関係が導き出される．単純にいうと，他の条件が等しければ，大面積の土地の方が動物の種類が多い（例：Brown 1995）．島の動物相が大陸の動物相ほど多様でない理由は，島に到達するのが困難だからというだけではなく，島の面積が大陸よりも小さいからである．

　この関係から，ヘンリー・フェアフィールド・オズボーン（Henry Fairfield Osborn）を始めとする20世紀初頭の古生物学者は，新しい種やより上位の分類を発生させた「ゆりかご」に当たるのは大きな陸地だったのではないかと考えた．そしてこの仮説を証明するために，オズボーンは，1920年代にロイ・チャップマン・アンドルーズ（Roy Chapman Andrews）率いるアメリカ自然史博物館のモンゴル調査を組織したのである（本書第4章 Lavas参照）．大陸移動説が認められた現在では，オズボーンは正しかった——多くの恐竜と哺乳類のグループが実際にアジアで発生していた——が，その理由はまちがっていたようである．オズボーンの考えが正しければ，陸生動物の多様化速度や新しい種の出現頻度が最大になったのは，すべての大陸が合体して超大陸パンゲアとなっていた時代のはずである．しかし，現在までにわかっている限り，そのような事実はなかった．

　大きな陸地が種分化のための「ゆりかご」だったという考えに対しては，それほど異論もなかったが，そこから導き出される概念は論議の的となった．最大の陸地で進化した動物が最も厳しい淘汰にさらされた，という考えであり，現在のユーラシアにも当てはまる．その結果，より小さな陸地で進化した対応する種類の動物よりも競争力があるのではないかと考えられた．それなら，新生代後期に北米やユーラシアの哺乳類が南米に到達した際，南米原産の哺乳類の多くを絶滅へと追いやったことが判明しても，驚くには当たらなかった．しかし，確かにそうだったかもしれないが，状況はそれほど明瞭ではない．グリプトドンや地上性ナマケモノなど南方の動物の一部は，押し寄せる北方の哺乳類に打ち勝ったどころか，地上性ナマケモノは北上してアラスカまで到達したほどであった．さらに，アルマジロも北米に住みついて今でも生き延びている——最強の敵である哺乳類，すなわち人類に対抗して．

　新生代後期の南北米大陸で起こった大規模な動物相の交換がどのように進行したかを解明するには，2つの本質的な問題がある．まず，大陸間の動物相交換を実験するわけにはいかない——規模が大きすぎるし，実行するのに時間がかかりすぎる——何よりも，費用を考えたら…！　2つめは，このような「侵略」の良好な記録はたった一つしか残っていない——今し方触れた南米の事例だけ——ということである．

　分散生物地理学が指摘する効果として最後にあげ

られるのが，地理的隔離の効果であり，分断学派でも認識されている．ただし，異所的種分化に関係するような小規模な隔離とは異なり，広大な地域の隔離である．オーストラリア，ニュージーランド，南極大陸が，現在この地位を「勝ちえて」いる．この大規模な隔離によって，新生代に動物相および植物相がほかでは見られないような進化をたどった．それらの陸地にたどり着くことが極めてむずかしいことは，その生物相――もちろん人間（とくにヨーロッパ人）がくる前の――を見ればわかる．オーストラリアの主要な陸生草食動物は有袋類であり，捕食動物は爬虫類であった．ニュージーランドでは，草食動物が飛べない鳥類（モア）であり，捕食者は飛べる鳥であった．インド洋のココス島（Cocos Island）という小さな島では，主要な陸生動物はカニであった（今でもそうである）．他の地域に生息していた近縁種がすべて絶滅し，隔離された地域にだけ生き残る動物や植物もあった．これが遺存種，いわゆる生きた化石である．オーストラリアは，新生代の大部分を通じて隔離され続けたために，そのような生物の巨大な集団をいまだに保有しているのである．

分断生物地理学がさかんになったあとも，地理と進化の道筋との関係については認識がほとんど変わらなかった――こういった関係は，結局，かなり明瞭である．ただし，この学派によっていくつかの概念がつけ加えられた．例えば，動物相と植物相すべてが大小の大陸のかけらに乗って海をわたって運搬されることなどである．この概念は冗談めかして「ノアの箱船」と呼ばれる．分断生物地理学によって，地理と進化の相互作用に関する理解を一般化し，明確にすることができた．しかし，分断学派の主な貢献は，隔離の効果をとらえ直させた点であった．中生代の途中で，連続した大きな単一の大陸が割れて，より小さな（それでも大きいが）大陸がいくつかでき，隔離または半隔離状態になった．当然，陸に生息する動物と淡水に生息する動物の個体群は分割された．事実上，大規模な異所的種分化が促進されたのである．

Bjorn Kurtén（1969）は，超大陸パンゲアの分裂によって陸生動物が多様化したと主張した．オズボーンが大陸の面積が広かったために発生したと考えた，中央アジアの恐竜および哺乳類のグループの起源は，これで説明できそうである．近年では，主要ないくつかのグループの恐竜だけではなく，哺乳類，鳥類，カエルの主なグループの起源も，パンゲアの分裂に関係しているらしいことが，大半は情況証拠に基づいてはいるが，示唆されている（Hedges et al. 1996）．これが正しければ――実は，グループの発生した時期とパンゲアの分裂時期が一致しているという確証はない――大陸移動が進化に及ぼす影響は，新しい種の形成ばかりではない．分類学的階層構造を新設し，新しい科や目を創造させるという影響も与えうることになる．

最近，より新しい説が提唱されている．第一にしておそらく最も重要なのは，気候の役割に関する説である．Elizabeth Vrba は，気候変動が世界中でほぼ同時に起こる傾向があるという考えを発表した（Tudge 1993参照）．その変動は，想像されるとおり，生物の進化を変えさせる．Vrba は新生代後期のアフリカの哺乳類の化石を詳細に解析し，データがこの説を支持していると主張した．気候が変動して動物がそれに対応する，というだけではない．Vrba の考えはより繊細である．気候が変動すると，小型の動物や特殊な餌を主食とする動物は絶滅して新しい種に置き換わる一方，さまざまな餌に対応できる動物は，単に餌を変えればすむ．アフリカの記録からは，およそ225万年前に，特殊な餌を主食とするウシ科の動物（ウシ科にはウシ，ヒツジ，レイヨウが含まれる）が絶滅し，置き換えられたことがわかる．しかし，いろいろな餌をとるインパラ（これもウシ科の動物である）やブタなどには変化がなかった．この時期は，少なくともアフリカ，南米北部および中国で気候変動があった．Vrba の考えは本当らしく見える．気候と動物相の変動が全地球的だったのかどうか，あるいはアフリカ全体だったのかすら議論になったが，気候変動が進化に及ぼした影響についてはほとんど反論がなかった（Tudge 1993）．

地球の反対側では，古哺乳類学者の Tim Flannery（1994）が進化に対する気候の影響を研究し，オーストラリアの生態系が北方の大陸の生態系と大きく異なる理由は気候条件である，と論じた．オーストラリアの気候は非常に予測しにくい．決まった雨期に多少の雨が降ることもあれば，10年も乾燥が続くこともある．気象学者にも地元の植物や動物にも予測ができない．Flannery のあげた例によると，例えば北米のハイイログマは，春になれば十分な食物が得られることを知っていて冬の間は冬眠するが，オーストラリアではそのような動物が進化しなかった．冬眠できないことはないが，冬眠中に食物が得られたり，逆に全く得られなかったりすることが残念ながら多すぎる．そのかわり，オーストラリアの動物（および植物）には，雨で行動が誘発されるも

のが多い——雨が降ると夏眠が中断されるのである．食物連鎖の頂点にある動物にとっては，乾期の間を耐え忍ぶ能力，つまりは飢餓を生き延びる能力が有用である．このためには代謝速度が遅くなければならないが，前述したとおり，オーストラリアの捕食者の頂点にいる動物の多くはトカゲ，ヘビ，陸生のワニである（であった）．Flannery が主張する進化への影響は Vrba よりも大きいが，その理由は Vrba より明快，すなわち大陸移動である．オーストラリアが北方へと移動し，乾燥していて予測のむずかしい亜熱帯性気候へと入っていったために起こった気候変動が，「島大陸」での進化に根本的な影響を及ぼしたというのが Flannery の考えである．

1980 年以来，進化と地理の相互作用についていくつかの説が提案されている．まだ推測に頼る部分が多く，疑いなく確立されたとはいえないが，近年の考え方を正しく評価するためには簡単にさらっておく価値があるだろう．

新生代の北米の植物と脊椎動物の一部が北極地方で発生し，その後大陸を南方へと広がったという説が提唱されている（Hickey et al. 1983）．そのメカニズムは提出されていないが，ほかと比べて新しい種を生み出しやすい地理的「ゆりかご」の概念が再び注目されている．David Jablonski（1993）は，古生代以来ずっと，海洋性の無脊椎動物の種は熱帯域の海水で発生しやすい，と異論を唱えた．Jablonski and Bottjer（1991）は，海洋性の無脊椎動物が発生しやすいのは，大陸棚の海岸付近の領域だとの説を示した．また，第三紀前期には南極地方が海洋性無脊椎動物の「ゆりかご」だったという主張も出された（Zinsmeister and Feldman 1984）．この説と熱帯起源説とは一見相容れないように見えるが，実際には矛盾しない．これらの地域が新しい種を大量に生み出しても何ら不思議なことはないのである．南極大陸は，始新世（新生代前期）に他の大陸と分裂し，そのために異所的種分化が作用し始めた．熱帯域は非常に多様な生物相を持っているため，特に何も起こらなくても新しい生態的地位が生じる機会が多く，分化できる系統も多い．

やはり海洋性無脊椎動物の研究者である Geerat Vermeij は，極地方では捕食される危険が少ないと考えた（Vermeij 1987）．したがって，極地方は淘汰——少なくとも捕食によるもの——が少なく遺存型が生き残れる「安全地帯」だということになる．

現在までに，そのような考え方が恐竜に当てはめられたのはオーストララシアでだけである．オーストララシアは中生代の大部分を通じて南極付近にあり，遺存型の恐竜と「早熟の」恐竜が共存していたらしい．オーストラリアの恐竜は，前の2つの段落で述べた効果を示すまた一つの例である可能性もあるが，後述するようにオーストラリアには化石の記録が乏しく，誤った解釈をしやすい．

おそらく，生物地理学の新しい流れの中で最も重要な例は，ウガンダ出身で現在は国外に住む Jonathan Kingdon（1990）の研究であろう．Kingdon は，アフリカの生物地理学を詳細に研究し，現在の生態系と気候を，過去数百万年のそれらの変化と合わせて扱った．Kingdon の研究は，ここで言及したテーマをほとんどすべて統合している．Vrba の研究が地球全体をひとまとめにして取り扱ったのと対照的に，Kingdon は細かいスケールでの地理，地形，気候および進化の相互作用に注目し，自然保護を視野に入れた研究をしている．砂漠や森林の移り変わりを追い，同時に，小さな面積内に多種多様な動物が生息して種の分化を促進する「ゆりかご」と，避難所の役割を果たす安定した地域とを追跡した．避難所とは，生息域の大部分が住むのに適さなくなった時に動植物が生き延びる場所のことであり，この概念は重要性を帯びてきた．自然保護において重要なことは明らかであるが，生物地理学の理解においても重要である．例えば，中央アメリカの熱帯多雨林はほんの1万年ほど前にできたと考えられ，アマゾン盆地（Amazon Basin）の熱帯多雨林もその可能性がある（Lewin 1984）．それらは，より古い熱帯多雨林を構成していた種が，乾燥その他の要因によって不利な環境となった時代を避難所で生き延び，「再生」したのかもしれない．Kingdon のアプローチが期待されるのは，地方の固有種や遺存種が見つかる場所を予測できるからである．このことは自然保護運動に役立つばかりではない．地理的に理解する方法が，少数事例だけではなく地球の歴史を通じてあらゆる場所に適用できることを示している．この種の詳細なスケールの生物地理学は，まだ恐竜時代やその環境に適用されてはいないが，中生代に関する知識が増し，より精密な年代測定技術が開発されれば，一部の地域への適用はすぐにでも可能となるであろう．

● 恐竜に応用する

ようやく恐竜にたどり着いた．ライオン，パンダ，ウォンバット，オオツノジカなどと同じように，恐

竜という動物もまた，気候と，海，山，砂漠の位置に支配されて分布していた．古地理と古気候を見ると，北米のアンモサウルス（*Ammosaurus*）やアジアのプロトケラトプス（*Protoceratops*）など一部の種は砂漠に生息していたらしく，また別の一部——特に，スピノサウルス（*Spinosaurus*），オウラノサウルス（*Ouranosaurus*），アマルガサウルス（*Amargasaurus*）などの，鰭を持つ分類群——は，熱帯性気候に適応していたようである．南極大陸，オーストラリア（例：アトラスコプコサウルス *Atlascopcosaurus*），アラスカ，ニュージーランドの恐竜は，極地方あるいは極地付近に生息していた．

このことからわかるのは，恐竜がどのような環境に生息していたかということだけではない．もちろんそれも興味深いが，恐竜や四肢動物全般の進化の特徴が，ここから明らかになるのである．熱帯地方，極付近，砂漠に恐竜が存在したことから，恐竜の分布と進化が気候に阻まれなかったことがわかる——個々の種ではともかく，グループ全体として見れば．一方，海生，水生の恐竜がいないことから，恐竜の進化において，何らかの要因が水中への進出を阻んだと推測される．その要因とは，発生の問題かもしれないし，既存の海生トカゲ類（それ以外の何か）との競争かもしれない．恐竜が生息していた極地付近の気候は，現在の大型鱗竜類やカメに適さない（Molnar and Wiffen 1994）ばかりか，同時代のカメにも不適であった（Clemens and Nelms 1993 参照）．それらの恐竜は，寒冷な気候に対処するために，現在の大型の外温性四肢動物にはない何らかの生理的あるいは行動的対策を持っていたのである．恐竜が，現生の大型哺乳類と同じ意味で内温性だった（高速代謝の内温動物だった）というはっきりした証拠はない——ただ，現在の大型トカゲ，ヘビ，カメが生息できない気候や場所で恐竜が生き延びることができ，実際に生きていた形跡は明らかである（Rich 1996；Vickers-Rich 1996；Wiffen 1996）．

以上のような解釈は啓発的であり，それだけでも興味深い．しかし実は，一筋縄ではいかない——少なくとも常にそうとは限らない——のである．生きていたすべての種，あるいは属について，化石が得られているわけではない．いいかえると，化石の記録は完全ではない．恐竜で考えると，中生代の最後の約10%の時代からの化石が40%である．Weishampel（1990）があげた恐竜化石の出現地点のうち，3分の1近く（416か所のうち126か所）が，白亜紀後期のものであり，恐竜が生きていた時代の23%（約4分の1）に当たる．発掘地点の数は，恐竜の標本数ほど新しい方に偏ってはいないが，いずれにしても古い恐竜より最近の恐竜の方がよく知られていることがわかる．恐竜その他どのような動物についても，化石から解釈するに当たってはこの情報不足という問題が避けられず，しかも化石が古いほど事情は悪くなる．

恐竜の生物地理学において化石情報の不足が問題となるのは，「場ちがい」な化石が見つかる時である．マダガスカルで報告されたたった一つの標本（マジュンガトルス *Majungatholus*）が厚頭類とされたが，これは南半球唯一の厚頭類の化石であった（ただし，以下を参照）．同じように，ティミムス（*Timimus*）は南半球唯一のオルニトミモサウルス類である（エラフロサウルス *Elaphrosaurus* は，以前オルニトミモサウルス類と考えられていたが，現在はケラトサウルス類とされる）．ティミムスが記載されたのと同じ論文（Rich and Vickers-Rich 1994）で，白亜紀前期のオーストラリア南東部からネオケラトプス類も報告されている．これは上記以上の大問題である．そのネオケラトプス類は，ほかにネオケラトプス類の化石が見つかっていないオーストラリアで発見されたばかりでなく，白亜紀前期のネオケラトプス類としても唯一のものである．したがって，ある意味で「場ちがい」かつ「時期はずれ」といえる（図38.19）．さらに，問題の動物が本当にネオケラトプス類だとすると，この恐竜の進化に関するわれわれの理解は，よくいっても不完全でしかないことになる．われわれの知識は，角竜類の一部の系統にのみ基づいているが，それが代表的な部分ではないのかもしれないからである．

以上3つの事例は，恐竜の生物地理学についてのわれわれの知識がいかに不完全であるかを物語る．前の段落で記述した動物はすべて，「恐竜的に」あまりよくわかっていない地域の化石であり，また極めて断片的な標本でしかない．それぞれ，頭骨の頂部1片，大腿骨1本，尺骨1本である．恐竜の中には，考えられているよりもはるかに広く分布していた（そして古かった）グループがあることが示されているのかもしれないし，収斂の可能性もある．後者の場合，問題の動物たちは，発見された骨を見ると厚頭類，オルニトミモサウルス類，ネオケラトプス類に似ているが，近縁種だから似ているのではなく，類似の条件で自然淘汰されたから似ているだけということになる．例えば，マダガスカルでの近年の発見で，マジュンガトルスはおそらく厚頭類など

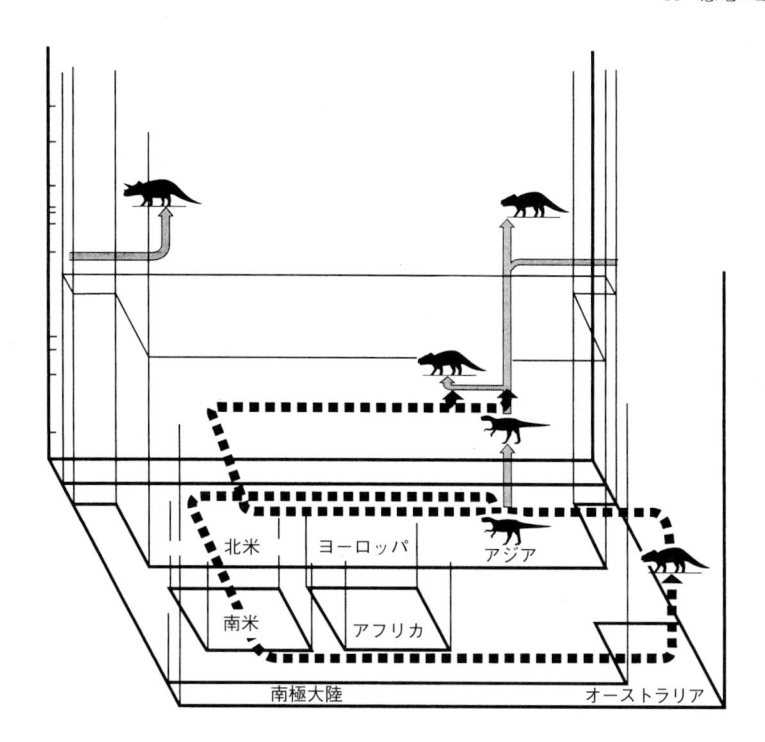

図38.19●「場ちがい」な化石

オーストラリアで白亜紀前期のネオケラトプス類（もし本当なら）が報告された．この図は，オーストラリアのネオケラトプス類というものが，角竜類の進化に関する一般的認識からどれほどはずれているかを示したものである．図の左端の太く黒い実線の縦軸は，白亜紀の時代を表す（上にいくほど新しい時代）．図の底面の四角形が大陸を表し，その地域における角竜類の進化を上向きの矢印で表している．角竜類の進化の舞台はアジアだったとふつうは理解されている．ジュラ紀後期の恐竜のグループ（カオヨンゴサウルス類，Dong 1991：94）から始まり，白亜紀前期のプシッタコサウルス類からネオケラトプス類へと進んだと考えられている．最古のネオケラトプス類は，中央アジアの白亜紀前期の終わりから報告されており，プロトケラトプス類と角竜類がアジアと北米に出現するのは白亜紀後期である．通常考えられている角竜類の進化の「道筋」は実線の矢印で，オーストラリアのネオケラトプス類と推定されるものを考えに入れるために必要となる長大な「回り道」が点線の矢印で示されている．

ではなく獣脚類らしいことが示された（Sampson et al. 1996）．にもかかわらず，厚頭類と同じように頭骨の頂部に厚いドーム型の構造を発達させている．断片的な「場ちがい」な化石の同定に関しては疑ってかかるべきだということが，このことからわかる．より多くの，より完全な化石が発見された時に初めて確信を持ってよいのである．

　細かい点では注意が必要であるとはいえ，恐竜の生物地理学の基本的な輪郭——このあとの章で論じられる——は極めてよく解明されているようである．それでも，恐竜の生物地理学と進化に関する現在の理解を補う，それどころか根本的に変えてしまうような新発見がわれわれを興奮させてくれる余地は，まだ多く残っている．

●文　献

Brown, J. H. 1995. *Macroecology*. Chicago：University of Chicago Press.

Casti, J. L. 1991. *Searching for Certainty：What Scientists Can Know about the Future*. New York：William Morrow.

Chatterjee, S., and N. Hotton III（eds.）. 1992. *New Concepts in Global Tectonics*. Lubbock：Texas Tech University Press.

Clemens, W. A., and L. G. Nelms. 1993. Paleoecological implications of Alaskan terrestrial vertebrate fauna in latest Cretaceous time at high paleolatitudes. *Geology* 21：503-506.

Colbert, E. H. 1973. *Wandering Lands and Animals*. London：Hutchinson.

Dilcher, D. L. 1973. A paleoclimatic interpretation of the Eocene floras of southeastern North America. In A. Graham（ed.）, *Vegetation and Vegetational History of Northern Latin America*, pp. 39-59. Amsterdam：Elsevier.

Dong Z. 1991. *Dinosaurian Faunas of China*. Beijing：China

Ocean Press.

Duxbury, A. C., and A. B. Duxbury. 1994. *An Introduction to the World's Oceans*. 4th ed. Dubuque, Iowa : Wm. C. Brown.

Flannery, T. F. 1994. *The Future Eaters*. Sydney, Australia : Reed Books.

Hartley, L. P. 1963. *The Go-Between*. New York : Stein and Day.

Hedges, S. B. ; P. H. Parker ; C. G. Sibley ; and S. Kumar. 1996. Continental breakup and the ordinal diversification of birds and mammals. *Science* 381 : 226-229.

Hickey, L. J. ; R. M. West ; M. R. Dawson ; and D. K. Choi. 1983. Arctic terrestrial biota : Paleomagnetic evidence of age disparity with mid-northern latitudes during the Late Cretaceous and Early Tertiary. *Science* 221 : 1153-1156.

Hooker, J. J. ; A.C. Milner ; and S. E. K. Sequeira. 1991. An ornithopod dinosaur from the Late Cretaceous of west Antarctica. *Antarctic Science* 3 : 331-332.

Jablonski, D. 1993. The tropics as a source of evolutionary novelty through geological time. *Nature* 364 : 142-144.

Jablonski, D., and D. J. Bottjer. 1991. Environmental patterns in the origins of higher taxa : The post-Paleozoic fossil record. *Science* 252 : 1831-1833.

Kerr, R. A. 1995. Darker clouds promise brighter future for climate models. *Science* 267 : 454.

Kingdon, J. 1989. *Island Africa*. Princeton, N. J. : Princeton University Press.

Kingdon, J. 1990. The genesis archipelago. *BBC Wildlife* 8(5) : 296-302.

Kurtén, B. 1969. Continental drift and evolution. *Scientific American* 220(3) : 54-64.

Lewin, R. 1984. Fragile forests implied by Pleistocene pollen. *Science* 226 : 36-37.

Molnar, R. E. 1989. Terrestrial tetrapods in Cretaceous Antarctica. In J. A. Crame (ed.), *Origins and Evolution of the Antarctic Biota*, pp.131-140. Special Publication 47. London : Geological Society.

Molnar, R. E., and J. Wiffen. 1994. A Late Cretaceous polar dinosaur fauna from New Zealand. *Cretaceous Research* 15 : 689-706.

Otto-Bliesner, B. L., and G. R. Upchurch, Jr. 1997. Vegetation-induced warming of high-latitude regions during the Late Cretaceous period. *Nature* 385 : 840-807.

Press, F., and R. Siever. 1994. *Understanding Earth*. New York : W. H. Freeman.

Raymo, M. E., and W. F. Ruddiman. 1992. Tectonic forcing of late Cenozoic climate. *Nature* 359 : 117-122.

Rich, T. 1996. Significance of polar dinosaurs in Gondwana. *Memoirs of the Queensland Museum* 39 : 711-717.

Rich, T. H., and P. Vickers-Rich. 1994. Neoceratopsians and ornithomimosaurs : Dinosaurs of Gondwana origin ? *National Geographic Research and Exploration* 10 : 129-131.

Sampson, S. D. ; D. W. Krause ; C. A. Forster ; and P. Dodson. 1996. Non-avian theropod dinosaurs from the Late Cretaceous of Madagascar and their paleo-biogeographic implications. *Journal of Vertebrate Paleontology* 16(Supplement to no. 3) : 62 A.

Smith, A. G. ; D. G. Smith ; and B. M. Funnell. 1994. *Atlas of Mesozoic and Cenozoic Coastlines*. Cambridge : Cambridge University Press.

Tudge, C. 1993. Taking the pulse of evolution. *New Scientist* 139(1883) : 32-36.

Vermeij, G. 1987. *Evolution and Escalation*. Princeton, N. J. : Princeton University Press.

Vickers-Rich, P. 1996. Early Cretaceous polar tetrapods from the Great Southern Rift Valley, southeastern Australia. *Memoirs of the Queensland Museum* 39 : 719-723.

Vidale, J. E. 1994. A snapshot of whole mantle flow. *Nature* 370 : 16-17.

Weishampel, D. B. 1990. Dinosaurian distribution. In D. B. Weishampel, P. Dodson, and H. Osmólska (eds.), *The Dinosauria*, pp.63-139. Berkeley : University of California Press.

Wiffen, J. 1996. Dinosaurian paleobiology : A New Zealand perspective. *Memoirs of the Queensland Museum* 39 : 725-731.

Wing, S. L., and D. R. Greenwood. 1993. Fossil and fossil climate : The case for equable continental interiors in the Eocene. *Philosophical Transactions of the Royal Society of London* B 341 : 243-252.

Yamane, K. 1993. Contribution of Late Permian palaeogeography in maintaining a temperate climate in Gondwana. *Nature* 365 : 51-54.

Yuan X. ; M. A. Cane ; and D. G. Martinson. 1996. Cycling around the South Pole. *Nature* 380 : 673-674.

Zinsmeister, W. J., and R. M. Feldman. 1984. Cenozoic high latitude heterochroneity of Southern Hemisphere marine faunas. *Science* 224 : 281-283.

39 中生代における恐竜以外の主な脊椎動物

Michael Morales

　2億5000万年前から6500万年前までの中生代がしばしば「恐竜の時代」と呼ばれるのは，陸上を支配していた脊椎動物が恐竜だったからである．その数の多さ（個体の数）と多様性（種の数），また同時代の環境や生物群集に与えた影響の大きさに，恐竜の地位の高さが現れている．しかし，中生代を「恐竜の時代」と呼ぶのはある意味では不正確であり，また別の意味では誤解を招く表現である．

　中生代のジュラ紀と白亜紀において，陸上の主要な草食動物と肉食動物が恐竜だったのは事実だが，三畳紀においては優勢ではなかった．三畳紀後期より古い時代からは真の恐竜の化石が見つかっておらず，恐竜が出現してからも，何千万年もの間，支配的な陸上脊椎動物にはならなかった．三畳紀後期に主な捕食者だったのは恐竜以外の主竜類であり，最も多い草食動物は単弓類のディキノドン類（哺乳類の近縁）であった．約2億1000万年前に三畳紀が終わると，ようやく恐竜が陸上の支配的な脊椎動物となったのである．

　「恐竜の時代」という呼び方が誤解を招くと思われる点は，他の脊椎動物のグループがその時代において重要ではなかったかのように誤って受けとれることである．恐竜が陸生脊椎動物の頂点にあったジュラ紀と白亜紀でさえ，恐竜以外にも多くの脊椎動物が陸上で重要な役割を果たしていた．そして，中生代の海水中にはかつて一度も恐竜が生息したことはなく，恐竜以外の脊椎動物または無脊椎動物が支配的な生物種であった．したがって，中生代の脊椎動物を本当に理解するためには，恐竜についてだけではなく他の主要なグループについても知る必要がある．本章では，恐竜ほどよく知られていない中生代の脊椎動物について，その概要を述べる．

●脊椎動物の主な分類

　個体発生（生まれてから死ぬまで）のある時期に脊索を持つ動物は，脊索動物門に含まれる．脊索とは背中に沿って走る細長くかたい組織で，体を内側

から支えている．脊索動物の大半は脊椎動物亜門に属する．椎骨というばらばらの骨や軟骨のユニットが，相互に連結してひとつながりになり，脊椎動物の脊索を囲っている．つながった椎骨の全体を背骨，脊椎，脊柱などといい，あらゆる脊椎動物が1本ずつ持っている．

従来の分類方法

脊椎動物には極めて多様な動物が含まれ，従来から5つの主要な綱に分類されていた．魚綱（魚類），両生綱（カエル，ヒキガエル，サンショウウオなど），爬虫綱（トカゲ，カメ，ワニなど），鳥綱（鳥類），および哺乳綱（哺乳類）である．より新しい分類では魚類が5つの綱に分けられるが，この分類方法もすでに古典的といえる．無顎綱（顎のない魚），板皮綱（甲冑魚類），軟骨魚綱（軟骨を特徴とする魚），棘魚綱（棘のある魚類），硬骨魚綱（かたい骨を持った魚）である．単純なリンネ式分類法をとりあえず受け入れると，脊椎動物亜門を分類するには，3つの異なる分け方ができ，それぞれ異なる体系の上綱を設定することができる．一つの体系は，動物（あるいはより近い祖先）の2本一組の外肢が鰭（ヒレ）か脚かで分ける考え方であり，もう一つは顎（あご）があるかないかで，3つめは生殖の際の卵の種類で分ける．

魚類と四肢動物　さまざまな種類の鰭を使って泳ぐ脊椎動物を，通常，魚類と呼ぶ．その他の脊椎動物のほとんどは，鰭ではなく4本の脚を用いて陸上を動き回ることから四肢動物と呼ばれる．四肢動物の系統の中には，進化の過程で脚が他の構造に変化したり，それどころかなくなったりしたものも多い．しかし，足がなくても（ヘビ），進化して翼（鳥類やコウモリ），鰭足や鰭（アザラシやクジラ），腕（ヒト）になっていても，それらの脊椎動物は四肢動物とされる．

無顎類と有顎類　あらゆる脊椎動物は，顎があるかないかのどちらかに分類することができる．上顎と下顎を持つものは有顎類（「顎口類」）と呼ばれ，魚のほとんどと両生類，爬虫類，鳥類，哺乳類すべてを含む．一方，知られている最古の脊椎動物は魚のような形の生物で，口はあったが本当の意味での顎は全く持たなかった．「下顎のない魚」という意味のこれら無顎類が，最初の脊椎動物であった．約4億4000万年前から3億6000万年前までに当たる，古生代シルル紀およびデボン紀にふつうに見られた．無顎類の大半はデボン紀の終わりまでに絶滅したが，2種類の生物が今日まで生き続けている．ヤツメウナギとメクラウナギである．

無羊膜類と羊膜類　すべての脊椎動物は，何らかの卵によって生殖する．卵は水中や，海岸線付近の地上または地中，木の中などに産みつけられることもあれば，そもそも産みつけられずに母胎の内部にとどまることもある．脊椎動物の多種多様な卵すべて，つまり脊椎動物すべてを，卵に殻があるかないかで主要な2つのカテゴリーにまとめることができる．2つのグループは，卵の殻の内部に羊膜という特殊な膜があるかどうかに基づいて名づけられている．

卵にこの特殊な膜がない脊椎動物を無羊膜類という．魚類全部（顎があるものとないもの）と両生類全部がこれに属する．卵は水中，あるいは高湿度な空気中の環境に産みつけられる．卵はふつうゼラチンのような物質に包まれているが，殻と呼べるものは全くない．水や高湿度の条件からとり出され，空気に触れて乾燥すると，発達中の胚は乾いて死んでしまう．したがって，魚類と両生類は生殖を成功させるために，水から，少なくとも非常に湿った条件から離れることができないのである．

一方，爬虫類，鳥類，および哺乳類の卵には，かたい殻や革のような殻と羊膜があり，羊膜類と呼ばれる．卵の殻の内部は何枚かの膜によって異なる領域に分割されており，羊膜はそのうちの1枚である．羊膜類は，空気中に卵を産みつけるか母体内部に保持する．実際，羊膜類の卵が水中に産みつけられると，胚は窒息してしまう！　水中では，水が卵をとり囲むために，酸素が殻から中に入ることができず，二酸化炭素は出ていくことができないのである．

●本章で用いる脊椎動物の分類

現在，脊椎動物には異なる分類方法がいくつもあり，互いに相容れないことも多いため，すべての人を満足させる体系をここに一つ提示することは不可能であろう．これでは，古生物学者以外の人々が化石脊椎動物について知りたいと思っても，混乱してしまうかもしれない．しかし，脊椎動物のグループ分けの方法は，現在の分類の大半で同じであり，グループ同士の相互関係についての見解が異なるだけである．したがって，本章では昔から使われてきた分類と一般名を用いて，中生代の恐竜以外の脊椎動物を概観することにする．以下の各グループの生息

年代は（　）内に示した．本章の内容に関する主要な文献を参考資料に掲げた．

無顎類

ヤツメウナギ（石炭紀後期から現在まで）は，現在も生息する2種の無顎類のうちの一種である．淡水にも海洋環境にも生息し，体はウナギのように長く，円形の口に歯のような構造がたくさんある．ヤツメウナギの大半は，吸盤のような口で他の魚に吸いつき，宿主の肉をかきとって栄養分を得るという寄生生活を送る．ヤツメウナギの化石はほとんど見つかっておらず，中生代の岩石からは一つも知られていない．しかし，石炭紀の化石から，ヤツメウナギは進化の歴史のごく早い段階で，現在の形態とおそらく現在の習性を獲得したと考えられる．

メクラウナギ（石炭紀前期から現在まで）についても中生代の化石の記録はないが，中生代以前の化石が知られていて現在も生息することから，ヤツメウナギと同じように当時も生息していたことがわかる．メクラウナギは海洋環境に住み，ヤツメウナギと同様にウナギのような長い体を持つが，寄生動物ではない．虫などの無脊椎動物にとっては捕食者であり，腐りかけた肉を食べる腐食動物でもある．メクラウナギの口は円形ではなく，ヤツメウナギが持つ歯のような構造がない．

軟骨魚

軟骨魚綱に属する魚のうち，最もよく知られているのはサメ（デボン紀中期から現在まで）とエイ（ジュラ紀前期から現在まで）である．これらの魚の体には骨がなく，内部骨格は軟骨でできている．サメははるか昔のデボン紀中期から知られているが，本当のエイが化石の記録に初めて登場するのは，ジュラ紀前期である．サメとエイは通常，海水（塩水）に住むが，中生代にはヒボードゥス（*Hybodus*）（図39.1 a）など数種が大陸上の淡水の湖や川に生息していた．

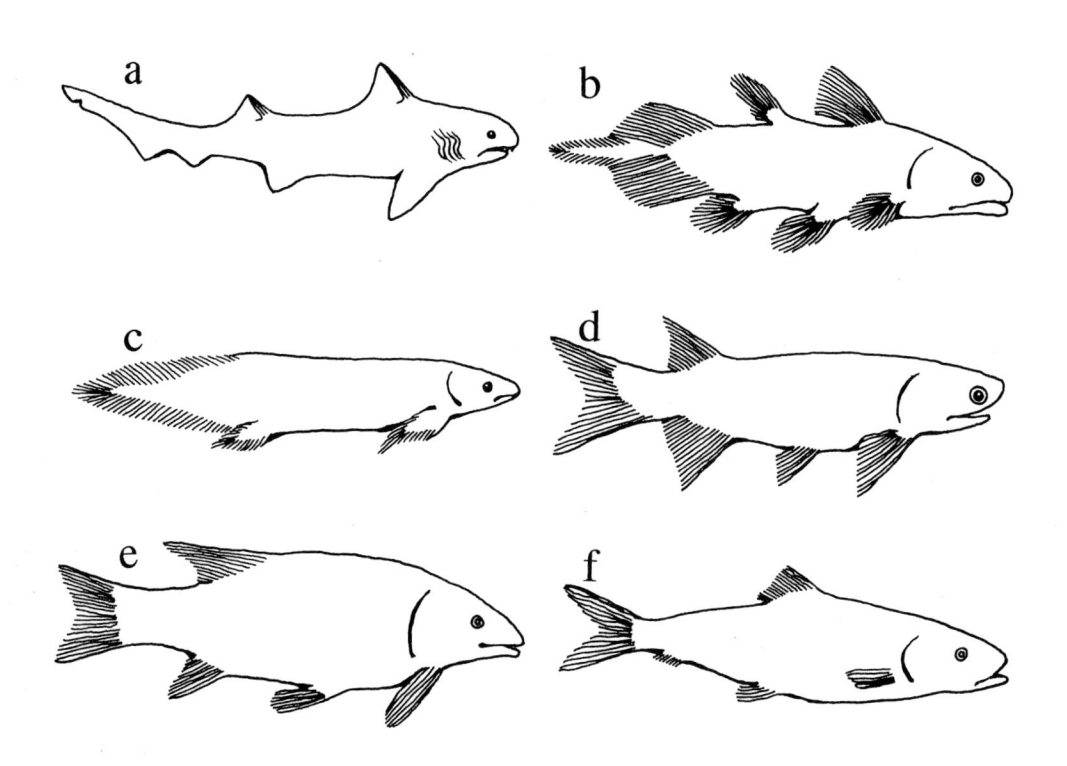

図39.1●魚類：(a) ヒボードゥス類のサメ，ヒボードゥス（*Hybodus*），体長2m，中生代．(b) シーラカンス類（総鰭類），ディプルルス（*Diplurus*），体長15cm，三畳紀．(c) 肺魚類（総鰭類），ネオケラトドゥス（*Neoceratodus*），体長1m，白亜紀から現在まで．(d) 原始的条鰭類，ペルレイドゥス（*Perleidus*），体長18cm，三畳紀．(e) 中間条鰭類，レピドテス（*Lepidotes*），体長30cm，ジュラ紀．(f) 進化した条鰭類（真骨類），オルナテグルム（*Ornategulum*），体長25cm，白亜紀．本章の絵はすべてSusan Durning画

硬骨魚

ほとんどの人におなじみの魚は，硬骨魚綱という主要なグループであり，内部骨格が骨でできている．淡水，海水および汽水（淡水と海水が混合している）に生息し，それら3種類の環境の間を行き来することも多い．硬骨魚は鰭の構造に基づいて主に2つのサブグループに分けることができる．条鰭（じょうき）類と総鰭類である．

条鰭類（「鰭条を持つ魚」）は，硬骨魚のうち，骨でできたたくさんの棒（鰭条）が体内から鰭を支持しているものである．通常の鰭条は，鰭の基部から放射状に伸びている．条鰭類の硬骨魚は主に3つに細分類することができる．原始的条鰭類（シルル紀後期から現在まで）には，初期の化石種（図39.1 d）と，現生種のうち最も原始的なものが含まれる．ヘラチョウザメ（*Polydon*）やチョウザメ（*Acipenser*）などがそうである．中間条鰭類（石炭紀前期から現在まで）は，口の構造がより進化していて，体型は一般により流線型に近い．多くの化石種（図39.1 e）と現在生きているガーパイク（*Lepisosteus*），アミア（*Amia*）が含まれる．進化した条鰭類は真骨類（三畳紀後期から現在まで）と呼ばれ，口が極めて発達していて，餌を探す時に伸びて前方に突き出すことができる．現在最も数が多く種類も豊富な魚が真骨類である．現生種の例としては，サケ・マス（*Salmo*），パーチ（*Perca*）がある．真骨類は，中生代の後半にも一般的に見られた（図39.1 f）．

総鰭類（「肉質の鰭を持つ魚」）というのは，鰭の基部に肉質の総（ふさ）がある硬骨魚のなかまである．この総は，細くたくさんの鰭条ではなく，少数の大きな骨で体内から支持されている．一方，鰭の先端側には放射状の骨の鰭条がある．総があることによって，条鰭類の魚よりもはるかに鰭の可動範囲が広い．総鰭類の魚にはさまざまな種類があり，一部は中生代以前に絶滅した．中生代に生息していた総鰭類の2つのグループは，シーラカンス（デボン紀中期から現在まで）と肺魚（デボン紀前期から現在まで）をそれぞれ含む．どちらのグループも子孫が現在生息しており，シーラカンスのディプルルス（*Diplurus*）（図39.1 b）や肺魚のネオケラトドゥス（*Neoceratodus*）（図39.1 c）など中生代の祖先たちと現生種とは大してちがわない．現在の肺魚は淡水に住み，中生代の種も同様だったと考えられる．対照的に，現在のシーラカンスは海洋性の魚だが，このグループの化石種は海水，淡水両方の堆積物から発見されている．

両生類

両生類は，鰭のかわりに地上を移動するための脚と足を初めて発達させた脊椎動物であった．生殖のためには水を必要としたが，ライフサイクルの少なくとも一部分において，陸地に進出することができた．両生類とは「二様の生活」という意味で，陸上と水中の両方で生活することからきている．この四肢動物は，中生代以前の古生代に長い進化の歴史を経ていたが，初期の両生類のグループの多くが三畳紀に入る前に絶滅した．

中生代に生き残っていた古代の両生類は，迷歯類（デボン紀後期から白亜紀前期まで）だけであった．この名は，歯のエナメル質の重なりが極めて入り組んでいて，断面が迷宮や迷路のように見えるためである．三畳紀には迷歯類のグループがいくつか生息していたが，中生代全体を見ると，個体数や多様性が徐々に減少していき最終的には絶滅した．古生代の迷歯類の一部はワニのような水生の生活をしていたが，その他は陸上をうまく動き回れるような丈夫な脚を身につけ，陸上での生活によりよく適応していた．一方，中生代に生き残っていた迷歯類のグループはすべて水生で，数種が海洋性であったほかは大半が淡水環境に住んでいた．中生代の迷歯類で多く見られたのは，パラキクロトサウルス（*Paracyclotosaurus*）（図39.2 a）などのカピトサウルス類（三畳紀前期から後期），ゲロトラクス（*Gerrothorax*）（図39.2 b）などのプラギオサウルス類（三畳紀前期から後期），メトポサウルス類（三畳紀中期から後期），トレマトサウルス類（三畳紀前期から後期），ブラキオプス類（ペルム紀後期からジュラ紀後期），そして最後に絶滅したキグチサウルス類（三畳紀前期から白亜紀前期）である．

現在の両生類は，平滑両生類という語でひとまとめにされるのがふつうであり，カエル・ヒキガエル類（三畳紀前期から現在まで），サンショウウオ・イモリ類（ジュラ紀中期から現在まで），そしてあまりよくわかっていないアシナシイモリ類（ジュラ紀前期から現在まで）が含まれる．カエル類に属する最も古い種は，三畳紀前期のトリアドバトラクス（*Triadobatrachus*）である．これが，跳躍して移動する真のカエル（ジュラ紀前期が最も古いとされる）と，カエルの祖先の迷歯類とをつなぐリンクだと考えられている．最古のサンショウウオはジュラ紀前期のもので，見た目は現生種と酷似していたと思われる．現生のアシナシイモリ類は脚がなく，環虫のような両生類で，脚を持つ祖先から進化した．その

図39.2●両生類：(a) 両生類迷歯類カピトサウルス類，パラキクロトサウルス（*Paracyclotosaurus*），体長2 m，三畳紀．(b) 両生類迷歯類プラギオサウルス類，ゲロトラクス（*Gerrothorax*），体長1 m，三畳紀

証拠に，ジュラ紀前期の最古のアシナシイモリ類には退化した四肢と腰帯の骨がある．

羊膜類

羊膜類に含まれる爬虫類，鳥類および哺乳類はみな，羊膜のある卵によって生殖する．しかし，脊椎動物の化石の大半は卵ではなく，骨や歯である．したがって，化石羊膜類は一般に骨格の遺物によって特徴づけられている．骨格の中で最も情報量の多い部分は頭骨（と歯）である．

羊膜類の頭骨は，大きく分けて4種類あり，眼窩のうしろの側頭部にある穴（開口部）の数と位置に基づいて分類される（本書第15章 Parrish 参照）．頭骨の側頭部に穴がない羊膜類を，無弓類という．この名は，後眼窩骨と鱗状骨とで形成される骨の弓形部がないことからきている．弓形があると，それを境に頭骨の開口部が上部と下部に分けられる．頭骨の側頭部に開口部がない場合，上記の2つの骨は存在するが，必然的に弓形の構造はなくなる．この名は，頭骨の構造を指して使われる（無弓類型）こともあれば，その種の頭骨を持つ羊膜類のグループを指すこともある．現生の無弓類の爬虫類の例は，カメである．

頭骨の両側にある，側頭部の後眼窩骨から鱗状骨にかけての弓形の下に，一つずつ穴を持つ羊膜類は，単弓類に分類される．哺乳類およびその祖先の爬虫類に似た動物が単弓類である．後者は哺乳類様爬虫類と呼ばれてきたが，「爬虫類に似た単弓類」という表現の方が適切である．現在「爬虫類」という語は，他の3グループの羊膜類に属する動物に限って使われている（鳥を除く．これについては後述する）．

側頭部の開口部が，弓形の上に一つだけある場合，広弓類という名が用いられる．広弓類は現在生息していない．絶滅した種は海生爬虫類といわれることが多く，偽竜類，長頸竜類，魚竜類がここに属する．

頭骨の側頭部の弓形の上下に一つずつ，計2つの穴がある羊膜類は，双弓類と呼ばれる．現生の双弓類の爬虫類としてはトカゲ，ヘビ，ワニがある．鳥類の頭骨の構造は双弓類が変形したものであるが，鳥を爬虫類とは呼ばない（ただし，鳥類との関係についての分岐論的展望は，本書第8章 Holtz and Brett-Surman 参照）．

爬虫類に含まれるのは無弓類，広弓類全部と，鳥類以外の双弓類全部である．単弓類（哺乳類とその近縁種）は爬虫類ではない．ただし，中には爬虫類に似た外見を持つものもあったかもしれない（哺乳類ではない単弓類）．羊膜類の最古の祖先は無弓類である．単弓類と双弓類はそこから別々の進化の筋道をたどって進化し，広弓類は双弓類から分岐したようである．双弓類の下部の開口部の周囲の骨が成長して合わさり，この穴が閉じたことによって広弓類となったと思われる．

無弓類 無弓類の羊膜類には，石炭紀前期の最初期の，知られている最古の化石爬虫類が含まれる．古生代に生息していた無弓類の数グループの中で，中生代まで生き残ったのはカメとプロコロフォン類だけであった．

カメ（リクガメを含む．三畳紀後期から現在まで）

は古い爬虫類のグループであり，中生代の初めの紀から生きていた．最も古い種において，すでにカメ特有の甲羅を旗印として持っていた．カメは，主に3つのサブグループに分けることができる．プロガノケリス類（三畳紀後期からジュラ紀前期まで），曲頸類（三畳紀後期から現在まで），潜頸類（ジュラ紀前期から現在まで）である．最古のサブグループであるプロガノケリス類は中型ないし比較的大型で，甲羅の中に頸を引っ込めることがほとんど，あるいは全くできなかった．他の2種類は，それぞれ異なる方法で頸を引っ込める．曲頸類は，頸の骨を横に曲げて頭を甲羅の縁の下に入れる．潜頸類では，頸の骨が背中側に向かって縦にS字型に曲げられ，頭はそのまま後方に引き込まれて甲羅の中におさまる．

カメは通常，無弓類と考えられており，だからこそ本章のこの部分で議論している．しかし，Rieppel and deBraga (1996) は，カメが側頭部に開口部を持たないことに気をとられてはならないのであって，カメが本当に近縁なのは双弓類の爬虫類だと主張した．他方，Wilkinson et al. (1997) は，カメの類縁関係に関する従来の見方もまだ誤りと決まったわけではなく，カメの本当の最近縁種を特定するのは困難だろうと指摘した．

プロコロフォン類（ペルム紀後期から三畳紀後期まで）は，全体の形と習性がトカゲに似ていた．昆虫その他の小さな動物を食べていたと思われるが，一部は植物を餌にしていた可能性もある．日中に活動し，夜間は隠れていたらしい．プロコロフォン類およびその他の小型爬虫類のグループは，ジュラ紀後期に本当のトカゲが出現する以前の中生代前期に，「トカゲ的な」役割すなわち生態的地位を占めていた．

双弓類　双弓類の爬虫類のほとんどは，2つの主グループ，すなわち進化の系統に分けることができる．この2つのグループは，骨格構造のさまざまな点でちがいがあるため，姿勢や移動様式が異なる．トカゲ，ヘビを含む鱗竜形類（「うろこがある爬虫類」）は，脚を横に張り出して這い歩く姿勢をとり，一般に脚の動きと同時に胴体を左右にくねらせる．対照的に，恐竜とワニが属する主竜形類（「主流の爬虫類」）では，脚が体の下に来る直立に近い姿勢をとることが多く，移動の際に胴体を左右にくねることが少ないか，あるいはなくなる．2つのグループを区別するもう一つの手がかりは，鱗竜形類の胸骨が大きいことである．それに比べると，主竜類の胸骨ははるかに小さい．

双弓類の中には，鱗竜形類にも主竜形類にも入れにくいサブグループがいくつかあるため，それらは個別に議論する．中生代に生きていたそのような異端の種の例としては，空中を滑空あるいは浮遊した飛行性双弓類や，海水中を泳いだ水生爬虫類などがある．

鱗竜形類：　今日のムカシトカゲ類（三畳紀後期から現在まで）に属する動物は，今ではムカシトカゲ（*Sphenodon*）1種だけで，ニュージーランドにしか生息していない．古いグループに属する遺存種であり，昔は他の多くの大陸になかまが生息していた．ムカシトカゲ類は，プロコロフォン類と同じように比較的小型の陸生爬虫類のグループであり，外見もおそらく行動もトカゲによく似ていた．ただし，プレウロサウルス類（ジュラ紀前期から白亜紀前期まで）というサブグループは水中での生活に適応していた．

本当のトカゲ（ジュラ紀後期から現在まで）が初めて化石の記録に出現するのは，ジュラ紀後期である．地質学的長さを持つトカゲの歴史全体を通じて，彼らはかなり保守的ながら順応性のある体型を保ち続け，砂漠の砂からジャングルの木々，海岸付近の岩だらけの環境まで，さまざまな生息地に適応することができた．ほとんどの場合，祖先の体から大きく変化することはなかった．例外としては海生のモササウルス類があり，これについては別に後述する．

ヘビ（白亜紀中期から現在まで）は，鱗竜形類の中で，ムカシトカゲ類やトカゲほど古い動物ではない．穴居性，つまり地面に穴を掘って住む生活に適応したトカゲを祖先として進化したと考えられている．その過程で前後の脚を失い，頭骨が大きく変形したと想像されてきた．しかし近年の研究によれば，ヘビは海生動物として進化した可能性があり，モササウルス類やその近縁種に近いかもしれない (Caldwell and Lee 1997)．

主竜形類：　恐竜類，ワニ類，翼竜類（空を飛ぶ爬虫類）およびそれらの近縁種が属する爬虫類のグループを，主竜形類と呼ぶ．ここに含まれる双弓類は，主竜類と，その他すべての主竜形類とに分けることができる（本書第15章 Parrish 参照）．前者の特徴は，脚，足および腰が陸上での迅速な移動によりよく適応している傾向があることと，頭骨の両側にさらに一つずつ開口部，すなわち前眼窩孔があることである．

主竜類以外の主竜形類. 中生代に生きていた主竜類以外の主竜形類の双弓類としては，トリロフォサウルス類，リンコサウルス類，タニストロフェウス類，およびチャンプソサウルス類がある．トリロフォサウルス類（三畳紀後期のみ）は，小型から中型の陸生爬虫類で，体の形もおそらく習性も現生のトカゲと似ていた．トリロフォサウルス（*Trilophosaurus*）（図 39.3 a）は草食動物で，歯は幅広く，1 本 1 本に 3 つの隆起があったためにこの名がついた（「3 つの隆起の爬虫類」）．また，体長に比べて尾が異常に長かった．

リンコサウルス類（三畳紀前期から後期まで）は四足歩行で，力強い「くちばし」を使って植物をかみちぎって食べる草食動物であった（図 39.3 b）．頭骨を真上から見ると三角形であり，背中は平均的な爬虫類よりもはるかに幅広い．リンコサウルス類は三畳紀には地理的に極めて広く分布していたため，別々の大陸の堆積物を対比するのに用いることができる．

タニストロフェウス類（三畳紀中期から後期）はとても奇妙な爬虫類で，海の近くあるいは海中に生息していた．タニストロフェウス（*Tanystropheus*）（図 39.3 c）は，胴体は中型であったのに対し，首は信じられないほど長く，先端に小さな頭がついていた．胴体が浜にいるままで，首を水面上に低く伸ばして付近を泳ぐ魚を捕らえていた，というのが一つの説である．あるいは，タニストロフェウスは水中を泳ぎながら魚を捕らえる時に長い首を利用していたとも考えられる．

チャンプソサウルス類（白亜紀中期から始新世前

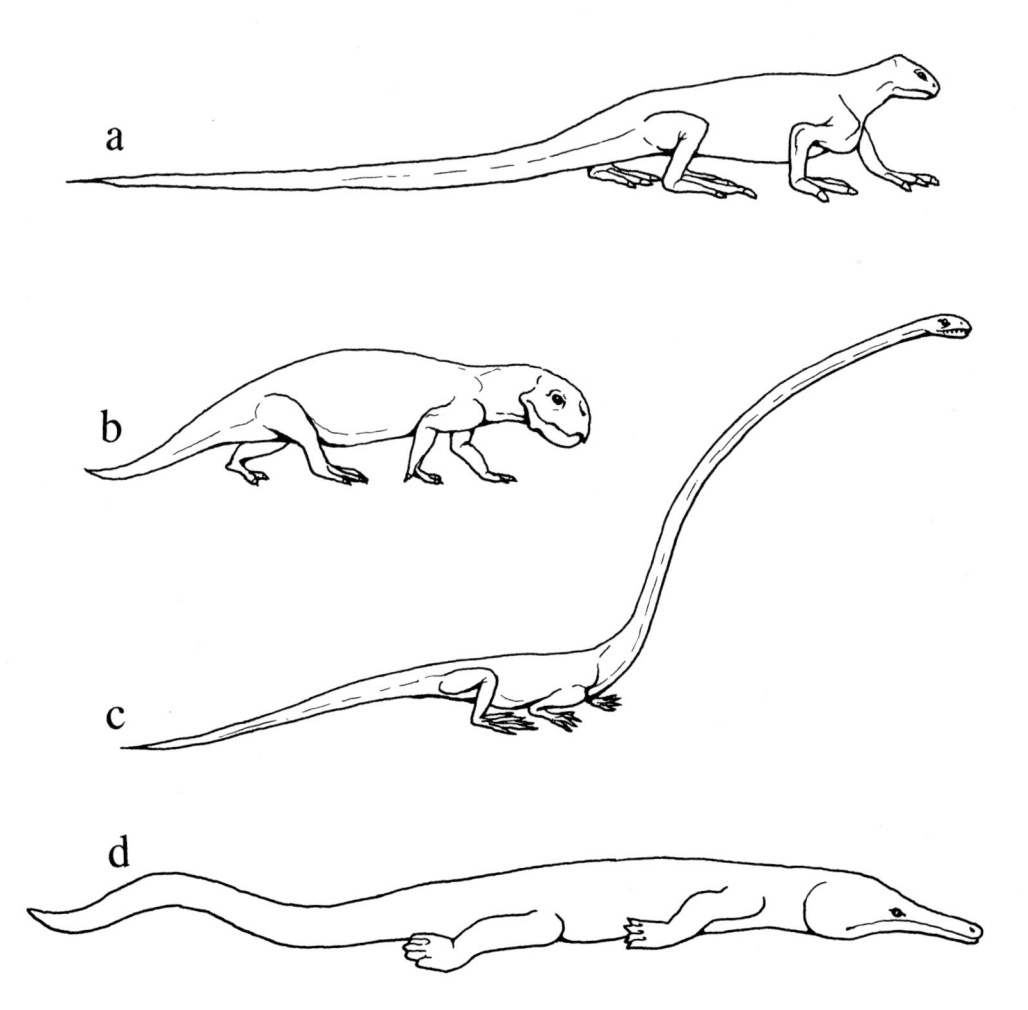

図 39.3 ● 主竜類以外の主竜形類： (a) トリロフォサウルス（*Trilophosaurus*），体長 2 m，三畳紀．(b) リンコサウルス類，ヒペロダペドン（*Hyperodapedon*），体長 1.3 m，三畳紀．(c) タニストロフェウス（*Tanystropheus*），体長 3 m，三畳紀．(d) チャンプソサウルス（*Champsosaurus*），体長 1.5 m，白亜紀

期まで）は小型から中型の水生爬虫類で，外見は小型のワニに似ていたが近縁ではない．チャンプソサウルス（*Champsosaurus*）（図39.3 d）は淡水起源の堆積物に見られ，鼻面が細長く，おそらく魚や水中の無脊椎動物を捕らえるのに用いたと思われる．また，長い尾は縦に平たい形をしており，左右にくねらせて水中を進むことができた．

主竜類．知られている最古の主竜類はペルム紀後期のものであるが，このグループは急速に繁栄し，中生代の大半を通じて大陸における支配的な四肢動物となった（本書第15章 Parrish 参照）．三畳紀後期までに恐竜も出現していたが，三畳紀の間は恐竜以外の主竜類の方が多く栄えていた．しかし，ジュラ紀の初めから白亜紀の終わりまでは，恐竜が世界中の陸上環境の「支配者」であった．

最も初期の主竜類（ペルム紀後期から三畳紀後期まで）には，主に2種類があった．どちらも比較的大型の肉食動物であったが，片方は陸上でより活動的な生活をするのに適応しており，もう一方は，川や湖の中や周辺でワニに近い半水生の生活をする動物であった．エリスロスクス（*Erythrosuchus*）（図39.4 a）は，初期の主竜類の陸生種の代表例である．

アエトサウルス類（鷲竜類）（三畳紀後期のみ）は，陸上環境に生息する厚い装甲を持つ主竜類で，草食性であった．捕食者から身を守るためのよろいは，皮膚の中にある骨の板が連結されてできており，そこから棘が突き出していることもあった．鼻面が多少ブタに似ているため，地面を鼻で掘り返して餌の植物を探していたのではないかという説がある（図39.4 b）．

乾燥した陸上を歩いたり走ったりしている大きなワニを想像してほしい．前後の脚はほぼ直立に近く，胴体から下に向かってついており，尾は地面に引きずっていない．ラウイスクス類（三畳紀中期から後期まで）は，大体そのような動物であった（図39.4 c）．ラウイスクス類（または鳥鰐類，あるいは両方）は，三畳紀の地球上のほとんどの陸地において支配的な捕食者であり，より小型の恐竜の捕食者と同じ地域に共存している場合も優勢を保っていた．

植竜類（三畳紀後期のみ）は，現在のワニ類と同じ生態的地位を占めていた．外見もクロコダイル類やアリゲーター類と似ていた（図39.4 d）が，現在のワニ類の鼻孔が鼻面の先端にあるのと異なり，眼の少し前に位置していた．淡水の川や湖に生息し，魚その他捕らえられるものは何でも食べていた．植竜類はおそらく，三畳紀後期の淡水環境における主要な捕食者であった．卵を陸上に産みつける時に水から出ていたことは確かだが，ほとんどの時間は水中か，あるいは岸で日光浴をして過ごしていたのであろう．

クロコダイル形類（三畳紀後期から現在まで）は，主竜類のうちワニ類（クロコダイル類，アリゲーター類，カイマン類，ガビアル類）とその近縁種を含むグループである．ワニ類は三畳紀後期から現在まで知られている．スフェノスクス類（図39.4 e）やサルトポスクス類（いずれも三畳紀後期からジュラ紀前期まで）などワニ類以外の近縁種の中には，比較的小型で素早く走る種もあり，それらは脚が細長く，水中ではなく陸上に生息していた．

主竜類の鳥鰐類（三畳紀後期のみ，本書第15章 Parrish 参照）は，比較的大型（体長3 m）の陸生の捕食者であり，歩く時は4本の脚全部を使っていた可能性もある（図39.4 c のラウイスクス類のように）が，走る時はおそらく2本脚で，つまり2本のうしろ脚だけで，かなり速く走ることができたと思われる．鳥鰐類には，本当の恐竜が持つ足首の関節の構造がなかったが，恐竜以外の主竜類の中では最も恐竜に似た動物の一種といえる．

オルニトディラ（Ornithodira）（三畳紀中期から後期，本書第15章 Parrish 参照）は，恐竜を含む主竜類のグループで，ほかに翼竜類（空を飛ぶ爬虫類），鳥類，および初期の種をいくつか含む．それら初期の種の中には，恐竜や翼竜との類縁関係がはっきりしないものも，近いものもある．後者としてはラゴスクス（*Lagosuchus*）やラゲルペトン（*Lagerpeton*）（三畳紀中期）がある．これらは四肢が細長い陸生の肉食あるいは食虫性爬虫類で，体が非常に小さく，原始的な恐竜であることを示す骨格の特徴を，完全にではないが多く備えている．したがって，この2つの属はよく先恐竜類あるいは原恐竜類と呼ばれる．スクレロモクルス（*Scleromochlus*）（三畳紀後期）も初期のオルニトディラ類であり，やはり脚が細長く，翼竜類の起源に関連して言及されることがある．関連性がはっきりしない2種のオルニトディラ類，シャロヴィプテリクス（*Sharovipteryx*）とロンギスクアマ（*Longisquama*）については，翼竜類や鳥類とともに以下で議論する．恐竜については本書の他の章で非常に詳しく網羅されているため，本章では議論しない．

飛行性双弓類：双弓類の爬虫類から，空中を飛ぶことに適応した種が独立に数回進化した．それら

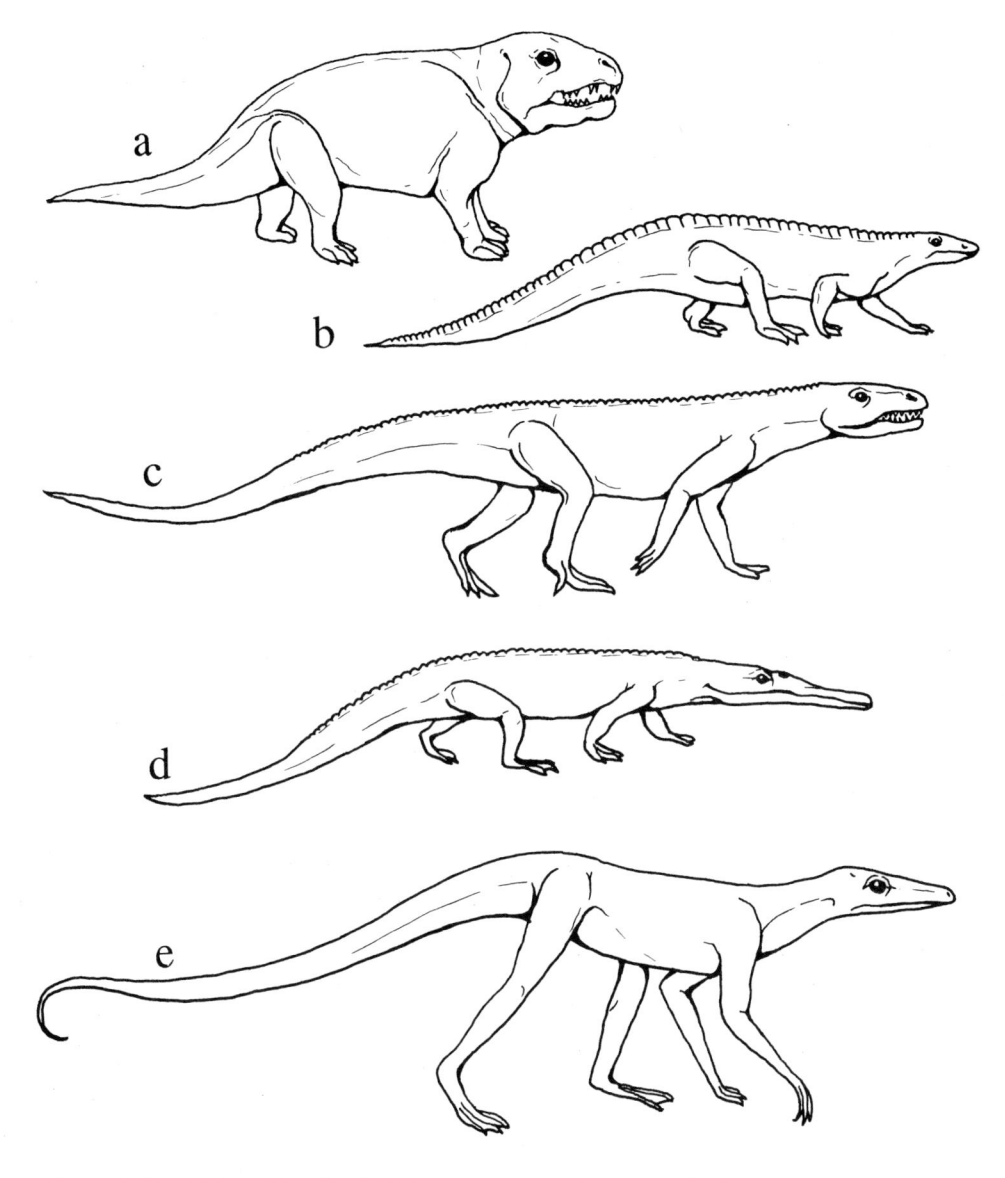

図 39.4●初期の主竜類: (a) 初期の主竜類,エリスロスクス (*Erythrosuchus*),体長 4.5 m,三畳紀.(b) アエトサウルス類,スタゴノレピス (*Stagonolepis*),体長 3 m,三畳紀.(c) ラウイスクス類,ティキノスクス (*Ticinosuchus*),体長 3 m,三畳紀.(d) 植竜類,パラスクス (*Parasuchus*),体長 3 m,三畳紀.(e) クロコダイル形類スフェノスクス類,テレストリスクス (*Terrestrisuchus*),体長 50 cm,三畳紀

は滑空生物か,あるいは,翼(前肢)を羽ばたかせて空気中を推進する本当の飛行生物かの,どちらかに分類できる.

最も有名な 3 種の中生代の滑空爬虫類(三畳紀後期のみ)は,体の基本的なつくりは似ていたが,異なる手段を用いて空中を移動していた.オルニトディラ類のシャロヴィプテリクス(図 39.5 a)は,非常に小さな動物で,前脚と胴体の前半分との間,うしろ脚と尾の前半分との間に,それぞれ皮膚の膜が張っていた.前後の脚を大きく広げると皮膚の膜が空気をとらえて,シャロヴィプテリクスは重力で落ちながら空中を滑ることができた.この爬虫類には,「翼」を羽ばたかせて自力で飛行する能力はなかった.

ロンギスクアマ(図 39.5 b)もやはりオルニトディラ類で,シャロヴィプテリクスの 2 倍ほどの大きさがあり,皮膚の膜のかわりにホッケーのスティックのような細長いうろこが背中から伸びていた.こ

のうろこを体の両側に広げておけば，帆のように空気をとらえることができた．使わない時には，折りたたんで背中の両側に沿わせておくことができたのかもしれない．

キューネオサウルス科は，小型の滑空する鱗竜形類の科で，肋骨が体の両側に横方向に広がり，その間に皮膚の膜が張っている（図39.5 c）．その「翼」を使用しない時は肋骨を折りたたんで体に沿わせておくことができ，広げると肋骨と膜が効率的に空気をとらえ，高所から滑空して降りることが可能であった．

翼竜類（三畳紀後期から白亜紀の終わりまで）または空を飛ぶ爬虫類（翼指竜類と呼ばれることもあるが，それはあるサブグループのみを指す語である）

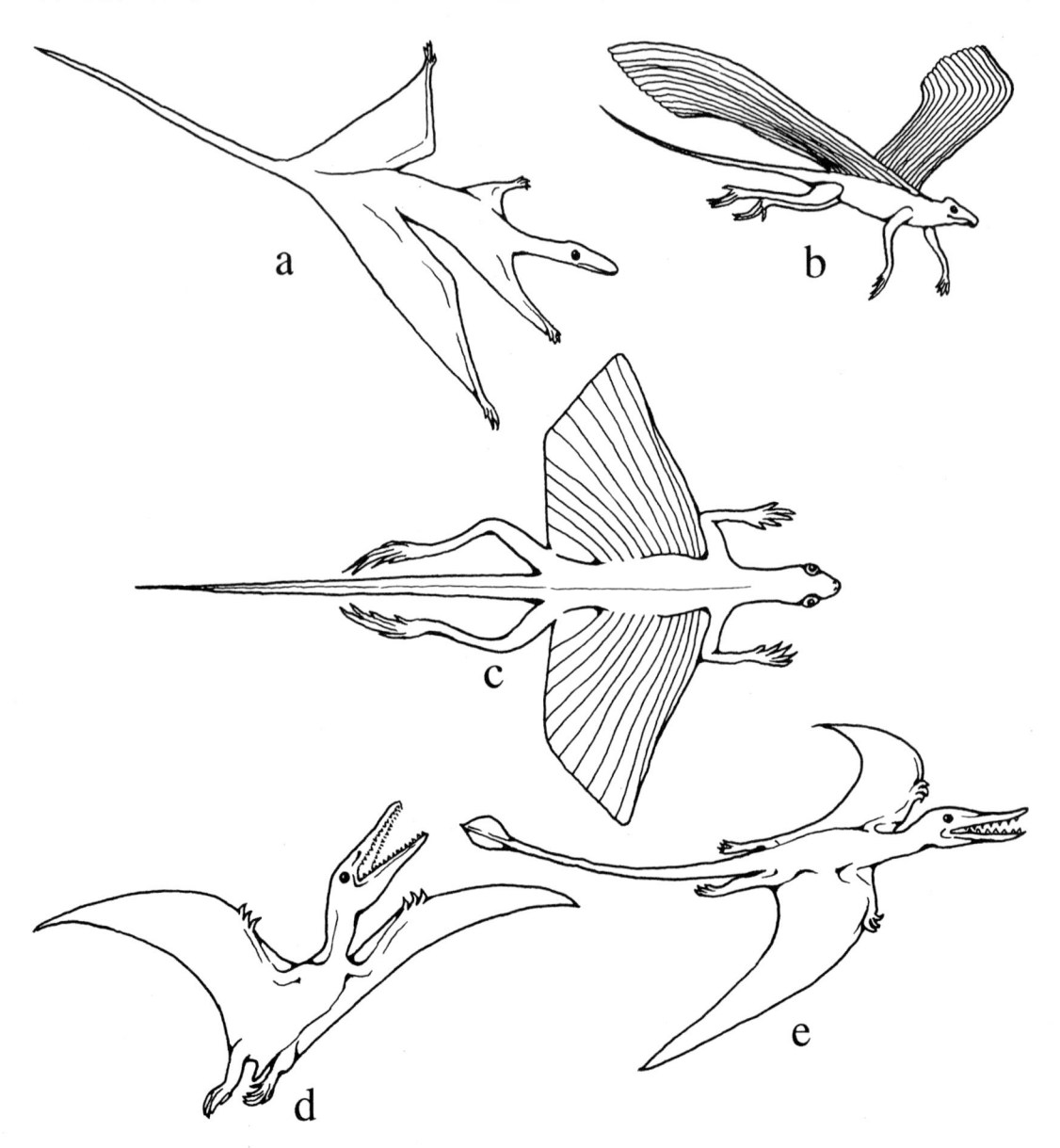

図39.5●飛行性双弓類：(a) オルニトディラ類，シャロヴィプテリクス（*Sharovipteryx*，以前はポドプテリクス *Podopteryx* といわれていた），翼を広げると 17 cm，三畳紀．(b) オルニドディラ類，ロンギスクアマ（*Longisquama*），「翼」を広げると 30 cm，三畳紀．(c) 鱗竜形類，キューネオサウルス（*Kuehneosaurus*），翼を広げると 30 cm，三畳紀．(d) 翼竜類翼指竜類，プテロダクティルス（*Pterodactylus*），翼を広げると 40〜175 cm，ジュラ紀．(e) 翼竜類嘴口竜類，ラムフォリンクス（*Rhamphorhynchus*），翼を広げると 36〜250 cm，ジュラ紀

は，前脚（腕）の第4指が伸張し，体との間に張っている皮膚の膜を支えることで本当の翼になっていた．翼竜類のほとんどは，翼を多少とも羽ばたかせて空気中を推進していたと思われる．海岸線付近にも内陸部にも生息し，海岸では主に魚を餌とし，内陸ではおそらく昆虫その他の小型動物を食べていた．少なくともプテロダウストロ（*Pterodaustro*）という一種は，水中の微小な生物を濾しとってフラミンゴのような食べ方をしていた．空を飛ぶ爬虫類は2つの主要サブグループに分けることができる．非常に尾の短い翼指竜類と（ジュラ紀後期から白亜紀の終わりまで）と，尾が長くより原始的な嘴口竜類（三畳紀後期からジュラ紀の終わりまで）である（図39.5 e）．翼竜類というグループは，恐竜と同様，白亜紀の終わりに絶滅した．

プロトアヴィス（*Protoavis*）（「最初の鳥」）という思い切った名をつけられた鳥と思われる動物が，三畳紀後期から報告されたが，鳥の起源を研究する古脊椎動物学者でそれを鳥だと考える者はほとんどいない．したがって，文句なく最古の鳥といえるのはジュラ紀後期の始祖鳥（*Archaeopteryx*）（「太古の翼」）である．始祖鳥の前脚は本当の翼に変化していた（図39.6 a）が，翼竜類の翼とは異なっていた．皮膚の膜が空気を捕らえるのではなく，始祖鳥の変化した腕や尾，体には羽根が生えていた．さらに，第4指だけで皮膚の膜を支持するのとはちがい，手全体が小さく集約した形になって翼の羽根を支えていた．

白亜紀の間に，鳥類はさまざまな種類に多様化した．その中には地上に住む飛べない鳥パタゴプテリクス（*Patagopteryx*）（図39.6 b）や，水生の潜水する鳥バプトルニス（*Baptornis*）（図39.6 c）など，翼が退化した種もあった．モノニクス（*Mononykus*）（「1本のかぎ爪」）という化石については見解が分かれており，一部の古脊椎動物学者は飛べない鳥に，その他は恐竜に分類している．モノニクスの前肢は退化して翼としては用いられず，「手」の先端には大きな一つのかぎ爪があった．

広弓類と中生代のその他の海生爬虫類　中生代の広弓類には偽竜類，長頸竜類，板歯類および魚竜類が含まれ，すべてが海洋に生息していた．中生代には，広弓類以外の爬虫類もいくつか海洋環境に生息しており，ゲオサウルス類（海生のワニ），タラットサウルス類（原始的な主竜形類），モササウルス類（海生のトカゲ），およびウミガメ類などがそうであった．

偽竜類（三畳紀前期から後期）は小型から中型のかなり原始的な広弓類で（図39.7 a），現在のアザ

図39.6●鳥類：（a）最古の鳥，始祖鳥（*Archaeopteryx*），体長35 cm，ジュラ紀．（b）初期の飛べない鳥，パタゴプテリクス（*Patagopteryx*），体高46 cm，白亜紀．（c）初期の水生の鳥（ヘスペロルニス類），バプトルニス（*Baptornis*），体長1 m，白亜紀

ラシやカワウソのような生き方をしていたと思われる．偽竜類の口の中にはずらりと鋭い円錐形の歯が並び，水中を泳ぎながら，あるいは水辺から，この歯を使って魚を捕らえていたのであろう．脚は，より進化した広弓類が持つような鰭ではなく，鰭足になっていた．

長頸竜類（三畳紀前期から白亜紀の終わりまで）は中型ないし大型の海生の捕食者であり，身体的特徴で大きく2種類に分けることができた．首が長いもの（図39.7 b），および首が短いもの（図39.7 c）である．首が長い長頸竜類は胴体が大きく，尾は短く，4本の脚は鰭に変化しており，非常に長い首に比較的小さな頭部がついていた．歯は偽竜類と似ており，主に魚を食べていたと考えられる．ネス湖の怪獣（もし存在するとしたら）はこのような姿をしているのではないか，という説がある．首が短い長頸竜類は，首の長い種と比較すると頭部がはるかに大きい．中生代において，今日のシャチのような生態的地位を占めていたのであろう．長頸竜類の鰭の構造から，それらは前からうしろに水を押しやって体を前方に推進するという，オールのような用い方をされていたのではないことがわかる．鰭は「翼」の働きをしていて，上下に羽ばたくことで前方への推進力と流体力学的な揚力が得られ，水中を「飛ぶ」ことができた．今日のウミガメやペンギンのような方式である．

板歯類は頑強な広弓類（図39.7 d）で，三畳紀の初めから終わりまで生息していた．胴体と尾が長く，足にはおそらく水かきがあり，頭部には板のような，大きく破壊力のある歯を備えていた．手足の動きではなく尾を左右にくねらせることで推進力を得て泳いでいた．板歯類は，大陸棚の海底で餌を探し，二枚貝その他の殻を持つ無脊椎動物を見つけて食べていたと思われる．

魚竜類（「魚の爬虫類」）は，大きく形態が変化した広弓類（図39.7 e）で，三畳紀の初めから白亜紀中期までの海に生息していた．見た目は現在のイルカ，クジラ，サメに似ており，おそらく習性も似ていたと思われる．魚や海生の無脊椎動物，そしておそらく他の海生爬虫類をも食べる捕食者であった．興味深いことに，白亜紀末期に起こった動物相の大絶滅より前の，白亜紀中期が終わる前に絶滅した．おそらく魚竜類は，白亜紀中期に出現したとされるモササウルスに駆逐されたのであろう（後述）．

現在生息するワニ類の中には，少なくとも一生のうちのある時期を海中で過ごす種もあるが，本格的な海生動物として適応しているものはない．しかし中生代には，ワニ類のグループの一つ，ゲオサウルス類（「海生のワニ」，ジュラ紀前期から白亜紀前期まで）が海生生物として特化した．このグループに属する進化した種（図39.7 f）は，四肢が全部鰭に変わり，骨のある尾の先端は下方に曲がって縦鰭を支えており，長い鼻面はおそらく魚を捕らえるためであった．ゲオサウルス類は，魚竜類の絶滅よりもさらに前の白亜紀前期に絶滅した．

タラットサウルス類（三畳紀中期から後期）（「海の爬虫類」）は，中型（体長2 m）の原始的な主竜形類で，体のうちの胴体と尾の部分が非常に細長かった．四肢は比較的短く，足にはおそらく水かきがついていたが鰭になってはいなかった．鼻面は，水生爬虫類によく見られる適応をしていた（前述の植竜類を参照）．すなわち，鼻孔が鼻の先端よりもずっと後方に位置していた．

泳ぐことができるトカゲは多く，現在もガラパゴス諸島のウミイグアナのように水中で多くの時間を過ごす種がある．しかし，あらゆるトカゲの中で最も水に適応していたのは，オオトカゲの近縁種モササウルス（白亜紀中期から終わりまで）であった．中型ないし大型の海生の捕食者で，海洋での生活に高度に適応していた．体が長く，先端は尾鰭で（図39.7 g），四肢は鰭足に変化しており，非常に大きな顎を用いて魚，無脊椎動物その他の獲物を捕らえていた．現在のクジラやイルカのような上下運動ではなく，おそらくヘビに似た左右の運動を用いて泳いだと考えられる．

海洋にのみ生息するカメが今日知られているが，中生代にもそれらは存在していた．実際のところ，今までで最大のウミガメと思われるのは白亜紀後期のアルケロン（*Archelon*）であり，頭部から甲羅をとおって尾までの長さが2.5 m以上あった．現生のウミガメと同じように中生代のウミガメの四肢も鰭になっており，今日ペンギンがしているように，それを「翼」のように羽ばたかせて水中を「飛んで」いた．

単弓類 本章で最後に扱う羊膜類の主要なグループは，単弓類である．哺乳類および爬虫類に似たその近縁種がここに属する．最古の単弓類である盤竜類は石炭紀に最初に出現し，ペルム紀後期に絶滅した．したがって，中生代には盤竜類はいなかった．獣弓類は，より進化した単弓類で，ペルム紀前期からジュラ紀中期までの時代に生息した．獣弓類の一つのグループから哺乳類が生まれ，三畳紀後期から

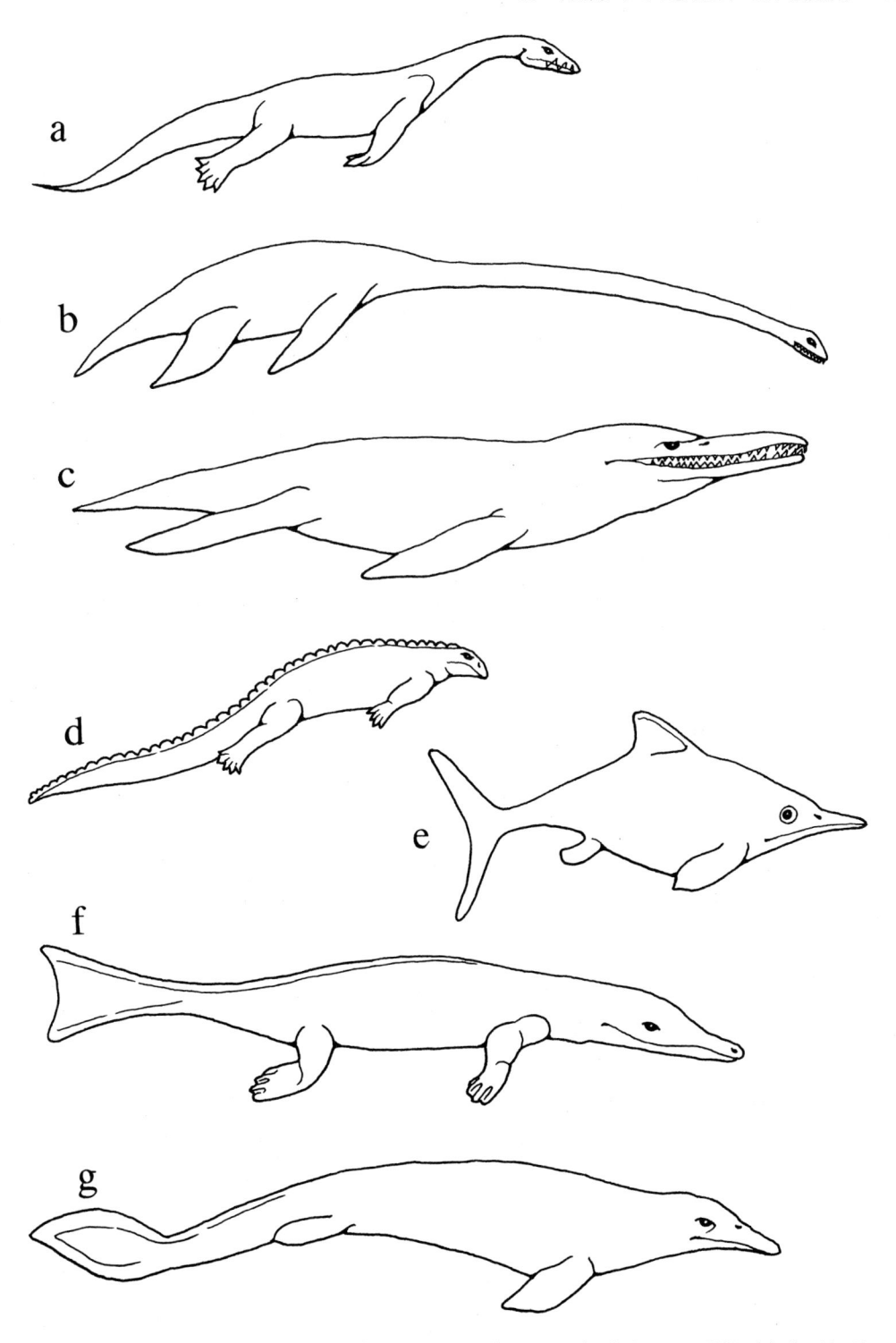

図 39.7 ● 広弓類とその他の海生爬虫類：(a) ノトサウルス（*Nothosaurus*），体長 3 m，三畳紀．(b) 首の長い長頸竜類，エラスモサウルス（*Elasmosaurus*），体長 14 m，白亜紀．(c) 首の短い長頸竜類，クロノサウルス（*Kronosaurus*），体長 12.8 m，白亜紀．(d) 板歯類，プラコードゥス（*Placodus*），体長 2 m，三畳紀．(e) 魚竜類，オフタルモサウルス（*Ophthalmosaurus*），体長 3.5 m，ジュラ紀．(f) 海生ワニ類（ゲオサウルス類），メトリオリンクス（*Metriorhynchus*），体長 3 m，ジュラ紀．(g) 海生トカゲ類（モササウルス類），プラテカルプス（*Platecarpus*），体長 4.25 m，白亜紀

今日まで生息している．

中生代には，獣弓類の三大グループが生息していた．乱歯類（ペルム紀後期から三畳紀後期まで），獣頭類（ペルム紀後期から三畳紀中期まで），および犬歯類（ペルム紀後期からジュラ紀中期まで）である．乱歯類のなかで最も広く分布していたのは，ディキノドン類（「2本の犬の歯」）と呼ばれるサブグループで，カバに似た大型の草食動物であった（図39.8 a）．犬のように上顎に大きな歯が2本あることからこの名がついた．三畳紀においては，世界中のほとんどの地域で最も多い草食動物はディキノドン類であった．獣頭類が最も繁栄した時代は古生代後期であり，中生代においてはすでに遺存種のグループとなっていた．小型ないし中型の四足歩行の獣弓類であり，陸上に生息する肉食あるいは食虫動物であった．犬歯類は，より進化した捕食者の獣弓類であり，やはり小型ないし中型であった（図39.8 b）．骨格構造も，おそらく生理機能（本書第35章 Ruben et al. 参照）も，獣頭類より哺乳類に近づいていた．犬歯類の四肢は体の下に位置していて姿勢は直立に近く，肺の換気システムがより進化して代謝機能が向上していたと思われる．犬歯類の頭骨の中には，

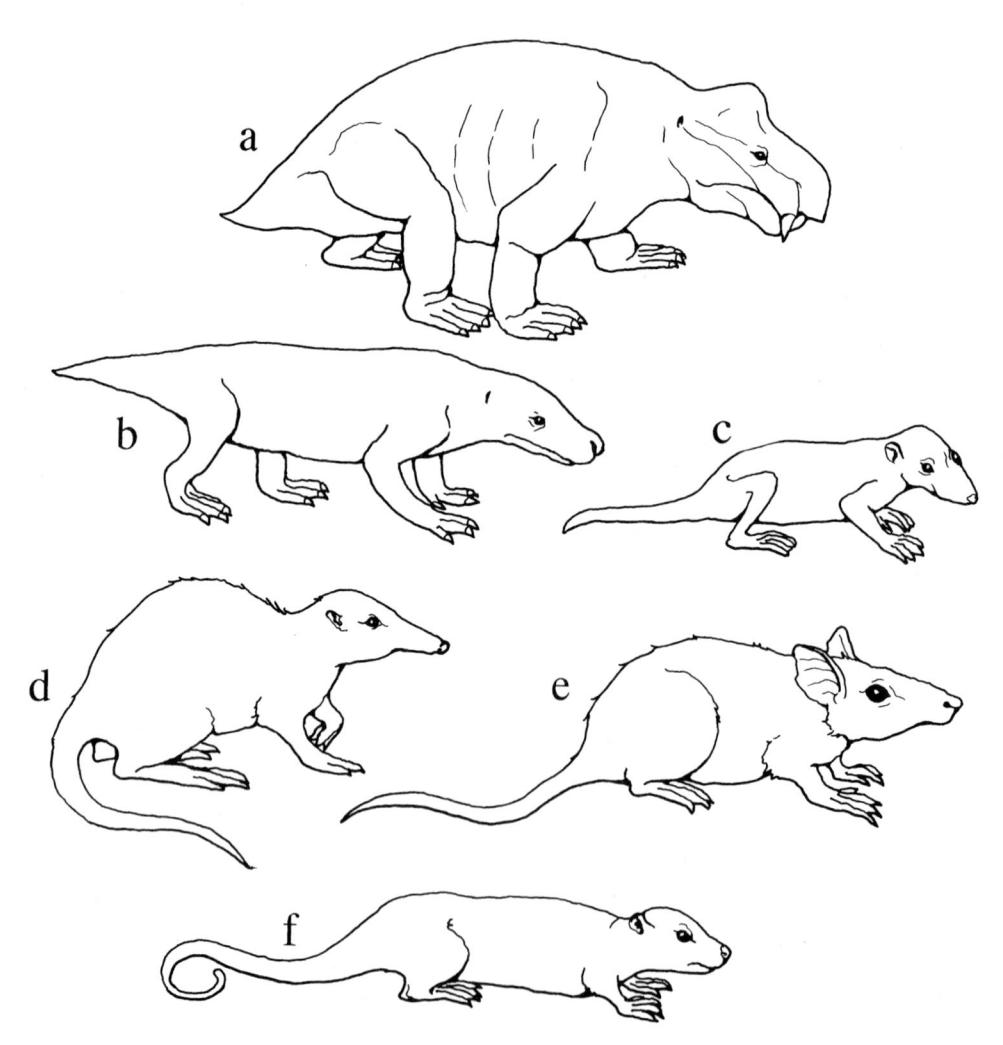

図39.8●獣弓類と哺乳類：(a) 獣弓類ディキノドン類，カンネメイエリア（*Kannemeyeria*），体長3 m，三畳紀．(b) 獣弓類犬歯類，トリナクソドン（*Thrinaxodon*），体長50 cm，三畳紀．(c) 哺乳類三錘歯類，メガゾストロドン（*Megazostrodon*），体長13 cm，三畳紀．(d) 初期の有胎盤類の哺乳類，ザランブダレステス（*Zalambdalestes*），体長20 cm，白亜紀．(e) 初期の有袋類の哺乳類，アルファドン（*Alphadon*），体長10 cm，白亜紀．(f) 哺乳類多丘歯類，プチロードゥス（*Ptilodus*），体長50 cm，ジュラ紀

鼻面に小さな穴があるものがあり，ここに猫のようなひげがついていたと解釈されている．ひげは毛が変化したものなので，犬歯類の一部は体毛に覆われていた可能性がある．乱歯類も獣頭類も子孫を残さなかったが，犬歯類のグループのうち少なくとも一つが，哺乳類へと進化した．

面白いことに，最初の哺乳類（三畳紀後期から現在まで）と最初の恐竜は，三畳紀後期のほぼ同時期に出現した．進化した当初は，どちらのグループも陸上の生態系における主要な構成員ではなかったが，恐竜はジュラ紀前期までに優位を確立し，おそらくそのせいで哺乳類は中生代の残りの期間中，あまり重要でない（少なくとも見栄えはしない）生態的地位に止められていた．事実，哺乳類が著しく多様化し繁栄し始めたのは，中生代の終わりに恐竜が絶滅してからであった．

つまり，哺乳類の進化の歴史の初めの3分の2の期間は，今日のような支配的な陸生脊椎動物にはならなかった．さらに，中生代が終わったあとの6500万年間に出現した哺乳類の種の数や上位のグループの数を，三畳紀後期から白亜紀の終わりまでの1億5500万年間に出現した数と比較すると，中生代の哺乳類が2倍以上の時間を生きていたにもかかわらず，中生代以後の哺乳類よりもはるかに多様性を欠いていたことがわかる．

中生代の哺乳類は，ほとんどすべて非常に小さな動物で，大体ネズミやドブネズミ程度，最大でもネコくらいの大きさであった．恐竜が寝ているか，少なくとも警戒が緩くなる夜間に，主に活動していたと考えられている．初期の哺乳類の多くはおそらく昆虫や小型脊椎動物を食べていたが，少なくとも多丘歯類というグループだけは草食であった．中生代の哺乳類が，一般的に哺乳類を規定する2つの特徴を持っていたことはほぼ確実である．すなわち体毛と，幼獣のためのミルクを分泌する乳腺である．完全あるいは完全に近い骨格で見つかった中生代の哺乳類もいくつかあるが，大半の種は主に歯によって識別されている．

中生代の哺乳類の主要なグループとしては，三錐歯類（三畳紀後期から白亜紀後期まで），相称歯類（ジュラ紀後期から白亜紀後期まで），梁歯類（ジュラ紀中期から後期まで），ハラミヤ類（三畳紀後期からジュラ紀中期まで），多丘歯類（ジュラ紀後期から始新世後期まで），単孔類（白亜紀前期から現在まで），初期の有袋類（白亜紀中期から現在まで），および初期の有胎盤類（白亜紀中期から現在まで）がある．

三錐歯類とハラミヤ類は，三畳紀後期から見つかった最古の化石哺乳類である．三錐歯類（図39.8 c）は，臼歯（大臼歯および小臼歯）の頂部に3つの円錐形のとがった部分（咬頭）が直線状に並んでいることからこの名がついた．ハラミヤ類の歯には多数の咬頭が2列以上平行に並んでいた．多丘歯類（図39.8 f）は，ハラミヤ類の近縁であり，やはり臼歯にたくさんの咬頭があって複数列に並んでいた．さらに，口の前部に齧歯類のような長い切歯があった．一般に多丘歯類は「齧歯類的な」生態的地位を占めていたと考えられる．それ以前は進化した獣弓類の犬歯類が占め，のちに本当の齧歯類が占めるようになった地位である．

相称歯類の上下の臼歯には，たくさんの咬頭が三角形に並んでおり，咬頭が直線状に並んだ歯よりも進化していた．梁歯類の臼歯はさらに精巧で，上の大臼歯ではたくさんの咬頭がT型に，下の大臼歯では長方形に並んでいた．相称歯類でも梁歯類でも，エナメル質の隆起で複数の咬頭がつながっていることが多かった．

初期の有袋類，すなわち袋を持つ哺乳類（図39.8 e）では，上下の臼歯はより特徴的になった．大きく大体三角形をした上の臼歯に対し，下の臼歯は高く突出した部分と低い盆状の部分からなっていた．初期の有胎盤類（図39.8 d）は，母親が胎盤を通じて発達中の胎児に栄養を与える哺乳類である．その臼歯にはさらに多くの咬頭や隆起があり，ここまでにあげたもの以上に精巧につくられている．最後に単孔類は，本当の哺乳類（すなわち体毛と乳腺を持つ）でありながら，その現生種は爬虫類のように卵を産む．このなかまで，中生代から生息していたのはカモノハシの系統のみである．白亜紀前期から見つかった，大臼歯が3つついた下顎だけが，この種の存在を示している．

恐竜という偉大な動物が数多く多様であったために，中生代は「恐竜の時代」と考えられることが多いが，陸上にも淡水や海水中にも，そして空中にも，他の脊椎動物が多く生息していた．それらの多くは恐竜とともに生き，たいていは相互に影響を及ぼしていた．恐竜は地球の生態系において，地上での「支配的」構成員であったが，その他の脊椎動物も重要な一部分を構成していた．したがって，中生代の脊椎動物世界の広がりや複雑さを理解するためには，恐竜だけではなく，その他すべての脊椎動物についても知っていなければならない．

●文 献

Benton, M. J.(ed.). 1990. *The Phylogeny and Classification of Tetrapods*. Vol. 1：*Amphibians, Reptiles, Birds*. Vol. 2：*Mammals*. The Systematic Association, Special Volumes nos. 35 A and B. Oxford：Clarendon Press.

Benton, M. J. 1993. Reptilia. In M. J. Benton (ed.), *The Fossil Record* 2, pp.681–715. London：Chapman and Hall.

Caldwell, M. W., and M. S. Y. Lee. 1997. A snake with legs from the marine Cretaceous of the Middle East. *Nature* 386：705–709.

Cappetta, H.；C. Duffin；and J. Zidek, 1993. Chondrichthyes. In M. J. Benton (ed.), *The Fossil Record* 2, pp.593–609. London：Chapman and Hall.

Carroll, R. L. 1988. *Vertebrate Paleontology and Evolution*. New York：W. H. Freeman and Company.

Colbert, E. H., and M. Morales. 1991. *Evolution of the Vertebrates*. 4th ed. New York：Wiley-Liss.

Feduccia, A. 1996. *The Origin and Evolution of Birds*. New Haven, Conn.：Yale University Press.

Gardiner, B.G. 1993. Osteichthyes：Basal Actinopterygians. In M. J. Benton (ed.), *The Fossil Record* 2, pp.611–619. London：Chapman and Hall.

Halstead, L. B. 1993. Agnatha. In M. J. Benton (ed.), *The Fossil Record* 2, pp.753–781. London：Chapman and Hall.

Long, J. A. 1995. *The Rise of Fishes*. Baltimore：Johns Hopkins University Press.

Maisey, J. G. 1996. *Discovering Fossil Fish*. New York：Henry Holt and Company.

Milner, A. R. 1993. Amphibian-grade Tetrapoda. In M. J. Benton (ed.), *The Fossil Record* 2, pp. 665–679. London：Chapman and Hall.

Milner, A. R. 1994. Late Triassic and Jurassic amphibians：Fossil record and phylogeny. In N. C. Fraser and H.-D. Sues (eds.), *In the Shadow of the Dinosaurs*, pp. 5–22. Cambridge：Cambridge University Press.

Norman, D. 1994. *Prehistoric Life：The Rise of the Vertebrates*. New York：Macmillan.

Patterson, C. 1993. Osteichthyes：Teleostei. In M. J. Benton (ed.), *The Fossil Record* 2, pp.621–656. London：Chapman and Hall.

Rieppel, O., and M. deBraga. 1996. Turtles as diapsid reptiles. *Nature* 384：453–455.

Schultze, H.-P. 1993. Osteichthyes：Sarcopterygii. In M. J. Benton(ed.), *The Fossil Record* 2, pp.657–663. London：Chapman and Hall.

Stucky, R. K., and M. C. McKenna. 1993. Mammalia. In M. J. Benton(ed.), *The Fossil Record* 2, pp.739–771. London：Chapman and Hall.

Unwin, D. M. 1993. Aves. In M. J. Benton (ed.), *The Fossil Record* 2, pp.717–737. London：Chapman and Hall.

Wilkinson, M.；J. Thorley；and M. J. Benton. 1997. Uncertain turtle relationships. *Nature* 387：466.

40 中生代前期における大陸の四肢動物

Hans-Dieter Sues

　三畳紀は，大陸の四肢動物（四足の脊椎動物）の進化史の中での大きな変化の時代を表している．現在の主なグループのほとんど（またはそれらに最も近い類縁）は，最初この時代の化石記録に現れた．例えば哺乳類，カメ類，恐竜やうろこのある爬虫類（トカゲ類やヘビ類）を含む主竜類爬虫類，平滑両生類（カエル類，サンショウウオ類，アシナシイモリ類）などである．それ以前のペルム紀（古生代後期）において，陸上における優勢な脊椎動物は獣弓類（しばしば「哺乳類のような爬虫類」と紛らわしい呼び方をされる）であり，その大部分はペルム紀の途中もしくは末に絶滅した．しかし三畳紀の初めには，獣弓類が依然として陸上の大きな四肢動物の大部分をなしていた．この時代の終わりまでには，恐竜が最も一般的な大型の陸上動物になった．三畳紀中期に獣弓類の少数グループ（哺乳類の先駆けを含む）が緩やかな多様化を続ける一方で，主竜類爬虫類はかなり多様化し，増加した．陸上脊椎動物相の構成における大規模な変化のパターンや，その変化を引き起こした原因として可能性のあるものはまだわかっていないが，中生代前期にできた大陸の生態系の基本的構造は今日まで残っている（Wing and Sues 1992）．その後に起こった唯一の主な動物相の変化とは，多くの生態的役割においてほとんどの恐竜が哺乳類によって地位をとってかわられたことであるが，少なくとも種の多様性の意味においては，恐竜の一系統つまり鳥類が今でも哺乳類を数ではしのいでいる（鳥類約9000種に対して哺乳類4000種）．

　三畳紀全体をとおして，大陸は一つの巨大な超大陸すなわちパンゲア（Molnar，本書38章：中生代の異なる時期における古地理図参照）を形成した．この巨大な陸塊を横切る陸生の動物の分散を著しく妨げるものがあったとしても，明らかにわずかでしかなかった．三畳紀後期と特にジュラ紀前期の四肢動物群集は，世界のどこにおいても明らかな地域的差異がないことを示している（Fraser and Sues 1994 a中の論文参照）．

　本章では，三畳紀とジュラ紀前期の大陸の四肢動物の主な群集の分散を時間・空間的に簡単に再考し，中生代前期における四肢動物社会の中での大きな変化について議論する．Morales（本書第39章）は生物学や爬虫類の個々のグループの多様性，三畳紀に生存した他の陸生の脊椎動物について論じており，それらについて読者に詳しく説明している．

●三畳紀の四肢動物群集

Romer (1966) は，三畳紀における大陸の四肢動物を A, B, C という 3 つの連続した「動物相」に簡単に分割することを提唱した．「動物相 C」が恐竜によって支配され，中間の「動物相 B」が主竜類爬虫類の最初の放散によって特徴づけられる一方で，「動物相 A」はまだ獣弓類によって支配されていた．これら 3 つの動物相は，下部・中部・上部三畳系（地質学的時間では，前期・中期・後期）という三畳紀の標準的な 3 区分と大体一致するにすぎない．Romer (1966) によって「動物相 C」と見なされたほとんどの群集は，今では時代的にはジュラ紀前期（下記参照）であると考えられている．いくぶん簡略化されすぎているけれども（Ochev and Shishkin 1989），Romer の試みは中生代前期の大陸の四肢動物における動物相変遷の主な段階を反映している．

たいていの研究者はさまざまな中生代前期の四肢動物群集を，スキチアン（下部三畳系），アニシアンとラディニアン（中部三畳系），カーニアンとノ

ーリアン（上部三畳系）（ノーリアン階の最上部には「レチアン」という別の階があると考えられることもある）というように，三畳紀の標準的な階名でより精確に年代順に分けることを試みた．だが，この年代層序区分は元来ヨーロッパのアルプス山脈に連なる海成の堆積岩の層序に基づいているため，こうした試みは多くの難点を伴っており，このように陸成の堆積岩に直接対比することは多くの場合不可能である．花粉や胞子の化石は，海成の堆積物の間に挟まっている火山岩の放射性年代と同様に，海成と陸成の地層の対比のための効果的な非直接的手段を与えている．しかし，中生代前期の四肢動物産出における大陸内，大陸間での対比の詳細については議論されており，この先もしばらくはそれが続くであろう．

三畳紀前期

三畳紀前期（スキチアン期）には，「動物相A」が南アフリカのビューフォート・グループ（図40.1）のリストロサウルス−トリナクソドン群集帯（正式にはリストロサウルス帯［Keyser and Smith 1978］）から最も記録されている．全体的には草食のディキ

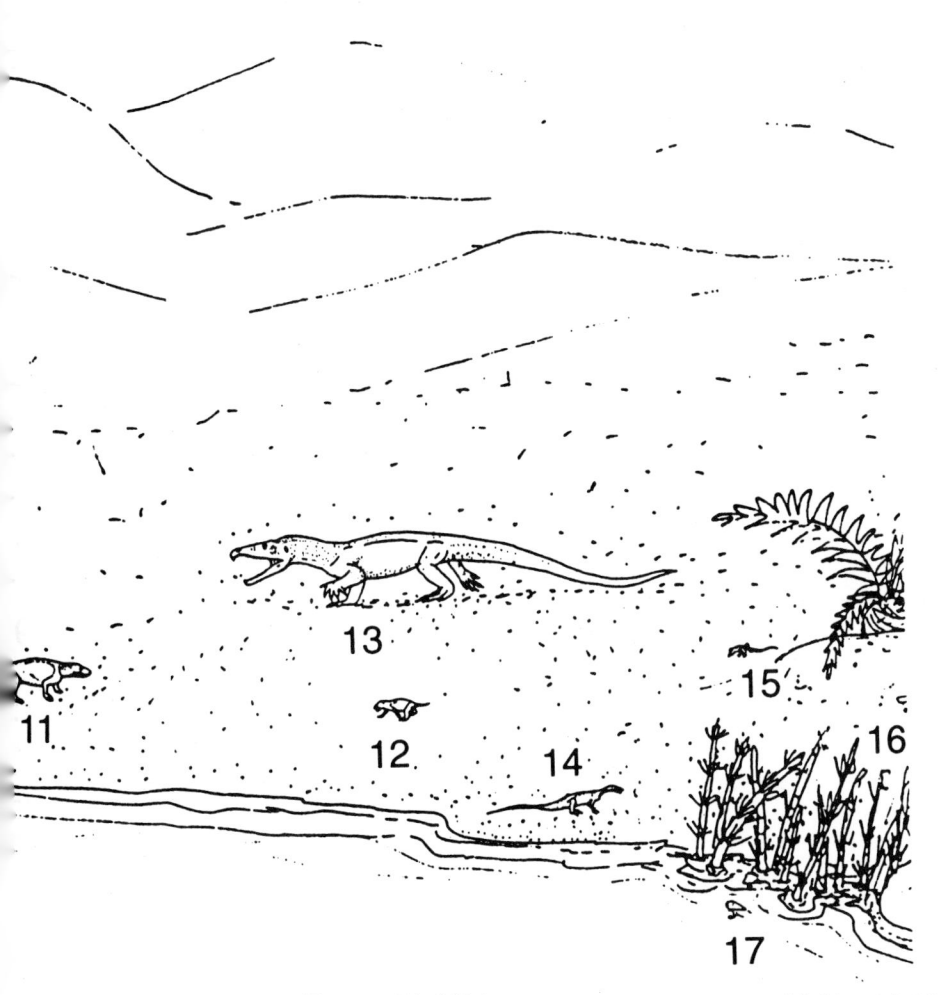

図40.1●三畳紀前期（リストロサウルス−トリナクソドン群集帯）の脊椎動物
両生類：(3) ケストロサウルス（*Kestrosaurus*），(17) ニューマトステガ（*Pneumatostega*）．プロコロフォン類（原始的有羊膜類），(1) プロコロフォン（*Procolophon*）．獣弓類：(5,7,8) リストロサウルス（*Lystrosaurus*），(6) テトラキノドン（*Tetracynodon*），(9) エリシオラケルタ（*Ericiolacerta*），(10) レジサウルス（*Regisaurus*），(11) トリナクソドン（*Thrinaxodon*），(12) ミヨサウルス（*Myosaurus*），(16) オリビィエリア（*Olivieria*）．リンコサウルス類：(2) ノテオスクス（*Noteosuchus*）．トカゲ類：(4) コルブリフェル（*Colubrifer*），(15) パリグアナ（*Paliguana*）．プロトロサウルス類，(14) プロラケルタ（*Prolacerta*）．プロテロスクス類（前鰐類），(13) プロテロスクス（*Proterosuchus*）．
本章の図はすべてトレーシー・フォード（Tracy Ford）による．

ノドン獣弓類から構成されており，特にリストロサウルスは極めて豊富で，初期のキノドン類（トリナクソドンなど）など，他の獣弓類は比較的少なかった．しかし，これらのグループの分類群的多様性は，その前のペルム紀後期における多様性に比較すると大分減少している．三畳紀前期の群集は，主竜類の類縁の多くの爬虫類，特に表面的にはワニに似ているプロテロスクス科を含んでいる．リストロサウルスやプロテロスクスもインド（Tripathi and Satsangi 1963；Chatterjee and Roy-Chowdhury 1974），

南極 (Colbert 1982；Hammer 1989)，中国 (Sun 1989) から産出している．リストロサウルス (Kalandadze 1975) やプロテロスクスに近い類縁の種 (Ochev et al. 1979) は，ヨーロッパのロシアの下部三畳系から産出している．しかし，ヨーロッパ東部やオーストラリア/タスマニア産出の三畳紀前期における脊椎動物群集には，エリオプス類の両生類が豊富だという特徴があり，獣弓類は非常に少ない (Ochev et al.1979；Cosgriff 1984；Ochev and Shishkin 1989)．

層位学的にそのわずかにあと，三畳紀中期の可能

図40.2●三畳紀中期（チャニャーレス層）の脊椎動物

獣弓類：(1) ジャケレリア (*Jacheleria*), (7) プロバイノグナスス (*Probainognathus*), (8) マッセトグナスス (*Massetognathus*), (9) ディノドントサウルス (*Dinodontosaurus*). 残りの動物はすべて主竜類．プロテロスクス類：(2) グアロスクス (*Gualosuchus*), (4) チャナレスクス (*Chanaresuchus*). ラゴスクス類：(5) マラスクス (*Marasuchus*), (10) ラゴスクス (*Lagosuchus*), (11) ラゲルペトン (*Lagerpeton*). ラウイスクス類：(12) ルペロスクス (*Luperosuchus*). アエトサウルス類：(13) 分類不明の種類．グラシリスクス類：(3) グラシリスクス (*Gracilisuchus*), (6) レウイスクス (*Lewisuchus*).

528

図40.3●三畳紀後期(チンリー層群)の脊椎動物

両生類:(14)ブエットネリア(Buettneria).獣弓類:(1)プラケリアス(Placerias),(2)分類不明のキノドン類.トカゲ類:(7)クエーネオサウルス類.プロトロサウルス類:(16)タニトラケロス(Tanytrachelos).トリロフォサウルス類:(4)トリロフォサウルス(Trilophosaurus).残りの動物はすべて主竜類.ラウイスクス類:(10)ポストスクス(Postosuchus),(13)チャッテルジア(Chatterjea).アエトサウルス類:(3)デスマトスクス(Desmatosuchus),(6)スタゴノレピス(Stagonolepis).フィトサウルス類:(8)レプトスクス(Leptosuchus).スフェノスクス類:(5)ヘスペロスクス(Hesperosuchus).翼竜類:(17)分類不明の種類.恐竜類:(9)アンキサウルス(Anchisaurus),(11)分類不明のファブロサウルス類,(12)分類不明のコエロフィシス類,(15)チンデサウルス(Chindesaurus).

性のあるAタイプの動物相は，南アフリカのカンネメイエリア群集帯（以前にはキノグナタス帯．[Keyser and Smith 1978]）の動物相である．これは巨大なディキノドン類のカンネメイエリア（長さ50cmほどの頭骨がついている）や，巨大な肉食のキノドン類のキノグナタス（長さ40cmほどの頭骨がついている）が豊富であるという特徴がある．これらは，推測では草食のキノドン類であるディアデモドンやトリラコドン，そして表面的にはカバに似て大きな頭のある（頭骨の長さ1mほど）エリスロスクスやこれより小さいエウパルケリアなどの，いくつかの主竜類爬虫類の類縁とともに産出した（Keyser and Smith 1978）．カンネメイエリアやキノグナタスもアルゼンチンの下部三畳系や（Bonaparte 1978）おそらく南極（Hammer 1989）から産出し，中国（Young 1964；Sun 1989）やロシア（Ochev et al.1979；Ochev and Shishkin 1989）で産出した動物に極めて近い．

三畳紀中期

三畳紀中期から後期の初めにおける「動物相B」の四肢動物群集は，アルゼンチンの北西部（Romer 1966,1973；Bonaparte 1978）やブラジル南部（Huene 1935-1942；Barberena et al.1985）から最も綿密に記録されており，特別な（ゴンフォドン類の）「頬」歯のあるキノドン類や特にリンコサウルス類の豊富さによって区別されている．スターレッケリア（頭骨の長さ60cmほど）のようないくつかの巨大なディキノドン類も，Bタイプの四肢動物群集内で産出した．最も注目すべきことは，主竜類爬虫類はかなり多様性に富んでおり，最古で知られている恐竜を含んでいることである（Bonaparte 1978；Sereno et al. 1993）．

現在最もよく知られている初期のBタイプ群集は，アルゼンチンのラ・リオハ州にあるチャニャーレス（「イスキチュカ」）層（図40.2）に起源を持つ（Romer 1966,1973；Bonaparte 1978）．これは小さいものから中くらいのサイズのゴンフォドン類のキノドン類（マッセトグナス）を豊富に含んでいるが，明らかにリンコサウルス類が欠けている．チャニャーレス層は同様に，多くの小さな肉食のキノドン類（プロバイノグナス，プロベレソドン）や巨大なディキノドン類（ディノドントサウルス），大きなラウイスクス類のルペロスクス（頭骨の長さ60cm）を含む主竜類の多くの種類や，初期のワニの可能性のある類縁（グラシリスクス），恐竜に密接に類縁する手足の細いいくつかの種類（ラゲルペトン，マラスクス［Sereno and Arcucci 1994a, 1994b］）を産出した．マッセトグナス，プロベレソドン，ディノドントサウルスなどの獣弓類は，リオ・グランデ・ド・スール（ブラジル）のサンタ・マリア層の下部でも産出し，Barberena et al.（1985）はこれをサンタ・マリア層のディノドントサウルス群集帯と称している．またこれは三畳紀中期（ラディニアン）時代とも考えられる．

これとはまた別の多様な初期Bタイプの四肢動物群集は，三畳紀中期におけるタンザニアのマンダ層（Attridge et al.1964）から産出している．リンコサウルスのステノーロリンクス（*Stenaulorhynchus*）やゴンフォドン科のキノドン類に加えてラウイスクス類や主竜類爬虫類を含んでいるが，残念なことにこの重要な動物相の素材の多くは公表されていない．

三畳紀後期

リンコサウルス（スカフォニクス）とゴンフォドン科のキノドン類（例：エクセレトドン）は，アルゼンチン北西部のイスキグアラスト層（Bonaparte 1978）やブラジル南部のサンタ・マリアおよびカトゥリタ層の上部（スカフォニクス群集帯）（Barberena et al.1985）から産出した三畳紀後期（カーニアン期）初めの四肢動物群集の大部分を占めている．プレストスクスやサウロスクスなどの巨大な（全長6mほど）ラウイスクス類の主竜類がこれらの群集の中で最強の肉食動物であった．このうち2つの層は，現在知られている層位学的に最も古い恐竜を産出してきた．サンタ・マリア層の上部からはスタウリコサウルス，イスキグアラスト層からはエオラプトル，ヘレラサウルス，ピサノサウルスが産出した（Sereno et al.1993）．鳥盤類の恐竜ピサノサウルスのイスキグアラスト層における存在は，近年放射年代的にはカーニアン中期と測定され，竜盤目と鳥盤目における進化的な分岐がカーニアン中期より先に起こったことを証明している（Rogers et al.1993）．

中～大サイズの肉食動物および草食動物として，恐竜は，Romerが「動物相C」と呼ぶ四肢動物群集をすぐに支配するようになった．哺乳類の先駆者を含めて，進歩した獣弓類は，この社会の小さな要素しか形成しなかった．地学的な証拠の一つ一つが，Romer（1966）の議論によっていわゆる三畳紀後期のCタイプ四肢動物群集とされているものの多くが，実際はジュラ紀前期のものであったことを示唆

している（Olsen and Galton 1977；Olsen and Sues 1986）．

ワニに似たフィトサウルスやメトポサウルス類などの豊富な両生類は，どちらも低地の淡水環境における半水生もしくは水生の捕食動物であるが，これらは三畳紀後期（カーニアン期からノーリアン期）における中央ヨーロッパのコイパー（Keuper）や米国南西部のチンリー（Chinle）（図40.3）やドックム層群（Dockum groups）から産出した古典的なCタイプ群集を特徴づけている．他の重要な動物相の要素は，体の大部分を重々しく装甲したスタゴノレピス科（アエトサウルス科）や，特に小型の獣脚類のコエロフィシス（Coelophysis）（Lucas and Hunt 1989中の論文参照）のような恐竜を含んでいる．さまざまな恐竜と同様にメトポサウルス類やフィトサウルス類を含んでいる豊かな四肢動物群集は，カーニアン期のモロッコのアーガナ（Argana）層から産出した（Dutuit 1972）．

ドイツ南部のシュトゥーベンザントスタインやクノーレンマーゲル（コイパー）と隣接する地域のノーリアン期中期から後期の四肢動物群集は，大型（全長7 m）基底竜脚形類のプラテオサウルスの多さで有名である（Sander 1992）．ほぼ同一の四肢動物群集がノーリアン期の東グリーンランドのフレミング・フィヨルド層で産出している（Jenkins et al. 1993）．

メトポサウルス類とフィトサウルス類は，南半球（ゴンドワナ）の三畳紀後期に知られているほとんどの群集社会においては大変まれであるか，もしくは存在していない．注目すべき例外はカーニアン期のデカン（インド）のマレリ層で，これはゴンフォドン類のキノドンであるエクセレトドン（Exaeretodon）と同様にメトポサウルス類やフィトサウルス類を含む「混合した」四肢動物群集を産出した（Chatterjee and Roy-Chowdhury 1974；Chatterjee 1982）．またこの層は，ほかにはスコットランドのロッシーマウス・サンドストン層からも産出したリンコサウルス類のヒペロダペドンも含んでいる（Benton 1983）．似たように，断片的だがメトポサウルス類やフィトサウルス類の特性を表す材料がマダガスカルの上部三畳系からも報告されている（Dutuit 1978）．

Sues and Olsen（1990）は，三畳紀後期における北方（ローレシア）と南方（ゴンドワナ）の四肢動物群集の動物相のちがいは地理的な分布よりもむしろ地質的な時代のちがいを反映していると示唆してきた．リンコサウルス類やゴンフォドン科のキノドン類などを含むBタイプ群集がメトポサウルス類やフィトサウルス類を含む最古の典型的なCタイプ群集よりもわずかに古いと彼らは見なした．リンコサウルス類やゴンフォドン類のキノドン類は，ノバ・スコシアのウルフビル層（カーニアン期）のメトポサウルス類と共産している（Olsen et al. 1989）．ゴンフォドン類のキノドン（ボレオゴンフォドン）は，バージニア州のターキー・ブランチ層（カーニアン期）のフィトサウルス類と同様にとても豊富に産出している（Sues and Olsen 1990）．リンコサウルス類（ヒペロダペドン）はスコットランドのロッシーマウス・サンドストン層（カーニアン期）と共通しており，メトポサウルス類やフィトサウルス類が全くないことは単に乾燥した環境であることを反映しているだけかもしれないが注目には値する（Benton and Walker 1985）．

現在，最もよく知られている三畳紀後期の南半球産出の「動物相C」四肢動物群集は，アルゼンチン北西部のロス・コロラドス層にその起源がある（Bonaparte 1972, 1978）．巨大なラウイスクス類のファソラスクス（頭骨の長さ95 cm），スフェノスクス類のワニ形類（プセウドヘスペロスクス），ワニの先駆者（ヘミプロトスクス），オルニトスクス類（リオハスクス），トリセレドン類のキノドン（チャリミア），そして詳細未詳の小さな獣脚類といっしょに，これは大型（全長11 m）の竜脚形類のリオハサウルスを含んでいる．動物相的構成においてロス・コロラドス群集は，典型的な三畳紀後期とジュラ紀前期の四肢動物群集の中間にあり，これらの四肢動物すべてが同じ層準内に実際に産出したのかどうかを判断するためには，より注意深い層位学的記録が必要である．

広域で，世界の至るところで起こったともいえる大陸の四肢動物の，多くの分類群における地理的な分布についての一般的な傾向は，三畳紀の間に明らかになっており，特に三畳紀の終わりからジュラ紀前期に向けて最も明白となる（Olsen and Sues 1986；Sues and Reisz 1995）．

●ジュラ紀前期の四肢動物群集

三畳紀後期に多いといわれている世界中の陸生四肢動物の産出の時期をOlsenと彼の関係者が改めて推定したことによって（Olsen and Galton 1977；Olsen and Sues 1986；Olsen et al. 1989），ジュラ紀前期が主に海成の堆積岩によって代表される期間であっ

たため四肢動物の記録はほとんどないという伝統的な見方は無効になった．長い間，ジュラ紀前期の陸生四肢動物の化石記録は，ヨーロッパ産の海成層における恐竜や翼竜などのわずかな発見だけに限定されているように見えた．それに続いていくつかのボーンベッド（ドイツ南部，英国南西部）や，小型四肢動物の関節のつながっていない骨がたくさん詰まった割れ目充填物（英国南西部）が三畳紀－ジュラ紀の境界に広がって発見された（Clemens 1980；Evans and Kermack 1994）．英国南西部におけるジュラ紀前期の裂罅充填物は，中に哺乳類の先駆けであるモルガヌコドンの大規模なサンプルがあったことで最も有名であり，これらの産出は明らかに島の生物相を表している（Evans and Kermack 1994）．

最も多様な群集のいくつかは，中国の雲南省下部ルーフェン層（暗赤，薄紫層）から見つかっている（Young 1951；Simmons 1965；Luo and Wu 1994）．ルーフェン層には大型の竜脚形類のルーフェンゴサウルス（Young 1951）や大型で冠のついた獣脚類のディロフォサウルス（Hu 1993）が含まれている．しかし，たくさんの群集は小型から中型の動物から構成されている．つまりスフェノドン類のレピドサウルス類（クレボサウルス），スフェノスクス類のワニ形類（ディボスロスクス），小型のワニに似た数種の爬虫類（例：プラティオグナタス），小型の鳥盤類（例：タティサウルス），おそらくは小型の獣脚類の恐竜も，またたくさんのトリティロドン類のキノドン類（例：ビエノテリウム）やさまざまな哺乳類の先駆者（モルガヌコドン，シノコノドン）などを含んでいるのである（Luo and Wu 1994）．

ジュラ紀前期のアリゾナ（モーネイブ層，カイエンタ層やナバホ砂岩［Sues et al. 1994］），ノバ・スコシア（マッコイ・ブルック層［Shubin et al. 1994］），アフリカ南部（ストームバーグ層群上部やその相当部［Kitching and Raath 1984］）でよく知られている四肢動物群集においては，クレボサウルスやワニに似た小型の主竜類が存在していることが下部ルーフェン層と共通している．哺乳類の先駆者であるモルガヌコドンは，下部ジュラ系の英国南西部，カイエンタ層，下部ルーフェン層や，おそらくストームバーグ層群上部（「エリスロテリウム」）などの裂罅充填物の中に存在している．ストームバーグ上部はトリテレドン類のキノドンであるパキゲネラス（Shunbin et al. 1994）が存在していることがマッコイ・ブルック層と共通しており，大型（全長4 m）竜脚形類のマッソスポンディルスや小型の獣脚類であるシン

タルサスが存在していることがカイエンタ層と共通している．ワニ類の初期類縁であるプロトスクスはストームバーグ上部，マッコイ・ブルック層，モーネイブ層に産出している（Sues et al. 1994）．大型（全長6 m）の獣脚類であるディロフォサウルスはカイエンタ層（Welles 1984）や下部ルーフェン層（Hu 1993）に産出している．小型のトリティロドン類（tritylodontid）キノドンであるオリゴキフスが，ドイツ南部と英国南西部の下部ジュラ系（Evans and Kermack 1994），アリゾナ州のカイエンタ層（Sues et al. 1994），雲南省の下部ルーフェン層（Luo and Sun 1994）から見つかっている．ジュラ紀前期における大陸の脊椎動物がここまで著しく世界中に存在したということは，パンゲアの分裂がすでに進んでいたという事実から考えると不思議である（Sues and Reisz 1995）．

最近の化石記録に基づくと，まずジュラ紀前期における大陸の四肢動物の群集にはメトポサウルス類の両生類，フィトサウルス類，プロコロフォン類のような三畳紀後期の特徴的な種類が欠けているという特徴がある．明らかにこの時期には，陸生の脊椎動物の新しいグループはほとんど現れなかったのである．

●恐竜の繁栄：競争か生態的日和見主義か

古生物学者の中には，三畳紀における主竜類爬虫類の驚くべき多様化と，陸生四肢動物群集の主な構成要素としての獣弓類のかわりとなるものを説明するようなシナリオを発展させてきた者もいた．これらシナリオのほとんどは，いくつかの競争の型を引き合いに出し，ある形態的または推測される生理的な革新が，潜在的な競争者，特に獣弓類に対する選択的な利点を爬虫類に与えたと推測している．多くのシナリオは，一方では獣弓類と他の初期の四肢動物，また他方では主竜類爬虫類などにおける四肢の位置や走り方のちがいに焦点を当てている．

獣弓類は，多少なりとも手足を横に伸ばした腹這い方式で，横幅広い足跡をつける歩きぶりで絶対的な四足動物であった（Hotton 1980）．主竜類はもっと直立した姿勢をし，四肢を握ったり体に近づけたりした．これによって多くの初期の種類においてでさえ，おそらくもっと素早い歩行や二足歩行が可能になることが少なくとも時折はあったのである．

Hotton（1980）はさらに，主竜類の爬虫類は水をほとんど使わずに窒素を尿酸として排出することが

できるため，獣弓類はある程度主竜類の爬虫類にとってかわられたと提唱した．現在の哺乳類（おそらく哺乳類が由来している獣弓類も）が窒素を体外に流すためには大量の水分を要する尿として排出している一方，現在の爬虫類や鳥類は尿酸の中の窒素を懸濁液（鳥類）もしくはほぼ乾燥した小さくて丸い糞（トカゲ類）として排出する．特に三畳紀の後半において徐々に気候が乾燥してくると，主竜類は水を保存する代謝の仕組や特殊な歩行によって，獣弓類に対する競争で利点を得たのだとHottonは推論している．

Charig（1980，1984）によって提唱された競争シナリオによれば，十分に直立した恐竜の四肢の姿勢は「全般的にすぐれた」歩行能力を結果的にもたらし，おそらくこのグループの進化における驚くべき成功の原因となった．このように肉食恐竜は，やがて他の肉食主竜類や肉食キノドン類を制し，その時代のさまざまな非恐竜の草食動物（ディキノドン類，ゴムフォドン・キノドン類，リンコサウルス類）を除去するようないっそう有能な捕食者になった．そうした植物を食する種類が消えたことによって，植物資源を探すように草食恐竜のさまざまなグループにおける進化の多様化が加速したのであろう（Charig 1984）．

Benton（1983）は，数百万年間にわたって垂直な四肢のある恐竜と，体の脇に広がった四肢のある単弓類や他の四肢動物との大規模な競争の結果，恐竜が後者を制しえたのかどうかに疑問を持った．そのかわりに彼は非哺乳類の単弓類や他の主な四肢動物グループにおける絶滅は，外的因子，特に三畳紀末期に向かっての植物相の変化に関係があるかもしれないと主張した．しかしリンコサウルス類の絶滅と，「種子ーシダ」のディクロイディウムによって支配された植物相の消滅についての彼の対比は有効な証拠に支えられたものではない（Rogers et al. 1993）．Benton（1983）は，初期の恐竜類は絶滅した先祖のためにあいた生態的地位を引き継いだだけの単なる生態的日和見主義者であると解釈した．

化石記録に内在する不完全性のために，恐竜の進化的成功を説明する競争シナリオは正確に検証することができない．だが，Roger et al.（1993）によるイスチグアラスト層内の四肢動物の多様性についての最近の調査で，Charigや他の競争的交代モデルによって予測される，多様な初期四肢動物グループの長期にわたる漸移的な衰退の証拠は全く見つからなかった．さらに，恐竜の「競争的優勢」はCharigの主張ほど明らかではない．主竜類爬虫類のさまざまな系統が個々に三畳紀後期に直立した姿勢に進化したが，これらのほとんどは三畳紀末に生き残らなかった．

●中生代前期における大陸の四肢動物の絶滅

大陸の四肢動物における絶滅についての主な一，二の出来事は中生代初期に起こった．海生の無脊椎動物，特にアンモナイト類の頭足類，二枚貝類，腕足動物類が三畳紀末に大量に絶滅したことは長い間知られている（Hallam 1981, 1990）．実際に，この絶滅は今やこの5億4000万年前の中で五大絶滅の一つとして位置づけられているのである（Sepkoski 1986）．Colbert（1958）は初めて四肢動物の多くの系統が三畳紀-ジュラ紀の境界において消えていることに気づき，中生代初期の四肢動物における生物的多様性についての最近の調査によってColbertの観察は裏づけられた（Benton 1986, 1991, 1994；Olsen and Sues 1986）．綿密な調査が続いたにもかかわらず，本章の初めで議論されているような正確な層位学的対比についての問題があるため，陸上と海中の生物的変化を対比することにはかなりの不確実性が伴うのである．

北米の東部，ニューアーク超層群の中生代初期の地層から産出した層位学的に十分制限された化石記録は，三畳紀末の大陸の生物相に大量絶滅があったという仮説を裏づけている（Olsen and Sues 1986；Olsen et al. 1987, 1989, 1990）．ニューアーク超層群は，ジュラ紀における超大陸パンゲアの分裂や北大西洋の始まりに先行する4500万年に及ぶ地殻拡張・減退の中で，形成した一連の断層盆地（rift basin）に堆積した何千mもの堆積岩や火山岩の残存物を表している（Olsen et al. 1989）．この超層群は，三畳紀中期からジュラ紀前期に及ぶ大陸の四肢動物骨格の化石や足跡など，年代が明確でさまざまなものを産出していた．

ノバ・スコシアのマッコイ・ブルック層下部でジュラ紀初期の四肢動物化石が最近豊富に発見されたことは，これらの群集が放射年代的に定められた三畳紀-ジュラ紀境界より百万年弱ほどあとにくるので，現在の前後関係で特に興味深い（Olsen et al. 1987, 1989, 1990；Shubin et al. 1994）．マッコイ・ブルック層の化石の産状は多くの異なる古環境を表しているにもかかわらず，そのすべての化石には三畳紀後期における北米やその他の地域の四肢動物群

集を特徴づける特定の両生類や爬虫類が欠けている．これらの「欠落」にはメトポサウルス類の両生類，プロコロフォン類，フィトサウルス類，スタゴノレピダス類，ラウイスクス類も含まれている．雲南省の下部ルーフェン層（中国）やアフリカ南部のストームバーグ層群上部から産出したジュラ紀前期のよく知られている四肢動物群集は，動物相の構成において同じ変化パターンを示している．

三畳紀末に消えた分類群の正確な数については論議が続いているが，絶滅は分類学的にも生態学的にも，またはどちらか一方においても特定のものを対象にしてはいないようである（Olsen and Sues 1986；Benton 1991）．一方，マッコイ・ブルック層や他の場所で発見されたすべての四肢動物はすでに三畳紀後期に存在した分類群を表しており，ジュラ紀初期に新しい分類群の産出は非常に少ないようである（Olsen and Sues 1986；Olsen et al. 1987；Benton 1991）．恐竜は本質的に三畳紀末の絶滅の影響を受けていなかったようである．今日まで，三畳紀-ジュラ紀境界をまたがる恐竜の科レベルでの分類群が消えている記録は一つもない．

この前後関係において，ニューアーク超層群や他の場所の堆積岩から出た花粉や胞子の化石記録が，三畳紀-ジュラ紀境界またはその近辺における主な植物相の変化を示していることは注目に値する（Olsen et al. 1990）．分類学的にさまざまな三畳紀後期の花粉や胞子の群集は，ほぼ全体的に特定の針葉樹の花粉からなる大幅に減ったジュラ紀前期の群集にとってかわられた（形態属では *Corollina* または *Classopollis*）．

三畳紀-ジュラ紀境界で観察された大規模な生物相の変化の原因は，いまだにわかっていない．Olsen et al.（1987）はその変化を，ケベック州（カナダ）の巨大マニコーガン（Manicouagan）衝突クレーターに結びつけた．そのクレーターのうち見えている部分は離れたテレーンに位置し，直径が約70 kmあるが，判別のつきにくい衝突の証拠は直径約100 kmの範囲まで飛び散っている．残念なことに，氷河期の巨大な氷山の進行が衝突箇所の元来の構造を壊してしまった．Silver（1982）は，地球外の直径約10 kmの物質が秒速25 kmの速さで1億メガトン以上のエネルギーを放出した衝撃でクレーターをつくったと計算した．Hodych and Dunning（1992）は最近，放射年代的にマニコーガン衝突は今から約2億1400万年前であると再測定し，放射年代的に決められていた三畳紀-ジュラ紀境界より以前に衝突が起こったことが明らかになり，これを三畳紀-ジュラ紀境界における絶滅の「明白な証拠」と定めようとした．

驚いたことに，マニコーガン衝突の時期における主な絶滅の証拠がまだない．Bice et al.（1992）はイタリアの三畳紀-ジュラ紀境界から産出した海成堆積岩の中にある，衝撃を受けた石英が入ったいくつかの層を報告し，それらの存在を説明する多様な衝撃の仮説を立てた．しかし，白亜紀末に起こった衝突（Benton 1994）よりも説得力はずっと少なく，今日まで正確な年代における明白な衝突箇所は特定されていない．Hallam（1981，1990）は三畳紀末の生物相の危機に関する陸上の原因，特に北米東部とアフリカ南部における火山活動の増大や，三畳紀-ジュラ紀境界における海水準の変化といった原因に賛成した．しかし，Olsen（Olsen et al. 1989 中）は，それらのシナリオはどれも現在使われている化石証拠を十分説明することはできないと主張した．

Benton（1991，1994）は，重要な大陸の四肢動物の絶滅がより早く三畳紀後期のカーニアン階末に起こったと主張してきた．彼の観点によると，恐竜はノーリアン期の間に連続的に速く放散し，ノーリアン期末の絶滅のあと，ジュラ紀に多様化し続けた．しかし，Rogers et al.（1993）や Fraser and Sues（1994 b）は，Benton によってまとめられた最近の分類群における数字の正当性を疑った．これにより，提唱されたカーニアン期末の出来事の重大性は著しく弱められた．Benton の興味深い仮説を厳密にテストするということは，まちがいなくノーリアン期初期には四肢動物群集はほとんど知られていないため現在は困難である（反対意見は Benton 1994 参照）．

三畳紀末における主竜類爬虫類（ラウイスクス類など）の中のすべての潜在的競争者が絶滅したのち，ジュラ紀前期において恐竜は世界の至るところで優勢な大型陸生動物として確立したのである．

●文　献

Attridge, J.; H. W. Ball; A. J. Charig; and C. B. Cox. 1964. The British Museum (Natural History) – University of London joint palaeontological expedition to northern Rhodesia and Tanganyika. *Nature* 201：445-449.

Barberena, M. C.; D. C. Araújo; and E. L. Lavina. 1985. Late Permian and Triassic tetrapods of southern Brazil. *National Geographic Research* 1：5-20.

Benton, M. J. 1983. Dinosaur success in the Triassic：A non-competitive ecological model. *Quarterly Review of Biology* 58：29-55.

Benton, M. J. 1986. The Late Triassic tetrapod extinction

events. In K. Padian (ed.), *The Beginning of the Age of Dinosaurs : Faunal Change across the Triassic-Jurassic Boundary*, pp. 303-320. Cambridge : Cambridge University Press.

Benton, M. J. 1991. What really happened in the Late Triassic? *Historical Biology* 5 : 263-278.

Benton, M. J. 1994. Late Triassic and Middle Jurassic extinctions among continental tetrapods : Testing the pattern. In N. C. Fraser and H.-D. Sues (eds.), *In the Shadow of the Dinosaurs : Early Mesozoic Tetrapods*, pp. 366-397. Cambridge : Cambridge University Press.

Benton, M. J., and A. D. Walker. 1985. Palaeoecology, taphonomy, and dating of Permo-Triassic reptiles from Elgin, north-east Scotland. *Palaeontology* 28 : 207-234.

Bice, D. ; C. R. Newton ; S. McCauley ; P. W. Reiners ; and C. A. McRoberts. 1992. Shocked quartz at the Triassic-Jurassic boundary in Italy. *Science* 255 : 443-446.

Bonaparte, J. F. 1972. Los tetrápodos del sector superior de la formación Los Colorados, La Rioja, Argentina (Triásico superior). I Parte. *Opera Lilloana* 22 : 1-183.

Bonaparte, J. F. 1978. El Mesozoico de América del Sur y sus tetrápodos. *Opera Lilloana* 26 : 5-596.

Charig, A. J. 1980. Differentiation of lineages among Mesozoic tetrapods. *Mémoires de la Société Géologique de France*, n.s. 139 : 207-210.

Charig, A. J. 1984. Competition between therapsids and archosaurs during the Triassic period : A review and synthesis of current theories. In M. W. J. Ferguson (ed.), *The Structure, Development and Evolution of Reptiles*, pp. 597-628. London : Academic Press.

Chatterjee, S. 1982. A new cynodont reptile from the Triassic of India. *Journal of Paleontology* 56 : 203-214.

Chatterjee, S., and T. Roy-Chowdhury. 1974. Triassic Gondwana vertebrates from India. *Indian Journal of Earth Sciences* 1 : 96-112.

Clemens, W. A. 1980. Rhaeto-Liassic mammals from Switzerland and West Germany. *Zitteliana* 5 : 51-92.

Colbert, E. H. 1958. Tetrapod extinctions at the end of the Triassic. *Proceedings of the National Academy of Sciences*, U.S.A. 44 : 973-977.

Colbert, E. H. 1982. Triassic vertebrates in the Transantarctic Mountains. In M. D. Turner and J. E. Splettstoesser (eds.), *Geology of the Central Transantarctic Mountains*, pp. 11-35. Antarctic Research Series, vol. 36. Washington, D.C. : American Geophysical Union.

Cosgriff, J. W. 1984. The temnospondyl labyrinthodonts of the earliest Triassic. *Journal of Vertebrate Paleontology* 4 : 30-46.

Dutuit, J.-M. 1972. Introduction à l'étude paléontologique du Trias continental marocain. Description des premiers Stégocéphales, recueillis dans le couloir d'Argana (Atlas occidental). *Mémoires du Muséum National d'Histoire Naturelle* C, 36 : 1-253.

Dutuit, J.-M. 1978. Description de quelques fragments osseux provenant de la région de Folakra (Trias supérieur malgache). *Bulletin du Muséum National d'Histoire Naturelle* 3 (69) : 79-89.

Evans, S. E., and K. A. Kermack. 1994. Assemblages of small tetrapods from the Early Jurassic of Britain. In N. C. Fraser and H.-D. Sues (eds.), *In the Shadow of the Dinosaurs : Early Mesozoic Tetrapods*, pp. 271-283. Cambridge : Cambridge University Press.

Fraser, N. C., and H.-D. Sues. 1994 a. *In the Shadow of the Dinosaurs : Early Mesozoic Tetrapods*. Cambridge : Cambridge University Press.

Fraser, N. C., and H.-D. Sues. 1994 b. Comments on Benton's "Late Triassic to Middle Jurassic extinctions among continental tetrapods." In N. C. Fraser and H.-D. Sues (eds.), *In the Shadow of the Dinosaurs : Early Mesozoic Tetrapods*, pp. 398-400. Cambridge : Cambridge University Press.

Hallam, A. 1981. The end-Triassic bivalve extinction event. *Palaeogeography, Palaeoclimatology, Palaeoecology* 35 : 1-44.

Hallam, A. 1990. The end-Triassic mass extinction event. *Geological Society of America Special Paper* 247 : 577-583.

Hammer, W. R. 1989. Triassic terrestrial vertebrate faunas of Antarctica. In T. N. Taylor and E. L. Taylor (eds.), *Antarctic Paleobiology : Its Role in the Reconstruction of Gondwana*, pp. 42-50. New York : Springer-Verlag.

Hodych, J. P., and G. R. Dunning. 1992. Did the Manicouagan impact trigger end-of-Triassic mass extinction? *Geology* 20 : 51-54.

Hotton, N. III. 1980. An alternative to dinosaur endothermy : The happy wanderers. In R. D. K. Thomas and E. C. Olson (eds.), *A Cold Look at the Warm-Blooded Dinosaurs*, pp. 311-350. American Association for the Advancement of Science Selected Symposium 28. Boulder, Colo. : Westview Press.

Hu, S. 1993. [A new theropod (*Dilophosaurus sinensis* sp. nov.) from Yunnan, China.] *Vertebrata PalAsiatica* 31 : 65-69. (In Chinese with English abstract.)

Huene, F. von. 1935-42. *Die fossilen Reptilien des südamerikanischen Gondwanalandes*. Munich : C. H. Beck'sche Verlagsbuchhandlung.

Jenkins, F. A. Jr. ; N. H. Shubin ; W. W. Amaral ; S. M. Gatesy ; C. R. Schaff ; W. R. Downs ; L. B. Clemmensen ; N. Bonde ; A. R. Davidson ; and F. Osbæck. 1993. A Late Triassic continental vertebrate fauna from the Fleming Fjord Formation, Jameson Land, East Greenland. *New Mexico Museum of Natural History and Science*, Bulletin 3 : 74.

Kalandadze, N. N. 1975. Pervaia nakhodka listrozavra na territorii evropeiskoi chasti SSSR. *Paleontologicheskii zhurnal* 1974 (4) : 140-142.

Keyser, A. W., and R. M. H. Smith. 1978. Vertebrate biozonation of the Beaufort Group with special reference to the western Karoo Basin. *Annals of the Geological Survey of South Africa* 12 : 1-35.

Kitching, J. W., and M. A. Raath. 1984. Fossils from the Elliot and Clarens formations (Karoo sequence) of the northeastern Cape, Orange Free State and Lesotho, and a suggested biozonation based on tetrapods. *Palaeontologia Africana* 25 : 111-125.

Lucas, S. G., and A. P. Hunt (eds.). 1989. *Dawn of the Age of*

Dinosaurs in the American Southwest. Albuquerque : New Mexico Museum of Natural History.

Luo, Z., and A. Sun. 1994. *Oligokyphus* (Cynodontia : Tritylodontidae) from the Lower Lufeng Formation (Lower Jurassic) of Yunnan, China. *Journal of Vertebrate Paleontology* 13 : 477–482.

Luo, Z., and X. Wu. 1994. The small tetrapods from the Lower Lufeng Formation, Yunnan, China. In N. C. Fraser and H.-D. Sues (eds.), *In the Shadow of the Dinosaurs : Early Mesozoic Tetrapods*, pp. 251–270. Cambridge : Cambridge University Press.

Ochev, V. G., and M. A. Shishkin. 1989. On the principles of global correlation of the continental Triassic on the tetrapods. *Acta Palaeontologica Polonica* 34 : 149–173.

Ochev, V. G. ; G. I. Tverdokhlebova ; M. G. Minikh ; and A. V. Minikh. 1979. *Stratigraficheskoe i paleogeograficheskoe znachenie verknepermskikh i triasovykh pozvonochnykh Vostochno–evropeiskoi platformy i Priural'ia*. Saratov : Izdatel'stvo Saratovskogo universiteta.

Olsen, P. E. ; S. J. Fowell ; and B. Cornet. 1990. The Triassic/ Jurassic boundary in continental rocks of eastern North America : A progress report. Geological Society of America Special Paper 247 : 585–593.

Olsen, P. E., and P. M. Galton. 1977. Triassic–Jurassic extinctions : Are they real ? *Science* 197 : 983–986.

Olsen, P. E. ; R. W. Schlische ; and P. J. W. Gore (eds.). 1989. *Tectonic, Depositional, and Paleoecological History of the Early Mesozoic Rift Basins, Eastern North America*. 28 th International Geological Congress, Field Trip Guidebook T 351. Washington, D. C. : American Geophysical Union.

Olsen, P. E. ; N. H. Shubin ; and M. H. Anders. 1987. New Early Jurassic tetrapod assemblages constrain Triassic–Jurassic tetrapod extinction event. *Science* 237 : 1025–1029.

Olsen, P. E., and H.-D. Sues. 1986. Correlation of continental Late Triassic and Early Jurassic sediments, and the Triassic–Jurassic tetrapod transition. In K. Padian (ed.), *The Beginning of the Age of Dinosaurs : Faunal Change across the Triassic–Jurassic Boundary*, pp. 321–351. Cambridge : Cambridge University Press.

Parrish, J. M. ; J. T. Parrish ; and A. C. Ziegler. 1986. Permian–Triassic paleogeography and paleoclimatology and implications for therapsid distribution. In N. Hotton III, P. D. MacLean, J. J. Roth, and E. C. Roth (eds.), *The Ecology and Biology of Mammal–like Reptiles*, pp. 109–131. Washington, D.C. : Smithsonian Institution Press.

Rogers, R. R. ; C. C. Swisher III ; P. C. Sereno ; A. M. Monetta ; C. A. Forster ; and R. N. Martinez. 1993. The Ischigualasto tetrapod assemblage (Late Triassic, Argentina) and 40 Ar/39 Ar dating of dinosaur origins. *Science* 260 : 794–797.

Romer, A. S. 1966. The Chañares (Argentina) Triassic reptile fauna. Part I : Introduction. *Breviora* 247 : 1–14.

Romer, A. S. 1973. The Chañares (Argentina) Triassic reptile fauna. Part XX : Summary. *Breviora* 413 : 1–20.

Sander, P. M. 1992. The Norian *Plateosaurus* bonebeds of central Europe and their taphonomy. *Palaeogeography, Palaeoclimatology, Palaeoecology* 93 : 255–299.

Sepkoski, J. J. Jr. 1986. Phanerozoic overview of mass extinctions. In D. M. Raup and D. Jablonski (eds.), *Patterns and Processes in the History of Life*, pp. 277–296. Berlin : Springer–Verlag.

Sereno, P. C., and A. B. Arcucci. 1994 a. Dinosaurian precursors from the Middle Triassic of Argentina : *Lagerpeton chanarensis*. *Journal of Vertebrate Paleontology* 13 : 385–399.

Sereno, P. C., and A. B. Arcucci. 1994 b. Dinosaurian precursors from the Middle Triassic of Argentina : *Marasuchus lilloensis* gen. nov. *Journal of Vertebrate Paleontology* 14 : 53–73.

Sereno, P. C. ; C. A. Forster ; R. R. Rogers ; and A. M. Monetta. 1993. Primitive dinosaur skeleton from Argentina and the early evolution of Dinosauria. *Nature* 361 : 64–66.

Shubin, N. H. ; P. E. Olsen ; and H.-D. Sues. 1994. Early Jurassic small tetrapods from the McCoy Brook Formation of Nova Scotia, Canada. In N. C. Fraser and H.-D. Sues (eds.), *In the Shadow of the Dinosaurs : Early Mesozoic Tetrapods*, pp. 242–250. Cambridge : Cambridge University Press.

Silver, L. T. 1982. Introduction. In L. T. Silver and P. H. Schultz (eds.), *Geological Implications of Impacts of Large Asteroids and Comets on Earth*, pp. xiii–xix. Geological Society of America Special Paper 190.

Simmons, D. J. 1965. The non–therapsid reptiles of the Lufeng basin, Yunnan, China. *Fieldiana*, Geology 15 : 1–93.

Sues, H.-D. ; J. M. Clark ; and F. A. Jenkins, Jr. 1994. A review of the Early Jurassic tetrapods from the Glen Canyon Group of the American Southwest. In N. C. Fraser and H.-D. Sues (eds.), *In the Shadow of the Dinosaurs : Early Mesozoic Tetrapods*, pp. 284–294. Cambridge : Cambridge University Press.

Sues, H.-D., and P. E. Olsen. 1990. Triassic vertebrates of Gondwanan aspect from the Richmond basin of Virginia. *Science* 249 : 1020–1023.

Sues, H.-D., and R. R. Reisz. 1995. First record of the early Mesozoic sphenodontian *Clevosaurus* (Lepidosauria : Rhynchocephalia) from the Southern Hemisphere. *Journal of Paleontology* 69 : 123–126.

Sun, A. 1989. *Before Dinosaurs*. Beijing : China Ocean Press.

Tripathi, S., and P. P. Satsangi. 1963. *Lystrosaurus* fauna from the Panchet Series of the Raniganj Coalfield. *Palaeontologia Indica*, n.s. 37 : 1–53.

Welles, S. P. 1984. *Dilophosaurus wetherilli* (Dinosauria, Theropoda) : Osteology and comparisons. *Palaeontographica* A, 185 : 85–180.

Wing, S. L., and H.-D. Sues (rapporteurs). 1992. Mesozoic and early Cenozoic terrestrial ecosystems. In A. K. Behrensmeyer, J. Damuth, W. A. DiMichele, R. Potts, H.-D. Sues, and S. L. Wing (eds.), *Terrestrial Ecosystems through Time : Evolutionary Paleoecology of Terrestrial Plants and Animals*, pp. 327–416. Chicago : University of Chicago Press.

Young, C. C. 1951. The Lufeng saurischian fauna in China. *Palaeontologia Sinica*, n.s. C, 13 : 1–96.

Young, C. C. 1964. The pseudosuchians in China. *Palaeontologia Sinica*, n.s. C, 19 : 1–205.

41 中生代後期の恐竜の動物相

Dale A. Russell
and
José F. Bonaparte

　伝統的に長い間，恐竜の形態学や分類や地質学的年代，古生態学には関心が集まっていたのに対し，恐竜の生物地理学に対しては最近までほとんど注意が払われてこなかった．現存する動物相に基づいて恐竜の生物地理学の研究を進めることは比較的容易であろうと思われている．ところが化石に刻まれている恐竜の記録が完全な骨格を示しているわけではないことは周知のことであるし，認知できた属の割合は，かつて存在した属の全体数に比例して，およそ8％（Russell 1994, 1995）から28％（Dodson 1990）の範囲であるとされている．しかし，現在知られている恐竜の属のほとんどが不完全な骨格をもとに分けられており，それはあまり大きく評価されるべきことではない．そのため，属の推定総数について，最近ではより完全な骨格をもとに，割合は2〜6％であるとされている．さらに，骨格的によく知られているものは時間と空間に不規則的に散在している（表41.1；Dodson 1990；Russell 1994, 1995 参照）．その結果としての生物地理学的推論の精確度の含む意味は明らかである．

表41.1●頭骨を含め，本質的に完全な骨格材料から明らかになっている恐竜の属
Weishampel et. al. 1990，またその参考資料．しばしば完全ではない材料に基づくが，大陸間での分散も記す（参考文献参照）．

ジュラ紀前期：（10 属）
北米：
　アンキサウルス（*Anchisaurus*）
　スクテロサウルス（*Scutellosaurus*）
北米およびヨーロッパ：
　スケリドサウルス（*Scelidosaurus*）（北米［Padian 1989］）
北米およびアフリカ：
　シンタルスス（*Syntarsus*）
　マッソスポンディルス（*Massospondylus*）（北米［Attridge et. al. 1985］）
アフリカ：
　レソトサウルス（*Lesothosaurus*）
　ヘテロドントサウルス（*Heterodontosaurus*）
北米および中国：
　ディロフォサウルス（*Dilophosaurus*）（Hu 1993）
アジア：
　ユンナノサウルス（*Yunnanosaurus*）
　ルーフェンゴサウルス（*Lufengosaurus*）

ジュラ紀中期：（5 属）
アジア：
　シュノサウルス（*Shunosaurus*）
　オメイサウルス（*Omeisaurus*）
　ファヤンゴサウルス（*Huayangosaurus*）
　アジリサウルス（*Agilisaurus*）（新属［Peng 1992］）
　ヤンドゥサウルス（*Yandusaurus*）

ジュラ紀後期：（17 属）
北米：
　ケラトサウルス（*Ceratosaurus*）
　アロサウルス（*Allosaurus*）
　オルニトレステス（*Ornitholestes*）
　ディプロドクス（*Diplodocus*）
　アパトサウルス（*Apatosaurus*）
　ステゴサウルス（*Stegosaurus*）
北米およびヨーロッパ：
　カンプトサウルス（*Camptosaurus*）（Raath and McIntosh 1987）
北米，ヨーロッパ，アフリカ：
　ブラキオサウルス（*Brachiosaurus*）
　カマラサウルス（*Camarasaurus*）
ヨーロッパ：
　コンプソグナトゥス（*Compsognathus*）
北米およびアフリカ：
　ドリオサウルス（*Dryosaurus*）
アフリカ：
　ケントロサウルス（*Kentrosaurus*）
　ディクラエオサウルス（*Dicraeosaurus*）
アジア：
　シンラプトル（*Sinraptor*）（新属［Currie and Zhao 1994］）
　モノロフォサウルス（*Monolophosaurus*）（新属［Currie and Zhao 1994］）
　ヤンチュアノサウルス（*Yangchuanosaurus*）（？ヨーロッパ［Bakker et al. 1992］）
　マメンチサウルス（*Mamenchisaurus*）（新材料［Russell and Zheng 1994］）

白亜紀前期：（10 属）
北米：
　デイノニクス（*Deinonychus*）
　テノントサウルス（*Tenontosaurus*）
　サウロペルタ（*Sauropelta*）
北米およびヨーロッパ：
　ヒプシロフォドン（*Hypsilophodon*）（北米［Galton and Jensen 1979］）
　イグアノドン（*Iguanodon*）
アジア：
　シノルニトイデス（*Sinornithoides*）（新属［Russell and Dong 1994］）
　プシッタコサウルス（*Psittacosaurus*）
アフリカ：
　オウラノサウルス（*Ouranosaurus*）
南米：
　カルノサウルス（*Carnotaurus*）
　アマルゴサウルス（*Amargosaurus*）

白亜紀後期：（29 属）
北米：
　オルニトミムス（*Ornithomimus*）
　ストルチオミムス（*Struthiomimus*）
　ドロミケイオミムス（*Dromiceiomimus*）
　アルバートサウルス（*Albertosaurus*）
　ダスプレトサウルス（*Daspletosaurus*）
　ティラノサウルス（*Tyrannosaurus*）
　エウオプロケファルス（*Euoplocephalus*）
　テスケロサウルス（*Thescelosaurus*）
　アナトティタン（*Anatotitan*）
　エドモントサウルス（*Edmontosaurus*）
　クリトサウルス（*Kritosaurus*）
　コリトサウルス（*Corythosaurus*）
　ヒパクロサウルス（*Hypacrosaurus*）
　ラムベオサウルス（*Lambeosaurus*）
　パラサウロロフス（*Parasaurolophus*）
　プロサウロロフス（*Prosaurolophus*）
　マイアサウラ（*Maiasaura*）
　レプトケラトプス（*Leptoceratops*）
　セントロサウルス（*Centrosaurus*）
　スティラコサウルス（*Styracosaurus*）
　アンキケラトプス（*Anchiceratops*）
　ペンタケラトプス（*Pentaceratops*）
　トリケラトプス（*Triceratops*）
北米およびアジア：
　サウロロフス（*Saurolophus*）
アジア：
　ヴェロキラプトル（*Velociraptor*）
　ガリミムス（*Gallimimus*）
　タルボサウルス（*Tarbosaurus*）
　ピナコサウルス（*Pinacosaurus*）
　プロトケラトプス（*Protoceratops*）

Molnar（1980a）は，中生代後期において地球上のさまざまな重要な場所にいた四肢動物の属のリストを作成した．ジュラ紀後期においては，四肢動物の群集のうちどれが北半球でどれが南半球のものか区別できないことを知ったが，白亜紀後期までには四肢動物がローレシア大陸とゴンドワナ大陸の生物地理圏とに，はっきりと分かれていたことがわかった．Molnarの研究以来，生物地理学的に重要な恐竜や四肢動物の化石が中国のジュラ紀層（Sun et al.1992とそれに引用された文献）やアルゼンチンの白亜紀層（Bonaparte 1990, 1991とそれに引用された文献）から記載されてきた．白亜紀後期における北と南の動物相で基本的に別個の性質はBonaparteやKielan-Jaworowska（1987）によって確証された．Holtz（1993）もまたLe Loueff（1991）の研究をもとに，引き続きジュラ紀後期の汎存種の恐竜分布モデルを支持した．この分散は白亜紀初期に始まり，白亜紀後期には「アジアメリカ大陸」と「ヨーロゴンドワナ大陸」とに分かれた．Russellは分類学（1994）や古地理学（1995）的証拠に基づいて，さらにジュラ紀中期・後期には中央アジアがパンゲアから分離していたと提唱した．Holtzもより定量的な手法で，ジュラ紀における中央アジアは隔離していたという説を支持している．

この簡単なレビューの目的は，現在恐竜に利用できる動物相的証拠に対してわれわれの解釈を示すことである．動物相的証拠は恐竜の生物地理学に関係しているからである（ここで議論された各時代の古地理図についてはMolnarによる本書第38章参照）．恐竜の記録が完全ではないという点から見れば，われわれの解釈が絶対的なものだとはいいがたい．またいくつかの場合において（下記に記す）われわれは合意のもとにさまざまな代案を強調したい．

● ジュラ紀前期：パンゲア

ジュラ紀前期の北米，アフリカ，中国の産地から集められた四肢動物群集は互いに非常に似ており，またジュラ紀初期の四肢動物の各科は世界に共通のものであった（Sues，本書第40章；Shubin and Sues 1991参照）．よく知られている恐竜の属のいくつかは大陸間に共通している（表41.1参照）．カマラサウルスのような歯を持つ竜脚類やヒプシロフォドン類，中国に剣竜類が存在することは，ジュラ紀中期の初め頃に中央アジアが孤立するより前に，すでに彼らが系統的に分化していたことを示している．これと似たように，南極大陸のジュラ紀初期の群集にいた奇妙な獣脚類（クリオロフォサウルス）はジュラ紀中期以前までにアロサウルス類がパンゲアじゅうに分布していたのではないかと示唆している（Hammer and Hichkerson 1993；Hammer，印刷中）．中生代末までずっと，全世界に分布し続けたことが飛行する脊椎動物の特徴であった（例：翼竜類：Nessov 1991a；Bakhurina 1993；エナンティオルニス類に属する鳥：Molnar 1986；Chiappe 1993；Sanz et al. 1993；Hutchinson 1993；Lamb et al. 1993）．

● ジュラ紀中期・後期：中央アジアの孤立

中国の中央部と北部でジュラ紀後期と推定される層（上沙渓廟層）から産出した恐竜群集は，アフリカ東部（テンダグルー）や北米西部（モリソン）のものとは非常に異なる．後者2つのものはそれぞれ異なるが，中国のものは明らかにこれら2つとも異なっている（Russell 1994；Russell and Zheng 1994）．ヤンチュアノサウルス類，オメイサウルス類，マメンチサウルス類は，比較的よく採集された北米やアフリカの群集には全く同定されていない（だがヤンチュアノサウルス類に似た上顎が英国でジュラ紀後期の初期の地層から発見されている．Bakker et al. 1992）．筆者の一人（Dale A. Russell）は，中国の竜脚類のコレクションの中にディプロドクス類の化石は見つけられなかった．ジュラ紀中期（下沙渓廟層）の群集は，他の2つの大陸よりも上沙渓廟の群集にずっと密接に似ている．そのためRussell（1994）は，中央アジアの恐竜群集はその土地に固有なものであり，世界の他の地域から本質的に孤立していたと主張した．

上に示したように，中央アジアの孤立はジュラ紀中期の初め頃に始まったらしい．チャンプソサウルス類，ドロマエオサウルス類，イグアノドン類は中央アジアのほかで生じた恐竜と考えられており，Jerzykiewicz and Russell（1991）は，それらのアジアにおける初期の記録を引用して，中央アジアの孤立期間は白亜紀前期の頃に終わったと主張している．

● 白亜紀：ローレシア大陸の地層

中央アジアを除いてジュラ紀後期の群集は，中生代後期のローレシア大陸やゴンドワナ大陸に見られる群集の先祖だろうと考えられている．ローレシア

（モリソン層）やゴンドワナ（テンダグルー層）の群集が分岐していった段階について，われわれ2人はさまざまな見解を示した．Bonaparte（1990：87）はテンダグルー群集の竜脚類は，モリソン層には見られず，これは種の固有性を証明していると示唆した．一方で Russell（1994）は，群集に見られた相違は生態環境のちがいのためであることを示唆した．最近では米国のモリソン層について，スズガエル科やペロバテス科のカエル（Evans and Milner 1993）とティラノサウルス類の可能性あるもの（Chure and Madsen 1993），そして白亜紀のアジアメリカの種類に類縁の小さな獣脚類（Chure et al. 1993；Chure

1995) やポラカントス類 (Kirkland 1993) などの文献が Bonaparte の提案に重味を与えている.

白亜紀中期に, トロオドン類, ドロマエオサウルス類, ヒプシロフォドン類, イグアノドン類, ハドロサウルス類, ポラカントス類を含む動物相に変化が起こったことは明らかのようである. これは北米やヨーロッパ, のちにはアジアでも起こったとされている (Galton and Jensen 1979; Blows 1987; Weishampel and Bjork 1989; Jerzykiewicz and Russell 1991; Parrish and Eaton 1991; Pereda-Superbiola 1992,1994; Howse and Milner 1993; Kirkland 1993; Kirkland et al. 1993; Russell and Dong 1994; Jacobs

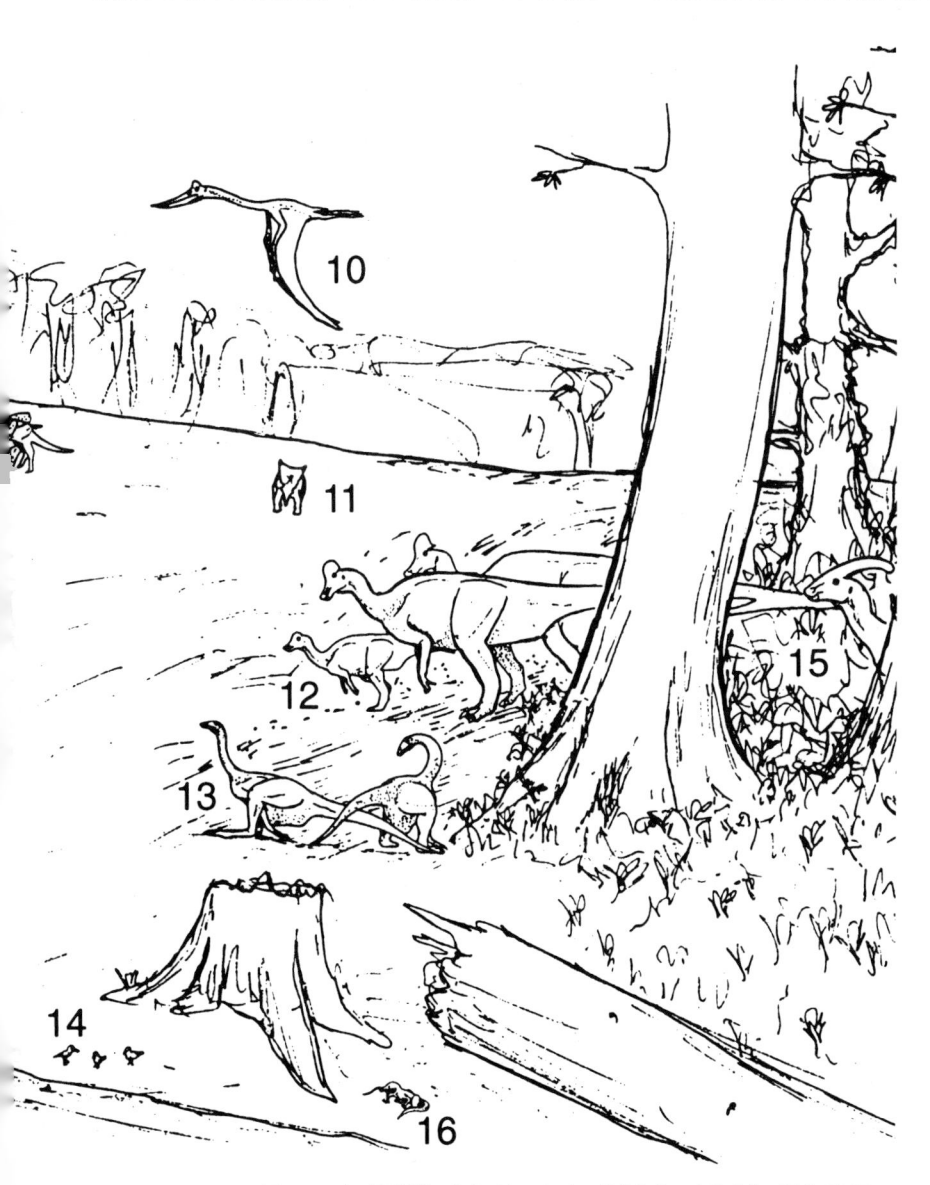

図41.1●白亜紀後期の北米西部における恐竜と他の脊椎動物（恐竜公園層, アルバータ）
離頸類（コリストデラ類）：(16) チャンプソサウルス（ヘビを食べている）. 長頸竜類：(6) レウロスポンディルス (*Leurospondylus*). ワニ類：(1) ブラキカムプサ類似属 (*Brachychampsa*). 翼竜類：(10) ケツァルコアトルス (*Quetzalcoatlus*). 鳥類：(14) 分類不明の種類. 恐竜：獣脚類：(3) キロステノテス (*Chirostenotes*), (5) トロオドン (*Troodon*), (8) アルバートサウルス (*Albertosaurus*), (13) ドロミケイオミムス (*Dromiceiomimus*); 曲竜類：(2) パノプロサウルス (*Panoplosaurus*); 厚頭類：(4) ステゴケラス (*Stegoceras*), 角竜類：(7) スティラコサウルス (*Styracosaurus*), (9) セントロサウルス (*Centrosaurus*), (11) カスモサウルス (*Chasmosaurus*); 鳥脚類：(12) コリトサウルス (*Corythosaurus*), (15) パラサウロロフス (*Parasaurolophus*).
トレーシー・フォード (Tracy Ford) 画.

1995；Norman 1995；Britt and Stadtman 1996；Kirkland 1996）．北方大陸の群集は，ゴンドワナ大陸の群集とはすでに明らかに異なっていた．

セノマニアン期までに（Kirkland and Parrish 1995；Jacobs 1996）出現したベーリング地峡によってアジアと北米大陸はつながったらしい．恐竜の分散がアジアから北米へとさかんに起こり，その影響でコルディレラ亜大陸，すなわち「半島」（表 41.1 参照）は事実上アジアの付属物となった（Jerzykiewicz and Russell 1991；Nessov 1991 b）．しかし，オルニトミモサウルス類や厚頭類，角竜類の関係の型に従って考えると，分散は断続的に起こった（Yaccobucci 1990；Sereno 1991；Forster and Sereno 1994）．アジア-コルディレラ地塊内で，生態学的に地方の特性が存在していた．西アジアやコルディレラの北米におけるデルタ環境では，両方に似かよった恐竜群集があったのである（Nessov and Golovneva 1987；Nessov 1991 b）．だが，西アジアの材料はほとんどが不完全な形でしか残っておらず，関節もつながっていなかったことに注意すべきである．

コルディレラ「半島」の南北地方にはさまざまな種類の角竜類が生息しており（Rowe et al. 1992；Forster et al. 1993），また竜脚類（おそらくゴンドワナ大陸から移ったと思われる）は明らかに南方にしか生息していなかった（Lehman 1987，印刷中）．

アジア中心部の恐竜群集には，変わったさまざまな小さな走鳥類のような恐竜や鳥がいた（例：アダサウルス，アンセリミムス，アルカエオルニトイデス，アヴィミムス，ボロゴヴィア，コンコラプトル，エルミサウルス，ガリミムス，ゴビプテリクス，フルサンペス，インゲニア，モノニクス，オヴィラプトル，サウロルニトイデス，ヴェロキラプトルなど［Jerzykiewicz and Russell 1991とそれに引用されている文献；Elzanowski and Wellnhofer 1993；Perle et al. 1993；Dashzeveg et al. 1995参照］）．アルカエオルニトイデス類の不完全な属の特性を示す頭蓋骨は，白亜紀中期におけるアフロ-ヨーロッパの大きな獣脚類のものと類似している（Elzanowski and Wellnhofer 1993）．こうした類似性がどれほど相互の類縁関係を示しているか，あるいは収斂現象によ

図41.2●白亜紀後期（リオ・コロラド層）の南米の恐竜
蛇類：(7) ディニリシア類似属．ワニ類：(9) ノトスクス (*Notosuchus*)．鳥類：(2) パタゴプテリクス (*Patagopteryx*)，(5) ニューケノルニス (*Neuquenornis*)．獣脚類：(3) アルヴァレズサウルス (*Alvarezsaurus*)，(4) 詳細未詳のアベリサウルス類．竜脚類：(1,6) ニューケンサウルス (*Neuquensaurus*)，(8) アンタルクトサウルス (*Antarctosaurus*)．
トレーシー・フォード画．

るものなのかは，より完全な資料によって表されるであろう．

白亜紀後期のうち多くの間，北米の東部は西部内陸海によってコルディレラ「半島」から分離していた．しかし南方地峡の両側にあるパリノフロラ（化石の花粉群集）(Baghai 1994) は陸上の生物相の交流を示唆している．恐竜の化石は内陸海の東側ではあまり集められず，集めることができてもたいていは非常に断片的なものばかりである．したがってさまざまな恐竜（例えば曲竜類，厚頭類，角竜類）に対する資料がないため，生物地理学的な意義については未決定である．これと対照的にティラノサウルス類は内陸海の両側で見つかっている（Schwimmer, 印刷中）．一方で，ニュージャージーで見つかった微小脊椎動物の化石における種レベルでの特質は，地方性を示しており（Grandstaff and Parris 1993)，東方に存在したドリプトサウルスの，断片的だが独特の属の特性を示す骨格は内陸海の西部にはない種類であり，亜大陸的規模での固有種の要素を示唆するものである (Schwimmer et al. 1993).

●白亜紀：ゴンドワナ大陸の形成と分裂

白亜紀の南方の大陸塊の広さから，南半球の恐竜群集は多種多様であることが推測されるが，採取されたサンプルは非常に少ない (Russell 1995)．本当にさまざまな恐竜がいたとすれば，南ほど多様性がない北の恐竜群集（ティラノサウルス類や，ハドロサウルス類や角竜類などのさまざまな草食動物）の特質はゴンドワナ大陸の恐竜群集（アベリサウルス類やさまざまな竜脚類の草食動物により占められていた恐竜群集 [Bonaparte et al. 1990；Calvo and Bonaparte 1991]）によって定義が明らかになると期待されるだろう．これは最近実際に証明された (Holtz 1996)．小型で鳥のような南半球の恐竜（アルバレスサウルス類やヴェロキサウルス類，ナオサウルス類 [Bonaparte and Powell 1980；Bonaparte 1991]）は北半球の同じような恐竜とは関連性がないのである．

ある考えによれば (Sereno et al. 1994,1996)，ゴンドワナ大陸の恐竜の動物相は白亜紀前期まで，パンゲア大陸時代と変わらなかった．それとほぼ同時期，白亜紀後期の初頭までに，パンゲア大陸の中の大きな陸塊が互いに離れたのである．したがってアフリカの恐竜群集は，アジアメリカ大陸や南米大陸の恐竜群集と明らかに異なってきたということである．また別の考えによれば (Forster 1996；Russell 1996；Sampton et al. 1996)，分裂しつつある南方大陸における恐竜群集はアベリサウルス類とチタノサウルス類の支配が続いたために，同時代のアジアメリカ大陸における群集とは異なる動物地理学的な独自性が形成された．

白亜紀初期頃に（ネオコミアン，おそらくアプチアンを通じて [Kellner 1994 参照]）陸生の脊椎動物が分布したということは，南米陸塊がアフリカ陸塊と接していたことを示している (Russell 1994, およびその中の参考文献)．アベリサウルス類やチタノサウルス類のほかに，両地域には特異なスピノサウルス系の獣脚類 (Kellner and Campos 1996；Russell 1996)，また長い棘状突起のある竜脚類 (McIntosh 1990；Calvo and Salgado 1991；Salgado and Bonaparte 1991；Bonaparte 1995；Russell 1996) もいた．この時代のオーストラリアにおける2つの恐竜の種類がイグアノドン類のなかま（ムッタブラサウルス [Bartholomai and Molnar 1981；Norman and Weishampel 1990]）とアンキロサウルス類（ミンミ [Molnar 1980b, 1991]）を含む比較的完全な形の資料から知られており，このどちらもその中での異常型であると思われる．小型の鳥盤類 (Rich and Rich 1989) については，ヒプシロフォドン類と基底的なイグアノドン類との類縁関係を明確にするための形質分析が十分ではない (Weishampel and Heinrich 1992：162)．われわれの意見としては，オーストラリアの他の恐竜について，どの科のグループに属しているか確実にいうには証拠が不十分なのである (Coombs and Molnar 1981；Molnar et al. 1985；Wiffen and Molnar 1989；Rich and Rich 1993 参照)．また巨大な迷歯類の両生類が残存していることは (Rich and Rich 1993；Warren 1993) オーストラリアが生態的あるいは動物地理学的に孤立していたことと一致する．

白亜紀後期の恐竜の素材で比較的完全に近く保存状態がよいものは，本質的には南米の南部にしかない（図41.2）．したがって，ゴンドワナ大陸の分裂による生物地理学的影響は不明のままである (Russell 1994, 1995 とそれに引用された文献参照)．白亜紀後期のインドやマダガスカル，アルゼンチンにおけるアベリサウルス類とチタノサウルス類の材料は（他の四肢動物の材料と同様に）アフリカと南米の動物地理学的な分化が急速に進んだのではないという筆者の一人（José F. Bonaparte）の考えを裏づけている．歩行跡や不完全な骨格の化石は，ティラノサウルス (Coria and Salgado 1995；Sereno et al. 1996)

やアパトサウルス（Calvo 1991；Bonaparte and Coria 1993；ケニヤでも［Harris and Russell 1985］）と同等か，それ以上の大きさであった獣脚類と竜脚類の存在を表している．南極における小型の鳥盤類（Milner et al. 1992）やノドサウルス類の記録（Gasparini et al. 1987；Coombs and Maryańska 1990：477）については，古地理学的意義は確かではない．似たような種類が白亜紀後期のヨーロッパに見られる．当時のヨーロッパは，動物地理学的には南半球とつながっていたのである（下記参照）．

　白亜紀には，北方大陸と南方大陸間で動物相の交流があった．ヨーロッパでは，ゴンドワナ大陸の分類群（ヘビ類のマドトソイア類，アベリサウルス類，さまざまなチタノサウルス類，またおそらくバリニクス類／スピノサウルス類も［Astibia et al. 1990；Charig and Milner 1990：139；Bufferaut and Le Loeuff 1991；Le Loeuff 1991, 1995；Le Loeuff and Buffetaut 1991；Russell 1994；Rage 1995］）が存在することが，少なくともヨーロッパとアフリカが白亜紀の大部分において断続的に接触があったことを示唆している．実際スペインから出た特殊なオルニトミモサウルス類も類縁関係が不確かで，ゴンドワナ大陸にその起源があることを反映しているのであろう（Pérez-Moreno et al. 1994）．しかしながら，白亜紀後期ヨーロッパ南部にいた小型でいくらか異常型のヒプシロフォドン類やイグアノドン類，ハドロサウルス類，ノドサウルス類は，白亜紀中期における北半球との生物地理学的なつながりを示唆している（Weishampel et al. 1991, 1993；Pereda-Superbiola 1992）．デイノニコサウルス下目のものとされる小さな歯や骨だけでなく（Buffetaut et al. 1986；Telles Antunes and Sigogneau-Russell 1991），白亜紀のヨーロッパにおけるそのグループの存在を証明するためには，もっと完全な形の資料が必要である（Le Loeuff 1991：99；Le Loeuff and Buffetaut 1991：587 参照）．また白亜紀中期のアフリカではドロマエオサウルス類が同定されている（Rauhut and Werner 1995）．

　西半球には，微小脊椎動物の化石もあり，カンパニアンおよびマーストリヒチアン期における南北アメリカ大陸に断続的で部分的なつながりがあったことを示唆している．アフリカやヨーロッパの場合と同じように，南から北への分散は，北から南への分散よりも大規模であったのである（Gayet et al. 1992, 1996，およびその引用文献；Denton and O'Neil 1993 参照）．また Bonaparte（1986；Gayet et al. 1992 参照）は，南北アメリカ大陸間のルートが閉ざされている期間にハドロサウルス類や角竜類が南米大陸に入ったのではないかと示唆している．筆者の一人（Dale A. Russell）は最近，カンパニアンおよびマーストリヒチアン期において南北アメリカ大陸間で属レベルでの分散を強力に裏づけるような恐竜資料は全くないと確信している．ヨーロッパや，もしかするとインドも含むとされる西半球の大陸をつなげるような分散ルートが存在したと考えられる（Russell 1994）．白亜紀末のインドから出た微小脊椎動物は，そのいくつかはマダガスカルでも同定されており，元来はゴンドワナ大陸起源のものであったろうとされている（Asher and Krause 1994；Gao 1994）けれども，白亜紀末以前にアジアへ移動してきたことを証明するものとして引用された（Jaeger et al. 1989；Prasad and Rage 1991）．

　恐竜の生物地理の知識は，知られている恐竜の記録が不完全なために現在大幅に遅れている．生物地理学的な推論を立てる際に，不完全な材料に基づいて同定することには注意が必要である．その解決法を最悪から許される限り最良のものに改善するには，次の情報が必要である．

　1．ジュラ紀前期のパンゲアにおける汎存種群集は，白亜紀後期の南北半球の異なる群集へと徐々に分化した．これは通常乾燥した赤道地帯によって分けられた（Ziegler et al. 1987）．

　2．中央アジアはジュラ紀の前期，中期の間に孤立したが，白亜紀後期までに北米より生物地理学的にはアジアがめだった．白亜紀の初めに南北の陸塊が生物地理的に接近してあったことがヨーロッパにできた群島によってわかっている．アジアとオーストラリアの接近が今日の東インド諸島に反映されているという特徴と似ている．だが，白亜紀後期までにはアフリカの要素がヨーロッパの群集を支配した．

　3．白亜紀におけるアジアと北米における生物地理学的亜区は，アジア西部やコルディレラ東部の沿岸沿いにある平坦なデルタ状の地域社会や，中央アジアの半乾燥，または乾燥気候の大陸性環境，緯度によって異なるコルディレラ東部の沿岸環境，西部内陸海によって部分的に孤立させられたアパラチアの沿岸環境を含んでいた．

　4．南半球については，オーストラリアが白亜紀中期まである程度孤立していたかもしれないということを示唆する弱い証拠がある．しかし，南方につ

いての記録は不完全すぎているため，白亜紀後期の南方にあった超大陸の分裂が生物地理学的にどのような影響を与えたかはわからない．

5. 白亜紀末，南北大陸間での移住の主方向は，一見して南から北であったと考えられる．

●文　献

Asher, R. J., and D. W. Krause. 1994. The first pre-Holocene (Cretaceous) record of Anura from Madagascar. *Journal of Vertebrate Paleontology* 14 (Supplement to no. 3)： 15 A.

Astibia, H.；E. Buffetaut；A. D. Buscalioni；H. Cappetta；C. Corral；R. Estes；F. Garcia-Carmilla；J. J. Jaeger；E. Jiminez-Fuentes；J. Le Loeuff；J. M. Mazin；X. Orue-Etxebarria；J. Pereda-Superbiola；J. E. Powell；J. C. Rage；J. Rodriguez-Lazaro；J. L. Sanz；and H. Tong. 1990. The fossil vertebrates from Lano (Basque Country, Spain)： New evidence on the composition and affinities of the Late Cretaceous continental faunas of Europe. *Terra Nova* 2： 460-466.

Attridge, J.；A. W. Crompton；and F. A. Jenkins. 1985. The southern African Liassic prosauropod Massospondylus discovered in North America. *Journal of Vertebrate Paleontology* 5： 128-132.

Baghai, N. L. 1994. Palynology and paleobotany of the Aguja Formation (Campanian), Big Bend National Park, Texas. *Geological Society of America Abstracts with Program*, Rocky Mountain Section, pp. 2-3.

Bakhurina, N. N. 1993. Early Cretaceous pterosaurs from western Mongolia and the evolutionary history of the Dsungaripteroidea. *Journal of Vertebrate Paleontology* 13 (Supplement to no. 3)： 24 A.

Bakker, R. T.；D. Kralis；J. Siegwarth；and J. Filla. 1992. *Edmarka rex*, a new, gigantic theropod dinosaur from the middle Morrison Formation, Late Jurassic of the Como Bluff outcrop region. *Hunteria* 2(9)： 1-24.

Bartholomai, A., and R. E. Molnar. 1981. *Muttaburrasaurus*, a new iguanodontid (Ornithischia： Ornithopoda) dinosaur from the Lower Cretaceous of Australia. *Memoirs of the Queensland Museum* 20： 319-349.

Blows, W. T. 1987. The armoured dinosaur *Polocanthus foxi* from the Lower Cretaceous of the Isle of Wight. *Palaeontology* 30： 557-580.

Bonaparte, J. F. 1986. History of the terrestrial Cretaceous vertebrates of Gondwana. IV Congresso Argentino de Paleontolgía y Biostratigrafía, Mendoza, Argentina, 1986, 2： 63-95.

Bonaparte, J. F. 1990. New Late Cretaceous mammals from the Los Alamitos Formation, northern Patagonia. *National Geographic Research* 6： 63-93.

Bonaparte, J. F. 1991. Los vertebrados fosiles de la Formacion Rio Colorado, de la Ciudad de Neuquen y Cercanias, Cretacico Superior, Argentina. *Revista del Museo Argentino de Ciencias Naturales, Paleontologia* 4： 16-123.

Bonaparte, J. F. 1995. *Dinosaurios de America del Sur*. Buenos Aires： Museo Argentino de Ciencias Naturales "Bernardino Rivadavia."

Bonaparte, J. F., and R. A. Coria. 1993. Un nuevo y gigantesco sauropodo titanosaurio de la Formacion Rio Limay (Albiano-Cenomanio) de la Provincia del Neuquen, Argentina. *Ameghiniana* 30； 271-282.

Bonaparte, J. F., and Z. Kielan-Jaworowska. 1987. Late Cretaceous dinosaur and mammal faunas of Laurasia and Gondwana. Tyrrell Museum of Palaeontology Occasional Paper 3： 24-29.

Bonaparte, J. F., and J. E. Powell. 1980. A continental assemblage of tetrapods from the Upper Cretaceous of Argentina (Sauropoda-Coelurosauria-Carnosauria-Aves). *Mémoires de la Société Géologique* 139： 19-28.

Bonaparte, J. F.；F. E. Novas；and R. A. Coria. 1990. *Carnotaurus sastrei* Bonaparte, the horned, lightly built carnosaur from the Middle Cretaceous of Patagonia. Natural History Museum of Los Angeles County Contributions in Science 416.

Britt, B. B., and K. L. Stadtman. 1996. The Early Cretaceous Dalton Wells dinosaur fauna and the earliest North American titanosaurid sauropod. *Journal of Vertebrate Paleontology* 16 (Supplement to no. 3)： 24 A.

Buffetaut, E., and J. Le Loeuff. 1991. Late Cretaceous dinosaur faunas of Europe： Some correlation problems. *Cretaceous Research* 12： 159-176.

Buffetaut, E.；B. Marandat；and B. Sigé 1986. Décoverte de dents de deinonychosaures (Saurischia, Theropoda) dans le Crétacé supérieur du sud de la France. *Comptes Rendus de l'Académie des Sciences*, Paris, Série II, 303： 1393-1396.

Calvo, J. O. 1991. Huellas de dinosaurios en la Formacion Rio Limay (Albiano-Cenomaniano？), Picun Leufu, Provincia de Neuquen, Republica Argentina (Ornithischia-Saurischia-Sauropoda-Theropoda). *Ameghiniana* 28： 241-258.

Calvo, J. O., and J. F. Bonaparte. 1991. *Andesaurus delgadoi* gen. et sp. nov. (Saurischia-Sauropoda), dinosaurio Titanosauridae de la Formacion Rio Limay (Albiano-Cenomaniano), Neuquen, Argentina. *Ameghiniana* 28： 303-310.

Calvo, J. O., and L. Salgado. 1991. Posible registro de *Rebbachisaurus* Lavocat (Sauropoda) en el Cretacico medio de Patagonia. *Ameghiniana* 28： 404.

Charig, A. J., and A. C. Milner. 1990. The systematic position of *Baryonyx walkeri* in the light of Gauthier's reclassification of the Theropoda. In K. Carpenter and P. J. Currie (eds.), *Dinosaur Systematics： Approaches and Perspectives*, pp. 127-140. Cambridge： Cambridge University Press.

Chiappe, L. 1993. Enantiornithine (Aves) tarsometatarsi from the Cretaceous Lecho Formation of northwestern Argentina. *American Museum Novitates* 3083： 1-27.

Chure, D. J. 1995. The teeth of small theropods from the Morrison Formation (Upper Jurassic： Kimmeridgian, UT). *Journal of Vertebrate Paleontology* 15 (Supplement to no. 3)： 23 A.

Chure, D. J., and J. H. Madsen. 1993. A tyrannosaurid-like braincase from the Cleveland-Lloyd Dinosaur Quarry

(CLDQ), Emery County, UT (Morrison Formation ; Late Jurassic). *Journal of Vertebrate Paleontology* 13 (Supplement to no. 3) : 30 A.

Chure, D. J. ; J. H. Madsen ; and B. B. Britt. 1993. New data on theropod dinosaurs from the Late Jurassic Morrison Fm (MF). *Journal of Vertebrate Paleontology* 13 (Supplement to no. 3) : 30 A.

Coombs, W. P., and T. Maryańska. 1990. Ankylosauria. In D. B. Weishampel, P. Dodson, and H. Osmólska (eds.), *The Dinosauria*, pp. 456–483. Berkeley : University of California Press.

Coombs, W. P., and R. E. Molnar. 1981. Sauropoda (Reptilia, Saurischia) from the Cretaceous of Queensland. *Memoirs of the Queensland Museum* 20 : 351–373.

Coria, R. A., and L. Salgado. 1995. A new giant carnivorous dinosaur from the Cretaceous of Patagonia. *Nature* 377 : 224–226.

Currie, P. J., and X. –J. Zhao. 1994. A new carnosaur (Dinosauria, Theropoda) from the Jurassic of Xinjiang, People's Republic of China. *Canadian Journal of Earth Sciences* 30 : 2037–2081.

Dashzeveg D. ; M. J. Novacek ; M. A. Norell ; J. M. Clark ; L. M. Chiappe ; A. Davidson ; M. C. McKenna ; L. Dingus ; C. Swisher ; and P. Altangerel. 1995. Extraordinary preservation in a new vertebrate assemblage from the Late Cretaceous of Mongolia. *Nature* 374 : 446–449.

Denton, R. K., and R. C. O'Neill. 1993. "Precocious" squamates from the Late Cretaceous of New Jersey, including the earliest record of a North American iguanian. *Journal of Vertebrate Paleontology* 13 (Supplement to no. 3) : 32 A–33 A.

Dodson, P. 1990. Counting dinosaurs : How many kinds were there ? *Proceedings of the National Academy of Sciences, U.S.A.* 87 : 7608–7612.

Elzanowski, A., and P. Wellnhofer. 1993. Skull of *Archaeornithoides* from the Upper Cretaceous of Mongolia. *American Journal of Science* 293 A : 235–252.

Evans, S. E., and A. R. Milner. 1993. Frogs and salamanders from the Upper Jurassic Morrison Formation (Quarry Nine, Como Bluff) of North America. *Journal of Vertebrate Paleontology* 13 : 24–30.

Forster, C. A. 1996. The fragmentation of Gondwana : Using dinosaurs to test biogeographic hypotheses. Sixth North American Paleontological Convention Abstracts of Papers. Special Publication 8 : 127. Washington, D.C. : Paleontological Society.

Forster, C. A., and P. C. Sereno. 1994. Phylogenetic analysis of hadrosaurid dinosaurs. *Journal of Vertebrate Paleontology* 14 (Supplement to no. 3) : 25 A.

Forster, C. A. ; P. C. Sereno ; T. W. Evans ; and T. Rowe. 1993. A complete skull of *Chasmosaurus mariscalensis* (Dinosauria : Ceratopsidae) from the Aguja Formation (late Campanian) of west Texas. *Journal of Vertebrate Paleontology* 13 : 161–170.

Galton, P. M., and J. A. Jensen. 1979. Remains of ornithopod dinosaurs from the Lower Cretaceous of North America. *Brigham Young University, Geology Series* 25 : 1–10.

Gao, K. J. 1994. First discovery of Late Cretaceous cordylids (Squamata) from Madagascar. *Journal of Vertebrate Paleontology* 14 (Supplement to no. 3) : 26 A.

Gasparini, Z. B. de ; E. Olivero ; R. Scasso ; and C. Rinaldi. 1987. Un ankylosaurio (Reptilia : Ornithischia) Campaniano en el continente Antartico. Anais do X Congresso Brasileiro de Paleontolgia, Rio de Janeiro, 1987, pp. 131–141.

Gayet, M. ; J. C. Rage ; T. Sempere ; and P. Y. Gagnier. 1992. Modalités des échanges de vertébrés continentaux entre l'Amerique du Nord et l'Amerique du Sud au Crétacé supérieur et au Paléocène. *Bulletin de la Société géologique de France* 1963 : 781–791.

Gayet, M. ; J.-C. Rage ; T. Sempere ; and L. G. Marshall. 1996. Cretaceous and Paleocene Pan–American interchanges of continental vertebrates. Sixth North American Paleontological Convention Abstracts of Papers. Special Publication 8 : 137. Washington, D. C. : Paleontological Society.

Grandstaff, B. S., and D. C. Parris. 1993. Distribution of taxa in an estuarine fauna from the Late Cretaceous of New Jersey (Ellisdale). *Journal of Vertebrate Paleontology* 13 (Supplement to no. 3) : 38 A.

Hammer, W. R. In press. Dinosaurs on ice : Jurassic dinosaurs from Antarctica. To be published in D. L. Wolberg and E. Stump (eds.), *Dinofest II*. Tempe : Arizona State University.

Hammer, W. R., and W. J. Hickerson. 1993. A new Jurassic dinosaur fauna from Antarctica. *Journal of Vertebrate Paleontology* 13 (Supplement to no. 3) : 40 A.

Harris, J. M., and D. A. Russell. 1985. Preliminary notes on the occurrence of dinosaurs in the Turkana Grits of Northern Kenya. Unpublished report submitted to Amoco Petroleum Company, Houston, Texas. 22 pp.

Holtz, T. R. Jr. 1993. Paleobiogeography of Late Mesozoic dinosaurs : Implications for paleoecology. *Journal of Vertebrate Paleontology* 13 (Supplement to no. 3) : 42 A.

Holtz, T. R. Jr. 1996. Late Mesozoic dinosaurian biogeography and diversity : Lineage based approaches. Sixth North American Paleontological Convention Abstracts of Papers. Special Publication 8 : 177. Washington, D. C. : Paleontological Society.

Howse, S. C. B., and A. R. Milner. 1993. *Ornithodesma* : A maniraptoran theropod dinosaur from the Lower Cretaceous of the Isle of Wight, England. *Palaeontology* 36 : 425–437.

Hu, S. J. 1993. A new Theropoda (*Dilophosaurus sinensis* sp. nov.) from Yunan, China. *Vertebrata PalAsiatica* 31 : 65–69. (In Chinese with an English abstract.)

Hutchison, J. H. 1993. *Avisaurus* : A "dinosaur" grows wings. *Journal of Vertebrate Paleontology* 13 (Supplement to no. 3) : 43 A.

Jacobs, L. L. 1995. *Lone Star Dinosaurs*. College Station : Texas A & M University Press.

Jacobs, L. L. 1996. The pattern of terrestrial fauna change in the mid–Cretaceous of North America. Sixth North American Paleontological Convention Abstracts of Papers. Special Publication 8 : 193. Washington, D. C. : Paleontological Society.

Jaeger, J. J. ; V. Courtillot ; and P. Tapponier. 1989. Paleontological view of the ages of the Deccan Traps, the Cretaceous/Tertiary boundary, and the India–Asia collision. *Geology* 17 : 316–319.

Jerzykiewicz, T., and D. A. Russell. 1991. Late Mesozoic stratigraphy and vertebrates of the Gobi Basin. *Cretaceous Research* 12 : 345–377.

Kellner, A. W. A. 1994. Comments on the paleobiogeography of Cretaceous archosaurs during the opening of the Atlantic Ocean. *Acta Geologica Leopoldensia* 17 : 615–625.

Kellner, A. W. A., and D. de A. Campos. 1996. First Early Cretaceous theropod dinosaur from Brazil with comments on Spinosauridae. *Neues Jahrbuch für Geologie und Paläontologie Abhandlungen* 199 : 151–166.

Kirkland, J. I. 1993. Polacanthid nodosaurs from the Upper Jurassic and Lower Cretaceous of the east–central Colorado Plateau. *Journal of Vertebrate Paleontology* 13 (Supplement to no. 3) : 44 A.

Kirkland, J. I. 1996. Biogeography of western North America's mid–Cretaceous dinosaur faunas : Losing European ties and the first great Asian–North American interchange. *Journal of Vertebrate Paleontology* 16 (Supplement to no. 3) : 45 A.

Kirkland, J. I. ; D. Burge ; B. B. Britt ; and W. Blows. 1993. The earliest Cretaceous (Barremian ?) dinosaur fauna found to date on the Colorado Plateau. *Journal of Vertebrate Paleontology* 13 (Supplement to no. 3) : 45 A.

Kirkland, J. I., and J. M. Parrish. 1995. Theropod teeth from the Lower and Middle Cretaceous of Utah. *Journal of Vertebrate Paleontology* 15 (Supplement to no. 3) : 39 A.

Lamb, J. P. ; L. M. Chiappe ; and P. G. D. Ericson. 1993. A marine enantiornithine from the Cretaceous of Alabama. *Journal of Vertebrate Paleontology* 13 (Supplement to no. 3) : 45 A.

Lehman, T. M. 1987. Late Maastrichtian paleoenvironments and dinosaur biogeography in the Western Interior of North America. *Palaeogeography, Palaeoclimatology, Palaeoecology* 60 : 189–217.

Lehman, T. M. In press. Late Campanian dinosaur biogeography in the Western Interior of North America. To be published in D. L. Wolberg and E. Stump (eds.), *Dinofest II*. Tempe : Arizona State University.

Le Loeuff, J. 1991. The Campano–Maastrichtian vertebrate faunas from southern Europe and their relationships with other faunas in the world : Palaeobiogeographical implications. *Cretaceous Research* 12 : 93–114.

Le Loeuff, J. 1995. *Ampelosaurus atacis* (*nov. gen., nov. sp.*), un nouveau Titanosauridae (Dinosauria, Sauropoda) du Crétacé supérieur de la Haute Vallée de l'Aude (France). *Comptes Rendus de l'Académie des Sciences*, Paris, Série II, 321 : 693–699.

Le Loeuff, J., and E. Buffetaut. 1991. *Tarascosaurus salluvicus nov. gen., nov. sp.*, dinosaure théropode du Crétacé supérieur du sud de la France. *Géobios* 25 : 585–594.

McIntosh, J. S. 1990. Sauropoda. In D. B. Weishampel, P. Dodson, and H. Osmólska (eds.), *The Dinosauria*, pp. 345–401. Berkeley : University of California Press.

Milner, A. C. ; J. J. Hooker ; and S. E. K. Sequeira. 1992. An ornithopod dinosaur from the Upper Cretaceous of the Antarctic Peninsula. *Journal of Vertebrate Paleontology* 12 (Supplement to no. 3) : 44 A.

Molnar, R. E. 1980 a. Australian late Mesozoic terrestrial tetrapods : Some implications. *Mémoires de la Sociétégéologique de France* 139 : 131–143.

Molnar, R. E. 1980 b. An ankylosaur (Ornithischia : Reptilia) from the Lower Cretaceous of Queensland. *Memoirs of the Queensland Museum* 20 : 77–87.

Molnar, R. E. 1986. An enatiornithine bird from the Lower Cretaceous of Queensland, Australia. *Nature* 322 : 736–738.

Molnar, R. E. 1991. A nearly complete articulated ankylosaur from Queensland, Australia. *Journal of Vertebrate Paleontology* 11 (Supplement to no. 3) : 47 A.

Molnar, R. E. ; T. F. Flannery ; and T. H. V. Rich. 1985. Aussie *Allosaurus* after all. *Journal of Paleontology* 59 : 1511–1513.

Nessov, L. A. 1991 a. Giant flying lizards of the family Azhdarchidae. Part 1 : Morphology, systematics. *Vestnik Leningradskogo universiteta* 1991 (2) : 14–23. (In Russian.).

Nessov, L. A. 1991 b. Cretaceous vertebrates of the Asiatic part of the Soviet Union. Geological Association of Canada, Mineralogical Association of Canada, Joint Annual Meeting with Society of Economic Geologists, Toronto, Program with Abstracts 16 : A 89.

Nessov, L. A., and L. B. Golovneva. 1987. The evolution of ecosystems in the course of historical changes in faunas and floras. *Proceedings of the 29 th Session of the All–Union Paleontological Society*, pp. 22–28. Leningrad : Nauka. (In Russian.)

Norman, D. B. 1995. Ornithopods from Mongolia : new observations. *Journal of Vertebrate Paleontology* 15 (Supplement to no. 3) : 46 A.

Norman, D. B., and D. B. Weishampel. 1990. Iguanodontidae and related ornithopods. In D. B. Weishampel, P. Dodson, and H. Osmólska (eds.), *The Dinosauria*, pp. 510–533. Berkeley : University of California Press.

Padian, K. 1989. Presence of the dinosaur *Scelidosaurus* indicates Jurassic age for the Kayenta Formation (Glen Canyon Group, northern Arizona). *Geology* 17 : 438–441.

Parrish, J. M., and J. G. Eaton. 1991. Diversity and evolution of dinosaurs in the Cretaceous of the Kaipirowits Plateau, Utah. *Journal of Vertebrate Paleontology* 11 (Supplement to no. 3) : 50 A.

Peng, G. Z. 1992. Jurassic ornithopod *Agilisaurus louderbacki* (Ornithopoda : Fabrosauridae) from Zigong, Sichuan, China. *Vertebrata PalAsiatica* 30 : 39–53. (In Chinese with an English abstract.)

Pereda–Superbiola, J. 1992. A revised census of European Late Cretaceous nodosaurids (Ornithischia : Ankylosauria) : Last occurrence and possible extinction scenarios. *Terra Nova* 4 : 641–648.

Pereda–Superbiola, J. 1994. *Polacanthus* (Ornithischia, Ankylosauria), a transatlantic armoured dinosaur from the Early Cretaceous of Europe and North America. *Palaeontographica* A 232 : 133–159.

Pérez–Moreno, B. ; J. L. Sanz ; A. D. Buscalioni ; J. J.

Moratalla ; F. Ortega ; and D. Rasskin-Gutman. 1994. A unique multitoothed ornithomimosaur from the Lower Cretaceous of Spain. *Nature* 370 : 363-367.

Perle A. ; M. A. Norell ; L. M. Chiappe ; and J. M. Clark. 1993. Flightless bird from the Cretaceous of Mongolia. *Nature* 362 : 623-626.

Prasad, G. V. R., and J. C. Rage. 1991. A discoglossid frog in the latest Cretaceous (Maastrichtian) of India : Further evidence for a terrestrial route between India and Laurasia in the latest Cretaceous. *Comptes Rendus de l'Académie des Sciences*, Paris, Série II, 313 : 273-278.

Raath, M. A., and J. S. McIntosh. 1987. Sauropod dinosaurs from the Central Zambezi Valley, Zimbabwe, and the age of the Kadzi Formation. *South African Journal of Geology* 90 : 107-119.

Rage, J.-C. 1995. Les Madtsoiidae (Reptilia : Serpentes) du Crétacé supérieur d'Europe : Témoins gondwaniens d'une dispersion transtéthysienne. *Comptes Rendus de l'Académie des Sciences*, Paris, Série II, 322 : 603-608.

Rauhut, O. W. M., and C. Werner. 1995. First record of the family Dromaeosauridae (Dinosauria : Theropoda) in the Cretaceous of Gondwana (Wadi Milk Formation, northern Sudan). *Paläontologische Zeitschrift* 69 : 475-489.

Rich, P. V., and T. H. V. Rich. 1993. Australia's polar dinosaurs. *Scientific American* 269 : 50-55.

Rich, T. H. V., and P. V. Rich. 1989. Polar dinosaurs and biotas of the Early Cretaceous of southeastern Australia. *National Geographic Research* 5 : 15-53.

Rowe, T. ; R. L. Cifelli ; T. M. Lehman ; and A. Weil. 1992. The Campanian Terlingua local fauna, with a summary of other vertebrates from the Aguja Formation, Trans-Pecos Texas. *Journal of Vertebrate Paleontology* 12 : 472-493.

Russell, D. A. 1988. A check list of North American marine Cretaceous vertebrates including fresh water fishes. *Occasional Paper of the Tyrrell Museum of Palaeontology* 4.

Russell, D. A. 1994. The role of central Asia in dinosaurian biogeography. *Canadian Journal of Earth Sciences* 30 : 2002-2012.

Russell, D. A. 1995. China and the lost worlds of the dinosaurian era. *Historical Biology* 10 : 3-12.

Russell, D. A. 1996. Isolated dinosaur bones from the Middle Cretaceous of the Tafilalt, Morocco. *Bulletin du Muséum national d'Histoire naturelle* Paris 18(c) : 171-224.

Russell, D. A., and Z. M. Dong. 1994. A nearly complete skeleton of a troodontid dinosaur from the Early Cretaceous of the Ordos Basin, Inner Mongolia, China. *Canadian Journal of Earth Sciences* 30 : 2163-2173.

Russell, D. A., and Z. Zheng. 1994. A large mamenchisaurid from the Junggar Basin, Xinjiang, People's Republic of China. *Canadian Journal of Earth Sciences* 30 : 2082-2095.

Salgado, L., and J. F. Bonaparte. 1991. Un nuevo sauropodo Dicraeosauridae, *Amargasaurus cazaui* gen. et sp. nov., de la Formacion La Amarga, Neocomiano de la Provincia de Neuquen, Argentina. *Ameghiniana* 28 : 333-346.

Sampson, S. ; C. A. Forster ; D. W. Krause ; P. Dodson ; and F. Ravoavy. 1996. New dinosaur discoveries from the Late Cretaceous of Madagascar : Implications for Gondwanan biogeography. Sixth North American Paleontological Convention Abstracts of Papers. Special Publication 8 : 336. Washington, D.C. : Paleontological Society.

Sanz, J. L. ; L. M. Chiappe ; and J. F. Bonaparte. 1993. The Spanish Lower Cretaceous bird *Concornis lacustris* re-evaluated. *Journal of Vertebrate Paleontology* 13 (Supplement to no. 3) : 56 A.

Schwimmer, D. R. In press. Late Cretaceous dinosaurs in eastern U.S.A. : One big faunal province with western connections. To be published in D. L. Wolberg and E. Stump (eds.), *Dinofest* II. Tempe : Arizona State University.

Schwimmer, D. R. ; G. D. Williams ; J. L. Dobie ; and W. G. Siesser. 1993. Late Cretaceous dinosaurs from the Blufftown Formation in western Georgia and eastern Alabama. *Journal of Paleontology* 67 : 288-296.

Sereno, P. C. 1991. Ruling reptiles and wandering continents : A global look at dinosaur evolution. *GSA Today* 1 : 141-145.

Sereno, P. C. ; D. B. Dutheil ; M. Iarochene ; H. C. E. Larsson ; G. H. Lyon ; P. M. Magwene ; C. A. Sidor ; D. J. Varricchio ; and J. A. Wilson. 1996. Predatory dinosaurs from the Sahara and Late Cretaceous faunal differentiation. *Science* 272 : 986-991.

Sereno, P. C. ; J. A. Wilson ; H. C. E. Larsson ; D. B. Dutheil ; and H.-D. Sues. 1994. Early Cretaceous dinosaurs from the Sahara. *Science* 266 : 267-271.

Shubin, N. H., and H. D. Sues. 1991. Biogeography of Early Mesozoic continental tetrapods : Patterns and implications. *Paleobiology* 17 : 214-230.

Stromer, E. 1915. Wirbeltier-Reste der Baharije-Stufe (unterestes Cenoman). Part 3 : Das Original des Theropoden *Spinosaurus aegyptiacus* nov. gen. nov spec. *Abhandlungen der Königlich Bayerischen Akademie der Wissenschaften Mathematisch-physikalische Klasse* 28 : 1-32.

Sun, A. ; Li, J. ; Ye, X. ; Dong, Z. ; and Hou, L. 1992. *The Chinese Fossil Reptiles and Their Kin*. Beijing : Science Press.

Taquet, P. 1976. *Géologie et Paléontologie du Gisement de Gadoufaoua (Aptien de Niger)*. Paris : Cahiers de Paléontologie Éditions du Centre National de la Recherche Scientifique.

Telles Antunes, M., and D. Sigogneau-Russell. 1991. Nouvelles données sur les dinosaures du Crétacé supérieur du Portugal. *Comptes Rendus de l'Académie des Sciences*, Paris, Série II, 313 : 113-119.

Warren, A. 1993. Cretaceous temnospondyl. *Journal of Vertebrate Paleontology* 13 (Supplement to no. 3) : 61 A.

Weishampel, D. B., and P. R. Bjork. 1989. The first indisputable remains of *Iguanodon* from North America : *Iguanodon lakotaensis* n. sp. *Journal of Vertebrate Paleontology* 9 : 56-66.

Weishampel, D. B., and R. E. Heinrich. 1992. Systematics of Hypsilophodontidae and basal Iguanodontia (Dinosauria : Ornithopoda). *Historical Biology* 6 : 159-184.

Weishampel, D. B. ; P. Dodson ; and H. Osmólska (eds.). 1990. *The Dinosauria*. Berkeley : University of California Press.

Weishampel, D. B. ; D. Grigorescu ; and D. B. Norman.

1991. The dinosaurs of Transylvania. *National Geographic Research and Exploration* 7 : 196–215.

Weishampel, D. B. ; D. B. Norman ; and D. Grigorescu. 1993. *Telmatosaurus transsylvanicus* from the Late Cretaceous of Romania : The most basal hadrosaurid dinosaur. *Palaeontology* 36 : 361–385.

Wiffen, J., and R. E. Molnar. 1989. An Upper Cretaceous ornithopod from New Zealand. *Géobios* 22 : 531–536.

Yaccobucci, M. 1990. Phylogeny and biogeography of ornithomimosauria. *Journal of Vertebrate Paleontology* 10 (Supplement to no. 3) : 51 A.

Ziegler, A. M. ; A. L. Raymond ; T. C. Gierlowski ; M. A. Horrell ; D. B. Rowley ; and A. L. Lottes. 1987. Coal, climate and terrestrial productivity : The present and Early Cretaceous compared. In A. C. Scott (ed.), *Coal and Coal — Bearing Strata : Recent Advances*, pp. 25–49. Geological Society of London, Special Publication 32.

42 恐竜の絶滅：
激変論者と漸移論者の対話

*Dale A. Russell
and
Peter Dodson*

　絶滅の概念は生命の歴史における重要な過程として 19 世紀初頭に出てきた．化石の記録での多くの生物がもはや現存しないことが認識されたためである（Rudwick 1985）．ジョルジュ・キュヴィエ（Georges Cuvier）はパリ盆地の無脊椎動物や脊椎動物の化石を研究し，一連の堆積層に保存されている生物化石の間に急な変化があるのに気づいた．彼は，激しい自然現象か大災害があって生物を絶滅させ，次代の生物に道を開いたのだと主張した．対照的に，チャールズ・ライエル（Charles Lyell）は，広範な堆積層がそれぞれわずかに異なる軟体動物群を含んでおり，それらが何千万年もかけて徐々に変化を見せていることを発見した．チャールズ・ダーウィン（Charles Darwin）はライエルの斉一論に深く影響を受け，徐々に起こる変化によって自然淘汰がなされるという考えをもとに進化論をつくった．漸移論者のパラダイムは，オスニエル・チャールズ・マーシュ（Othniel Charles Marsh）やウィリアム・ディラー・マシュー（William Diller Matthew）によるウマの歴史についての伝統的な解釈など，その後非常に多くの古生物学的研究によって強められた．

　近年まで，恐竜の絶滅という事柄は組織的に研究されるのではなく，むしろ自由に推測されていた．多くの理論が発展しており（Dodson and Tatarinov 1990 参照），そのほとんどが漸移論の観点で書かれたものである．恐竜の絶滅に関して地球外に原因（超新星の接近［Russell and Tucker 1971］）を求めようとした初期の試みは広く支持を得なかったものの，Alvarez らの小惑星/彗星の衝突仮説（1980）の概念的な前段階になった．後者は，イタリアのグビ

オ（Gubbio）近辺で白亜紀−第三紀の境の海成層に異常なまでに高い濃度のイリジウムが発見されたことをもとにまず論じられ，その後世界中の多くの場所でも同様の現象が見つかった．衝撃による絶滅仮説はClemens（例：Clemens et al. 1981；Archibald and Clemens 1982；Clemens 1982）によって即座に正当性を疑われ，彼は化石の脊椎動物記録をもとに異議を申し立てた．今や白亜紀末に重大な衝撃が起こったこと（Ward 1995）は広く認められているが，その生物学的な影響（Archibald 1996）に関しては議論が続いている．生命の歴史の中で長い間続いている天変地異論と漸移論との議論は，恐竜の消滅に焦点を当ててきた．

●2つのシナリオ

このように恐竜の絶滅についての議論は対照的な2つのシナリオを生み出している．漸移論者のシナリオは，世界は徐々に変化するという仮説や地球上の恐竜を除いた脊椎動物群集には白亜紀−第三紀の境に実質的な連続性があるという意見をもとに主に描かれている．白亜紀末の数千万年前には，健全で多様な恐竜の個体群が存在していた．生物学的，物理学的，気候学的，海洋科学的，火山学的，地質構造的なさまざまな要素は，それぞれ決定的なものではないが，これらに反応して恐竜は衰退していった．最初，減少はほとんどだたなかったが，のちに個体数が初期の段階に比べて著しく減った．今日では物理学的な原因によって絶滅したという可能性が強い．このように，絶滅に関して有力な原因は的はずれかもしれない．興味深いのは，なぜ恐竜が1億6000万年の繁栄ののちに絶滅せざるをえなかったかということである．

対照的に，衝撃説絶滅シナリオでは健全な恐竜の個体群は大きな隕石が地球に衝突した影響で減少したと仮定している．衝撃はさまざまな深刻なひずみを引き起こした．中でも惑星規模の暗黒や酸性雨の期間を含んだものは最も重要なことであったと思われる．地球上の生物群集が大災害によって変化し，恐竜は存在しなくなったのである．

2つのシナリオはすべての点において相反している．決定的な解答が必要になっているようである．恐竜の絶滅は，大隕石の衝撃で地質学的に一瞬で起こったのか，それとも数十万〜数百万年もの時をかけて起こったのか？　恐竜の記録についての主要なデータは，絶滅の原因を解く可能性があるのか，それとも原因はデータの他のソースから明らかになるのか？　現在の研究者たちは，恐竜の絶滅に関して相反する解釈（例えば，Russell 1982, 1984, 1989の天変地異説とDodson and Tararinov 1990の漸移説）を支持している．だがわれわれの異なる観点には広い一致点が含まれている．われわれの合意点や相違点が，他の研究者にとって同様に刺激になれば幸いである．

●合意点

1. 1億6000万年以上の間，恐竜は世界の主な陸塊に住む動物の中で最大の大きさであった．この期間に恐竜は適応放散した．その骨格構造の機能美には驚嘆するほどである．最終的に恐竜が消えたことで，陸上生命の歴史における恐竜の重要性が否定されるわけではない．また失敗を表す文化的な偶像として扱われるべきでもない．

2. 系統発生的意味において恐竜は絶滅していない．鳥類は獣脚類の子孫（しかし反対意見についてはFeduccia 1996参照）だからである．だがこの再検討のために「恐竜」という言葉は分岐論者が「非鳥類の恐竜形態」と呼ぶものを含意してしまっている．われわれは（気がとがめることなく）「恐竜目」という語を単一系統的（同種系統的）な意味で用いるのではなく，むしろ複合系統的な意味で用いる．単一系統的解釈に科学的利点があろうとも，複合系統的解釈の方が広く理解されており，これに基づけば「非鳥類の恐竜」というような回りくどい表現もしないですむのである．

3. 白亜紀末期における絶滅は，史上五大絶滅のうちの一つである（Sepkoski 1992）．生物的な転換が地球規模で起こり，陸上や水中，また海洋の生態系にさまざまな影響を及ぼした．

4. 大量な絶滅は複雑な現象である．マーストリヒチアン期に絶滅した陸上や海中における有機体が，すべて同じ原因または同じ速度で絶滅したと考えるべきではない．一つのグループ（例：浮遊性有孔虫）が突然絶滅したという例証は，他の生物（例：サンショウウオ類）の激変的絶滅の証拠にはならない．

5. 恐竜の記録は，現在知られているようにマーストリヒチアン前期に全地球的に恐竜の多様性が最も富んでいたことを示しており（Dodson 1990），恐竜が衰退する原因は白亜紀の最後の300万年間に出てきたことを示唆している．

6. 骨格の記録は性質的に限られているため，恐竜の多様性における傾向について統計的に明らかなことはほとんどいえない．恐竜の存在した最後の1000万年を立証するような，関節がつながっている恐竜骨格または部分的な恐竜骨格は世界中で1000以下しかない．

7. 北米以外にも，マーストリヒチアン期の恐竜はオーストラリアを除く（だがニュージーランドでの存在は立証されている）世界のすべての大陸から発見されている．不確かな亜階対比についてのマーストリヒチアン期の記録は，アラスカ（Clemens and Nelms 1993）や南極（カンパニアン–マーストリヒチアン期）（Hooker et al. 1991），アルゼンチンやボリビア（Gayet et al. 1992），中国（Mateer and Chen 1992），モンゴル（Jerzykiewicz and Russell 1991），ニュージーランド（Wiffen and Molnar 1988,1989），シベリア（Nessov and Starkov 1992）を含んでいる．マーストリヒチアン後期の記録は，ベルギーやクリミア（Russell 1982），北米東部（Russell 1982），エジプト（Barthel and Herrmann–Degen 1981），フランスやスペイン（Weishampel 1990；Buffetaut and Le Loeuff 1991；Feist 1991；Galbrun et al. 1993），インド（Jaegaer et al. 1989），ルーマニア（Weishampel et al. 1991），シベリア（Nessov and Starkov 1992）を含んでいる．これらの記録の多くは断片的もしくは分離した骨である．モンゴル（Nemegt）のバッドランドからのみ，比較的完全な形の骨格や恐竜を含む群集の適当なサンプルが産出した．しかし，モンゴルにおける白亜紀末期–暁新世基底（マーストリヒチアン–ダン階）の記録は堆積間隙によって途切れている．総合すると，これらの記録は世界的に恐竜がマーストリヒチアン期までのみ生存したことを示している．どちらも決して一時的な2，3のマーストリヒチアン期群集やマーストリヒチアン–ダン階のつながりを裏づけているものではない．

8. 白亜紀と暁新世との境における地球環境の生物的変化についての最も完全な記録は，北米の西部内陸海に限定される．この地方の北部まで堆積作用がわりと続いており，よいサンプルとして化石群集は比較的豊富に入手できる．

9. 中生代という時代の動物相は白亜紀とともに終わった恐竜の支配によって特徴づけられる．恐竜は，すべての陸上に住む25 kg以上の体重がある脊椎動物を含み，ヘル・クリーク群集の要素を少なからず持っていた．草食恐竜が，ヘル・クリーク時代の新生代初期における500 kgのコリフォドンなど巨大な草食哺乳動物にとってかわられる過程にあったという証拠はない．

10. 白亜紀末頃の海面変動は恐竜時代初期に起こった海面変動ほどの大きさではない（Haq et al. 1988）．したがっておそらくこれは恐竜の絶滅の主たる原因ではない．

11. 恐竜が最後に消えたのは大隕石の衝突の時期と一致するという仮説は，現在支持されている（Hildebrand 1993参照）．

12. われわれは可能性を否定しないが，暁新世まで何らかの恐竜が残存したという説得力のある証拠は今のところ全くない（例：Rigby et al. 1987；Van Valen 1988）．実際，白亜紀末における絶滅の最も驚くべき特徴の一つとは，第三紀初期のどこの地層からも，どの分類の恐竜も確かな記録が全くないことである．

13. 絶滅における顕著な面とは，陸上の生態系の中でさまざまな種類の生物が生き残ったことである．生き残り方のパターンが，絶滅に関係した物理的ストレスの大きさについての重要な制約条件となる（例：Buffetaut 1990）．例えば，生き残った生物のために広範囲な土壌の凍結は妨げられる．さらに，生き残った生物や絶滅した生物の生態は，論じられてきた絶滅を引き起こした環境的なストレスの本質について洞察を与えてくれる．

●絶滅のいずれかのモデルを支持する点：恐竜の激変的衰退

Dale A. Russell

1. 北米の西部内陸海（上記参照）において，ヘル・クリークの堆積物やマーストリヒチアン後期に相当する地層の大型恐竜は，下位のホースシュー・キャニオン層やマーストリヒチアン初期に相当する地層にあるものほど多様ではないかもしれない．しかし関節のつながっていない歯や骨は，より小型で派生的な恐竜の多様性は比較できることを示している（マーストリヒチアン後期のオルニトミムスやストルチオミムスの産出［Russell 1972］；ドロマエオサウルス科［Carpenter 1982］；アウブリソドン *Aublysodon*，リチャードエステシア *Richardoestesia* やトロオドン科［Currie et al. 1990］；キロステノテス *Chirostenotes*［Dale A. Russellの個人的観察］参照；スティギモロク *Stygimoloch* やステゴケラス *Stegoceras*［Goodwin 1989］）．

2. 大型恐竜の標本で関節のつながっているまれなものは，アルバータ州レッド・ディア・バレーで

露出しているヘル・クリークの相当層であるスコラード層という比較的限られた露出部分から集められた．しかしそこでは，明らかにアルバータ州の州立恐竜公園内のカンパニアン期における非常に生産的なバッドランドのもの（3.9平方km^2［Béland and Russell 1978］）と同様に，標本は豊富に保存されている（4.7 km^2）．

3. ヘル・クリーク期におけるデルタ地方から東部への拡大（Gill and Cobban 1973）や，温暖な気候（Johnson and Hickey 1990），そして双子葉植物が卓越した天蓋森林への変化（Wing et al. 1993；K. R. Johnson 個人的書類1993）は，カンパニアン–マーストリヒチアン期の古い恐竜群集とヘル・クリーク期の若い恐竜群集の間における重要な変化を生み出すのに十分なくらい大きな環境変化を形成した．後者の群集は，おそらく密林化した環境の代表である（Russell 1989）．

4. 比較的まれな恐竜化石を用いて，約100万年以下の時間の変化量を分析することは実現不可能であった（Sheehan et al. 1991）．葉や花粉，胞子の群集の大きな変化は（Johnson 1992），大隕石の衝撃に関わる微量元素の異常や，何十年何千年もの時間の尺度と関係している．大隕石の微量元素の痕跡は，地球上に分散している（Hildebrand 1993）．

5. 明らかに海洋，陸上の両方の環境において，白亜紀は大隕石の微量元素の特徴に関係して緑色植物の生産力が突然崩壊することによって終わった．生物砕屑に基づいた食物連鎖に属する海洋，陸上の動物は，絶滅後の群集を支配する傾向がある．しかし，こうした生きている植物組織に直接的または間接的に依存しているもの（例：陸上の恐竜，海中の浮遊性有孔虫や海トカゲ竜）は，飢餓の時期と同時期に死んだと考えられる（Arthur et al. 1987；Sheehan and Fastovsky 1992；Olsson and Liu 1993）．

以上の点で比較的はやらない解釈としては，恐竜が卓越した群集は，マーストリヒチアン中期に始まった地域的な地勢や気候の変化によって変わるまでは，北米の西部内陸域で繁栄したということである．それら群集が地域的に新しいバランスを築きあげた数百万年後，これらの群集は彗星の衝撃の結果による天変地異的な環境悪化によって滅びた．大隕石の微量元素の痕跡のように，恐竜の絶滅は地球規模で起こった．

この解釈によれば，マーストリヒチアン後期の恐竜の記録は特別なものではない．記録がより完全で，続いて起こる衰退という誤解を生じさせている期間（カンパニアン期～マーストリヒチアン初期）がこれに先行していた．この解釈は，恐竜の絶滅は恐竜の多様性が徐々に変化したことやヘル・クリークの微小脊椎動物の多くが生き残ることを妨げた環境的ストレスに関係ないことを示唆している．また，比較的完全な記録が世界中の他の陸上地域で記録され，どの恐竜が卓越した群集も大隕石の痕跡よりも上位の層位には決して見つからないということを示している．

●絶滅のいずれかのモデルを支持する点：恐竜の漸移的衰退

Peter Dodson

1. 魚類や両生類，亀類，トカゲ類，チャンプソサウルス類，ワニ類，多丘歯類や有胎盤哺乳類を含む非恐竜で陸上および淡水の脊椎動物の記録は，白亜紀から第三紀への連続性を示している（Hutchison and Archibald 1986；Sloan et al. 1986；Sullivan 1987；Archibald and Bryant 1990；Archibald 1996；MacLeod et al. 1997）．明らかな分裂が認められてはいるけれども（Johnson et al. 1989；Johnson 1992），植物の生態群集にも連続性が見られる（McIver 1991）．このような観察は，陸上の生態群集が壊滅的な天変地異にあったのではなく，さまざまな研究者（例：Sloan et al. 1986；Johnson 1992）によって論じられているように，環境条件の変化に対応したのだということを示唆している．

2. 白亜紀–第三紀の境に先行するマーストリヒチアン期の600万年間に，海洋地域では大きな環境変化が起こった（Barrera 1994；Ward 1995；MacLeod et al. 1997）．マーストリヒチアン期の重要な絶滅のいくつかが突然的ないしは天変地異的のようである一方（特に浮遊性の有孔虫），礁を形成する厚歯二枚貝やイノセラムス，矢石を含めて他のものはマーストリヒチアン期末の300万年前まで生存した（Kauffman 1988；Ward 1990, 1995）．最近まで（例：Ward et al. 1986），アンモナイトも白亜紀末の少なくとも数十万年前には姿を消したと考えられていた．白亜紀–第三紀の境には非常にたくさんの種が記録されていた．現在ではアンモナイトが大激変の犠牲になったという主張もある（例：Marshall 1995）．しかし，マーストリヒチアン期の終わりまでには，カンパニアン期やマーストリヒチアンの初期の多様性に比べてアンモナイトの種類はすでに大きく減少していたことが明らかである．

マーストリヒチアン期に恐竜が絶滅したという考

察は，マーストリヒチアン末期の地球的規模での大激変で恐竜が滅びたということを意味するものではない．恐竜の絶滅に関する多くの議論（例：Alvarez and Asaro 1990；Courtillot 1990；Glen 1990）においては，地質学的，地球化学的，地球物理学的，また宇宙物理学的証拠が白亜紀末期の天変地異を裏づけてきたので，恐竜の激変的絶滅のケースも立証されていると想定されてきた．恐竜の絶滅は，激変的絶滅を示した浮遊性有孔虫モデルとうまく対応するのだろうか，それとも漸移的消滅を示す厚歯二枚貝／イノセラムスモデルに一致するのだろうか．

3. 恐竜の化石記録は完全ではないが（Dodson 1990；Dodson and Dawson 1991），恐竜の絶滅の本質に関してなにがしかの洞察を与えることはできる．関節のつながっている標本は分類学的に最上の解決法を示しているが，統計的に重要なサンプルのサイズを犠牲にしている．関節のつながっている標本はマーストリヒチアン後期における世界規模での多様な恐竜の衰退を明らかに裏づける衝撃的な証拠を示している．この期間での記録されている恐竜の属の数は，マーストリヒチアン初期の属数に対してたった30％にすぎない．マーストリヒチアン後期には特徴が明らかな恐竜の属が18ほどあり，そのうち14は北米西部から産出している．

北米西部のみにおいて，マーストリヒチアン後期には明らかに健全な恐竜社会の存在が認められている．この地方は変わりゆく世界におけるオアシスだったのであろうか．Sheehan et al.（1991）や Sheehan and Fastovsky（1992）は，ばらばらの恐竜の骨の層序学的な分布を調査したが，科レベルまでしか調べていない．この分析度の低い化石記録の要素に基づいて，恐竜の多様性は白亜紀末期のモンタナのヘル・クリーク層に代表される225万年の間に減少していないと議論されてきた．Hurlbert and Archibald（1995）は，Sheehan et al.（1991）で使われた統計は主張されたような多様性のある衰退を支持するのには不十分であると熱心に議論してきた．関節のつながった恐竜の記録は，アルバータ州から産出したカンパニアン後期やマーストリヒチアン前期のジュディス・リバー（オールドマン）やホースシュー・キャニオン層における一様に多様性に富んだ群集とは異なり，ヘル・クリークの大型恐竜動物相はいくつかの共通する種（エドモントサウルス，トリケラトプス，ティラノサウルス）が卓越していたことを示唆している（Russell 1984；Dodson 1990；Weishampel 1990）．

世界規模での白亜紀末期における恐竜の多様性の衰退は，アルバータ州のレッド・ディア・リバーに沿って露出した一連の層序に表れている．世界でも3つの連続した恐竜産出層があるのはこの地域だけである．ジュディス・リバーからスコラード層へ続いているホースシュー・キャニオンまで関節のつながった骨格をまとめた表は，30属から18属，9属へと多様性がそれぞれ衰退したことを示唆している（Dodson 1990）．さらに，かつて繁栄していた恐竜の3つの重要なグループはマーストリヒチアン後期までに姿を消してしまった．セントロサウルス科（短いえり飾りのある角竜類），ラムベオサウルス科（冠のあるハドロサウルス類），ノドサウルス科（装甲恐竜類）などである．これらの恐竜は海中の厚歯二枚貝類やイノセラムス類，また矢石のように，環境的なストレスの増加を示していたのであろうか．

4. ピレネー山脈では，白亜紀が終わる前100万～35万年の間に恐竜の化石記録が消えていたと報告されている（Hansen 1990, 1991；Galbrun et al. 1993）．興味深いことに恐竜の卵の群集の多様な傾向についての報告は，多様な中における類似した衰退を示している．フランス南東部のエクス盆地では，マーストリヒチアン前期の5つの卵タイプはマーストリヒチアン中期の2つの卵タイプに受け継がれているが，マーストリヒチアン後期まで残るのは一つの卵タイプだけである（Vianey-Liaud et al. 1994）．Erben et al.（1979）は，すべてヒプセロサウルスに属していると誤って判断したため，マーストリヒチアン期全体における卵タイプの分類群的変化に気づかなかった．そのため彼らは卵の殻が薄くなっていることが恐竜の絶滅の一因となっているというまちがった結果を導いてしまった．中国南部の広東地方南雄盆地では，マーストリヒチアン初期に12の卵タイプが記録されているが，白亜紀-第三紀の境まで残ったのはたった一つの卵タイプだけであり，これも絶滅している（Zhao 1994）．

5. 漸移的な絶滅はさまざまな環境的ストレスに起因しているが，どんなストレスもそれ一つだけでは恐竜の絶滅を引き起こした原因として不十分である．北米西部では，このような環境的ストレスには気温低下（境における短期間の気温の上昇があったにもかかわらず）や気温の不安定化（Axelrod and Bailey 1968），また縁海の干あがり，造山運動や火山活動（Courtillot 1990；Hansen 1990,1991）などの全体的な傾向が含まれている．陸上の高地で繁殖する恐竜（Horner 1984；Horner and Gordman 1988）が

カメ類やワニ類のように低地で繁殖する動物とは生態的に離れている状態が保たれていれば，気温による性別決定（Paladino et al. 1989）などの生物的な要素でさえも絶滅の原因の要素になりうるであろう．

6. 上記の点の論理的結論は，白亜紀後における恐竜の卓越した群集は低緯度の場所で発見されるかもしれないという予想である．もし隕石衝撃のシナリオが正しいのなら，恐竜は仮説におけるユカタン半島の衝撃箇所から遠く離れた高緯度の場所で生き残ったことが考えられる．

化石記録は恐竜の漸移的な世界的消滅に一致している．しかし，恐竜の絶滅についての議論ではたいてい北米西部に中心が置かれている．なぜならここだけには白亜紀の恐竜を産出する一番新しい地層の上に脊椎動物を産出する始新世の堆積物が重なっているからである．もし断面のよいサンプルが採れたり，境の断面が新たに発見されれば（おそらくアルゼンチン，中国，タイ，南極かほかのどこかで）恐竜の絶滅に関して別の見方が現れただろうという議論もあるかもしれない．だが現在わかっていることをもとにすると，陸上の生物相の連続性における圧倒的な型は大きすぎて，大隕石の衝撃シナリオの破滅的な話と十分には両立しない．地球規模で野火が起こったという説（Wohlback et al. 1988）は無理やりなこじつけで信用に欠け，pHに反応する水生の脊椎動物が生き残ったという説は絶滅の主な要因と思われる酸性雨とかみ合わない（D'Hondt et al. 1994）．大隕石の衝撃が，最後に生き残った恐竜達にとどめを刺したという可能性がある．

嬉しいことにわれわれは広範囲に及ぶ共通の合意点を発見して驚いた．白亜紀末期の恐竜記録は不完全すぎており，統計的に意味のある方法で激変的または漸移的モデルのどちらも確証することができない．事実，Raup and Jablonski（1993）は，マーストリヒチアン後期における海生の二枚貝群集の記録でさえも，ごくわずかなので統計的な分析で確証を与えることはできないとわかった．どのデータが重要かという評価においてわれわれは意見を異にしている．われわれが述べてきたように，2つの絶滅モデルは確かにわれわれの想像にすぎない．真実は自然の中にある．この自然が，科学的知識の追究を楽しくさせている常に魅惑的なデータの集合を科学的方法をとおして間断なく明らかにするのである．自然が恐竜の絶滅についてまだまだ多くのことを教えてくれるとわれわれは確信している．

●文 献

Alvarez, L. W.; W. Alvarez; F. Asaro; and H. V. Michel. 1980. Extraterrestrial cause for the Cretaceous–Tertiary extinction. *Science* 208：1095–1108.

Alvarez, W., and F. Asaro. 1990. An extraterrestrial impact. *Scientific American* 263(4)：78–84.

Archibald, J. D. 1996. *Dinosaur Extinction and the End of an Era*. New York：Columbia University Press.

Archibald, J. D., and L. J. Bryant. 1990. Differential Cretaceous/Tertiary extinctions of nonmarine vertebrates：Evidence from northeastern Montana. Geological Society of America Special Paper 247：549–562.

Archibald, J. D., and W. A. Clemens. 1982. Late Cretaceous extinctions. *American Scientist* 70：377–385.

Arthur, M. A.; J. C. Zachos; and D. S. Jones. 1987. Primary productivity and the Cretaceous/Tertiary boundary event in the oceans. *Cretaceous Research* 8：43–54.

Axelrod, D. I., and H. P. Bailey. 1968. Cretaceous dinosaur extinction. *Evolution* 22：595–611.

Barrera, E. 1994. Global environmental changes preceding the Cretaceous–Tertiary boundary：Early–late Maastrichtian transition. *Geology* 22：877–880.

Barthel, K. W., and W. Herrmann–Degen. 1981. Late Cretaceous and Early Tertiary stratigraphy in the Great Sand Sea and its SE margins (Farafra and Dakhla Oases), SW Desert, Egypt. *Mitteilungen der Bayerischen Staatssammlung für Paläontologie und Historische Geologie* 21：141–182.

Béland, P., and D. A. Russell. 1978. Paleoecology of Dinosaur Provincial Park (Cretaceous), Alberta, interpreted from the distribution of articulated remains. *Canadian Journal of Earth Sciences* 15：1012–1024.

Buffetaut, E. 1990. Vertebrate extinctions and survival across the Cretaceous–Tertiary boundary. *Tectonophysics* 171：337–345.

Buffetaut, E., and J. Le Loeuff. 1991. Late Cretaceous dinosaur faunas of Europe：Some correlation problems. *Cretaceous Research* 12：159–176.

Carpenter, K. 1982. Baby dinosaurs from the Late Cretaceous Lance and Hell Creek formations and a description of a new species of theropod. *University of Wyoming Contributions to Geology* 20：123–134.

Clemens, W. A. 1982. Patterns of extinction and survival of the terrestrial biota during the Cretaceous/Tertiary transition. Geological Society of America Special Paper 190：407–413.

Clemens, W. A.; J. D. Archibald; and L. J. Hickey. 1981. Out with a whimper not a bang. *Paleobiology* 7：293–298.

Clemens, W. A., and L. G. Nelms. 1993. Paleoecological implications of Alaskan terrestrial vertebrate fauna in latest Cretaceous time at high paleolatitudes. *Geology* 21：503–506.

Courtillot, V. E. 1990. A volcanic eruption. *Scientific American* 263(4)：85–92.

Currie, P. J.; J. K. Rigby; and R. E. Sloan. 1990. Theropod teeth from the Judith River Formation of southern Alberta, Canada. In K. Carpenter and P. J. Currie (eds.), *Dinosaur*

Systematics : *Perspectives and Approaches*, pp. 107–125. Cambridge : Cambridge University Press.

D'Hondt, S. ; M. E. Q. Pilson ; H. Sigurdsson ; and S. Carey. 1994. Surface–water acidification and extinction at the Cretaceous–Tertiary boundary. *Geology* 22 : 983–986.

Dodson, P. 1990. Counting dinosaurs : How many kinds were there ? *Proceedings of the National Academy of Science U. S. A.* 87 : 7608–7612.

Dodson, P., and S. D. Dawson. 1991. Making the fossil record of dinosaurs. *Modern Geology* 16 : 3–15.

Dodson, P., and L. P. Tatarinov. 1990. Dinosaur extinction. In D. B. Weishampel, P. Dodson, and H. Osmólska (eds.), *The Dinosauria*, pp. 55–62. Berkeley : University of California Press.

Erben, H. K. ; J. Hoefs ; and K. H. Wedepohl. 1979. Paleobiological and isotopic studies of eggshells from a declining dinosaur species. *Paleobiology* 4 : 380–414.

Feduccia, A. 1996. *The Origin and Evolution of Birds*. New Haven, Conn. : Yale University Press.

Feist, M. 1991. Charophytes at the Cretaceous–Tertiary boundary. Geology Society of America Abstracts with Programs 23(5) : A 358.

Galbrun, B. ; M. Feist ; F. Columbo ; R. Rocchia ; and Y. Tambareau. 1993. Magnetostratigraphy and biostratigraphy of Cretaceous–Tertiary continental deposits, Ager Basin, Province of Lerida, Spain. *Palaeogeography, Palaeoclimatology, Palaeoecology* 102 : 41–52.

Gayet, M. ; L. G. Marshall ; and T. Sempere. 1992. The Mesozoic and Paleocene vertebrates of Bolivia and their stratigraphic context : A review. *Revista Técnica de Yacimientos Petrolíferos Fiscales de Bolivia* 12(3–4) : 393–433.

Gill, J. R., and W. A. Cobban. 1973. Stratigraphy and geologic history of the Montana Group and equivalent rocks, Montana, Wyoming and North and South Dakota. U.S. Geological Survey Professional Paper 776 : 1–37.

Glen, W. 1990. What killed the dinosaurs ? *American Scientist* 78 : 354–369.

Goodwin, M. B. 1989. New occurrences of pachycephalosaurid dinosaurs from the Hell Creek Formation, Garfield County, Montana. *Journal of Vertebrate Paleontology* 9 (Supplement to no. 3) : 23 A.

Hansen, H. J. 1990. Diachronous extinctions at the K/T boundary : A scenario. Geological Society of America Special Paper 247 : 417–424.

Hansen, H. J. 1991. Diachronous disappearance of marine and terrestrial biota at the Cretaceous–Tertiary boundary. *Contributions from the Paleontological Museum University of Oslo* 364 : 31–32.

Haq, B. U. ; J. Hardenbol ; and P. R. Vail. 1988. Mesozoic and Cenozoic chronostratigraphy and cycles of sea–level change. Society of Economic Paleontologists and Mineralogists Special Publication 42 : 71–108.

Hildebrand, A. R. 1993. The Cretaceous/Tertiary boundary impact (or the dinosaurs didn't have a chance). *Journal of the Royal Society of Canada* 87 : 77–118.

Hooker, J. J. ; A. C. Milner ; and S. E. K. Sequeira. 1991. An ornithopod dinosaur from the Late Cretaceous of west Antarctica. *Antarctic Research* 3 : 331–332.

Horner, J. R. 1984. Three ecologically distinct vertebrate faunal communities from the Late Cretaceous Two Medicine Formation of Montana, with discussion of evolutionary pressures induced by interior seaway fluctuations. Montana Geological Society 1984 Field Conference, Northwestern Montana, pp. 299–303.

Horner, J. R., and J. Gorman. 1988. *Digging Dinosaurs*. New York : Workman.

Hurlbert, S. H., and J. D. Archibald. 1995. No statistical evidence for sudden (or gradual) extinction of dinosaurs. *Geology* 23 : 881–884.

Hutchison, J. H., and J. D. Archibald. 1986. Diversity of turtles across the Cretaceous/Tertiary boundary in northeastern Montana. *Palaeogeography, Palaeoclimatology, Palaeoecology* 55 : 1–22.

Jablonski, D. 1991. Extinctions : A paleontological perspective. *Science* 253 : 754–757.

Jaeger, J. J., ; V. Courtillot ; and P. Tapponier. 1989. Paleontological view of the ages of the Deccan Traps, the Cretaceous/Tertiary boundary, and the India–Asia collision. *Geology* 17 : 316–319.

Jerzykiewicz, T., and D. A. Russell. 1991. Late Mesozoic stratigraphy and vertebrates of the Gobi Basin. *Cretaceous Research* 12 : 345–377.

Johnson, K. R., 1992. Leaf–fossil evidence for extensive floral extinction at the Cretaceous–Tertiary boundary, North Dakota, USA. *Cretaceous Research* 13 : 91–117.

Johnson, K. R., and L. J. Hickey. 1990. Megafloral change across the Cretaceous/Tertiary boundary in the northern Great Plains and Rocky Mountains, U.S.A. Geological Society of America Special Paper 247 : 433–444.

Johnson, K. R. ; D. L. Nichols ; M. Attrep ; and C. J. Orth. 1989. High–resolution leaf–fossil record spanning the Cretaceous/Tertiary boundary. *Nature* 340 : 708–711.

Kauffman, E. G. 1988. The dynamics of marine stepwise mass extinction. *Revista Española de Paleontología extraordinario* : 54–71.

MacLeod, N. ; P. F. Rawson ; P. L. Forey ; F. T. Banner ; M. K. Boudagher–Fadel ; P. R. Brown ; J. A. Burnett ; P. Chambers ; S. Culver ; S. E. Evans ; C. Jeffery ; M. A. Kaminski ; A. R. Lord ; A. C. Milner ; A. R. Milner ; N. Morris ; E. Owen ; B. R. Rosen ; A. B. Smith ; P. D. Taylor ; E. Urquhart ; and J. R. Young. 1997. The Cretaceous–Tertiary biotic transition. *Journal of the Geological Society, London* 154 : 265–292.

Marshall, C. R. 1995. Distinguishing between sudden and gradual extinctions in the fossil record : Predicting the position of the Cretaceous–Tertiary iridium anomaly using the ammonite fossil record on Seymour Island, Antartica. *Geology* 23 : 731–734.

Mateer, N. J., and P. J. Chen. 1992. A review of the non-marine Cretaceous–Tertiary transition in China. *Cretaceous Research* 13 : 81–90.

McIver, E. E. 1991. Floristic change in the northern deciduous forests of western Canada during the Maastrichtian and Paleocene. Geological Society of America Abstracts with Program 23(5) : A 358.

Nessov, L. A., and A. I. Starkov. 1992. Cretaceous vertebrates from the Gusinoozerskaia Basin of Transbaikalia and their value for determining the age and depositional environment of the sediments. *Geologiia i geofizika*, no. 6 : 10–19. (In Russian.)

Olsson, R. K., and C. J. Liu. 1993. Controversies on the placement of the Cretaceous–Paleocene boundary and the K/P mass extinction of planktonic foraminifera. *Palaios* 8 : 127–139.

Paladino, F. V. ; P. Dodson ; J. K. Hammond ; and J. R. Spotila. 1989. Temperature–dependent sex determination in dinosaurs? Implications for population dynamics and extinction. Geological Society of America Special Publication 238 : 63–70.

Raup, D. M., and D. Jablonski. 1993. Geography of end–Cretaceous marine bivalve extinctions. *Science* 260 : 971–973.

Rigby, J. K. Jr. ; K. R. Newman ; J. Smit ; S. Van der Kars ; R. E. Sloan ; and J. K. Rigby. 1987. Dinosaurs from the Paleocene part of the Hell Creek Formation, McCone County, Montana. *Palaios* 2 : 296–302.

Rudwick, M. J. S. 1985. *The Meaning of Fossils*. Chicago : University of Chicago Press.

Russell, D. A. 1972. Ostrich dinosaurs from the Late Cretaceous of North America. *Canadian Journal of Earth Sciences* 9 : 375–402.

Russell, D. A. 1982. A paleontological consensus on the extinction of the dinosaurs? Geological Society of America Special Paper 190 : 401–405.

Russell, D. A. 1984. The gradual decline of the dinosaurs : Fact or fallacy ? *Nature* 307 : 360–361.

Russell, D. A. 1989. *An Odyssey in Time : the Dinosaurs of North America*. Toronto : University of Toronto Press.

Russell, D. A., and W. Tucker. 1971. Supernovae and the extinction of the dinosaurs. *Nature* 229 : 553–554.

Sepkoski, J. J. 1992. Phylogenetic and ecologic patterns in the Phanerozoic history of marine biodiversity. In N. Eldredge (ed.), *Systematics, Ecology and the Biodiversity Crisis*, pp. 77–100. New York : Columbia University Press.

Sheehan, P. M., and D. E. Fastovsky. 1992. Major extinctions of land–dwelling vertebrates at the Cretaceous–Tertiary boundary, eastern Montana. *Geology* 20 : 556–560.

Sheehan, P. M. ; D. E. Fastovsky ; R. G. Hoffmann ; C. B. Berghaus ; and D. L. Gabriel. 1991. Sudden extinction of the dinosaurs : Latest Cretaceous, upper Great Plains, U.S.A. *Science* 254 : 835–839.

Sloan, R. E. ; J. K. Rigby Jr. ; L. M. Van Valen ; and D. Gabriel. 1986. Gradual dinosaur extinction and simultaneous ungulate radiation in the Hell Creek Formation. *Science* 232 : 629–633.

Sullivan, R. M. 1987. A reassessment of reptilian diversity across the Cretaceous–Tertiary boundary. *Natural History Museum of Los Angeles County Contributions to Science* 391 : 1–26.

Van Valen, L. M. 1988. Paleocene dinosaurs or Cretaceous ungulates in South America. *Evolutionary Monographs* 10 : 1–79.

Vianey-Liaud, M. ; P. Mallan ; O. Buscail ; and C. Montgelard. 1994. Review of French dinosaur eggshells : Morphology, structure, mineral and organic composition. In K. Carpenter, K. F. Hirsch, and J. R. Horner (eds.), *Dinosaur Eggs and Babies*, pp. 151–183. Cambridge : Cambridge University Press.

Ward, P. D. 1990. The Cretaceous/Tertiary extinctions in the marine realm : A 1990 perspective. Geological Society of America Special Paper 247 : 425–432.

Ward, P. D. 1995. After the fall : Lessons and directions from the K/T debate. *Palaios* 10 : 530–538.

Ward, P. D. ; J. Wiedmann ; and J. F. Mount. 1986. Maastrichtian molluscan biostratigraphy and extinction patterns in a Cretaceous/Tertiary boundary section exposed at Zumaya, Spain. *Geology* 14 : 899–903.

Weishampel, D. B. 1990. Dinosaurian distribution. In D. B. Weishampel, P. Dodson, and H. Osmólska (eds.), *The Dinosauria*, pp. 63–139. Berkeley : University of California Press.

Weishampel, D. B. ; D. Grigorescu ; and D. B. Norman. 1991. The dinosaurs of Transylvania. *National Geographic Research and Exploration* 7 : 196–215.

Wiffen, J., and R. E. Molnar. 1988. First pterosaur from New Zealand. *Alcheringa* 12 : 53–59.

Wiffen, J., and R. E. Molnar. 1989. An Upper Cretaceous ornithopod from New Zealand. *Geobios* 22 : 531–536.

Wing, S. L. ; L. J. Hickey ; and C. C. Swisher. 1993. Implications of an exceptional fossil flora for Late Cretaceous vegetation. *Nature* 363 : 342–344.

Wohlback, W. S. ; I. Gilmour ; E. Anders ; C. J. Orth ; and R. R. Brooks. 1988. Global fire at the Cretaceous–Tertiary boundary. *Nature* 334 : 665–669.

Zhao, Z. 1994. Dinosaur eggs in China : On the structure and evolution of eggshells. In K. Carpenter, K. F. Hirsch, and J. R. Horner (eds.), *Dinosaur Eggs and Babies*, pp. 184–203. Cambridge : Cambridge University Press.

恐竜とメディア

Part 6

> 僕はそれをどこかで見たような気がしてしばらく考えた．醜い体つきに弓形にしなった背筋，その上に並んでついている三角の縁飾り，地面すれすれに垂れた奇妙な鳥のような頭．思い出した．ステゴサウルスだ――メイプル・ホワイトがスケッチし，チャレンジャーの関心を一番先に引きつけた動物だ！ それが僕の目の前にいる．きっとあの米国人の画家が出会ったのと同じやつだろう．大地はその恐ろしい体重に震え，水を飲む音は静かな夜を貫いて響きわたった．ステゴサウルスは5分ほど僕のいる岩のすぐ横にいたので手を伸ばせば背に波打って生えている恐ろしい剛毛に触ることもできた．やがてのそのそと歩き出すと，大きな丸石の間に姿を隠してしまった．
>
> ――アーサー・コナン・ドイル，『失われた世界』

　恐竜（少なくとも非鳥類の種類）は姿を消したかもしれないが，決して忘れ去られることはない．世界の片隅で生きている恐竜を見つけることはどんなことか，数えきれないほどの短篇，小説，映画の中で考えられてきた．残念なことに，辺境地はわずかしか残っておらず，南米の大自然ないしはインド洋の忘れられた島々にある「失われた世界」に，生き残った中生代の動物がいる可能性はゼロに近い．だがそれによって，本物のティラノサウルスもしくはベロキラプトルを見たいというわれわれの願望が消えることはないのである．もし生き残っている恐竜に自然に出会うことがもはや無理であるとしても，きっとわれわれは遺伝子工学の手段を用いて恐ろしいほど大きな爬虫類をよみがえらせることができる！ または，失われた世界に生きている恐竜を住まわせるという最近の考えなら……．

　われわれは前章までで恐竜科学のさまざまな側面をカバーし，専門家としての責任を果たしたので，場ちがいと思われるような章をもって本書を締めくくることにする．恐竜が世間一般のメディアにおいてどのように描かれてきたかについての調査である．編集者たちは彼らがかつて（過去形の方が適切だといいのだが）Willis O'Brien, Ray Harryhausen, Jim Danforthの映画やアーサー・コナン・ドイルやEdgar Rice Burroughsの小説を愛し，われわれがもっと真面目で科学的な専門的な古生物学者（例：E.H. Colbertの古い書『The Dinosaur Book』）を愛すのと同様に『Tor』や『Turok』のような漫画を愛したという変わり者の少年たちであったことを認めている．世間一般のメディアにおける恐竜のとらえられ方が恐竜科学に対するわれわれの興味を刺激する役目をしており，本書の最終章でその影響に感謝の意を捧げる

ことは適切であると思われる.

SF小説，映画，漫画，トレーディングカード，郵便切手における恐竜をすべて集めた．本章はただ楽しんで読んでいただきたい．この素材についてテストするつもりはない．約束する．

43 恐竜とメディア

Donald F. Glut
and
M. K. Brett-Surman

● なぜ恐竜はそんなに人気があるのか？

　1世紀以上もの間（O. C. Marsh が 1880 年代に"ブロントサウルス"の骨格を復元して以来），恐竜はすべての動物の中で最も有名になった．これほどまでに子どもと大人両方の想像力を魅了した生物はほかにいない．子どもが自分の住んでいる通りの名前を覚えるより先に恐竜の名前を覚えると，大人はしばしば驚いた（そしてためらった）．こうした子どもはしばしば恐竜の綴りも覚えてしまう．「恐竜」という言葉でさえ，「怪獣」が実在した大昔の光景を連想させることがよくある．それが恐竜の人気を解くカギの一つであることは確かである．恐竜は「実在した怪獣」であるが，今日のわれわれには何の害も及ぼさない．同様に重要なことは，おそらく恐竜が面白いということである．恐竜のあらゆる面があらゆる人に魅力を感じさせる．今日，6500 万年前

に絶滅したこれらの動物はすぐれた教育手段の一つであり，特に「科学嫌い」が激しい学校で大活躍している．地質学，生物学，歴史，物理学，生態学といった，科学のさまざまな分野における確かな事実を生徒が組み合わせ，なおかつ飽きずにいられるものがほかにあろうか．大人に関する恐竜人気は非常に簡単に説明できる．恐竜はわれわれが子ども時代に愛したすべてのもの，つまり冒険，力，タイム・トラベル，科学，謎，失われた世界，何らかの（楽しんでいるような）「内にある恐怖心」さえも表しているからである．

●SFの恐竜

恐竜はSF小説にしばしば登場してきた．初期の重要な例の一つ，シャーロック・ホームズの作者であるアーサー・コナン・ドイルの小説『失われた世界』(1912)（多くのイラスト，注釈つきの版が最近出版された［Pilot and Rodin 1996］）では，南米のジャングルで失われた高原が恐竜の住みかになっている（図43.1）．ターザンの作者であり他の「大衆」雑誌の連載も手がけている Edgar Rice Burroughs は，想像的な多くの物語の中で恐竜を用いた．最も注目すべきなのは Pellucidar シリーズ（1914年の『At the Earth's Core』で始まり，「失われた世界」のシナリオが中空の地球環境に移されている）や Caspak シリーズ（1918年の『The Land That Time Forgot』で始まる），失われた地をアフリカに設定している『Tarzan the Terrible』(1921) などである．残念なことに，これらの物語における最もよくある恐竜の使われ方は，ハリウッドでの使われ方とほとんど同じであった．つまり人間を殺したり，または殺されるべき邪悪な怪獣として描かれているのである．怪獣として恐竜を使った最もひどいものは，大量生産のSFや，1930年代，1940年代のファンタジー「大衆」雑誌の中にあり，通常は無分別な読者層のためにしばしばどぎつい「金もうけのためのつまらない作品」が量産されていた．恐竜が狂気の殺人者ではなく動物としてSFに登場したのは，ほんのここ10年のことである．かつて恐竜は背景の引き立て役でしかなかったが，今や物語の主役として登場している（Sawyer 1992, 1993）．恐竜専門の選集さえも出ている（Resnick and Greenberg 1993；Dann and Dozois 1995；章末のコラム43.1と図43.1, 43.2参照）．

●ハリウッドの恐竜

たいていの人は映画で初めて恐竜に出会う．残念なことにハリウッドにおける恐竜の描き方は，恐竜の本当の姿をほとんど紹介していない（1925年の「ロスト・ワールド（失われた世界）」や1993年の「ジュラシック・パーク」は明らかに例外）．下記を参照してほしい．恐竜の映画で最も初期のものの中に「*Gertie the Dinosaur*」(1912) という無声アニメーションがある．この短い映画（約10分）では，映画の製作・撮影を務めた有名な漫画家である Winsor McCay のコミカルで愛すべきペットとしてアパトサウルスが描かれていた．Gertie は湖を飲み干したり，乾燥したグランド・キャニオンと同じ大きさの穴を残すなどの妙技で観客を驚かせた．

石器時代が舞台の「原始人」を中心に有史以前の生活を扱った無声映画は，初期のSFに触発されたこともあって1913〜1919年に人気があった．恐竜は初め，映画のパイオニアであるD.W.Griffithによる「石器時代」大作，「獣の力」(1913) において悪役として描かれた．この映画は続編の「人間の起源」へと続き，その中でGriffithは原始人だけで恐竜のいない時代をつくりあげた．「獣の力」では，洞窟の前で原始人を脅かす実物大模型のケラトサウルスによって恐竜が描かれ，スクリーンに「有史以前のアパート生活の危機」という字幕つきで登場した．

原始の人間に対する脅威としての動物が登場したことで，おそらく一般的な「有史以前の世界」において恐竜と「原始人」は同時期に存在したという（啓蒙されていない人々の間では今日においても）誤った概念をいっそう強めてしまった（Rudwick 1992参照）．「獣の力」は動くものを何でも恐竜が襲ったり殺したり（またはそのどちらか）するという映画の形式を確立した．のちの映画でも同様に，恐竜は場面に入ってくるのに歩くだけに時間の大部分を費やすにすぎず，有史以前の他の動物との「致死的な戦い」に閉じ込められた怪獣としてのみ描かれていた．

恐竜が出ている初の長編映画は，アーサー・コナン・ドイルの人気小説が原作の「ロスト・ワールド」(1925) であった（Michael Crichtonの小説が原作になっている最近の映画と混同しないように）．「ロスト・ワールド」は，恐竜を本当の動物として（怪獣ではなく）日常生活を描こうという試みを含め，いくつかの理由でこのジャンルにおける極めて重要

図 43.1●ペーパーバックの恐竜の表紙
ニューヨークの Ace Books 社の提供,「ロスト・ワールド」だけはニューヨークの Doubleday Books 社の提供.

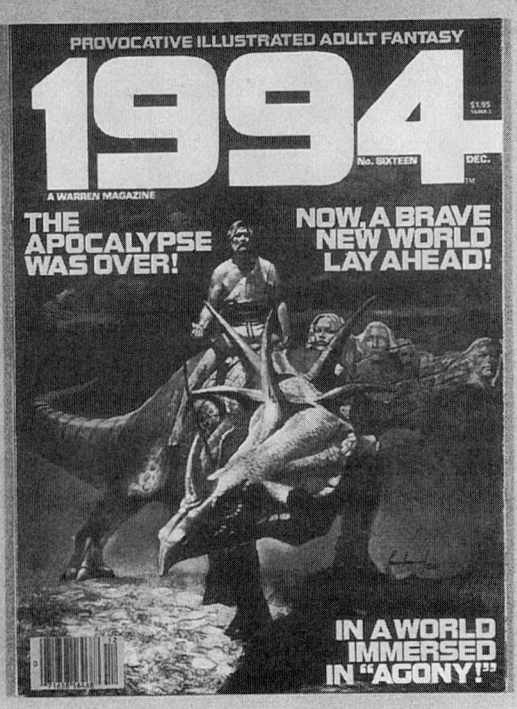

図 43.2 ● 大衆雑誌の恐竜の表紙

左上のものは「Weird Tales」の提供，右上のものは「Amazing Stories」の提供，下段は Warren Magazines Inc. の提供．

な映画である．例えば，種類ごとの個々の恐竜を扱うのではなく（今日のほとんどの恐竜映画における典型的様式であるが），この映画では恐竜が時々小さなグループや群れをなして現れていた．

この映画におけるもう一つの重要な特徴は，どのように恐竜がつくり出されるかにあった．「ロスト・ワールド」で使用された恐竜の模型は，Willis O'Brien によって1コマずつ動かされた．彼はこのプロセスを完成させ（Archer 1933），今日それは「ストップ・モーション」もしくは「3次元アニメーション」として知られている．O'Brien はすでに多くの恐竜映画を製作しており，中でも注目すべきは Thomas Edison's Motion Picture Company 用につくられたどたばた喜劇の短編シリーズである．また「*The Ghost of Slumber Mountain*」(1919) はアメリカ自然史博物館の古生物学者 Barnum Brown の監修のもとに設計された「現実的な」恐竜を扱った初めての映画であった．

「ロスト・ワールド」のためにつくられた中生代の獣の中で最も脅威的な恐竜は，獣脚類のアロサウルスであった．この外観は古生物アーティストの Charles R. Knight がアメリカ博物館用に施したウォーターカラー・ペイントに直接基づいていた（Czerkas and Glut 1982）．映画の一部分において，アロサウルスは「アガタウマス」（断片的な化石に基づいている Knight の古い絵に基づいて想像して再構築された）と負け試合をする．その後このはえある恐竜はかなり大型でがっしりした獣脚類であるティラノサウルスによって殺されるのである（図43.3は，その映画におけるティラノサウルスの様子）．

「ロスト・ワールド」の模型は Marcel Delgado によってつくられていた．Delgado は製作するに当たり Knight の絵や彫刻を基本にしていた．彼は有史以前のイメージをつくる際に科学者と直接関わり，当時古生物学的に正確だと考えられることに基づいていたからである．このコンテクストにおいて1920年代に知られていた情報を見ても，「ロスト・ワールド」はかつて制作された中で最も正確で影響力のある恐竜映画の一つである（最上でなくとも）と思われる（図43.4）．

1930年代前半，シンクレア石油会社により始められた恐竜を使った広告キャンペーンによって，人々は「恐竜にめざめた」(Barnum Brown は自分の恐竜収集調査の資金を賄うために，シンクレア社出資のキャンペーンを賢く活用したのである)．この期間に，恐竜はまた映画と同様に給油所でも人気の呼びものとなり，同様に世界博覧会，切手アルバム，米国で最初の「恐竜公園」（サウスダコタ州 Rapid City を見下ろす丘の上にある）でも人気を博していた．

この時期に現れた恐竜関係の映画で最も影響力が強いのは「キング・コング」(1933)（図43.5）であった．この映画は，ある意味で「ロスト・ワールド」（多くの平行する物語を含めて）の続編であり，この映画の影響によってその後多くの模倣作品が出た．「キング・コング」は本来，失われたスカルアイランドの巨大な「有史以前の」ゴリラを発見して捕獲する話であったが，映画を見た人の印象に最も長い間残っていたのは，島に住む中生代の爬虫類（またしても種類ごとに）であった．Delgado と O'Brien のチームは技術を大幅に改良し，Knight の作品をもとに中生代の動物をつくった．今日まで続いた続編の中で，映画に託されていた最も劇的なものの一つに，スカルアイランドの王である Kong が「恐竜の王」ティラノサウルスとの戦いで死ぬところがある（O'Brien はこの恐竜をアロサウルスと呼んだけれども，その原型は明らかに1900年代の Knight によるティラノサウルスの有名なウォーターカラー・ペイントである．この絵には手の指はまちがって3本ついており，眼窩の位置もまちがっている．Delos W. Lovelace による「キング・コング」の撮影台本と小説版はこの生きものについて単に大型の肉食恐竜としか言及していない）．映画におけるジュラ紀と白亜紀の動物は，極端に現実的で，環境の中で元来の習性に近い形で描かれているけれども，おそらくプロデューサーの Merian C. Cooper の要求のために，恐竜はみな少なくとも現実の2倍の大きさに描かれた．

恐竜は1940年代に入ってもハリウッド映画で人気が続いた．初公開の「*One Million B.C.*（紀元前100万年）」(1940) は，本来この作品の監督を務める予定だった Griffith に何らかの影響を受けたもう一つの「石器時代」叙事詩であった．その映画は原始人と恐竜が同じ時代に生きているという通俗的な概念を40年代まで伝えた．トリケラトプス（角竜類に似せたゴム製のもので飾ったブタ）とティラノサウルス（ゴム製の恐竜コスチュームを着たスタントマンの Paul Stader）を除いて，この映画の「恐竜」のほとんどは生きている現代の爬虫類によって描かれた．同年ウォルト・ディズニーのアニメーション傑作「ファンタジア」が，漫画であるにも関わらず，まずまずの正確さでかなり真に迫った恐竜を表し

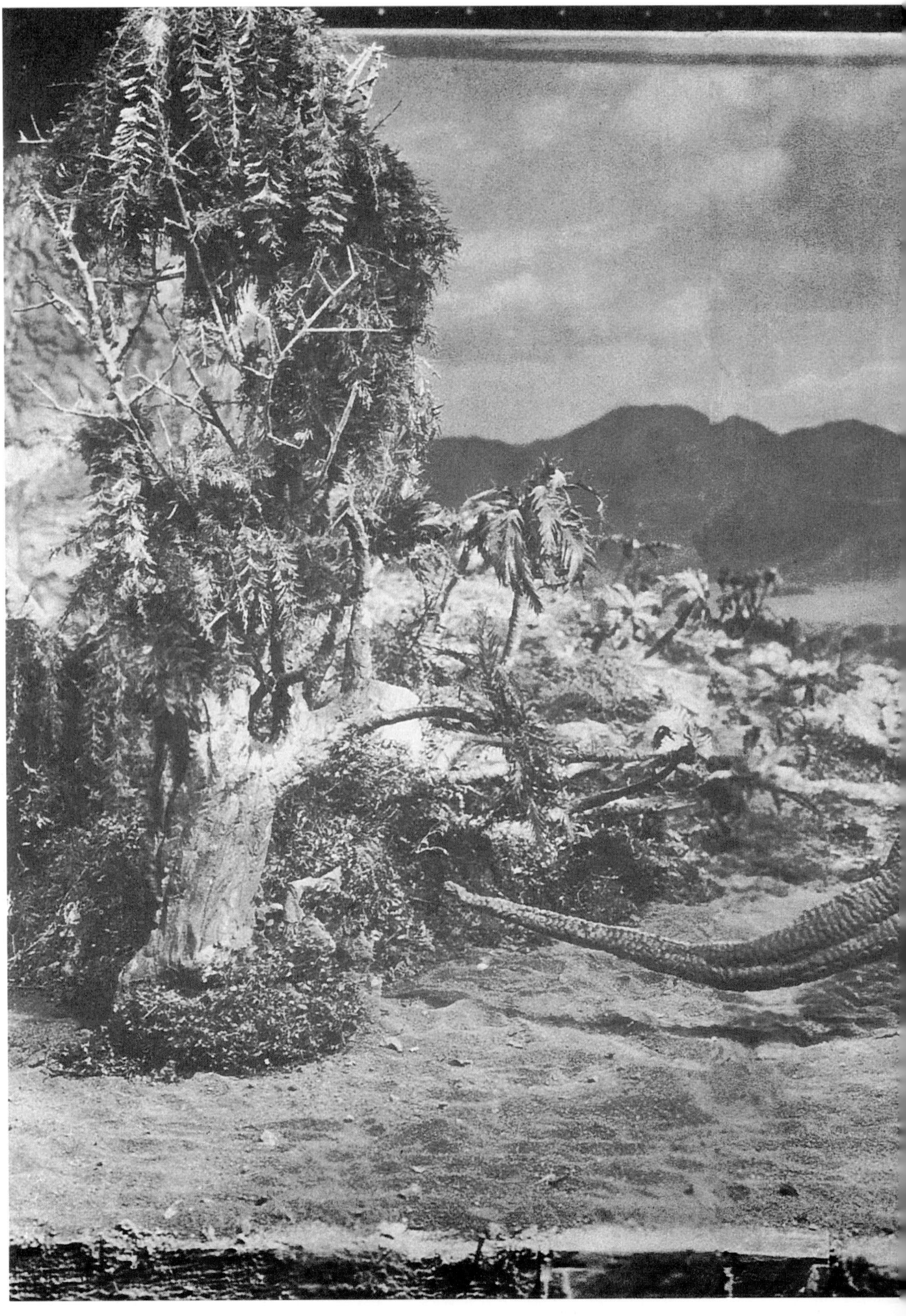

図 43.3● ティラノサウルスと「アガサウマス」.「ロスト・ワールド」(First National, 1925) より

図 43.4 ● アロサウルスと「トラコドン」.「ロスト・ワールド」(First National, 1925) より

図43.5●ステゴサウルスに立ち向かうキングコング．最終部分からはずされたワンシーンの宣伝用写真，「*King Kong*」(キング・コング)(1933)より．写真提供 Turner Broadcasting Corporation

た．しかし，いくつかのひどいまちがいがあった．その最も特筆すべきものは，中生代の異なる時代・異なる場所の恐竜（最初の恐竜が出現する前に絶滅した動物も）が同じ時代の同じ場所に生きていたこと，さらに一般化された「有史以前の世界」の通俗的な概念を不朽のものにしたことである．しかも，ティラノサウルスがたいていの映画で表されているように（「キング・コング」や「紀元前100万年」を含めて），かぎ爪は一つの手につき3本描かれていた．正しくは2本である．

恐竜や絶滅した他の動物をテーマにしたさらに多くの映画が，1940年代後期～1950年代初期につくられた．しかし世間に最も強い印象を与えたのは「*The Beast from 20,000 Fathoms*（原子怪獣現わる）」(1953)(図43.6)であった．この映画は1950年代初期の「キング・コング」の再上映を利用してつくられた．その主要な筋立ての重点は「ロスト・ワールド」，「キング・コング」両方の最終場面に影響を受けている（つまり巨大な有史以前の生きものが現代の街で暴れ狂うなど）．また世間の冷戦に対する恐れが高まったことを利用して，いわゆる「野獣」を仮死状態からめざめさせた．中生代以来その「野獣」を封じていた氷山を原子爆弾テストが溶かしたのである．映画のストップ・モーション特殊効果は，かつての Willis O'Brien と彼の弟子である Ray Harryhausen によってつくられた（図43.7）．「ロスト・ワールド」のエンディングと重複しないように意識し，Harryhausen は彼自身も信じられないほど巨大な恐竜に似た爬虫類を「発明」し，それに「レドサウルス」と名前をつけた．4本足で棘のついたような背中を持った生きものは，表面的には巨大なムカシトカゲに似ている．「原子怪獣現わる」によって「恐竜」映画の型が確立された．この型の映画の主な目的は，大都市中心部が破壊される壮絶な（または，特殊効果予算の許す限り壮絶な）シーンに必須の巨大な「有史以前の怪獣」を見せることである．

図 43.6●Ray Harryhausen による「レドサウルス」のオリジナル模型．*The Beast from 20,000 Fathoms*（原子怪獣現わる）より．写真提供 Ray Harryhausen, Warner Brothers Studio

図43.7●Ray Harryhausen と彼のケラトサウルス模型による特殊効果伝説.「Animal World」(動物の世界)より.
写真提供 Ray Harryhausen

　実際，Harryhausen の「レドサウルス」は，「原子怪獣現わる」の監督 Eugene Lourie が指揮をとった2つの英国作品，「The Giant Behemoth」(1959)(英国でのタイトルは「Behemoth, the Sea Monster」)と「Gorgo」(1960)を含め，数え切れないほどののちの映画の鋳型として使われた.

　1954年，Karel Zeman は特殊効果プロセスに可動のマットショットを使ったストップ・アクションの恐竜映画を初めて監督した．それは初めての映画撮影術であった(Robert Walters, 個人的な書信).「Journey to the Beggining of Time」はチェコの映画で，ニューヨークのアメリカ自然史博物館で撮影された一連の画面で始まる．博物館を訪れたあと，数人の子どもがセントラルパークでボートを借り，博物館で見てきたことについて考えながら「湖」の上で時を過ごすのである．湖で夢中でこいでいると，いつの間にか川へ来ていることに気づく．さらに彼らが下流へ進むと，時がさかのぼっていった．この映画は時代考証がかなり正確であり，有史以前の「役者」が適切な地質年代にいた最初の映画の一つである.

　「レドサウルス」を引き継ぐすべての映画で最も人気があるのは，「Godzilla, King of the Monsters」(1954)(英国での公開は1956)である．これは本国日本においては「ゴジラ(Gojira)」(この映画をつくった東宝スタジオの社員のニックネームに由来する)として知られている．この映画は，恐竜に似た驚くほど巨大な怪獣が原子爆発によってよみがえり，人類を襲い巨大な足で次々と破壊する，という一つの基本概念を持っている．ゴジラは単なる恐竜ではなかった．彼は水爆テストによって突然変異が起こった怪獣である．大きさと強さに加えて，今では凶器的な炎の息を吐くようになり，ゴジラは事実

上，野生化した元来の力が止まらなくなった．ゴジラは実際，核爆弾に引き起こされる恐怖をよくわかっている日本人の隠喩なのであった．しかし「レドサウルス」や失われた世界，スカルアイランドの恐竜とはちがって，ゴジラは生きているように動く模型によるものではなく，中島春雄という役者が暑くて窮屈なゴム製のスーツを着て演じたのである．ゴジラは永遠に続編が続くと思われるほどの人気を証明した．

恐竜は，映画における人気の中心であり続けた．1993年，「ジュラシック・パーク」が，Michael Crichton のベストセラー小説をもとに映画化された．この映画では，最新式の特殊効果技術（コンピューター・グラフィックの画像または CGI を含む）によって，恐竜を「生き返らせ」て（恐ろしい怪獣と同じように）すぐれた動物として描こうとしていた．この映画は常に10億ドル以上のトップの興行収益をあげ，表面的に永遠の魅力を持った不老の映画スターとしての恐竜を確立した（本章末コラム 43.2, 恐竜の出ている映画の厳選リスト参照．また Glut 1980；Bleiler 1990；Senn and Johnson 1992；Warren 1982参照）．

●電子の恐竜

家庭内ビデオの市場が発展し，ほとんどの家庭にビデオカセットレコーダーが普及すると，恐竜に関するドキュメンタリースタイルの番組が多くつくられた．最初これらの多くはたいてい公共放送網のテレビで放送された．そのすべてがビデオ市場にたどり着いたわけではない．残念なことに，通常これらの番組の台本は専門家である古生物学者の監修を受けることがなく，事実に関する多くの誤りと時代遅れな概念が最近の事実として述べられている．これらの教育番組の中で最もよいものは，これまででは「*Dinosaurs*」（カナダ国立放送局の David Susuki が司会，「*Nature of Things*」シリーズの一部），「*Lost Worlds, Vanished Lives*」（David Attenborough 司会），「*Dinosaurs and DNA*」（Jeff Goldblum 司会，公共放送網「*Nova*」シリーズの一部）である．新しい作品があまりにも多くつくられているので，それらまであげることは無理である．それらの内容は保証しない！

恐竜は今や CD-ROM にも急速に登場してきている．1996年の夏には，25～60ドルの価格で10タイトル以上の CD-ROM があった．ビデオとちがってこれらのコンピューター・プログラムは，時には1年以内にアップデートされて再リリースされる．それらは皆リリースされるごとに質や内容が変わるので，それぞれ順次お薦めすることは不可能である．恐竜は CD-ROM のクリップ・アート・パッケージにも登場しているが，この市場はテキストに基づくプログラムよりずっと遅れている．時代遅れで非論理的な著作権法のために，最も専門的技術を持ったアーティストたちはこれまで CD-ROM 上で博物館レベルの質の復元模型を売ることができなかった．

「電子の恐竜」で最も急速に成長している分野は，ワールド・ワイド・ウェブ（WWW）上にある．初期のサイトの抜粋リストについては，本章末のコラム 43.3 を参照．

●市場策略としての恐竜：恐竜は売れる！

この格言は，マディソン・アベニューやほかの至るところで，恐竜に関係があろうとなかろうと何でも売るために使われてきた（また誤用されてきた）．すでに述べたようにシンクレア石油会社は，1930年代初期と同様に石油やガソリン販売促進のために恐竜を利用する価値に気づいた．残念なことに，多くの粗悪な製品が幼い子どもにターゲットを絞っていたため，恐竜はしばしば子どものためだけのもの，安くて時代遅れなもの，あるいはそのいずれかと誤った受けとられ方をしていた．実際には大人も恐竜関連製品を購入している（しばしば収集する人もいる）．だが，たいていは会社の無知な管理職が扇動したお粗末な市場戦略のために，「恐竜に興味を持つのは子どもだけ」というひどいこじつけが定番化している．

今日まで大量の恐竜「製品」が発売されてきたが，残念なことにこれらの製品の大半は質の悪いものや，小さな子どもや識別力のない恐竜商品購入者向けのものであった．皮肉にも，館内で表されている科学の正当性を反映しているはずだと思われている博物館のギフトショップは，科学的にまちがっていたり安っぽいものを売っていることで悪名高い．そういったものの方が質のよい高価な商品よりもコストをかけずに早く売れるからである．博物館レベルの質の精密な模型は，古生物学者がまちがいの多さに呆れるような安づくりで大量生産の恐竜模型を好むショップマネージャーやバイヤーによってしばしば軽視される．子どもを持つ親は，ブロンズや白目で鋳造してある精確で高価だと思われる恐竜フィギュアよりも，鋭いかぎ爪ととがった歯が並ぶ口を大

43 恐竜とメディア　573

図 43.8●切手で見る恐竜．(1) 有名なシンクレア石油会社の恐竜コレクター切手，1935，(2) 中国，1958 (初の恐竜の切手！)，(3) Montserrat, 1992，(4)「サハラ」，1992，(5) アフガニスタン，1988，(6) 米国，1989，(7) アンティグア・バーブーダ，1992，(8) タンザニア，1991，(9) 英国，1991，(10) モルディブ諸島，1992，(11) ニジェール，1976，(12)「トランスケイ」，1993，(13) ニュージーランド，1993，(14)「デューファー」，1975，(15) ガーナ，1992，(16) ドミニカ共和国，1992，(17) モロッコ，1988，(18) アルゼンチン，1992，(19) 旧東ドイツ，1990，(20) ラオス，1988，(21) レソト，1992，(22) ウガンダ，1992，(23)「マナーマ」，1971

29 MONSTER IN THE MUSEUM

15 PARASAUROLOPHUS

CARNOTAURUS

24 SWIFT KILLERS!

5 BRONTOSAURUS

JURASSIC PARK
THE DEADLIEST DINOSAUR

図 43.9● 恐竜のトレーディング・カード
上段，左から：恐竜の攻撃！（Topps, 1988）；恐竜（The Dino-Card Co.,1987）；William Stout（アーティスト）（Comic Images, 1933）．
中段，左から：ダイノカーズ（The DinoCardz Co.,1992）；幼い地球（Kitchen Sink Press,1993）；恐竜の国（Kitchen Sink Press, 1993）．
下段，左から：恐竜（Nu-Cards, 1961）；「ジュラシック・パーク」シリーズ（Topps, 1993）；恐竜，掘り出された最高のカード（Mun-War Enterprises, 1993）．

きくあけたゴム製のトリケラトプスを子どもに買い与えがちである．

一般向けに発売された最初の恐竜模型は，Benjamin Waterhouse Hawkins によって 1800 年代中期につくられた．Ward 社の科学用品カタログをとおして販売されたこの石膏成型品のフィギュアは，ロンドンのシドナムに移されたクリスタル・パレスのために Hawkins が Richard Owen 卿のアイディアをもとにしてつくった「実物大」の模型のミニチュア・レプリカであった（McCarthy and Gilbert 1995；Torrens, 本書第 14 章参照）．これらのフィギュアは，恐竜や中生代の爬虫類について今日知られていることとかみ合っていないけれども，形が整っていてよくできており，歴史的重要性もある．

博物館の売店で売られる恐竜模型のうち最も長い間人気のあったシリーズは，1940 年代に（今日でもいくつかの売店で買うことができる）SRG 社が製造したものである．ミニチュアの恐竜が玩具のように大量生産される前は，一般で入手できる小さな恐竜レプリカといえば金属成型の SRG 社製フィギュアだけであった（それより以前，20 世紀初期に古生物学者 Charles Whitney Gilmore がつくった石膏の恐竜彫刻は，種々さまざまな博物館へ配給されたが一般には広まらなかった．これらは今でも博物館のコレクションやディスプレイに場所を占めている）．

もっと最近では，多数の製造会社が全体的に恐竜関係の製品を充実させている博物館の売店や玩具店，百貨店（比較的最近の現象である）での販売用に，さまざまな恐竜フィギュアシリーズを発売している．今では現代の大量生産技術を利用して精巧な恐竜フィギュアが製造されており，しばしば博物館自体がそれを支えている．こうした中で，1970 年代にプラスチック・フィギュアのシリーズが自然史博物館（ロンドン）によって最初に製造された．これは，1980 年代，1990 年代におけるカーネギー自然史博物館製の硬質ゴムのフィギュアや，ボストン科学博物館の Wenzel/LoRusso 模型に引き継がれた．もちろん，特に「ジュラシック・パーク」のようなめだったプロジェクトでめざめる「恐竜マニア」がいるために恐竜フィギュアやその他の製品が小売販売店で溢れ続けている．かつてこれらの製品のほとんどは科学的に正確にしようとする試みにはほとんど関心がなく，管理者側に単なる「子ども向け」としか認識されていない渇望状態の市場に，栄養補給をして支持してくれる最新の古生物学的知識を反映することができていない．

幸運にも，現在ではプロの彫刻家から博物館レベルの質を持った複製品を手に入れることができる．非常に少ないがその彫刻家の名前をすべてあげると，Wayne Barlow, Donnna Braginetz, Brian Franczak, John Gurche, Jim Gurney, Mark Hallett, Doug Henderson, Takeda Katashi, Eleanor Kish, Dan LoRusso, Tony McVey, Mike Milbourne, Bruce Mohn, Gregory Paul, John Sibbick, Michael Skrepnick, Paul Sorton, Jan Sovak, William Stout, Mike Trcic, Bob Walters, Greg Wenzel である．

●郵便切手の恐竜

1800 年代以来，切手収集は趣味として人気が高かったが，恐竜切手の収集は独自の分野としてこの 20 年間で発展した．恐竜切手は「トピカル収集」として切手雑誌で独自の宣伝をするにふさわしいほど大きい分野になっている．国際的な切手収集会社の中には，恐竜切手のためだけに「新発行サービス」を提供しているものもいくつかある．手数料を払えばたいていの国で発行されたすべての新しい恐竜切手を自動的に直接顧客の家へ郵送するのであろう．

恐竜が郵便切手に初めて登場したのは 1958 年で，ルーフェンゴサウルスの絵が描かれていた（中国）（図 43.8）．その地に生息していたわけではない恐竜が描かれていることがあるにしても，多くの国が切手に恐竜を載せている．中には Knight, Burian, Parker, Hallett, Paul, Gurche といった有名な古生物アーティストの作品をずうずうしくコピーして使った国もある．図案には骨格，足跡，壁画，鎧，シルエット，復元模型，漫画，そしてもちろん「ハリウッドの恐竜」も含まれていた．もっと面白いことに，おそらく大事なことかもしれないが，切手には恐竜にまちがった名前をつけているなどの誤りがあるのである．

コラム 43.4（本章末）は「恐竜」という言葉が生まれて 150 年記念に当たる 1992 年までに発行された全恐竜切手の収集家用ガイドである．切手は国別に並べられており，切手ディーラーもこのようにして自分のコレクションを維持するのである．

●恐竜のトレーディングカード

ある不思議な理由で，ノンスポーツのトレーディングカードにおいて恐竜は世界で最も有名な動物に

期待されるような人気を博したことがなかった．恐竜とほかの絶滅した動物を特色としたカード・シリーズ（たいていは Cahrles R. Knight のようなアーティストの絵画の複製品）は 1961 年に Nu-Cards Sales によって発売されたが，同時期に配付された他のカード・シリーズ（例：映画スターもの）のような人気はなかった．収集用の恐竜のトレーディングカードセットが市場で人気を博したのは，1993 年の「ジュラシック・パーク」公開による「恐竜熱」にすぎなかったのである．だが驚くべきことに，これらのトレーディングカードセットには，博物館に展示された恐竜の骨格に基づいているものがほとんどないのである！　多くは，ひどい絵画もしくは他のアーティストの復元画を下手にコピーしたもの（または再描写したもの）から構成されている．いずれにせよ恐竜のような大型の絶滅動物を使いさえすれば，ほとんどのセットは「恐竜」か「有史以前の動物」として見えるのである．中には収集家にとって重要性の高いトレーディングカードセットもあるので，本章末のコラム 43.5 にそのリストをあげた．

● 漫画の恐竜

シンクレア社による恐竜を使った広告キャンペーンが頂点を極め，「キング・コング」が全く新しい映画として現れた 1930 年代初期に，恐竜を主題にしたコマ割り漫画が初めて登場したのは当然のように思える（おそらく同時ではない）．「*Alley Oop*」は 1934 年から長期にわたって新聞に掲載されたシリーズ漫画であり（NEA Service），素人古生物学者でもある漫画家の V.T.Hamlin によって描かれていた．主人公は Dinny（皮肉にも最近の発見によって，竜脚類の中には Dinny にあったように背中に沿って突起がついているものもあることが示唆されている）という名の架空の恐竜に乗る強い原始人であった．Oop の描く物語は標準的な「石器時代」のコメディ・アドベンチャーで始まるが，のちには SF のタイム・トラベルの概念をとり入れていた．

1950 年代には漫画本の恐竜がブームになった．Pal-ul-don という失われた地で生き残った恐竜や他の有史以前の動物は（元来は Burroughs の小説『*Tarzan the Terrible*』でつくられたもの），しばしばターザン漫画シリーズ（Western Publishing Company）に現れた．『*Thun'da*』は 1952 年に Magazine Enterprises（ME）から発刊されたもので，原作は Frank Frazetta であった．これは，アフリカのジャングルにおける「ターザン」タイプのヒーローになった現代の男の話である．『*Tor*』は Joe Kubert の作品であり，1953 年に初めて現れた．この短命のシリーズは，分別のある原始人の主人公が初期の人類と恐竜が共存する時代錯誤な世界で生き残ろうと懸命になっている話である．1954 年から始まった『*Turok, Son of Stone*』（Western Publishing Company）は人気のロングラン・シリーズである．これは，コロンブス到来以前の 2 人のインディアンが，恐竜（常に"honkers（警笛のような声で鳴くもの）"として言及されている），原始人，他の絶滅生物が住む，グランド・キャニオンのような "Lost　Valley"（「失われた谷」）を偶然見つける話である．2 人のインディアンは，"Lost　Valley" の出口を探す一方で，これらの生物に出会うのにだいぶ時間がかかった．

60 年代も漫画本の人気は衰えなかった．シリーズ本の『*The War That Time Forgot*』は，第二次世界大戦中に失われた島にいた有史以前の生物と戦い続ける男の話である．これは 1960 年代の『*Star Spangled War Stories*』（DC Comics）で始まった．『*Kona*』（Dell Publishing Company）は Monster Isle のネアンデルタール君主の Kona が恐竜や他の脅威と対抗して戦うという変わったシリーズであり，常に突飛な筋書きを含んでいる．

Jack Kirby の『*Devil Dinosaur*』（赤いティラノサウルスが主人公）や『*Skull the Slayer*』（どちらも Marvel Comics Group 刊），『*Kong the Untamed, Warlord*』（どちらも DC Comics 刊），『*Tragg and the Sky Gods*』（Western）を含め，有史以前の時代を描いた漫画本は 1970 年代に繁栄した．後者は現代の作家（Glut）によって描かれたもので，有史以前の冒険と SF とを混ぜ合わせている．

1980 年代後半および 1990 年代初期には恐竜関係の漫画が再び復活した．その中で，『*Dinosaur Rex*』，Tom Mason の風刺的な『*Dinosaurs for Hire*』，Mark Schultz の非常に有名な『*Cadillacs and Dinosaurs*』（図 43.10）が別々に出版された．これらは特許になり，土曜日の朝のテレビアニメ番組もその中に含まれた．1993 年には，映画「ジュラシック・パーク」からいくつかの漫画本シリーズが生まれた．同様に，その大人気映画のあとにできた全く新しいタイプの漫画本には，Ricardo Delgado の "docudrama" ミニ・シリーズの『*Age of Reptiles*』（Dark Horse Comics），『*Dinosaurs：A Celebration*』（Marvel），「ランボー」タイプに生まれ変わったヒーローが恐竜とともに時を超えてこの現代世界にやってくるというリバイバル

図 43.10 ● コミックブック表紙の恐竜
左上, DC Comics 提供；右上, Apple Comics 提供；左下 Kitchen Sink Press 提供；右下, Gold Key Comics 提供.

版の『Turok, Dinosaur Hunter』(Valiant) などがあった．

●人気の本や雑誌の中の恐竜

最初の恐竜事典は 1972 年に Donald F. Glut によって出版された．恐竜の属 (genera) を「A から Z まで」編集した初めての本であり，各項に属 (genus) についてのまとまった情報を載せていた．この形式は他の著者によって何度も繰り返されている．1960 年に W. E. Swinton によって恐竜についての最初の「教科書」が書かれた．

恐竜愛好家を対象にした最初の一般書は，古生物学者 Edwin H. Colbert によって書かれ，1945 年にアメリカ自然史博物館から出版された『The Dinosaur Book』である．長い間，このテーマについて書かれた一般書で入手可能なものはこの本だけであった．筆者はそれまで主に哺乳類化石を専門としていたにもかかわらず，この本の出版によって Colbert と「恐竜」という言葉はしっかりと結びつけられた．その後，多くのよい恐竜本が一般の読者向けに出版されてきた．

1990 年まで恐竜本の大多数は古生物学者ではない著者によって書かれたものであった．残念なことにこれが原因となって，時代遅れな情報が受け入れられている事実として出版されたのである．「悪い」恐竜本は次にあげる点で見分けることができる．著者が (1)「アナトサウルス」や「ブロントサウルス」などの時代遅れな名前を使っている，(2) 小惑星説または何らかの絶滅説を立証ずみで解明されたものとして受け入れている，(3) 学術文献ではなく他の一般書から最近の作品のみを引用している，(4) 恐竜の古生物学者とのインタビューをもとにして執筆したり，書かれたものをすべて受け入れている，(5) 述べられた考えに対して全く反証しない，などである．

David B. Norman によって書かれ，1985 年に出版された『The Illustrated Encyclopedia of Dinosaurs』は最初の現代的恐竜本で，すばらしいイラスト入りであった．これはあとに続く多くの恐竜本のモデルの役割をした．最近注目されている一般向けの恐竜本の中には Bakker 1986, Horner and Gorman 1988, Paul 1988, Horner and Lessem 1993, Jacobs 1993 および 1995, Lessem and Glut 1993, Gillette 1994, Lucas 1994, Colbert 1995, Lockley and Hunt 1995, Fastovsky and Weishampel 1996 が含まれている．

恐竜雑誌もいっそう頻繁に発行されるようになったが，残念なことその対象は若者の読者である．恐竜に興味を持っている大人向けに書かれた雑誌が絶対に必要なのである！　例外としては，日本の東京にある学習研究社から，井上正昭編集のすばらしい雑誌「恐竜学最前線」が 1993 年から 1996 年まで出版された．惜しいことに英語版はない．

●今日の恐竜

人気サイエンス作家の Don Lessem によって，恐竜のための最初の非営利協会である恐竜協会 (the Dinosaur Society) が 1990 年代初期に設立された．この団体は，世間への中央情報センターや，恐竜専門の古生物学者の専門的な知識を必要とする組織や産業との仲介役の役割もしている．この協会は一般向けに公報を出したり，協力者である科学者や教育者向けに報告書を出したりもしている．

今日，大学機関でも恐竜コースが要請され恐竜競争が起こっている．このような要請は 1970 年代後半に Stockton State College (ニュージャージー州) とカリフォルニア大学バークレー校で起こり，その後すぐ 1980 年にジョージ・ワシントン大学でも起こった．これらのコースは地質学部の入学者数を増加させるためだけでなく（時には 100 人単位で），場合によっては遺憾なこととはいえ非科学系の在学生が受ける唯一本当の「生物」コースとしての役割をしている．博物館でも「准古生物学者」プログラムをつくることによって成人教育や社会福祉プログラムを展開してきた．デンヴァー自然史博物館 (The Denver Museum of Natural History) のプログラムはほかの多くの博物館にとって手本となっている．

恐竜はインターネット上にも大々的に現れている．恐竜向けのディスカッション・グループだけでなく，恐竜関連のファイル，コレクション，写真，「展示ホール」のバーチャル・ツアーを含む数多くの FTP や WWW サイトがある（サイトのリストはコラム 43.3 参照）．多くの博物館では常に新しい情報についていくために恐竜展示室を改装しており，今では科学的に正しい復元を一般的に見ることができる．最近ではニューヨークのアメリカ自然史博物館，ヒューストン博物館，ロンドン自然史博物館，フィラデルフィアの自然科学院，デンヴァー自然史博物館，シカゴのフィールド博物館などが恐竜展示室を改装した．

恐竜専門の古生物学者が世界中に 70 人以上おり

（1970年代の約15人から増加），多くの国では常に壮大な探究の物語，つまり中生代の物語に一般の人々が触れる機会が十分にある．この物語は野外で始まる．

● 恐竜の骨を見つけたら

今日では，たいていの一般人が最初から実際に専門的な恐竜調査に出かけることができる．博物館や大学だけでなくプロの調査隊も一般人用にプログラムを組んでいる．一般人が参加可能の調査旅行のリストは恐竜協会（the Dinosaur Society）［電話 1-800-346-6366］の公報に毎年出ている．

自分で行く場合でも，または調査隊に参加する場合でも，まず最初に土地所有者の許可を得なければならない．土地所有者が認めるまでは，化石はすべて土地所有者の財産である．米国には連邦所有地，州所有地，地方所有地，ネイティブ・アメリカン所有地，共有所有地，個人所有地など6種類の土地がある．どのタイプも独自の法のもとにある．化石を集める前に法を知っておかなければならない．お住まいの州の大学，自然史博物館，政府出張所，発掘クラブのいずれにもこの分野地域をカバーするハンドアウトが用意されている．古脊椎動物学協会（The Society of Vertebrate Paleontology）もこの点に関して役立つだろう．

収集する際には，「倫理法」に従うことが大切である．多くの組織やエージェンシーには土地に対する独自の規定があるが，シンプルなルールや常識が適用されている．例えば，常に前もって許可をとること，散らかしたり大きな穴を残したりしないこと，写真や地図で地域的情報を報告すること，科学的情報をむだにしないために古生物学者に場所を教えること，発掘するつもりでなくても何らかの骨を掘り当てたらそれを収集しないこと，ゴミを捨てないこと，などである．

屋外で恐竜を収集するのが一番楽しいし，ためになる——さあ外に出て楽しもう！

● 文 献

Archer, S. 1993. *Willis O'Brien：Special Effects Genius*. Jefferson, N. C.：McFarland and Company.
Bakker, R. T. 1986. *The Dinosaur Heresies：New Theories Unlocking the Mystery of the Dinosaurs and Their Extinction*. New York：William Morrow.
Baldwin, S., and B. Halstead. 1991. *Dinosaur Stamps of the World*. Witham, Essex：Baldwin's Books.
Bleiler, E. F. 1990. *Science-Fiction：The Early Years*. Kent, Ohio：Kent State University Press.
Brett-Surman, M. K. 1991. Dinosaurs on stamps. *Biophilately* 40（4）：10-19.
Colbert, E. H. 1945. *The Dinosaur Book：The Ruling Reptiles and Their Relatives*. Handbook no. 14. New York：American Museum of Natural History.
Colbert, E. H. 1995. *The Little Dinosaurs of Ghost Ranch*. New York：Columbia University Press.
Czerkas, S., and D. Glut. 1982. *Dinosaurs, Mammoths and Cavemen：The Art of Charles Knight*. New York：E. P. Dutton.
Czerkas, S. J., and E. C. Olson（eds.）. 1987. *Dinosaurs Past and Present*. Seattle：Natural History Museum of Los Angeles County/University of Washington Press.
Dann, J., and G. Dozois. 1995. *Dinosaurs II*. New York：Ace Books.
Fastovsky, D.E., and D. B. Weishampel. 1996. *The Evolution and Extinction of the Dinosaurs*. Cambridge：Cambridge University Press.
Gillette, D. D. 1994. *Seismosaurus the Earth Shaker*. New York：Columbia University Press.
Glut, D., 1975, *The Dinosaur Dictionary*. Secaucus, N. J.：Citadel Press.
Glut, D. 1980. *The Dinosaur Scrapbook*. Secaucus, N. J.：Citadel Press.
Hasegawa, Y., and Y. Shiraki. 1994. *Dinosaurs Resurrected*. Tokyo：Mirai Bunkasha.
Horner, J. R., and J. Gorman. 1988. *Digging Dinosaurs*. New York：Workman Publishing.
Horner, J. R., and D. Lessem. 1993. *The Complete T. rex*. New York：Simon and Schuster.
Jacobs, L. 1993. *Quest for the African Dinosaurs：Ancient Roots of the Modern World*. New York：Villard Books.
Jacobs, L. 1995. *Lone Star Dinosaurs*. College Station：Texas A & M University Press.
Lamont, A. 1947. Paleontology in literature. *Quarry Manager's Journal* 30：432-441, 542-551.
Lessem, D., and D. F. Glut. 1993. *The Dinosaur Society Dinosaur Encyclopedia*. New York：Random House.
Lockley, M., and A. P. Hunt. 1995. *Dinosaur Tracks and Other Fossil Footprints of the Western United States*. New York：Columbia University Press.
Lucas, S. G. 1994. *Dinosaurs：The Textbook*. Dubuque, Iowa：William C. Brown Publishers. 2nd ed., 1977.
McCarthy, S., and M. Gilbert. 1995. *The Crystal Palace Dinosaurs：The Story of the World's First Prehistoric Sculptures*. Anerly Hill, London：Crystal Palace Foundation.
Norman, D. B. 1985. *The Illustrated Encyclopedia of Dinosaurs*. London：Salamander Books.
Paul, G. S. 1988. *Predatory Dinosaurs of the World：A Complete Illustrated Guide*. New York：Simon and Schuster.
Pilot, R., and A. Rodin. 1996. *The Illustrated Lost World*. Indianapolis.：Wessex Press.
Resnick, M., and M. H. Greenberg（eds.）1993. *Dinosaur Fantastic*. New York：DAW Paperbacks.
Rudwick, M. J. S. 1992. *Scenes from Deep Time：Early Pictorial Representations of the Prehistoric World*. Chicago：

University of Chicago Press.

Sarjeant, W. A. S. 1994. Geology in fiction. In W. A. S. Sarjeant (ed.), *Useful and Curious Geological Inquiries beyond the World*, pp.318–337. 19 th International History of Geology INHIGEO Symposium, Sydney, Australia.

Sawyer, R. J. 1992. *Far-Seer*. New York：Ace Paperbacks.

Sawyer, R. J. 1993. *Fossil Hunter*. New York：Ace Paperbacks.

Scully, V.；R. F. Zallinger；L. J. Hickey；and J. H. Ostrom. 1990. *The Great Dinosaur Mural at Yale：The Age of Reptiles*. New York：Harry N. Abrams.

Senn, B., and J. Johnson. 1992. *Fantastic Cinema Subject Guide*. Jefferson, N. C.：McFarland and Company.

Warren, B. 1982. *Keep Watching the Skies！* 2 vols. Jefferson, N. C.：McFarland and Company.

コラム 43.1●SF やファンタジー小説の恐竜：初心者向け小説・選集・雑誌ガイド

M. K. Brett-Surman 編集

この編集は，http：//www.dinosauria.com/jdp/misc/fiction.htm で頻繁にアップデートされることになっている．

Aldiss, B. 1958. "Poor Little Warrior." Silverberg et al. で 1982 年に再版.

Aldiss, B. 1967. *Crytozoic*. London：Sphere Books.

Aldiss, B. 1985. *The Malacian Tapestry*. New York：Berkley Books.

Allen, R. M. 1993. "Evolving Conspiracy." Resnick and Greenberg で 1993 年に再版.

Anderson, P. 1958. "Wildcat." Silverberg et al. で 1982 年に再版.

Andrews, A. 1993. "Day of the Dancing Dinosaur."*Science Fiction Age* 1(3)：35-40.

Anthony, P. 1970. *Orn*. London：Corgi Books.

Arthur, R. 1940. "Tomb of Time." *Thrilling Wonder Stories*（11 月号）.

Ash, P. 1966. "Wings of a Bat." Silverberg et al.で 1982 年に再版.

Ashwell, P. 1996. "Bonehead." *Analog*（7 月号）.

Asimov, I. 1950. "Day of the Hunters." Silverberg et al. で 1982 年に再版；Dann and Dozois で 1995 年に再版.

Asimov, I. 1958. "A Statue for Father". Silverberg et al. で 1982 年に再版.

Astor, J. J. 1894. *A Journey in Other Worlds*. New York：Appleton Books.

Bakker, R. T. 1995. *Raptor Red*. New York：Bantam Books.『恐竜レッドの生き方』鴻巣友季子訳，新潮社（1996）.

Barnes, A. K. 1937. "The Hothouse Planet." *Startling Stories*（9 月号），1949 年 9 月再版.

Barshofsky, P. 1930. "One Prehistoric Night." *Wonder Stories*（11 月号）.

Benford, G. 1992. "Rumbling Earth." *Aboriginal Science Fiction* 31（夏号）：8-13.

Benford, G. 1992. "Shakers of the Earth." In Preiss and Silverberg 1992.

Bennett, R. A. 1916. "The Bowl of Baal." *All Around Magazine*（1916 年 11 月号-1917 年 2 月号）.

Bierce, A. 1909. "For the Ahkoond." In *The Collected Works of Ambrose Bierce* 第 1 巻, New York：Neale Publishing Co.

Bishop, M. 1992. "Herding with the Hadrosaurs." In Preiss and Silverberg 1992；Dann and Dozois 1995.

Bradbury, R. 1983. *Dinosaur Tales*. New York：Bantam Books.

Bradbury, R. 1983. "Besides a Dinosaur, What Ya Wanna Be When You Grow Up?" Preiss and Silverberg で 1992 年に再版.

Branham, R.V. 1995. "Dinosaur Pliés". In Dann and Dozois, 1995.

Bray, Lady E. O. 1921. *Old Time and the Boy*；または，*Prehistoric Wonderland*. London：Allenson Books.

Bridges, T. C. 1923. *Men of the Mist*. London：Collins Books.

Brown, P. E. 1908. "The Diplodocus." *New Broadway Magazine*（8 月号）.

Buckley, B. 1978. "The Runners." Dann and Dozois で 1990 年に再版.

Burroughs, E. R. 1918. *The Land That Time Forgot*. New York：Ace Books. 本書およびそれに続く小説は Caspak シリーズの一部.

Burroughs, E. R. 1921. *Tarzan The Terrible*. Chicago：McClurg Books. および Argosy All Story（2 月 12 日-3 月 26 日）.

Burroughs, E. R. 1922. *At the Earth's Core*. New York：Ace books. この本と続篇は Pellucidar series に含まれる.

Cabot, J. Y. 1942. "Blitzkrieg in the Past." *Amazing Stories*（1942 年 7 月）.

Cadigan, P. 1993. "Dino Trend." In Resnick and Greenberg 1993.

Carroll, D. N. 1934. "When Reptiles Ruled." *Wonder Stories*（11 月号）.

Carter, L. 1979. *Journey to the Underground World*. New York：DAW Books.

Carter, L. 1980. *Zanthodon*. New York：DAW Books.

Carter, L. 1981. *Hurok of the Stone Age*. New York：DAW Books.

Casper, S. 1993. "Betrayal." In Resnick and Greenberg 1993.

Chesney, W. 1898. "The Crimson Beast." In *The Adventures of a Solicitor*. London：James Bowden Books.

Chilson, R. 1976. *The Shores of Kansas*. New York：Popular Library.

Ciencin, S. 1995. *Dinotopia*：*Windchaser*. New York：Random House, Bullseye Books.

Ciencin, S. 1995. *Dinotopia*：*Lost City*. New York：Random House, Bullseye Books. Alfred A. Knopf.

Clarke, A. C. 1952."Time's Arrow."Dann and Dozois で1990年に再版.

Crichton, M. 1990. *Jurassic Park*. New York：Alfred A.Knopf.『ジュラシック・パーク』上下巻, 酒井昭伸訳, 早川書房（1991）.

Crichton, M. 1995. *The Lost World*. New York：Alfred A. Knopf『ロスト・ワールド/ジュラシック・パーク2』酒井昭伸訳, 早川書房（1995年）.

Dann, J., and G. Dozois. 1981. "A Change in the Weather." Dann and Dozois で1990年に再版.

Dann, J., and G. Dozois（編）. 1990. *Dinosaurs*！ New York：Ace Books.

Dann, J., and G.Dozois（編）. 1995. Dinosaurs II. New York：Ace Books.

Davidson, A. 1989. "The Odd Old Bird."Dann and Dozois で1995年に再版.

de Camp, L. S. 1963. *A Gun for Dinosaur*. New York：Curtis Books.

de Camp, L. S. 1992. "The Big Splash." Dann and Dozois で1995年に再版.

de Camp, L. S. 1993. *Rivers of Time*. Riverdale, N. Y.：Baen Books.

de Camp, L. S. and C. C. de Camp. 1988. *The Stones of Nomuru*. Virginia Beach：Donning Publishing Co.

Dedman, S. 1986. "Mesozoic Error." *Aphelion*, no. 4（春号）.

Dedman, S. 1993. "Vigil." *Fantasy and Science Fiction*（8月号）.

Dedman, S. 1994. "Desired Dragons." *Alien Shores*（6月号）.

Dedman, S. 1996. "Miniatures." *Eidolon*（3月号）.

Dedman, S. 1997. "Sarcophagus." In *A Horror Story a Day*. Rockleigh, N. J.：Barnes and Noble.

Dehan, R. 1917. "The Great Beast of Kafue." In *Under the Hermes*. New York：Dodd-Mead.

Delaney, J. H. 1989. "Survival Course." *Analog* 109(6)：92–110.

Delaplace, B. 1993. "Fellow Passengers." In Resnick and Greenberg 1993.

Dent, G. 1926. *The Emperor of IF*. London：Heinemann.

DiChario, N. A. 1993. "Whilst Slept the Sauropod." In Resnick and Greenberg 1993.

Doyle, Sir A. C. 1912. *The Lost World*. New York：Hodder and Stoughton.『失われた世界：ロストワールド』加島祥造訳, 早川書房（1996）.

Drake, D. 1982. *Time Safari*. New York：Tor Books.

Drake, D. 1984. *Birds of Prey*. New York：Tor Books.

Drake, D. 1993. *Tyrannosaur*. New York：Tor Books.

Efremov, I. A. 1946. *A Meeting over Tuscarora*. London：Hutchinson and Co.

Farber, S. N. 1988. "The Last Thunder Horse West of the Mississippi" Dann and Dozois で1990年に再版.

Farber, S. N. 1991. "The Sixty-five Million Year Sleep."*Amazing Stories* 66(2)：53–56.

Farley R. M. 1929. "Radio Flyers." *Argosy All Story Weekly*（5月11日号）.

Fawcett B. 1993. "After the Comet." In Resnick and Greenberg 1993.

Fawcett, E. D. 1894. *Swallowed by an Earthquake*. London：Edwin Arnold.

Feeley, G. 1993."Thirteen Ways of Looking at a Dinosaur." In Resnick and Greenberg 1993.

Gauger, R. 1987. *Charon's Ark*. New York：Del Rey Books.

Gerrold, D. 1978. *Deathbeast*. New York：Popular Library.

Gerrold, D. 1993. "Rex" In Resnick and Greenberg 1993.

Glut, D. 1976. *Spawn*. Toronto：Laser Books.

Gottfried, F. D. 1980."Hermes to the Ages." Silverberg et al.で1982年に再版.

Grimes, L. 1994. *Dinosaur Nexus*. New York：Avon books.

Gurney, J. 1992. *Dinotopia*. Atlanta：Turner Publishing.『ダイノトピア 恐竜国漂流記』沢近十九一訳, フレーベル館（1992）.

Gurney, J. 1995. *Dinotopia II*：*The World Beneath*. Atlanta：Turner Publishing.

Hamilton, E. 1929."The Abysmal Invaders." *Weird Tales*（6月号）.

Hansen, L. T. 1941. "Lords of the Underworld." *Amazing Stories*（4月号）.

Harrison, H. 1970. "The Ever-Branching Tree." Silverberg et al.で1982年に再版.

Harrison, Harry. 1984–1988. The West of Eden Trilogy. New York：Bantam Books.

Harrison, H. 1992. "Dawn of the Endless Night." In Preiss and Silverberg 1992.

Hering, H. A. 1899. "Silas P. Cornu's Diving DIVINING Rod." *Cassell's Family Magazine*（6月号）.

Hernandez, L. 1993. "Pteri." In Resnick and Greenberg 1993.

Hulke, M. 1976. *Dr. Who and the Dinosaur Invasion*. London：Target Books.

Hyne, C. J. C. 1900. *The Lost Continent*. London：Hutchinson.

Jablonski, D.（編）. 1981. *Behold the Mighty Dinosaur*. New York：Elsevier/Nelson Books.

Jacobson, M. 1991. *Gojira*. New York：Atlantic Monthly Press.

Jones, W. K. 1927. "The Beast of the Yungas." *Weird Tales*（9月号）.

Kelly, J. P. 1990. "Mr. Boy."*Asimov's Science Fiction Magazine*（6月号）.

Kelly, J. P. 1995. "Think Like a Dinosaur." *Asimov's Science Fiction Magazine* 19(7)：10-32.

Kerr, K. 1993. "The Skull's Tale." In Resnick and Greenberg 1993.

Keyhoe, D. E. 1926. "Through The Vortex." *Weird Tales*（7月）.

Knight, H. A. 1984. *Carnosaur*. London：W. H. Allen and Co. 『恐竜クライシス』尾之上浩司訳，東京創元社（1994）.

Koja, K., and B. N. Malzberg. 1993. "Rex Tremandae Majestatis." In Resnick and Greenberg 1993.

Lackey, M., and L. Dixon. 1993. "Last Rights." In Resnick and Greenberg 1993.

Landis, G. A. 1985. "Dinosaurs." Dann and Dozois で1990年に再版.

Landis, G. A. 1992. "Embracing the Alien." *Analog* 92(13)：10-39.

Laumer, K. 1971. *Dinosaur Beach*. New York：DAW Books.

Leigh, S. 1992. *Dinosaur World*. New York：Avon Books.

Leigh, S. 1993. *Dinosaur Planet*. New York：Avon Books.

Leigh, S. 1994. *Dinosaur Warriors*. New York：Avon Books.

Leigh, S. 1995. *Dinosaur Conquest*. New York：Avon Books.

Leigh, S., and J. J. Miller. 1993. *Dinosaur Samurai*. New York：Avon Books.

Leigh, S., and J. J. Miller. 1995. *Dinosaur Empire*. New York：Avon Books.

Lindow, S. J. 1992. "Through Dinosaur Eyes." *Isaac Asimov's Science Fiction Magazine* 17(1)：88-89.

Little, C. 1900. "Dick and Dr. Dan." *Happy Days*（3月17日号-5月5日号）.

Longyear, B. 1989. *The Homecoming*. New York：Walker and Company.

Malzberg, B. 1992. "Major League Triceratops." In Preiss and Siverberg 1992.

Marsten, R. 1953. *Danger：Dinosaurs！* Philadelphia：J. C. Winston and Co.

Mash, R. 1983. *How to Keep Dinosaurs*. New York：Penguin Books. 『恐竜の飼いかた教えます』別役実訳，平凡社（1986）.

McCaffrey, A. 1978. *Dinosaur Planet*. New York：Del Rey Books.

McCaffrey, A. 1984. *Dinosaur Planet Survivors*. New York：Del Rey Books.

McCoy, M. 1996. *Indiana Jones and the Dinosaur Eggs*. New York：Bantam Books.

McDowell, I. 1994. "Bernie." Dann and Dozois で1995年に再版.

Meacham, B. 1993. "On Tiptoe." In Resnick and Greenberg 1993.

Merritt, A. G. 1931. *The Face in the Abyss*. New York：Liveright.

Mill, J. 1854. *The Fossil Spirit：A Boy's Dream of Geology*. London：Darton Books.

Milne, R. D. 1982. "The Iguanodon's Egg." *The Argonaut*（4月1日号）.

Milne, R. D. 1882."The Hatching of the Iguanodon."*The Argonaut*（4月8日）.

Mimersheim, J. 1993. "The Pangaean Principle." In Resnick and Greenberg 1993.

Murray Chapman, C. H. 1924. *Dragons at Home*. London：Wells Gardner and Darton.

Obruchev, V. A. 1924. *Plutonia：An Adventure through Prehistory*. London：Lawrence and Wishart. 英語版著作権1957年.

O'Donnell, K. Jr. 1993. "Saur Spot." In Resnick and Greenberg 1993.

Pelkie, J. W. 1945. "King of the Dinosaurs." *Fantastic Adventures*（10月号）.

Petticolas, A. 1949. "Dinosaur Destroyer." *Amazing Stories*（1月号）.

Phillips, A. 1929. "Death of the Moon." *Amazing Stories*（2月号）.

Phillpotts, E. 1901. "A Story without an End." In Fancy Free. London：Methuen.

Pierce, H. 1989. *The Thirteenth Majestral*. New York：Tor Books.

Pierce, H. 1989. *Dinosaur Park*. New York：Tor Books.

Pope, G. 1894. *Romances of the Planets：N．1, Journey to Mars*. G. W. Dillingham.

Powell, F. 1906. *The Wolf Men*. London：Cassell.

Preiss, B., and R. Silverberg（編）. 1992. *The Ultimate Dinosaur Book*. New York：Bantam Books.

Preuss, P. 1992. "Rhea's Time." In Preiss and Silverberg 1992.

Resnick, L. 1993. "Curren's Song." In Resnick and Greenberg 1993.

Resnick, M., and M. H. Greenberg（編）. 1993. *Dinosaur Fantastic*. New York：DAW Paperback Books.

Rivkin, J. F. 1992. *Age of Dinosaurs*（*Tyrannosaurus Rex*）. New York：Roc Paperbacks, Penguin Books.

Robertson, R. G. Y. 1991. "The Virgin and the Dinosaur." Dann and Dozois で1995年に再版.

Robertson, R. G. Y. 1995. "Ontogeny Recapitulates Phylogeny." In Dann and Dozois 1995.

Robertson, R. G. Y. 1996. "The Virgin and the Dinosaur." New York：Avon Books.

Robeson, K. 1933. *Land of Terror*. New York：Street and Smith Publications.

Robinson, F. M. 1993. "The Greatest Dying." In Resnick

Roof, K. M. 1930. "A Million Years After." *Weird Tales*（11月号）.

Rousseau, V. 1920. "The Eye of the Balamok." *Argosy All-Story Weekly*（発行月日不明）.

Rusch, K. K. 1993. "Chameleon." In Resnick and Greenberg 1993.

Sagara, M. M. 1993. "Shadow of a Change." In Resnick and Greenberg 1993.

Savile, F. M. 1899. *Beyond the Great South Wall : The Secret of the Antarctic*. New York : New Amsterdam Book Co.

Sawyer, R. J. 1981. "If I'm Here, Imagine Where They Sent My Luggage." *The Village Voice*（1月14日号）.

Sawyer, R. J. 1987. "Uphill Climb." *Amazing Stories*（3月号）.

Sawyer, R. J. 1992. *Far-Seer*（Quintaglio#1）. New York : Ace Paperbacks.

Sawyer, R. J. 1993. *Fossil Hunter*（Quintaglio#2）. New York : Ace Paperbacks.

Sawyer, R. J. 1993. "Just Like Old Times." In Resnick and Greenberg 1993 ; Dann and Dozois 1995.

Sawyer, R. J. 1994. *Foreigner*（Quintaglio#3）. New York : Ace Paperbacks.

Sawyer, R. J. 1994. *End of an Era*. New York : Ace Books.

Schow, D. J. 1987. *Sedalia*. Lincoln City, Ore. : Pulphouse Publishing.

Schultz, M. 1989. *Cadillacs and Dinosaurs*. Northampton, Mass. : Kitchen Sink Press.

Shadwell, T. 1991. *Dinosaur Trackers*. New York : Harper Paperbacks.

Sheckley, R. 1993. "Disquisitions on the Dinosaur." In Resnick and Greenberg 1993.

Sheffield, C. 1992. "The Feynman Saltation." In Preiss and Silverberg 1992.

Sherman, J. 1993. "Wise One's Tale." In Resnick and Greenberg 1993.

Silverberg, R. 1980. "Our Lady of the Sauropods." Silverberg et al.で1982年に再版.

Silverberg, R. 1987. *Project Pendulum*. New York : Bantam Paperbacks.

Silverberg, R. 1992. "The Way to Spook City." *Playboy*（8月号）.

Silverberg, R. 1992. "Hunters in the Forest." In Preiss and Silverberg 1992.

Silverberg, R. ; C, Waugh ; and M. H. Greenberg（編）. 1982. *The Science Fictional Dinosaur*. New York : Avon Books.

Simak, C. D. 1995. "Small Deer." In Dann and Dozois 1995.

Simpson, G. G. 1995. *The Dechronization of Sam Magruder*. New York : St.Martin's Press.『恐竜と生きた男』鎌田三平，山田　蘭訳，徳間書店（1997）.

Smith, D. W. 1993. "Cutting Down Fred." In Resnick and Greenberg 1993.

Snyder, M. 1995. *Dinotopia : Hatchiling*. New York : Random House, Bullseye Books.

Stables, W. G. 1906. *The City at the Pole*. London : James Nisbet and Co.

Steele, A. 1990. "Trembling Earth." Dann and Dozois で1995年に再版.

Stith, J. E. 1993. "One giant Step." In Resnick and Greenberg 1993.

Sullivan, T. 1987. "Dinosaur on a Bicycle." Dann and Dozois で1990年に再版.

Taine, J. 1994. "The Greatest Adventure." *Famous Fantastic Mysteries*（6月号）.

Tarr, J. 1993. "Revenants." In Resnick and Greenberg 1993.

Tem, S. R. 1987. "Dinosaur." Dann and Dozois で1990年に再版.

Tiptree, J. Jr. 1970. "The Night-Blooming Saurian." Dann and Dozois で1990年に再版.

Turtledove, H. 1985. "Hatching Season." Dann and Dozois で1990年に再版.

Turtle dove, H. 1992. "The Green Buffalo" In Preiss and Silverberg 1992.

Utley, S. 1976. "Getting Away." Dann and Dozois で1990年に再版.

Vornholt, J. 1995. *Dinotopia : River Quest*. New York : Random House, Bullseye Books.

Waldrop, H. 1982. "Green Brother." Dann and Dozois で1990年に再版.

Wallis, B. 1930. "The Primeval Pit." *Weird Tales*（12月号）.

Wells, R. 1969. *The Parasaurians*. New York : Berkley/Medallion Books.

Williams, R. M. 1943. "The Lost Warship." *Amazing Stories*（12月号）.

Williams, W. J. 1991. *Dinosaurs*. Lincoln City, Ore. : Pulphouse Publishing.

Willis, C. 1991. "In the Late Cretaceous." Preiss and Silverberg で1992年に再版.

Wilson, F. P. 1989. *Dydeetown World*. New York : Simon and Schuster.

Winter, R. B. 1938. *Hal Hardy in the Lost Valley of the Giants*. Racine, Wis. : Whitman Publishing Co.

Wolverton, D. 1992. "Siren Song at Midnight." In Preiss and Silverberg 1992.

Wu, W. 1993. *Robots in Time*. New York : Avon Books.

Yep, L. 1986. *Monster Makers Inc*. New York : Signet Books.

Young, R. F. 1964. "When Time Was New." Silverberg et al.で1982年に再版.

コラム 43.2●映画の中の恐竜：厳選リスト

Along the Moonbeam Trail（1920）
Animal World, The（1956）「動物の世界」
At the Earth's Core（1976）「地底王国」
Baby, Secret of the Lost Legend（1983）「恐竜伝説ベイビー」
Beast of Hollow Mountain, The（1956）「原始怪獣ドラゴドン」
Beast from 20,000 Fathoms, The（1953）「原子怪獣現わる」
Bellow Durmiente, El（1953）
Birth of a Flivver（1916, 1-reeler for Thomas Edison pictures）
Brute Force（1913）「獣の力」
Carnosaur（1993）「恐竜カルノザウルス」
Carnosaur II（1995）「ダイナソーズ」
Caveman（1981）「おかしなおかしな石器人」
Curious Pets of Our Ancestors（1917, 1-reeler for Thomas Edison pictures）
Dinosaur and the Missing Link, The（1915, 1-reeler for Thomas Edison pictures）
Dinosaur Island（1993）「ジュラシック・アマゾネス」
Dinosaur Valley Girls（1996）
Dinosaurs from the Deep（1995）
Dinosaurs, the Terrible Lizards（1970, 教育映画）
Dinosaurus!（1960）
Doctor Mordrid（1993）「サイキック・ウォリアーズ／超時空大戦」
Evolution（1923）
Fantasia（1940）「ファンタジア」
Fig Leaves（1926）
Future Wars（1995）
Galaxy of Dinosaurs（1992）
Gertie the Dinosaur（1912, 漫画）
Ghost of Slumber Mountain, The（1919）
Giant Behemoth, The（1959）
Godzilla, King of the Monsters（1954）「怪獣王ゴジラ」
Gorgo（1960）「怪獣ゴルゴ」
In Prehistoric Days（*Brute Force* の復刻版, 1913）
Isla de los Dinosaurios, La（1967）
Journey to the Beginning of Time（1954）
Jurassic Park（1993）「ジュラシック・パーク」
King Dinosaur（1955）
King Kong（1933）「キング・コング」
King of the Kongo（1929, シリーズもの）
Land before Time, The（1988, 漫画）「リトルフットの大冒険／謎の恐竜大陸」
Land That Time Forgot, The（1974）「恐竜の島」
Land Unknown, The（1957）
Last Dinosaur, The（1977）「極底探検船ポーラーボーラ」
Lost Continent（1951）
Lost Whirl, The（1927）
Lost World, The（1925）「ロスト・ワールド」
Lost World, The（1960）「失われた世界」
Lost World, The（1993）「ロスト・ワールド／失われた世界」
Lost World, The（*Jurassic Park II*）（1997）「ロスト・ワールド／ジュラシック・パーク」
Morpheus Mike（1916, 1-reeler for Thomas Edison pictures）
Mystery Of Life, The（1931）
Nymphoid Barbarian in Dinosaur Hell（1991）「バーバリアン／恐竜地獄の美女」
One Million B. C.（1940）「紀元前100万年」
One Million Years B. C.（1966）「恐竜100万年」
On Moonshine Mountain（1914）
Pathé Review（1923, 短篇）
People That Time Forgot, The（1977）「続・恐竜の島」
Planet of the Dinosaurs（1977）
Planeta Burg（1962）
Prehistoric Man, The（1908）
Prehistoric Poultry（1917, 1-reeler for Thomas Edison pictures）
Prehysteria（1994）「ジュラシック・キッズ」
Prehysteria II（1995）「リトル・レックス」
Reptilicus（1963）「原始獣レプティリカス」
Return to the Lost World（1993）「ロスト・ワールド2／続・失われた世界」
R. F. D., 10,000 B. C（1917, 1-reeler for Thomas Edison pictures）
Robot Monster（1953）
The Savage（1926）
Secret of the Loch（1934）
Son of Kong, The（1933）「コングの復讐」
Super Mario Brothers（1993）
Tarzan's Desert Mystery（1943）「ターザン砂漠へ行く」
Three Ages, The（1923）「キートンの恋愛三代記」
Two Lost Worlds（1950）「失われた世界」
Unknown Island（1948）
Valley of Gwangi, The（1969）「恐竜グワンジ」
Voyage to the Planet of Prehistoric Women（1968）「金星怪獣の襲来」
We're Back!（1993, 漫画）「恐竜大行進」
When Dinosaurs Ruled the Earth（1970）「恐竜時代」
When Time Began（1976）
Women of the Prehistoric Planet（1968）

コラム 43.3●恐竜関連の WWW サイト

次にあげる恐竜, 地質学, 古生物学関連サイトは早くからオンライン上にあったものである.

自然史リソース
http://www.ucmp.berkeley.edu/subway/nathist.html

The Royal Tyrrell Museum, カナダ, アルバータ州 Drumheller
http://www.tyrrell.magtech.ab.ca/

Earthnet Info Server（イリノイ州立地質調査所）
http://www.denr1.igis.uiuc.edu/isgsroot/dinos/

古生物学博物館, バークレー（カリフォルニア大学）
http://www.ucmp.berkeley.edu/diapsids/

古生物学協会, ロシア科学アカデミー, モスクワ
http://www.ucmp.berkeley.edu/pin/pin.html

自然史博物館, ロンドン
http://www.nhm.ac.uk/

古脊椎動物学協会ニュース
http://www.eteweb.lscf.ucsb.edu/svp/

スミソニアン協会
http://www.nmnh.si.edu/departments/paleo.html

恐竜協会
http://www.dinosociety.org/

注意：この http サイトはハードウェアやソフトウェアがアップグレードするのと同様に頻繁に変わる. インターネット検索エンジンでノードアドレスをチェックすること. 恐竜掲示板（ニュースグループ）は listproc@usc.edu にある.

コラム 43.4●恐竜の切手（1842-1992）

M. K. Brett-Surman 編集

これはコレクター用のチェックリスト, 本物の恐竜の骨が描かれている切手（1842-1992）もしくは恐竜の復元模型が使われている切手の鳥でない恐竜すべてのリストとして編集したものである. ただし足跡, 漫画, シルエット, 有名なシンクレア石油会社の恐竜切手のような非公式の発行は除く. 科学的根拠のない名称（多くの切手にある「ブロントサウルス」など）は一般的な名前として使われていると注をつけた上で載せてある. 始祖鳥のような鳥類は除外してある.

印刷された本で, 恐竜の切手についての一番よい本は Baldwin と Halstead 共著の『*Dinosaur Stamps of the World*』(1991) と長谷川・白木共著の『よみがえる恐竜たち』(1994) である. 恐竜切手を扱っている切手収集定期刊行物で最もよいのは『*Biophilately*』である. このリストは 1991 年 12 月の発行から改訂されたものである（Andrew Scott の "Geology on Stamps: Dinomania," Geology Today［1994 年 1 月-2 月］も参照).

上つき数字は注の番号を示している.「　」内の国名は実際の国名ではないが, 通常は利益のために切手を発行する国の中にある州や「地域」と考えられている. それらは国際切手協会に認められていない.

「アーデン」, 1968：ティラノサウルス[1],「ブロントサウルス」

アフガニスタン, 1988：スティラコサウルス, ペンタケラトプス, ステゴサウルス, ケラトサウルス

アンティガ・バーブーダ, 1992：アロサウルス, ブラキオサウルス,「ブロントサウルス」, ステゴサウルス, デイノニクス, ティラノサウルス, トリケラトプス, プロトケラトプス, パラサウロロフス

アルゼンチン, 1992：アマルゴサウルス, カルノタウルス

ベルギー, 1966：イグアノドン

ベニン, 1984：「アナトサウルス」[2],「ブロントサウルス」, 1985：ティラノサウルス, ステゴサウルス

ブラジル, 1991：「獣脚類」,「竜脚類」

英国南極地域, 1991：ヒプシロフォドン類

ブルガリア, 1990：「ブロントサウルス」, ステゴサウルス, プロトケラトプス, トリケラトプス

カンボジア（カンプチア）, 1986：ブラキオサウルス, タルボサウルス[3]

カナダ, 1989：アルバートサウルス

中央アフリカ共和国, 1988：「ブロントサウルス」, トリケラトプス, アンキロサウルス, ステゴサウルス, ティラノサウルス, コリトサウルス, アロサウルス, ブラキオサウルス[4]

中国, 1958：ルーフェンゴサウルス

コンゴ人民共和国, 1970：ケントロサウルス[5], ブラキオサウルス

1975：オルニトミムス, ティラノサウルス, ステゴサウルス

キューバ, 1985：「ブロントサウルス」, イグアノドン, ステゴサウルス, モノクロニウス, コリトサウルス, ティラノサウルス, トリケラトプス, エウオプロケファルス[6], スティラコサウルス, サ

ウロロフス,「アナトサウルス」
ダホメー, 1974：ステゴサウルス[7], ティラノサウルス
「デューファー」, 1975：イグアノドン, タルボサウルス[8]
ドミニカ, 1992：カムプトサウルス, ステゴサウルス, ティラノサウルス, エウオプロケファルス, トロサウルス（切手2種）, パラサウロロフス, コリトサウルス（切手2種）, エドモントサウルス
赤道ギニア, 1975：スティラコサウルス, ステゴサウルス, コリトサウルス, アンキロサウルス, トリケラトプス, ディプロドクス
「フジェリア」, 1968：トリケラトプス, プラテオサウルス, ステゴサウルス, アロサウルス
　1972：トリケラトプス, ステゴサウルス,「ブロントサウルス」
ガンビア, 1992：ファブロサウルス, アロサウルス（切手2種）, ケティオサウルス, カムプトサウルス, ドリオサウルス, ケントロサウルス, デイノニクス, スピノサウルス（切手2種）, サウロロフス, オルニトミムス
ドイツ, ベルリン, 1977：イグアノドン（切手4種）
旧東ドイツ, 1990：ディクラエオサウルス, ケントロサウルス[9], ディサラトサウルス, ブラキオサウルス（切手2種）
ガーナ, 1992：コエロフィシス（切手2種）, アンキサウルス, ヘテロドントサウルス, エラフロサウルス, イグアノドン, オウラノサウルス,「アナトサウルス」
英国, 1991：イグアノドン, ステゴサウルス, ティラノサウルス, プロトケラトプス, トリケラトプス[10]
ギニア, 1987：イグアノドン, ステゴサウルス, トリケラトプス[11]
ギニア–ビサウ, 1989：「トラコドン」[12], ティラノサウルス, ステゴサウルス
ハンガリー, 1986：「ブロントサウルス」
　1990：タルボサウルス,「ブロントサウルス」, ステゴサウルス
北朝鮮, 1980：ステゴサウルス[13], ティラノサウルス
　1991：「ブロントサウルス」, ステゴサウルス, アロサウルス
クウェート, 1982：竜脚類, 竜脚類[14]
ラオス, 1988：ティラノサウルス, ケラトサウルス, イグアノドン, エウオプロケファルス（？）,「トラコドン」[15]
レソト, 1992：プロコンプソグナトゥス, プラテオサウルス, マッソスポンディルス, レソトサウルス（切手2種）, ケラトサウルス, ステゴサウルス, ガソサウルス
マラガシー共和国, 1989：ティラノサウルス, ステゴサウルス, トリケラトプス, サウロロフス

モルディブ諸島, 1972：ステゴサウルス, ディプロドクス, トリケラトプス, ティラノサウルス（切手2種）[16]
　1992：スケリドサウルス, アロサウルス, ブラキオサウルス, アパトサウルス, マメンチサウルス, ステゴサウルス, デイノニクス, テノントサウルス, イグアノドン, ティラノサウルス,「ステノニコサウルス」, エウオプロケファルス, トリケラトプス, スティラコサウルス,「モノクロニウス」, ハドロサウルス類, パラサウロロフス,「アナトサウルス」
マリ, 1984：イグアノドン, トリケラトプス
「マナーマ」, 1971：ステゴサウルス, プラテオサウルス, スティラコサウルス, アロサウルス,「ブロントサウルス」
モーリタニア, 1986：イグアノドン, アパトサウルス, ポラカントス（？）
モンゴル地方, 1967：タルボサウルス, タラルルス, プロトケラトプス, サウロロフス
　1977：プシッタコサウルス
　1990：カスモサウルス, ステゴサウルス, プロバクトロサウルス, オピストコエリカウダ, イグアノドン, タルボサウルス, マメンチサウルス, アロサウルス,「ウルトラサウルス」[17]
モントセラト, 1992：コエロフィシス,「ブロントサウルス」, ディプロドクス, ティラノサウルス
モロッコ, 1988：ケティオサウルス
ニカラグア, 1987：トリケラトプス[18]
ニジェール, 1976：オウラノサウルス[19]
ニウアフォオウ島, 1989：ステゴサウルス
「オマーン」, 1975：メガロサウルス, トリケラトプス
ポーランド, 1965：「ブロントサウルス」, ステゴサウルス, ブラキオサウルス, スティラコサウルス, コリトサウルス, ティラノサウルス
　1980：タルボサウルス
セント・トーマス＆プリンス島, 1982：パラサウロロフス, ステゴサウルス, トリケラトプス,「ブロントサウルス」, ティラノサウルス
サン・マリノ, 1965：「ブロントサウルス」, ブラキオサウルス, ティラノサウルス, ステゴサウルス, イグアノドン, トリケラトプス
シエラレオネ, 1992：ブラキオサウルス, ケントロサウルス, ヒプシロフォドン, イグアノドン,「トラコドン」
旧ソビエト連邦, 1990：サウロロフス
スウェーデン, 1992：プラテオサウルス
タンザニア, 1988：プラテオサウルス,「ブロントサウルス」, ステゴサウルス
　1991：ステゴサウルス, トリケラトプス, エドモントサウルス, プラテオサウルス, ディプロドクス, イグアノドン, シルビサウルス[20]
　1992：コエロフィシス, アンキサウルス, ヘテロドントサウルス, カマラサウルス, レソトサウル

ス，ケラトサウルス，ケティオサウルス，ステゴサウルス，バリオニクス（切手のスペルは誤り），イグアノドン，スピノサウルス，パキケファロサウルス，サルタサウルス，アロサウルス，オルニトミムス，ドリオサウルス

タイ，1992：ティラノサウルス類，竜脚類

ウガンダ，1992：メガロサウルス（切手2種），ブラキオサウルス（切手2種），ケントロサウルス，ヒプシロフォドン

米国[21]，1970：ステゴサウルス，カンプトサウルス，アロサウルス，コンプソグナトゥス，アパトサウルス

1989：ティラノサウルス，ステゴサウルス，「ブロントサウルス」

ベトナム，1979：「ブロントサウルス」，イグアノドン，ティラノサウルス，ステゴサウルス，トリケラトプス

1984：ディプロドクス，スティラコサウルス，コリトサウルス，アロサウルス，ブラキオサウルス

1991：「ゴルゴサウルス」，ケラトサウルス，アンキロサウルス（切手2種）[22]

西サハラ，1992：メガロサウルス，ステゴサウルス，プシッタコサウルス，タルボサウルス，パキケファロサウルス，ストルチオミムス，ネメグトサウルス，アンキロサウルス，プロトケラトプス，サウロロフス

イエメン，1971：イグアノドン

1990：ティラノサウルス

注

1．リストで「ディノサウルス」とある動物はおそらくティラノサウルスである．「ディノサウルス」は現在ではどんな恐竜の属や種にもない名前であり，おそらくはプラテオサウルスの新参同物異名のことである．

2．すべての「アナトサウルス」種は1979年にエドモントサウルスの名に吸収された．ただし「アナトサウルス」のコープイを除く．この分類群の属名は1990年にアナティタンに変わった．「アナトサウルス」という名前はもはや使われていない．

3．タルボサウルスとブラキオサウルスの写真は，チェコスロバキア人の有名アーティストのズデニェック・ブリアン（Zdenek Burian）の作品からとったものである．タルボサウルスの同じ写真はDhufarから1975年に発行されている．

4．ブラキオサウルスはまちがって復元されている．この動物は，前肢が後肢よりも長い．

5．ケントロサウルスの正式な名前はケントロサウルスである．オルニトミムス類はその背景にいる．その復元は，正しく同定するには小さすぎ，また概括化されすぎている．

6．1985年のセットは恐竜のスペイン語版名称を使用している．1987年のセットにあるエウオプロケファルスの復元だが，これには尾の先が太くなっていないという誤りがあった．

7．ステゴサウルスの切手には白亜紀の印がまちがってついていた（白亜紀，1億3500万〜6500万年前）．実際にはこれはジュラ紀のものである（2億〜1億3500万年前）．

8．これら2つの恐竜における芸術作品はズデニエック・ブリアンの作品からとられた．

9．ケントロサウルスの正式名称はケントロサウルス．

10．このセットは「オーウェンの恐竜」という題がついている．リチャード・オーウェンが1842年に「恐竜類」という言葉をつくり出した時，イグアノドン，ヒラエオサウルス，メガロサウルスの3つの恐竜がそのベースになっていた．このセットでそれが当てはまる唯一の切手はイグアノドンである．このセットの他の恐竜はオーウェンの死後発見されており，彼とは何の関係もない．ほとんどの恐竜復元にまちがいがある．恐竜の肩甲骨はたいてい背骨と平行についているのであり，哺乳類やここに見られているまちがったもののようについはいない．

11．トリケラトプスは背景にある多くの恐竜とともにミニシートに載っている．この恐竜のうちいくつかはブリアン（Burian）とザリンガー（Zallinger）両者の芸術作品からとったものである．

12．「トラコドン」という名前は古生物学ではもはや使われていない．1856年に名前がつけられたオリジナルの素材は，2つのちがった種類の恐竜からきていることがわかった．このため名前が科学的な目的に使えず，今では疑問名（疑わしい名前）と見なされている．

13．ステゴサウルス切手には，背景に曲竜類の恐竜の一種がいるように見える．

14．この切手において，恐竜は竜脚類の一種（ディプロドクスが属するグループ）のように見える．Baldwin and Halstead (1991)はそれをプテオサウルスと呼んでいるが，適切に同定するには，小さすぎ，また概括化されすぎている．

15．このセットで，ティラノサウルスと「トラコドン」の名前が逆についており，ちがう切手に現れている．Baldwin and Halstead (1991)において，スコロサウルスの切手はエウオプロケファルスと同一視されているが，尾の先が太くなっている部分と頭の形はスコロサウルスに近い．このセットの芸術作品のほとんどは，有名なチェコスロバキア人アーティストのステデニエック・ブリアンの作品のコピーである．

16．このセットの中の芸術作品に対するインスピレーションは，イェール大学のルードルフ・ザリンガー（Rudolph Zallinger）の有名な壁画からきていると思われる．

17．「ウルトラサウルス」について，たいていの古生物学者はブラキオサウルスの大型版と考えている．このモンゴルの切手セットは2人の有名な米国

人アーティスト，ジョン・ガーシュ（John Gurche）とマーク・ハレット（Mark Hallett）の作品をコピーした切手をいくつか含んでいる．

18. この切手は有名なチャールズ・ナイト（Charles R. Knight）の壁画を用いたシリーズの一部である．ナイトの作品に関してもっと知りたい場合は，Czerkas and Glut（1982）参照．

19. 60フラン切手にはオウラノサウルスの絵がある．「恐竜」の文字の上には「考古学」の文字がある．これが恐竜に関する最も一般的なまちがった認識を指摘している．考古学は人類学から分岐したものであり人類だけを扱う．つまり，この400万年だけが対象である．古生物学はすべての化石を扱い，3億5000万年間が対象である．古生物学者は恐竜を発掘するが，考古学者は発掘しないのである．

20. このセットでは，シルビサウルスは *Silviasaurus* とまちがったスペルになっており，復元は正しくない．尾に棘はない．復元は非常に誤りが多い．

21. この最初のセットは1970年に出ており，イェール大学にあるピーボディ自然史博物館に展示されている伝説的なザリンガーの壁画をもとにしている．壁画に関する普及本（Scully et al. 1990）には，全傑作の綴じ込みページが含まれている．2回めのセットは1989年に発売され，悪名高い「ブロントサウルス」の切手を含んでいる．アーティストのジョン・ガーシュは恐竜復元においては一流のアーティストの一人であると考えられている．この切手のオリジナルの絵は，実際の切手よりも1.5倍大きいだけである！

22. 2枚の切手には「アンキロサウルス」という名がつけられており，一つは1000ドン，もう一つは2000ドンの価値がある．2回めの発行ではアンキロサウルスを描いていないが，実際は類縁の恐竜サイカニアにもっと似ている．セットの中の別の切手は3000ドンの価値があり，エダフォサウルスの絵がついている．これはしばしば恐竜にまちがわれる．実際には単弓類の一種すなわち，哺乳類様爬虫類で，恐竜よりも哺乳類に近い関係にある．100ドン切手にはゴルゴサウルスの名が付されている．これはアルバートサウルスと名前を変えたが，有効なの分類名としてゴルゴサウルスが復活するかもしれない．

コラム43.5●恐竜のトレーディングカード

ノンスポーツのトレーディングカード

恐竜たち（Nu–Cards, 1961）；恐竜たち（Golden Press, 1961）；恐竜たち（Milwaukee Public Museum, 1982–1990）；ベイビー（Topps, 1984）；恐竜たち（The Dino–Card Co., 1987）；恐竜たち（Illuminations Inc., 1987）；恐竜たち（Ace, 推定年1987）；恐竜の行動（Illuminations, 1987）；恐竜たちの攻撃！（Topps, 1988）；ダイノカーズ（DinoCardz Co., 1992）；WILLIAM STOUT（Comic Images, 1993, 1994, 1996）；恐竜，掘り出された最高のカード（Mun–War Enterprises, 1993）；恐竜たち（First Glance Productions, 1993）；ジュラシック・パーク（シリーズI & II, Topps, 1993）；幼き地球（Kitchen Sink Press, 1993）；恐竜の国（Kitchen Sink Press, 1993）；恐竜たちの逃亡（Dynamic Marketing, 1993）；恐竜たち交換カード――シリーズ1（Orbis, 1993）；中生代の恐竜たち（大部分はアーティストのBrian Franczakによる，Redstone Marketing, 1994）；ダイノトピア（Collect–A–Card, 1995）；カーネギー博物館（Acme Studios, 1995）；ジュラ紀の恐竜たち（Dover Pub., 1995）；白亜紀の恐竜たち（Dover Pub., 1996）；恐竜たち（Wal–Mart, 1996）；失われた世界（Topps, 1997）；ゴジラ（Futami, 発行年不明）．

お茶/タバコのカード

異なる時代における有史以前の動物（Liebig, 1892）；有史以前の世界（Liebig, 1921）；有史以前の動物たち（Edwards Ringer & Bigg, 1924）；有史以前の動物たち（British American Tobacco Co. Ltd., 1931）；恐竜たち（Liebig, 1959）；有史以前の怪獣たち（W. Shipton Ltd., 1959）；恐竜たち（Cadet Sweets, 1961）；有史以前の動物たち（Cooper & Co. Stores Ltd., シリーズI & II, 1962）；有史以前の動物たち（H. Chappel & Co., シリーズI & II, 1962）；恐竜たち（Brook Bond Tea Card set, 1963）；有史以前の動物たち（Milk Marketing Board, 1964）；有史以前の動物たち（Charter Tea & Coffee Co. Ltd., シリーズI & II, 1965）；有史以前の動物たち（Sunblest Tea, シリーズI & II, 1966）；有史以前の動物たち（Clover Dairies Ltd., 1966）；有史以前の動物たち（Gower & Burgons, 1967）；有史以前の動物たち（Quaker Oats, 1967）；有史以前の動物たち（Goodies Ltd., 1969）；恐竜の時代（Cadbury Schweppes, 1971）；有史以前の動物たち（T. Wall & Sons, 1971）；有史以前の動物たち（Brook Bond & Co., 1972）；有史以前の動物たち（Rowntree & Co., 1978）；恐竜たちの時代（George Basset & Co., 1979）；有史以前の怪獣たちと現在（Kellogg Co. of Great Britain, 1985）．

付録：恐竜古生物学年代記

M.K. Brett-Surman

　この付録は多くの情報源から編集されており，われわれの恐竜古生物学に対する理解を形成してきたいくつかの重要な個人や出来事，発見についてを要約するものである．この付録は2部構成である．第1部では恐竜古生物学における，より重要な歴史的進展のいくつかに関する年代的リストを示す．第2部では恐竜研究の歴史を「時代」系列にまとめることによって，この情報を総合的に扱う．それぞれの時代は，当時のある顕著な科学的特色に基づいて記述されている．

● **第1部：恐竜研究年表**

紀元前300年（推定年代） 張曲（Chang Qu）が中国四川の，恐竜の（「竜の」）骨について記す．

1677年 イングランドのプロット牧師が「聖書で言及されている巨人の一人の大腿骨」について初めて報告する．

1763年 R.ブルックスがプロット牧師の1676年の図に基づいてヒトの陰嚢に関する図を発表する．この標本は大腿骨の遠位端であると思われるが，現在ではメガロサウルス類に帰せられる．

1787年 ニュージャージー州グロスター郡で，フィラデルフィアのマトラック（マテロック？）とキャスパー・ウィスターによって初めて恐竜が発見される．その記載が1787年10月5日に米国哲学学会で読まれるが，75年間は出版されないことになる．それはフランクリンの家での会合で，ベン・フランクリン在席のもと報告される．標本はフィラデルフィア自然科学院にあると考えられている．

1800年 プリニー・ムーディー（ウィリアムズ大学の学生）が，コネティカット州の自分の農場で化石のある場所を突き止める．これらの恐竜の足跡は1フィートの長さがあったにもかかわらず，当時ハーヴァード大学とイェール大学の科学者たちによって，「ノアのカラスの足跡」と呼ばれた．

1803～1806年 ルイスとクラークが，のちにハーランによってサウロケファルスと名づけられる白亜紀の魚の頭骨を採集する．彼らはまた，現在ヘル・クリーク層が露出している地域にあった「魚の肋骨」が全長3フィート，周囲3インチであると報告する．それはおそらく恐竜であったのだが，その化石が今日発見される可能性はない．イェール大学のベンジャミン・シリマンとアモス・イートンがニューイングランド周辺で行った講演が人気を博し，彼らは博物学を職業として確立する．その講演料のおかげで彼らは研究を続けることができる．

1818年 ソロモン・エルスワースがコネティカット渓谷の三畳紀層から恐竜の骨を採集するが，それらを人間の骨だと誤解する．それらは今はイェール大学の所蔵品となっている．

1822年 ジェームズ・パーキンソンがメガロサウルスという名前を発表するが，記載は提出していない．これは，1824年ロンドンの地質学会においてメガロサウルスの名前を公表しまた記載を提出したバックランドの発表に先行するものである．

1824年 2月20日のロンドン地質学会の大会の前に，ウィリアム・バックランドがメガロサウルスについて顎と歯に基づいて発表する．この名前は，パーキンソンが1822年に発表していた（記載はなかったが）にもかかわらず，初出のものとして受け入れられる．

1825年 ギデオン・マンテル（地方の医者）は，自分が患者の往診をしていた間に妻が見つけた歯（少なくともいくつかの記述によると）を根拠に，イグアノドンと命名する．これはのちにホールによってイグアノドン・アングリカムと名づけられる（1829年）．キュヴィエがその歯はサイのものだというが，マンテルはそれを「トカゲ」だと発表し，キュヴィエはのちに自分はまちがっていたと認める．マンテルの妻はその後彼のもとを去る．彼は診療所をやめ，ロンドンに引っ越し，すべての時間を化石探しに当てる．彼の家は化石でいっぱいになり，のちに採集品全部を大英博物館（自然史）に2万4000ドルで売る．マンテルのメードストン（彼の居住地）の紋章にはイグアノドンが描かれている．

1829年 ジェームズ・ルイーズ・マシー・スミソンがイタリアのジェノバで死ぬ．彼はノーサンバー

ランド公爵（ヒュー・スミソン・パーシー）の私生児であった．スミソンの遺書にはすべてを彼のおいに残すとあった．しかし彼のおいが跡継ぎなしに死んだ場合，お金は「人間の知識の増加と普及のための建物をスミソニアン学術協会という名のもとにワシントンに建設するため，米国に」与える，と明記されていた．これはついに1846年，現実となることになる．

1830年 チャールズ・ライエルの『地質学原理』によって地質学は紳士の趣味ではなく専門的な科学となる．ライエルはウィリアム・バックランド（メガロサウルスを記載した人物）に学んだ．ライエルは古生物学という言葉（「古代の物についての論説」）を新造し，この分野をそれ独自の科学として認める（1829～1833年）．

1833年 マンテルがヒラエオサウルスを命名する．

1836年 ロンドンの王立医科大学比較解剖学兼生物学教授に，初めてリチャード・オーウェンが任命される．

1837年 フォン・マイヤーがプラテオサウルスを命名するが，大分経つまで恐竜としては認められないままになる．

1841年 オーウェンがケティオサウルスを命名するが，それを海に住む爬虫類だと見なす．1869年まで，これが恐竜目に移し変えられることはない．

1842年 リチャード・オーウェンがダイノソアという言葉をたった3つの部分的にしか知られていない属（メガロサウルス，イグアノドン，ヒラエオサウルス）に基づいて新造する．のちに恐竜目に移されることになるその他8つの化石爬虫類がすでに命名されていた．

1850年代 地質学者のジェームズ・ホールがジョーゼフ・ライディとフェルディナント・ハイデンを教える．2人ともニューヨークの彼の家に下宿した．ハイデンはのちに，ニューヨークでとれた化石と比較するために化石を集めるよう，ホールによって，ダコタ地方に送られる．

ハイデンは1854年に米国西部のジュディス川の地層の中で最初の米国の恐竜を見つけるが，それはコープの時代まで記載されないままであった．

1852年 マンテルが，ペロロサウルス・ベクレシイの前肢と識別された恐竜の皮膚について，初めて記載する．

1853年 ウォーターハウス・ホーキンズ作の実物大のイグアノドンの模型の中で，1853年12月31日に晩餐会が催される．リチャード・オーウェンが主宰する．

ライディは，米国国立博物館（スミソニアン学術協会）のスペンサー・ベアドといっしょに手配をして，研究用に政府のすべての調査採集化石をフィラデルフィア自然科学院の自分のもとに送ってもらう．彼は1847年から1866年まで研究をし，それ以後（1870年代）はコープとマーシュによってその分野から追い出される．ライディは，西部を調査する初期の政府の調査隊を率いらせるようフェルディナント・ハイデンに任命される．ハイデンはまた，陸軍省のためにインドの土地を探検する．

1854年 ウォーターハウス・ホーキンズの彫刻に基づいた水晶宮での恐竜の展示品がイングランドのシドナムに移動する．

1855年 フェルディナント・ハイデンがモンタナ地域で恐竜の化石を発見する．それらは1856年にライディによって最初の米国の恐竜として名づけられることになる．

始祖鳥の最初の骨格がドイツで発見される．この標本は，1970年まで鳥とは認められないままとなる．

1856年 トラコドン，パレオスキンクス，トロオドン，デイノドンが命名される．

オーウェンが大英博物館の自然史部長になる．

1858年 エドワード・ヒッチコックがコネティカット渓谷の三畳紀とジュラ紀の足跡についてのモノグラフを発表する．

ハドロサウルスが命名される．この恐竜の骨格は，米国で発掘された中で50%以上が完全であるものとしては最初のものである．

ジョーゼフ・ライディがハドロサウルスを二足動物として復元するが，この姿勢で復元されたものとしてはこれが最初で，熱狂的な賞賛を受ける．このことによってコープは古生物学者になろうと決心した．

1859年 ダーウィンが『種の起源』を出版し，自然選択による進化の理論を概説する．

1860年 コープ（19歳）がスミソニアン学術協会に入るが，そこで彼はたったの1年間で31もの論文を発表した！

コープとマーシュがまだ親しい頃，コープはある魚をマーシュにちなんでプティオニウス・マーシュイと名づける．

始祖鳥の羽毛の1番めの標本が発見される．

1861年 始祖鳥の2番めの標本が発見される．そ

れは事実上の完全品で,「ロンドン標本」として知られるようになる.

1863年 マーシュはヨーロッパで研究をする.彼はベルリンでコープに会う.

1866年 マーシュはおじのジョージ・ピーボディにイェール大学博物館を寄贈してくれるよう頼む.マーシュはイェール大学のシリマンに手紙を書き,おじのジョージ・ピーボディが博物館のために15万ドル払う,と述べる.彼はまた自分自身のためにも古生物学の教授の職を得ようと働きかける.イェール大学のピーボディ自然史博物館が建設される.

コープが彼の最初の恐竜をレーラプスと名づける.その名前はすでに別の動物に使用されており(先取され),よってマーシュがドリプトサウルスと名づけ直す.

1867年 コープとマーシュがともに,恐竜と鳥の類似性に注目する論文を発表する.ハクスリーがのちにこれをとりあげる.2人は1871年に再びこの問題について発表する.

1868年 ベンジャミン・ウォーターハウス・ホーキンズが「古生代博物館」を建てるために米国にくる.彼はコープとライディに手伝ってもらってハドロサウルスの雄型を組み立てるが,それは自由に組み立てられた北米最初の恐竜である.最初の本物の(雄型ではない)恐竜の骨格は1901年まで組み立てられないことになる.

1869年 アメリカ自然史博物館がアルバート・ビックモアとサムエル・ティルデンの努力によって設立される.

マーシュがカーディフ・ジャイアント・ホークスを公開し,ジョン・ウェルスレー・パウエルがコロラド川を征服する.2人がともに世界中の報道の特別見出し記事になったので,連邦政府は西部調査用の資金供給を増加する.

U. S. グラントはドッジ将軍ととても親しく,ドッジはまたユニオンパシフィックの技術者であり,ハイデンの親友でもある.グラントが大統領に選ばれた2か月後,ハイデン調査所は,未来の米国地質調査所の中核となり,北部連邦同盟から年予算1万ドルをもらう.

恐竜の骨がコロラド州のガーデン・パークで発見される.

1874年 アメリカ自然史博物館の建設工事がニューヨーク州セントラル・パークの西で始まる.グラント大統領が定礎式を行う.

G. M. ドーソンがサスカチェワン州とアルバータ州の恐竜の骨を採集する.コープはのちにこれらの発見について発表する.これらはカナダで最初に発見された恐竜である.

1876年 ピーボディ自然史博物館が一般の人々にも公開される.

1877年 ニューヨーク市でアメリカ自然史博物館が開館.

コロラド州モリソン地域からの最初の骨がライディによって「ポイシロプレウロン」(*Poicilopleuron*,のちにポイキロプレウロン *Poikilopleuron* に変えられる)と名づけられるが,それはハイデン調査所によって採集された部分的な尾部の椎骨に基づいている.

地方の教師(かつ画家)であるアーサー・レイクス(もともとはイングランド出身)がコロラド州ダコタのホッグバックで見つけた骨をマーシュに送るが返答がなかったので,コープに手紙を書く.マーシュはコープ宛ての手紙のことを知ると,ベンジャミン・マッジをコロラド州にいかせる.マーシュはコープよりも高い値をつける.2,3週間後には,マーシュはすでにこの断片的な材料に基づいたいくつかの結果を発表しているのである! アトラントサウルス・モンタヌスは2つ半の尾部の椎骨に基づいている.

オラメル・ルーカス(オベリン大学卒業生でキャニオン・シティの学校の教師)が,骨をマーシュとコープの双方に送る(1ポンドにつき10セントで)と,コープが直ちにルーカスを雇う.コープはこの材料をカマラサウルス・スプレムスと名づける.

マーシュはキャニオン・シティのことを聞き,マッジとサムエル・ウィリストンを同じ地層で掘らせるために(1か月につき40ドルで)そこに送る.マーシュはその後ウィリストンをワイオミング州のコモ・ブラフに送り,そこの骨についての話も詳しく調べさせる.そのうわさはリードとカーリン(彼らはハーロウとエドワーズという筆名を用いた)という名前の2人の男からの手紙に基づいたものであった.マーシュはリードとカーリンを,コモで1か月につき90ドルで掘らせるために雇う.コモ・ブラフは,メディスン・ボーの有名なヴァージニア・サルーンの近くにある.リードはユニオンパシフィック鉄道の現場監督で,のちにはワイオミング大学博物館のキュレーターになる.

リードとカーリンからの標本だけに基づいて,マーシュはステゴサウルス,アパトサウルス,アロサウルス,ナノサウルスを命名する.

マーシュは，コモ・ブラフは700万年ほど古く，竜脚類はカンガルーのようにうしろ足で立つことができたのだと考える．マーシュがモリソンで手に入れたものよりももっとよい材料をコープがコロラド州ガーデン・パークで手に入れつつあったので，マッジはウィリストンをガーデン・パークに送りモリソンを断念するようにとマーシュに頼む．ウィリストンはのちに，リードとカーリンの手紙に基づくうわさを調査し確認するためにコモにいく．ウィリストンは到着して数時間後に，7マイルもの長さのボーンベッドについてマーシュに書き送る！カーリンとフランク・ウィリストン（S.W.ウィリストンの兄弟）はのちに裏切ってコープ派に移る．

3番めかつ最も有名な始祖鳥の標本が発見される．それは「ベルリン標本」として知られることになる．

1878年 ベルギーのベルニサールの町の近く，フォス・セイント-バーブ炭坑で恐竜が発見される．39の関節でつながったイグアノドンの骨格が，深さ1056フィートのところで発見される．その炭坑は恐竜が掘り出されるようにと，3年間閉鎖されることになる――完全な共同作業だったのである！それらはルイ・ドローが人生の残りほとんどを費やして研究することになる．ドローは，ウォーターハウス・ホーキンズが誤ってスパイクを置いていた恐竜の鼻からそのスパイクをとり除き，正しく親指に置く．彼はまたライディのハドロサウルスのように，イグアノドンを二足動物として立て直す．

アーサー・レイクスがコロラド州モリソンからワイオミング州コモ・ブラフに到着する．

1879年 レイクスとリードがコモ・ブラフでしばしば争うが，それはレイクスが地図や絵を描いていて，リードのようにずっと掘っているというわけではなかったためである．ステゴサウルスとカンプトサウルスが，コモ・ブラフの新しく発見された13号採掘場で発見される．その一方，「ブロントサウルス」（今日ではアパトサウルスと正しく呼ばれている）が10，11号採掘場で発見される．

1880年代 マーシュが（脅えた大学院生を2，3人つれて），馬に乗ってスー族の会議に出る．彼はレッド・クラウド，クレイジー・ホース，シティング・ブル，ゴールと会う．彼らにごちそうをしてやり，自分が「サンダーホース」あるいは「ゴーストホース」（化石）を探していることを伝える．採掘シーズンが終わると，彼はキャンプ地に戻ってスー族に化石を見せ，金を収集していたわけではないことを証明する．レッド・クラウドはその後ずっと彼のことを信頼する．のちにマーシュとニューヨークのヘラルド社の彼の友達は，インディアン政務局が汚職をしていることを暴露する．レッド・クラウドはイェール大学に来て議会に申し立てをする．

1881年 リードの兄弟が，リトル・メディスン・ボー川で泳いでいる時に殺される．マーシュは埋葬費として100ドルを送る．リードは恐竜発掘に対する興味を失い始める．

G. M. ドーソンとR. G. マッコーネルが，カナダのアルバータ州にあるレッド・ディア川とレスブリッジの近くで恐竜の骨を発見する．

リチャード・オーウェンは，英国政府とヴィクトリア女王に何年も働きかけたのち，ロンドンのサウスケンジントンに大英博物館（自然史）を開く．

1882年 完全な形で組み立てられたイグアノドンの骨格が，ベルニサールで完成される．マーシュは自分の恐竜の分類法を発表する．これは最初の分類で，近代の分類の初期の基礎となる．

マーシュは米国地質調査所の公式の脊椎動物古生物学者に任命される．彼は給料として1年につき約1万5000ドル支払われ，さらに35名の採集者，9名の剖出整形組立て者，8人のアシスタントへの給与および現地から化石を船で送り戻す際の輸送代金も支払われる．

1883年 リードはコモ・ブラフで辞任し，ケニーという名前の男が1885年まであとを引き継ぐ．フレッド・ブラウンがその後1889年まで作業を管理するが，その頃にはコモ・ブラフでのすべての仕事は停止している．

フェルチが最初のほぼ完全なアロサウルスとケラトサウルスの骨格を，コロラド州キャニオン・シティで発見する．

マーシュは政府金と私財の両方をガーデン・パークの発掘に当てる．

1884年 J.B.ティレルがカナダ西部で「レーラプス」（コープ）を発見するが，それはのちにオズボーンによってアルバートサウルス・サルコファグスと名づけられた恐竜である．

辞職に際してリチャード・オーウェンがヴィクトリア女王よりナイト爵に叙せられる．

1886年 キャニオン・シティにおけるマーシュの現場仲間が，フェルチに率いられて，最初の完全なステゴサウルス・ステノプスを発見する．それには粉砕されていない頭骨があり，また，それによって，背の装甲板は2列になった1組の交互する板で

できていたことがわかる．その骨格はスミソニアン学術協会で仕上げられることになるが，現場で発見された時のままに展示されている（よって「ロードキル」というニックネームがつく）．これは，1992年までは，ステゴサウルスとして知られた最も完全な標本となることになる．

1887年 H. G. シーリーが，鳥盤目と竜盤目という恐竜の2つの目を，骨盤の特徴に基づいて命名する．

1888年 コネティカット州のプリニー・ムーディーの農場からたった数マイル離れたところで見つかった恐竜の骨に「ノアの洪水で殺された巨人」という名称がつけられる．

T.C. ウェストンが，アルバータ州のレッド・ディア川に沿った数多くの恐竜の骨について報告し，エドモントン層からもう一つのアルバートサウルスの頭骨を採集する．

マーシュが，コロラド州のデンヴァー層からとれた1組の角に基づいて，最初の角竜類を「バイソン」アルティコルヌスと名づける．これはのちにトリケラトプスの一部となることになる．

1889年 コープは，ハイデン調査所で得た彼のすべての化石を政府に譲渡するよう命じられる．彼は，マーシュが米国地質調査所の公式古生物学者なのだから，それらはすべてイェール大学で仕上げられるだろうと考える．コープはニューヨークのヘラルド社に電話し，多くのいいがかりをつけてマーシュのことを密告する．彼の罪すべてが立証されたわけではなく無実もあったのだが，コープの行為は全国的なスキャンダルを爆発させる．マーシュは1週間後に同じ新聞紙上で返答する．

T. C. ウェストンがレッド・ディア川沿いで多くの骨格を発見する．

ジョン・ベル・ハッチャーはマーシュのもとで働いていたが，ワイオミング州のランス・クリーク層における，伝説的なトリケラトプス採集を始める．

1890年 1月12日，コープはマーシュがジョン・パウエルおよび米国地質調査所と共謀をしていると告発する．1月19日，マーシュはコープの非難に対する答えとしてニューヨークのヘラルド紙上で，コープは職業上の大きな失敗をしているのだという記事を書いて新聞の1ページを埋め尽くし，コープの自分に対する非難のすべてはねたみが原因だとする．

2人の若い古生物学者，H. F. オズボーンとW. B. スコットは，化石を見にイェール大学に行く．マーシュは2人をコープのスパイだと思い，よいものは隠し，ある学生に頼んで2人にはふつうのものだけを見せるようにする．マーシュは梱包箱のうしろに隠れて，技術者に手で合図を送りながら，よい化石は何も見せないようにして，この訪問者たちを収集物の中に案内させた．

10月にオズボーンがニューヨークのアメリカ自然史博物館のスタッフに加わる．最初のうちは給料をもらわず，野外調査をするためにアメリカ自然史博物館に1500ドルを払っていた！

1890年代 J. B. ハッチャーの義理の兄弟はオスカー・ピーターソンである！ 2人はともに1899年プリンストンからピッツバーグのカーネギー博物館に移動する．エルマー・リッグスはウィリアム・ベリマン・スコットの学生である！

G. ジェプセンは古生物学者シンクレアの学生である．

C. H. スターンバーグは化石用に，米のようにべたつくバーラップの包帯を考案する．マーシュは石膏を包帯として使う．

ジョージ・バウルが，ケラトサウルスには中足骨の病理的癒合が見られるという．このことはマーシュに知れたが，彼はわざとそのことには触れず，かわりに，ケラトサウルスの状態は骨が正常に融合しているのだと記載する．しかしそれは恐竜の独特な性質を正当化し，形態的に鳥により近くするためであった．バウルの主張は，ムーディの作品以前の文献においては，古病理学的な最初の例示である．

1891年 オズボーンがアメリカ自然史博物館で仕事を始め，古脊椎動物学の研究部を設立する．彼はまたコロンビア大学の職も得る．ウィリストンは，彼の花形学生であるバーナム・ブラウンにアメリカ博物館で仕事をするよう勧める．ブラウンは20世紀最高の恐竜分野での採集家となることになる．コープも同様にジェイコブ・ワートマンを推薦する．ウォルター・グレンジャーが剥製製作者として博物館で働き始める！

1893年 宗教上の根本主義者たちと，あるアリゾナの議員が，米国地質調査所が「歯の生えた鳥についての愚かな研究」をしているということで資金供給を打ち切らせる．マーシュはその研究から退かねばならず，米国国立博物館（スミソニアン）の庇護のもとで採集された化石の材料も手離さなければならなくなる．

オズボーンは，壁で囲われた台やむき出しのガラスケースではなく自由な形の台を使い，ポストカー

ドや写真を売るなどして近代博物館のコンセプトのパイオニアとなる．彼は，科学新聞や一般展示室用の有史以前の動物の正確な挿し絵を描かせるために，チャールズ・ナイト（1897年に）とE.クリストマンを雇う．

プリンストン大学のW. B. スコットは，伝説的な採集家であるJ. B. ハッチャーをイェール大学から引き抜いて雇う．

1896年 カーネギー自然史博物館がピッツバーグに設立される．

1897年 チャールズ・ナイトが「闘鶏」の姿のレラプス（ドリプトサウルス）を描くが，これは恐竜が完全に温血性であるとして描いた最初の絵として有名になる．

ローレンス・ラムベはレッド・ディア川に沿って恐竜を採集し始める．これはカナダにおける古脊椎動物学者による最初の組織的な恐竜採集である．

ニューヨークのアメリカ自然史博物館のブラウン，グレンジャー，ワートマンが，ワイオミング州メディスン・ボー地域を探検する．彼らは翌日「丘の上のあの小屋のそば」を探検することに決める．彼らがそこに近づくと，それが骨でできていることに気がつく！ 周辺地域は有名なボーン・キャビン採掘場という遺跡となり，そこからモリソン恐竜の490標本が産出する．

1898年 ボーン・キャビン採掘場で発掘が始まる．

1900年 ハッチャーとアターバックがコロラド州のガーデンパークでマーシュの採掘場を再開する．

コロラド州のグランド・ジャンクションで，シカゴのフィールド博物館のエルマー・リッグスによってブラキオサウルスが発見される．

H. F. オズボーンとアメリカ自然史博物館の管理者であるH. C. バンプスが「アメリカ博物館会報」を創刊するが，それはのちに雑誌「自然史」となることになる．これは，大衆教育をねらった最初の自然史博物館会報である．オズボーンとバンプスはまた，展示用のガイドブックやリーフレットも創刊する．

1901年 イェール大学ピーボディ自然史博物館のビーチャーがエドモントサウルス（その時はクラオサウルス・アネクテンズと呼ばれていた）を，完全に直立した二足動物の姿勢で，全速力で走っているポーズをとった形で組み立てる．これは，恐竜が非常に活動的な動物であることを再び示したもので，西半球において初めて組み立てられた本物の恐竜の骨格である．

1902年 バーナム・ブラウンが最初のティラノサウルス・レックスの骨格を，モンタナ州のヘル・クリーク地域で発見する．この標本はその種の模式標本となり，のちにピッツバーグのカーネギー博物館に買われ，現在はそこに展示されている．

ローレンス・ラムベがレッド・ディア川での採集の結果を発表する．

J. P. モーガンがチャールズ・ナイトに，古代の生活を描いた壁画をアメリカ自然史博物館で描くよう依頼する．

1903年 チャールズ・ホイットニー・ギルモアがスミソニアン学術協会のスタッフに加わる．

シカゴのフィールド博物館のエルマー・リッグスが，公式にアパトサウルスという名前を「ブロントサウルス」に対する正しい名前として確立させる．

1905年 アメリカ自然史博物館が，歴史上初めて「ブロントサウルス」の骨格を組み立てる．「ブロントサウルス」という名前は，もっと正確なアパトサウルスという名前が好まれて2年前にはずされていたが，博物館のラベルは何十年も是正されないことになる．

カーネギー博物館は有名なディプロドクスの骨格の雄型を世界中のさまざまな博物館に配給する．最初の組立て標本はロンドンの大英博物館にいく．それは西洋諸国にセンセーションを引き起こし，その結果50の科学論文が書かれる．ディプロドクスはティラノサウルスに「王位を奪われる」までは最も有名な恐竜となる．

1906年 H.F.オズボーンはスミソニアン学術協会の長官の職に就くようにとの申し出を断る．オズボーンの友人で後援者でもあるJ.P.モーガンはアメリカ自然史博物館の古脊椎動物学基金を設立する．モーガンはまた，コープの採集品の購入に貢献する．

1907年 シュトゥットガルト博物館のエバーハルト・フラースがタンザニア（その時はタンガニーカとして知られていた）のテンダグルーで採集する．

アパトサウルスの死体を餌にしているアロサウルスの骨格が，アメリカ博物館で組み立てられる．

1908年 バーナム・ブラウンが3番めの（かつかなり完全な）ティラノサウルス・レックスの骨格をヘル・クリーク地域で採集する．この標本はニューヨークで展示されることになり，すべての恐竜の中で最も有名な組立て骨格になる．

H. F. オズボーンがアメリカ自然史博物館の館長になる．

C. H. スターンバーグが，有名な「カモノハシ恐

竜のミイラ」(現在はエドモントサウルスに帰せられる)を発見する．この標本はアメリカ自然史博物館で展示されている．

1909 年　アルバータ州の牧場主がレッド・ディア川の自分の農場にある多くの恐竜についてバーナム・ブラウンに話す．

　アール・ダグラスはカーネギー博物館で働いていたが，8 月 17 日，関節でつながったアパトサウルスの背部を，ユタ州のジェンセン北部スプリト山で発見する．これと全く同じアパトサウルスが現在カーネギー博物館で展示されている．ダグラスと彼の助手たちにとって，岩から骨格をとり出すのとカーネギー博物館でそれを組立て標本にするのには 6 年がかかる．採掘場の西半分を発掘するのに 7 年，東半分にはさらに 6 年かかる．ダグラスはカーネギー博物館のために 1909 年から 1922 年まで採掘場で働く．彼はその後 2 年間を，ユタ大学とスミソニアン学術協会のために採掘場で働く．スミソニアンの組立て標本にされたディプロドクスはこの時に採集される．これらの発掘は，現在恐竜国定記念物の採掘場の分水嶺となっている，あの有名なかまぼこ型の山の背の頂上と山腹に及ぶものにすぎない．現在の採掘場と観光客センターは中ほどの低い中心部だけにわたる．その採掘場で「黄金時代」に働いた有名な人物にはアール・ダグラス，J. L. カイエ，ゴールデン・ヨーク，ジェイコブ・ケイ，ジョージ・グッドリッチ（その現場でしばしば複製される写真に写っているあごひげを生やした紳士）がいる．1950 年代から始めて，伝説的な標本製作者のトーブ・ウィルキンスとジム・アダムスは古生物学者のテッド・ホワイトとともに記念物のところで働き，1970 年代にはラッセル・キングに，1980 年代から現在にかけてはダン・チュリーに受け継がれている．

1910 年　1910 年から 1917 年まで，バーナム・ブラウンはレッド・ディア川沿いでスターンバーグ一家というとても親しみのある「競争相手」とともに採集をする．彼らはみなすばらしい骨格を手に入れ，互いに助けあう．

　アメリカ自然史博物館が，初めてティラノサウルス・レックスの骨格を組立て標本にする．この標本の写真が数え切れない恐竜の本に載ることになる．この骨格は再組立てされることになり，1990 年代の恐竜の姿勢についての近代的考察を反映することになる．

1912 年　テンダグルーでの仕事が終結する．

1915 年　10 月 4 日，ウッドロウ・ウィルソン大統領がアール・ダグラス採掘場（80 エーカー）を恐竜国定記念物として指定する．このことはまた入植者たちが入ってきたり採掘作業が行われることのないようにしようという思いからであった．

1916 年　英国船のマウント・テンプルがドイツの U-ボートによって沈没する．船荷の一部にはチャールズ・スターンバーグによって採集されていたコリトサウルスの 2 つの標本があった．

1917 年　イェール大学の旧ピーボディ自然史博物館が建てかえのためにとり壊される．

1919 年　これまで発見された中で最も完全な竜脚類のカマラサウルスの幼体が，カーネギー博物館のために恐竜国定記念物で採集される．

1921 年　バークレーのカリフォルニア大学古生物学博物館が設立される．ここが研究の中心施設となり，最も有名な古脊椎動物学者の何人かがここから生み出されることになる．

1922 年　アメリカ自然史博物館がモンゴル地方とゴビ砂漠の中央アジア探検を始める．この探検隊はロイ・チャプマン・アンドルーズに率いられる．

1923 年　アメリカ自然史博物館のゴビ砂漠探検隊が，フレーミング・クリフでプロトケラトプスと最初の恐竜の巣を発見する．彼らはまた，初めてヴェロキラプトルの頭骨を発見する．

1924 年　オズボーンは，ヴェロキラプトルと，モンゴル地方でアメリカ博物館探検隊によって発見されたその他の多くの恐竜を命名する．

1925 年　アメリカ自然史博物館がゴビ砂漠で恐竜を見つけようとした最後の年（60 年ほどのちに作業が再開されるまで）．

　ピーボディ自然史博物館の現在の建物が一般に公開される．

1927 年　C.C. Young（Yang Zhong-jian，楊鐘健）が中国初の専門的な古脊椎動物学者になる．

　ユタ州のクリーブランド・ロイド恐竜採掘場が発見される．これは知られているところではジュラ紀の捕食動物が集まった最も大きなトラップの一つで，そこにはアロサウルスのおびただしい数の個体の化石が含まれている．

　W.D.マシューがバークレーのカリフォルニア大学に古生物学科を設立する．これは，古生物学専門の世界で唯一の独立した大学学科である．

1929 年　中国の最初の古脊椎動物学中心施設が楊鐘健によって設立される．

　カール・ヴィーマンが中国最初の竜脚類であるエウヘロプス（もともとはヘロプス）について記載す

る.
　最初の恐竜の足跡が中国の山西省で発掘される.

1932年　ハウ採掘場（モリソン層のいくつかの恐竜の骨格を含んでいる）がワイオミング州のシェル付近のバーカー・ハウの牧場で，バーナム・ブラウンの訪問中に発見される．

1934年　ニューヨークのアメリカ自然史博物館が，ハウ採掘場で発掘を始める．

1935年　H. F. オズボーン没．

1938年　アメリカ自然史博物館のR.T.バードがテキサス州グレン・ローズ付近のパラクシー川の川底にある，白亜紀の恐竜足跡の場所について知る．

1940年　古脊椎動物学会が，A. S. ローマーによって設立される．そこにはおよそ40人の会員がいた．最初の会合はハーヴァード大学で開かれる．

1941年　バーナム・ブラウンが，ニューヨークのアメリカ自然史博物館から退くが，作業は続ける．彼は最も優秀な恐竜採集家であり，66年間博物館に雇われていた．

1942年　ルドルフ・ザリンガーが，イェール大学ピーボディ博物館の壁画「爬虫類の時代」に着手する．

　ディロフォサウルスと，のちにナノティラヌスと呼ばれることになるものが発見される．

1943年　レイモンド・カウルスが恐竜は温度上昇の結果絶滅したと提案する．カウルスはチャールズ・ボガートの学生で，大きな影響を与えた恐竜生理学についての初期の論文を書いてボガートとコルバートを援助した．

　連合国側の爆弾がベルリンのフンボルト博物館の「ディサロトサウルス」レットウ–ベルベッキの模式標本を破壊する．

1944年　G. G. シンプソンが，進化の新しい「総合的理論」と古脊椎動物学を統合する最初の教科書を出版する．

　連合国側の爆弾が，エジプトサウルス，カルカロドントサウルス，バハリアサウルス，スピノサウルスの模式標本を破壊する．それらはドイツのミュンヘンのバイエルン州立博物館に所蔵されていた．

1947年　ジョージ・ウィタッカーとE. H. コルバートが，コエロフィシスをニューメキシコの有名なゴースト・ランチ採掘場で発見する．これは，よく保存された獣脚類の骨格の中では，世界のどこと比べても最大の大量堆積物である．

　ルドルフ・ザリンガーがイェール大学ピーボディ博物館の壁画「爬虫類の時代」を完成させる．

1948年　2つの最も有名なコエロフィシスの骨格が，アメリカ自然史博物館のジョージ・ウィタッカーとカール・ソレンソンによってゴースト・ランチで発見される．これらの骨格の中には幼体があり，このことから，この種は共食いをしていたことがわかる．

　タルボサウルスがソヴィエト連邦のJ. イーグロンによって発見される．

1949年　グレン・ジェプセン，エルンスト・マイヤー，G. G. シンプソンが，古脊椎動物学と進化理論を統合するための2冊めの古生物学者用の教科書を出版する．

　ルドルフ・ザリンガーがイェール大学ピーボディ博物館の110フィートの恐竜の壁画でピューリツァー賞を受賞する．

1951年　初の中国人のみの恐竜探検隊が発足する．ここの隊員たちが，新しい分類群と巨大な化石の堆積物を山東地域で発見する．

　第四の始祖鳥の標本が発見される．

1953年　ジュラ紀の恐竜ホールがアメリカ自然史博物館で再開される．

　中国が，特に古脊椎動物学だけを専門とする世界初の雑誌「アジア古脊椎動物学」に着手し始める．古脊椎動物学・古人類学学会が，楊鐘健によって設立される．

1956年　第五の，すなわち「マックスバーグ」の始祖鳥の標本が発見される．

　M.W.ドゥ・ローベンフェルスが，「古生物学会会報」で論文を発表し，恐竜は小惑星が衝突した結果絶滅したという仮説を立てる．

1957年　エンロウとブラウンが恐竜の骨の中にハヴァース管を発見する．これはのちに，恐竜が「温血性」であったことの証明として使われることになる．

1958年　最初の恐竜の郵便切手が中国で発行される．それにはルーフェンゴサウルスが描かれている．

1959年　古生物学者のオスヴァルド・レイグと，ヴィクトリノ・ヘレラという名前のヤギ飼いが，2番めに古い恐竜ヘレラサウルスをアルゼンチンで発見する．

1961年　シェル石油出身の地質学者が，ハドロサウルスの骨をアラスカのノース・スロープのコルヴィル川地域で見つける．

1962年　ペトリファイド・フォレスト国立公園が創設される．そこには多くの有名な三畳紀の化石が

所有されている.

董枝明が，中国北京の古脊椎動物学・古人類学学会に加わる.

1965年 フィリップ・タケーがニジェールで仕事を始め，オウラノサウルス属のような新しい恐竜を発見する.

1967年 ユタ州のクリーブランド・ロイド恐竜採掘場が国定自然文化財として指定される.

1969年 ジョン・オストローム（コルバートの以前の学生）が，恐竜は温血性だったかもしれないので，恐竜が中生代の気候をよく示しているということはない，という．オストロームがデイノニクスの記載を発表する.

1972年 ブリガム・ヤング大学のジム・ジェンセンが，ユタ州のドライメサ採掘場を発見する．そこからは世界で最良の竜脚類の材料がいくつか産出し，のちに「スーパーサウルス」と「ウルトラサウロス」が名づけられた時に有名になる.

1974年 R.T.バッカーとP.M.ガルトンは，恐竜目を公式な分類単位として復活させることによって，竜盤類と鳥盤類を再結合させる.

1975年「サイエンティフィック・アメリカン」でロバート・バッカーによる「恐竜ルネッサンス」という題の論文が発表されるが，その記事は恐竜が内温性であったことについてのバッカーの考えをまとめたものである．これが恐竜古生物学の新時代への導火線となる.

1976年 J.O.ファーローと2人の技師が，ステゴサウルスの骨板は体温調節の装置として機能していると推測する実験的な研究を発表する.

1977年 コルバートのゴースト・ランチのコエロフィシス採掘場が国定文化財に指定される.

1979年 アルバータ州立恐竜公園（ブラウンとスターンバーグ一家が，多くのきれいな後期白亜紀の恐竜の骨格を採集した地域）がユネスコ世界遺産遺跡に定められる.

大山採掘場が中国自貢で発見される．これらは世界で最も豊かな中期ジュラ紀の恐竜産地を構成している.

1980年 米国科学振興会が『温血性恐竜への冷たい視線』という題のシンポジウムの本1巻をR.D.K.トーマスとE.C.オルソンの編集で発表するが，これは恐竜が内温性であるという考えを批判的に評価するものである.

ノーベル賞受賞者のルイ・アルヴァレズらが，小惑星が衝突したために白亜紀の終わりに絶滅が生じたという仮説を立てる論文を発表する.

1982年 ステゴサウルス・ステノプスがコロラド州の州化石とされる.

1984年 初の恐竜のみの美術展覧会がボストンで行われる.

1985年 アルバータ州ドラムヘラーのティレル古生物学博物館が，9月25日にフィリップ・カリーを恐竜研究の指導者として開館する.

1986年 中国とカナダが，双方の国における5か年計画の恐竜発掘と古生物学者たちの探検と訓練を推進することで，同意に達する.

恐竜の系統分類学にもっぱら専念された初のシンポジウムが，アルバータ州のティレル古生物学博物館で行われる．その時の成果が，1990年にケネス・カーペンターとフィリップ・カリーの編集でシンポジウム本1巻として発表される.

恐竜の足跡の化石についての研究を扱う初のシンポジウムが，アルバカーキのニューメキシコ自然史博物館で行われる．このシンポジウムでの論文は1989年にデーヴィッド・ジレットとマーチン・ロックレーの編集で発表されることになる.

ポール・セレノとジャック・ゴーチェが，鳥盤類と竜盤類の分岐学的分類法について，画期的な論文をそれぞれ発表する.

ジョン・ホーナーは恐竜の巣での行動についての研究で，古生物学者として初めて，待望のマッカーサー財団賞を受賞する.

1987年「恐竜の過去と現在」は世界を巡遊する初の国際美術展覧会で，世界第一級の古生物学美術家から集めた最高の恐竜美術品をショーケースに入れて展示した.

自貢恐竜博物館が開館する．それは恐竜だけを専門としたアジア初の博物館である.

6番めの始祖鳥が発見される.

1988年 ポール・セレノがヘレラサウルスの完全な頭骨と骨格を発見する.

1989年 バークレーのカリフォルニア大学古生物学科が生物学科と結合して，総合生物学科となる．古生物学科は学究史全体において古生物学を専門とした唯一の独立学科だったのである.

ロバート・ガストンが，ユタ州の恐竜化石採掘場を発見する．この採掘場から，ユタラプトルとノドサウルス類の新しい属が出ることになる.

ナサのケヴィン・ポープとチャールズ・ダラーが，メキシコのチチュラブの穴を発見する．のちに，アドフリアナ・オカムポが，その場所には衝突現場

としての典型的な特徴があることを認める．

1990年 ブラック・ヒルズ研究所が，今日までのところ，ティラノサウルス・レックスの知られたものの中では最大の頭骨と骨格を見つける．彼らはそれをその発見者スーザン・ヘンドリクソンにちなんで「スー」と名づける．

プロの古生物学者たちのための恐竜についての最初の本『Dinosauria』がデーヴィッド・ワイシャンペル，ピーター・ドッドソン，ハルツカ・オスモルスカの編集で出版される．

1991年 エオラプトルがリカルド・マルティネツによってアルゼンチンで発見される．

ユタラプトルがジム・カークランドによってユタ州で発見される．

ハドロサウルス・ファウルキイがニュージャージー州の公式州化石とされる．

デンヴァー自然史博物館が，化石を見つけたり採集したりする技術をアマチュアに訓練するための「准古生物学者」プログラムを開始する．

1992年 7番めの始祖鳥が発見される．

デンヴァー自然史博物館のブライアン・スモールが，それまでにキャニオン・シティで発見されていたステゴサウルス・ステノプスの最も完全な標本を発見する．この標本は，スミソニアンの「ロードキル」標本に基づいて，骨板が交互する2つの列で支えられていたというギルモアの解釈を立証している．

胚のカンプトサウルスが恐竜国定記念物で見つかる．

1993年 アメリカ自然史博物館が，少なくとも13のトロオドン類の骨格と，147の哺乳動物，175のゴビ砂漠のウハー・トルゴッドの哺乳動物を発見する．また，卵を抱いている姿の成体があったオヴィラプトルの巣が見つかるが，この発見は1995年までは一般には発表されていない．また，そこには100以上の，採集されていない恐竜の標本があった．これは，歴史上最も偉大な白亜紀の発見の一つである．

イングランドのワイト島のリン・スペアポイント夫人が，それまで見つかった中で最も完全なポラカントス属の骨格を発見する．

映画「ジュラシック・パーク」が公開される．これはここ数十年来で初めて恐竜を「怪物」ではなく動物として描いた映画である．新レベルの特殊効果を駆使して，商業成績史上トップになる．

ポール・セレノがエオラプトルを「最初の」恐竜として命名し，ジム・カークランドがユタラプトル属を命名する．

スミソニアン学術協会が，1938年以来初の恐竜探検隊をワイオミング州のシェルに送り出す．それはM. K. ブレット＝サーマン博士とニコラス・ホットン三世に率いられる．

1994年 サスカチェワン州の最初のティラノサウルス・レックスの骨格がロバート・ゲブハルトによって発見される．

ワイオミング州がトリケラトプスを州化石として選ぶ．

モンゴルのアメリカ自然史博物館探検隊が発見し，長い間プロトケラトプスのものとされていた卵は，実はオヴィラプトルのものであった．

恐竜の卵と子どもに関する最初の教科書が出版される．

最初の恐竜の教科書の著者（1970年発行）のウィリアム・スウィントン没．

ニュージャージー州のハッドンフィールドのハドロサウルス・ファウルキイ採掘場が国定歴史文化財に指定される．

1995年 これまでに発見された最も大きい獣脚類である，アルゼンチン産のギガノトサウルスの記載がなされる．

中生代の鳥の分類が修正され，多くの新しい属の記載がなされる．

ユタ州とアフリカから多くの新しい白亜紀の恐竜が，以前はまばらに考えられていた諸階から発表される．

ブラック・ヒルズ地質学研究所のオーナーの裁判が終わる．研究所の個人がスーとして知られるティラノサウルス標本の採集に際しての不正を申し立てられて起訴されていた．多くの人々がこの事件全体を不快に思う．

1996年 ポール・セレノが，アフリカの獣脚類であるカルカロドントサウルスの頭骨を明らかにするが，その大きさはティラノサウルスの頭骨と張りあうものであった．

ユタ州クリーブランド・ロイド採掘場が荒らし回され，貴重な化石が盗まれる．

ティラノサウルス科の最も初期の化石が，フランス人の古生物学者によってタイで発見される．

恐竜と鳥の新しい種類が，マダガスカルで発見される．

コンプソグナトゥスと類縁の羽毛を持った恐竜の報告が，アメリカ自然史博物館での古脊椎動物学会

の会合でセンセーションを引き起こす.

1997年 古生物学者と鳥類学者たちのチームが, 羽毛を持っていると伝えられた獣脚類, シノサウロプテリクスを調査するために中国を訪れる. 彼らは, その恐竜はコンプソグナトゥス類だと確証する. しかしながら, 恐竜の背中と尾の上下両端に沿って走る構造が羽毛であるということを示すような, 有無をいわさぬ証拠は何も発見されていない. その標本に対する議論は継続中である [訳注：この標本は, 1998年に羽毛様構造を持つとして記載された. その後, 明らかな羽毛を持つ種類としてほかの2種が記載された].

●第2部：恐竜古生物学の時代区分

前述の年代記をもっと簡潔な形で要約すると, 恐竜古生物学は, やや恣意的ではあるが4つの別個の「時代」に分けることができる. これらの時代は, 古生物学者たちの直接的な進歩をとおしてであれ思いがけない偶然事であれ, この分野を新しい方向に向け始めた重要な出来事に基づいている.

I. 英雄時代（1820–1899） 個人の努力がこの時代を特徴づける. その特色は, 初の膨大な「科学的出版物」にある. 古生物学は「自然誌」とは区別できる独自の科学となる.

II. 古典主義時代（1899–1929）（マーシュの死から株式市場の暴落まで） 博物館の努力が古脊椎動物学を支配する. 個人にはもはや探検全体に出資する余裕はないが, 博物館は標本の剖出整形や展示を構成したりするための専門家たちを雇う必要があった. 博物館と同規模の協会だけが, 十分に恐竜を採集したり研究計画を立てる余裕があった. 博物館は, 標本を展示することをこの分野における主要目的の一つとして主に目指し, 次いで研究標本の採集が続く. ヘンリー・フェアフィールド・オズボーンが, 採集品の保管, 野外調査, 標本の剖出・整形・組立て, 移動展覧会, 成人教育を, 専門職として確立しようとする風潮の先頭に立つ.

III. 近代（1933–1969）（「大恐慌」の終わりから, 恐竜を中生代の気候の指標として使うのは不適切であるとするオストロムの画期的な論文まで） 大進化, 新ダーウィン主義, プレート・テクトニクス, 機能形態学, 放射年代測定が, 古生物学者たちにとっての主要な科学的総合コンセプトになる. 大学における古生物学の優勢がこの時代を特徴づけるが, それは博物館の運営費が大恐慌の結果下がったからである. 次の時代への推移期である1969～1975年にはプロたちが恐竜生理学について再び考え直すが, その変化は一般の人々には概して気づかれていなかった.

IV. ルネサンス（1975～） この時代はバッカーの「サイエンティフィック・アメリカン」の記事によって始まる. 分岐学, 古生態学, コンピューターベースのマルチ形態計測プログラム, 折衷的/総合的理論化, CTスキャン法, 野外調査の大幅な増加（新しい属が最高速度で発見された）がこの時代を特徴づける. 一般の人々は, 今や恐竜を「内温性である」と信じて疑わないが, 古生物学者とその他の科学者たちは論争を続けている. 専門的な恐竜古生物学者たちはまた, 一般の人々に向かって精力的に書き始めている.

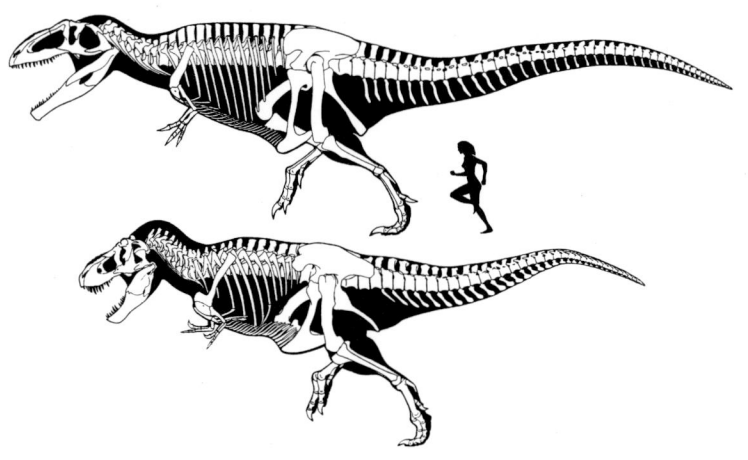

ギガノトサウルス（上）とティラノサウルス（下）の比較サイズ.
画・著作権：1997年, Greg Paul

用語解説

足跡巨大産地 Megatracksites　地理的に広い地域にわたって，化石化した足跡が堆積層の表面または薄いまとまりに豊富に残っているところ．

アデノシン三リン酸 Adenosine triphosphate, ATP　細胞が新陳代謝するために必要な生化学燃料．

アンダートラック Undertracks　足跡を残す動物の体重が埋没した堆積層に伝わり，層の形を壊すことによって形成される足跡．動物は実際に歩くものの上に「真の」足跡を表面につけるが，下位にある堆積面の上には一連のアンダートラックを残す．

維管束植物 Vascular plants　体じゅうに水分と食物を行き渡らせるように導く組織構造を持った，植物．

異所的種分化 Allopatric speciation　かつて単一種だったものが異なる個体群となって地理的に孤立したのちに新種を形成すること．時間をかけて分化した個体群は，異種交配がもはや不可能なほど遺伝子的に大きく異なる．ガラパゴス諸島のフィンチ種がそのよい例である．

胃石 Gastroliths　草食恐竜の内臓内に見られる「胃の石」．おそらく食物を分解するために使われた．

異名表 Synonymy　同一の分類群につけられた異なる名称すなわち同物異名（synonym）のリスト．

烏啄骨 Coracoid　胸帯の骨．腹面から肩甲骨にかけて位置する．

烏啄突起 Coronoid process　下顎の上面にある骨状の突起．この突起によって，歯列の奥の顎を閉じる筋肉が付着している．

枝 Branch　分岐図上で，分類群を他の分類群につながる節に結びつける線．枝は，分類群が最も近い類縁から分岐したことを表す．

エナメル質 Enamel　歯の外面を形成しているかたい組織．

エピトープ Epitopes　分子が生物自体に由来するのか，外部からの侵入物（細菌など）に由来するのかを決定するために抗体によって調べられる分子が複合的に折り重なった領域．

遠位の Distal　動物の中心部から離れた箇所の．

横隔膜 Diaphragm　哺乳類や単弓類の腹腔と胸腔とを分けている膜状の筋肉．

横突起上関節面 Diapophyses　肋骨が脊椎に結合している面．

尾部の Caudal　尾の方の．

オルニトスクス Ornithosuchians　主竜類の分類法の一つ．オルニトスクス類やオルニトディラ類を含むグループ．

オルニトディラ類 Ornithodirans　恐竜や鳥類を含む，主竜類の系統．

外温性 Ectotherm　自身の体温の大半を外部からとり入れる生物．

外骨症 Exostosis　部分的に骨膜が剥離することによる骨の成長．

海洋底拡大 Sea-floor spreading　中央海嶺での新しい海洋プレートの形成．プレートは，その後海嶺から離れて動いていく．

下顎骨 Mandible　下側の顎．

拡散的特発性骨形成過多 Diffuse idiopathic skeletal hyperostosis, DISH　脊椎骨をつなぐ靭帯と関連して，骨の沈澱物が形成されること．

学名命名法 Nomenclature　分類群の公式名をつける方法．命名法．

殻ユニット Shell units　卵殻のかたい石灰質層において，隣接し互いに結びついている構成要素．

カリーチ Caliche　乾燥地帯で，土壌から孔隙水が蒸発する間に形成される石灰の沈澱物．

眼窩 Orbit　目のためにある頭骨の穴．

眼瞼骨 Palpebral　瞼の中の小さな骨．

寛骨臼 Acetabulum　股関節窩．大腿骨が骨盤と関節で接合している箇所．

寛骨臼後部突起 Postacetabular process　寛骨臼のうしろにある腸骨の部分．

慣性恒温性（巨体温度性）Gigantothermy　少ない代謝によって高温で安定した体温を維持するために，大きなサイズの体や循環調整，絶縁体を用いること．

関節窩 Glenoid　上腕骨が接合している肩帯のく

ぼみ．
関節丘 Condyle　丸い，こぶ状の関節．
関節骨 Articular　下顎骨のうしろ側にある骨．この骨によって恐竜類の下顎が頭蓋の方形骨と関節している．
環椎 Atlas　第一頸椎．
緩慢代謝 Bradymetabolic　代謝率が遅い生物を記述するのに用いられる．
期 Age　地質学的な年代区分でいう世を細分した分類単位．
紀 Period　地質学的時間の主な単位の一つ．三畳紀，ジュラ紀，白亜紀は，恐竜が陸上の動物相を支配していた時代であった．紀は世に分けられ，紀は代に含まれる．
偽肩突起 Pseudo–acromion process　筋肉付着のため肩甲骨上にある骨の突出物．
逆転 Reversal　進んだ系統で先祖の状態にさかのぼって形質が変化すること．
嗅覚鼻甲介 Olfactory turbinates　感覚（嗅覚）上皮が並んだ薄い骨．鼻孔の中に位置する．
頬骨 Jugal　頬の骨．顎のうしろで眼窩の下に位置する．
胸骨 Sternum　胸の骨．胴体の腹端に沿う一連の骨が融合して形成された．
胸帯 Pectoral girdle　前肢を胴体に接合させている骨の複合体．肩甲骨，烏啄骨，胸骨，鎖骨を含む．
胸椎 Thoracic vertebrae　哺乳類の胸部にある脊椎骨．
共有派生形質 Shared derived characters（synapomorphies）　原始的な諸特徴の形態からそれて，2つかそれ以上の子孫分類群によって共有される特徴．
共有派生形質 Synapomorphies　派生的な特徴を共有すること．
距骨 Astragalus　脛骨と関節でつながっており，大きくて基部に近く，中間に位置する足首の骨．
近位の Proximal　動物の中心部に近い方の．
くちばしの Rostral　角竜類において，上顎の前上顎骨の前に位置する骨を記述するのに用いられる．
くちばしの角質のさや Rhamphotheca　上顎，下顎の前側の先端上の角質の覆い．
組重ね式階層 Nested hierarchy　分類群を，一連の，より大きく包括的なグループに分ける並べ方．
クルロタルシ Crurotarsians　主竜類の一つの分類法における，ワニ類などやオルニトスクス類を含む系列．
クレード Clade　起源で類縁関係のある1生物群．単系統群ともいう．
グレード論 ⟶ 進化体系学
クロコディロタルシ Crocodylotarsians　ワニ類やその近縁を含む主竜類グループ．
脛骨 Tibia　うしろ足下部にある，より大型でより中央寄りの骨．
頸椎 Cervicals　首の脊椎骨．
系統学的体系学（分岐論）Cladistics, phylogenetic systematics　生物のクレードの中での相互関係に厳密に基づいた分類へのアプローチ．
系統発生 Phylogeny　先祖−子孫の関係を示す進化系統．
結合 Symphysis　繊維組織によってつながっている2つの骨の間の関節部．これによって骨の間で限られた動きが可能になる．
結合増殖体 Syndesmophytes　脊椎骨の椎体を横切る骨の過剰成長．
結節 Tuberculum　肋骨を脊椎骨と接合させる背面の突起．
血道弓 Chevrons　尾の脊椎骨の下にあるV字型の骨．
ゲノム Genome　生物のDNAにおける窒素塩基のつながり．種は自分に特徴的なゲノムを持つ．
原型 Archetype　リチャード・オーウェンによる，極めて抽象的かつ一般化された体形プランについての概念．生きている動物から観察される体形は物理的な表れであるということ．
肩甲骨 Scapula　肩の扁平な骨．
原始的形質 Primitive characters　研究中のグループの全構成要素に見られる特徴．また，そのグループを除いた分類群にも見られる可能性がある．
後凹の Opisthocoelous　凸形の前面と凹形の後面がある脊椎の椎体を記述するのに用いる．
恒温動物 Homeotherm, homoiotherm　ほぼ一定した体温を保つ生物．
口蓋 Palate　口中の骨の蓋．
口蓋骨 Palatine　口蓋の骨の一つ．頭骨の前面，鋤骨の側面に位置する．
後関節突起 Hyposphene　後続の椎骨の前関節突起に関節する神経突起の基盤にある後部の小さな隆起．
広弓類 Euryapsids　頭骨の両側の高位置に一つの側頭孔がある爬虫類．おそらくは双弓類に由来．
硬骨魚類 Osteichthyes　骨のある魚類．

格子状空間 Cancelli　軟骨内骨の中にある隙間．骨内膜で裏打ちされ，骨髄で満たされている．

後脊椎関節突起 Postzygapohyses　隣接する脊椎骨の前関節突起（prezygapophyses）に関節する脊椎の神経弓の最後尾に位置する骨の突起．

抗体 Antibodies　外部からの侵入物（例えば病原菌）を攻撃するために体内でつくられるタンパク質．

後頭 Occiput　首がついている頭骨の後部域．

後頭突起 Occipital condyle　脊椎動物において頭骨と脊柱とを接合させている丸いこぶ状の関節．

後方恥骨の Opisthopubic　後方に向いた恥骨を記述するのに使われる．

後方(の) Posterior　最後尾へ向かって．

呼吸(鼻)甲介 Respiratory turbinates　鼻腔にあり呼吸上皮が並ぶ，骨や軟骨の薄くて複雑な構造．

コケ類 Bryophytes　コケ，およびその同類．

ゴースト系列 Ghost lineage　分類群の地質的範囲を仮説上拡大した系統予測範囲を示す．分類群は最初に地質的記録に見られるより前に，最初期に分類群のなかまが地質上出現したことをもとに予測される．

古足跡層序学 Palichnostratigraphy　化石化した足跡群集に基づく，堆積岩によって表された時間間隔の区分．

骨化腱 Ossified tendons　背骨を強化するために，脊椎骨を横切ってつながっている骨組織．

骨芽細胞 Osteoblasts　骨形成細胞．

骨幹 Diaphysis　長骨の軸．

骨関節症 Osteoarthritis　関節での骨増殖体の形成，象牙質化，骨密度の増加によって特徴づけられる痛みを伴う状態．

骨細胞 Osteocytes　骨組織の維持に必要とされる細胞．

骨増殖体 Osteophytes　関節の表面で形成される，骨の成長過多．

骨端 Epiphyses　骨の最末端．

骨端隆起 Epipophyses　脊椎骨の後末端にある骨の隆起．

骨内膜 Endosteum　骨の内側にある骨形成組織．

骨軟骨腫 Osteochondroma　軟骨の蓋がつく外骨症．

骨盤帯，骨盤 Pelvic girdle, pelvis　後肢を胴体に接合させている骨の複合体．腸骨，坐骨，恥骨を含む．腰帯．

骨膜 Periosteum　成長途中の骨の末梢にある骨成組織．

骨膜骨 Periosteal bone　骨膜により形成される骨．

最節約性 Parsimony　どんな現象についても最も簡単な説明を行うのが最良であるという科学的原理．系統学における最節約とは，進化的変化の回数が最も少ない進化的系統樹が系統発生の真の歴史的様式に最も近いという原理である．

鎖骨 Clavicles　襟の骨で，肩帯を胸骨につないでいる．

叉骨 Furcula　暢思骨ともいう．胸帯と胸骨をつないでいる．鳥類やいくつかの恐竜に見られ，鎖骨のかわりをし，鎖骨に由来すると考えられる．

坐骨 Ischium　骨盤の下の骨の後部の骨．

三角(筋)胸筋稜 Deltopectoral crest　筋肉を付着させる役割をする上腕の骨（上腕骨）上の骨状の突起．

軸下腱 Hypaxial tendons　尾椎の間にある血道弓を横切る骨化した腱．

軸上腱 Epaxial tendons　神経脊椎（neural spine）を横切って走り，椎体上に位置する骨化した腱．

歯隙 Diastema　歯列の隙間．

趾行動物 Digitigrade　手と足の骨を地から離し，自身の足指だけで歩行する動物を表すのに使われる．

歯骨 Dentary　下顎で歯を支えている骨．

四肢動物 Tetrapods　4本足で陸生の脊椎動物（2次的な水生の種類を含む）．

指節骨 Phalanx（複数形 phalanges）　指や足指の骨．

歯帯 Cingulum　歯冠の基底近くにある膨隆部．ちょうど歯根の上に位置する．

シダ種子類 Pteridosperms　種子によって繁殖するシダに似た植物．

シダ植物 Pteridophytes　シダ，トクサ，ヒカゲノカズラを含む維管束植物の側系統グループ．

姉妹タクソン Sister taxon, sister group　他のタクソンすなわち分類（群）と分岐を同じくする分類群は，前者の姉妹分類群である．2つの姉妹分類群は系統的樹系図上で同じノードを共有する．

尺骨 Ulna　前腕の2本の骨のうちの1本．橈骨よりも大きくてうしろに位置し，肘の関節を形成する．

獣弓類 Therapsids　非哺乳類の単弓類の1グループ．非分岐論用語で前哺乳類，哺乳類型爬虫類として知られている．

従属栄養生物 Heterotrophs　自身の食物をつくり出せない生物．かわりに，直接的または間接的に他の生物を常食にしなければならない．

収斂 Convergences　同じクレード内のグループの一員であることを反映しないグループが共有する特徴．異なるグループのメンバーによって独立的に得られた共有の特徴．

手根骨 Carpals　手首の骨．

主竜型(態)類 Archosauriforms　主竜類や初期の密接な類縁グループを含む主竜形(態)類の1サブグループ．

主竜形(態)類 Archosauromorphs　リンコサウルス類，プロトロサウルス類，トリロフォサウルス類，主竜型類を含む双弓類のグループ．

主竜類 Archosaurs　恐竜，鳥類，翼竜類，ワニ類，それらの類縁を含む派生主竜型類．

準前後方向の Parasagittal　動物の体の正中線に平行な．

上顎骨 Maxilla　歯を支える上顎後部の骨．

上顎窓 Maxillary fenestra　獣脚類恐竜の前眼窩窓の前にある，頭骨の孔．

上眼窩骨 Supraorbitals　頭骨の眼のくぼみ(眼窩)の上端に沿う小さな骨．

踵骨 Calcaneum　腓骨と関節でつながっており，足首の近位にある，体の側面に位置する骨．哺乳類のかかとを形成している．

小頭 Capitulum　肋骨と脊椎骨と関節している腹部の突起．

蒸発(残留)岩 Evaporites　海水の蒸発や水中に溶けていた鉱物の結晶によって形成された堆積岩．

上腕骨 Humerus　上腕の骨．

蹠行動物 Plantigrade　地に対して中足骨をつけ，扁平足で歩く動物(人間を含む)を示す言葉．

鋤骨 Vomer　口蓋の骨の一つ．頭骨の前端にある．

初生骨単位 Primary osteons　新しく形成された骨の血管を囲む管の壁から内側に沈澱する骨の層によって形成される構造．

進化体系学(グレード論) Evolutionary systematics, evolutionary taxonomy, gradistics　リンネ法(Linnean systems)と生物の形態的類似に基づいた分類への取捨選択的アプローチ．先祖と子孫との類縁関係を認識するための試み．

神経管 Neural canal　脊椎骨にある穴．中心体の上に位置し，脊髄はこの穴をとおる．

神経弓 Neural arch　脊椎骨の背面部．椎体の上に位置し，脊髄を囲む．

神経突起 Neural spine　脊椎の神経弓から背面に突き出る突起．

針葉樹 Conifers　マツ，カラマツ，トウヒ，モミ，およびそれらの類縁を含む裸子植物の1グループ．

頭蓋骨 Cranium　下顎のない頭の骨格．

頭蓋の Cranial　頭骨の．

ステムに基づく定義 Stem–based definitions　「分類群Xと，分類群Yの先祖よりも分類群Xと共通の先祖を最近共有しているすべての生物」という形で定義される分類群．

ストライド Stride　同じ足が2つ連続した跡を残す間隔(右から右，左から左)．

世 Epoch　地質的時代区分単位．紀の細分単位．

成因的相同(ホモプラシー) Homoplasy　収斂，特徴反転(character reversal)，機会によって説明される，2つの分類群における共有の類似点．

生痕学 Ichnology　足跡や他の生痕化石の研究．

生痕分類学 Ichnotaxonomy　生痕化石の分類と命名．

生存帯 Biochron　化石内容を基礎にして定義された地質学的な時間における短い期間．

性的ディスプレイ Sexual display　異性を引きつけるための行動．

生物源構造 Ichnofabric　化石生痕が堆積物の組織に影響している様式．

生物体量 Biomass　個体群や群集をなすすべての生物の個体の総量を合わせることによって表される生物量．

脊索 Notochord　生涯の一時期において脊索動物の背中に沿って走っているかたい組織の棒状物．脊椎動物では脊柱が脊索のかわりをする．

赤色岩 Red beds　赤みのある堆積岩．

脊椎 Dorsals　背中の脊椎骨．

脊椎関節症 Spondyloarthropathy　関節の骨が融合する一種の関節炎．

脊椎骨 Vertebra　背骨の一つ．

石灰(質)層 Calcareous layer　卵殻の外側のかたい部分．

接合子 Zygote　受精卵．

舌骨 Hyoids　舌の付け根にある喉の骨．

繊維薄層骨 Fibro–lamellar bone　成長の速い骨における，かなり隙間のある(血管で満たされた)かたい組織の特徴．

前凹の Procoelous　凹型の前面と凸型の後面のある椎体を記述するのに用いられる．

前眼窩(臼) Antorbital fossa　前眼窩窓を囲むくぼみ．

前眼窩窓(孔) Antorbital fenestra　眼窩の前と外鼻孔のうしろにある頭骨の孔．

前寛骨臼突起 Preacetabular process　寛骨臼の前にある腸骨の部分．

前関節突起 Hypantrum　先行する椎骨のくさびに関節でつながっている神経突起の基盤にある，前方の小さな突起．

仙骨 Sacrum　仙椎の融合から形成される構造．

仙骨内拡大 Endosacral enlargement　仙骨にある脊髄のための孔が拡大すること．これによって，脊髄から後部の四肢にとおる神経が収容され，またグリコーゲン体として知られている構造もおさめられる．後者の機能は解明されていない．

前歯骨 Predentary　鳥盤類の下顎前端の骨．

前上顎骨 Premaxilla　上顎の前部で歯を支える骨．

前上顎(骨)窓 Promaxillary fenestra　獣脚類恐竜の上顎骨窓と前眼窩窓の前にある頭骨の穴．

前脊椎関節突起 Prezygapophyses　隣接する脊椎骨の後関節突起(postzygapophyses)に関節でつながる脊椎の神経弓の前端に位置する骨の突起．

前仙骨 Presacrals　頸と軀幹の脊椎骨．

前恥骨 Prepubis　恥骨に前向きについた突起．

仙椎 Sacrals　骨盤の脊椎骨．

前頭骨 Frontal　頭蓋の骨．ちょうど鼻のうしろに位置する．

前方の Anterior　前端に向かって．

窓 Fenestra　骨にあいた窓状の孔．

双弓類 Diapsids　頭骨の両側に2つの側頭窓(孔)がある羊膜類．

象牙質 Dentine　歯の核を形成するかたい組織．

象牙質化 Eburnation　深刻な骨関節炎と関連する，骨関節表面の溝．

爪指節骨 Unguals　指や足指の末端の骨．これらはかたいかぎ爪や爪の下にあって支えている．

相似 Analogous　同一の機能を果たしているが，同一祖先の構造に由来するのではない，それぞれちがう生物における構造を表すのに使われる．鳥，コウモリ，翼竜の翼がそのよい例である．

相同 Homologous　共通の先祖における同じ構造に由来する，異なる生物の解剖組織上の構造を表す言葉．

層板帯状層骨 Lamellar-zonal bone　成長の遅い骨という特徴を持つ層状の，比較的密な硬い組織．しばしば年輪を示す．

側運動 Pleurokinesis　上顎骨と頭骨の他部の間に蝶番の働きが発生すること．顎が閉じる際に上顎骨が外方へ揺れるなど．

側気管支肺 Parabronchial lung　鳥類の複雑な肺．鳥が息を吸い込もうと息を吐こうと，空気が肺じゅうに同じ方向に流れる．肺の働きは，肺自身の外側の広範な気嚢の使用を伴う．

側系統群 Paraphyletic groups　単一の先祖，またいくつかの先祖からなる分類群だが，その子孫はすべてがこれに属するわけではない．

側腔 Pleurocoels　椎体と神経弓(またはどちらか)の内側にある空洞から椎骨の表面側部に沿う穴．

足根骨 Tarsals　足首の骨．

続成作用 Diagenesis　埋没後の堆積物(また，含有されたあらゆる骨)に影響する化学的な変化．

足跡群集 Ichnocoenosis　足跡が多数集まったもの．

足跡相 Ichnofacies　同一の，明らかな同足跡群集をいくつも持つ，特定の種類の堆積物．

速代謝性 Tachymetabolic　代謝率の速い動物を説明するのに用いられる．

側頭上部窓 Supratemporal fenestra　頭骨の頂上，眼窩のうしろにある穴．

側頭孔 Lateral temporal fenestra　眼窩のうしろ，頭骨の脇にある孔．

足部 Pes　うしろ足の骨を表す集合的用語．

側方の Lateral　動物の正中線からはずれた．

ソテツ類 Cycadophytes　裸子植物の1グループ．ソテツ，キカデオイデア．

代 Era　地質時代の大区分．中生代は恐竜の時代であり，さらに三畳紀，ジュラ紀，白亜紀に分けられる．中生代自体は，さらに長い時代区分である顕生累代の一時代である．

体系学 Systematics　クレード内，またクレード間の生物の多様性についての科学的研究．

大後頭孔 Foramen magnum　頭骨の後部にあいた大きな孔．この孔をとおして脊髄が頭骨に出る．

大腿骨 Femur　腿の骨．

多系統群 Polyphyletic groups　同時に多数の先祖を持つグループ．いかなる信条を持つ分類学者によっても無意味と考えられている．

多室肺 Multicameral lungs　多くの小さな室に分かれている肺．

ダラムの法則 Durham's Law 最良の環境下ですら，化石として保存されるのは元来の実際の生物相のうち約10%だけである．

単弓類 Synapsids 頭骨の両側下方，眼窩のうしろ側に穴が一つある羊膜類．哺乳類型爬虫類を含む．

単系統群 Monophyletic groups 単一の分類群とそのすべての子孫からなる分類群．

恥骨 Pubis 骨盤の下方の骨の前側にある骨．

中央の Medial 動物の正中線に向かって．

中骨 Metaphysis 骨幹と骨端の間にある骨の部分．

中軸骨格 Axial skeleton 背骨，胴体，尾の骨．頭骨と脊柱からなる．

中手骨 Metacarpals 前足もしくは前手(指を除く)の骨．「手のひら」の骨．

中足骨 Metatarsals 足の骨(足指を除く)．

肘頭 Olecranon 筋肉の付着のための尺骨上の突起．

腸骨 Ilium 骨盤の上の骨．骨盤帯を仙骨に結合させる．

椎骨状態変形 Spondylosis deformans 脊椎骨の椎体の端から伸びる骨の突出物が成長するという特徴のある状態．

椎体 Centrum 脊椎骨の円筒形の腹部．

手 Manus 前足(前手)の骨を表す集合的な用語．

定義 Definition 分類名の意義．分類群の構成要素もしくはその系統を陳述することによって定義される．

橈骨 Radius より小さく，より前面に位置する前腕の骨．

頭骨後方骨格 Postcrania 頭骨以外の骨格の骨すべてを示す集合的用語．

頭頂骨 Parietal 頭骨頂部の後部の骨．前頭骨のうしろに位置する．

トカゲ類，鱗竜類 Lepidosaurus トカゲ類，ヘビ類，ムカシトカゲを含む鱗竜形類の下位群．

独立栄養生物 Autotrophs 自身で自分の食物をつくり出す生物．

トラベキュラ Trabeculae 軟骨内骨の枠組を形成する骨の支柱．

内温動物 Endotherm 自身の代謝から体温の大半を得る生物．

内臓 Viscera 消化管，内部の気管，「内臓」．

内鼻孔 Choanae 口蓋への鼻道の開口．

軟骨芽細胞 Chondroblasts 軟骨膜の軟骨形成細胞．

軟骨魚類 Chondrichthyes 軟骨性の骨格を持った魚．サメ，ガンギエイ，エイなど．

軟骨砕屑物 Chondroclasts 軟骨再吸収細胞．

軟骨内骨 Endochondral bone 骨内膜によって形成される骨．

軟骨膜 Perichondrium 骨の前駆体である成長途中の軟骨の周辺を縁どる組織や，軟骨を生む組織の覆い．

二倍体 Diploid 細胞核における染色体各種類2つを持つ細胞や生物を表すのに使われる．

二名法 Binomial system 種の公式な科学名において2つの名称(属名と種名)を使う方法．

尿酸排出性 Uricotelic 窒素不要物が尿酸の形で排出される動物(爬虫類)を記述するのに用いられる．

尿素排出性 Ureotelic 窒素不要物が尿素の形で排出される動物(単弓類)を記述するのに用いられる．

脳函 Braincase 脳を囲んで保護する，かたく縫合された小さな骨のまとまり．

脳指数 Encephalization quotient 復元した恐竜の脳サイズと，体の大きさが同じワニ類に予測される脳サイズの比較指数．

ノード(分岐点) Node 系統的樹系図の中の2つもしくはそれ以上の線が交わる点．系統的樹系図において，ノードは最後にそのノードで交わる子孫の分類群をすべて含む分類群を構成する．

ノードに基づいた定義 Node-based definitions 「分類群Xと分類群Yの最も新しい共通の先祖，また共通の先祖を持つすべての子孫」という形をとる分類群定義．

配偶体 Gametophyte 卵子や精子をつくる単相植物．

背面の Dorsal 動物の表面(実際には背中)の方の．

破骨細胞 Osteoclasts 骨再吸収細胞．

派生形質 Apomorphy 本来のものから誘導されたと判定される特性状態．

パンゲア Pangaea, Pangea 超大陸．現在，世界に分散している大陸からなっていた．古生代後期から中生代初期に存在した．

半数体 Haploid 細胞核に1組の染色体しかない

細胞や生物を表す.

反発行動 Agonistic display　敵を威嚇したり追い払ったりするためにとる行動.

盤竜類 Pelycosaurs　基本的単弓類の側系統グループ.

尾棘 Thagomizer　剣竜類の尾の棘を示す集合的用語.

鼻孔 Nares　鼻の穴に通じる頭骨の穴.

鼻孔下孔 Subnarial foramen　鼻の下方にある頭骨の小さい穴.

腓骨 Fibula　下側うしろ脚の小さい外側の骨.

鼻骨 Nasal　頭骨の頂上から前顎骨のうしろに伸びる骨.

皮骨 Osteoderms　皮膚の中で形成される骨(例：ステゴサウルスの骨板やアンキロサウルスの鱗甲).

被子植物 Angiosperms　種子が果実に覆われている種子植物の1グループ.花を咲かせる植物.

尾椎(骨) Caudals　尾の脊椎骨.

標準代謝量 Standard metabolic rate, SMR　生命に必要な最小限の代謝量.特定の温度条件下で,食物を消化せずに休息している動物に基づく.

標徴 Diagnosis　分類群が認識される事柄.化石の脊椎動物分類群は,骨格の特徴をもとに識別されている.

氷礫岩 Tillites　氷河堆積物が結合して形成される堆積岩.

貧歯類 Edentulous　歯のないもの.

部位的異温性 Regional heterothermy　体の部分ごとに異なる体温を持つこと.

複合仙骨 Synsacrum　一つのユニットを形成するように,いくつかの仙椎が融合して形成される構造.

副分類(学) Parataxonomy　リンネ法(Linnean system)に並行する分類法.副分類学は,生物自体における実際の分類的関係を反映せず,むしろ足跡や卵など,生物によってつくられるものを分類する.

腹面の Ventral　動物の下(実際には腹)の方の.

腹肋(骨) Gastralia　内臓を支える役割をする腹部の肋骨.

付属(肢)骨格 Appendicular skeleton　四肢と四肢帯の骨.

プレート・テクトニクス Plate tectonics　地球科学の総合理論.地球の表面は地殻と外側のマントルからなる大きなテクトニック・プレートの相互作用によって形づくられる.

分岐点 ──→ ノード

分岐論 ──→ 系統学的体系学

分散生物地理学 Dispersalist biogeography　生物が自ら地球の表面を横断する移動という点から,生物の地理的分散を解釈する考えの学派.

糞石 Coprolites　化石化した糞便.

分断生物地理学 Vicariance biogeography　生物の歴史的,地理的分布を大陸や島の歴史や移動と関連づけて解釈する学派.

分類学 Taxonomy　生物のグループを分類し整理する科学的な実践および研究.

分類群 Taxon　生物のグループに名称をつけたもの.

平滑両生類 Lissamphibians　現代の両生類グループ.カエル,ヒキガエル,サンショウウオ,アシナシイモリなど.

閉鎖筋孔 Obturator foramen　恥骨にある穴.寛骨臼の近くに位置する.

閉鎖(筋)突起 Obturator process　坐骨からの骨の突出.

閉鎖卵 Cleidoic egg　薄膜や殻に閉じられた卵.羊膜類卵.

変温動物 Poikilotherms　環境的温度の変化に応じて体温が変わる動物.

方形骨 Quadrate　恐竜の下顎の関節が接合する,頭骨の後部にある大きな骨.

縫合 Sutures　骨の間にある動かない継ぎ目.

歩幅 Pace　反対側の足による,連続した2つの足跡の間の間隔(右から左,または左から右).

ホモプラシー ──→ 成因的相同

ポリメラーゼ(連鎖)反応 Polymerase chain reaction　選ばれた遺伝子部分の大規模な複製を可能にする方法.

埋積堆積物 Aggradational deposits　堆積盆地のうずまっていく過程で蓄積した堆積層.

マントル Mantle　地球内部の厚い層.地殻の下,核の外側に位置する.

無顎類 Agnathans　顎のない魚類.

無弓類 Anapsids　カメ類のように,目のうしろの側頭部分にかたくて穴のない頭骨を持つ羊膜類.

無羊膜類 Anamniotes　羊膜卵を用いずに繁殖する脊椎動物.魚類や両生類.

迷歯類 Labyrinthodonts　歯に複雑なエナメル質の折り重なりがある初期の両生類.

模式標本 Type specimen　新しい分類群に名づけるために使われる,実際の個々の分類群の標本.

有顎動物 Gnathostomes　顎のある脊椎動物.
指 Digit　足指または手指.
腰椎 Lumbar vertebrae　哺乳類の背中下部にある脊椎骨.
羊膜 Amnion　羊膜類の卵を特徴づける内部の薄膜の一つ.
羊膜類 Amniotes　羊膜卵もしくはその派生物を用いて繁殖させる四肢動物. 爬虫類，鳥類，哺乳類を含む.
羊膜類卵 Amniote egg　発達した陸生脊椎動物の殻に覆われた卵. 成長する胚を囲み，守り，栄養を与えるためのつながった薄膜(羊膜，絨毛など)によって特徴づけられる.
翼状骨 Pterygoid　鼻の鋤骨のうしろ，脳函の側部に位置し，口蓋のうしろ部分にある大きな骨.

裸子植物 Gymnosperms　種子植物の側系統グループ. 針葉樹，シダ種子植物，ソテツ植物やその類縁を含む. この植物の種子は果実に覆われていない.
卵殻膜 Shell membrane　卵殻の内側にある有機体の層.
鱗状骨 Squamosal　頭骨の後部表面上にある骨.
鱗竜形類 Lepidosauromorphs　トカゲに似た双弓類.
涙骨 Lacrimal, lachrimal　前眼窩窓と眼窩の間に位置する骨.
累層 Formation　公式に定義された地図上にある堆積岩単位. 層ともいう.
累代 Eon　地質学的な年代の最大の単位. 例えば顕生累代は古生代，中生代，新生代からなる.

腕部拡大 Brachial enlargement　前肢とつながっている神経を適応させるために脊髄が拡大すること.

参考図書一覧

エドウィン・H. コルバート著, 小畠郁生・亀山龍樹訳. 1969.『恐竜の発見』340 pp. 早川書房, 東京：1993. 444 pp., ハヤカワ文庫.

ウェイン・グレイディ著, ヒサクニヒコ訳. 1994.『史上最大の恐竜発掘』431 pp., 新潮文庫, 新潮社, 東京.

ジョン・R. ホーナー著, 小畠郁生訳. 1899.『子育て恐竜マイア発掘記』260 pp., 太田出版, 東京.

グレゴリー・ポール著, 小畠郁生監訳. 1993.『肉食恐竜事典』349 pp.＋xxxiv, 河出書房新社, 東京.

M. ルドウィック著, 大森昌衛・高安克己訳. 1981.『化石の意味-古生物学史挿話-』382 pp., 海鳴社, 東京.

ダルシー・トムソン著, 柳田友道・遠藤 勲・古沢健彦・松山久義・高木隆司訳. 1973.『生物のかたち』232 pp., UP選書, 東京大学出版会, 東京.

シルヴィア・J. ツェルカス, エヴァレット・C. オルソン編, ロバート・T. バッカー他著, 小畠郁生監訳. 1995.『恐竜 過去と現在 I』164 pp., 河出書房新社, 東京.

シルヴィア・J. ツェルカス, エヴァレット・C. オルソン編, ジョン・R. ホーナー他著, 小畠郁生監訳. 1995.『恐竜 過去と現在 II』150 pp., 河出書房新社, 東京.

ロバート・T. バッカー著, 瀬戸口烈司訳. 1989.『恐竜異説』326 pp., 平凡社, 東京.

エドウィン・H. コルバート著, 小畠郁生・澤田賢治訳. 1980.『さまよえる大陸と動物たち-絶滅した恐竜たちの叙事詩-』254 pp., ブルーバックス, 講談社, 東京.

ホセ・ボナパルテ著, 三宅真季子訳. 1994.「恐竜はどこからやって来たのか？」恐竜学最前線 5：4-25, 学習研究社, 東京.

アドリアン・J. デズモンド著, 加藤 秀訳, 1976.『大恐竜時代』317 pp., サラブックス, 二見書房, 東京.

ジョージ・オルシェフスキー著, 三宅真季子訳. 1993.「剣竜類の起源と進化」恐竜学最前線 4：64-103, 学習研究社, 東京.

デイヴィッド・ノーマン著, 濱田隆士監修. 1988.『恐竜』267 pp., 動物大百科 別巻1 恐竜, 平凡社, 東京.

R. M. アレクサンダー著, 坂本憲一訳, 1991.『恐竜の力学』217 pp., 地人書館, 東京.

シルヴィア・J. ツェルカス, スティーヴン・A. ツェルカス著, 小畠郁生監訳. 1991.『恐竜』248 pp., 河出書房新社, 東京.

石垣 忍著. 1986.『モロッコの恐竜』262 pp., 築地書館, 東京.

W. E. スウィントン著, 小畠郁生訳. 1972.『恐竜』321 pp., 築地書館, 東京.

ジョン・R. ホーナー, P. レッセム著, 加藤 珪訳. 1994.『大恐竜』300 pp., 二見書房, 東京.

R. T. バッカー著, 小畠郁生訳. 1975.「恐龍」サイエンス（現「日経サイエンス」）5(6)：47-65.

P. ヴィッカース=リッチ, T. H. リッチ著, 冨田幸光訳. 1993.「南極圏の恐竜」日経サイエンス 23(9)：46-54.

W. アルヴァレズ, F. アサロ著, 桂 雄三訳. 1990.「論争：恐竜はなぜ絶滅したか＝小惑星衝突説」日経サイエンス 20(12)：40-48.

V. E. クルティヨ著, 桂 雄三訳. 1990.「論争：恐竜はなぜ絶滅したか＝火山大噴火説」日経サイエンス 20(12)：49-58.

R. L. ラーソン著, 鈴木良剛・丸山茂徳訳. 1995.「地球に大異変をもたらした白亜紀のスーパープリューム」日経サイエンス 25(4)：80-86.

D. F. グラット著, 小畠郁生訳. 1981『恐竜図解事典』222 pp., 築地書館, 東京.

長谷川善和・白木晴美著. 1994.『よみがえる恐竜たち』140 pp., 未来文化社, 東京.

本書の原著を出版しているインディアナ大学出版局のwebページに，刊行後の追加情報，本書を教材として使用する際のマニュアルなどが掲載されている．興味のある方はご覧いただきたい．
URLは以下のとおりである．
　　　http://iupress.indiana.edu/instruct_guide/dinosaur/index.html

● なお，古生物学一般については，次の図書を参照されたい．
速水　格・森　哲編．1998．古生物の科学 I『古生物の総説・分類』264 pp., 朝倉書店，東京．
棚部一成・森　哲編．1999．古生物の科学 II『古生物の形態と解析』232 pp., 朝倉書店，東京．
池谷仙之・棚部一成編．2001．古生物の科学 III『古生物の生活史』279 pp., 朝倉書店，東京．

索引

(斜体数字は図表説明中の語句を示す)

日本語索引

あ 行

アヴァケラトプス　274
アヴィミムス　191, 543
アヴィミムス類　192
アウトライン法　97
アウブリソドン　553, 図版 14
アエトサウルス科　531
アエトサウルス類（鷲竜類）165, 514
亜 科　77
赤い地層　497
アガシ，ルイ　146
アカントフォリス　260
アクア・ザルカ砂岩　170
アクロカントサウルス　185, 447
アジアの恐竜ハンター　30
足の骨格の主成分分析　444
足の柔組織の形　441
足のプロポーション　445
アストロドン　220
アスパラギン酸　114
アゼンドサウルス　172
亜 族　78
アダサウルス　198, 543
アデニン　113
アデノシン三リン酸ホスファターゼ活性　411
アトラスコプコサウルス　504
アトレイプス　446
アナトティタン　280, 282, 285, 287
　　──の頭骨　282
アニーリング　113
アノモエプス　439, 475
アパトサウルス　220, 232, 314, 351, 440, 545
　　──の骨格復元図　231
　　──の真の頭部　242
　　──の生理機能　414
アパトサウルス・アジャクス　241
アパトサウルス・ルイザエの第 8 頸椎　71
アービー，グレース　29
アベリサウルス類　543, 544, 545
アマルガサウルス　232, 504
　　──の骨格復元図　233
網状骨　343
アミノ酸の L 型　114
アミノ酸の D 型　114

アミノ酸配列　112
アミノ酸分析　118
アムモサウルス　210, 213
アメギーノ，カルロス　42
アメギーノ，フロレンティノ　42
アメリカ自然史博物館探査隊　31
アメリカ博物館　23
アラウニィアン　170
アラガサウルス　226
アラモサウルス　232, 307
アリオラムス　182
アリノケラトプス　274
アルヴァレズサウルス　543
アルカエオルニトイデス　543
アルカエオルニトイデス類　543
アルガナ層　172
アルギロサウルス　234
アルケロン　518
アルコサウルス　161
アルゴリズム　96
アルシャサウルス　200
アルシャサウルス・エレシタイエンシス　195, 198, 199
　　──の骨格復元図　200
アルシャサウルス科　199
アルゼンチノサウルス　図版 8
アルタンゲレル，ペルレ　34
アルティスピナクス　185
アルバートサウルス　190, 541, 図版 16
アルバートサウルス・サルコファグス　188
アルバレスサウルス類　544
アルビアン期の古地理　492
アルファドン　520
アルブミン　114
アルワルケリア　172
アレクトロサウルス・オルセニ　198
アロサウルス　56, 180, 182, 184, 189, 190, 314, 図版 7
　　──の頸椎　180
　　──の坐骨　182
アロサウルス類　539
アロメトリー　97
アンキケラトプス　274
アンキサウリプス　444
アンキサウルス　209, 529
　　──の頭骨　208
アンキサウルス科　176

アンキサウルス類　207, 213
アンキロサウルス　258, 261, 353
アンキロサウルス亜目　246
アンキロサウルス類　256, 257, 258, 259, 321, 544
暗赤色層　170
アンセリミムス　543
アンダーカット　433
アンダートラック　465
アンダープリント　465
アンタルクトサウルス　234, 543
アンデルソン，ヨハン　36
アンドルーズ，ロイ・チャプマン　31
アンモサウルス　504

異温性　404, 406
異温動物　379, 398
維管束植物　297
イグアノドン　11, 144, 277, 281, 285, 443
　　──の頭骨　282
イグアノドン下目　286
イグアノドン上科　280
イグアノドン類　276, 277, 280, 284, 539, 541, 544, 545
イクチオステガ　160
異所的種分化　494, 501
イスキグアラスト層　170, 530
イスキサウルス・カットイ　174
イスキチュカ層　170, 530
胃 石　262, 269, 304
遺存種　503
位置エネルギー　350
イチョウ　299
一致指数　106
遺伝子拡散　303
胃の内容物　314
イベロメソルニス　192
異 名　76
陰極線ルミネセンス　332
インゲニア　442, 543

ヴァーナル　24
ヴィッカース＝リッチ，パトリシア　43
ウィラード，アーチボルド　図版 1
ウィリアムソニア　300
ウィリストン，サミュエル・ウェンデル　23

ウィールド層　10, 12
ウィンクラー, デール　41
ウィンゲイト砂岩層　476
ウィンゲイト層　170, 476
ウェゲナー, アルフレッド　486
ウェブスター, トーマス　4
ヴェロキサウルス類　544
ヴェロキラプトル　189, 198, 311, 543
ウォルフヴィュ層　170
烏啄骨　71
ウッドウォーディアン博物館　13
ウッドワード, ジョン　4
羽毛　390
羽毛様構造　390
ヴュシュコヴィア・トリプロコスタータ　161
ヴュシュコヴィアの骨格復元図　162
ヴルカノドン　216, 224
ヴルカノドン科　176
ウルトラサウロス　232
運動エネルギー　350
運動範囲　127

映　画　図版 19, 図版 20
映像分析システム　93
エウオプロケファルス　257, 258, 261, 262
エウスケロサウルス　214
エウディモルフォドン　164
エウハドロサウルス類　283
エウパルケリア　161, 530
　　――の骨格復元図　162
エウブロンテス　475
エウヘロプス　222, 226
　　――の骨格復元図　230
エオラプトル　178, 530
エオラプトル・ルネンシス　173
エクセレトドン　531
エドモントサウルス　286, 314, 443, 555
エドモントサウルス亜科　286
エドモントニア　257, 261, 262, 263, 264, 264
エナメル質　69
エニグモサウルス　197
エニグモサウルス科　199
エニグモサウルス・モンゴリエンシス　198
エネルギー分散 X 線　115
エピトープ　117
エフラアシア　213
エフラアシア・ディアグノスティカ　209
エフレーモフ, イワン　32
エマウサウルス　246, 259
エラスモサウルス　519
エラフロスクス　161
エランベルジェ, ポール　2
エリオット層　170

エリシオラケルタ　525
エリスロスクス　161, 514, 515, 530
エリスロテリウム　532
エルズワース・ジュニア, ソロモン　5
エルミサウルス　543
エルリコサウルス　196, 442
エルリコサウルス・アンドルーシ　198
　　――の頭骨と下顎骨　196
　　――の左上腕骨　197
エルリコサウルス・モンゴリエンシス　199
遠　位　66
塩　基　112
塩基配列　112
エンシーソ層群　435
エントラーダ=サマーヴィル層　476
エントラーダ=サマーヴィル帯　476
オヴィラプトル　180, 183, 184, 185, 543
オヴィラプトル科　183
オヴィラプトル類　185, 192, 334
オヴィラプトロサウルス類　183, 185
オーウェン説に基づいて描かれたメガロサウルス　153
オーウェン, リチャード　8, 10, 13, 131, 143, 146
横隔膜　413
往復日光温性　379
オウラノサウルス　186, 280, 281, 504
王立ベルギー自然史博物館　19
オウル・ロック部層　170
大型植物食恐竜　305
大型植物食動物　304
大きさの比較　237
オステオカルシン　114
オストローム, ジョン　27
オズボーン, ヘンリー・フェアフィールド　23, 31, 501
オスモルスカ, ハルシュカ　34
オーテリビアン期からバレミアン期の古地理　491
オトゾウム　210, 445, 475
オピストカウディア類　220
オピストコエリカウディア　226
　　――の骨格復元図　231
オフェ　37
オフタルモサウルス　519
オブルーチェフ, ウラディミール　30
オームデノサウルス　224
オメイサウルス　222, 223, 237
オメイサウルス類　539
オモサウルス・アルマトゥス　244, 249
オモサウルス・ドゥロブリヴェンシス　249
オリヴィエリア　525
オリゴキフス　532
オルセン, ジョージ　31
オルナテグルム　509

オルナトトルス　267
オルニトスクス　165
オルニトディラ　514
オルニトミムス　180, 553
　　――の下肢-足首複合の下端　182
オルニトミムス類　183, 185, 186, 192
オルニトミモサウルス類　542, 545
オルニトレステス　図版 7
オロドロメウス　288
尾を引きずった跡　438
音響回折トモグラフィ　61
温　血　378
温度慣性　377
音波デジタイザー　92

か 行

科　75, 77
界　75
カイエンタ層　476
外温性　378, 406
外温動物　382, 386, 419
貝殻石灰岩　170
外　球　331
外　群　105
壊血病　357
外骨腫　359
海水面の上昇　474
階層的分類　75
外側側頭窓　68
外　帯　331
回復した傷跡を示すトリケラトプス　273
解　剖　125
解剖学的位置の表し方　66
海綿骨　400
海綿状層　331
海綿状組織　115
カウ・ブランチ層　170
カウフル, ゼフェ　41
下顎間関節　179
化学硬化剤　58
鰐距類　162, 164
鰐形態類　166
顎骨甲介　421
核磁気共鳴法　119
格闘スタイル　322
果　実　304
カスマトサウルス　161
カスモサウルス　274, 541
カスモサウルス亜科　266, 273
カスモサウルス類　274
化　石　333
家族集団　190
ガソサウルス　図版 4
カーチス累層　54
活動代謝　380, 389
活動レベル　472
カトゥリタ層　530

索　引　615

カトラー，ウィリアム　17
カーニアン期　170, 530
カーニアン・ノーリアン絶滅事件　175
カーネギー，アンドルー　24, 121
下部側頭窓　68
カプトリヌス類　158
花粉層序区分　169
カーボンコート　115
カマラサウルス　220, 222, 226, 237, 539
　　——の頭骨　242
　　——の頭部の肉づけした復元図　223
　　——の幼体と成体の骨格復元図　230
カマラサウルス型　236
カンプトサウルス　279, 281, 285, 443
　　——の生体復元図　280
カンプトサウルス類　276, 276, 279, 280
カンプトノティド類　276
科　名　77
カーメル層　476
カーメロポドゥス　475
カモノハシ竜類　276, 277, 280, 284, 321
　　ミイラ化した——　287
カリスクス　161
ガリタ・クリーク層　170
カリーチ　497
カリー，フィリップ　28
ガリミムス　543
カリリクニウム　473
カリリクニウム・レオナルディ　470
カルカロドントサウルス　348
カルシウム　116
ガルジャイニア　161
カルディオドン　219
カルノサウルス類　191
カルノタウルス　182, 184
　　——の頸椎　181
カルボ，ホルヘ　43
含気骨　387
含気小孔　181
換気値　412
環境条件の変化　554
寛骨臼　71
緩衝剤　112
管状の鼻道　425
慣性恒温性　379
慣性恒温性動物　382
関節炎　367
関節窩　162
関節顎関節　68
関節球　162
含石膏雑色泥灰岩　170
関節骨　68
関節軟骨　338, 341
関節の運動　126
関節の構造　127
感染症　363
カンネメイエリア　520
カンネメイエリア群集　530

含粘土雑色泥灰岩　170
カンパニアン期の古地理　492

紀　87
期　87
気温による性別決定　556
ギガノトサウルス　348
ギガンディプス　438
ギガンティリウム　438
気　孔　387
気　候　501
　　——の推定に使われる葉の特徴　497
　　——の定量モデル　499
気候変動　501
基礎代謝　389
基礎代謝量　380, 382
切　手　図版 18
基底冠　331
基底錐体　331
基底帽　331
気　囊　414, 416
機能解剖学　126
気囊器官　388
機能形態学　96, 288
キノグナタス　530
キノドン類　529, 530, 531
基本標本　99
逆相 HPLC　117
逆　転　104
逆転鰐型　163
求愛の信号　323
キュヴィエ，ジョルジュ　5, 10, 143, 551
球顆状恐竜型　332
球果類　300
吸気量　412
嗅甲介　421, 426
休止線　343, 390
キューネオサウルス　516
キュレーター　63
胸腔の容積　411
頰　骨　65, 68
共通の派生形質　83
強度指標　350
共鳴ラマン分光法　119
共有派生質　171
恐竜型内温性　406
恐竜国定記念物　477
恐竜骨格の展示　121
恐竜骨格模型　125
恐竜採掘場地図　56
恐竜上目　83
恐竜擾乱　472
恐竜擾乱指数　472
恐竜専用道路　473
恐竜という名称　150
恐竜特別展　131
恐竜の後肢　73
恐竜の組立て方　122

恐竜の骨盤帯　72
恐竜の前肢　72
恐竜の属　538
恐竜の年齢の見積もり　469
恐竜の繁栄　532
恐竜卵　333
恐竜類　160
　　——の強度指標　351
　　——の分岐図　174
　　最初の——　172
恐竜ロボット　132
恐竜を創案した論文　150
曲頸類　512
棘突起　352
曲竜類　171, 256
距　骨　72, 183
鋸　歯　179
巨体温度性　380, 406, 415
巨体温度動物　388
巨大足跡露頭　463
距離行列　102
魚竜類　518
魚　類　508
キーラン=ジャウォロウスカ，ゾフィア　34
ギルモア，チャールズ　24
キロステノテス　442, 541, 553
キロテリウム　2
近　位　66
筋　肉　127

区　79
グアニン　113
グアロスクス　527
クエン酸合成酵素　411
クエン酸合成酵素活性　411
クサントス　3
クセノファネス　3
クチクラ外被　331
クーパー層　170
グラキリケラトプス　271
クラーク，ウィリアム　5
グラシリスクス　527
クラスター分析　102, 102, 103
クラテロサウルス　249
グララトル　444, 451, 475
クラレンス層　170
グラント，ロバート　145
クリオロフォサウルス　183, 539
グリシン　118
クリトサウルス　286, 321
クリトサウルス亜科　286
クリーブランド・ロイド恐竜採掘場　54
グリポサウルス　図版 16
クルザノフ，セルゲイ　35
グルタミン酸　114
グレスリオサウルス　203
クレード　74, 78, 104, 171

グレード論　78, 80, 81
クレボサウルス　532
グレン・キャニオン層群　170
グレンジャー，ウォルター　23, 31, 36, 125
クロイツァート，レオン　495
クロコダイル形類　514
クロノサウルス　519
クロマトグラフィー　117
群　79
群体　301
群分析　102

経過時間　472
脛距類　163
脛骨　72, 183
珪質砂岩赤色帯　170
形質状態の最適化　106
ケイセン，ピーター　23, 31
頸袋　326
形態計測　96
形態分析　100
頸椎　70
頸椎化　222
系統学的相互関係を表す分岐図　81
系統学的体系学　78
系統樹　83, 104, 105, 106
系統発生分析　103
系統分析　106, 107
ゲオサウルス類　518
激変的衰退　553
ケストロサウルス　525
ケツァルコアトルス　541
楔鰐類　166
血管腫　370
血液循環力学　377
結合組織　126, 127
血行力学　377
血道弓　71, 73, 181
ケティオサウリスクス　221, 232
ケティオサウルス　219, 343
ケティオサウルス類　224
ケナグナトス　191
　　　——の下顎　185
ケナグナトス科　183
ケラトサウルス　180, 182, 184, 191, 344
ケラトサウルス科　176
ケラトプシペス　454
ケラトプス科　266, 268
ケラトプス類　265, 270
ゲロトラクス　511
顕花植物　301
原型　65
肩甲骨　71
原始的形質　83
現生脊椎動物の解剖学　324
現生動物における骨の同位体比　399
現生動物の行動　323

現生内温動物　406
原生累代　87
顕生累代　87
元素分析　116
肩帯　71
現代型羊膜卵　333
ケントロサウルス　245, 249, 251, 252, 440
堅尾類（テタヌーラ類）　191, 199
剣竜類　171, 243, 539
　　　——の骨格復元図　245
　　　——の頭骨の背面図　247
　　　——の頭骨の左側面図　247
　　　——の頭骨の腹面図　247
　　　——の胴椎　250
　　　——の皮骨　252

綱　75
恒温性　378, 404
恒温動物　398, 406
甲介骨　420
甲介軟骨　420
光学式文字認識　94
工学的半径計測器　332
後関節突起　70
広脚類　246
広弓類　158, 511
抗原決定基　117
抗原抗体反応　117
後甲介　422
硬骨　339
硬骨魚　510
後肢　71
格子構造　338
高姿勢歩行　160
高性能液体クロマトグラフィー　117
合成ポリマー　115
構造タンパク質　114
構造の形態型　334
構造を持つ群れ　325, 471
抗体　115
後頭顆　69
厚頭類　265, 321, 542
高品質の食物　304
鉱物学的元素分析　332
後方　66
向流熱交換　399
コエロサウルス類　191
コエロフィシス　166, 175, 180, 188, 189, 191, 314, 442
　　　——の骨格の復元図　136
　　　——の大群の復元図　137
コエロフィシス類　529
小型獣脚類の足跡　444
小型植物食恐竜　305
小型植物食動物　304
股関節窩　71
呼吸甲介　407, 420, 421, 422, 425, 426

　　　——の収斂進化　423
　　　——の水分回復メカニズム　423
呼吸商　412
呼吸による冷却　388
呼気量　412
　　　——の生産と分別濃度　412
国立自然史博物館［パリ］　20
古四肢動物　175
古植物相の変遷　302
古植物地理　303
ゴースト系統　89
ゴーストプリント　465
古生痕層位学　474
古生代　87
古生物画家　134
古生物の地理的分布　495
個体数調査研究　463
個体数密度　472
古堆積環境　471
古代復元画　136
コタ層　170
骨学　64
骨格および生痕の記録の比較　476
骨格の組立て　127
骨格の組立て直し　128
骨化腱　73
骨芽細胞　338
骨化した腱　267
骨関節症　365
骨間の同位体の差異　398
骨棘　366
骨細胞　115, 341, 343
骨挫傷　363
骨質のリン酸塩と炭酸塩の同位体値の共変量　402
骨髄　339
骨髄炎　364
骨髄組織　115, 338
骨髄突起　340
骨折　361
骨層　273
骨組織　115, 338
骨端下板　346
骨炭酸塩　401
骨頭　338
骨内温度変化　404
骨内同位体変化　398, 403, 404
骨内膜　338
骨軟化症　363
骨軟骨腫　359
骨板　73, 256
骨盤帯　71
骨盤に残された歯の穿孔　315
骨膜　338
骨膜炎　365
骨膜性骨　338, 342, 343, 383
骨膜の過形成　363
骨膜反応　363

索　　引　　617

骨梁　338, 339
骨梁組織　115
骨リン酸塩　401
コニーベア，ウィリアム・ダニエル　6
ゴビプテリクス　543
古病理学　356
コープ，エドワード・ドリンカー　22
コープの法則　284
ゴマニ，エリザベス　41
ゴムフォドン・キノドン類　533
コモブラフ　23
コーモン，ド　9
固有種　503
固有の遺伝子領域　112
ゴヨケファレ　267
コラーゲン　114, 118
コラーゲン原繊維　115
コラーゲン繊維　115
コラーゲンタンパク質　118
コリア，ルドルフォ　43
コリトサウルス　187, 286, 541
古竜脚類　202, 213, 図版 2
　──の分岐図　214
古竜脚類恐竜類の体部測定値　209
古竜脚類系統の伝統的な説　215
古竜脚類属の序分布　214
ゴルゴサウルス　図版 16
　──の左下肢と足首　183
ゴルゴサウルス・リブラトス　187
コルテヴォリアン　170
ゴールトン，ピーター　5
コルブリフェル　525
コレクションの管理　63
コロニー　470
コンコラプトル　543
コンピューター・アシステッド・ドラフティング・アプリケーション（援用設計）　57, 92
コンピューター断層X線写真スキャニング　357
コンピューター断層撮影　92, 332
コンプソグナトゥス　182, 314, 442
コンプソグナトゥス類　図版 7
コンプソグナトゥス・ロンギペス　316

さ　行

サイカニア　261, 262
最高移動速度　463
最小酸素消費量　381
サイズ頻度分布データ　469
最大骨間温度差　399, 404
サウロスクス　530
　──の骨格復元図　164
サウロペルタ　260, 263
サウロペルタ・エドワルジの骨格復元図　260
サウロペルタ・エドワルジの生体復元図　260

サウロペルタ・エドワルジの表面筋肉図　260
サウロルニトイデス　543
サウロルニトレステス　345, 346
サウロルニトレステス・ラングストニ　187
サウロロフス亜科　286
鎖骨　71
坐骨　71
サージャント，ウィリアム　11, 28, 29
ザトラー，ベルンハルト　16
サマーヴィル累層　54
ザランブダレステス　520
サルガド，レオナルド　43
サルコレステス　259
サルタサウルス　222, 232, 234
サルトプス　172
サルトポスクス類　514
サルボーン，リチャード・アンソニー　43
サルボーン，リチャード・トニー　29, 43
サレト，フェリクス　40
三角胸筋稜　197, 259
三角筋　127
珊瑚礁　497
3次元デジタイザー　93
3次元模型プログラム　92
三畳紀　87
三畳紀後期　304, 529, 530
　──とジュラ紀最初期の層序　170
　──における主要事件　176
　──における大陸の位置　490
三畳紀-ジュラ紀境界　534
三畳紀前期　525, 525
　──の植生　304
三畳紀中期　527, 530
三錐歯類　521
酸素活用能力　419
酸素消費能力　419
酸素消費率　420
酸素同位体比　397, 420, 497
サンタ・マリア層　172, 530
サンタ・ロサ層　170
枝　104
ジェイコブス，ルイス　41
ジェルジキーウィッチ，トム　37
ジェンセン，ジェームズ　28
紫外線分光測定法　117
シカデオイデア　300
磁気共鳴映像法　358
時期はずれ　504
軸下腱　73
軸上腱　73
試掘の計画　55
死腔　413
趾行性　72
指行性　223

死腔容量　417
嘴口竜類　517
歯骨　69
指骨　71, 72
歯骨棚　200
指骨の長さの比　445
ジゴンゴサウルス　224
四肢骨の成長初期　338
支持材　130
四肢上綱　80
4室構造の心臓　411
四肢動物　160, 175, 411, 508
地震トモグラフィ　61
始生累代　87
自然史コレクション保存学会　63
自然史博物館［ロンドン］　152
自然習作研究　136
自然淘汰　501
自然保護　503
始祖鳥　183, 517, 517
子孫的形質　104
肢帯　71
シダ種子類　300
シダ植物　297
シーダー・マウンテン（累）層　54, 476
シダ類　298
実物大復元像　131
質量分析　117
シトシン　113
シナラムプ部層　170
シネムリアン期　170
シノコノドン　532
シノルニス　192
姉妹グループ　81
姉妹タクソン　81
シミュレーション　96
社会的行動　326
尺骨　71
ジャケット　58
ジャケレリア　527
叉骨　71
写真資料　56
シャモサウルス　258, 260
シャルダン，ピエール・テイヤール・ド　36
シャロヴィプテリクス　514, 516
シャントゥンゴサウルス　280, 282, 284, 図版 11
種　75
シュヴォサウルス　183
獣脚類　171, 178
　──での雌雄差　326
　──の採餌現場の可能性　312
　──の手部の骨格　442
　──の足部の骨格　442
　──の頭骨　184
　──の復元　180
　歯のない──　183

獣弓類 518, 520
獣形類 160
周飾頭類 265
　　――の類縁関係 266
重心位置の推定 352
修正一致指数 106
終末呼気ガス試料 412
鷲竜類（アエトサウルス類） 165, 514
収斂 83, 104, 323
種が発生しやすい地域 501
縮尺模型 128
樹形 105
手根骨 71
種子 304
種子植物 299
樹状図 102
主成分分析 97, 98, 442
手奪類（マニラプトル類） 191
ジュディス川層 476
シュトレーレン，ヴィクトル・ヴァン 19
種内部の個体数 306
ジュネーヴ式レンズ計測器 332
シュノサウルス 222, 224, 235, 図版 4
　　――の骨格復元図 225
主鼻道断面積 426
手部の骨格 440
種分化率 303
腫瘍 363, 370
ジュラ紀 87
ジュラ紀後期の古地理 491
ジュラ紀前期 531
　　――の古地理 490
ジュラ紀中期の古地理 491
ジュリアン 170
主竜形態類 160
主竜型類 160
　　――の足根部の主要様式 163
主竜形類 512
主竜類 158, 514
　　――の系統 163
巡回恐竜展 131
純呼吸蒸発水分損失量 422
準分類 463
上科 77
上顎骨 67, 69
上顎窓 67
条鰭類 510
衝撃石英 176
衝撃説絶滅シナリオ 552
小結節 70
踵骨 72, 183
上属 78
小頭 70
蒸発岩 497
上部側頭窓 68
上腕骨 71
初期の恐竜類 173

初期の主竜類 515
食肉竜類恐竜の分岐図 84
植物食大型恐竜の種数 306
植物との相互作用 305
植物の形態 497
食物探しの証拠 311
植竜類 164, 514
蹠行性 72, 717
ジョンソン，アルバート 31
シリコーン・ゴム 436
シーリー，ハリー・ゴヴィア 13, 171
シルヴィサウルス 261
ジレット，デーヴィッド 28, 29
進化型足根骨間足首関節 206
進化体系学 78
進化分類学 78, 104
進化論者 141
神経弓 70
神経棘 70, 185
新四肢動物 174, 175
浸食性関節炎 358
新生代 87
真正爬虫類 389
心臓 377, 411
心臓血管系 413
靱帯 352
靱帯骨棘形成 369
シンタルスス 189, 191, 345, 346
真鳥脚類 277
シンチレーション計数管 62
新角竜類 268, 270
シンラプトルの頭骨 180

巣 470
水晶宮公園 155
水晶宮の全景 155
錐体層 331
垂直付加堆積物 473
スカフォニクス 530
スカフォニクス群集帯 530
スキチアン期 525
スクテロサウルス 246, 443
スクレロモクルス 163, 514
スケッチ 128
スケリドサウルス 244, 259
　　――の骨格復元図 245
　　――の頭骨の背面図 247
　　――の頭骨の左側面図 247
　　――の頭骨の腹面図 247
スケリドサウルス科 176, 244
スタウリコサウルス 530
スタウリコサウルス・プリセイ 15, 173
スタゴノレピス 165, 515, 529
　　――の骨格復元図 165
スタゴノレピス科 531
スタッチベリー，サミュエル 7
スターレッケリア 530
ズダンスキー，オットー 36

スタンバーグ，ジョージ 25
スターンバーグ，チャールズ 25
スタンバーグ，リーヴァイ 25
頭突きあい 268
スティギモロク 553
スティラコサウルス 273, 541
ステゴケラス 267, 541, 553
　　――の体型 267
ステゴサウルス 249, 353
　　――の解剖学的構造 248
　　――の骨板 253
ステゴサウルス亜目 246
ステゴサウルス・アルマトゥス 243, 252
ステゴサウルス・ウングラトゥス 243, 245
ステゴサウルス科 244, 252
ステゴサウルス上科 246
ステゴサウルス・ステノプス 245, 252
　　――の頭骨後面 69
ステップ 104
ステノ 3
ステノペリクス 277
ステノーロリンクス 530
ステムベース 83
ステンセン，ニールス 3
ストウ，ウィリアム 8
ストゥーベン砂岩 170
ストークス，ウィリアム・リー 28
ストライド 433
ストリックランド，ヒュー 8
ストルチオサウルス 261
ストルチオミムス 442, 553
　　――の左後肢足部 183
ストレス骨折 362
ストレプトスポンディルス 220
スパイク 73
スーパーサウルス 232
スピノサウルス 185, 504
　　――の椎骨 186
スピノサウルス・エジプティアクス 20
スピノサウルス系 544
スピノサウルス類 545
スフェノスクス類 514, 529
スフェノドン 160
ズボルゼフスキー 9
スミス，ウィリアム 144
ズース，エドゥアルト 18
スローン・キャニオン層 170
座っている動物がつけた跡 439

世 87
成因的相同 104
成因的相同指数 106
生痕学的個体数調査 466
生痕化石 311, 332
生痕ファブリック 472
正式名 77

セイスモサウルス　232
セイスモサウルス・ハロルム　60
生存帯　474
生体分子　111
成長速度　420
成長帯　339
成長段階　325
成長停止線　343
成長途中の骨の末端部分　341
成長板　341, 342
成(生)長輪　342, 343, 344, 345, 383, 390, 411, 498
性的二型　97, 271, 325
生物の進化の歴史　493
生物の分散　494
生物力学的検証　324
生物量　466, 468
生理機能　376
セヴァティアン　170
赤外分光光度法　119
脊索動物門　507
石炭　497
脊柱　70
脊椎　70
脊椎関節突起　70
脊椎後関節突起　70
脊椎前関節突起　70
脊椎動物亜門　508
セグノサウルス科　199
セグノサウルス・ガルビネンシス　195, 198, 198
　——の骨盤　197
　——の左下顎骨　196
セグノサウルス類　195, 199, 200, 213, 216
セケルノサウルス　283
セジウィック，アダム　7, 11
石灰化した軟骨　340
石灰層　331
節減の原理　104
石膏　436
接着剤　58
接頭辞　79
接尾辞　77
セロサウルス　209, 213
漸移的衰退　554
繊維薄層構造　384
繊維薄層骨　342, 343, 345
繊維-薄層骨　383
繊維薄層状組織　344
漸移論者のシナリオ　552
前顎骨　67, 69
前眼窩窩　67, 179, 180
前眼窩孔　67
前眼窩窓　67, 180
前関節突起　70, 181
前甲介　422

仙骨　70
前肢　71
前歯骨　69
先取権　76
前上顎窓　67
染色　116
仙椎　70
前頭骨　69
セントロサウルス　440, 541, 図版 16
　——の体型　272
セントロサウルス亜科　266, 273
セントロサウルス科　555
セントロサウルス類　323
前方　66
前腕骨　71

双弓類　158, 511, 512
　——の系統　159
総鰭類　510
象牙質　69
造血組織　338
装甲　259, 263
　——のディスプレイ　263
走行跡　432, 441, 456
　——の歩角　447
走査型電子顕微鏡　115, 331
相似　65
爪指節骨　71, 72
装盾類　246
層序　53
相称歯類　521
槽歯類　215
創造説論者　141
相対成長　288
相対成長スケーリング方程式　413
相対成長測定学　97
相同　65, 83
層の推定総数　537
層板構造　384
ゾウ類の呼吸および代謝データ　412
属　75
族　78
側運動性　286
側鰐類　164
側気管支肺　411, 416
側系統群　81, 297
側腔　70, 387
足根骨　72, 162, 182
続成作用　357, 400
足跡　432
　——が見つかった場所のマップ　434
　——の組合せ　466
　——の形状を描画するやり方　437
　——の種類と動物個体　466
　——の全体の幅/長さの比　447
　——の調査方法　432
　——の長軸方向と足跡をつけた動物の移動方向とのなす角度　447

　——の等高線図　447
　——の保存　465
　——を写真撮影するやり方　435
　——をつけた異なる種類の相対量　477
　——を命名する　449
　小型獣脚類の——　444
　鳥類の——　452
　二足歩行恐竜の——　457
足跡群集　463, 469
足跡種　449, 464
足跡相　463, 469
足跡属　449
足跡分帯　474
足跡分類　463
足跡分類学　464
足跡露頭　477
　——のマップ　467
速代謝性　378
側頭孔　159
足部の骨格　440
ソチャヴァ　35
ソテツ　300
ソール，ウィリアム・デヴォンシャー　152
ソール所蔵のノグアノドン標本の仙椎　151
ソルト・ウォッシュ部層　54
ソロトゥルン石灰岩　473
存在を示す証拠　463
ソンセラ砂岩　170

　　　　　　た　行

代　87
大英博物館　13, 17
体温調節機能　405
体系学　74, 78
体形の持続性　171
対向性　65
大後頭孔　69
代謝生理機能　294
代謝戦略　397, 407
代謝率　397, 406, 407, 426
体循環系　420
体循環血圧　388, 413
帯状骨　383, 385
ダイス係数　102
帯成長輪　385
堆積環境　53
大腿骨　72
第二次性徴　266
大陸の位置を示す時代別古地理　490, 491, 492
ダーウィン，チャールズ　11
ダ・ヴィンチ，レオナルド　3
タヴェンポート・ランチ　471
ダウンズ，ウィリアム　41
ターキー・ブランチ層　170

多丘歯類　521
タクソン　75, 83
タクソン名　77
ダグラス, アール　24
多系統群　81, 171, 215
タケー, フィリップ　20, 36
ダケントルルス　249
ダコタ層　476
多叉分枝　105
多室肺　411
ダスプレトサウルス・トロススの骨格の左側面図　70
ダスプレトサウルス・トロススの頭蓋骨の左側面　67
ダスプレトサウルス・トロススの頭骨背面　68
タスマニオサウルス　161
脱石灰　116
タティサウルス　532
ダトウサウルス　222
タニストロフェウス　160, 513
タニトラケロス　529
多変量解析　97
多変量形態計測分析　98
卵　330
　——の副分類法　332
多様性　190
ダーライト　400
タラットサウルス類　518
ダラムの法則　52
タラルルス　440
タルキア　256, 261
タルボサウルス　442
ダールマラム層　170
タルルス　261
タン　36
単弓類　158, 511, 518
単系統　301
単系統群　81, 171, 215
探査　53

チアリンゴサウルス　249
地域間の分断や隔離　501
チェカノウスキア類　300
地下浸透レーダー　60
恥骨　71
地磁気の縞模様　487
地質図　53, 54
地質年代　87
遅代謝性　378
チタノサウルス類　544, 545
窒息死　189
緻密骨　400
　——の層板骨　345
チミン　113
チャタージー, サンカール　40
チャッテルジア　529
チャナレスクス　527

チャニャーレス層　527, 530
チャミリア　531
チャールズ・ピール博物館　121
チャンプソサウルス　513, 541
チャンプソサウルス類　513, 539
チャーチ・ロック部層　170
中間説　376
中甲介　422
中軸骨格　69, 70
中手骨　71
柱（状）層　331
中心線　68
中生代　87
　——の細区分　88
　——の植物　297
　——の哺乳類　521
中生代シダ植物　298
中生代植物と恐竜間の相互作用　308
中生代裸子植物　299
中足骨　72, 182
チュンキンゴサウルス　249
鳥鰐類　163, 514
趙喜進　37
鳥脚類　171, 286
　——の手　285
　——の分岐図　283
鳥脚類亜目　276
長頸竜類　518
鳥頸類　162
鳥　綱　79, 80
腸　骨　71
蝶番関節　127
鳥盤目　13, 83
鳥盤目恐竜の手部の骨格　443
鳥盤目恐竜の足部の骨格　443
鳥盤類　71, 171
　——での雌雄差　326
鳥　類　79, 387
　——の足跡　452
　——は獣脚類の子孫　552
　——や哺乳類の姿勢と比較　420
鳥類型基本型　332
チランタイサウルス・ジェジアンゲンシス　198
地　理　501
地理情報システム　92
地理, 地形, 気候および進化の相互作用　503
地理的隔離　502
地理的障壁　501
チンデサウルス　529
チンリー層　170
チンリー層群　476, 529
椎　骨　70
　——の関節連結　71
椎　体　70
痛　風　367

角のような構造　321
角竜類　171, 265, 268, 286, 542, 543, 544, 545
ツー・メディシン層　476
手足の骨格　440
ディアデモドン　530
ティアンキアサウルス　259
ディヴォット　360
ディオプロサウルス　262
鄭家堅　37
定　義　83
ティキノスクス　515
ディキノドン類　533
ディクマール, アッベ　5
ディクラエオサウルス　221, 232
　——の骨格復元図　233
ディクロイディウム植物相　175
ディサロトサウルス　490
ディストロファエウス　220
ディスプレイ　321
ティタノサウルス科　234
ティタノサウルス類　221, 222, 232
ティドウェル部層　54
ディニリシア類似属　543
ディノドントサウルス　527, 530
ディノドントサウルス群集帯　530
デイノドン・ホリドゥス　22
デイノニクス　180, 186, 190, 280, 312, 442
　——の左足部　186
　——の手部と手根部　191
　——の体軸骨格　429
　——の尾椎　181
　——発掘現場の地図　313
デイノニコサウルス下目　545
デイノニコサウルス類　192
低品質の食物　304
ディプルルス　509
ディプロドクス　220, 221, 232, 236, 352
　——の骨格復元図　231
　——の頭部の肉づけした復元図　223
ディプロドクス型　236
ディプロドクス・カーネギー　121, 221
ディプロドクス類　224, 235, 図版 7
堤防決壊堆積物　473
ディボスロスクス　532
ティポソラックス　166
ティムス　504
ティラノサウリプス・ビルモレイ　464
ティラノサウルス　180, 182, 183, 190, 314, 343, 344, 442, 447, 555
　——の通常歩行の復元　455
　——の歯　179
ティラノサウルス類　182, 187, 540, 544
ティラノサウルス・レックス　188, 348
　——の頭骨背面　68
ティレル, ジョーゼフ・バー　25
ティロケファレ　268

ディロフォサウルス　183, *184*, 191, 図版 **3**
ディーン　6, 12
デオキシリボ核酸　111
テキサス州立恐竜渓谷公園　*437*
テコヴァス層　*170*
テコドントサウルス　203, 209, 214
　　――の頭骨　*208*
　　――の復元図　*207*
テコドントサウルス科　176
テコドントサウルス類　207, 213
テスケロサウルス　277, 279
デスマトスクス　165, *529*
デズモンド，エイドリアン　145
データ行列　101, *105*
テタヌーラ類（堅尾類）191, 199
データの収集　91
データの処理　93
データの分析　95
データベース　94
デッサン　136
デッサン技術　135
テトラキノドン　*525*
テトラサウロプス　*475*
テトラサウロプス・ウングイフェルス　*210*
テノントサウルス　190, 279, *281*, 284, 312, *443*
テノントサウルス類　276
テリジノサウルス科　199
テリジノサウルス・ケロニフォルミス　*197, 198, 199*
テリジノサウルス上科　199
テルマトサウルス　283
テルマトサウルス・トランシルヴァニクス　*18*
デレア　11
テレストリスクス　166, *515*
天気と気候のシミュレーション　*498*
典型鰐型　163
電子カリパス　93
電子距離測定装置　92
電磁波　61
テンダグル一動物相　252
デンベルリーン，ダシュゼヴェグ　34, 36

同位体　394
同位体効果　396
トゥヴァリアン　*170*
トゥオジャンゴサウルス　249
頭　蓋　67
　　――の装飾物　*182*
透過型電子顕微鏡　115, *116*
橈　骨　71
頭　骨　67
頭骨後方骨格　69
董枝明　36
動植物の分布パターン　495

闘争のための適応　324
淘汰圧　411, 416
胴体の幅　433
頭頂骨　69
動物個体の最低数　466
動物の速度　456
動物命名法国際規則　75
トゥマノーヴァ　35
透明層　*331*
トカゲ　512
トカゲ亜目　79
トカゲ類　79, 160
トクサ類　298
ドーソン，ジョージ　24
ドッカム層群　*170*
ドペレ，シャルル　40
トムソン，アルバート　23
ドームの骨　354
共食い　188, 314
ドラヴィドサウルス　249
トラコドン・ミラビリス　22
ドラコペルタ　260
トラベサー層　*170*
ドリオサウルス　277, 490
　　――の生体復元図　*280*
ドリオサウルス類　276, 279, 284
トリケラトプス　268, 274, 314, 351, 353, 555
　　回復した傷跡を示す――　*273*
トリケラトプス・アルチコルニス　271
トリナクソドン　520, *525*
トリニティ層群　*476*
ドリプトサウルス　544
トリラコドン　530
トリロフォサウルス　513, *529*
トリロフォサウルス類　160
トルヒーヨ層　*170*
トロオドン　345, *541*
　　――の歯　*179*
トロオドン科　553
トロオドン・フォルモスス　187, 332
トロオドン類　187, 192, *541*
トロサウルス　271, 274
ドロマエオサウルス　545
　　――の頭骨側面図　*428*
ドロマエオサウルス科　553
ドロマエオサウルス類　187, 192, 539, *541*
ドロミケイオミムス　*541*
ドロー，ルイ・アントワーヌ・マリー・ジョーゼフ　19, 125
鈍紫色層　*170*

な 行

内温性　378
内温動物　382, 386, 419
内部分岐点　104
ナヴァホ＝アズテク層　*476*

ナオサウルス類　544
長い脊椎の棘突起　321
長尾　巧　37
ナバホプス・ファルキポレックス　*210*
軟骨　126, 338
軟骨異常栄養　342
軟骨芽細胞　338
軟骨冠　*127*
軟骨基質　*341*
軟骨吸収組織　338
軟骨魚　509
軟骨下骨　358
軟骨細胞　339, *341*
軟骨性骨　338, 339, *340, 341*
軟骨組織　337
軟骨肉腫　371
軟骨膜　338, *341*
軟骨膜性組織　338
ナンシュンゴサウルス　197, 200
ナンシュンゴサウルス・ブレヴィスピナ　*195, 198*
ナンヨウスギ　*299*

ニオブララサウルス　261
肉　趾　445
肉食キノドン類　533
肉食と植物食爬虫類の顎と歯の形質対照表　*212*
ニクロサウルス　164
二又分枝　*105*
二足歩行　208
二足歩行恐竜の足跡　*457*
二倍体植物　298
2変数アロメトリー研究　97
ニューアーク累層群　*170*
乳頭状部　*331*
乳頭錐体　*331*
乳頭層　*331*
ニュー・オックスフォード層　*170*
ニューケノルニス　543
ニューケンサウルス　543
ニューヘブン・アルコース砂岩　*170*
ニューマトステガ　525
尿酸排出　415
尿酸排出動物　411
尿素排出動物　411

ヌクレオチド　111

ネウケンサウルス　234
ネオケラトドゥス　509
ネオケラトプス類　505
ネソフ　37
根づけ　106
熱伝導率　380
ネメグトサウルス　図版 **6**
年　輪　*498*

ノアサウルス　187
ノヴァチェク，マイケル　36
ノウィンスキ，アレクサンデル　34
ノヴォジロフ　32
脳函　69
脳腔　69
膿瘍　364
ノジュール泥灰岩　170
ノテオスクス　525
ノトサウルス　519
ノドサウルス　258, 261
ノドサウルス科　555
ノドサウルス類　256, 257, 258, 259, 321, 545, 図版 9
ノトスクス　543
ノバス，フェルナンド　43
ノプシャ・フォン・フェルシェ＝シルヴァシュ，フェレンク　17
ノプシャ・フォン・フェルシェ＝シルヴァシュ，フランツ　17
ノーブル，ブライアン　37
のり　58
ノーリアン期　170
ノレル，マーク　36

は　行

肺　414
肺換気率　420, 422, 426
肺循環系　420
肺循環血圧　413
背側　66
ハイドン，フェルディナント　21
胚を含む卵　334
ハヴァース系　383
パウェル，ジェイミー　43
パウパウサウルス　260
バガケラトプス　271
パキゲネラス　532
パキケファロサウルス　265, 266, 267, 268, 353
パキケファロサウルス類　277
パキリノサウルス　272, 273
パーキンソン，ジェームズ　6
パーキンソン，ジョン　17
白亜紀　87
白亜紀後期の古地理　492
白亜紀後期の植生　307
白亜紀後期の前期の古地理　492
白亜紀前期の後期の古地理　492
白亜紀前期の古地理　491
ハクスリー，トーマス・ヘンリー　25, 153
バクトロサウルス　図版 15
薄板状の組織　342
博物館の収蔵庫の設計　63
破骨細胞　338
パサイック層　170
派生形質　104

共通の——　83
パタゴサウルス　224
　——の骨格復元図　225
パタゴプテリクス　517, 517, 543
場ちがいな化石　504, 505
8ゲージ型マグナム・ショットガン　61
爬虫綱　80
バッカー，ロバート　137
発掘地図の作製　56
発掘の進め方　57
バックランド，ウィリアム　5, 10, 144
発見物の評価　55
パッド　72
バード　28
ハドロサウルス　279
ハドロサウルス亜科　283
ハドロサウルス科　283, 541, 544, 545
バニコフ　35
パニツア孔　377, 413
歯によって損傷を受けた恐竜の骨　314
パネル型組立て　130, 133
歯のない獣脚類　183
歯の膿瘍　364
パノプロサウルス　261, 262, 263, 541
羽ばたき飛翔　416
バプトルニス　517, 517
ハプロカントサウルス　221, 224
　——の骨格復元図　225
ハマー，ウィリアム　44
バヤジッド　18
パラキクロトサウルス　511
パラクシー川　436
パラサウロロフス　280, 282, 286, 541, 図版 12
パラスクス　515
　——の骨格復元図　164
ハラミヤ類　521
バランス　456
バリオニクス・ウォーカーイ　10
パリグアナ　525
バリニクス類　545
ハルピミムス　185
パレイアサウルス類　158
ハレット，マーク　137
バロサウルス　221, 232, 236
　——の骨格復元図　233
パンゲアの分裂　175
繁殖方法　298
半蹠行型　224
板歯類　518
半数体　298
汎生物地理学モデル　495
半直立　166
半-内温性の超-巨体温度動物　391
半-内温性の超-爬虫類　391
汎発性突発性骨増殖症　367
盤竜類　160, 518

ビエノテリウム　532
比較解剖学　125, 126
ヒカゲノカズラ類　298
ヒクイドリ　184
鼻甲介　407, 421, 424
飛行性双弓類　514, 516
腓　骨　72, 183
鼻　骨　68
鼻骨角　182
ピサノサウルス　530
ピサノサウルス・メルティイ　173
飛翔の進化　415
尾　椎　70
ヒッチコック，エドワード　2, 21, 431
ヒドロキシプロリン　118
ピナコサウルス　256, 258, 260
ヒパクロサウルス　187, 288, 314
ヒパクロサウルス・ステビンゲリ　332
被　覆　58
皮膚骨　73
ヒプシロフォドン　277, 443, 539
　——の頭骨　278
ヒプシロフォドン科　277
ヒプシロフォドン類　276, 277, 284, 541, 544, 545
ヒプセロサウルス　236
ヒプセロサウルス・プリスクス　14
ヒペロダペドン　513, 531
ピーボディ，ジョージ　22
ヒボドゥス　509
ビーマラム砂岩　170
ヒューネ，フリードリッヒ・フォン　14
標準代謝量　380, 382, 394
標準値　117
標　徴　83
標認点　100
表面結晶層　331
氷礫岩　497
ヒラエオサウルス　12, 260
ヒンツェ，フェルディナント　28

ファイル転送プロトコル　95
ファソラスクス　531
ファブロサウルス　443
ファブロサウルス科　176
ファブロサウルス類　277, 283
ファヤンゴサウルス　245, 249, 図版 4
ファヤンゴサウルス科　176, 252
ファーロー，ジェームズ　29
フィットン，ウィリアム　8
部位的異温性　405
フィトサウルス　531
フィトサウルス類　529
フィリップス，ジョン　145
フィールド記録　57
フィールド・スケッチ　136
フィールド日誌　57
フィールドノート　55

ブエットネリア　529
フォックス，ウィリアム　12
フォート・テレット層　435
フォレスチャー病　367
副関節突起　181
複雑骨折　364
フグスクス　161
副前眼窩窓　67
腹　側　66
副分類　463
複歩長　433
複ポンプ式心臓　378
腹肋骨　71
プシッタコサウルス　266, 268
　——の体型の輪郭　269
　——の頭骨　269
プシッタコサウルス・グヤンゲンシス　269
プシッタコサウルス・シネンシス　269
プシッタコサウルス・シンジャンゲンシス　269
プシッタコサウルス・メイレインゲンシス　269
プシッタコサウルス・モンゴリエンシス　269
プシッタコサウルス・ヤンギ　269
プシッタコサウルス類　277, 505
腐食行動　472
ブース自然史博物館　13
プセウドテトラサウロプス　475
プセウドテトラサウロプス・ビペドイダ　210
プセウドフレネロプシス　299
プセウドヘスペロスクス　166, 531
武装恐竜　247
付属骨格　70
付着痕　126, 127
プチロードゥス　520
フック，ロバート　3
フッ素リン灰石　400
プテロダウストロ　517
プテロダクティルス　516
踏みつけ　471
プライマーの構造　112
プライマー分子　112
ブラウン，バーナム　23
ブラキオサウルス　222, 224, 236, 237, 345, 352
ブラキオサウルス科　234
ブラキオサウルス集団の肉づけ復元図　229
ブラキオサウルス・ブランカイ　17, 347
ブラキオサウルス類　221
ブラキカムプサ類似属　541
ブラキキロテリウム　210
ブラキケラトプス　274
プラケリアス　529
プラコードゥス　519

フラース，エーベルハルト　15
ブラック，ダヴィッドソン　36
ブラッシー・ベイスン部層　54
プラット，ジョシュア　4
プラティオグナタス　532
プラテオサウルス　15, 166, 175, 203, 209, 213, 440
　——の頭骨の側面図と背面図　204
　——の歯の側面図　204
　——の復元図　204
　——の右胸帯と前肢　205
　——の右骨盤と後肢　206
プラテオサウルス科　176
プラテオサウルス類　213
プラテカルプス　519
プラヤの堆積物　473
ブランカ，ヴィルヘルム　16
ブリカナサウルス類　207, 210
ブル・キャニオン層　170
フルサンペス　543
ブルックス，リチャード　4
フルード数　350
プレウロコエルス　226, 447, 451
プレストスクス　165, 530
フリデリックスバーグ　476
プレート・テクトニクス　487
　——のメカニズム　488
プレートの現在の配置　488
プレノケファレ　268
　——の頭骨　267
フレングエリサウルス・イスキグアラステンシス　174
プロガノケリス類　512
プロコロフォン　525
プロコロフォン類　512, 525, 532
プロコンプソグナトゥス　442
プロット，ロバート　3
プロテロスクス　161, 525
　——の骨格復元図　162
プロトアヴィス　192, 517
　——の頭骨　192
プロトケラトプス　189, 268, 311, 504
　——の体型の輪郭　270
プロトケラトプス・アンドルーシ　325
プロトケラトプス類　266, 268, 270
プロトスクス　532
プロトタイピング　92
プロトロサウルス類　160, 529
プロトンフリー摂動磁気測定法　61
プロバイノグナッス　527, 530
プロベレソドン　530
プロラケルタ　525
プロリン　118
フロンティア層　476
ブロントサウルス　220, 241
ブロントサウルス・エクセルスス　221, 241
ブロントポドス　226, 451

ブロントポドス足跡相　473
分岐学　104
分岐群　171
分岐図　80, 82
分岐点　80, 104
分岐点ベース　83
分岐分析　105, 106
分岐論　78, 81
分光測定法　117
吻　骨　68
分散生物地理学モデル　494
分子古生物学　111
糞　石　315, 317
分断生物地理学モデル　493
分布研究　99
分布分析　101, 102, 103
分離物　117
分類学　74
分類群　75

ヘアベル層　476
平滑両生類　510
ベイクウェル，ロバート　146
平行進化　104, 272
閉鎖切痕　182
閉鎖突起　182
ペキン層　170
ペース　433
ヘスペロスクス　529
ヘスペロルニス類　517
ヘッタンギアン期　170
ヘディン，スウェン　36
ヘテロドントサウルス　176, 278, 284, 285, 443
ヘテロドントサウルス類　276, 277, 284
ペトリファイド・フォレスト部層　170
ペトロラコサウルス　158
ヘニッヒ，ウィリ　80
ヘ　ビ　512
ヘビ亜目　79
ヘビ類　79, 160
ヘミプロトスクス　531
ヘモグロビン　114
ベルニサール　19
ベルリン博物館　17
ベルレイドゥス　509
ペレカニミムス　185
ヘレラサウルス　178, 191, 530
　——の頭骨　179
　——の右下肢と足首　183
ヘレラサウルス・イスキグアラステンシス　172, 173
ペロスクス　530
ヘロプス　221
ペロロサウルス　12, 220
変温性　378
変温動物　398
変形性脊椎症　365, 366

偏光顕微鏡　331
ペンタケラトプス　274
　　——の頭骨　272
ペントランド，ジョーゼフ　5

方解石セメント　401
防御機構　117
方形顎関節　68
方形骨　68
傍系統群　160
縫合線　67
放射線透過性　363
剖出・整形作業　62
抱卵　189, 335, 390
ポエキロプレウロン　14
歩角　435, 455
ホーキンズ，ベンジャミン・ウォーターハウス　123, 131, 155
北米の恐竜ハンター　21
歩行跡　210, 432, 441
　　——が見つかった露頭の数　476
　　——において行われる主な測定　435
　　——の数　468, 476
　　——の歩角　447
歩行跡化石　420
歩行跡間距離　470
保持指数　106
捕食者と獲物間の相互作用　311
捕食者と被食者の比率　420
捕食者と被食者の割合　389
ポストスクス　529
　　——の骨格復元図　165
ポドケサウルス科　176
ポドプテリクス　516
ポートランド層　170
ボトリオスポンディルス　221, 224
ホートン　41
ホーナー，ジョン　28
ボナパルテ，ホセ　42
哺乳綱　80
哺乳類　520
　　最初の——　521
哺乳類型(様)爬虫類　158, 511
骨ができた時の温度　396
骨の管理と保存　63
骨の採掘　53
骨の成長パターン　415
骨の外側の再構築　339
歩幅　433
ホピイクヌス　464
ボーヒン，キャスパー　75
ポポサウルス　165
ホマロケファレ　267
ホームズ，ジョージ・バックス　13
ポラカントス　260
ポラカントス亜科　261
ポラカントス類　541
ホランド　24

ポーランド探査隊，1965年　35
ポリメラーゼ　112
ポリメラーゼ鎖反応　112
　　——の進行順序　113
ボーリン　36
ポール，グレグ　137
ボルスク=ビアリニカ，マグダレーナ　34
ボールディ・ヒル層　170
ボレオ砂岩　170
ボロゴヴィア　442, 543
ボーンベッド　273, 307, 324

ま　行

マイアサウラ　287, 288
マイアサウラ・ピーブレソルム　334
毎分呼吸量　412
マイヤー，クリスチャン・エリッヒ・ヘルマン・フォン　9, 145
前足の骨格　440
マオウ類　300
マシュー，ウィリアム・ディラー　15, 23, 125, 551
マーシュ，オスニエル・チャールズ　22, 551
マーシュの法則　284
マッケンナ，マルコム　36
マッコイ・ブルック層　170
マッセトグナッス　527, 530
マッソスポンディルス　209, 211, 213
　　——の頭骨の側面図　212
マッソスポンディルス科　176
マッソスポンディルス類　213
末端点　104
マットリー　39
マテロン，フィリップ　14
マドセン，ジェームズ　28
マドトソイア類　545
マナキン　30
マニコーガン構造　176
マメンチサウルス　222, 224
　　——の骨格復元図　226
　　——の肉づけ復元図　227
マメンチサウルス類　539
マラスクス　163, 164, 527
マリャンスカ，テレサ　34
マルクグラフ，リヒアルト　19
マルティネス，ルーベン　43
マレーヴス　260
マレーエフ　32
マレリ層　170
マンテル，ギデオン・アルジャノン　6, 11, 144,

ミイラ化したカモノハシ竜類　287
ミクロケファレ　267
ミジオド　17
ミストリオスクス　164

南半球の恐竜ハンター　38
ミハイロフ　35
ミモオラベルタ　260
ミヨサウルス　525
ミンミ　260

無顎類　508, 509
ムカシトカゲ　512
無弓類　158, 511
無菌状態　112
無限の成長　411
無根系統樹　106
無酸素活動　389
無酸素性の糖分解　382
ムッタブラサウルス　279, 544
　　——の生体復元図　280
無羊膜類　508
群れ　307
　　構造を持つ——　325, 471
群れ行動　287, 463, 470

迷歯類　510, 544
メガゾストロドン　520
メガロサウリプス　473, 475
メガロサウルス　11, 144
　　——の仙椎　144
　　オーウェン説に基づいて描かれた——　153
メサヴァード層群　476
メトポサウルス類　531
メトリオリンクス　519
メドリコット　39
メラノロサウルス　214
メラノロサウルス科　176
メラノロサウルス類　207, 210, 211, 216, 224
免疫細胞化学　115

モアブ巨大足跡露頭　473
毛衣　411
目　75
木性シダ　298
木性ヒカゲノカズラ類　298
模型製作　96
モササウルス　518
模式科　78
模式種　76
模式属　77
模式標本　76
モスケロ・クリーク　467
モス・バック部層　170
最も古い組立て骨格　123
モーネイブ層　170, 434, 476
モノクロニウス　274
モノニクス　182, 442, 517, 543, 図版13
モノロフォサウルス　183, 184
モーメント　208
モリソン恐竜類の化石生成　252

モリソン(累)層 53, 476
モルガヌコドン 532
モルテノ層 170
モルナー，ラルフ 43
モレノ，フランシスコ 42
モロサウルス 220
モロサウルス・グランディス 220
モンタノケラトプス 271

や 行

ヤヴェルランディア 266, 267
焼き戻し 113
ヤネンシュ，ウェルナー 16
ヤネンスキア 221
ヤンチュアノサウルスの肉づけ復元図 227
ヤンチュアノサウルス類 539
ヤンドゥサウルス 279

ユアン 36
有殻膜 331
有顎類 508
有機性外被 331
有機繊維 115
有効性 76
有酸素活動 382
有胎盤類 521
有袋類 521
癒合仙椎 259
ユーズ=デロンシャン，ジャック=アマン 9, 14
輸送 59
ユタラプトル 図版 **10**
指同士がなす角度 435
指の跡が互いになす角度 447
指の跡の長さ 435
指の比 446
ユンナノサウルス 211
ユンナノサウルス科 176

幼形進化 288
幼形成 288
幼形成熟 288
腰高 456
楊鐘健 36
容積恒温性 379
容積恒温(性)動物 382, 406
容積内温性 380
溶媒液 117
羊膜類 158, 508, 511
——の頭骨の4主要型 159
——の分岐図 84, 159
ヨーク，ゴールデン 28
翼指竜類 517
翼竜類 160, 164, 529
より二足歩行的 211
ヨーロッパの恐竜ハンター 10
四足歩行 208

ら 行

ライエル，チャールズ 7, 551
ライディ，ジョーゼフ 22, 123
ライデカー，リチャード 39
ライヘンバッハ，エルンスト・シュトローマー・フォン 20, 41
ライリー 9
ラウイスクス 165
ラウイスクス類 215, 514, 529
ラヴォカ 41
ラーク採石場 456
ラゲルペトン 163, 514, 527
ラゴスクス 514, 527
ラゴスクス類 163, 172
ラコタ層 476
ラシアン 170
裸子植物 297
ラセミ化 114
ラッセル，デール 28, 37
ラッセル，ドナルド 36
ラディニィアン期 170
ラテックス 436
ラテックス・ゴム 433
ラート，マイケル 42
ラトン層 476
ラパラン，(アッベ・)アルベール=フェリクス・ド 20, 41
ラブドドン 345
ラブドドン・プリスクス 14
ラプラタ博物館 15
ラムフォリンクス 516
ラムベオサウルス 187, 図版 **17**
ラムベオサウルス亜科 283, 286
ラムベオサウルス科 555
ラム，ローレンス 25
ララミー層 476
ラルー，ジャン=バプティスト 3
ラル，リチャード 5, 132
ラル，リチャード・スワン 23, 24
卵殻構造 331
卵殻組織の基本型 333
卵殻単位 331
卵殻の分類 332
卵疑似物 330
ランドマーク法 97, 99
卵 膜 331

リオ・コロラド層 543
リオハサウルス 207, 209, 214
リオハスクス 531
力学的相似性 349
リーキー，ルイス 17
陸地の移動 493
陸地の広さ 501
リクレ，アルマン・ド 28
リスター，マーティン 3
リストロサウルス 525

リストロサウルス-トリナクソドン群集帯 525
リチャードエステシア 553
リチャードソン，ジョージ 145
立体視 188
立体リトグラフィ 92
リッチ，トーマス 43
リード，ウィリアム 23
リモート・コピー・プロトコル 95
竜脚形類(恐竜) 82, 171, 213
竜脚類 213, 219, 543
　——の分類 234
　——の歩行跡 448
竜盤目 13, 83
竜盤類 71, 171
梁構造の軟骨性骨 341
梁歯類 521
両生綱 80
両生類 510
稜 柱 331
稜柱状恐竜類型 332
稜柱層 331
緑豊層 170
リン 116
リンコサウルス 530
リンコサウルス類 160, 513, 531, 533
鱗状骨 69
リンチェン，バルスボルド 34
リンネ，カール・フォン 4, 75
リンネの階層 79
リンネの分類階層と体系学 79
鱗竜形態 160
鱗竜形類 512
鱗竜類 160

涙 骨 68
ルイス，メリウェザー 5
累 層 53
累 代 87
ルーサー線 363
ルーフェンゴサウルス 209
ルペロスクス 527

レアの幼鳥の右足のX線写真 444
レイグ，オスバルド 42
冷 血 378
レイ，ジョン 75
レウイスクス 527
レウロスポンディルス 541
レオナルディ，ジュゼッペ 29
レークス，アーサー 23
レクソヴィサウルス 249, 251
レグノサウルス 12, 249
レジサウルス 525
レソトサウルス 278, 283, 284, 443
レック，ハンス 16
レッドディア川 26
レッパキサウルス 186

レーティアン期 *170*
レドンダ層 *170*
レピドテス *509*
レプトキカス *300*
レプトケラトプス *268, 270*
——の頭骨 *270*
レプトスクス *529*
連続卵殻層 *331*

ロイド，エドワード *3*
ロエトサウルス *224*
ロコモーションの方式 *208*
ロシア探査隊，1948年 *32*

ロジジェストウェンスキー，アナトーリー *32*
ロス・コロラドス層 *170*
ロス・ラストロス層 *170*
ロッカトン層 *170*
ロック・ポイント部層 *170*
ロックリー，マーティン *29*
肋骨 *70*
ロッシーマウス砂岩層 *170*
露頭のマップ *433*
ロトサウルス *165*
ロビネ，ジャン＝バプティスト *4*
ローマー，アルフレッド・シャーウッド *42*
ロンギスクアマ *514, 516*

わ 行

ワイヤーネット・ダイアグラム *96*
渡 り *189, 306*
——の経路 *474*
鰐形態類 *160*
ワニ類 *160, 518*
ワラス，アルフレッド・ラッセル *494*
割れ目層 *170*
ワンナノサウルス *267*

外 国 語 索 引

A

Acanthopholis 260
Acrocanthosaurus 185, 447
Adasaurus 198
Aetosauria 165
Agassiz, Louis 146
age 87
Alamosaurus 232, 307
Albertosaurus *541*, 図版 **16**
Albertosaurus sarcophagus 188
Alectrosaurus olseni 198
Alioramus 182
Allosaurus 180, 182, 189, 314, 図版 **7**
Alphadon 520
Altispinax 185
Alvarez らの小惑星/彗星の衝突仮説 551
Alvarezsaurus 543
Alwalkeria 172
Alxasaurus elesitaiensis 195, 200
Amargasaurus 232, *233*, 504
Ameghino, Carlos 42
Ameghino, Florentino 42
Ammosaurus *210*, 504
Amphibia 80
Anatotitan 280, 282, 287
Anchiceratops 274
Anchisauripus 444
Anchisaurus 208, 529
Anchisaurus polyzelus 209
Andersson, Johann 36
Andrews, Roy Chapman 31
Ankylosaurus 258
Anomoepus 439
Antarctosaurus 234, *543*
anterior 66
antorbital fenestra 67

antorbital fenestrae 67
antorbital fossa 67, 179
antorbital fossae 67
Apatosaurus 220, *231*, 314, *440*
Apatosaurus ajax 241
Apatosaurus louisae 71
Aragasaurus 226
Araucaria 299
Archaeopteryx 183, 517, *517*
Archean eon 87
Archelon 518
Archosaurus 161
Argentinosaurus 図版 **8**
Argyrosaurus 234
Arrhinoceratops 274
Astrodon 220
Atlascopcosaurus 504
Atreipus 446
Aublysodon 553, 図版 **14**
Avaceratops 274
Aves 79, 80
Avimimus 191
Azendohsaurus 172

B

Bactrosaurus 図版 **15**
Bagaceratops 271
Bajazid 18
Bakewell, Robert 146
Bakker, Robert 137
Bannikov, A. F. 35
Baptornis 517, *517*
Barosaurus 221, *233*
Baryonyx walkeri 10
Bauhin, Casper 75
Bernissart 19
Bird, R. T. 28
Black, Davidson 36

Bohlin 36
Bonaparte, José F. 42
Borogovia 442
Borsuk-Bialynicka, Magdalena 34
Bothriospondylus 221
Brachiosaurus 229, 345
Brachiosaurus brancai 17, 347
Brachyceratops 274
Brachychampsa 541
Brachychirotherium 210
brain cavity 69
Branca, Wilhelm 16
Brontopodus 223, 451
Brontosaurus 220
Brontosaurus excelsus 221, 241
Brookes, Richard 4
Brown, Barnum 23
Buckland, William 5, 10, 144
Buettneria 529

C

CAD 92
CAD アプリケーション 57
Caenagnathus 185, 191
Calvo, Jorge 43
Camarasaurus 220, *223*
Camptosaurus 279, *280*, *443*
capitulum 70
Carcharodontosaurus 348
Cardiodon 219
Caririchnium 473
Caririchnium leonardii 470
Carmelopodus 475
Carnegie, Andrew 24, 121
Carnotaurus *181*, 182
Casuarius 184
CAT 332
Caumont, de 9

cavum nasi proprium　*425*
Centrosaurus　272, *440*, *541*, 図版 **16**
Ceratopsipes　454
Ceratopsus　180, 182, *344*
Cetiosauriscus　221
Cetiosaurus　219, *343*
Champsosaurus　513
Chanaresuchus　527
Chardin, Pierre Teilhard de　36
Chasmatosaurus　161
Chasmosaurus　274, *541*
Chatterjea　529
Chatterjee, Sankar　40
chevron　71, 73
Chialingosaurus　249
Chilantaisaurus zheziangensis　198
Chindesaurus　529
Chirostenotes　442, *541*, 553
Chirotherium　2
Chungkingosaurus　249
CI　*106*
clade　74
cladistics　78, 80
cladogram　80
Clark, William　5
Coelophysis　166, 175, *180*, 188, 314, *442*
cohort　79
Colubrifer　525
Compsognathus　182, 314, *442*
Compsognathus longipes　316
consistency index　*106*
Conybeare, William Daniel　6
Cope, Edward Drinker　22
Coria, Rudolpho　43
Corythosaurus　187, 286, *541*
crania　67
cranium　67
Craterosaurus　249
Crocodylotarsi　162
Croizat, Leon　495
Crurotarsi　163
Cryolophosaurus　183
CT　92
CT スキャン　*425*, 426, *427*
CT スキャニング　357
Currie, Philip　28
Cutler, William E.　17
Cuvier, Georges　5, 10, 143, 551
Cycadeoidea　300

D

Dacentrurus　249
Daspletosaurus torosus　67, 68, 70
Datousaurus　222
Davenport Ranch　471
da Vinci, Leonardo　3
Dawson, George　25
Dean　6, 12

Deinonychus　180, 186, 280, 312, *442*
Delair　11
Demberlyin, Dashzeveg　34, 36
Depéret, Charles　40
Desmatosuchus　165, *529*
Desmond, Adrian　145
diagnosis　83
Dicquemare, Abbé　5
Dicraeosaurus　221, 232, *233*
Dicroidium　175
Dilophosaurus　183, *184*, 図版 **3**
Dinodontosaurus　527
Dinosaur National Monument　477
Dinosaur Valley State Park　*437*
Diplodocus　220, *223*
Diplodocus carnegii　121, 221
Diplurus　509
DISH　367
distal　66
Divots　360
DNA　111
Dollo, Louis Antoine Marie Joseph　19, 125
dorsal　66
Douglass, Earl　24
Downs, William R.　41
Dracopelta　260
Dravidosaurus　249
Dromaeosaurus　428
Dromiceiomimus　*541*
Dryosaurus　279, *490*
Dyoplosaurus　262
Dysalotosaurus　490
Dystrophaeus　220

E

EDM　92
Edmontonia　257, *261*
Edmontosaurus　286, 314, *443*
EDX　115
Efraasia diagnostica　209
Efremov, Ivan A.　32
Elaphrosuchus　161
Elasmosaurus　519
Ellenberger, Paul　2
Ellsworth, Jr., Solomon　5
Emausaurus　246, *259*
Enciso　435
Enigmosaurus　197
Enigmosaurus mongoliensis　198
eon　87
Eoraptor　178
Eoraptor lunensis　173
epaxial tendon　73
epoch　87
era　87
Ericiolacerta　525
Erlikosaurus　196, *442*

Erlikosaurus andrewsi　196, 198
Erythrosuchus　514, *515*
Eubrontes　475
Eudes-Deslongchamps, Jacques-Amand　9, 14
Eudimorphodon　164
Euhadrosauria　283
Euhelopus　222, *230*
Euoplocephalus　257, *258*
Euparkeria　161, *162*
Eurypoda　246
Euskelosaurus　214
evolutionary systematics　78
evolutionary taxonomy　78
Exaeretodon　531

F

Fabrosaurus　443
Farlow, James　29
Fitton, William H.　8
foramen magnum　69
Fort Terrett　435
Fox, William　12
Fraas, Eberhard　15
Frenguellisaurus ischigualastensis　174
FTP　95
Fugusuchus　161

G

Galton, Peter M.　5
Garjainia　161
Gasosaurus　図版 **4**
Gerrothorax　511
ghost lineage　89
Ghost Ranch　28
Gigandipus　438
Giganotosaurus　348
Gigantitherium　438
Gillette, David　28, 29
Gilmore, Charles　24
Ginkgo　299
GIS　92
Gomani, Elizabeth M.　41
Gorgosaurus　183, 図版 **16**
Gorgosaurus libratus　187
Goyocephale　267
Graciliceratops　271
Gracilisuchus　527
gradistics　78
Grallator　444, *451*, 475
Granger, Walter　23, 31, 125
Grant, Robert　145
Gresslyosaurus　203
group　79
Gryposaurus　図版 **16**
Gualosuchus　527

H

Hadrosaurus 279
Hallet, Mark 137
Hammer, William 44
Haplocanthosaurus 221, 225
Harpymimus 185
Haughton, S. H. 41
Hawkins, Benjamin Waterhouse 123, 155
Hayden, Ferdinand V. 21
Hedin, Sven 36
Helopus 222
Henderson, Douglas 134
Hennig, Willi 80
Herrerasaurus 178, *179*
Herrerasaurus ischigualastensis *172, 173*
Hesperosuchus 529
Heterodontosaurus 278, 284, *443*
HI *106*
Hintze, Ferdinand F. 28
Hipacrosaurus 187
Hitchcock, Edward 2, 21, 431
Hoffet, J. H. 37
Holland, W. J. 24
Holmes, George Bax 13
Homalocephale 267
homoplasy index *106*
Hooke, Robert 3
Hopiichnus 464
Horner, John 28
HPLC 117
HPLC法 118
Huayangosaurus 245, 249, 図版 **4**
Huene, Friedlich von 14
Huxley, Thomas Henry 25, 153
Hybodus 509
Hylaeosaurus 12, 260
Hypacrosaurus 288, 314
Hypacrosaurus stebingeri 332
hypantrum 70
hypaxial tendon 73
Hyperodapedon 513
hyposphene 70
Hypselosaurus 236
Hypselosaurus priscus 14
Hypsilophodon 277, *278*, *443*

I

Iberomesornis 192
Ichthyostega 160
ICZN 75
Iguanodon 144, 277, *281*, *443*
Iguanodontia 277, 280, 286
iguanodontids 277
Iguanodontoidea 280
iguanodonts 280, 284
infratemporal fenestra 68
Ingenia 442

Irby, Grace 29
Ischisaurus cattoi 174

J

Jacheleria 527
Jacobs, Louis L. 41
Janenschia 221
Janensch, Werner 16
Jensen, James 28
Jerzykiewicz, Tom 37
Johnson, Albert 31

K

Kaisen, Peter 23, 31
Kalisuchus 161
Kannemeyeria 520
Kaufulu, Zefe M. 41
Kentrosaurus 245, 249, *440*, *525*
Kielan-Jaworowska, Zofia 34
Kritosaurus 286, 321
Kronosaurus 519
Kuehneosaurus 516
Kuruzanov, Sergei 35

L

Lacertilia 79
Lagerpeton 163, 514, *527*
Lagosuchus 514, *527*
Lakes, Arthur 23
Lambe, Lawrence M. 25
Lambeosaurus 187, 図版 **17**
Lapparent, Abbé Albert-Félix de 20, 41
Lark Quarry 456
lateral 66
Lavocat, R. 41
Leaky, Louis S. B. 17
Leidy, Joseph 22, 123
Leonardi, Giuseppe 29
Lepidotes 509
Leptoceratops 268, *270*
Laptocycas 300
Leptosuchus 529
Lesothosaurus 278, 283, *443*
Leurospondylus 541
Lewis, Meriwether 5
Lewisuchus 527
Lexovisaurus 249
L'Heureux, Jean-Baptiste 3
Lhuyd, Edward 3
Linné, Carl von 4, 75
Lister, Martin 3
Lockley, Martin 29
Longisquama 514, *516*
Lotosaurus 165
Lull, Richard M. 5, 132
Lull, Richard Swann 23, 24
Luperosuchus 527
Lydekker, Richard 39

Lyell, Charles 7, 551
Lystrosaurus 525

M

MacClade 105
MacCLADE プログラム *107*
Madsen, James 28
Maiasaura 287
Maleev, E. A. 32
Maleevus 260
Mamenchisaurus 222, *226*
Mammalia 80
Manakin 30
Manicouagan 176
Maniraptra 191
Mantell, Gideon Algernon 6, 11, 144
Marasuchus 163, *527*
Markgraf, Richard 19
Marsh, Othniel Charles 22, 551
Martinez Rubén 43
Maryańska, Teresa 34
Massetognathus 527
Massospondylus 211, *212*
mass-specific SMR 381
Matheron, Philippe 14
Matley, C. A. 39
Matthew, William Diller 15, 23, 125, 551
McKenna, Malcolm 36
medial 66
Medlicott 39
Megalosauripus 473
Megalosaurus 144
Megazostrodon 520
Metriorhynchus 519
Meyer, Christian Erich Hermann von 9, 145
Microcephale 267
Migeod, F. W. H. 17
Mikhailov, K. E. 35
Minmi 260
Moab 473
Moenave 434
Molnar, Ralph 43
Monoclonius 274
Monolophosaurus 183, *184*
Mononykus 182, *442*, 517, 図版 **13**
monophyletic group 81
Montanoceratops 271
Moreno, Francisco P. 42
Morosaurus 220
Mosquero Creek 467
MRI 358
Muttaburrasaurus 279, *280*
Mymoorapelta 260
Myosaurus 525
Mystriosuchus 164

N

Nanshiungosaurus brevispinus　195
Navahopus falcipollex　210
Nemegtosaurus　図版 **6**
Neoceratodus　509
Nessov, L. A.　37
Neuquenornis　543
Neuquensaurus　234, *543*
Nicrosaurus　164
Niobrarasaurus　261
Noasaurus　187
Noble, Brian　37
node　80
Nodosaurus　258, 261
Nopcsa von Felsö-Szilvás, Franz Baron　17
Nopcsa von Felsö-Szilvás, Ferenc Baron　17
Norell, Mark　36
Noteosuchus　525
Nothosaurus　519
Notosuchus　543
Novacek, Michael　36
Novas, Fernando　43
Novojilov, N.　32
Nowinski, Aleksander　34

O

Obruchev, Vladimir　30
OCR　94
Ohmdenosaurus　224
Olivieria　525
Olsen, George　31
Omeisaurus　222
Omosaurus armatus　244, 249
Omosaurus durobrivensis　249
Ophidia　79
Ophthalmosaurus　519
Opisthocaudia　220
Opisthocoelicaudia　226, *231*
Ornategulum　509
Ornatotholus　267
Ornithodira　162
Ornithodira　514
Ornitholestes　図版 **7**
Ornithomimus　180
Ornithopoda　276
Ornithosuchia　163
Orodromeus　288
Osborn, Henry Fairfield　23, 31, 501
Osmólska, Halszka　34
osteoderm　73
Ostrom, John　27
os zygoma　65
Otozoum　210, 445, 475
Ouranosaurus　186, 280, *281*, 504
Oviraptor　180
Owen, Richard　8, 10, 131, 143

P

Pachycephalosaurus　266
Pachyrhinosaurus　272
Paliguana　525
Paluxy River　436
Panoplosaurus　261, *541*
Paracyclotosaurus　511
paraphyletic group　81
Parasaurolophus　280, *282*, 286, *541*, 図版 **12**
Parasuchus　515
Parkinson, James　6
Parkinson, John　17
Pasasuchus　164
Patagopteryx　517, *517*, 543
Patagosaurus　224, *225*
Paul, Greg　137
PAUP　105
PAUP プログラム　*106*
Pawpawsaurus　260
PCA　97
PC 分析　*98*
PCR 法　112
Peabody, George　22
Peleceniminus　185
Pelorosaurus　12, 220
pelvic girdle　71
Pentaceratops　272, 274
Pentland, Joseph B.　5
peramorphosis　288
period　87
Perleidus　509
Petrolacosaurus　158
Phanerozoic eon　87
Phillips, John　145
phylogenetic systematics　78
Pinacosaurus　256, *258*, 260
Pisanosaurus mertii　173
Placerias　529
Placodus　519
Platecarpus　519
Plateosaurus　15, 166, 175, 203, *204*, 440
Platt, Joshua　4
pleurocoel　70, *387*
Pleurocoelus　226, 447
PLM　331
Plot, Robert　3
pneumatopores　*387*
Pneumatostega　525
Podopteryx　516
Poekilopleuron　14
Polacanthus　260
polyphyletic group　81
postcranium　70
posterior　66
Postosuchus　165, *529*
postzygapophysis　70

Powell, Jomie　43
premaxilla　67
Prenocephale　267, 268
Prestosuchus　165
prezygapophysis　70
priority　76
Probainognathus　527
Procolophon　525
Procompsognathus　442
Prolacerta　525
promaxillary fenestra　67
Proterosuchus　161, *162*, 525
Proterozic eon　87
Protoavis　192, *192*, 517
Protoceratops　189, 268, *270*, 311, 504
Protoceratops andrewsi　325
proximal　66
Pseudofrenelopsis　299
Pseudohesperosuchus　166
Pseudotetrasauropus　475
Pseudotetrasauropus bipedoida　210
Psittacosaurus　266, 268, 269
Psittacosaurus guyangensis　269
Psittacosaurus meileyingensis　269
Psittacosaurus mongoliensis　269
Psittacosaurus sinensis　269
Psittacosaurus xinjiangensis　269
Psittacosaurus youngi　269
Pterodactylus　516
Pterodaustro　517
Ptilodus　520

Q

Quetzalcoatlus　*541*

R

Raath, Michael　42
rank　79
Ray, John　75
RC　*106*
RCP　95
Rebbachisaurus　186
Reck, Hans　16
Reed, William　23
Regisaurus　525
Regnosaurus　12, 249
Reichenbach, Ernst Stromer von　20, 41
Reig, Osvaldo A.　42
Riley, S. H.　9
Reptilia　80
rescaled consistency index　*106*
Resistant-Fit Theta-Rho Analysis　99, *100*
retention index　*106*
RFTRA　99, *100*
Rhabdodon　345
Rhabdodon priscus　14
Rhamphorhynchus　516
Rhea americana　444

Rhoetosaurus   224
RI   *106*
Richardoestesia   553
Richardson, George F.   145
Rich, Thomas   43
Ricqlés, Armand de   28
Rinchen, Barsbold   34
Riojasaurus   207
Robinet, Jean-Baptiste   4
Romer, Alfred Sherwood   42
rostal bone   68
Rozhdestvensky, Anatoly K.   32
R. Q.   412
Russell, Dale   37
Russell, Donald   36

S

Saichania   261
Salétes, Félix   40
Salgado, Leonardo   43
Saltasaurus   222
Saltopus   172
Sarcolestes   259
Sarjeant, William   11, 28, 29
Sattler, Bernhard   16
Saull, William Devonshire   152
Sauropelta   260
Sauropelta edwardsi   260
Saurornitholestes   345
Saurornitholestes langstoni   187
Saurosuchus   164
Scelidosaurus   244, *245*, 259
Scleromochlus   163, 514
Scutellosaurus   246, *443*
Secernosaurus   283
Sedgwick, Adam   7, 11
Seeley, Harry Govier   13, 171
Segnosaurus galbinensis   195, *196*
Seismosaurus   232
Seismosaurus hallorum   60
Sellosaurus gracilis   209
SEM   115, 331
Shamosaurus   258
Shantungosaurus   280, *282*, 284, 図版 **11**
Sharovipteryx   514, *516*
Shunosaurus   222, *225*, 図版 **4**
Shuvosaurus   183
Silvisaurus   261
Sinornis   192
Sinraptor   180
skull   67
Smith, William   144
SMR   380, 394
Sochava, A.V.   35
Solothurn   473
Sphenodon   160, 512
Sphenosuchia   166
Spinosaurus   185, *186*, 504

Spinosaurus aegyptiacus   20
Stagonolepis   165, *165*, *515*, *529*
Staurikosaurus pricei   15, 173
Stegoceras   267, 267, *541*, 553
Stegosaurus armatus   243
Stegosaurus stenops   69, *245*, 252
Stegosaurus ungulatus   243, *245*
stem-based   83
Stenaulorhynchus   530
Steno   3
Stenopelix   277
Stensen, Niels   3
Sternberg, Charles H.   25
Sternberg, Charles M.   25
Sternberg, George   25
Sternberg, Levi   25
Stokes, William Lee   28
Stowe, William   8
Straelen, Victor Van   19
Streptospondylus   220
Strickland, Hugh   8
Struthiomimus   183, *442*
Struthiosaurus   261
Stutchbury, Samuel   7
Stygimoloch   553
Styracosaurus   273, *541*
subchondral bone   *358*
sub-epiphysial plates   *346*
subfamily   77
subtribe   78
Suess, Eduard   18
superfamily   77
supergenera   78
Supersaurus   232
supratemporal fenestra   68
syndesmophytes   369
synonymy   76
Syntarsus   189, 345
systematics   74, 78

T

Talarurus   261, *440*
T'an, H. C.   36
Tanystropheus   160, 513
Tanytrachelos   529
Taquet, Philippe   20
Tarbosaurus   442
Tarchia   256
Tasmaniosaurus   161
taxonomy   74
Telmatosaurus   283
Telmatosaurus transsylvanicus   18
TEM   115
Tenontosaurus   190, 279, *281*, 312, *443*
terminal node   104
Terrestrisuchus   166, *515*
Tetanurae   191, 199
Tetracynodon   525

Tetrapoda   80
Tetrasauropus   475
Tetrasauropus unguiferus   210
Thecodontosaurus   203, 207
Thecodontosaurus antiquus   209
Therizinosaurus cheloniformis   197
Thescelosaurus   277, 279
Thompson, Albert   23
Thrinaxodon   520, *525*
Thulborn, Richard Anthony   43
Thulborn, Richard Tony   29, 43
Tianchiasaurus   259
Ticinosuchus   515
Timimus   504
Torosaurus   271
tribe   78
Triceratops   268, 314
Triceratops alticornis   271
Trilophosaurus   513, *529*
Troodon   179, 345, *541*
Troodon formosus   187, 332
tuberculum   70
Tumanova, T. A.   35
Tuojiangosaurus   249
Tylocephale   268
type specimen   76
Typothorax   166
Tyrannosauripus pillmorei   464
Tyrannosaurus   179, 183, 314, *442*, 448
Tyrannosaurus rex   68, 188, 348
Tyrrell, Joseph Burr   25

U

Ultrasauros   232
ungual   71
UPGMA   *102*, *103*
Utahraptor   図版 **10**

V

validity   76
Velociraptor   189, 198, 311
ventral   66
Vernal   24
Vickers-Rich, Patricia   43
Vjushkovia   162
Vjushkovia triplocostata   161
Vulcanodon   216, 224

W

Wallace, Alfred Russel   494
Wannanosaurus   267
Webster, Thomas   4
Wegener, Alfred   486
Willard, Archibald M.   図版 **1**
Williamsonia   300
Williston, Samuel Wendell   23
Wingate   476
Winkler, Dale A.   41

Woodward, John   4

X

Xanthos   3
Xenophanes   3

Y

Yandusaurus   279
Yangchuanosaurus   227

Yang, Zhong-jian   36
Yaverlandia   266
York, Golden   28
Yuan, F.   36
Yunnanosaurus   211

Z

Zalambdalestes   520
Zborzewski, A.   9

Zdansky, Otto   36
Zhao, Xi-jin   37
Zhen, Jia-jiang   37
Zhigongosaurus   224
zygapophysis   70

原著での謝辞

The editors and Indiana University Press extend their thanks to the many paleoartists and illustrators who contributed to this book and whose work adds so much to the presentation of scientific information about dinosaurs.

Donna Braginetz
Kenneth Carpenter
Susan Durning
Larry Felder
Tracy Ford
Brian Franczak
James Gurney
Mark Hallett
Douglas Henderson
Scott Hocknull
Berislav Kržič

Bruce J. Mohn
Bill Parsons
Gregory S. Paul
Michael W. Skrepnick
Rick Spears
Robert F. Walters
Bill Watterson
Gregory C. Wenzel
James E. Whitcraft
Jeremy White

Design considerations did not permit credit to be given for chapter opening and title page art. We give that credit here. Title pages: Robert F. Walters, Jim Whitcraft (*T. rex*). Chapter openings: Robert F. Walters, chapters 1, 2, 3, 4, 5, 6, 8, 15, 16, 17, 20, 21, 23, 24, 35, 39, 40, 41; James Whitcraft, chapters 7, 9, 11, 26, 29, 36, 37, 38, 42, 43; Gregory S. Paul, chapters 10, 18, 32; Gregory Wenzel, chapters 22, 25, 28; Kenneth Carpenter, chapters 12, 30; Douglas Henderson, chapter 13; Bruce J. Mohn, chapter 19; Jeremy White, chapter 27; Rick Spears, chapter 31; Berislav Kržič, chapter 33. The drawings are used with the permission of the artists and are copyrighted by them. The drawings that open chapters 14 and 34 are in the public domain.

原著製作スタッフ

Editor: **Jane Lyle**
Book and Jacket Designer: **Sharon L. Sklar**
Sponsoring Editor: **Robert Sloan**
Typeface: **Sabon/Stone Sans**
Compositor: **Greg Delisle**
Printer: **Maple Vail Book Manufacturing Co.**
Component Printer: **Phoenix Color**

監訳者

小畠郁生(おばたいくお)

1929年　福岡県に生まれる
1956年　九州大学大学院（理学研究科）博士課程中退
　　　　国立科学博物館地学研究部長
　　　　大阪学院大学国際学部教授を経て
現　在　国立科学博物館名誉館員・理学博士
著　書　『白亜紀の自然史』(東京大学出版会)
　　　　『恐竜はなぜ滅んだか』(岩波ジュニア新書)
　　　　『恐竜学』(編著；東京大学出版会)
　　　　『古生物百科事典』(監訳；朝倉書店)
　　　　『図解世界の化石大百科』(監訳；河出書房新社)
　　　　ほか多数

恐竜大百科事典　　　　　　　　　　　　定価は外函に表示

2001年 2月20日　初版第1刷
2007年 2月20日　　　第4刷

　　　　　　　　　　監訳者　小　畠　郁　生
　　　　　　　　　　発行者　朝　倉　邦　造
　　　　　　　　　　発行所　株式会社　朝　倉　書　店

東京都新宿区新小川町 6-29
郵便番号　　162-8707
電　話　03(3260)0141
F A X　03(3260)0180
http://www.asakura.co.jp

〈検印省略〉

Ⓒ 2001〈無断複写・転載を禁ず〉　　　　新日本印刷・渡辺製本

Japanese translation published by arrangement with Indiana University Press through The English Agency (Japan) Ltd.

ISBN 978-4-254-16238-7　C 3544　　　　Printed in Japan

日本古生物学会編

古生物学事典

16232-5　C3544　　　　A5判　496頁　本体18000円

古生物学に関する重要な用語を，地質，岩石，脊椎動物，無脊椎動物，中古生代植物，新生代植物，人物などにわたって取り上げて解説した五十音順の事典（項目数約500）。巻頭には日本の代表的な化石図版を収録し，化石図鑑として用いることができ，巻末には系統図，五界説による生物分類表，地質時代区分，海陸分布変遷図，化石の採集法・処理法などの付録，日本語・外国語・分類群名の索引を掲載して，研究者，教育者，学生，同好者にわかりやすく利用しやすい編集を心がけている

R.スチール・A.P.ハーベイ編
小畠郁生監訳

古生物百科事典（普及版）

16248-6　C3544　　　　B5判　264頁　本体9500円

大英博物館などに所属する23名の第一線研究者により執筆された古生物関連の項目を五十音順に配列して大項目主義によって解説。地球の成り立ちや古生物の進化・生態を，豊富な図版を挿入しながら専門研究者にも利用できる高いレベルを保ちつつ，初心者にも理解できるように解説。化石などに関心をもつ多くの人々が楽しみながら興味深く読めるように配慮された百科事典。項目には生物名のほか主要な人名・地名・博物館名等を含め，索引を付した。初版1982年

元名大　森下　晶・前名大　糸魚川淳二著

図説 古生態学

16229-5　C3044　　　　B5判　180頁　本体8500円

古生物と生活環境の相互関係を研究する古生物学の一分野である古生態学。この学問を多数の図表と写真で解説。〔内容〕化石／古生態学／現在主義／自然環境と生物／堆積学的吟味／瑞浪層群／群集古生態学／個体古生態学／フィールド観察

日本古生物学会編

化石の科学（普及版）

16230-1　C3044　　　　B5判　136頁　本体5800円

本書は日本古生物学会創立50周年の記念事業の一つとして，古生物の一般的な普及を目的に編集された。数多くの興味ある化石のカラー写真を中心に，わかりやすい解説を付す。〔内容〕化石とは／古生物の研究／化石の応用

D.E.G.ブリッグス他著　大野照文監訳
鈴木寿志・瀬戸口美恵子・山口啓子訳

バージェス頁岩化石図譜

16245-5　C3044　　　　A5判　248頁　本体5400円

カンブリア紀の生物大爆発を示す多種多様な化石のうち主要な約85の写真に復元図をつけて簡潔に解説した好評の"The Fossils of the Burgess Shale"の翻訳。わかりやすい入門書として，また化石の写真集としても楽しめる。研究史付

小畠郁生編

化石鑑定のガイド（新装版）

16247-9　C3044　　　　B5判　216頁　本体4800円

特に古生物学や地質学の深い知識がなくても，自分で見つけ出した化石の鑑定ができるよう，わかりやすく解説した化石マニア待望の書。〔内容〕I.野外ですること，II.室内での整理のしかた，III.化石鑑定のこつ。初版1979年

鹿間時夫著

古脊椎動物図鑑（普及版）

16249-3　C3544　　　　B5判　224頁　本体9500円

多くの関心と興味を集めている地質時代の古生物337種を，さまざまな文献・資料から厳密に復元。正確精緻な図に適切な解説を付し，高度な学術書としても，楽しい図鑑としても役立つ。図は動物細密図の藪内正幸による。初版1979年

D.パーマー著　小畠郁生監訳　加藤　珪訳

化石革命
—世界を変えた発見の物語—

16250-9　C3044　　　　A5判　232頁　本体3600円

化石の発見・研究が自然観や生命観に与えた「革命」的な影響を8つのテーマに沿って記述。〔目次〕初期の発見／絶滅した怪物／アダム以前の人間／地質学の成立／鳥から恐竜へ／地球と生命の誕生／バージェス頁岩と哺乳類／DNAの復元

C.ミルソム・S.リグビー著
小畠郁生監訳　舟木嘉浩・舟木秋子訳

ひとめでわかる 化石のみかた

16251-6　C3044　　　　B5判　164頁　本体4600円

古生物学の研究上重要な分類群をとりあげ，その特徴を解説した教科書。〔目次〕化石の分類と進化／海綿／サンゴ／コケムシ／腕足動物／棘皮動物／三葉虫／軟体動物／筆石／脊椎動物／陸上植物／微化石／生痕化石／先カンブリア代／顕生代

小畠郁生監訳　池田比佐子訳

恐竜野外博物館

16252-3　C3044　　　　A4変判　144頁　本体3800円

現生の動物のように生き生きとした形で復元された仮想的観察ガイドブック。〔目次〕三畳紀（コエロフィシス他）／ジュラ紀（マメンチサウルス他）／白亜紀前・中期（ミクロラプトル他）／白亜紀後期（トリケラトプス，ヴェロキラプトル他）

上記価格（税別）は2007年1月現在